Multisim 12 仿真在电子电路设计中的应用

聂　典　李北雁　聂梦晨　宿潇鹏　编著

電子工業出版社
Publishing House of Electronics Industry
北京・BEIJING

内 容 简 介

本书主要讲解EDA设计软件Multisim 12的使用方法，包括功能概述、基本操作、元件库描述、仪器仪表的使用、基本分析方法等综合性内容，并具体讲解Multisim 12在电路分析、模拟/数字电路、集成运放、电子电路设计、射频电路、电子测量、电源电路、单片机仿真、VHDL仿真、Verilog HDL仿真、数字通信原理仿真、PLC仿真以及PLD等领域的应用。

本书适合高等院校通信工程、电子信息、自动化、电气控制等专业的学生学习和进行综合性的设计、实验，同时也适合电子行业相关从业人员阅读。

未经许可，不得以任何方式复制或抄袭本书之部分或全部内容。
版权所有，侵权必究。

图书在版编目（CIP）数据

Multisim 12 仿真在电子电路设计中的应用 / 聂典等编著. —北京：电子工业出版社，2017.4
ISBN 978-7-121-31160-4

I. ①M… II. ①聂… III. ①电子电路－电路设计－计算机辅助设计－应用软件 IV. ①TN702

中国版本图书馆 CIP 数据核字（2017）第 060455 号

责任编辑：窦 昊
印　　刷：北京虎彩文化传播有限公司
装　　订：北京虎彩文化传播有限公司
出版发行：电子工业出版社
　　　　　北京市海淀区万寿路 173 信箱　　邮编：100036
开　　本：787×1092　1/16　　印张：33　　字数：845 千字
版　　次：2017 年 4 月第 1 版
印　　次：2023 年 1 月第 7 次印刷
定　　价：69.00 元

凡所购买电子工业出版社图书有缺损问题，请向购买书店调换。若书店售缺，请与本社发行部联系，联系及邮购电话：（010）88254888，88258888。

质量投诉请发邮件至 zlts@phei.com.cn，盗版侵权举报请发邮件至 dbqq@phei.com.cn。

本书咨询联系方式：（010）88254466，douhao@phei.com.cn。

前　言

本书编写的目的不仅是让它成为一本计算机学习用书，还希望为所有学习电子电路和从事这方面工作的读者提供一条更加经济、高效的设计新途径和指导。本书既适用于 Multisim 仿真软件的初学者，也适合具有一定的计算机仿真软件使用经验和想通过使用 Multisim 仿真软件进行电子电路设计的读者。

计算机仿真软件 Multisim 12 是美国国家仪器公司（NI 公司）推出的基础仿真工具。市面上已有各种版本 Multisim 的书籍出售，但大多着眼于介绍软件的使用，与教学结合较少。本教材是在借鉴多方面的宝贵经验，并切实考察多个学科教学实际情况的基础上，本着为电子电路教学贡献微薄之力的宗旨，在多方面的努力和帮助之下完成的。本书除包含以往各个版本的功能外，还介绍了 Multisim 12 新增加的一些功能和仪器、分析方法的使用。

本书阐述了 Multisim 12 的各项主要功能，利用详细的图表和文字说明，指导读者从了解软件本身开始，直到学会建立一个完整电路和进行仿真、分析以及产生报告等操作。从总的结构上看，本教材主要内容有：第 1 章概述；第 2 章 Multisim 12 元件库；第 3 章 Multisim 12 仪器仪表的使用；第 4 章 Multisim 12 的基本分析方法；第 5 章 Multisim 12 在电路分析中的应用；第 6 章 Multisim 12 在模拟电路中的应用；第 7 章 Multisim 12 在集成运放中的应用；第 8 章 Multisim 12 在通信电路中的应用；第 9 章 Multisim 12 在射频电路中的应用；第 10 章 Multisim 12 在数字电路中的应用；第 11 章 Multisim 12 在电子测量中的应用；第 12 章 Multisim 12 在电源电路中的应用；第 13 章基于 Multisim 12 的单片机仿真；第 14 章 Multisim 12 在数字通信原理中的应用；第 15 章 Multisim 12 在 PLC 控制系统中的应用；第 16 章 Multisim 12 中的 PLD 仿真设计；第 17 章 ELVIS 在 Multisim 12 中的仿真。书中还含有大量插图、图表，内容详细，图文并茂，资料翔实，涉及范围广。

本书由聂典、李北雁、聂梦晨、宿潇鹏等人编写。在编写过程中，得到 NI 公司 Arnold Hougham 先生、Evan Robinson 先生以及陈庆全老师、李滨、葛松山等同志的大力协助与支持，谨此向他们表示衷心的感谢！

因时间仓促，作者水平所限，书中难免会有错误和疏漏的地方，恳请各位专家和读者批评指正。读者在使用本教材及软件过程中遇到各种疑问，可随时与作者联系。联系方式如下：

聂　典　手机：13851865438

E-mail：nnnnff@126.com；　nnnnffnnnnff@sina.com.cn

QQ：602126676

目　录

第1章 概 述

1.1 Multisim 12 新特性

Multisim 12 添加了新的 SPICE 模型、NI 和行业标准硬件连接器、模拟和数字协同仿真并增强了可用性，可帮助用户提高系统设计和电路教学的效率。

1.1.1 如何使用 Multisim 片段分享电路文件

1. 部分片段

部分片段主要用来分享单个元件，电路的一部分以及没有包括子电路或层次模块的整个电路文件。如果需要分享的电路中包括子电路或者层次模块，请使用整体片段。在片段 PNG 文件的左上角，会有一个片段标识图标，带有 Multisim 的小图标。

图 1.1 中显示的是一个基本 RC 电路的 Multisim 部分片段范例。注意边框是虚线。从这个文档中将该片段拖放到 Multisim 环境的设计图纸上。一旦电路出现在 Multisim 中，就可以单击左键来将电路放置到设计中。如果没有打开的设计文件，Multisim 会创建一个新的设计然后放置这些元件。但是，元件的位置并不能完全保证一模一样。

2. 整体片段

整体片段主要用于分享整个 Multisim 设计文件，包括任何的子电路和层次模块。在片段 PNG 文件的左上角，会有一个片段标识图标，带有 Multisim 小图标，并且图标下面会有一页纸的图案。

图 1.2 展示的是和上例相同的 RC 电路的 Multisim 整体片段。注意，该片段的边框是实线。从这个文档中将该片段拖放到 Multisim 环境的设计图纸上。Multisim 会创建一个新的设计，其中会包括该片段所示的电路。

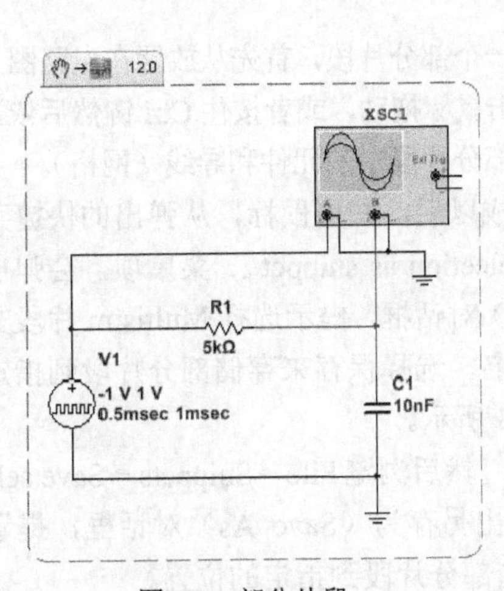

图 1.1 部分片段

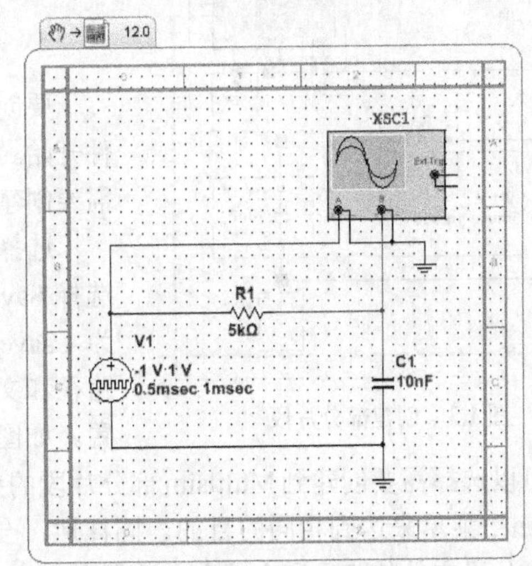

图 1.2 整体片段

3. PLD设计和部分片段

另外，可以在 Multisim 中使用带有可编程逻辑器件（PLD）的 Multisim 片段。在 PLD 部分片段和 PLD 整体片段的片段 PNG 文件与非 PLD 部分和整体片段的 PNG 文件图片左上角的标识图标不同，在原有图标的右边还会有一个 PLD 器件的图标。

12.0　不推荐

12.0　推荐

4. 支持的浏览器和系统环境

因为在某些浏览器、E-mail 应用程序、社交媒体站点或者文字处理应用程序中，PNG 文件的信息会被截取和压缩以减小服务器的负荷和文件大小，所以在上传 Multisim 电路片段文件到这种环境中时，电路文件信息有可能从 PNG 文件中被移除。如果发生这个现象，Multisim 片段将失去通过拖放上传的图片实现共享的作用。表 1.1 列出了支持的浏览器和工作环境。如果发现列表中有任何的问题，或者发现其他的不在列表中浏览器也支持并且应该添加进去，请联系 NI 技术支持小组。

表 1.1　支持的浏览器及工作环境

游　览　器	布局引擎	版　本
Internet Explorer	Trident	6, 7, 8
Mozilla Firefox	Gecko	2.x, 3.x
Safari	WebKit	4.x
Opera	Presto	7, 8, 9, 10
Google Chrome	WebKit	1, 2, 3

如果拖放功能不被支持，也可以通过上传 Multisim 片段 PNG 文件附件的方式来进行共享，这个办法应该是之前共享 Multisim 文件的常用办法。这样，就可以下载 Multisim 片段文件，并将该文件拖放到 Multisim 环境中。

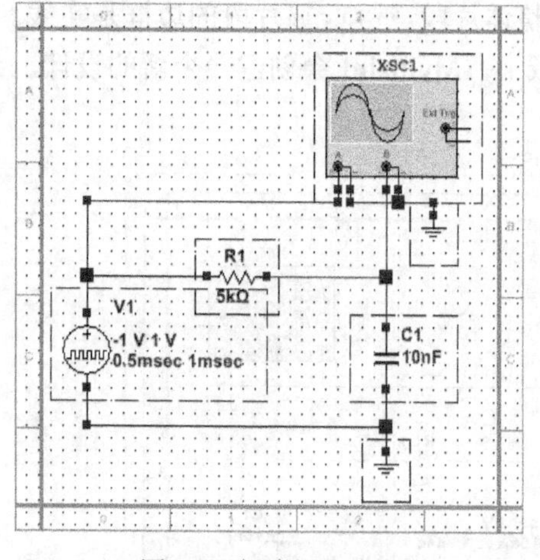

图 1.3　创建部分片段

5. 创建部分片段

要创建一个部分片段，首先从放置在电路图上的元件开始。单击鼠标拖动，或者按住 Ctrl 键然后依次单击需要创建到部分片段中的元件和导线（网格）。

选择完成以后，右击鼠标，从弹出的快捷菜单中选择 Save selection as snippet… 菜单项，会弹出另存为（Save As）对话框，提示选择 Multisim 片段文件的路径和文件名。选择保存来存储部分片段到指定的位置。如图 1.3 所示。

也可以选择需要创建到 Multisim 部分片段的元件，然后浏览 File→Snippets→Save selection as snippet…菜单来达到相同的目的。同样地，会弹出另存为（Save As）对话框，提示选择 Multisim 片段文件的路径和文件名。选择保存来存储部分片段到指定的位置。

注意，如果没有选择任何的元件或导线，Save selection as snippet 选项将显示为不可用。现在已经可以发布或共享自己的 Multisim 部分片段了。

6. 创建整体片段

由于 Multisim 整体片段将包括活动页面中的所有的元件和导线，所以不需要选择任何的元件或导线。但是，必须确保想要创建到片段中的电路是一个活动设计文件。浏览 File→Snippets→Save active design as snippet… 菜单项，会弹出另存为（Save As）对话框，提示选择 Multisim 片段文件的路径和文件名。选择保存来存储部分片段到指定的位置。如图 1.4 所示。

7. 使用部分片段

要使用部分片段，将一个嵌入式的部分片段图片或者一个保存好的部分片段 PNG 文件拖放到活动的 Multisim 设计中。NI 不推荐使用部分片段来分享 PLD 电路设计文件。PLD 电路设计通常包括相关联的映射文件将其输入和输出与 FPGA 和 PLD 器件的引脚作对应，这个通常不能简单地转换到片段中。所以，如果要分享一个 PLD 设计文件，请使用 PLD 整体片段。如图 1.5 所示。

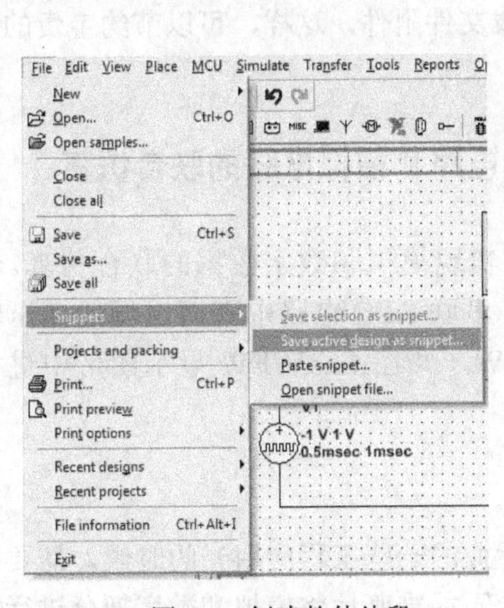

图 1.4 创建整体片段

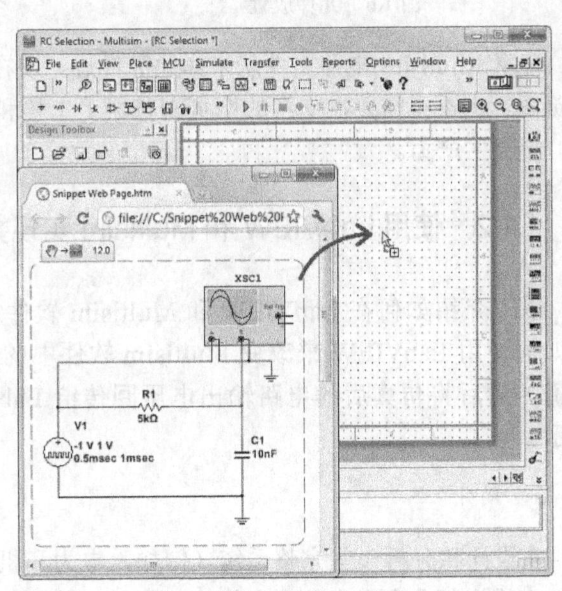

图 1.5 使用部分片段

Multisim 会将部分片段中的内容放置在 Multisim 剪切板中，这样就可以将元件放置到想要放置的任何地方。单击将元件放置在电路图上，如图 1.6 所示。

8. 使用整体片段

要使用整体片段，将一个嵌入式的部分片段图片或者一个保存好的部分片段 PNG 文件拖放到活动的 Multisim 12 设计中。Multisim 12 会自动创建一个新的设计文件并将所有的元件按照原来的位置放置到新的设计中。如图 1.7 所示。

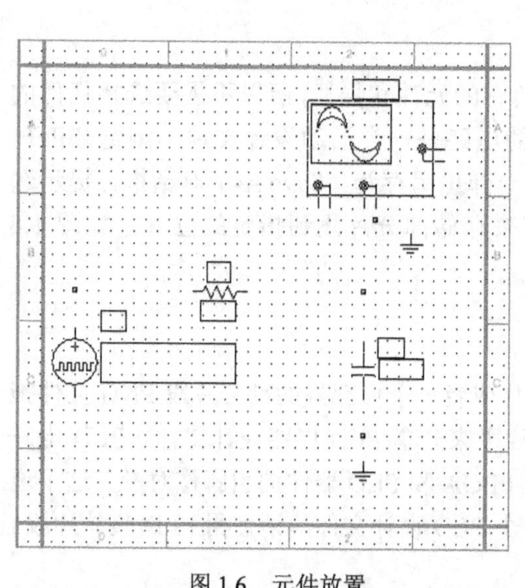

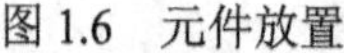

图 1.6 元件放置

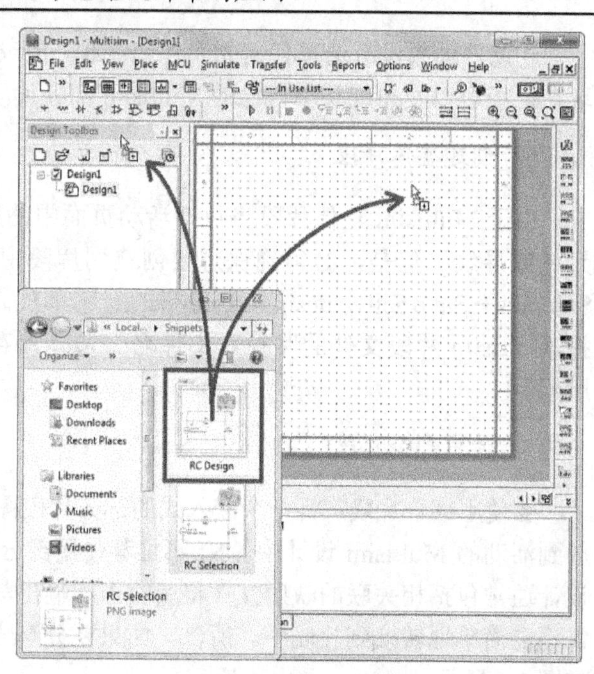

图 1.7 使用整体片段

分享 Multisim 电路文件从未如此简便过。现在可以不用打开电路文件就看到电路设计的预览图，也不再需要在支持的网页浏览器上上传和下载文件附件，这样，可以节约宝贵的时间，提高生产力。

1.1.2 使用 LabVIEW 和 Multisim 实现数字电路和模拟电路的联合仿真

以下介绍如何在 LabVIEW 和 Multisim 软件之间实现模拟和数字数据的联合仿真。学习如何使用 LabVIEW 来改变 Multisim 软件中的一个串联 RLC 电路中直流电源的电压输出值，然后将仿真后的电路输出电压回传给 LabVIEW，并在 LabVIEW 显示图形中进行显示。

1. 简介

在设计和分析一些完整系统（例如，电力和机械行业的一些工程应用）的时候，需要有效地在模拟部分和数字部分之间进行设计。传统的平台不能准确地将模拟和数字部分进行综合仿真，所以设计错误会影响到物理原型，进而造成低效率而且冗长的设计过程。

现在，使用具有全新联合仿真能力的Multisim和LabVIEW，可以为整个模拟及数字系统设计出精确的闭环逐点仿真。

2. 软件需求

在开始 LabVIEW 和 Multisim 的联合仿真之前，必须按照顺序安装下面的软件。

（1）安装 LabVIEW 2011 完整版/专业版或更新的版本，如图 1.8 所示。

（2）安装 LabVIEW 控制设计与仿真模块 2011 或更新版本，如图 1.9 所示。

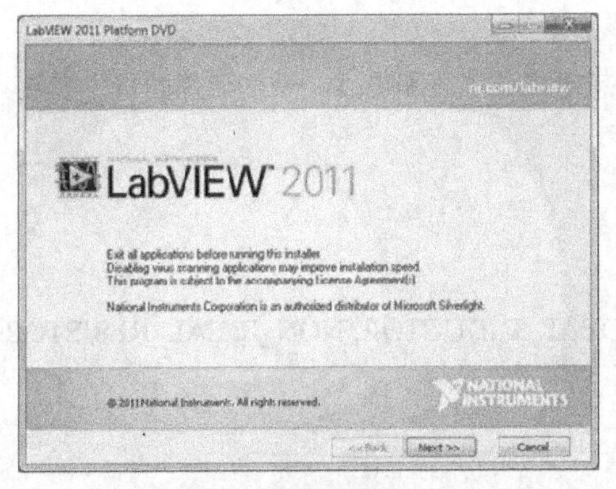

图 1.8 安装界面

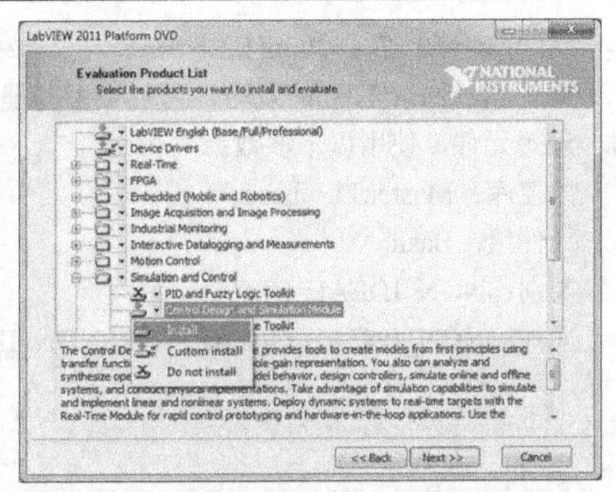

图 1.9 安装 LabVIEW 控制设计与仿真模块

（3）安装 Multisim 12.0 或更新版本。在安装 Multisim 的过程中，选择安装 NI LabVIEW-Multisim Co-Simulation 插件。如图 1.10 所示。

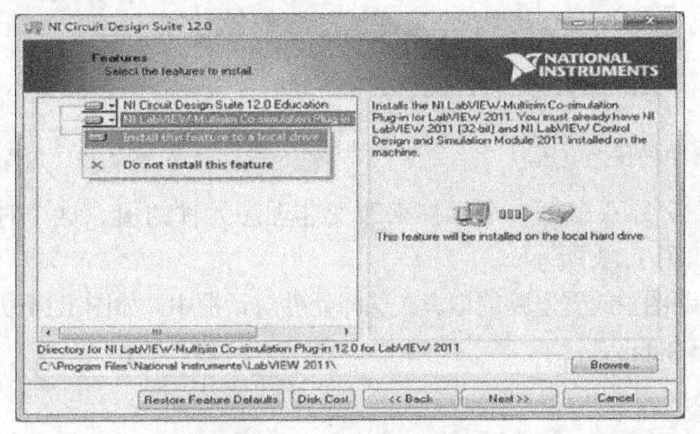

图 1.10 安装 Multisim 12.0

（4）现在，已经成功安装了 LabVIEW 与 Multisim 联合仿真所需的开发环境。

3. 在 Multisim 中创建一个模拟电路

（1）放置一个压控电压源，这样在仿真的过程中就可以使用 LabVIEW 来调整直流电压输出值。右键单击，从弹出的快捷菜单中选择放置元件。 选择以下参数：

数据库：Master Database

元件组：Sources

类别：Controlled_Voltage_Sources

元件：Voltage_Controlled_Voltage_Source

单击确认来将元件放置到电路原理图上。双击该元件可以改变控制电压与输出电压的比率。如果设置比率为 1 V/V，那么当 LabVIEW 改变 1 V 的时候，Multisim 中的压控电压源也会改变 1V。如图 1.11 所示。

（2）在电路图上放置电阻、电容和电感，如图 1.12 所示。使用以下参数的理想元件：

数控库：Master Database

元件组：Basic

类别：CAPACITOR, INDUCTOR, RESISTOR

元件：C=50 μF, I=20 mH, R=10 Ω

随着 Multisim 12.0 的发布，可以使用非理想电阻、电容和电感，添加元件的寄生参数。对非理想元件，使用以下参数：

数控库：Master Database

元件组：Basic

类别：NON_IDEAL_RLC

元件：NON_IDEAL_CAPACITOR, NON_IDEAL_INDUCTOR, NON_IDEAL_RESISTOR

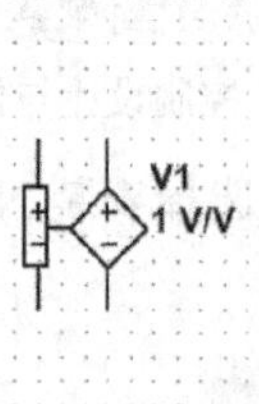

图 1.11 Multisim 中的压控电压源

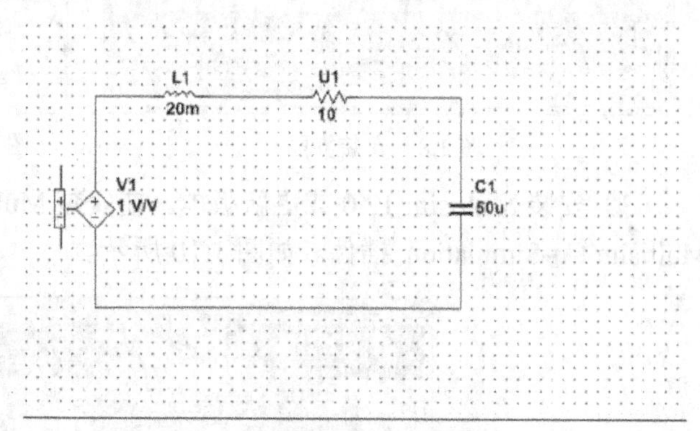

图 1.12 放置元件

放置元件以后，必须双击每一个元件来改变非理想元件的值。这个时候同时也可以修改可靠的寄生参数。如图 1.13 所示。

（3）最后，在电路图中放置电路的地。在选择元件对话框中，如图 1.14 所示，选择以下参数：

数据库：Master Database

元件组：Sources

类别：Power Sources

元件：Ground

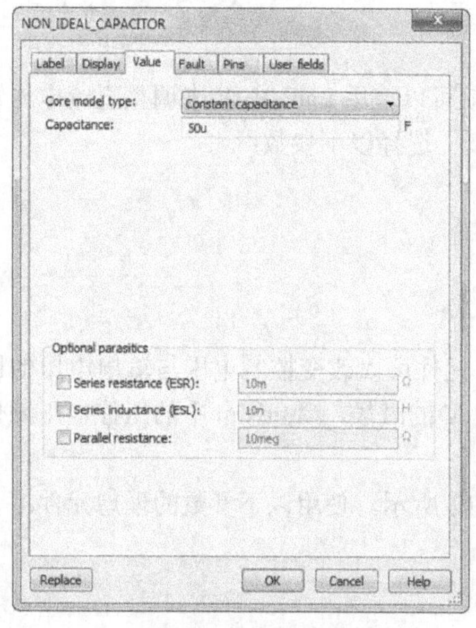

图 1.13 修改参数

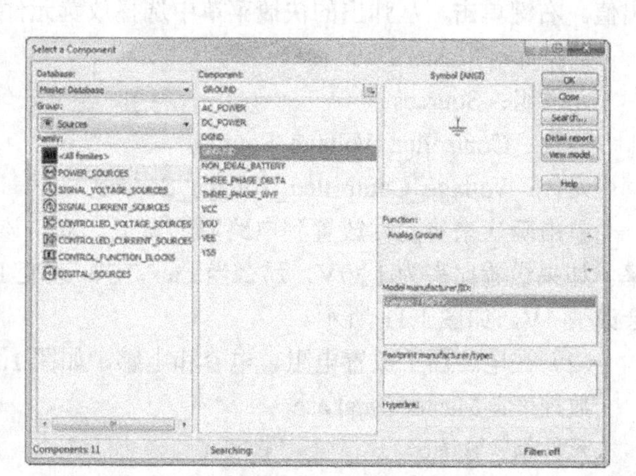

图 1.14 元件选项

（4）现在已经可以在电路图中添加 LabVIEW 交互接口，用以与 LabVIEW 仿真引擎之间的数据收发。这些 Multisim 中的接口是分级模块（Hierarchical Block）和子电路（Sub-Circuit）接口（HB/SC）。右键单击鼠标并从弹出的快捷菜单中选择 Place on schematic→HB/SC，或者简单地按组合键 Ctrl+I。放置一个 HB/SC 接口在电路图的左上方，另一个放置在右上方。按住 Ctrl 键并单击 R 将第二个接口旋转 180 度。按照图 1.15 将电路与接口连接起来。

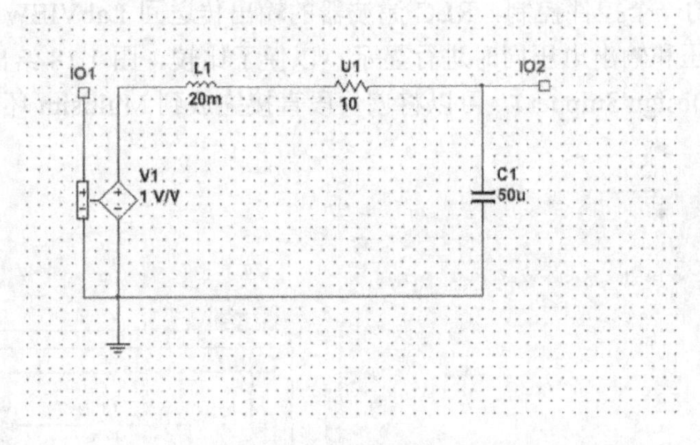

图 1.15 构建电路

（5）然后必须打开 LabVIEW Co-simulation Terminals 窗口来将 HB/SC 接口设置为针对 LabVIEW 的输入或者输出。浏览 View→LabVIEW Co-simulation Terminals 菜单。

注意前面放置在本窗口中的 HB/SC 接口，为了将各个接口配置为输入或者输出，在模式设置中选择所需要的选项，然后可以在类型设置中将各个接口设置为电压或者电流输出/输出。最后，如果想将放置的输入/输出接口设置为不同的功能对，可以选择 Negative Connection。将 IO1 配置为输入，然后将 IO2 配置为输出。如图 1.16 所示。

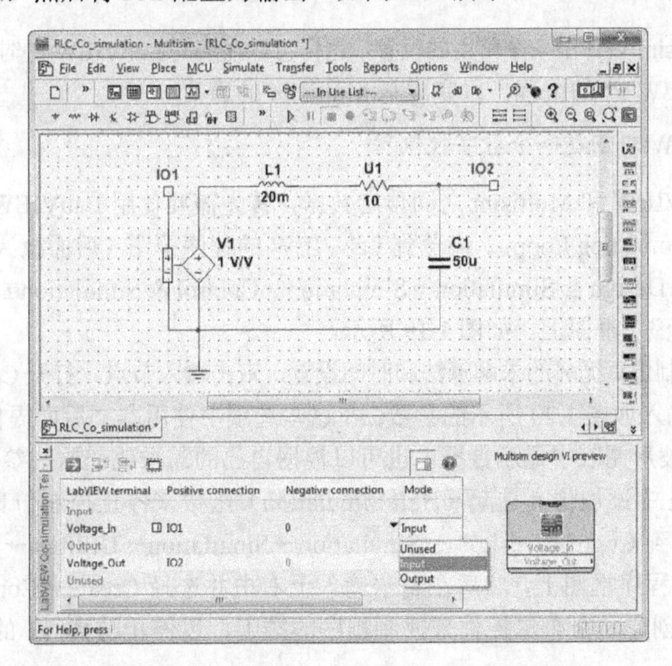

图 1.16 LabVIEW Co-simulation Terminals 窗口

（6）注意 Multisim design VI preview 会根据所做选择的不同不断更新。这个预览之后会放入 LabVIEW 用作与 Multisim 电路交互的虚拟仪器（VI）。如果希望改变这个 Multisim VI 中输入与输出接口的名字，可以修改 LabVIEW Terminal 设置中的文本。例如，为输入和输出模块更改 Voltage_In 和 Voltage_Out 文本。如图 1.17 所示。

（7）完整的电路包括一个与电感、电容和电阻串联的压控电压源。压控电压源的输出电压由 LabVIEW 中的一个控件控制，RLC 滤波器的输出传送回 LabVIEW，然后在图形化显示控件中将输入电压和输出电压同时进行显示，以便于比较。图 1.18 给出了 Multisim 的设计片段（Multisim Design Snippet），可以将该片段直接拖放到 Multisim 环境中，将自动生成代码。

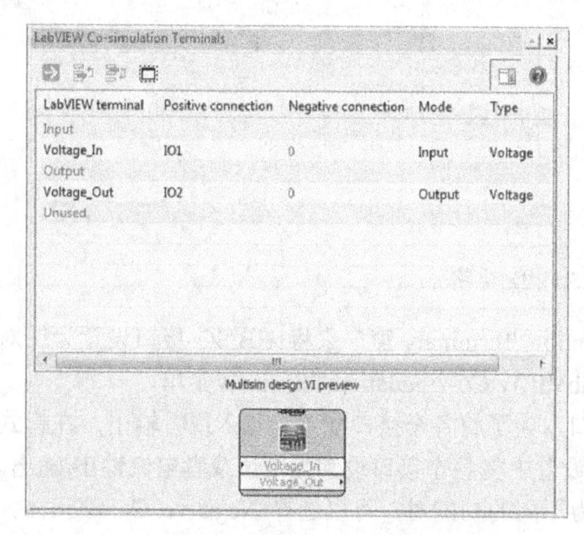

图 1.17　LabVIEW Co-simulation Terminals 设置

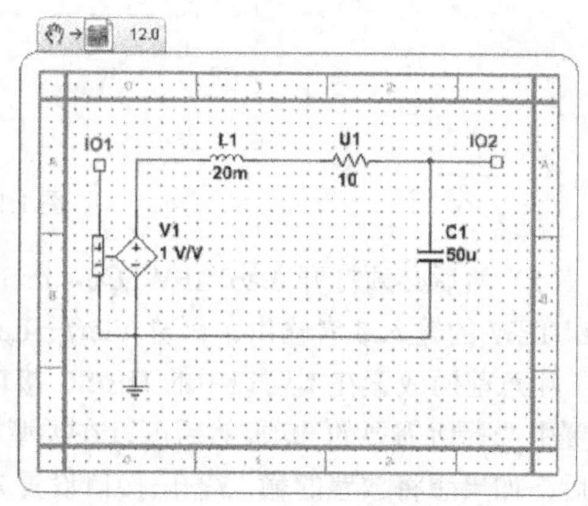

图 1.18　构建电路

（8）保存 Multisim 设计于一个常用的位置，这样可以在编写 LabVIEW 的时候再次调用它。现在可以进行 LabVIEW VI 的编程，以完成与 Multisim 的通信。

4. 在 LabVIEW 中创建一个数字控制器

（1）要在 LabVIEW 和 Multisim 之间传送数据，首先需要使用 LabVIEW 中的控制与仿真循环（Control & Simulation Loop）。浏览到 LabVIEW 的程序框图（后面板），右击，打开函数选板，浏览 Control Design & Simulation→Simulation→Control & Simulation Loop 菜单。左键单击，并将其拖放到程序框图上。如图 1.19 所示。

（2）要修改控制仿真循环的求解算法和时间设置，双击输入节点，打开 Configure Simulation Parameters 窗口。输入如图 1.20 所示的参数；在这些选项中使用本文后面提供参数，可以有效地在 LabVIEW 的波形图表中显示数据。也可以根据自己的需求改变这些参数。

（3）现在在 VI 中添加仿真挂起（Halt Simulation）函数来停止控制仿真循环。右击，打开函数选板，浏览到 Control Design & Simulation→Simulation→Utilities→Halt Simulation。单击并将其拖放到程序框图上，然后在布尔输入上右击并选择 Create→Control。这样就可以在 VI 的前面板上创建一个布尔控件来控制程序的挂起，以停止仿真 VI 的运行。如图 1.21 所示。

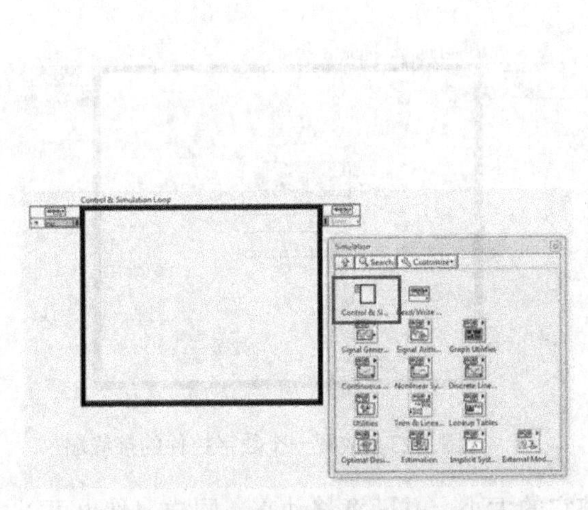

图 1.19 LabVIEW 中创建一个数字控制器

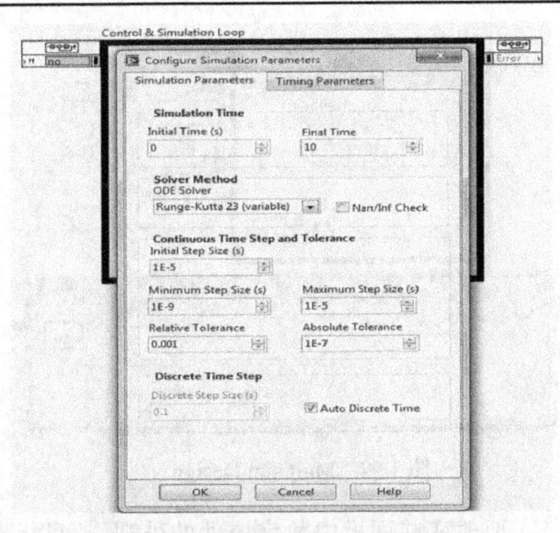

图 1.20 Configure Simulation Parameters 窗口

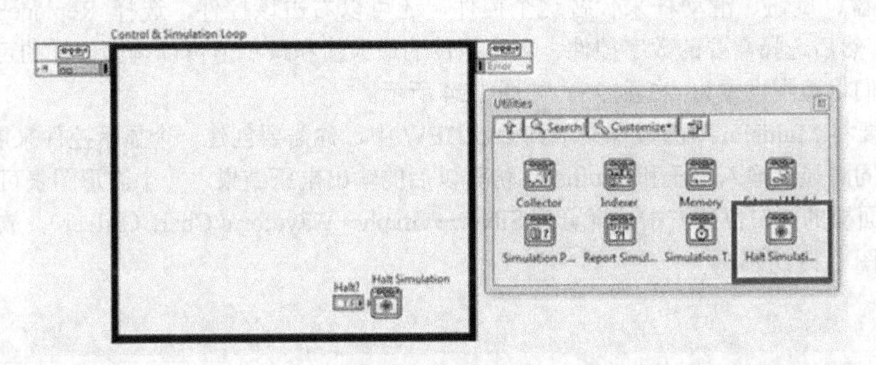

图 1.21 创建 VI

（4）接下来将管理 LabVIEW 和 Multisim 仿真引擎之间通信的 Multisim Design VI 放置到程序框图中。右击，打开函数选板，浏览到 Control Design & Simulation→Simulation→External Models→Multisim→Multisim Design，单击并将其拖放到控制与仿真循环之中。注意，这个 VI 必须放置到控制仿真循环中。

将 Multisim Design VI 放置到程序框图上以后，会弹出选择一个 Multisim 设计（Select a Multisim Design）对话框。在对话框中可以直接输出文件的路径，或者浏览到文件所在的位置来进行指定。

现 Multisim Design VI 会生成接线端，接线端的形式与 Multisim 环境中的 Multisim Design VI 预览一致，具有相对应的输入与输出。如果接线端没有显示出来。左键单击下双箭头，展开接线端。如图 1.22 所示。

（5）要向 Multisim 中的电路传送数据，必须首先在前面板上创建一个数字控件。可以通过右击输入接线端 Voltage_In，然后选择 Create→Control 来方便地完成创建命令。这样就能够在程序框图中放置一个数字控件的接线端，并且该接线端已经连接到了 Multisim VI 的输入上。程序框图中的控件在前面板上有一个对应的控件。这就是 LabVIEW 中的用户界面。可以按 Ctrl+E 组合键来快速地在前面板和程序框图之间进行切换。如图 1.23 所示。

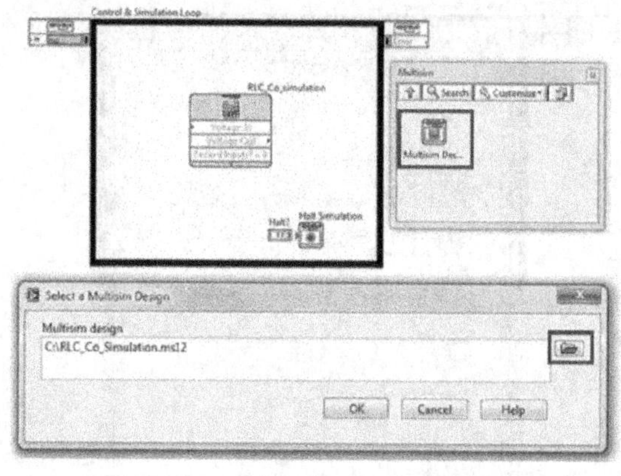

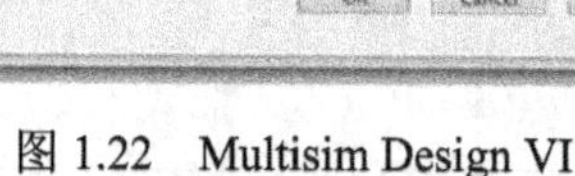

图 1.22　Multisim Design VI

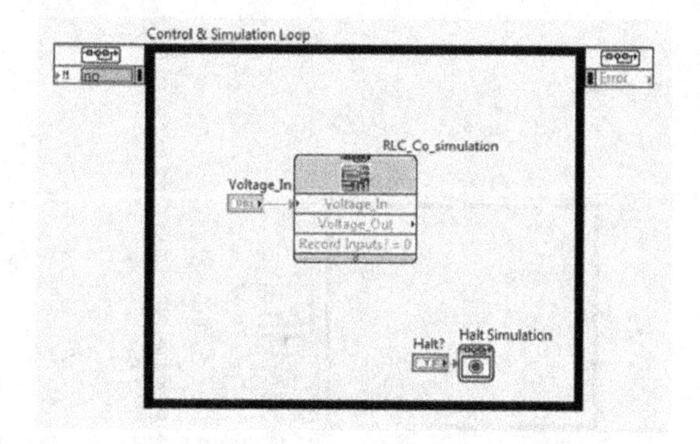

图 1.23　放置一个数字控件的接线端

要改变前面板中数字控件的外观，可以调整它的大小，并随意移动它。同样，你也可以用一个转盘、旋钮、滑动杆来代替这个控件，还可以右击该控件，选择 Replace→Silver→Numeric，然后选择需要的数字控件。双击控件的最大值和最小值可以调整控件的可调范围。这里，我们将范围设置为–25 到 25。如图 1.24 所示。

（6）要将 Multisim 中的数据显示到 LabVIEW 中，你需要创建一个显示控件来展示数据。因为需要同时显示输入电压和 Multisim 仿真以后的输出电压结果，一个波形图表可以做得很好。在前面板的空白位置右击，浏览到 Silver→Graph→Waveform Chart（Silver），放置并调整大小。如图 1.25 所示。

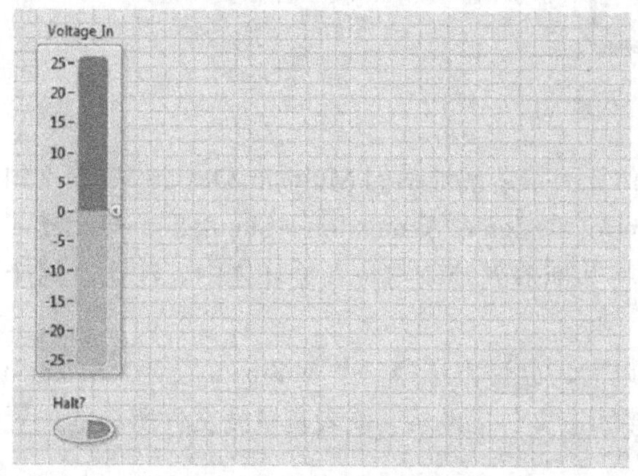

图 1.24　数字控件的外观

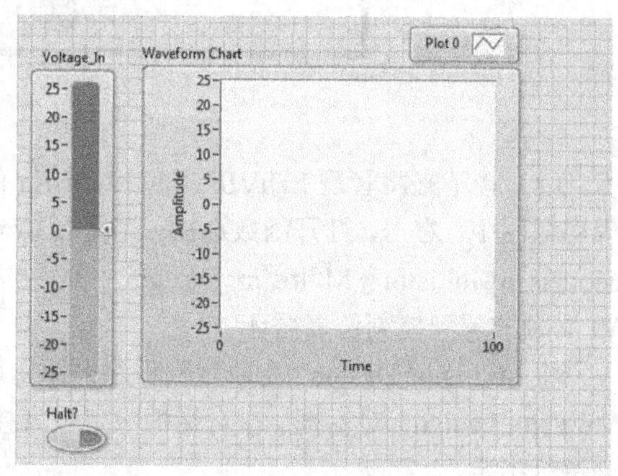

图 1.25　显示控件

（7）为了准确地将输入电压和输出电压显示在一起，需要将两个信号创建到一个数组中，右击程序框图，浏览到 Programming→Array→Build Array 函数，单击并将其拖放到程序框图中。将鼠标指针放到 Build Array 函数下面中间位置，会变成大小调整指针，然后单击，拖动函数，将 Build Array 函数调整会两个输入端口。将电压调控件的输出端连接到上面的输入端口，然后将 Multisim Design VI 的输出电压 Voltage_Out 端口连接到下面的输入端口上。这样就可以创建一个两个元素的一维数组。如图 1.26 所示。

（8）最后，需要在循环中放置一个函数来创建仿真时间波形以正确地显示两个波形。右击程序框图并浏览到 Control Design & Simulation→Simulation→Graph Utilities→Simulation Time

Waveform。这个 VI 会自动地放置一个波形图表。方便地删除掉这个新的图表，并将 Simulation Time Waveform VI 输出端连接重新连接到已经创建好的波形图表上。将 Build Array 函数的输出端连接到 Simulation Time Waveform 的输入端上。如图 1.27 所示。

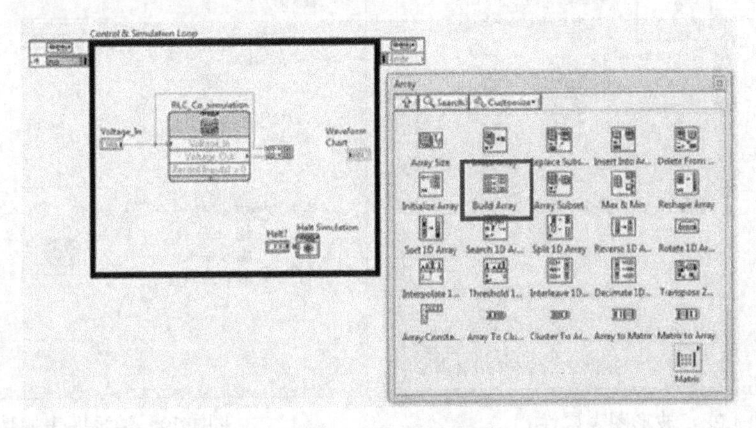

图 1.26　创建一个数组

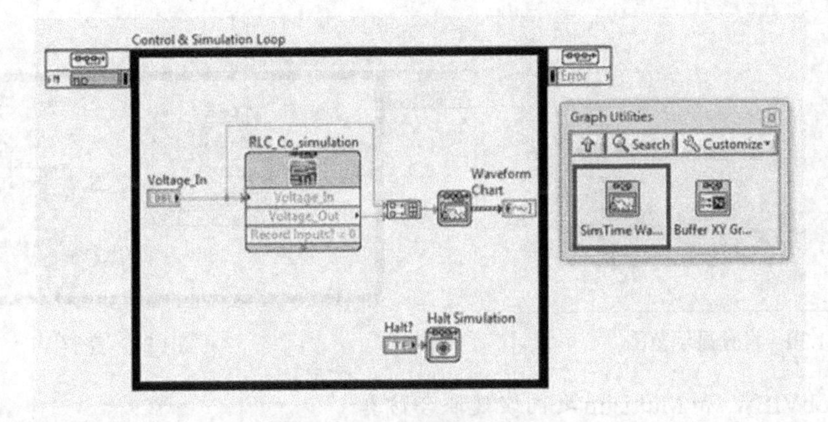

图 1.27　放置波形图表

（9）如果想要创建更具有可读性的波形图表。浏览到前面板，右击波形图表，选择属性，浏览到显示格式选项卡，在类型中选择自动格式，在位数中选择 4。如图 1.28 所示。

然后浏览到缩放选项卡，取消时间（X 轴）的自动缩放。最后，从时间（X 轴）切换到幅值（Y 轴），同样取消其自动缩放。这样就可以将图表的范围固定下来。单击确认应用所做的修改。如图 1.29 所示。

（10）接下来，双击幅值标尺的最大值和最小值，分别输入 40 和–40。这样就可以显示超过范围的显示值。双击时间轴的最大值，将该值设置为 0.25，或 250 毫秒。如图 1.30 所示。

（11）保存这个 LabVIEW VI 到一个常用的位置，最好是与前面创建的 Multisim 设计放置在一个路径下面，因为它们是一个仿真应用组。图 1.31 给出了该程序的 VI 片段，你可以拖放到一个空白的 LabVIEW VI 中，它会自动生成代码。单击more information about LabVIEW VI Snippets了解更多相关信息。现在已经准备好进行 LabVIEW 和 Multisim 联合仿真了。

注意：一些浏览器不支持拖放 LabVIEW VI 片段功能。一个解决的办法是右击图片，选择 Save image as…来保存图片。现在你就可以将保存后的图片拖放到 LabVIEW 的程序框图中。

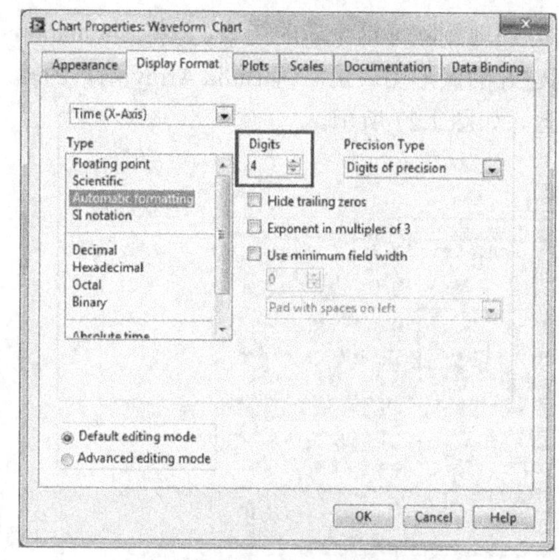

图 1.28 波形图表属性

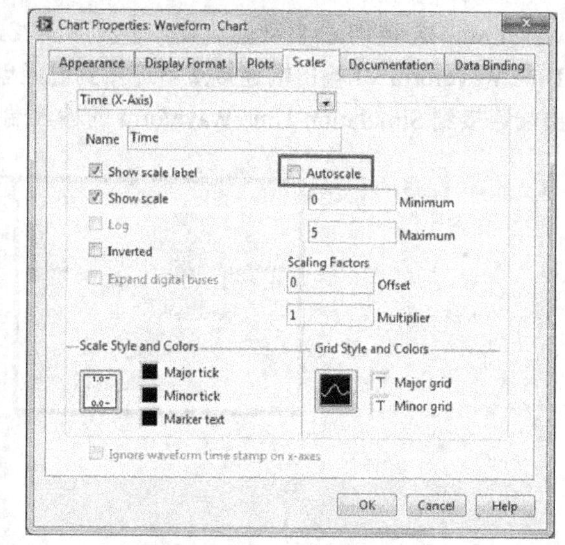

图 1.29 波形图表属性设置

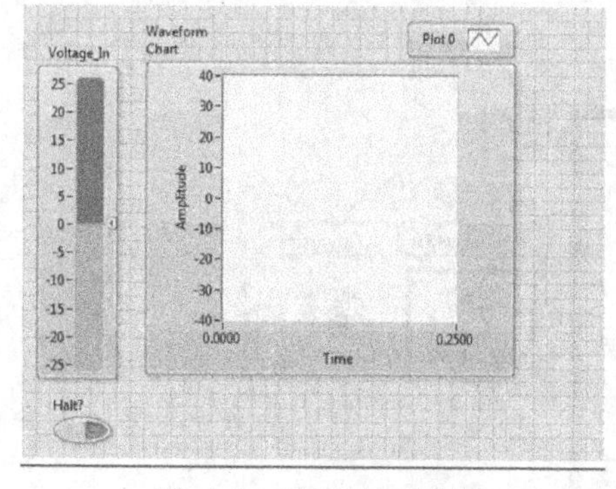

图 1.30 设置显示范围

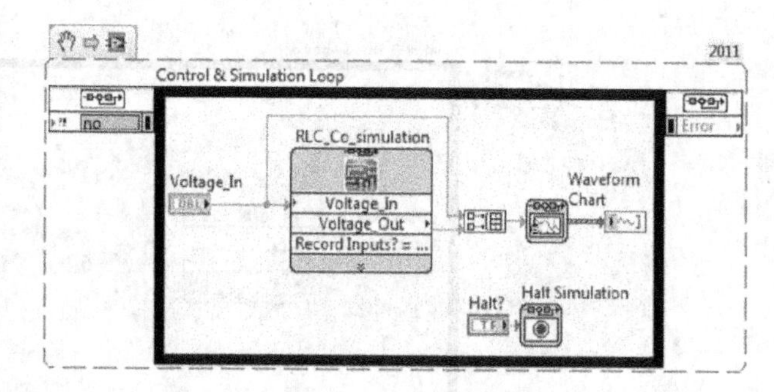

图 1.31 完整 VI

5. 在 LabVIEW 和 Multisim 之间实现联合仿真

现在已经在 Multisim 和 LabVIEW 中创建模拟电路和数字控制器，并建立了通信路径，准备好两者之间的模拟环境模拟和合作，对 LabVIEW 前面板上的波形图表可视化的结果。

（1）开始的联合仿真，单击 LabVIEW 工具栏上的“运行”按钮。Multisim 中并不需要是开放的，因为 Multisim 中的一个实例打开并在后台默默运行。这需要 5~30 s，推出了 Multisim 的实例，并开始 LabVIEW 和 Multisim 仿真引擎之间的协同仿真。

（2）修改了在 LabVIEW 的输入电压和观察输出电压从 Multisim 仿真引擎返回。例如，结果如图 1.32 所示。

（3）修改 Multisim 中 RLC 电路参数改变电路对输入电压变化的响应。如果想在仿真的过程中实时改变电阻、电容和电感的值，可以使用 Multisim 中的压控电阻、压控电容和压控电感，然后将 LabVIEW 中的控件值传送给 Multisim。

结论：

在 LabVIEW 前面板上产生的波形图表所示，LabVIEW 和 Multisim 可以有效、准确地模拟多个输入电压变化的 RLC 响应。在这个例子中，LabVIEW 作为数字控制器，设置是在 Multisim 中模拟电路的直流电压水平。这是一个简单而基本的电路，显示了协同仿真的行为。

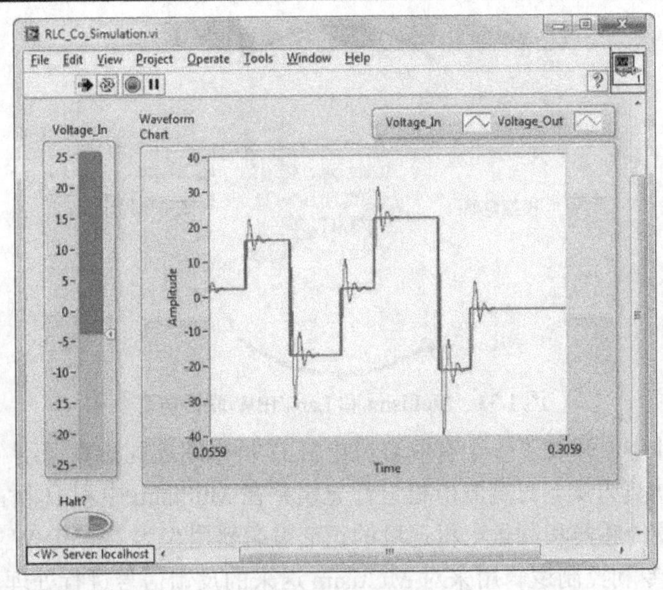

图 1.32 仿真结果

1.1.3 如何使用 Multisim 和 LabVIEW 来设计和仿真有刷直流电机 H-桥电路

使用 Multisim 12.0，可以在原型化整个模拟和数字电路系统之前对系统进行桌面的仿真。现在，使用 Multisim/LabVIEW 联合仿真特性，可以进行数字 FPGA 控制器逻辑和晶体管电力电子器件级的闭环仿真。本教程展示了如何使用 Multisim 和 LabVIEW 2011 来开发有刷直流电机 H-桥电路的模拟部分和数字控制模块。在这里将学习到如何使用机电一体化、电力电子和传感器反馈模块（Multisim 中的新特性）来创建一个闭环控制系统。同时还简要介绍了如何创建并调试 LabVIEW FPGA IP 核。Multisim 和 LabVIEW 允许在系统层面上进行联合设计，通过仿真，保证了 LabVIEW 中开发的现场可编程逻辑门阵列（FPGA）的算法和代码可以提供模拟电路所需的运行结果以后，就可以直接用硬件进行实现，改变达到最小化。借助有仿真功能的高级 Multisim 设计途径，可以在设计流程的前面几个阶段就了解系统的准确性能，这样的结果是减小了原型化过程中的迭代次数（至多可以节省三次 PCB 制造次数），并可以用更少的编译时间来实现更准确的嵌入式代码（每次编译可以节省大约 4 小时）。

1. 介绍

使用系统级的仿真，可以实现两个独立的仿真引擎（模拟 SPICE 电路和数字逻辑控制）之间的点对点仿真。这种功能完全体现在 Multisim 和 LabVIEW 平台上，两者通过协同仿真（cosimulation）的方式来完成交互。仿真的结果就是对整个模拟电路和数字模块的验证，包括了所有的系统的动态特性。Multisim，作为专为准备的模拟和混合信号电路仿真的环境，内置了大量顶尖半导体厂商（如 Analog Devices，NXP，ON Semiconductor，Texas Instruments 等）提供的 SPICE 模型。LabVIEW 仿真引擎则以图形化、数据流的形式有效地设计和实现控制逻辑。该引擎可以为机械系统的嵌入式数字代码提供高级的仿真优化解决方案。如图 1.33 所示。

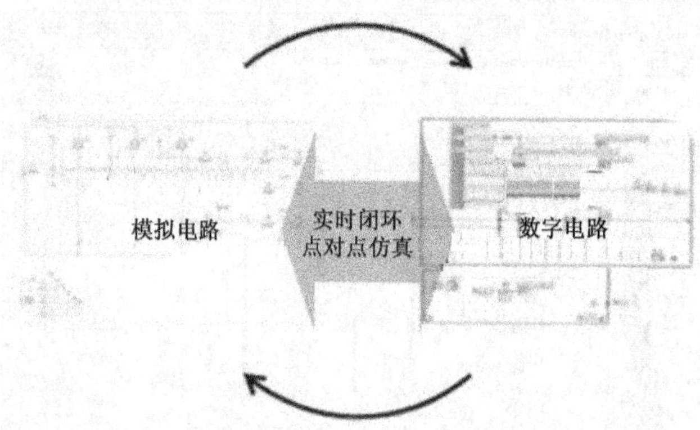

图 1.33 Multisim 和 LabVIEW 联合仿真

在这个范例设计中，开发了一个有刷直流电机 H-桥电路连同脉宽调制（PWM）闭环控制逻辑的完整的系统仿真方案。对直流电机进行建模并在 Multisim 中和 H-桥晶体管及门极驱动一起进行仿真。反馈传感器和测量电机速度的正交编码器用来为 LabVIEW 提供反馈信号。在 LabVIEW 中，一个专利控制逻辑用来对 Multisim 送来的反馈信号进行处理。生成的 PWM 控制信号又再次施加给 Multisim 的输入接口，以此控制 H-桥的晶体管门极开关状态。这个电路可以调节流入电机的电流大小。使用 LabVIEW FPGA IP 模块进行的逻辑仿真以 40 MHz 的频率运行。

这里演示了一个在硬件实现前准确的桌面仿真原型。

2. 设计过程

（1）Multisim 电路设计

设计的第一步是在 Multisim 中开发模拟电路。电路中包括 Multisim 12.0 提供的新的电力电子元件模型。

A. 新的电力金属氧化物半导体、场效应晶体管（MOSFET）模型，可以改变器件的参数选项。

B. 新的直流永磁机模型。

C. 新的增量编码器和 rad/s 及 rpm 转换器模型。

Multisim 模拟电路包括三个不同电路图。

第一个电路使用了 IR 公司（International Rectifier）的 MOSFET （IRF953 和 IRF371），如图 1.34 所示。

第二个电路又添加了两个额外的门极驱动器（IR2101）的 SPICE 模型来保证 MOSFET 开关有可靠的偏置，如图 1.35 所示。

第三个电路基于通用的 MOSFET 模型。

使用 Multisim 仿真，可以在设计流程的靠前阶段验证电气部分。SPICE 模型是由半导体生产商提供的基于真实器件性能的准确模型。使用这些模型，可以在制造原型机之间决定系统预期达到的效果。

在仿真中使用 IR 公司的 MOSFET 模型，可以在桌面仿真阶段就验证电路的真实运行情况。观察结果可以发现，由于在第二个电路中添加了门极驱动器，引入了几纳秒的延迟，当然，这是可以忽略的。

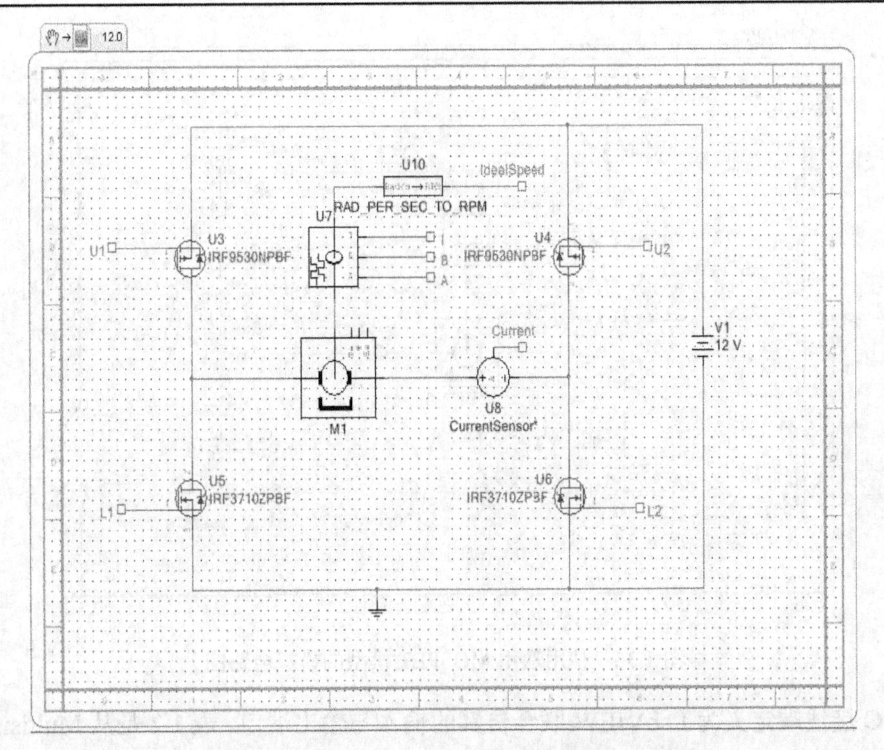

图 1.34 使用 IR 公司 MOSFET 模型的模拟电路图

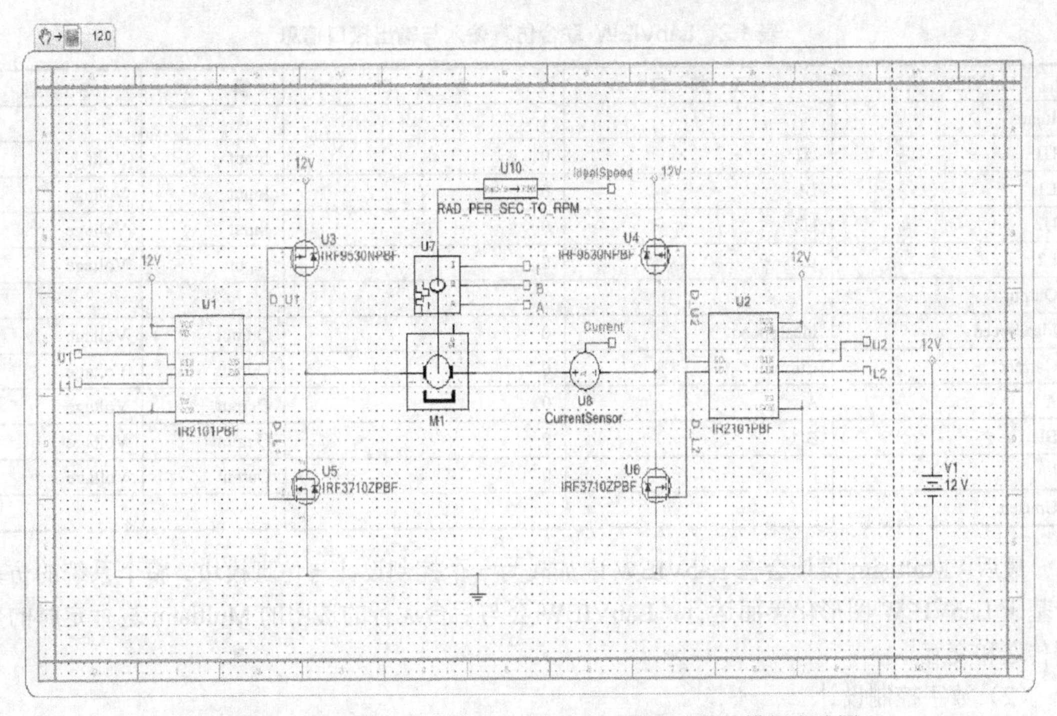

图 1.35 使用 IR 公司 MOSFET 模型和门极驱动器的模拟电路图

如果使用的 MOSFET 没有生产厂商提供的模型，增强的 Multisim 数据库提供了通用的 MOSFET 模型，可以根据器件规格自定义 MOSFET 的各个参数。图 1.36 展示了基于通用 MOSFET 模型的电路图。

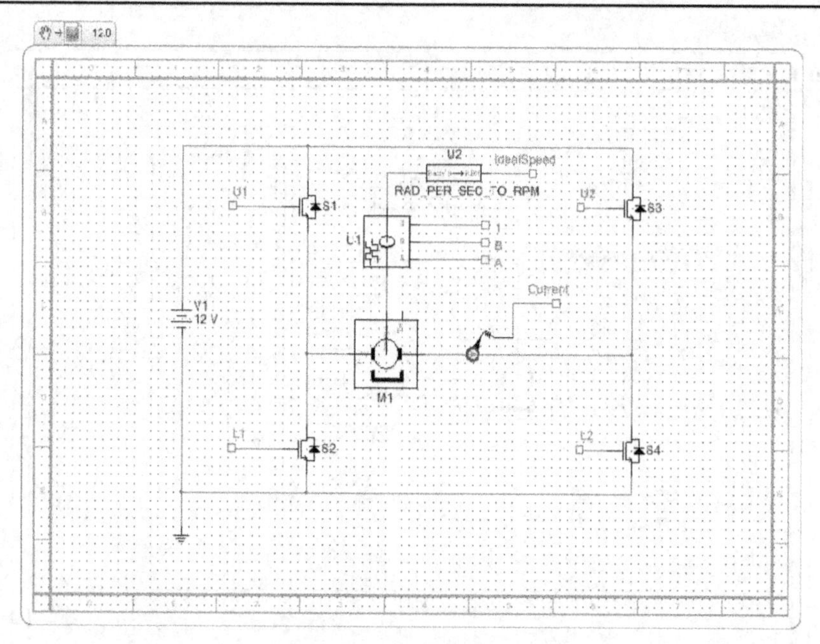

图 1.36 使用通用 MOSFET 模型的模拟电路图

HB/SC 接线端定义为 LabVIEW 联合仿真的输入与输出端口。表 1.2 是从 Multisim 设计中导出的电子表格。

表 1.2 LabVIEW 联合仿真输入与输出接口信息

LabVIEW 接口	正 接 口	负 接 口	模 式	类 型
Input				
U1	U1	0	Input	Voltage
L1	L1	0	Input	Voltage
U2	U2	0	Input	Voltage
L2	L2	0	Input	Voltage
Output				
IdealSpeed	IdealSpeed	0	Output	Voltage
Current	Current	0	Output	Voltage
A	A	0	Output	Voltage
B	B	0	Output	Voltage
I	I	0	Output	Voltage
Unused				

最后，Multisim 设计会在 LabVIEW 中加载为一个控制设计与仿真模块。整个系统的仿真会基于 LabVIEW 图形化界面运行，LabVIEW 会与后台运行的透明的 Multisim 进行定时的数据传送和交互。

（2）数字控制设计

Multisim 设计会被装载入 LabVIEW 中作为一个虚拟仪器，然后连接到不同的系统模块来构成完整的闭环反馈系统。读者可参考 LabVIEW 技术资源主页来学习更多关于 LabVIEW 图形化编程及系统设计的基础知识。

图 1.37 的框图展示了系统的信号路径。

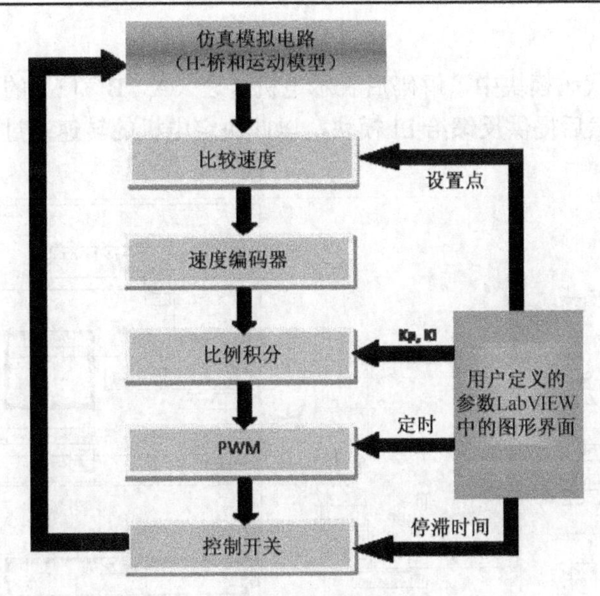

图 1.37 系统框图

3. LabVIEW FPGA IP 核

LabVIEW FPGA 模块非常适合开发天生并行运行的 FPGA 硬件。另外，它还可以有效地对低级 FPGA 代码进行仿真，与直接编译 FPGA 数字相比可以节省很多时间。

在传统的控制逻辑设计中，工程师开发出与模拟电路分享的嵌入式的代码，但是逐渐地需要在系统级进行交互，这通常很难实现同时的仿真。这种仿真能力的缺乏有可能导致开发出来的嵌入式逻辑并不能很好地支持模拟电路（例如，功率电路系统），造成系统效率低于预期/设计指标。这将迫使开发者对算法进行调整并重编译。

每一次代码的修改都会在编译和部署阶段造成时间的损失（一次简单的重编译就可能花费 4 小时的时间）。准确地结合模拟电路的联合仿真（可以由 Multisim 和 LabVIEW 提供）可以在制造原型或编译之前就了解系统整体的性能，所以可以减少原型化的迭代次数，节省开发时间和开发成本。

本设计中使用数字控制包括了 4 个 LabVIEW FPGA IP 核，如图 1.38 所示。

（1）比例积分 IP

在这段代码中，会根据用户提供的输入参数（Kp 和 Ki）按照比例积分控制算法计算输出值。如图 1.39 所示。

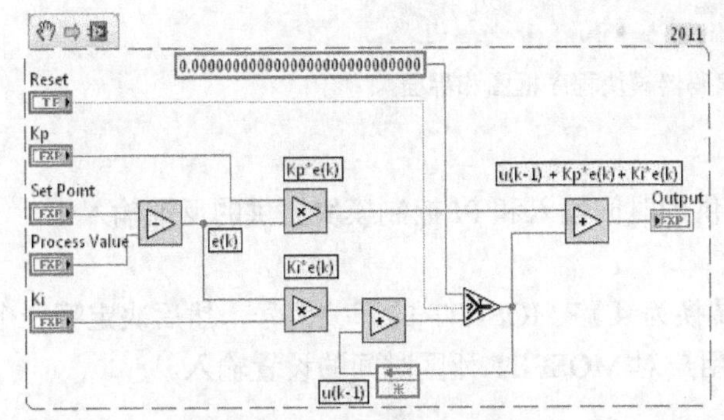

图 1.38 比例积分 IP

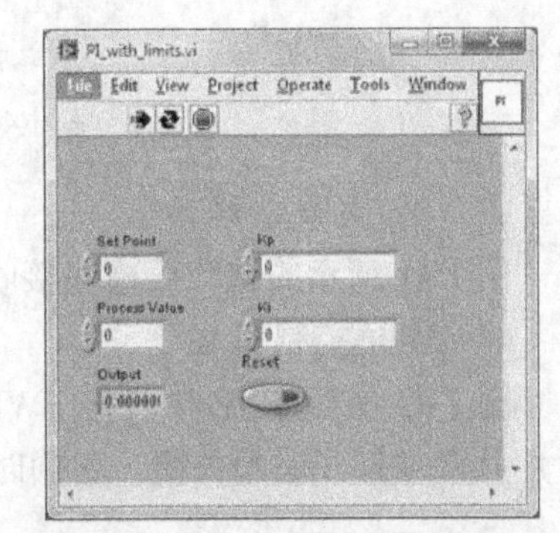

图 1.39 比例积分模块框图和界面

（2）正交编码 IP

在图 1.40 所示的代码模块中，解码后表示电机转速（A，B 和 I）的信号会被重新编码来还原真实的速度值，然后提供反馈给 PI 模块，以此决定电机的转速是过快还是过慢。

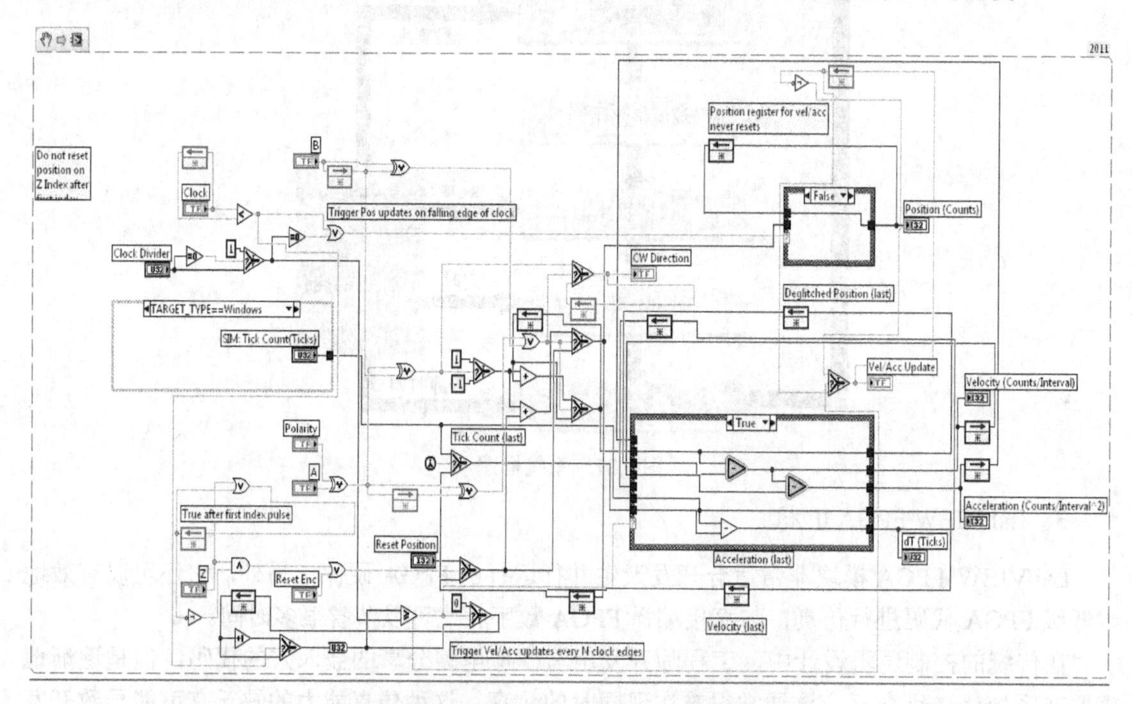

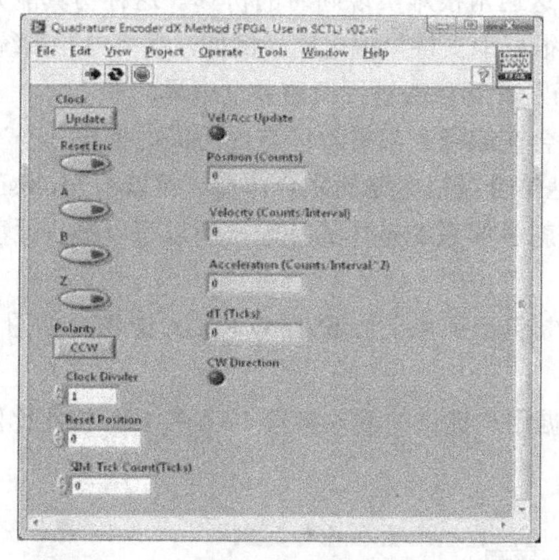

图 1.40　正交编码器模块程序框图和界面

（3）PWM 发生器 IP

图 1.41 所示的该代码模块接收用户提供的时间输入和 PI 控制模块提供的反馈输入。

（4）H-桥控制器 IP

图 1.42 所示的 IP 模块将 PWM 输出转换为 4 路 MOSFET 的开关信号，然后决定哪一个对角元素是打开还是关闭。它同时还接收用户对 MOSFET 死区时间的设置输入。

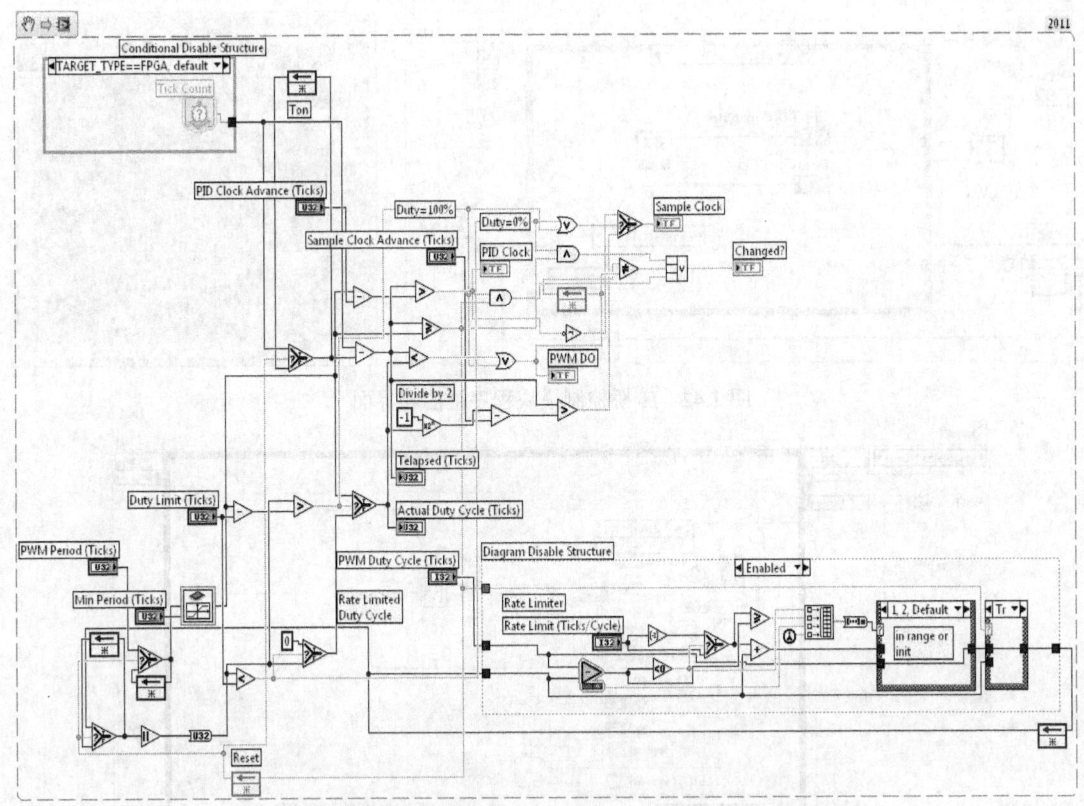

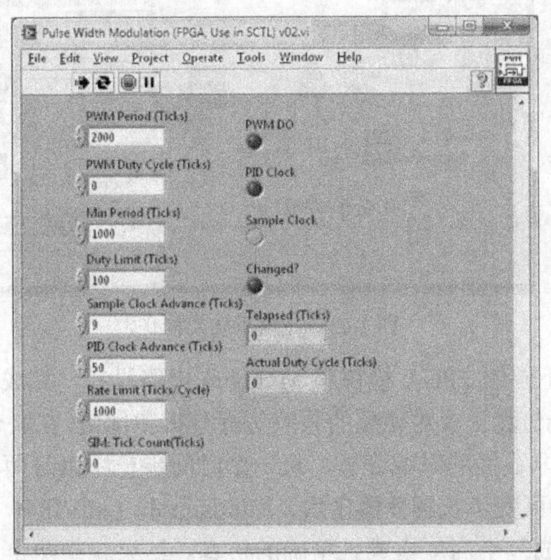

图 1.41 PWM 控制模块程序框图和界面

4. 完整系统架构

所有这些模块都放置在一个控制与仿真循环中，使用了预先设置的固定步长。系统可以以 40 MHz（250 ns 每步长）的频率运行。另外还开发了图形化用户界面来监控系统信号（如电机转速度和电流）。如图 1.43 所示。

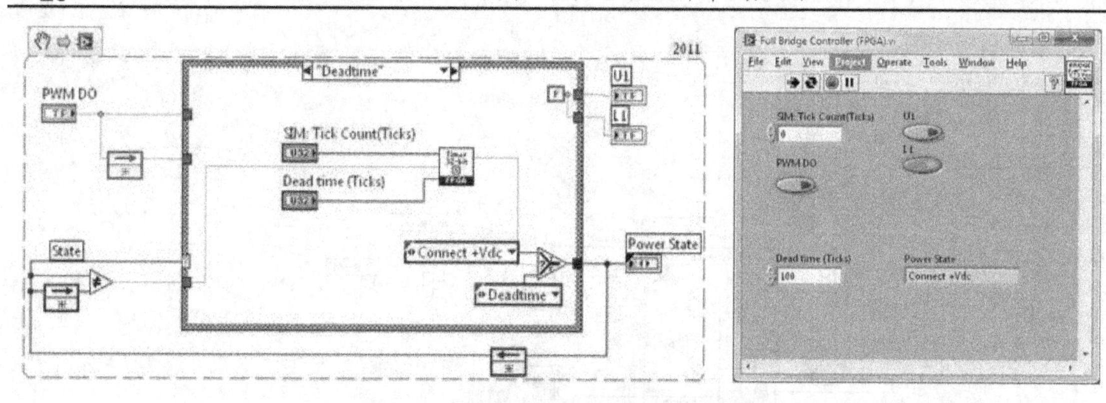

图 1.42　H-桥控制模块程序框图和界面

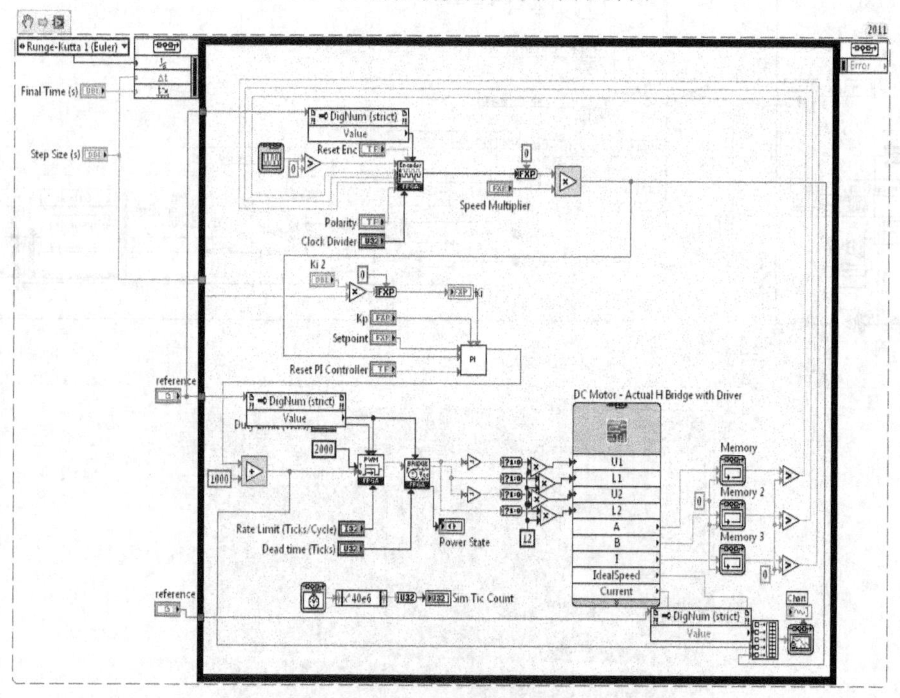

图 1.43　完整系统架构

系统架构框图包括不同的 FPGA 模块和 Multisim 电路设计，完成模拟功率建模和数字控制器设计之后，使用联合仿真工具对完整的系统进行分析和优化。在联合仿真环境下，Multisim 和 LabVIEW 同时执行非线性的时域分析，每一个时间步长结束时两者交互数据。另外，当 LabVIEW 被配置为使用可变步长解算器之后，Multisim 和 LabVIEW 就可以对未来的仿真步数进行协调，这样就形成一个高度集成且精确的仿真。结果就是两个工具都可以加强运算的精度，即使在两个解算器之间有耦合的差分方程的情况下，也可以保证仿真结果准确可靠。

通过系统分析，可以进一步观察到有刷直流电机驱动系统的运行性能。嵌入式 FPGA 控制代码和模拟对象模型中各个变量都可以在联合仿真的过程中观察到。能够观察任何信号（例如，MOSFET/电机中的电流/电压信号、控制代码的死区特征等）的功能让我们可以对系统的连通性有一个可靠的验证，也能更深入地了解系统的行为。

如图 1.44 在这个 1 s 的系统仿真中，电机转速从 0 上升并稳定于 1200 rpm，显示的信号包括设定转速（红色）、Multisim 中传感器读取的转速（黄色）以及仿真过程中电机的真实转速（白色）。

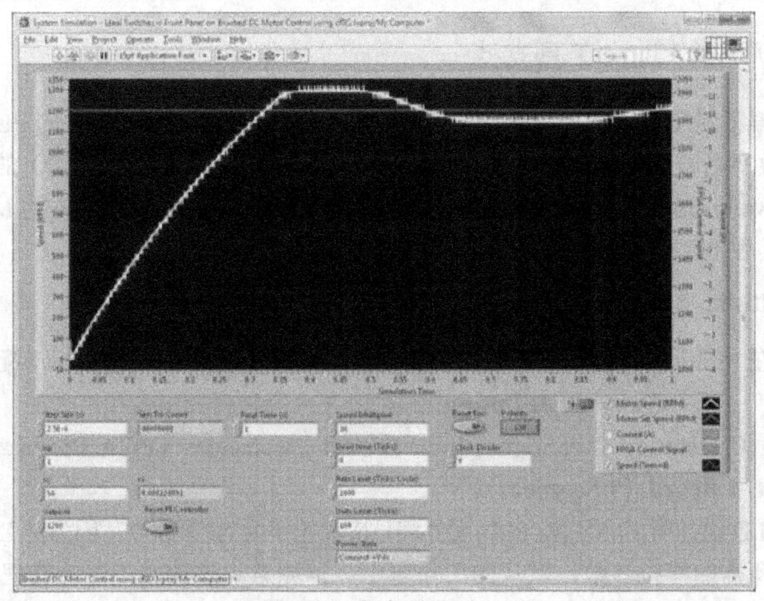

图 1.44　仿真图形（1）

图 1.45 仿真系统的 LabVIEW 界面显示了 1 s 的系统仿真时间，电机转速从 0 上升并稳定于 1200 rpm 过程中从 Multisim 读取的电机电流信号（绿色）和 LabVIEW 给出的 FPGA 控制信号（蓝色）。

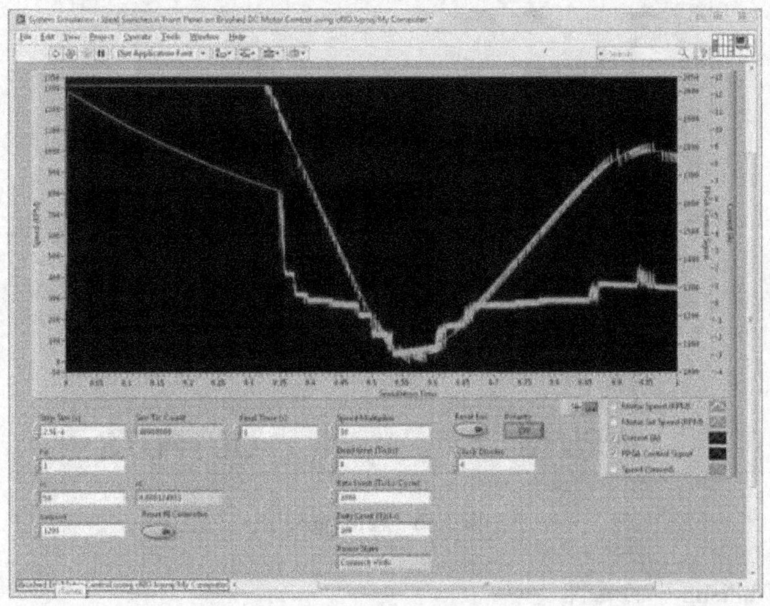

图 1.45　仿真图形（2）

结论:

联合 Multisim 和 LabVIEW 的仿真功能来为带有直流有刷电机和相关电力电子器件的机电一体化系统创建完整的桌面仿真，针对 H-桥进行模拟电路仿真，使用 LabVIEW 实现数字控制模块仿真。点对点的仿真可以在系统设计的前期阶段对系统进行验证，帮助决定最合适的元件、PI 控制参数、H-桥驱动模式和系统监控方案。

1.1.4 新增的 Xilinx 工具支持

这里介绍编程现场可编程门阵列（FPGA）如何使用 NI Multisim 软件的 PLD 原理。侧重于编程的 NI 数字电子 FPGA 开发板使用 Multisim 的可编程逻辑器件（PLD）的设计和 Xilinx ISE 工具。在 Multisim 中生成原始的 VHDL 下载到 FPGA 中。要求的版本为 Multisim 12.0，Xilinx ISE 工具版本 13.x，12.x 或 10.1 SP1。

1. 在 Multisim 中创建一个新的 PLD 设计

第一步是在 Multisim 创建一个新的 PLD 设计。在这个例子中，使用标准配置的 DEFB。

（1）打开：**File→New→PLD Design…**

（2）选择：**Use standard configuration→Digital Electronics FPGA Board** 或者 **NI Digital Electronics FPGA Board（7 Segment）**。

（3）修改 PLD 设计所需的名称。PLD 元件编号应该始终为 XC3S500E，因为是 Xilinx 的 FPGA。

（4）选择所需的模拟参数，默认的工作电压。请注意，这些并不影响物理设备，它们只用于模拟。切换任何预定义的连接器，在 Multisim 提供 FPGA 逻辑设计时，例子中只保留默认选择。选择完成创建入口的输入和输出的可编程逻辑器件原理。

（5）PLD 的原理出现如图 1.46 所示，现在准备添加到 PLD 原理的逻辑。

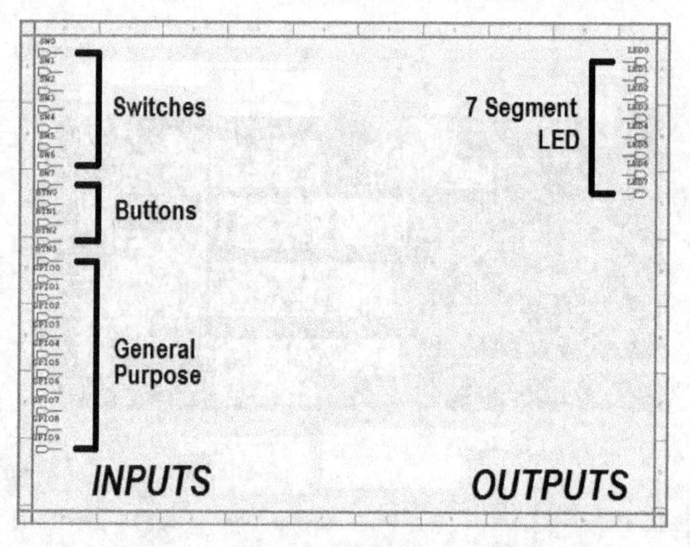

图 1.46 输出/输入

2. 描述 Multisim 中的逻辑

（1）右击对话框并选择 Place Component….

（2）使用下面的参数，再选择一个组件（PLD 的模式）窗口数据库：

Database：Master Database

Group：PLD Logic

Family：Logic Gates

Component：OR2

OR2 或门的两个输入引脚。以同样的方式，OR8 组件是八个输入引脚的门。如图 1.47 所示。

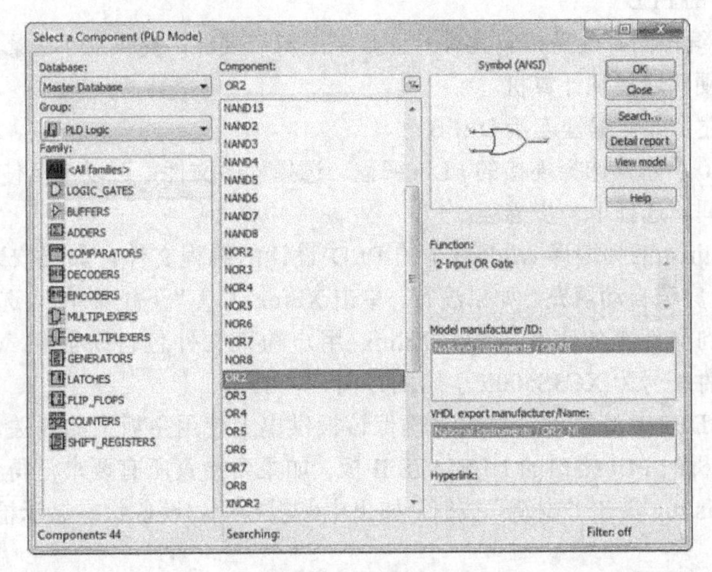

图 1.47 选择元件

选择 OK，图上放置组件。这个位置在剪贴板上的 OR2 门，所以它是被放置在原理图上。单击放置或门和 SW0 和 SW1。如图 1.48 所示。

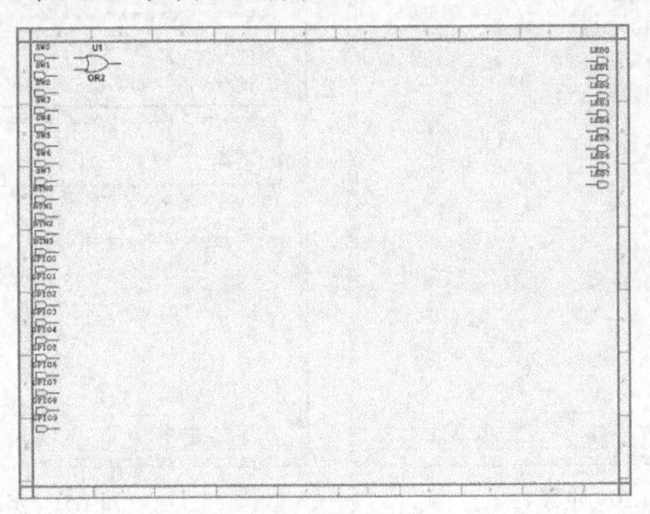

图 1.48 放置元件

（3）已完成的逻辑出现如图 1.49 所示。现在可以导出你的数字逻辑。

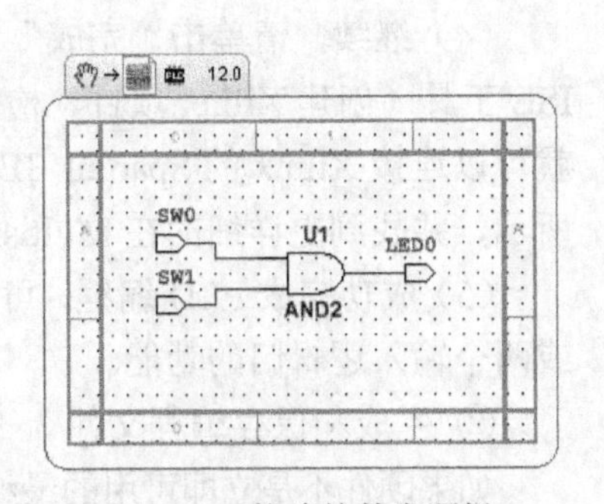

图 1.49 构建的数字逻辑

3. 输出 PLD 逻辑步：出口 PLD 逻辑

导出的数字逻辑：Transfer→Export to PLD...

可以从三个选项中选择导出 PLD 的逻辑：

（1）程序选项保存的编程文件（如果 PLD 的连接和检测）；

（2）生成和保存编程文件的连接 PLD；

（3）生成和保存 VHDL 文件。所有这三个有独特的优势，接下来进一步解释。

① 程序连接的 PLD

连接的 PLD 编程的好处是，它允许验证数字逻辑与硬件，提供立竿见影的效果。其缺点是，必须编程的硬件连接到计算机。

以下步骤概述了如何编程连接 DEFB。

（1）如图 1.50 所示，选择连接的 PLD 编程。选择程序文件，可以重复使用程序文件，在以后这将节省时间。选择下一步继续。

（2）选择 Xilinx 工具编译 Multisim 的 PLD 设计的编程文件。如果安装到默认位置的 Xilinx ISE 工具，应该自动填充。如果没有，单击 Xilinx 工具“下拉菜单”，选择手动选择“工具”，然后浏览到文件夹的工具安装。Xilinx 用户约束文件包含映射在 Multisim 连接到 XilinxFPGA，元件编号为 XC3S500E 引脚的方向。

（3）必须将 DEFB 连接到计算机。确保该板供电上使用主板上的开关，它连接是通过 USB 连接到计算机的 PCI 接口的 NI ELVIS II 板。如果要检查所有要求已得到满足和设备已正确连接到 Multisim，单击“刷新”按钮。如果电路板检测，设备状态显示检测日期和时间，如图 1.51 所示。

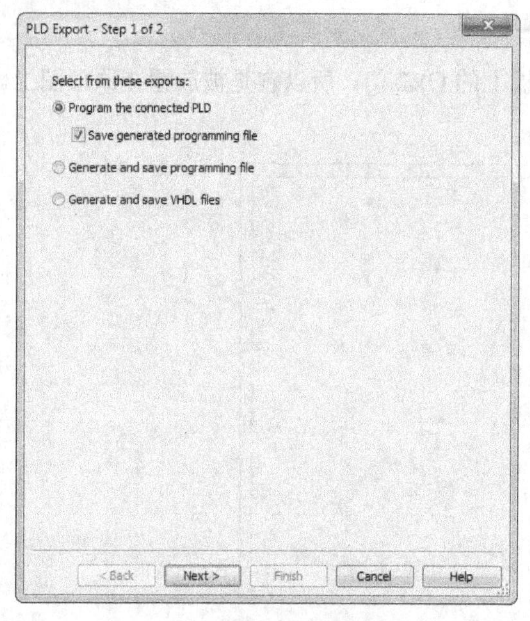

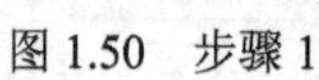
图 1.50　步骤 1

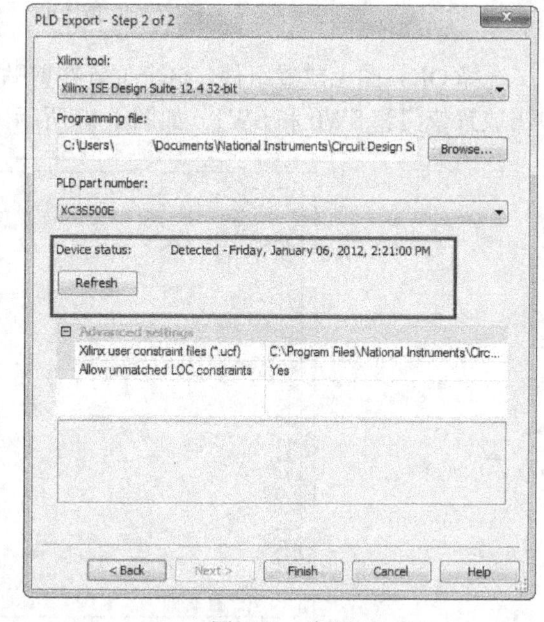

图 1.51　步骤 2

（4）继续，请单击“完成”这开始的 PLD 编程 11 步的过程。Multisim 中自动调用 Xilinx ISE 工具（创建 Xilinx 项目、检查语法、翻译、地点和路线、生成的编程文件，等等），然后就可以连接 Xilinx 的 Spartan 3E FPGA 的 DEFB 编程。从模拟窗口可以监视进度，如图 1.52 所示，并找到更详细的在 Multisim 环境下的电子表格视图。

（5）成功完成 PLD 编程，可以切换开关 SW0 和 SW1，观察 LED0 亮起时和确认的 DEFB 或两个输入逻辑门的功能。

② 生成和保存编程文件

如果硬件不是立即可用的最终目标的 FPGA，可以生成和保存针对 FPGA 的编程文件。这个文件是最接近实际物理 FPGA 编程的步骤，带来的编程文件类和快速部署到 FPGA，使用 Xilinx ISE 工具得到结果。以下步骤概述了如何使用 Multisim 的 PLD 输出产生一编程文件。

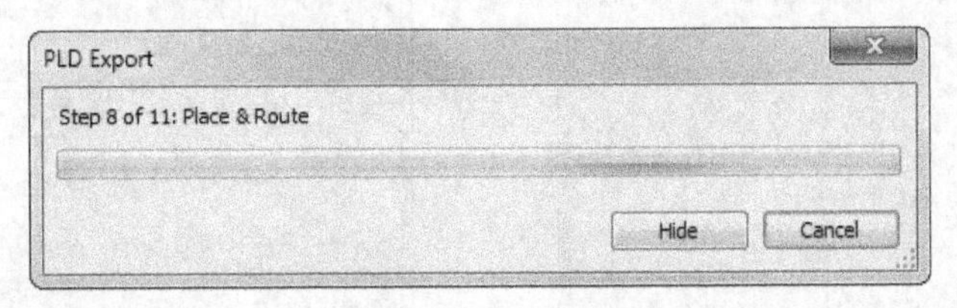

图 1.52 PLD Export

（1）选择 Generate and save programming file，如图 1.53 所示。选择“Next”继续。

（2）选择 Xilinx 工具编译 Multisim 的 PLD 设计的编程文件。Xilinx ISE 工具如果被安装到默认位置，它们应该自动填充。如果没有，单击 Xilinx 工具“下拉菜单”，选择“手动选择工具”，浏览到文件夹的工具安装。Xilinx 用户默认文件包含映射在 Multisim 连接到 XilinxFPGA，元件编号 XC3S500E 沿引脚的方向。如图 1.54 所示。

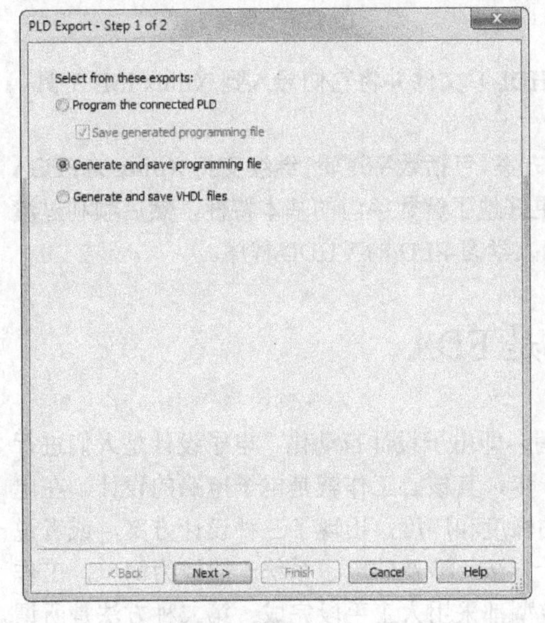

图 1.53 步骤 1

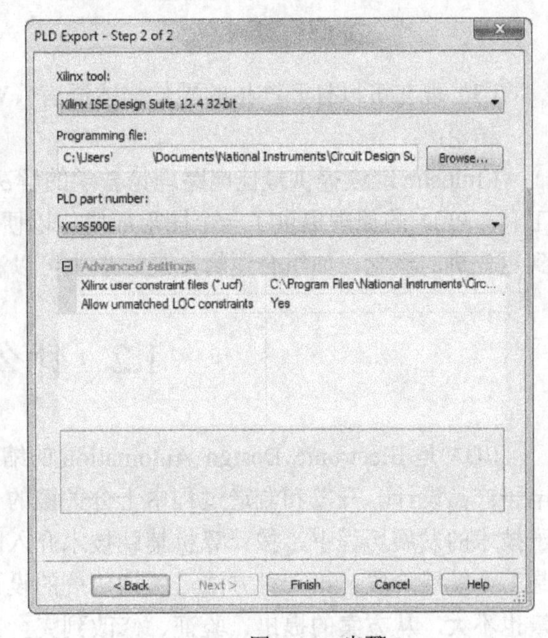

图 1.54 步骤 2

（3）选择完成 9 个步骤进行；因为检测硬件和硬件编程这两个步骤不需要，所以去除了。

③ 生成和保存 VHDL 文件

以上介绍了硬件描述语言（HDL）。PLD 在 Multisim 的 PLD 逻辑生成 VHDL 代码。使用 Xilinx ISE工具，添加关键时序约束时需要生成的VHDL代码。以下步骤概述了如何在Multisim 中导出数字逻辑的 VHDL。

（1）选择 Generate and save VHDL files，如图 1.55 所示。选择“Next”继续。

（2）选择顶层模块文件的名称。也可以指定自定义包的文件名。如果不指定，Multisim 的默认文件后缀为_pkg 到指定的顶层模块。选择完成，生成的文件如图 1.56 所示。

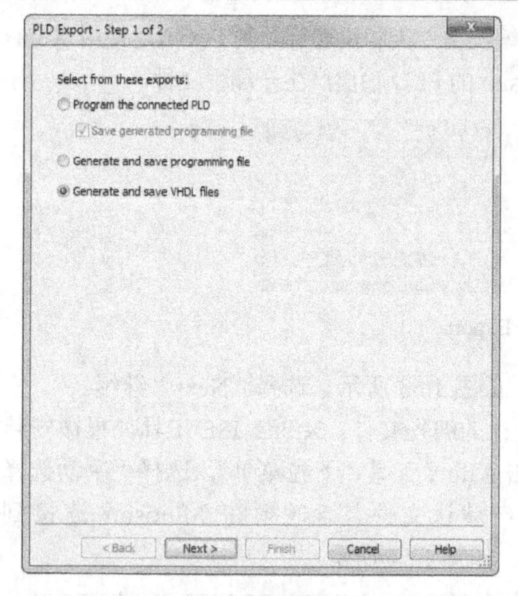

图1.55 步骤1

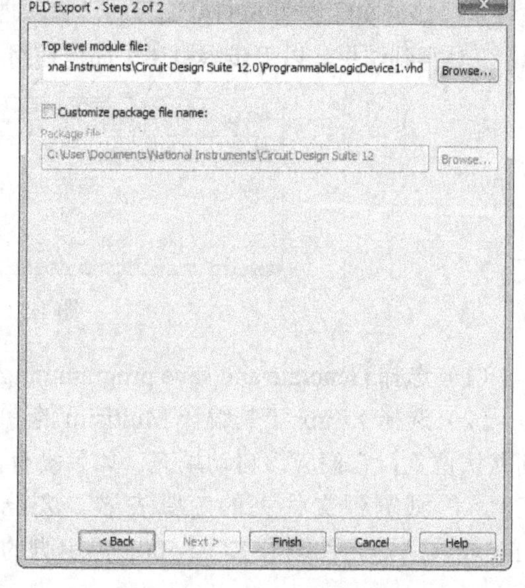

图1.56 步骤2

（3）现在可以打开产生的硬件描述语言（VHDL）文件并将它们导入到Xilinx ISE工具。

结论：

Multisim继续提供最佳电路理论教学的解决方案，包括数字逻辑，继续支持Xilinx的FPGA工具。PLD的原理提供了一个图形环境，以便更好地了解数字门的基本特性，然后顺利过渡到更先进的概念，如组合逻辑，最后学生可以深入学习PLD的VHDL程序。

1.2 什么是EDA

EDA是Electronic Design Automation的缩写，即电子设计自动化。电子设计是人们进行电子产品设计、开发和制造过程中十分关键的一步，其核心工作就是电子电路的设计。在电子技术的发展历程中，按计算机辅助技术介入的深度和广度，出现了三种设计方案，或者说是三个发展阶段：第一种方法是所谓传统的设计方法，涉及的电子系统一般较为简单，工作量也不大，从方案的提出、验证、修改到完全定型都采用人工手段完成；第二种方法是所谓的计算机辅助设计（CAD）方法，就是由计算机完成数据处理、模拟评价、设计验证等部分工作，由人和计算机共同完成（或者说是由计算机辅助人完成）设计工作的方法，这种方法是在电子产品由简单向复杂、电子设计工作量由小到大发展过程中产生的；第三种方法是所谓的EDA方法，它是在电子产品向更复杂、更高级，向数字化、集成化、微型化和低功耗方向发展过程中逐渐产生并日趋完善的。在这种方法中，设计过程的大部分工作（特别是底层工作）均由计算机自动完成。

第一种设计方法是一种自下而上的设计方法，即首先由设计人员根据自己的经验，利用现有通用元器件，完成各部件电路的设计、搭试、性能指标测试等，然后构建整个系统，最后经调试、测量达到规定的指标。这种方法不但花费大、效率低、周期长，而且基本上只适用于早期较为简单的电子产品的设计，对于比较复杂的电子产品的设计越来越力不从心。

第三种设计方法是一种自上而下的设计方法，它从系统设计入手，先在顶层进行功能划分、行为描述和结构设计，然后在底层进行方案设计与验证、电路设计与PCB设计、专用集成电路（ASIC）设计。在这种方法中，除系统设计、功能划分和行为描述外，其余工作由计算机自动完成。这种方法花费少、效率高、周期短、功能强、应用范围广。

可见，EDA是电子技术发展历程中产生的一种先进的设计方法，是当今电子设计的主流手段和技术潮流，是电子设计人员必须掌握的一门技术。

1.3 EDA的用处

EDA所涉及的范围有以下三个方面。

1. 电路（含部件级电路和系统级电路）设计

电路设计主要是指原理电路的设计、PCB设计、专用集成电路（ASIC）设计、可编辑逻辑器件设计和单片机（MCU）的设计。

2. 电路仿真

电路仿真是利用EDA系统工具的模拟功能对电路环境（含电路元器件级测试仪器）和电路过程（从激励到响应的全过程）进行仿真。这个工作对应着传统电子设计的电路搭建和性能测试。由于不需要真实电路环境的介入，因此花费少、效率高，而且结果快捷、准确、形象。正因为如此，电子仿真被许多高校引入电路实验（含电子电工实验、电路分析实验、模拟电路实验、数字电路实验、电力电路实验等）的辅助教学中，形成虚拟实验和虚拟实验室。在这里，实验环境是虚拟的，即模型化了的实验环境。实验过程也是理想化的模拟过程，没有真实元器件参数的离散和变化，没有仪器精度变化带来的影响等。总之，一切干扰和影响都被排除了，实验结果反映的是实验的本质过程，因而准确、真实、形象。

3. 系统分析

利用EDA技术及工具能对电路进行直流工作点分析、交流分析、瞬态分析、傅里叶分析、噪声分析、噪声图分析、失真分析、直流扫描分析、DC和AC灵敏度分析、参数扫描分析、温度扫描分析、转移函数分析、极点——零点分析、最坏情况分析、蒙特卡罗分析、批处理分析、用户自定义分析、反射频率分析，等等。

1.4 EWB与Multisim

Multisim是一个完整的设计工具系统，提供了庞大的元件数据库，并提供原理图输入接口、全部的数模SPICE（Simulation Program with Integrated Circuit Emphasis）仿真功能、VHDL/Verilog设计接口与仿真功能、FPGA/CPLD综合、RF射频设计能力和后处理功能，还可以进行从原理图到PCB布线工具包（如：Electronics Workbench的Ultiboard）的无缝数据传输。它提供的单一易用的图形输入接口可以满足使用者的设计需求。Multisim提供全部先进的设计功能，满足使用者从参数到产品的设计要求。因为程序将原理图输入、仿真和可编程逻辑紧密集成，所以使用者可以放心地进行设计工作，不必顾及不同供应商的应用程序之间传递数据时经常出现的问题。

NI Multisim 12 用软件的方法虚拟电子与电工元器件以及电子与电工仪器和仪表，通过软件将元器件和仪器集合为一体。它是一个原理电路设计、电路功能测试的虚拟仿真软件。NI Multisim 12 的元器件库提供数千种电路元器件供实验选用。同时也可以新建或扩展已有的元器件库，而且建库所需的元器件参数可以从生产厂商的产品使用手册中查到，因此可很方便地在工程设计中使用。NI Multisim 12 的虚拟测试仪器/仪表种类齐全，有一般实验用的通用仪器，如万用表、函数信号发生器、双踪示波器、直流电源等，还有一般实验室少有或者没有的仪器，如波特图仪、数字信号发生器、逻辑分析仪、逻辑转换器、失真仪、安捷伦多用表、安捷伦示波器、泰克示波器等。NI Multisim 12 具有较为详细的电路分析功能，可以完成电路的瞬态分析、稳态分析等各种电路分析方法，以帮助设计人员分析电路的性能。它还可以设计、测试和演示各种电子电路，包括电工电路、模拟电路、数字电路、射频电路及部分微机接口电路等。该软件还具有强大的 Help 功能，其 Help 系统不仅包括软件本身的操作指南，更重要的是包含有元器件的功能说明。Help 中这种元器件功能说明有利于使用 NI Multisim 12 进行 CAI 教学。

利用 NI Multisim 12 可以实现计算机仿真设计与虚拟实验，与传统的电子电路设计与实验方法相比，具有如下特点：设计与实验可以同步进行，可以边设计边实验，修改调试方便；设计和实验用的元器件及测试仪器仪表齐全，可以完成各种类型的电路设计与实验；可以方便地对电路参数进行测试和分析；可以直接打印输出实验数据、测试参数、曲线和电路原理图；实验中不消耗实际的元器件，实验所需元器件的种类和数量不受限制，实验成本低，实验速度快，效率高；设计和实验成功的电路可以直接在产品中使用。

NI Multisim 12 易学易用，便于通信工程、电子信息、自动化、电气控制等专业学生学习和进行综合性的设计、实验，有利于培养综合分析能力、开发能力和创新能力。NI Multisim 12 同时也适用于从事电子相关行业的人员。

第 2 章　Multisim 12 元件库

任何一个电子仿真软件都要有一个供仿真用的元器件数据库（习惯上称为元件库），元件库中仿真元件的数量多少将直接影响该软件的使用范围，而模型的质量则影响着设计结果的准确性。这就好比要完成一个实际的电路设计，首先必须有一定数量的元器件供挑选，而这些元器件质量的好坏会影响整个电路的性能指标。同时，即使有了性能优越的元器件，还需对元件本身的性能指标、连接方式等有一个正确的应用，才能得到一个最佳的电路。本章将介绍 NI Multisim 12 教育版中元件库与元件的运用、编辑处理和元件更新等内容。

2.1　Multisim 12 元件库及其使用

启动 View 菜单中的 ToolBars→Components 命令，见图 2.1，其中显示 Multisim 包含的多个元件库，如图 2.2 所示。

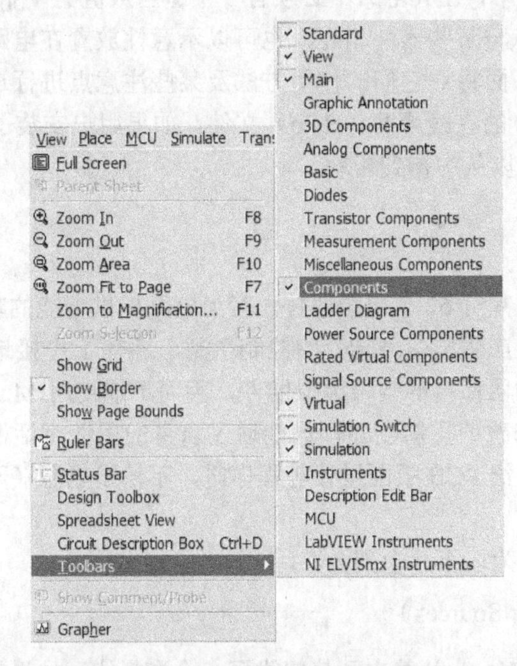

图 2.1　ToolBars→Components 命令

图 2.2　元件库

从结构上分，NI Multisim 12 主要包含以下三个数据库。

Multisim Database　又称 Multisim Master，用来存放程序自带的元件模型，Multisim 为

用户提供的大量且较为精确的元器件模型都放在其中。随版本的不同，Multisim Database 中含有的仿真元件的数量也不一样，增强专业版大约有 16 000 个，专业版约有 12 000 个，教育版约有 6000 个，而学生版仅有 500 个。对于这些仿真元件，用户可以随意调用。NI 公司还通过其网站或代理商给正版用户不定期地提供 Multisim Database 库中元件模型的扩充和元件更新服务。

User Database 用来存放用户使用 Multisim 提供的编辑器自行开发的元件模型，或者修改 Multisim Database 中已有的某个元件模型的某些信息，将变动了的元器件信息的模型存放于此，供用户使用。

Corporate Database 仅在专业版中有效，用于多人共同开发项目时建立共用的元件库。教育版中没有此项。

NI Multisim 12 教育版的 Multisim Database 中含有 14 个元器件分类库（即 Component），每个库中又含有 3～30 个元件箱（又称为 Farmily），各种电路仿真元器件分门别类地放在这些元件箱中供用户调用。User Database 和 Corporate Database 在 Multisim 使用之初是空的，只有在用户创建或修改了元件并存放于该库后才能有元件供调用。

在实际应用过程中，如何正确地运用好元件库中的每一个元件也是一项非常重要的工作，如器件间的连接和参数的设置等问题。不同的器件常有一定的差异或特殊要求，例如 CMOS 类器件，在有些仿真设计中，在其电路中必须有一个适当数值的 V_{DD} 电源和一个数字接地端。V_{DD} 和数字接地端既可以与某些器件相连，也可以示意性放置在电路中。为了便于读者更好地运用好这些元器件，下面将对它们的使用方法及某些注意点进行适当介绍。这方面的问题读者也可以参考 Multisim 的在线帮助（Help）文件。如果用户安装了附带的 PDF 文件“User Guide Appendices”，也可以从中得到帮助。

2.1.1 电源库

电源库（Sources）中共有 62 个电源器件，有为电路提供电能的功率电源，有作为输入信号的各式各样的信号源及产生电信号转变的控制电源，还有 1 个接地端和 1 个数字电路接地端。Multisim 把电源类的器件全部当做虚拟器件，因而不能使用 Multisim 中的元件编辑工具对其模型及符号等进行修改或重新创建，只能通过自身的属性对话框对其相关参数直接进行设置。在将电路文件输出给 PCB 版图设计等程序时，不输出电源（不管是独立源还是受控源及接地端）。

该部分元器件主要分为以下几个部分。

1. 功率源（Power Sources）

接地元件电压均为 0 V，为计算电子值提供了一个参考点。如果需要，可以使用多个接地元件，所有连接到接地元件的端都表示同一个点，视为连接在一起。

（1）接地端（Ground）

在电路中，“地”是一个公共参考点，电路中所有的电压都是相对于该点而言的电势差。在一个电路中，原则上讲应该有一个且只能有一个“地”。在 Multisim 电路图上可以同时调用多个接地端，但它们的电位都是 0 V。并非所用电路都需接地，但以下两种情况应该考虑接地：(a) 运算放大器、变压器、各种受控源、示波器、波特指示器及函数发生器等必须接地（对示波器而言，如电路中已有接地端，示波器的接地端可不接地)；(b) 含模拟和数字元件的混合电路也必须接地。

Multisim 支持多点接地系统，所以接地连线都直接连到了地平面上。

(2) 数字接地端 (Digital Ground)

在实际数字电路中，许多数字元件需要接上直流电源才能正常工作，而在原理图中并不直接表示出来。为更接近于现实，Multisim 在进行数字电路的“Real”仿真时，电路中的数字元件要接上示意性的电源，数字接地当做该电源的参考点。

注意，数字接地端只用于含有数字元件的电路，通常不能与任何器件相接，仅示意性地放置于电路中。要接 0 V 电位，还是用一般接地端。

(3) V_{CC} 电压源 (V_{CC} Voltage Source)

直流电压源的简化符号，常用于为数字元件提供电能或逻辑高电平。双击其符号，打开 DigitalPower 对话框可以对其数值进行设置，正值和负值均可。但应注意如下几点。

(a) 同一个电路只能有一个 V_{CC}。如有另一个数字电源，可打开 DigitalPower 对话框，修改其 RefDes，如改为 V_{CC1}。

(b) V_{CC} 用于为数字元件提供能源时，可以示意性地放置于电路中，不必与任何器件相连。但如电路中已有与电路相接的 V_{CC}，这个示意性 V_{CC} 则不必再设。

(c) 也可以当做直流电源作用于模拟电路。

(4) V_{DD} 电压源 (V_{DD} Voltage Source)

与 V_{CC} 基本相同。当为 CMOS 器件提供直流电源进行“Real”仿真时，只能用 V_{DD}。

(5) 直流电压源 (DC Voltage Source)

在 Multisim 中这是一个理想直流电压源，与实际电源不同之处在于，使用时允许短路，但电压值将降为 0。

该电压源的取值范围从 *p* V 到 *T* V 不等。

提示：在 Multisim 中电池是没有阻抗的。如果希望使用电池与其他电池或者开关并联的话，就需要插入一个 1 mW 的电阻器与它串联。

电池容差默认为 global tolerance (在 Analysis→Monte Carlo 对话框中定义)。如果要明确设置容差，取消选择 Use global tolerance，并在 voltage tolerance 栏内输入一个数值。

(6) 交流电压源 (AC Power)

这是一个理想交流电压源，其频率取值范围从 *p* Hz 到 *T* Hz 不等，电压范围从 *p* V 到 *T* V 不等。

(7) V_{SS} 电压源

为 CMOS 器件提供直流电源。

(8) V_{EE} 电压源

与数字接地端基本相同。

(9) Three Phase Delta

该元件能够提供一个三相的功率源。三个输出引脚提供 120° 相位移动。用户可以自行定义幅度、频率和延时时间。这个部分在功率应用方便显示了突出优势。Delta type 连接里配置了三正弦波源。

（10）Three Phase Wye

该元件能够提供一个三相的功率源。用户可以自定义幅度、频率和延时时间。第四个连接作为不确定连接（可接地，或者不平衡下载的返回线）。

（11）非理想电源（NON_IDEAL_BATTERY）

该元件不是理想的电源，可以设置其内阻和电池容量。

2. 信号电压源（Signal Voltage Sources）

（1）交流电压源（AC Voltage Source）

这是一个正弦交流电压源，电压显示的数值是其有效值（均方根值），例如，有正弦电压 $u = 10 \times 1.414\sin(2\pi \times 50t + 45)$ V，设置参数应为：10 V / 50 Hz / 45 Deg。其属性对话框中的 Voltage 是指最大值，而 Voltage RMS 则是有效值，两者只需设置其一，程序会自动给出另一个。

（2）时钟电压源（Clock Voltage Source）

实质上是一个幅度、频率及占空比均可调节的方波发生器，常作为数字电路的时钟触发信号，其参数值在其属性对话框中设置。

（3）调幅电压源（AM Voltage）

调幅电源（受单一频率幅度调制的信号源）能够产生一个受正弦波调制的调幅信号源，它可以用来建立和分析通信电路。其表达式为

$$V_o = V_c \sin 2\pi f_c t(1 + m\sin 2\pi f_m t)$$

其中，V_c 为载波幅度，f_c 为载波频率，m 为调制指数，f_m 调制频率。

（4）调频电压电源（FM Voltage Source）

受单一频率调制的信号源，能产生一个频率可调制的电压波形。其表达式为

$$V_o = V_a \sin[2\pi f_c t + m\sin(2\pi f_m t)]$$

其中，V_a 为峰值幅度，f_c 为载波频率，m 为调制指数，f_m 为调制频率。

（5）脉冲电压源（Pulse Voltage Source）

脉冲电压源是一种输出脉冲参数可配置的周期性电源，可设置的脉冲参数有 Initial Value（初始值）、Pulsed Value（脉冲值）、Delay time（延时时间）、Rise Time（上升时间）、Fall time（下降时间）、Pulse Width（脉冲宽度）、Period（周期）等。打开其属性对话框即可进行设置，如图 2.3 所示。

（6）指数电压源（Exponential Voltage Source）

指数电压源也是一种可配置性电源，其输出的指数信号参数可适当设置。可改变的参数有 Initial Value（初始值）、Pulsed Value（脉冲值）、Rise Delay time（上升延时时间）、Rise Time（上升时间）、Fall Delay time（下降延时时间）、Fall time（下降时间）。打开其属性对话框即可进行参数设置，如图 2.4 所示。

（7）分段线性电压源（Piecewise Linear Voltage Source）

简称 PWL 电源，通过插入不同的时间及电压值，可控制输出电压的波形形状，每对时间/电压值决定从该时刻起输出的新波形（大小），直到下一对时间/电压对应的时刻，然后按新的时间/电压值对应输出电压波形。

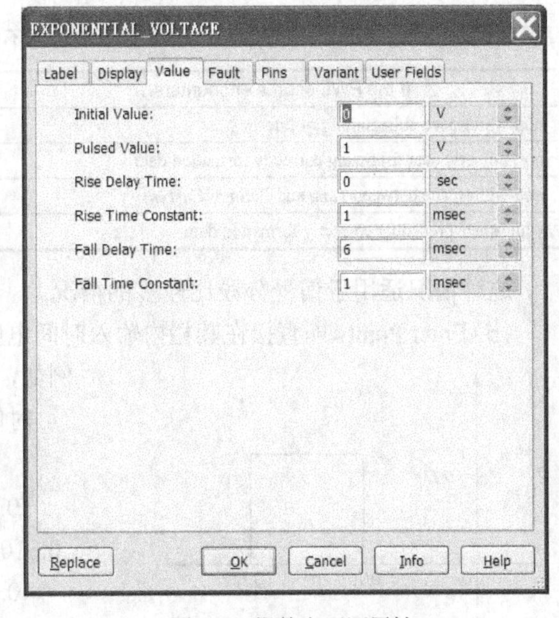

图 2.3　脉冲电压源属性

图 2.4　指数电压源属性

双击该电源符号，打开其属性对话框，如图 2.5 所示。

从属性对话框中可以看出，实现分段线性信号的方式有以下两种。

（a）Open Data File：即读入专门格式的表达时间/电压数值的文本文件，用这些数据，PWL 源产生文本文件所规定的电压波形。产生文本的方法是：进入 Multisim 之前（或退出 Multisim 之后），在电路窗口的空白处单击右键。弹出对话框，选中“新建（N）”项中的“文本文档”，在“新建文本文档”中输入文件名。然后单击“新建文本文档”打开其窗口，便可以写入文本文件。然后单击“文件（F）”，然后选中“保存（S）”命令。

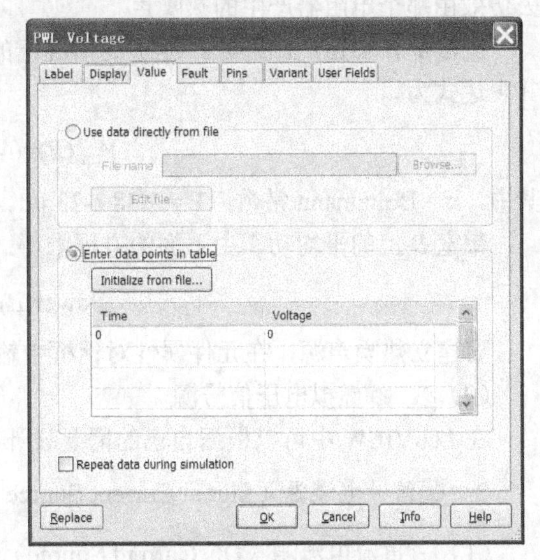

图 2.5　分段线性电压源属性

输入文件的书写格式为：时间（空格）电压（空格个数没有具体要求），例如：

00
2.88e-06　　0.0181273
5.76e-06　　0.0363142
1e-05　　0.063185
1.848e-05　　0.117198

表 2.1 中的内容以文字形式描述如下：

假如最早的输入点不是时间零点，则该 PWL 源输出的电压从时间零点（0，0）一直连续到最早的时间。而对最后输入时间以后的电压，PWL 源将维持最后点的电压值，一直保持到仿真结束。PWL 源能够自动处理数据的分类和排列。如果没有注明文件名，PWL 源相当于短路。

表 2.1 PWL 源不同情况下的反应

If the PWL source encounters…	It will…
non-whitespace at beginning of line	ignore line
non-numeric data following correctly formatted data	accept data,ignore non-numeric data
non-whitespace between *Time* and *Voltage/Current*	ignore line
whitespace preceding correctly formatted data	accept data,ignore whitespace

这种情况适用于信号分段比较多的情况。

(b) Enter Point：即直接在其栏内输入时间电压值。这种方式适用于信号分段比较少的情况。

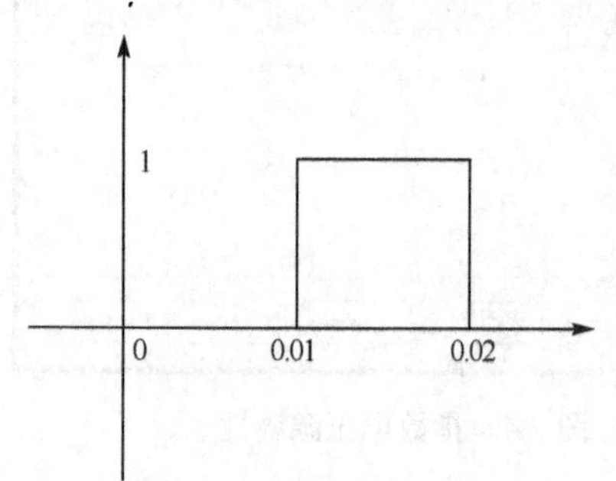

图 2.6 根据参数产生的方波

例如，输入以下参数，将产生一个方波：

时间	电压
0	0
0.01	0
0.01001	1
0.02	1
0.02001	0

图 2.6 中所示为以上参数所产生的方波。

(8) Thermal Noise Source（热噪声源）

该热噪声源在导体里使用一个高斯白噪声模型来仿真热噪声。它可以与一个电阻器串连，去仿效由那个电阻器产生的热噪声。

在带宽 B（Hz）上温度 T（K）的情况下的 RMS 电压与 Johnson 噪声中的电阻器 R 相关，其表达式为

$$V_{\mathrm{rms}}(B)=(4\mathrm{k}\mathrm{T}RB)\hat{}1/2\ \mathrm{V}$$

其中，k = Boltzmann 常数，T = 1.38 e-23 j/d。

带宽 B 上的平均功率由下面的方程求得：

$$\mathrm{Power}(B)=4\mathrm{kT}RB\ \mathrm{W}$$

要建立热噪声源，在元件属性对话框中输入要求的参数（双击放置元件打开对话框）。

(9) 虚拟电压信号源

在 LabVIEW 中可以根据自己的需要设计出信号源，在 NI Multisim 12 中使用。

3. 信号电流源（Signal Current Source）

(1) 直流电流源（DC Current Source）

这是一个理想直流电流源。与实际电源不同之处在于，使用时允许开路，但电流值将降为 0 A。

电流由该电源产生，其变化范围为 mA 到 kA 之间。

直流电流源容差默认为 global tolerance（在 Analysis→Monte Carlo 对话框中定义）。如果要明确设置容差，取消选择 Use global tolerance，并在 current tolerance 栏内输入一个数值。

(2) 交流电流源（AC Current Source）

该电源的电流有效值 RMS 变化范围为 mA 到 kA 之间。其频率和相位角是可控制的。

$$I_{\mathrm{RMS}} = \frac{I_{\mathrm{peak}}}{\sqrt{2}}$$

交流电流源容差默认为 global tolerance（在 Analysis→Monte Carlo 对话框中定义）。如果要明确设置容差，取消选择 Use global tolerance，并在 current tolerance 栏内输入一个数值。

（3）调频电流电源（FM Current Source）

除了输出量是电流外，其余与调频电压源相同。

（4）脉冲电流源（Pulse Current Source）

除输出脉冲电流之外，其余与脉冲电压源相同。

（5）分段线性电流源（Piecewise Linear Current Source）

除输出电流外，其余与分段线性电压源相同。

（6）时钟电流源（Clock Current）

除输出为时针电流外，其余与时钟电压源相同。

（7）指数电流（Exponential Current）

除输出为指数电流外，其余与指数电压源相同。

（8）Magnetic Flux Generator

磁通量发生器，用来产生一个连续变化的磁场，主要用在霍耳效应的传感器上。

（9）Magnetic_flux 磁通量源

（10）虚拟电流信号源

用户通过 LabVIEW，可以设计出自己想要的电流源器件在 Multisim 10 中使用。

4. 控制功能模块（Control Function Blocks）

该部分部件在控制部件库中做具体介绍。

5. 控制电压模块（Controlled Voltage Sources）

（1）受控单脉冲（Controlled One-Shot）

该器件实质上是一种波形变换器，它能将输入的波形信号变换成具有特定幅值和特定脉宽的脉冲输出。其中输入端口用以输入欲变换的波形信号，当输入的波形超过预置的门限电平时，输出端会被触发输出高电平；输入端口“C”用以控制是否允许有脉冲输出，接低电平时允许，接高电平时则阻止脉冲触发；而输入端口“+”用来控制输出脉冲的脉宽。具体的参数可打开其属性对话框进行设置。

该示波器采用电压为 AC 电压或 DC 电压，它可以用做由（控制，脉冲宽度）对描述的分段线性曲线里的独立变量。从曲线上看，脉冲宽度值是一定的，示波器输出相同宽度的一个脉冲。可以更改时钟触发值、触发延时、来自脉冲宽度的输入延时、升降时间值和输出高低电平值。

当仅使用两个坐标对时，示波器输出一个关于控制输入的脉冲线性变量。坐标对数量大于 2 时，输出为分段线性。

（2）FSK 电压源（FSK Voltage Source）

该电压源通过移动几百赫兹的载波频率来键控电报或电传通信的传输器。当输入二进制值 1 被感应到时，频移键控（FSK）调制源产生一个 MARK 传输频率 f1；当输入二进制值 0 被感应到时，FSK 调制源产生一个 SPACE 传输频率 f2。

FSK 用于数字通信系统时，例如在低速率调制解调器中（如 Bell202 型调制解调器的传输速率为 1200 波特），数字高电平参照 MARK 频率，并复制出一个 1200 Hz 的 MARK 频率；数字低电平参照 SPACE 频率，并复制出一个 2200 Hz 的 SPACE 频率。

下面的例子表明 FSK 信号是一个 5 V（TTL）方波信号。

当键控输入为 5 V 时，输出 1200 Hz 的 MARK 频率；当键控电压为 0 V 时，便输出 2200 Hz 的 SPACE 频率。

当电压源输入信号为二进制码 1（高电平）时，输出一个频率为 f1 的正弦波；输入为二进制码 0（低电平）时，输出频率为 f2 的正弦波。输出频率 f1 和 f2 以及正弦波峰值电压可在该信号源的属性对话框中设置。

图 2.7 所示电路为 FSK 的一种测试电路和波形。该图中使用的元器件是方波发生器，其电压的幅度、占空比和频率均是可调的。

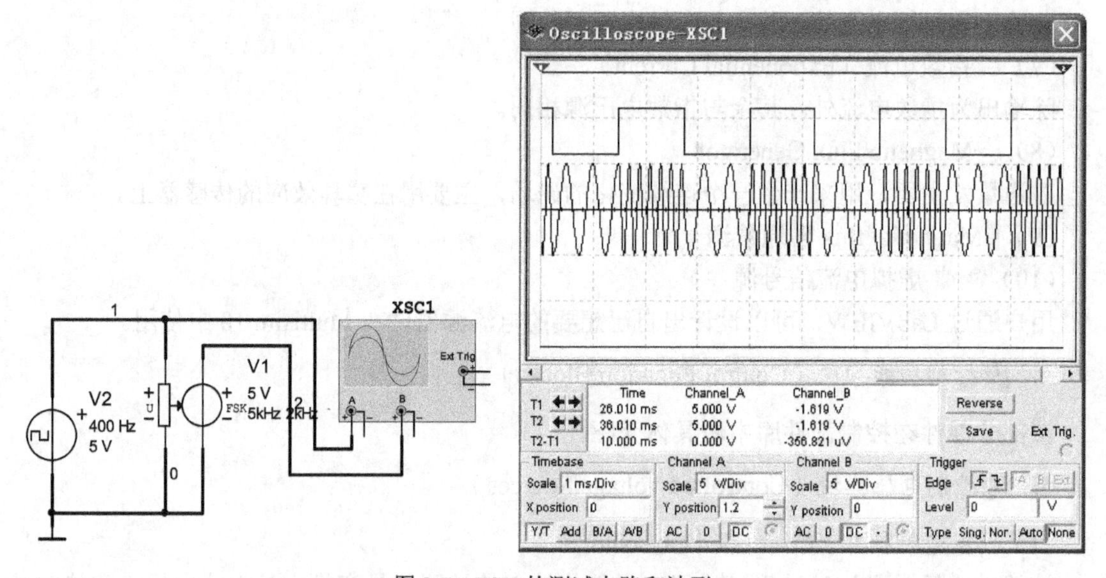

图 2.7 FSK 的测试电路和波形

（3）电压控制电压源（Voltage-Controlled Voltage Source）

输入电压大小受输入电压控制，其比值是其电压增益（E），数值从 mV/V 到 kV/V，具体数值要打开其属性对话框进行设置。其计算公式为

$$E=\frac{V_{\mathrm{out}}}{V_{\mathrm{in}}}$$

（4）电流控制电压源（Current-Controlled Voltage Source）

输出电压大小受输入电流控制，其比值称为电流增益（H），用 mhos（即 seimens）来衡量，范围从 mmhos 到 kmhos，具体数值需打开其属性对话框进行设置。

（5）电压控制正弦波电压源（Voltage-Controlled Sine Wave）

该电压源产生的是一个正弦波电压，但其频率受外加的 AC 或 DC 输入电压控制，其控制结果可打开该电源的属性对话框进行设置，例如，测试如图 2.8 所示电路输出波形。

这个例子使用了一个输出频率由控制电压决定的正弦波形发生器。控制电压可以是 DC，由许多信号发生器和函数发生器控制的电位计，或由能产生一个精确频率的 PLL 输出。设置 VCO 参数以便 0 V 控制电压能产生一个 100 Hz 的输出频率和 12 V 控制电压产生一个 20 kHz 的输出频率。

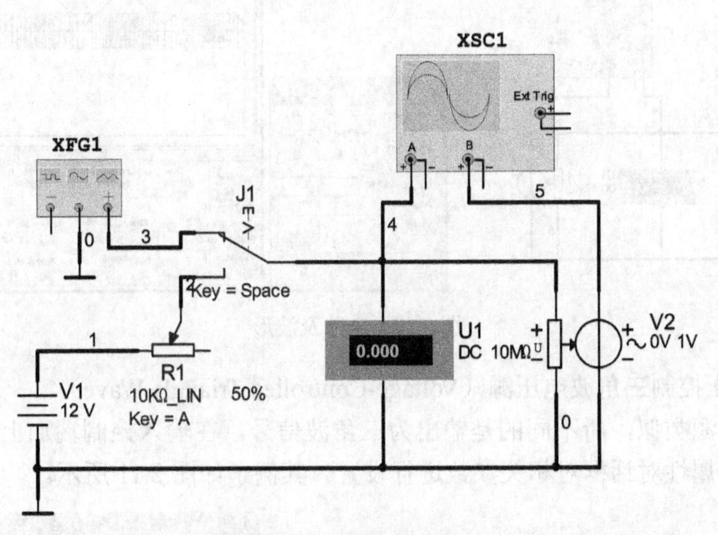

图 2.8　FSK 电压产生电路

如图 2.8 所示，方波控制产生 FSK 形式的电压，正弦波则控制产生 FM 形式的电压。为了确定输出频率的改变情况，需双击该电源符号，打开属性对话框，如图 2.9 所示。

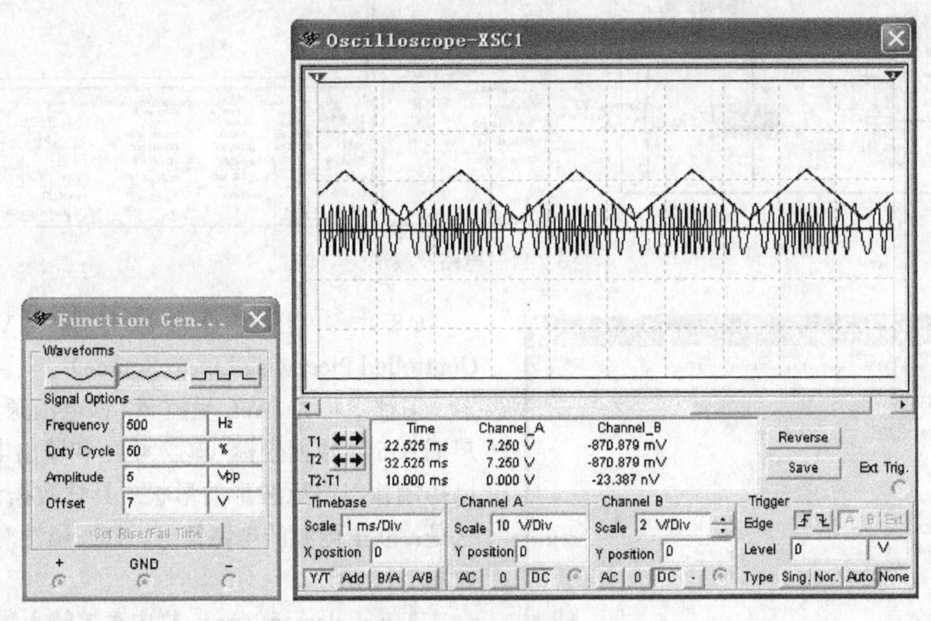

图 2.9　属性对话框

（6）电压控制方波电压源（Voltage-Controlled Square Wave）

与电压控制正弦波电压源类似，所不同的是输出为方波信号。同样不仅要在输入控制端加上控制电压，而且还要打开其属性对话框对相关参数进行设置。其测试如图 2.10 所示。

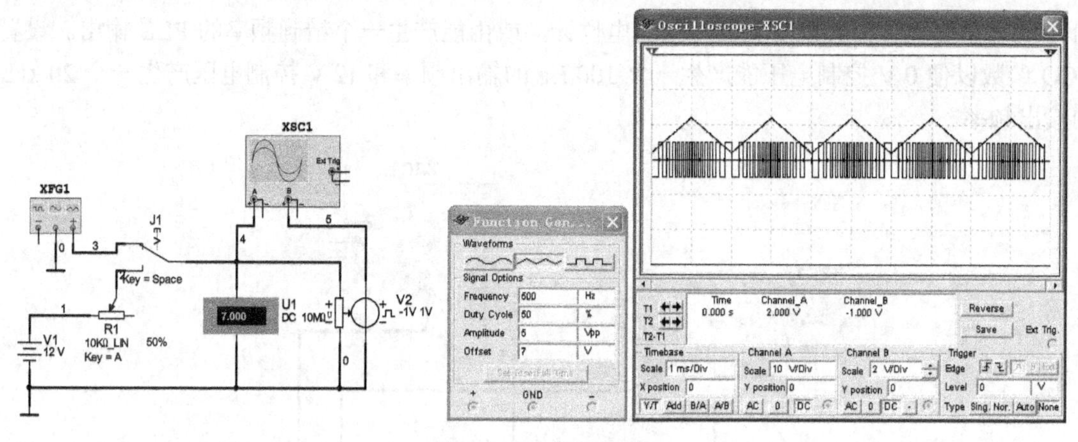

图 2.10 电路及波形

（7）电压控制三角波电压源（Voltage-Controlled Triangle Wave）

与前两个电源类似，所不同的是输出为三角波信号。在输入控制端加上控制电压的同时注意打开电源的属性对话框对相关参数进行设置。其例子如图 2.11 所示。

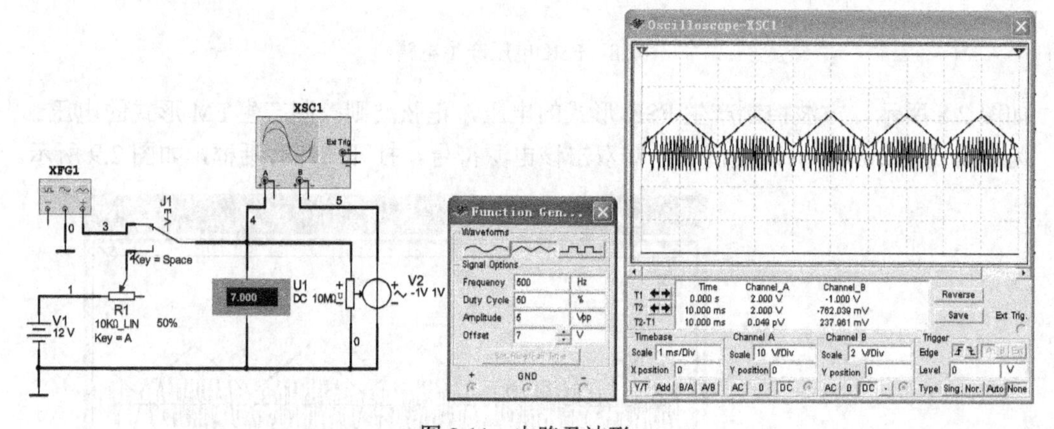

图 2.11 电路及波形

（8）压控分段线性源（Voltage-Controlled Piecewise Linear Source）

习惯上称为 PWL 受控源，该电压源允许用户插入 5 对数据坐标（输入电压和输出电压），以控制输出电压波形的形状。具体数据设置方法是：双击电源的电路符号，打开属性对话框，如图 2.12 所示。

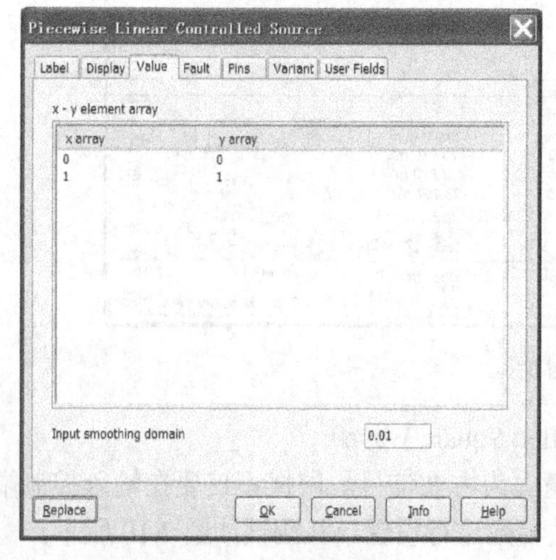

图 2.12 属性对话框

在 x-y element array 栏内直接输入数据，x 是控制电压，y 是对应的输出电压。若仅输入了两对数据，输出波形即为线性状态输出。在输入的数据坐标以外，PWL 受控源还会扩展一定的范围。在输入信号较大的情况下，有可能使输出达到很大或很小值，此时要考虑源的使用能力。为了减少仿真时不收敛的可能性，PWL 受控源提出了输入平滑范围（Input Smoothing Domain，简称 ISD）的限制。如 ISD 设定为 0.01，即仿真时每个坐标点的平滑半径小于或等于每个坐标点前后区段的 1%。

6. 控制电流源（Controlled Current Sources）

（1）电压控制电流源（Voltage-Controlled Current Source）

输出电流大小受输入电压控制，其比值称为转移导纳（G），用 mhos（seimens）来衡量，范围从 mmhos 到 kmhos，具体数值需打开其属性对话框进行设置。

（2）电流控制电流源（Current-Controlled Current Source）

输出电压大小受输入电流控制，其比值称为电流增益（F），用 mA/A 至 kA/A 来衡量，具体数值也需打开其属性对话框进行设置。

7. 控制部件库（Controlled Voltage Sources）

（1）乘法器（Multiplier）

该元器件有两个输入电压，其输出电压为

$$U_{\mathrm{O}} = K[X_{\mathrm{K}}(U_{\mathrm{X}} + X_{\mathrm{OFF}}) \times Y_{\mathrm{K}}(U_{\mathrm{Y}} + Y_{\mathrm{OFF}})] + \mathrm{OFF}$$

U_{X} 为 X 输入电压；U_{Y} 为 Y 输入电压；K 为输出增益；OFF 为输出偏移；X_{K} 为 X 增益；Y_{K} 为 Y 增益，X_{OFF} 为 X 偏移量；Y_{OFF} 为 Y 偏移量。以上参数均可以在其对话框中进行设置。

乘法器简单测试电路具体实例如图 2.13 所示。

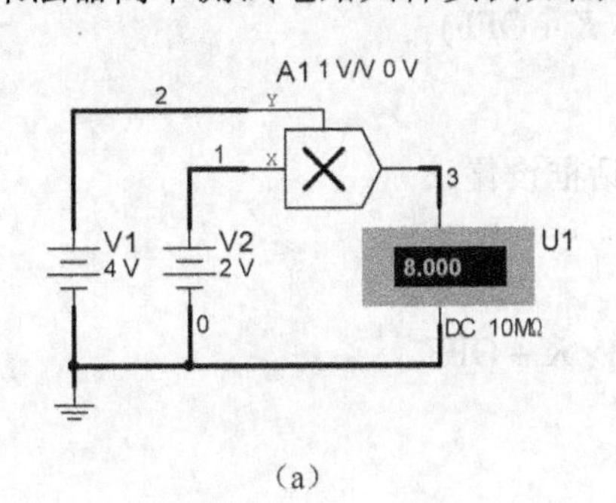

（a）

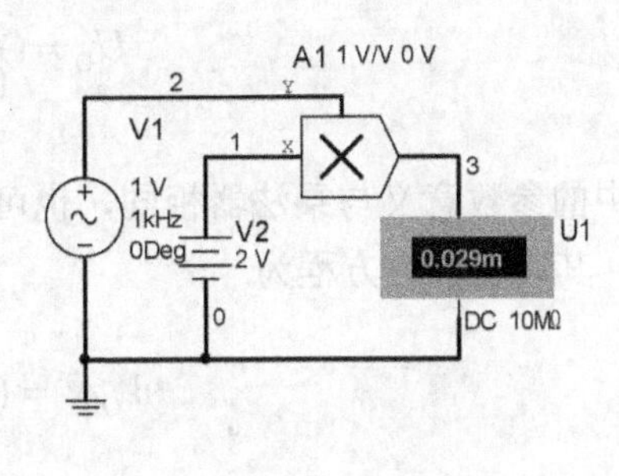

（b）

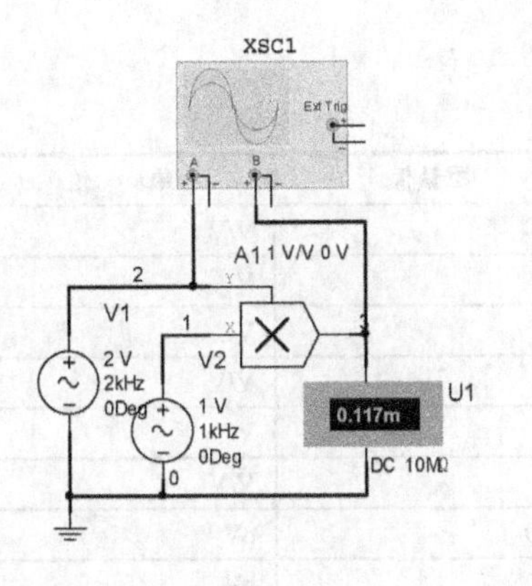

（c）

（d）

图 2.13　乘法器测试电路

（a）两个 DC 电压相乘：4 V × 2 = 8 V；

（b）2 V 直流 DC 电压乘上 2 RMS：2 V × 2RMS = 4 V RMS；

（c）两个 AC 信号相乘：2sin *x* 和 4cos *x*。

该设备的一般使用描述方程为

$$V_{OUT}=K(X_K(V_X+X_{OFF})\times Y_K(V_Y+Y_{OFF}))+OFF$$

其中，V_X、V_Y 为输入电压。

乘法器参数及默认值说明如表 2.2 所示。

表 2.2　乘法器参数及默认值

符　号	参 数 名	默认值	单　位
K	Output gain	0.1	V/V
OFF	Output	0.0	V
Y_{OFF}	Y offset	0.0	V
Y_K	Y gain	1.0	V/V
X_{OFF}	X offset	0.0	V
X_K	X gain	1.0	V/V

（2）除法器（Divider）

该器件的输出电压为

$$U_O=(\frac{(U_Y+Y_{OFF})\times Y_K}{(U_X+X_{OFF})\times X_K}\times K+OFF)$$

其中的参数意义与乘法器相同，也可以通过其属性对话框设置。

其典型描述方程为

$$V_{OUT}=(\frac{(V_Y+Y_{OFF})\times Y_K}{(V_X+X_{OFF})\times X_K})\times K+OFF$$

其中 V_X、V_Y 为输入电压。

除法器参数及默认值说明如表 2.3 所示。

表 2.3　除法器参数及默认值

符　号	参 数 名	默认值	单　位
K	Output gain	1	V/V
OFF	Output offset	0	V
Y_{OFF}	Y(Numerator)offset	0	V
Y_K	Y(Numerator)gain	1	V/V
X_{OFF}	X(Denominator)offset	0	V
X_K	X(Denominator)gain	1	V/V
X_{LowLim}	X(Denominator)lower limit	100	pV
X_{SD}	X(Denominator)smoothing domain	100	pV

图 2.14 为除法器的一个应用实例。

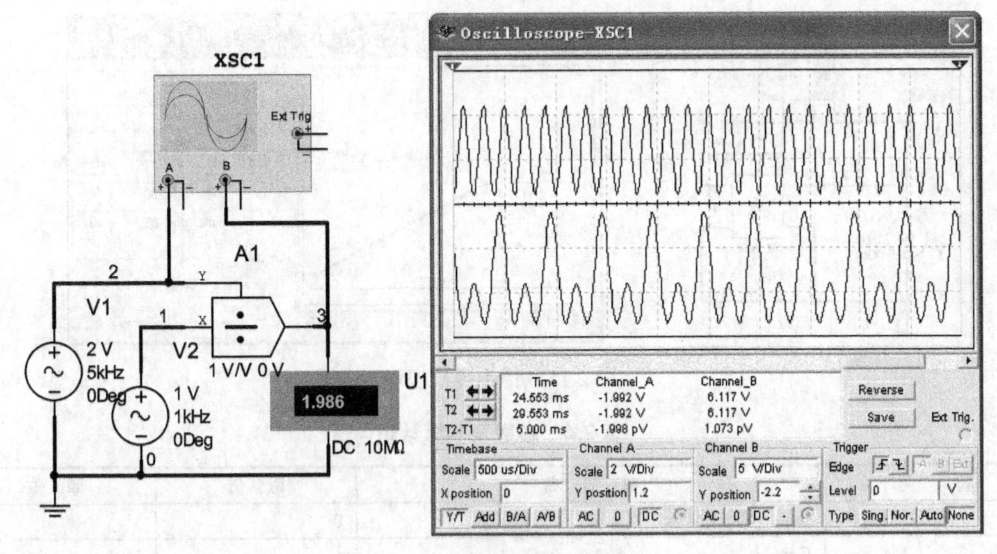

图 2.14　除法器测试电路

（3）非线性相关源（Nonlinear Dependent Source）

从该电源的电路符号上可以看出，它有 V(1)、V(2)、V(3)、V(4)共 4 个电压输入端和 I(5)、I(6)两个电流输入端，一个输出端。输出端可以是电压变量，也可以是电流变量，取决于在其对话框中的设置。如果相关变量是“V”，输出就是电压；如果相关变量是“I”，那么输出便是电流。

输出量可以是 6 个输入量之间进行的下列运算或函数的结果。

运算符号：

+、−、×、/、^、unary

函数：

abs	asin	atanh	exp	sin	tan
acos	asinh	cos	ln	sinh	u
acosh	atan	cosh	log	sqrt	uramp

（4）传输函数模块（Transfer Function Block）

该器件的功能是模拟在 *s* 域中的一个电子器件、电路或系统的传输特性。若设置输入量为 *X*，输出量 *Y*，系统初始条件为 0 时，*X*、*Y* 的拉普拉斯变换分别为 $X_{(s)}$和 $Y_{(s)}$，则该传输函数模型为：

$$T_{(s)}=\frac{Y_{(s)}}{X_{(s)}}=K\times\frac{A_3s^3+A_2s^2+A_1s+A_0}{B_3s^3+B_2s^2+B_1s+B_0}$$

该元件对在时域里的一个设备、电路或系统的传输特点进行建模。传输函数块可看做是一个分子多项式和一个分母多项式的分数。它直接建模的阶数可到三阶，可以用于 DC 分析、AC 分析和瞬时分析。

在图 2.15 所示的这个例子中，传输函数被作为简单一阶低通滤波器使用。只是要求此时的分子中的 A_0 和分母中的 B_0 为常数。其参数及默认参数说明如表 2.4 所示。

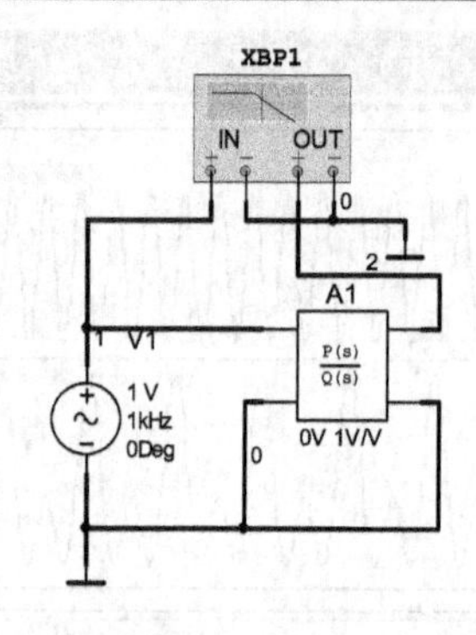

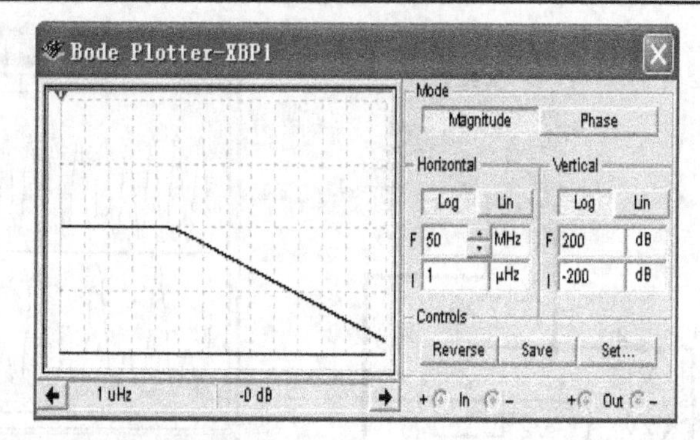

图 2.15　传输函数模块

表 2.4　参数及其默认值

符　号	参　数　名	默认值	单　位
V_{Ioff}	Input voltage offset	0	V
K	Gain	1	V/V
VINT	Integrator stage initial conditions	0	V
w	Denormalized comer frequency	1	—
A_3	Numerator 3rd order coefficient	0	—
A_2	Numerator 2nd order coefficient	0	—
A_1	Numerator 1st order coefficient	0	—
A_0	Numerator constant	1	—
B_3	Denominator 3rd order coefficient	0	—
B_2	Denominator 2nd order coefficient	0	—
B_1	Denominator 1st order coefficient	0	—
B_0	Denominator constant	1	—

（5）电压微分器（Voltage Differentiator）

该器件通常应用于控制系统和模拟量的计算，功能是对输入电压 V_I 求微分（传输函数 s），并且将结果传送到输出端，即 $V_\mathrm{O} = \mathrm{d}V_\mathrm{Z}/\mathrm{d}t$。常应用在控制系统和模拟量计算方面。微分可以被描述为“变化率”函数或定义曲线坡度。

其常用描述方程为

$$V_{\mathrm{OUT}}(t) = K\frac{\mathrm{d}V_{\mathrm{I}}}{\mathrm{d}t} + V_{\mathrm{OOFF}}$$

在对话框中可对 K、输出失调电压 V_{OOFF}（输入为零时，输出不为零值）等参数进行设置。若 V_{OOFF} 不等于零，则 $V_\mathrm{O} = K \times \mathrm{d}V_\mathrm{I} / \mathrm{d}t + V_{\mathrm{OOFF}}$。

电压微分器参数及默认值说明如表 2.5 所示。

表 2.5　电压微分器参数及默认值

符　号	参　数　名	默认值	单　位
K	Gain	1	V/V
V_{OOFF}	Output offset voltage	0	V
V_l	Output voltage lower limit	-1e+12	V
V_u	Output voltage upper limit	1e+12	V
V_s	Upper and lower smoothing range	1e-06	V

（6）电压积分器（Voltage Integrator）

该元件的作用在于对计算输入电压（传输函数为 1/*s*）进行积分，并将结果传送到输出端。常应用在控制系统和模拟计算方面。积分器作用的结果实际上就是某个时间段里的曲线下面面积的连续相加。由于波形是关于零轴对称的，当它的上方和下方面积均为零时，积分器的输出便也为零。如果两者面积不等，那么上方的面积变大，积分器的输出将上升，否则将下降。

对与 *X* 轴对称的正弦波、方波、三角波而言，其积分为零。利用函数发生器在上述波形的基础上叠加Offset值，则积分器部件将对Offset积分。输出电压是上升还是下降取决于Offset的极性，Offset 也可以在对话框的 Input offset voltage 窗口中设置。积分部件的输出表达式为

$$V_{\mathrm{OUT}}(t)=K\int_0^t[V_{\mathrm{I}}(t)+V_{\mathrm{IOFF}}]\,\mathrm{d}t+V_{\mathrm{OIC}}$$

其中，K 为积分器增益；V_{IOFF} 表示输入电压的偏移；V_{OIC} 表示初始条件，可在对话框中进行设置。参数及默认值说明如表 2.6 所示。

表 2.6 电压积分器参数及其默认值

符 号	参 数 名	默认值	单 位
V_{IOFF}	Input offset voltage	0	V
K	Gain	1	V/V
V_{l}	Output voltage lower limit	-1e+12	V
V_{u}	Output voltage upper limit	1e+12	V
V_{s}	Upper and lower smoothing range	1e-06	V
V_{OIC}	Output initial conditions	0	V

（7）多项式电压源（Polynomial Voltage）

该电压源的输出电压是一个取决于多个传递函数的受控电压源，它是一般非线性电压源的一种特殊形式，常用于模拟电子器件的特性。从该电源的图标上可以看出，它有 V_1、V_2 和 V_3 三个电压输入端，一个电压输出端，其关系如下：

$$\begin{aligned}V_{\mathrm{OUT}}=&A+B\times V_1+C\times V_2+D\times V_3+E\times V_1^2+F\times V_1\times V_2+G\times V_1\times V_3\\&+H\times V_2^2+I\times V_2\times V_3+J\times V_3^2+K\times V_1\times V_2\times V_3\end{aligned}$$

其中，A 为常数，B、C、D、E、F、G、H、I、J、K 为各个变量的系数。

（8）电压磁滞模块（Voltage Hysteresis Block）

该模块仿真同相比较器的功能，也可以看做是一个简单缓存装置。它提供了输出电压相对输入电压的滞回。在其属性对话框中输入设置，V_{iH} 和 V_{iL} 分别用于设置输入电压的高、低门限值。H 为滞回电压值，该值必须大于零。输出电压值则由 V_{oL} 和 V_{oH} 来限定，ISD 表示输入平滑范围。

电压磁滞模块参数及默认值说明如表 2.7 所示。

（9）电压限幅器（Voltage Limiter）

该元件可以说是电压“大剪刀”。电压的游动被限制或被修剪掉了。在限定电压的上水平值和下水平值之前，输入信号幅度变化很广泛。

表 2.7　电压磁滞模块参数及其默认值

符　号	参　数　名	默认值	单　位
V_{iL}	Input low value	0	V
V_{iH}	Input high value	1	V
H	Hysteresis	0.1	—
V_{oL}	Output lower limit	0	V
V_{oH}	Output upper limit	1	V
ISD	Input smoothing domain	1	%

下面这个例子，上水平电压设为+5 V，下水平电压则设为−5 V。只要它们的峰值超过限定值，这些设置就将实施输入波形正、负峰值游动的对称修剪。

注意：只要输入电压峰值在设置限制的电压区域之内，那么输入信号就可以无失真地通过电压限制器。

下面一个例子为不对称修剪，其上、下限定值分别为+5 V 和−2 V，如图 2.16 所示。

它的描述方程和参数默认值说明分别如下：

$$V_{OUT}=K(V_{IN}+V_{IOFF})\qquad V_{MIN}\leqslant V_{OUT}\leqslant V_{MAX}$$

$$V_{OUT}=V_{MAX}\qquad V_{OUT}>V_{MAX}$$

$$V_{OUT}=V_{MIN}\qquad V_{OUT}<V_{MIN}$$

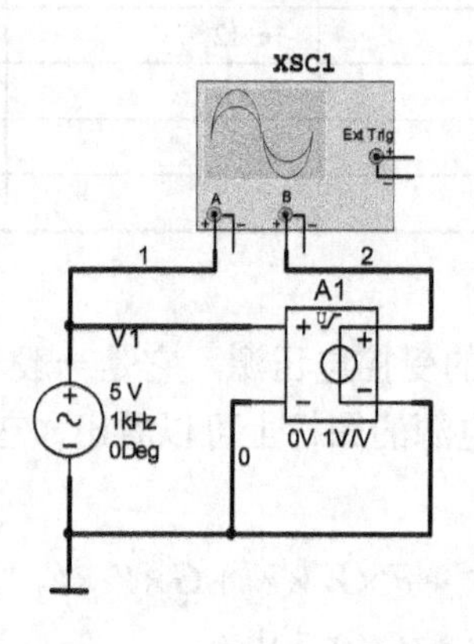

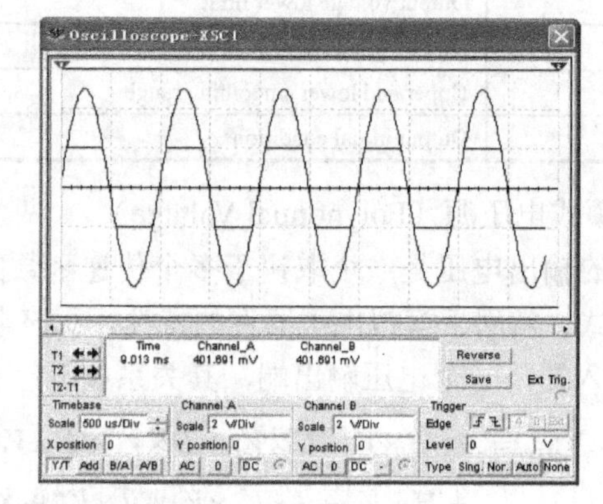

图 2.16　电压限幅器测试电路

电压限幅器模块的参数及默认值说明如表 2.8 所示。

表 2.8　电压限幅器模块参数及其默认值

符　号	参　数　名	默认值	单　位
V_{IOFF}	Input offset voltage	0	V
K	Gain	1	V/V
V_L	Output voltage lower limit	0	V
V_U	Output voltage upper limit	1	V
V_S	Upper and lower limit smoothing range	1e-06	V

（10）电流限幅器模块（Current Limiter Block）

电流限幅器模块的参数及默认值说明分别如表 2.9 所示。

表 2.9　电流限幅器模块参数及其默认值

符　号	参 数 名	默认值	单　位
V_{OS}	Input offset	0	V
K	Gain	1	V/V
R_{src}	Sourcing resistance	1	Ω
R_{sink}	Sinking resistance	1	Ω
ISrcL	Current sourcing limit	10	mA
ISnkL	Current sinking limit	10	mA
ULSR	Power supply smoothing range	1	μV
ISrcSR	Sourcing current smoothing range	1	nA
ISnkSR	Sinking current smoothing range	1	nA
VDSR	Internal/external voltage delta smoothing range	1	nV

（11）电压控制限制器（Voltage-Controlled Limiter）

该器件表示输出电压 U_o 在预定的上限 U_u 和下限 U_l 范围内的变化，输出电压与输入电压的关系如表 2.10 所示。

表 2.10　电压控制限制器参数及其默认值

符　号	参 数 名	默认值	单　位
V_{IOFF}	Input offset	0	V
K	Gain	1	V/V
V_{OUD}	Output upper limit	0	V
V_{OLD}	Output lower limit	0	V
U_{LSR}	Upper and lower smoothing range	1	μV

（12）电压增益模块（Voltage Gain Block）

电压增益模块的功能是将电压扩大 K 倍后传递到输出端，K 值与频率无关。

（13）电压回转率模块（Voltage Slew Rate Block）

电压回转率模块将一直持续升高或降低其输出，直至输入输出值相差为 0。接着将恢复接下来的输入信号，直到坡度再一次超出上升和下降坡度限制。

该元件提供了可选的上升和下降回转率（脉冲波形中上升、下降次数），用于分析脉冲及模拟电路。

该模块的参数及默认值说明如表 2.11 所示。

表 2.11　电压回转率模式参数及其默认值

符　号	参 数 名	默认值	单　位
RSMax	Maximum rising slope value	1	GV/s
FSMax	Maximum falling slope value	1	GV/s

（14）电压加法器（Voltage Summer）

该器件是一个实现数学模块，它能够接收三个输入电压，并将它们的算术和输出。三个输入电压的增益以及输出和可以被设定成匹配三个输入和应用。

$$V_{OUT} = K_{OUT}[K_A(V_A + V_{Aoff}) + K_B(V_B + V_{Boff}) + K_C(V_C + V_{Coff})] + V_{Ooff}$$

电压加法器参数及参数默认值说明如表 2.12 所示。

表 2.12 电压加法器参数及电压值

符 号	参 数 名	默认值	单 位
V_{AOS}	Input A offset voltage	0	V
V_{BOS}	Input B offset voltage	0	V
V_{COS}	Input C offset voltage	0	V
K_A	Input A gain	1	V/V
K_B	Input B gain	1	V/V
K_C	Input C gain	1	V/V
K	Output gain	1	V/V
O_{VOS}	Output offset voltage	0	V

2.1.2 基本元件库

1. 连接器（Connectors）

连接器是一种机械装置，在电路设置中，用以给输入和输出的信号提供连接方式。它不会对仿真结果产生影响，但可随电原理图传递到 PCB 设计中。

2. 定值虚拟元件（Rated Virtual Components）

这个部件包含了一定数量的虚拟元器件。电路仿真时，如果超过了预设容差，这些器件会被评估并被抵制（blow）。

属于虚拟定值元件的有：

- BJT_NPN
- BJT_PNP
- Capacitor
- Diode
- Fuse
- Inductor
- Motor
- NC Relay
- NO Relay
- NONC Relay
- Resistor

3. 插座（Sockets）

在机械设备中 Sockets 用来连接设备到 PCB 上。它们不影响电路的仿真结果，却是 PCB 设计的一部分。

4. 开关（Switch）

该元件箱中包含如下 5 种类型的开关。

（1）电流控制开关（Current-controlled Switch）：用流过开关线圈的电流大小来控制开关动作。当电流大于门限电流（Threshold Current，I_T）时，开关闭合；而当电流小于滞后电流（Hysteresis Current，I_H）时，开关断开。打开其属性对话框，可对这两个电流进行设置。注意 I_H 应小于 I_T，否则开关不能闭合；I_H 最好也不为 0，否则开关一经闭合后不易断开。

（2）单刀双掷开关（SPDT）：通过计算机键盘可以控制其通断状态。使用时，首先用鼠标从库中将该元件拖动至电子工作台，在其属性对话框中的 Key 栏内键入一个字母（A～Z 均可）作为该元件的代号。默认设置为 Space（空格键）。当改变开关的通断状态时，按该元件的代号字母键即可。

（3）单刀单掷开关（SPST）：设置方法与 SPDT 相同。

（4）时间延迟开关（TD SW1）：该开关有两个控制时间，即闭合时间 T_{ON} 和断开时间 T_{OFF}，T_{ON} 不能等于 T_{OFF}，且都必须设置为大于零。若 $T_{ON} < T_{OFF}$，启动仿真开关，在 $0 < t < T_{ON}$ 时间内，开关闭合；在 $T_{ON} < t < T_{OFF}$ 时间内，开关断开；$t > T_{OFF}$ 时开关闭合。若 $T_{ON} > T_{OFF}$，启动仿真开关，在 $0 < t < T_{OFF}$ 时间内，开关断开：在 $T_{OFF} < t < T_{ON}$ 时间内，开关闭合；$t > T_{ON}$ 时开关断开。在开关断开状态时，视其电阻为无限大，在开关闭合状态时，视其电阻为无穷小。T_{ON}、T_{OFF} 的值在该元件属性对话框中设置。

（5）电压控制开关（Voltage-Controlled Switch）：该开关类似于电流控制开关，要求设置门限电压（threshold Voltage，V_T）和滞后电压（Hysteresis Voltage，V_H）的值。

5. 继电器（Relay）

在 NI Multisim 12 中，继电器的开关动作由加在其线圈两端的电压大小决定。如 EDR201A05，对于尚未闭合的开关，当线圈两端的电压超过 3.75 V 时，开关闭合；对于已经闭合的开关，只有当线圈两端电压下降到 0.8 V 以下时，开关才会断开。对于不同型号的继电器，其开关开断电压是不一样的。由于 Multisim 把继电器当做虚拟元件，故不能改动其所有的参数，但相关参数值可以查阅。方法是打开 Component Browser 对话框，选中所需的继电器。单击 Detail report 按钮，在出现的 Detail report 对话框中可查看到相关参数。

可使用的键名称罗列于表 2.13。

表 2.13 键的类型

键名称	类 型
字母 a～z	字母（如 a）
回车键	回车
空格键	空格

6. 普通电阻（Resistor）

电阻器有各种大小的阻值，它们值的大小取决于它们能够安全传输的功率大小。电阻器的阻抗 R 的单位为 Ω，它的取值范围从 Ω 到 MΩ 不等。一个电阻器阻抗的计算例子见下面的方程：

$$R = R_0 \times \{1 + \mathrm{TC1} \times (T - T_0) + \mathrm{TC2} \times [(T - T_0)^2]\}$$

其中，R 为电阻器阻抗值；R_0 为温度为 T_0 时的电阻器阻抗值；T_0 为标准温度 27℃；TC1、TC2 分别为温度系数；T 为阻抗温度。

注意：上述除常数 T_0 外的所有变量都是可修改的。R_0 是电阻器属性对话框中的数值标签指定的某个具体阻抗值，不同于 R。

T 的具体指定方法有如下两种。

（1）在电阻器属性对话框中的 Analysis Setup 栏内选择 Use global temperature 一项。在分析选项对话框中指定 Simulation temperature（TEMP）。

（2）在电阻器属性对话框中的 Analysis Setup 栏内取消选择 Use global temperature。指定在电阻器属性对话框中的分析建立标签上的电阻器局部温度值。

温度系数设定到零，电阻器为理想电阻器。温度分析包含在电阻器分析中，我们在电阻器属性对话框中设定温度系数 TC1 和 TC2。

电阻器的容差默认设置为全局（Analysis→Monte Carlo 对话框中有定义）。要想明确地设定容差，需取消选择 Use global tolerance，并在 resistance tolerance 项内输入一个数值。

电阻器的阻值大小取决于它们能够安全传输的功率大小。现实电阻器上面的彩色条纹编码指明了它的阻抗和容差。较大的电阻器上面都印有这些说明。

任何导线都有阻抗，大小取决于它的材料、直径和长度。如果导线要传递非常大的电流，必须要有大的直径来减小阻抗。

欧姆定律指出了电流的大小决定于电路的阻抗：$I = V/R$。电路阻抗可通过流过的电流和电压来计算：$R = V/I$。串连电阻器可以增大电路的阻抗：$R = R_1 + R_2 + \cdots + R_n$。通过与其他电阻器并联可减小电路阻抗：$R = \dfrac{1}{\dfrac{1}{R_1}+\dfrac{1}{R_2}+\cdots+\dfrac{1}{R_n}}$。流过电路的电流计算公式为：$I = \dfrac{V_1 - V_2}{R}$，其中 I 为电流，V_1 为节点 1 的电压，V_2 为节点 2 的电压，R 为阻抗。

虚拟电阻器的用法与现实电阻器相同，但它的值大小可设置。

7. 普通电容（Capacitor）

电容器以电力场的形式存储电能，过去常广泛应用于各种电路中的信号滤波或者去除交流部分。在直流电路中，当交流信号经过时，它们会隔开直接电流的流动。

电容器存储能量的能力称为电容 C，单位为法拉，其取值从 pF 到 mF。电容的容差默认为全局容差（在 Analysis→Monte Carlo 对话框中定义）。如果要明确设定容差，取消 Use global tolerance 后，在 capacitance tolerance 内输入一个数值。

可变电容作为一个开电路进行仿真，由于巨大的阻抗值，流过的电流为零。极化电容器的极必须连接正确，否则会出现错误。它的取值可以是 pF 到 F。流过电容的电流计算公式为

$$I = C\frac{\mathrm{d}V}{\mathrm{d}t}$$

8. 电感（Inductor）

电感将由于经过它的电流变化而产生的能量存储在电磁场中。当电流流过瞬时产生一个逆向变换的能力称为电感 L，其单位为亨利，其取值范围从 μH 到 H。

电感器的容差默认设置是全局容差（Analysis→Monte Carlo 对话框中有定义）。若要明确设置容差，取消 Use global tolerance 后，在 inductance tolerance 栏内输入一个数字。

可变电感与常规电感一样，只是它的设置是可调的。由于巨大的阻挡值，经过电感的电流值接近于零，电感呈现开路状态。其值设置方法与电位计一样。

注意该模型是理想化的。考虑到对现实电感建模，可以将其与电感并联。其计算方法为：流经电感的电压等于电感 L 乘上流经电感的电流变化，表达式为

$$V = L\frac{\mathrm{d}I}{\mathrm{d}t}$$

在直流电路中电感呈现短路状态。

9. 变压器（Transformer）

变压器是电感的最普通并且有用的应用之一。它能够将输入主电压 V_1 升高到或降低到次输出电压 V_2。两者的关系为 $V_1 / V_2 = n$，其中 n 为主输入电压转到次输出电压的比率。参数 n 可以通过编辑变压器模板来调整。

为了更好地进行仿真，两边必须要设定一个参考点，该点可以是地。变压器也可以使用中间抽头配置。中间抽头更加有用。经过抽头的电压是整个次输出电压的一半。

变压器可以快速地得到结果。考虑到对现实中带有变压器设备的电路进行仿真，最好使用非线性变压器。

注意：变压器的两边都必须接地。

10. 非线性变压器（Nonlinear Transformer）

利用非线性变压器，可以构造诸如非线性磁饱和、初次级线圈损耗、初次级线圈漏感及磁芯尺寸大小等物理效果。

11. 可变电容（Variable Capacitor）

连接头过去常用一种机械设备提供用于输入/输出信号的方法。它们不影响电路仿真结果，却是 PCB 电路设计的一部分。

12. 可变电感器（Variable Inductor）

该元件与常规的指示灯一样，只是它的设置值是可调的。其电感值 L 的计算决定于初始设置值。计算方程如下：

$$L = \frac{初始设置值}{100} \times 电感$$

由于巨大的阻抗值，经过电感器的电流值接近于 0，此时可变电感器作为一个开路电路使用。

其数值设置与电位计相同。

13. 电位计（Potentiometer）

电位计使用时很像一个常规的电阻器，只是可以通过简单的击键来调整它的设置。在 Circuit→Component 属性对话框中的 Value 项内，设置电位计的阻抗、初始值（百分比）和增长值（百分比）。也可以通过确定 A 到 Z 键来控制设置。具体方法如下：首先降低电位计设置，单击相应的键；单击并按住 Shift 键同时单击相应的键来提高设置。

例如，将电位计设置到 45%，提高 5%的键是 R 键。单击 R 键，设置降到 40%，再按 R 键，它降到 35%。按 Shift 和 R 键，设置上升到 40%。

电位计的仿真使用两个电阻器 $R1$ 和 $R2$，通过电位计初始值计算方法如下：

$$r = \frac{初始设置值}{100} \times 电感$$

其中，$R1 = r$，$R2 =$ 电感 $- r$。

14. 上拉电阻（RPACK）

该元件用于提升它所连接电路的电压。它的一端连接到 V_{CC}（–5 V），另一端连接到需要提升电压的逻辑电路，该电路的电压水平接近于 V_{CC}。

15. 电阻封装（Resistor Packs）

电阻封装其实是多个电阻器并联封装在一个壳内。它的配置是可变的，主要取决于该封装的用途。电阻封装用于最小化 PCB 设计中的占用空间。在一些应用中，噪声也是电阻封装的考虑因素之一。

16. 磁芯（Magnetic Core）

该元件是理想化模型，利用它可以构造一个多种类型的电磁感应电路，该元件常用于设计各种类型的线性和非线性磁路元件。最典型的应用是把磁芯和无芯线圈一起构成一个系统，模拟线性和非线性元件的特性。利用该元件可创建一个理想的宽变化范围的电磁感应电路模型，如将无芯线圈与磁芯结合在一起组成一个系统来构造线性和非线性电磁元件的特性。输出为电压形式，且等于输入电流与线圈匝数的乘积，以体现感应电动势的产生。输出电压的行为像一个磁性电路中的感应电动势。当无芯线圈与磁芯或一些其他电阻器件连在一起时，就会有电流流动。

磁芯参数及默认值说明如表 2.14 所示。

表 2.14 磁芯参数及默认值

符　号	参 数 名	默 认 值	单　位
A	Cross-sectional area	1	m^2
L	Core length	1	m
ISD	Input smoothing domain%	1	—
N	Number of co-ordinates	2	—
*H*1	Magnetic field co-ordinate 1	0	A.turns/m
*H*2	Magnetic field co-ordinate 2	1.0	A.turns/m
*H*3-*H*15	Magnetic field co-ordinates	0	A.turns/m
*B*1	Flux density co-ordinate 1	0	Wb/m^2
*B*2	Flux density co-ordinate 2	1.0	Wb/m^2
*B*3-*B*15	Flux density co-ordinates	0	Wb/m^2

17. 无芯线圈（Coreless Coil）

该元件是理想化模型，利用它可以构造一个多种类型的电磁感应电路，该元件常用于设计各种类型的线性和非线性磁路元件。最典型的应用是把磁芯和无芯线圈一起构成一个系统，模拟线性和非线性元件的特性。利用该元件可创建一个理想的宽变化范围的电磁感应电路模型，如将无芯线圈与磁芯结合在一起组成一个系统来构造线性和非线性电磁元件的特性。输出为电压形式，且等于输入电流与线圈匝数的乘积，以体现感应电动势的产生。输出电压的行为像一个磁性电路中的感应电动势。当无芯线圈与磁芯或一些其他电阻器件连在一起时，就会有电流流动。

其参数及默认值说明见表 2.15。

表 2.15 无芯线圈的参数及默认值

符　号	参 数 名	默认值	单　位
N	Number of inductor turns	1	

18. Z Loads

理想化模型，利用它可以组成多种类型的电磁感应电路，该元件常用来设计各种类型的线性和非线性磁路。最典型的应用是把磁芯和无芯线圈一起构成一个系统，模拟线性和非线性元件的特性。

19. 虚拟基本部件（Basic Virtual）

该部分部件包括虚拟电阻、虚拟电容、虚拟电感、虚拟继电器，等等。其中虚拟电阻的阻值可以任意设置，并且还可以设置其温度特性，其容差和工作温度详情参见属性对话框。虚拟电容、虚拟电感也与虚拟电阻类似，参数值可通过多属性对话框设置，并考虑其温度特性和容差等。

20. 虚拟定值部件（Rated Virtual）

该部分部件包含了大量的虚拟定值部件，详请参见属性对话框。

21. 虚拟 3D 部件（3D Virtual）

参见属性对话框。

2.1.3 二极管

二极管允许电流单向流过，因而它在交流电路（AC）中可作为固态开关使用，即开或者关，开时导通，关时不导通。A 端称为阳极，K 端称为阴极。

二极管有很多用处，它可以用做开关、压控电容器（可变电抗器）和电压规整（齐纳二极管）。由于二极管的单向导电性，所以它能够广泛用做功率整流器。二极管还可用做压控开关，进而取代机械开关，并在许多需要远程信号开关的应用中发挥作用。

二极管库（Diodes）中包含 11 个元件箱，虽然仅有一个虚拟元件箱，但该元件箱存放着国外许多公司的型号产品，可直接选取。用户也可以利用 Multisim 提供的元件编辑工具对现有的元件进行修改使用（修改后的元件只能存放在 User Database 中）。

其参数以及默认值说明见表 2.16。

表 2.16 二极管参数及默认值

符号	参 数 名	默认值	典 型 值	单位
IS	Saturation current	1e-14	1e-9~1e-18 cannot be 0	A
RS	Ohmic resistance	0	10	W
CJO	Zero-bias junction capacitance	0	0.01～10e-12	F
VJ	Junction potential	1	0.05～0.7	V
TT	Transit time	0	1.0e-10	s
M	Grading coefficient	0.5	0.33～0.5	—
BV	Reverse bias breakdown voltage	1e+30	—	V
N	Emission coefficeint	1	1	—
EG	Activation energy	1.11	1.11	eV
XTI	Temperature exponent fo effect on /S	3.0	3.0	—
KF	Flicker noise coefficient	0	0	—
AF	Flicker noise exponent	1	1	—
FC	Coefficient for forward-bias depletion capacitance formula	0.5	0.5	—
IBV	Current at reverse breakdown voltage	0.001	1.0e-03	A
TNOM	Parameter measurement temperature	27	27~50	—

1. 虚拟二极管（Diode Virtual）

相当于一个理想二极管，其 Spice 模型参数使用的都是默认值（即典型数值）。也可以打开其属性对话框，单击 Edit Model 按钮，在 Edit Model 对话框中修改模型参数（修改后的模型只能供本次使用，对库中模型没有影响），如图 2.17 所示。

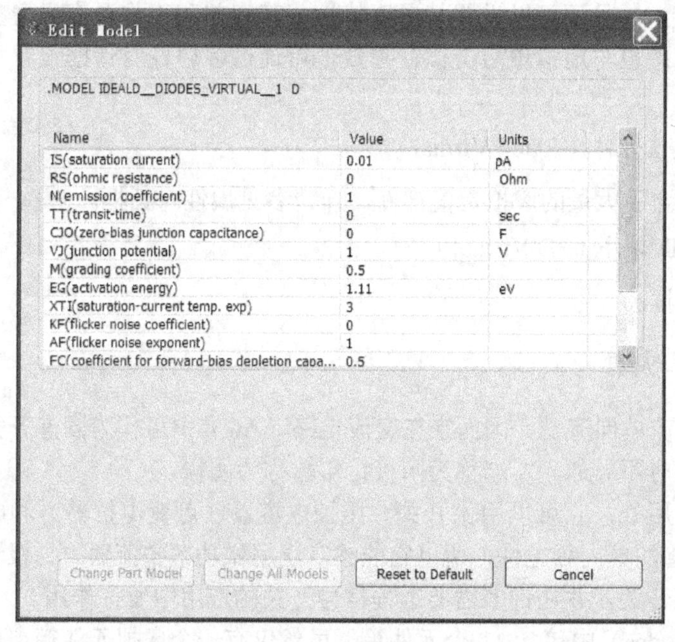

图 2.17 模型参数

2. 大头针二极管（Pin Diode）

大头针二极管由三个半导体材料组成。其中心材料由纯硅构成，阻抗低。极颠倒后，大头针二极管可看做一个电容，它的中心材料可看做是电容的绝缘层。N 型和 P 型材料可看做是两个导体。

内层没有杂质的纯的半导体，产生一个更大的空区域，它引起二极管由于光强度变化而致的电流的线性变化。

3. 齐纳二极管（Zener Diode）

齐纳二极管即稳压二极管，有国外各大公司众多型号的元件供调用。每个齐纳二极管的特性参数值需要用户自行查阅有关手册，也可以单击其属性对话框中的 Edit Model 按钮，在打开的 Edit Model 对话框中读出有关参数。

4. 发光二极管（Light-Emitting Diode，LED）

含有多种不同颜色的发光二极管，设置取代了指示灯。使用时注意如下两点。

（1）该元件有正向电流流过时才产生可见光。注意其正向压降比普通二极管大，红色 LED 的正向压降为 1.1～1.2 V，绿色 LED 的正向压降为 1.4～1.5 V。

（2）Multisim 把发光二极管归类于 Interactive Component（交互式元件），不允许对其元件进行编辑处理。其处理方式也基本等同于虚拟元件。

5. 全波桥式整流器（Full-Wave Bridge Rectifier）

全波桥式整流器使用 4 个二极管以执行对输入的交流进行全波整流任务。连接电路时，4 个端子中的 2、3 两个端子接交流电压，1、4 两个端子作为输出直流端。

6. Schottky 二极管（Schottky Diode）

7. 可控硅整流器（Silicon-Controlled Rectifier）

可控硅整流器简称 SCR，又称固体闸流管。只有当正向电压超过正向转折电压并且有正向脉冲电流流进门极（又称栅极 G 或控制极 G）时，SCR 才导通，此后门极电压不再控制电流大小。只有 A、K 间电压反向或小到不能维持一定电流时 SCR 才断开。

8. 双向开关二极管（DIAC）

该元件相当于两个背靠背的肖特基二极管并联，是依赖于双向电压的双向开关。当电压超过开关电压时，才有电流流过二极管。

9. 三端开关可控硅开关元件（TRIAC）

该元件是双向开关，可使电流双向流过该元件，可把它看做两个单向可控硅背靠背并联。只有在阳极、阴极间的双向电压大于转折电压及正向脉冲电流流进门极（又称栅极或控制极）时，才允许电流流过元件。

10. 变容二极管（Varactor Diode）

变容二极管是一种在反偏时具有相当大的结电容的 PN 结二极管，这个结电容的大小受加在变容二极管两端的反偏电压大小的控制。因此，变容二极管相当于一个电压控制电容器，常用于需要变容的电路中。

2.1.4 晶体管

晶体管库（Transistors）中共有 20 个元件箱，其中 19 个现实元件箱中存放着 Zetex 等世界著名晶体管制造厂家的众多晶体管元件模型，这些元件的模型都以 Spice 格式编写，有较高的精度。还有 1 个带有绿色背景的元件箱存放着 16 种虚拟晶体管，虚拟晶体管相当于理想的晶体管，其 Spice 模型参数都使用默认值（即典型数值）。通过打开其属性对话框，单击 Edit Model 按钮，可在 Edit Model 对话框中对其模型参数进行修改（修改后的模型只能供本次使用，对库中已有的模型没有影响）。

1. BJT（NPN & PNP）

有关双极型三极管（简称 BJT，含 NPN 和 PNP 型）、结型场效应管（JFET）、金属氧化物绝缘栅场效应管（MOSFET）的概念和使用方法，在一般的电子技术书籍中都有详细介绍，这里不再详述。BJT 的图形为：

NPN 晶体管（BJT_NPN）；PNP 晶体管（BJT_PNP）

2. 电阻偏置三极管（Resistor Biased BJT，NPN & PNP)

电阻偏置的三极管是在标准封装中额外增加电阻的晶体管 。这种做法减少了在设计 PCB 上所占空间。一般应用在用于显示的晶体管开关中，如 LED 和十六进制显示器。

它分为两类：BJT_PRES BJT_NRES。

3. 达灵顿晶体管（Darlington Transistor，NPN & PNP）

达林顿管又称复合晶体管，由两个晶体管连接而成，这种连接可以获得很大的电流增益和很高的输入电阻。它包括：

达林顿 NPN 晶体管（Darlington_NPN）；达林顿 PNP 晶体管（Darlington_PNP）。

达林顿阵列（Darlington_ARRAY）包括 7 对达林顿管，其中每对达林顿管都有一个输入端和输出端，另外在 IC 上还有公共端和地。

4. BJT 晶体管阵列（BJT Array）

BJT 晶体管阵列是一个复合晶体管封装块，其中有若干个相互独立的晶体管。在具体使用时可根据实际需要选用其中的几只。与单晶体管相比，使用晶体管阵列更容易配对，噪声性能更优，要求 PCB 的空间也更少。

晶体管阵列有三种类型：

（1）PNP 晶体管阵列（PNP transistor array），适用于低频小功率电路。

（2）NPN/PNP 晶体管阵列（NPN/PNP transistor array），常用在各种放大器电路中。

（3）NPN 晶体管阵列（NPN transistor array），常用在信号处理和从直流到甚高频的开关电路，以及灯泡和继电器驱动电路、差分放大器、晶闸管触发电路及温度补偿放大器中。

5. N 沟道功率 MOSFET（Power MOSFET_N）

DMOS（双扩散金属氧化物半导体）晶体管是功率 MOSFET 的一种类型，其击穿电压高达 600 V，可以承受 50 A 的电流。功率 MOSFET 的门限电压通常在 2～4 V。与 BJT 功率管相比，功率 MOSFET 没有二次击穿的问题，也不像 BJT 功率管那样需要大的基极驱动电流。在速度上也高于 BJT 功率管。这些优点使其适合开关电路应用，比如发动机的控制电路。

6. P 沟道功率 MOSFET（Power MOSFET_P）

7. 互补功率 MOSFET（Power MOSFET Complementary）

8. 绝缘栅双极型晶体管（IGBT）

IGBT 是一种 MOS 门控制的功率开关，具有非常小的导通阻抗。在结构上 IGBT 与 MOS 门半导体晶闸管相似，但是工作状态有所不同，IGBT 可以保持阳极电流的门控在一个大范围工作状态下。

9. 单结晶体管（Unijunction Transistors）

可编辑的单结晶体管设计了一些可调的特征，如电流谷值、电流峰值和固有绝缘比。

10. 三端 N 沟道耗尽型 MOS 管（MOS_3TDN）

N 沟道耗尽型 MOS 管与 N 沟道增强型 MOS 管基本相似。 耗尽型 MOS 管在 v_{GS}=0 时，漏—源极间已有导电沟道产生，而增强型 MOS 管要在 $v_{GS} \geqslant V_T$ 时才出现导电沟道。

11. 三端 N 沟道增强型 MOS 管（MOS_3TEN）

源极间的绝缘层上再装上一个铝电极，作为栅极 g。在衬底上也引出一个电极在一块掺杂浓度较低的 P 型硅衬底上，制作两个高掺杂浓度的 N^+区，并用金属铝引出两个电极，分别作漏极 d 和源极 s。然后在半导体表面覆盖一层很薄的二氧化硅（SiO_2）绝缘层，即漏极 B，这就构成了一个 N 沟道增强型 MOS 管。MOS 管的源极和衬底通常是接在一起的（大多数管子在出厂前已连接好）。它的栅极与其他电极间是绝缘的。

12. 三端 P 沟道增强型 MOS 管（MOS_3TEP）

P 沟道硅 MOS 场效应晶体管在 N 型硅衬底上有两个 P^+区，分别叫做源极和漏极，两极之间不导通，栅极上加有足够的正电压（源极接地）时，栅极下的 N 型硅表面呈现 P 型反型层，成为连接源极和漏极的沟道。改变栅压可以改变沟道中的电子密度，从而改变沟道的电阻。这种 MOS 场效应晶体管称为 P 沟道增强型场效应晶体管。如果 N 型硅衬底表面不加栅压就已存在 P 型反型层沟道，加上适当的偏压，可使沟道的电阻增大或减小。这样的 MOS 场效应晶体管称为 P 沟道耗尽型场效应晶体管。统称为 PMOS 晶体管。

13. 热模型（MOSFET Thermal Model）

它是一种能仿真 MOS 管产生的热能的交互器件。按下键盘上的"T"键在 Junction、Dielectric Bond 以及 Case 之间切换显示参数。

14. 虚拟晶体管

包括以下 13 种：

虚拟 NPN 晶体管（BJT_NPN_Virtual）。
虚拟 PNP 晶体管（BJT_PNP_virtual）。
虚拟四端式 NPN 晶体管（BJT_NPN_4T_virtual）。
虚拟四端式 PNP 晶体管（BJT_PNP_4T_virtual）。
N 沟道砷化镓 FET（GaAsFET_N_Virtual）。
P 沟道砷化镓 FET（GaAsFET_P_Virtual）。
砷化镓场效应管（GaAsFET）属于高速场效应管，通常用在微波电路中。
虚拟 N 沟道 JFET（JFET_N_virtual）。
虚拟 P 沟道 JFET（JFET_P_virtual）。
虚拟三端 P 沟道耗尽型 MOS 管（MOS_3TDP_virtual）。
虚拟四端 N 沟道耗尽型 MOS 管（MOS_4TDN_virtual）。

四端 MOSFET 管将衬底作为电极 B 单独引出，如果在衬底电极 B 与源极 S 之间加上电压 V_{bs}，则 V_{bs} 必须使 B、S 间 PN 结反向偏置。由于沟道宽度受 V_{gs} 和 V_{bs} 双重控制，结果使 $V_{gs(th)}$ 或 $V_{gs(off)}$ 的绝对值增大。比较而言，V_{bs} 对 NMOS 管的影响更大。

对于耗尽型 MOSFET 管，V_{gs} 可为正向偏置、反向偏置或零电压偏置。而对增强型而言，若是 N 沟道，V_{gs} 必须为正值并且大于 $V_{gs(th)}$；对于 P 沟道型，V_{gs} 必须为负值并且小于 $V_{gs(th)}$。

虚拟四端 P 沟道耗尽型 MOS 管（MOS_4TDP_virtual）。
虚拟四端 N 沟道增强型 MOS 管（MOS_4TEN_virtual）。
虚拟四端 P 沟道增强型 MOS 管（MOS_4TEP_virtual）。

2.1.5 模拟元件库

模拟元件库（Analog）共有 6 类器件，其中 1 个是虚拟器件。

1. 运算放大器（Opamp）

一个理想的运算放大器其实是一个带有无限大增益、无限大输入阻抗和零输出阻抗的放大器。由于对负反馈的应用，运算放大器可以用来进行加、减、微分、积分、求均值和放大。

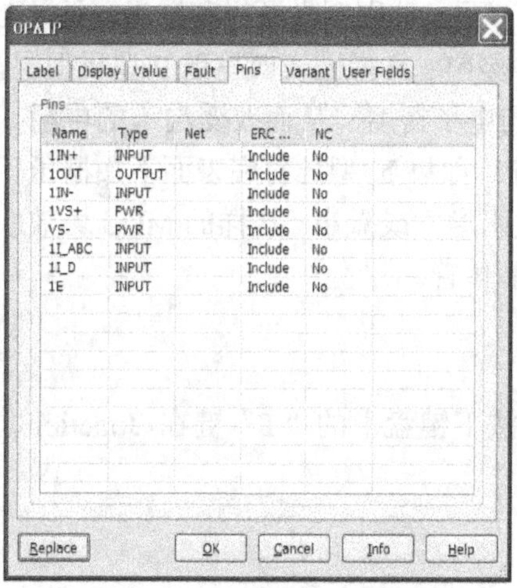

该元件箱有 5 端、7 端、8 端运算放大器（8 端为双运放），采用的是宏模型。在调用这些运放时，其各个引脚的连接方式可查阅有关器件手册，也可以右击该元件，选择 Properties 对话框的 Pins 页中读取，另外还可以双击该元件打开属性对话框后，选择 Pins 页读取其引脚信息。

例如 3280A，从窗口中可选中该运放，双击该元件，打开属性对话框后，选择 Pins 页读取，如图 2.17 所示。

OPAMP

Label | Display | Value | Fault | Pins | Variant | User Fields

Pins

Name	Type	Net	ERC ...	NC
1IN+	INPUT		Include	No
1OUT	OUTPUT		Include	No
1IN-	INPUT		Include	No
1VS+	PWR		Include	No
VS-	PWR		Include	No
1I_ABC	INPUT		Include	No
1I_D	INPUT		Include	No
1E	INPUT		Include	No

Replace　OK　Cancel　Info　Help

图 2.17　属性对话框

2. 诺顿运放（Norton Opamp）

诺顿运放即电流差分放大器（CDA），是一种电流的器件。它的特性与运算放大器相似，但相当于一个输出电压正比于输入电流的互阻放大器。在 NI Multisim 12 中根据对该器件模型的复杂性和精确性的不同要求，提供了几个不同层次的仿真模型供选用。

3. 比较器（Comparator）

比较器的功能是比较输入端的两个电压的大小和极性，并输出对应的状态。当输入电压大于上升触发点时，输出一个状态；当输入电压小于下降触发点时，输出另一个状态。一般情况下，比较器可用运放来实现，当工作速度快或转换速率高时要采用专门的比较器。集电极开路输出的比较器使用时必须外接上拉电阻。

4. 宽带运放（Wideband Opamp）

普通运放如 741 型，单位增益带宽约 1 MHz，宽带运放的单位增益带宽将超过 10 MHz，典型值是 100 MHz。宽带运放主要用于视频放大电路等。

5. 特殊功能运放（Special function）

特殊功能运放有：

（1）测试运放（instrumentation amplifier）；
（2）视频运放（video amplifier）；
（3）乘法器/除法器（multiplier/divider）；
（4）前置放大器（preamplifier）；
（5）有源滤波器（active filter）；
（6）高精度基准（high precision reference）。

6. 虚拟运放（Opamp Virtual）

该运放是一种虚拟器件，其包含有虚拟比较器、3 端虚拟放大器和 5 端虚拟放大器。

3 端运放是一种虚拟元件，其仿真速度比较快，但是它的模型没有反映运放的全部特性。5 端虚拟放大器比 3 端运放增加了正电源、负电源两个端子。仿真的特性包括：开环增益、压摆率、输出电流、电压极限等参数。

2.1.6 TTL 元件库

TTL 元件库（TTL）含有 74 系列的 TTL 数字集成逻辑器件，使用时要注意以下几点。

（1）74STD 是标准型，74LS 是低功耗肖特基型，应根据具体要求选择。

（2）有些器件是复合型结构，如 7400N。在同一个封装里存在 4 个相互独立的二端与非门：A、B、C 及 D，选用时出现选择框。这 4 个二端与非门功能完全一样，可任意选取一个。

（3）同一个器件如有多种封装形式，如 74LS1380 和 74LS138N，则当仅用于仿真分析时，可任意选取；当要把仿真结果传送给 Ultiboard 等软件进行印制板设计时，一定要区分选用。

（4）含有 TTL 数字器件的电路进行 Real 仿真时，电路窗口中要有数字电源符号和相应的数字接地端，通常 $V_{CC} = 5$ V。

（5）这些器件的逻辑关系可以参阅有关手册，也可以打开 NI Multisim 12 的 Help（帮助）文件得到帮助。

（6）器件的某些电气参数，如上升延迟时间（rise_relay）和下降延迟时间（fall_delay）等，可以通过单击其属性对话框中的 Edit Model 按钮，从对话框中读取。

TTL 元件库有以下两个系列。

（1）74STD 系列是普通型集成电路，列表中显示 7400N～7493N。

74 系列元件使用普通的+5 V 电源，在 4.75～5.25 V 范围内，都可以稳定地工作。74 系列的任何输入端数字信号，高电平不能超过+5.5 V，低电平不能低于−0.5 V；正常工作的环境温度范围为 0～70℃；允许最差情况的直流噪声极限是 400 mV。一个标准的 TTL 输出通常能驱动 10 个 TTL 的输入端。

（2）74LS 系列是低功耗肖特基型集成电路，列表中显示 74LS00N～74LS93N。

为了不让晶体管饱和过深并减少存储时延，可在每个晶体管的基极和集电极之间连接一个肖特基二极管，又利用一个小电阻提高开关速度，同时减小电路的平均功耗，并且还利用达林顿管减少输出的上升时间。经这些改进后，就形成了 74S 系列。如果把 74S 系列中添加的小电阻替换成大电阻，便构成 74LS 系列。这个大电阻能够减少电路功耗，但同时增加了开关时间。

元件功耗（Power Disspation）的大小可以双击元件图标，在出现的对话框中选择 Value 页下方的 Edit Component in DB 按钮，从 Component Properties 对话框的 Electronic Parameters 页中读取。

2.1.7 CMOS 元件库

CMOS 元件库（CMOS，其全称为互补金属氧化物半导体）含有 74 系列和 4×××系列等的

CMOS 数字集成逻辑器件。CMOS 系列元件与其他 MOS 系列相比较，具有速度快、功耗低的特点。使用时应注意如下几点。

（1）当电路窗口中出现 CMOS 数字 IC 时，如要得到精确的仿真结果，必须在电路窗口内放置一个 VDD 电源符号，其数值大小根据 CMOS 要求来确定。同时还要放置一个数字接地符号，这样电路中的 CMOS 数字 IC 才能获取电源。

（2）当某种 CMOS 元件是复合封装或同一模型有多个型号时，处理方式与 TTL 电路相同。

（3）这些器件的逻辑关系可查阅有关器件手册，也查看 Multisim 12 的帮助（Help）文件。

（4）5 V、10 V 和 15 V 的 4×××系列 CMOS 逻辑器件元件箱的图标都容易误认为是 5 V 的图标，使用时应注意区分。

CMOS 元件库包含如下几个系列：4×××/5 V 系列 CMOS 逻辑器件；4×××/10 V 系列 CMOS 逻辑器件；4×××系列/15 V CMOS 逻辑器件；V74HC/2 V 系列低电压高速 CMOS 逻辑器件；V74HC/4 V 系列低电压高速 CMOS 逻辑器件；V74HC/6 V 系列低电压高速 CMOS 逻辑器件。另外还包含一些简单功能的数字 CMOS 芯片，通常用于完成只需要单个简单门的设计中，它们是：Tiny Logic/2 V 系列，Tiny Logic/3 V 系列，Tiny Logic/4 V 系列，Tiny Logic/5 V 系列和 Tiny Logic/6 V 系列。

2.1.8 其他数字元件库（Miscellaneous Digital）

前述的 TTL 和 CMOS 数字元件，都是按照型号存放的。这给数字电路初学者带来不便，如按照其功能存放，调用起来将会方便得多。其他数字元件库（Miscellaneous Digital）中的 TTL 元件箱就是把常用的数字元件按照其功能存放的，不过它们都是虚拟元件，不能转换成 PCB 版图文件。

另外，还有一个 VHDL 元件箱。

1. 数字逻辑元件（TIL Components）

该元件箱中存放的虚拟数字逻辑元件有：与门、或门、非门、或非门、与非门、异或非门、缓冲寄存器、三态缓冲寄存器及施密特触发器等。

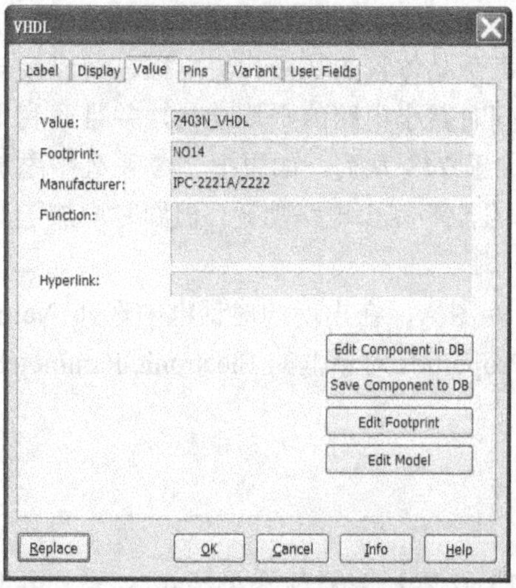

2. VHDL 可编程逻辑器件

该元件箱中存放着用硬件描述语言 VHDL 编写模型的若干常用的数字逻辑元件，要调用这些元件，则需另外购买 VHDL 模块，否则无法使用。在进行新元件编辑时，我们也可以将编辑、综合通过了的 VHDL 程序，用 NI Multisim 12 提供的元件编辑器将其例化为一个器件，便于形象地构成新的电路。

单击其属性的 Edit Model 按钮，可以查看其模型编辑情况。模型编辑里的信息显示该器件与 TTL 电路中的7403N的模型是不一样的。但在NI Multisim 12 中是可以混用的。NI Multisim 12 会自动调用相应的仿真器，其功能是相同的，如图 2.18 所示。

图 2.18 VHDL 模块属性

2.1.9 混合芯片库

1. 定时器（Timer）

555 定时器就是一个 IC 芯片，它通常用于非稳态多谐振荡器、单稳态多谐振荡器或压控振荡器中。555 定时器主要由两个电容、一个带阻电压除法器、一个触发器以及流量晶体管组成，可以构成各种不同用途的脉冲电路。它是一个输出电压为高、低两态的设备。其输出状态由输入信号和外部接入定时器的延时元素控制。

2. AD、DA 转换器（ADC_DAC）

（1）ADC：V_{IN} 为模拟电压输入端子，将输入的模拟信号转换成 8 位的数字信号输出：V_{REF+} 为参考电压“＋”输入端子（直流参考电源的电压），V_{REF-} 为参考电压“－”端（通常接地）。V_{REF+} 的大小按量化精度而定，若 V_{REF} 取 5 V，由于是 8 位量化，则输入信号对应的量化离散电平为：$V_I \times 256 / V_{fs}$，$V_{fs} = (V_{REF+}) - (V_{REF-})$。SOC 启动转换信号端子，它由低电平变到高电平时，转换开始，转换时间位 1 μs，转换期间 EOC 为低电平。EOC 是转换结束标志位端子，高电平表示转换结束；OE 为输出允许端子，可与 EOC 接在一起。

（2）IDAC：将数字信号转换成与其大小成比例的模拟电流，其输出电流为：$I_{o1} = -\frac{U_1}{R_1} \times \frac{D}{256}$，其中 D 表示输入二进制数所对应的十进制数。另一个端子电流为：$I_{o2} = -I_{o1} = \frac{U_1}{R_1} \times \frac{D}{256}$。在实际应用中，常在两个输出端之间接上一个运放。

（3）VDAC：将数字信号转换为与其大小成比例的模拟电压，使用时，“＋”、“－”端分别接参考电压“＋”、“－”端，且“－”端接地。输出电压 $V_o = \frac{(V_{REF+} - V_{REF-}) \times D}{256}$，其中 D 为输入二进制数对应的十进制数。

3. 模拟开关（Analog Switch）

使用时注意以下几点。

（1）模拟开关是一种在特定的两控制电压之间以对数规律改变的电阻器。如果控制电压超过了指定的 C_{off}（Control ‘off’ value）或 C_{on}（Control ‘on’ value）的值，其电阻将会很大或很小。

（2）压控开关与机械开关类似，只是它的开关状态是由控制电压来确定的。控制电压在选定值 C_{off} 之下时，开关断开；反之，开关闭合。

4. 多谐振荡器（Multivibrator）

DC 触发的多谐振荡器输出脉冲有三种方法控制，其基本脉冲时间由外部电阻和电容数值决定。

5. 虚拟类器件

其中包含虚拟定时器、虚拟开关、频率除法器（Freq_Divider）、单稳态（Monostable）、虚拟锁相环等。

单稳态元件是边沿触发脉冲产生电路，被触发后产生固定宽度的脉冲信号，脉冲宽度由RC定时电路控制，A1为上升沿触发，A2为下降沿触发。一旦电路被触发，输入信号将不再起作用。定时电容的一个端接CT，另一端接RT/CT；定时电阻一端接RT/CT，另一端接V_{CC}。输出脉冲宽度$T_w = 0.693RC$。

锁相环（Phase-Locked Loop）元件模型由压控振荡器、相位检测电路和低通滤波器组成。相位检测器是一个模拟乘法器，它输出直流电压；直流电压是输入参考信号和压控振荡器（V_{CO}）输出信号之间相位差的函数；相位检测器的输出送入低通滤波器，以滤除高频噪声并输出一个直流电压；V_{CO}输出与直流电压对应的频率的信号。可以通过对话框设置相应检测器的转换增益、压控振荡器的转换增益、压控振荡器自由振荡频率、低通滤波器极点频率和压控振荡器的输出幅度。

频率除法器（Freq_Divider）是一个基于频率除法器的异步二进制计数器。方波输出幅度可在对话框中定义。与PLL使用在频率合成应用中，它是一个理想设备。

2.1.10 指示部件库（Indicators）

指示部件库（Indicators）中包含8种可用来显示电路仿真结果的显示器件，Multisim称为交互式元件（Interactive Component）。对于交互式元件，Multisim不允许用户从模型上进行修改，只能在其属性对话框中对某些参数进行设置。

1. 电压表（Voltmeter）

该表可用来测量交、直流电压（由属性对话框设置），其连线端子根据需要可左右或上下放置（单击鼠标右键选中，选择快捷菜单中的90 Clockwise或90 CounterCW）。由于内阻对测量误差有影响，所以建议内阻设置得大一些（也在属性对话框中设置）。

2. 电流表（Ammeter）

该表可用来测量交、直流电流（在属性对话框中设置），其连线端子根据需要可左右或上下放置（单击鼠标右键选中，选择快捷菜单中的90 Clockwise或90 CounterCW）。由于内阻对测量误差有影响，所以建议内阻设置得小一些（也在属性对话框中设置）。

3. 探针（Probe）

相当于一个LED（发光二极管），仅有一个端子，可将其连接到电路中某个点。当该点电平达到高电平（即“1”，其门限值可在属性对话框中设置）时便发光指示，可用来显示数字电路中某点电平的状态。

4. 蜂鸣器（Buzzer）

该器件是用计算机自带的扬声器模拟理想的压电蜂鸣器。当加在其端口的电压超过设定值时，压电蜂鸣器就按设定的频率鸣响。其参数值可通过属性对话框设置。

5. 灯泡（Lamp）

其工作电压及功率不可设置。额定电压（即显示在灯泡旁的电压参数）对交流而言是指其最大值。当加在灯泡上的电压大于（不能等于）额定电压的50%至额定电压时，灯泡一边亮：而大于额定电压至 150%额定电压值时，灯泡两边亮；而当外加电压超过电压 150%额定电压值时，灯泡被烧毁。灯泡烧毁后不能恢复，只有选取新的灯泡。对直流而言，灯泡恒定发光；对交流而言，灯泡将闪烁发光。

6. 虚拟灯泡（Virtual Lamp）

该部件相当于一个电阻元件，其工作电压及功率可由用户在属性对话框中设置。烧坏后，若供电电压正常，它会自动恢复。其余与现实灯泡相同。

7. 十六进制显示器（Hex Displays）

带译码的七段数码显示器（DCD-HEX）：有 4 条引脚线，从左到右分别对应 4 位二进制数的最高位到最低位，可显示 0~F 之间的 16 个数。

不带译码的七段数码显示器（Seven-SEG-Display）：共阳数码管，显示器的每一段和引脚之间有一一对应的关系。在某一引脚上加上高电平，其对应的数码段就发光显示。如要用七段数码显示器显示十进制数，需要有一个译码电路。

不带译码的七段数码显示器（Seven-SEG-COM-K）：共阴数码管，引脚呈高电平，对应的段亮。

8. 条形光柱（Bargraphs）

带译码的条形光柱（DCD Bargraph）：该元件相当于 10 个 LED 发光管串联，但只有一个阳极（左侧端子）和一个阴极（右侧端子）。当电压超过某个电压值时，相应的 LED 之下的数个 LED 全部点亮。点亮第 n 个 LED 所需的最小电压值（从最低段到最高段）为：

$$U_o = U_l + (U_h - U_l) \times (n - 1) / 9$$

其中，n 为点亮 LED 的数量。U_l 是点亮所有 LED 所需的最低电压，U_h 是点亮所有 LED 所需的最高电压。据笔者试验，若 $U_l = 1$ V，则 U_h 相应是 14 V。

LVL Bargraph：通过电压比较器来检测输入电压的高低，并把检测结果送到光柱中某个 LED 以显示电压高低。其余与 DCD Bargraph 相同。

UNDCD Bargraph（不需译码的条形光柱）：由 10 个 LED 发光管并排排列，但分别连接，左侧为阳极，右侧为阴极。LED 发光管正向压降为 2 V。

2.1.11 功率组件（Power Component）

1. 熔丝（Fuse）

在选择熔丝应注意以下几点：

（1）要选用适当电流大小的熔丝，太小会使电路不能工作，太大起不了保护作用；

（2）在交流电路中最大电流是电流的额定值，不是有效值；

（3）熔丝一旦烧断，则无法恢复，只能删除后重新选取。

2. 电压校准器（Voltage Regulator）

线性集成电压校准器是一种输出电压能在大范围内线性变化和负载变化时保持相对常数的直流功率器件。大多数集成电压校准器是三端器件。

集成电压校准器可以分为 4 种类型：固定正、固定负、可调整及双踪。固定正和固定负的集成电压校准器用于提供特定的输出电压，可调整的校准器可以提供两个特定电压之间的任何一个直流电压值，双踪校准器提供均等的正负输出电压，其输入电压极性必须与额定的输出极性的设备相匹配。

3. 电压基准器（Voltage Reference）

4. 电压抑制器（Voltage Suppressor）

以下一系列器件由于包含了大量的引脚信息，在此不做具体介绍。

Power Supply Controller

Misc power

PWM Controller

2.1.12 其他部件库（Miscellaneous）

把不便划归某一类型元件库中的元件箱放到一起，称为其他部件库（Miscellaneous）。

1. 虚拟部件

虚拟晶振（Crystal_ Virtual）：虚拟晶振模型参数选取了典型值，其振荡频率为 10 MHz。

虚拟熔丝（Fuse_Virtual）：当电路电流超过电流最大值，熔丝将断开。

虚拟马达（Motor_ Virtual）：马达是理想的直流电机的通用模型，用以仿真直流电机在串联激励、并联激励和分开激励下的特性。其激励方式取决于电机的励磁绕组（电机的 1、2 端子）和电枢绕组（电机的 3、4 端子）的不同连接形式。

在并激方式时，将直流电源的正极与电机的 2、4 端子连在一起，直流电源的负极与电机的 1、3 端子连在一起。串激时，电机的 2、3 端子相连，再把直流电源的正极连至电机的 4 端，直流电源的负极连至 1 端。在分开激励时，可以将直流电源的正负极分别连接直流电机的 1、2 端，把另一个直流电源的正负极连至电机的 3、4 端。5 端是电机的输出端，输出为电机的转速值（RDM）。

该器件的 Spice 模型中的主要参数为：Ra，电枢绕组电阻；La，电枢绕组电感；Rf，激磁绕组电阻；Lf，激磁绕组电感；Bf，轴磨擦系数；J，轴转动惯量；NN，额定转速；Van，额定电枢电压；Ian，额定电枢电流；Vfn，额定激磁电压；TI，负载扭矩。

观察电机输出的方法有三种：

（1）在 5 端和地之间连接一个电压表，仿真时观察电机的输出值；

（2）在 5 端用示波器观察输出值，转速以电压形式表示；

（3）在 5 端选择合适的分析方法观察。

虚拟元件 Spice 模型参数为显示元件的默认值。

虚拟光耦合器（Optocoupler_ Virtual）：虚拟光耦合器是利用光把信号从输入端（光电发射体）耦合到输出端（光敏接收体）的器件，它能有效地控制系统噪声，消除接地回路的干扰，响应速度极快。

虚拟真空管（Vacuum Tube Virtual）：与现实真空管的区别仅在于其 Spice 模型参数全部是真空管的默认值。

2. 晶振（Crystal）

Multisim 在晶振箱中放置了多个振荡频率的现实晶振，可根据需要灵活选用。

该元件由纯石英构成，并作为晶体共鸣器使用。当石英晶振被机械地振荡时，它会产生交流电压，反之，当交流电压通过晶振时，它会以相同于电压的频率振动。这就是所谓的压电（piezoelectric）效应，而石英则是压电晶振的一个例子。

石英的压电效应赋予了晶振非常高 Q 值的调谐电路的特点。

3. 光耦合器（Optocoupler）

光耦合器是一种利用光把信号从输入端（光电发射体）耦合到输出端（光电探测器）的器件，它能有效地控制系统噪声，消除接地回路的干扰，响应速度较快，常用于微机系统的输入和输出电路中。

4. 真空管（Vacuum Tube）

真空管有 3 个电极：阴极 K 被加热后发射电子，阳极 P（又称板极）收集电子，栅极（控制极）G 控制到达阳极的电子数量。真空三极管与 N 沟道结型场效应管的工作特性相似，属于电压控制器件。真空管经常作为放大器用于音频电路中。

真空管是一个压控电流设备，其原理与 N 通道 FET 类似。对于 FET 来说，管子的增益(gm)与跨导相关，其定义为由于阴极电压的变化导致的栅电流变化：

gm = 栅极电流变化 / 阴极电压的变化

5. 开关电源降压转换器（Buck Converter）

Buck Converter 是一种求均电路，用于模拟 DC-DC 转换器的求均特性，它不仅能模拟电源转换中的小信号和大信号特性，而且能模拟开关电源的瞬态响应。

6. 开关电源升压转换器（Boost Converter）

Boost Converter 是一种求均电路，用于模拟 DC-DC 转换器的求均特性，它不仅能模拟电源转换中的小信号和大信号特性，而且能模拟开关电源的瞬态响应。

7. 开关电源升降压转换器（Buck - Boost Converter）

开关电源降压转换器、升压转换器和升降压转换器都是一种求均电路模型，这种模型模拟了 DC-DC 开关电源转换器的特性，其基本用途是对 DC 电压进行升压或降压转换。

8. 损耗传输线（Loss Transmission Line）

损耗传输线是一个模拟有损耗媒介的两端口网络，如通过电信号的一段导线。它能模拟由传输线特性阻抗和传输延迟导致的纯电阻性损耗。打开其属性对话框可对传输线的长度、单位上的电感、电容、电阻和电导进行设置。在实际应用时，如将其电阻和电导设置为 0，就成为了无损耗线，而用这种无损耗线进行仿真的结果会更精确。

9. 无损耗传输线类型 1（Lossless Line Type 1）

该模型模拟理想状态下传输线的特性阻抗和传输延迟特性，而且特性阻抗是纯电阻性的，其值等于 L/C 的均方根值。使用时可对属性对话框中的特性阻抗、传输时间延迟进行设置。

10. 无损耗传输线类型 2（Lossless Line Type 2）

与无损耗传输线类型 1 相似，不同之处仅在于传输时间延迟是通过设置传输信号频率和线路归一化电长度（Normalized electrical length）来确定的。

11. 跨导（Transducers）

热敏电阻，当温度（用 T 来模拟）变化时，其阻值随之做相应的变化。

12. 网络（Net）

这是一个建立模板的模型。它允许输入 2～20 针网表。

以下一系列器件由于包含了大量的引脚信息，在此不做具体介绍。

Filters

Mosfet driver

杂项元件（Misc）

2.1.13 外围设备库（Advanced Peripherals）

外围设备库中包括 4 个元件箱，可以使仿真更具灵活性。

1. 按键（keypads）

该类器件可用在单片机仿真中的键盘输入。

2. 液晶显示器（LEDs）

NI Multisim 12 中提供了 13 种不同的显示设备，供在单片机中调用。

3. 终端机（terminals）

NI Multisim 12 的虚拟终端机是用来仿真单片机与计算机串行通信的。

4. 外围设备（misc_ peripherals）

在单片机仿真中模拟自动化控制。

2.1.14 射频部件库（RF）

当信号的频率足够高时，电路中元器件的模型要产生质的改变，其分析设计方法也有较大不同。通过 NI Multisim 12 教育版可以从概念上对此做些了解。

1. 射频电容器（RF Capacitor）

射频部件库（RF）中所提供的 RF 元件数量较少。

在射频中，RF 电容的性能不同于低频状态下的常规电容，它是作为许多传输线、波导、不连续器件和电介质之间的一种连接。电介质层通常很薄（典型值为 0.2 mm），适应这种电容器的方程随同于传输线的方程。因此，可以用单位长度上的电感、阻抗和并联电容来描述射频电容器。依所使用技术的不同，实际的电容在 pP 到 nF 之间，这种电容可以在频率达到 20 GHz 时用做耦合和旁路。

2. 射频电感器（RF Inductor）

并非所有版本的 Multisim 都具备该特征。

从多个类型的射频电感器来看，螺旋电感器能够提供较高电感值和较高的 Q 值。该螺旋电感采用的是只占用一小块地方情况下形成一个平面电感器，其形状可由有角度增加的半径来说明：

$$R = r / I + kq$$

其电路相当于一系列电阻器（由于表面的影响）、电感器和延时电容（导体的外包的表面层和地的距离）的组合。该电感器的 Q 值对于螺旋电感器来说要高于其他类型的电感器，例如长方形螺旋电感。

在众多的射频电感器中，螺旋形的电感提供了较高的电感量和 Q 值。它可以在较小的平面内做成，其等效电路是电阻（由于集肤效应）与电感串联，与电容并联。

3. 射频 NPN 晶体管（RF BJT_ NPN）

并非所有版本的 Multisim 都具备该特征。

射频双极型晶体管的基本工作原理与低频段的晶体管相同。然而，射频晶体管有一个取决于基极和集电极的转换和充电次数较高的最大工作频率。为了获得这样的效果，其发射极、基极和集电极在版图上的面积要求达到最小。但是制作晶体管的工艺限制了基极面积的缩小，集电极面积的减小受到集电极的最大承受电压的限制。为了获得最大的功率输出，发射极外围面积应该尽可能大。

4. 射频 PNP 晶体管（RF BJT_PNP）

其基本原理与射频 NPN 晶体管相似。

5. RF_MOS_3TDN

射频 FET 与双极晶体管相比，有不同的载流子。FET 的多子应该有较好的传输特性（比如好的流动性、速度和扩散系数）。因此，射频 FET 制作在 N 型材料上，因为电子有较好的传输特性。

栅极的长度和宽度是两个重要参数，减少栅极的长度可以提高增益、噪声值和工作频率，增加栅极的宽度可以提高射极功率容量。测量直流和射极 S 参数可以得到射极 FET 晶体管的模型参数，其等效电路模型几乎等同于直流和射极 S 参数。

6. Tunnel Diode

并非所有版本的 Multisim 都具备该特征。

该 Tunnel 二极管元件由于它的负阻抗特点而区别于其他二极管。在这个范围里面，电压和电流是成反比的。例如，前向电压的上升会导致二极管电流的减小。

通过使用 DC 供电，该二极管还可以用来产生正弦电压。

7. Strip Line

并非所有版本的 Multisim 都具备该元件。

传输线在微波频段是常用的传导线，传输线是在电介质（通常是空气）包裹下的“地-导体-地”传导线。鉴于电路功能、衬底、技术和频段的多样性，传输线导体有很大的选择范围。比如微波传输线就是一个例子，其上面的地在无穷远处。传输线导体的位置、形状和厚度不同，适应传输线的方程也会不同。比如中心传输线（通常称为 Tri-Plate 线），其电导在每个位置上（顶端和末端、左端和右端）都是对称的。另外一个例子是 zero-thickness 传输线，与它到地的距离相比，其导体的厚度可以忽略。

8. Ferrite Beads

Ferrite beads 用来分离（阻断）直流供电和某些信号线中无须的信号。它们仍可以衰减所选频带。

2.1.15 机电类元件库（Electro Mechanical）

机电类元件库有 8 个元件箱，包含一些电工类器件，除线性变压器（Line Transformer）外，都以虚拟元件处理。

1. 感测开关（Sensing Switches）

该类开关都可以通过按键盘上的一个键来控制其断开或闭合，这个键的设置需打开所选开关的属性对话框，在 Value tab 栏内输入字母 A～Z、Space 或 Enter 之一即可。

当反复按键盘上对应的键时，感测开关将反复开合。

2. 瞬态开关（Momentary Switches）

与感测开关不同之处仅在于按键盘上对应的键使开关断开或闭合后，状态在整个仿真过程中一直保持不变。如要恢复初始状态，只能删除这个开关，重新从元件库中调用。

3. 增补接触器（Supplementary Contacts）

基本操作方法与感测开关相同。

4. 计时接触器（Timed Contacts）

Multisim 12 中有下列计时接触器：

（1）常开到时打开；

（2）常开到时闭合；

（3）常闭到时打开；

（4）常闭到时闭合。

5. 线圈与继电器（Coils，Relay）

Multisim 中有下列线圈与继电器：

（1）电机启动器线圈；

（2）前向或快速启动器线圈；

（3）反向启动器线圈；

（4）慢启动器线圈；

（5）控制继电器；

（6）时间延迟继电器。

6. 线性变压器（Line Transformer）

线性变压器包含各种空芯类和铁芯类电感器及变压器，其中电感器的参数只能在元件属性对话框的 Model 页中查找，并可重新设置，如 AIR-CORE INDUCTOR 的默认值是：L = 1 μH，r = 1 μΩ，C = 1 μF，则无损耗传输线也是 1 μΩ。变压器的变压比可在此 Model 页中查找，如 num turns = 1，并可通过 Edit Model 对此参数进行修改。在使用变压器时，初级线圈和次级线圈都必须接地。

线性变压器是考虑到功率应用方面的原因而被简化的变压器。其线圈接 120 V、220 V 交流电压均可。

7. 保护装置（Protection Devices）

Multisim 中有下列保护装置：

（1）熔丝；（2）过载保护器；（3）热过载；（4）磁过载；（5）梯形逻辑过载。

8. 输出设备（Output Devices）

Multisim 中的输出设备有：

（1）发光指示器；（2）电机；（3）直流电机电枢；（4）三相电机；（5）加热器；（6）LED 指示器；（7）螺线管。

2.1.16 微处理器库（MCU）

该库中有 8051、8052、PIC 单片机、数据存储器和程序存储器。

2.1.17 后缀和模型参数

1. 后缀

（1）PSPICE 的数值比率后缀：

F = 1e-15，P = 1e-12，N = 1e-9

U = 1e-6，MIL = 25.4e-6

M = 1e-3，K = 1e3

MEG = 1e6

G = 1e9，T = 1e12

（2）PSPICE 的单位后缀：

V = 伏特，A = 安培，Hz = 赫兹，Ω = 欧姆，H = 亨，F = 法拉，DEG = 度

2. 模型参数及其单位说明（见表 2.17）

表 2.17 模型参数及其单位说明

名 称	面积因子	模 型 参 数	单 位	默 认 值	典 型 值
IS		饱和电流	A	1e-14	1e-14
RS		寄生电阻	Ω	0	10
N		注入系数		1	
TT		渡越时间	s	0	0.1 ns
CJO		零偏 PN 结电容*	F	0	2 pF

续表

名　称	面积因子	模 型 参 数	单　位	默 认 值	典 型 值
VJ		结电势	V	1	0.6
M		梯度因子		0.5	0.5
EG		禁带宽度	eV	1.11	0.69
XTI		饱和电流温度指数		3	3
KF		闪烁噪声系数		0	
AF		闪烁噪声指数		1	
FC		正偏置耗尽电容系数		0.5	
BV		反向击穿电压	V	∞	50
IBV		反向击穿电流	A	1e-10	
IS	*	PN 结饱和电流	A	1e-16	1E-16
BF		理想正向最大放大倍数		100	100
NF		正向电流注入系数		1	1
VAF（VA）		正向 Early 注入电压	V	∞	100
IKF		正向BETA 大电流下降点	A	∞	10 m
ISE		B-E 泄漏饱和电流	A	0	1.0e-13
NE		B-E 泄漏注入系数		1.5	2
BR		理想最大反向放大系数		1	0.1
NR		反向电流注入系数		1	
VAR（VB）		反向 Early 注入电压	V	∞	100
IKR	*	反向BETA 大电流下降点	A	∞	100 m
ISC		B-C 饱和电流	A	0	1
NC		B-C 注入系数		2	2
RB	*	零偏最大基极电阻	Ω	0	100
RBM		最小基极电阻	Ω	RB	100
IRB		RB 与 RBM 中间处电流	A	∞	
RE	*	发射极欧姆电阻	Ω	0	1
RC	*	集电极欧姆电阻	Ω	0	10
CJE	*	基极－发射极零偏 PN 结电容	F	0	2 pF
VJE		基极－发射极内建电势	V	0.75	0.7
MJE		基极－发射极梯度因子		0.33	0.33
CJC	*	基极－集电极零偏 PN 结电容	F	0	1 pF
VJC		基极－集电极内建电势	V	0.75	0.5
XCJC		Cbc 连接到 RB 上的部分		1	
CJS		集电极衬底零偏置压结电容	0		2 pF
VJS		集电极内建电势	V	0.75	
FC		正偏压耗尽电容系数		0.5	
MJS		集电极衬底梯度因子		0	
TF		正向渡越时间	s	0	0.1 m
XTF		TF 随偏置而变化的参数			
VTF		TF 随 Vbc 变化的参数	V	∞	
ITF		TF 随 Ic 变化的参数	A	0	
PTF		在 1/2π×FT 处的超相移	(o)	0	30
TR		理想反向传输时间	s	0	10 ns
EC		禁带宽度	eV	1.11	1.11

续表

名 称	面积因子	模 型 参 数	单 位	默 认 值	典 型 值
XTB		正、反向放大倍数温度系数		0	
XTI		饱和电流温度指数		3	
KF		闪烁噪声系数		0	6.6E-16
AF		闪烁噪声指数		1	1
VTO		门限电压	V	–2	–2
BETA	*	跨导系数	A/V^2	1E-4	1E-3
LAMBDA		沟道长度调制系数	V^{-1}	0	1E-4
RD	*	漏极欧姆电阻	Ω	0	100
RS	*	源极欧姆电阻	Ω	0	100
IS	*	栅极 PN 结饱和电流	A	1E-14	1E-14
PB		栅极结电动势	V	1	0.6
CGD	*	零偏压 G-D 结电容	F	0	5pF
CGS	*	零偏压 G-S 结电容	F	0	1pF
FC		正偏耗尽电容系数		0.5	
VTOTC		VTO 温度系数	V/℃	0	
BETATCE		BETA 指数温度系数	Percent/℃	0	
KF		闪烁噪声系数		0	
AF		闪烁噪声指数		1	

注：*代表该参数受面积因子影响。

3. MOS 场效应晶体管模型参数（见表 2.18）

表 2.18 MOS 场效应晶体管模型参数

名 称	面积因子	模 型 参 数	单 位	默认值	典型值
LEVEL		模型类别（1、2 和 3）		1	
L		沟道长度	m	DEFL	
W		沟道宽度	m	DEFW	
LD		扩散区长度	m	0	
WD		扩散区宽度	m	0	
VTO		零偏压门限电压	V	0	1.0
KP		跨导	A/V^2	2.0E-5	2.5E-5
GAMMA		体效应系数	$V^{1/2}$	0	0.35
PHI		表面电势	V	0.6	0.65
LAMBDA		沟道长度调制系数（LEVEL=1、2）	V^{-1}	0	0.02
RD		漏极欧姆电阻	Ω	0	10
RS		源极欧姆电阻	Ω	0	10
RG		栅极欧姆电阻	Ω	0	1
RB		衬底欧姆电阻	Ω	0	1
RDS		漏一源并联电阻	Ω	∞	
RSH		源区与漏区的薄层电阻	Ω/块	0	20
IS		衬底 PN 结饱和电流	A	1.0E-14	1.0E-15
JS		衬底 PN 结饱和电流密度	A/m^2	0	1.0E-8
PB		衬底 PN 结电势	V	0.7	0.75
CBD		衬底一漏极零偏 PN 结电容	F	0	5 pF

续表

名　称	面积因子	模 型 参 数	单　位	默认值	典型值
CBS		衬底一源极零偏 PN 结电容	F	0	2 pF
CJ		衬底零偏压电位结面积衬底电容	F/m^2	0	2.0E-4
CJSW		衬底 PN 结零偏压单位长度周边电容	F/m	0	1.0E-3
MJ		衬底 PN 结地面梯度系数		0.5	0.5
MJSW		衬底 PN 结侧面梯度系数		0.33	
FC		衬底 PN 结正偏压电容系数		0.5	
CGSO		栅一源单位沟道宽度覆盖电容	F/m	0	4.0E-11
CGDO		栅一漏单位沟道宽度覆盖电容	F/m	0	4.0E-11
CGBO		栅一衬底单位沟道宽度覆盖电容	F/m	0	2.0E-11
NSUB		衬底掺杂密度	$1/cm^2$	0	4.0E15
NSS		表面状态密度	$1/cm^2$	0	1.0E10
NFS		表面状态密度	$1/cm^2$	0	1.0E10
TOX		氧化层厚度（LEVEL＝2、3）	m	1.0E-7	1.0E-7
TPG		栅极材料类型			
		＋1：栅极材料与衬底相反			
		－1：栅极材料与衬底相同			
		0：铝材			
XJ		金属结深度	m	0	
UO		表面迁移率	$cm^2/v*s$	600	700
UCRIT		迁移率下降临界电场（LEVEL＝2）	V/cm	1.0E-4	1.0E4
UEXP		迁移率下降指数[（LEVEL＝2）]		0	0.7
UTRA		迁移率下降横向电场系数			
VMAX		最大漂移速度	m/s	0	5.0E4
NEFF		沟道电荷系数[（LEVEL＝2）]		1	5.0
XQC		漏端沟道电荷分配系数		1	0.4
DELTA		门限宽度效应系数		0	1.0
THETA		迁移率调制系数（LEVEL＝3）	V^{-1}	0	0.1
ETA		静态反馈系数（LEVEL＝3）		0	1.0
KAPPA		饱和场因子（LEVEL＝3）		0.2	0.5
KF		闪烁噪声系数		0	1.0E-26
AF		闪烁噪声指数		1	1.2
VTO		门限电压	V	–2.5	–2.0
ALPHA		tanh 常数	V^{-1}	2.0	1.5
BETA		跨导系数	A/V^2	0.1	25μ
LAMBDA		沟道长度调制系数	V	0	1E-10
RG	*	栅极欧姆电阻	Ω	0	1
RD	*	漏极欧姆电容	Ω	0	1
RS	*	源极欧姆电阻	Ω	0	1
IS		栅极 PN 结饱和电流	A	1E-14	
M		栅极 PN 结梯度系数		0.5	
N		栅极 PN 结注入系数		1	
VBI		门限电压	V	1	0.5
CGD		栅一源零偏压 PN 结电容	F	0	1 pF
CGS		栅一漏零偏压 PN 结电容	F	0	6 pF

续表

名　称	面积因子	模 型 参 数	单　位	默认值	典型值
CDS		漏一源电容	F	0	0.33 pF
TAU		渡越时间	s	0	10 pF
FC		正偏压耗尽电容系数		0.5	
VTOTC		VTO 温度系数	V/ ℃	0	
BETATCE		BETA 指数温度系数		0	
KF		闪烁噪声系数		0	
AF		闪烁噪声指数		1	

注：*代表该参数受面积因子影响。

2.2　创建元器件

这一节主要介绍如何创建元器件。

Multisim Master 中虽然存有大量的仿真元器件，但是由于用户需求的多样性，现有的元器件不可能满足每个用户的所有需求。面对这种情况，可以使用性能参数相近的器件代替，或者可以通过网站与 FreeTradeZone 设计中心联系，购买所需的器件模型。但是这两种方法都存在着不足，前者会使得仿真结果的准确性受到影响，后者则需要对所购买的 PSPICE 模型的图形和引脚等信息进行处理后方可使用。另外一种比较可行的方法就是自己动手编辑一个元器件。

在 NI Multisim 12 中可以通过以下方法创建元器件。

Create Component Wizard：用于创建新的元器件。

Component Properties 对话框：用于编辑已有元器件，可通过 Database Manager 对话框打开该对话框。

可以修改存储在 Multisim 元件库中的任何元器件。可以很容易地复制元器件信息或只改变封装细节而创建一个新的元器件。也可以创建自己的元器件并将它放进相应的数据库，或者从另一个源里下载一个元器件。当然，不可以编辑 Master Database（主数据库），但是可以将其复制到 Corporate 或 User 数据库，然后修改它。

注意：推荐你尽可能修改一个已有的、相似的元器件，而不是创建一个新的元器件。存储在元件库中的每个元件都包括以下各类信息。

general information：一般信息

symbol：符号编辑

model：元件模型

pin model：仿真时，用于描述引脚参数

footprint：封装引脚

electronic parameters of the component：元件的电气参数

user fields：用于进一步定义元器件

如果修改了 Master Database 中某个元器件的信息后，则只能将其存储到 Corporate 或 User Database，以防止 Master Database 受到损坏。

2.2.1 在 NI Multisim 中创建自定义元器件

元器件向导是用于创建自定义元器件的主要工具，它引导完成创建一个新元器件所需要的所有步骤。元器件细节包括符号与可选的引脚、模型和封装信息。某元器件创建过程包括以下步骤：

1．引言

2．步骤一：输入初始元器件信息

3．步骤二：输入封装信息

4．步骤三：输入符号信息

5．步骤四：设置引脚参数

6．步骤五：设置符号与布局封装间的映射信息

7．步骤六：选择仿真模型

8．步骤七：实现符号引脚至模型节点的映射

9．步骤八：将元器件保存到数据库中

10．步骤九：测试 Multisim 中的新元器件

单部件元器件是指每个芯片上仅具有单个元件的元器件。而多部件元器件是一个在每个芯片上具有多个门或元件的元器件。多部件元器件的例子包括逻辑门或运算放大器。A 到 Z 递增的字母列举了多部件元器件内的设备。

Texas Instruments THS7001 便是多部件元器件的一个例子。THS7001 的可编程增益放大器（PGA）和独立的前置放大器级是封装在单个集成电路（IC）中的，可编程增益通过三个 TTL 兼容的输入进行数字控制。两个元件共享电源和参考电压线路。下面我们来学习如何创建这一元器件。

步骤一：输入初始元器件信息

从 Multisim 主菜单中选择工具→元器件向导，启动元器件向导。

通过这一窗口，输入初始元器件信息，如图 2.19 所示。选择元器件类型和用途（仿真、布局或两者兼具）。

完成时选择下一步。

步骤二：输入封装信息

（1） 选择封装以便为该元器件选择一种封装。

注意：在创建一个仅用于仿真的元器件时，封装信息栏被置成灰色。

（2） TSSOP20 from the Master Database. Choose Select when done.选择制造商数据表所列出的封装。针对 THS7001，从主数据库中选择 TSSOP20。完成时单击选择，如图 2.20 所示。

注意：如果知道封装的名称，可以在封装类型栏内直接输入该名称，如图 2.21 所示。

（3）定义元器件各部件的名称及其引脚数目。此例中，该元器件包括两个部件：A 为前置放大器部件，B 为可编程增益放大器部件。

注意 1：在创建多部件元器件时，引脚的数目必须与将用于该部件符号的引脚数目相匹配，而不是与封装的引脚数目相匹配，如图 2.22 和图 2.23 所示。

注意 2：对于 THS7001，需要为这两个部件的符号添加接地引脚和关闭节能选项的引脚。完成时选择下一步。

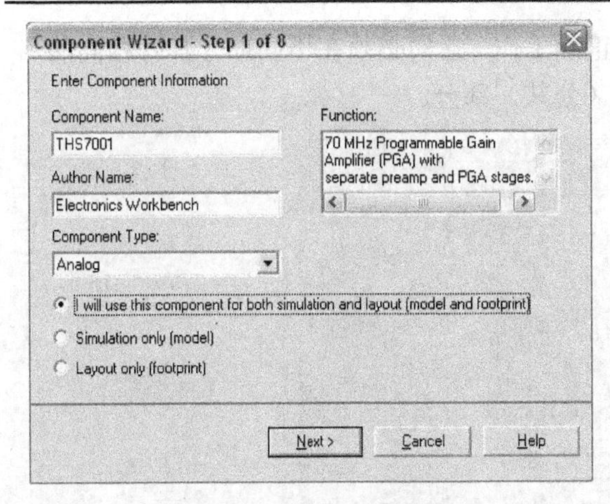

图 2.19 THS7001 元器件信息

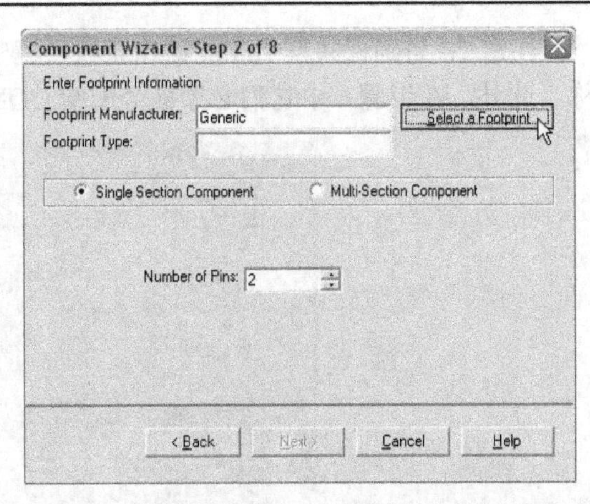

图 2.20 选择一种引脚（第 1 步，共 2 步）

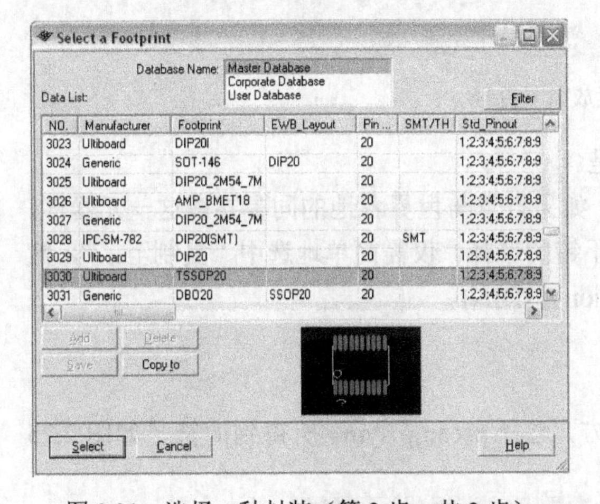

图 2.21 选择一种封装（第 2 步，共 2 步）

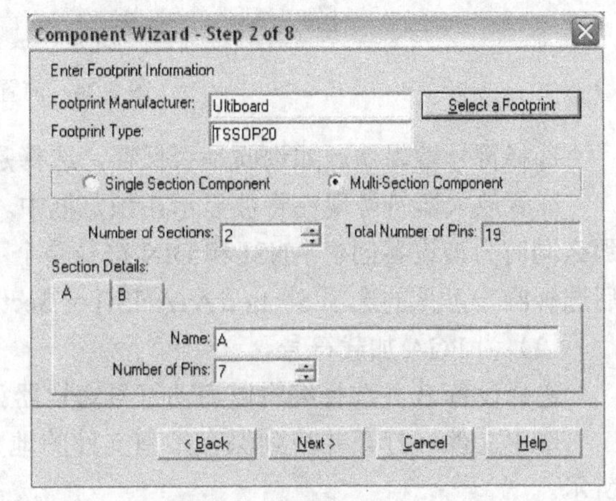

图 2.22 定义多部件的第 1 步（共 2 步）

图 2.23 定义多部件的第 2 步（共 2 步）

步骤三：输入符号信息

在定义部件、选择封装之后，就要为每个部件指定符号信息。可以通过在符号编辑器（选择编辑）中对符号进行编辑或者从数据库中复制现有符号（选择从 DB 复制），完成符号指定。在创建自定义部件时，为缩短开发时间，建议在可能的情况下从数据库中复制现有符号。也可以将符号文件加载到符号编辑器中。本指南中 THS7001 涉及的符号是作为文件被包括进来的。

（1）为前置放大器设备加载符号：

选择编辑以打开符号编辑器。

一旦加载符号编辑器之后，选择文件→打开并找到保存指南文件的地方。选择 preamp.sym。所加载的符号如图 2.24 所示。

注意 1：除了常见的关闭引脚和接地引脚，其他引脚的名称均带有前缀“PA”，这样便于区分前置放大器部分的引脚名称和可编程增益放大器部分的引脚名称。

注意 2：为确保共享引脚能够在获取环境中正确工作，它们必须在不同部分具有相同的名称。此外，在步骤 4 中它们必须被分配给 COM（公共）部分。

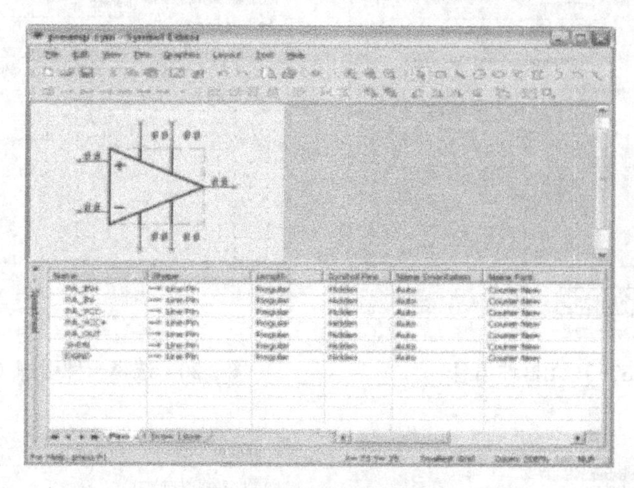

图 2.24　前置放大器符号

选择符号编辑器。如询问是否保存，选择是。

前置放大器符号现在将被显示在预览框中。如果打算与世界各地的同事共享这一元器件，那么同时为该设备创建 ANSI 和 DIN 符号是个不错的选择。仅需简单地选中“复制至...”，然后选择唯一可见的选项 Section A (ANSI) or Section A (DIN)。

（2）为 PGA 加载符号。

选择设备 B 并选择编辑以启动符号编辑器。

选中文件→打开并找到保存指南文件的地方，选择 preamp.sym。所得到的符号如图 2.25 所示。

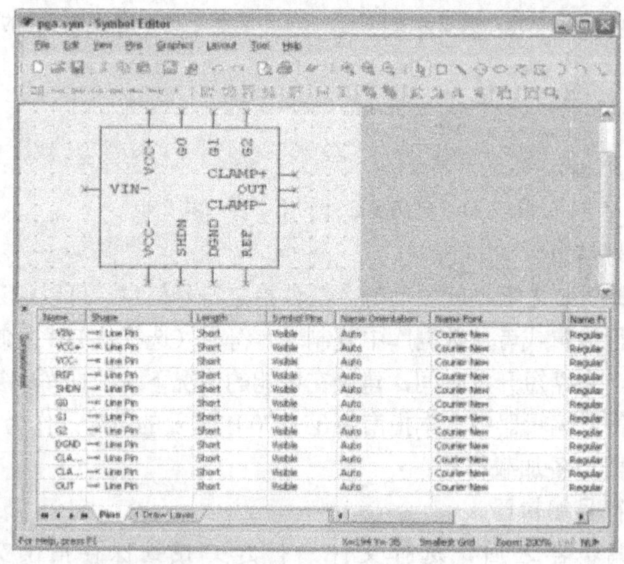

图 2.25　可编程增益放大器符号

关闭符号编辑器。如询问是否保存，选择是。

PGA 符号显示在预览框中。如果打算与世界各地的同事共享这一元器件，同时为该设备创建 ANSI 和 DIN 符号是个不错的选择。仅需简单地选中“复制至...”，然后选择唯一可见的选项 Section A (ANSI) or Section A (DIN)。

完成时选择下一步。

步骤四：设置引脚参数

该元器件的所有引脚在步骤 4 中列出，如图 2.26 所示。Multisim 在运行电气规则校验时会使用引脚参数。在为数字元器件选择正确的引脚驱动器时同样需要引脚参数。也可以在这一步骤中给元器件添加隐藏引脚。所谓隐藏引脚是指那些不出现在符号中、但可以被模型和/或封装使用的引脚。

完成所示的引脚表格（见表 2.19），完成后选择下一步。

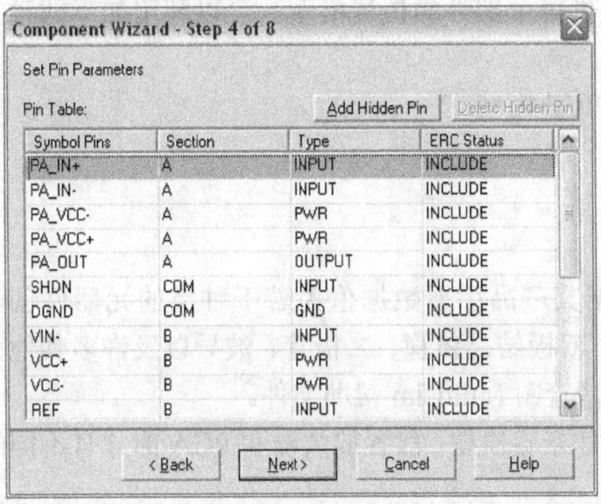

图 2.26　引脚参数

表 2.19　THS7001 引脚参数

Symbol Pins	Section	Type	ERC Status
PA_IN+	A	INPUT	INCLUDE
PA_IN-	A	INPUT	INCLUDE
PA_VCC-	A	PWR	INCLUDE
PA_VCC+	A	PWR	INCLUDE
PA_OUT	A	OUTPUT	INCLUDE
SHDN	COM	INPUT	INCLUDE
DGND	COM	GND	INCLUDE
VIN-	B	INPUT	INCLUDE
VCC+	B	PWR	INCLUDE
VCC-	B	PWR	INCLUDE
REF	B	INPUT	INCLUDE
SHDN	COM	INPUT	INCLUDE
G0	B	INPUT	INCLUDE
G1	B	INPUT	INCLUDE
G2	B	INPUT	INCLUDE
DGND	COM	GND	INCLUDE
CLAMP-	B	INPUT	INCLUDE
CLAMP+	B	INPUT	INCLUDE
OUT	B	OUTPUT	INCLUDE

步骤五：设置符号与布局封装间的映射信息

在步骤 5 中，实现可视符号引脚和隐藏引脚与 PCB 封装间的映射，如图 2.27 所示。利用数据表作为参考完成如下面表所示的映射信息，见表 2.20。

注意：引脚 17 为 SHDN 和 PA_SHDN 共享，引脚 1 为 DGND 和 PA_GND 共享。

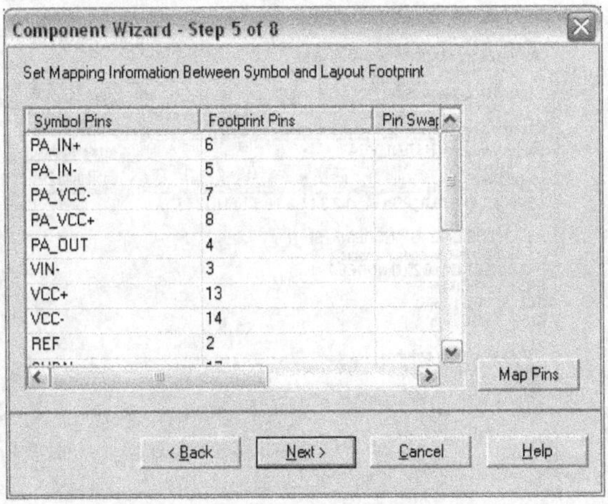

图 2.27　符号与引脚间的映射

表 2.20　符号与封装间的映射

Symbol Pins	Footprint Pins	Pin Swap Group	Gate Swap Group
PA_IN+	6		
PA_IN-	5		
PA_VCC-	7		
PA_VCC+	8		
PA_OUT	4		
SHDN	17		
DGND	1		
VIN-	3		
VCC+	13		
VCC-	14		
REF	2		
SHDN	17		
G0	20		
G1	19		
G2	18		
DGND	1		
CLAMP-	15		
CLAMP+	12		
OUT	16		

完成时选择下一步。

注意 1：属于同一个引脚互换组的引脚可以在电路板布局中被自动互换，以最大化布线效率。通常，芯片会具备几个接地引脚。将这些引脚分配给一个管脚互换组，Ultiboard PCB 布局工具将给网络表做注解，以改进该电路板的物理布局。

注意 2：此外，一些芯片会具有多个同一类型的元件（74HC00 包含 4 个完全相同的数字 NAND 门）。为改进布线，这些门可以被分配至同一个门互换组。

THS7001 的 PCB 封装中没有两个引脚是重复的。相应地，也没有两个完全相同的门。因此，引脚与门的互换信息保持空白。

步骤六：选择仿真模型

在创建一个用于仿真的元器件时，必须提供每个部件的仿真模型。可以利用如下四种方式获取或创建新的模型：

（1）从制造商网站或其他来源下载一个 SPICE 模型；

（2）手动创建一个支电路或原始模型；

（3）使用 Multisim Model Maker；

（4）编辑一个现有模型。

Multisim 提供了 Model Maker，可以根据其产品手册数据值为若干种类的元器件创建 SPICE 模型。Model Maker 可用于运算放大器、双极结晶体管、二极管、波导以及许多其他元器件。关于各种 Model Maker 的更多信息，敬请查阅 Multisim 帮助文件。

对于 THS7001，将使用制造商提供的 SPICE 兼容模型，前置放大器和 PGA 部分有不同的模型可使用。

注意：创建一个仅用于布局的部件时，无须完成步骤 6 和步骤 7，所需步骤如下：

（1）选中 A 部分页面，选择从文件加载。找到包含指南文件的文件夹，选中 sloj028.cir 并选择打开。用于前置放大器的 SPICE 模型将被加载并显示在 A 部分的页面中，如图 2.28 所示。

（2）选择 B 部分页面，并选中从文件加载以加载用于 PGA 级的 SPICE 模型。找到包含指南文件的文件夹，选中 sloj029.cir 并选择打开。该 SPICE 模型显示在元器件向导步骤 6 的 B 部分页面中，如图 2.29 所示。

完成时选择下一步。

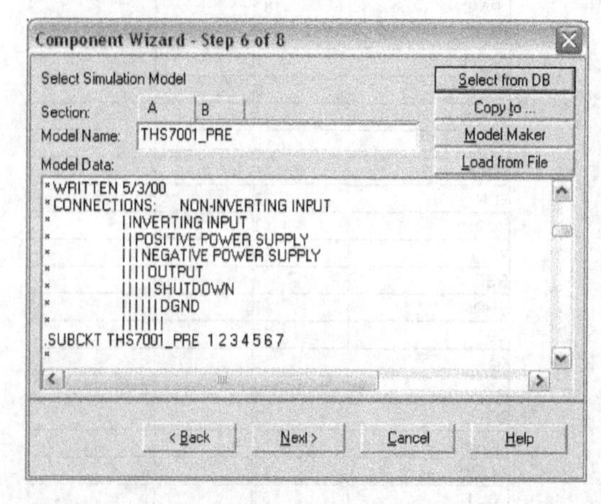

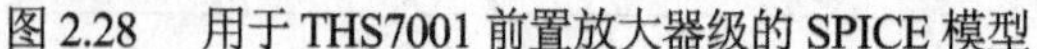

图 2.28 用于 THS7001 前置放大器级的 SPICE 模型

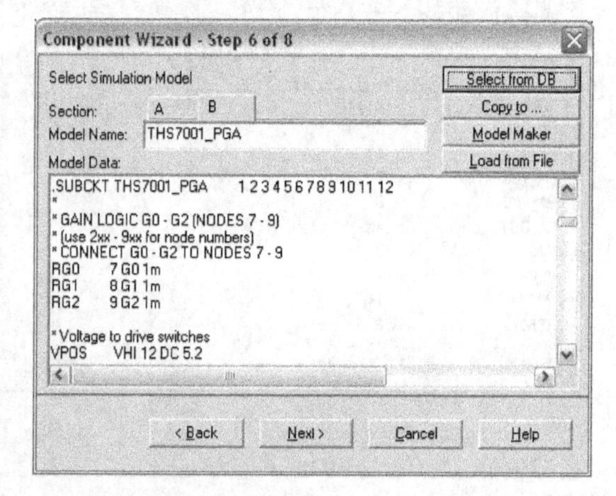

图 2.29 用于 THS7001 PHA 级的 SPICE 模型

步骤七：实现符号引脚至模型节点的映射

必须将符号引脚映射至 SPICE 模型节点，以确保 Multisim 可以正确仿真该元器件。对于所有的支电路或宏模型，模型节点一般都在 SPICE 模型的头文件中有说明。其中一行声明该模型为一个支电路模型，后面跟着列出要与外部电路连接的模型节点的模型名称。

对于 THS7001，放大前置的模型节点和 PGA 的模型节点文件如下：

放大前置的 SPICE 模型：

```
    * [Disclaimer] (C) Copyright Texas Instruments Incorporated 1999 All rights
reserved
    * Texas Instruments Incorporated hereby grants the user of this SPICE
Macro-model a
    * non-exclusive, nontransferable license to use this SPICE Macro-model under
the following
    * terms. Before using this SPICE Macro-model, the user should read this
license. If the
    * user does not accept these terms, the SPICE Macro-model should be returned
to Texas
    * Instruments within 30 days. The user is granted this license only to use
the SPICE
    * Macro-model and is not granted rights to sell, load, rent, lease or license
the SPICE
    * Macro-model in whole or in part, or in modified form to anyone other than
user. User may
    * modify the SPICE Macro-model to suit its specific applications but rights
to derivative
    * works and such modifications shall belong to Texas Instruments. This SPICE
Macro-model is
    * provided on an "AS IS" basis and Texas Instruments makes absolutely no
warranty with
    * respect to the information contained herein. TEXAS INSTRUMENTS DISCLAIMS
AND CUSTOMER
    * WAIVES ALL WARRANTIES, EXPRESS OR IMPLIED, INCLUDING WARRANTIES OF
MERCHANTABILITY OR
    * FITNESS FOR A PARTICULAR PURPOSE. The entire risk as to quality and performance
is with
    * the Customer. ACCORDINGLY, IN NO EVENT SHALL THE COMPANY BE LIABLE FOR
ANY DAMAGES,
    * WHETHER IN CONTRACT OR TORT, INCLUDING ANY LOST PROFITS OR OTHER INCIDENTAL,
CONSEQUENTIAL,
    * EXEMPLARY, OR PUNITIVE DAMAGES ARISING OUT OF THE USE OR APPLICATION OF
THE SPICE
    * Macro-model provided in this package. Further, Texas Instruments reserves
the right to
    * discontinue or make changes without notice to any product herein to improve
reliability,
    * function, or design. Texas Instruments does not convey any license under
patent rights or
```

```
* any other intellectual property rights, including those of third parties.
*
* THS7001 PREAMP SUBCIRCUIT REV -
* WRITTEN 5/3/00
* CONNECTIONS:      NON-INVERTING INPUT
*                 | INVERTING INPUT
*                 | | POSITIVE POWER SUPPLY
*                 | | | NEGATIVE POWER SUPPLY
*                 | | | | OUTPUT
*                 | | | | | SHUTDOWN
*                 | | | | | | DGND
*                 | | | | | | |
.SUBCKT THS7001_PRE 1 2 3 4 5 6 7
*
* Shutdown
R_SHDN  6 SHDN 1m
R_S76   6 7 33e3
S76        3000 7 SHDN 7 S_TRUE
S77         3 3000 SHDN 7 S_SHDN_FALSE
S78         4 4000 SHDN 7 S_SHDN_FALSE
S79         33 7 SHDN 7 S_TRUE
S80         34 7 SHDN 7 S_TRUE
S84         4000 7 SHDN 7 S_TRUE
S83         17 7 SHDN 7 S_TRUE
S82         35 7 SHDN 7 S_TRUE
S81         14 7 SHDN 7 S_TRUE
S86         3001 Vref SHDN 7 S_FALSE
* INPUT *
Q1         33 1 106 NPN_IN 2
Q2         34 2 107 NPN_IN 2
R1         17 106  50
R2         17 107  50
* PROTECTION DIODES *
D2         5 3 D1N
D1         4 5 D1N
D4         4 2 D1N
D6         4 1 D1N
D5         1 3 D1N
D8         22 1 D1N
D7         22 2 D1N
D3         2 3 D1N
* SECOND STAGE *
Q3         08 Vref 33 PNP 1
Q4         10 Vref 34 PNP 1
```

```
Q5        08 09 11 NPN 2
Q6        10 08 09 NPN 0.5
Q7        09 09 12 NPN 2
Cc        7 10 Ct 15p
R3        4000 11 333
R4        4000 12 333

* HIGH FREQUENCY SHAPING *
Lhf       18 19 9.4n
Rhf       13 19 25
Chf       7 13 30p
Ehf       18 7 10 7 1

* OUTPUT *
Q8        13 13 35 PNP 2
Q9        13 13 14 NPN 2
Q10       3000 35 15 NPN 14
Q11       4000 14 16 PNP 14
R5        20 15 10
R7        16 20 10

* COMPLEX OUTPUT IMPEDANCE *
R8        32 20 10
R9        31 20 5
L1        31 5 7n
C1        32 5 10p

* BIAS SOURCES *
G1        3000 33 3 4 10e-6
G2        3000 34 3 4 10e-6
G3        7 35 3 4 10e-6
G4        17 4000 3 4 10e-6
G5        14 7 3 4 10e-6
I1        3000 33 DC 1.1e-3
I2        3000 34 DC 1.1e-3
I3        7 35 DC 1.6e-3
I4        17 4000 DC 1.1e-3
I5        14 7 DC 1.8e-3
V1        3000 3001 DC 1.9
* MODELS *
.MODEL NPN_IN NPN
+ IS=170E-18 BF=400 NF=1 VAF=100 IKF=0.0389 ISE=7.6E-18
+ NE=1.13489 BR=1.11868 NR=1 VAR=4.46837 IKR=8 ISC=8E-15
+ NC=1.8 RB=25 RE=0.1220 RC=20 CJE=120.2E-15 VJE=1.0888 MJE=0.381406
+ VJC=0.589703 MJC=0.265838 FC=0.1 CJC=133.8E-15 XTF=272.204 TF=12.13E-12
+ VTF=10 ITF=0.147 TR=3E-09 XTB=1 XTI=5 KF=3E-14
```

```
.MODEL NPN NPN
+ IS=170E-18 BF=100 NF=1 VAF=100 IKF=0.0389 ISE=7.6E-18
+ NE=1.13489 BR=1.11868 NR=1 VAR=4.46837 IKR=8 ISC=8E-15
+ NC=1.8 RB=250 RE=0.1220 RC=200 CJE=120.2E-15 VJE=1.0888 MJE=0.381406
+ VJC=0.589703 MJC=0.265838 FC=0.1 CJC=133.8E-15 XTF=272.204 TF=12.13E-12
+ VTF=10 ITF=0.147 TR=3E-09 XTB=1 XTI=5

.MODEL PNP PNP
+ IS=296E-18 BF=100 NF=1 VAF=100 IKF=0.021 ISE=494E-18
+ NE=1.49168 BR=0.491925 NR=1 VAR=2.35634 IKR=8 ISC=8E-15
+ NC=1.8 RB=250 RE=0.1220 RC=200 CJE=120.2E-15 VJE=0.940007 MJE=0.55
+ VJC=0.588526 MJC=0.55 FC=0.1 CJC=133.8E-15 XTF=141.135 TF=12.13E-12
+ VTF=6.82756 ITF=0.267 TR=3E-09 XTB=1 XTI=5

.MODEL Ct C TC1=-0.0025

.MODEL D1N D IS=10E-15 N=1.836 ISR=1.565e-9 IKF=.04417 BV=30 IBV=10E-6 RS=45
+ TT=11.54E-9 CJO=1.5E-12 VJ=.5 M=.3333

.MODEL S_FALSE  VSWITCH Roff=1e9 Ron=1e-3 Voff=1 Von=0.8
.MODEL S_TRUE VSWITCH Roff=1e9 Ron=1e-3 Voff=1.8 Von=2.0
.MODEL S_SHDN_FALSE  VSWITCH Roff=23.1e3 Ron=1m Voff=1 Von=0.8

.ENDS
```

现在我们来分析一下前置放大器的头文件和.SUBCKT 行：

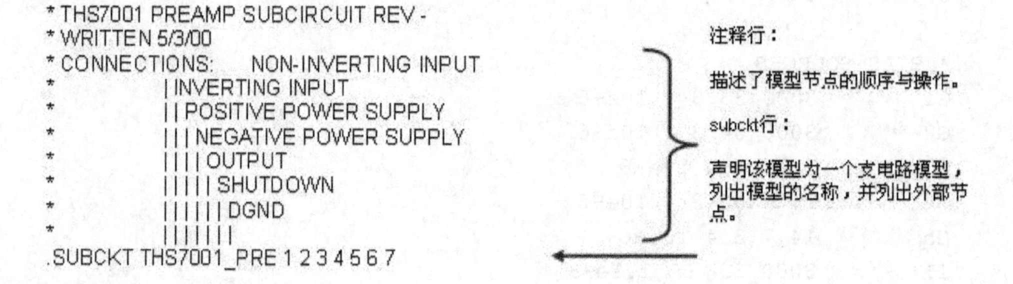

PGA 的 SPICE 模型:

```
* [Disclaimer] (C) Copyright Texas Instruments Incorporated 1999 All rights reserved
* Texas Instruments Incorporated hereby grants the user of this SPICE Macro-model a
* non-exclusive, nontransferable license to use this SPICE Macro-model under the following
* terms. Before using this SPICE Macro-model, the user should read this license. If the
* user does not accept these terms, the SPICE Macro-model should be returned to Texas
* Instruments within 30 days. The user is granted this license only to use the SPICE
```

```
* Macro-model and is not granted rights to sell, load, rent, lease or license the SPICE
* Macro-model in whole or in part, or in modified form to anyone other than user. User may
* modify the SPICE Macro-model to suit its specific applications but rights to derivative
* works and such modifications shall belong to Texas Instruments. This SPICE Macro-model is
* provided on an "AS IS" basis and Texas Instruments makes absolutely no warranty with
* respect to the information contained herein. TEXAS INSTRUMENTS DISCLAIMS AND CUSTOMER
* WAIVES ALL WARRANTIES, EXPRESS OR IMPLIED, INCLUDING WARRANTIES OF MERCHANTABILITY OR
* FITNESS FOR A PARTICULAR PURPOSE. The entire risk as to quality and performance is with
* the Customer. ACCORDINGLY, IN NO EVENT SHALL THE COMPANY BE LIABLE FOR ANY DAMAGES,
* WHETHER IN CONTRACT OR TORT, INCLUDING ANY LOST PROFITS OR OTHER INCIDENTAL, CONSEQUENTIAL,
* EXEMPLARY, OR PUNITIVE DAMAGES ARISING OUT OF THE USE OR APPLICATION OF THE SPICE
* Macro-model provided in this package. Further, Texas Instruments reserves the right to
* discontinue or make changes without notice to any product herein to improve reliability,
* function, or design. Texas Instruments does not convey any license under patent rights or
* any other intellectual property rights, including those of third parties.
*
* THS7001 PGA SUBCIRCUIT REV -
* WRITTEN 5/3/00
* CONNECTIONS:     REF INPUT
*                  | INVERTING INPUT
*                  | | POSITIVE POWER SUPPLY
*                  | | | NEGATIVE POWER SUPPLY
*                  | | | | OUTPUT
*                  | | | | | SHUTDOWN
*                  | | | | | | G0
*                  | | | | | | | G1
*                  | | | | | | | | G2
*                  | | | | | | | | | CLAMP HI
*                  | | | | | | | | | | CLAMP LO
*                  | | | | | | | | | | | DGND
*                  | | | | | | | | | | | |
.SUBCKT THS7001_PGA 1 2 3 4 5 6 7 8 9 10 11 12
*
```

```
* GAIN LOGIC G0 - G2 (NODES 7 - 9)
* (use 2xx - 9xx for node numbers)
* CONNECT G0 - G2 TO NODES 7 - 9
RG0          7 G0 1m
RG1          8 G1 1m
RG2          9 G2 1m

* Voltage to drive switches
VPOS     VHI 12 DC 5.2

* -22 dB * output is G_22
S1           G_22 201  G0 12 S_FALSE
RS1          G0 VHI 5e6
S2           201 202 G1 12 S_FALSE
RS2          G1 VHI 5e6
S3           202 VHI G2 12 S_FALSE
RS3          G2 VHI 5e6

*-16 dB * output is G_16
S4           G_16 301 G0 12 S_TRUE
S5           301 302 G1 12 S_FALSE
S6           302 VHI G2 12 S_FALSE

* -10 dB * output is G_10
S7           G_10 401 G0 12 S_FALSE
S8           401 402 G1 12 S_TRUE
S9           402 VHI G2 12 S_FALSE

*-4 dB * output is G_4
S10          G_4 501 G0 12 S_TRUE
S11          501 502 G1 12 S_TRUE
S12          502 VHI G2 12 S_FALSE

* +2 dB * output is G_2
S13          G_2 601 G0 12 S_FALSE
S14          601 602 G1 12 S_FALSE
S15          602 VHI G2 12 S_TRUE

* +8 dB * output is G_8
S16          G_8 701 G0 12 S_TRUE
S17          701 702 G1 12 S_FALSE
S18          702 VHI G2 12 S_TRUE

* +14 dB * output is G_14
S19          G_14 801 G0 12 S_FALSE
S20          801 802 G1 12 S_TRUE
S21          802 VHI G2 12 S_TRUE
```

```
* +20 dB * output is G_20
S22         G_20 901 G0 12 S_TRUE
S23         901 902 G1 12 S_TRUE
S24         902 VHI G2 12 S_TRUE

* Emitter degeneration resistors
* -22 dB
S25         1001 1003 G_22 12 S_TRUE
RS25        G_22 12 1k
S26         1002 1004 G_22 12 S_TRUE
R1_22       17 1003  1300
R2_22       17 1004  1300

* -16 dB
S27         1001 1005 G_16 12 S_TRUE
RS27        G_16 12 1k
S28         1002 1006 G_16 12 S_TRUE
R1_16       17 1005  1200
R2_16       17 1006  1200

* -10 dB
S29         1001 1007 G_10 12 S_TRUE
RS29        G_10 12 1k
S30         1002 1008 G_10 12 S_TRUE
R1_10       17 1007  1000
R2_10       17 1008  1000

* -4 dB
S31         1001 1009 G_4 12 S_TRUE
RS31        G_4 12 1k
S32         1002 1010 G_4 12 S_TRUE
R1_4        17 1009  700
R2_4        17 1010  700

* +2 dB
S33         1001 1011 G_2 12 S_TRUE
RS33        G_2 12 1k
S34         1002 1012 G_2 12 S_TRUE
R1_2        17 1011  500
R2_2        17 1012  500

* +8 dB
S35         1001 1013 G_8 12 S_TRUE
RS35        G_8 12 1k
S36         1002 1014 G_8 12 S_TRUE
R1_8        17 1013  300
```

```
R2_8        17 1014  300

* +14 dB
S37         1001 1015 G_14 12 S_TRUE
RS37        G_14 12 1k
S38         1002 1016 G_14 12 S_TRUE
R1_14       17 1015  160
R2_14       17 1016  160

* +20 dB
S39         1001 1017 G_20 12 S_TRUE
RS39        G_20 12 1k
S40         1002 1018 G_20 12 S_TRUE
R1_20       17 1017  100
R2_20       17 1018  100

* Rf and Rg PGA gain setting resistors

* -22 dB
RG_22       2 2004  17798
RF_22       5 2004  1432
S41         2004 2000 G_22 12 S_TRUE

* -16 dB
RG_16       2 2014  16595
RF_16       5 2014  2593
S43         2014 2000 G_16 12 S_TRUE

* -10 dB
RG_10       2 2024  14620
RF_10       5 2024  4569
S45         2024 2000 G_10 12 S_TRUE

* -4 dB
RG_4        2 2034  11810
RF_4        5 2034  7379
S47         2034 2000 G_4 12 S_TRUE

* +2 dB
RG_2        2 2044  8527
RF_2        5 2044  10661
S49         2044 2000 G_2 12 S_TRUE

* +8 dB
RG_8        2 2054  5483
RF_8        5 2054  13800
S51         2054 2000 G_8 12 S_TRUE
```

```
* +14 dB
RG_14        2 2064  3199
RF_14        5 2064  15990
S53          2064 2000 G_14 12 S_TRUE

* +20 dB
RG_20        2 2074  1746
RF_20        5 2074  17443
S55          2074 2000 G_20 12 S_TRUE

* Clamp hi and clamp lo
D_hi         35 10 D1N
D_lo         11 14 D1N

* Shutdown
R_SHDN  6 SHDN 1m
S76          3000 12 SHDN 12 S_TRUE
R_S76        6 12 33e3
S77          3 3000 SHDN 12 S_SHDN_FALSE
S78          4 4000 SHDN 12 S_SHDN_FALSE
S79          33 12 SHDN 12 S_TRUE
S80          34 12 SHDN 12 S_TRUE
S84          4000 12 SHDN 12 S_TRUE
S83          17 12 SHDN 12 S_TRUE
S82          35 12 SHDN 12 S_TRUE
S81          14 12 SHDN 12 S_TRUE
S86          3001 Vref SHDN 12 S_FALSE

* Standard model starts here

* INPUT *
Q1           33 1 1001 NPN_IN 0.5
Q2           34 2000 1002 NPN_IN 0.5

* PROTECTION DIODES *
D2           5 3 D1N
D1           4 5 D1N
D4           4 2 D1N
D6           4 1 D1N
D5           1 3 D1N
D8           22 1 D1N
D7           22 2 D1N
D3           2 3 D1N

* SECOND STAGE *
Q3           108 Vref 33 PNP 0.75
```

```
Q4          110 Vref 34 PNP 0.75
Q5          108 109 111 NPN 2
Q6          110 108 109 NPN 0.5
Q7          109 109 112 NPN 2
Cc          12 110  3p
R3          4000 111  1333
R4          4000 112  1333

* HIGH FREQUENCY SHAPING *
Lhf         18 19  28n
Rhf         13 19  25
Chf         12  13  90p
Ehf         18 12 110 12 1

* OUTPUT *
Q8          13 13 35 PNP 2
Q9          13 13 14 NPN 2
Q10         3000 35 15 NPN 8
Q11         4000 14 16 PNP 10
R5          20 15  10
R7          16 20  10

* COMPLEX OUTPUT IMPEDANCE *
R8          32 20  10
R9          31 20  10
L1          31 5  7n
C1          32 5  10p

* BIAS SOURCES *
G1          3000 33 3 4 10e-6
G2          3000 34 3 4 10e-6
G3          12 35 3 4 10e-6
G4          17 4000 3 4 10e-6
G5          14 12 3000 4 10e-6
I1          3000 33  DC 1e-3
I2          3000 34  DC 1e-3
I3          12 35  DC 1e-3
I4          17 4000  DC 1e-3
I5          14 12  DC 1e-3
V1          3000 3001 DC 1.9

* MODELS *
.MODEL NPN_IN NPN
+ IS=170E-18 BF=400 NF=1 VAF=100 IKF=0.0389 ISE=7.6E-18
+ NE=1.13489 BR=1.11868 NR=1 VAR=4.46837 IKR=8 ISC=8E-15
+ NC=1.8 RB=25 RE=0.1220 RC=20 CJE=120.2E-15 VJE=1.0888 MJE=0.381406
+ VJC=0.589703 MJC=0.265838 FC=0.1 CJC=133.8E-15 XTF=272.204 TF=12.13E-12
```

```
+ VTF=10 ITF=0.147 TR=3E-09 XTB=1 XTI=5 KF=1E-15

.MODEL NPN NPN
+ IS=170E-18 BF=100 NF=1 VAF=100 IKF=0.0389 ISE=7.6E-18
+ NE=1.13489 BR=1.11868 NR=1 VAR=4.46837 IKR=8 ISC=8E-15
+ NC=1.8 RB=250 RE=0.1220 RC=200 CJE=120.2E-15 VJE=1.0888 MJE=0.381406
+ VJC=0.589703 MJC=0.265838 FC=0.1 CJC=133.8E-15 XTF=272.204 TF=12.13E-12
+ VTF=10 ITF=0.147 TR=3E-09 XTB=1 XTI=5

.MODEL PNP PNP
+ IS=296E-18 BF=100 NF=1 VAF=100 IKF=0.021 ISE=494E-18
+ NE=1.49168 BR=0.491925 NR=1 VAR=2.35634 IKR=8 ISC=8E-15
+ NC=1.8 RB=250 RE=0.1220 RC=200 CJE=120.2E-15 VJE=0.940007 MJE=0.55
+ VJC=0.588526 MJC=0.55 FC=0.1 CJC=133.8E-15 XTF=141.135 TF=12.13E-12
+ VTF=6.82756 ITF=0.267 TR=3E-09 XTB=1 XTI=5

.MODEL D1N D IS=10E-15 N=1.836 ISR=1.565e-9 IKF=.04417 BV=30 IBV=10E-6 RS=45
+ TT=11.54E-9 CJO=1E-12 VJ=.5 M=.3333

.MODEL S_FALSE  VSWITCH Roff=1e9 Ron=1e-3 Voff=1 Von=0.8
.MODEL S_TRUE VSWITCH Roff=1e9 Ron=1e-3 Voff=1.8 Von=2.0
.MODEL S_SHDN_FALSE  VSWITCH Roff=18.75e3 Ron=1m Voff=1 Von=0.8
.ENDS
```

现在必须将符号引脚名称映射至模型节点。应特别注意模型节点的顺序。

（1）完成前置放大器部分 A 的引脚映射表，如表 2.21 所示。

（2）单击 B 部分的页面，并完成 PGA 部分 B 的引脚映射表，如表 2.22 所示。完成时选择下一步。

步骤八：将元器件保存到数据库中

一旦完成所有前述步骤，将元器件保存至公有数据库或用户数据库。

（1）选择希望保存元器件的数据库、组和族。如果所选择的组中当前没有族，通过选择添加族创建一个新的族，如图 2.30 所示。

表2.21　用于前置放大器的符号至模型节点的映射

Symbol Pins	Model Node Order
PA_IN+	1
PA_IN-	2
PA_VCC-	4
PA_VCC+	3
PA_OUT	5
SHDN	6
DGND	7

表2.22　用于PGA的符号至模型节点的映射

Symbol Pins	Model Node Order
VIN-	2
VCC+	3
VCC-	4
REF	1
SHDN	6
G0	7
G1	8
G2	9
DGND	12
CLAMP-	11
CLAMP+	10
OUT	5

（2）选择完成以完成该元器件的创建。

注意：可以通过从 Multisim 主菜单中选择 Tools→Database→Database Manager，在数据库管理器中自定义一个新族的图标。

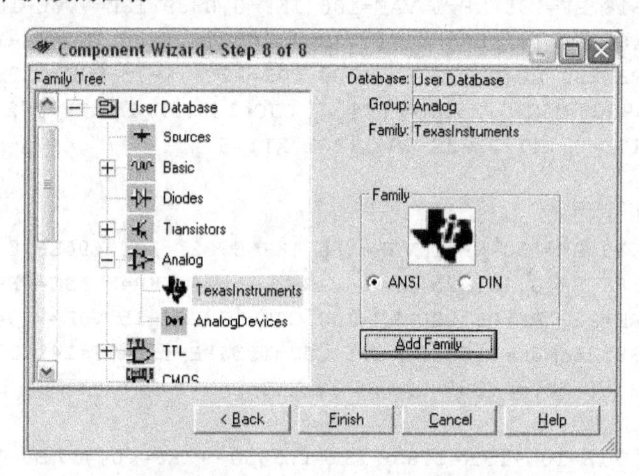

图 2.30　将元器件保存至数据库

步骤九：测试 Multisim 中的新元器件

在完成元器件的创建和保存之后，该元器件便可以在 Multisim 中使用。为测试这一元器件，使用包含在该指南中的 THS7001 Tester.ms9 文件。利用 U2a 和 U2b 分别替换新元器件的部分 A 和部分 B。若要替换一个元器件，双击该元器件，然后选择替换。然后找到保存元器件的数据库位置，并选中。选择相应部分。

测试电路如图 2.31 所示。

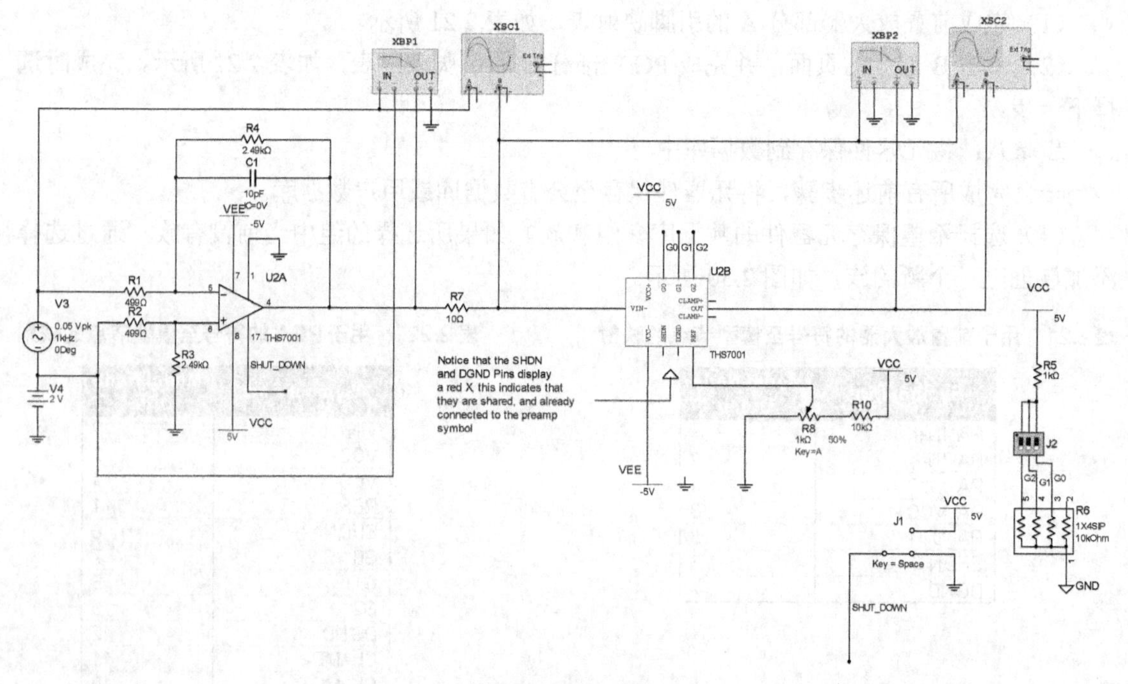

图 2.31　测试电路

图 2.32 至图 2.35 描述了测试电路所期望的响应。

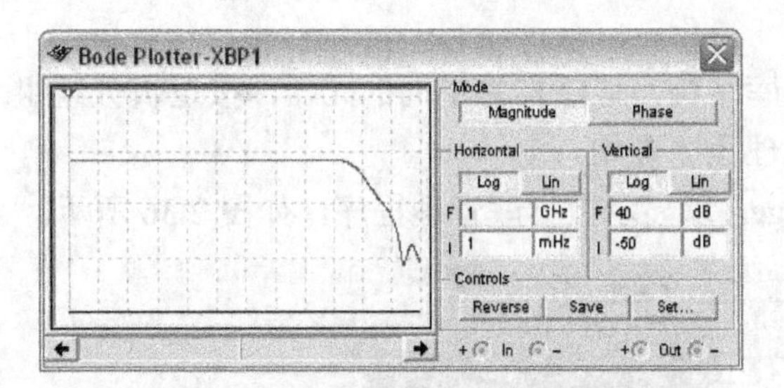

图 2.32　测试电路前置放大器的波特响应

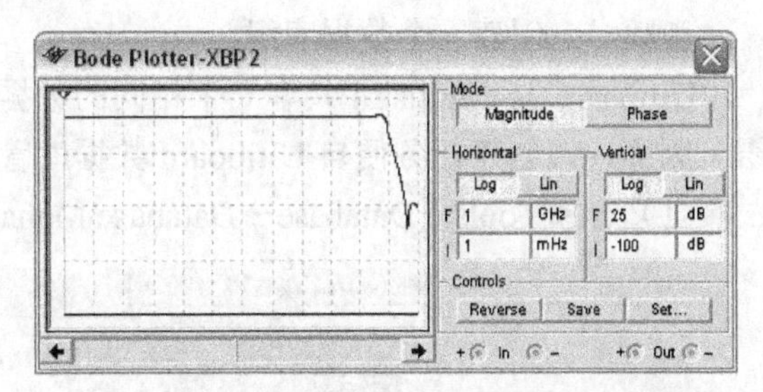

图 2.33　增益设置为“111”的 PGA 的波特响应

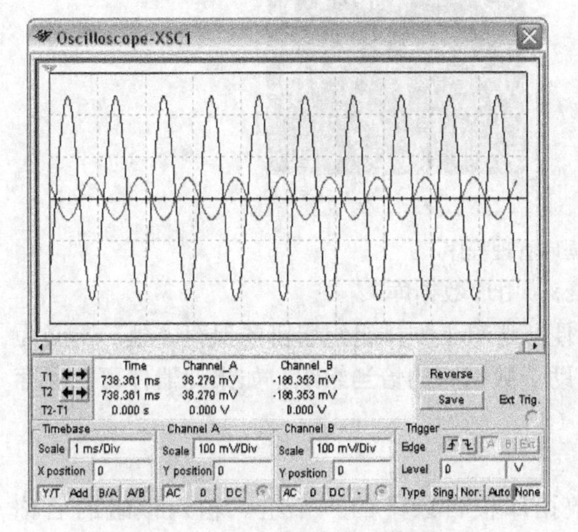

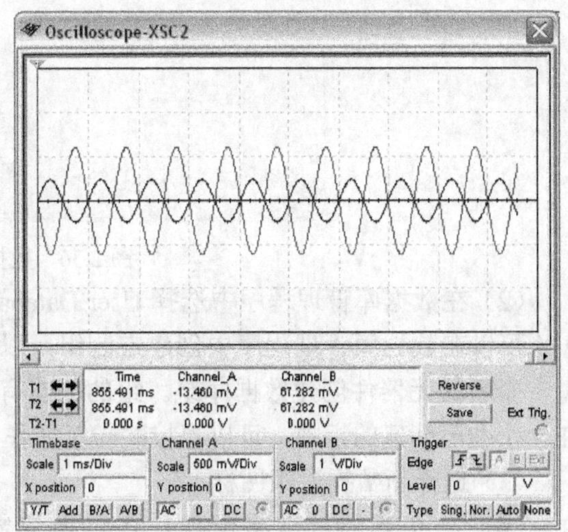

图 2.34　前置放大器的时域响应

图 2.35　增益设置为“111”的 PGA 的时域响应

2.2.2　在 NI Ultiboard 中创建自定制元器件

NI Multisim 与 NI Ultiboard 为一个完整的印制电路板（PCB）的设计、仿真和布局提供了一个集成的平台。高度灵活的数据库管理程序，使得在客户定义的原理性符号中添加一个新的 SPICE 仿真模型变得十分方便，该原理性符号可以将精确的引脚定义转换为布局。

下面提供了直观、快速地学习如何创建自己的定制元器件的步骤及过程。

1. 引言
2. 步骤一：创建一个数据库组
3. 步骤二：编辑栅格间距
4. 步骤三：布置焊盘图案针脚
5. 步骤四：改变针脚名称与赋值
6. 步骤五：设置引用 ID 和赋值定位
7. 步骤六：使用标尺条
8. 步骤七：在丝网上布置焊盘图案形状
9. 步骤八：创建一个 3D 焊盘图案
10. 步骤九：保存焊盘图案

创建一个定制的 20 针脚 SMD 焊盘图案所需的实例。

步骤一：创建一个数据库组

Ultiboard 与 Multisim 共享一个相同的数据库结构，该结构将不同的元器件按逻辑分组组织。因而，该创建任务便自 Ultiboard 数据库管理程序开始。

（1）选择 Tools→Database→Database Manager 以显示数据库管理程序，如图 2.36 所示。

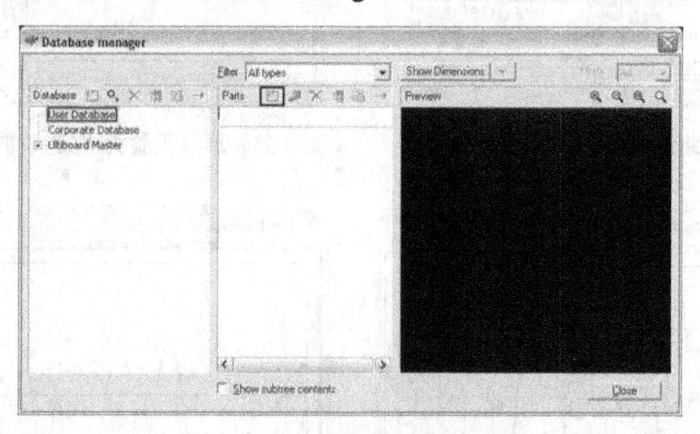

图 2.36　数据库管理程序

（2）在数据库管理程序中选择 User Database（用户数据库）。

可以在数据库管理程序中创建定制组，以便从逻辑上安排组织引脚的保存之处。不必为每一个新的元器件创建数据库组。组的创建有助于数据库的恰当组织。如果元器件可以保存在一个业已创建的组中，可以直接跳转至操作（4）。

（3）选择新数据库组图标。

（4）一个新的分支将出现，表示用户数据库根目录下的一个组。输入该组的名称——Custom SMD。

（5）选择 Create a new part 图标。NI Ultiboard 将展示一个对话框以显示待创建元器件的类型的选项，如图 2.37 所示。

（6）在对话框中选择 PCB 部件选项。

Ultiboard 设计区域现在处于“引脚编辑模式”，并显示 x??符号，如图 2.38 所示。x?表示引用标志符（RefDes），而？表示元器件的赋值。这些取值将在设计过程中后续部分（在步骤四）被编辑。

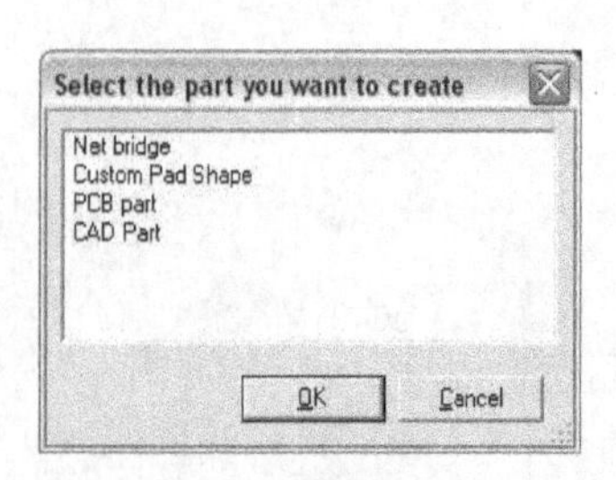

图 2.37　选择部件

图 2.38　引脚编辑模式

步骤二：编辑栅格间距

在设计过程的初始，为焊盘图案设计栅格设置测量单位是十分重要的。在布置元器件时，设计栅格是指对象在被移动或布置时将被快速置入的区域。因而，栅格间距定义了对象在工作区域中布置所能达到的精确度。

（1）选择 Options→PCB Properties；

（2）单击 Grid & Units（栅格与单位）标签；

（3）在单位部分，如图 2.39 设置 Design Units 为 mil（千分之一寸）；

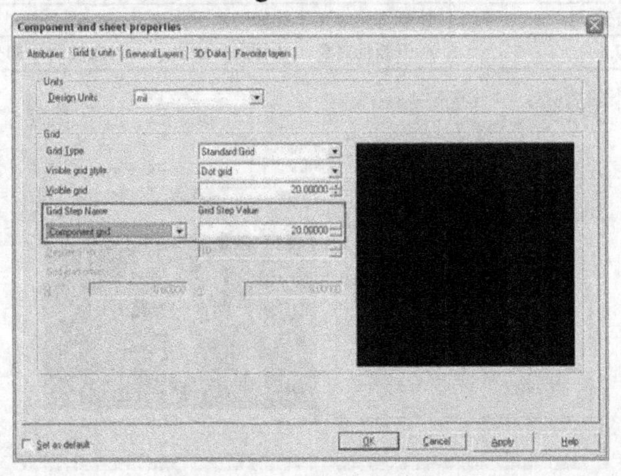

图 2.39　栅格属性

（4）为设置各种 Ultiboard 设计栅格，在 Grid Step Name（栅格步距名称）复选框（如图 2.39 框内所示）中选择 Component Grid（元器件栅格）；

（5）设置 Grid Step Value　（栅格步距）为 1 mil；

（6）选中 Grid Step Name（栅格步距名称）复选框中的 Copper Grid（铜栅格）；

（7）设置栅格步距为 1 mil。

根据这些设置，元器件和铜将均被布置在 1 mil×1 mil 的设计栅格。

步骤三：布置焊盘图案针脚

THT（插入式焊接技术）针脚与 SMD（表面黏着设备）焊垫均可以被布置在定制的焊盘图案上。下述步骤将简述如何添加一个 SMD 焊垫阵列。

（1）选择 Place→Pins。这样将展示布置针脚对话框，如图 2.40 所示。

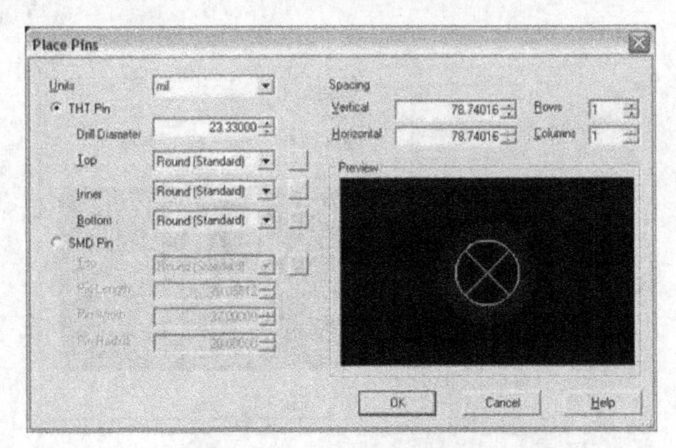

图 2.40　针脚属性对话框

现在将定义一个适用我们的定制焊盘图案的 SMD 针脚 10×2 阵列。

（2）选择 SMD 针脚单选框。下列取值，如顶部、针脚长度、针脚宽度和针脚半径，定义了每一个针脚的形状和物理大小。设置表 2.23 中的取值以定义针脚属性，如图 2.41 所示。

表 2.23　SMD 针脚单选框

字段名称	取　值	字段描述
Top 顶部	圆角矩形	顶部字段描述了焊垫的形状。其他选项包括圆形、长方形等
针脚长度	58.34	针脚长度定义了针脚的垂直大小
针脚宽度	15	针脚宽度定义了针脚的水平大小
针脚半径	7.5	对于圆形对象，针脚半径定义了该对象的圆形部分的半径

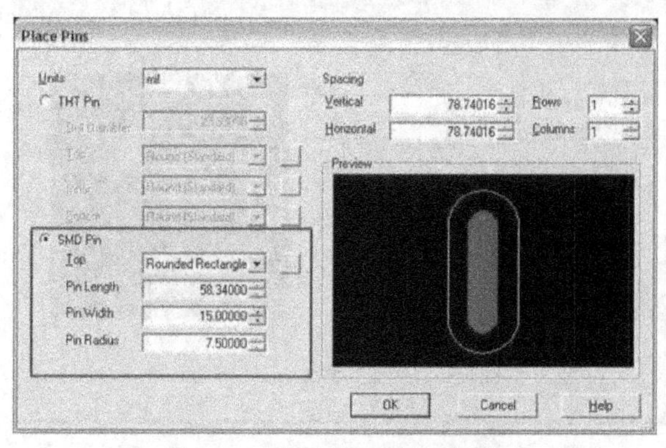

图 2.41　设置 SMD 针脚属性

（3）创建 10×2 的 SMD 针脚阵列，以布置在焊盘图案之上。现在将被设置的垂直间距与水平间距，指示了相邻针脚的中心距离。设置表 2.24 中的下列间距取值。该对话框应如图 2.42 所示。

表 2.24　针脚间距

字段名称	取　值	字段描述
垂直	25	相邻针脚间的中心垂直间距
水平	200	相邻针脚间的中心水平间距
行	10	针脚阵列中的行数
栏	2	针脚阵列中的栏数

（4）单击确定按钮以便将焊垫布置在焊盘图案之上。

注意：可以改变上面对话框设置以适合具体焊盘图案。例如，如果行和栏均设为 1，可以布置单个针脚。

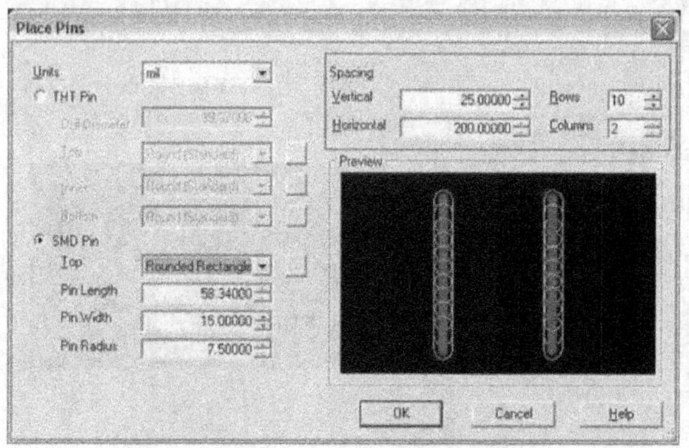

图 2.42　设置 SMD 针脚间距

针脚阵列的针脚 1 是左上焊盘，附着于鼠标指针。为精确布置该焊盘以便参考点位于焊盘的中心，按右边数字键上的星号键（*），不是同时按 Shift 键和 8 键。便携机用户必须同时按下 Fn 键和 0 键。

现在 Ultiboard 工作区域将如图 2.43 所示。注意针脚导向有误（垂直，而不是水平），必须旋转 90 度。

（5）在选择工具条中，单击 Enable Selecting SMD pads（支持选择 SMD 焊垫）图标，如图 2.44 所示。

图 2.43　针脚设置

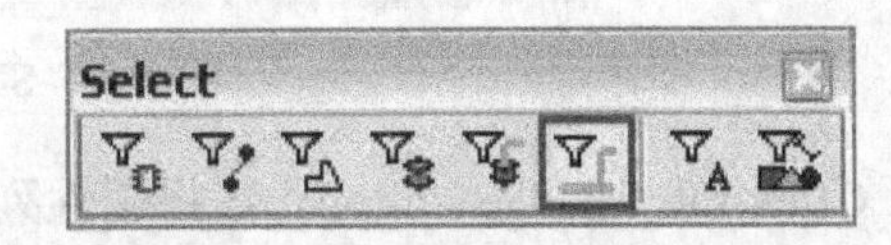

图 2.44　选择工具条（SMD 焊垫）

（6）拖动鼠标滑过设计区域以创建一个选择所有 SMD 针脚的选择对话框。

（7）SMT 针脚属性对话框将显示，选择普通属性制表键。

（8）选择角度（单位：度）复选框并设置为 90 度，如图 2.45 中框内所示。单击 OK 按钮以保存设置改变。注意 SMD 针脚已经被旋转，如图 2.46 所示。

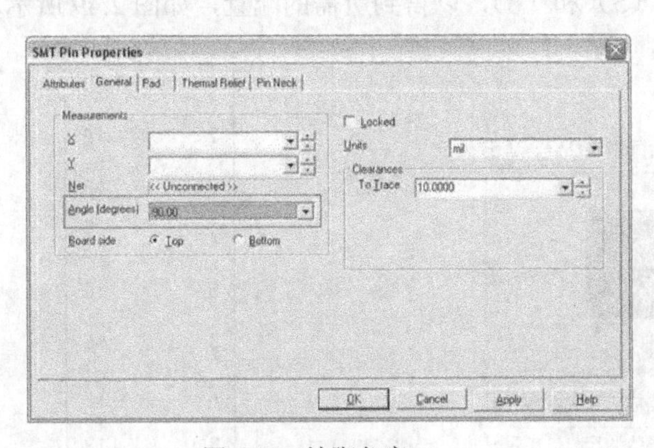

图 2.45　针脚角度

图 2.46　最终的 SMD 针脚导向

步骤四：改变针脚名称与赋值

在创建一个新的焊盘图案的过程中，针脚可以在设计中以随机顺序布置。因而，或许有必要编辑每个针脚的相关赋值，以便这些针脚在一个封装四周按数字顺序排列。

（1）在选择工具条中，单击 Enable Selecting SMD pads（支持选择 SMD 焊垫）图标，如图 2.44 所示。

（2）双击右下角的针脚，SMT 针脚属性对话框将出现，选择属性制表键。

（3）属性列表，如图 2.47 显示了存储针脚编号（编号）的标签，针脚赋值（20）及其可视性（无）。

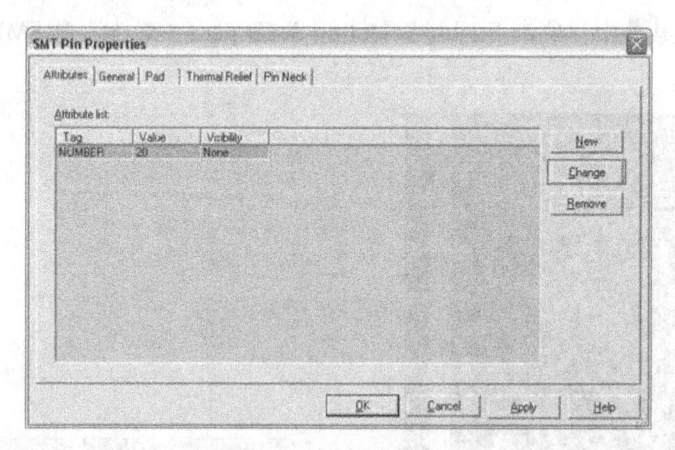

图 2.47　SMD 针脚属性

（4）Click the Change button，选择属性列表中的 NUMBER 标签，这样将激活 Change 按钮（图 2.47 中框内所示）。单击 Change 按钮。

（5）在属性对话框中，修改赋值字段，如图 2.48 中框内所示，将改变该针脚的赋值。

通常，一个封装，例如此例中的封装，以逆时针的方向按编号顺序排列针脚。因此，针脚 10 应位于左下角，而针脚 11 应位于右下角。该设计的最终针脚编号配置应当如图 2.49 所示，因而需要改变针脚编号。

（6）改变赋值字段为 11，并单击 OK 按钮。单击 SMT 针脚属性对话框中的 OK 按钮以保存设置修改。

（7）对于所有的针脚重复操作（4）、（5）和（6），以得到所需的配置，如图 2.49 所示。

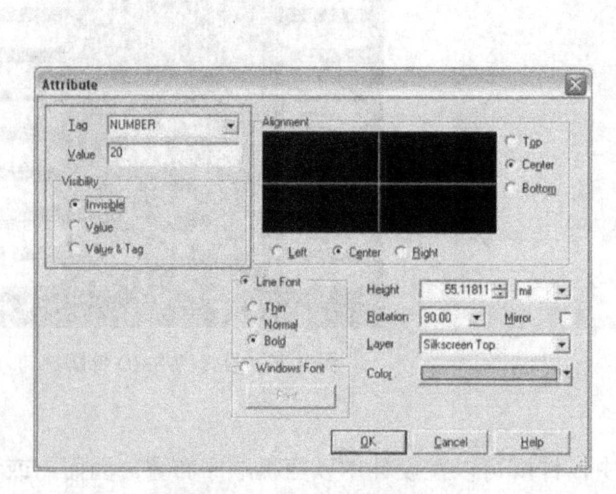

图 2.48　SMD 针脚属性

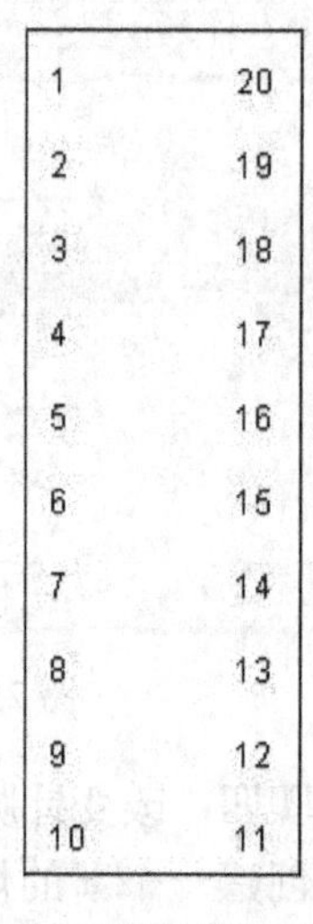

图 2.49　元器件针脚配置地图

步骤五：设置引用 ID 和赋值定位

在图 2.46 中，注意到 x??符号，它代表焊盘图案的引用标志符和赋值。

引用标志符是元器件的关键标识符，以 x？来表示。这里的 x 是可以修改的，以便与其相关联的元器件的类型相适应。例如，如果该焊盘图案适用于一个电阻，那么该值可以设置为 R。这里的？表示指示设计中的不同元器件的一个编号。所以，回到电阻的范例，一个设计中布置的电阻可以命名为 R1、R2 或 R3 等。

赋值，以？符号表示，是元器件的物理取值。再次考虑刚才的电阻的例子，对于 20 千欧的电阻，？可以等于 20k。

在此步骤中，选择、移动和改变 RefDes 与赋值。

（1）在选择工具条中，单击 Enable Selecting Attributes（支持属性选择）图标，如图 2.50 中框内所示。这样可以精简焊盘图案上的元器件选择，以仅剩 RefDes 与赋值属性。

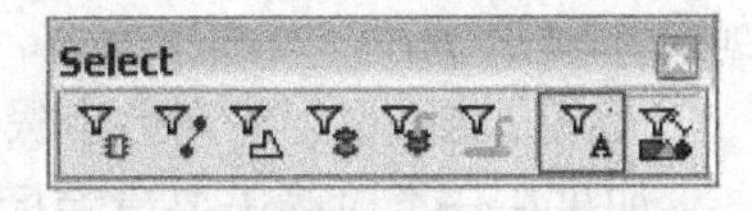

图 2.50 选择工具条（选择属性）

RefDes 与赋值正和焊盘图案的布置相重叠，如图 2.46 所示。

（2）标注符号并将其布置在焊垫阵列的右上部。

（3）单击？符号并将其布置在焊垫阵列的右上部。

（4）双击 X？并选择属性制表键。

（5）在赋值字段中设置 REFDES 标签为 U？，如图 2.51 中框内所示。

（6）单击 OK 按钮，应用修改。

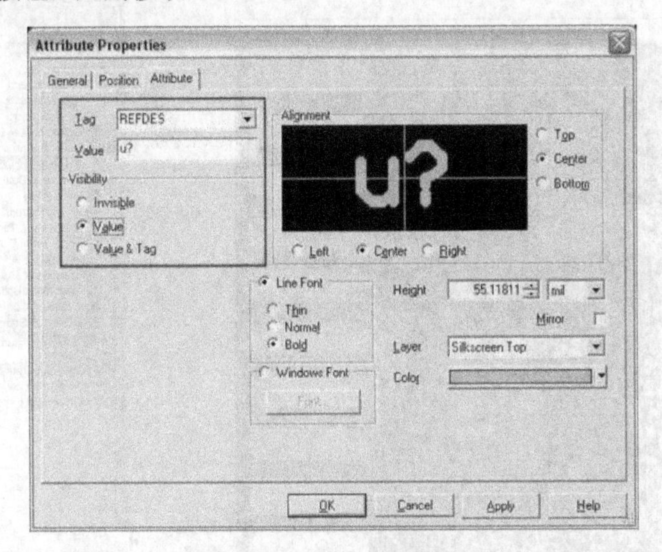

图 2.51 RefDes 属性性质

当完成定制元器件的布置时，该焊盘图案的 RefDes 将变为 U1、U2 或 U3 等。

通常，赋值属性？被设置为可视或不可视，视是否需要在最终设计上高亮显示焊盘图案的取值而定。在此例中，该赋值属性将被设置为不可视。

（7）双击 X？并选择属性制表键。

（8）在属性的可视部分设置不可视单选框。

步骤六：使用标尺条

在图 2.46 中，Ultiboard 设计区域的顶部和左侧均为标尺条。如果标尺条不可见，转至 View

→Ruler Bars。这些标尺条支持虚线定位功能，以便在设计区域内精确地逐个安排各个对象的形状。对于下列步骤，请查阅图 2.49 了解针脚编号。

（1）左击水平（顶部）标尺条区域，有一个小箭头标记显现，立即移动该标记至针脚 1 的右侧，如图 2.52 所示。

（2）左击以便在操作（1）中所布置标记右侧 5 mil 的位置布置一个标记。注意这两个标记间的距离显示在标尺条上，如图 2.52 所示。

（3）在垂直（左侧）标尺条上，直接在针脚 1 之上布置另一个标记，如图 2.52 所示。

（4）重复操作（1）、（2）和（3），以便在 SMD 焊垫阵列的右侧和底部布置标尺条标记，如图 2.52 所示。

现在，这些标记将充当步骤七中从丝网层上开始布置焊盘图案形状的指导。

如果在任意时候需要清除标记，可以右击一个特定的标记并选择清除，或者选择清除所有以删除所有标记。

步骤七：在丝网上布置焊盘图案形状

丝网层上形状的布置定义了定制元器件将在设计中如何展现。它表示了该封装的物理大小。在此步骤中，利用在步骤四中设置的标尺标记布置一个矩形焊盘图案形状。

（1）在设计工具框中，如图 2.53 所示，双击丝网顶层以激活该特定层。这样将以红色高亮显示该层。

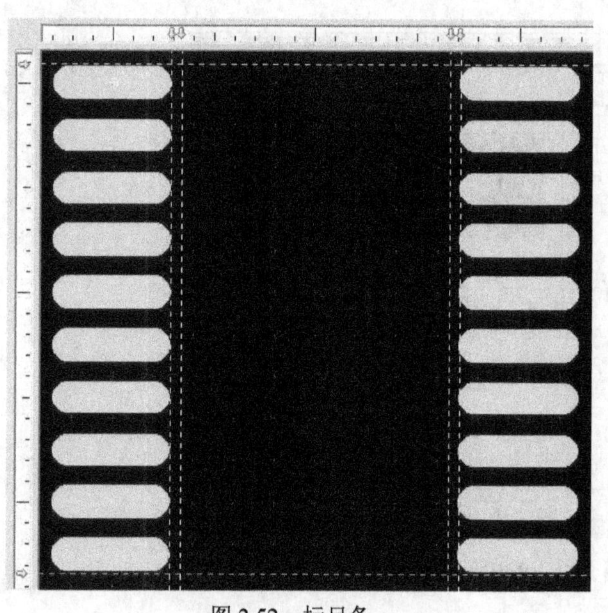

图 2.52　标尺条

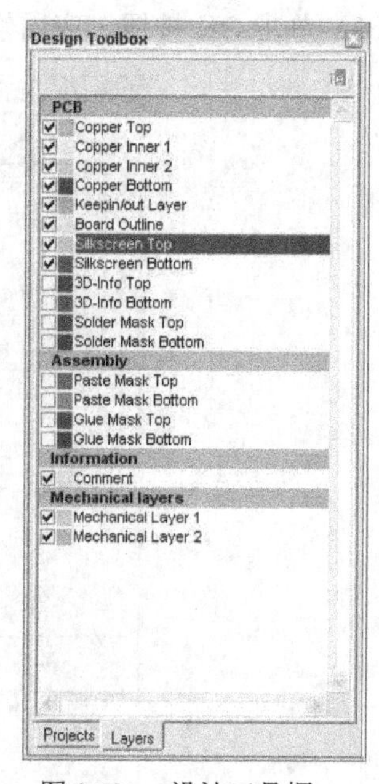

图 2.53　设计工具框

（2）选择 Place→Shape→Rectangle。

（3）Ultiboard 现处于绘图模式，业已做好绘制一个矩形的准备。拖动鼠标至左上角点（距离针脚 1 为 5 mil，如图 2.52 中的标尺标记所记述）。

（4）左击并拖动鼠标，在图 2.46 中的内部矩形中绘制一个矩形形状。

（5）该矩形将表现为一个实心的、内有填充的形状。单击在选择工具框内的 Enable selecting Other Objects（支持选择其他对象）图标，如图 2.54 所示，并双击该实心矩形。

（6）在矩形属性对话框中，选中普通属性制表键。在区域部分，单击风格按钮以改变黑色矩形为一个如图 2.55 中所简述的矩形（框内所示）。单击 OK 按钮。

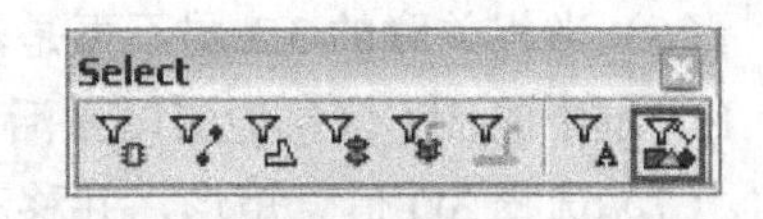

图 2.54 选择工具条（选择其他对象）

现在，焊盘图案将表现为如图 2.56 所示。

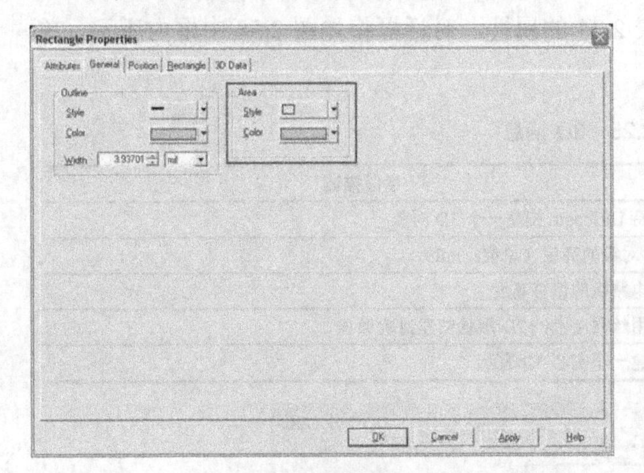

图 2.55 矩形属性

图 2.56 最终的焊盘图案

步骤八：创建一个 3D 焊盘图案

在 Ultiboard 中，设计可以 3D 的方式预览，这实际表示了最终的设计。为了设置可供 3D 预览的定制焊盘图案，在创建阶段应当设置必要的信息。

（1）在设计工具框（图 2.53）中，双击丝网顶层以激活该层。这样将以红色高亮显示该层。

（2）单击在选择工具框内的 Enable selecting Other Objects（支持选择其他对象）图标（见图 2.54），并右击矩形封装形状。选择下拉式菜单中的复制。

（3）选择 Edit→Paste，并将 Ultiboard 工作区域内的虚构图像布置在焊盘图案的右部。

（4）双击复制的矩形，并选择矩形属性对话框中的位置属性制表键。

（5）在层属性复选框中，选择 3D-信息顶层选项，如图 2.57 所示。单击 OK 按钮。

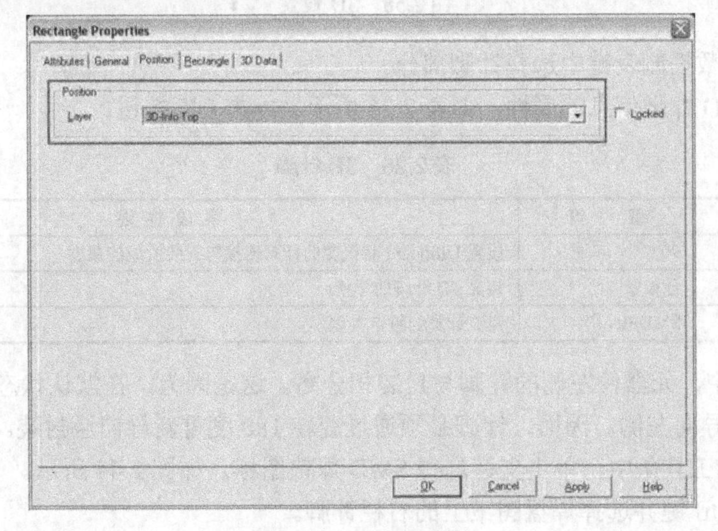

图 2.57 3D 矩形属性

（6）当相关联的3D层不再是活动层时，复制的3D框消失。为再次查看该矩形，双击设计工具框中的3D-信息顶层以激活该层。3D矩形将以红色显示。

（7）选择3D信息矩形，并移动其直接位于初始的丝网形状顶层之上。

（8）双击黑色工作区域并选择3D数据的制表键。

（9）单击OK按钮设置3D信息，见表2.25的属性，对话框将如图2.58中框内所示。单击OK按钮。

表2.25　3D信息

字段名称	取值	字段描述
支持该对象的3D预览	已校验	支持Ultiboard提交一个3D对象
高度	45.27555	3D对象的高度（单位：mil）
偏移	1.96850	自电路板的偏移高度
使用2D数据创建3D形状	已校验	使用丝网层上的2D形状创建封装形状
实心形状	已选择	创建一个实心3D表示

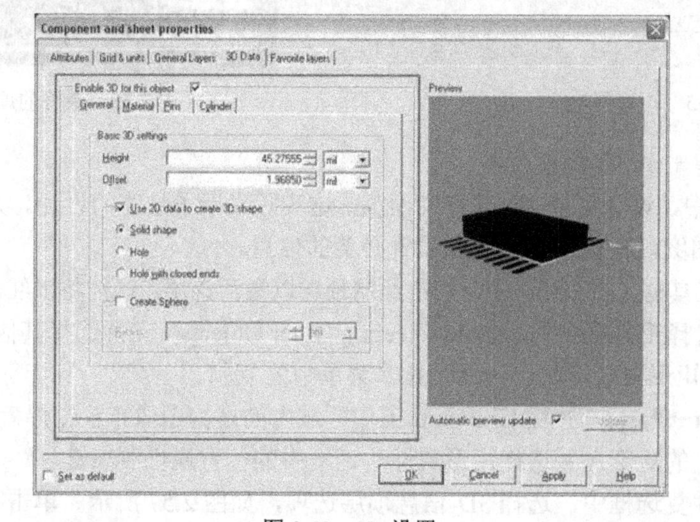

图2.58　3D设置

（10）从3D数据制表键中选择针脚部分。

（11）设置3D针脚信息的属性，如表2.26所示。单击OK按钮。

表2.26　3D针脚

字 段 名 称	取　值	字 段 描 述
与焊垫所成角度	90	设置Ultiboard将提交的针脚连接与封装所成的角度
针脚形状	已校验	定义3D针脚的形状
类型	SMDPIN	提交针脚的特定类型

在3D预览中，元器件左侧的针脚与封装相分离。这是因为，在默认状态下，水平SMD针脚上的导线将导向左侧。因而，针脚必须通过旋转180度重新导向至封装。

（12）在选择工具条中，单击支持选择SMD焊垫图标，如图2.44所示。

（13）按住Ctrl键并选择焊盘图案上的右栏针脚。

（14）双击所选焊垫之一。

（15）在 SMT 针脚属性对话框中选择普通属性制表键。

请回顾步骤三，针脚设置为 90 度以得到水平导向。

由于这样的 90 度旋转，我们必须在上述步骤中旋转额外的 180 度，以便该 3D 导线现在以 270（=90+180）度导向该元器件。

（16）在角度（单位：度）复选框中设置角度为 270 度。

（17）单击 OK 按钮。

如果双击黑色工作区域并选择 3D 数据的制表键，针脚相对于 3D 封装恰当定位，如图 2.59 所示。

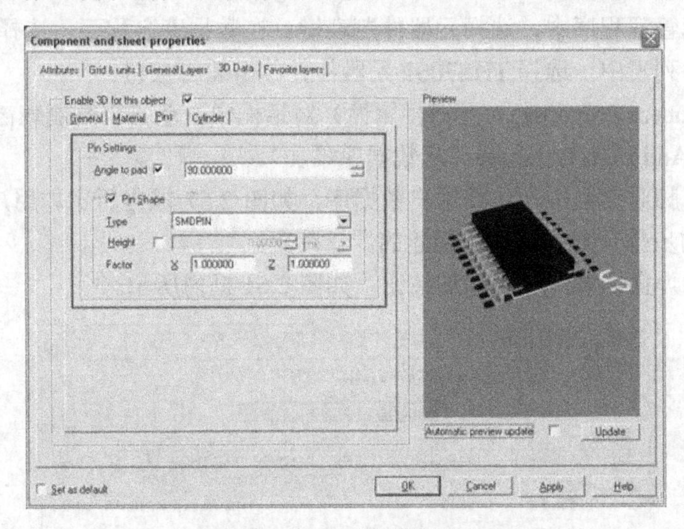

图 2.59　3D 针脚设置

步骤九：保存焊盘图案

对于所创建的焊盘图案，剩余的所有工作便是将其保存至 Ultiboard 数据库。

（1）选择文件→保存至数据库。

（2）在数据库部分，选择在步骤 1 中创建的定制 SMD 组，如图 2.60 所示。

（3）命名该元器件为 SMD20，如图 2.55 框内所示。

（4）单击 OK 按钮。

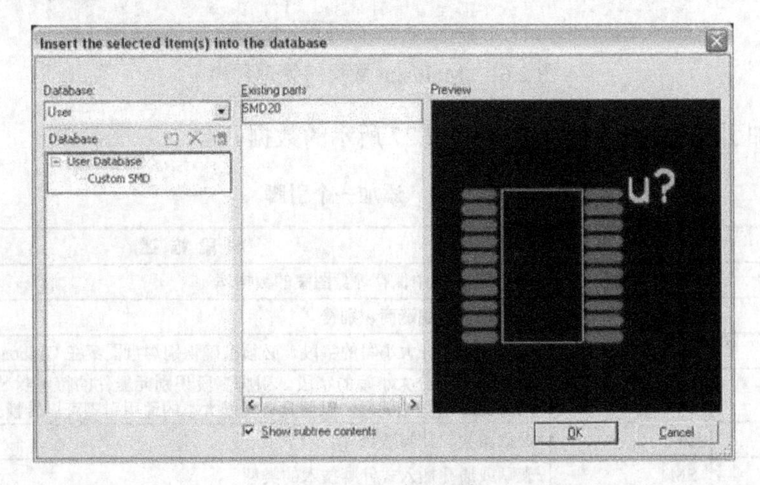

图 2.60　保存对话框

步骤十：将焊盘图案添加至 Multisim 数据库

在一个定制焊盘图案可以在 Multisim 中使用之前，它必须被添加至该数据库。一旦添加至该数据库，它可以被视为一个可供使用的焊盘图案或引脚，并被添加至一个元器件。

在此步骤中，所创建的SMD20指南焊盘图案将与本指南的第一部分所创建的符号相关联。如果还未曾创建一个定制的 Multisim 元器件，请查看该指南的第一部分。

（1）打开 NI Multisim。

（2）选择工具 Tools→Database→Database Manager。

（3）在数据库管理程序中，选择元器件制表键。在数据库名称下，选择用户数据库。

（4）在元器件列表中，选择 THS7001 元器件并单击编辑按钮。

（5）在 Component Properties（元器件属性）对话框中，单击引脚制表键。

（6）单击 the Add from Database（从数据库添加）。

（7）在选择引脚对话框中，选择用户数据库，如图 2.57 框内所示。用户数据库现在并不能看到在该指南的步骤一到步骤九所创建的焊盘图案。

（8）为了添加焊盘图案，单击添加按钮，如图 2.61 框内所示。

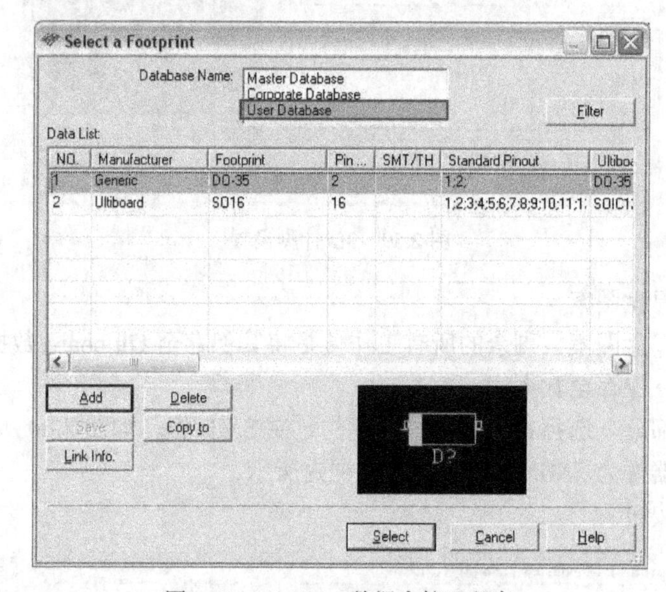

图 2.61　Multisim 数据库管理程序

（9）在添加引脚对话框中，设置如表 2.27 所示的数据。

表 2.27　添加一个引脚

字段名称	取　值	字段描述
数据库名称	用户数据库	在 Ultiboard 中保存焊盘图案的数据库
制造商	通用	一个额外的制造商识别符
引脚	SMD20	这是一个区分大小写的字段，必须准确识别焊盘图案在 Ultiboard 中保存的信息
引脚	SMD20	这是一个区分大小写的字段。引脚字段识别元器件的特定封装名称，它可以与 Ultiboard 引脚相关联，以便具有相同大小的通用引脚可以转换为布局
针脚数目	20	焊盘图案的针脚数目
SMT/TH	SMT	表贴或通孔插入式针脚技术的类型

该对话框将如图 2.62 框内所示。

（10）单击 OK 按钮。

（11）SMD20 现在可以在对话框中预览。单击选择按钮以选择新添加的 SMD。

（12）单击 OK 按钮以保存元器件设置。

（13）将元器件保存至恰当的数据库与组（如同其最初所保存的数据库与组），并单击 OK 按钮。将被提示覆盖最初的元器件。选择是按钮。

成功完成！已经创建了一个定制的 Ultiboard 焊盘图案，定义了一个 3D 模型并将其与一个 Multisim 符号相关联！

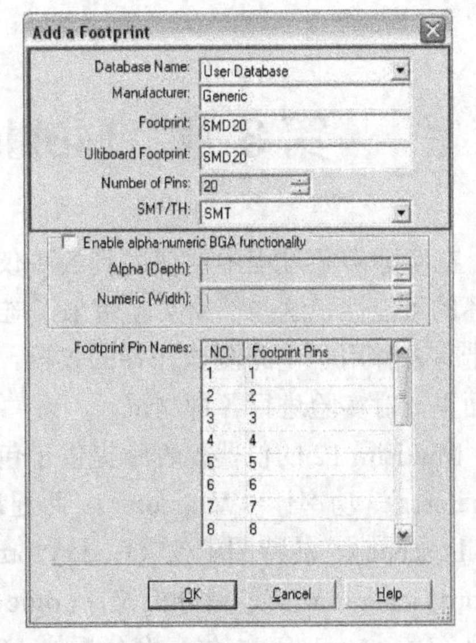

图 2.62　添加一个引脚

第 3 章　Multisim 12 仪器仪表的使用

在实际实验过程中要使用到各种仪器仪表，而这些仪表大部分都比较昂贵，并且存在着损坏的可能性，这些都给实验带来了难度。EWB 仿真软件最具特色的功能之一，便是该软件中带有各种用于电路测试任务的仪器，这些仪器能够逼真地与电路原理图放置在同一个操作界面里，对实验进行各种测试。

Multisim 12 的仪器仪表库提供了包含数字万用表（Multimeter）、函数信号发生器（Function Generator）、功率计（Wattmeter）、两通道示波器（Oscilloscope）、四通道示波器（Four Channel Oscilloscope）、波特图示仪（Bode Plotter）、频率计数器（Frequency Counter）、字信号发生器（Word Generator）、逻辑分析仪（Logic Analyzer）、逻辑转换仪（Logic Converter）、IV 特性分析仪（IV－Analysis）、失真度分析仪（Distortion Analyzer）、频谱分析仪（Spectrum Analyzer）、网络分析仪（Network Analyzer）、安捷伦信号发生器（Agilent Function Generator）、安捷伦万用表（Agilent Multimeter）、安捷伦示波器（Agilent Oscilloscope）、泰克示波器（Tektronix Oscilloscope）、实时测量探针（Dynamic Measurement Probe）、Labview 采样仪器以及电流探针（Circuit Probe）共 21 种虚拟仪器。另外，NI Multisim 12 可以通过 LabView 制作一些自定义的虚拟仪器。这些虚拟仪器与显示仪器的面板以及基本操作都非常相似，它们可用于模拟、数字、射频等电路的测试。

本章将介绍这些仪器仪表的面板设置、连接以及操作。

3.1　仪器仪表的基本操作

选用仪器时，可用鼠标将仪器库中被选用的仪器图标（见图 3.1）拖放到电路窗，然后将仪器图标中的连接端与相应电路的连接点相连。

设置仪器参数时，用鼠标双击仪器图标，便会打开仪器面板。对话框的数据设置可使用鼠标操作仪器面板上的按钮和参数。例如，调整参数时，可根据测量或观察结果改变仪器参数的设置。

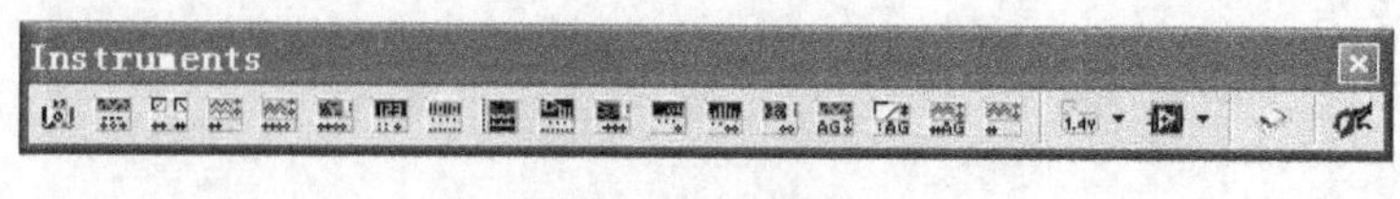

图 3.1　仪表栏

3.2　数字万用表

数字万用表又称数字多用表，同实验室里使用的数字万用表一样，是一种比较常用的仪器。该仪器能够完成交直流电压、交直流电流、电阻及电路中两点之间的分贝（dB）损耗的测量。与现实万用表相比，其优势在于能够自动调整量程。

图 3.2 中分别为数字万用表的图标和操作界面。图标中的+、−两个端子用来与待测设备的端点相连。将它与待测设备连接时应注意以下两点。

（1）在测量电阻和电压时，应与待测的端点并联。

（2）在测量电流时，应串联在待测之路中。

数字万用表的具体使用步骤如下。

（1）单击数字万用表工具栏按钮，将其图标放置在电路工作间，双击图标打开仪器。

（2）按照要求将仪器与电路相连接，并从界面中选择测量所用的选项（选择测量电压、电流或电阻等）。

如图 3.2 所示，仪器的界面上各个按钮分别对应的内容为：单击按钮 A，选择测量电流；单击按钮 V，选择测量电压；单击按钮 Ω，选择测量电阻；单击按钮 dB，选择测量分贝值。

另外，单击按钮 ～，表示选择测量交流，其测量值为有效值（RMS）；单击按钮 —，表示选择测量直流。如果使用该项来测量交流的话，那么它的测量值为实际交流值的平均。

按钮 Set... 用来对数字万用表的内部参数进行设置。单击该按钮将出现如图 3.3 所示的对话框。

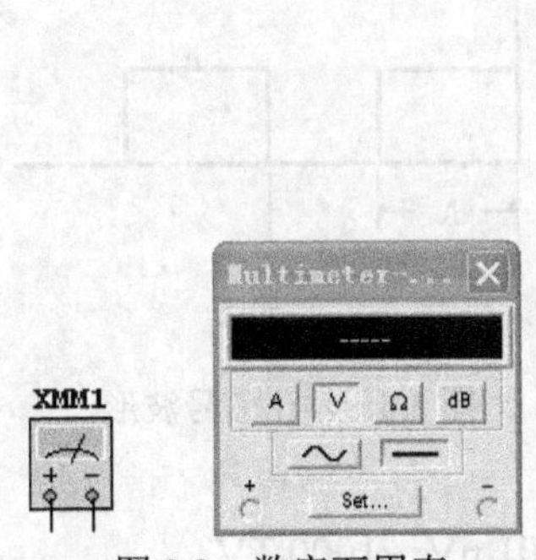

图 3.2　数字万用表

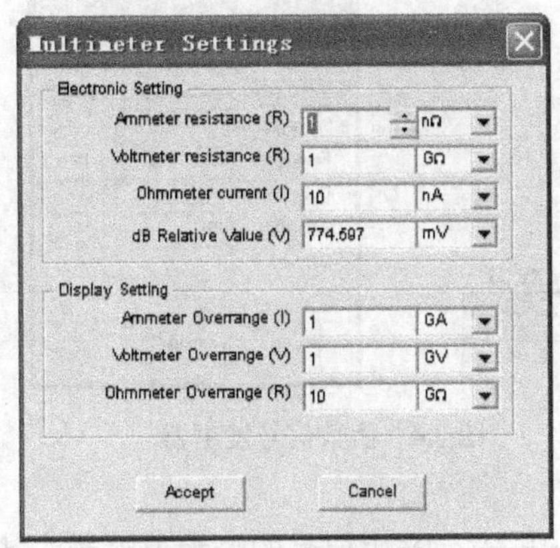

图 3.3　参数设置界面

Electronic Setting 区的说明如下。

Ammeter resistance(R)：用于设置与电流表并联的内阻，该阻值的大小会影响电流的测量精度。

Voltmeter resistance(R)：用于设置与电压表串联的内阻，该阻值的大小会影响电压的测量精度。

Ohmmeter current(I)：为用欧姆表测量时流过该表的电流值。

Display Setting 区的说明如下。

Ammeter Overrange(I)：表示电流测量显示范围。

Voltmeter Overrange(V)：表示电压测量显示范围。

Ohmmeter Overrange(R)：表示电阻测量显示范围。

3.3　函数信号发生器

函数信号发生器是可以提供正弦波、三角波、方波三种不同波形的信号的电压信号源。图 3.4 中从左至右分别为函数信号发生器图标和操作界面。

使用该仪器与待测设备连接应注意以下几点。

（1）连接＋和 Common 端子，输出信号为正极性信号，幅值等于信号发生器的有效值。

（2）连接－和 Common 端子，输出信号为负极性信号，幅值等于信号发生器的有效值。

（3）连接＋和－端子，输出信号的幅值等于信号发生器的有效值的两倍。

（4）同时连接＋、Common 和－端子，且把 Common 端子接地（与公共地 Ground 符号相连），则输出的两个信号幅度相等、极性相反。

函数信号发生器的具体使用步骤如下。

（1）单击数字万用表工具栏按钮，将其图标放置在电路工作间，双击图标打开仪器。

（2）按照要求选择仪器与电路相连接的方式。

仪器界面 Waveforms 项里有三种周期信号可供选择：单击按钮代表输出电压波形为正弦波；单击按钮代表输出电压波形为三角波；单击按钮代表输出电压波形为方波。

Signal Options 项里可对信号的频率、占空比、幅度大小以及偏置值进行设置。

Frequency：信号产生频率，其选择范围在 0.001 pHz～1000 THz。

Duty Cycle：产生信号的占空比设置，其选择范围在 1%～99%。如图 3.5 所示的占空比为 A/B。

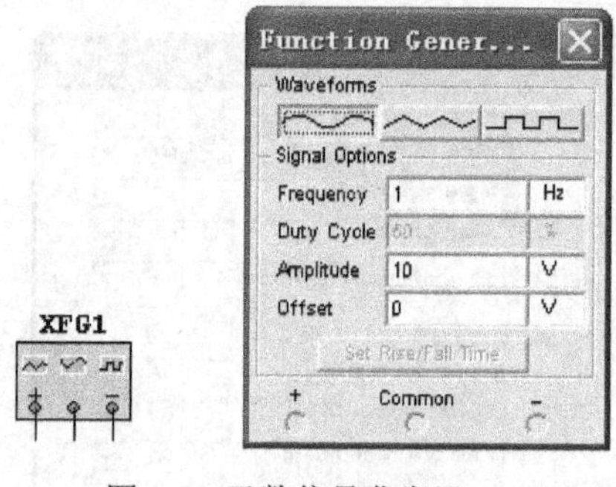

图 3.4　函数信号发生器

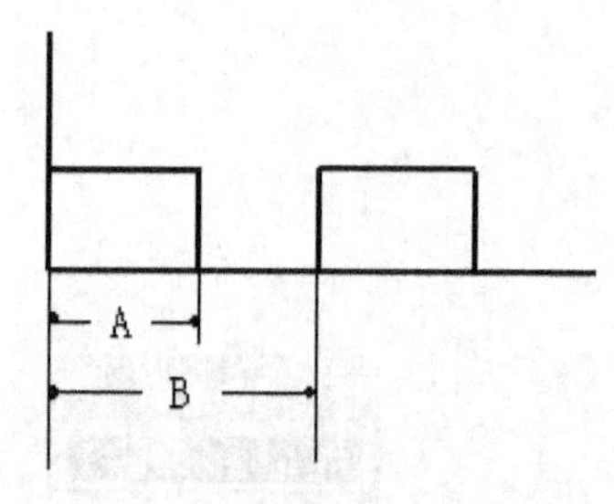

图 3.5　输出信号波形

Amplitude：产生信号的最大值设置，其可选范围为 0.001 pV～1000 TV。

Offset：偏置电压值设置，也就是把正弦波、三角波、方波叠加在设置的偏置电压上输出，其可选范围为–999～999 kV。

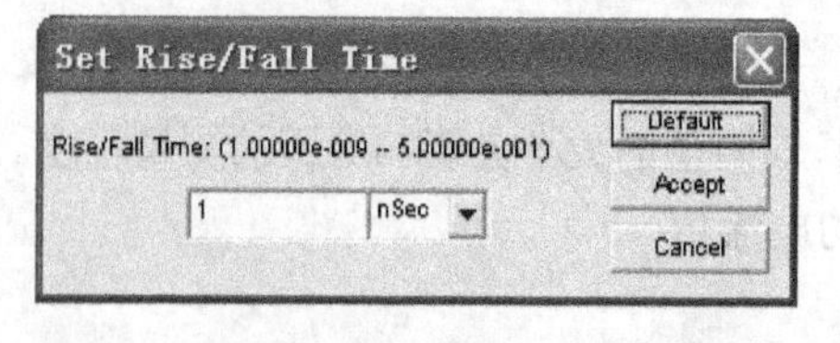

图 3.6　设置产生信号的上升和下降时间

按钮 Set Rise/Fall Time 用来设置产生信号的上升和下降时间，该按钮只在产生方波时有效。单击该按钮后，出现如图 3.6 所示对话框。

对话框的时间设置单位下拉列表共有三个单位可选：nSec、μSec、mSec，在左边的格内输入数值后单击 Accept 按钮，便完成了设置。单击 Default 按钮，则恢复默认设置。若取消设置，则单击 Cancel 按钮。

3.4　功率计

顾名思义，功率计可用来测量电路的功率，交流和直流电路都可以测量。由于功率单位为瓦特，故该仪器又称瓦特表。

如图 3.7 所示，从图标中可看出，功率计共有 4 个端子与待测设备相连接。左边 V 标记的两个端子用于测量电压，与待测设备并联；右边 I 标记的两个端子用于测量电流，与待测设备串联。

从仪器界面可看到，Power Factor 为功率因子，其取值范围为 0～1。

图 3.8 中电路的测量结果：平均功率为 1.346 W，功率因子为 0.967。

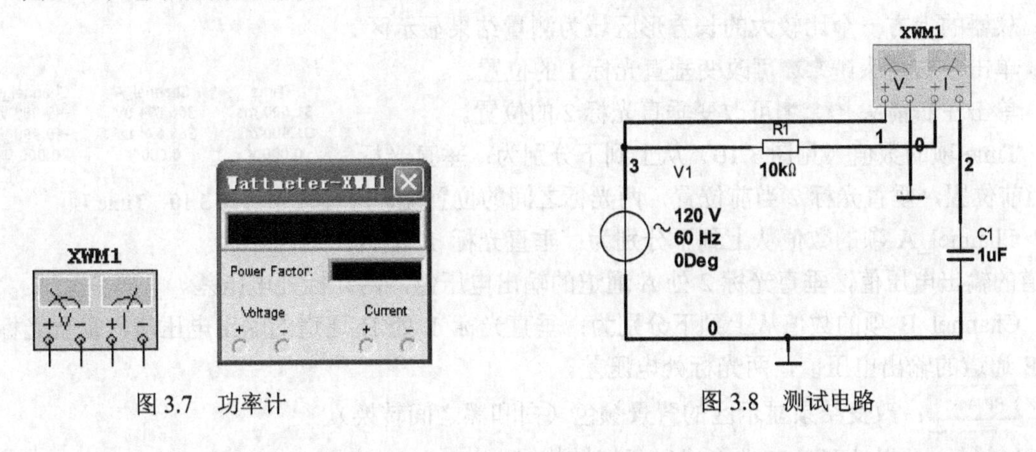

图 3.7 功率计　　　　图 3.8 测试电路

3.5 两通道示波器

示波器是电子实验中使用最为频繁的仪器之一。它可以用来显示电信号波形的形状、幅度、频率等参数。

两通道示波器为一种双踪示波器。如图 3.9 所示，该仪器的图标上共有 6 个端子，分别为 A 通道的正负端、B 通道的正负端和外触发的正负端。连接时要注意它与显示仪器的不同。

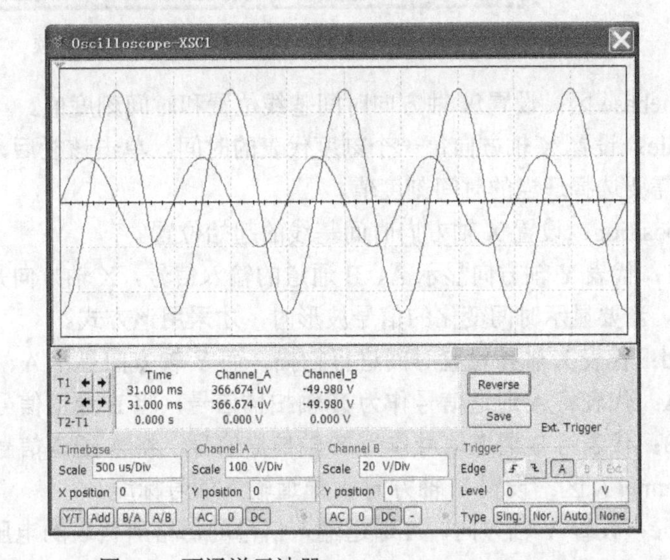
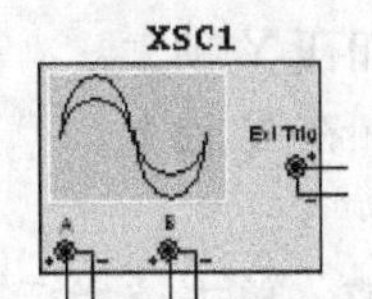

图 3.9 两通道示波器

（1）A、B 两个通道的正端分别只需要一根导线与待测点相连接，测量的是该点与地之间的波形。

（2）若需测量器件两端的信号波形，只需将 A 或 B 通道的正负端与器件两端相连即可。

两通道示波器的具体使用步骤如下。

（1）单击两通道示波器工具栏按钮，将其图标放置在电路工作间，双击图标打开仪器。

（2）按照要求选择仪器与电路相连接的方式。

两通道示波器的操作界面介绍如下。

仪器的上方一个比较大的长方形区域为测量结果显示区。

单击左右箭头T1 ←→可改变垂直光标 1 的位置。

单击左右箭头T2 ←→可改变垂直光标 2 的位置。

Time 项的数值（见图 3.10）从上到下分别为：垂直光标 1 当前位置，垂直光标 2 当前位置，两光标之间的位置差。

Time	Channel_A	Channel_B
31.000 ms	366.674 uV	-49.980 V
31.000 ms	366.674 uV	-49.980 V
0.000 s	0.000 V	0.000 V

图 3.10 Time 项

Channel_A 项的数值从上到下分别为：垂直光标 1 处 A 通道的输出电压值，垂直光标 2 处 A 通道的输出电压值，两光标处电压差。

Channel_B 项的数值从上到下分别为：垂直光标 1 处 B 通道的输出电压值，垂直光标 2 处 B 通道的输出电压值，两光标处电压差。

Reverse：改变结果显示区的背景颜色（白和黑之间转换）。

Save：以 ASCII 文件形式保存扫描数据。

Ext. Trigger：外触发。

两通道示波器中其他项（见图 3.11）的说明如下。

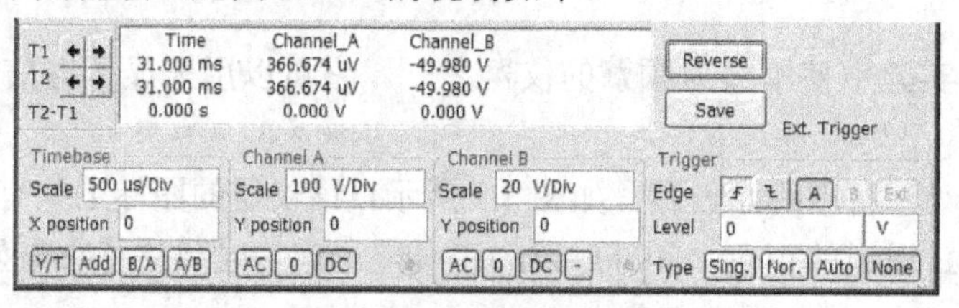

图 3.11 两通道示波器中的其他项

Timebase 区：设置 X 轴方向时间基线位置和时间刻度值。

Scale：设置 X 轴方向每一个刻度代表的时间。单击该栏后，出现上下翻转的列表，可根据实际需要选择适当的时间刻度值。

X position：设置 X 轴方向时间基线的起始位置。

Y/T：代表 Y 轴方向显示 A、B 通道的输入信号，X 轴方向是时间基线，并按设置时间进行扫描。当要显示时间变化的信号波形时，才采用该方式。

Add：代表 X 轴按设置时间进行扫描，而 Y 轴方向显示 A、B 通道的输入信号之和。

B/A：代表将 A 通道信号作为 X 轴扫描信号，将 B 通道信号施加在 Y 轴上。

A/B：代表将 B 通道信号作为 X 轴扫描信号，将 A 通道信号施加在 Y 轴上。

Channel A 区：设置 Y 轴方向 A 通道输入信号标度。

Scale：设置 Y 轴方向，A 通道输入信号的每格所代表的电压数值。单击该栏后，将出现上下翻转列表，根据需要选择适当值即可。

Y position：是指时间基线在显示屏幕中的上下位置。当值大于零时，时间基线在屏幕中线的上侧，否则在屏幕中线的下侧。

AC：代表屏幕仅显示输入信号中的交变分量（相当于电路中加入了隔直流电容）。

0：代表输入信号对地短路。

DC：代表屏幕将信号的交直流分量全部显示。

Channel B 区：设置 Y 轴方向 B 通道输入信号的标度。其设置与 Channel A 区相同。

Trigger 区：设置示波器触发方式。

：代表将输入信号的上升沿或下跳沿作为触发信号。

：代表用 A 通道或者 B 通道的输入信号作为同步 X 轴时基扫描的触发信号。

：用示波器图标上触发端子 T 连接的信号作为触发信号来同步 X 轴时基扫描。

Level：设置选择触发电平的大小（单位可选），其值设置范围为–999 kV～999 kV。

Sing：选择单脉冲触发。

Nor：选择一般脉冲触发。

Auto：代表触发信号来自外部信号。一般情况下使用该方式。

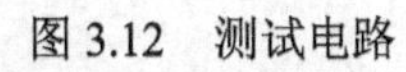

图 3.12　测试电路

示例电路如图 3.12 所示，本例中两通道示波器测量结果如图 3.9 所示。

3.6　四通道示波器

四通道示波器是 Multisim 中新增加的一种仪器，它也是一种可以用来显示电信号波形的形状、幅度、频率等参数的仪器，其使用方法与两通道示波器相似，但存在以下不同点。

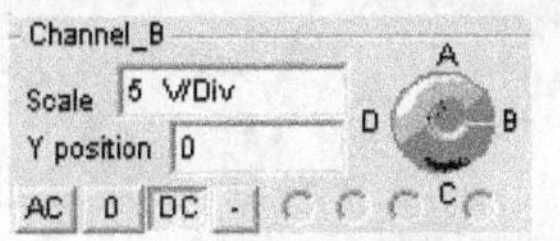

图 3.13　通道选择按钮

（1）将信号出入通道由 A、B 两个增加到 A、B、C、D 四个通道。

（2）在设置各个通道 Y 轴输入信号的标度时，通过单击图 3.13 中的通道选择按钮来选择要设置的通道。

（3）按钮 相当于两通道信号中的 Add 按钮，即 X 轴按设置时间进行扫描，而 Y 轴方向显示 A、B 通道的输入信号之和，如图 3.14 所示。

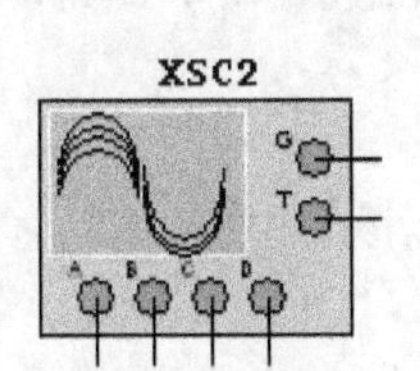

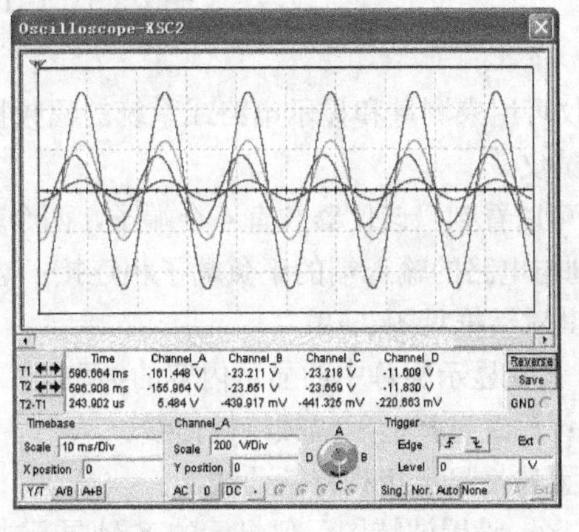

图 3.14　四通道示波器

（4）右击 A/B 按钮和 A+B 按钮后，出现如图 3.15 所示各通道运算方法选项集合。

（5）右击 A 按钮，进行内部触发参考通道选择，如图 3.16 所示。

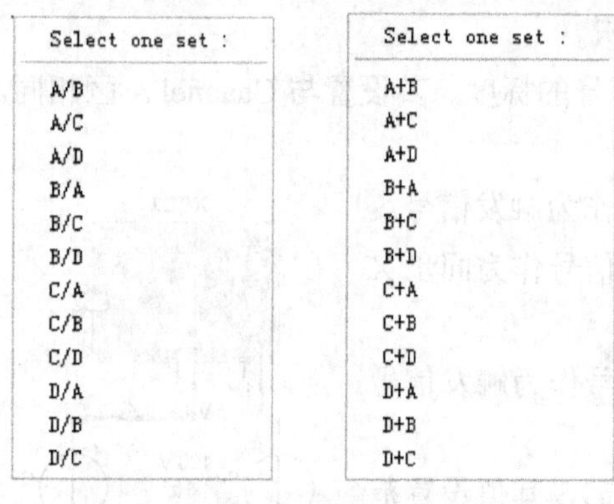

图 3.15　各通道运算方法选项集合

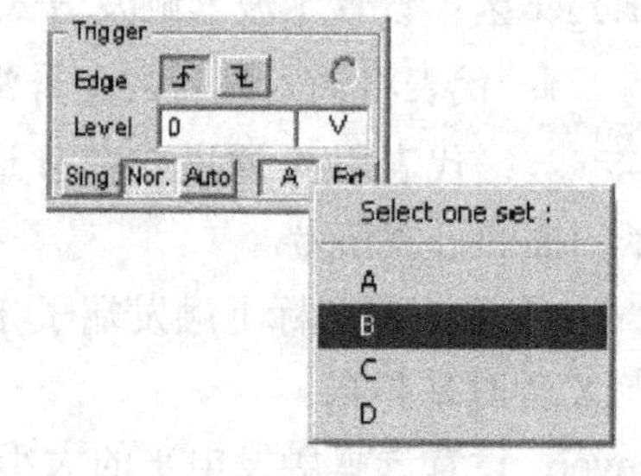

图 3.16　内部触发参考通道选择

使用四通道示波器的示例电路如图 3.17 所示，其仿真输出结果见图 3.14 示波器界面的测量结果输出部分。

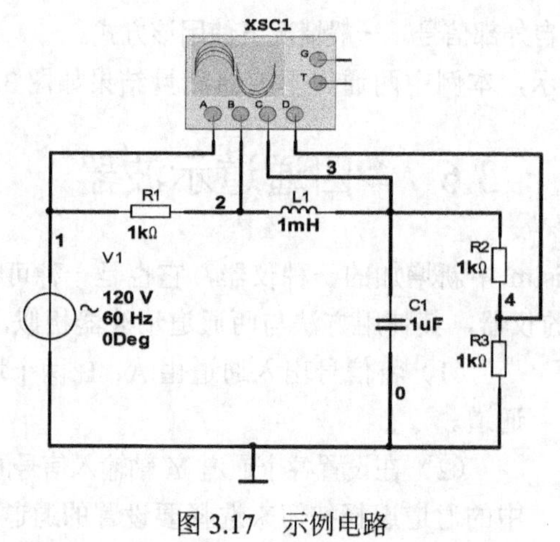

图 3.17　示例电路

3.7　波特图示仪

波特图示仪可用来测量和显示电路或系统的幅频特性 $A(f)$与相频特性 $\varphi(f)$，类似于实验室的频率特性测试仪。

从图 3.18 可以看到，该仪器共有 4 个端子，两个输入端子（In）和两个输出端子（Out）。V_{In+}、V_{In-}分别与电路的输入端的正负端子相连接；V_{Out+}、V_{Out-}分别与电路的输出端的正负端子相连接。其对话框见图 3.19。

Mode 区：设置显示屏幕中的显示内容的类型。

Magnitude：设置选择显示幅频特性曲线。

Phase：设置选择显示相频特性曲线。

Horizontal 区：设置波特图示仪显示的 X 轴显示类型和频率范围。

Log：表示坐标标尺为对数的。

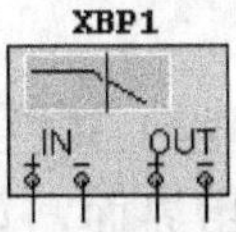

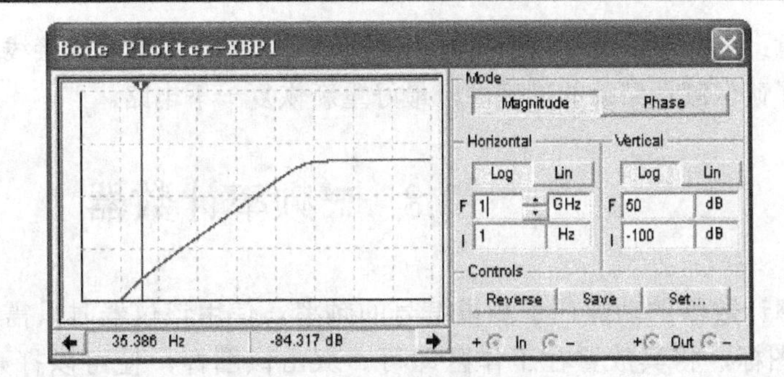

图 3.18　波特图示仪

图 3.19　波特图示仪对话框

Lin：表示坐标标尺是线性的。

当测量信号的频率范围较宽时，用 Log（对数）标尺比较好，I 和 F 分别为 Initial（初始值）和 Final（最终值）的首字母。

如果想更清楚地了解某一频率范围内的频率特性，那么就将 X 轴频率范围设定得小一些。

Vertical 区：设置 Y 轴的标尺刻度类型。

Log：测量幅频特性时，单击 Log 按钮后，标尺刻度为 20Log $A(f)$ dB，$A(f) = V_{Out}/V_{In}$，Y 轴的单位为 dB（分贝）。通常都采用线性刻度。

Lin：单击该按钮后，Y 轴的刻度为线性刻度。在测量相频特性时，Y 轴坐标表示相位，单位为度，刻度是线性的。

Controls 区

Reverse：设置背景颜色，在黑或者白之间切换。

Save：将测量以 BOD 格式存储。

Set...：设置扫描分辨率，单击该按钮，将出现如图 3.20 所示的对话框。

←　→：用来调整显示屏幕的显示位置，单击按钮可做左右调整。

示例电路如图 3.21 所示。

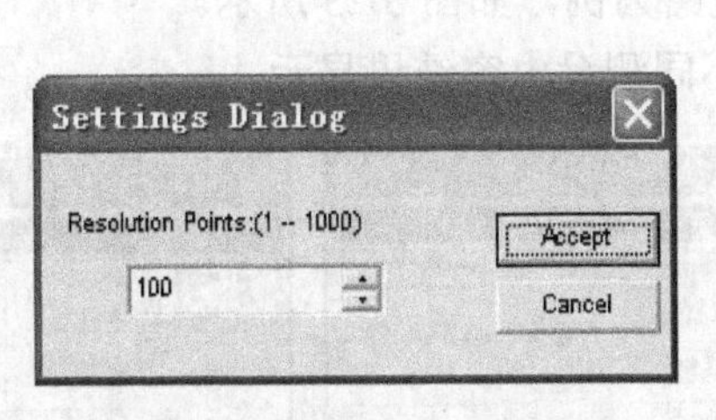

图 3.20　设置扫描分辨率

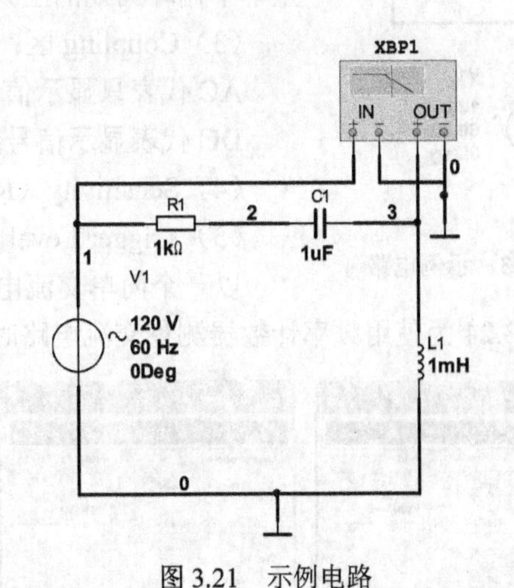

图 3.21　示例电路

波特图示仪本身是没有信号源的，所以在使用该仪器时应在电路的输入端口接入一个交流信号源或者函数信号发生器，且不必对其参数进行设置。如图 3.21 所示。测量数据显示见图 3.19 的波特示波仪的界面显示屏幕。

注意：波特图示仪不同于其他测试仪器，如果波特图示仪接线端被移到不用的节点的话，那么为了确保测量结果的准确性，最好重新恢复一下电路。

3.8　频率计数器

频率计数器的功能在于测量信号的频率。使用该仪器时只需单击仪器工具栏上的频率计数器图标，将其放置在工作区即可。双击该图标，便可以打开其使用界面，如图 3.22 所示。

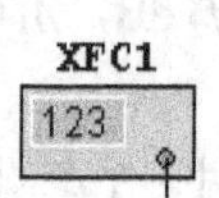

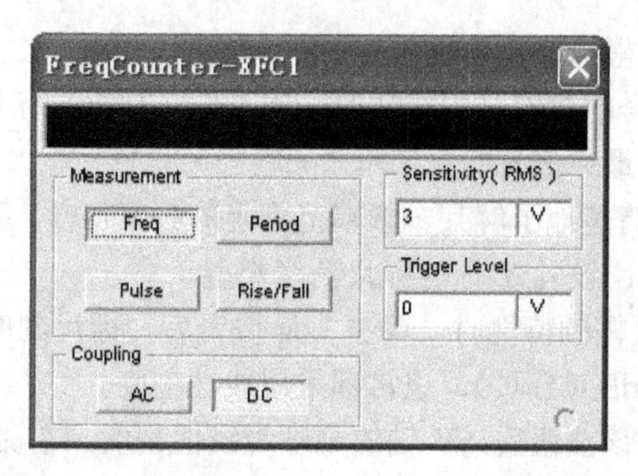

图 3.22　频率计数器

从图 3.22 可以看到该仪器的使用界面主要分为如下 5 个区。

（1）结果显示屏幕，用于显示测量结果频率。

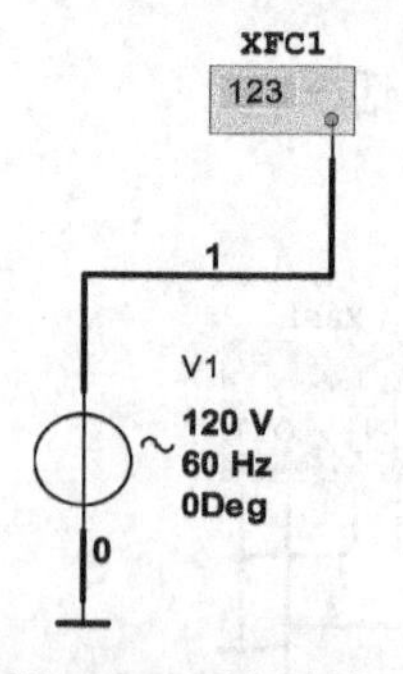

图 3.23　示例电路

（2）Measurement 区：选择测量内容。Freq 代表测量频率，Period 代表测量周期，Pulse 代表测量正、负脉冲持续时间，Rise/Fall 代表测量单个循环周期的上升和下降时间。

（3）Coupling 区：用于设置显示内容。

AC 代表只显示信号中的交流元素。

DC 代表显示信号的交流和直流信号的叠加。

（4）Sensitivity（RMS）。

（5）Trigger Level。

以一个简单交流电压电路为例，如图 3.23 所示。

图 3.24 为使用频率计数器测量交流电路时的不同测量内容结果显示。

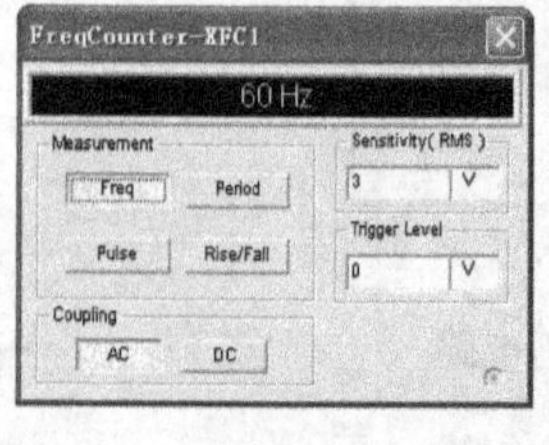

（a）频率

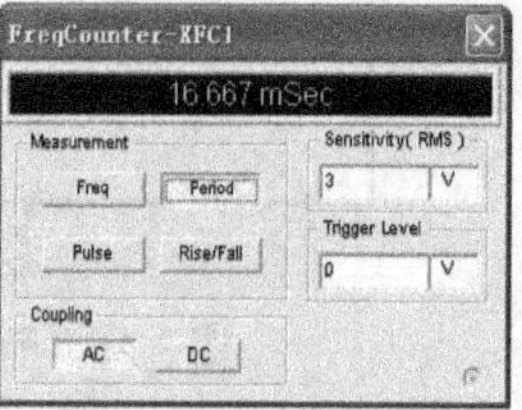

（b）相位

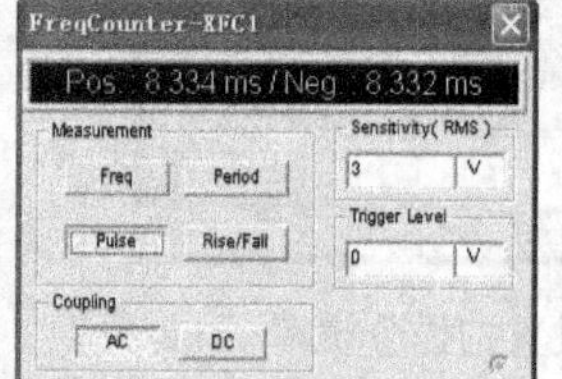
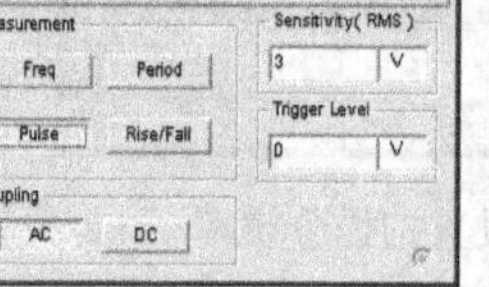

（c）脉冲

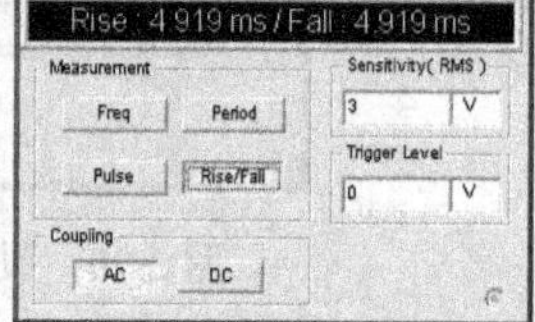

（d）上升/下降时间

图 3.24　频率计数器测量结果

3.9 字信号发生器

字信号发生器是能够产生 32 路（位）同步逻辑信号的一个多路逻辑信号源，可用于对数字逻辑电路的测试，也称为数字逻辑信号源。见图 3.25。

字信号发生器图标的左右各有 16 个端子，左边为 0～15 端子，右边为 16～31 端子，这 32 个端子是该仪器产生的信号输出端。该仪器的每一个输出端子都可以接入数字电路的输入端。在该仪器图标的下方还有两个端子，R 端子为数据备用（Ready）信号端，T 为外部触发（Trigger）信号端。

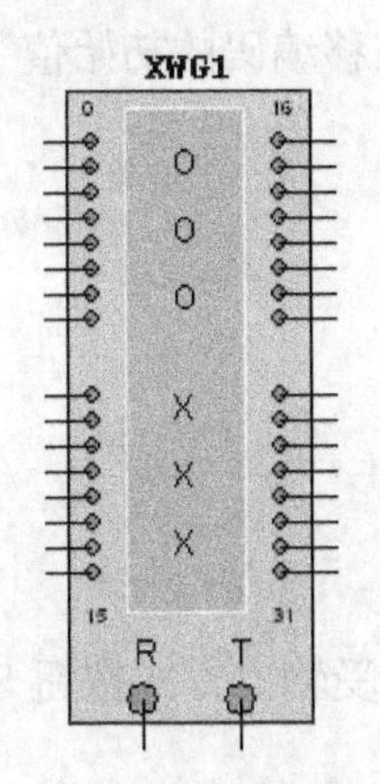

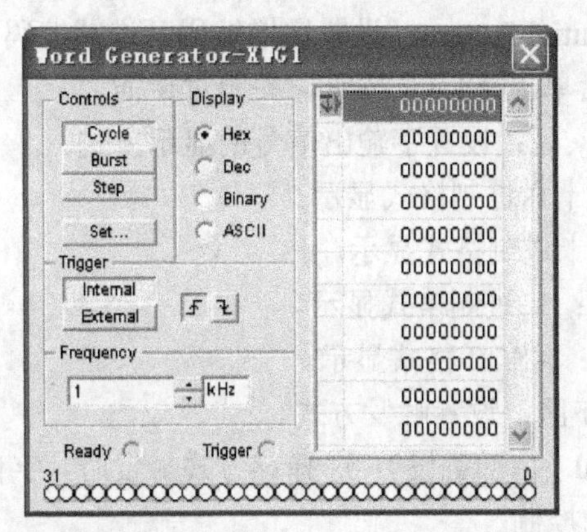

图 3.25　字信号发生器

从字信号发生器界面可以看到，该仪器界面共分为以下 6 个区。

Controls 区：选择字信号发生器的输出方式。

Cycle（循环）：代表字信号在设置地址初值到最终值之间周而复始地以设定频率输出。该输出方式的速度可由 Frequency 控制。

Burst（单帧）：代表字信号从设置地址初值逐条输出，直到最终值时自动停止。该输出方式的速度可由 Frequency 控制。

Step（单步）：代表每单击鼠标一次就输出一条字信号。

Set...：设置 Pre-set Patterns。单击该按钮后，出现如图 3.26 所示对话框。

Pre-set Patterns 对话框中包含以下 4 个区的内容。

（a）Pre-set Patterns 区

No Change：不变。

Load：打开先前保存的字信号文件。

Save：保存字信号文件，文件后缀为.DP。

Clear buffer：清除字信号编辑区。

Up Counter：表示在字信号编辑区地址范围 000H～03FFH 内，其内容按 0000，0001，0010…的顺序，即以递增方式进行编码。

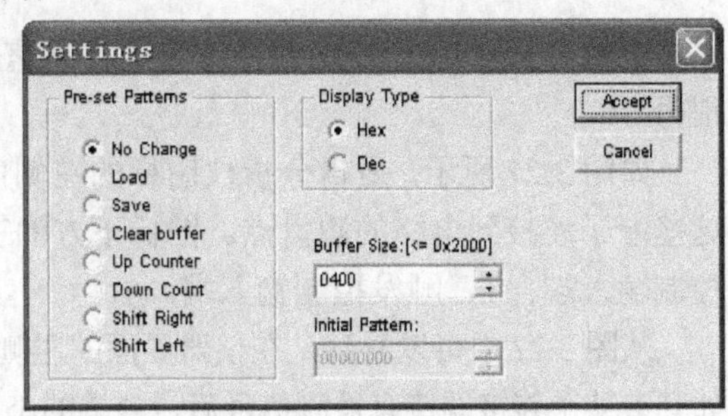

图 3.26　设置对话框

Down Count：表示在字信号编辑区地址范围 000H～03FFH 内，其内容按 03FF，03FE，03FD…的顺序，即以递减方式进行编码。

Shift Right：右移方式进行编码， 即字信号按 8000，4000，2000，1000，0800，0400，0200，0100…的顺序进行编码。

Shift Left：左移方式进行编码，即字信号按 0001，0002，0004，0008，0010，0020，0040，0080…的顺序进行编码。

（b）Display Type（显示类型）

Hex：十六进制格式显示。

Dec：十进制格式显示。

（c）Buffer Size：显示在编辑器里字的数目

（d）Initial Pattern：设置递增编码、递减编码、右移编码或左移编码的初始值

选定后单击 Accept 按钮，关闭对话框。

Display 区：设置字输出信号的显示方式。

Hex：十六进制格式显示。

Dec：十进制格式显示。

Binary：二进制格式显示。

ASCII：ASCII 格式显示。

Trigger 区：设置触发方式。

Internal（内部触发）：选择该方式触发时，字信号的输出直接受输出方式按钮 Step、Burst 和 Cycle 的控制。

External（外部触发）：选择该方式触发时，必须接入外触发脉冲信号，而且要设置“上升沿触发”或“下降沿触发”，然后单击“输出方式”按钮。只有外部触发脉冲信号到来时才启动信号输出。

：选择上升沿触发还是下降沿触发。

Frequency（输出频率）：设置输出频率。

接线端部分：共有 32 个仪器所产生的信号输出端。

在仪器界面的右边为字信号编辑区，可以在该区里面以二进制或者十六进制数输入数据。

3.10 逻辑分析仪

逻辑分析仪用于对数字逻辑信号的高速采集和时序分析，可同步记录和显示 16 路数字信号。

如图 3.27 所示，逻辑分析仪图标的左侧由上至下的 16 个端子为输入信号端子，使用时将这些端子连接到电路的测量点。图标下方的三个端子分别为：C，外部时钟输入端；Q，时钟控制输入端；T，触发控制输入端。

从图 3.27 中可以看到，在仪器界面的左侧有 16 个成一竖列的小圆圈为仪器的 16 个输入端。如其中某个连接端接有被测信号后，该端的小黑点中会出现一个黑点。被采集的 16 路输入信号以方波的形式显示在屏幕上。当改变输入信号连接导线的颜色时，显示波形的颜色立即改变。

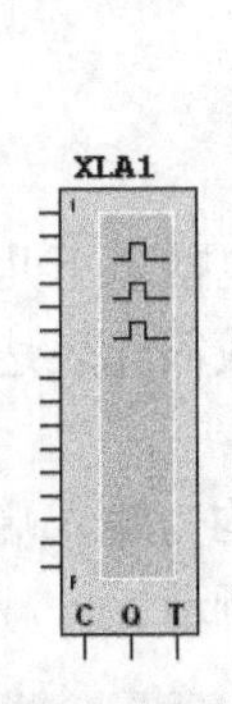

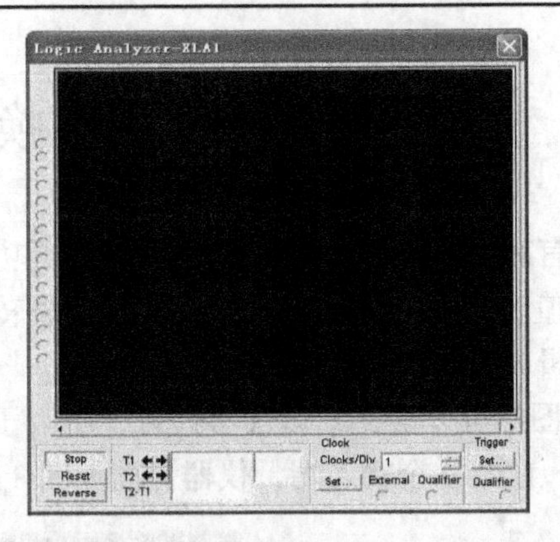

图 3.27　逻辑分析仪

在仪器界面的下端从左到右，其按钮分别为：Stop 按钮代表停止仿真；Reset 按钮代表逻辑分析仪复位并清除显示内容；Reverse 按钮的作用在于改变显示屏幕的背景色。

紧接着右侧的区，单击 T1 和 T2 右侧的左、右箭头可以移动读数指针上部的三角形，读取波形的逻辑数据。T1 为读数指针 1 离开时间基线零点的时间；T2 为读数指针 2 离开时间基线零点的时间；T2－T1 为两读数指针间的时间差。

Clock 区：设置时钟来源及相关参数。

Clock/Div：用于设置在显示屏上每个水平刻度显示的时钟脉冲数。

Set…按钮：设置时钟脉冲，单击该按钮后出现如图 3.28 所示的时钟设置对话框。

Clock Source 区的功能在于选择时钟脉冲的来源：External 代表采用外部时钟脉冲；Internal 代表采用内部时钟脉冲。

Clock Rate 用于设置时钟脉冲的频率。

Sampling Setting 用于设置取样方式，其中：Pre-trigger Samples 用于设置前沿触发取样数；Post-trigger Samples 用于设置后沿触发取样数；Threshold Voltage(V)用于设定门限电压。

Trigger 区用于设置触发方式。单击 Set…按钮后，出现如图 3.29 所示的触发设置对话框。

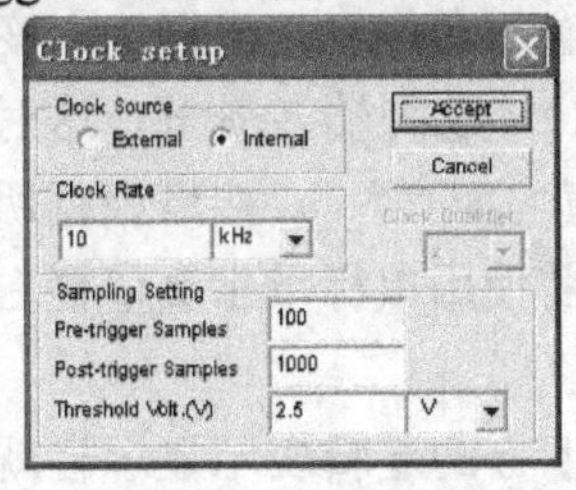

图 3.28　时钟设置

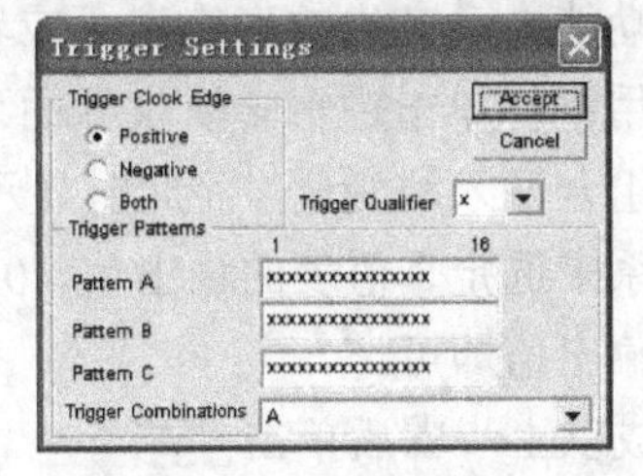

图 3.29　触发方式设置

从图 3.29 可以看到，触发设置对话框共分为三个区：Trigger Clock Edge 实现对触发方式的设定，其中 Positive 代表上升沿触发，Negative 代表下降沿触发，Both 代表上升沿、下降沿触发。Trigger Patterns 实现对触发样本的设定，你可以在 Pattern A、Pattern B、Pattern C 栏中设定触发样本，还可以在 Trigger Combinations 栏内的下拉列表中选择组合触发样本（如图 3.30 所示）。Trigger Qualifier 栏实现对触发限定字的设定，包括 0、1、X（表示 0、1 都可以）三个选项。

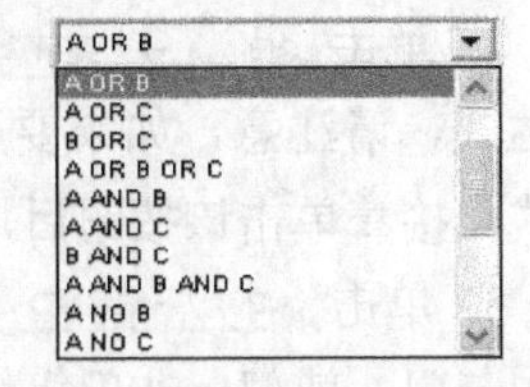

图 3.30　选择组合触发样本

3.11 逻辑转换仪

逻辑转换仪并没有对应的现实仪器，该仪器的主要功能包括以下几个方面：将逻辑电路转换成真值表；将真值表转换成逻辑表达式；将真值表转化成简化表达式；将逻辑表达式转化成逻辑电路；将逻辑表达式转化成与非门逻辑电路。

由图 3.31 的仪器图标可以看到，该仪器共有 9 个端子，均为输入端。这 9 个端子对应于该仪器界面上部的 A～H 共 9 个输入端。仪器界面如图 3.32 所示。

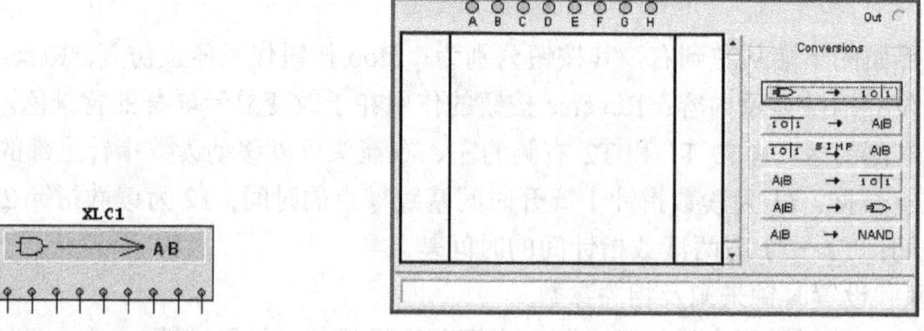

图 3.31 逻辑转换仪　　　　图 3.32 逻辑转换仪界面

仪器界面在输入端下方的显示屏幕分为三个部分，从左至右依次为：具体输入真值表；对应输入端真值表；输出列（0、1 或 X 之间切换）。在显示屏幕正下方一栏为逻辑表达式栏。

仪器界面右边 Conversions 区的功能是选择逻辑转换方式。

1．单击按钮，将逻辑电路转换成真值表，逻辑转换仪显示真值表结果。

2．单击按钮，将真值表转换成逻辑表达式。真值表转换成逻辑表达式时，首先在真值表栏中输入真值表。可以利用逻辑转换仪的上一个功能将逻辑电路转换成真值表，使用该功能自动产生的真值表。或者直接在真值表栏中人工输入真值表，根据输入变量的个数，使用鼠标单击逻辑转换仪界面顶部输入端的圆圈（A～H），选择输入变量。这时真值表会自动组合输入的变量，而此时显示屏幕右侧一栏中的初始值均为"？"。接着根据所要求的逻辑关系来选定真值表的输出值，0、1 或者 X（任意值），只需使用鼠标单击真值栏右侧输出列中的输出值即可。

完成以上步骤后单击按钮，在仪器界面正下方的逻辑表示显示栏就会出现相应的逻辑表达式。表示式中的 A'、B'表示逻辑变量 A 的非、B 的非。

3．单击按钮，由真值表导出简化表达式。此功能可实现对已有的逻辑表达式进一步简化的目的。单击该按钮后，界面正下方的显示栏中便会得到简化后的逻辑表达式。

4．单击按钮，由逻辑表达式得到真值表。在界面的正下方显示栏输入逻辑表达式，请注意，如果要用到逻辑"非"时，如 $\overline{AB}$，先将这种表达方式的非门转换成 A'B'形式。接着单击该按钮后，便可得到对应的表达式。

5．单击按钮，由逻辑表达式得到逻辑电路。单击该按钮得到的逻辑电路主要由与门、或门、非门等组成。

6. 单击 AIB → NAND 按钮，由逻辑表达式得到与非门电路。首先在仪器界面的正下方显示栏写入逻辑表达式，接着单击该按钮，便能得到只有与非门组成的逻辑电路。

3.12　IV 分析仪

IV 分析仪用于测量以下设备的电流－电压曲线：（1）二极管；（2）PNP 晶体管；（3）NPN 晶体管；（4）PMOS；（5）NMOS。注意，IV 分析仪只能测量未连接在电路里的单个元件。所以在测量电路里的设备之前，可以先将其从电路里断开。IV 分析仪见图 3.33。

使用 IV 分析仪测量一个设备的步骤如下。

（1）单击 IV 分析仪工具栏按钮，将其图标放置在电路工作间，双击图标打开仪器。

（2）从 Components 下拉列表里选择要分析的设备类型，如 PMOS。

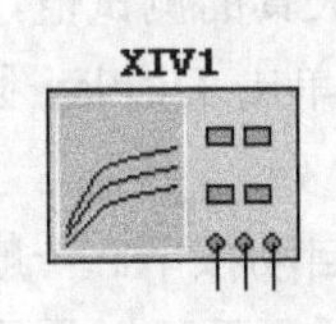

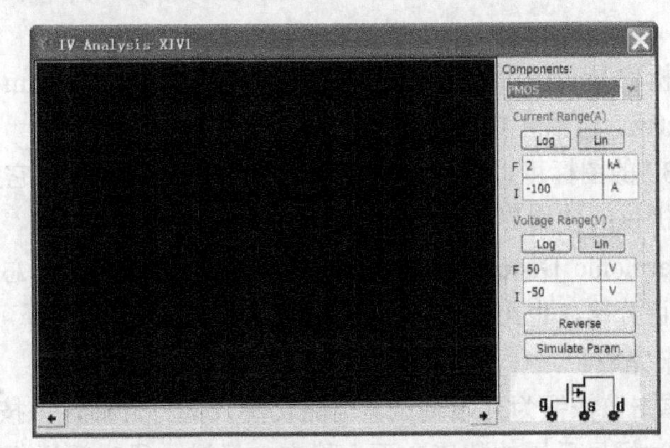

图 3.33　IV 分析仪

（3）将选定的设备放置在工作区，并与 IV 分析仪图标按如图 3.34 所示的方法连接。如果 PMOS 已经被连接在电路里了，应先将其断开。

（4）单击 Sim_Param 按钮显示仿真参数对话框，如图 3.35 所示。

（5）可选部分：Current Range(A)和 Voltage Range(V)栏内的更改默认标准按钮，有两个选项：Lin（线性）或 Log（对数）。本例中设置为 Lin。

（6）选择 Simulate/Run（仿真/运行）。显示设备的 IV 曲线，如果确定结果正确，则单击 Reverse 将显示背景改为白色，见图 3.36。

（7）可选。选择 View→Grapher 命令查看仿真图形结果。

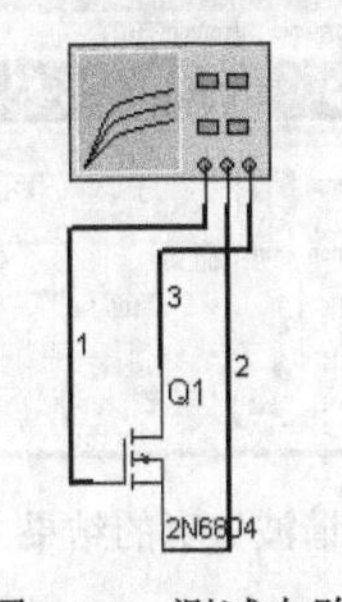

图 3.34　测试电路

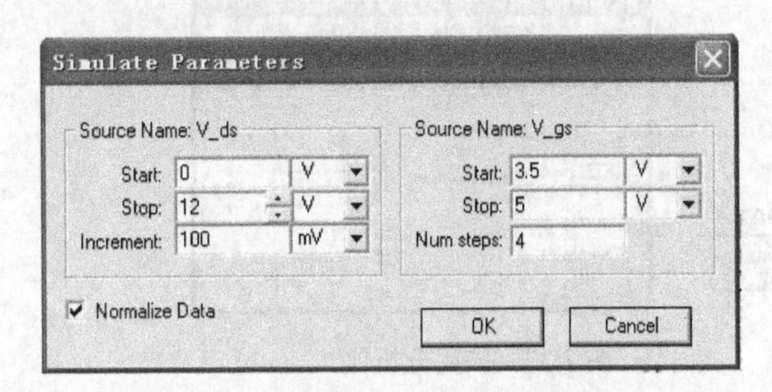

图 3.35　仿真参数对话框

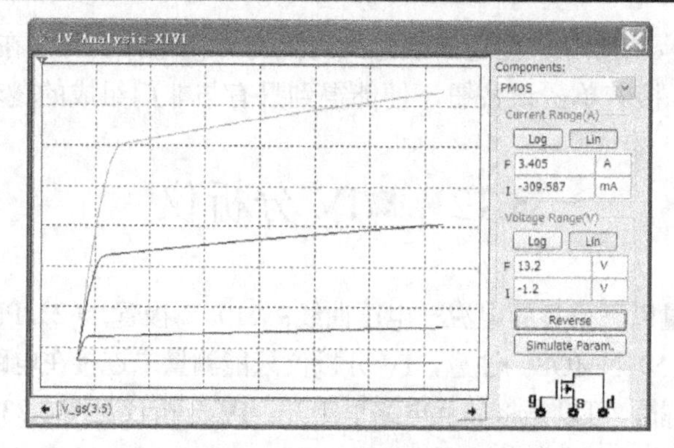

图 3.36　仿真图形结果

3.13 失真分析仪

失真分析仪是一种用来测量电路信号失真的仪器，Multisim 提供的失真分析仪频率范围为 20 Hz～20 kHz，包括音频信号。

从图 3.37 的图标可以看出，该仪器只有一个输入端子，它用来连接电路的输出信号。

失真分析仪的使用界面分为以下几个方面：

Total Harmonic Distortion（THD），该栏的功能在于显示总谐波失真的测试值，该值的单位可以选用百分比，也可以选用分贝（dB）。该栏单位的选择可通过单击 Display 区中%按钮和 dB 按钮来完成。

Start：单击该按钮为开始测试。电路仿真开关打开后，该按钮会自动按下。一般来说，刚开始测试的时候显示屏的数值会不太稳定，经过一段时间运行计算后，便可以显示稳定的数值，此时如若要读取测试结果，停止测试即可。

Stop：单击该按钮为停止测试。

Fundamental Freq 栏用于设置基频。

Resolution Freq 栏用于设置分辨率频率。

Controls 区：THD 按钮表示选择测试总谐波失真，此时仪器界面显示测试结果为总谐波失真，如图 3.38 所示。

总谐波失真的结果表示可以是百分比形式（见图 3.38），也可以是分贝数。可通过单击 Display 栏内相应按钮实现。

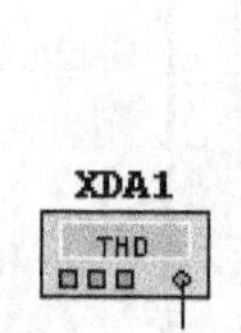

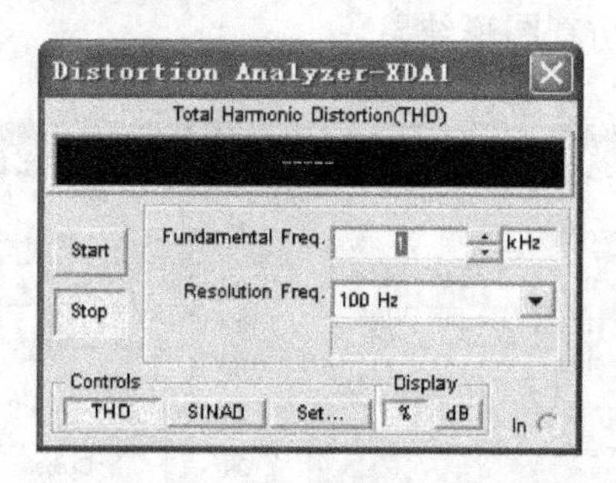

图 3.37　失真分析仪

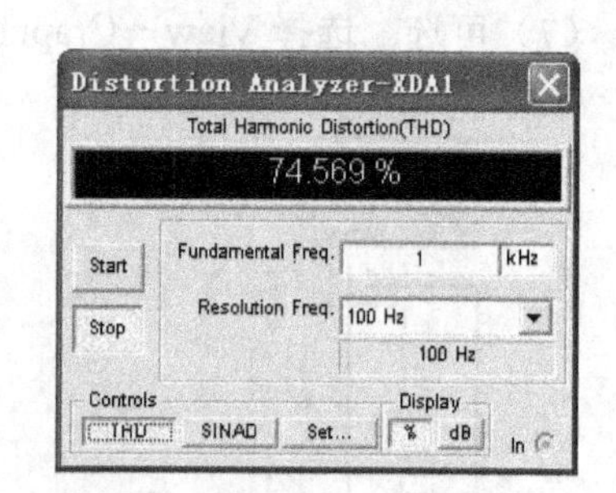

图 3.38　总谐波失真的结果

SINAD 按钮表示选择测试信号信噪比，如图 3.39 所示。

在失真分析仪中，表示信噪比的方式只有分贝数的形式。

按钮 Set…用来设置测试的参数，单击该按钮后出现如图 3.40 所示对话框。

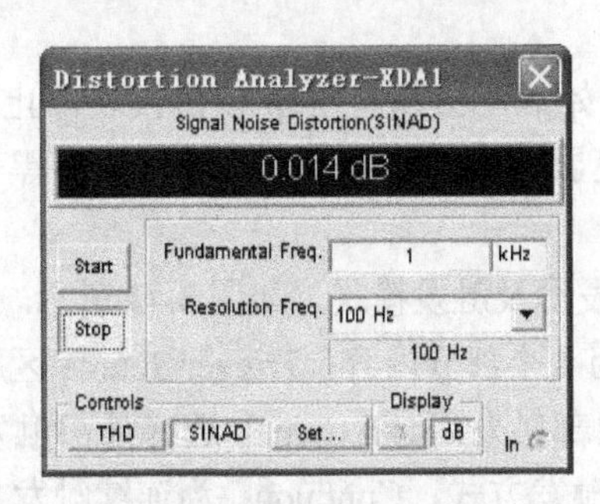

图 3.39　测试信号信噪比

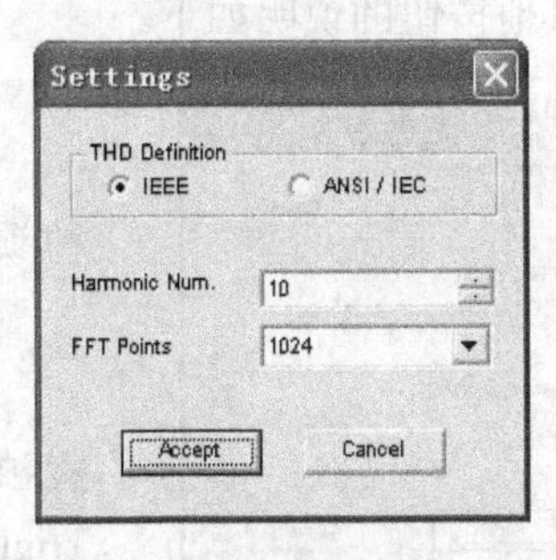

图 3.40　设置测试参数

设置测试参数对话框中 THD Definition 区只用于设置总谐波失真的定义方式，包括 IEEE 和 ANSI / IEC 两种定义方式。Harmonic Num 用于设置谐波数目。FFT Points 设置傅里叶变换点，在其下拉列表中有 6 项选择内容：1024、2048、4096、8192、16384、32768。选定后，单击 Accept 按钮即可。

3.14　频谱分析仪

频谱分析仪用来分析信号的频域特性，Multisim 提供的频谱分析仪频率上限为 4 GHz。

从频谱分析仪图标（见图 3.41）可看出，该仪器共有两个端子，即 IN 端和 T 端。IN 端为输入端，T 端为触发端。

频谱分析仪使用界面（见图 3.42）主要包含以下几个部分。

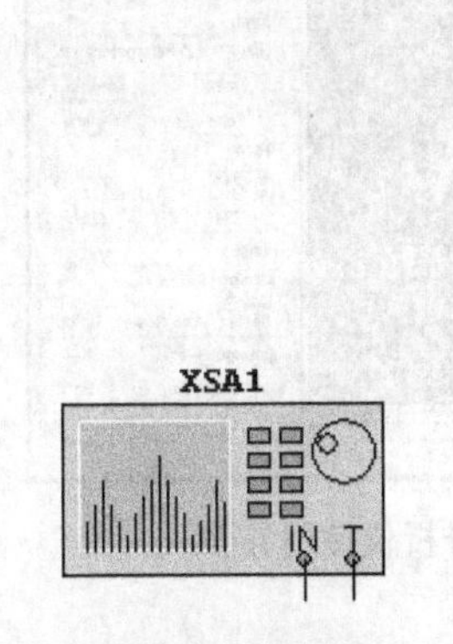

图 3.41　频谱分析仪图标

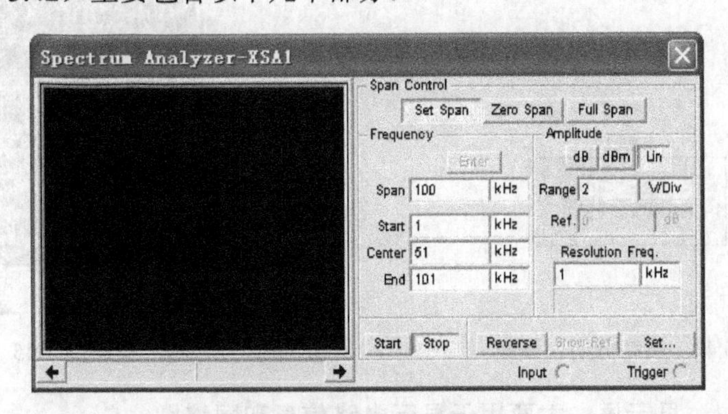

图 3.42　频谱分析仪使用界面

Span Control 区：单击 Set Span 按钮时，其频率范围由 Frequency 区域设定；单击 Zero Span 按钮时，频率范围仅由 Frequency 区域的 Center 栏设定的中心频率确定；单击 Full Span 按钮时，频率范围设定为 0～4 GHz。

Frequency 区：用于设置频率范围。Span 设定频率范围；Start 设定起始频率；Center 设定中心频率；End 设定中止频率。

Amplitude 区：设置坐标刻度单位。dB 代表纵坐标刻度单位为 dB；dBm 代表纵坐标刻度单位为 dBm；Lin 代表纵坐标刻度单位为线性。

Resolution Freq.区：设置频率分辨率，也就是能够分辨的最小谱线间隔。

其他按钮的说明如下。

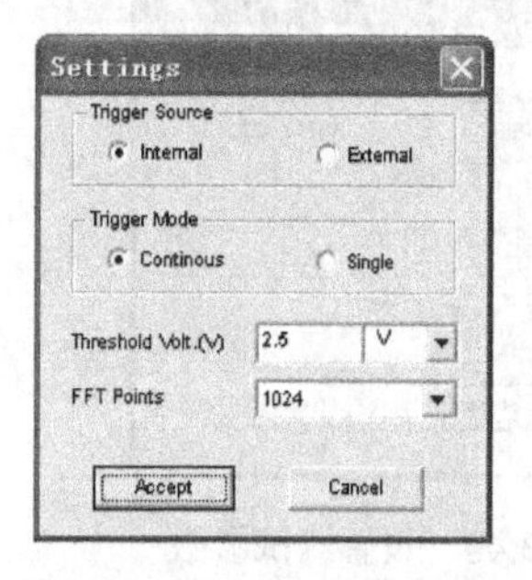

图 5.43 Set…按钮

单击 Start 按钮代表开始启动分析；Stop 按钮代表停止分析。

Reverse 按钮用于改变显示屏幕背景颜色，通常只有黑、白两种颜色。

Set…按钮用于设置触发源及触发模式，如图 3.43 所示。

触发设置对话框共分为 4 个部分内容：Trigger Source 区用于设置触发源，Internal 选择内部触发源，External 选择外部触发源。Trigger Mode 区用于设置触发方式，Continous 为连续触发方式，Single 为单次触发方式。Threshold Volt(V)为门限电压值。FFT Points 为傅里叶变换点。

频谱分析仪使用界面的右下方有两个端：Input 为输入端，Trigger 为触发端。

3.15 网络分析仪

网络分析仪是一种用来分析双端口网络的仪器，它可以用来测量衰减器、放大器、混频器、功率分配器等电子电路及元件的特性，见图 3.44。

从图 3.45 可看出，网络分析仪使用界面共分为 6 个部分。

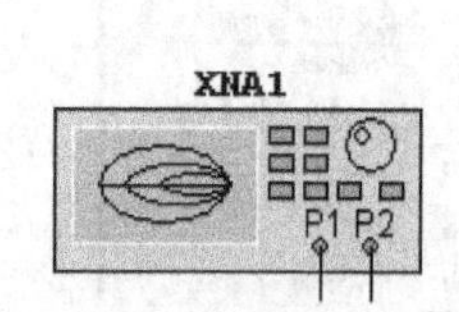

图 3.44 网络分析仪图标

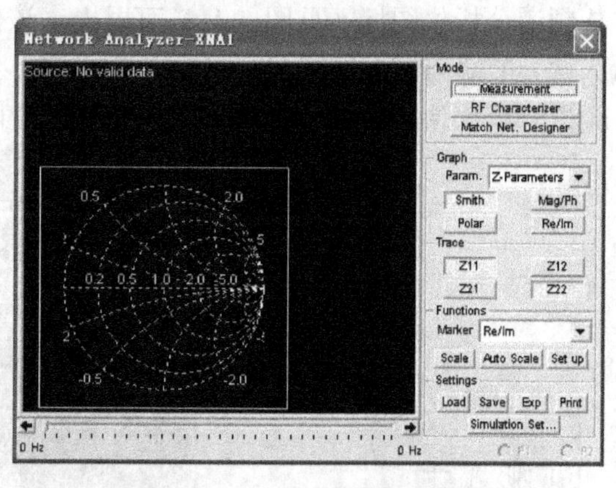

图 3.45 网络分析仪使用界面

1．显示屏，主要用于显示电路信息和网络图。

2．Mode 区，设置分析模式。Measurement 为测量模式，RF Characterize 为射频特性分析模式，Match Net. Designer 为电路设计模式，可以显示电路的稳定度、阻抗匹配、增益等数据。

3．Graph 区，选择分析参数。

Param.栏：选择所要分析的参数，其下拉列表中共有 5 项内容，分别为：S-Parameters 为 S 参数；H-Parameters 为 H 参数；Y-Parameters 为 Y 参数；Z-Parameters 为 Z 参数；Stability factor 为稳定因子。

显示模式通过单击以下一个按钮来选择：Smith 按钮为史密斯格式，Mag/Ph 为增益/相位的频率响应图即波特图，Polar 为极化图，Re/In 为实部/虚部。这 4 种显示模式的刻度系数可以通过 Functions 区中的 Scale、Auto Scale、Set up 三个按钮实现。

4．Trace 区选择需要显示的参数。只需单击相应的参数（Z11、Z12、Z21、Z22）按钮即可。

5. Functions 区：Marker 栏内用于设置窗口数据显示模式。该栏下拉列表中共有三个选项：Re/In 代表显示数据为直角坐标模式；Mag/Ph（Degs）代表显示数据为极坐标模式；dB Mag/Ph（Deg）代表显示数据为分贝极坐标模式。

Scale 按钮设置显示模式的刻度系数，Auto Scale 按钮设置程序自动调整刻度参数，Set up 按钮设置显示窗口的显示参数，包括线宽、颜色等。单击 Set up 按钮后，打开如图 3.46 所示的对话框。

6．Settings 区：提供数据管理功能。

Load 用于读取专用格式数据文件，Save 用于存储专用格式数据文件，Exp 用于输出数据至文本文件，单击 Print 则可以打印数据。当 Mode 区中分析模式为 Measurement 时，设置按钮为 Simulation Set…用于 Measurement 设置，见图 3.47。当分析模式为 RF Characterize 时，此时的设置按钮为 RF Param. Set…。单击该按钮后会出现对应的参数设置对话框，如图 3.48 所示。

仪器使用界面下方的滚动条控制显示窗口游标所指的位置。

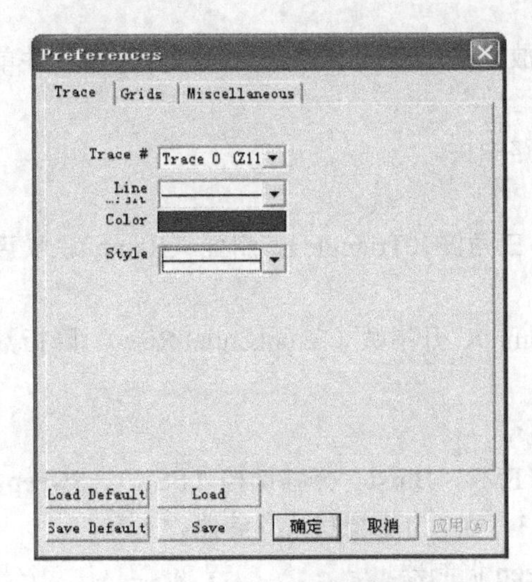

图 3.46　Set up 按钮设置

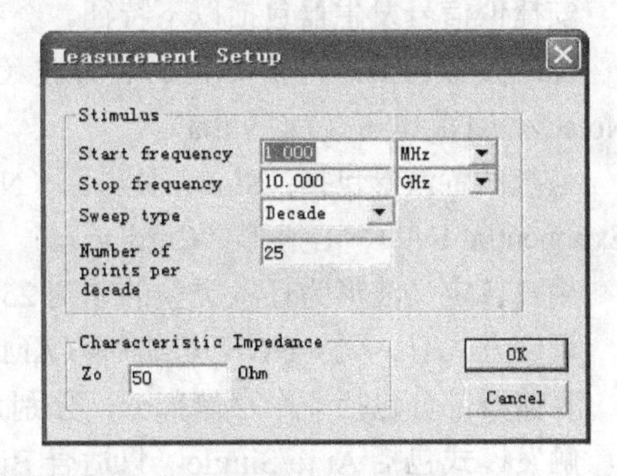

图 3.47　Measurement 设置

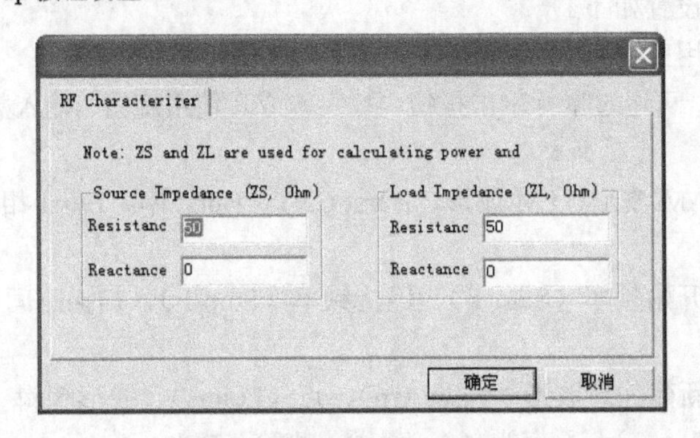

图 3.48　参数设置对话框

3.16 安捷伦信号发生器

基于 Agilent 技术的 33120A 是一个能够建立任意波形的高性能的 15 MHz 合成信号发生器。其图标和使用界面分别如图 3.49 和图 3.50 所示。

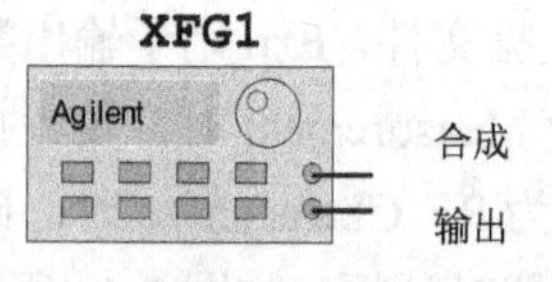

图 3.49　安捷伦信号发生器图标

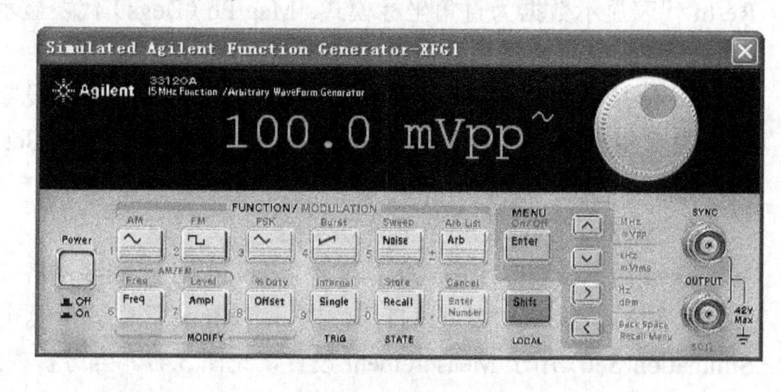

图 3.50　安捷伦信号发生器使用界面

使用步骤如下。

（1）单击安捷伦信号发生器工具栏图标，将其放置在工作区，双击图标打开仪器，并单击仪器的电源开关。

（2）将图标按照图 3.49 的引脚连接方法连到电路中去。

安捷伦信号发生器包括以下特征。

标准波形包括：正弦（Sine）、方波（Square）、三角波（Triangle）、斜面（Ramp）、噪声（Noise）、直流电压（DC volts）。

系统任意波形包括：Sinc、负斜面（Negative Ramp）、升指数（Exponential Rise）、降指数（Exponential Fall）、心脏形（Cardiac）。

用户自定义波形为任意类型的 8 到 256 点的波形。

调制方式有：无（NON）、调幅（AM）、调频（FM）、Burst、频移键控（FSK）、Sweep。

存储器部分包括 4 个存储部分，分别为＃0～＃3，＃0 为系统默认存储器。

触发模式包括 Auto/Single，只适合 Burst 和 Sweep 调制器。

数据显示屏幕的设置如下。

显示电压：共采用三个模式，Vpp、Vrams 和 dBm。

编辑数字化数值：可通过鼠标单击按钮、数字键或者使用旋钮、输入数字键直接输入数值。

菜单部分如下。

（a）调制菜单：AM 波形、FM 波形、Burst CNT、Burst 率、Burst 相位、FSK 频率、FSK RATE。

（b）扫描菜单：开始频率（Start F）、停止频率（Stop F）、扫描时间（SWP Time）、扫描模式（SWP Mode）。

（c）编辑菜单：新建任意波形（New Arb）、点（Points）、线形编辑（Line Edit）、点编辑（Point Edit）、转换（Invert）、另存为（Save as）、删除（Delete）。

（d）系统菜单：Comma。

在 Multisim 中，该信号发生器不支持的功能包括：（1）远程模式；（2）后面板连接终端；（3）自检；（4）硬件错误检测。

3.17 安捷伦万用表

基于 Agilent 技术的 34401a 万用表是一个 $6\frac{1}{2}$ 位高性能的数字万用表。其各端连接要求如图 3.51 所示，其中的 I 标志端为电流输入端。

使用步骤如下（使用界面见图 3.52）。

（1）单击安捷伦万用表工具按钮，将其图标放置在工作区，并双击图标打开仪器。单击该仪器上的电源开关。

（2）按下面的引脚连接要求连接仪器图标。

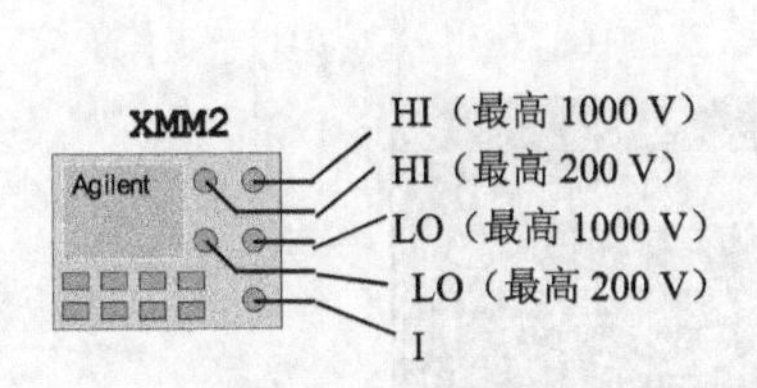

图 3.51　安捷伦万用表

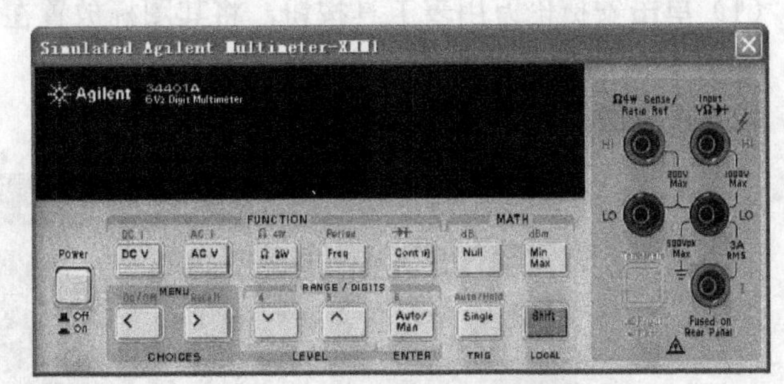

图 3.52　安捷伦万用表使用界面

安捷伦万用表支持的功能包括如下几个方面。

测量模式：DC/AC 电压、DC/AC 电流、两导线间的电阻、输入电压信号的频率、输入电压信号周期、连续性测试、二极管测试、比率测试。

功能：无（相关测量）、存储的最小－最大可读内容、dB（电压值显示）、dBm（电压值显示）、限制测试（测试时设置大、小门限值）。

触发模式：自动/人工。

显示模式：自动/人工。

显示数字：$4\frac{1}{2}\sim6\frac{1}{2}$。

工作菜单包括如下 4 种。

（1）测量菜单：连续性、Ratio、数学菜单。

（2）数学菜单：最小－最大、无数值、dB REL、dBm REF R、门限值测试、高门限、低门限。

（3）触发菜单：Read Hold、触发延时。

（4）系统菜单：RDGS 存储、已存 RDGS、哔哔声、命令。

该仪器不支持的功能有：（1）远程模式；（2）命令模式；（3）后面板终端设备；（4）自测；（5）硬件错误检测；（6）校准。

3.18 安捷伦示波器

Agilent 技术仿真产品 54622D 示波器是一个 2 通道＋16 逻辑通道、100 MHz 带宽的高性能示波器，见图 3.53。

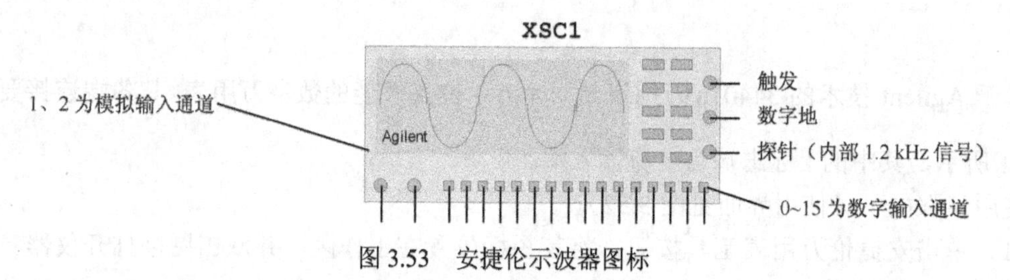

图 3.53　安捷伦示波器图标

使用步骤如下。

（1）单击安捷伦万用表工具按钮，将其图标放置在工作区，并双击图标打开仪器操作面板，如图 3.54 所示。单击该仪器上的电源开关。

（2）按下面的引脚连接要求连接仪器图标。

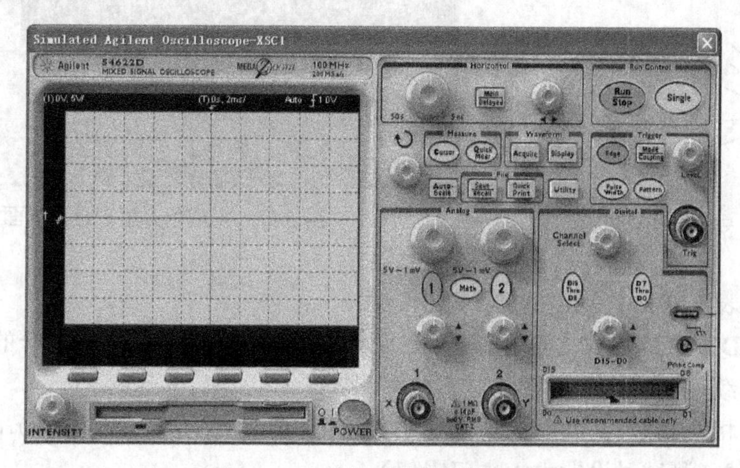

图 3.54　安捷伦示波器使用界面

Agilent 54622D 面板介绍如下。POWER 为示波器的电源开关，INTENSITY 为灰度调节旋钮。

POWER 和 INTENSITY 中间部分为软驱，软驱上方的一排按钮为设置参数的软按钮，按钮上方为示波器的显示屏幕。Horizontol 区为时基调整区，Run Control 区为运行控制区，Trigger 区为触发区，Digital 区为数字通道调整区，Analog 区为模拟通道调整区，Measure 区是测量控制区，Waveform 区是波形调整区。

Agilent 54622D 主要功能如下。

运行模式：自动（Auto）、Single、Stop。

触发模式：Auto、Normal、Auto-level。

触发类型：边沿触发、脉冲触发、模式触发。

触发源：模拟信号、数字信号、外部触发信号。

显示模式：主模式、延时模式、滚动模式、XY 轴模式。

信号通道：2 模拟通道、1 数学通道、16 数字通道、1 个用于测试的探针信号。

光标：4 个光标。

数学通道：傅里叶变换（FFT），相乘、相除、微分、积分。

测量：光标信息、采样信息、频率、周期、峰－峰、最大值、最小值、上升时间、下降时间、占空比、有效值（RMS）、宽、平均值等。

显示控制：向量/点形轨迹（Vector/point on traces）、轨迹宽、背景色、面板色、栅格色、光标色。

Auto-scale/Undo：是。

打印轨迹图：是。

文件操作：将数据保存为 DAT 格式文件，可以转换并显示在系统图形窗口。

该仪器不支持的功能有：（1）远程模式；（2）后面板终端设备；（3）自检；（4）硬件测试；（5）校准；（6）语言种类选择；（7）无限不间断运行模式；（8）用于在数字通道标志编辑的标志按钮；（9）Overshoot 和 Preshoot 测量；（10）时钟设置；（11）光标仅有常规模式；（12）峰值检测和实时数据获取；（13）噪声拒绝和数据耦合的高频拒绝模式；（14）持续触发、IC 触发、序列触发；（15）带宽限制特征。

3.19　泰克示波器

泰克示波器 TDS 2024 是一个 4 通道、200 MHz 的示波器，见图 3.55。该仪器支持的功能如下。

运行模式：自动模式、单个运行模式、停止。

触发模式：自动模式、正常模式。

触发类型：边沿触发、脉冲触发。

触发源：模拟信号、外部触发信号。

信号通道：4 模拟通道、1 数学通道、用于测试的 1 kHz 的探针信号。

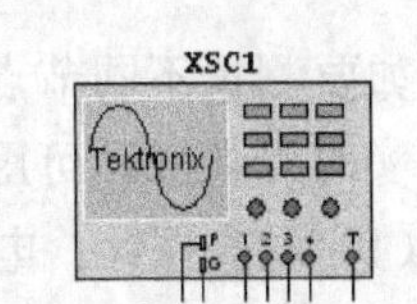

图 3.55　泰克示波器图标

光标：4 个光标。

测量内容：光标信息、频率、周期、峰－峰、最大值、最小值、上升时间、下降时间、有效值、平均值。

显示控制：向量/点、颜色对比控制。

TDS 2024 面板（见图 3.56）介绍如下。

Run/Stop 按钮：开始或停止对多个触发信号的采样。

Single Seq 按钮：对单个触发信号采样。

Trig View 按钮：查看电流触发信号和触发水平。

Force Trig（强制触发）按钮：立即开始触发信号。

Set to 50%按钮：将触发水平改变到触发信号的平均值。

Set to Zero 按钮：将时间偏置位置设置为 0。

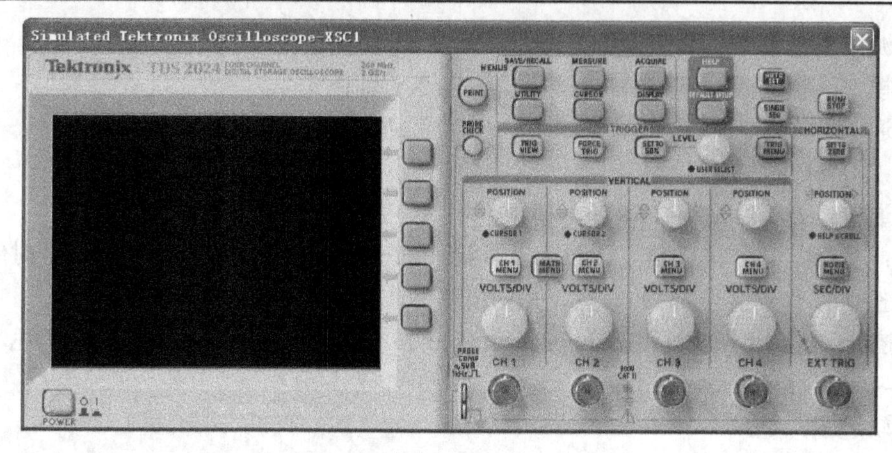

图 3.56　泰克示波器使用界面

Help 按钮：进入仪器仪表帮助主题。

Print 按钮：将图形图表送入打印机打印。

Soft Menu 按钮：支持如下对应的 11 种功能。

（1）Save/Recall MENU，保存或重置菜单；（2）Measure MENU，测量菜单；（3）Acquire MENU，数据采集菜单；（4）Auto Set MENU，自动设置菜单；（5）Utility MENU，通用程序设置菜单；（6）Cursor MENU，光标设置菜单；（7）Display MENU，显示设置菜单；（8）Default Setup MENU，默认启动设置菜单；（9）Channel MENU，通道设置菜单；（10）Math channel MENU，数学引导菜单；（11）Horizontal MENU，水平设置菜单。

3.20　实时测量探针

如要测量不同节点和引脚之间的电压和频率，使用实时测量探针是一种快速、容易的方法。实时测量探针可用于以下几个方面。

（1）动态探针：电路仿真过程中，将探针拖至任意导线便可读出探测值。其内容如图 3.57 所示。

（2）放置探针（Placed probes）：在仿真过程中，可将多个探针都连接到电路中的各个点。探针从仿真中测得的数据将保持稳定，直到开始另一个仿真或者清除数据为止。对应于动态探针进行的各种电压和频率阅读数据，放置探针也可以读出如图 3.58 所示的数据（包括各种电流）。

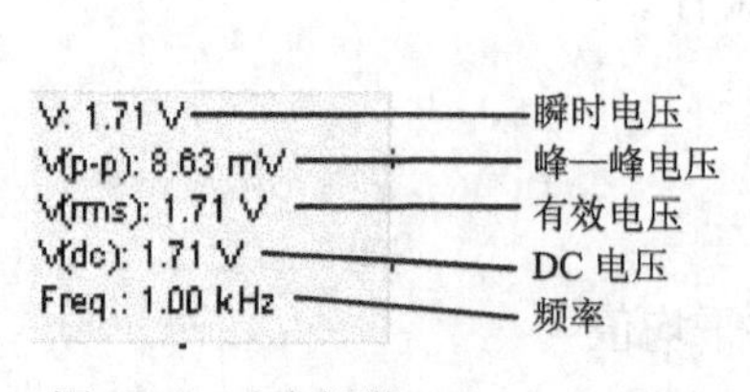

图 3.57　动态探针

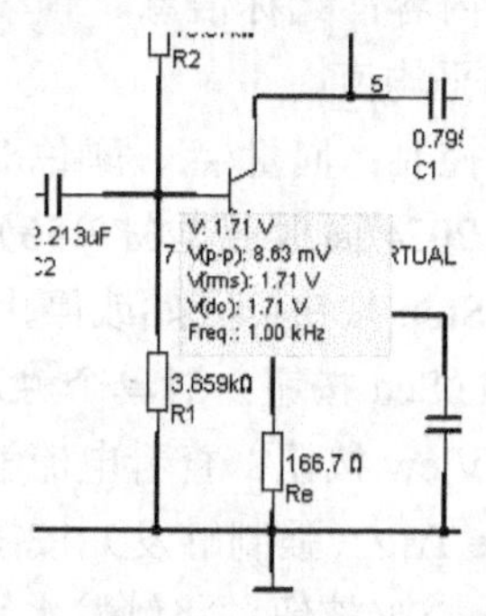

图 3.58　放置探针

注意：动态探针不能显示电流，仿真运行后放置探针也不能测量电流。这是因为为了测量电流，必须修改 SPICE 列表，而只有当重新开始仿真的时间才会修改。

如果要对探针属性参数进行，可使用 Simulate→Probe Properties 命令，打开探针属性对话框，如图 3.59 所示。

探针的 Display 页属性设置为可选设置项，可用来设置背景和文本颜色以及信息显示框的大小。通常选择 Auto-Resize 项，它能自动将信息框的大小调整到适合显示所有内容的大小。

单击 Font 页，进行信息显示文字的字体、字体风格及字体大小的设置。该页内容也是可选设置内容，如图 3.60 所示。

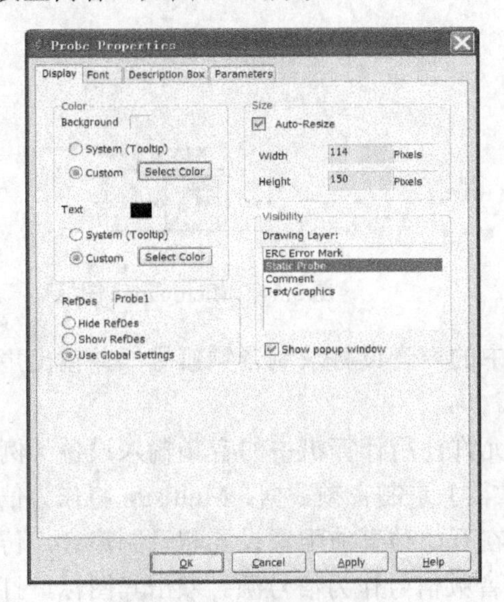

图 3.59　探针属性对话框

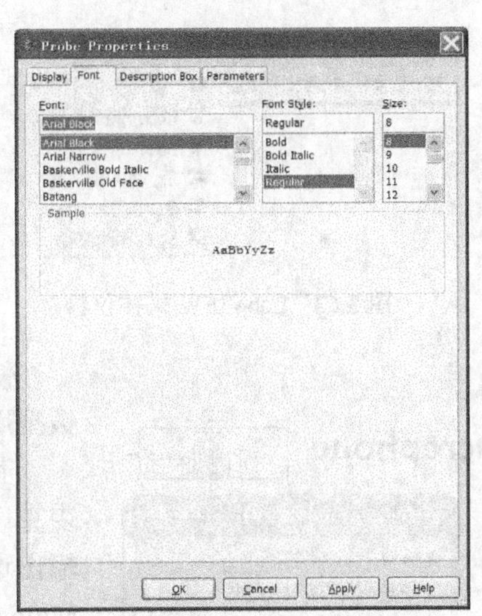

图 3.60　Font 页

单击探针属性对话框的 Parameters 页，可进行参数隐藏的设置，如图 3.61 所示。

瞬时探针示例电路如图 3.62 所示。

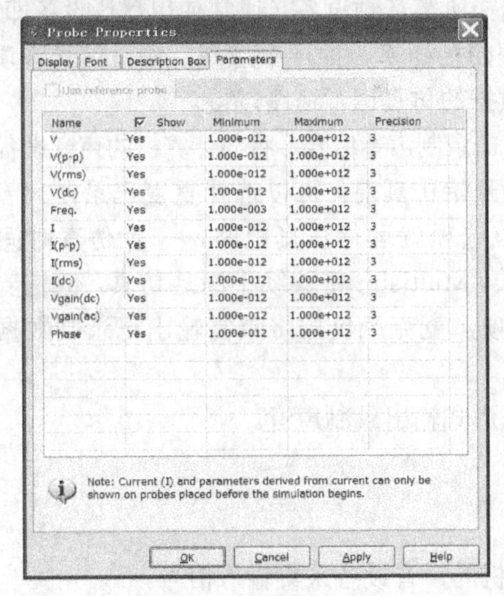

图 3.61　Parameters 页

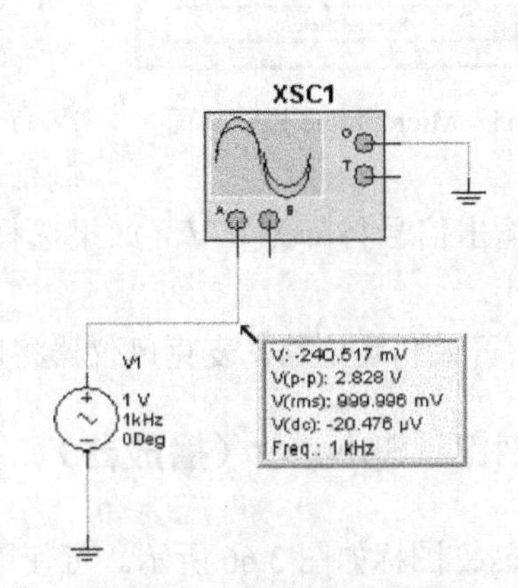

图 3.62　瞬时探针示例电路

3.21 LabVIEW采样仪器

在LabVIEW图标上单击右键，弹出LabVIEW采样仪器种类，如图3.63所示。

3.21.1 Microphone（麦克风）

Microphone图标如图3.64所示。

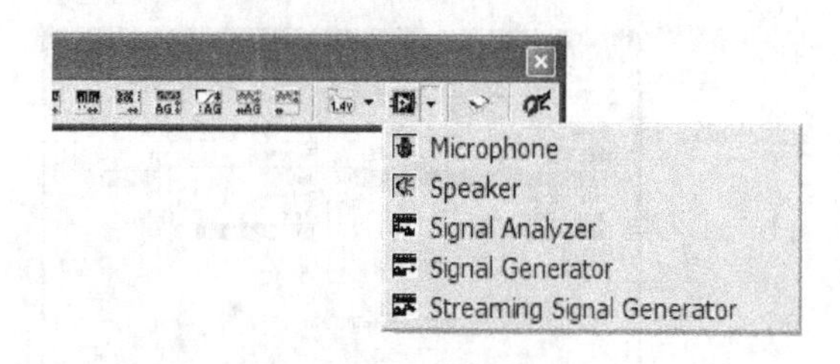

图3.63　LabVIEW采样仪器

图3.64　Microphone图标

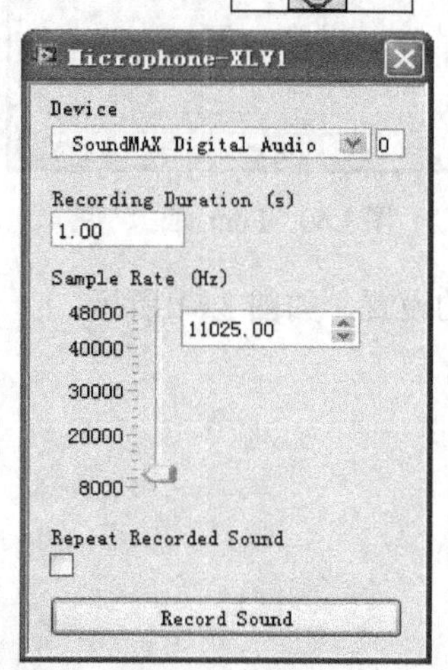

图3.65　Microphone操作界面

使用计算机中的声音设备录制音频信号，并输出声音数据用作信号源。

麦克风仪器允许使用计算机中的音频输入设备（例如麦克风、CD播放器）录制音频数据。Multisim将作为信号输出这些数据。在开始仿真前配置设置和录制声音，仿真Multisim使用该音频信号作为信号源。双击其图标，打开它的设置对话框，如图3.65所示。

麦克风使用步骤如下。

（1）放置示意图标并打开其操作界面。

（2）选择所需音频设备（通常使用默认设备即可）、录音时长和理想抽样率。抽样率越高，输出信号音质越好，但使用该数据的仿真运行速度越慢。

（3）单击录制声音信号。将与计算机的声音设备相连。

（4）在开始仿真前，可以选择重复已录制声音。如果没有选择该选项就运行仿真电路，一旦仿真时间超过录制信号时长，Multisim将连续不断地仿真，但是麦克风仪器中的输出信号将降为0 V。如果选择该选项，麦克风仪器将重复输出已录制数据，直至仿真停止。

（5）开始仿真电路。麦克风仪器将以电压形式输出录制声音。

3.21.2 Speaker（播放器）

Speaker图标如图3.66所示。可使用计算机的声音设备采集输入信号。

播放器仪器允许使用计算机中的声音设备输出电压信号作为音频信号。仿真开始前配置设置，并在仿真停止后播放音频。双击图标，打开设置对话框，如图 3.67 所示。

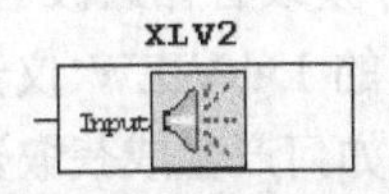

图 3.66 Speaker 图标

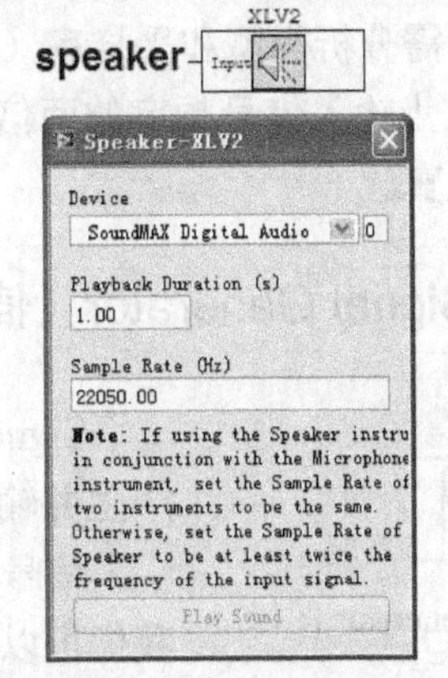

图 3.67 Speaker 操作界面

使用播放器的步骤如下。

（1）放置图标并打开操作界面。

（2）选择所需音频设备（通常使用默认设备即可）。如果同时使用麦克风和播放器，那么两个仪器的抽样率应相同，否则，播放器的抽样率至少是输入信号频率的两倍。

注意：采样率越高，仿真运行速度越慢。

（3）开始运行仿真。仿真运行时，播放器仪器采集输入数据，直到仿真时间到达所设置的播放持续范围。

（4）停止仿真，单击 Play，播放仿真中存储的语音。

3.21.3 Signal Analyzer（信号分析仪）

Signal Analyzer（信号分析仪）图标如图 3.68 所示。能够显示时域数据、自动功率谱或运行输入信号平均值。

信号分析仪可作为一个例子，显示 LabVIEW 仪器接收、分析及显示仿真数据的实现过程。双击其图标，打开它的设置和显示对话框，如图 3.69 所示。

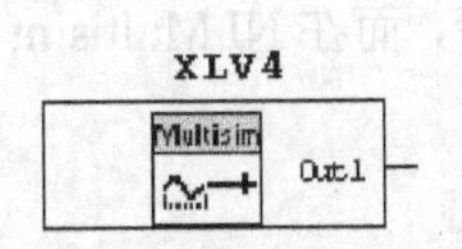

图 3.68 Signal Analyzer 图标

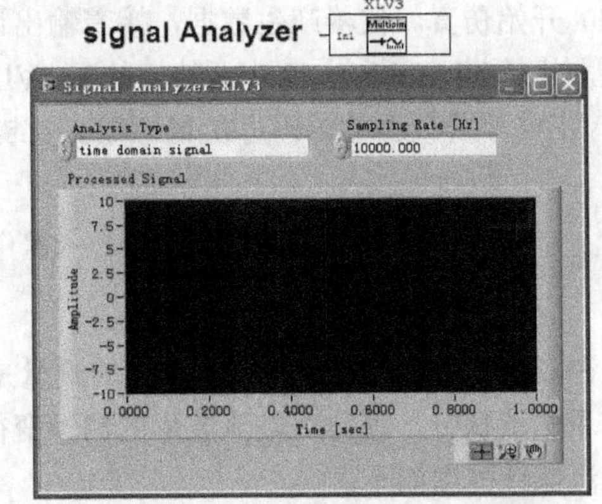

图 3.69 Signal Analyzer 设置和显示对话框

信号分析仪使用步骤如下。

（1）放置示意图标并打开操作界面。

（2）设置所需分析类型和采样率（该采样率为仪器从仿真中接收的数据采样率）。信号分析仪的采样率只为输入信号频率的两倍。

（3）开始仿真。

3.21.4 Signal Generator（信号发生器）

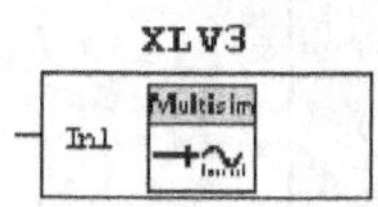

图 3.70 Signal Generator 图标

Signal Generator（信号发生器）图标如图 3.70 所示。能够产生并输出正弦波、三角波、方波或者锯齿波。

信号发生器可作为一个简单的 LabVIEW 仪器的演示例子，我们可以看到 LabVIEW 仪器是如何产生或获取数据然后作为信号源输出给仿真的。双击其图标，打开它的设置和显示对话框，如图 3.71 所示。

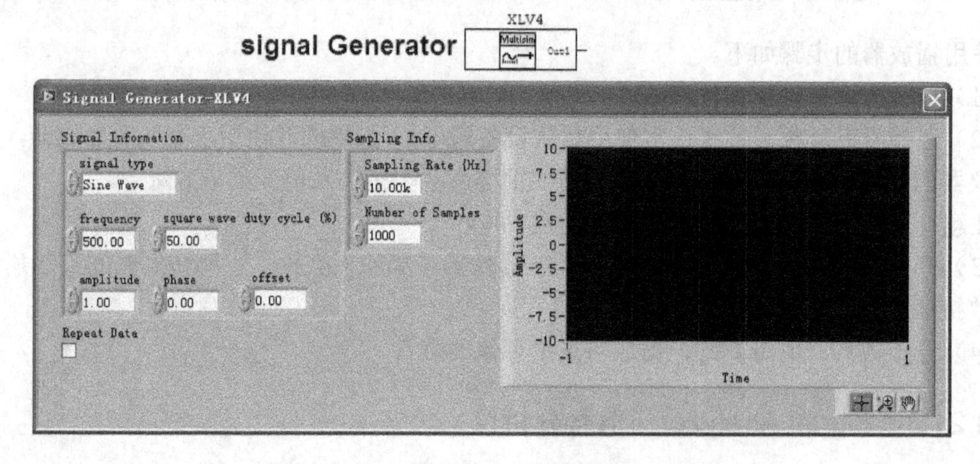

图 3.71 Signal Generator 设置和显示对话框

信号发生器使用步骤如下。

（1）放置示意图标并打开其操作界面。

（2）设置所需信号信息参数和采样信息。如果需要，可选择重复数据项。

（3）开始仿真。仪器产生数据，接着输出该数据作为信号源用于仿真。

以上就是 NI Multisim 12 中所特有的 LabVIEW 采样仪器的详细介绍。特别要指出的是，以上 LabVIEW 采样仪器的源码可在 Multisim 安装目录...\samples\LabVIEW Instruments 中获得。

3.22 电流探针

在许多情况下，对电路中电流波形的测量是一件非常麻烦的事情，而在 NI Multisim 12 中因为有了电流探针，使得对电流波形的测量变得非常简单快捷。

电流探针使用如下：

（1）将电流探针图标放到所需测试的电路节点上，如图 3.72 所示。

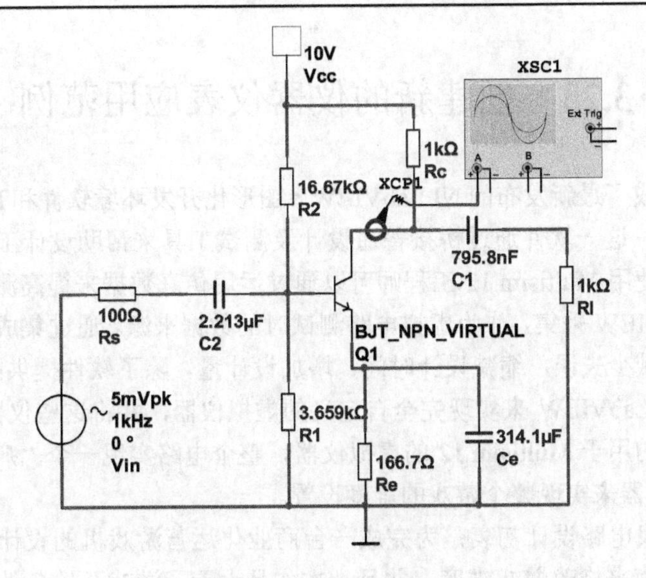

图 3.72　电流探针的接入

（2）双击电流探针图标，打开其设置界面进行相应的设置，如图 3.73 所示。

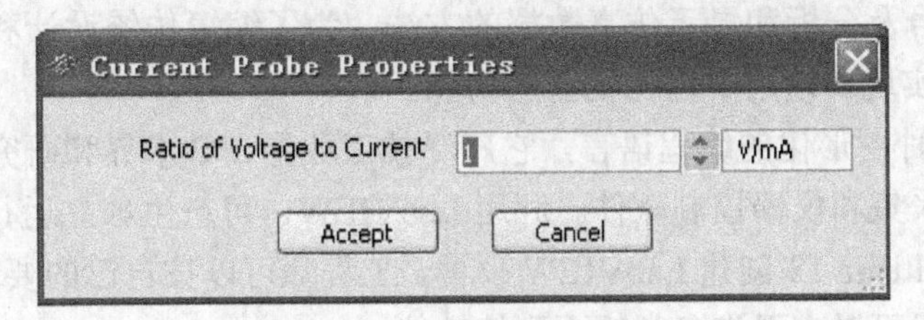

图 3.73　电流探针的设置

（3）将示波器接入电流探针图标，得到所需的电流波形，如图 3.74 所示。

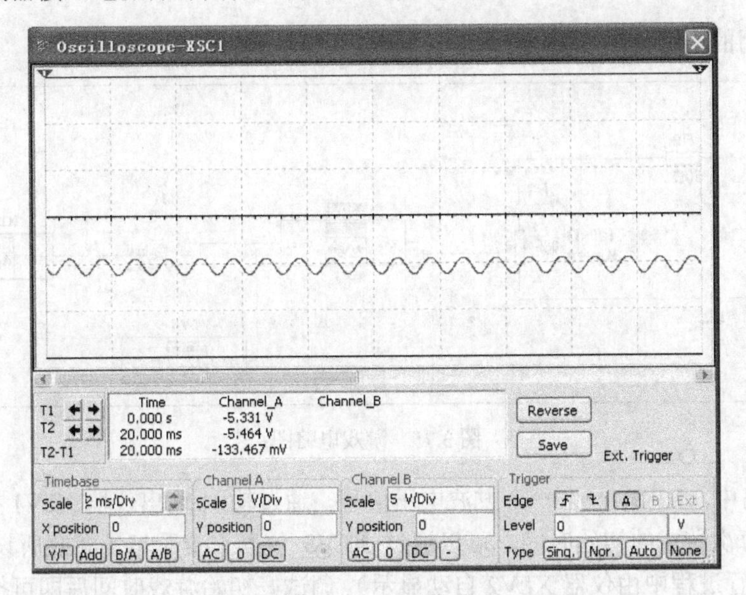

图 3.74　电流波形

3.23 创建新的仪器仪表应用范例

Multisim 12 集成了最新发布的 NI LabVIEW 8 图形化开发环境软件和 NI Signal Express 交互测量软件的功能。这一软件通过桥接普通设计及测试工具来帮助设计工程师提高效率，减少产品上市时间。使用 Multisim 12 工程师可以通过运用仿真数据来提高测试能力，这些实际的数据都是由 LabVIEW 采集，作为虚拟电路测试时的数据来源。通过集成模拟数据库及仿真测试，工程师可以减少失误，缩减设计时间，增加设计量。除了软件提供的 20 种仪器外，工程师们还可以运用 LabVIEW 来实现完全自定义的虚拟仪器，并将这些仪器用在 Multisim 12 环境中。此次设计的用于 Multisim 12 的虚拟仪器，整个电路实现一个“痛打灰太狼”游戏，可以通过调整 IO 仪器来实现整个游戏的难度设置。

本应用范例游戏电路设计初衷是为完成一台商业化运营游戏机的设计，运营商可以通过后台修改电路参数值来修改游戏难度。并且，本作品设置了游戏开始条件，玩家需要在投币开关合上的情况下才能开始游戏。

Multisim 12 的交互式仿真功能旨在帮助硬件更好地理解电路行为。然而，仿真的质量高度依赖于应用的信号及分析和显示仿真数据的方法。为了缩短传统设计和测试之间的距离，Multisim 12 提供了实现和使用个性化仪器的功能。

LabVIEW 是一种图形化的编程语言，它广泛被工业界、学术界和研究实验室所接受，成为一个标准的数据采集和仪器控制软件。利用 LabVIEW，可产生独立运行的可执行文件。

通过实现为 Multisim 12 创建 LabVIEW 仪器，工程师可以按自己的要求定制特定的仪器。并且，所制作的仪器可以实现许多意想不到的功能。

3.23.1 游戏电路分析与简介

本范例所用的电路如图 3.75 所示。

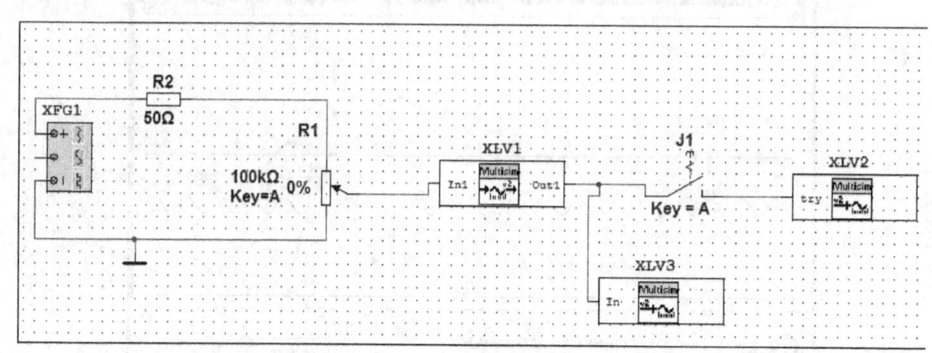

图 3.75 游戏电路图

在游戏电路中，XFG1 产生一个方波电压信号，通过输入/输出仪器 XLV1 控制游戏难度，其输出电压即每次游戏的初始时间，可以通过 XLV3 仪器来查看每场游戏所设定的游戏时间（也可在游戏进行过程中由仪器 XLV2 自动显示）。调试好初始游戏时间后即可按下仪器 XLV2 的开始键，开始游戏。本游戏名为“痛打灰太狼”，每次从一个地洞中都会跑出一个灰太狼人物头像，通过单击此头像加分，当所积累分数到达进级条件后即可完成自动晋级，共分为 5 个关卡。

3.23.2　仪器 game_boss-XLV3 的设计与制作

仪器 game_boss-XLV3 是本游戏中一个用于显示初始游戏时间的控件。其工作原理类似于一部电压表，输入电压即其初始游戏时间，如图 3.76 所示。

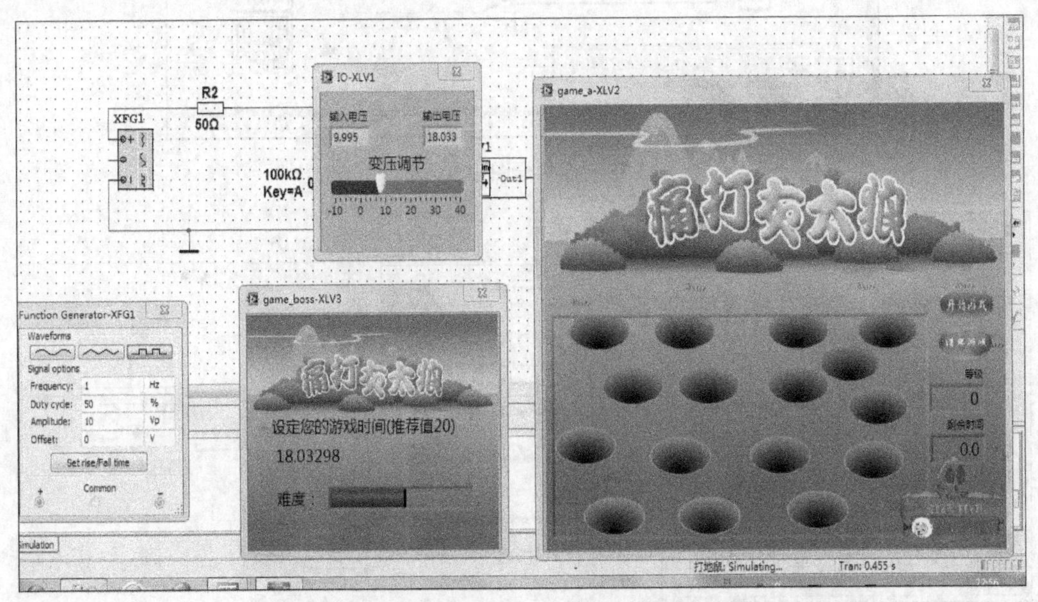

图 3.76　仪器 game_boss-XLV3 的设计与制作

其制作步骤为：

第一步：在 Multisim 12 安装目录下 National Instruments\Circuit Design Suite 12.0\samples\LabVIEW Instruments\Templates\Legacy\Input 子目录复制到一个新的目录（C:\Desktop\NI）并重命名 game_boss。

第二步：打开 LabVIEW 项目文件 StarterInputInstrument.lvproj，并打开文件 Instrument Template 下的 Starter Input Instrument.vit。

第三步：显示程序框图，进行以下修改：在“Update Data”上进行如图 3.77 修改在 while 循环中加入以下控件用于显示游戏难度，其局部变量即数值显示控件，如图 3.78 所示。

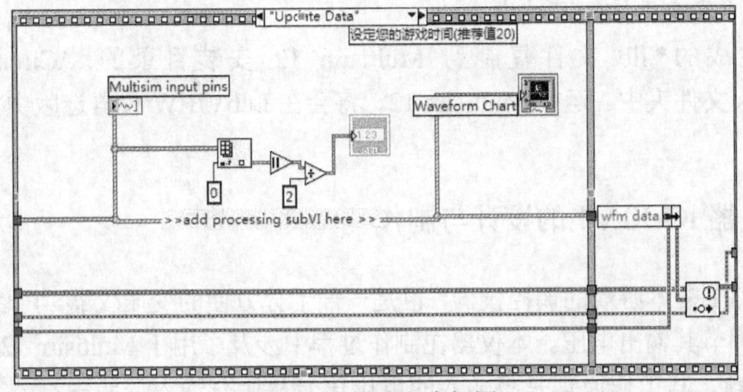

图 3.77　游戏程序框图

第四步：编辑前面板，将用户不该看到的控件移动到仪器界面以外，将数值显示控件与滑动杆移动置仪器面板，插入仪器前面板修饰图片，调整仪器前面板。如图 3.79 所示。

第五步：关闭 Starter Input Instrument.vit 并保存，打开 subVIs 下的 Starter Input Instrument_Multisim 12Information.vi，切换到程序框图中进行如图 3.80 所示的修改。

（注：数值显示控件标签设置为“” 设定您的游戏时间(推荐值 20)）

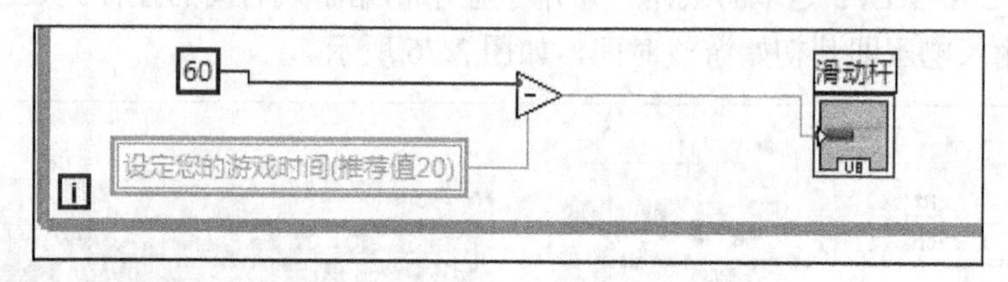

图 3.78 程序框图中加入控件

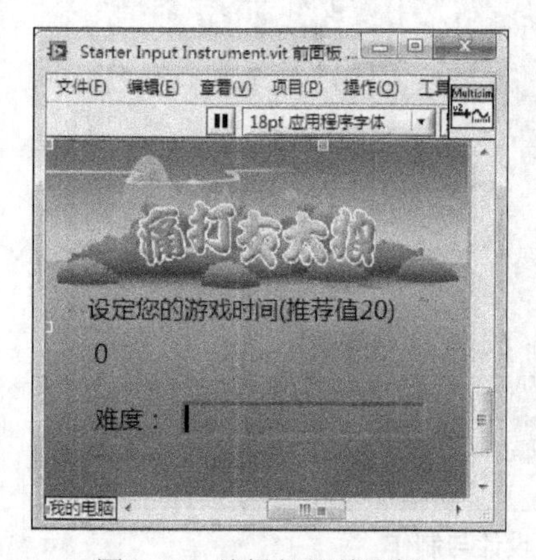

图 3.79 编辑仪器前面板

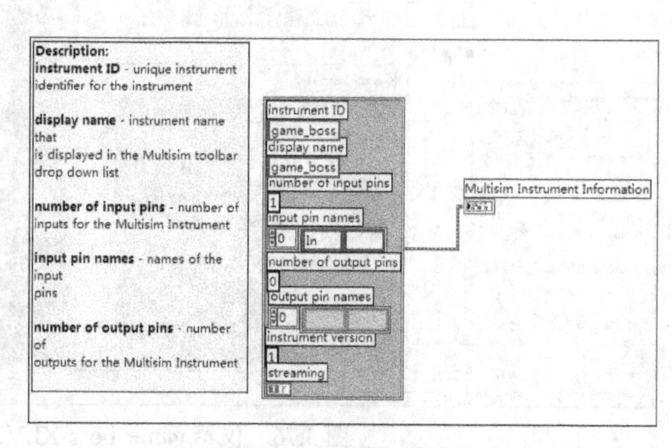

图 3.80 修改程序框图

Instrument ID：用于在 Multisim 12 和 LabVIEW 间进行通信的标识

Display name：显示在 Multisim 12 仪器工具列表中的名字

Number of pins：设定仪器输入管脚的数目

Input pin names：各管脚名称

保存 VI 并关闭。

第六步：在 LabVIEW 项目管理窗口，右键单击程序生成规范——新建——源代码发布，在发布设置中，选择打包选项为自定义，改变目标路径为 C:\ Desktop\NI\game_boss，选择目标为 LLB，单击“确定”按钮开始生成。

最后，将生成的*.llb 文件复制到 Multisim 12 安装目录的…\Circuit Design Suite 12.0\lvinstruments 文件夹中。运行 Multisim 12，将会在 LabVIEW 仪器选版中发现生成的仪器 game_boss。

3.23.3 仪器 IO-XLV1 的设计与制作

仪器 IO-XLFV1 是本游戏的调控仪器，也是一部十分方便的变压仪器，可以显示输入电压，并通过划动杆来调节其输出电压。本仪器在制作过程中涉及了用于 Multisim 12 的 LabVIEW 仪器的输入输出问题，其工作原理是将输入的电压信号从所有输入信号中过滤出来，再经过数学函数变换产生用户所需的电压，此 LabVIEW 仪器的特点是产生电压大小可以随用户需求任意变化，且无局限性。

其制作步骤为：

第一步：在 Multisim 12 安装目录下 National Instruments\Circuit Design Suite 12.0\samples\LabVIEW Instruments\Templates\Legacy\InputOutput 子目录复制到一个新的目录（C:\ Desktop\NI）并重命名 IO。

第二步：打开 LabVIEW 项目文件 StarterInputInstrument.lvproj，并打开文件 Instrument Template 下的 Starter Input Instrument.vit。

第三步：显示程序框图，进行以下修改：在“Update Data”上进行如图 3.81 所示的修改。

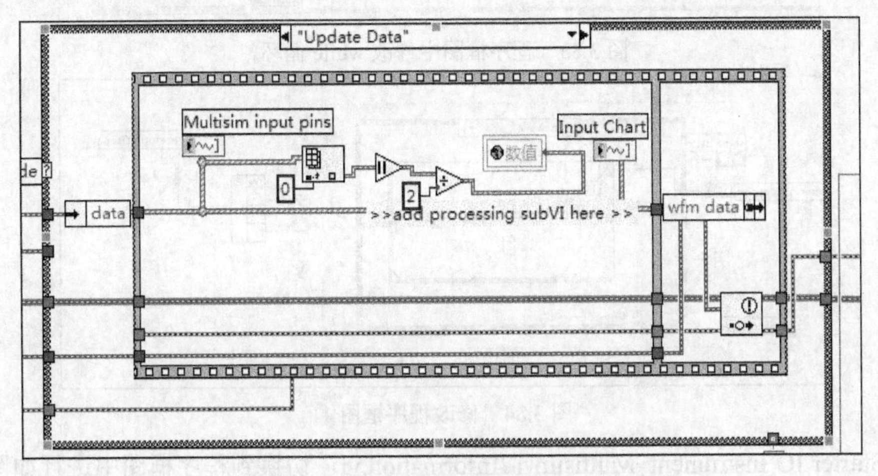

图 3.81 程序框图中修改 Update Data

其中全局变量“数值”为数值显示控件，如图 3.82 所示。

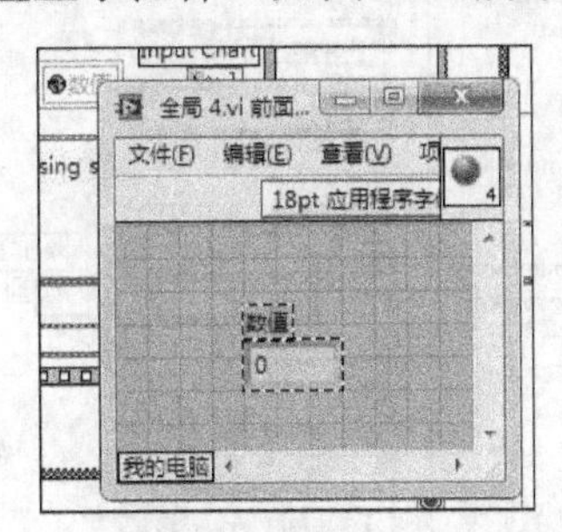

图 3.82 全局变量“数值”为数值显示控件

第四步：再创建一个全局变量，设定为一个数值显示控件，标签设定为“输出电压”。在 Starter Input Instrument.vit 程序框图的 while 循环中做如图 3.83 所示的改动。

注：当中要再次创建一个全局变量用于显示输出电压。

第五步：编辑前面板，将用户不该看到的控件移动到仪器界面以外，将数值显示控件与滑动杆移动至仪器面板，修改划动杆数值范围为-10 到 40，调整仪器前面板，保存。

第六步：打开 subVIs 下的 generate Simulated Data.vi 切换到程序框图，做如图 3.84 所示的处理保存并关闭。

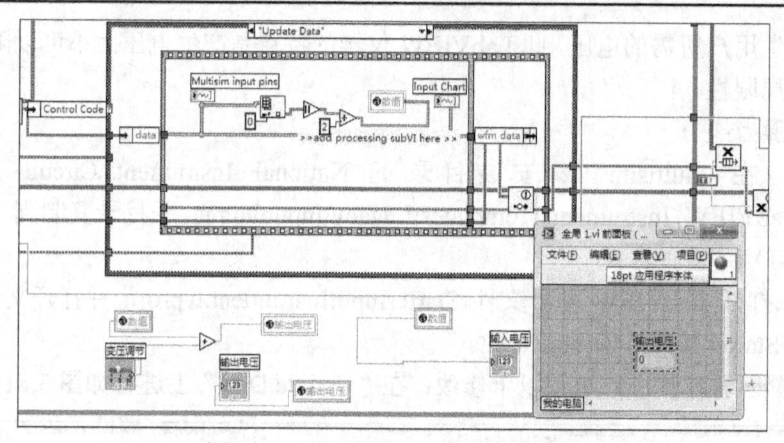

图 3.83　程序框图中修改 while 循环

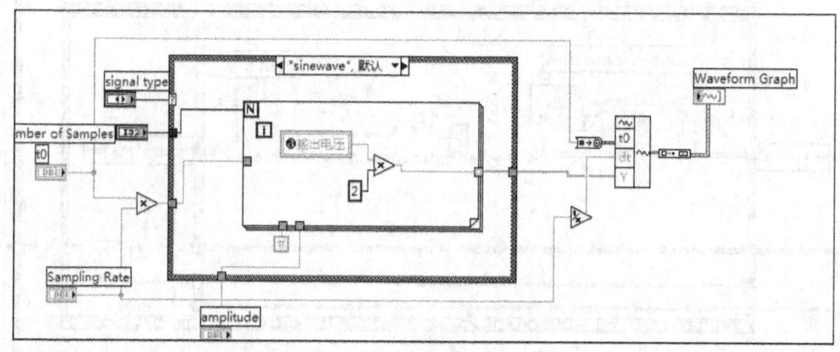

图 3.84　修改程序框图 1

打开 Starter IO Instrument_Multisim 12Information.vi，切换到程序框图中进行如图 3.85 所示的修改。

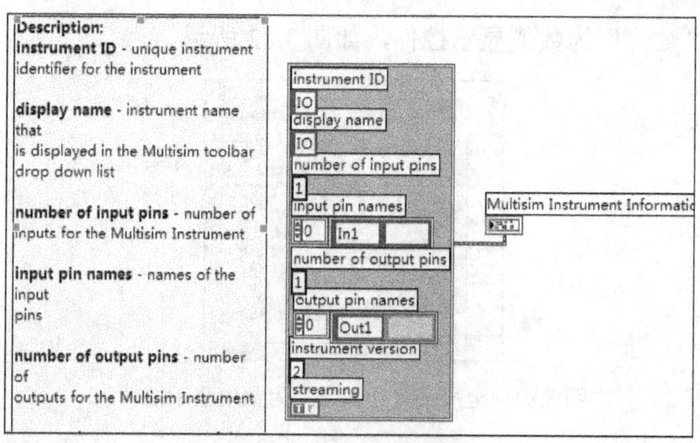

图 3.85　程序框图修改 2

其中，Number of output pins 为仪器输出管脚数，Output pin names：分别为输出管脚名称。保存并关闭 VI。

第七步：在 LabVIEW 项目管理窗口，右击程序生成规范——新建——源代码发布，在发布设置中，选择打包选项为自定义，改变目标路径为 C:\ Desktop\NI\IO，选择目标为 LLB，单击确定按钮开始生成。

最后，将生成的*.llb 文件复制到 Multisim 12 安装目录的…\Circuit Design Suite 12.0\lvinstruments 文件夹中。运行 Multisim 12，将会在 LabVIEW 仪器选版中发现生成的仪器 IO。

3.23.4　仪器 game_a-XLV2 的设计与制作

仪器 game_a-XLV2 是一款拥有输入功能的打地鼠游戏，其工作原理是，通过输入电压的大小设定游戏初始时间。玩家可以通过单击开始键开始游戏。LabVIEW 设计工作原理为：简单来说，通过事件的触发和认证，实现了打地鼠功能。实际却比想象中的复杂很多。关键在于数据传递和算法的巧妙使用。对于框图已经做了整理，不方便再拆开了，整体来说，先从地鼠的触发开始，采用了自定义控件，地鼠按钮拥有三个态。地鼠采用随机触发，地鼠触发后判定是否单击相应地鼠，不单击延时后重新准备出地鼠，单击错误减时间，都是通过事件来完成的。比较复杂的是不同事件中的数据交换，除了统计数据的交换，还有事件真假的交换，这些都互相制约，而且根据嵌套决定了各自的优先级，这里不详细解释。最后就是在之前的基础上做了些小调整以消除 bug。例如数据的初始化，还有数据的验证。在最后就是美化工作了，起初想应用同步时序实现更加复杂的音效效果，但是对于同步的几个控件理解不够深刻，经过多次尝试后还是采用了简单的方案。

其制作步骤为：

第一步：在 Multisim 12 安装目录下 National Instruments\Circuit Design Suite 12.0\samples\LabVIEW Instruments\Templates\Legacy\Input 子目录复制到一个新的目录（C:\Desktop\NI）并重命名 game_a。

第二步：打开 Labview 项目文件 StarterInputInstrument.lvproj，并打开文件 Instrument Template 下的 Starter Input Instrument.vit。

第三步：显示程序框图，进行以下修改，程序框图如图 3.86 所示。

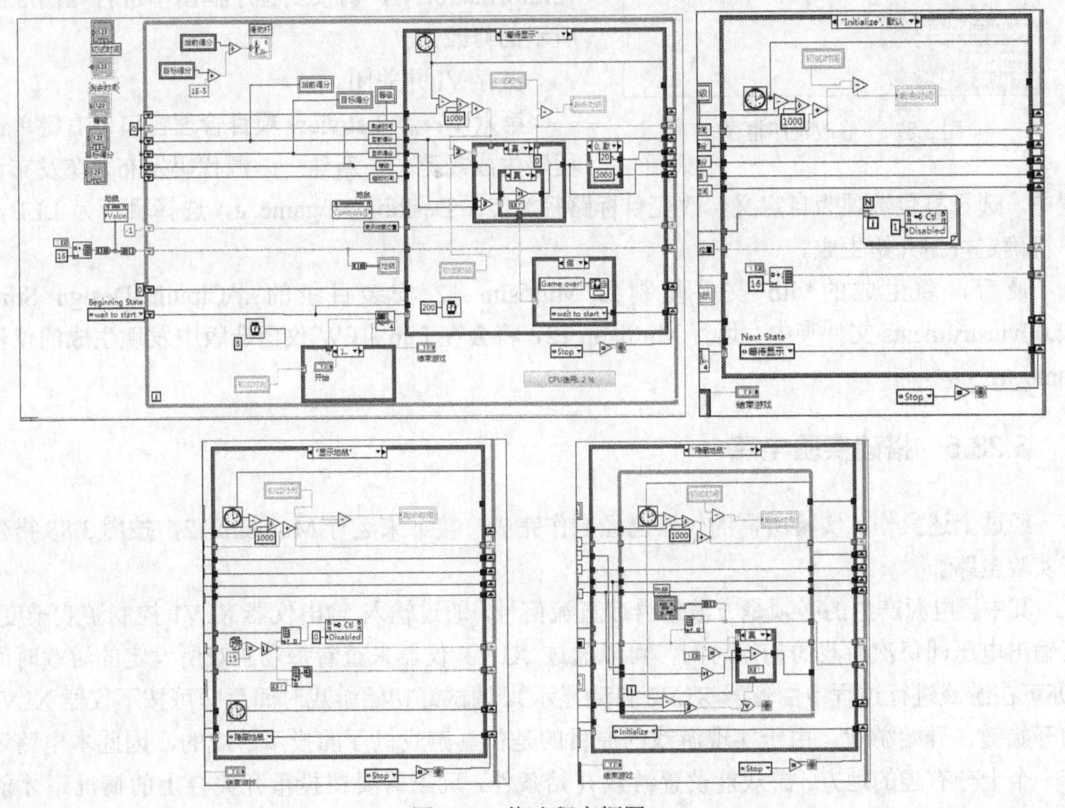

图 3.86　修改程序框图 1

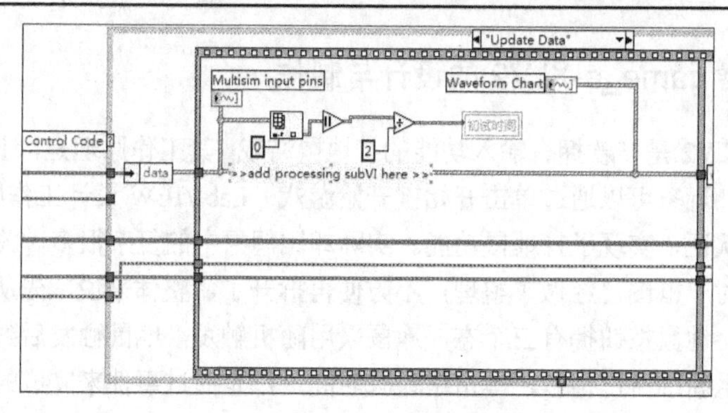

图 3.86（续） 修改程序框图 1

其中，要自定义游戏控件：地鼠游戏控件，计时器控件，结束控件，开始控件。地鼠控件采用随机触发，地鼠触发后判定是否单击相应地鼠，不单击延时后重新准备出地鼠，单击错误减时间，都是通过事件来完成的。时间计时控件则是通过数值显示控件美化而成，开始控件与结束控件是简单的布尔开关美化。

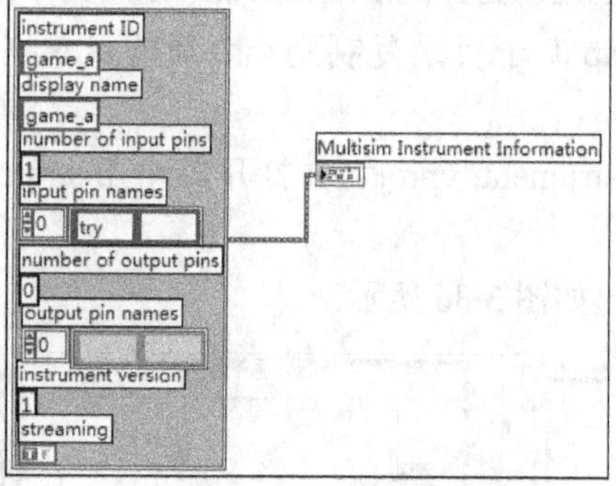

第四步：编辑前面板，将用户不该看到的控件移动到仪器界面以外，插入背景图片，移动到最底层，调整仪器前面板，保存。

第五步：关闭 Starter Input Instrument.vit 并保存，打开 subVIs 下的 Starter Input Instrument_Multisim 12Information.vi，切换到程序框图中进行如图 3.87 所示的修改。

保存 VI 并关闭。

图 3.87 修改程序框图 2

第六步：在 Labview 项目管理窗口，右键单击程序生成规范——新建——源代码发布，在发布设置中，选择打包选项为自定义，改变目标路径为 C:\ Desktop\NI\game_a，选择目标为 LLB，单机确定按钮开始生成。

最后，将生成的*.llb 文件复制到 Multisim 12 安装目录的...\Circuit Design Suite 12.0\lvinstruments 文件夹中。运行 Multisim 12，将会在 LabVIEW 仪器选版中发现生成的仪器 game_a。

3.23.5 搭建实验电路

经过上述操作，实验所需的仪器已经制作完成，接下来运行 Multisim 12，按图 3.88 搭建好实验电路。

其中，电源产生的必须是方波信号或直流信号，通过输入/输出仪器 XLV1 控制游戏难度，其输出电压即每次游戏的初始时间，可以通过 XLV3 仪器来查看每场游戏所设定的游戏时间（亦可在游戏进行过程中由仪器 XLV2 自动显示）。调试好初始游戏时间后即可按下仪器 XLV2 的开始键，开始游戏。由于实现游戏的原目的是仿真游戏机厅的投币游戏的，因此本电路还有一个十分有趣的地方。游戏能设置游戏开始条件，玩家需要在投币开关合上的情况下才能开始游戏，运营商可以进行后台的操作（设定游戏初始时间，查看所设定的游戏初始时间）。

游戏名为“痛打灰太狼”，每次从一个地洞中都会跑出一个灰太狼人物头像，通过单击此头像加分，当所积累分数到达进级条件后即可完成自动晋级，共分为 5 个关卡，如图 3.89 所示。

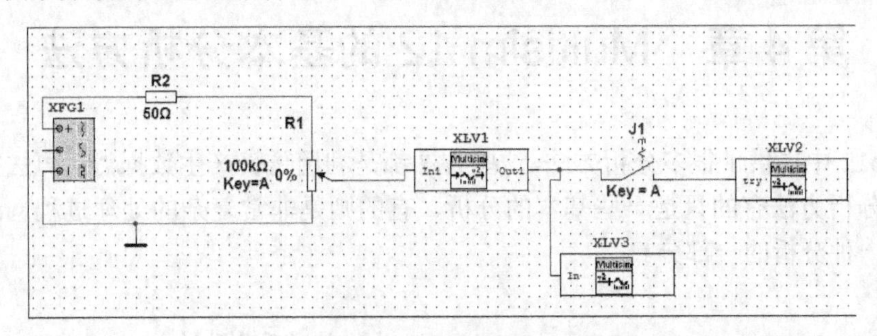

图 3.88　实验电路图

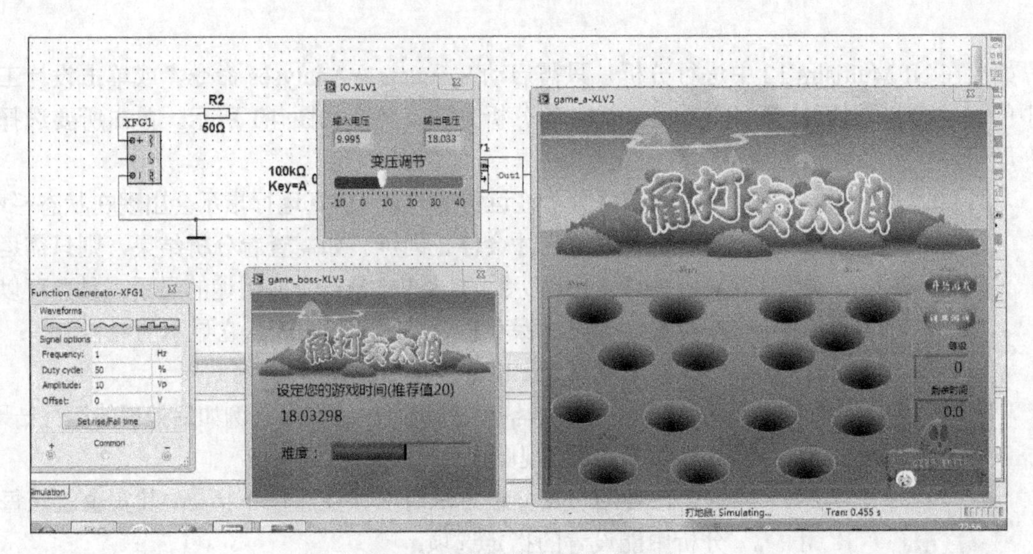

图 3.89　痛打灰太狼游戏界面

第 4 章　Multisim 12 的基本分析方法

Multisim12 中提供了很多分析方法，这些方法都是利用仿真产生数据然后再去执行要做的分析。这些分析方法有的只是一些基本的分析，有的则是非常复杂的处理过程，通常一种分析会是另外一种分析的一部分。

4.1　Multisim 12 的分析菜单

如要在 NI Multisim 12 中进行分析，只需启动 Simulate→Analyses 命令，或单击设计工具栏中的按钮，便可打开 NI Multisim 12 的分析方法菜单，如图 4.1 所示。单击所要选择的命令即可。

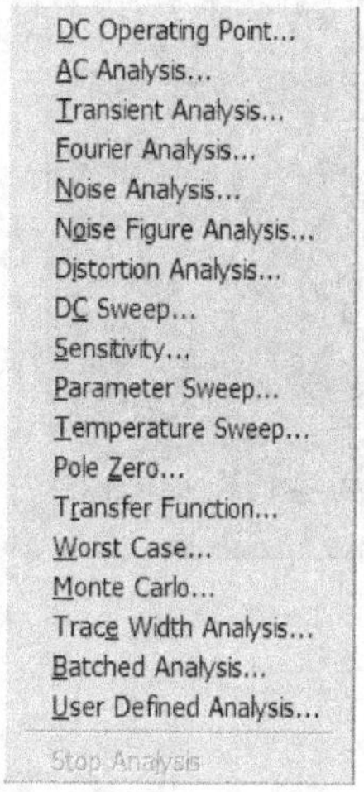

DC Operating Point...
AC Analysis...
Transient Analysis...
Fourier Analysis...
Noise Analysis...
Noise Figure Analysis...
Distortion Analysis...
DC Sweep...
Sensitivity...
Parameter Sweep...
Temperature Sweep...
Pole Zero...
Transfer Function...
Worst Case...
Monte Carlo...
Trace Width Analysis...
Batched Analysis...
User Defined Analysis...
Stop Analysis

图 4.1　分析方法菜单

当仿真分析在运行的时候，仿真运行指示会出现在状态栏中，直至分析完成它才会停止闪烁。如需查看分析结果，则只需运行 View→Grapher 命令。Grapher 是一个多用途的显示工具，可以用来查看、调整、保存和导出图形和图表。它显示的内容包括：

（1）所有 Multisim 分析的图形和图标结果。

（2）一些仪器仪表的运行轨迹图形（例如后处理的运行结果、示波器及 Bode 视图仪）。

在使用仿真分析方法时应该注意以下指导，其实也就是每个分析中能设置的指定选项：

（1）分析参数（所有的默认数值）。

（2）多少个输出变量将要处理（必须了解）。

（3）分析的主体（可选）。

（4）分析选项的自定义值（可选）。

分析方法的设置将保存于当前仿真中或者保存为今后仿真均可直接调用的设置。

分析方法菜单中包含了直流工作点分析、交流分析、瞬态分析、傅里叶分析、噪声分析、失真分析、直流扫描分析、灵敏度分析、参数扫描分析、温度扫描分析、零一极点分析、传递函数分析、最坏情况分析、蒙特卡罗分析、线宽分析、批处理分析、用户自定义分析、噪声系数分析及射频分析共 19 种分析方法。

4.2　直流工作点分析

直流工作点分析（DC Operating Point Analysis）用于计算电路的静态工作点。在进行该项分析时，电路中的交流源将被置零，电容开路、电感短路和数字元件被作为电阻器接地。直流分析的结果通常都可用于电路的进一步分析，比如，在暂态分析和交流小信号分析之前，程序将自动先进行直流工作点分析，以确定暂态的初始条件和交流小信号情况下非线性器件的线性化模型参数。

以图 4.2 所示的电路为例，单击 Simulate→Analysis→DC Operating Point Analysis，将弹出 DC Operating Point Analysis 对话框，进行直流工作点分析。

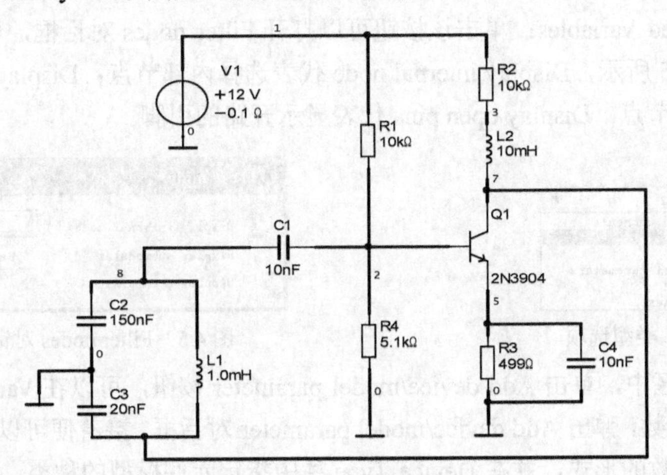

图 4.2　三点式振荡电路

对话框有 Output、Analysis Options、Summary 共三页内容。对话框具体说明如下。

1. Output 页：选择所要分析的节点

Variables in circuit 栏中列出了电路中可用于分析的节点和变量。单击该栏中的下拉列表的选项，可以对变量类型进行选择，如图 4.3 所示。

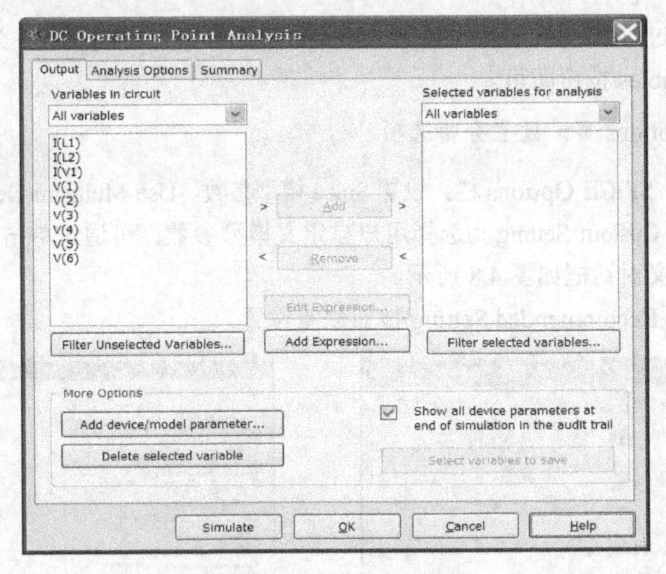

图 4.3　分析的节点和变量

图 4.4 下拉列表中的类型选项分别如下。

Static probes：静态探针。

Voltage and current：选择电压和电流变量。

Voltage：选择电压变量。

Current：选择电流变量。

Device/Model Parameters：选择元件/模型参数变量。

All variables：选择电路中的所有变量。

Filter Unselected Variables：单击该按钮可以打开 Filter nodes 对话框，可增加一些未被选择的变量。如图 4.5 所示，Display internal node 代表选择内部节点；Display submodules 代表选择显示子模型的节点；Display open pins 代表显示开路的引脚。

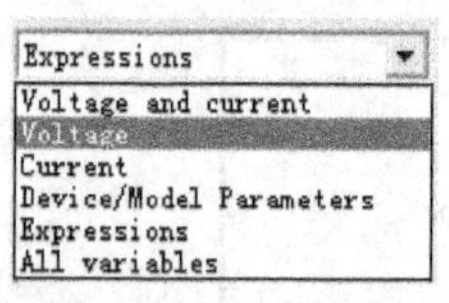

图 4.4 类型选项

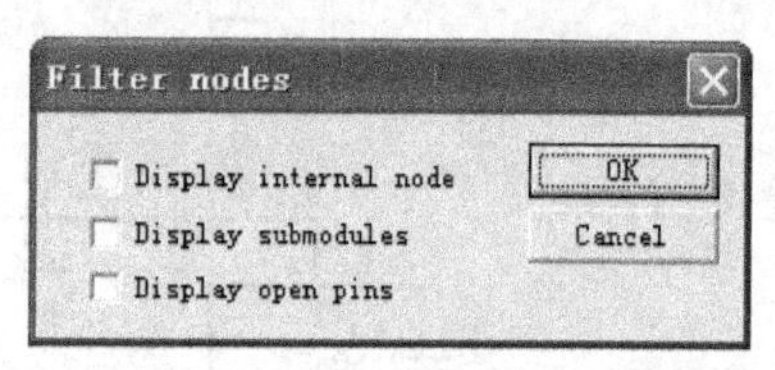

图 4.5 Filter nodes 对话框

More Options 区中，单击 Add device/model parameter 按钮，可以在 Variables in circuit 栏中增加元件/模型参数，弹出 Add device/model parameter 对话框。接着便可以在 Parameter Type 栏内选择要增加参数的形式，并在 Device Type 栏中指定元件模型的种类、Name 中指定元件名称、Parameter 栏中指定所要使用的参数，如图 4.6 所示。

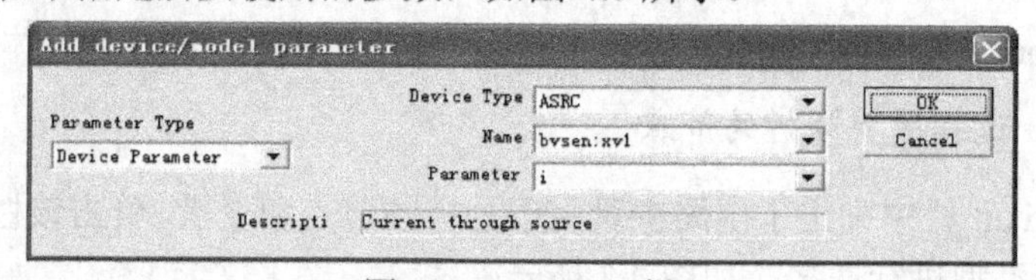

图 4.6 Parameter 栏

如果要删除通过 Add device/model parameter 已选择增加栏的变量，选中该变量，单击 Delete selected variables 按钮即可。

2. Analysis Options 页：设置分析选项

如图 4.7 所示，SPICE Options 栏：设置 Spice 模型参数。Use Multisim Default 为选择系统给出的默认参数；Use Custom Setting 为选择用户自定义模型参数，可通过单击 Customize 按钮进行定义。用户自定义对话框如图 4.8 所示。

单击 Restore to Recommended Setting 按钮恢复设置。

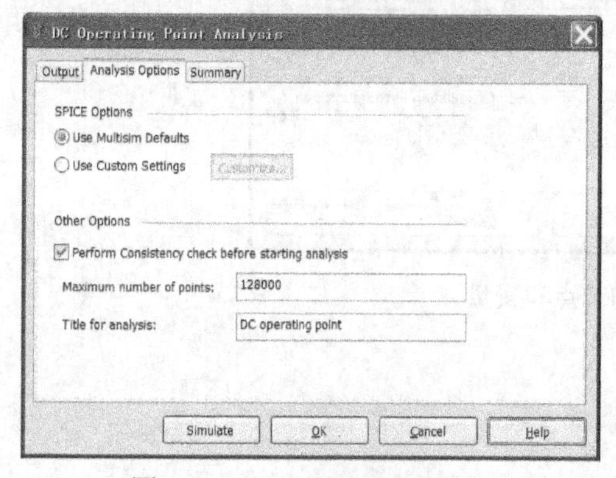

图 4.7 Analysis Options 页

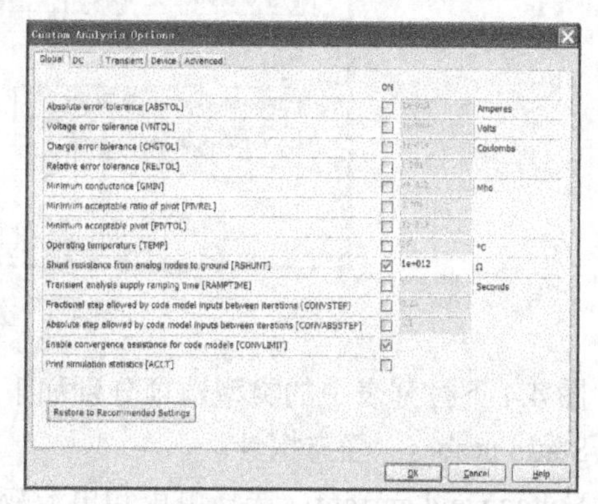

图 4.8 用户自定义对话框

3. Summary 页：汇总并确认分析设置

该页中给出了程序设定的参数和各个选项，可供用户确认、检查。确认后单击 Simulate 按钮即可进行仿真。如果不马上进行分析，只是保存设定的话，单击 OK 按钮即可，如图 4.9 所示。

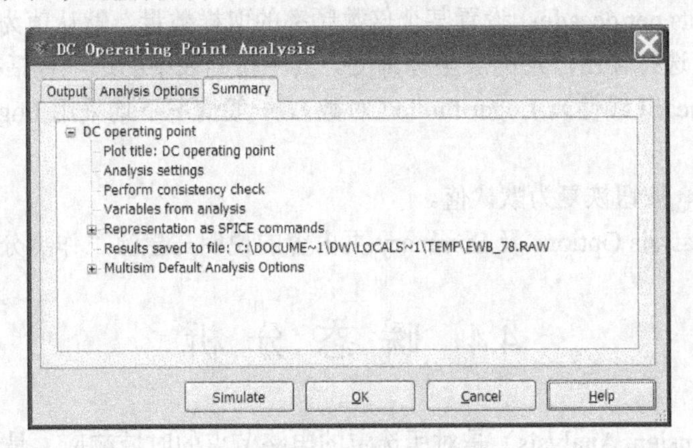

图 4.9　Summary 页

4.3 交流分析

交流分析（AC Analysis）用于分析电路的小信号频率响应。在分析时，程序会自动地先对电路进行直流工作点分析，以便建立电路中非线性元件的交流小信号模型，直流电源置零，交流信号源、电容和电感等均处在交流模式，如电路中存在数字元件，则将其视作一个接地的大电阻。将正弦波设定为输入信号，事实上不管电路中输入的是何种信号，分析时都会自动以正弦波替代，并且信号频率也替换为设定范围内的频率。

单击运行 Simulate→Analysis→AC Analysis 命令，打开 AC Analysis 对话框，如图 4.10 所示。

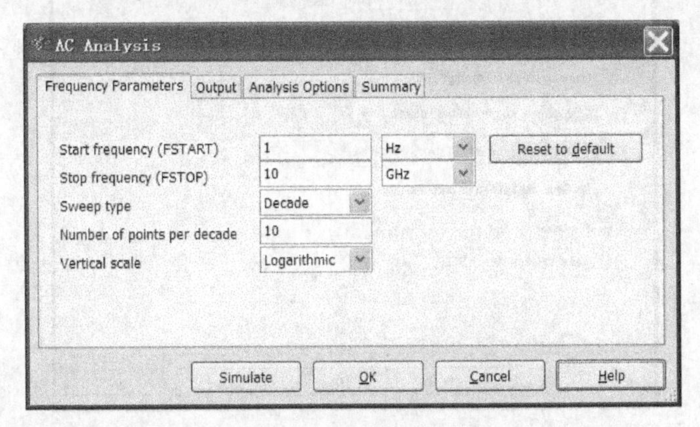

图 4.10　AC Analysis 对话框

AC Analysis 对话框共包含 4 个分页的内容，Frequency Parameters 页的内容如下。

Frequency Parameters：设置频率参数。

Start frequency (FSTART)：用于设置交流分析的起始频率。

Stop frequency (FSTOP)：用于设置交流分析的停止频率。

Sweep type：用于设置交流分析的扫描方式。Decade 代表十倍程扫描，Octave 代表八倍程扫描，Linear 代表线性扫描，Logarithmic 代表对数扫描。通常采用 Decade，以对数方式显示。

Number of points per decade：设置某个倍数频率的取样数量。默认值为 10。

Vertical scale：选择输出波形的纵坐标刻度。其下拉列表中的选项包括：Decibel（分贝）、Octave（八倍）、Linear（线性）、Logarithmic（对数）。一般情况下均采用 Logarithmic 和 Decade 两选项。

单击 Reset to default 按钮恢复为默认值。

Output 页、Analysis Options 及 Summary 页内容的说明与直流工作点分析对话框相同。

4.4　瞬 态 分 析

瞬态分析（Transient Analysis）是对所选定的电路节点的时域响应，是一种非线性分析。观察该节点在整个显示周期中每一时刻的电压波形。在进行瞬态分析时，直流电源保持常数，交流信号源随着时间而改变，电容和电感都是能量储存模式元件。瞬态分析的结果通常为分析节点的电压波形，所以使用示波器也可以观察到相同的结果。

单击运行 Simulate→Analysis→Transient Analysis 命令，打开 Transient Analysis 对话框，如图 4.11 所示。

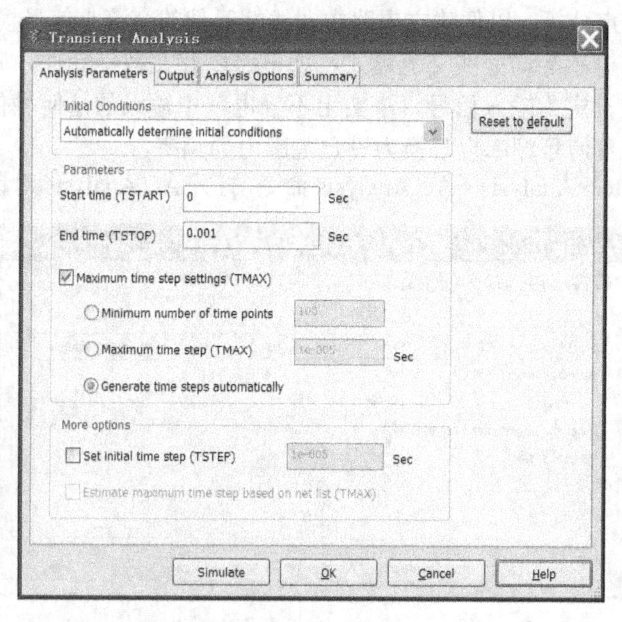

图 4.11　Transient Analysis 对话框

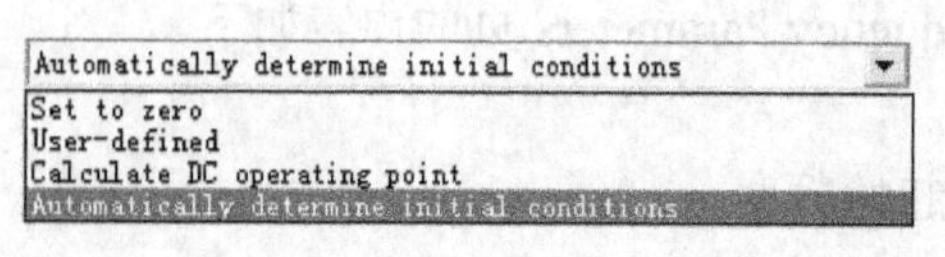

图 4.12　Initial Conditions

1. Analysis Parameters 页

Initial Conditions：设置初始状态。该栏内共有 4 个选项，如图 4.12 所示。

Automatically determine initial conditions 为程序

自动设置初始值，Set to zero 代表将初始值设置为 0，User-defined 代表由用户定义初始值，Calculate DC operating point 代表通过计算直流工作点得到的初始值。

Parameters 区：用于对时间间隔和步长等参数进行设置。

Start time：设置开始分析的时间。

End time：设置结束分析的时间。

Maximum time step settings：设置最大时间步长。

Minimum number of time points：用于设置以时间内的取样点数来分析的步长，选取该选项，并在右栏中指定单位时间举例内最少要取样的点数。

Maximum time step(TMAX)：设置以时间间距设置分析的步长，选取该选项，并在右边栏内指定最大的时间间距。

Generate time steps automatically：设置由程序自动决定分析的时间步长。

单击 Reset to default 按钮，将所有设置恢复为默认值。

More Options 对话框用于设置时间增量。

2. Output 页

用于选择电路中的输出变量，如图 4.13 所示，其具体内容参阅直流工作点分析的对应内容。

Analysis Options 页和 Summary 页内容与直流工作点分析对话框对应页内容相同。

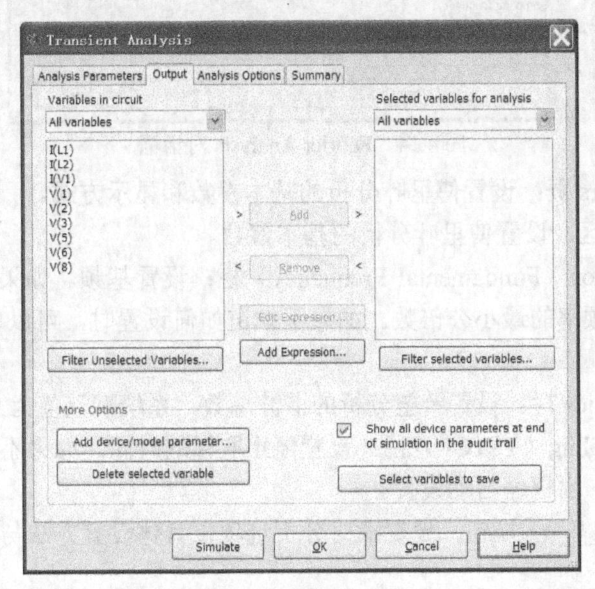

图 4.13 Output 页

4.5 傅里叶分析

傅里叶分析（Fourier Analysis）方法是分析周期性非正弦信号的一种数学方法，用于分析时域信号的直流分量、基频分量和谐波分量。它通过对被测节点处的时域变换信号进行傅里叶变换，找出其时域变化规律。该分析方法其实就是将周期性的非正弦信号转换成一系列正弦波和余弦波的组合。如：

$$f(t) = A_0 + A_1\cos\omega t + A_2\cos 2\omega t + \cdots + B_1\sin\omega t + B_2\sin 2\omega t + \cdots$$

其中，A_0 为原信号的直流分量；ω 为基频分量；$A_1\cos\omega t + A_2\cos 2\omega$ 为基频分量；$A_n\cos n\omega t + B_n\sin n\omega t$ 为 n 次谐波；A_i, B_i 为第 i 次谐波系数。

单击 Simulation→Analysis→Fourier Analysis 命令，打开 Fourier Analysis 对话框，进行傅里叶分析参数设置，如图 4.14 所示。

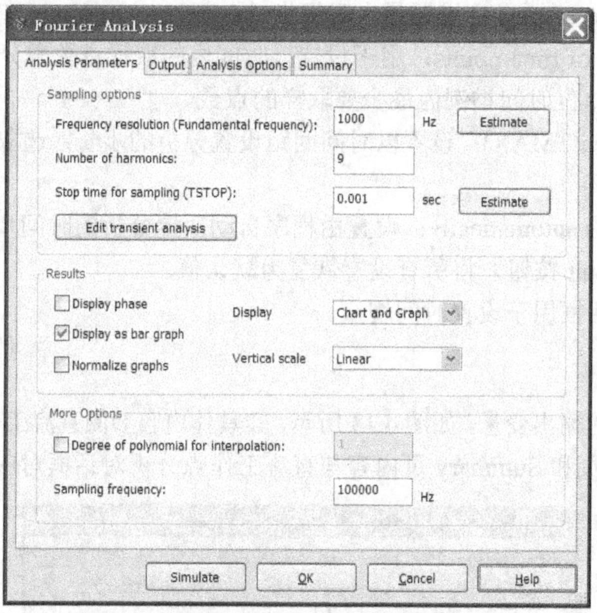

图 4.14　Fourier Analysis 对话框

Analysis Parameters 页：设置傅里叶分析的基本参数和显示方式。

Sampling options 区：设置傅里叶分析的基本参数。

Frequency resolution（Fundamental Frequency）栏：设置基频。如果电路中有多个交流信号源，则取各信号源频率的最小公倍数。如果不知道如何设置时，可以单击 Estimate 按钮，程序会自动设置。

Number of harmonics 栏：设置希望分析的谐波总数，系统默认值为 9。

Stop time for sampling（TSTOP）栏：设置停止取样的时间。如果不知道如何设置，也可以单击 Estimate 按钮，由程序自动设置。

单击 Edit transient analysis 按钮，设置瞬时分析选项，具体设置方法与瞬态分析设置方法相同，如图 4.15 所示。

Results 区：选择仿真结果的显示方式。

Display phase：设置显示幅度频谱和相位频谱。

Display as bar graph：设置以线条绘出频谱图。

Normalize graphs：设置绘出归一化频谱图。

Display：设置所要显示的项目，其下拉列表中共包含 3 项内容：Chart（图标）、Graph（曲线）、Chart and Graph（图表和曲线）。

Vertical：设置频谱的纵轴刻度，其下拉列表中共包括 Decibel（分贝刻度）、Octave（八倍刻度）、Linear（线性刻度）、Logarithmic（对数刻度）。

More Options 区：Set initial time step：设置初始时间步长；其余三页（Output、Analysis Parameters、Summary）设置内容同其他分析方法的对话框设置。

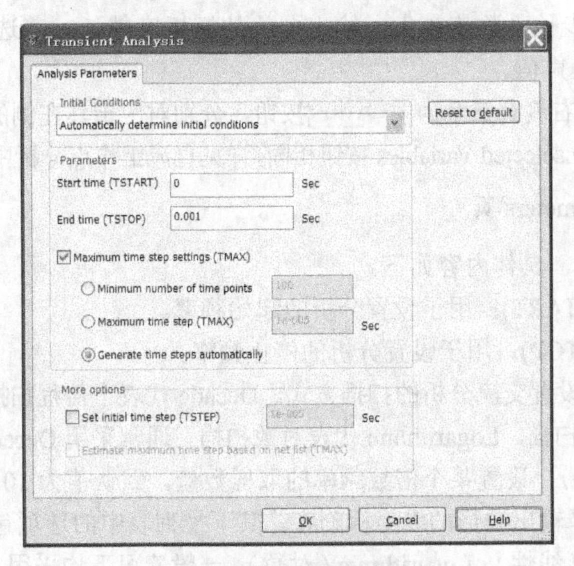

图 4.15　瞬时分析选项

4.6 噪 声 分 析

噪声分析（Noise Analysis）用于分析噪声对电路性能的影响，包括检测电子线路输出信号的噪声功率幅度，计算、分析电阻或晶体管的噪声对电路的影响。

进行噪声分析时，单击 Simulate→Noise Analysis 命令即可打开 Noise Analysis 对话框，如图 4.16 所示。

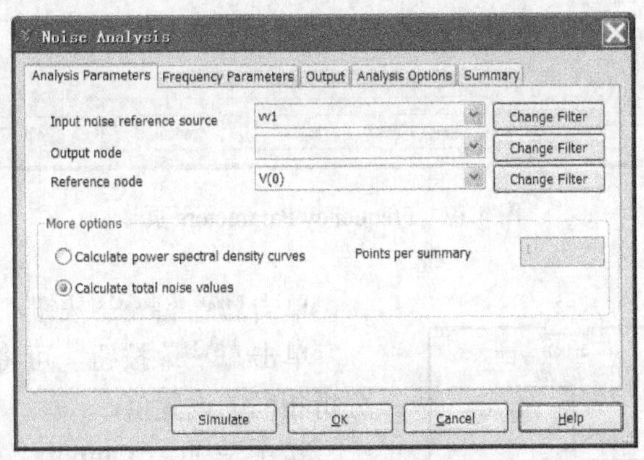

图 4.16　Noise Analysis 对话框

1. Analysis Parameters 页

该页设置将要分析的参数。

Input noise reference 栏：设置选择输入噪声的参考电源。只能选择一个交流信号源输入。

Output node 栏：选择噪声输出节点。

Reference node 栏：设置参考电压的节点，通常取 0，即接地。

More options 栏中选择“Calculate power spectral density curves”将产生所选噪声量曲线。在其右栏内输入频率步长，数值越大，输出曲线的解析度越低。若选“Calclate total noise values”，将估算总体噪声值。

在该页中，对话框右侧有三个 Change Filter 按钮，分别对应于其左侧的栏，其功能与 Output variables 页中的 Filter Unselected Variables 按钮相同，详见直流工作点分析中的 Output variables 页。

2. Frequency Parameters 页

该页设置频率参数，具体内容如下。

Start frequency (FSTART)：用于设置分析的起始频率。

Stop frequency (FSTOP)：用于设置分析的停止频率。

Sweep type：用于设置交流分析的扫描方式。Decade 代表十倍程扫描，Octave 代表八倍程扫描，Linear 代表线性扫描，Logarithmic 代表对数扫描。通常采用 Decade，以对数方式显示。

Number of points per：设置某个倍数频率的取样数量。默认值为 10。

Vertical scale：选择输出波形的纵坐标刻度。其下拉列表中的选项包括：Decibel（分贝）、Octave（八倍）、Linear（线性）、Logarithmic（对数）。一般情况下均采用 Logarithmic 和 Decade 两选项，如图 4.17 所示。

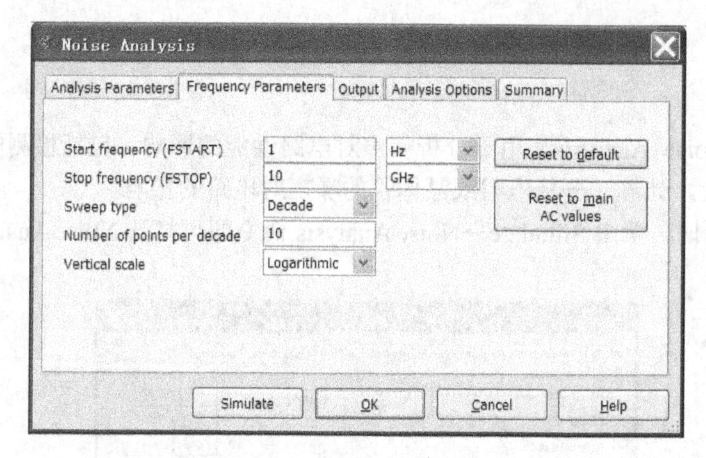

图 4.17　Frequency Parameters 页

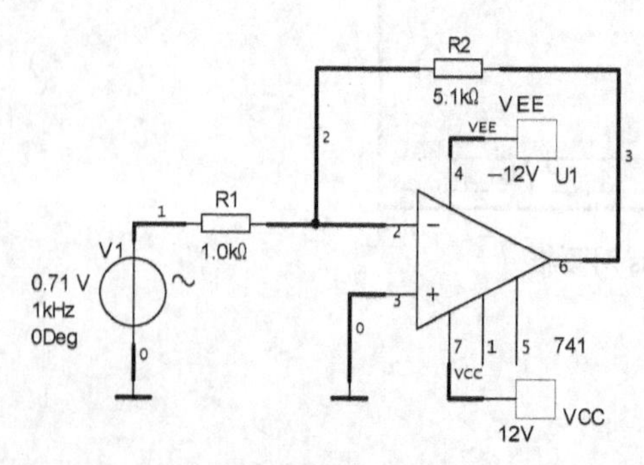

图 4.18　原理电路

单击 Reset to default 按钮，可恢复为默认值。

单击 Reset to main AC values 按钮，可将所有设置恢复为交流分析相同的设置值。

其余三页（Output、Analysis Parameters、Summary）设置内容同其他分析方法的对话框设置。下面举例说明噪声分析的方法。

首先构建好原理电路，如图 4.18 所示。打开噪声分析对话框。本例中对话框中要设置的各参数说明如下。

1. Analysis Parameters 页

Input noise reference source：vv1。
Output node：V(3)。
Reference node：V(0)。
Analysis Parameters 页的设置如图 4.19 所示。

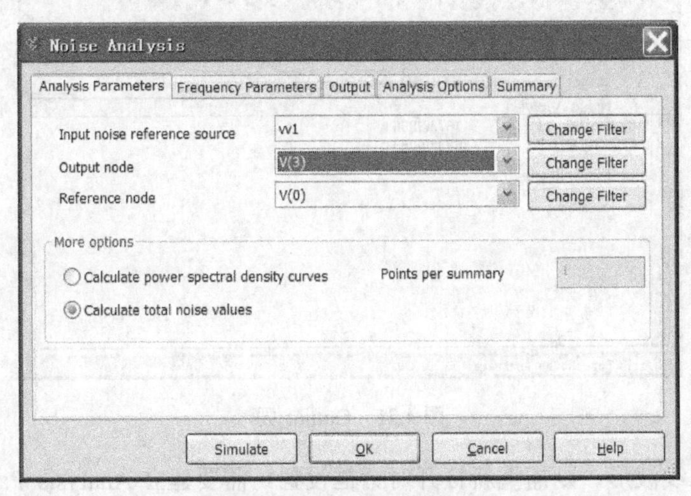

图 4.19　Analysis Parameters 页

2. Frequency Parameters 页

Frequency Parameters 页的设置如图 4.20 所示。
Start frequency(FSTART)：1 Hz。
Stop frequency(FSTOP)：10 GHz。
Sweep type：Decade。
Number of points per decade：5。
Vertical Scale ：Logarithmic。

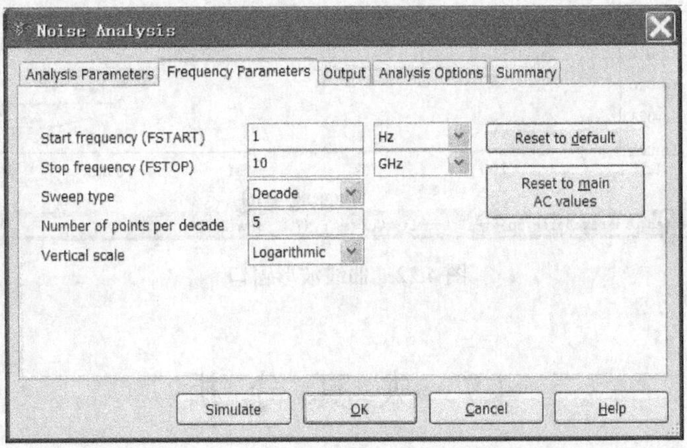

图 4.20　Frequency Parameters 页

3. Output 页

选中的输出变量为：inoise_total_rr1、inoise_total_rr2。

单击 Simulate 按钮，出现如图 4.21 所示的窗口，图 4.22 为仿真分析结果的图表显示。

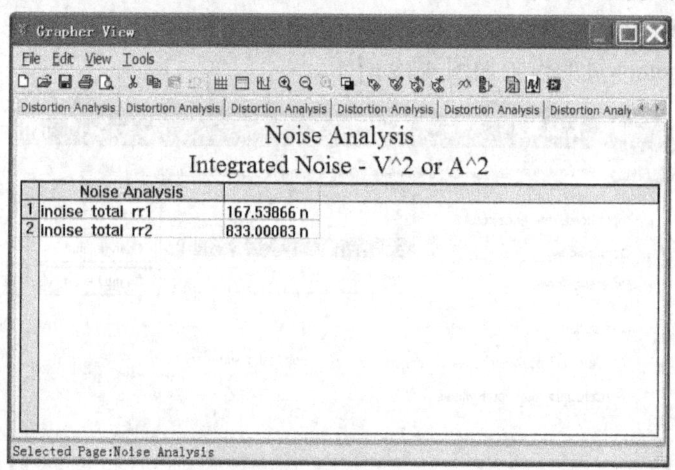

图 4.21　Output 页

如果要观察曲线波形，则需重新打开对话框设置。需要建立 Analysis Parameters 页的 Set points per summary 项，输入数字 5。Output 页的输出变量改为 onoise_rr1 和 onoise_rr2。

单击 Simulate 按钮，出现如图 4.22 所示的曲线波形窗口。

图 4.22 显示了噪声电压值在低频部分为常数，高频部分则如预期下降。

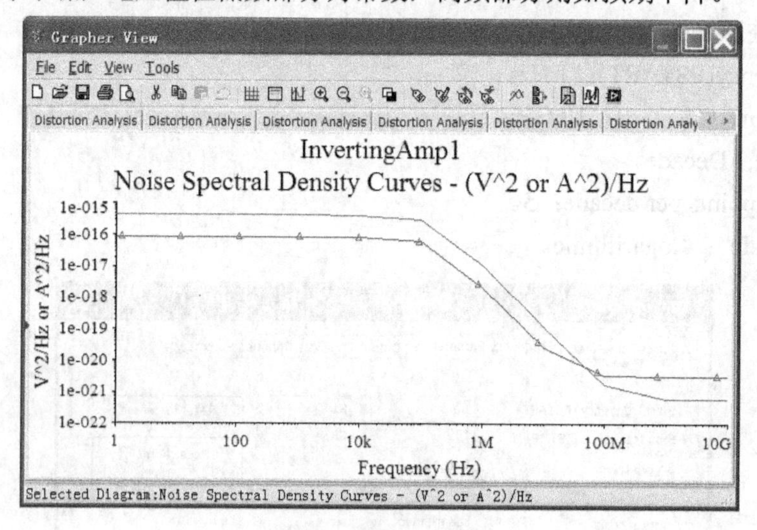

图 4.22　曲线波形窗口

4.7 失真分析

失真分析（Distortion Analysis）用于分析电子电路中的非线性失真和相位偏移，通常非线性失真会导致谐波失真，而相位偏移会导致互调失真。如果电路中有一个交流信号源，该分析方法会确定电路中的每个节点的二次和三次谐波造成的失真；如果电路中有两个频率（F_1、F_2, $F_1 > F_2$）不同的交流信号源，该分析方法能够确定电路变量在 3 个不同频率上的谐波失真：(F_1+F_2)、(F_1-F_2)、($2F_1-F_2$)。

失真分析对于研究电路中的小信号比较有效。采用多维的 Volterra 分析法和多维泰勒（Taylor）技术来描述工作点处的非线性。该分析方法对于瞬态分析中无法观察到的小信号尤其有效。

单击 Simulate→Analyses→Distortion Analysis 命令，打开失真分析对话框，如图 4.23 所示。

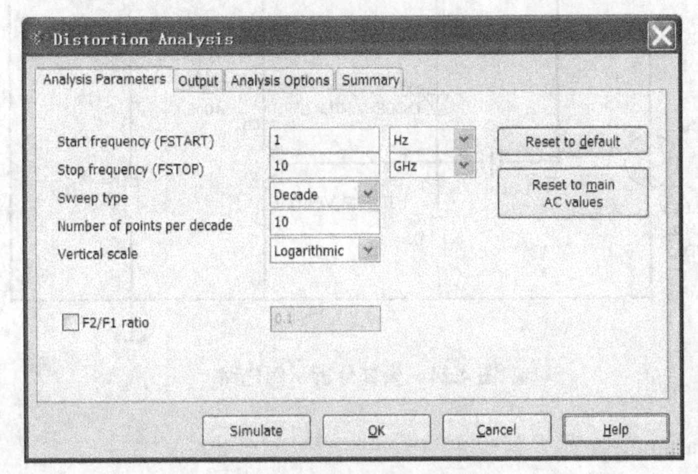

图 4.23　失真分析对话框

Analysis Parameters 页：设置频率参数，如图 4.23 所示。

Start frequency(FSTART)：用于设置分析的起始频率。

Stop frequency(FSTOP)：用于设置分析的停止频率。

Sweep type：用于设置交流分析的扫描方式。Decade 代表十倍程扫描，Octave 代表八倍程扫描，Linear 代表线性扫描，Logarithmic 代表对数扫描。通常采用 Decade，以对数方式显示。

Number of points per：设置某个倍数频率的取样数量。默认值为 10。

Vertical scale：选择输出波形的纵坐标刻度。其下拉列表中的选项包括：Decibel（分贝）、Octave（8 倍）、Linear（线性）、Logarithmic（对数）。一般情况下均采用 Logarithmic 和 Decade 两选项。

F2/F1 ratio：仅用于内部调制失真。

单击 Reset to default 按钮恢复为默认值，单击 Reset to main AC values 按钮将所有设置恢复为交流分析相同的设置值。

其余三页（Output、Analysis Parameters、Summary）设置内容与其他分析方法的对话框设置相同。

失真分析示例电路如图 4.24 所示。设计完电路原理图后，选择 Distortion Analysis 命令，对各参数进行设置。

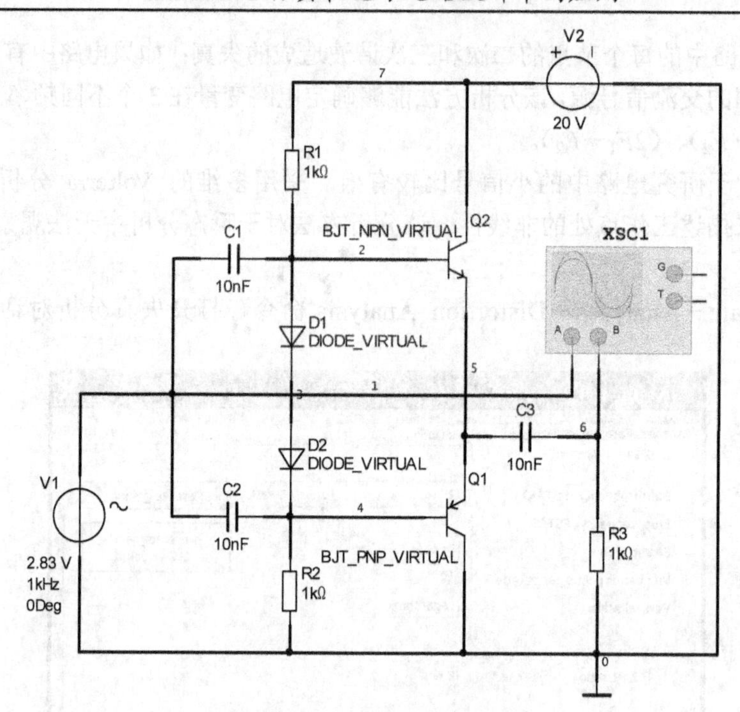

图 4.24　失真分析示例电路

1. Analysis Parameters 页

Start frequency：1 Hz。

Stop frequency(FSTOP)：100 MHz。

Sweep type：Decade。

Number of points per：100。

Vertical scale：Decibel。

详细设置如图 4.25 所示。

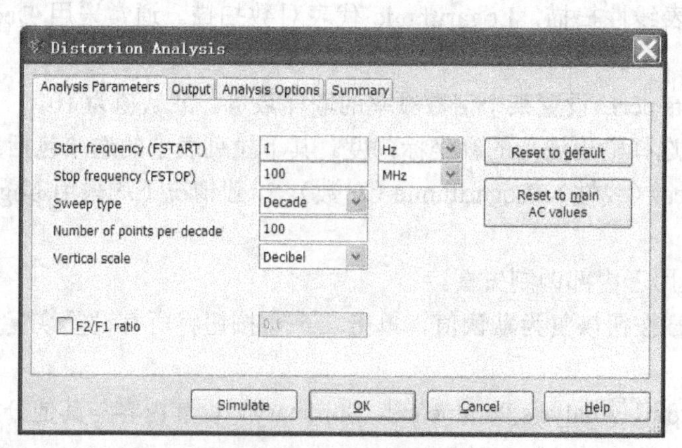

图 4.25　参数设置

2. Output 页

选择输出信号节点分别为 I(V1)和 V(6)，如图 4.26 所示。

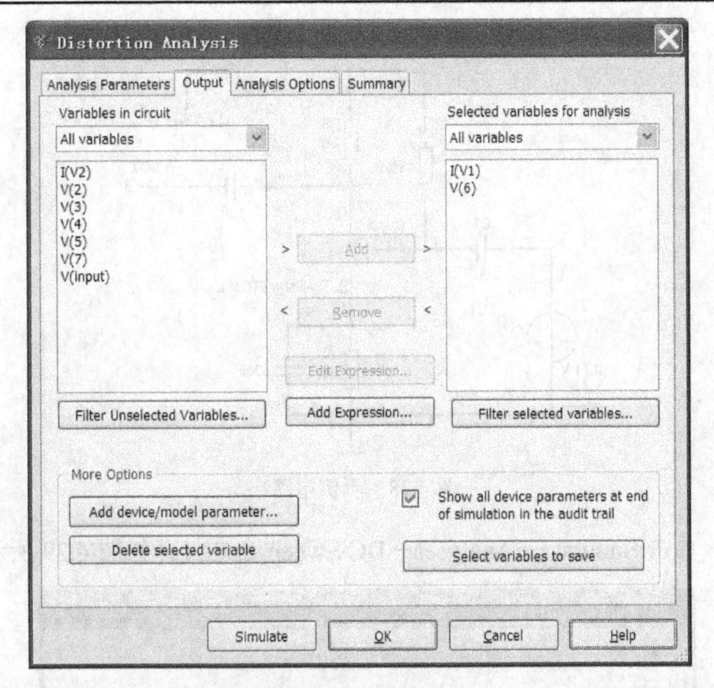

图 4.26 Output 页

单击 Simulate 按钮，出现如图 4.27 所示的分析结果。

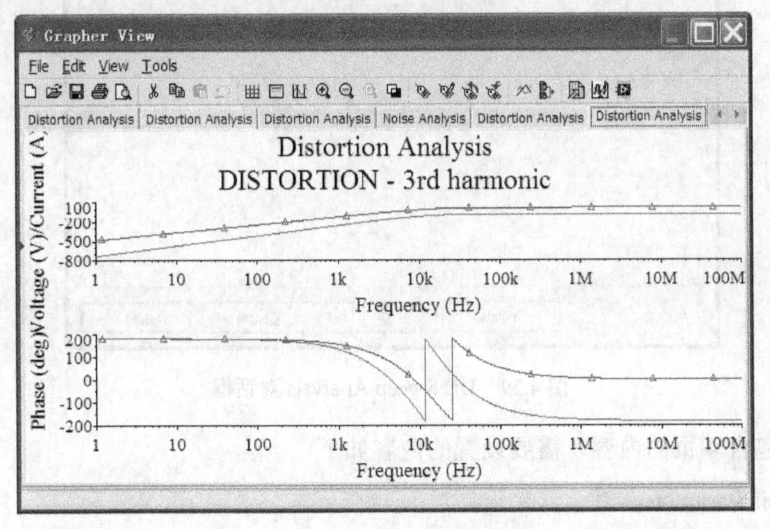

图 4.27 分析结果

4.8 直流扫描分析

直流扫描分析（DC Sweep Analysis）利用直流电源来分析电路中某个节点上直流工作点的数值变化情况。直流扫描分析能够快速地根据直流电源的变化范围确定电路直流工作点。注意：如果电路中有数字器件，可以将其当作一个大的接地电阻来处理。

下面结合图 4.28 中所示的示例电路介绍直流扫描分析的使用方法。

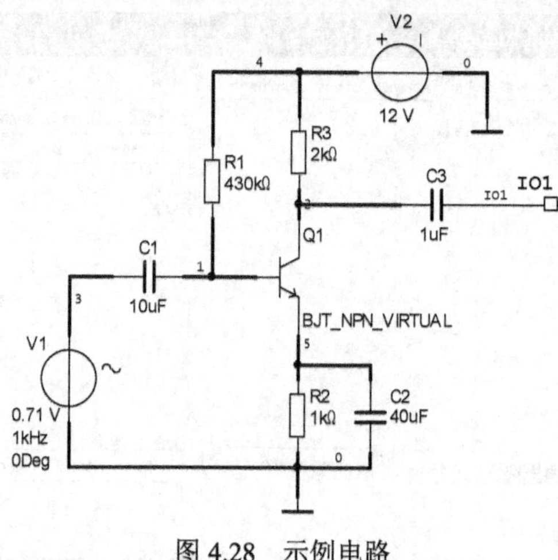

图 4.28　示例电路

电路完成后，单击 Simulate→Analyses→DC Sweep 命令打开如图 4.29 所示对话框。

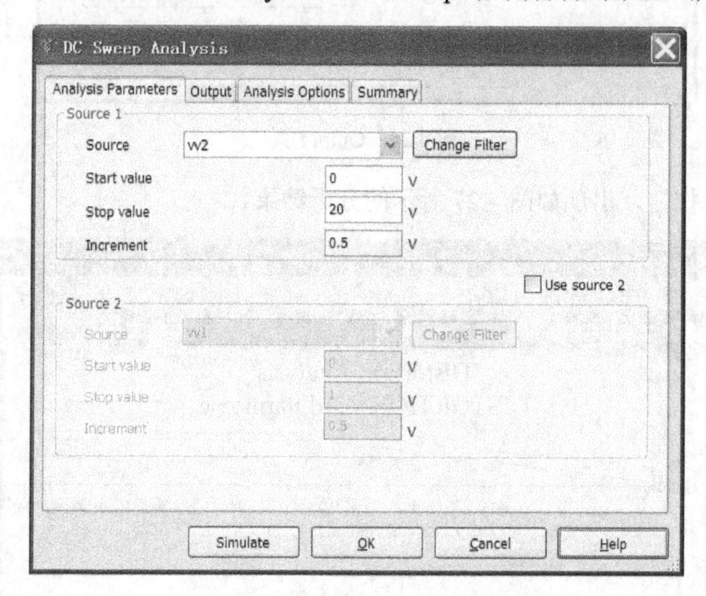

图 4.29　DC Sweep Analysis 对话框

该对话框包含 4 页的内容，需要设置的内容如下。

1. Analysis Parameters 页

该页包含 Source1 和 Source2 两个区，两个区的选项相同，如图 4.29 所示。

Source1 区：设置第一个电源的参数。

- Source：选择要扫描的直流电源，vv2。
- Start value：设置开始扫描的数值，0 V。
- Stop value：设置结束扫描的数值，20 V。
- Increase：设置扫描的增量值，0.5 V。

单击 Change Filter 按钮，查看各电源列表内容。

如果要指定第二个电源，勾选 Use source 2 项，并对其参数进行设置。

2. Output 页

设置输出变量 V(2)，如图 4.30 所示。其余页（Analysis Parameters 和 Summary 页）设置内容同其他分析方法的对话框设置。

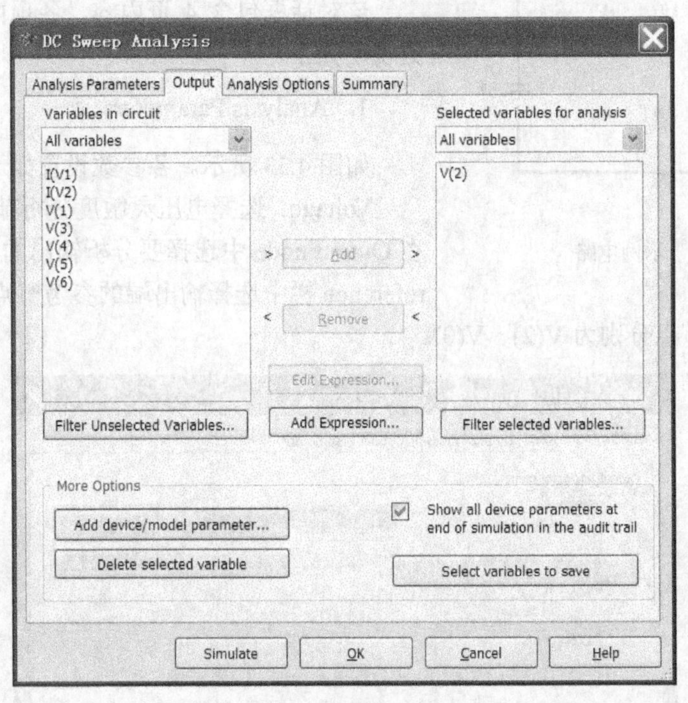

图 4.30 Output 页

设置完毕后单击 Simulate 按钮，便会出现如图 4.31 所示的分析结果窗口。

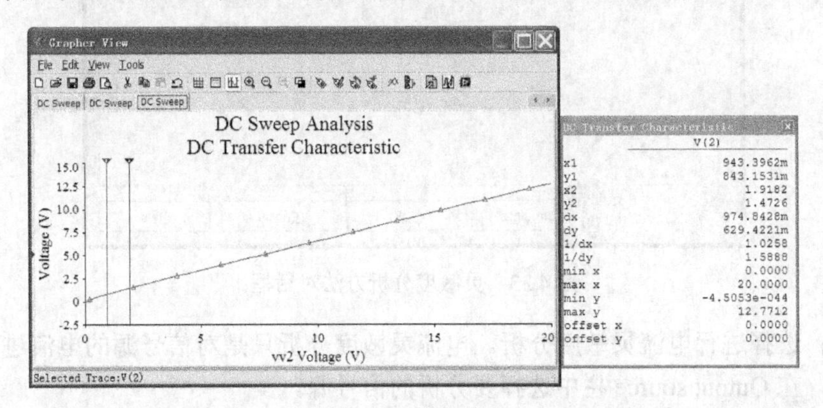

图 4.31 分析结果

4.9 灵敏度分析

灵敏度分析（Sensitivity Analysis）分析的是电路特性对电路中的元器件参数的敏感程度，可通过计算电路的输出变量反映出来。

下面结合具体电路来介绍灵敏度分析方法的具体步骤。电路如图 4.32 所示。

完成电路后，单击 Simulate →Analyses→Sensitivity Analysis 命令，打开灵敏度分析方法对话框，如图 4.33 所示。

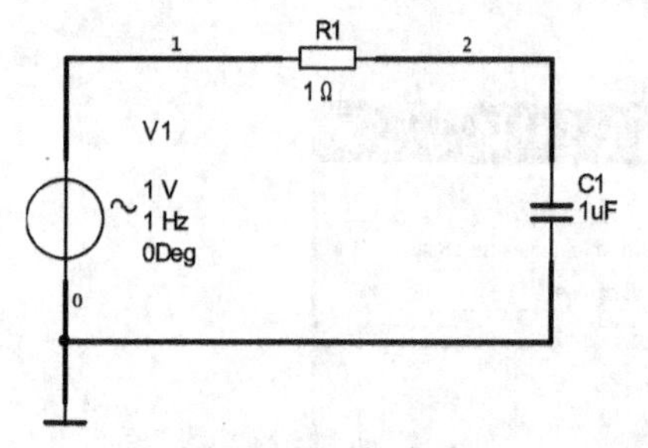

图 4.32　示例电路

该对话框包含 4 页内容，各项内容及需设置的参数说明如下。

1. Analysis Parameters 页

如图 4.33 所示。各参数设置如下。

Voltage：选择电压灵敏度分析节点。选中该项后，在 Output node 中选择要分析输出的节点，并在 Output reference 栏中选择输出端的参考节点。本例选中的节点分别为 V(2)、V(0)。

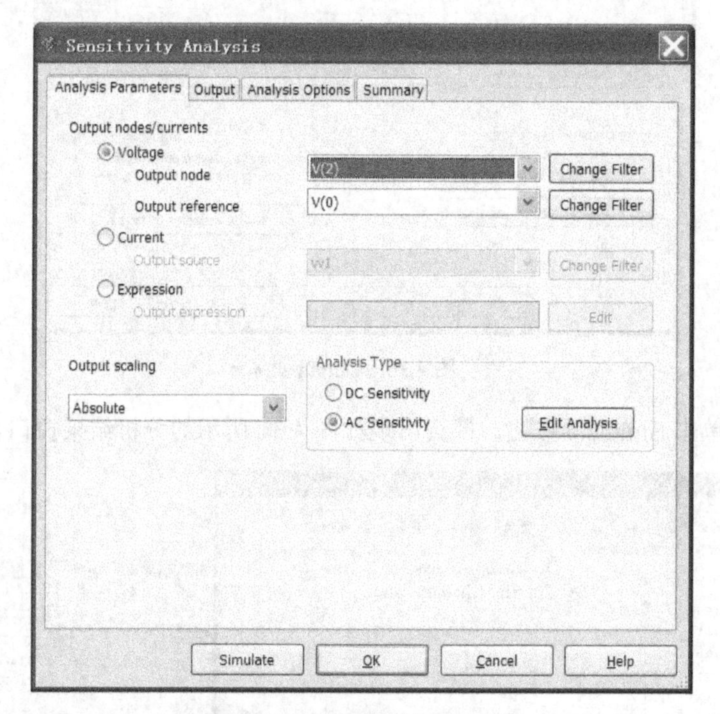

图 4.33　灵敏度分析方法对话框

Current：选择进行电流灵敏度分析。电流灵敏度分析只是对信号源的电流进行分析。选中该选项后，在 Output source 栏中选择要分析的信号源。

Expression：选择进行变量表达式灵敏度分析。

在对话框右侧的 Change Filter 按钮用于打开 Filter nodes 对话框，过滤内部节点、外部引脚及子电路中的输出变量。

Output scaling：选择灵敏度输出格式，其选择内容包括 Absolute（绝对灵敏度）和 Relative（相对灵敏度）两个。本例选择 Absolute 格式。

Analysis Type 区：提供了分析灵敏度分析内容选择，具体介绍如下。

DC Sensitivity：进行直流灵敏度分析，分析结果将产生一个表格。

AC Sensitivity：进行交流灵敏度分析，分析结果将会产生一个分析图。这里只对交流灵敏度分析进行介绍。

选择交流灵敏度分析后，单击 Edit Analysis 按钮会出现如图 4.34 所示的频率参数对话框，进行对交流分析灵敏度频率参数设置，其各项参数设置说明如下。

Start frequency：1 Hz。

Stop frequency(FSTOP)：100 MHz。

Sweep type：Decade。

Number of points per：10。

Vertical scale：Logarithmic。

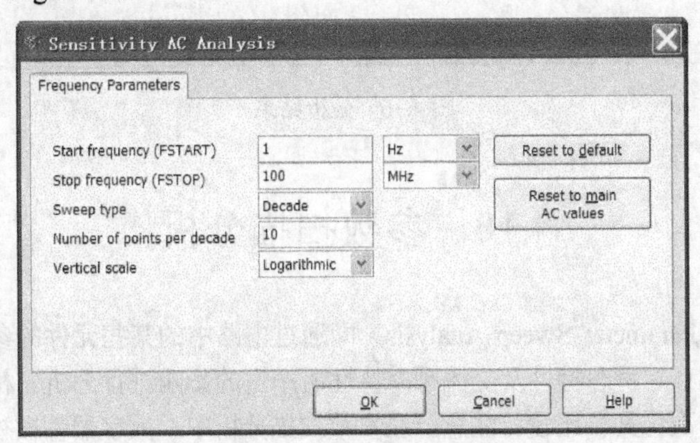

图 4.34　频率参数对话框

2. Output 页

设置输出变量，如图 4.35 所示，这里选择变量为 rr1。其余页（Analysis Parameters、Summary）设置内容同其他分析方法的对话框设置。

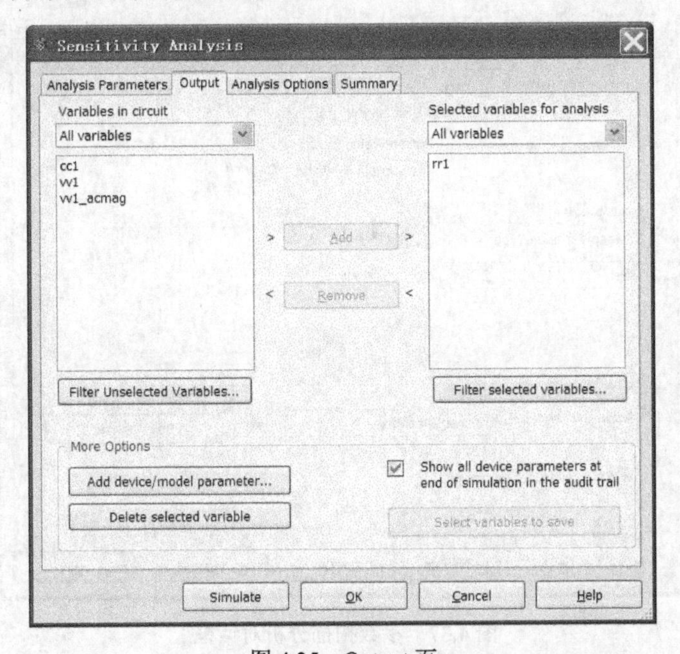

图 4.35　Output 页

各项设置完毕后，单击 Simulate 按钮，出现如图 4.36 所示的分析结果。

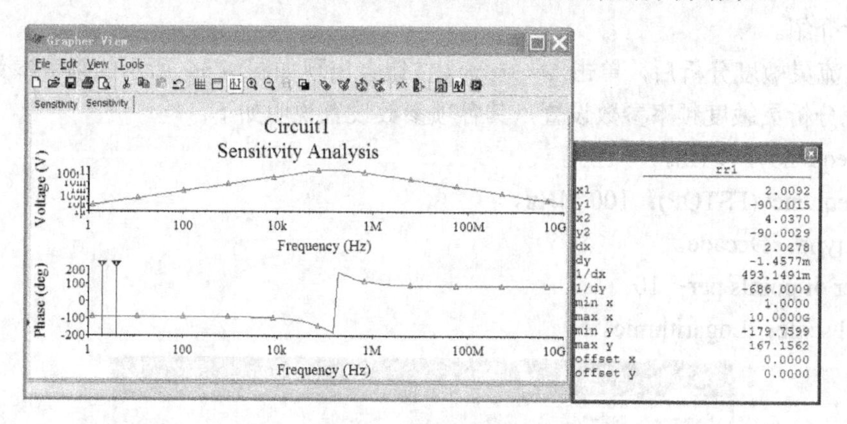

图 4.36　分析结果

4.10　参数扫描分析

参数扫描分析（Parameter Sweep Analysis）即通过电路中的某些元件的参数在一定范围内变化时对电路直流工作点、瞬态特性及交流频率特性所产生的影响进行分析。相当于该元器件每次取不同的值，进行多次仿真、比较。注意，在参数扫描分析中，数字器件被视为高阻接地。

单击 Simulate→Analyses→Parameter Sweep Analysis 命令，打开参数扫描分析对话框，如图 4.37 所示。

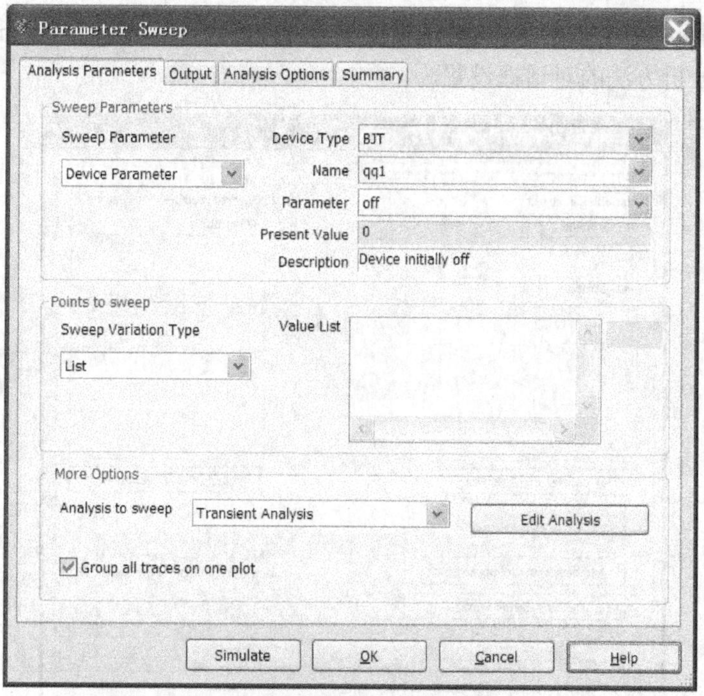

图 4.37　参数扫描分析对话框

该对话框包括 4 页内容，其中 Output、Analysis Parameters、Summary 三页设置内容与其他分析方法的对话框设置相同。在此只对 Analysis Parameters 页做介绍。

Analysis Parameters 页：用于设置扫描设置。

（1）Sweep Parameters 区：选择扫描的元件及参数。Sweep Parameter 栏可以选择扫描参数类型，包括：Device Parameter（元器件参数）或者 Model Parameter（模型参数）。

Device Parameter：选择所要扫描的元件参数模型。选择该选项后，填写其右侧与元器件相关的信息。

Device 代表选择所要扫描的元件种类。如 Capacitor（电容）、Diode（二极管）、Resistor（电阻器）、Vsource（电压源）等。

Name 代表要扫描的元件序号。

Parameters 代表要扫描元件的参数，Present Value 栏则为该参数的设置值。元件参数含义可以在 Description 栏内说明。

Model Parameter：选择元件模型参数类型。选择该选项后，该栏右侧的选项栏同样需要进行选择。这些栏中的选项不仅与电路有关，而且与 Device Parameter 对应的选项有关，注意区别。

（2）Point to sweep 区：选择扫描方式。

Sweep Variation Type 栏：选择扫描变量类型。Decade 为十倍刻度扫描、Octave 为八倍刻度扫描、Linear 为线性刻度扫描、List 为取列表值。当该栏选择 List 项，其右边将出现 Value List 栏。若选择 Decade 或者 Octave 时，该栏内右侧会出现三个栏的内容要填写。当该栏选择 Linear 时，该栏内右侧会出现 4 个栏的内容要填写，如图 4.38 所示。

Start：代表开始扫描。

Stop：代表停止扫描。

# of points：代表扫描的点数。

Increment：代表扫描的增量。

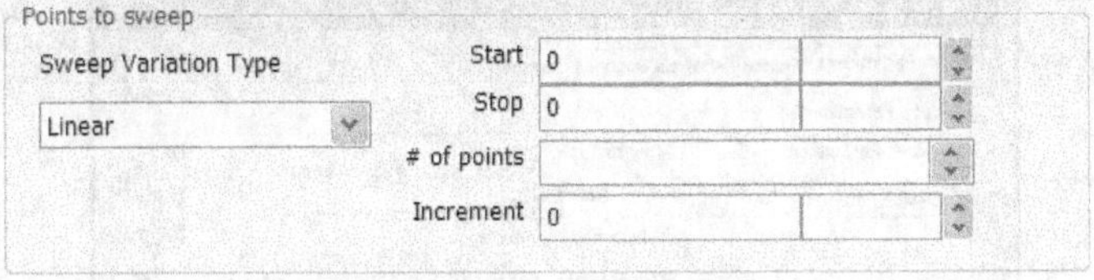

图 4.38　Linear 项

More Options 区用于选择分析类型。Analysis to sweep 栏中包含 4 个选项可供选择：DC Operating Point（直流工作点分析）、AC Analysis（交流分析）、Transient Analysis（瞬态分析）以及 Nested sweep。在选定分析类型后，单击 Edit Analysis 按钮，可对分析参数进行设置，如图 4.39 所示。

其中，单击 Reset to default 按钮可恢复默认设置。More Options 区可设置时间增量。

图 4.40 中的电路为参数扫描分析示例电路。运行 Parameter Sweep Analysis 命令，进行仿真分析设置，如图 4.41 所示。More Options 设置，具体设置同图 4.37。设置完成后，单击 Simulate 按钮，便会出现如图 4.42 所示的分析结果显示窗口。

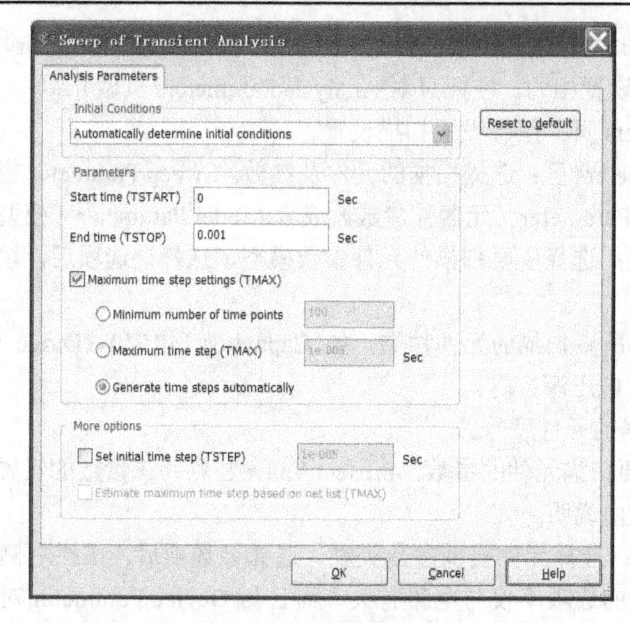

Sweep of Transient Analysis
Analysis Parameters
Initial Conditions
Automatically determine initial conditions
Reset to default
Parameters
Start time (TSTART)
0
Sec
End time (TSTOP)
0.001
Sec
Maximum time step settings (TMAX)
Minimum number of time points
100
Maximum time step (TMAX)
1e-005
Sec
Generate time steps automatically
More options
Set initial time step (TSTEP)
1e-005
Sec
Estimate maximum time step based on net list (TMAX)
OK
Cancel
Help

图 4.39　分析参数设置

R1
10kΩ
4
XSC1
Q1
0
1
L1
120uH
2
2N2222A
C2
82pF
C1
82pF
3
+V1
6 V
R2
1kΩ
0

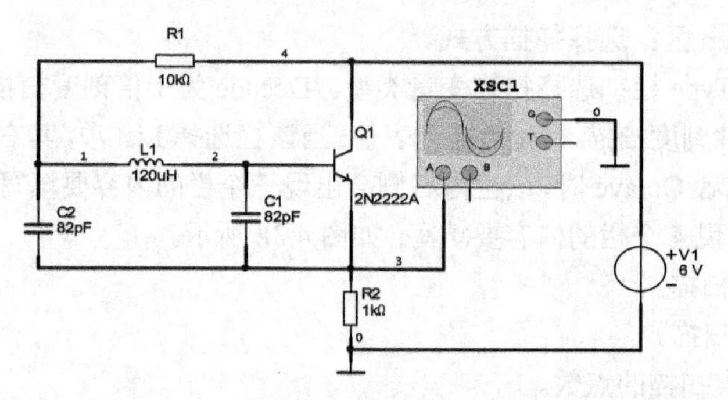

图 4.40　示例电路

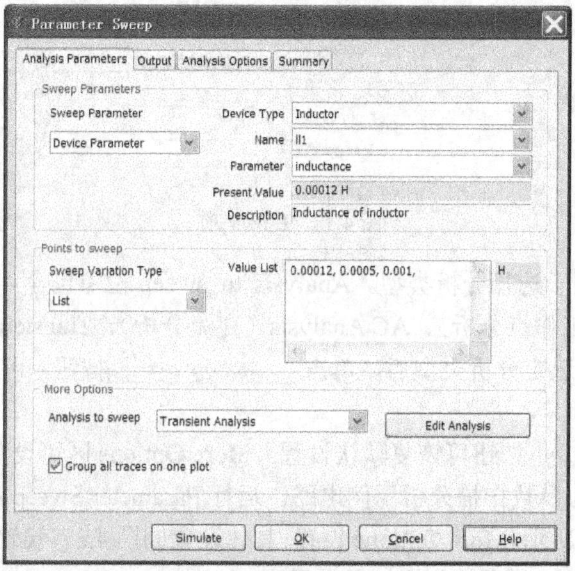

Parameter Sweep
Analysis Parameters
Output
Analysis Options
Summary
Sweep Parameters
Sweep Parameter
Device Parameter
Device Type
Inductor
Name
ll1
Parameter
inductance
Present Value
0.00012 H
Description
Inductance of inductor
Points to sweep
Sweep Variation Type
List
Value List
0.00012, 0.0005, 0.001,
H
More Options
Analysis to sweep
Transient Analysis
Edit Analysis
Group all traces on one plot
Simulate
OK
Cancel
Help

图 4.41　仿真分析设置

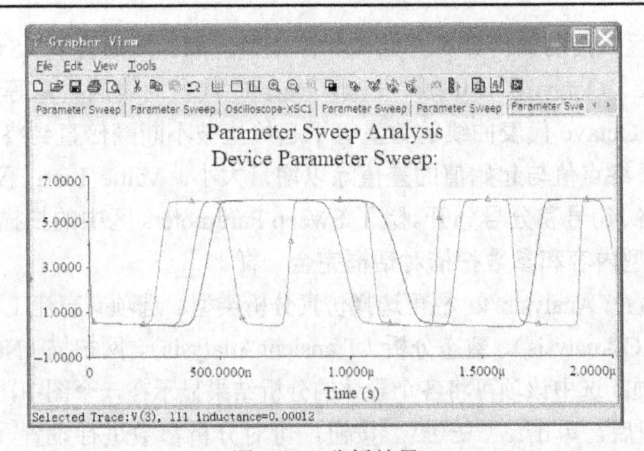

图 4.42 分析结果

4.11 温度扫描分析

温度扫描分析（Temperature Sweep Analysis）用于研究温度变化对电路性能的影响，相当于在不同温度下分别对元件进行电路仿真。通常仿真实验都在 27℃下进行，并且温度扫描分析并不是对所有元件都有效，仅限于一些半导体和虚拟电阻。由于 Multisim 中现实电阻没有设计温度的特性，所以设计时均采用具有温度特性的虚拟电阻代替。

单击 Simulate→Analyses→Temperature Sweep Analysis 命令，打开温度扫描分析对话框，如图 4.43 所示。

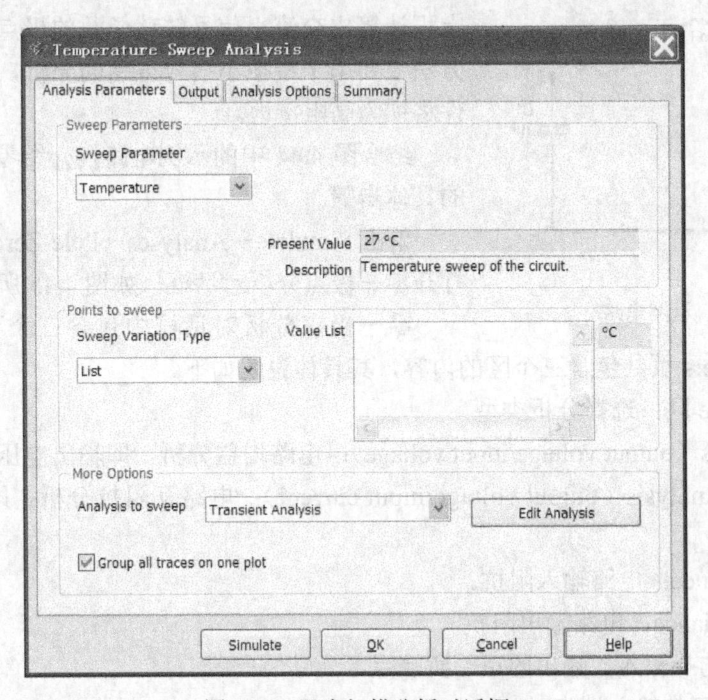

图 4.43 温度扫描分析对话框

Sweep Parameters 区：设置扫描参数类型，此时选择 Temperature，当前值（Present）为 27℃。

Points to sweep 区：指明如何计算开始值和停止值区间。扫描类型（Sweep Variation Type）中可选项为：Decade、Octave、，Linear、List。Decade 代表曲线的数量等于其实值乘上 10 后到达终点值的次数；Octave 代表曲线的数量等于起始值被不断翻倍直到终点值的次数；Linear 代表曲线的数量等于终点值与起始值的差值除以增量大小。Value List：仅用于 List 扫描。列表里的各项使用空格、句号和分号分开。除了 Sweep Parameters 区中的扫描参数为 Temperature（温度）外，其他选型内容和参数扫描对话框完全一样。

More Options 区：Analysis to 栏可选择仿真分析类型，选项有直流工作点（DC Operating Point）、交流分析（AC Analysis）、暂态分析（Transient Analysis）、网扫描（Nested Sweep）。Group all traces on one plot 项：选中该项可将各个导体的分析结果显示在一个图中，反之则单独显示。

在选定分析类型后，单击 Edit Analysis 按钮，可对分析参数进行设置，设置对话框同参数扫描分析方法中该对话框相似。

其他各页内容同参数扫描分析方法对话框中的内容相同。设置完后单击 Simulate 按钮即显示分析结果。

4.12 零一极点分析

零一极点分析（Pole-Zero Analysis）方法是分析求解交流小信号电路传递函数中极点和零点一种方法，是一种对电路的稳定性分析非常有用的工具。通常首先计算电路的直流工作点，然后对非线性元器件求取其小信号模型，最后在其基础上再计算出交流小信号转移函数的极点和零点。该分析方法主要用于模拟小信号电路的分析，电路中的数字器件将视为高阻接地。

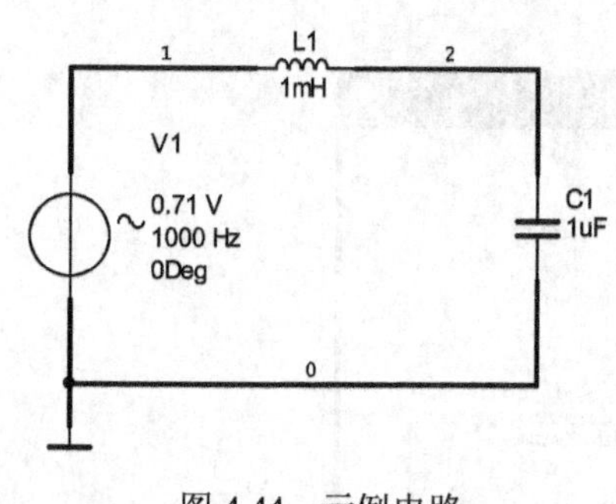

图 4.44 示例电路

结合图 4.44 中的示例电路，介绍零一极点分析方法的具体步骤。

单击 Simulate→Analyses→Pole-Zero Analysis 命令，打开零一极点分析对话框，如图 4.45 所示。

零一极点分析对话框中包含三个页的内容，其中 Analysis Parameters 页共包含三个区的内容，其具体说明如下。

Analysis Type 区：选择分析类型。

Gain Analysis（output voltage/input voltage）：电路增益分析，即输出电压/输入电压。

Impedance Analysis（output voltage/input current）：电路互阻抗分析，即输出电源/输入电流。

Input Impedance：电路输入阻抗。

Output Impedance：电路输出阻抗。

Nodes 区：选择输入、输出的正、负端点。

Input（+）：正的输入端点。

Input（−）：负的输入端点（通常接地，即节点 0）。

Output（+）：正的输出端点。

Output（–）：负的输出端点（通常接地，即节点 0）。

Analyses 栏选择所要分析的对象。该栏下拉列表中包含了 Pole and Zero Analysis（同时求出极点和零点）、Pole Analysis（只求出极点）、Zero Analysis（求出零点）三个选项。

本例中，Analysis Parameters 页的各项具体设置参见图 4.45。其他两页内容与以上设置方法相同。单击 Simulate 按钮，分析结果如图 4.46 所示。

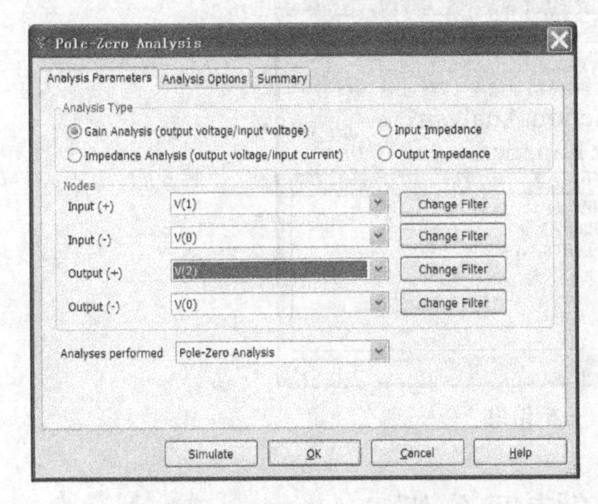

图 4.45　零－极点分析对话框

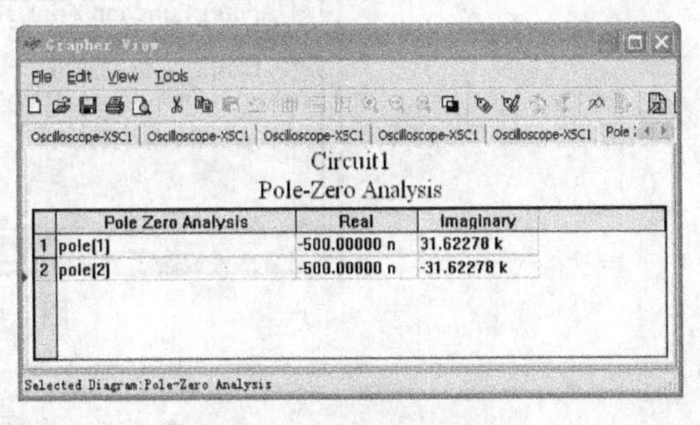

	Pole Zero Analysis	Real	Imaginary
1	pole(1)	-500.00000 n	31.62278 k
2	pole(2)	-500.00000 n	-31.62278 k

图 4.46　分析结果

4.13　传递函数分析

传递函数分析（Transfer Function Analysis）可用于计算用户指定作为输出变量的任意两个节点之间输出电压或者流过某一个器件的电流与作为输入变量的独立电源之间的比值，也可用于计算输入和输出阻抗值。该方法为一种在交流小信号条件下的分析方法。下面结合图 4.47 所示传递函数分析方法示例电路进行介绍。

单击 Simulate→Analyses→Transfer Function Analysis 命令，打开传递函数分析对话框，如图 4.48 所示。

Analysis Parameter 页包含以下各项目。

Input source：选择所要分析的输入电源，本例选择 vv1。

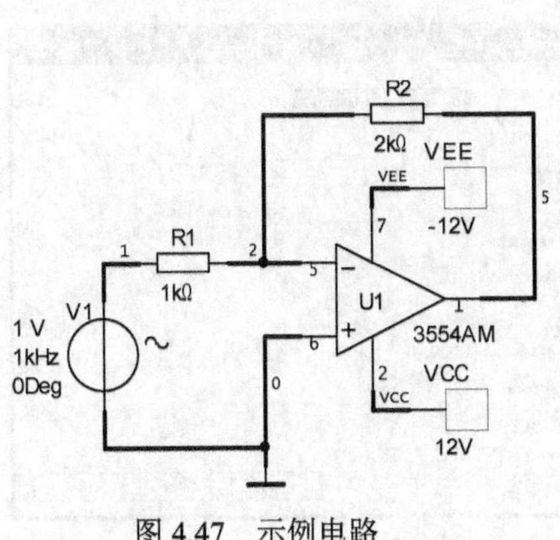

图 4.47　示例电路

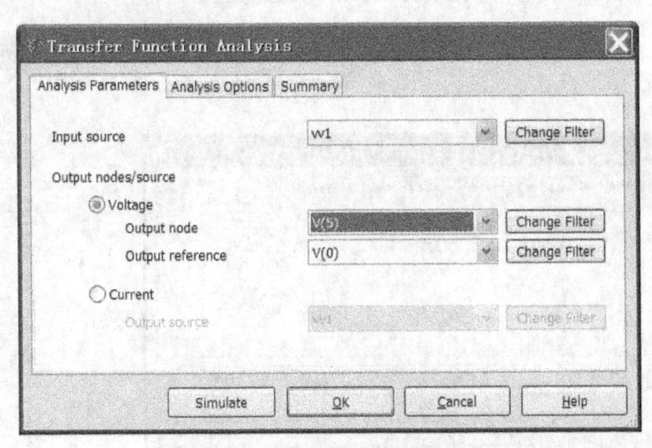

图 4.48　传递函数分析对话框

Output nodes/source 区：设置所要分析的对象。Voltage 选择作为输出电压的变量。Output nodes 栏指定参考节点；Output reference 栏指定参考节点，通常为接地端（即 0）。Current 选择作为输出电流的变量。Output source 指定所要输出电流。

设置完毕后，单击 Simulate 按钮，便会出现如图 4.49 所示的仿真分析结果。

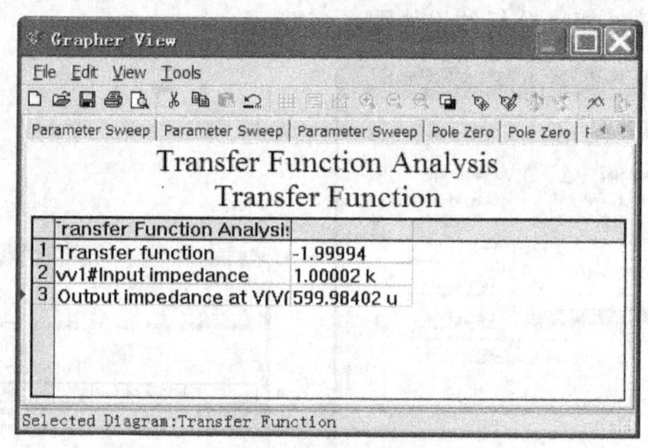

图 4.49 分析结果

4.14 最坏情况分析

顾名思义，最坏情况分析（Worst Case Analysis）方法是用于分析电路的最坏可能性的一种分析方法。该方法属于一种统计方法，主要通过观察元件参数变化时的电路性能变化来实现。最坏情况是指电路中的元件参数在其容差域边界点上采用某种组合时所引起的电路性能的最大偏差。最坏情况分析就是在给定电路元件参数容差的情况下，估算出电路性能相对于标称值时的最大偏差。

单击 Simulate→Analyses→Worst Case Analysis 命令，打开最坏情况分析对话框，见图 4.50。

1. Model tolerances list 页

设置用于显示和编辑当前电路元件的容差。

Current list of tolerances 区：列出目前的元件模型，单击 Add a new tolerance 按钮，打开如图 4.51 所示对话框，添加误差设置。

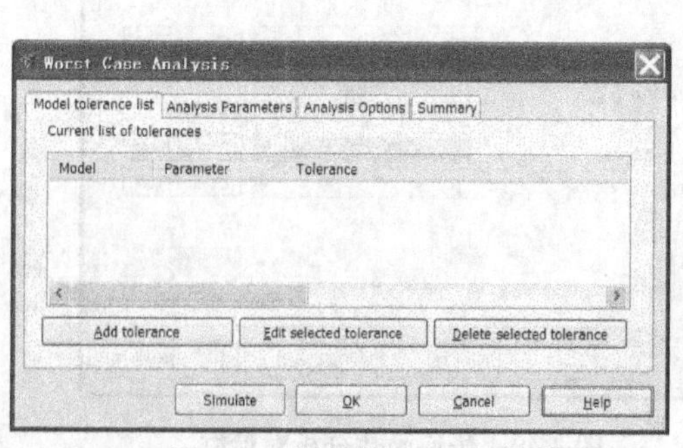

图 4.50 最坏情况分析对话框

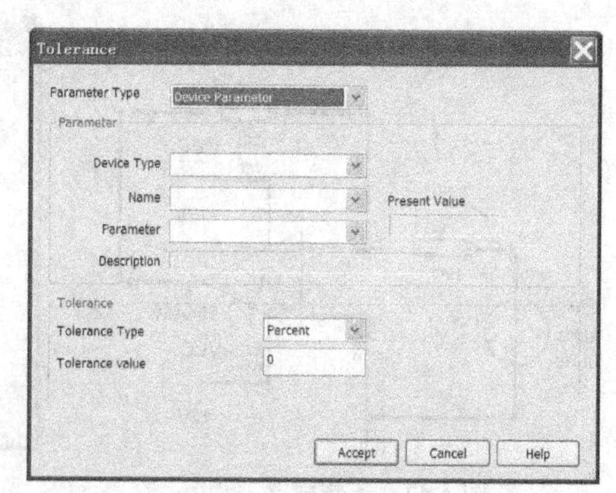

图 4.51 Tolerances 页

Tolerances 对话框包含以下内容。

Parameter Type 栏：用于选择所要设定的元件 Model Parameter（模型参数）或者 Device Parameter（器件参数）。

Parameter 区：该区内容将随着 Parameter Type 栏内容而改变。

Device Type：选择所要设定参数的器件类型，包括电路图中所使用的元件种类，例如 BJT（双极性晶体管类）、Capacitor（电容器类）、Diode（二极管类）、Resistor（电阻器）以及 Vsource（电压源类）等。

Name：选择所要设定参数的元件序号。

Parameter：选择所要设定的参数。

Present Value：当前参数的设定值（不可更改）。

Description：所选参数说明（不可更改）。

Tolerance 区：选择容差的形式。该区只包含两项内容：Tolerance Type 可选择容差的形式，Absolute 为绝对值，而 Percent 为百分比；Tolerance Value 可根据所选的容差形式设置容差值。

完成设定后，只需单击 Accept 按钮即可将新增项目添加到前一个对话框中。

Worst Case Analysis 对话框中的 Edit selected tolerance 按钮用于对所选的某个误差项目进行重新编辑，单击该按钮可打开如图 4.51 所示的对话框；另外一个按钮 Delete tolerance entry 用于删除所选的误差项目。

2. Analysis Parameters 页

如图 4.52 所示，各参数说明如下。

Analysis：选择所要进行的分析，DC operating point（直流工作点分析）或者 AC analysis（交流分析）。当选择 AC analysis 时，单击其右侧的 Edit Analysis 可进行交流分析编辑，如图 4.53 所示。图中各项参数与前面对应对话框相同，在此不做具体说明。

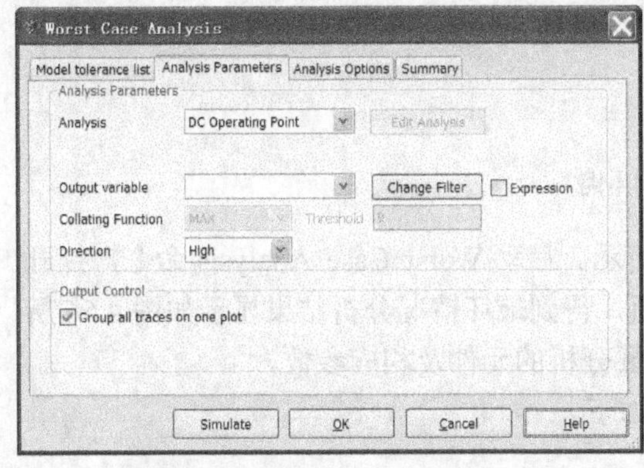

图 4.52　Analysis Parameters 页

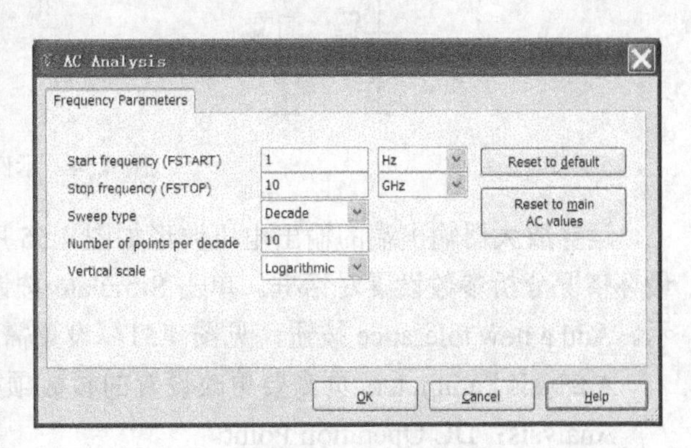

图 4.53　AC Analysis 页

Output：选择要分析的输出节点。

Collating：选择核对函数。该栏仅在交流分析（AC analysis）时才是可操作的。直流工作点分析（DC operating point）时选项指定为 MAX。最坏情况分析所得到的数据通过比较函数收集。核对函数其实相当于一个高选择性滤波器，每运行一次只允许收集一个数据。其中可选项的含义说明如下。

MAX：Y 轴的最大值。

MIN：Y 轴的最小值。

RISE_EDGE：第一次 Y 轴出现大于用户设定的门限时的 X 值。其右侧 Threshold 栏用于输入其门限值。

FALL_EDGE：第一次 Y 轴出现小于用户设定的门限时的 X 值。其右侧 Threshold 栏用于输入其门限值。

Direction：选择容差变化方向，可选项为 Low、High 两项。

若选中 Output Control 栏中的 Group all traces on one plot 选项，那么所有仿真分析将被记录并显示在一个图形中。

最坏情况分析示例电路如图 4.54 所示。

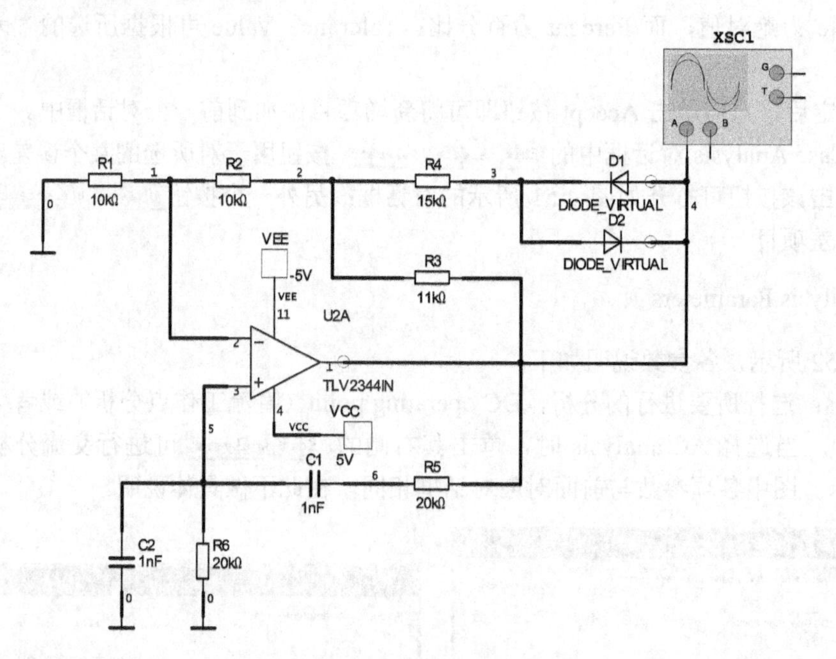

图 4.54 示例电路

运算放大器输出端的输出电压波形如图 4.55 所示。启动 Worst Case Analysis 命令，打开最坏情况分析参数设置对话框。单击 Simulate 按钮，得到最坏情况分析结果显示如图 4.56 所示。Add a new tolerance 按钮，见图 4.51，设置需要分析的元件及相应参数。

Analysis Parameters 页需要更改设置的参数项如下。

Analysis：DC Operation Point。

Output variable：V(1)。

Direction：High。

单击 Simulate 按钮，出现如图 4.56 所示结果。其中 Worst Case Analysis 部分显示了节点 1 处的直流工作点的 Nominal 和 Worst Case 两种情况下的结果。Run Log Descriptions 部分则显示了取得与 nominal 数值最大差情况下的电阻器值。

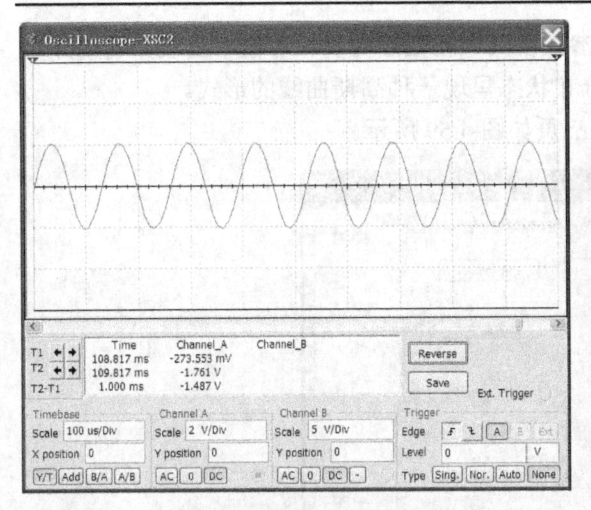

图 4.55　输出电压波形

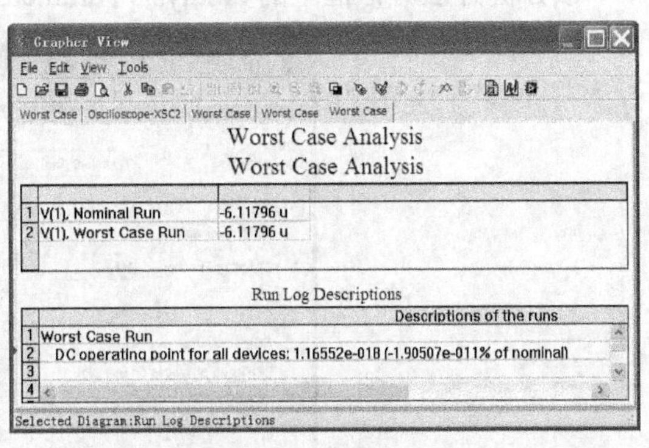

图 4.56　分析结果

4.15　蒙特卡罗分析

蒙特卡罗分析（Monte Carlo Analysis）方法是统计模拟方法的一种，即使用统计分析方法来观察电路的元件属性变化对电路特性所产生的影响。根据用户指定的分布类型和参数容差，随意地改变元件的属性，并不断地进行仿真实验。蒙特卡罗分析将进行直流、交流和瞬态分析，并改变元件的属性。通过多次分析结果估计出能够体现电路性能的统计分布规律参数，如电路性能的中心值、方差、电路合格率和成本等等。

单击 Simulate→Analyses→Monte Carlo Analysis 命令，打开蒙特卡罗分析对话框，见图 4.57。

单击该对话框的 Current list of tolerances 页中的 Add tolerance 按钮，可打开如图 4.58 所示对话框。该页的其他设置方法与最坏情况分析方法相同。

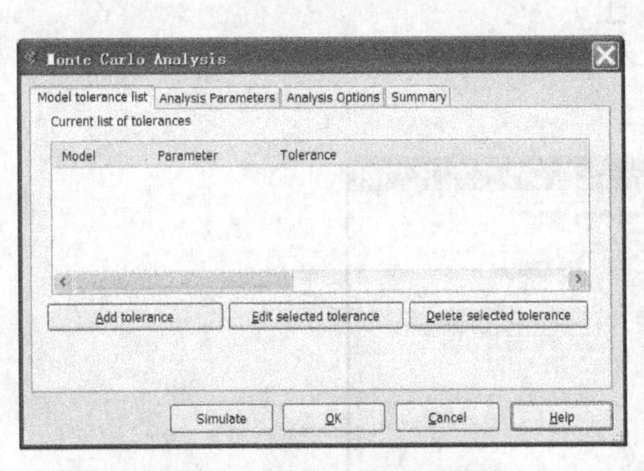

图 4.57　蒙特卡罗分析对话框

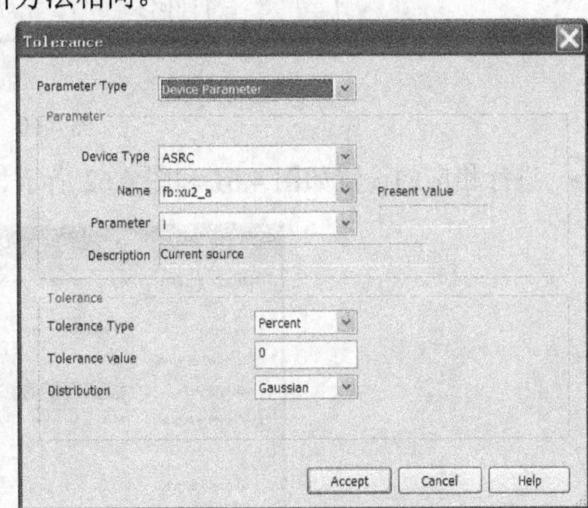

图 4.58　Add tolerance 页

该分析方法的 Tolerance 对话框与最坏情况分析法的 Tolerance 对话框类似，只是在 Tolerance 区中多了两个设置项目，分别如下。

Distribution：选择元件参数容差的分布类型，其候选项包括 Gaussian（高斯分布）和 Uniform

（均匀分布）两项。均匀分布类型指的是元件参数在其误差范围内以相等概率出项；高斯分布类型更复合实际分布情况，元件参数的误差分布状态呈现一种高斯曲线的形式。

该分析方法对话框中的 Analysis Parameters 页如图 4.59 所示。

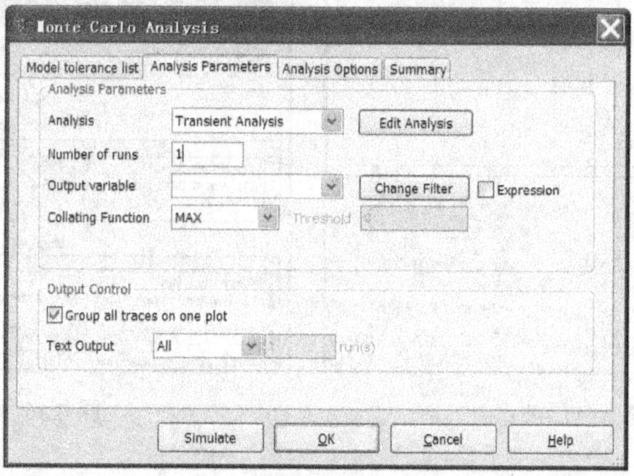

Monte Carlo Analysis
Model tolerance list
Analysis Parameters
Analysis Options
Summary
Analysis Parameters
Analysis
Transient Analysis
Edit Analysis
Number of runs
1
Output variable
Change Filter
Expression
Collating Function
MAX
Threshold
Output Control
Group all traces on one plot
Text Output
All
run(s)
Simulate
OK
Cancel
Help

图 4.59　Analysis Parameters 页

Analysis 区：较最坏情况分析中增加了 Transient analysis（瞬态分析）一项。

Number of runs：设计运行次数。

其他选项均与较最坏情况分析中对应的选项相同。

Output Control 区：该区较最坏情况分析中对应的区新增了 Text Output（文字输出方式）一栏。

蒙特卡罗分析示例电路如图 4.60 所示。

2
1
L1
1uH
4
L2
1uH
5
V2
5 V
V1
0V 5V
C1
2nF
C2
1nF
R1
50 Ω
0

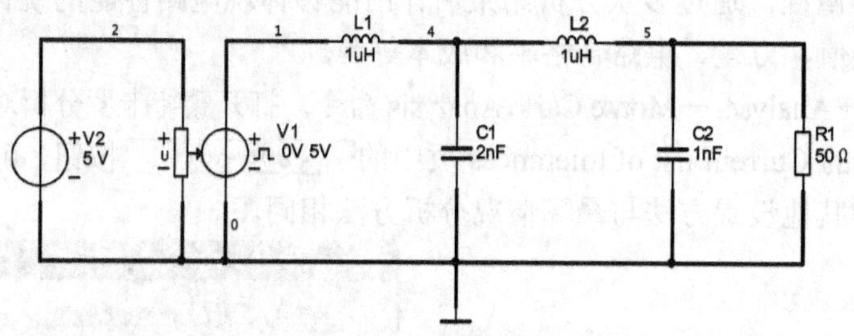

图 4.60　示例电路

进行相应的设置如图 4.61 和图 4.62 所示。

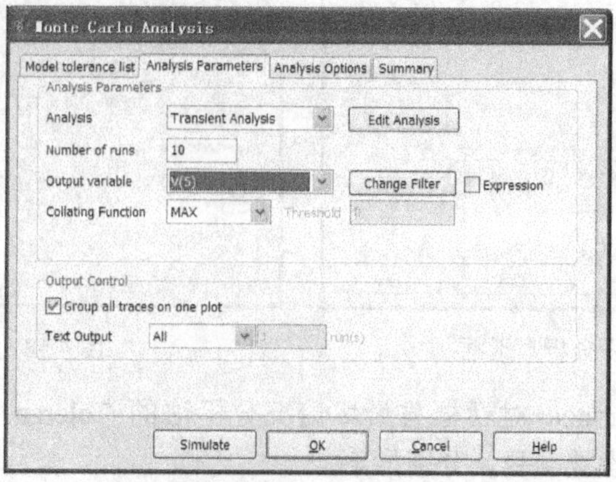

Monte Carlo Analysis
Model tolerance list
Analysis Parameters
Analysis Options
Summary
Analysis Parameters
Analysis
Transient Analysis
Edit Analysis
Number of runs
10
Output variable
V(5)
Change Filter
Expression
Collating Function
MAX
Threshold
Output Control
Group all traces on one plot
Text Output
All
run(s)
Simulate
OK
Cancel
Help

图 4.61　设置页

选择 Model Tolerance List 页，单击 Add tolerance 按钮，出现如图 4.63 所示的对话框。单击 Accept 按钮，回到 Model tolerance list 页，如图 4.64 所示。

单击 Simulate 按钮，得到蒙特卡罗分析结果显示如图 4.65 所示。

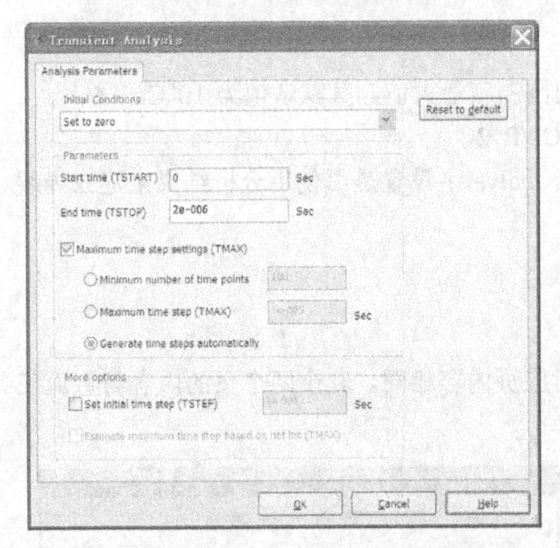

图 4.62　设置页

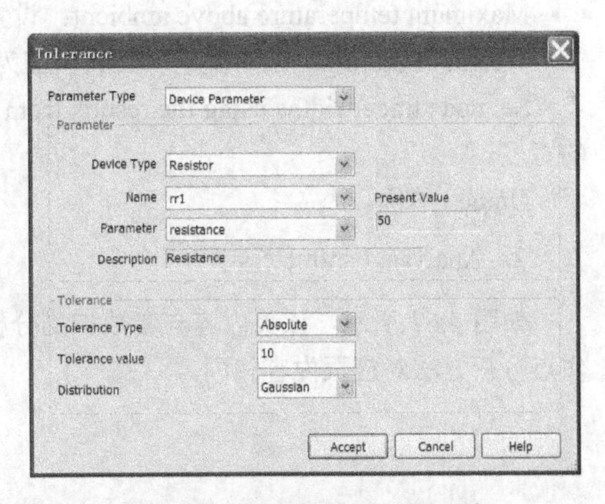

图 4.63　Model Tolerance List 页

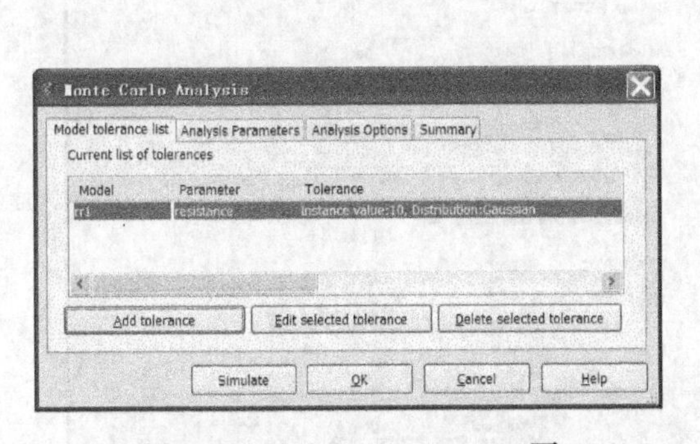

图 4.64　Model Tolerance List 页

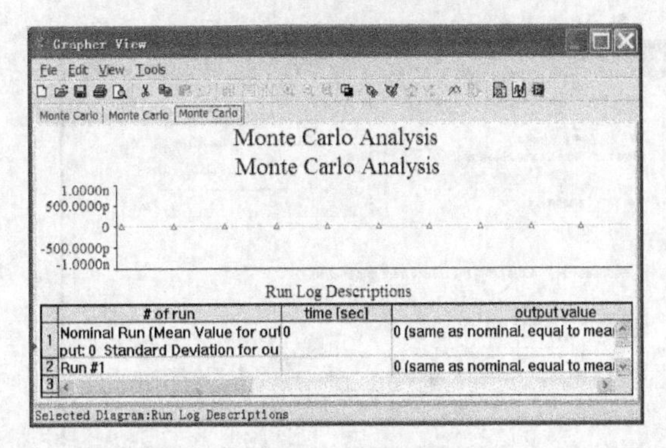

图 4.65　分析结果

4.16　线宽分析

线宽分析（Trace Width Analysis）主要用于计算电路中要处理任意导体/导线上的 RMS 电流所需的最小线宽。要想充分理解该分析方法的重要性，必须首先要理解当导线上电流增加时，导体或者导线上到底发生了什么。

通过导体的电流流过时会引起导体温度的增加。导线所散发的功率不仅与电流有关，还与导线的电阻有关，而导线的电阻又与导线的横截面积有关。功率的计算公式为

$$P = I^2 R$$

由功率计算公式可以看出，电流与功率并不是简单的线性关系。每单位长度导体的阻抗是它的横截面积的一个函数形式（宽、次数、浓稠度）。因此阻抗和电流之间的关系是电流、宽度和导体浓稠度的一个非线性函数。导体释放热的能力为它的表面积，或者宽度（/单位长）的函数。

PCB 技术限定了用作导线的铜箔的浓稠度，而该浓稠度则与其标称重量有关。

单击 Simulate→Analyses→Trace Width Analysis 命令，打开线宽分析对话框，如图 4.66 所示。

1. Trace width analysis 页

如图 4.66 所示。各参数说明如下。

Maximum temperature above ambient：设置周围温度最大值，其默认值为 10°C。

Weight of plating：镀的重量，其默认值为 1 Oz/ft^2。

Set node trace widths using the results from this analysis：设置是否使用分析结果来建立导线的宽度。

Units：单位。

2. Analysis Parameters 页

如图 4.67 所示，该页内容与参数扫描分析对应页内容相同。其余两个页的内容与直流工作点分析方法对应页内容相同。

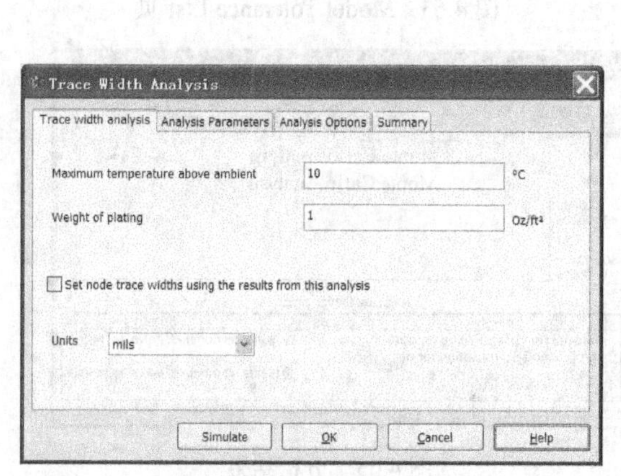

图 4.66 线宽分析对话框

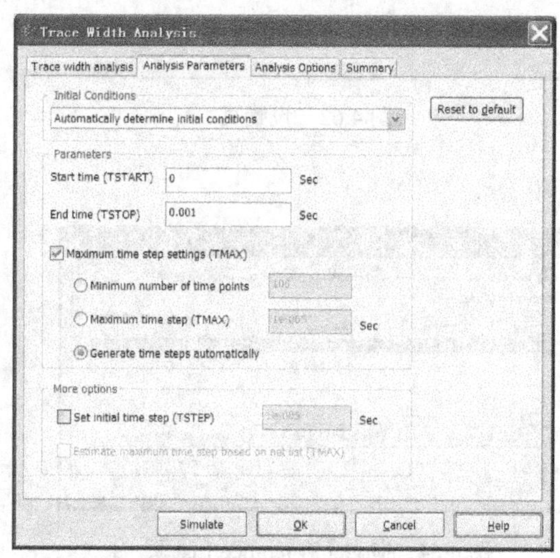

图 4.67 Trace width analysis 页

线宽分析示例电路如图 4.68 所示。

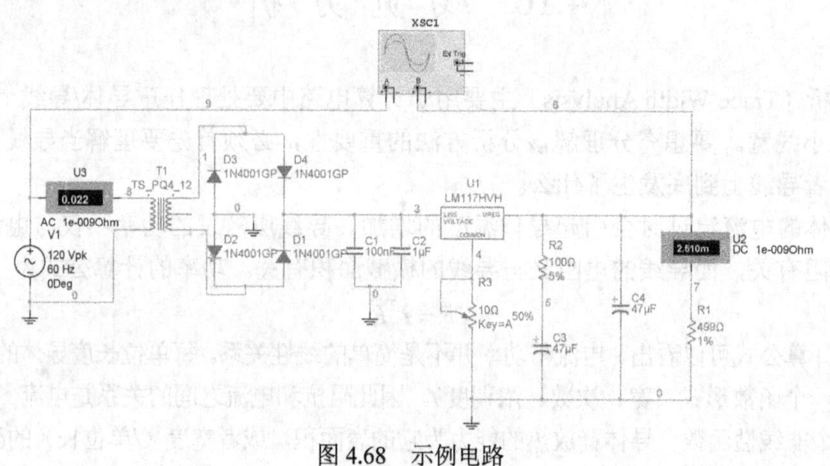

图 4.68 示例电路

运行该电路后，示波器操作界面设置及其电压波形显示如图 4.69 所示，其中正弦波状曲线为输入电压波形，另外一个则为输出电压波形。Trace width analysis 页参数设置见图 4.66。Analysis Parameters 页中的 Initial Conditions 项设置为 Set to zero。其他选项内容见图 4.70。

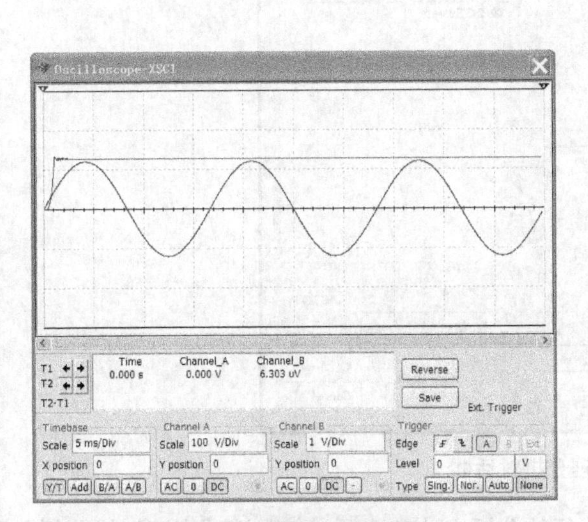

图 4.69　输出电压波形

图 4.70　Initial Conditions 项设置

单击 Simulate 按钮，出现如图 4.71 所示的分析结果。

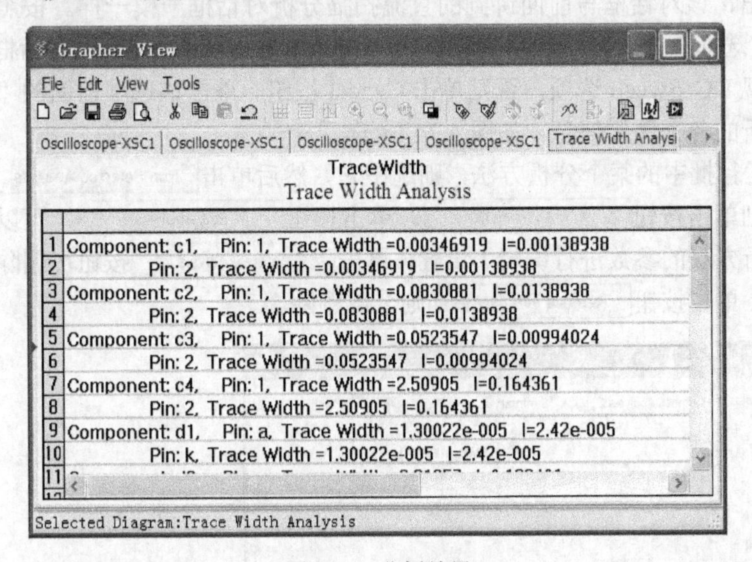

图 4.71　分析结果

4.17　批处理分析

在实际电路分析中，可能会遇到需要对同一个电路进行多种分析，或者对多个示例进行同一种分析的情况。如果想更快捷方便地解决这个问题，那么批处理分析（Batched Analysis）的使用将是很好的选择。

下面以直流扫描电路为例进行介绍说明。单击 Simulate→Analyses→Batched Analysis 命令，打开如图 4.72 所示批处理分析对话框。

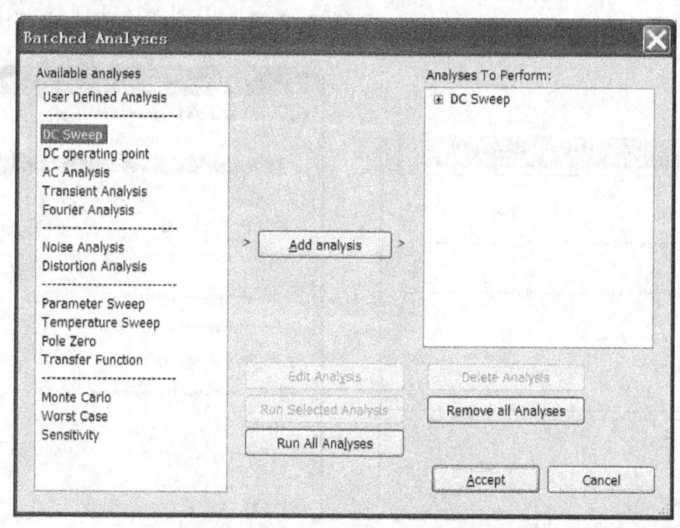

图 4.72　批处理分析对话框

对话框的左侧 Available analyses 栏为所要执行的分析方法备选项，单击选项直流扫描分析（DC Sweep）后，再单击中间的 Add analysis 按钮，便会出现直流扫描分析对话框，如图 4.73 所示。可以看出，该对话框与前面讲到的直流扫描分析对话框一模一样。按照相同的方法进行设置后，确定选择该分析方法则单击按钮 Add to list ，Batched Analyses 对话框右侧 Analyses to 一栏便会出现 DC Sweep 选项，否则单击 Cancel 按钮。单击该选项前面的“＋”号，便会显示关于该分析的各个简要信息，如图 4.74 所示。

如果只是运行批中的某个分析方法，则选中它，然后单击 Run Selected Analysis 按钮即可。如要全部运行，则单击按钮 Run All Analyses 。单击按钮 Edit Analysis ，可以对选中的某个批中的某个分析方法的参数进行编辑、设置。单击 Delete Analysis 按钮可删除批中被选中的某个分析方法，单击按钮 Remove all Analyses 则全部删除。

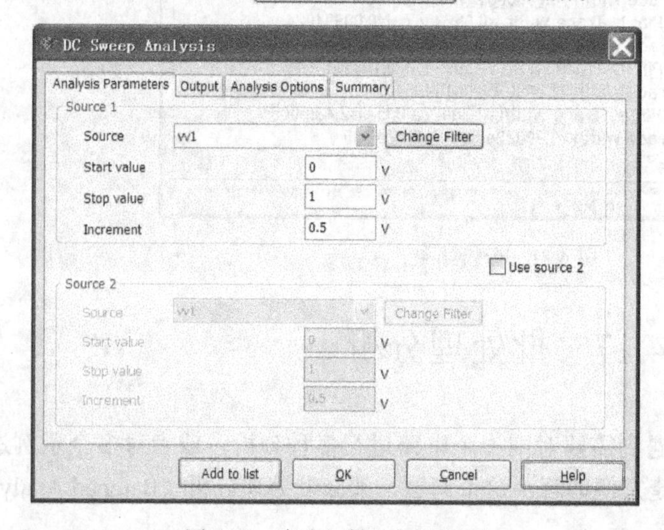

图 4.73　直流扫描分析对话框

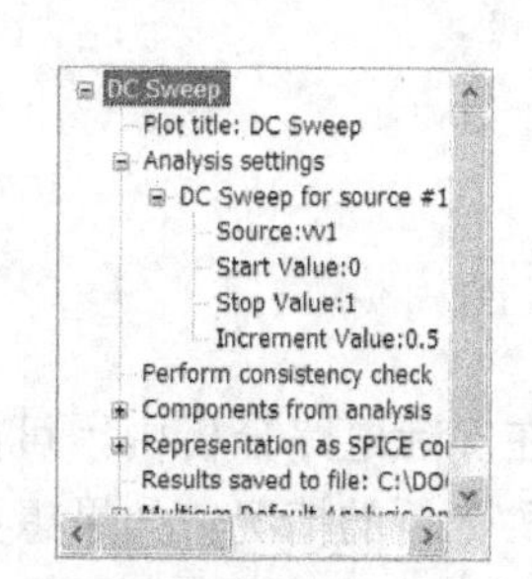

图 4.74　分析对话框

4.18　用户自定义分析

选中用户自定义分析（User Defined Analysis），出现用户自定义 SPICE 命令输入框，如图 4.75 所示。可在输入框中直接键入可执行的 SPICE 命令，定义某种特殊的分析。这种方法十分灵活，但需要用户很好地掌握 SPICE 语言知识。

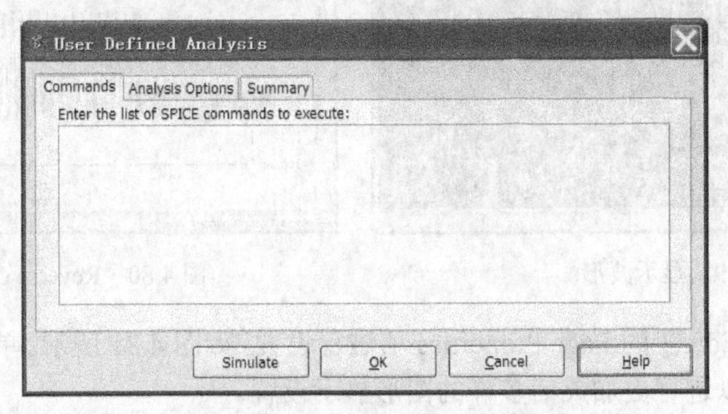

图 4.75　用户自定义分析对话框

下面用一个实例说明用户自定义分析的用法。

首先打开一个 NI Multisim 12 自带的仿真电路，位置 C:\Program Files\Electronics Workbench\EWB8\samples\Analyses\User Defined Analysis\RC.cir。此电路接上测试示波器以后如图 4.76 所示。

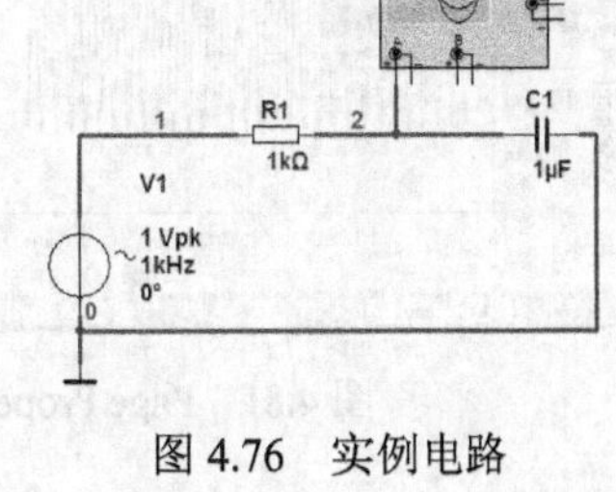

图 4.76　实例电路

用户可在 Commands 页中的 Enter the list of SPICE commands to execute 栏中输入可执行的 SPICE 命令：

sourcs C:\Documents and Settings\All users\Documents\National Instruments\Circuit Design Suite 10.1\samples\Analyses\User Defined Analysis\RC.cir
tran=100u1m
plot V(2)

如图 4.77 所示。然后单击 Simulate 按钮即可执行该分析。结果如图 4.78 所示。可以反复执行，得到多个显示波形，如图 4.79 所示。

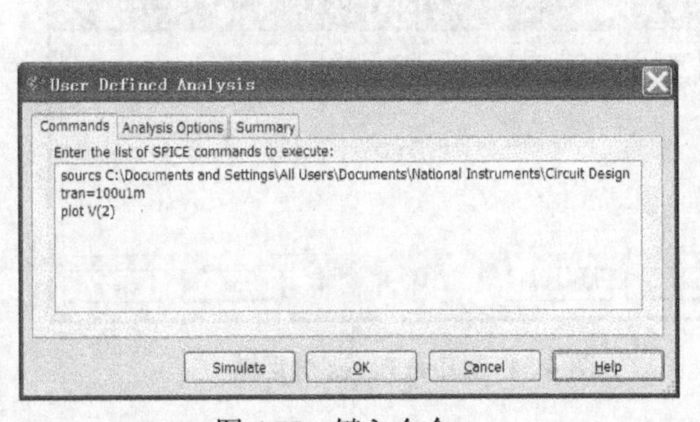

图 4.77　键入命令

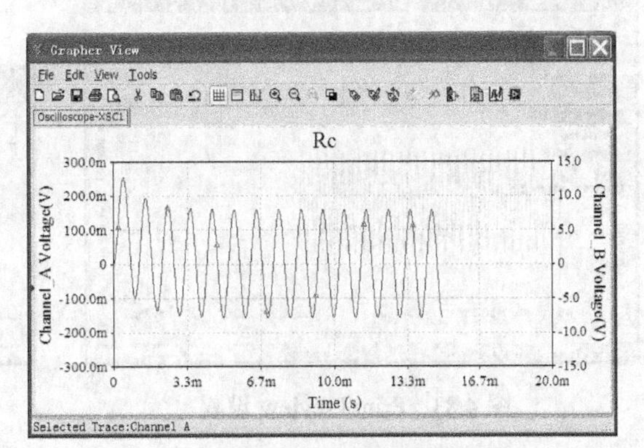

图 4.78　分析结果

单击菜单里的 View 选项中的 Reverse Colors 项。可以改变显示图像的颜色（黑白色），如图 4.80 所示。

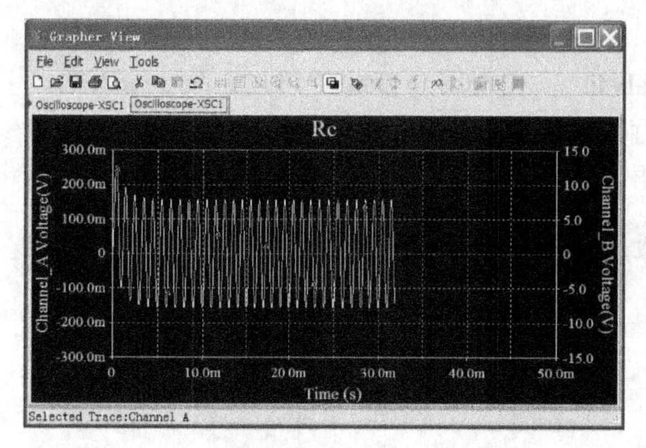

图 4.79 显示波形

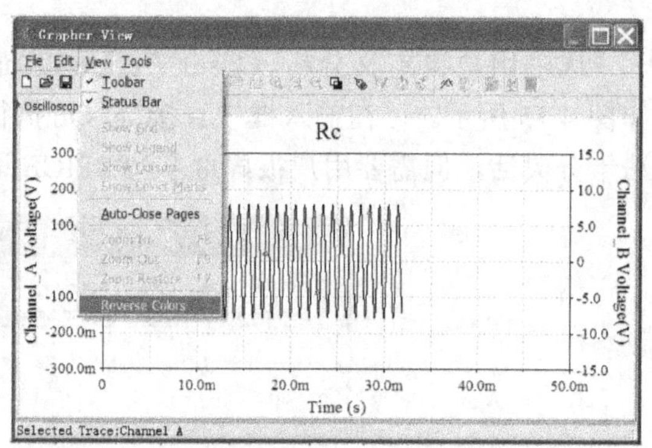

图 4.80 Reverse Colors 项

还可以对菜单 Edit 里的 Page Properties 项进行设置，如图 4.81 所示。单击后出现如图 4.82 所示的对话框。可以进行更加灵活多样的图形显示设置。

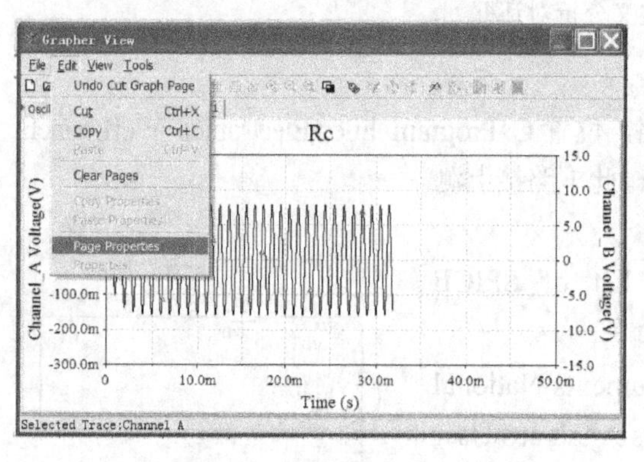

图 4.81 Page Properties 项设置

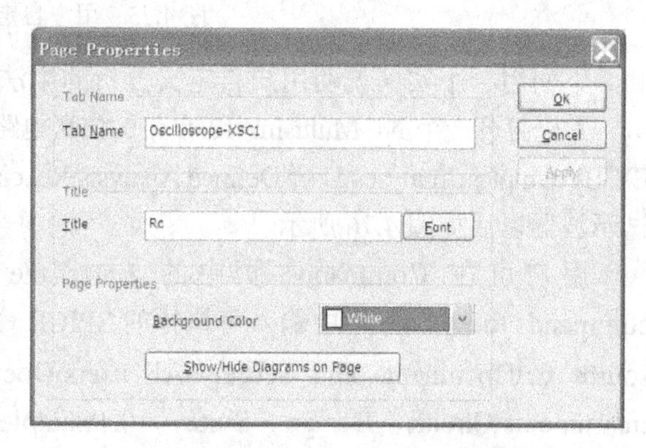

图 4.82 Page Properties 对话框

通过对菜单 File 中的 Print Preview 选项的设置，如图 4.83 所示，达到多个波形同时显示、单个波形显示转换的目的，使观察更加深入。Print Preview 选项的设置如图 4.84 所示，选择 Select All，单击 OK 按钮。

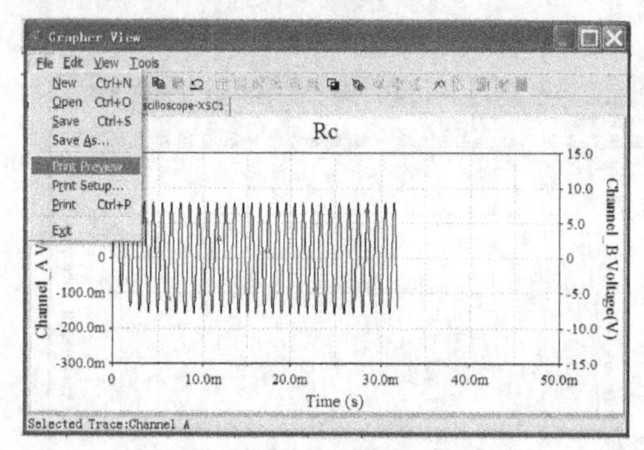

图 4.83 Print Preview 设置

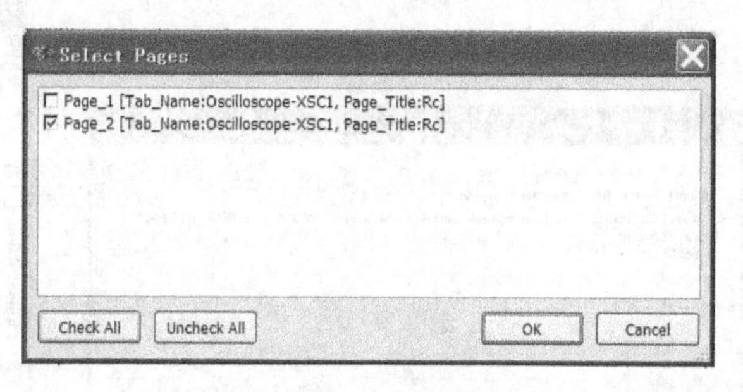

图 4.84 Select Pages 对话框

单击 One Page 按钮可以选择单个波形显示或选择多个波形显示，如图 4.85 所示。

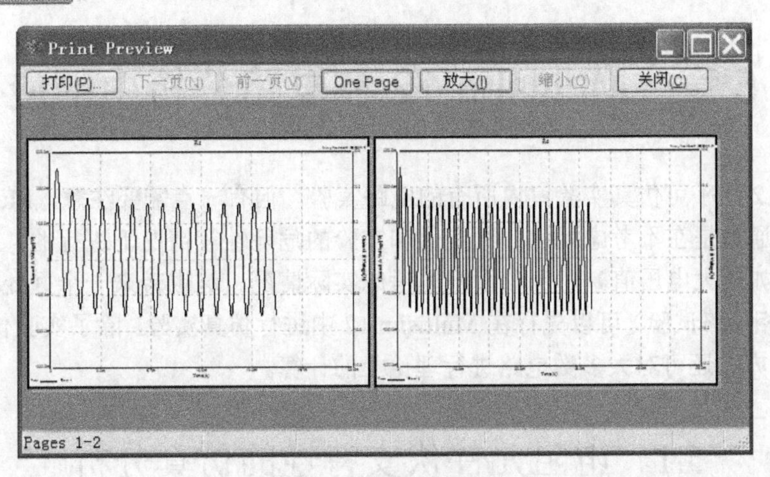

图 4.85　多个波形显示

4.19　噪声系数分析

噪声在二端网络会伴随着信号出现，比如放大器或者衰减器的输入端。电路中的无源器件会增加 Johnson 噪声，有源器件则会增加散弹噪声和闪烁噪声。这些噪声经过电路放大后将全部汇总到输出端。噪声系数分析（Noise Figure Analysis）主要是研究元件模型中的噪声参数对电路的影响。

和其他 Multisim 分析方法一样，单击 Simulate→Analyses→Noise Figure Analysis 命令便可打开噪声系数分析对话框，如图 4.86 所示。

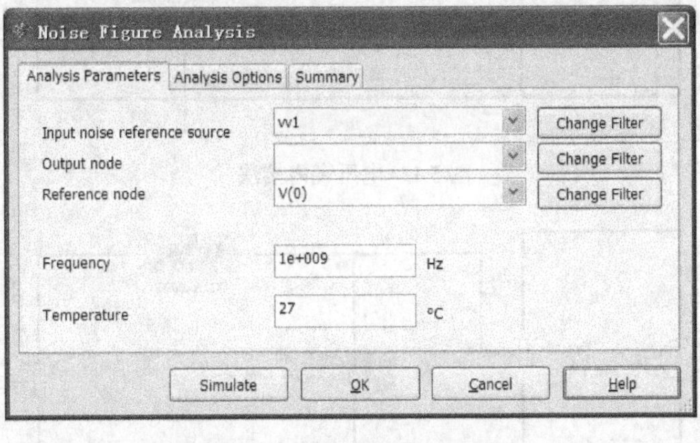

Noise Figure Analysis
Analysis Parameters　Analysis Options　Summary
Input noise reference source　vv1　Change Filter
Output node　Change Filter
Reference node　V(0)　Change Filter
Frequency　1e+009　Hz
Temperature　27　°C
Simulate　OK　Cancel　Help

图 4.86　噪声系数分析对话框

该对话框的 Analysis Parameters 页同噪声分析对话框中的对应内容相比较，只是多了 Frequency（频率设置）和 Temperature（温度设置）两项。前者默认值为 1e+009 Hz，后者默认值为 27℃。其他各项与噪声分析对话框对应项内容相同。

第 5 章　Multisim 12 在电路分析中的应用

Multisim 12 几乎可仿真实验室内所有的电路实验。但有一点需要注意，Multisim 12 中进行的电路实验通常是在不考虑元件的额定值和实验的危险性等情况下进行的，所以在确定某些电路参数（如最大电压值）时应该很好地考虑实际情况。这也带来一个好处：某些有风险的实验（如三相电路试验）可以先行在 Multisim 12 中进行仿真实验。除了实验仿真，Multisim 12 的电路分析方法还可对大多数电路进行理论上的计算。

5.1　电阻元件伏安特性的仿真分析

测定电阻元件的伏安特性是测量电阻两端的电压 U 与流过的电流 I 的关系。在 Multisim 12 中既可以像现实实验室中使用电压表和电流表进行逐点测量，也可以利用其 DC Sweep 分析法直接形成 U—I 关系曲线。

根据电压表和电流表位置的不同，有两种测试电路的方法，分别如图 5.1 和图 5.2 所示。

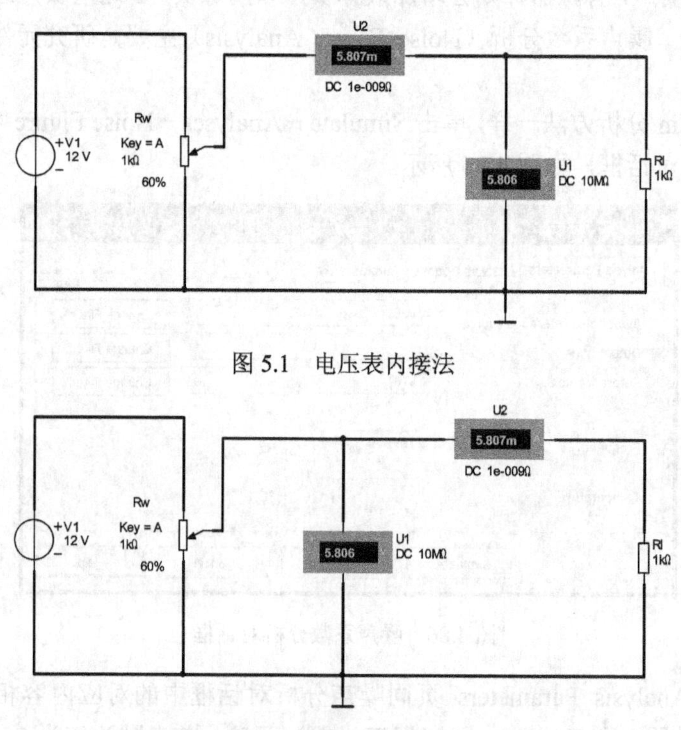

图 5.1　电压表内接法

图 5.2　电压表外接法

图 5.1 所示测量电路的方法称为电压表内接法，其中电流表的读数除了有电阻元件的电流外，还包括流经电压表的电流。图 5.2 所示的测量电路称为电压表外接法，其电压表的读数中包含了电流表两端的电压。

显然，无论采用哪种电路都会引起测量的误差，这种因测量方法而导致的误差称为方法误差。但若合理选择测量电路，则可使误差减小，甚至可忽略不计。下面分别用这两种测量电路对 2 Ω和 2 kΩ的电阻进行测量分析。

5.1.1　编辑原理图

首先从元件库中选出如图 5.1 和图 5.2 所示电路中的元器件及仪表，其中电位器选用虚拟元件，电阻从现实元件箱中选取。然后按电路图的形式连接起来。为了能模仿现实的实验装置，对元器件和仪表的参数进行如下设置。

（1）VI 模仿了输出电压挡可调的直流稳压源，现选取 12 V 挡，因而只需在 V1 的属性对话框的 Voltage(V)栏内输入 12 V 即可。

（2）选用虚拟电位器 RW 模仿 100 Ω的滑线变阻器，对电压源 V1 进行分压处理。打开 RW 的属性对话框，在 Resistance 栏内输入 100 Ω，再在 Key 栏中选择 A。这样，按键盘上的 A 键，随着旁边百分比的改变，相当于滑线变阻器的触头在上下移动。按 A 键，电阻百分比减小；按 Shift + A 键，电阻百分比增大。

（3）实验室常用的电压表和电流表都有一定的内阻，本例中设置电流表的内阻为 1 Ω，电压表的内阻为 10 kΩ。

5.1.2　仿真操作

仿真操作过程如下。

（1）在图 5.1 电路中，将电阻 Rl 用阻值为 2 Ω的电阻替换，滑动电位器，将电压表与电流表的读数记入表 5.1 中。

表 5.1　电压表内接法测量 R1 = 2 Ω时电压表与电流表的读数

U(V)	0.178	0.244	0.289	0.339	0.630	1.383
I(A)	0.089	0.12	0.145	0.170	0.315	0.692
Rl(Ω)	2	2	1.99	1.99	2	2

（2）在图 5.2 电路中，将电阻 Rl 用阻值为 2 Ω的现实电阻替换，滑动电位器，将电压表与电流表的读数记入表 5.2 中。

表 5.2　电压表外接法测量 R1 = 2 Ω时电压表与电流表的读数

U(V)	0.3	0.414	0.533	0.713	1.050	1.924
I(A)	0.1	0.138	0.178	0.238	0.350	0.647
Rl(Ω)	3	3	2.99	2.99	3	2.97

（3）在图 5.1 电路中，将电阻 Rl 用阻值为 2 kΩ的电阻替换，滑动电位器，将电压表与电流表的读数记入表 5.3 中。

（4）在图 5.2 电路中，将电阻 Rl 用阻值为 2 kΩ的电阻替换，滑动电位器，将电压表与电流表的读数记入表 5.4 中。

表 5.3 电压表内接法测量 R1 = 2 kΩ时电压表与电流表的读数

U(V)	1.193	2.965	4.141	6.500	7.690	10.116
I(mA)	0.716	1.779	2.485	3.900	4.614	6.070
Rl(kΩ)	1.666	1.666	1.666	1.666	1.666	1.666

表 5.4 电压表外接法测量 R1 = 2 kΩ时电压表与电流表的读数

U(V)	1.194	2.967	4.732	6.503	7.695	10.123
I(mA)	0.596	1.483	2.365	3.250	3.846	5.059
Rl(kΩ)	2	2	2	2	2	2

5.1.3 结论

从上述 4 个测试表中可以看出，电压表和电流表的内阻对测试结果有影响。为了减少测量误差，应做如下选择。

（1）当电阻远小于电压表内阻时，应该选用如图 5.1 所示的电压表内接法。

（2）当电阻远大于电流表内阻时，应该选用如图 5.2 所示的电压表外接法。

5.2 用 DC Sweep 分析直接测量电阻元件的伏安特性

在 Multisim 12 的环境下，利用其 DC Sweep 分析功能，不仅非常容易测出线性元件的伏安特性曲线，甚至某些非线性元件的伏安特性曲线也会较方便地得到。下面以测试 1 Ω线性电阻和 2N2222A 二极管的伏安特性曲线为例来说明测试分析的过程。

5.2.1 线性电阻的测试

测试电路如图 5.3 所示。

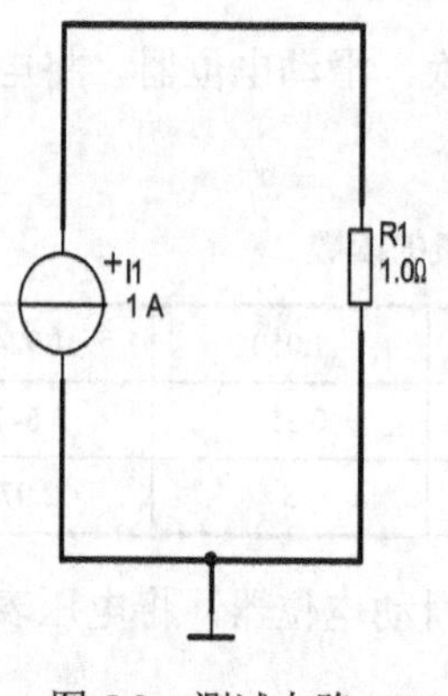

图 5.3 测试电路

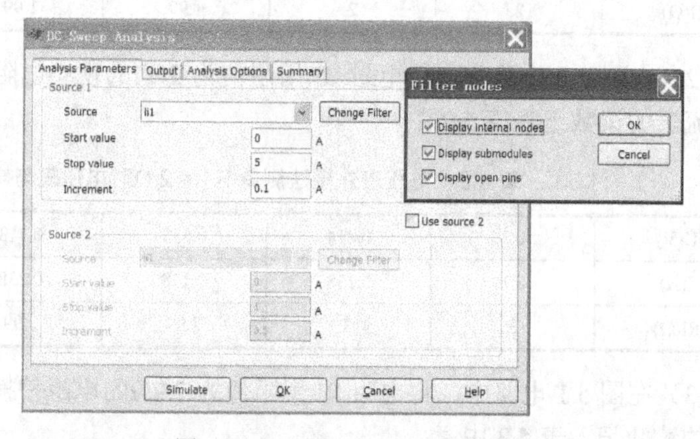

图 5.4 DC Sweep Analysis 对话框

启动 Simulate 菜单中 Analyses 下的 DC Sweep 命令，出现 DC Sweep Analysis 对话框，在 Analysis Parameters 页的选项中进行如下设置，如图 5.5 所示。也可以根据需要进行相应的修改。

在 Output 页进行如下设置，选取节点 1 为输出变量，如图 5.5 所示。单击 Simulate 按钮，测量得到的伏安特性曲线如图 5.6 所示。

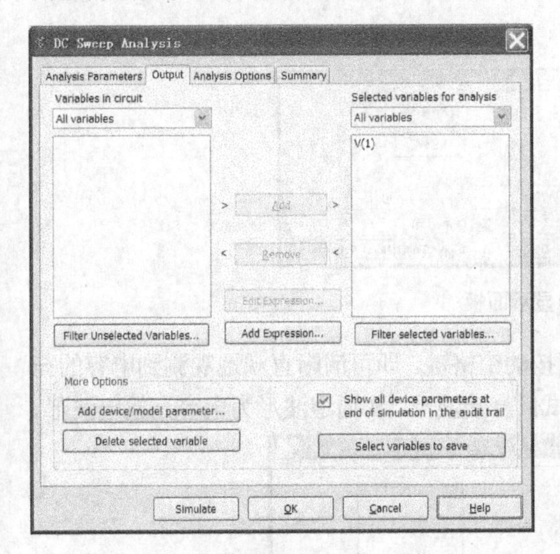

图 5.5 Output 页

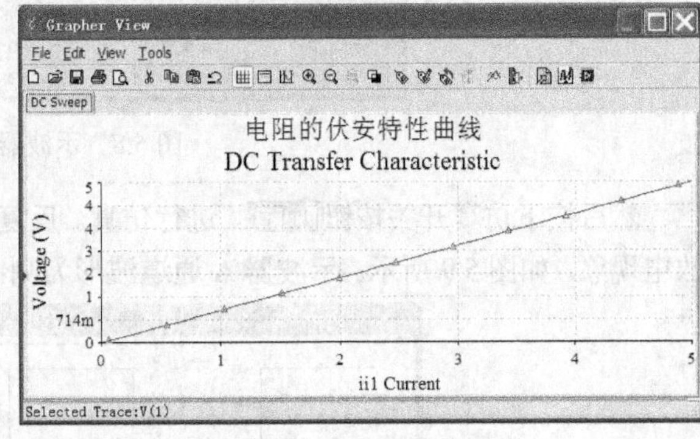

图 5.6 伏安特性曲线

5.2.2 2N2222A 二极管的伏安特性曲线测试

2N2222A 二极管的伏安特性曲线在以后的章节介绍。

5.3 电容特性的仿真测试

在 Multisim 12 对电容特性进行仿真测试中可以很方便、直观地观察到电容所特有的充放电特性。首先构建测试电路，如图 5.7 所示。

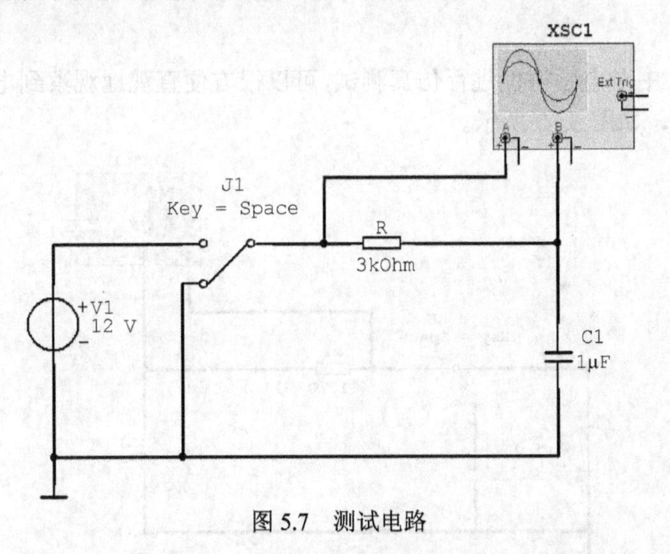

图 5.7 测试电路

图 5.7 中 XSC1 为双踪示波器，直接从仪表栏中选取即可。示波器一端接到测试信号端，

另一端接到所需测试的电容端。J1 是一个手动开关，一端接直流电源，另一端接地。每按一次空格键，就产生一次动作，每次动作分别接直流电源和地。打开示波器显示面板（双击示波器图标），对示波器进行如图 5.8 所示的设置。

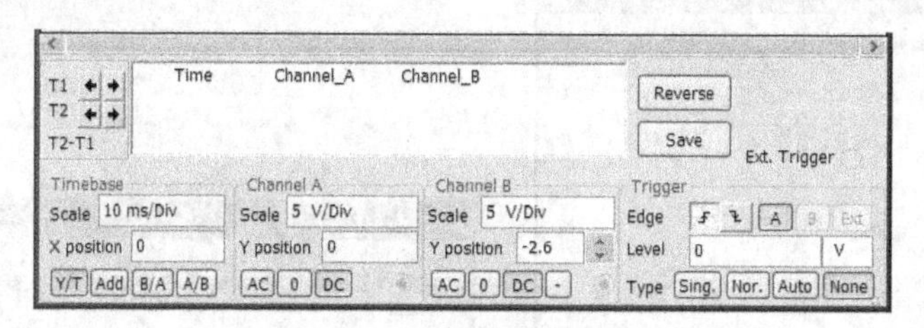

图 5.8　示波器显示面板

然后按下仿真开关按钮，进行仿真。反复按动空格键，即可清晰直观地观测到电容的充放电现象，如图 5.9 所示。示波器 A 通道波形为测试信号端波形，B 通道波形为电容充放电波形。

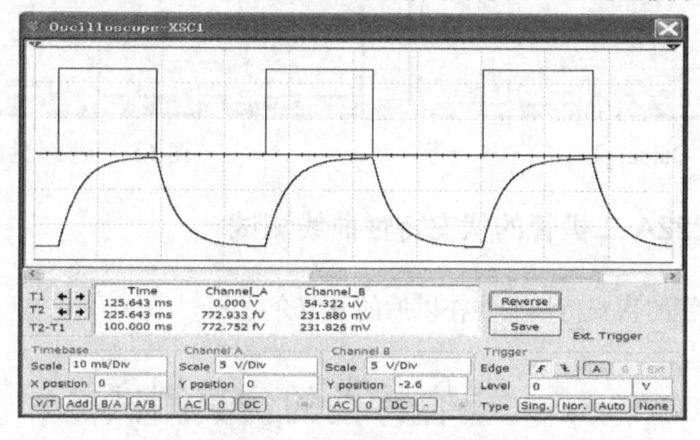

图 5.9　电容的充放电现象

5.4　电感特性的仿真测试

在 Multisim 12 中对电感特性进行仿真测试，可以很方便直观地观察到电感所特有的特性。首先构建测试电路，如图 5.10 所示。

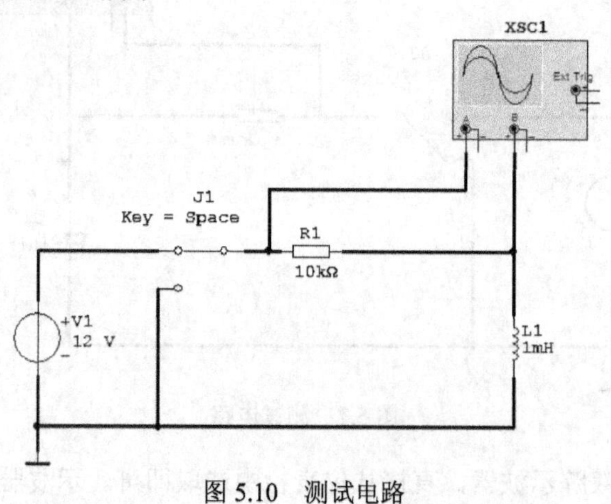

图 5.10　测试电路

图中 XSC1 为双踪示波器，直接从仪表栏中选取即可。示波器一端接到测试信号端，另一端接到所需测试的电感端。J1 是一个手动开关，一端接直流电源，另一端接地。每按一次空格键，就产生一次动作，每次动作分别接直流电源和地。打开示波器显示面板（双击示波器图标）。对示波器进行如图 5.11 的设置。

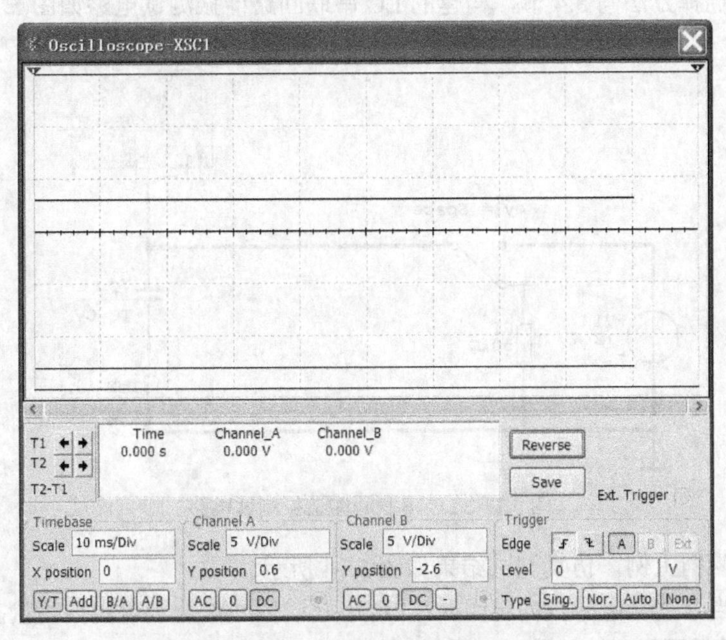

图 5.11　示波器显示面板

然后按下仿真开关按钮，进行仿真。反复按动空格键，即可清晰直观地观测到电感的特性，如图 5.12 所示。示波器 A 通道波形为测试信号端波形，B 通道波形为电感特性波形。

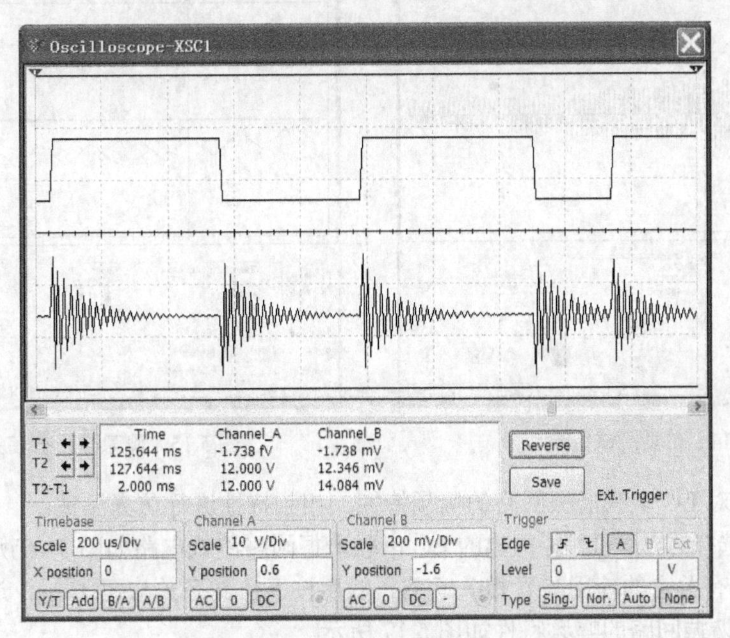

图 5.12　电感的特性

5.5 LC 串联谐振回路特性的仿真测试

仪表、器件选择方法同 5.4 节，构建的 LC 串联回路谐振测试电路如图 5.13 所示。

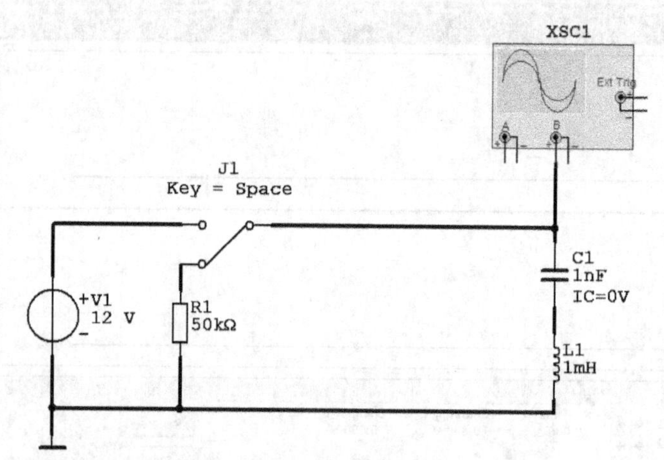

图 5.13　LC 串联回路谐振测试电路

仿真测试步骤同上例，仿真测试结果如图 5.14 所示。

可以看出，当开关从电源打向电阻时，LC 串联谐振回路处于自由振荡状态，振幅由大逐渐变小。也可以重新设置示波器的时间轴，计算出仿真的 LC 串联谐振回路的自由振荡频率值，如图 5.15 所示，可将其结果与理论计算值进行比较。

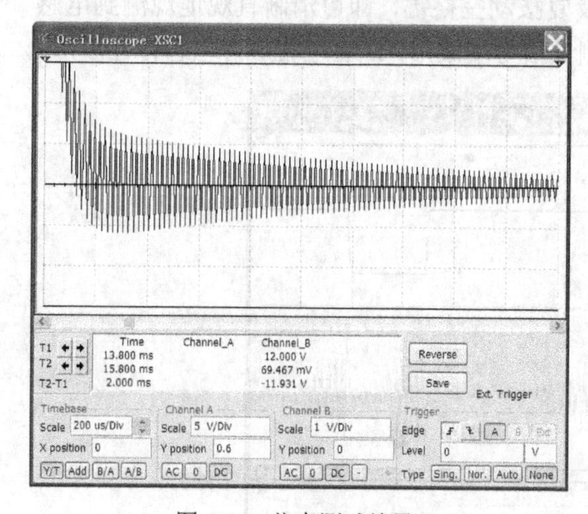

图 5.14　仿真测试结果

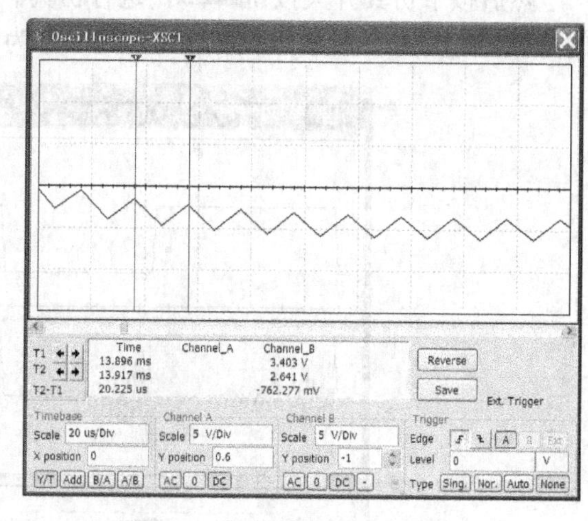

图 5.15　测量自由振荡频率值

进一步可以对 LC 串联谐振回路的幅频特性、相频特性进行仿真测试。

仪表、器件选择方法同上例，构建的 LC 串联谐振回路测试电路如图 5.16 所示。其中 XBP1 是波特图示仪，有关它的使用参看相关章节。然后按下仿真开关按钮，进行仿真测试。得到的 LC 串联谐振回路的幅频特性如图 5.17 所示。

拉动测试标记线，可以很方便地看到 LC 串联谐振回路的谐振频率，如图 5.18 所示。看读数知道：LC 串联谐振回路的谐振频率为 158.114 kHz。

在同一个测试电路中，只要按下 Phase 按键，就可以很方便地得到 LC 串联谐振回路的相频特性，如图 5.19 所示。

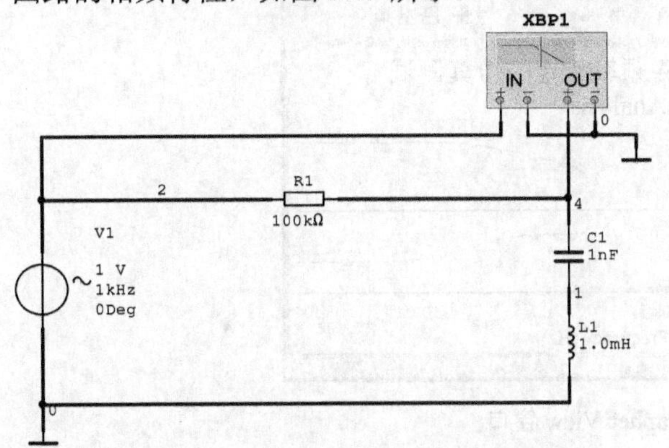

图 5.16　LC 串联谐振回路测试电路

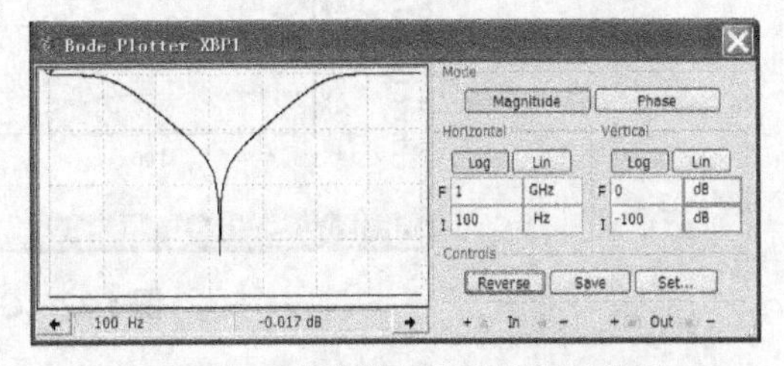

图 5.17　LC 串联谐振回路的幅频特性

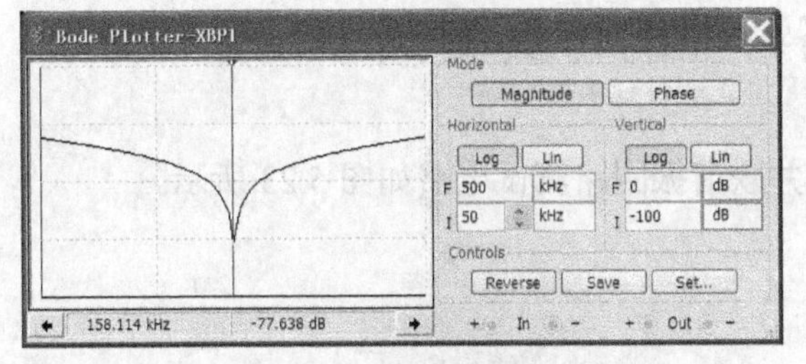

图 5.18　LC 串联谐振回路的谐振频率

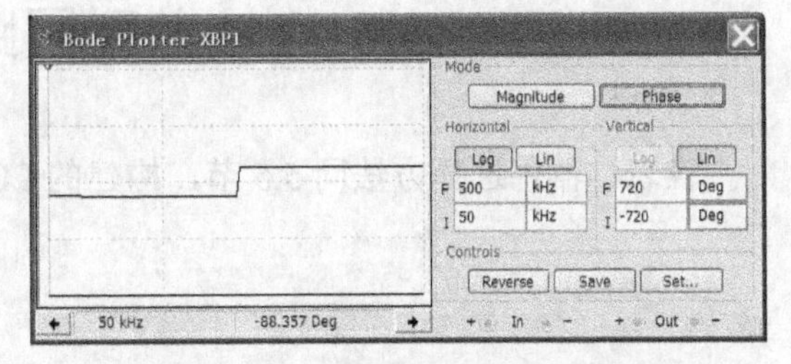

图 5.19　LC 串联谐振回路的相频特性

同样，拉动测试标记线，也可以很方便地看到 LC 串联谐振回路的谐振频率。如图 5.20 所示。因为肉眼的原因，两者可能略有微小误差。也可以用另外一种方法进行分析。启动 Simulate 菜单中 Analysis 下的 AC Analysis 命令，在 AC Analysis 对话框中设置：Output Variables 为节点 V(4)，如图 5.21 所示。

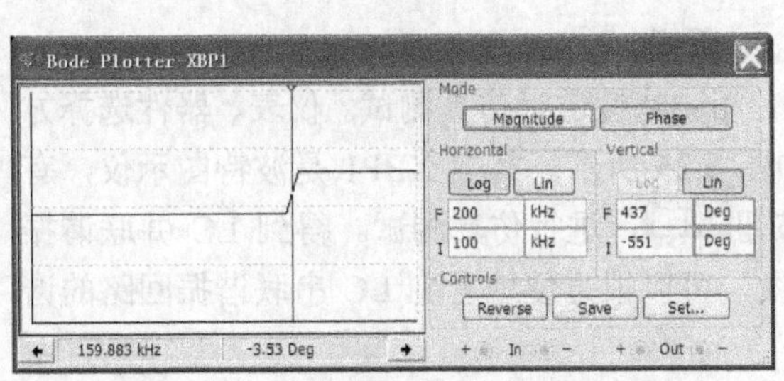

图 5.20　LC 串联谐振回路的谐振频率

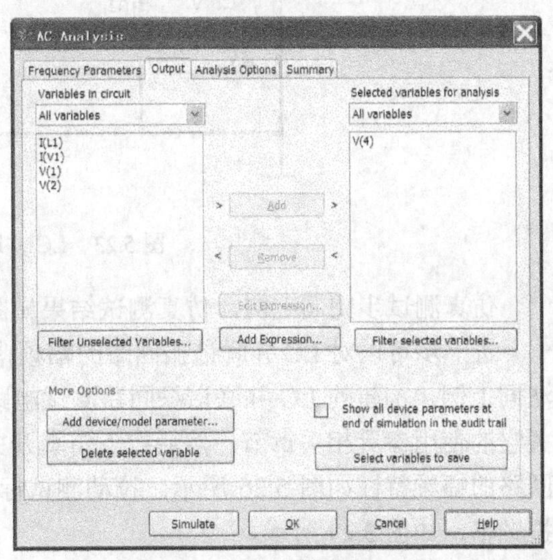

图 5.21　Output Variables 页

单击 AC Analysis 对话框上的 Simulate 按钮，出现一个 Grapher View 窗口形式，仿真结果如图 5.22 所示。

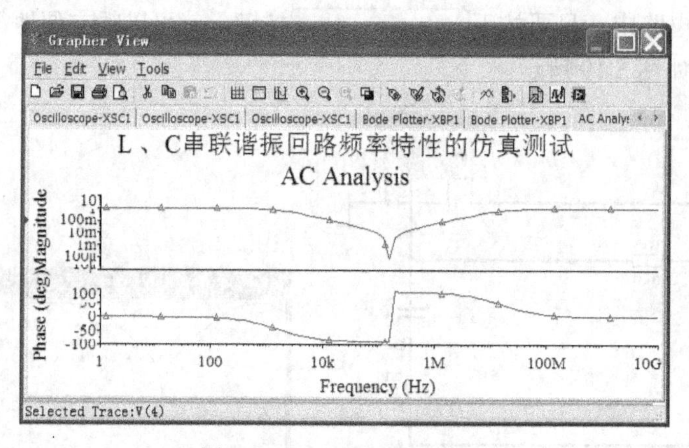

图 5.22　Grapher View 窗口

5.6 LC 并联回路特性的仿真测试

仪表、器件选择方法同 5.5 节，构建的 LC 并联谐振回路测试电路如图 5.23 所示。

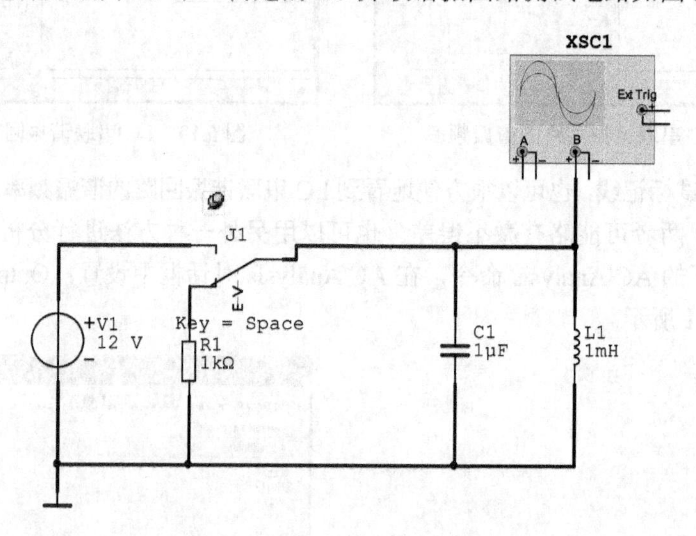

图 5.23　LC 并联谐振回路测试电路

仿真测试步骤同上例，仿真测试结果如图 5.24 所示。

进一步可以对 LC 并联谐振回路的幅频特性、相频特性进行仿真测试。仪表、器件选择方法同上例，构建的 LC 并联谐振回路测试电路如图 5.25 所示。其中 XBP1 是波特图示仪，有关它的使用参看相关章节。然后按下仿真开关按钮，进行仿真测试。得到 LC 并联谐振回路的幅频特性如图 5.26 所示。拉动测试标记线，可以很方便地看到 LC 串联谐振回路的谐振频率，如图 5.27 所示。

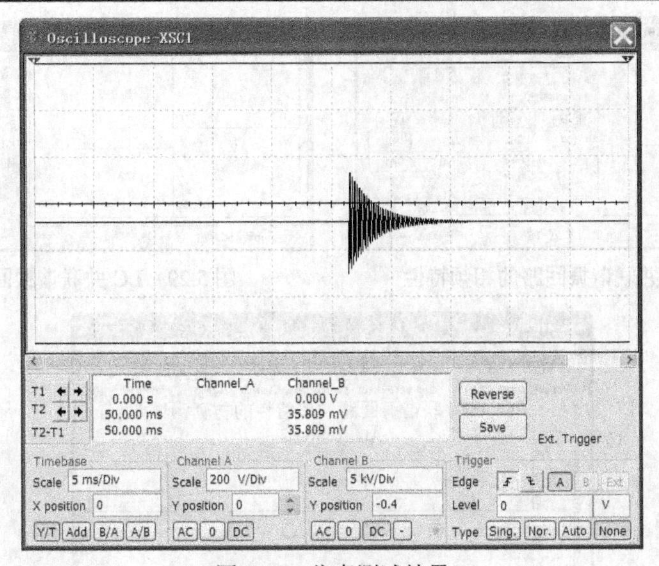

图 5.24 仿真测试结果

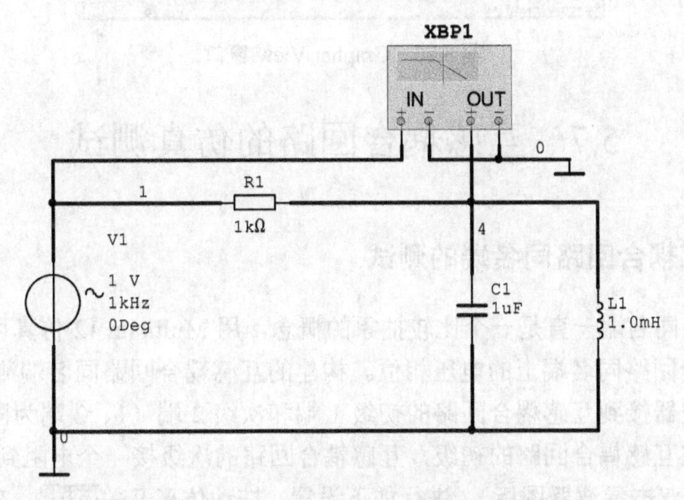

图 5.25 LC 并联谐振回路测试电路

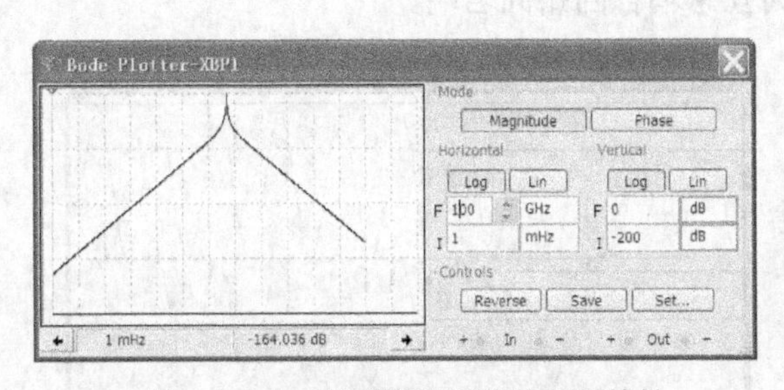

图 5.26 LC 并联谐振回路的幅频特性

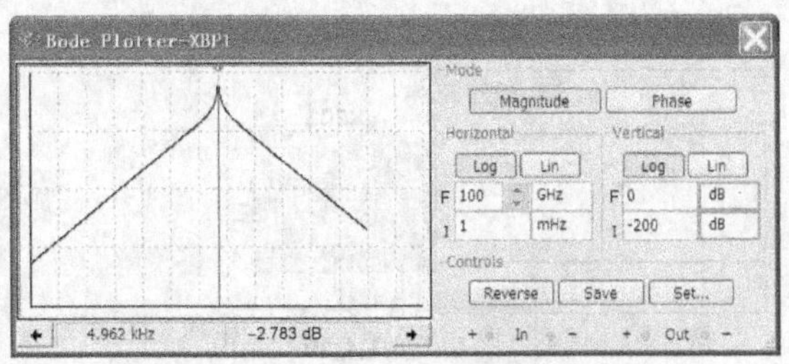

图 5.27 LC 串联谐振回路的谐振频率

看读数知道：LC 并联谐振回路的谐振频率为 5.156 kHz。

在同一个测试电路中，只要按下 Phase 按键，就可以很方便地得到 LC 并联谐振回路的相频特性，如图 5.28 所示。同样，拉动测试标记线，也能很方便地看到 LC 并联谐振回路的谐振频率，如图 5.29 所示。同样，用另外一种方法测得的仿真结果如图 5.30 所示。

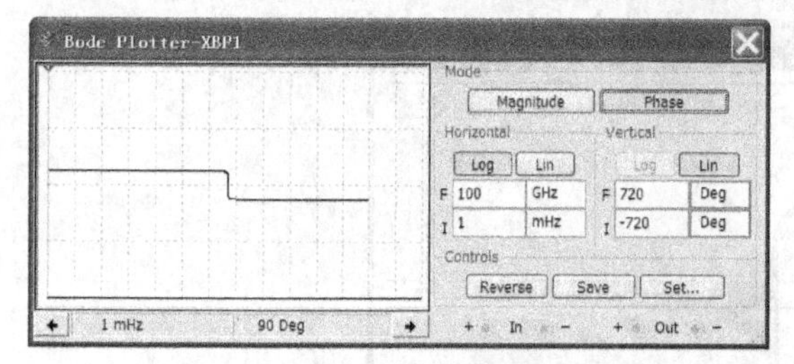

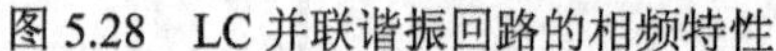

图 5.28　LC 并联谐振回路的相频特性

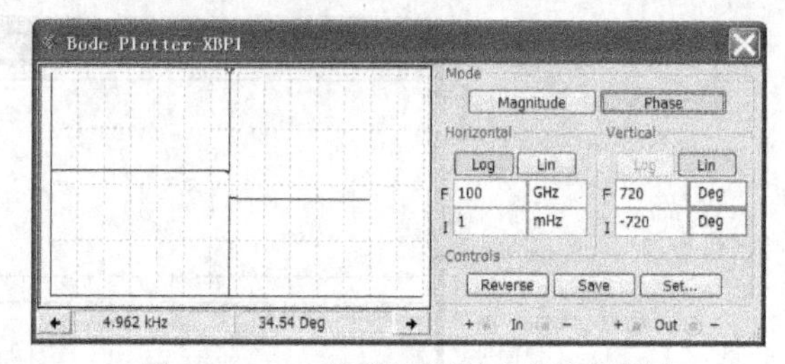

图 5.29　LC 并联谐振回路的谐振频率

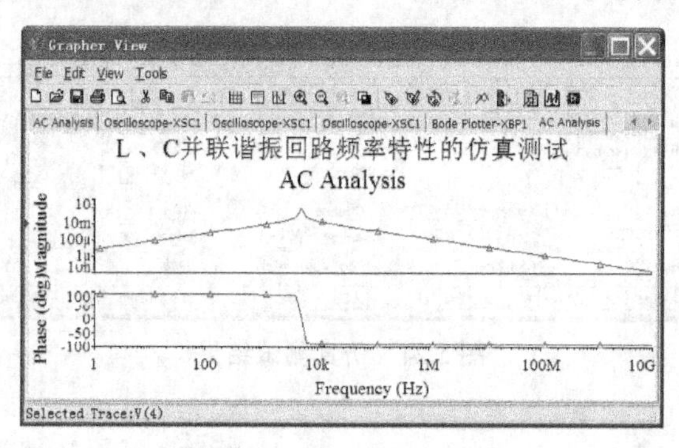

图 5.30　Grapher View 窗口

5.7　互感耦合回路的仿真测试

5.7.1　互感耦合回路同名端的测试

互感耦合回路同名端一直是一个比较抽象的概念，用 Multisim 12 仿真可以非常形象直观地观察到互感耦合回路同名端上的电压相位。构建的互感耦合回路同名端测试电路如图 5.31 所示。用双踪示波器接到互感耦合回路的初级 1 端和次级 2 端（1、2 端为同名端）。V1 是一交流电压源，接在互感耦合回路的初级，互感耦合回路的次级接一个电阻到地。

打开示波器（双击示波器图标），进行如下设置，按动仿真开关，在示波器上显示的波形如图 5.32 所示，可以清楚地看出 1、2 端为互感耦合回路同名端。

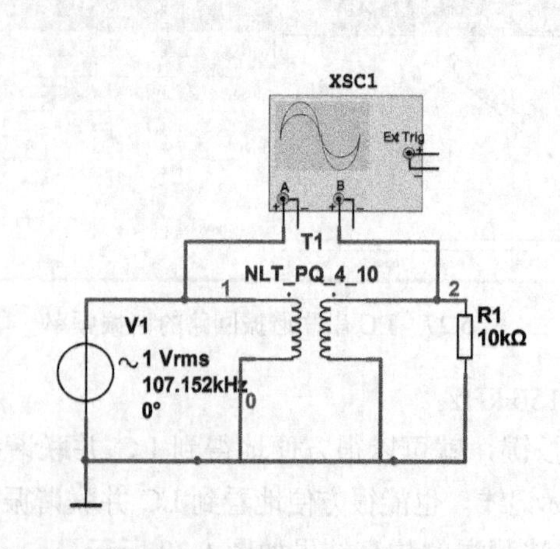

图 5.31　互感耦合回路同名端测试电路

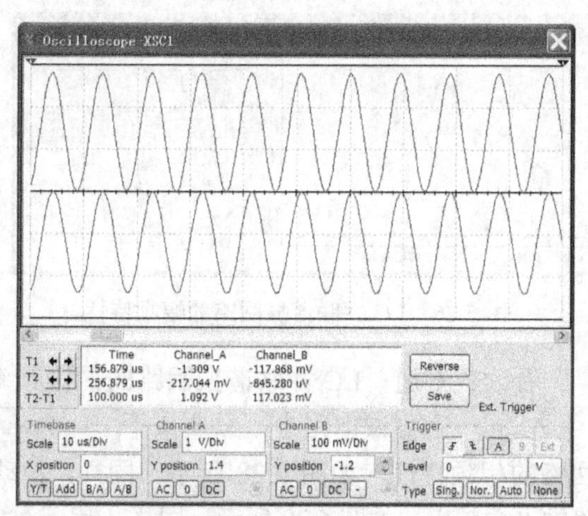

图 5.32　显示的波形

5.7.2 互感耦合回路频率特性

还可以进一步测出互感耦合回路频率特性。构建互感耦合回路频率特性测试电路如图 5.33 所示。其中 XBP1 为波特图示仪。

打开波特图示仪（双击波特图示仪图标），进行如下设置，按动仿真开关，在波特图示仪上显示的互感耦合回路幅频特性波形如图 5.34 所示。

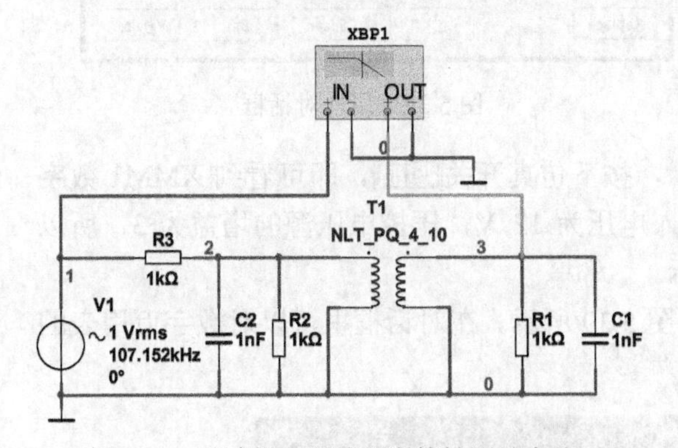

图 5.33 互感耦合回路频率特性测试电路

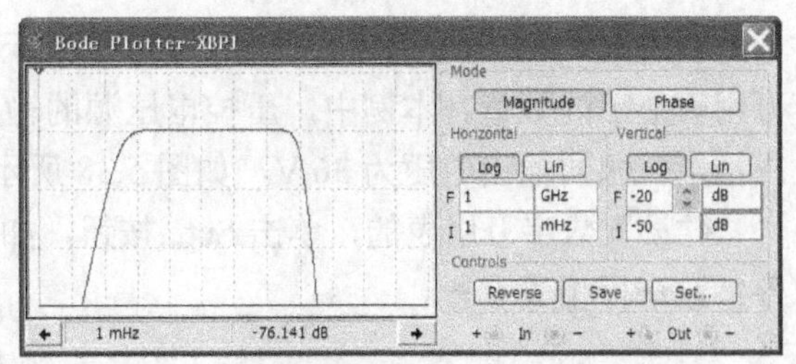

图 5.34 互感耦合回路幅频特性波形

单击 Phase 按钮，可以得到互感耦合回路相频特性波形如图 5.35 所示。

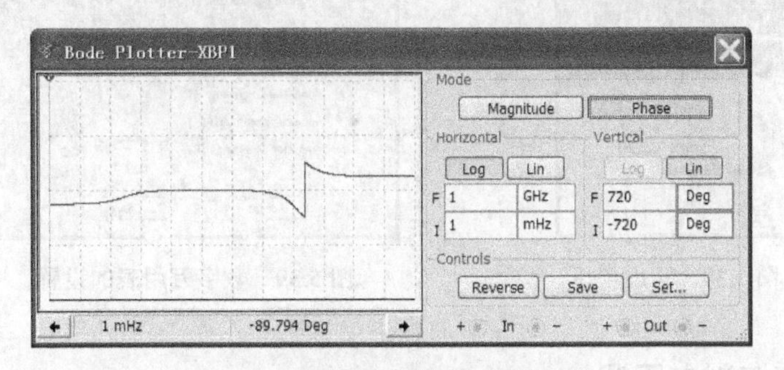

图 5.35 互感耦合回路相频特性波形

5.8 受控源的仿真演示

在电路分析课程中，受控源对学习者来讲一直是一个比较抽象、难学的知识点，所以专门开辟这一节，对受控源进行一个全面的仿真演示。

5.8.1 电压控制电压源

压控电压源的仿真演示电路如图 5.36 所示。其中 V1 是电压控制电压源，V2 是一个 12 V 的直流电源，XMM1 是数字万用表。数字万用表的使用参看有关章节。

双击电压控制电压源的图标，打开其属性对话框，如图 5.37 所示。在 Value 页对 Voltage Gain(E)（电压增益）项进行相应设置，按确定按钮。

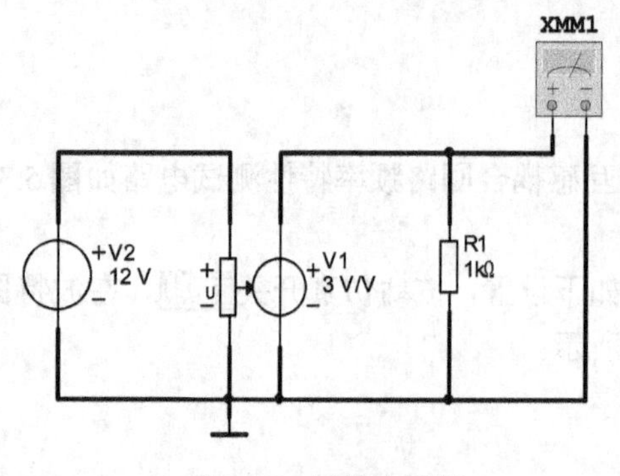

图 5.36 压控电压源

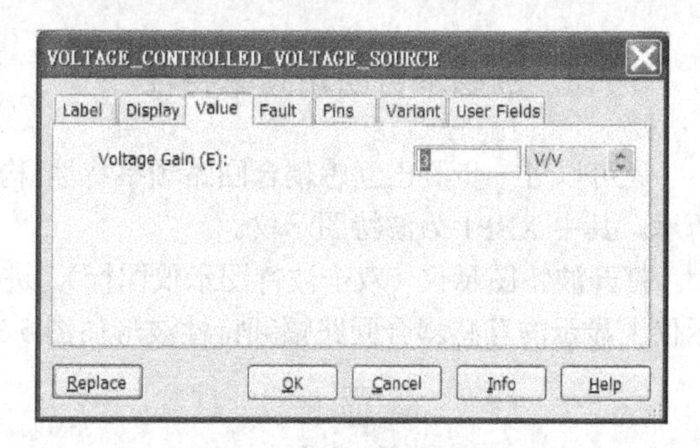

图 5.37 属性对话框

双击 XMM1 数字万用表图标，打开其显示，按下仿真开关，即可看到 XMM1 数字万用表显示的数值。本例中，压控电压源的输入电压为 12 V，压控电压源的增益为 3，所以压控电压源的输出电压为 36 V，如图 5.38 所示。

欲设置数字万用表的，单击 Set...按钮，如图 5.39 所示。在对话框里可以对数字万用表的各参数进行相关设置。

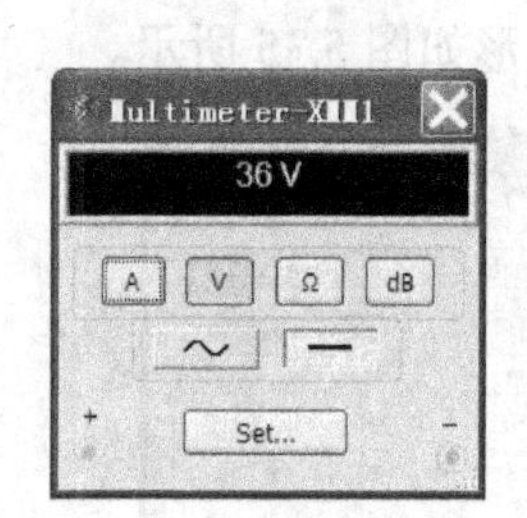

图 5.38 输出电压

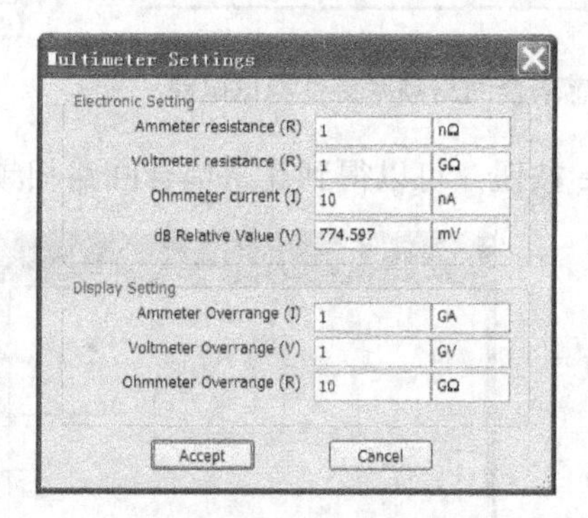

图 5.39 数字万用表的设置

5.8.2 电流控制电压源

电流控制电压源的仿真演示电路如图 5.40 所示。其中 V1 是电流控制电压源，I1 是一个 1 A 的直流电流源，XMM1 是数字万用表。数字万用表的使用参看有关章节。

双击 V1 电流控制电压源的图标，打开其属性对话框，如图 5.41 所示。

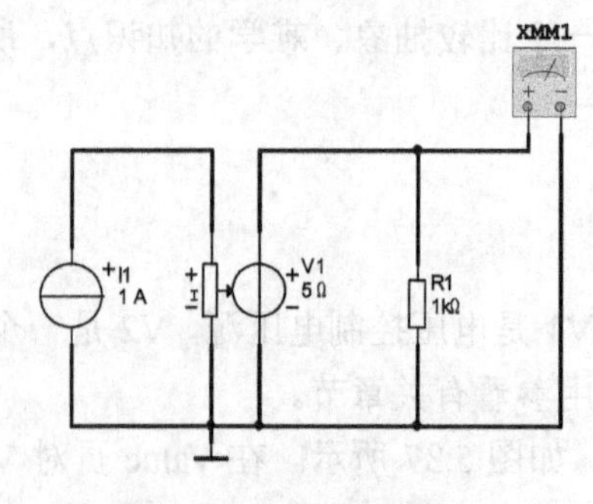

图 5.40 电流控制电压源

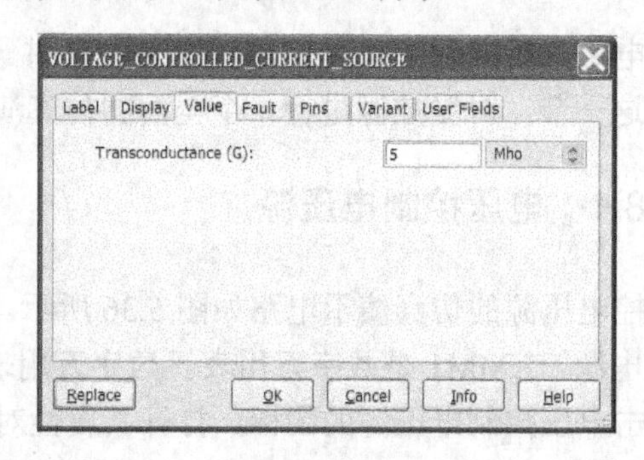

图 5.41 属性对话框

在 Value 页对 Transresistance (H)（传输阻抗）项进行相应设置，按确定按钮。

双击 XMM1 数字万用表图标（数字万用表的设置参看图 5.39），打开其显示，按下仿真开关[开关图标]，即可看到 XMM1 数字万用表显示的数值。本例中，电流控制电压源的输入电流为 1 A，传输阻抗为 5 Ω，所以电流控制电压源的输出电压为–5 V，如图 5.42 所示。

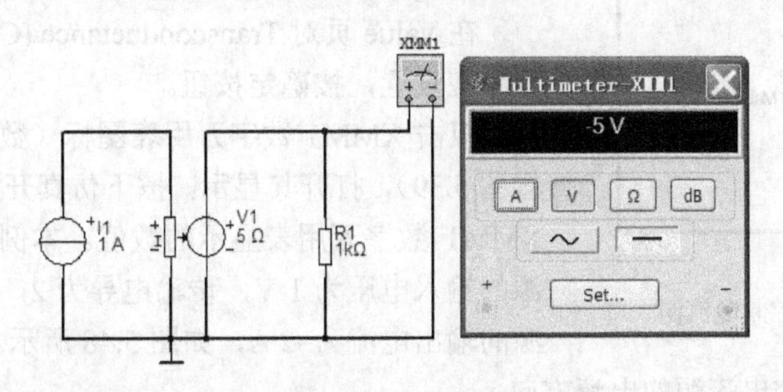

图 5.42　输出电压

5.8.3　电流控制电流源

电流控制电流源的仿真演示电路如图 5.43 所示。其中 I2 是电流控制电流源；I1 是一个 1 A 的直流电流源；XMM1 是数字万用表。数字万用表的使用参看有关章节。

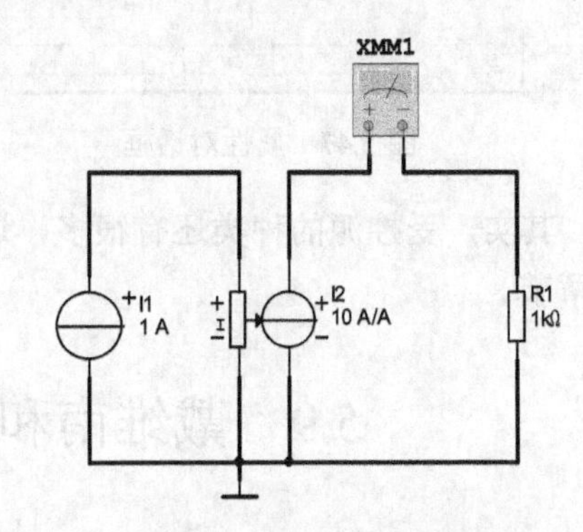

图 5.43　电流控制电流源

双击 I1 电流控制电压源的图标，打开其属性对话框，如图 5.44 所示。在 Value 页对 Current Gain (F)（电流增益）项进行相应设置，按确定按钮。

双击 XMM1 数字万用表图标（数字万用表的设置参看图 5.39），打开其显示，按下仿真开关[开关图标]，即可看到 XMM1 数字万用表显示的数值。本例中，电流控制电流源的输入电流为 1 A，电流增益为 10 A/A，所以电流控制电流源的输出电流为–10 A，如图 5.45 所示。

应重点注意受控电流源的电流方向。

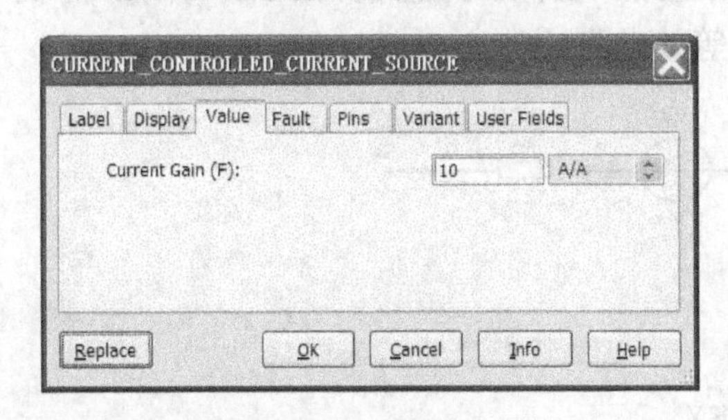

图 5.44　属性对话框

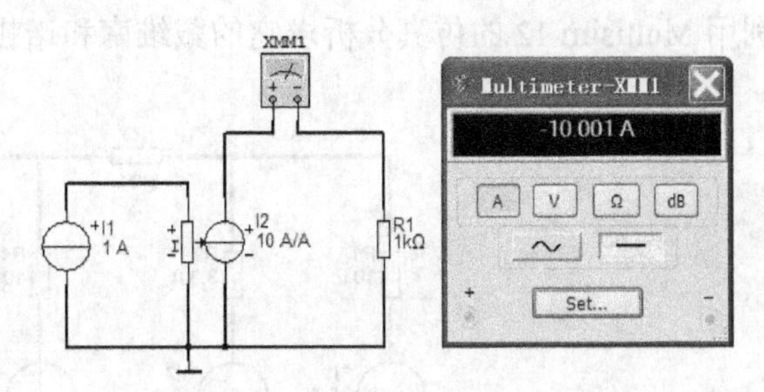

图 5.45　输出电流

5.8.4　电压控制电流源

电压控制电流源的仿真演示电路如图 5.46 所示。其中 V1 是直流电压源；I2 是一个电压

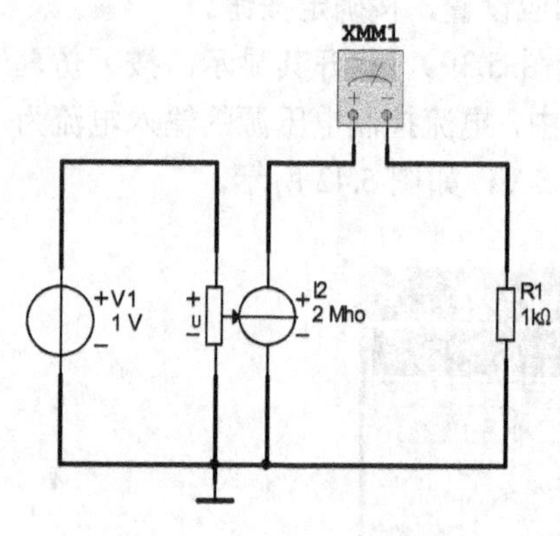

图 5.46　电压控制电流源

控制电流源；XMM1 是数字万用表。数字万用表的使用参看有关章节。

双击 I2 电压控制电流源的图标，打开其属性对话框，如图 5.47 所示。

在 Value 页对 Transconductance (G)（传输电导）项进行相应设置，按确定按钮。

双击 XMM1 数字万用表图标（数字万用表的设置参看图 5.39），打开其显示，按下仿真开关，即可看到 XMM1 数字万用表显示的数值。本例中，电压控制电流源的输入电压为 1 V，传输电导为 2，所以电压控制电流源的输出电流为–2 A，如图 5.48 所示。应重点注意受控电流源的电流方向。

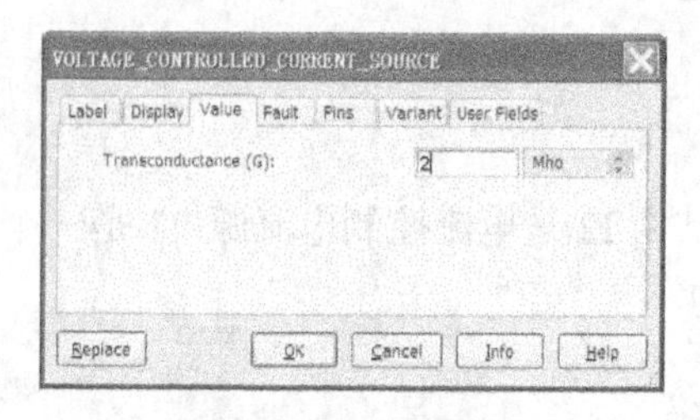

图 5.47　属性对话框

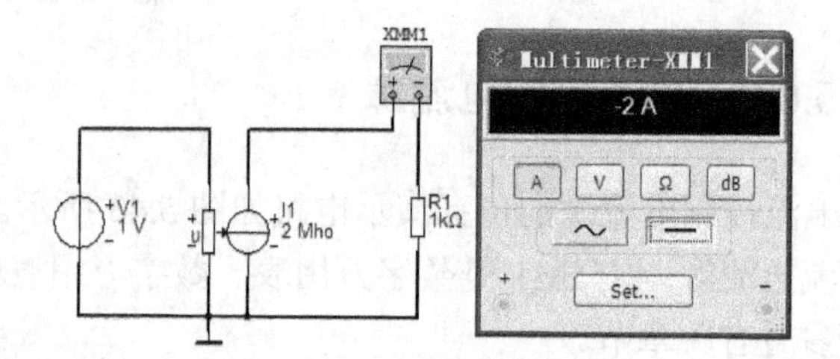

图 5.48　输出电流

其实，受控源的种类还有很多，这里不做一一介绍。对其他受控源的介绍可参看本书相关章节。

5.9　戴维南和诺顿等效电路的仿真分析

在 Multisim 12 中可以利用电压表测量电路的端口的开路电压，利用电流表测量电路端口的短路电流即可求得线性电路的戴维南和诺顿等效电路。设有示例电路如图 5.49 所示，下面利用 Multisim 12 的仿真分析求它的戴维南和诺顿等效电路。

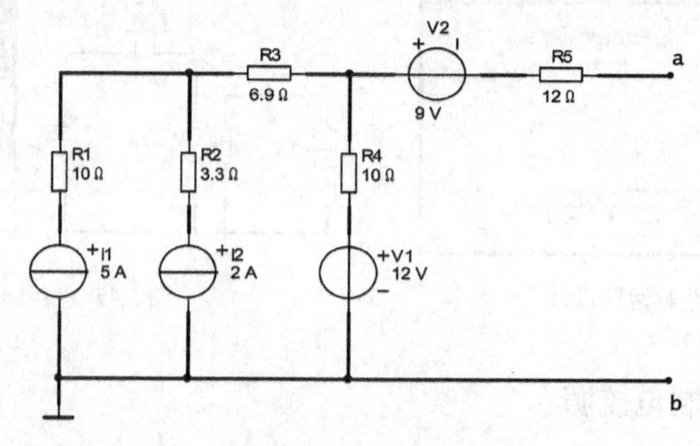

图 5.49　示例电路

5.9.1 构建的仿真测试电路

在图 5.49 的 a、b 两点之间接入安培计（Ammeter）和伏特计（Voltmeter）。为了测试的直观方便，接入的方式采用一个单刀双掷的开关 J1 进行连接。构建的仿真测试电路如图 5.50 所示。

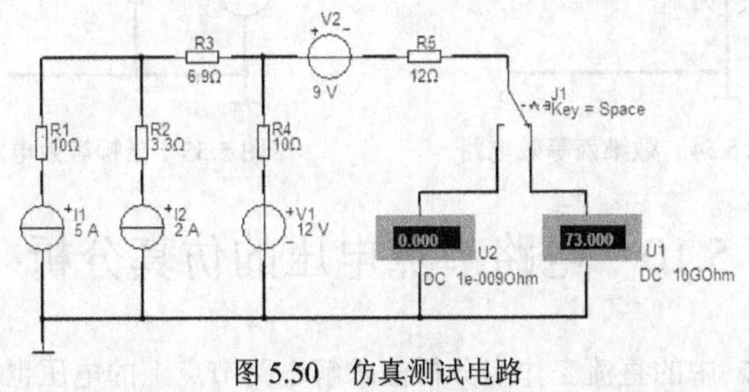

图 5.50　仿真测试电路

其中安培计的设置（双击“Ammeter”图标）如图 5.51 所示。伏特计的设置（双击“Voltmeter”图标）如图 5.52 所示。

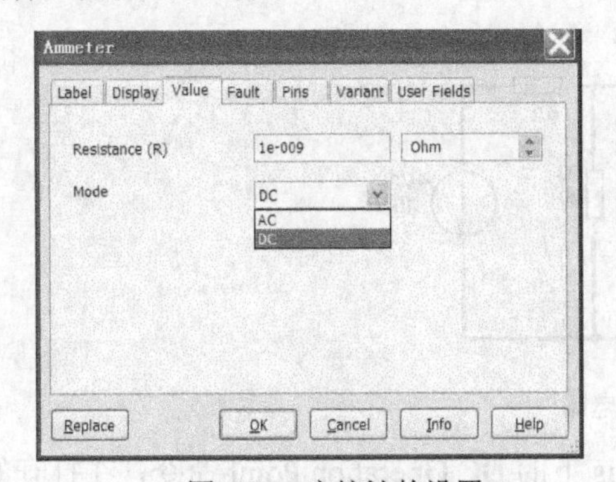

图 5.51　安培计的设置

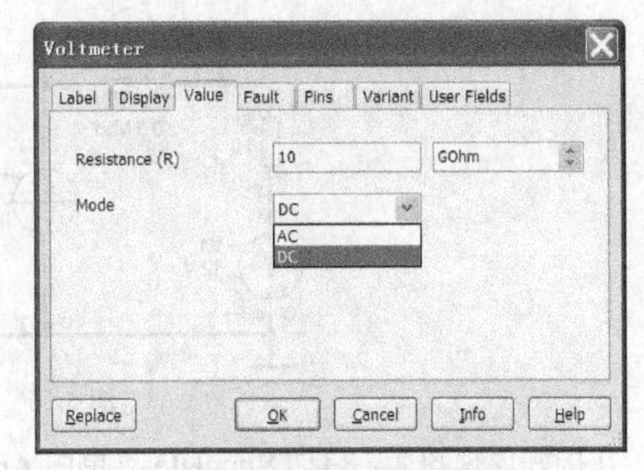

图 5.52　伏特计的设置

5.9.2 进行仿真测试

按空格键，使 J1 开关接在伏特计上。按下仿真开关，可以从伏特计的显示上直接读出 a、b 两端的电压读数：73 V。

再按空格键，使 J1 开关接在安培计上，按下仿真开关，可以从安培计的显示上直接读出 a、b 两端的电流读数：3.318 A，如图 5.53 所示，即可得出该电路的等效戴维南等效电阻 Req = 73/3.318 = 22 Ω。

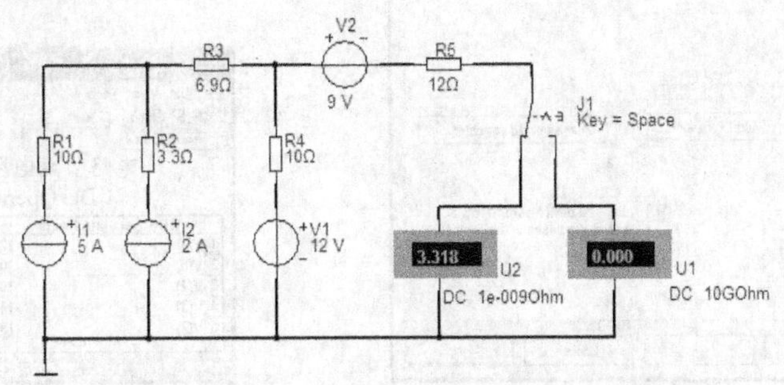

图 5.53　安培计显示 a、b 两端的电流读数

戴维南等效电路如图 5.54 所示，诺顿等效电路如图 5.55 所示。

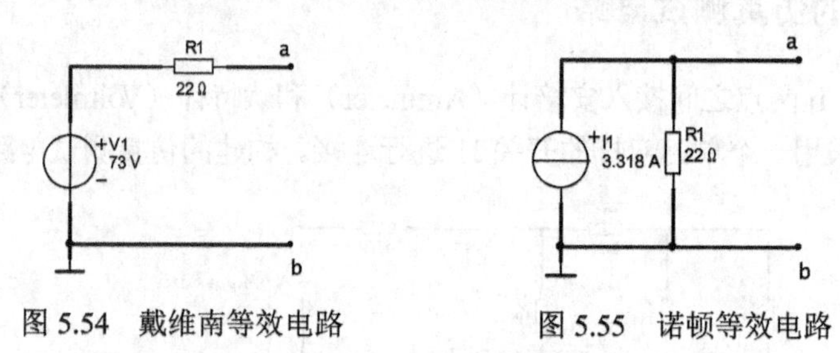

图 5.54 戴维南等效电路　　　　图 5.55 诺顿等效电路

5.10 电路节点电压的仿真分析

使用 Multisim 12 中的直流工作点分析法求解电路节点上的电压也是一种非常方便的方法。电路如图 5.56 所示。

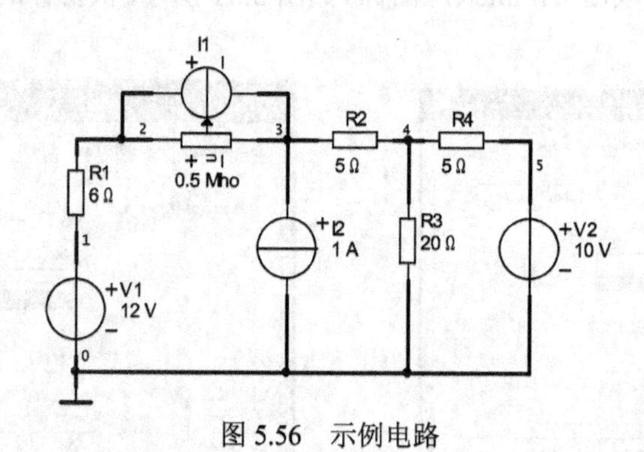

图 5.56 示例电路

在接好原理图后，启动 Simulate 菜单中 Analysis 下的 DC Operation Point 命令，在打开的 DC Operation Point 对话框中选取要分析的节点号 1、2、3、4、5，并按 Add，从左边选取到右边。如图 5.57 所示。最后单击 Simulate 按钮，立刻出现如图 5.58 所示的仿真结果。

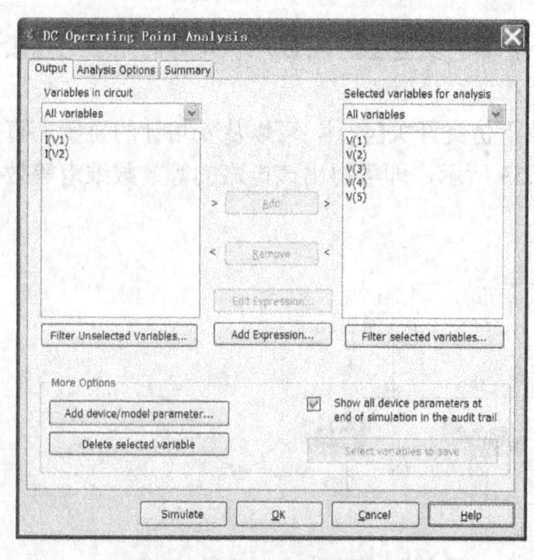

图 5.57 DC Operation Point 页

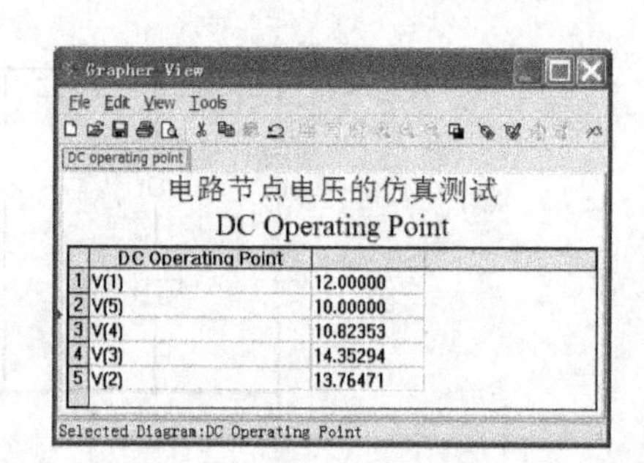

电路节点电压的仿真测试

DC Operating Point

	DC Operating Point	
1	V(1)	12.00000
2	V(5)	10.00000
3	V(4)	10.82353
4	V(3)	14.35294
5	V(2)	13.76471

图 5.58 仿真结果

5.11　二阶电路动态变化过程的仿真分析

5.11.1　阶跃响应

如图 5.59 所示的 RCL 并联电路，求以 uc 和 iL 为输出时的阶跃响应。

首先求 uc 的阶跃响应，构建的测试电路如图 5.60 所示。其中 XFG1 是函数信号发生器。其设置如图 5.61 所示。

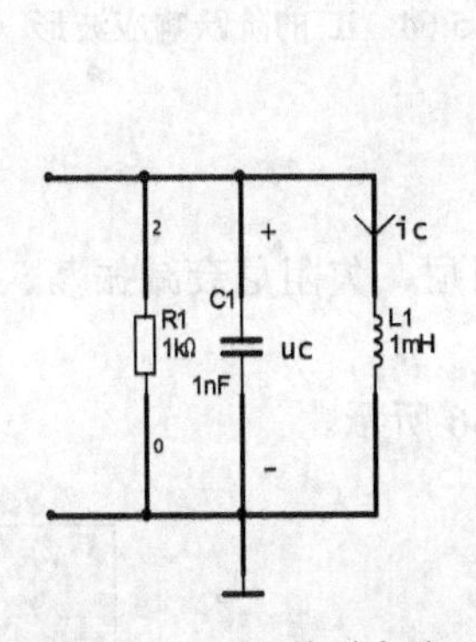

图 5.59　RCL 并联电路

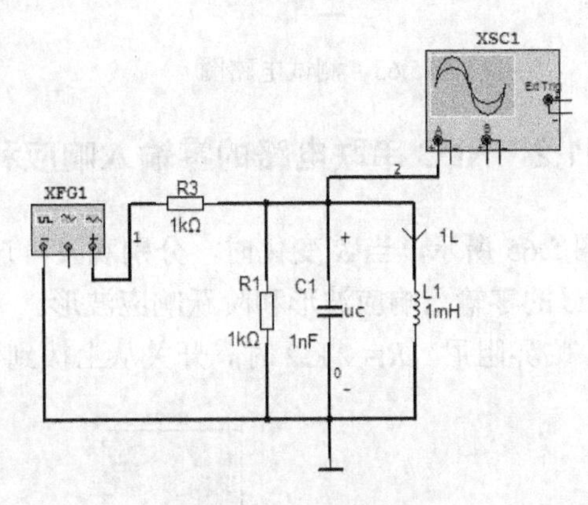

图 5.60　测试电路

打开示波器（双击示波器图标），进行如下设置，按动仿真开关，在示波器上显示的 uc 的阶跃响应波形如图 5.62 所示。

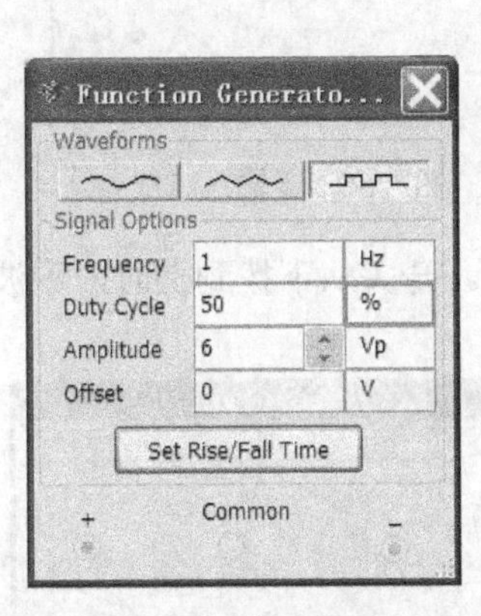

图 5.61　信号设置

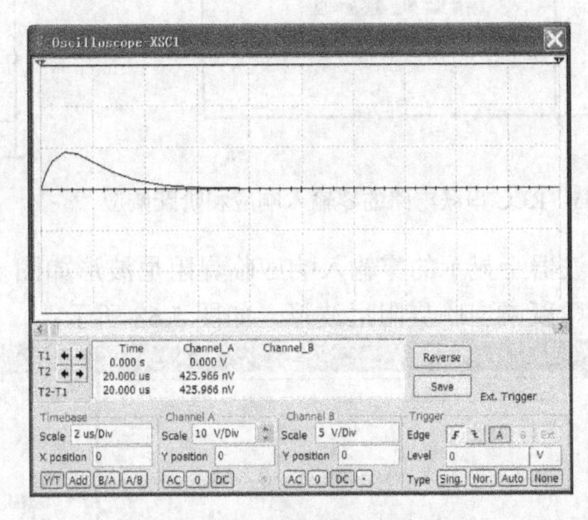

图 5.62　uc 的阶跃响应波形

再求 iL 为输出时的阶跃响应。因为示波器只能显示电压波形，所以在测量 iL 时，需要将电流分量转换成电压分量，只要在电感上串联一个很小的电阻即可，示波器接到电阻端，此时显示的既是 iL 的波形。测试电路如图 5.63 所示。

打开示波器（双击示波器图标），进行如下设置，按动仿真开关，在示波器上显示的 iL 的阶跃响应波形如图 5.64 所示。

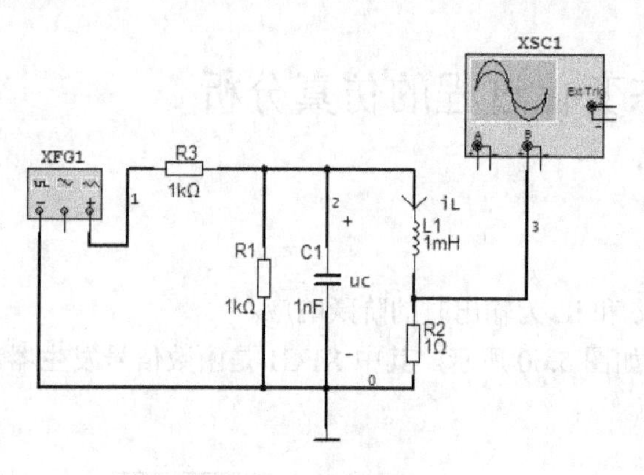

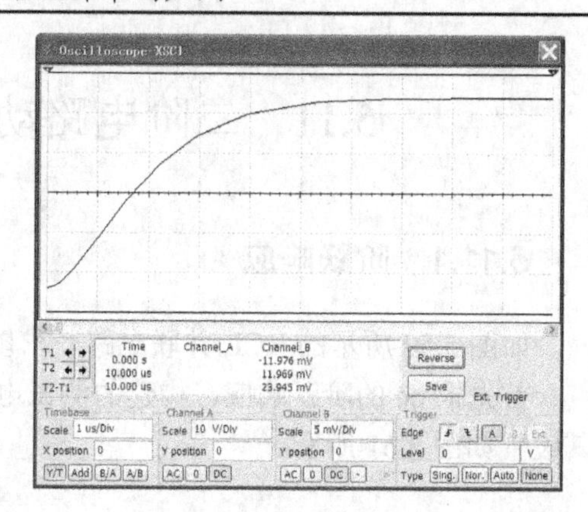

图 5.63 测试电路图

图 5.64 iL 的阶跃响应波形

5.11.2 RLC 串联电路的零输入响应和阶跃响应

如图 5.65 所示，当 R 变化时，分别观察：过阻尼、临界阻尼、欠阻尼衰减振荡、等幅振荡时的 uc 的零输入响应波形和阶跃响应波形。

（a）临界阻尼，R=2 kΩ 时。开关从上拨到下时，如图 5.66 所示。

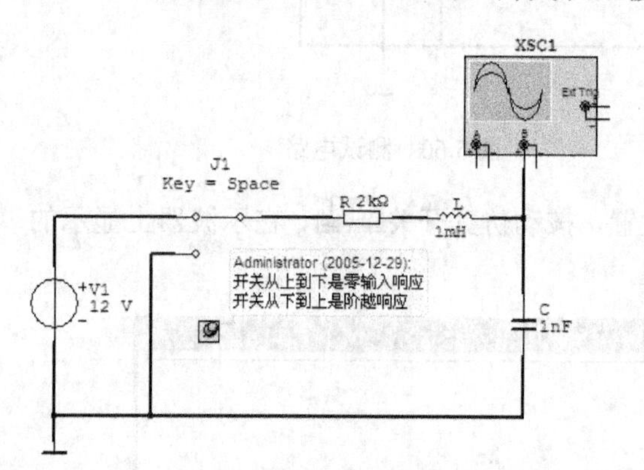

图 5.65 RLC 串联电路的零输入响应和阶跃响应

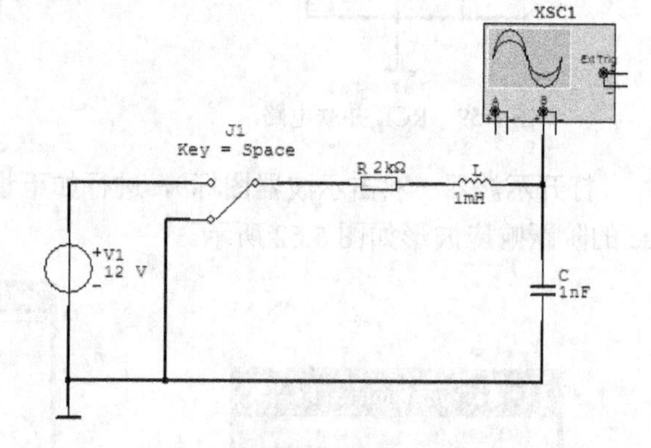

图 5.66 零输入响应

示波器上显示的零输入响应临界阻尼波形如图 5.67 所示。开关从下拨到上时，示波器上显示的阶跃响应临界阻尼波形，如图 5.68 所示。

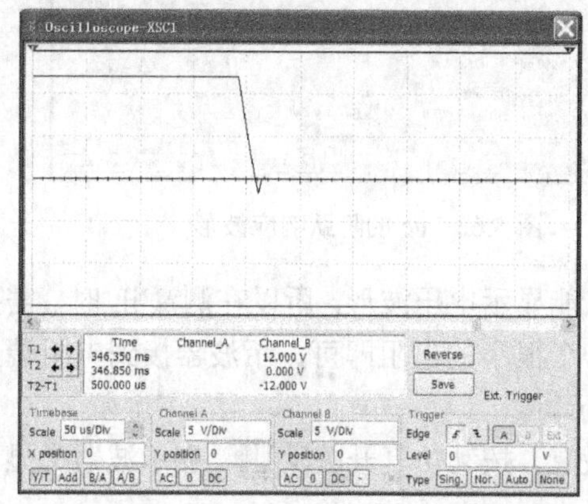

图 5.67 零输入响应临界阻尼波形

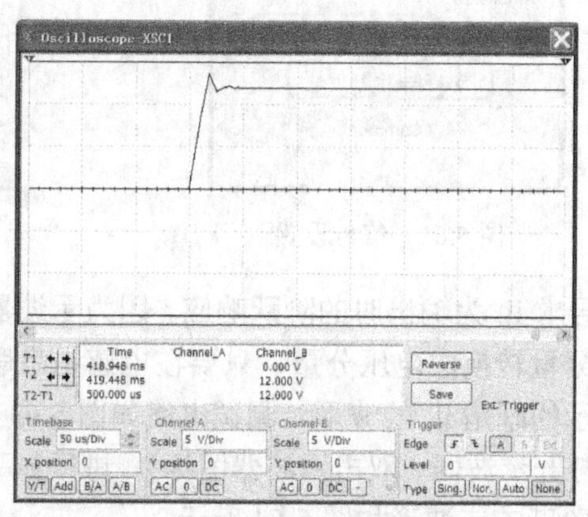

图 5.68 阶跃响应临界阻尼波形

（b）R = 5 kΩ 时，零输入响应过阻尼电路，电路如图 5.69 所示。

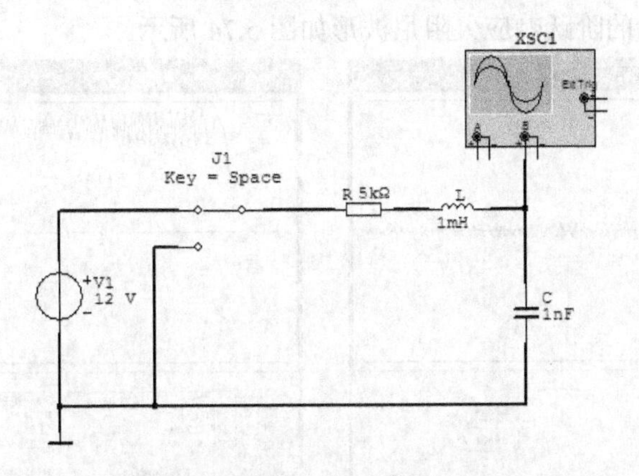

图 5.69　零输入响应过阻尼电路

开关从上拨到下时，示波器上显示的零输入响应过阻尼波形如图 5.70 所示。开关从下拨到上时，示波器上显示的阶跃响应过阻尼波形如图 5.71 所示。

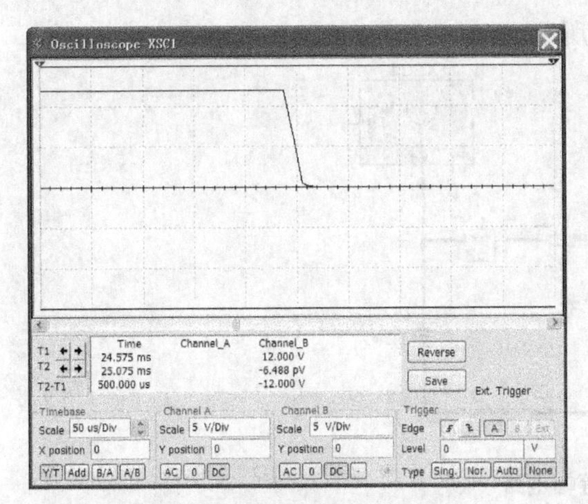

图 5.70　零输入响应过阻尼波形

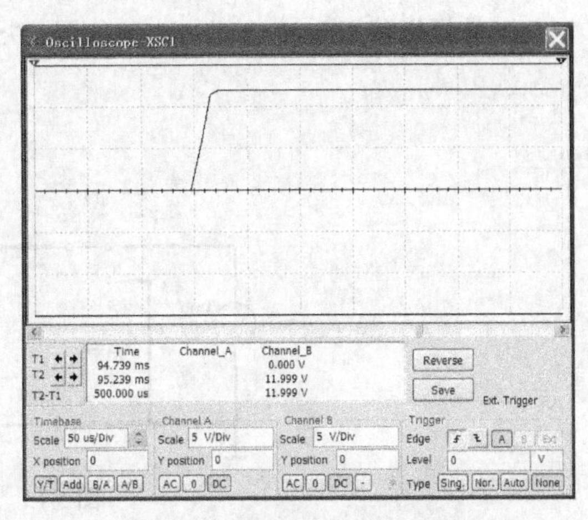

图 5.71　阶跃响应过阻尼波形

（c）欠阻尼，R=10 Ω 时。电路如图 5.72 所示。

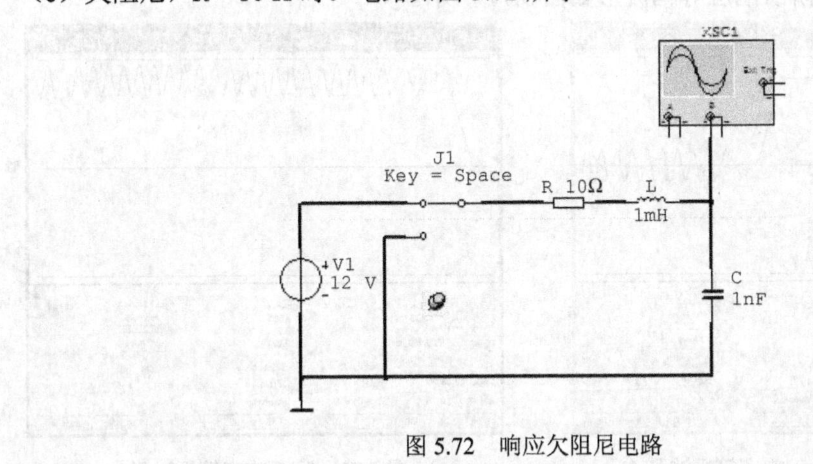

图 5.72　响应欠阻尼电路

开关从上拨到下时，示波器上显示的零输入响应欠阻尼波形如图 5.73 所示。开关从下拨到上时，示波器上显示的阶跃响应欠阻尼波形如图 5.74 所示。

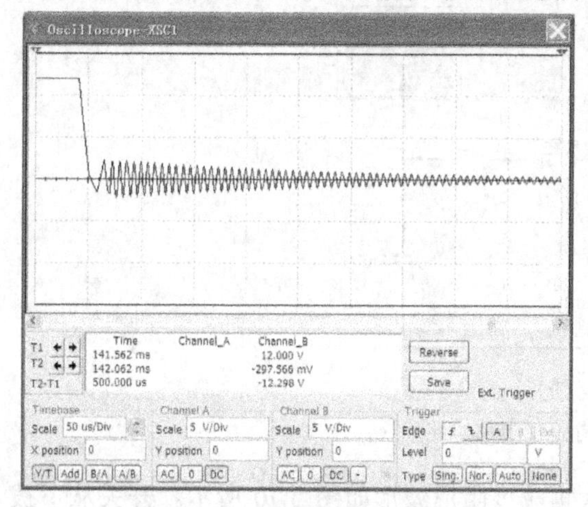

图 5.73 零输入响应欠阻尼波形

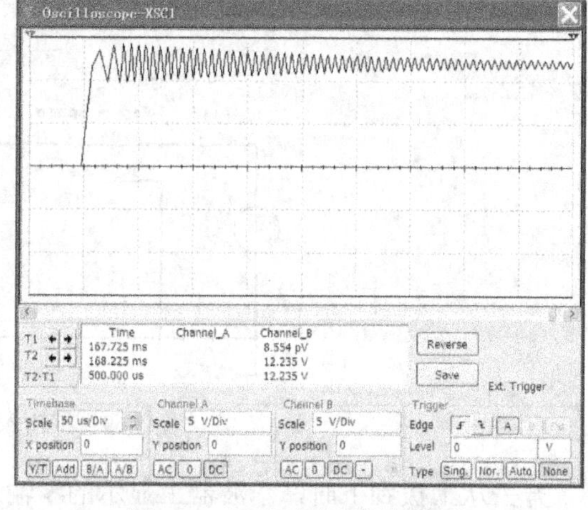

图 5.74 阶跃响应欠阻尼波形

（d）等幅振荡，$R=0\ \Omega$ 时。电路如图 5.75 所示。

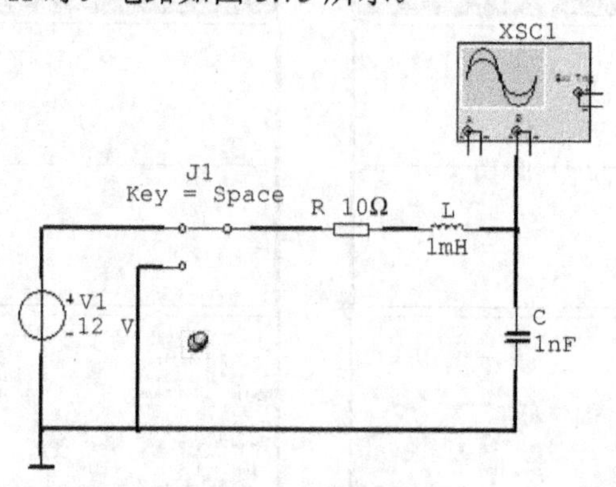

图 5.75 等幅电路

开关从上拨到下时，示波器上显示的零输入响应等幅波形如图 5.76 所示。开关从下拨到上时，示波器上显示的阶跃响应等幅波形如图 5.77 所示。

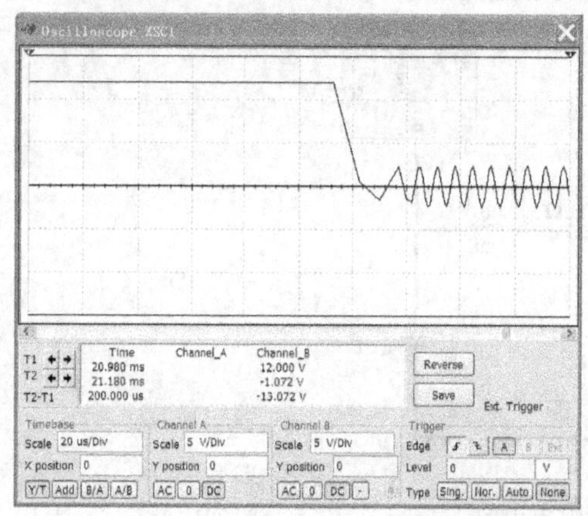

图 5.76 零输入响应等幅波形

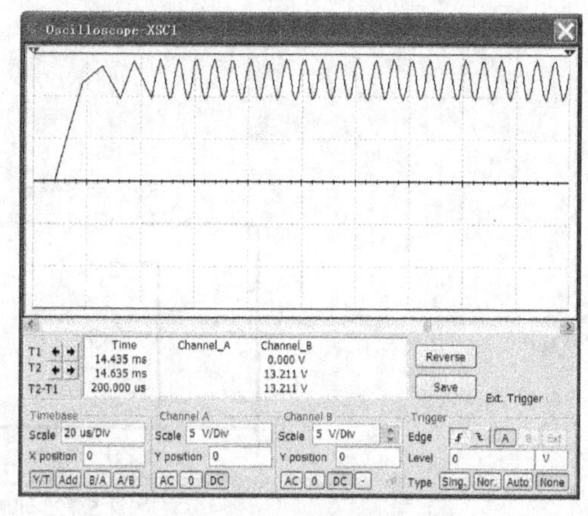

图 5.77 阶跃响应等幅波形

5.12 交流电路参数的仿真测定

测量交流电路常用的有三表法，即用交流电压表、交流电流表和功率计分别测出元件两端的电压、流过的电流及其消耗的有功功率，然后通过计算得出交流电路的参数。例如测定如图 5.78 所示元件 Zx 的交流参数。

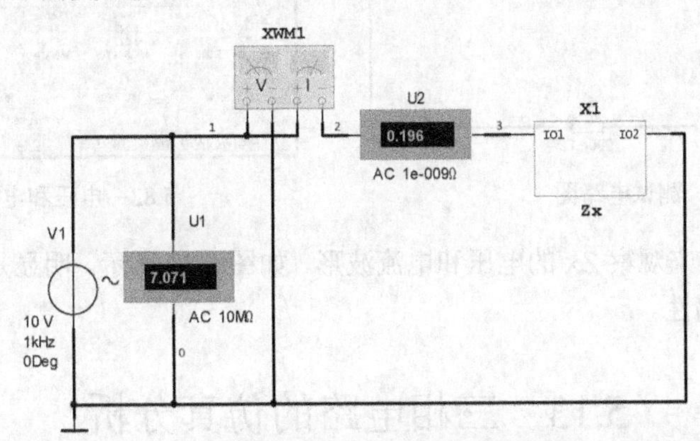

图 5.78 测试电路

这里的 Zx 是一个 R=36 Ω、C=50 μF 串联的子电路（见图 5.79）。子电路的创建参看相关章节。

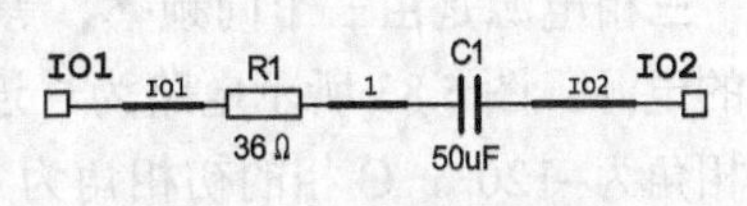

图 5.79 串联子电路

创建交流参数测定电路，如图 5.80 所示。打开电压表和电流表的属性对话框，设置 Mode 模式为 AC。其中 XWM1 为功率计，注意其接入电路的方式。运行仿真开关，三个表的读数分别为 U= 7.071 V，I= 0.196 A，P = 1.378 W。代入相关公式，可以计算出$|Z| = U/I$ = 7.071/0.196 = 36.077 Ω。

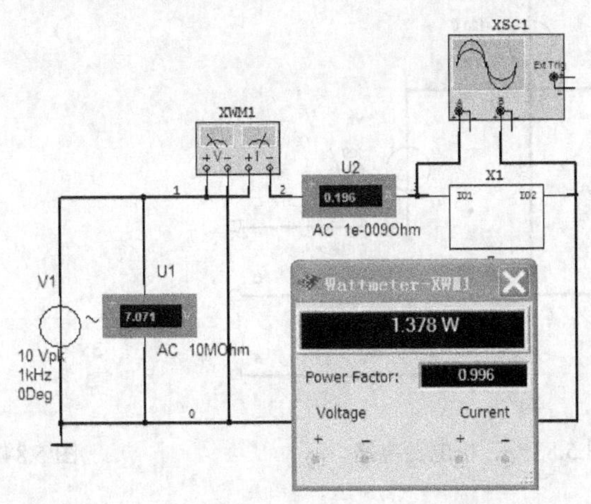

图 5.80 交流参数测定电路

如果不知道被测元件是容性的还是感性的，还可以通过观察如图 5.81 所示的电路中示波器上的波形来确定。其中电阻 R2 两端的电压波形就是流过 Zx 的电流波形，为了不对 Zx 的端电压产生大的影响，R2 应足够小，这里取 R2 ＝ 0.2 Ω。

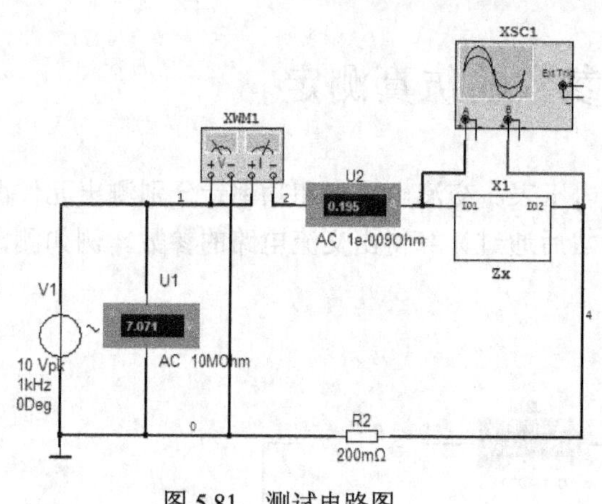

图 5.81　测试电路图

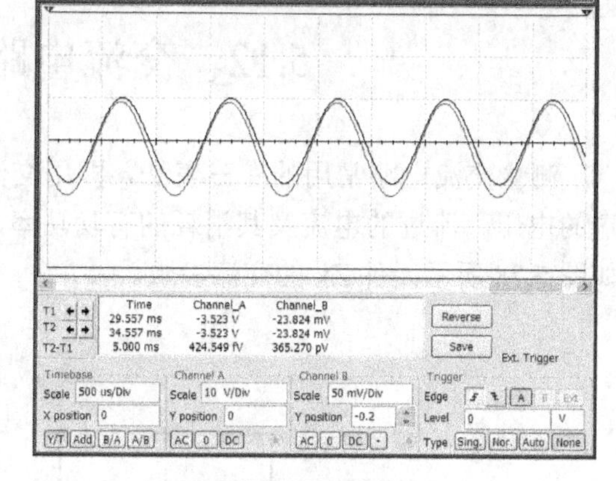

5.82　电压和电流波形

利用双踪示波器来观察 Zx 的电压和电流波形，如图 5.82 所示。明显是电流超前电压，所以是容性。反之为感性。

5.13　三相电路的仿真分析

三相电源是由三个同频率、等振幅而相位依次相差 120°的正弦电压源按一定连接方式组成的电源。图 5.83 所示电路为一连接好的三相电源电路，其中，A 相的初相角为 0°，B 相的初相角为–120°，C 相的初相角为 120°。本例中电源的振幅均为 120 V、频率为 60 Hz。

为了电路图的简单、直观，把它创建成子电路的形式。有关子电路的创建参看相关的章节。子电路如图 5.84 所示。

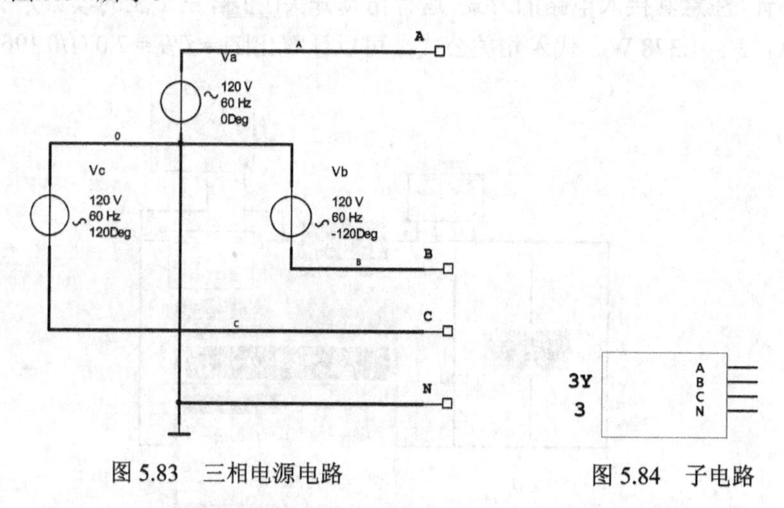

图 5.83　三相电源电路

图 5.84　子电路

5.13.1　线电压的仿真测试

图 5.83 是三相电的 Y 形连接，三个电源的末端连接为公共节点 N，称为中点，由中点引出的线称为中线（地线），由始端 a、b、c 分别引出的线称为端线（火线）。端线与中线之间

的电压为相电压 Ua、Ub、Uc；各个端线之间的电压称为线电压 Uab、Ubc、Uca。创建如图 5.85 所示的测试电路，可以得出仿真测试的线电压均为 207.847 V。与理论上的计算完全吻合。

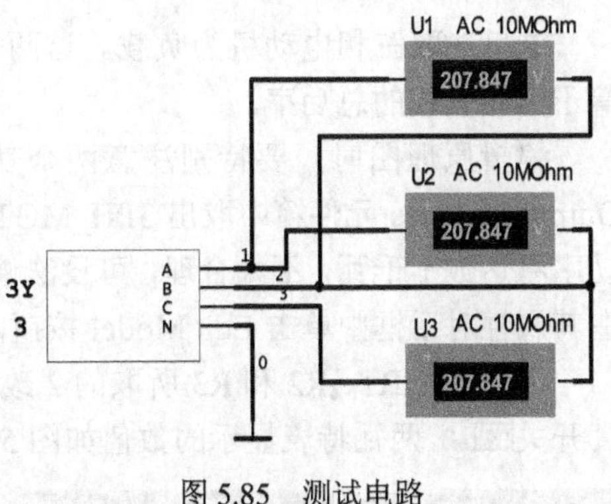

图 5.85　测试电路

5.13.2　测量三相电相序

在三相电路的实际应用中，有时需要能正确判别三相电源的相序。如图 5.83 所示的三相电源，假设原来不知道其相序，Multisim 12 的环境下可以通过观察如图 5.86 所示的电路中的四通道示波器 XSC1 上的波形来确定。

四通道示波器 XSC1 的设置以及显示的三相电的相序波形如图 5.87 所示。

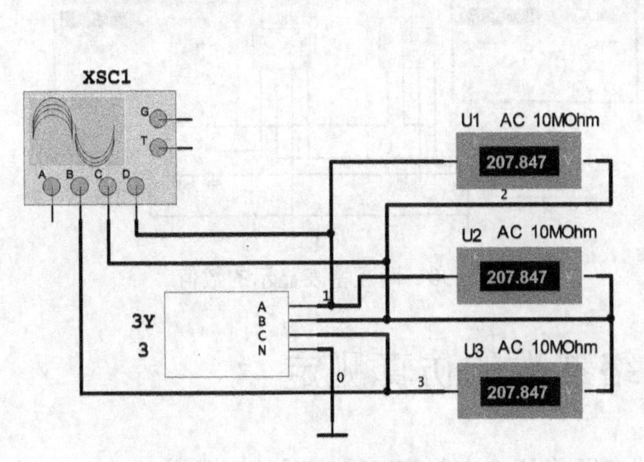

图 5.86　波形测试电路

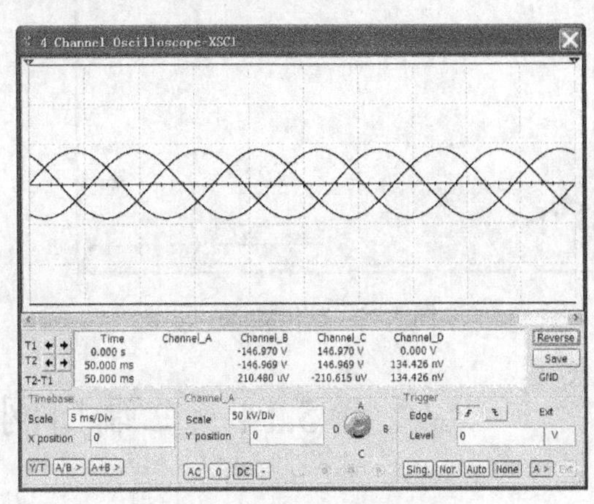

图 5.87　三相电的相序波形

5.13.3　测量三相电路功率

测量三相电路的功率可以使用三只功率计分别测出三相负载的功率，然后将其相加得到，这在电工上称为“三瓦法”。还有一种方法在电工上也是常用的，即所谓“两瓦法”，其接法如图 5.88 所示。

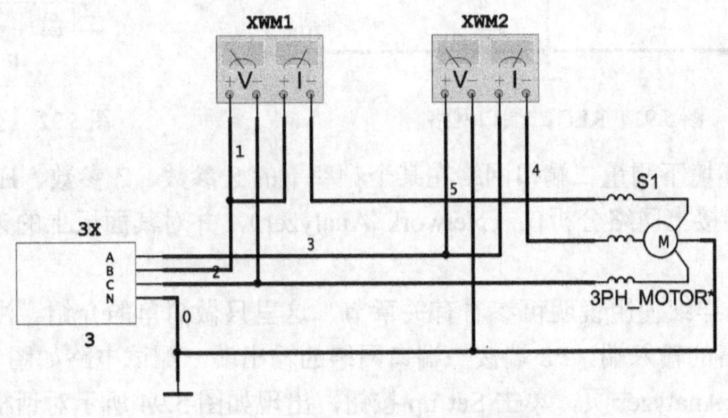

图 5.88　三相电路的功率测量

这里选取三相电动机为负载。这两个功率计的读数自身没有什么意义，两表读数之和即等于三相负载的总功率。

编辑原理图时，要特别注意两个功率计的接法。同时从 Electro_Mechanical 元件库的 Output_Devices 元件箱中取出 3PH_MOTOR，如果直接接到相电压为 120 V 的三相电源上，其功率将达数十千瓦，不太合理，可设法修改其相关模型参数。双击原理图上的 3PH_ MOTOR，在其属性对话框中单击 Edit Model 按钮，出现如图 5.89 所示的对话框。

将其中的 R1、R2 和 R3 所取的 2 改成 280 后，单击 Change Part Model 按钮即可。运行仿真开关，两瓦特表显示的数值如图 5.90 所示。所以总功率为：77.052 + 51.429 = 128.481 W。

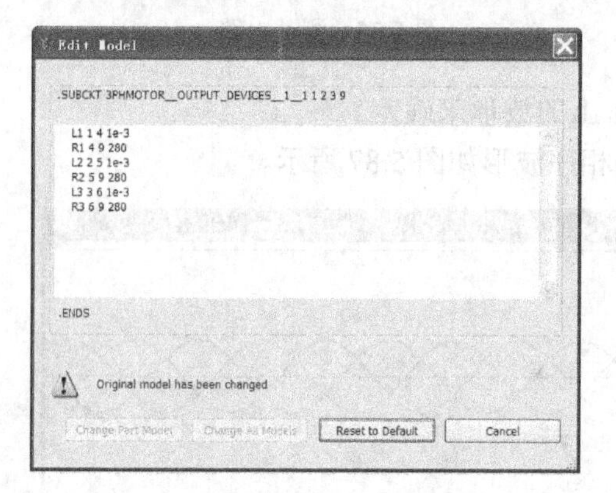

图 5.89 Edit Model 页

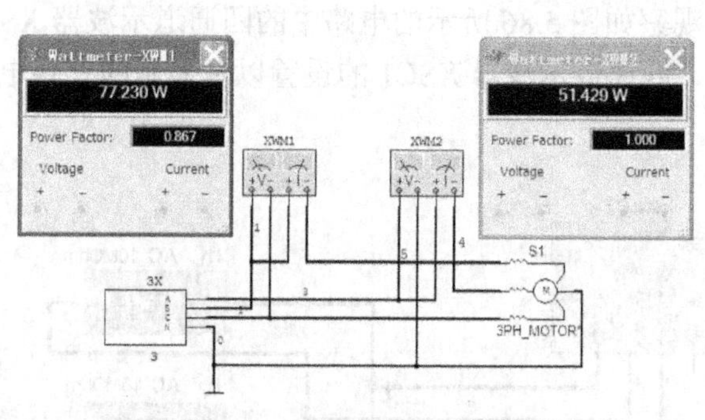

图 5.90 两瓦特表显示的数值

5.14 二端口网络参数的仿真测定

举例说明，对如图 5.91 所示的 RLC 二端口网络测定在频率 50 Hz 时的诸参数。

为了测试的直观方便，便于更好地理解二端口网络参数的概念，把上述电路构建成子电路的形式，如图 5.92 所示。

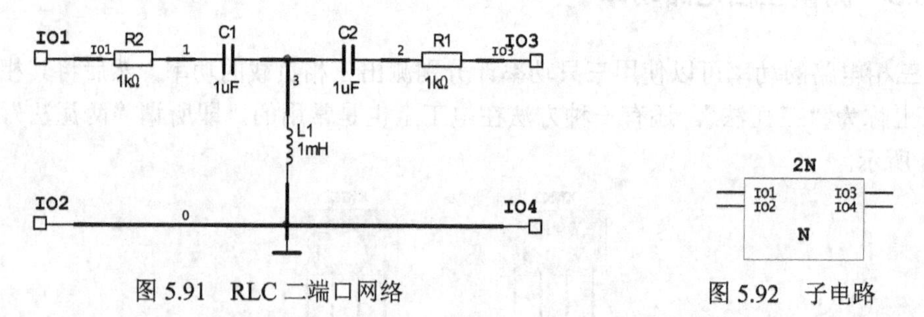

图 5.91 RLC 二端口网络　　图 5.92 子电路

Multisim 12 环境下测量二端口网络在某个频率下的 S 参数、Z 参数、H 参数和 Y 参数也非常方便，只需连接上网络分析仪（Network Analyzer），并对其面板上的某些选项进行适当设置即可。

网络分析仪的详细使用说明可参看有关章节，这里只做简单的介绍。注意网络分析仪的 P1 端接二端口网络的输入端，P2 端接二端口网络的输出端。测试电路如图 5.93 所示。

打开 Network Analyzer 页，单击 Set up 按钮，出现如图 5.94 所示对话框。为了测试数据的清晰和直观，可进行相应的设置。

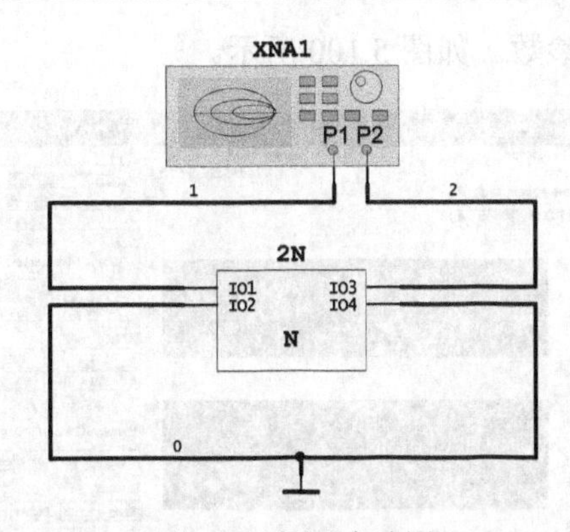

图 5.93　测试电路图

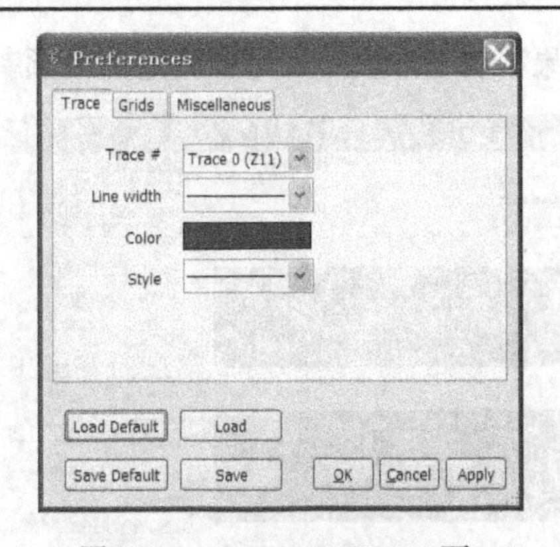

图 5.94　Network Analyzer 页

运行电路仿真开关，在默认状态下，Network Analyzer 设置电路的工作频率是 1 MHz。现在单击 Network Analyzer 页上 Simulation Set 按钮，在出现的 Measurement Setup 对话框中修改 Start Frequency 为 50 Hz，如图 5.95 所示。

再单击 OK 按钮返回。重新运行电路仿真开关，可看到该二端口网络在 50 Hz 时的 Z 参数值，如图 5.96 所示。

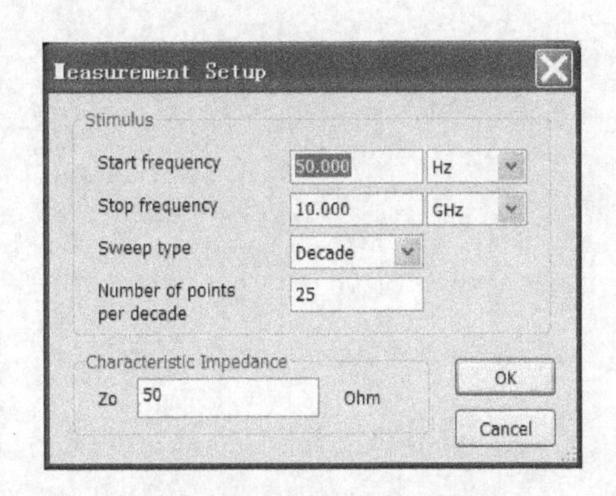

图 5.95　Measurement Setup 页

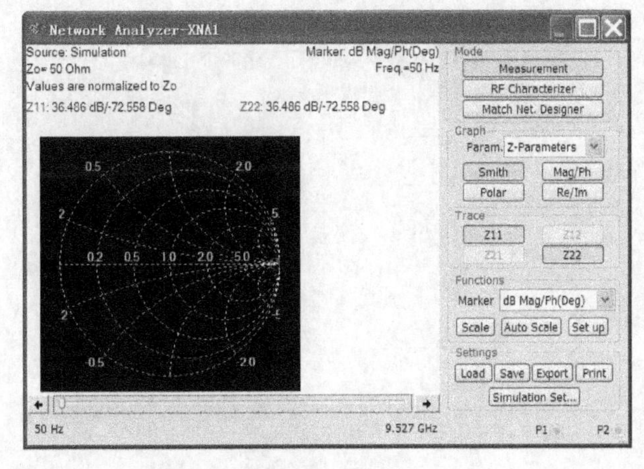

图 5.96　Z 参数

分别对 Graph 选项中的 Parameter 项进行选择，出现的 S 参数、H 参数、Y 参数分别如图 5.97、图 5.98 和图 5.99 所示。

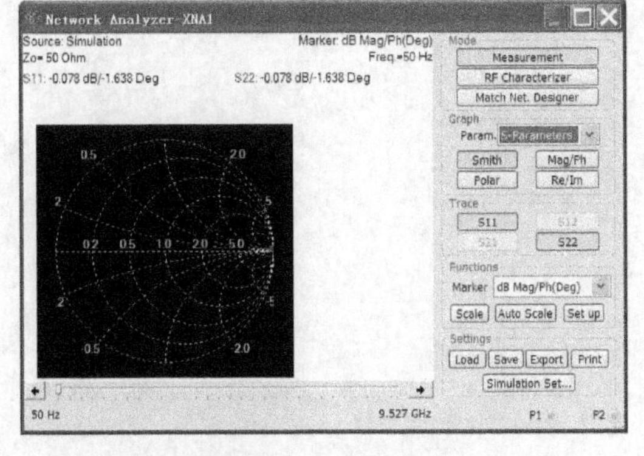

图 5.97　S 参数

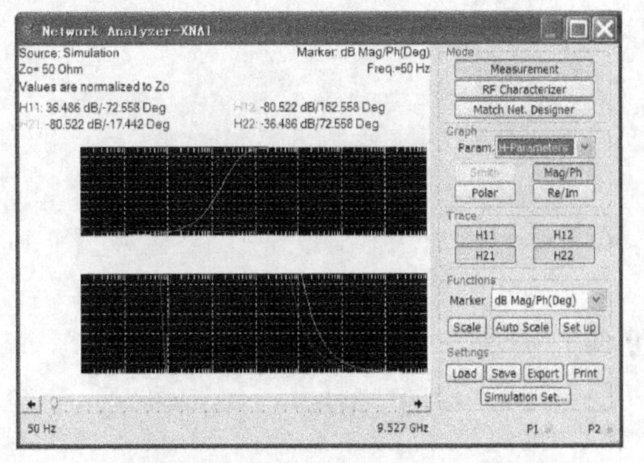

图 5.98　H 参数

如果移动下滑块，还可以测定其他频率下的诸参数。如图 5.100 所示。

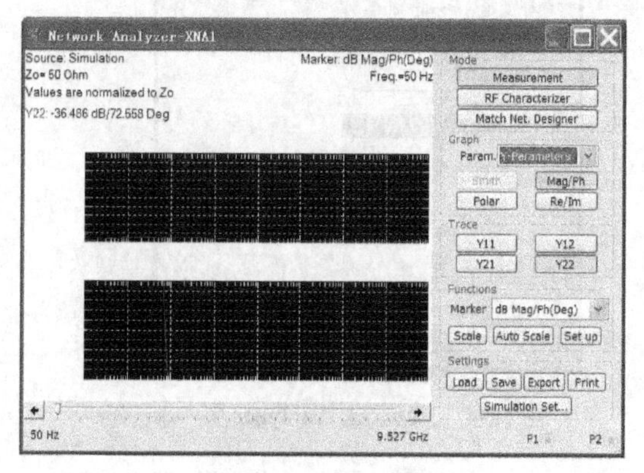

图 5.99　Y 参数

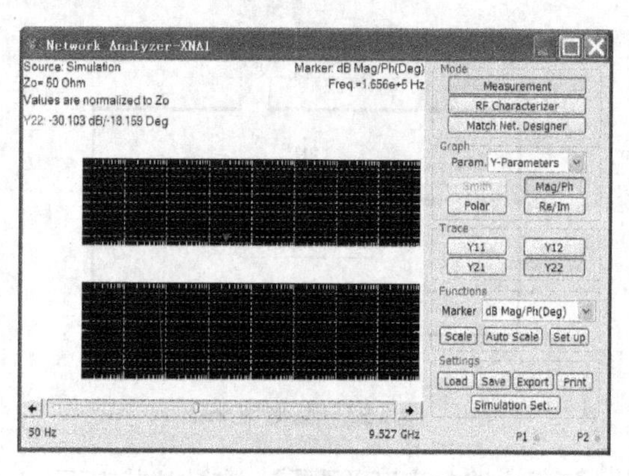

图 5.100　其他频率下的诸参数

第 6 章　Multisim 12 在模拟电路中的应用

6.1　测量晶体管特性曲线

1. 二极管特性测试

晶体二极管是由 PN 结构成的，因此 PN 结的各种特性就是晶体二极管所具有的特性。晶体二极管是一种应用广泛的半导体器件。

伏安特性曲线是晶体二极管的曲线模型。伏安特性曲线可以根据数学表达式直接描绘得到。而实际上一般都是通过实测得到的，因此测量精度越高，伏安特性曲线就越逼近实际器件特性。二极管特性曲线测试电路如图 6.1 所示，其中 XIV1 是 IV 特性分析仪。

作为非线性电阻器件的晶体二极管，它的非线性主要表现在单向导电性上，而导通后伏安特性的非线性则是第二位的。双击 IV 特性分析仪图标，打开其显示面板。按下仿真开关，得到晶体二极管的伏安特性曲线，如图 6.2 所示。

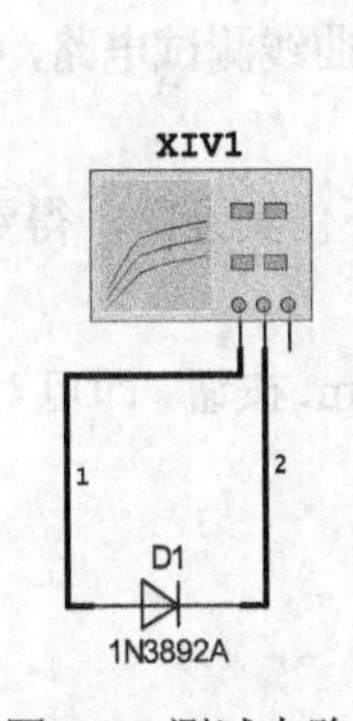

图 6.1　测试电路

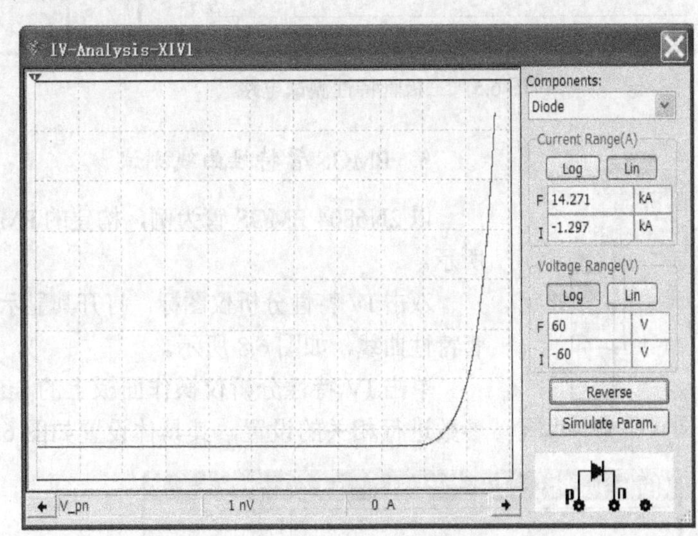

图 6.2　二极管的伏安特性曲线

单击 IV 特性分析仪操作面板上 Simulate Param. 按钮，即可对其仿真参数进行相关的设置，其具体设置如图 6.3 所示。

2. NPN 三极管特性测试

构建的 NPN 三极管特性曲线测试电路如图 6.4 所示。双击 IV 特性分析仪图标，打开其显示面板。按下仿真开关，得到 NPN 三极管特性曲线，如图 6.5 所示。

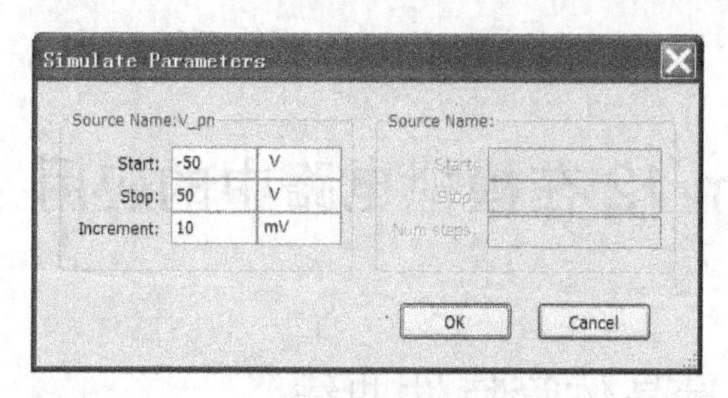

图 6.3　参数设置

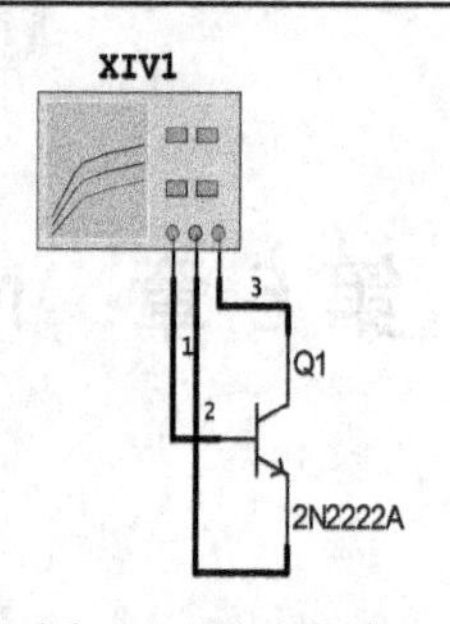

图 6.4　测试电路

单击 IV 特性分析仪操作面板上的 Simulate Param. 按钮，即可对其仿真参数进行相关的设置，其具体设置如图 6.6 所示。

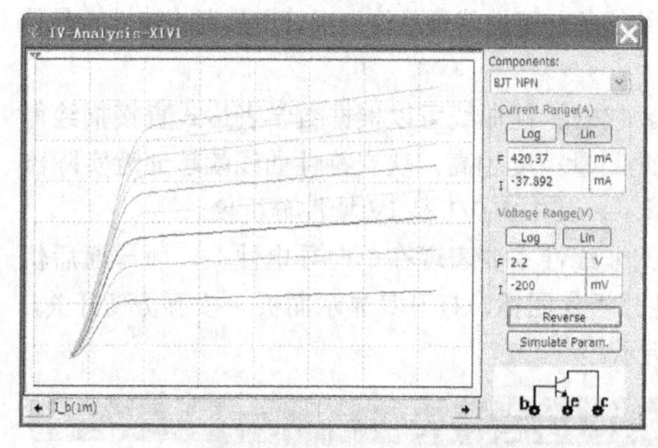

图 6.5　三极管特性测试电路

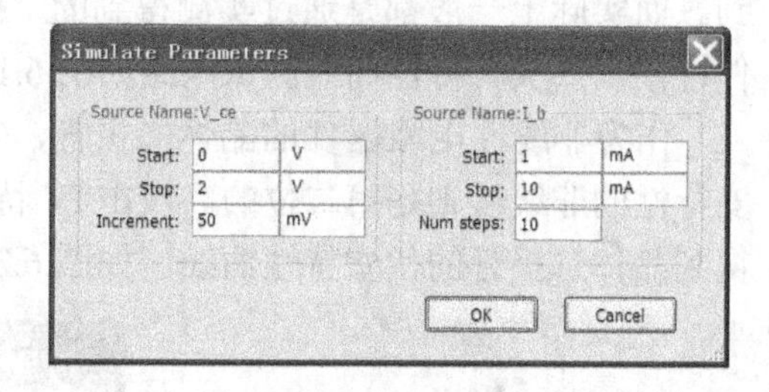

图 6.6　参数设置

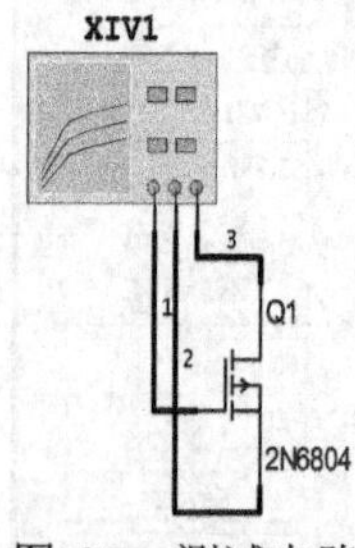

图 6.7　测试电路

3. PMOS 管特性曲线测试

以 2N6804 PMOS 管为例，构建的 PMOS 管特性曲线测试电路，如图 6.7 所示。

双击 IV 特性分析仪图标，打开其显示面板。按下仿真开关，得到 PMOS 管特性曲线，如图 6.8 所示。

单击 IV 特性分析仪操作面板上的 Simulate Param. 按钮，即可对其仿真参数进行相关的设置，其具体设置如图 6.9 所示。

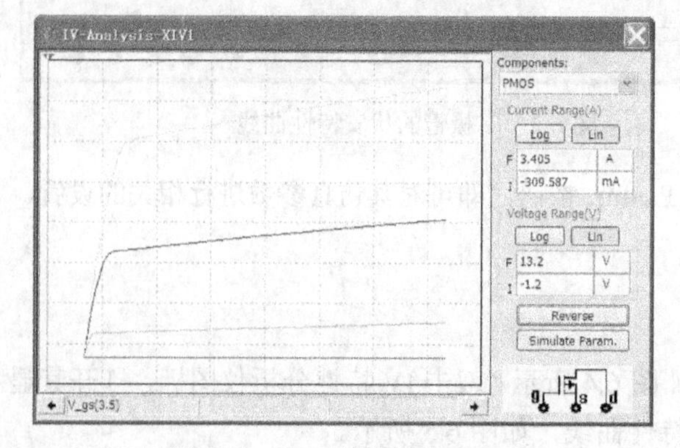

图 6.8　PMOS 管特性测试电路

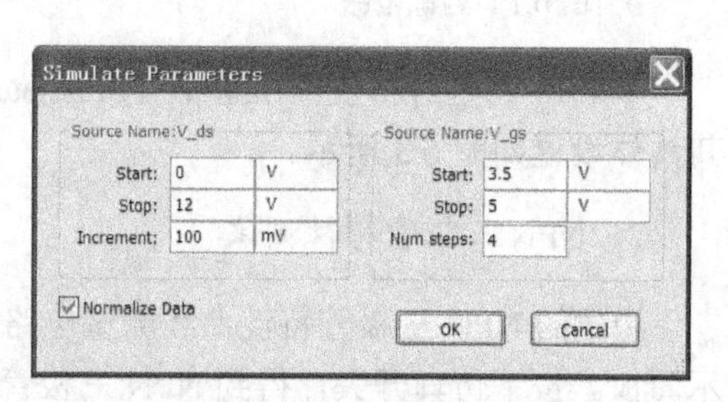

图 6.9　参数设置

6.2　晶体管单管放大电路的仿真

6.2.1　单管放大电路的基本原理

图 6.10 所示电路为电阻分压式工作点稳定的单管放大器，偏置电路采用 R1 和 R2 组成的分压电路，发射极接有 R5 电阻器用于稳定放大器的静态工作点。当在放大器的输入端加入信号后，放大器的输出端便可得到一个与输入信号相位相反，幅值放大了的输出信号，最终实现电压放大。其中，R1 为一个可变电阻，用来调节三极管的偏置电压。双踪示波器 XSC1 用来观察放大器的输入信号 V1 和输出信号电压波形，波特仪 XBP1 用来测量放大器的特性曲线。

双击图 6.10 中的信号电压源 V1 图标，便可以打开其操作面板，进行相关的设置，如图 6.11 所示。

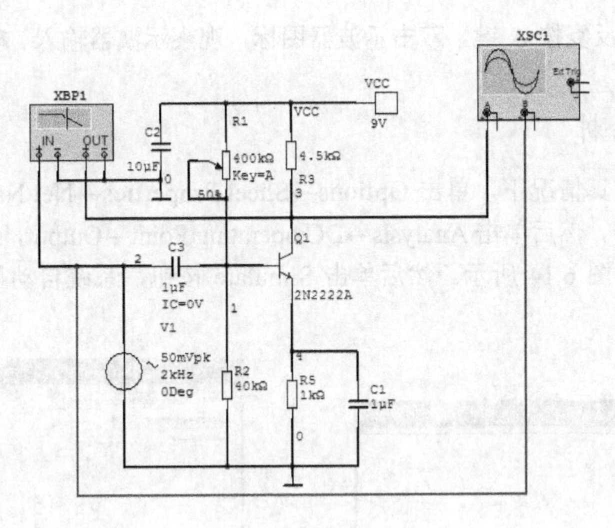

图 6.10　单管放大器

6.2.2　单管放大电路静态工作点的仿真分析

1. 电位器 RP 参数设置

双击电位器 RP，出现如图 6.12 所示的对话框。打开 Value 页，其各项设置如下。

Resistance 区：设置电位器大小。

Key 区：调整电位器大小所按键盘。

Increment 区：设置电位器按百分比增加或减少。

调整图 6.10 中的电位器 R1 确定静态工作点。电位器 R1 旁标注的文字“Key = A”表明若按 A 键，电位器的阻值按 1%的速度减少；若要增加，可按 Shift + A 键，阻值将以 1%的速度增加。电位器变动的数值大小直接以百分比的形式显示在一旁。

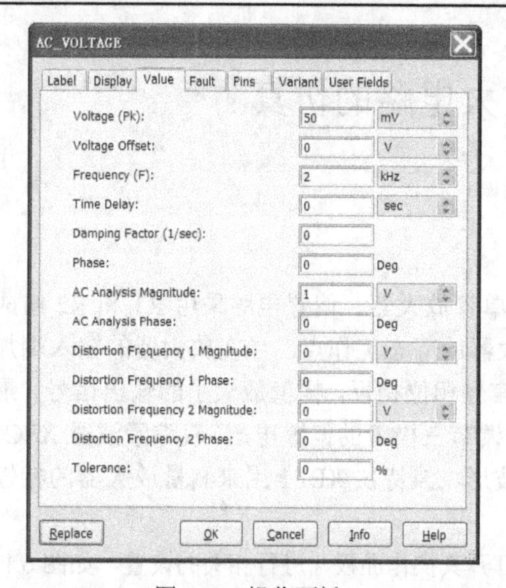

图 6.11　操作面板

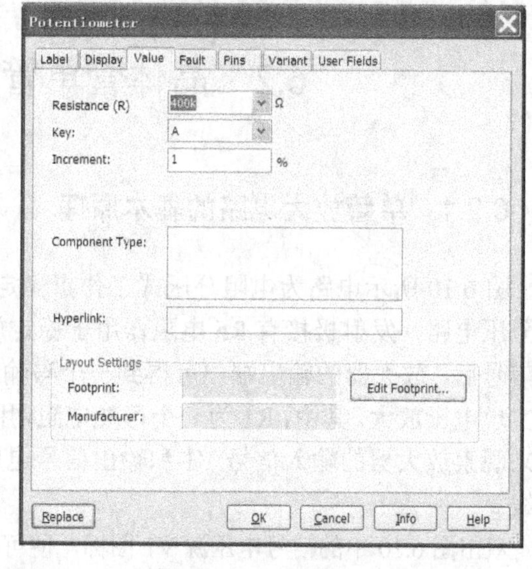

图 6.12　Value 页

启动仿真开关，反复按 A 键。双击示波器图标，观察示波器输入、输出波形，如图 6.13 所示。

2. 直流工作点分析

在输出波形不失真情况下，单击 Options→Sheet Properties→Net Names→Show All，使图 6.10 显示节点编号，然后单击 Analysis→DC operating Point→Output，选择仿真的变量，从左边添加到右边，如图 6.14 所示。然后单击 Simulate 按钮，系统自动显示出运行结果，如图 6.15 所示。

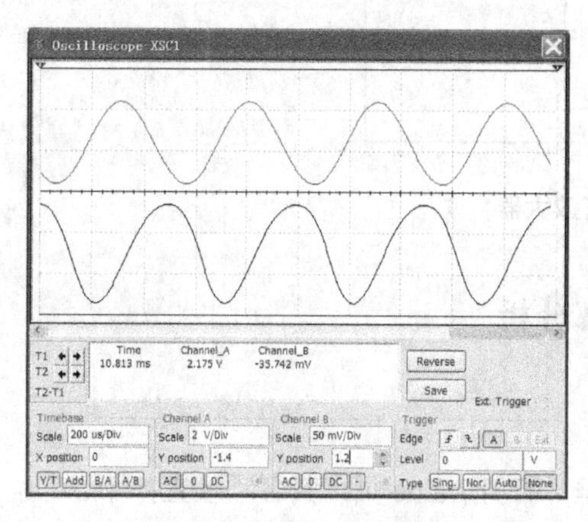

图 6.13　输入、输出波形

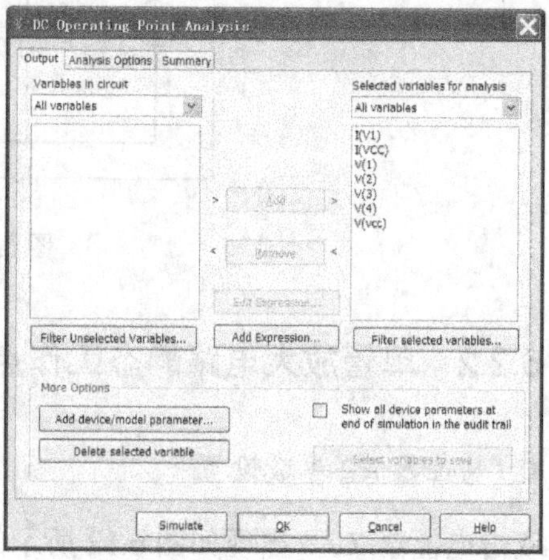

图 6.14　选择仿真的变量

3. 电路直流扫描分析

直流扫描分析（DC Sweep Analysis）是利用一个或两个直流电源分析电路中某一节点上的直流工作点的数值变化的情况。直流扫描操作分析方法参见本书前面有关章节。本例分析了图 6.10 电路中节点 V(3)电源电压变化的曲线，如图 6.16 所示。

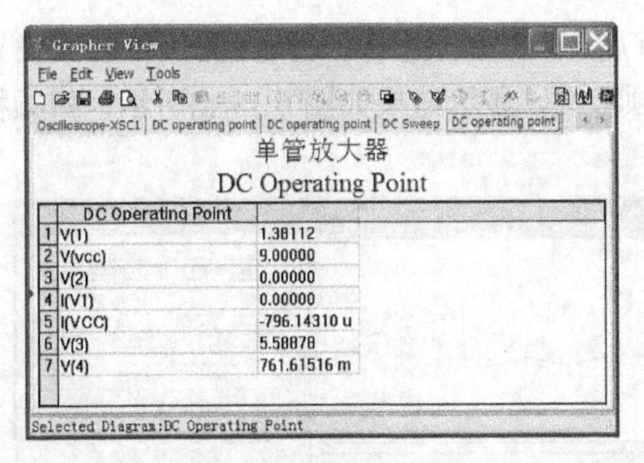

单管放大器
DC Operating Point

	DC Operating Point	
1	V(1)	1.38112
2	V(vcc)	9.00000
3	V(2)	0.00000
4	I(V1)	0.00000
5	I(VCC)	-796.14310 u
6	V(3)	5.58878
7	V(4)	761.61516 m

Selected Diagram:DC Operating Point

图 6.15　运行结果

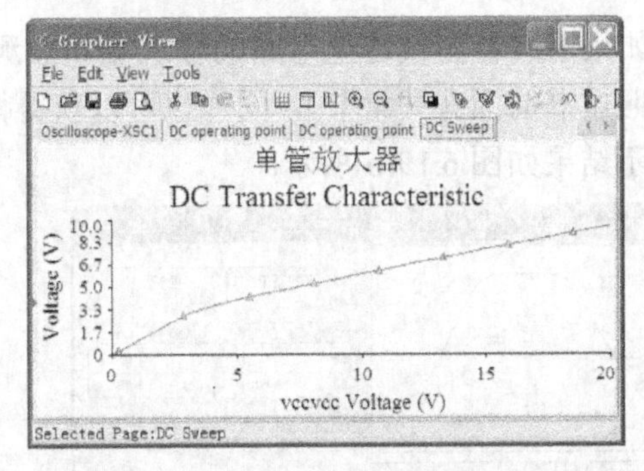

图 6.16　节点 V(3)随电源电压变化的曲线

6.2.3 单管放大电路的动态分析

单击 Simulate→Analysis→AC Analysis，将弹出 AC Analysis 对话框，进入交流分析状态。AC Analysis 对话框有 Frequency Parameters、Output、Miscellaneous Options 和 Summary 共 4 个选项，本例中首先单击其中 Output，选定节点 V(3)进行仿真，然后单击 Frequency Parameters 选项，弹出 Frequency Parameters 对话框，如图 6.17 所示。

1. Frequency Parameters 参数设置

在 Frequency Parameters 参数设置对话框中，可以确定分析的起始频率、终点频率形式、分析采样点数和纵向坐标（Vertical scale）等参数。

在 Start frequency 窗口中，设置分析的起始频率，设置为 1 Hz。

在 Stop frequency 窗口中，设置扫描终点频率，设置为 100 GHz。

在 Sweep type 窗口中，设置分析的扫描方式为 Decade（10 倍程扫描）。

在 Number of points per decade 窗口中，设置每十倍频率的分析采样数，默认为 10。

在 Vertical scale 窗口中，选择纵坐标刻度形式为 Logarithmic（对数）。默认设置为对数形式。

2. 恢复默认值

单击 Reset to default 按钮，即可恢复默认值。

3. 分析节点的频率特性波形

按下 Simulate 按钮，即可在显示图上获得被分析节点的频率特性波形。交流分析的结果，可以显示幅频特性和相频特性两个图，仿真分析结果如图 6.18 所示。

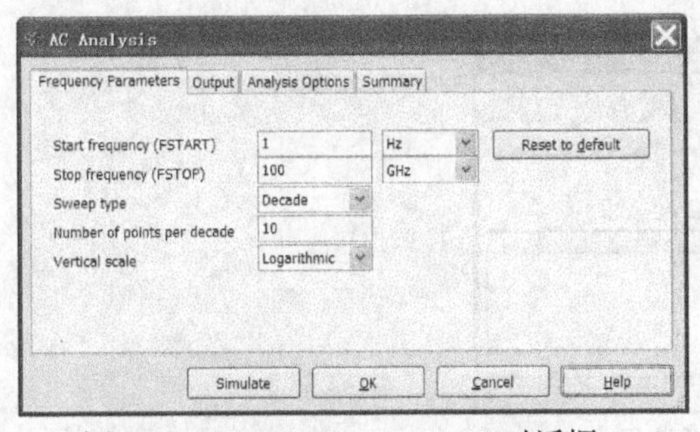

图 6.17　Frequency Parameters 对话框

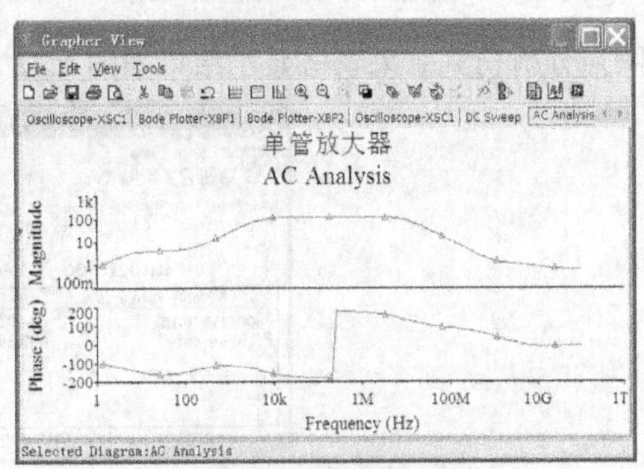

图 6.18　仿真分析结果

如果用波特图仪连至电路的输入端和被测节点，双击波特图仪（波特图仪各参数设置方法参照本书前面有关章节），同样也可以获得幅频特性，显示结果如图 6.19(a)所示。相频特性的显示结果如图 6.19(b)所示。

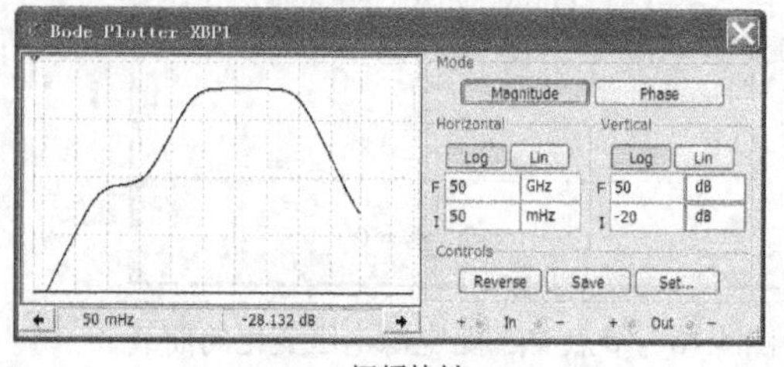

(a) 幅频特性

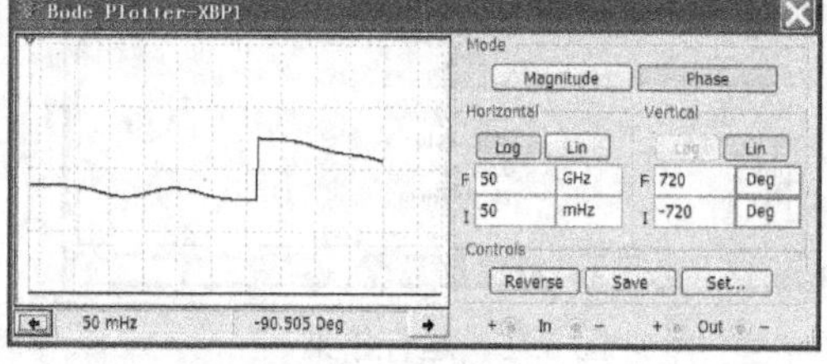

(b) 相频特性

图 6.19　幅频特性和相频特性

4. 放大器幅值及频率测试

双击示波器图标，通过拖曳示波器面板中的指针，可分别测出输出电压的峰－峰值及周期，如图 6.20 所示。

5. 电路噪声分析

噪声分析（Noise Analysis）用于检测电子线路输出信号的噪声功率幅度，用于计算、分析电阻或晶体管的噪声对电路的影响。在分析时，假定电路中各噪声源是互不相关的，因此它们的数值可以分开各自计算。总的噪声是各噪声在该节点的和（用有效值表示）。噪声分析操作方法见本书前面有关章节。噪声分析仿真结果曲线显示结果如图 6.21 所示。

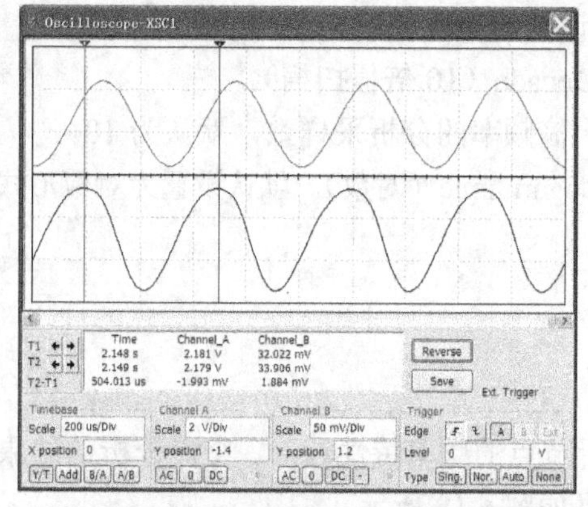

图 6.20　输出电压的峰－峰值及周期

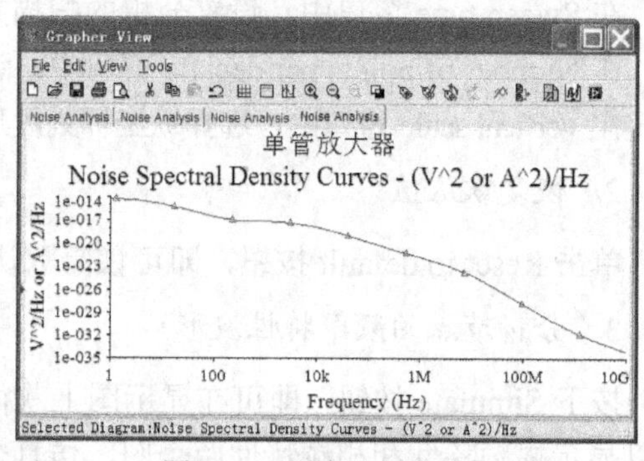

图 6.21　噪声分析曲线

噪声分析仿真结果表格显示结果如图 6.22 所示。

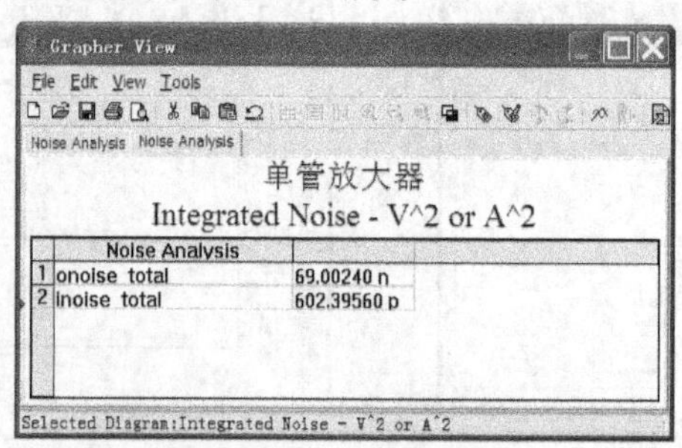

	Noise Analysis	
1	onoise_total	69.00240 n
2	inoise_total	602.39560 p

图 6.22　噪声分析结果

6.2.4　单管放大电路的瞬态特性分析

瞬态分析是指对所选定的电路节点的时域响应，即观察该节点在整个显示周期中每一时刻的电压波形。在进行瞬态分析时，直流电源保持常数，交流信号源随着时间而改变，电容和电感都是能量储存模式元件。

单击 Simulate→Analysis→Transient Analysis，将弹出 Transient Analysis 对话框，进入瞬态分析状态。Transient Analysis 对话框有 Analysis Parameters、Output、Analysis Options 和 Summary 共 4 个选项，其中 Output、Analysis Options 和 Summary 这 3 个选项与直流工作点分析的设置一样，Analysis Parameters 对话框如图 6.23 所示。

在图 6.23 中 Analysis Parameters 对话框里单击 Simulate 按钮，仿真运行结果如图 6.24 所示。

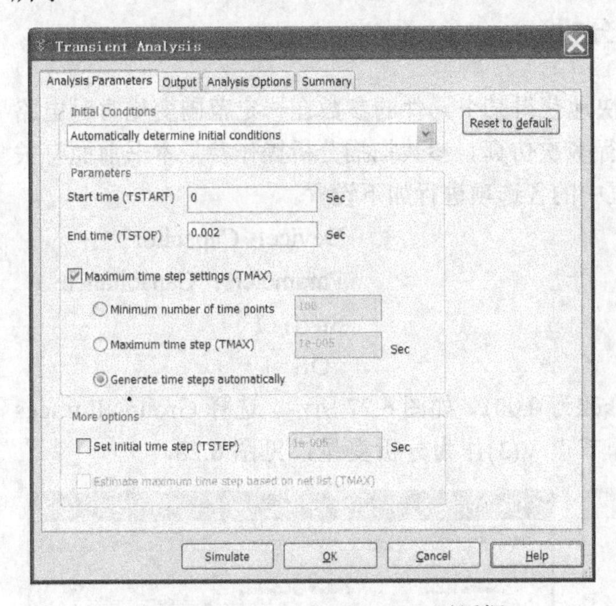

图 6.23　Analysis Parameters 对话框

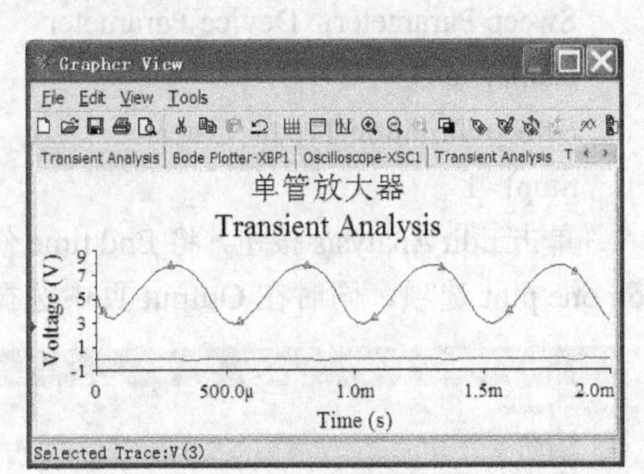

图 6.24　仿真运行结果

6.2.5　单管放大电路的灵敏度分析

灵敏度分析（Sensitivity Analysis）分析的是电路特性对电路中元器件参数的敏感程度。灵敏度分析包括直流灵敏度分析和交流灵敏度分析功能。直流灵敏度分析的仿真结果以数值的形式显示，交流灵敏度分析仿真的结果以曲线的形式显示。灵敏度分析操作参见本书前面有关章节。

在 Analysis Type 一栏选择 DC Sensitivity，可进行直流灵敏度分析，分析结果将产生一个表格。若选择 AC Sensitivity，则进行交流灵敏度分析，分析结果将产生一个分析图。选择交流灵敏度分析后，单击 Edit Analysis，进入灵敏度交流分析对话框，参数设置与交流分析相同。

本例选择节点 V(3)进行直流和交流电压灵敏度仿真，其仿真结果如图 6.25 及图 6.26 所示。

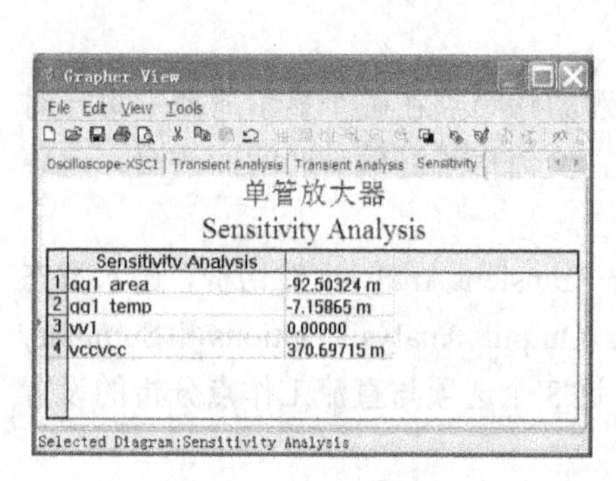

图 6.25　电压灵敏度

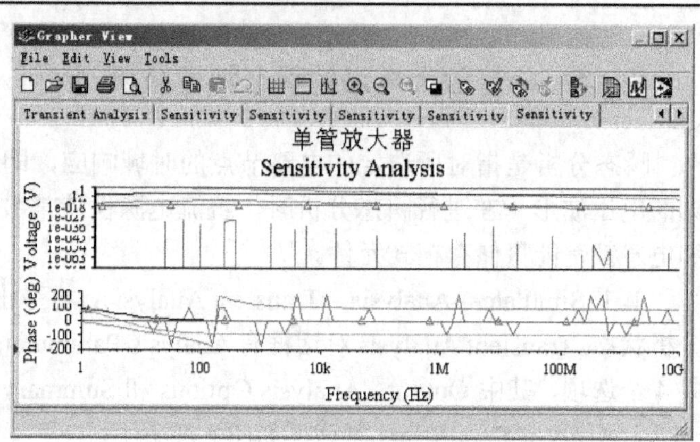

图 6.26　仿真结果

6.2.6　单管放大电路的参数扫描分析

用参数扫描的方法分析电路，可以较快地获得某个元件的参数在一定范围变化时对电路的影响。相当于该元件每次取不同值时进行多次仿真。参数扫描分析操作参见本书前面有关章节。对于本例 Analysis Parameters 对话框中的各选项进行如下设置。

Sweep Parameter：Device Parameter　　Device：Capacitor

Name：cc3　　Parameters：Capacitance

Sweep Variation Type：Linear　　Start：1

Stop：1　　#Of：1

单击 Edit Analysis 按钮，将 End time 修改为 0.001，如图 6.27 所示。选择 Group all traces on one plot 选项，同时在 Output 页中选择节点 V(3)作为分析变量，见图 6.28。

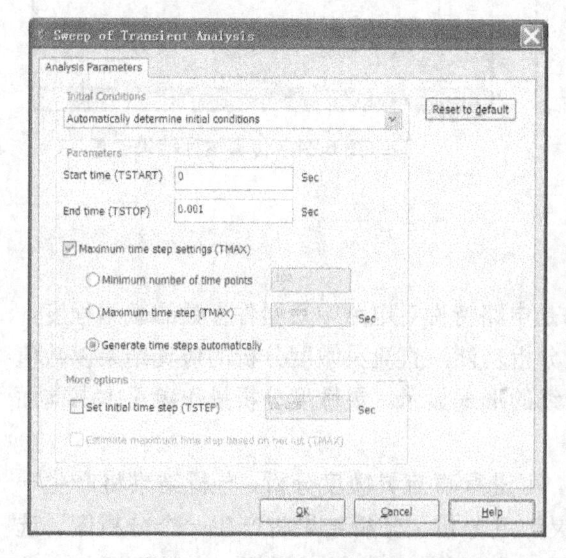

图 6.27　Analysis Parameters 页

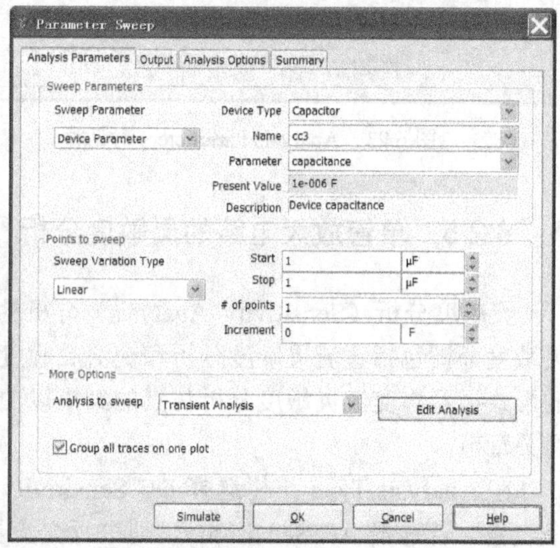

图 6.28　Analysis Parameters 页

最后单击 Simulate 按钮，参数扫描仿真结果如图 6.29 所示。

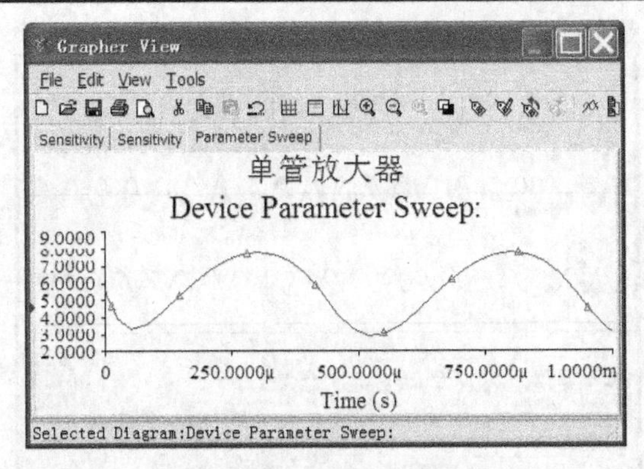

图 6.29　参数扫描结果

6.3　多级放大电路

由两级共发射极放大电路构成的两级放大电路，如图 6.30 所示。级间采用的是阻容耦合方式。用四踪示波器来观察电路中各点的电压波形，用波特仪来测量整个电路的频率特性参数。

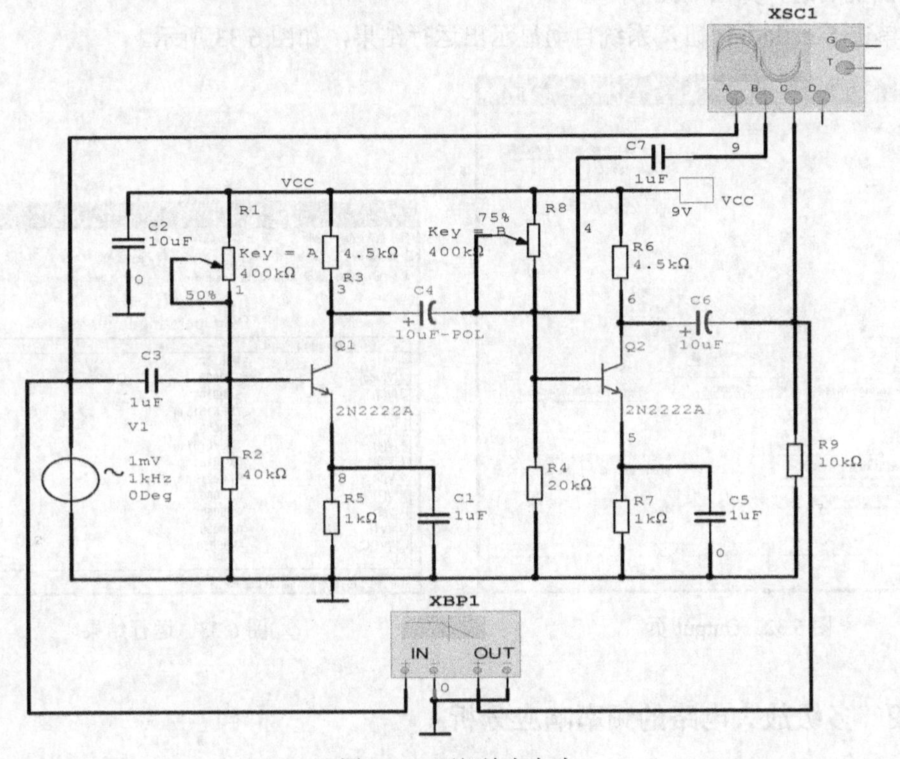

图 6.30　两级放大电路

按下仿真开关，示波器上显示的信号波形如图 6.31 所示。显示的波形顺序是：A 通道——输入信号；B 通道——级间耦合信号；C 通道——输出信号。

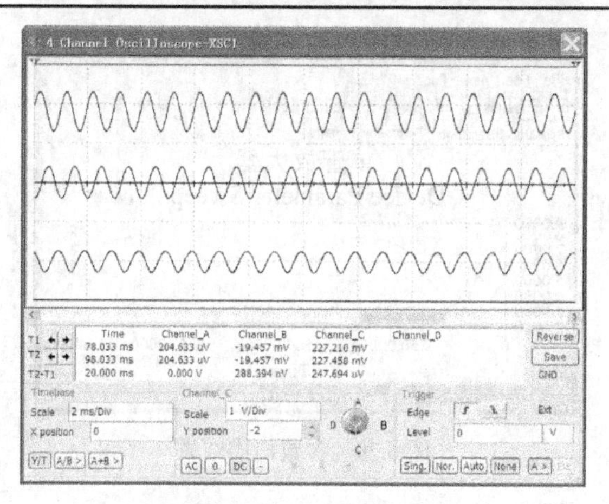

图 6.31 信号波形

6.3.1 多级放大电路的静态工作点分析

在输出波形不失真情况下，单击 Options→Sheet Properties→Net Names→Show All，使图 6.30 显示节点编号，然后单击 Analysis→DC Operating Point→Output 选择需仿真的变量，从左边添加到右边，如图 6.32 所示。

然后单击 Simulate 按钮，系统自动显示出运行结果，如图 6.33 所示。

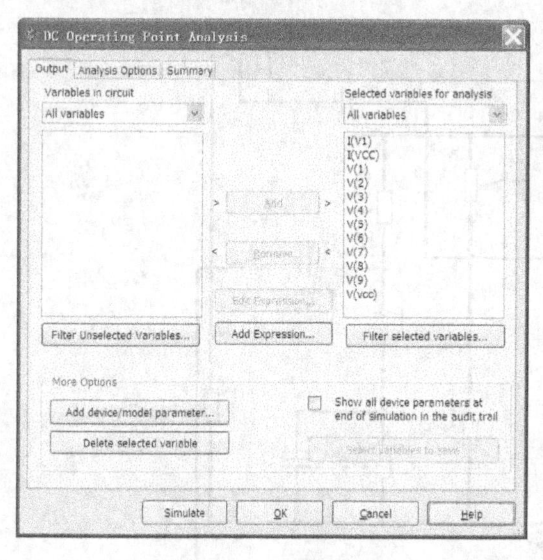

图 6.32 Output 页

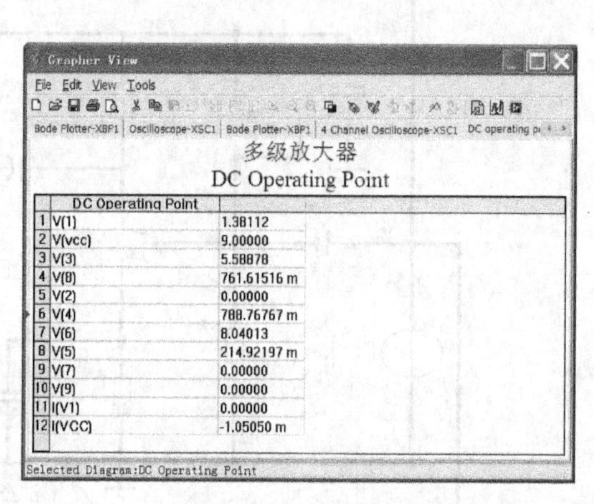
Grapher View

多级放大器

DC Operating Point

	DC Operating Point	
1	V(1)	1.38112
2	V(vcc)	9.00000
3	V(3)	5.58878
4	V(8)	761.61516 m
5	V(2)	0.00000
6	V(4)	788.76767 m
7	V(6)	8.04013
8	V(5)	214.92197 m
9	V(7)	0.00000
10	V(9)	0.00000
11	I(V1)	0.00000
12	I(VCC)	-1.05050 m

Selected Diagram:DC Operating Point

图 6.33 运行结果

6.3.2 多级放大电路的频率响应分析

打开波特仪显示面板，按下 Simulate 按钮，即可得到多级放大电路的幅频特性曲线，如图 6.34 所示。

按下转换开关 Phase，可以得到多级放大电路的相频特性曲线，如图 6.35 所示。可以看到，与单级放大器相比，两级放大器电路的通频带变窄了。

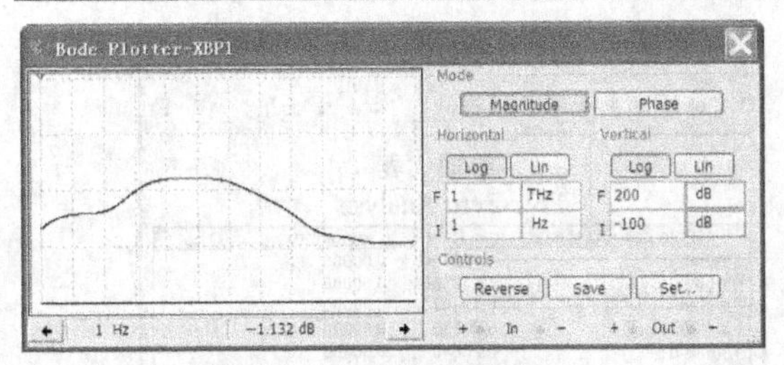

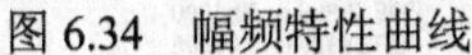

图 6.34　幅频特性曲线

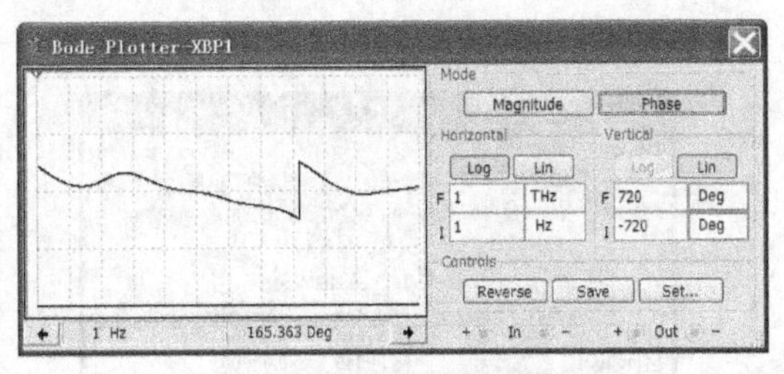

图 6.35　相频特性曲线

6.3.3　多级放大电路的极点-零点分析

极点-零点分析操作参见本书前面有关章节。本例在 Nodes 区选择输入/输出的正负端（节）点如下：在 Input（+）窗口选择正的输入端（节）点 V(2)，在 Input（-）窗口选择负的输入端（节）点（通常是接地端，即节点 V(0)），在 Output（+）窗口选择正的输出端（节）点 V(7)，在 Output（-）窗口选择负的输出端（节）点（通常是接地端，即节点 V(0)），设置如图 6.36 所示。

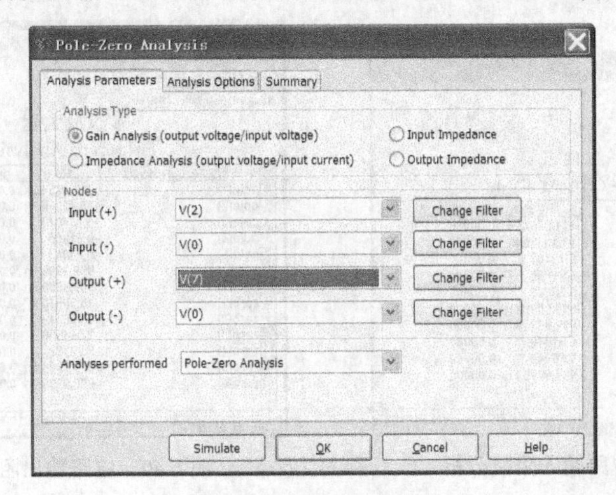

图 6.36　节点设置

1. 电路增益分析

选择 Gain Analysis（output voltage/input voltage）进行电路增益分析，也就是输出电压/输入电压分析，分析结果如图 6.37 所示。

2. 电路互阻抗分析

选择 Impedance Analysis（output voltage/input current）进行电路互阻抗分析，也就是输出电压/输入电流，分析结果如图 6.38 所示。

3. 电路输入阻抗分析

选择 Input Impedance 进行电路输入阻抗分析，分析结果如图 6.39 所示。

4. 电路输出阻抗分析

选择 Output Impedance 进行电路输出阻抗分析，分析结果如图 6.40 所示。

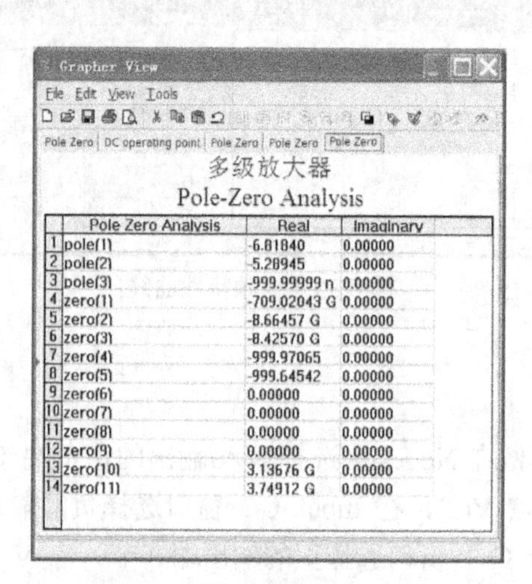

图 6.37 电压增益分析

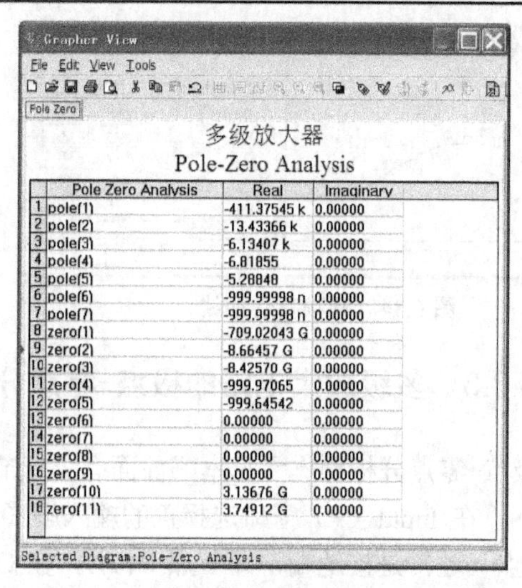

图 6.38 电路互阻抗分析

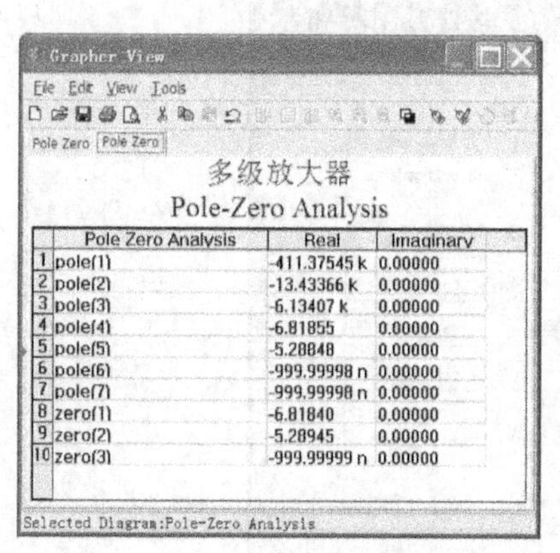

图 6.39 电路输入阻抗分析

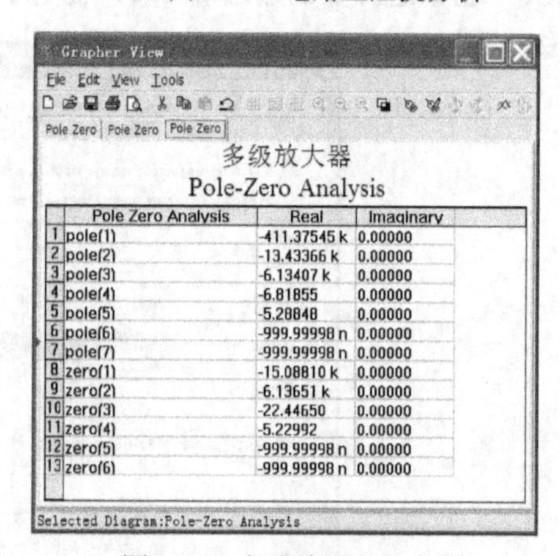

图 6.40 电路输出阻抗分析

6.3.4 多级放大电路的传递函数分析

传递函数分析可以分析一个源与两个节点的输出电压或一个源与一个电流输出变量之间的直流小信号传递函数。也可以用于计算输入和输出阻抗。本例输入电压取 VV1 节点 7 为输出节点，节点 0 为参考节点，设置如图 6.41 所示，仿真结果如图 6.42 所示。

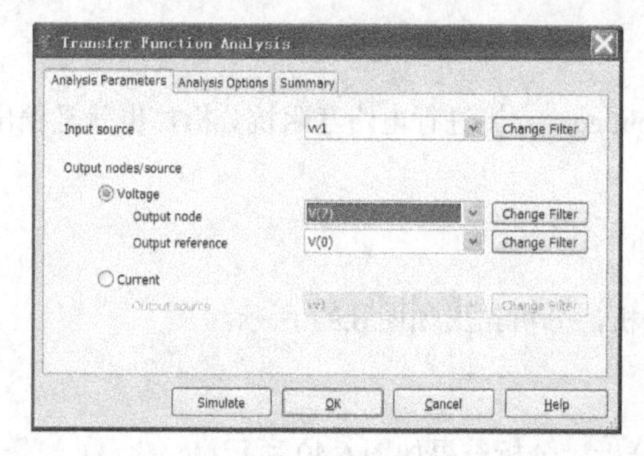

图 6.41 传递函数分析

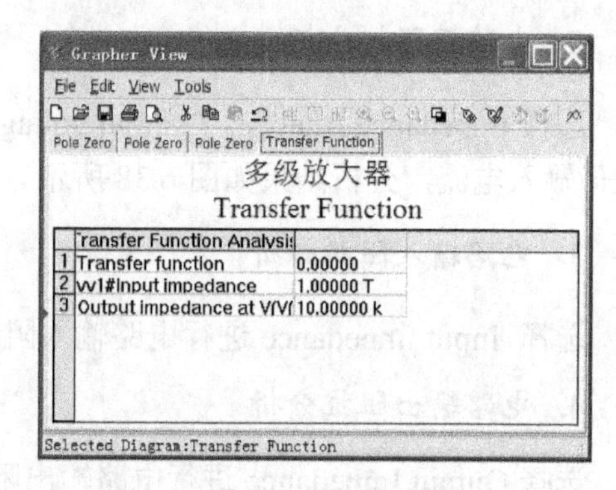

图 6.42 分析结果

6.4　负反馈放大电路

6.4.1　负反馈放大电路的基本原理

所谓反馈，就是在电子系统中把输出回路的电量（电压或电流）馈送到输入回路的过程。如果引入反馈后，电路的增益变小了，这种反馈一般称为负反馈。下面分别对 4 种常用类型的反馈组态进行仿真分析。

1. 电压串联负反馈电路

电压串联负反馈电路如图 6.43 所示。基本放大电路就是一只集成运放，这里我们选用的型号是 LM307H，并用一个开关来控制电路有无负反馈的存在。开关方向的说明如图中标注。用一个示波器来观察反馈时的情况。其中，输入信号 V1 是一个交流电压源信号。示波器的 A 通道接输入信号，B 通道接输出信号。

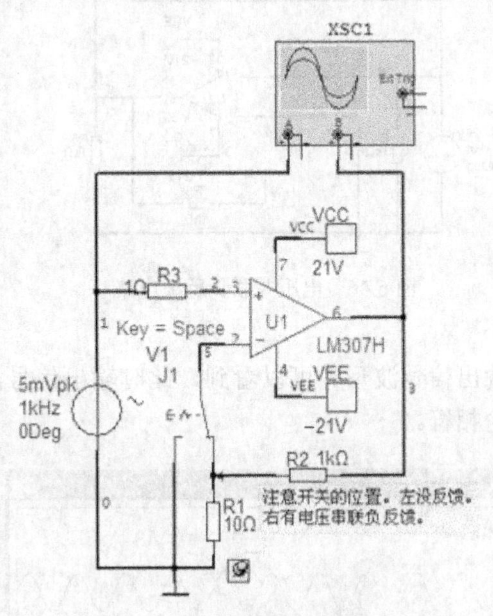

图 6.43　电压串联负反馈电路

开关打向左边时，没有负反馈，输入、输出的信号波形如图 6.44 所示。上面 A 通道的波形是输入信号波形，下面 B 通道的波形是输出信号波形。可以看到，此时输出信号波形已经严重失真。

开关打向右边时，加入电压串联负反馈，输入、输出的信号波形如图 6.45 所示。上面 A 通道的波形是输入信号波形，下面 B 通道的波形是输出信号波形。可以看到，此时输出信号波形没有失真。但输出信号的幅度减小了，与理论相符。

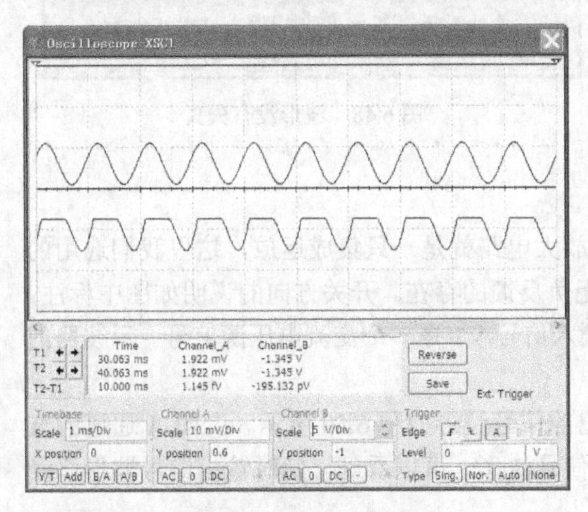

图 6.44　波形严重失真

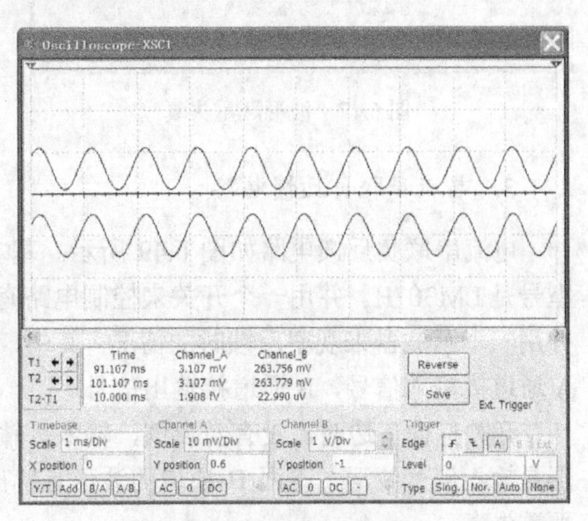

图 6.45　波形没有失真

2. 电压并联负反馈电路

电压并联负反馈电路如图 6.46 所示。基本放大电路就是一只集成运放，这里我们选用的型号是 LM307H，并用一个开关来控制电路有无负反馈的存在。开关方向的说明如图中标注，并用一个示波器来观察反馈时的情况。其中，输入信号 V1 是一个交流电流源信号。示波器的 A 通道接输入信号，B 通道接输出信号。

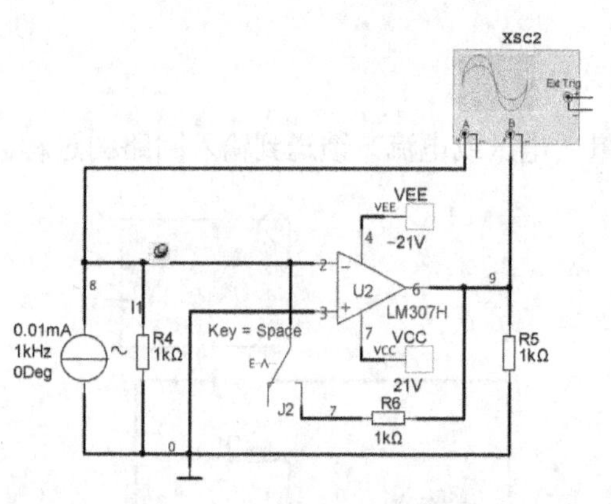

图 6.46　电压并联负反馈电路

开关打向左边时，没有负反馈，输入、输出的信号波形如图 6.47 所示。上面 A 通道的波形是输入信号波形，下面 B 通道的波形是输出信号波形。可以看到，此时输出信号波形已经严重失真。

开关打向右边时，加入电压并联负反馈，输入、输出的信号波形如图 6.48 所示。上面 A 通道的波形是输入信号波形，下面 B 通道的波形是输出信号波形。可以看到，此时输出信号波形没有失真。但输出信号的幅度减小了，与理论相符。

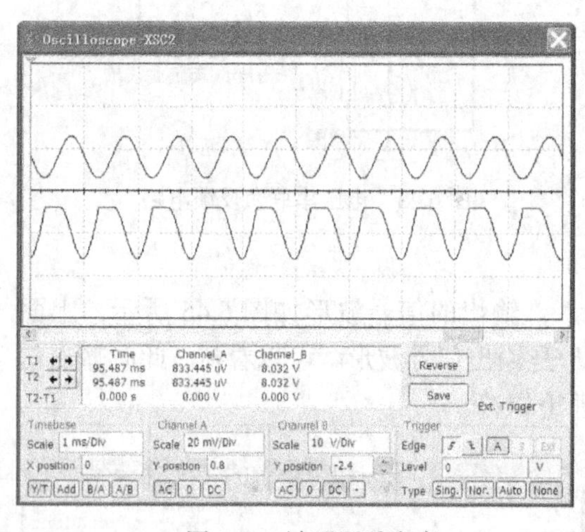

图 6.47　波形严重失真

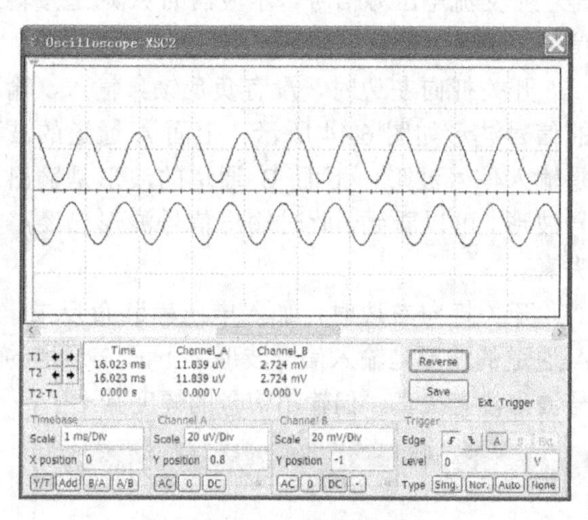

图 6.48　波形没有失真

3. 电流串联负反馈电路

电流串联负反馈电路如图 6.49 所示。基本放大电路就是一只集成运放，这里我们选用的型号是 LM307H。并用一个开关来控制电路有无负反馈的存在。开关方向的说明如图中标注，并用一个示波器来观察反馈时的情况。其中，输入信号 V1 是一个交流电压源信号。示波器的 A 通道接输入信号，B 通道接输出信号。

开关打向下边时，没有负反馈，输入、输出的信号波形如图 6.50 所示。上面 A 通道的波形是输入信号波形，下面 B 通道的波形是输出信号波形。可以看到，此时输出信号波形已经严重失真。

开关打向上边时，加入电流串联负反馈，输入、输出的信号波形如图 6.51 所示。上面 A 通道的波形是输入信号波形，下面 B 通道的的波形是输出信号波形。可以看到，此时输出信号波形没有失真。但输出信号的幅度减小了，与理论相符。

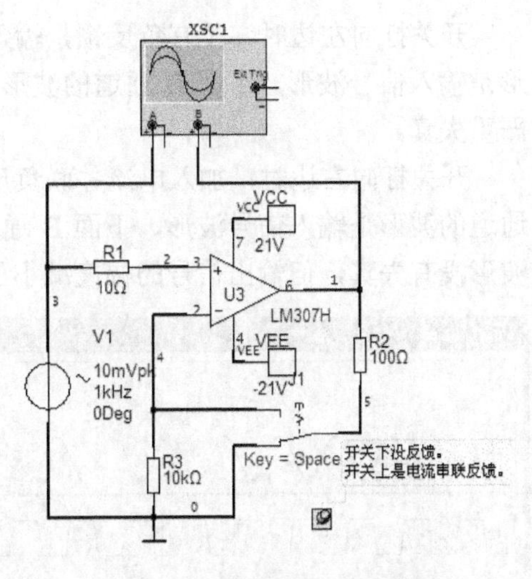

图 6.49　电流串联负反馈电路

4. 电流并联负反馈电路

电流串联负反馈电路如图 6.52 所示。基本放大电路就是一只集成运放，这里我们选用的型号是 LM307H，并用一个开关来控制电路有无负反馈的存在。开关方向的说明如图 6.52 中标注，并用一个示波器来观察反馈时的情况。其中，输入信号 V1 是一个交流电流源信号，示波器的 A 通道接输入信号，B 通道接输出信号。

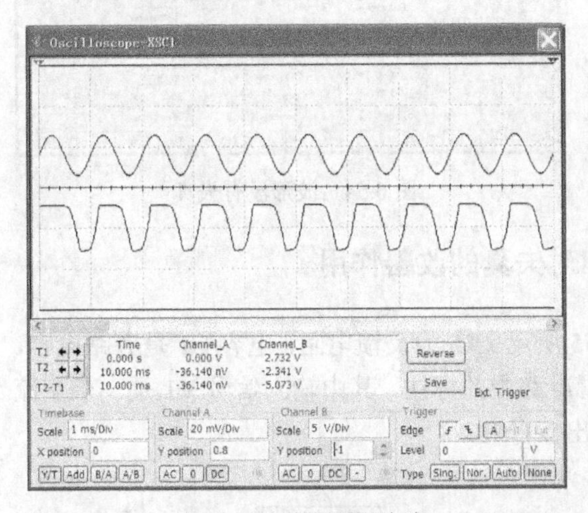

图 6.50　波形严重失真

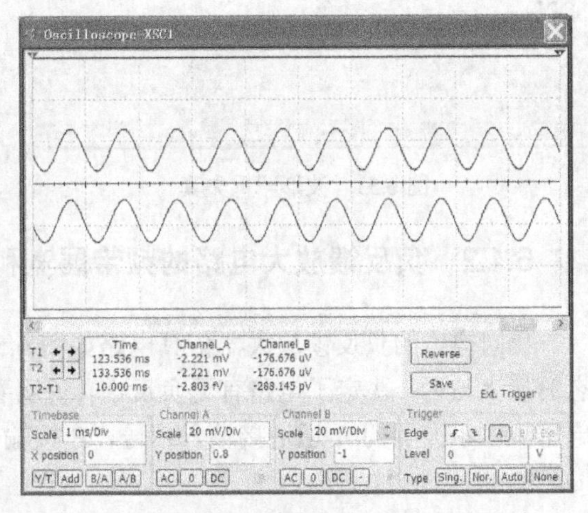

图 6.51　波形没有失真

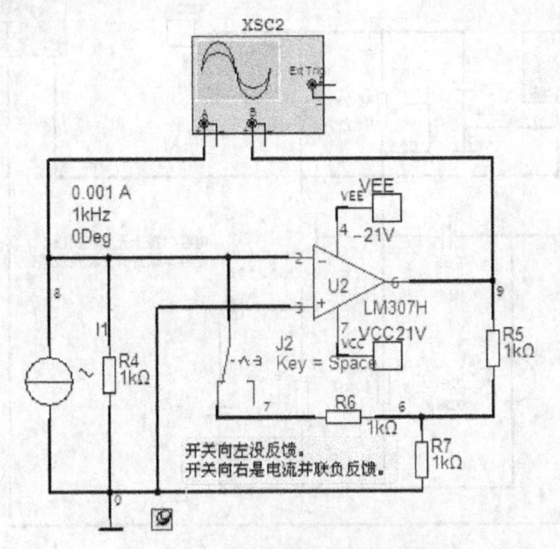

图 6.52　电流串联负反馈电路

开关打向左边时，没有负反馈，输入、输出的信号波形如图 6.53 所示。上面 A 通道的波形是输入信号波形，下面 B 通道的波形是输出信号波形。可以看到，此时输出信号波形已经严重失真。

开关打向右边时，加入电流并联负反馈，输入、输出的信号波形如图 6.54 所示。上面 A 通道的波形是输入信号波形，下面 B 通道的波形是输出信号波形。可以看到，此时输出信号波形没有失真，但输出信号的幅度减小了，与理论相符。

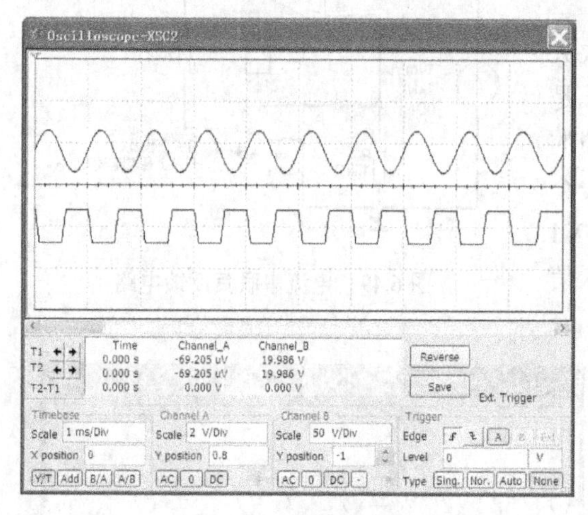

图 6.53　波形严重失真

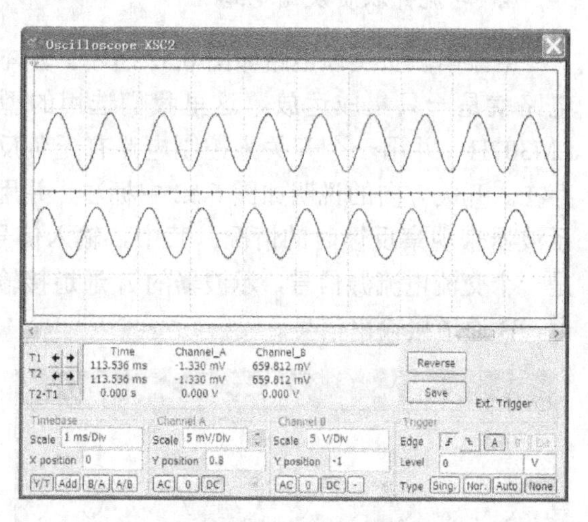

图 6.54　波形没有失真

6.4.2　负反馈放大电路的频带展宽和对失真的改善作用

我们构建的负反馈放大器仿真电路如图 6.55 所示。R5 为反馈电阻，电容 C1 是旁路电容，它的接上与否，决定了电路有无负反馈，说明看电路中的标注。其中输入信号 V1 是一个交流电压源。示波器的 A 通道接输入信号，B 接输出信号。

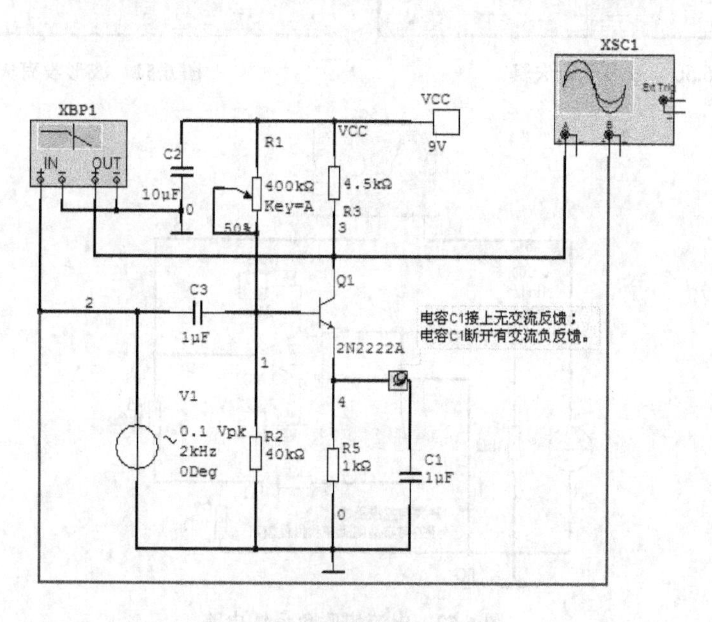

图 6.55　负反馈放大器电路

1. 负反馈对失真的改善作用

首先接上电容 C1，即没有交流负反馈。打开示波器显示面板，按下仿真按钮，示波器的显示波形，如图 6.56 所示。

上面 A 通道的波形是输入信号波形，下面 B 通道的波形是输出信号波形。可以看到，此时输出信号波形已经严重失真。此时再断开电容 C1，加入交流负反馈，按下仿真按钮，示波器的显示波形如图 6.57 所示。

上面 A 通道的波形是输入信号波形，下面 B 通道的波形是输出信号波形。可以看到，此时输出信号波形没有失真，输出信号的幅度减小了。这与理论相符。

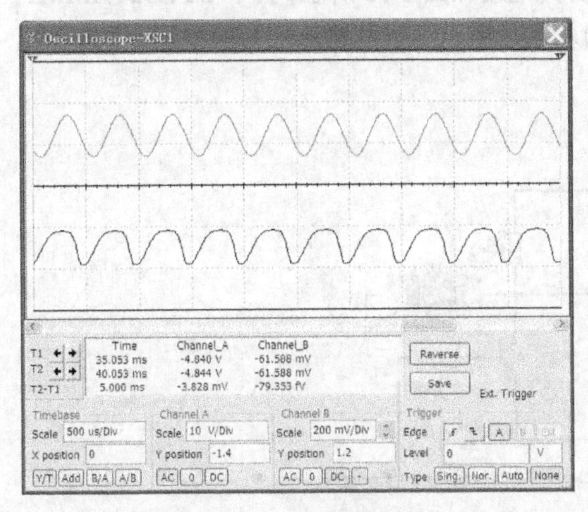

图 6.56　失真波形

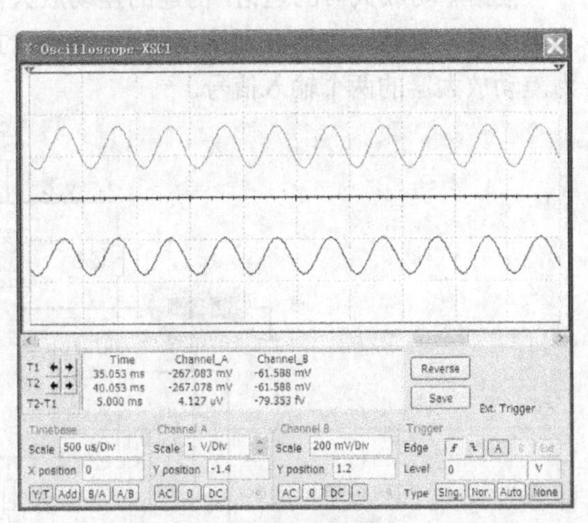

图 6.57　不失真波形

通过仿真实验，我们得到这样一个结论：负反馈对失真是有很好的改善作用的。

2. 负反馈放大电路的频带展宽的改善作用

再来看负反馈放大电路的频带展宽的改善作用，首先接上电容 C1，即没有交流负反馈。打开波特仪显示面板，按下仿真按钮，波特仪显示幅频特性曲线，如图 6.58 所示。

此时再断开电容 C1，加入交流负反馈，按下仿真按钮，波特仪显示幅频特性曲线，如图 6.59 所示。

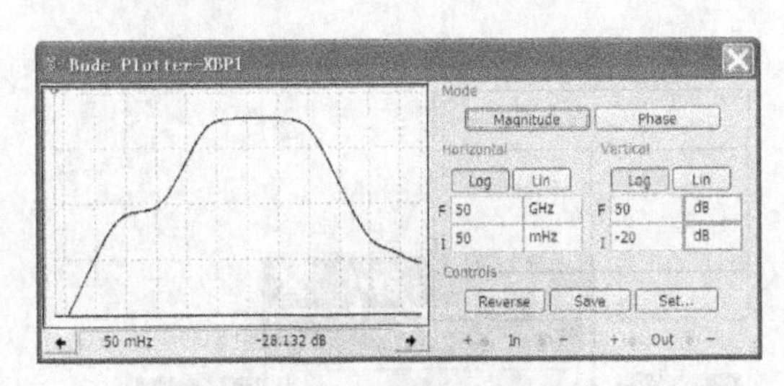

图 6.58　幅频特性曲线

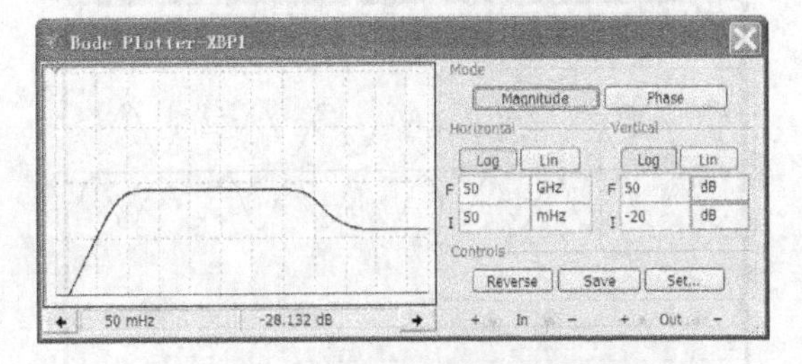

图 6.59　加入反馈的幅频特性曲线

可以看到，加入交流负反馈以后，电路的频带宽度明显增加。所以负反馈对频带的展宽具有明显的改善作用。

6.5 差动放大器电路

差分式放大电路就其功能来说，就是放大两个信号之差。由于它在电路和性能方面有许多优点，因而成为集成运放的主要组成单元。

6.5.1 差动放大器电路的电路结构

根据差动放大器的理论，构建的差动放大器仿真电路如图 6.60 所示。其中 U1、U2、XMM1 为电压表，双踪示波器分别接在两个三极管的输入端，用以观察其输入信号的波形。V1、V2 为差动放大器的两个输入信号。

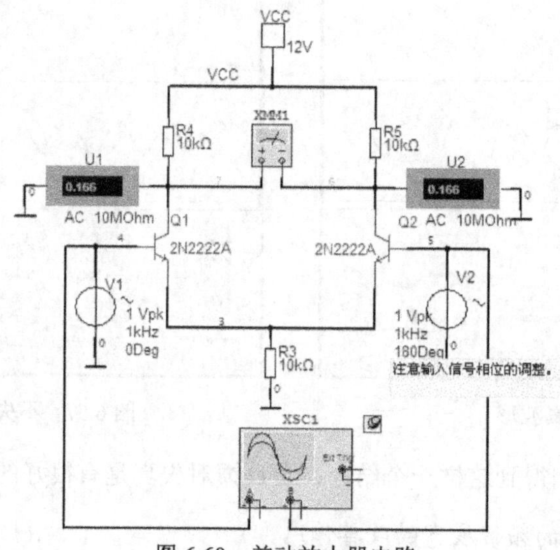

图 6.60 差动放大器电路

如图 6.60 电路所示，当 V1、V2 的相位差为 180° 时，即此时为差模输入。按下仿真开关，示波器显示 V1、V2 差动放大器两个输入信号的波形，如图 6.61 所示。

电压表上显示差动放大器各点输出端的电压值，如图 6.62 所示。

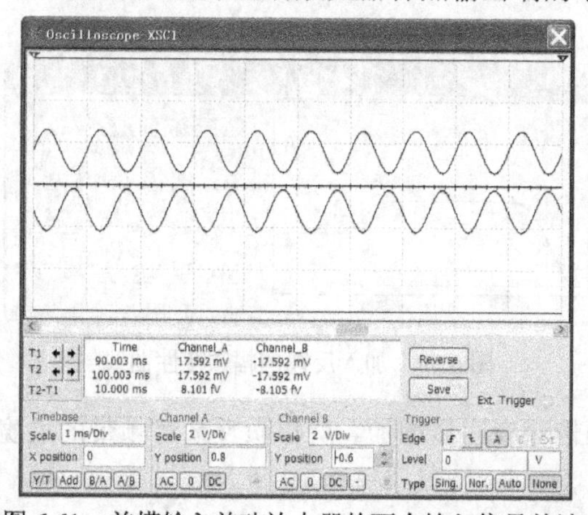

图 6.61 差模输入差动放大器的两个输入信号的波形

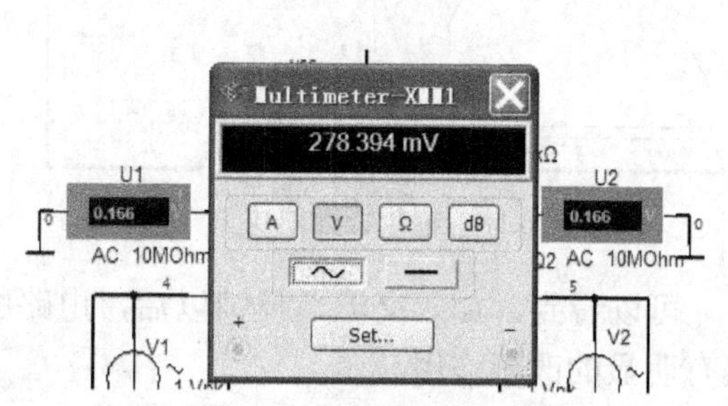

图 6.62 输出端的电压值

如图 6.60 电路所示，当 V1、V2 的相位差为 0° 时，电路为共模输入。

按下仿真开关，示波器显示 V1、V2 差动放大器两个输入信号的波形，如图 6.63 所示。

电压表上显示差动放大器各点输出端的电压值，如图 6.64 所示。

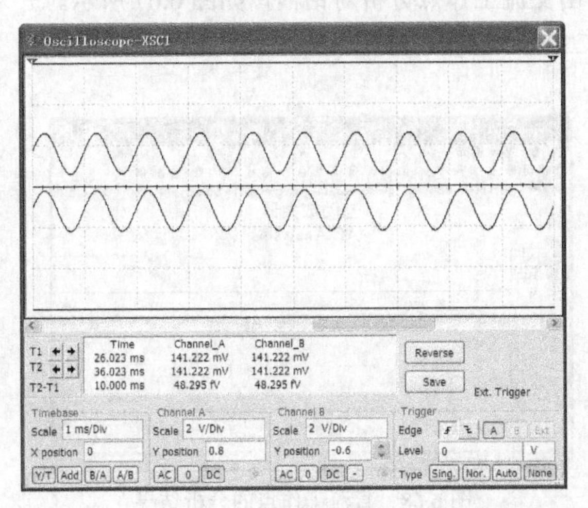

图 6.63 共模输入差动放大器的两个输入信号的波形

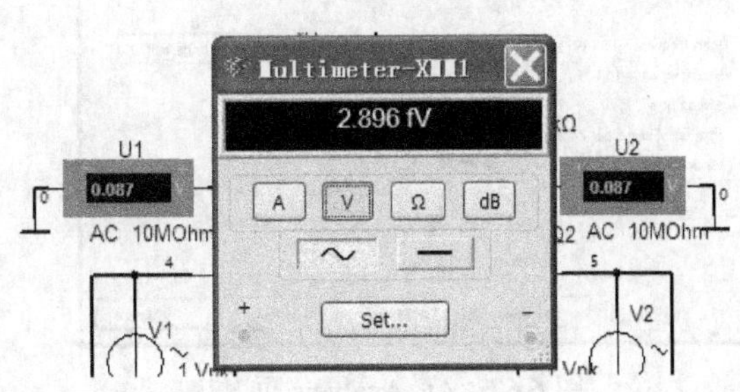

图 6.64 输出端的电压值

6.5.2 差动放大器电路的静态工作点分析

单击 Simulate→Analysis→DC Operating Point 选项，弹出直流工作点分析对话框，如图 6.65 所示。

把需要分析的工作点从左边添加到右边，按下 Simulate 按钮，得到各点直流工作点的分析结果，如图 6.66 所示。

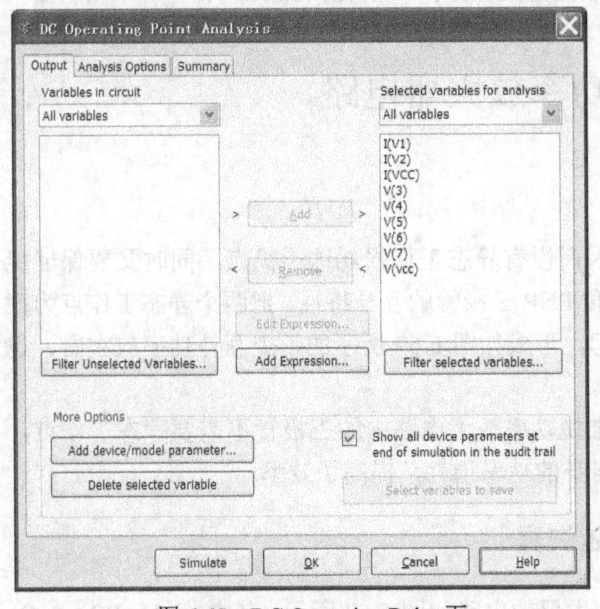

图 6.65 DC Operating Point 页

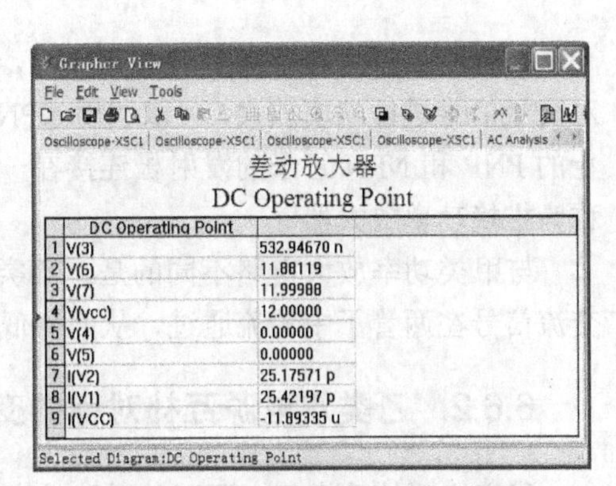

	DC Operating Point	
1	V(3)	532.94670 n
2	V(6)	11.88119
3	V(7)	11.99988
4	V(vcc)	12.00000
5	V(4)	0.00000
6	V(5)	0.00000
7	I(V2)	25.17571 p
8	I(V1)	25.42197 p
9	I(VCC)	-11.89335 u

图 6.66 直流工作点的分析结果

6.5.3 差动放大器电路的频率响应分析

单击 Simulate→Analysis→AC Analysis，弹出交流工作点分析对话框，如图 6.67 所示。

把需要分析的频率响应特性的工作点从左边添加到右边，按下 Simulate 按钮，得到各点直流工作点的分析结果，如图 6.68 所示。

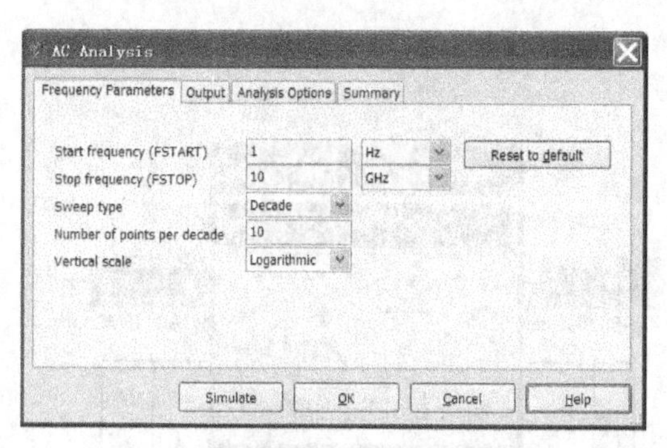

图 6.67 AC Analysis 页

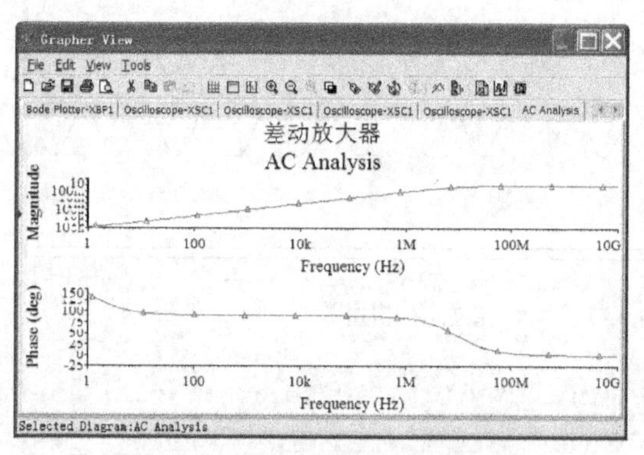

图 6.68 直流工作点的分析结果

6.5.4 差动放大器电路的差模和共模电压放大倍数

如图 6.62 所示的差模输入方式时的输入、输出电压数值，可以得到此电路的差模电压放大倍数为 0.278。如图 6.64 所示的共模输入方式时的输入、输出电压数值，可以得到此电路的模电压放大倍数为 2.896×10^{-15}。

6.5.5 共模抑制比 CMRR

由上面的结论可以算出此电路的共模抑制比为：$\text{CMRR} = 0.278 / (2.896 \times 10^{-15}) = 96 \times 10^{12}$。

6.6 低频功率放大器电路

6.6.1 OTL 电路的基本原理

利用乙类放大器不需要静态工作点，因而没有静态工作损耗这一优点，同时又要保证能对交流信号进行功率放大，可以利用 NPN 和 PNP 三极管的互补特性，把两个静态工作点为截止的 PNP 和 NPN 管子的发射极连接在一起，形成如图 6.69 所示的乙类互补功率放大器，也称为推挽功率放大器。

与甲类功率放大电路不同的是，乙类推挽功率放大电路中的三极管不需要静态工作点，交流信号在两管子中轮流通过，从而降低自身的功率损耗，提高了效率。

6.6.2 乙类双电源互补对称的交越失真

我们构建的乙类双电源互补对称功率放大器的电路如图 6.69 所示。其中，R1 = R2 = 1 Ω，是用来观察晶体管 Q1、Q2 分别导通时的交流信号的电压波形的（在实际电路中不需要）。

为了清晰、准确地观察到乙类双电源互补对称功率放大器的工作状态和各点的信号波形，我们用一个四踪示波器，四个通道分别接入乙类双电源互补对称功率放大器的电路的输入交流信号端、晶体管 Q1 导通时的交流放大波形端、晶体管 Q2 导通时的交流放大波形端、乙类双电源互补对称功率放大器的电路的输出交流信号端。仿真测试电路如图 6.70 所示。

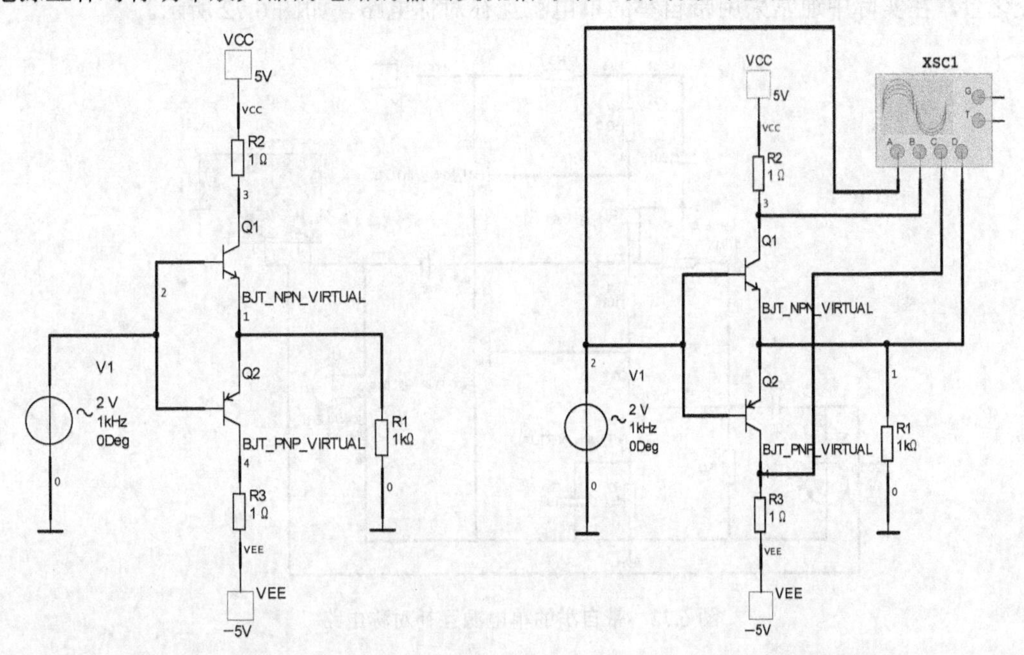

图 6.69　乙类双电源互补对称功率放大器的电路　　　　图 6.70　测试电路

按下仿真开关，示波器上显示的这四个点的电压信号波形如图 6.71 所示。示波器波形从上到下的顺序为：A 通道——乙类双电源互补对称功率放大器电路的输入交流信号；B 通道——晶体管 Q1 导通时的交流放大信号；C 通道——晶体管 Q2 导通时的交流放大信号；D 通道——乙类双电源互补对称功率放大器电路的输出交流信号。

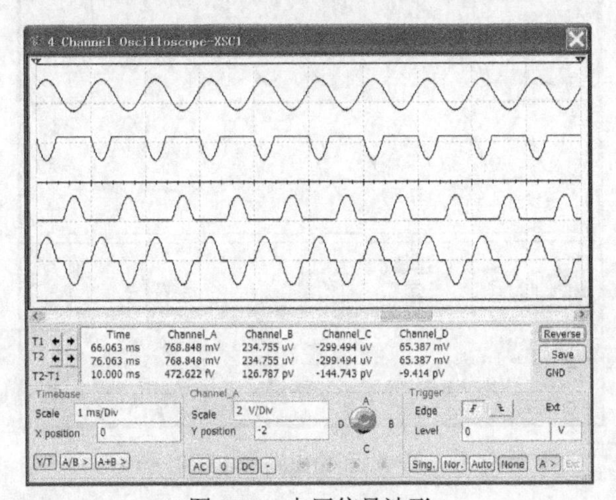

图 6.71　电压信号波形

可以看出晶体管 Q1、Q2 分别导通时的电压信号波形为半波导通，输出端的电压信号产生了交越失真。这与理论上分析的结论相一致，使理论的结果在仿真试验中得到了很好的验证。

6.6.3 OTL 电路性能的改善及主要性能指标

为了解决互补对称功率放大器的工作点偏置和稳定问题，即让输出端得到最大的电压信号变化量，在实际中通常采用带自举的单电源互补对称电路，如图 6.72 所示。

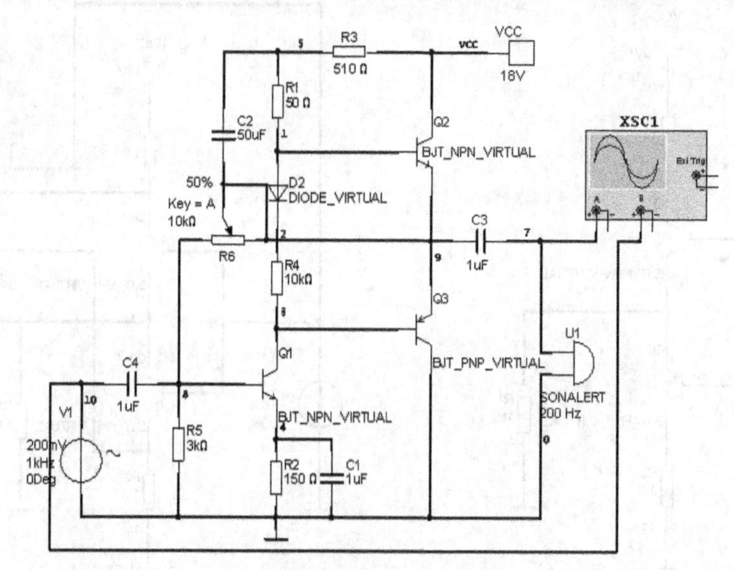

图 6.72　带自举的单电源互补对称电路

图 6.72 所示的电路中，双踪示波器的两个通道分别接在低频功率放大器电路的输入端和输出端，用以观察其电压波形。按下仿真开关，我们得到低频功率放大器电路的输入端和输出端的电压信号波形，如图 6.73 所示。

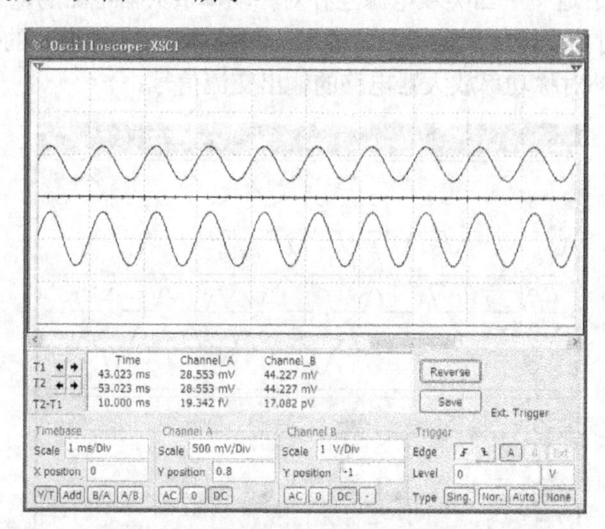

图 6.73　输入端和输出端的电压信号波形

OTL 电路的主要性能指标为：（1）最大不失真输出功率；（2）效率。

第 7 章　Multisim 12 在集成运放中的应用

7.1　比例求和运算电路

7.1.1　理想运算放大器的基本特性

理想运算放大器特性如下：(1) 开环电压增益 $A_{ud}=\infty$；(2) 输入阻抗 $r_i=\infty$；(3) 输出阻抗 $r_0=0$；(4) 带宽 $f_{BW}=\infty$；(5) 失调与漂移均为零。

7.1.2　反相加法运算电路的仿真分析

反相加法器的仿真电路如图 7.1 所示。图中输入电压为 u_{i1}、u_{i2} 和 u_{i3}。在实际应用过程中，输入电压的数目可以根据实际需要设置。

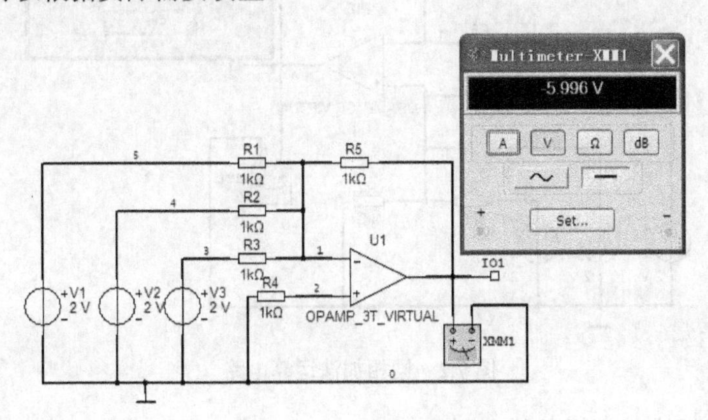

图 7.1　反相加法器电路

设运算放大器满足理想状态，则

$$\frac{u_1}{R_1}+\frac{u_2}{R_2}+\frac{u_3}{R_3}=-\frac{u_{Io1}}{R_5} \tag{7.1}$$

输出电压 u_{Io1} 为

$$u_{Io1}=-R_5\left(\frac{u_1}{R_1}+\frac{u_2}{R_2}+\frac{u_3}{R_3}\right) \tag{7.2}$$

假设 $R_1=R_2=R_3=R$，则

$$u_{Io1}=-\frac{R_5}{R}(u_1+u_2+u_3) \tag{7.3}$$

从式（7.2）可以看出，改变某一路输入端的电阻 R_1、R_2 或者 R_3，便可以单独改变该路信号由输入至输出的传输函数。

在实际设计过程中，必须注意以下问题。

（1）输出电压 u_{Io1} 的幅度必须小于运算放大器的最大容许输出电压 $u_{Io1\max}$，以避免产生非线性失真。

（2）选择 R_1、R_2、R_3 时，必须要使流过它们的静态偏流产生的电压值小于 10%的 u_1 幅度。

（3）R_4 的数值选择要满足 $R_4 = R_1 / R_2 / R_3 / R_5$，以减小运放输入失调的影响。

在图 7.1 所示的反相加法器的仿真电路中，V1 = V2 = V3 = 2 V，R1 = R2 = R3 = R4 = R5 = 1 kΩ。所以按下仿真开关后，输出的万用表显示的电压值为–5.996 V。与理论计算的结果一致。

7.1.3 同相加法运算电路的仿真分析

同相加法运算的仿真电路如图 7.2 所示，所有输入的信号均送到运算放大器的同向输入端。

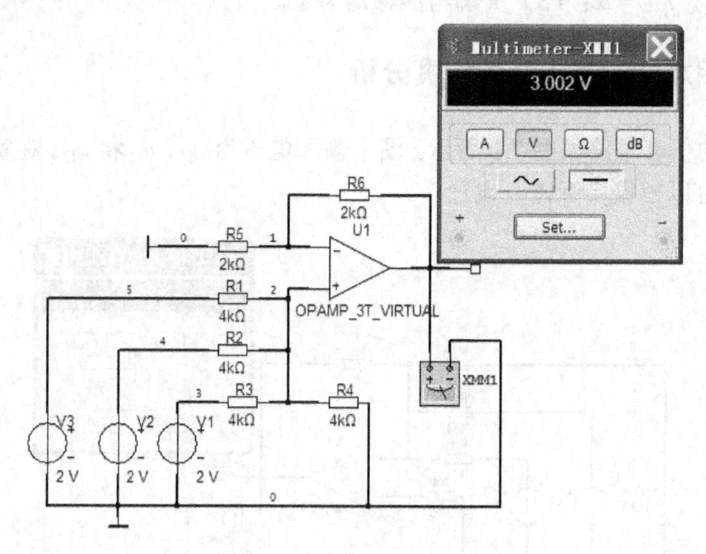

图 7.2 同相加法运算电路

假设运算放大器满足理想条件，则

$$u_{Io1} = \left(1 + \frac{R_6}{R_5}\right) u_+ \tag{7.4}$$

其中，u_+与三个输入信号之间的关系为

$$u_+ = \frac{R_2 / R_3 / R_4}{R_1 + (R_2 / R_3 / R)} u_{i1} + \frac{R_1 / R_3 / R_4}{R_2 + (R_1 / R_3 / R)} u_{i2} + \frac{R_1 / R_2 / R_4}{R_3 + (R_1 / R_2 / R)} u_{i3} \tag{7.5}$$

当满足 $R_1 / R_2 / R_3 / R_4 = R_5 / R_6$ 时，式（7.4）便可以简化成

$$u_{Io1} = R_6 \left(\frac{u_{i1}}{R_1} + \frac{u_{i2}}{R_2} + \frac{u_{i3}}{R_3} \right) \tag{7.6}$$

从式（7.6）可以看出，该式与反相加法器的传输系数只相差一个负号。

在图 7.1 所示的反相加法器的仿真电路中，V1 = V2 = V3 = 2 V，R1 = R2 = R3 = 2 kΩ，R4 = R5 = R6 = 4 kΩ。所以按下仿真开关后，输出的万用表显示的电压值为 3.002 V，与理论计算的结果一致。

在实际设计中，除了在反向加法器中曾经提出的注意事项外，还需要注意集成运算放大器同相输入端的电压 u_{+}的幅度必须小于集成运算放大器本身允许的最大共模输入电压。

7.1.4　减法运算电路的仿真分析

将两个输入信号分别加到运算放大器的两个输入端，适当选择电路参数，使输出电压正比于两个输入信号之差，便可以实现信号相减，模拟减法器仿真电路如图 7.3 所示。

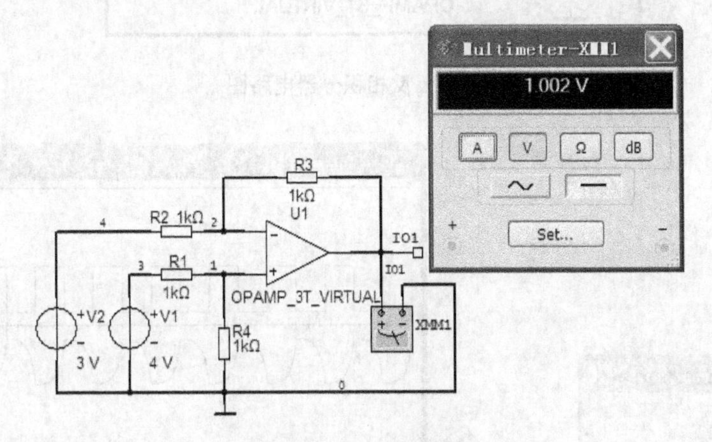

图 7.3　模拟减法器电路

上图所示电路为基本差动放大器，当 $R_{p2} = R_{f2} = R_2$，$R_{p1} = R_{f1} = R_1$ 时，其输出电压 u_{Io1} 为

$$u_{Io1} = \frac{R_2}{R_1}(u_{i2} - u_{i1}) \tag{7.7}$$

必须指出的是，由于反相输入和同相输入具有不同的输入电阻，所以设计相减电路时应该考虑信号源内阻的影响（计入 R_{f1}、R_{p1} 中）。否则按照式（7.7）计算将会出现较大的误差。其中：V1 = 4 V，V2 = 3 V，R1 = R2 = R3 = R4 = 1 kΩ。

所以按下仿真开关后，输出的万用表显示的电压值为 1.002 V。与理论计算结果一致。

7.2　积分与微分运算电路

7.2.1　积分运算电路的仿真分析

图 7.4 为基本反相积分器电路，输入信号加到集成运放的反向输入端，将基本反向放大器中的反馈电阻 R_4 并联接入一个电容器 C_1。

假设图中为理想运放，图中开关打在下。输入端接一个函数发生器，输出端接一个示波器，用以观察输出信号的波形。其中，函数发生器的设置如图 7.5 所示，为 100 Hz 的方波信号。按下仿真开关，示波器显示的波形如图 7.6 所示，为反相积分器的输入、输出的波形图形。

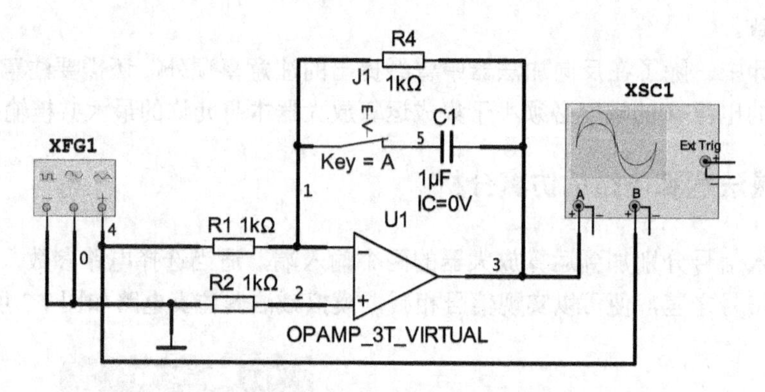

图 7.4 反相积分器电路图

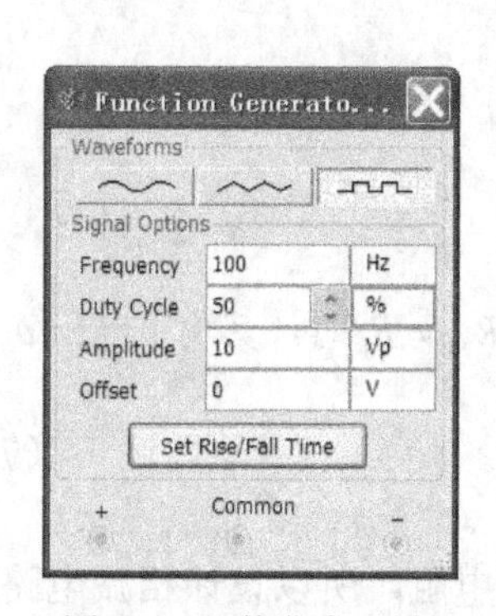

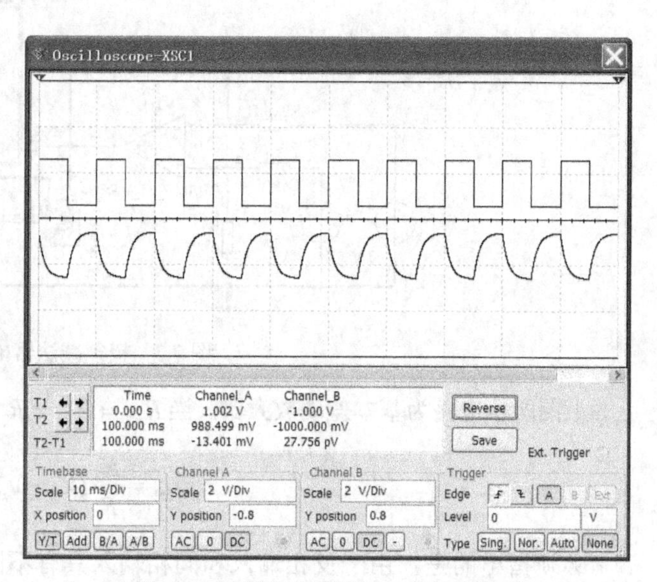

图 7.5 函数发生器设置　　　　图 7.6 反相积分器的输入、输出波形

当开关打到上时，即为一反相放大器，如图 7.7 所示。

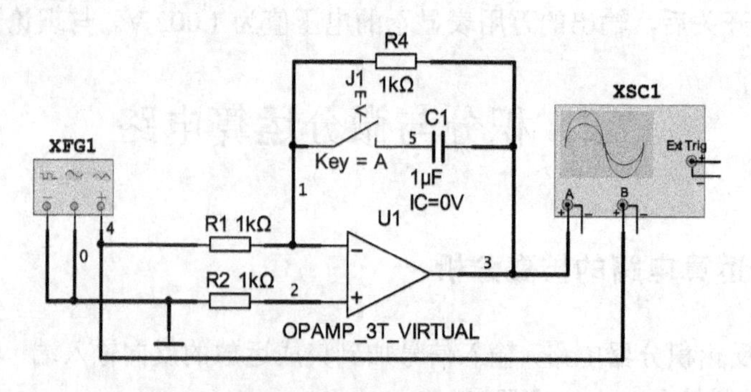

图 7.7 反相放大器电路

图 7.8 显示的是它的输入、输出的波形图形。可以看出输入、输出的波形是反相的。

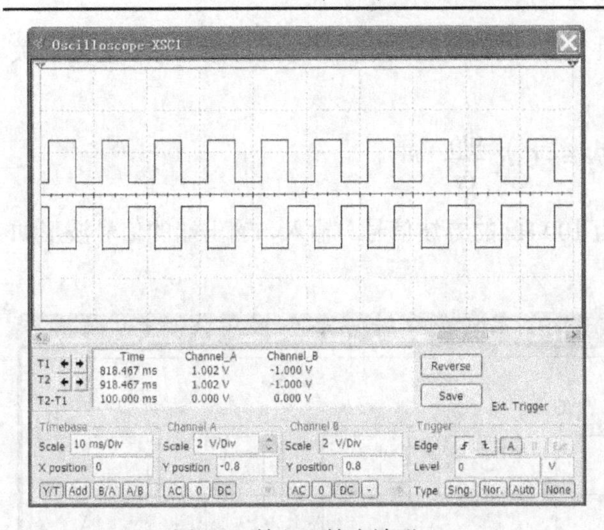

图 7.8　输入、输出波形

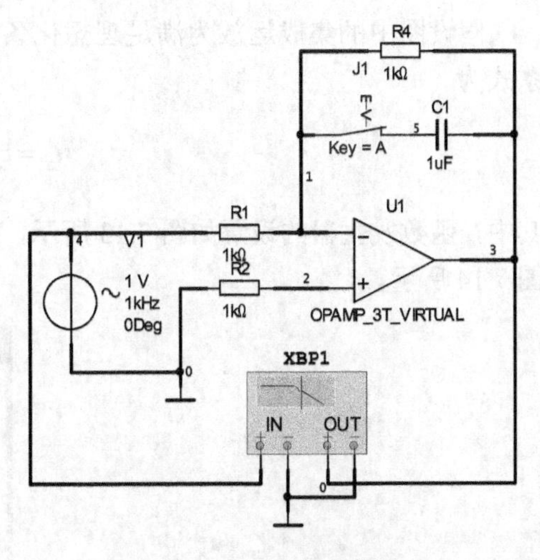

图 7.9　积分运算电路

测量积分运算电路的频率特性的电路如图 7.9 所示。双击波特仪图标，进行相应的设置，按下仿真开关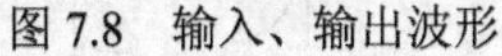，即可看到积分运算电路的幅频特性曲线，如图 7.10 所示。

按下相位按钮，积分运算电路的相频特性曲线如图 7.11 所示。注意：有关波特仪的使用参看本书有关章节。

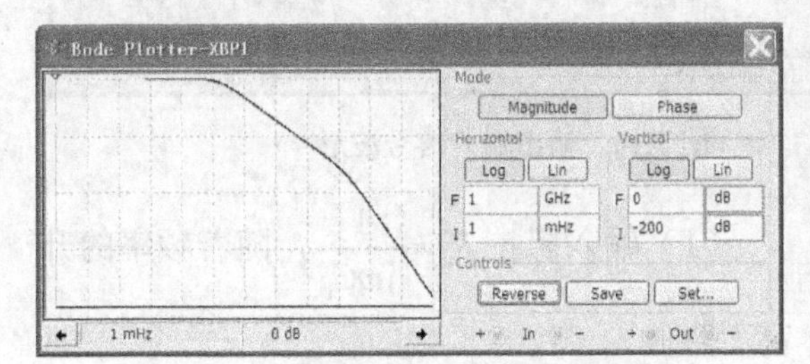

图 7.10　积分运算电路的幅频特性曲线

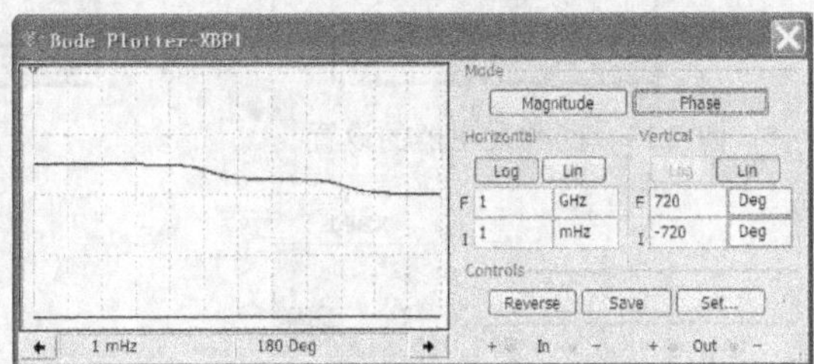

图 7.11　积分运算电路的相频特性曲线

7.2.2　微分运算电路的仿真分析

微分器的原理电路及仿真测试电路如图 7.12 所示。

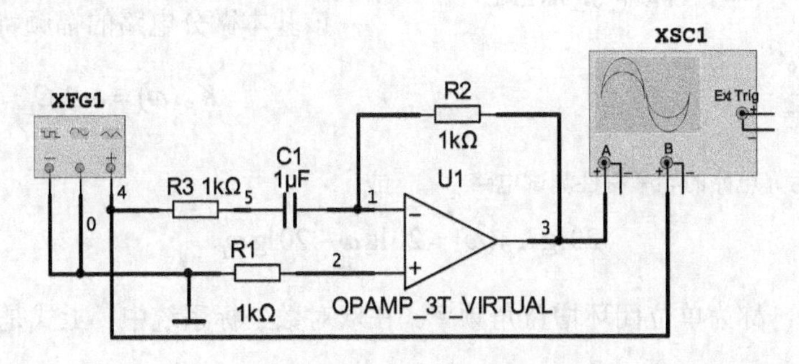

图 7.12　微分器电路

假设图中的集成运放为满足理想化条件，那么可以推出其输出电压与输入电压之间的关系式为

$$u_o = i_2 R_2 = -C_1 R_2 \frac{\mathrm{d}u_i}{\mathrm{d}t}$$

其中，函数发生器的设置如图 7.13 所示，为 100 Hz 的方波信号。输入、输出端的信号波形如图 7.14 所示。

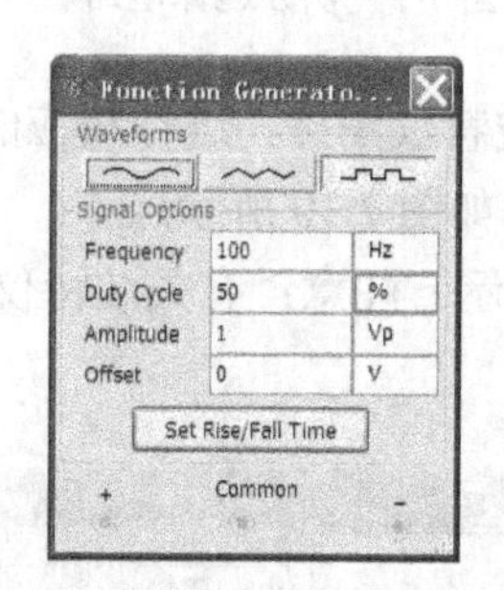

图 7.13 函数发生器的设置

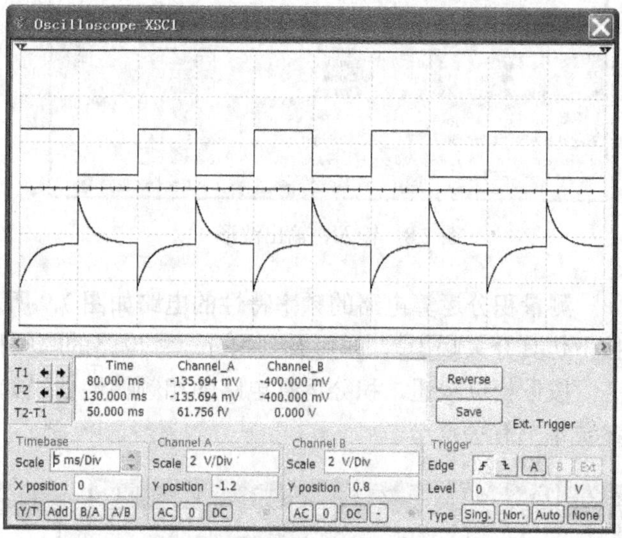

图 7.14 输出端的信号波形

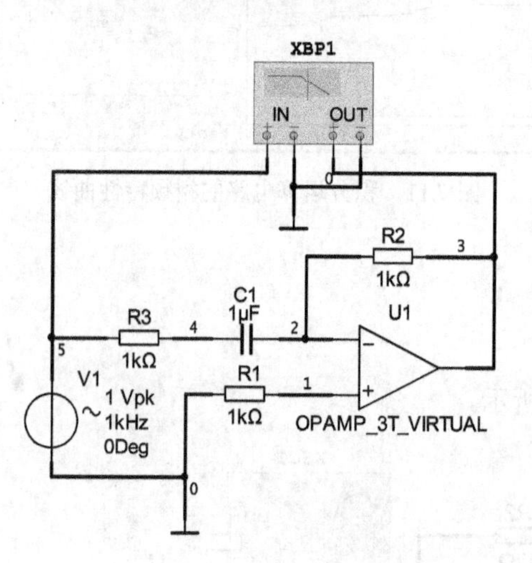

图 7.15 微分运算电路的频率特性测试电路

（1）输入阻抗 $R_i = \frac{1}{\mathrm{j}\omega C_1}$，随着频率的升高而降低。

（2）闭环增益频率特性 $K_F(\mathrm{j}\omega)$ 为

$$K_F(\mathrm{j}\omega) = \frac{U_o(\mathrm{j}\omega)}{U_i(\mathrm{j}\omega)} = -\mathrm{j}\omega R_2 C_1$$

微分运算电路的频率特性仿真测试电路如图 7.15 所示。其中 XBP1 为一波特仪。

该基本微分电路的幅频特性为

$$K_F(\omega) = \omega R_2 C_1 = \frac{\omega}{\omega_F}$$

或

$$20\lg K_F(\omega) = 20\lg \omega - 20\lg \omega_F$$

其中，$\omega_F = \frac{1}{R_2 C_1}$，称为单位闭环增益角频率。在双对数坐标系统中，上式是一条直线。按下仿真开关，得到其幅频特性波特图显示，如图 7.16 所示。

转换相位开关，得到其相频特性波特图显示，如图 7.17 所示。

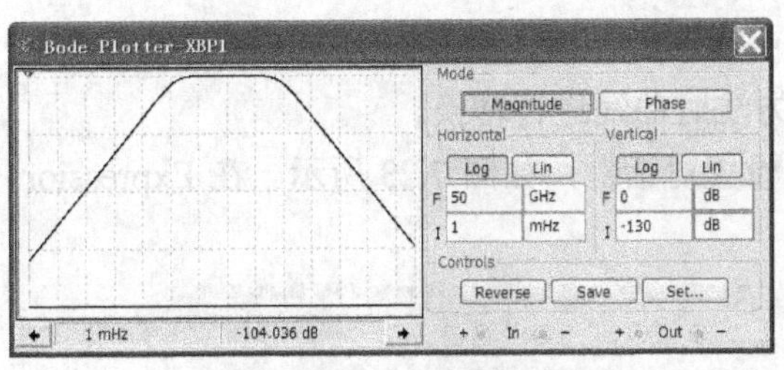

图 7.16　幅频特性波特图

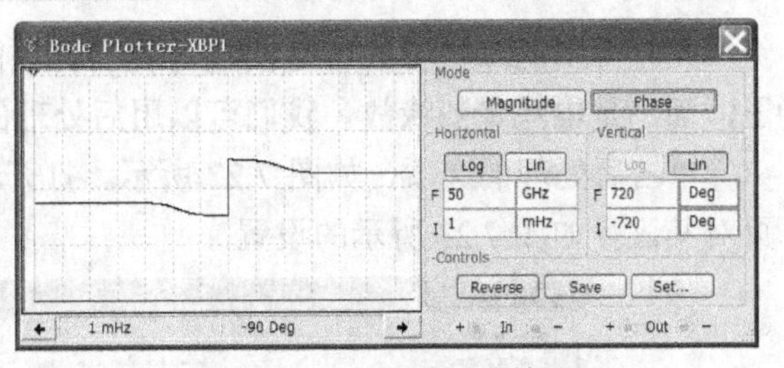

图 7.17　相频特性波特图

7.3　对　数　器

对数运算电路是应用相当广泛的模拟运算电路，利用它可以组成乘法器、除法器以及多功能函数转换器等。

7.3.1　PN 结伏安特性的仿真分析

二极管 PN 结得伏安特性表达式为

$$i_D = I_s(e^{\frac{u_D}{U_T}} - 1)$$

只要 $u_D > 4U_T \approx 100$ mV，上式便可以近似为

$$i_D = I_s e^{\frac{u_D}{U_T}}$$

其中，I_s 为 PN 结的反向饱和电流，u_D 为加在 PN 结上的正向电压，常温下 $U_T = \frac{kT}{q} \approx 26\text{ mV}$。当输入电压为小信号时，流过二极管的电流不大，二极管体上的电阻可以忽略，近似认为 $u_D \approx -u_o$。那么上式就可以改写为

$$i_D = I_s e^{-\frac{u_o}{U_T}}$$

下面构建二极管特性仿真电路如图 7.18 所示。

在 Simulate→Analysis 里，选择 DC Sweep Analysis 分析，出现如图 7.19 所示对话框。在 Output 页进行如下设置，如图 7.20 所示。单击仿真按钮 Simulate，得到二极管的特性曲线，如图 7.21 所示。

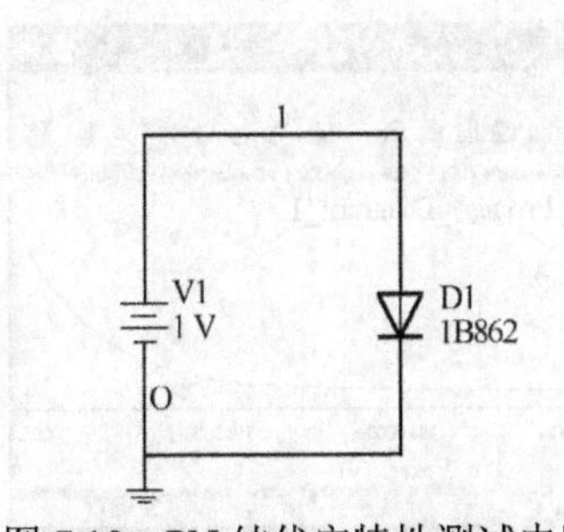

图 7.18　PN 结伏安特性测试电路

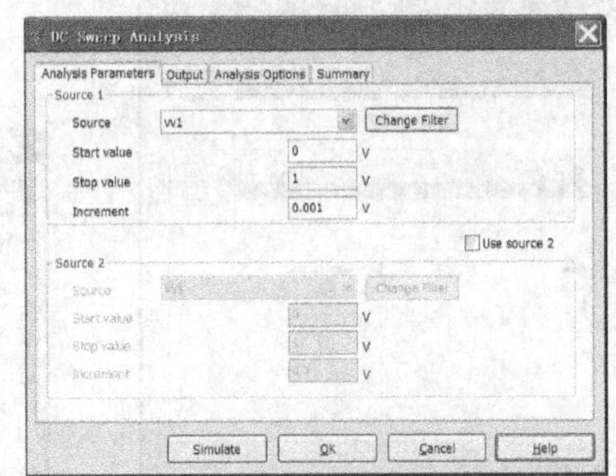

图 7.19　DC Sweep Analysis 页

此时得到的二极管的特性曲线与我们习惯的曲线不太一样，只是因为坐标的纵轴也是电压，而不是电流量的缘故。我们可以用后处理的方法对曲线进行转换。

单击后处理的选项，如图 7.22 所示。打开其设置对话框，如图 7.23 所示。在 Expression 页对其进行如图 7.23 所示的设置。

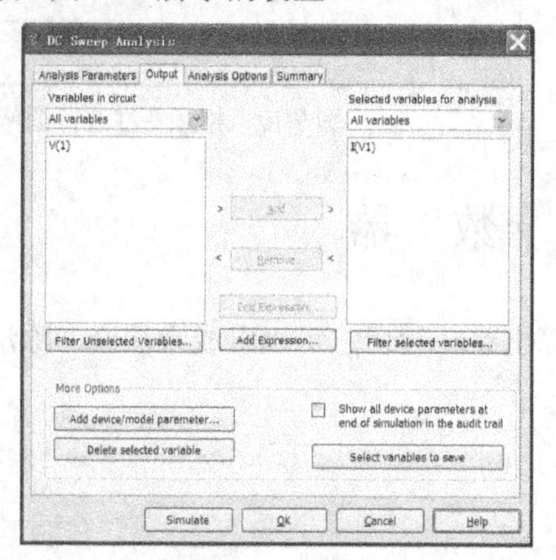

图 7.20　Output 页

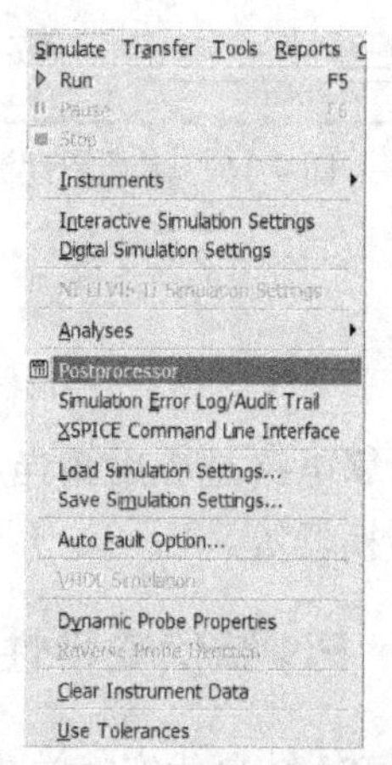

图 7.22　后处理选项

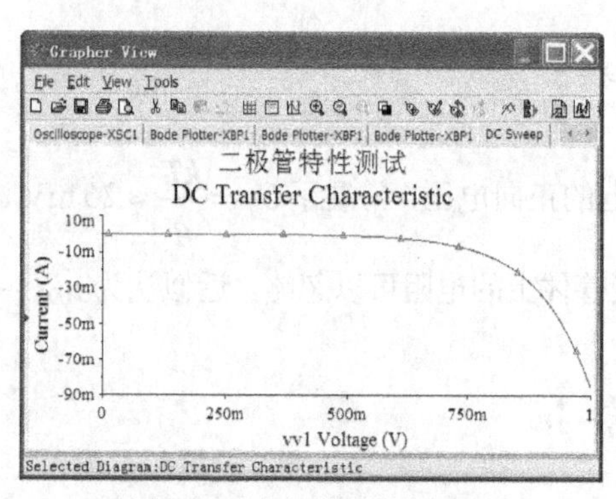

图 7.21　二极管的特性曲线

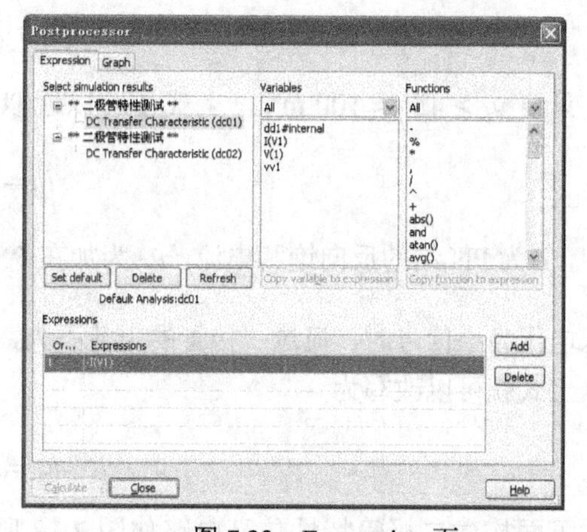

图 7.23　Expression 页

在 Graph 页，添加后处理图形，其设置如图 7.24 所示。单击 Calculate 按钮，得到经过后处理的二极管特性曲线，与我们所习惯的一致，如图 7.25 所示。

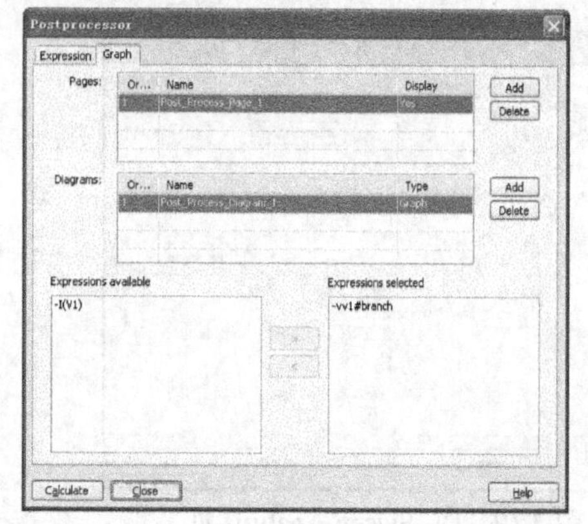

图 7.24　Graph 页

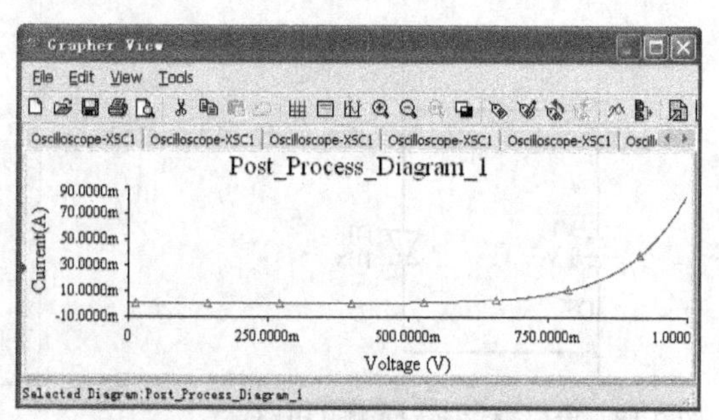

图 7.25　经过后处理的二极管特性曲线

7.3.2　二极管对数放大器的仿真分析

对数运算电路如图 7.26 所示。该电路中使用二极管 D1 作为反馈元件，输出电压 u_o 正比于输入电压 u_i 的对数值。二极管 D1 称为对数变换管。可以知道，$i_D = \dfrac{u_i}{R_2}$，那么可以得出：

$$u_o = -U_T \ln \frac{u_i}{I_s R_s}$$

当 I_S、U_T、R_f 为常数时，输出电压 u_o 与输入电压 u_i 保持对数关系。结果如图 7.27 所示。

由上式推导 i_D 对二极管的伏安特性有两个重要限制，二极管的正向压降必须大于 $4U_T$，并且流过二极管的电流不大，以忽略体电阻的影响。所以二极管复合对数特性的范围只有两到三个数量级，即从微安到毫安级。该电路只适用于 $u_i > 0$ 的情况，若要工作于 $u_i < 0$ 的情况下，将二极管的方向倒过来即可。

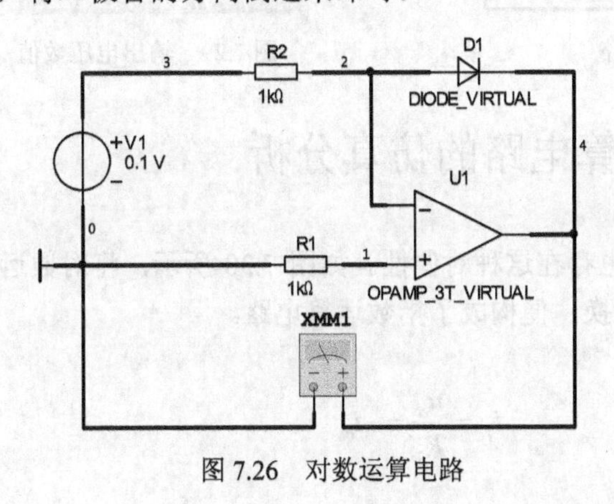

图 7.26　对数运算电路

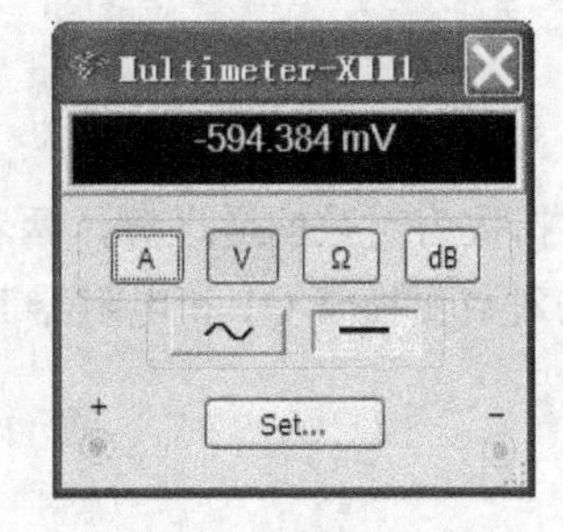

7.27　结果显示

7.3.3　三极管对数放大器电路的仿真分析

图 7.28 为对数运算电路的另一种基本结构，用共基组态的三极管做反馈元件。三极管集电极电流 i_c 与发射结电压 u_{BE} 之间的关系（$u_{BE} >> U_T$）为

$$i_c \approx I_s e^{\frac{u_{BE}}{U_T}}$$

因此输出电压为

$$u_o = -u_{BE} = -U_T \ln \frac{u_i}{I_s R_2}$$

由于三极管的体电阻影响主要是基区体电阻 r_b，而流过 r_b 的电流为基极电流 i_B，它远小于集电极电流 i_c，所以三极管做对数变换管，其体电阻影响要比二极管小。因此三极管的对数范围要远大于二极管，可大到 11 个数量级，即从 pA（10^{-12}A）到 mA（10^{-3}A）。该电路只适用于 $u_i > 0$ 的情况，若要工作于 $u_i < 0$ 的情况下，使用 PNP 管即可。

从实际应用的角度出发，上述基本电路还存在一些问题，例如输入失调的影响、闭环稳定性安全保护等。可通过对电路的改进加以克服，这样才能减少运算误差，保证电路的正常运作。按下仿真开关，万用表上指示的输出电压数值为–714.4 mV，如图7.29所示。

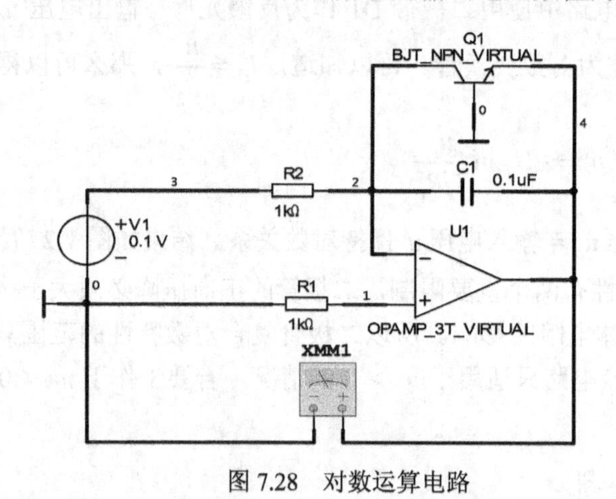

图7.28 对数运算电路

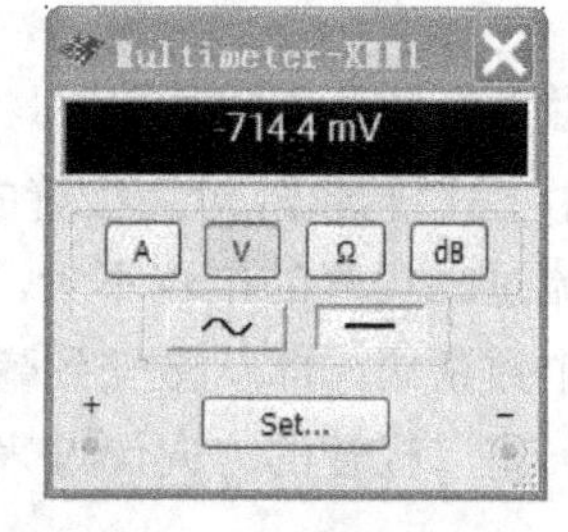

图7.29 输出电压数值

7.4 指数运算电路的仿真分析

指数为对数的逆运算，两者在电路上也存在这种对偶性。如图7.30所示，将对数运算电路的对数变换管Q1和电阻器R2的位置互换，便构成了指数运算电路。

由

$$i_c \approx I_s \mathrm{e}^{\frac{u_{BE}}{U_T}} \qquad i_f = \frac{u_o}{R_2} = -i_c$$

可得

$$u_o = -I_s R_2 \mathrm{e}^{\frac{u_{BE}}{U_T}} = -I_s R_2 \mathrm{e}^{\frac{u_i}{U_T}}$$

可以看出，输出电压u_o与输入电压u_i的指数成正比，其比常数为$I_s R_2$。显而易见，温度变化将对运算精度产生重大影响。

按下仿真开关，万用表上指示的输出电压数值为980.005 μV，如图7.31所示。

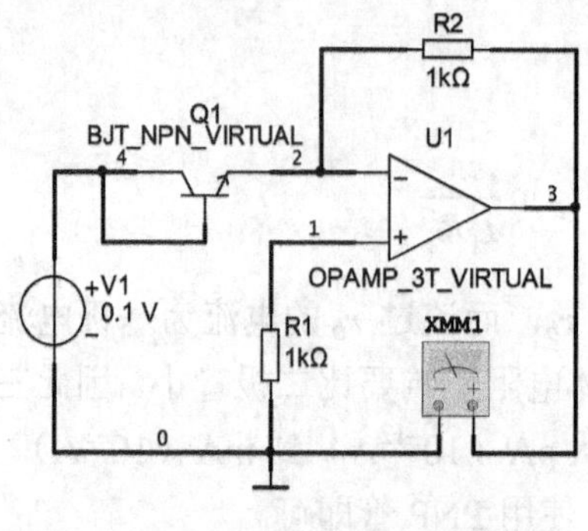

图7.30 指数运算电路

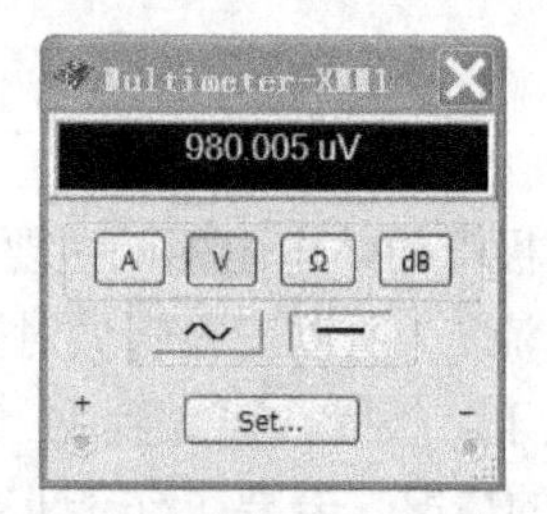

图7.31 输出电压数值

这个基本运算电路有一个重要缺点，就是电阻接近于三极管 T 的发射极正向动态电阻 r_e。当信号源内电阻大于 r_e 时，将产生很大的运算误差，这就需要在信号源与基本指数运算电路之间增加一个阻抗变换电路（详情参见有关教材）。

7.5　一阶有源滤波器

一阶有源滤波器分为低通滤波器和高通滤波器两种类型。

7.5.1　一阶有源低通滤波器的工作原理及交流仿真分析

最简单的一阶低通滤波器为无源 RC 低通滤波器，而简单无源 RC 一阶滤波器的缺点在于：加负载时它的频率特性将发生变化，因此要串联一个阻抗变换器。图 7.32 所示电路为使用运算放大器组成的同相放大器做阻抗变换器的一阶低通滤波器。

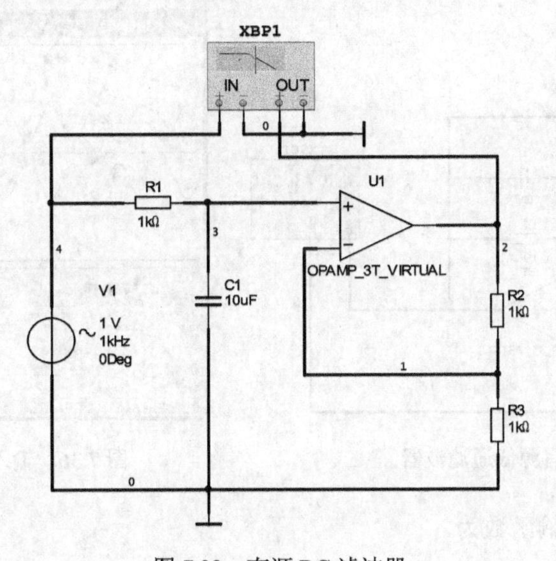

图 7.32　有源 RC 滤波器

（1）有阻抗变换功能的一阶低通滤波器

该滤波器中包含有源器件，所以它是一种有源 RC 滤波器。由图 7.32 可以推导出它的传输函数为

$$K(S)=\frac{1+\dfrac{R_2}{R_3}}{1+\dfrac{s}{\omega_h}}$$

其低频增益 $K(o)=1+\dfrac{R_2}{R_3}$ 的值可以任意选取。由波特仪测量出的有阻抗变换器的一阶低通滤波器幅频特性如图 7.33 所示。其相频特性如图 7.34 所示。

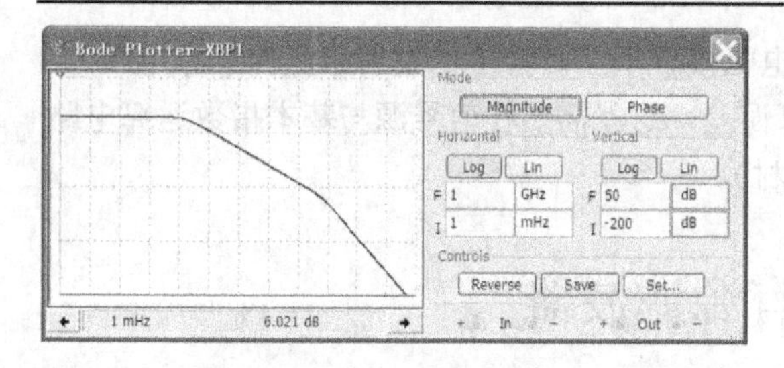

图 7.33　有阻抗变换器的一阶低通滤波器幅频特性

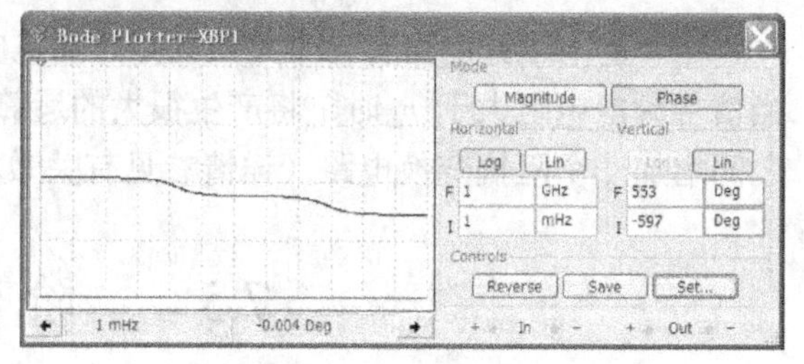

图 7.34　相频特性

（2）有倒相放大功能的一阶低通滤波器

将 C1 置于运算放大器的反馈环内，可以获得另一种更为简单的一阶有源低通滤波器，如图 7.35 所示。用示波器观察输入、输出的信号波形。

按下仿真按钮，示波器上显示的有倒相放大功能的一阶低通滤波器输入、输出的信号波形，如图 7.36 所示。

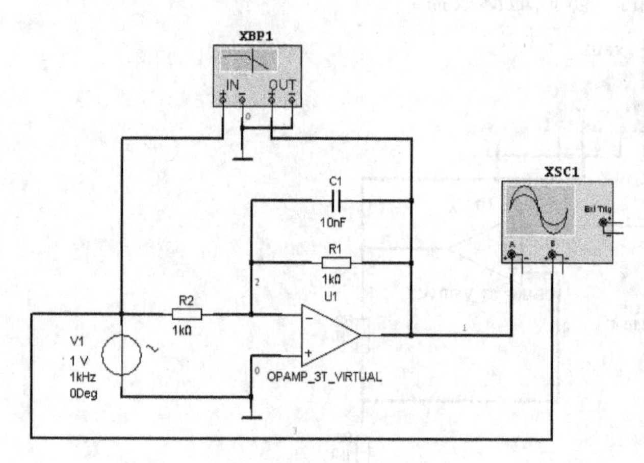

图 7.35　一阶有源低通滤波器

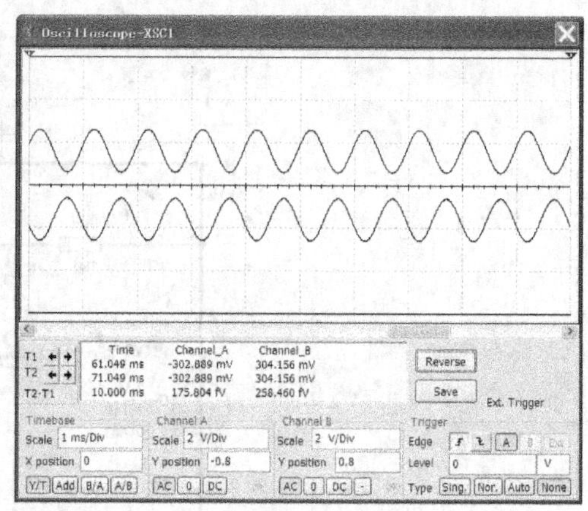

图 7.36　输入、输出的信号波形

该低通滤波器的传输函数为

$$K(S)=\frac{u_o(s)}{U_i(s)}=\frac{\frac{R_2}{R_1}}{1+\frac{s}{\omega_h}}$$

其中，$\omega_h=\frac{1}{C_1R_2}$。其低频增益 $K(o)=-\frac{R_2}{R_1}$，因此该电路又称为有倒相放大作用的一阶有源低通滤波器。

一阶低通滤波器的通带宽度由 ω_k 决定，可以根据需要选择合适的 RC 常数。由波特仪测试的幅频特性如图 7.37 所示。其相频特性如图 7.38 所示。

一阶低通滤波器的主要缺点是阻带区衰减太慢，其衰减速度为−20 dB/十倍频，只能用于对阻带区衰减要求不高的场合。

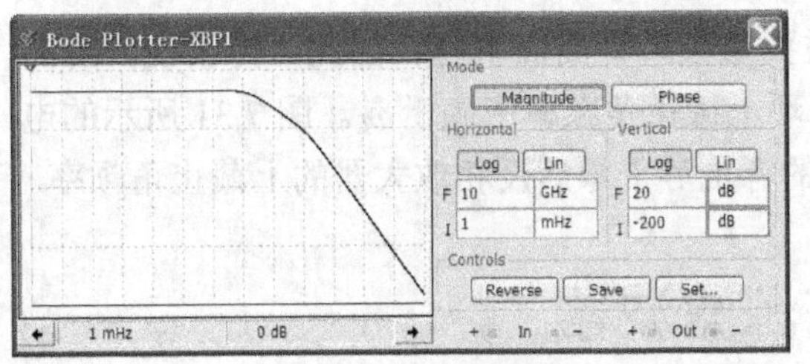

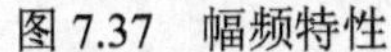
图 7.37　幅频特性

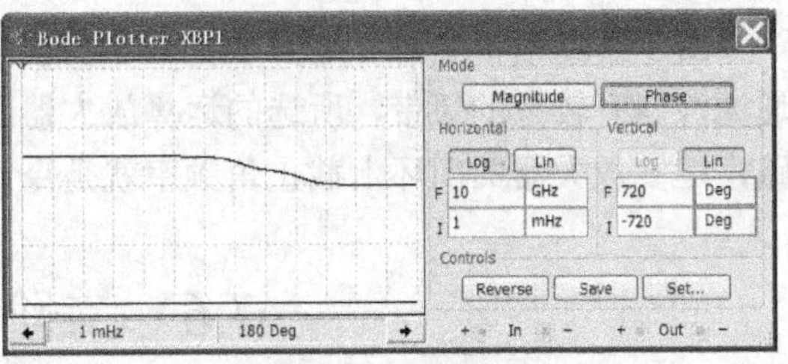

图 7.38　相频特性

7.5.2　一阶有源高通滤波器的工作原理及交流仿真分析

要想获得一阶高通滤波器，只要将 RC 低通滤波器中的电阻、电容位置换一下即可。图 7.39 为有倒相放大功能的一阶高通滤波器。其传输函数形式为

$$K(s)=\frac{U_o(s)}{U_i(s)}=\frac{-\dfrac{R_2}{R_1}}{1+\dfrac{\omega_L}{s}}$$

其中，$\omega_L=\dfrac{1}{C_1R_1}$。通过调整时常数 C_1R_1，便可以调节三分贝截止角频率ω_L。

由于频率很高时，运算放大器本身的增益要随频率升高而下降。因此，为了使一阶高通滤波器有较宽的通带，所选的运算放大器的闭环上截止频率应该高于ω_L。该高通滤波器的输入、输出信号波形如图 7.40 示波器显示的结果。该高通滤波器的幅频特性如图 7.41 所示。相频特性波特图如图 7.42 所示。

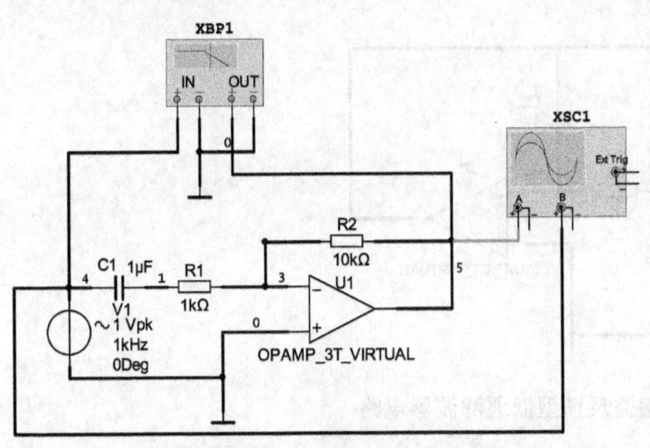

图 7.39　一阶高通滤波器

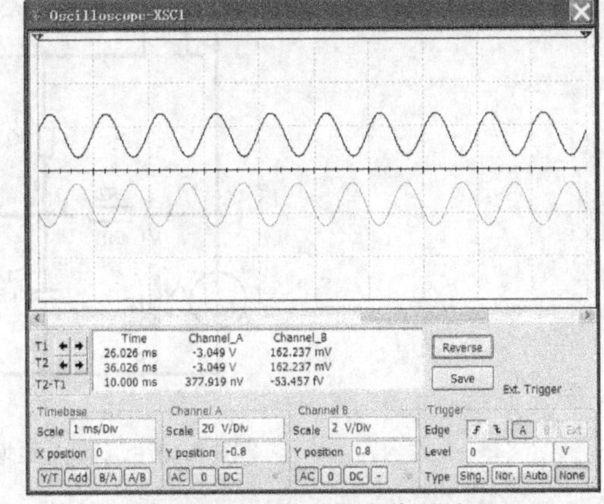

图 7.40　输入、输出信号波形

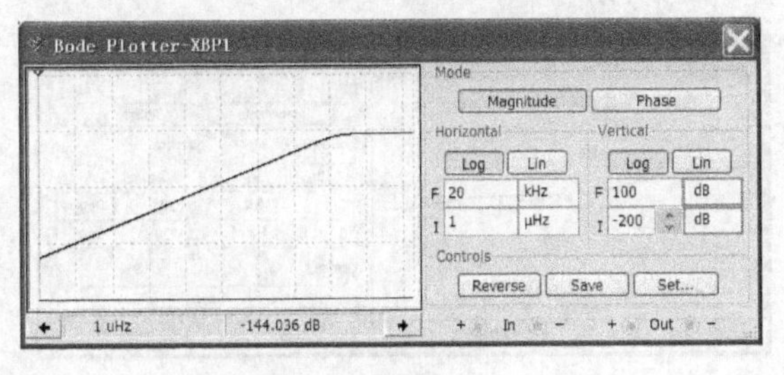

图 7.41　幅频特性

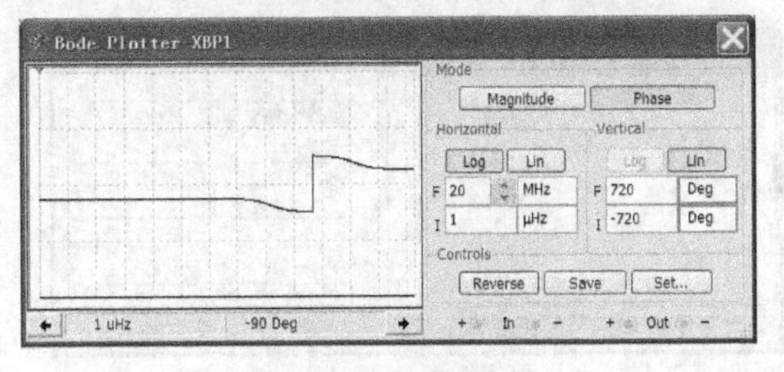

图 7.42　相频特性

由于当频率很高时，运算放大器本身的增益要随频率升高而下降。因此，为了使一阶高通滤波器有较宽的通带，所选的运算放大器的闭环上截止角频率应高于ω_L。图 7.31 所示的电路，运算放大器的闭环上截止角频率就是令 C1 的容抗等于零后反相放大器的上截止角频率。

7.6　二阶有源滤波器

一阶有源滤波器的传输函数只有一个极点。为了组成二阶滤波器，传输函数必须有两个极点。并且这两个极点必须是一对共扼复数，才能有较好的滤波特性。而要使传输函数有一对共扼复数的极点不可能用无源的 RC 网络来实现。因此，无源二阶滤波器中都含有电感元件。事实上，一个运算放大器的周围连接适当的 RC 网络，就能简单地实现该传输函数。按照这种方式构成的滤波器，就是二阶反馈型有源 RC 滤波器。

二阶无限增益反馈型有源 RC 滤波器中的运算放大器充当压控电压源。这种压控电压源的输入阻抗为无穷大、输出阻抗为零、增益为有限值或无穷大。另外，还可以用多个运放组成通用二阶有源滤波器等。

7.6.1　二阶有源低通滤波器的仿真分析

图 7.43 为二阶无限增益反馈型低通滤波器电路。

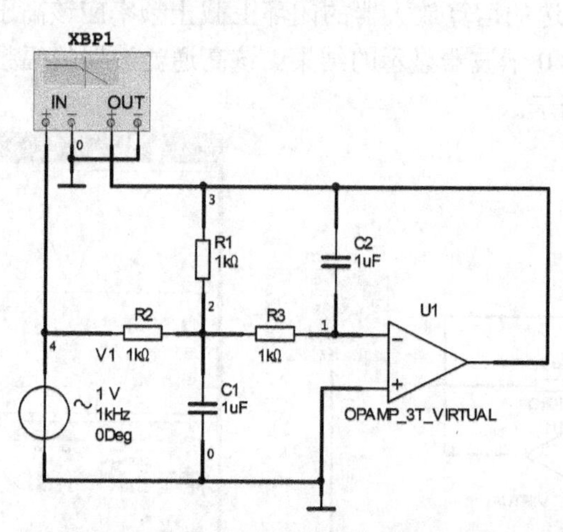

图 7.43　二阶无限增益反馈型低通滤波器电路

该滤波器的幅频特性和相频特性波特图分别如图 7.44 和图 7.45 所示。

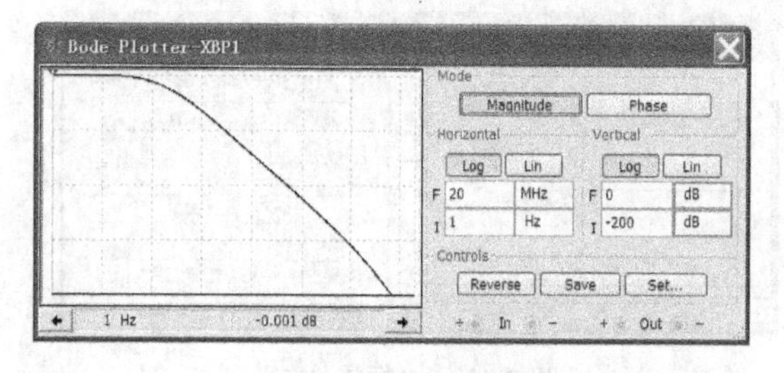

图 7.44　幅频特性

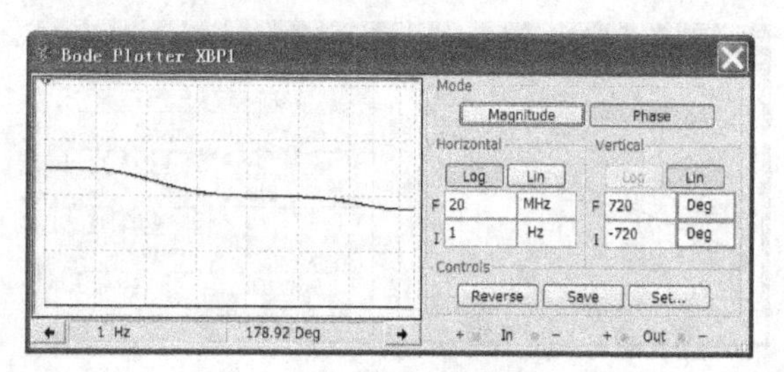

图 7.45　相频特性

7.6.2　二阶有源高通滤波器的仿真分析

二阶有源高通滤波器的仿真电路如图 7.46 所示。

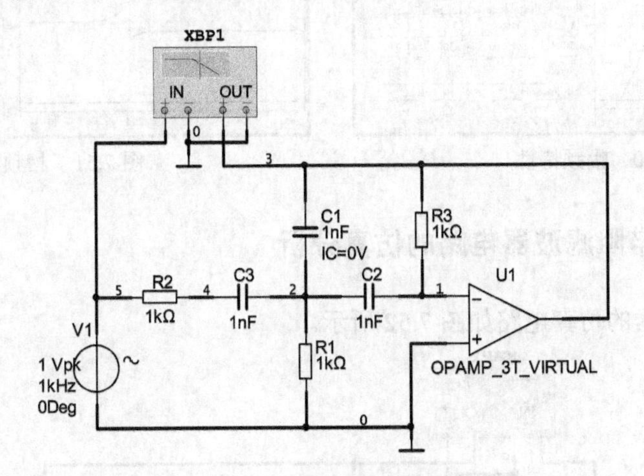

图 7.46　二阶有源高通滤波器电路

该滤波器的幅频特性和相频特性波特图分别如图 7.47 和图 7.48 所示。

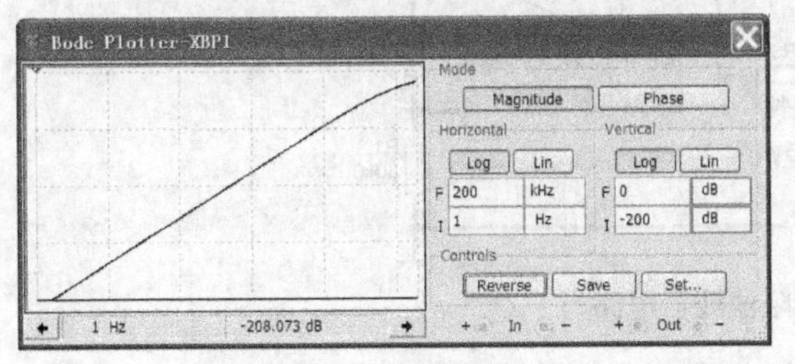

图 7.47　幅频特性

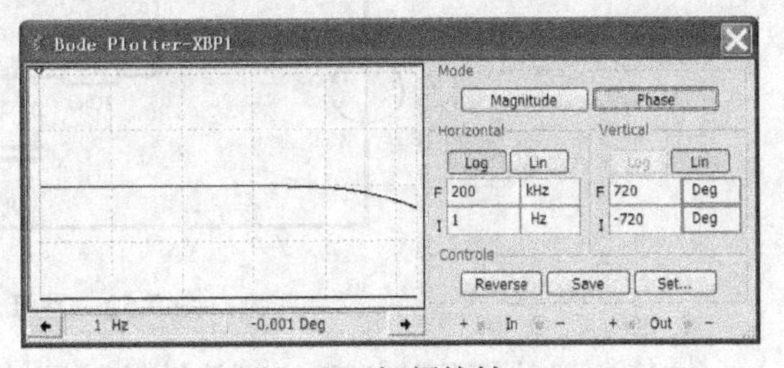

图 7.48　相频特性

7.6.3　二阶有源带通滤波器的仿真特性

二阶有源带通滤波器的仿真电路如图 7.49 所示。

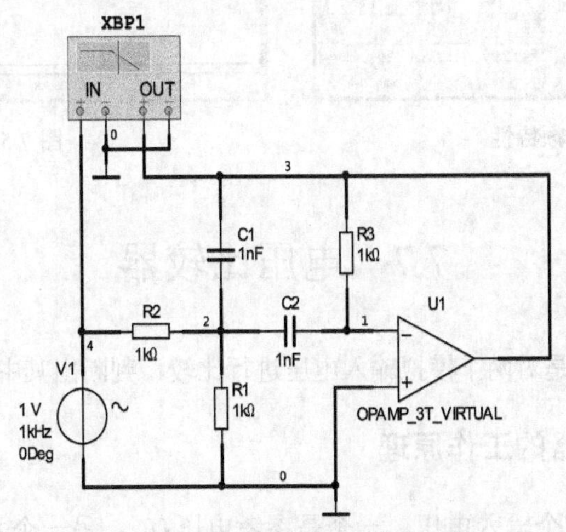

图 7.49　二阶有源带通滤波器电路

该滤波器的幅频特性和相频特性波特图分别如图 7.50 和图 7.51 所示。

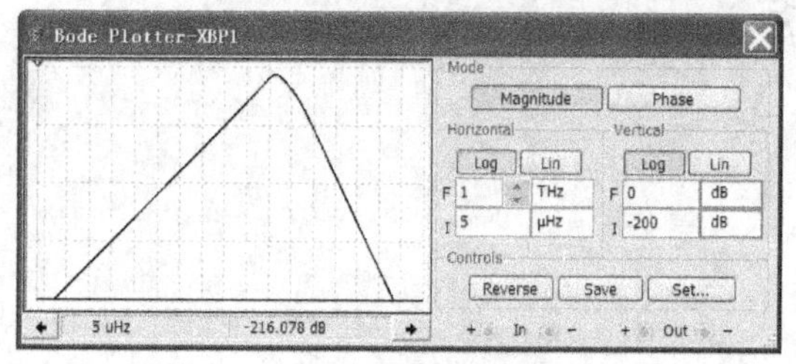

图 7.50 幅频特性

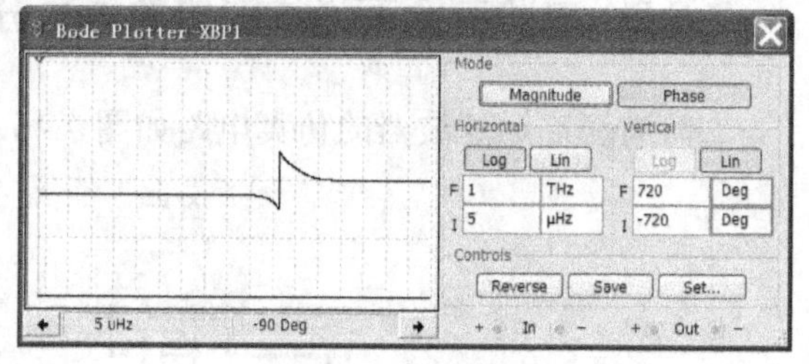

图 7.51 相频特性

7.6.4 双 T 带阻滤波器电路的仿真分析

双 T 带阻滤波器的仿真电路如图 7.52 所示。

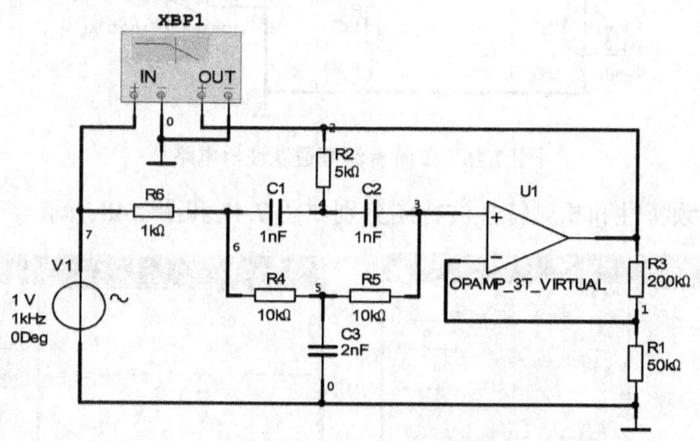

图 7.52 双 T 带阻滤波器电路

该滤波器的幅频特性和相频特性波特图分别如图 7.53 和图 7.54 所示。

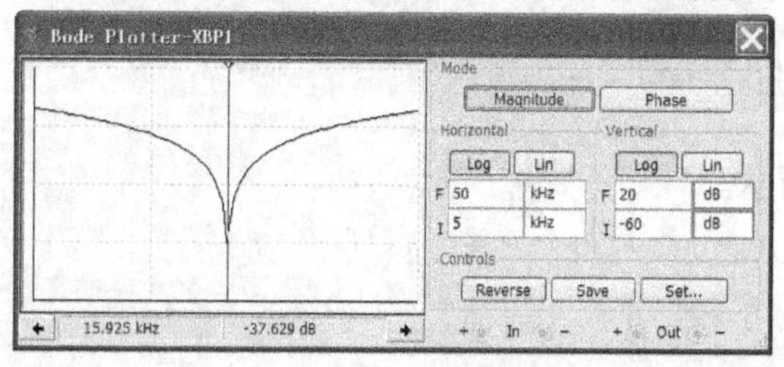

图 7.53 幅频特性

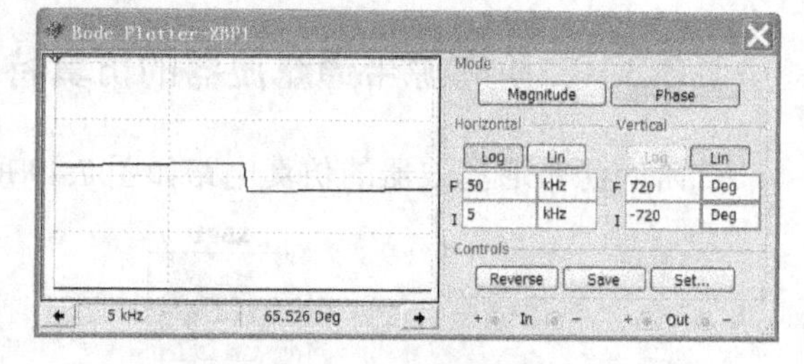

图 7.54 相频特性

7.7 电压比较器

比较器，顾名思义就是对两个模拟输入电压进行比较，判断出其中哪一个电压幅度大。

7.7.1 电压比较器的工作原理

通常电压比较器有两个输入电压，一个是参考电压 U_R，另一个是外加输入电压 u_i。由于放大器的开环增益较大，所以可以认为只要 $u_i-U_R>0$，输出电压 u_o 即可达到最大正向输出电压 U_{oH}；而只要 $u_i-U_R<0$，u_o 即可达到最大负向输出电压 U_{oL}。作为判断的依据是输出电压 u_o 为高电位 U_{oH} 还是低电位 U_{oL}。例如，规定 $u_i>U_R$ 时，比较器输出为高电平，那么如果 u_o 为低电平时，即可判断擦出 $u_i<U_R$。具体规定要视后面所接的电路而定。由于输出电压 u_o 只有两个状态："高"或"低"，为数字量，所以比较器是作为模拟电路和数字电路之间的接口电路使用的。

7.7.2　过零比较器的仿真分析

过零比较器的仿真电路如图 7.55 所示，输入为方波信号。

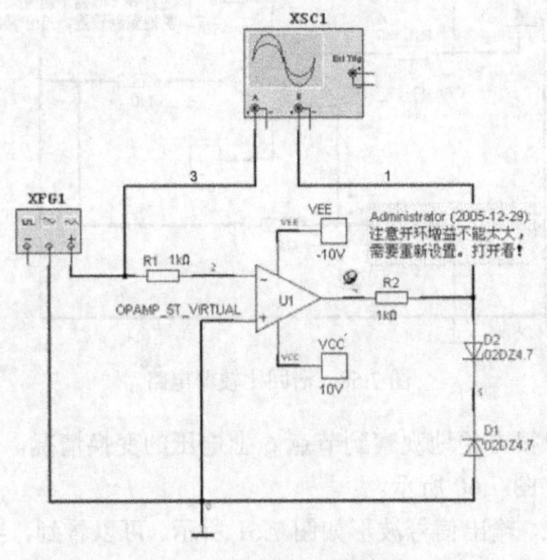

图 7.55　过零比较器电路

打开运算放大器设置对话框，进行如图 7.56 所示的设置。按下仿真开关，示波器上显示输入、输出信号波形，如图 7.57 所示。与要求完全一致。

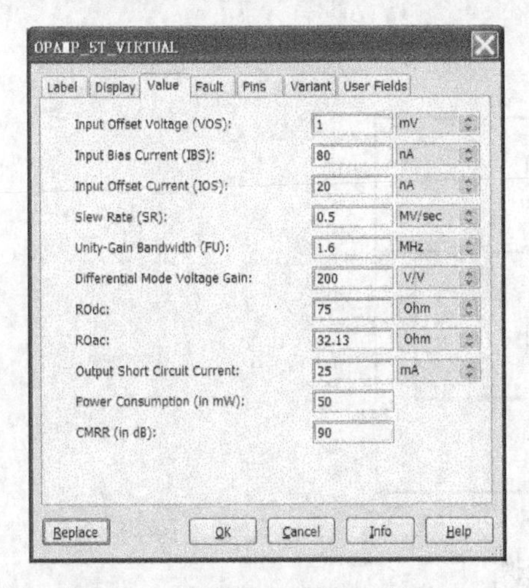

图 7.56　运算放大器设置对话框

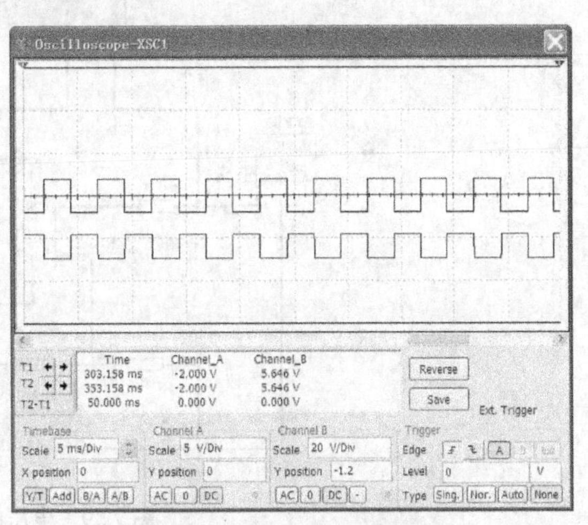

图 7.57　输入、输出信号波形

7.7.3 滞回比较器的仿真分析

滞回比较器的仿真电路如图 7.58 所示，输入信号为方波信号。

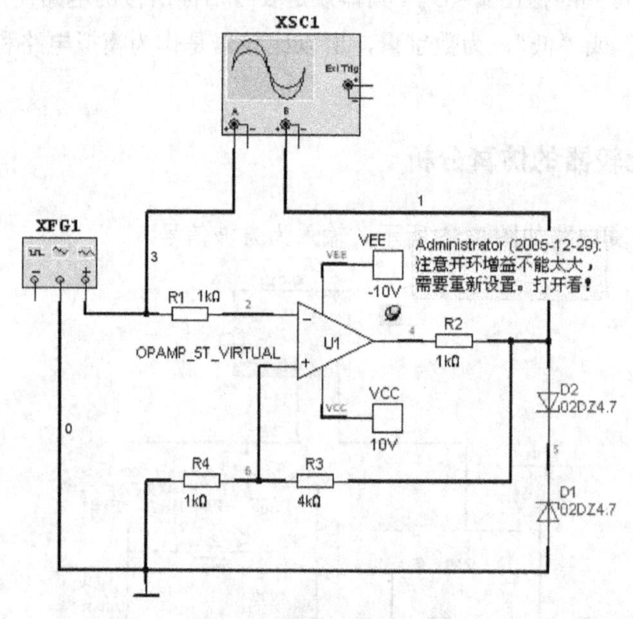

图 7.58 滞回比较器电路

利用探针工具，可以很方便地观察到节点 6 上电压的变换情况，如图 7.59 所示。函数发生器为一方波，其设置如图 7.60 所示。

示波器上显示的输入、输出信号波形如图 7.61 所示。可以看到，当输入信号的幅度为 2 V 时（大于 1 V），输出很好地完成了滞回比较器的作用。

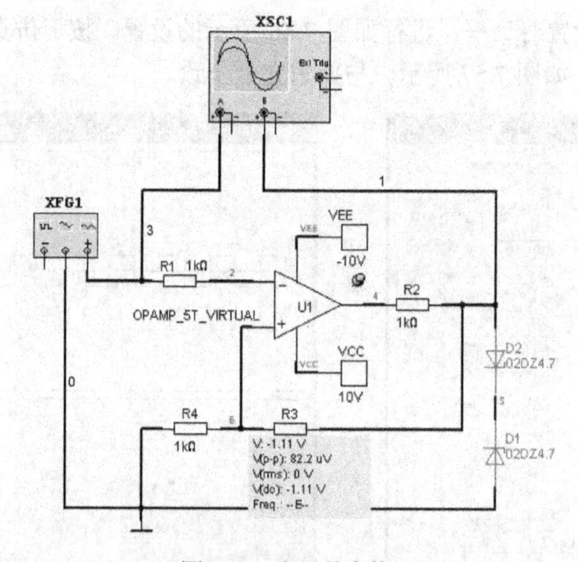

图 7.59 电压的变换

若将输入信号的幅度调整到 1 V，此时函数发生器的设置如图 7.62 所示。

再按下仿真开关，打开示波器显示面板，我们看到此时地输出为一条直线，没有了滞回比较器的功能。输入、输出信号波形如图 7.63 所示。

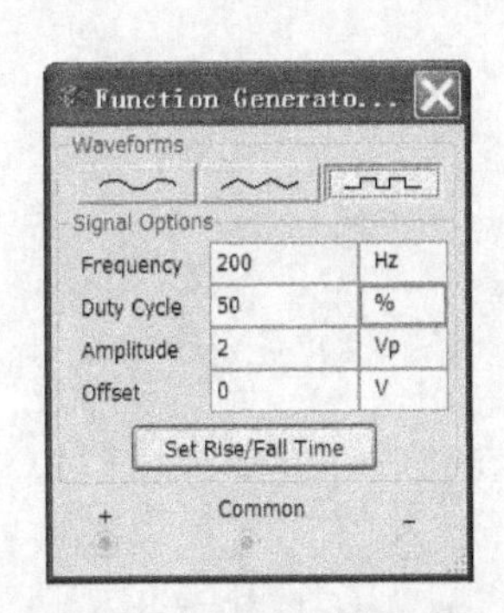

图 7.60　函数发生器的设置

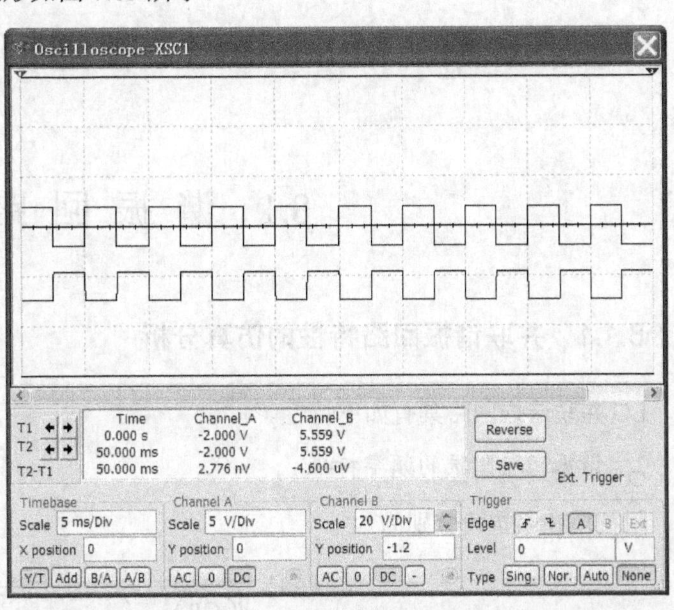

图 7.61　输入、输出信号波形

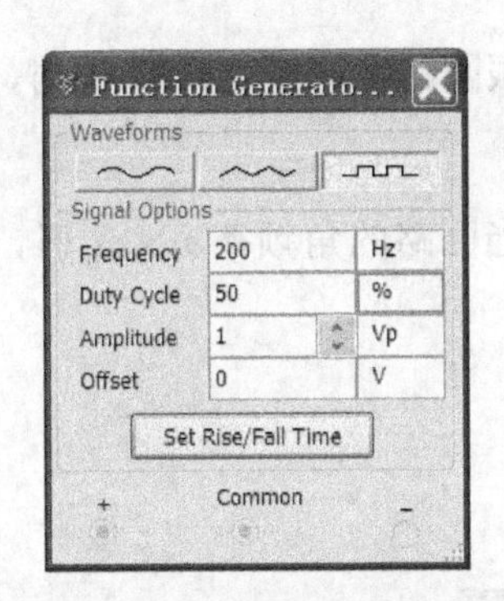

图 7.62　函数发生器的设置

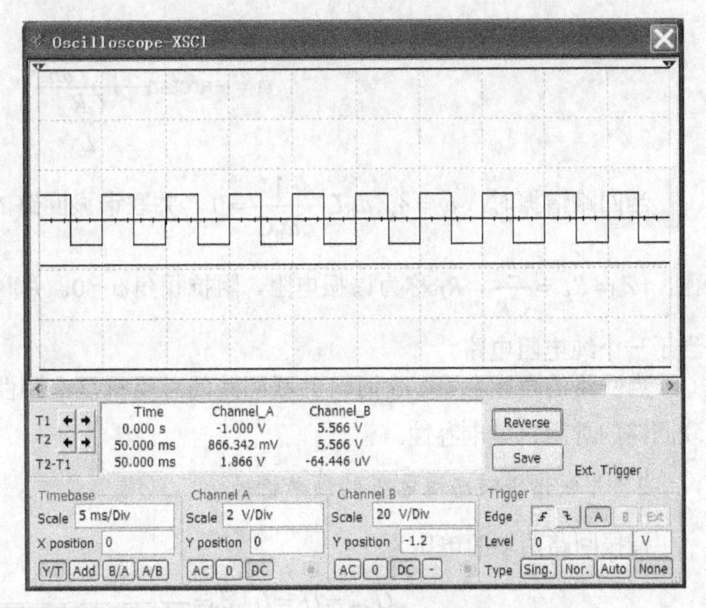

图 7.63　输入、输出信号波形

第 8 章　Multisim 12 在通信电路中的应用

8.1　谐 振 回 路

8.1.1　并联谐振回路特性的仿真分析

LC 并联谐振回路具有如下特性。

1. 谐振回路阻抗的频率特性

阻抗模和阻抗角分别为

$$|Z|=\frac{1}{\sqrt{\left(\frac{CR}{L}\right)^2+\left(\omega C-\frac{1}{\omega L}\right)^2}}$$

$$\phi=-\arctan\frac{\omega C-\frac{1}{\omega L}}{\frac{CR}{L}}$$

当回路谐振时，$\omega=\omega_0,\omega_0 L-\frac{1}{\omega_0 C}=0$。并联谐振回路的阻抗为纯电阻，数值可达到最大值，$|Z|=R_P=\frac{L}{CR}$，$R_P$ 称为谐振电阻，阻抗相角 $\varphi=0$。并联谐振回路在谐振点频率 ω_0 时，相当于一个纯电阻电路。

当回路的角频率 $\omega<\omega_0$ 时，并联回路的总阻抗呈电感性。当回路的角频率 $\omega>\omega_0$ 时，并联回路的总阻抗呈电容性。

2. 并联谐振回路端电压的频率特性

谐振回路两端的电压为

$$U_{\rm AB}=U=I_s|Z|=\frac{I_s}{\sqrt{\left(\frac{CR}{L}\right)^2+\left(\omega C-\frac{1}{\omega L}\right)^2}}$$

$$\varphi_u=-\arctan\frac{\omega C-\frac{1}{\omega L}}{\frac{CR}{L}}$$

当回路谐振时，$U_{\rm AB}=U_o=I_s\frac{L}{\rm AB}=I_s R_P$。

3. 并联谐振回路的谐振频率

并联谐振回路的谐振频率为 $\omega_0=\dfrac{1}{\sqrt{LC}}$。

4. 品质因素

并联回路谐振时的感抗和容抗与线圈中串联的损耗电阻 R 之比定义为回路的品质因素，用 Q_0 表示为

$$Q_0=\frac{\omega_0 L}{R}=\frac{1}{\omega_0 CR}=\frac{1}{R}=\sqrt{\frac{L}{C}}=\frac{\rho}{R}$$

式中，$\rho=\sqrt{L/C}$，称为特性阻抗；Q_0 为 LC 并联谐振回路的空载 Q 值。

$$R_P=\frac{L}{CR}=Q_0\omega_0 L=\frac{Q_0}{\omega_0 C}$$

上式说明并联谐振回路在谐振时，谐振电阻等于感抗或容抗的 Q_0 倍。

8.1.2　电容耦合谐振回路的仿真分析

构建的电容耦合谐振回路仿真测试电路如图 8.1 所示，用波特仪进行测试。

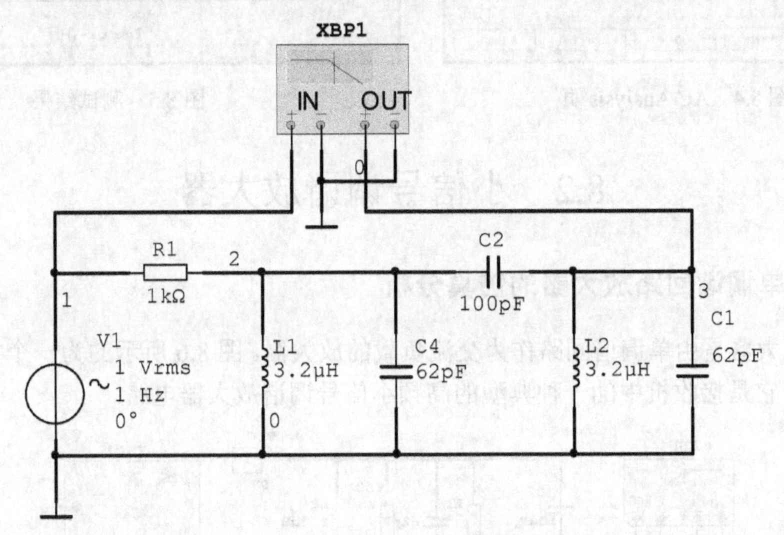

图 8.1　电容耦合谐振回路

双击波特仪图标，打开显示面板，按下仿真开关，得到电容耦合谐振回路的幅频特性，如图 8.2 所示。转换相位测试按钮，得到电容耦合谐振回路的相位特性，如图 8.3 所示。

有关波特仪使用的详细介绍请参看第 5 章。

也可以用另外一种方法进行分析。启动 Simulate 菜单中 Analysis 下的 AC Analysis 命令，在 AC Analysis 对话框中设置如下：Output Variables 为节点 V(3)，如图 8.4 所示。单击 AC Analysis 对话框上的 Simulate 按钮，出现一个 Grapher View 窗口形式，仿真测试结果，如图 8.5 所示。

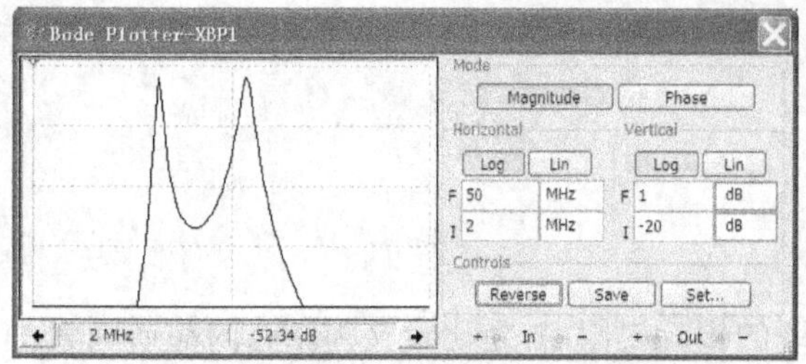

图8.2 电容耦合谐振回路的幅频特性

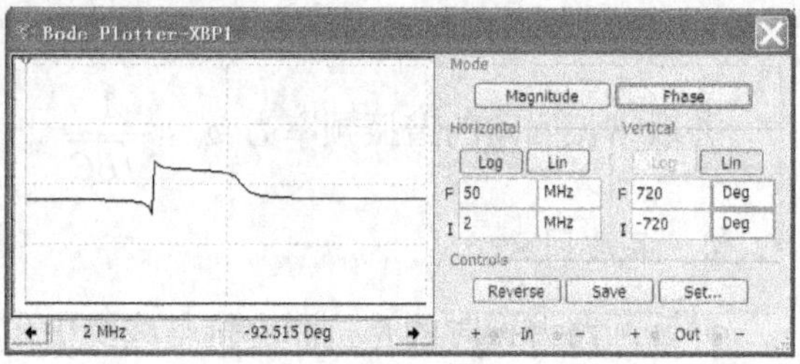

图8.3 电容耦合谐振回路的相位特性

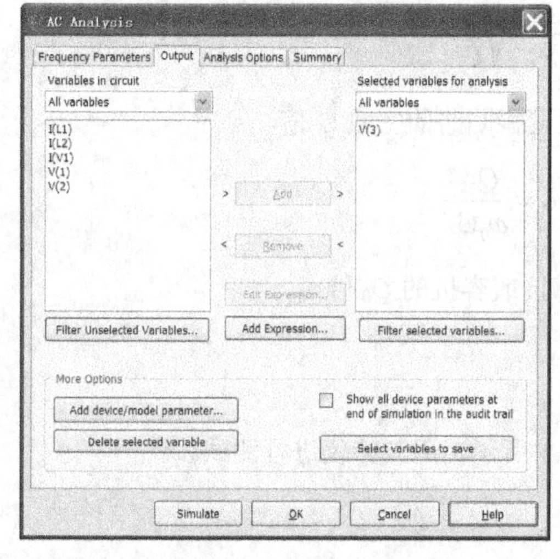

图8.4 AC Analysis页

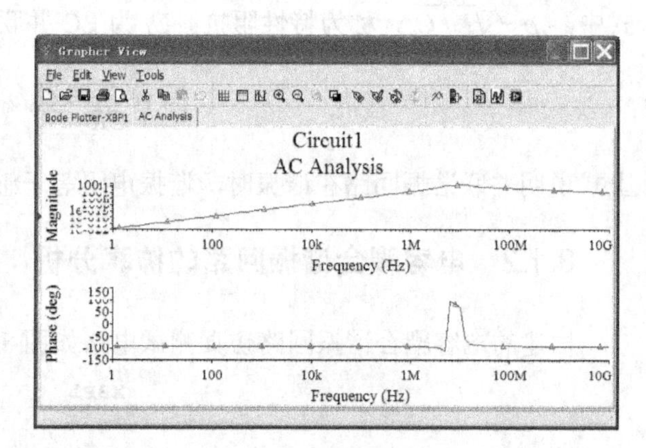

图8.5 测试结果

8.2 小信号调谐放大器

8.2.1 单调谐回路放大器的仿真分析

单调谐放大器是由单调谐回路作为交流负载的放大器。图8.6所示的为一个共发射极的单调谐放大器，它是接收机中的一种典型的高频小信号调谐放大器电路。

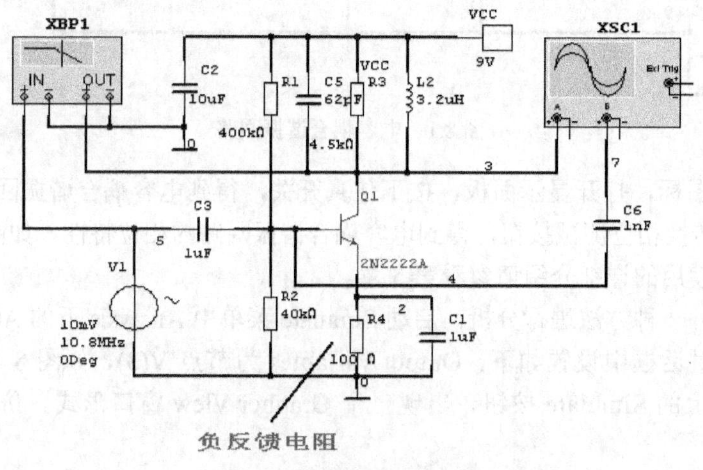

图8.6 单调谐放大器电路

如图 8.6 所示，图中 R1、R2 是放大器的偏置电阻，R4 是直流负反馈电阻，C1 是旁路电容，它们起到稳定放大器静态工作点的作用。L2、R3、C5 组成并联谐振回路，它与晶体管一起起着选频放大作用。为了防止三极管的输出与输入导纳直接并入 LC（L2、R3、C5）谐振回路，影响回路参数，以及为防止电路的分布参数影响谐振频率，同时也为了放大器的前后级匹配，该电路采用部分接入方式。R3 的作用是降低放大器输出端调谐回路的品质因素 Q 值，以加宽放大器的通频带。

按下仿真开关，可以得到单调谐回路放大器输入、输出电压波形，如图 8.7 所示。放大倍数约为 100。波特仪显示出单调谐回路放大器的幅频特性如图 8.8 所示。波特仪显示出单调谐回路放大器的相频频特性，如图 8.9 所示。

用 Simulate 菜单中 Analysis 下的 AC Analysis 得到的单调谐回路放大器的幅频特性、相频频特性，如图 8.10 所示。

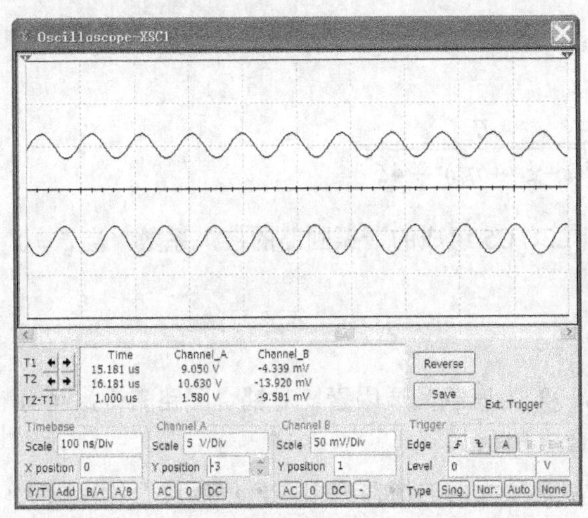

图 8.7　单调谐回路放大器输入、输出电压波形

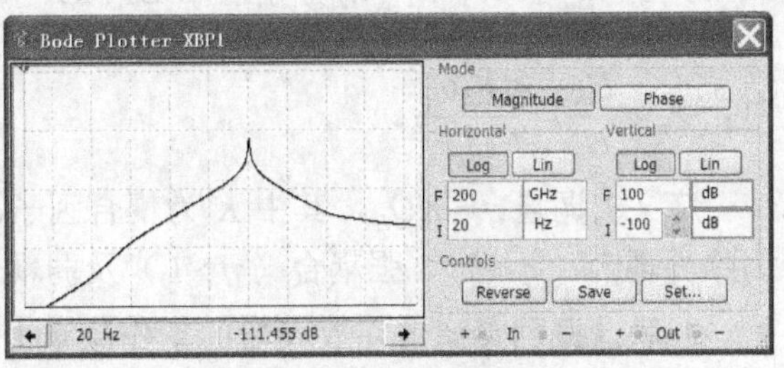

图 8.8　单调谐回路放大器的幅频特性

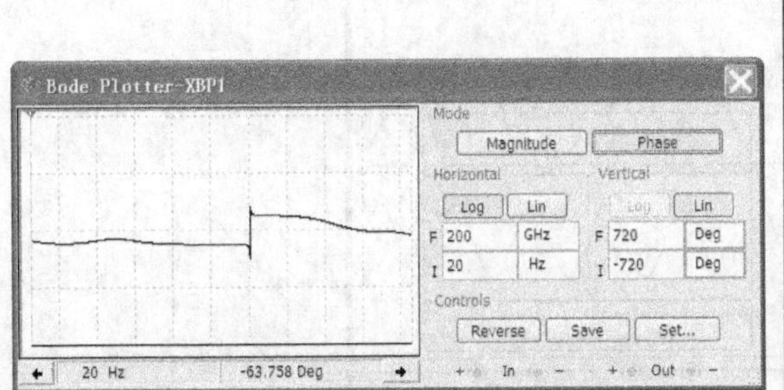

图 8.9　单调谐回路放大器的相频频特性

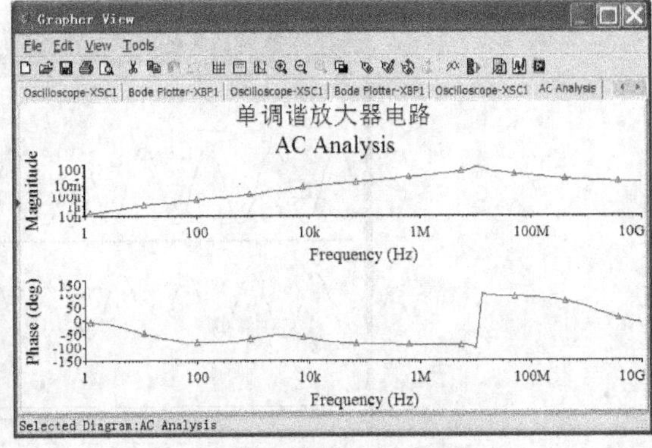

图 8.10　AC Analysis 页

8.2.2　双调谐回路放大器的仿真分析

双调谐回路放大器电路如图 8.11 所示，是由 L1、L2、C4、C5、C6 组成的双调谐回路。

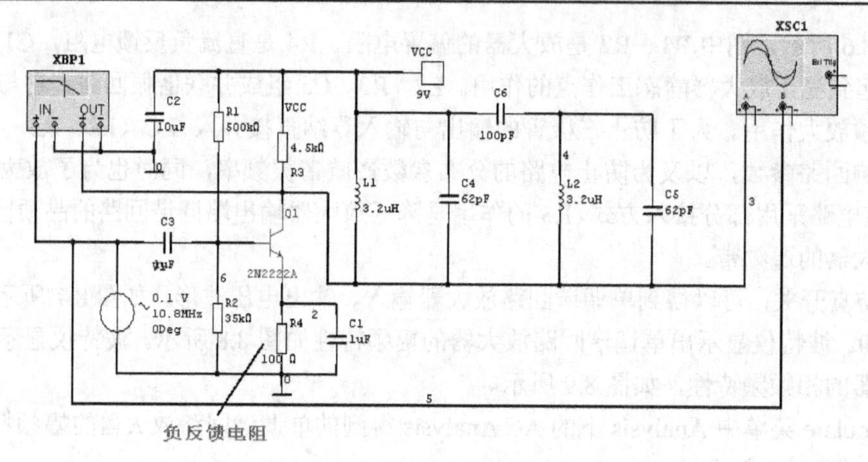

图 8.11　双调谐回路放大器电路

1. 电压增益

$$A_u = \frac{U_o}{U_i} = \frac{n_1 n_2 Y_{fe}}{G_X} \frac{\eta}{\sqrt{(1-\xi^2+\eta^2)^2+4\xi^2}}$$

式中，$\xi = Q_L \dfrac{2\Delta f}{f_0}$；$n_1$，$n_2$ 分别表示 L1、C4 和 L2、C5 组成的谐振回路的接入系数。当 $\xi = 0$ 时，$A_u = \dfrac{U_o}{U_i} = \dfrac{n_1 n_2 Y_{fe}}{G_X}$。

广义失调量 $\eta = KQ_L$，其中 K 为耦合因子，Q_L 为有载品质因素。对耦合回路来讲，可分为临界耦合（$\eta = 1$）、强耦合（$\eta > 1$）及弱耦合（$\eta < 1$）。

并联谐振回路调谐在放大器的工作频率上，则放大器的增益就很高，偏离这个频率放大器的放大作用就下降。

图 8.12 所示的波形为仿真测出的双调谐回路放大器输入、输出电压波形。

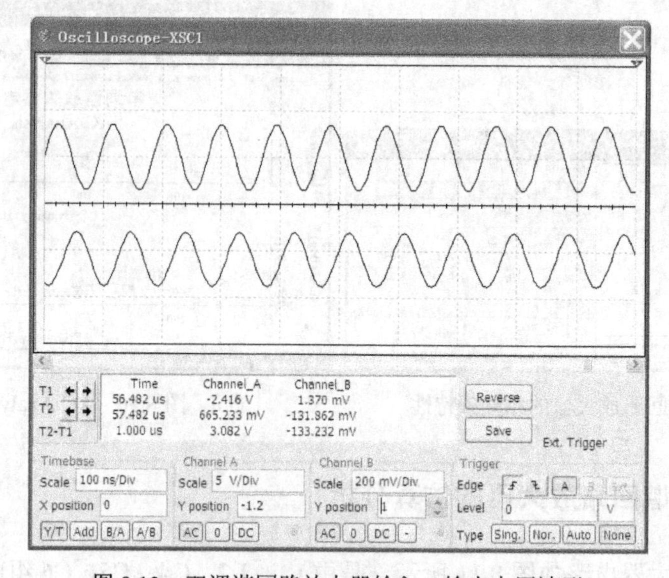

图 8.12　双调谐回路放大器输入、输出电压波形

2. 通频带

双调谐放大器载临界耦合状态时，其选择性比单调谐放大器选择性好。双调谐放大器在弱耦合时，其放大器的谐振曲线和单调谐放大器的谐振曲线相似，通频带窄，选择性差。双调谐放大器在强耦合时，通频带显著加宽，矩形系数变好，但是不足之处是谐振曲线的顶部出现凹陷，这就增加了兼顾回路频带和增益的难度。

双调谐回路放大器比单调谐回路放大器通频带宽。波特仪显示出双调谐回路放大器的幅频特性，如图 8.13 所示。

波特仪显示出双调谐回路放大器的相频频特性，如图 8.14 所示。

用 Simulate 菜单中 Analysis 下的 AC Analysis 得到的单调谐回路放大器的幅频特性、相频频特性，如图 8.15 所示。

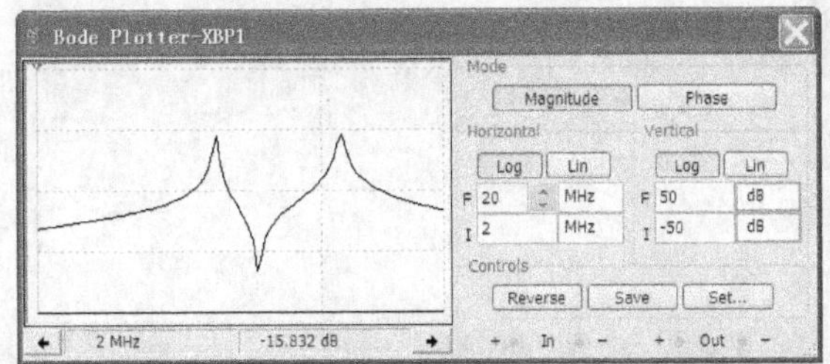

图 8.13　双调谐回路放大器的幅频特性

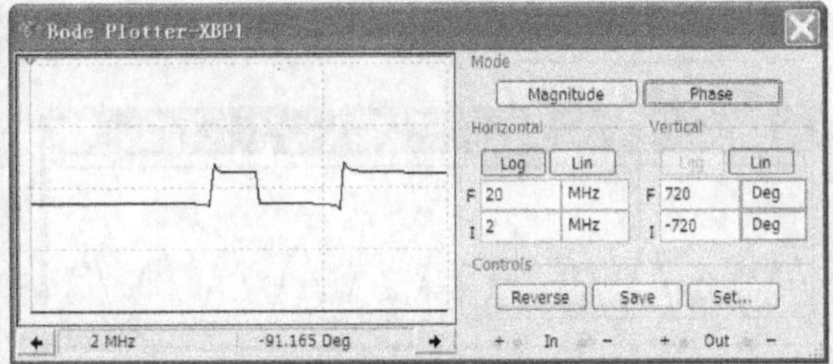

图 8.14　双调谐回路放大器的相频特性

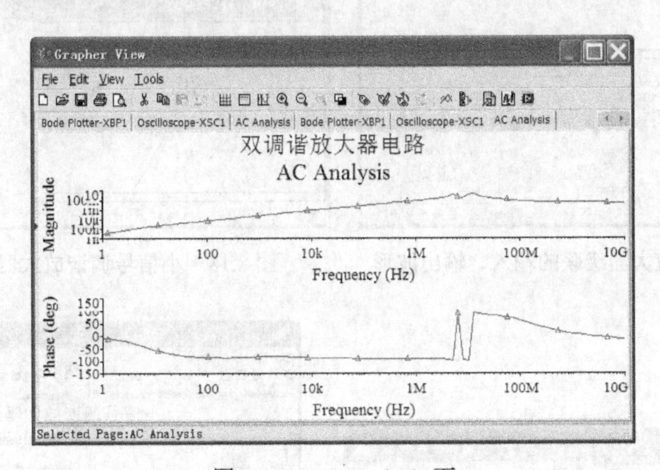

图 8.15　AC Analysis 页

8.2.3　小信号调谐放大器级联的仿真分析

级联放大器电路有直接耦合式、阻容耦合式、变压器耦合式等方式。由两级共发射极放大电路构成的两级放大电路，如图 8.16 所示，两级之间所采用的耦合方式为 RC 耦合。

按下仿真按钮，在示波器上得到的小信号调谐放大器级联的输入、输出波形，如图 8.17 所示。波特仪显示出小信号调谐放大器级联的幅频特性，如图 8.18 所示。波特仪显示出双调谐回路放大器的相频频特性，如图 8.19 所示。用 Simulate 菜单中 Analysis 下的 AC Analysis 得到的双调谐回路放大器的幅频特性、相频频特性，如图 8.20 所示。

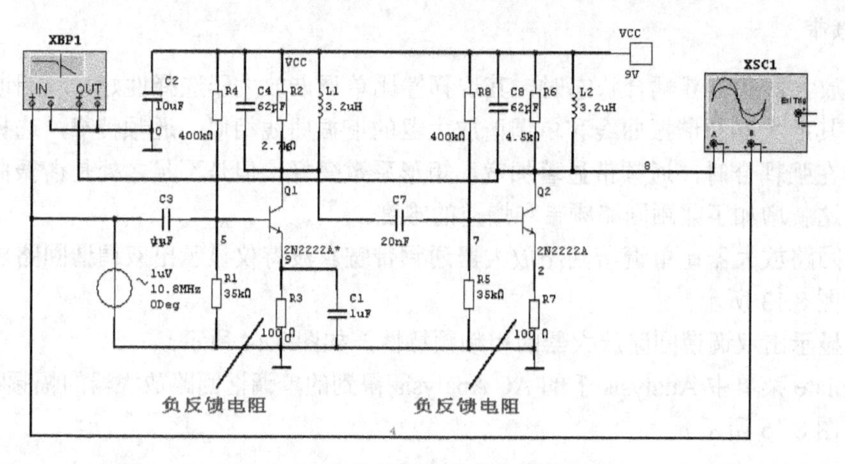

图 8.16 小信号调谐放大器级联电路

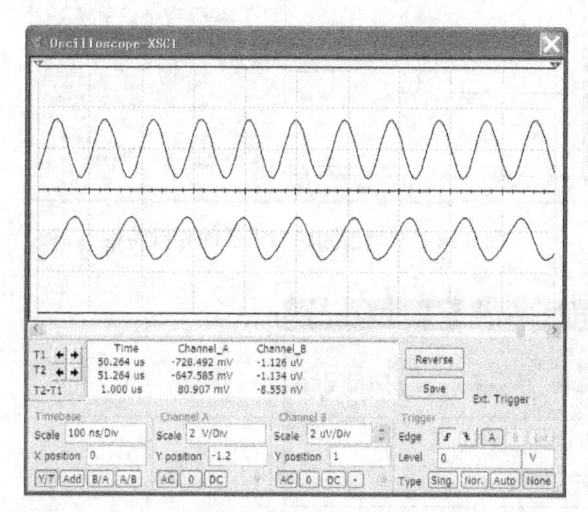

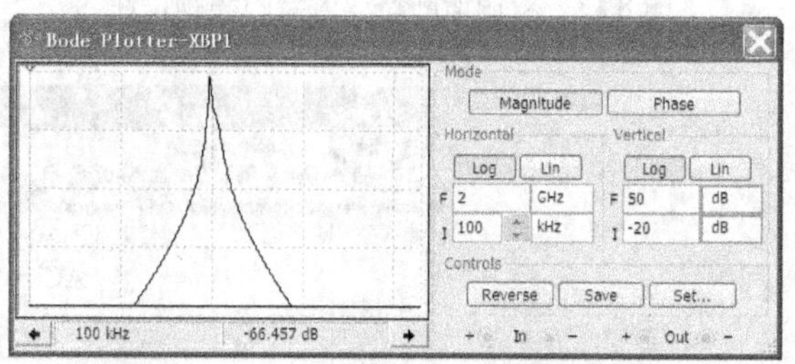

图 8.17 小信号调谐放大器级联的输入、输出波形

图 8.18 小信号调谐放大器级联的幅频特性

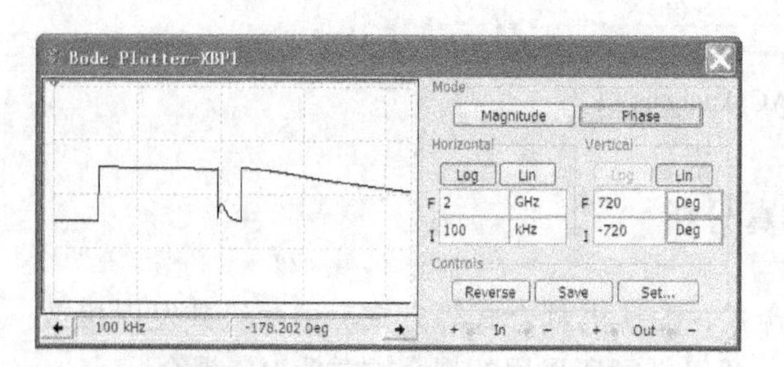

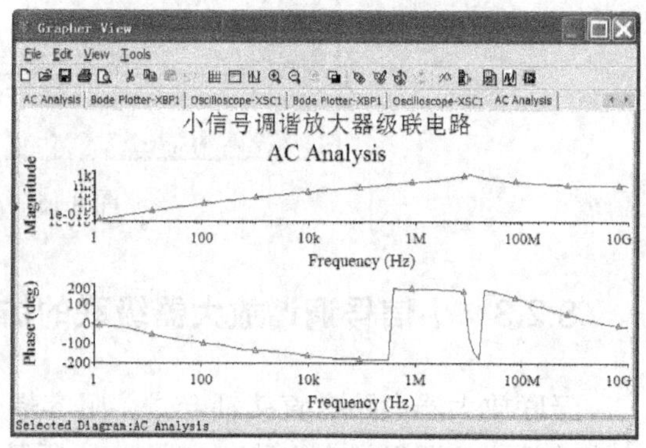

图 8.19 双调谐回路放大器的相频特性

图 8.20 AC Analysis 页

8.2.4 单调谐回路与级联回路性能比较

假设每级的中频电压增益为 A_{uM1}，则每级的上限频率 f_{H1} 和下限频率 f_{L1} 对应的电压增益

为 0.707 A_{uM1}，两级电压放大器电路的中频区电压增益为 A^2_{uM1}。根据放大器电路频带的定义，两级放大器的下限频率为 f_L，上限频率为 f_H，它们都是对应于电压增益为 A_u ＝0.707 A^2_{uM1} 的频率。$f_L > f_{L1}$，$f_H < f_{H1}$，两级电路的通频带变窄了。

构建的单调谐回路仿真测试电路，如图 8.21 所示。利用波特仪进行幅频特性和相频特性测试。

在波特仪上得到的单调谐回路幅频特性曲线如图 8.22 所示。在波特仪上得到的单调谐回路相频特性曲线如图 8.23 所示。电容耦合级联回路的特性仿真测试电路如图 8.24 所示。

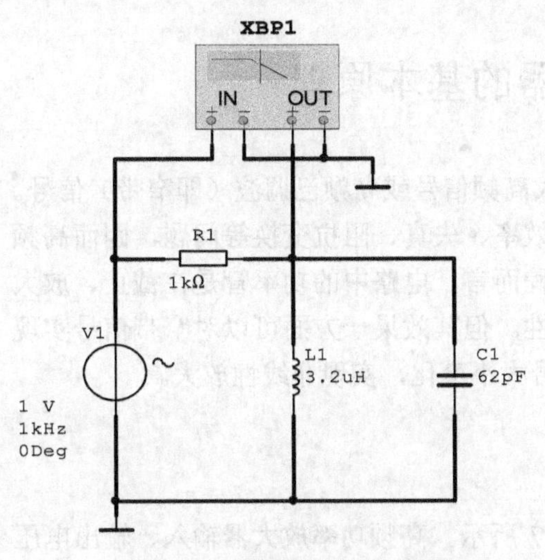

图 8.21 单调谐回路测试电路

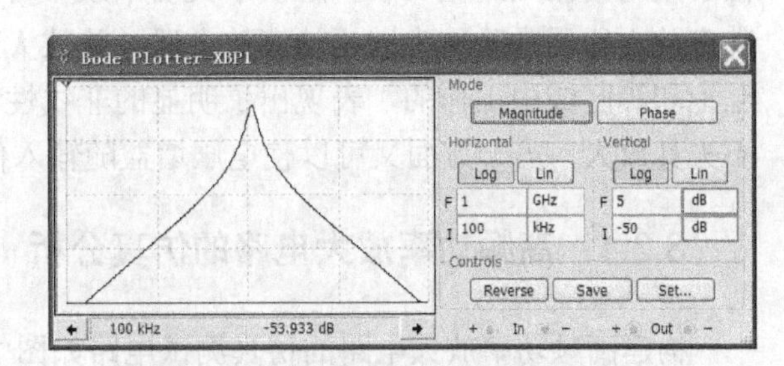

图 8.22 单调谐回路幅频特性曲线

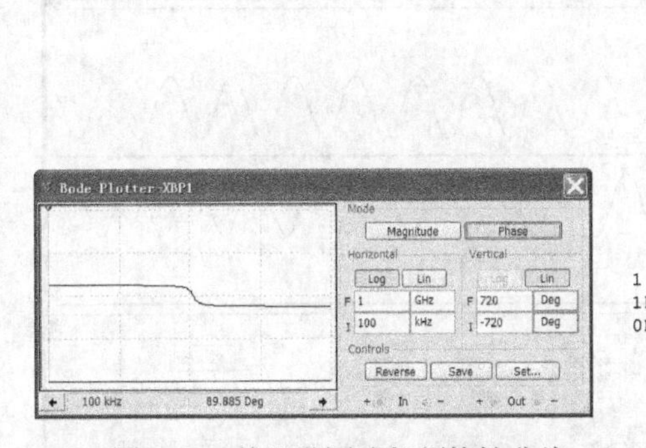

图 8.23 单调谐回路相频特性曲线

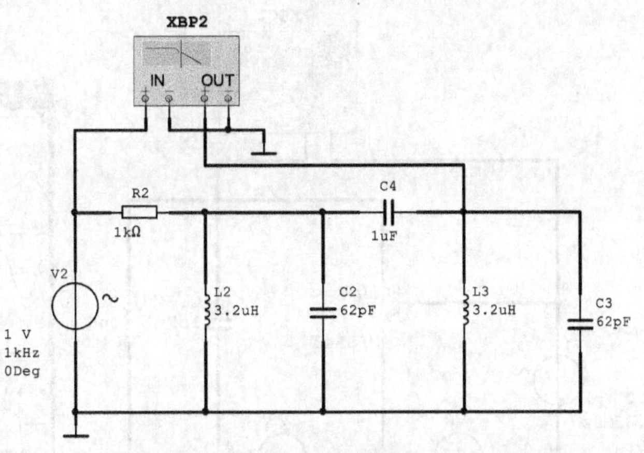

图 8.24 电容耦合级联回路的特性测试电路

电容级联回路幅频特性曲线如图 8.25 所示。电容级联回路相频特性曲线如图 8.26 所示。

将两级电压放大器电路推广，可知多级放大器电路总电压增益为各单级电路电压增益的乘积。

综上所述，多级放大器电路可以提高总的电压增益，单通频带变窄了，级数越多，通频带越窄。

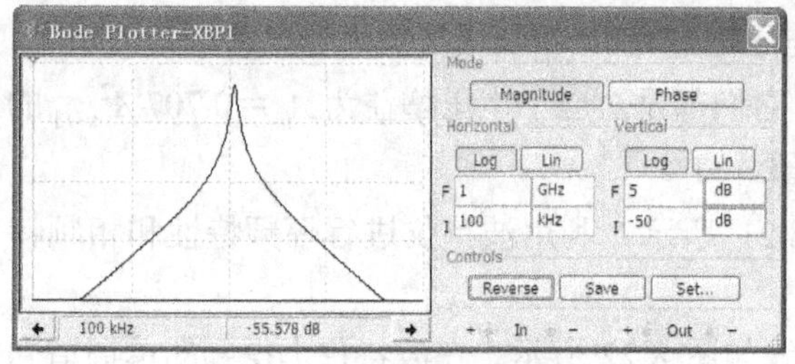

图 8.25　电容级联回路幅频特性曲线

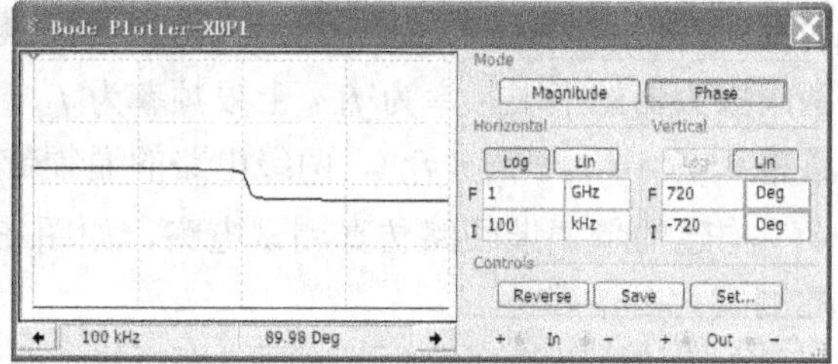

图 8.26　电容级联回路相频特性曲线

8.3　高频功率放大器的基本原理

高频功率放大器（简称高频功放）主要用于放大高频信号或高频已调波（即窄带）信号。由于采用谐振回路做负载，解决了大功率放大时的效率、失真、阻抗变换等问题，因而高频功率放大器通常又称为谐振功率放大器。就放大过程而言，电路中的功率管是在截止、放大至饱和等区域中工作的，表现出了明显的非线性特性。但其效果一方面可以对窄带信号实现不失真放大，另一方面又可以使电压增益随输入信号大小变化，实现非线性放大。

8.3.1　高频功率放大电路的仿真分析

构建高频功率放大电路的仿真测试电路如图 8.27 所示。高频功率放大器输入、输出电压波形如图 8.28 所示。

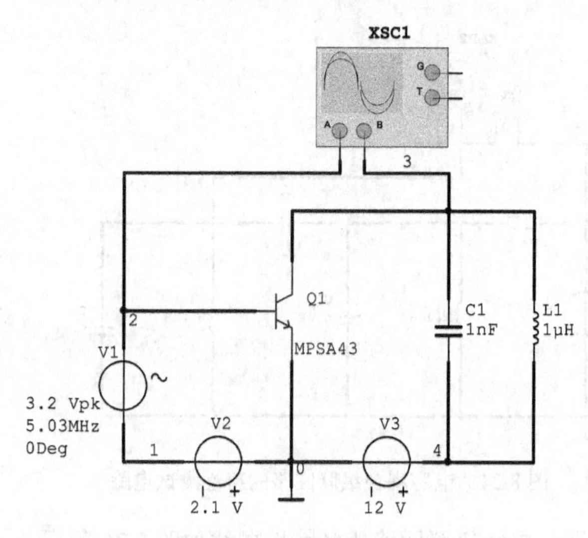

图 8.27　高频功率放大电路

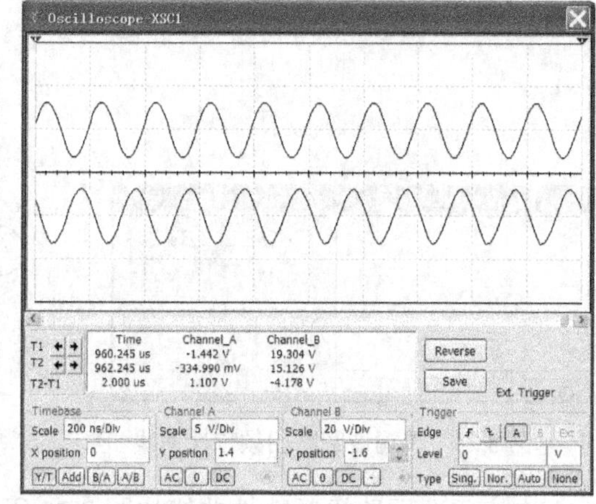

图 8.28　高频功率放大器输入、输出电压波形

8.3.2　高频功率放大器电流、电压波形

为了观察到高频功率放大器输出电流波形，我们在三极管的发射极串联一个很小的电阻 R1（本例中为 0.2 Ω），测量 R1 上的电压波形，就是高频功率放大器输出电流波形。构建的仿真测试电路如图 8.29 所示。示波器一端接输入信号，一端接 R1 上。

打开示波器的显示面板，并按下仿真开关，我们看到示波器上显示的波形如图 8.30 所示。其中上部为输入信号的波形，下部为 R1 上的电压波形，即高频功率放大器输出电流波形，是一脉冲串，与理论上的结论吻合。

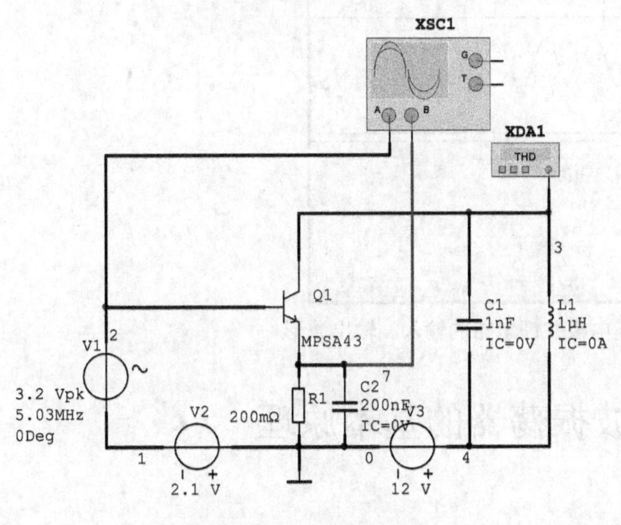

图 8.29 仿真测试电路

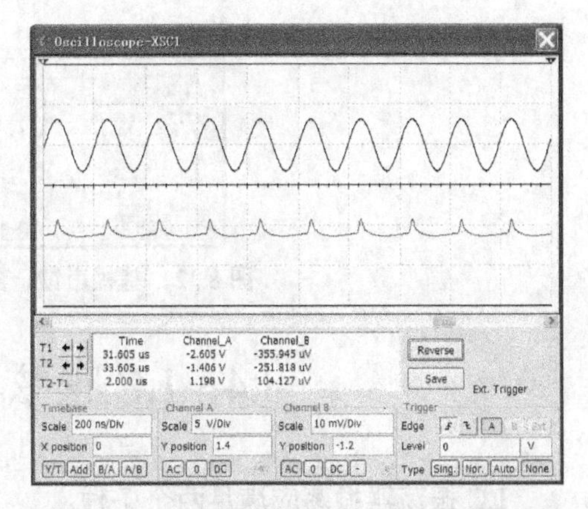

图 8.30 输入信号的波形、输出电流波形

8.3.3 高频功率放大器馈电电路

高频功率放大器馈电电路有基极馈电电路和集电极馈电电路，而馈电电路又分为串馈电路和并馈电路两种。所以高频功率放大器馈电电路有如下种类。

基极：串馈电路，并馈电路

集电极：串馈电路，并馈电路

我们以一个基极是串馈电路、集电极是并馈电路的高频功率放大器电路为例，如图 8.31 所示。仿真得到基极串馈、集电极并馈电路的输入、输出波形如图 8.32 所示。

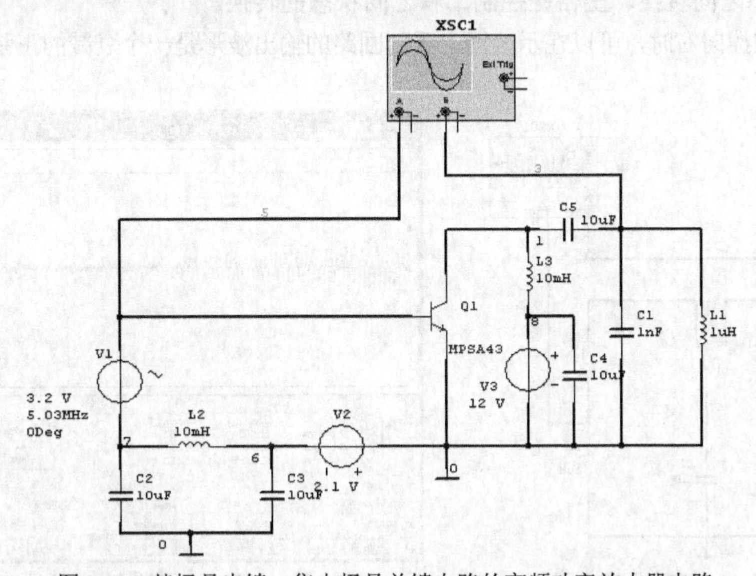

图 8.31 基极是串馈、集电极是并馈电路的高频功率放大器电路

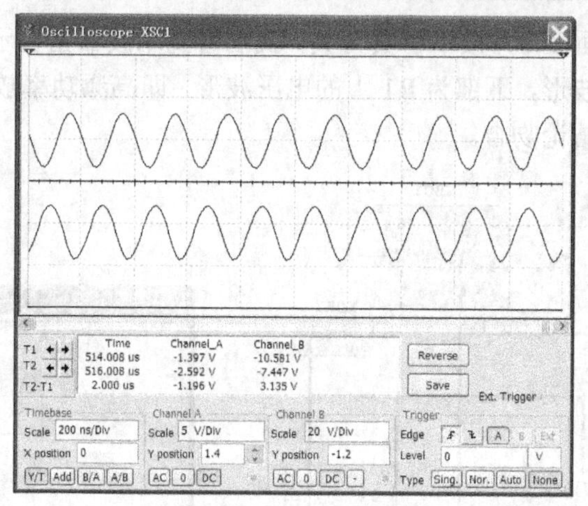

图 8.32　基极串馈、集电极并馈电路的输入、输出波形

8.4　LC 正弦波振荡器的基本原理

LC 振荡器振荡应满足两个条件。

（1）相位平衡条件，反馈信号与输入信号同相，保证电路正反馈。

（2）振幅平衡条件，反馈信号的振幅应该大于或者等于输入信号的振幅，即：

$$|AF| \geqslant 1$$

其中，A 为放大倍数，F 为反馈系数。

8.4.1　LC 自由振荡时的情况

首先构建 LC 自由振荡的仿真电路如图 8.33 所示。此时假设是有损耗的情况，回路电阻 R2＝30 Ω。示波器的 A 通道接 12 V 直流电源，B 通道接回路输出。利用一个开关在充电状态和自由振荡状态之间转换，空格键控制二者之间状态的转换。

当开关从左拨向右时，可以在示波器上看到回路的输出波形是一个衰减的正弦波，如图 8.34 所示。

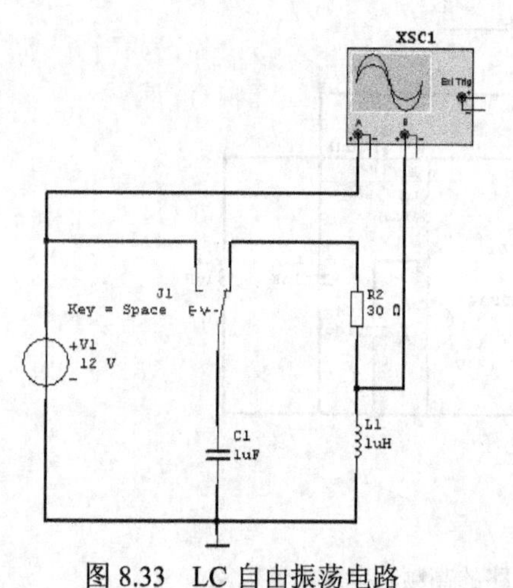

图 8.33　LC 自由振荡电路

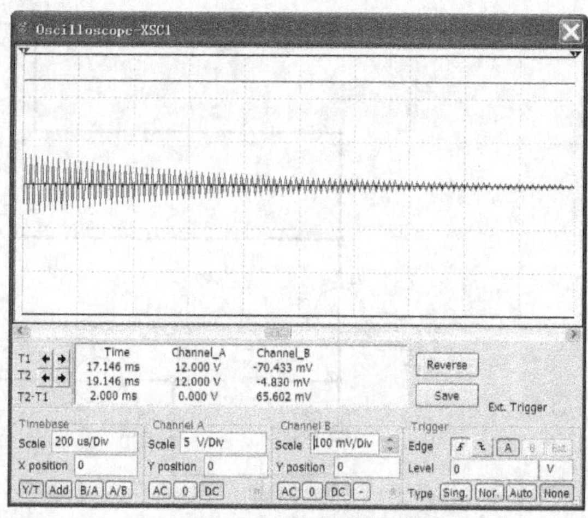

图 8.34　衰减的正弦波

当回路损耗为 0 时，即 R2＝0 Ω 情况下，电路如图 8.35 所示。重复上面测试步骤，可以看到此时的回路输出电压波形为一个等幅正弦波，如图 8.36 所示。

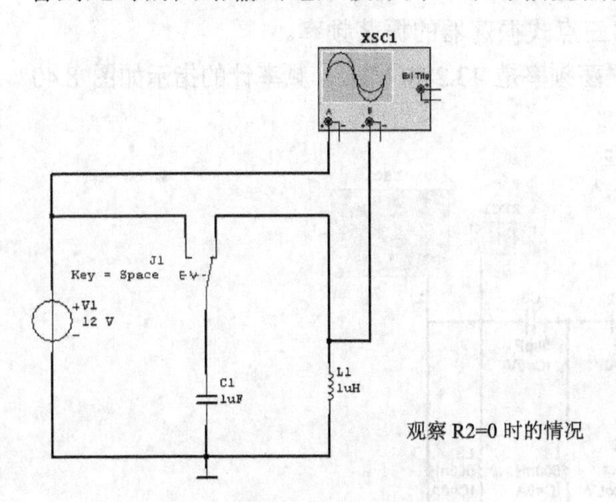

图 8.35　R2＝0 Ω 情况下的电路

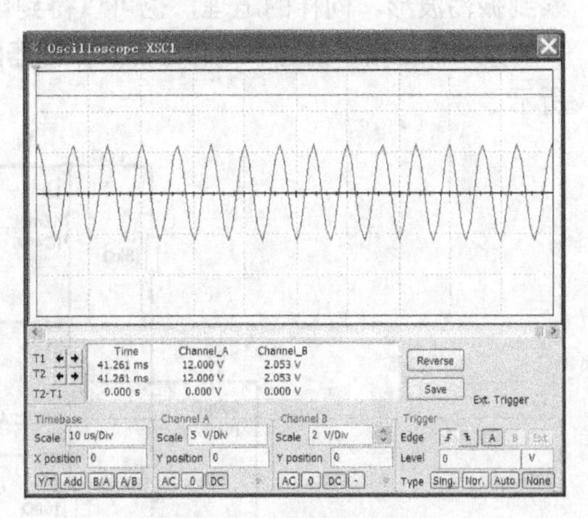

图 8.36　等幅的正弦波

8.4.2　互感耦合反馈振荡器的仿真分析

根据互感耦合反馈振荡器的原理，我们构建的互感耦合反馈振荡器的仿真电路如图 8.37 所示。其理论原理在此不再赘述。

示波器接在互感耦合反馈振荡器的输出端，用以观察其输出电压波形。按下仿真开关，可看到互感耦合反馈振荡器的起振时的详细过程。而这一过程在实验室受到实验条件的限制一般是看不到的。而在仿真中则可以很清晰地观察到，如图 8.38 所示。

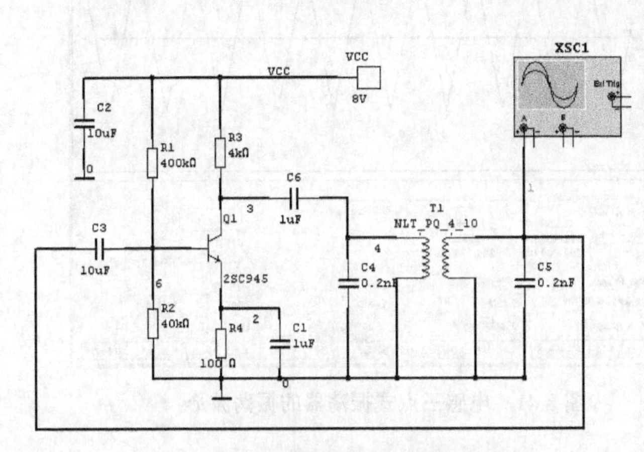

图 8.37　互感耦合反馈振荡器电路

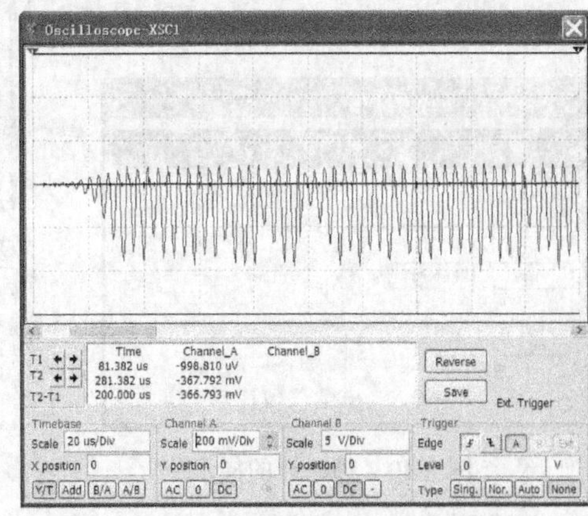

图 8.38　互感耦合反馈振荡器的起振时的详细过程

8.4.3　电感三点式振荡器的仿真分析

根据电感三点式振荡器的原理，我们构建的电感三点式振荡器的仿真电路如图 8.39 所示。其理论原理在此不再赘述。

示波器接在电感三点式振荡器的输出端，用以观察其输出电压波形。另外输出端再接一个频率计，用以测量振荡器的振荡频率。按下仿真开关，双击电路中的示波器图标，即可观察到振荡波形。同样的道理，也可以得到电感三点式振荡器的振荡频率。

频率计上指示的这个电感三点式振荡器的振荡频率是 13.288 MHz。频率计的指示如图 8.40 所示。

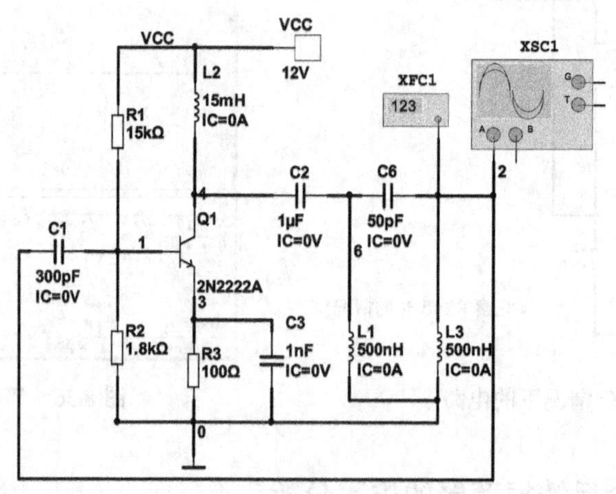

图 8.39　电感三点式振荡器电路

示波器上观察到的电感三点式振荡器的振荡波形如图 8.41 所示。

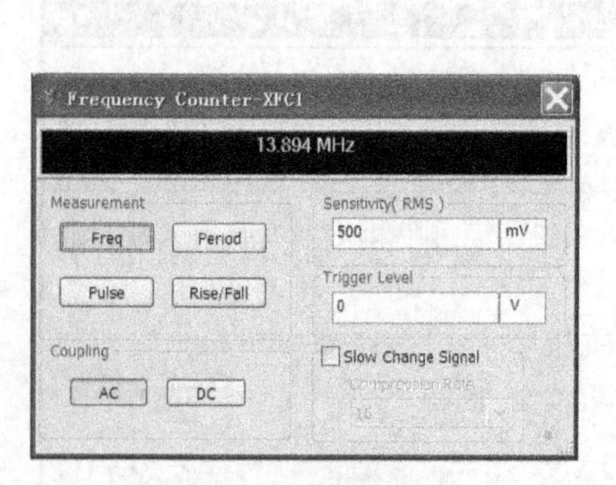

图 8.40　频率计的指示

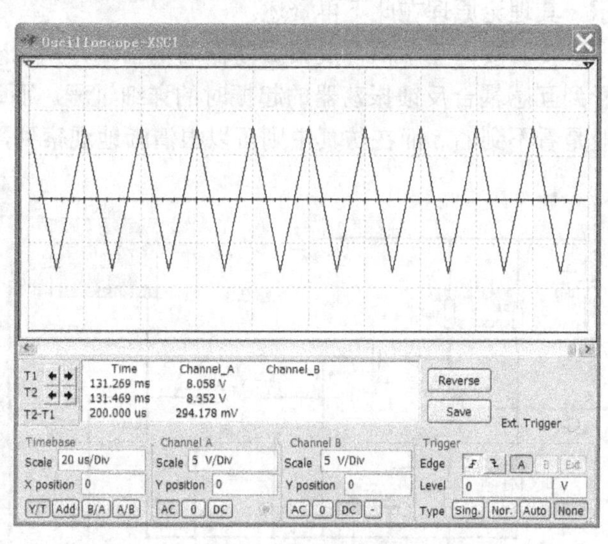

图 8.41　电感三点式振荡器的振荡波形

8.4.4　电容三点式振荡器的仿真分析

根据电容三点式振荡器的原理，我们构建的电容三点式振荡器的仿真电路如图 8.42 所示。输出端分别接上示波器用以观察输出波形，频率计用以显示振荡频率，万用表用以指示振荡电压幅度。

示波器上观察到的电容三点式振荡器的振荡波形如图 8.43 所示。

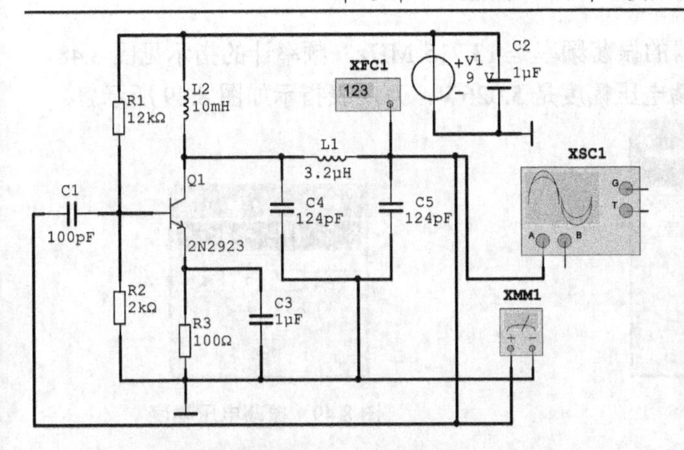

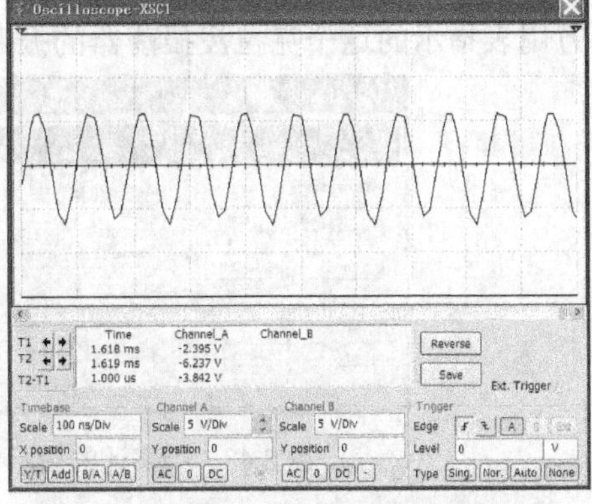

图 8.42　电容三点式振荡器电路

图 8.43　电容三点式振荡器的振荡波形

频率计上指示的这个电容三点式振荡器的振荡频率是 10.731 MHz 频率计的指示如图 8.44 所示。万用表的电压指示的这个电容三点式振荡器的振荡电压幅度是 4.526 V，万用表的电压指示如图 8.45 所示。

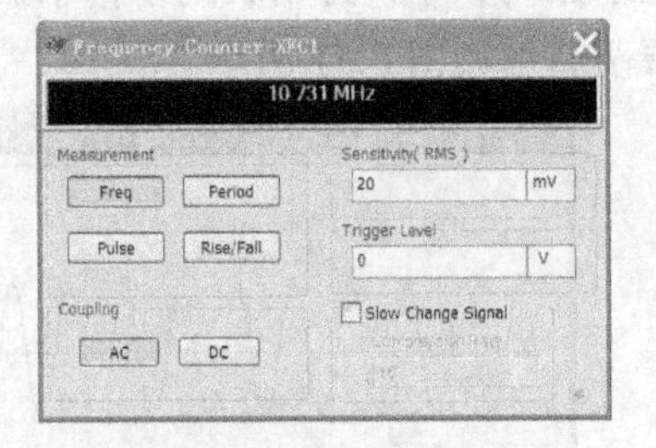

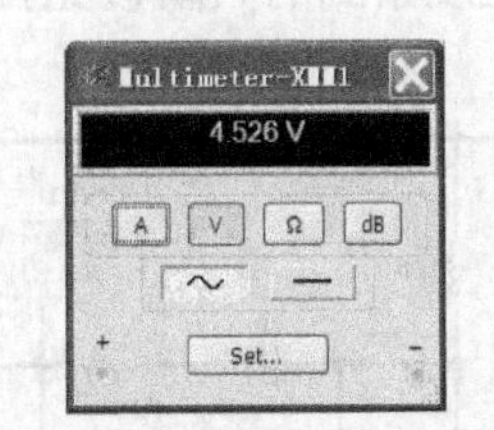

图 8.44　频率计的指示

图 8.45　万用表的电压指示

8.4.5　克拉泼振荡器的仿真分析

根据克拉泼振荡器的原理，我们构建的克拉泼振荡器的仿真电路如图 8.46 所示。输出端分别接上示波器用以观察输出波形，频率计用以显示振荡频率，万用表用以指示振荡电压幅度。示波器上观察到的克拉泼振荡器的振荡波形如图 8.47 所示。

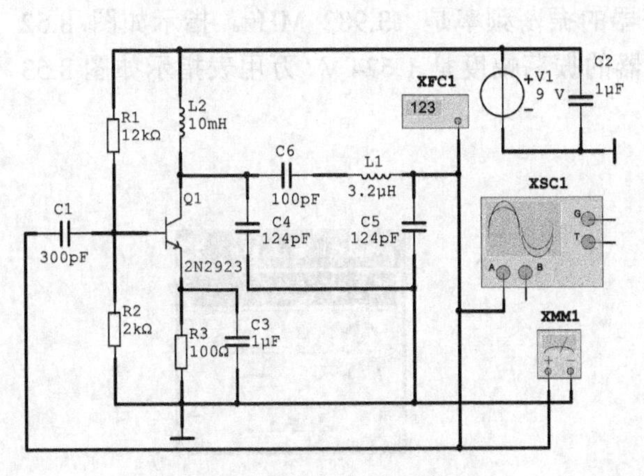

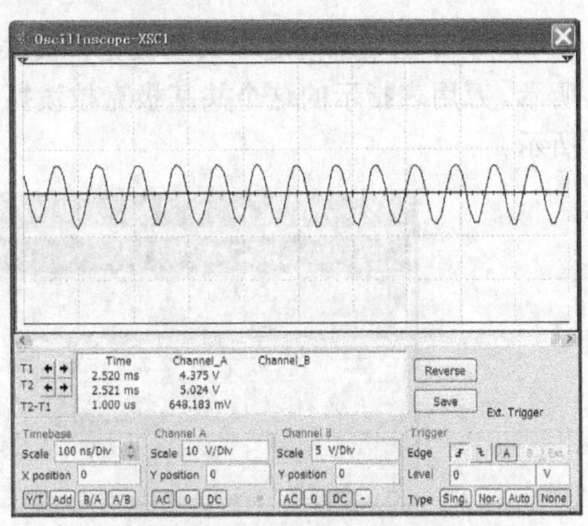

图 8.46　克拉泼振荡器电路

图 8.47　克拉泼振荡器的振荡波形

频率计上指示的这个克拉泼振荡器的振荡频率是 13.715 MHz。频率计的指示见图 8.48。万用表指示的这个克拉泼振荡器的振荡电压幅度是 5.026 V，万用表指示如图 8.49 所示。

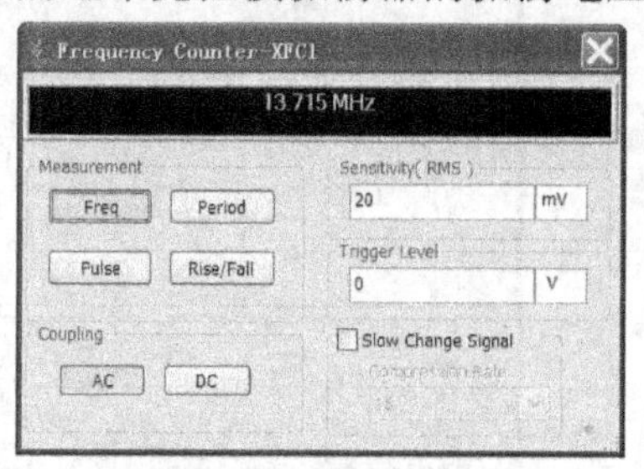

图 8.48　频率计的指示

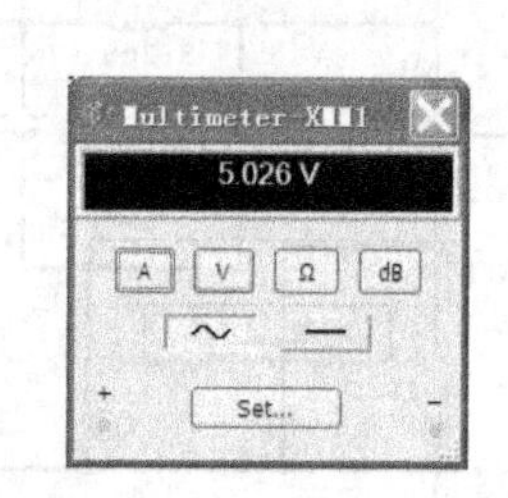

图 8.49　振荡电压幅度

8.4.6　克拉泼振荡器（共基极）的仿真分析

下面我们再设计一个共基极的克拉泼振荡器，构建的仿真电路如图 8.50 所示。输出端分别接上示波器用以观察输出波形，频率计用以显示振荡频率，万用表用以指示振荡电压幅度。

示波器上观察到的共基极克拉泼振荡器的振荡波形如图 8.51 所示。

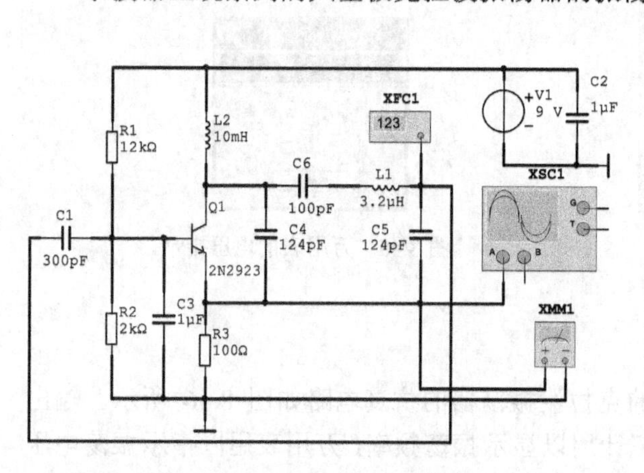

图 8.50　共基极的克拉泼振荡器

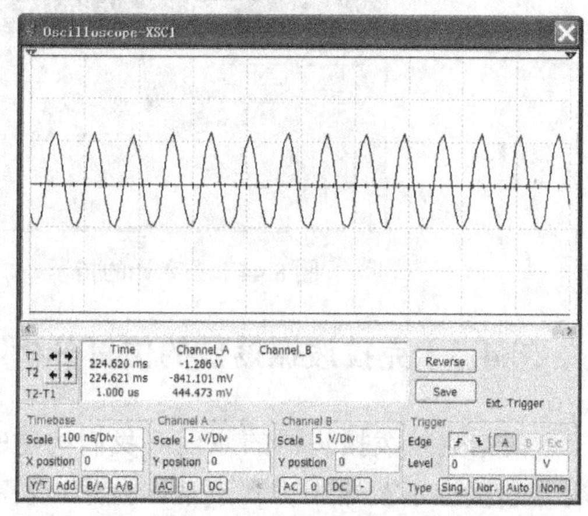

图 8.51　共基极克拉泼振荡器的振荡波形

频率计上指示的这个共基极克拉泼振荡器的振荡频率是 13.982 MHz。指示如图 8.52 所示。万用表指示的这个共基极克拉泼振荡器的振荡幅度是 1.624 V，万用表指示如图 8.53 所示。

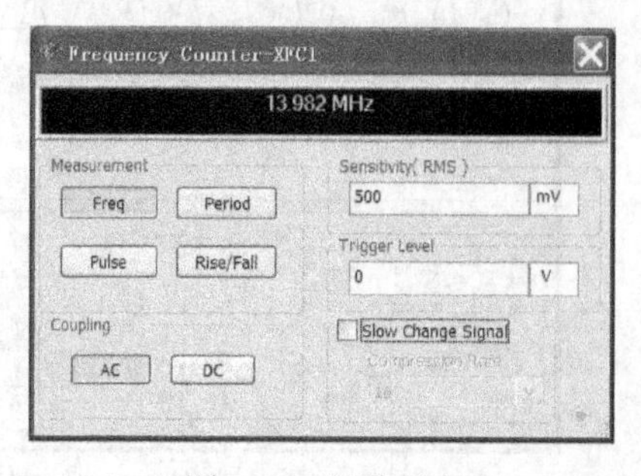

图 8.52　振荡频率

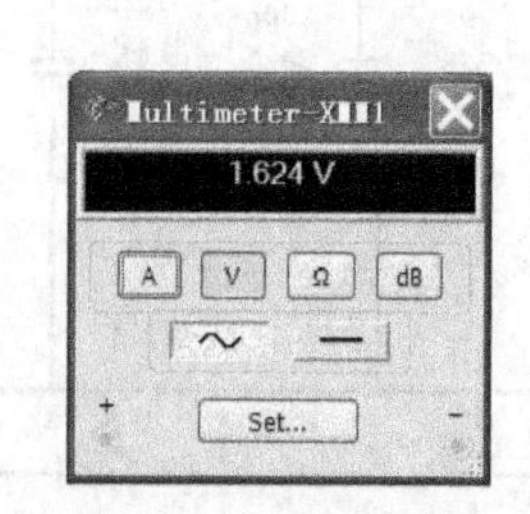

图 8.53　振荡幅度

8.4.7　西勒振荡器的仿真分析

与以上的方法一样，根据西勒振荡器的原理，我们构建的西勒振荡器的仿真电路如图 8.54 所示。输出端分别接上示波器用以观察输出波形，频率计用以显示振荡频率，万用表用以指示振荡电压幅度。

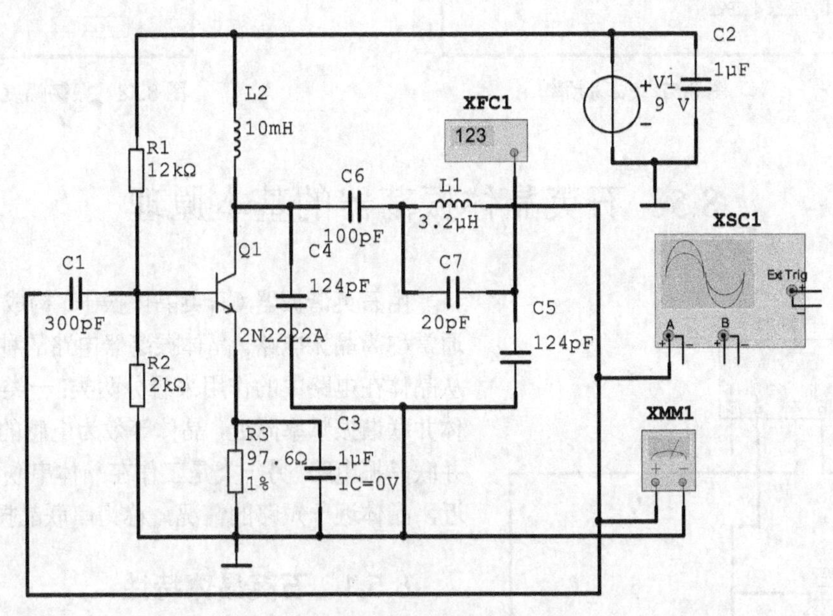

图 8.54　西勒振荡器电路

先将示波器的时间轴设置得比较大，按下仿真开关，可以看到西勒振荡器起振时的情况。如图 8.55 所示。再将示波器的时间轴设置得比较小，观察到的西勒振荡器的振荡波形如图 8.56 所示。频率计上指示的这个西勒振荡器的振荡频率是 9.936 MHz，频率计的指示如图 8.57 所示。万用表指示的这个西勒振荡器的振荡幅度是 8.091 V，万用表指示如图 8.58 所示。

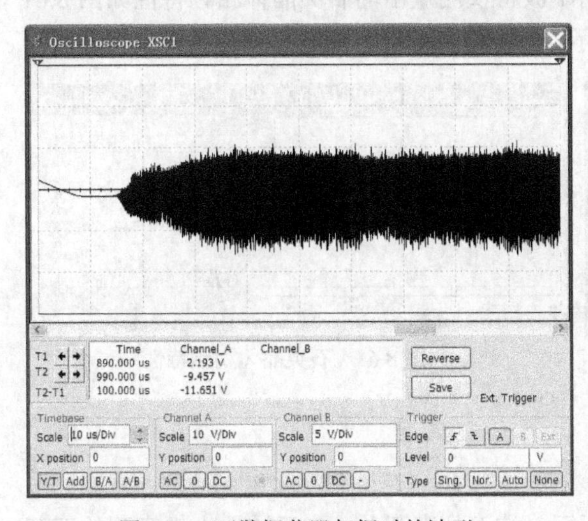

图 8.55　西勒振荡器起振时的波形

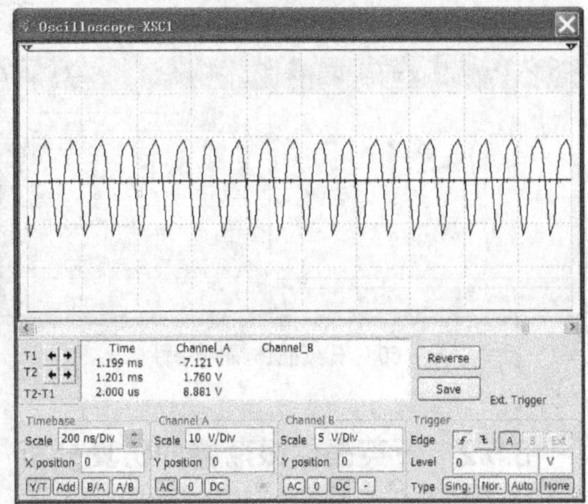

图 8.56　西勒振荡器的振荡波形

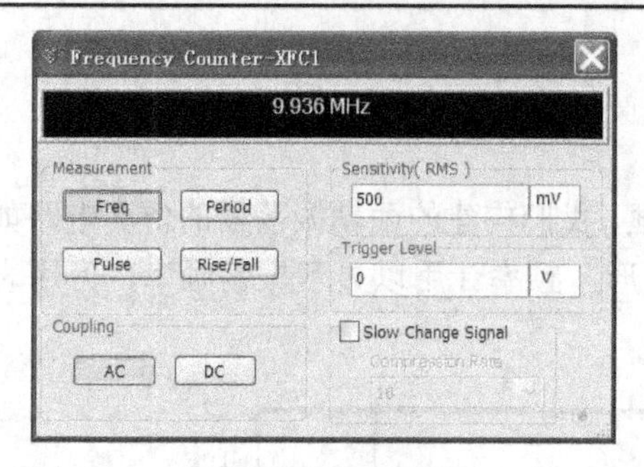

图 8.57 振荡频率

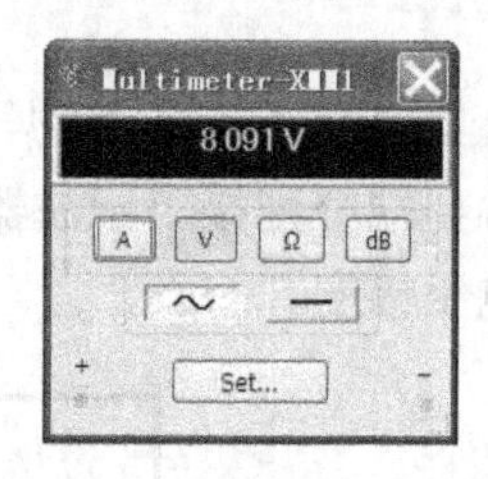

图 8.58 振荡幅度

8.5 石英晶体振荡器的基本原理

由石英谐振器（石英晶体振子）构成的振荡电路通常称为晶振电路。晶体振荡器电路的种类很多，但从晶体在电路中的作用来看分两类：一类是工作在晶体并联谐振频率附近，晶体等效为电感的情况，称为并联晶振电路。另一类是工作在晶体串联谐振频率附近，晶体近于短路的情况，称为串联晶振电路。

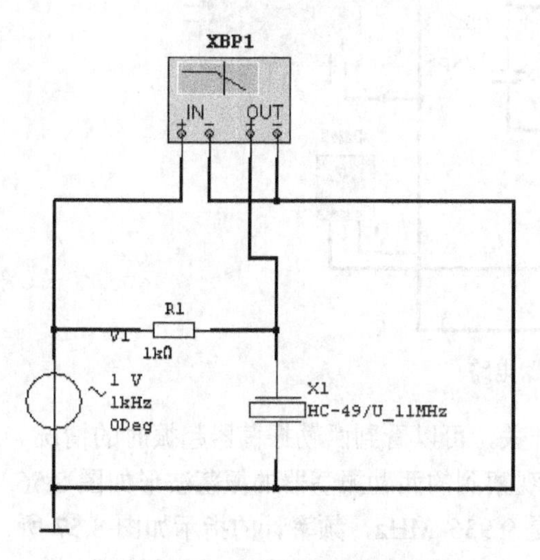

图 8.59 石英晶体特性测试电路

8.5.1 石英晶体特性

首先要对石英晶体本身的特性有个深入的了解，比如它的幅频特性、相频特性等。所以构建石英晶体特性测试仿真电路，如图 8.59 所示。

波特仪测量出的石英晶体幅频特性如图 8.60 所示。波特仪测量出的石英晶体相频特性如图 8.61 所示。

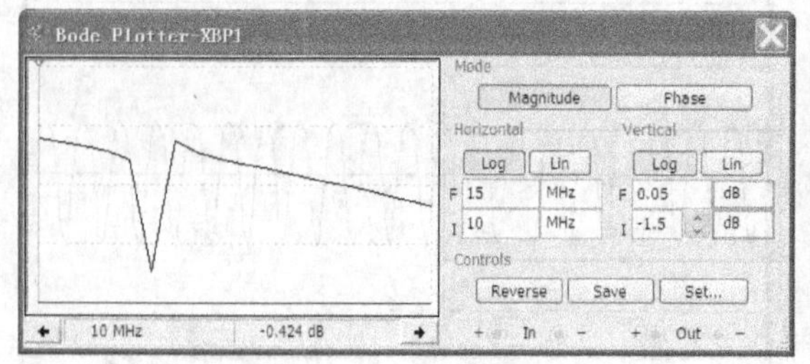

图 8.60 石英晶体幅频特性

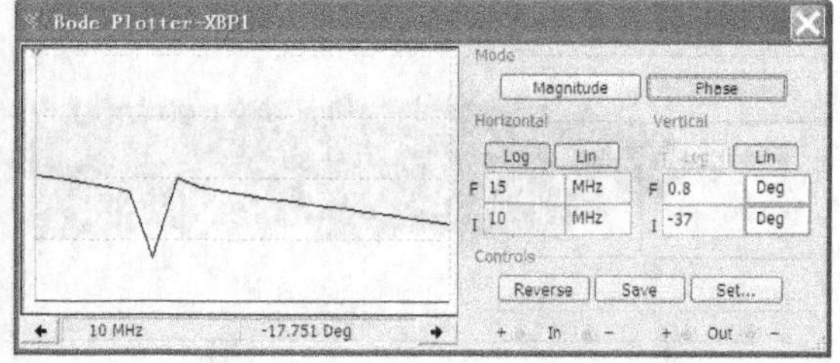

图 8.61 石英晶体相频特性

8.5.2 石英晶体振荡器的仿真分析

我们构建一个并联晶振电路，如图 8.62 所示。按下仿真开关，在示波器上观察到的石英晶体振荡器的振荡波形如图 8.63 所示。

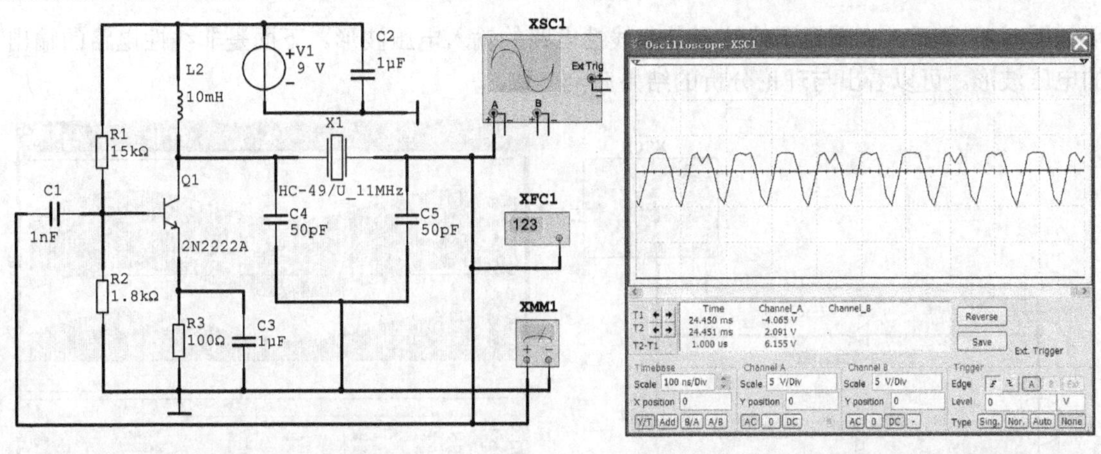

图 8.62　并联晶振电路　　　　图 8.63　石英晶体振荡器的振荡波形

频率计上指示的这个石英晶体振荡器的振荡频率是 10.68 MHz。频率计的指示如图 8.64 所示。万用表指示的这个石英晶体振荡器的振荡幅度是 5.037 V，万用表指示如图 8.65 所示。

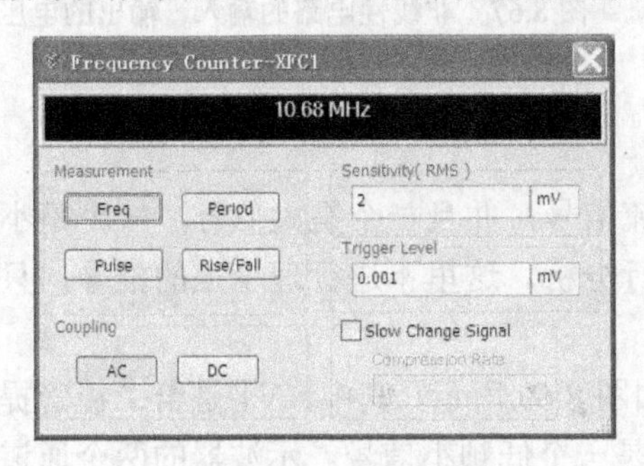

图 8.64　振荡频率

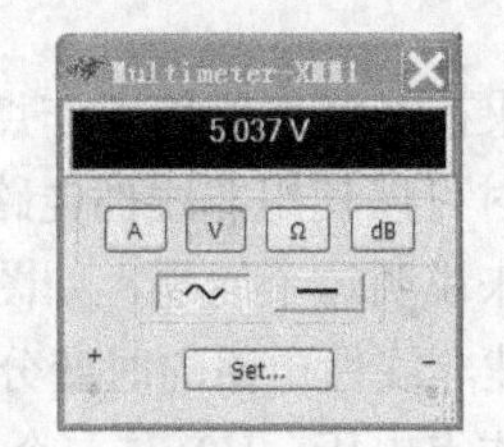

图 8.65　振荡幅度

8.6　非线性电路的分析方法

在通信系统的各种基本电路中，除了线性电路外，还有大量的非线性电路，用以完成所谓的频率变换。非线性器件有许多种，例如电子管、晶体管、场效应管、变容二极管等。它们和线性器件的根本区别就在于其特性是非线性的。非线性电路的分析通常采用图解法和解析法两大类。下面对常用的非线性电路及分析方法进行仿真分析。

8.6.1　非线性电路的开关函数分析法

当信号电压 V1 和控制电压 V2 同时作用于非线性电路时，V2 的幅度远大于 V1 的幅度，致使非线性元件按 V2 的周期做交替的导通和截止，电路特性可用开关函数来分析。在下面的仿真电路中，我们用二极管作为非线性元件。其中信号电压 V1 为一正弦波，控制电压 V2 为一脉冲波。示波器的两个通道分别接在非线性电路的输入端和输出端，用来观察其电压波形。非线性电路开关函数分析法的仿真电路如图 8.66 所示。

按下仿真开关，打开示波器显示面板，我们看到这个非线性电路的输入、输出的电压波形如图 8.67 所示。上面显示的波形是非线性电路的输入电压波形，下面是非线性电路的输出的电压波形。可以看出与理论分析的结果完全一致。

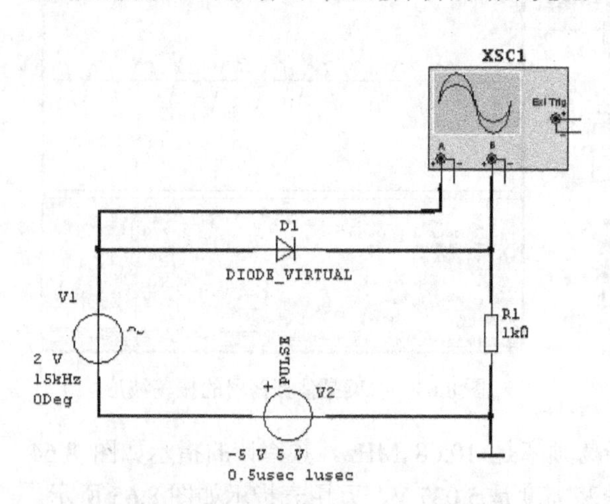

图 8.66　非线性电路开关函数分析电路

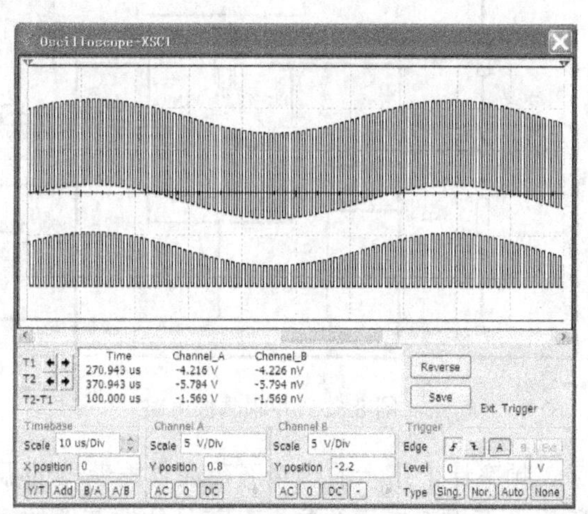

图 8.67　非线性电路的输入、输出的电压波形

8.6.2　非线性电路的时变分析法

如果在非线性器件工作点上作用着两个交流信号，并且一个是大信号，一个是小信号，那么这时可以使用非线性电路的时变分析法进行分析。这里不进行理论上的推导，只是用一个图解来说明这个问题，如图 8.68 所示。

构建非线性电路的时变分析法仿真电路，如图 8.69 所示。其中，V1 是给二极管提供一个直流工作点电压，V2 是一个高频大信号，V3 是一个低频小信号。示波器的两个通道分别接非线性电路的时变分析法仿真电路的输入端和输出端，用来观察其电压波形。非线性电路的时变分析法仿真电路如图 8.69 所示。

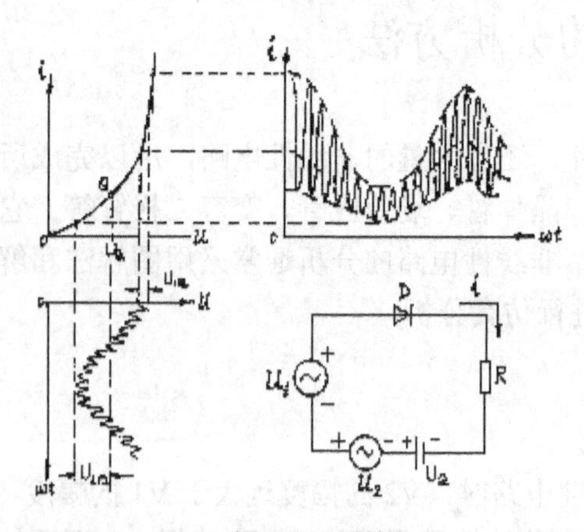

图 8.68　图解

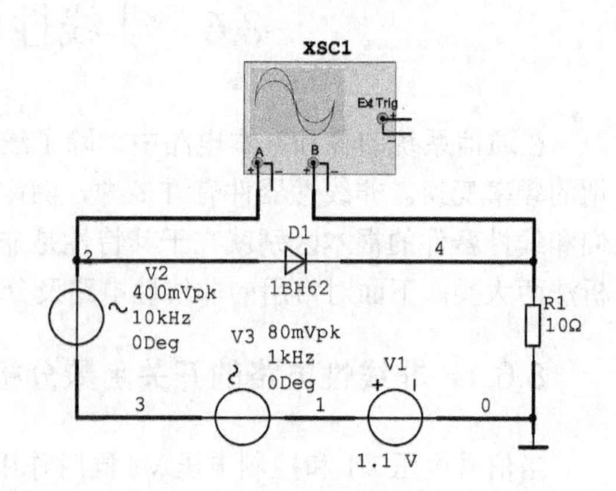

图 8.69　非线性电路的时变分析电路

按下仿真开关，打开示波器显示面板，得到这个非线性电路的输入、输出的电压波形如图 8.70 所示。上面显示的波形是非线性电路的输入电压波形，下面是非线性电路的输出电压波形，与理论分析的结果完全一致。

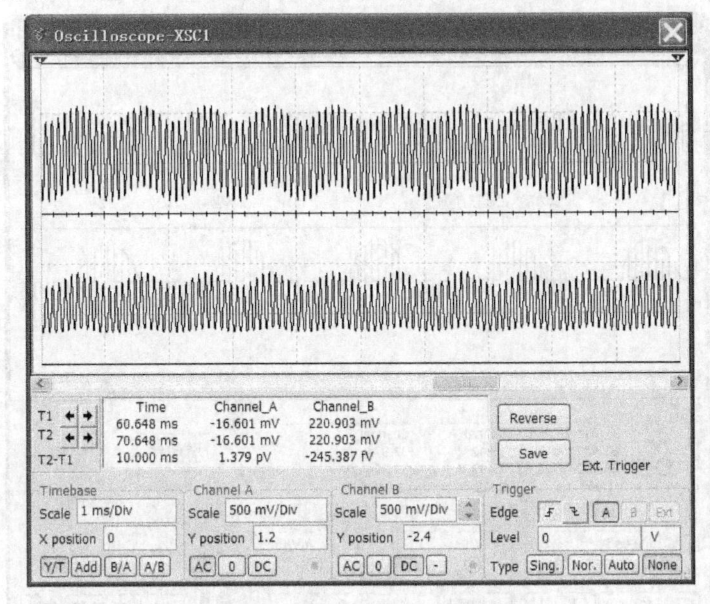

图 8.70　输入、输出的电压波形

8.6.3　环形电路的仿真分析

构建环形电路的仿真分析电路，如图 8.71 所示。示波器的两个通道分别接在环形电路的单输出端和差动输出端。

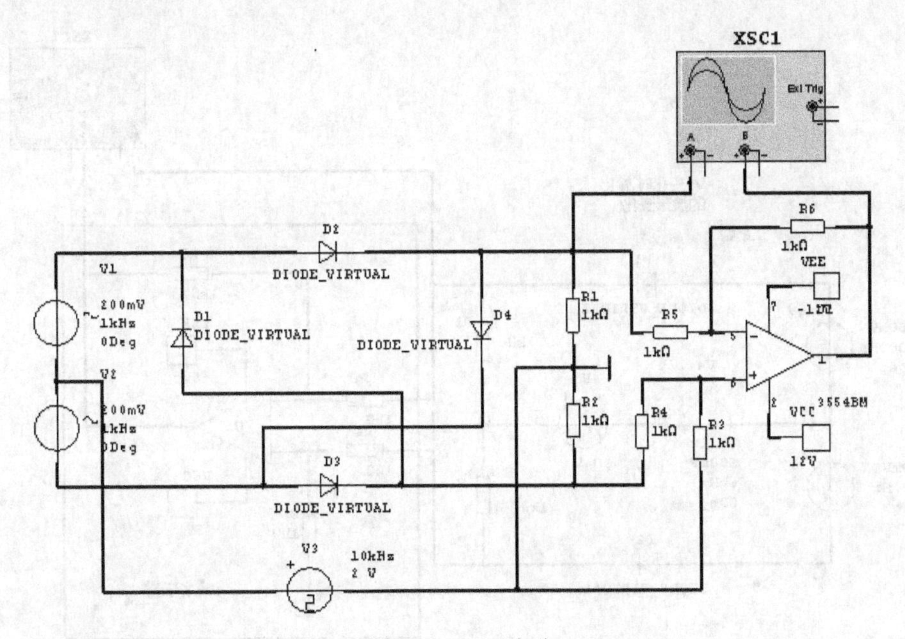

图 8.71　环形电路

按下仿真开关，打开示波器显示面板，得到这两个端的输出电压波形，如图 8.72 所示，与理论分析的结果完全一致。

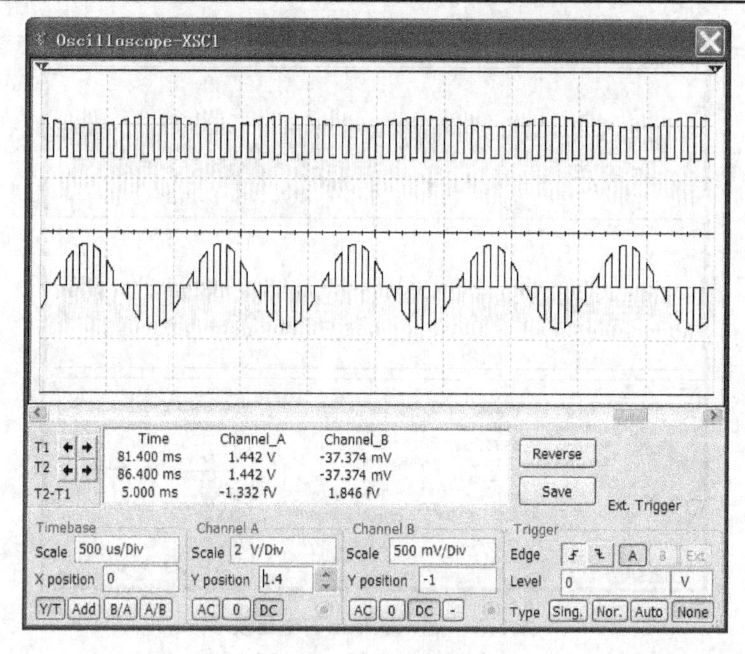

图 8.72　输出电压波形

8.6.4　两个信号作用下的幂级数分析法

同样的道理，构建仿真分析电路如图 8.73 所示，并用示波器观察输出端的电压波形。

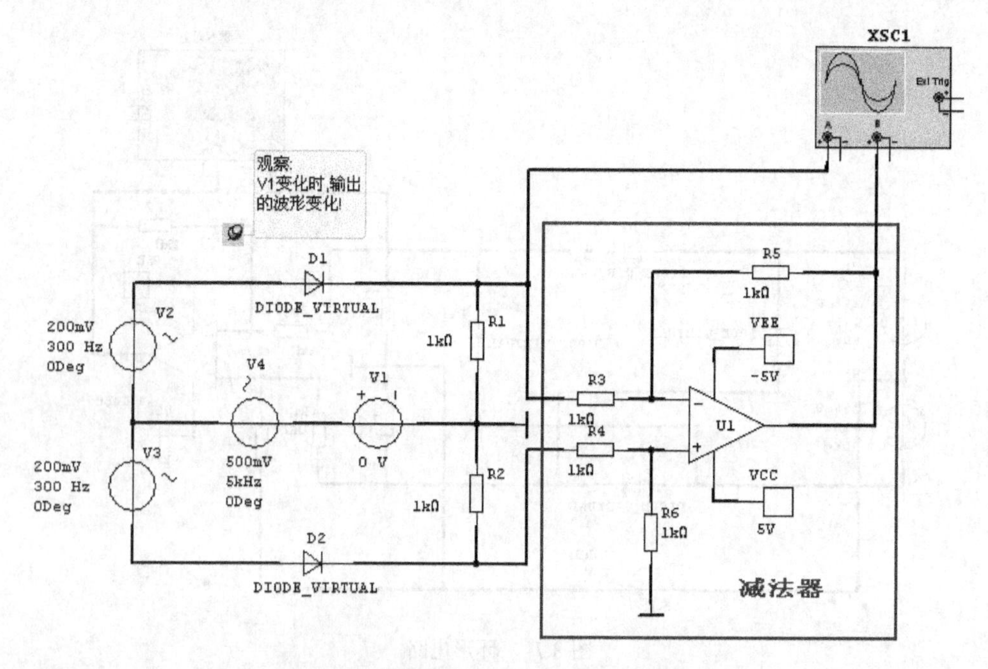

图 8.73　两个信号作用下的幂级数分析电路

按下仿真开关，打开示波器显示面板，得到这两个端的输出电压波形，如图 8.74 所示，与理论分析的结果完全一致。

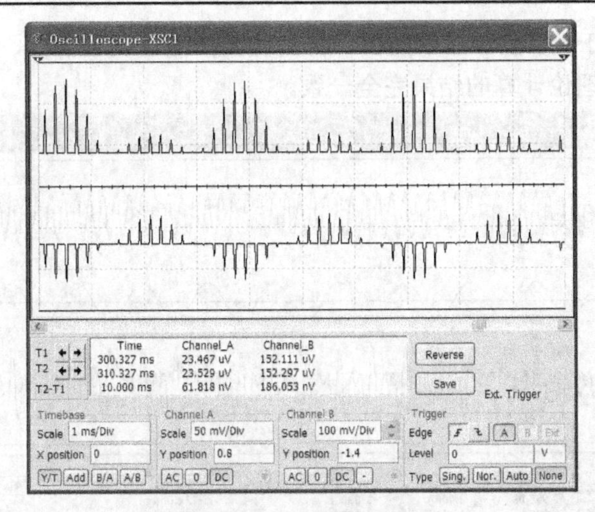

图 8.74　输出电压波形

8.7　振幅调制与解调的基本要点

普通调幅电路可分为高电平调制电路和低电平调制电路两类。前者属于发射极的最后一级，直接产生发射极输出功率要求的已调波；后者属于发射极前级产生小功率的已调波，再经过线性功率放大达到所需的发射极功率电平。

要从普通调幅波中检出调制信号，从频谱上看就是将普通调幅波的边带信号不失真地搬移到零频附近。因此，AM 波的解调电路属于搬移电路，可通过乘法器来实现这种频谱搬移。

8.7.1　AM-DSB 信号产生器的仿真分析

用乘法器构建一个产生普通调幅波和双边带信号的电路，如图 8.75 所示。电路中的开关打到下时，输出产生的是一个普通调幅波信号。其中 V1 是载波信号，V2 是调制信号。并用四踪示波器来同时观察载波信号、调制信号、输出已调波信号的波形。

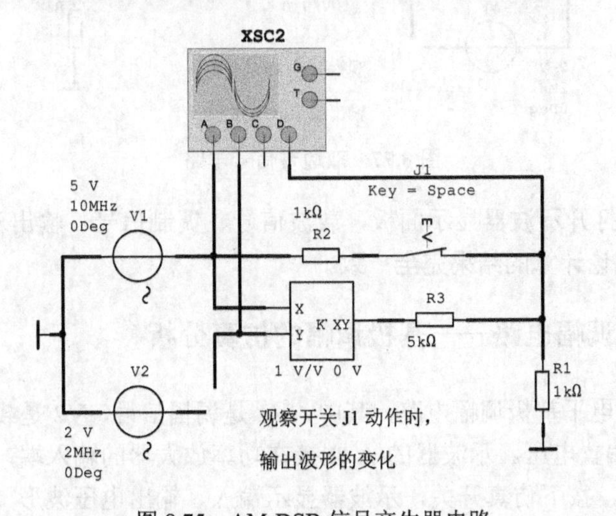

图 8.75　AM-DSB 信号产生器电路

按下仿真开关，打开示波器显示面板，得到载波信号、调制信号、输出已调波信号的波形，如图 8.76 示，与理论计算的结果完全一致。

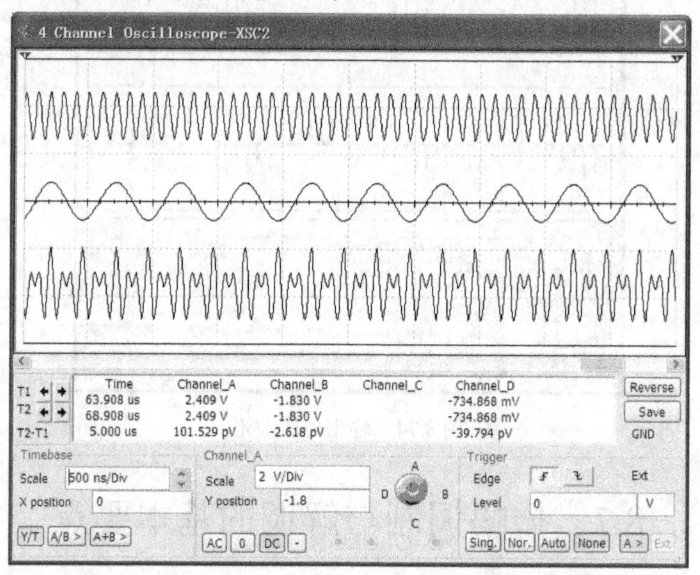

图 8.76　载波信号、调制信号、输出已调波信号的波形

当将电路中的开关拨向上时，电路如图 8.77 所示。乘法器的输出应该是一个双边带信号。

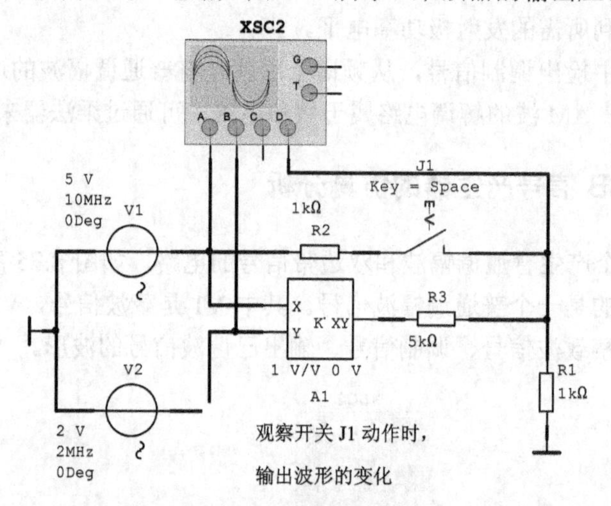

图 8.77　双边带信号电路

按下仿真开关，打开示波器显示面板，载波信号、调制信号、输出双边带信号的波形，如图 8.78 所示，与理论计算的结果完全一致。

8.7.2　高电平调幅电路——基极调幅的仿真分析

图 8.79 是一个高电平基极调幅电路，其中，V1 是调幅信号，V2 是载波信号，V3 是集电极电源，V4 是基极偏置电压。示波器的 A 端接在功率放大器的输入端，示波器的 B 端接在功率放大器的输出端，按下仿真开关，示波器显示输入、输出电压波形，如图 8.80 所示。

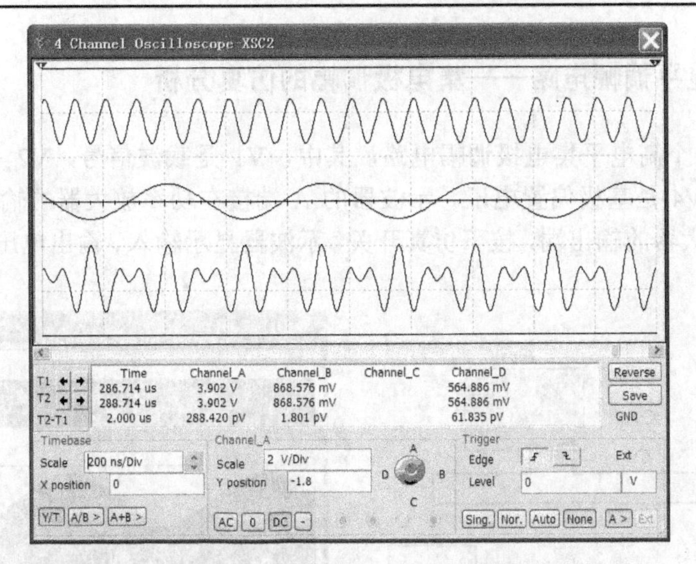

图 8.78　载波信号、调制信号、输出双边带信号的波形

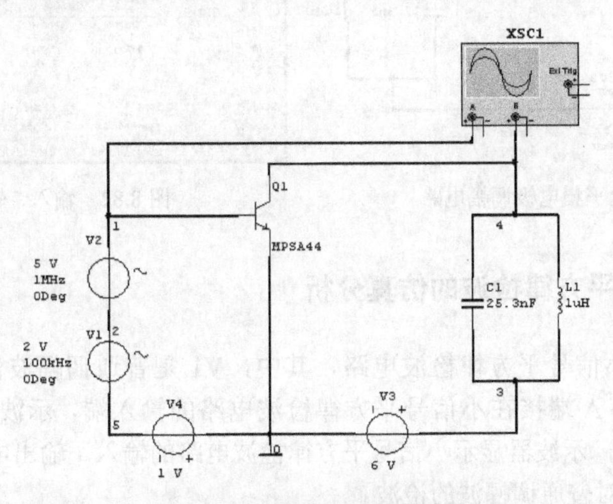

图 8.79　高电平基极调幅电路

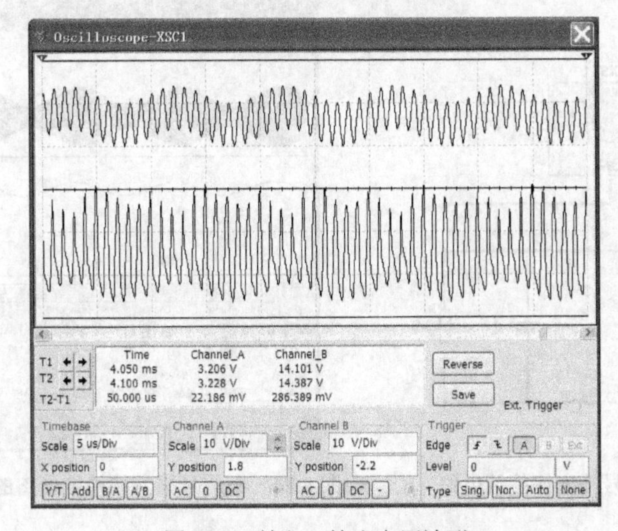

图 8.80　输入、输出电压波形

8.7.3 高电平调幅电路——集电极调幅的仿真分析

图 8.81 是一个高电平集电极调幅电路，其中，V1 是载波信号，V2 是调幅信号，V3 是集电极电源，V4 是基极偏置电压。示波器的 A 端接在功率放大器的输入端，示波器的 B 端接在功率放大器的输出端，按下仿真开关，示波器显示输入、输出电压波形，如图 8.82 所示。

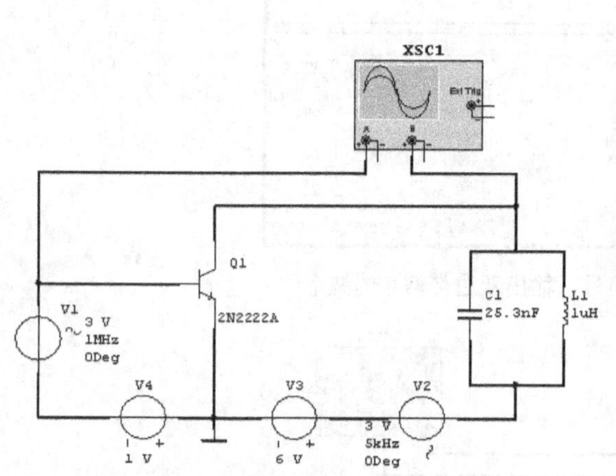

图 8.81 高电平集电极调幅电路

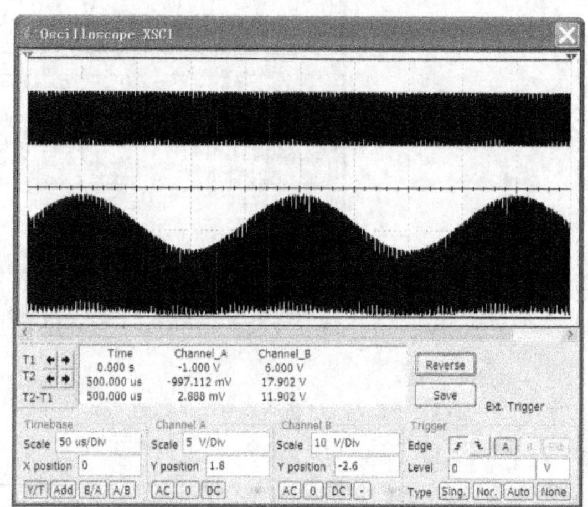

图 8.82 输入、输出电压波形

8.7.4 小信号平方律检波的仿真分析

图 8.83 是一个小信号平方律检波电路，其中，V1 是普通调幅波信号；V2 是二极管偏置电压。示波器的 A 端接在小信号平方律检波电路的输入端，示波器的 B 端接在其输出端。按下仿真开关，示波器显示小信号平方律检波电路的输入、输出电压波形，如图 8.84 所示。此电路完成了对普通调幅波的检波。

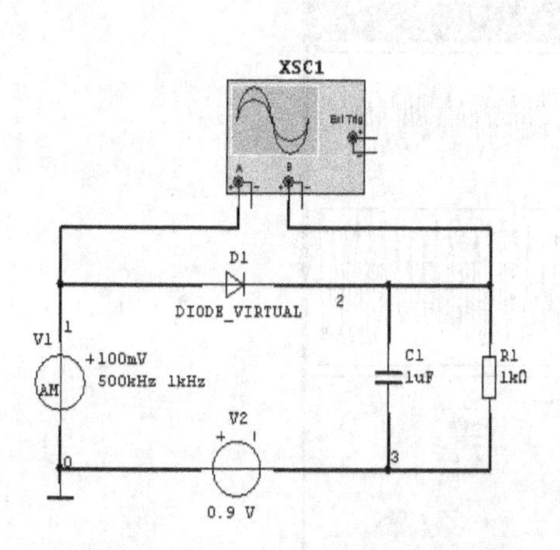

图 8.83 小信号平方律检波电路

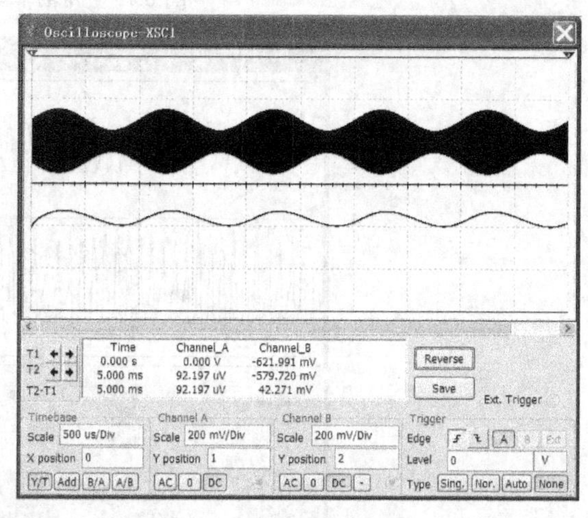

图 8.84 小信号平方律检波电路的输入、输出电压波形

8.7.5　晶体三极管检波电路的仿真分析

图 8.85 是一个晶体三极管检波电路，其中，V1 是普通调幅波信号；V2 是三极管偏置电压；V3 是集电极电压。示波器的 A 端接在晶体三极管检波电路的输入端，B 端接在其输出端。其中三极管用的是一个虚拟器件。

按下仿真开关，示波器显示晶体三极管检波电路的输入、输出电压波形，如图 8.86 所示。此电路完成了对普通调幅波的检波。

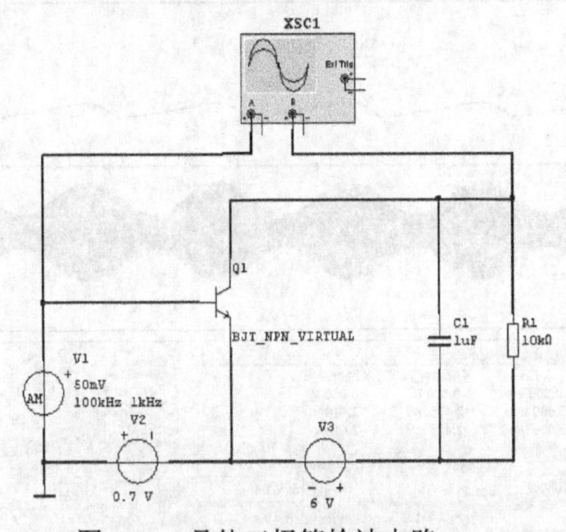

图 8.85　晶体三极管检波电路

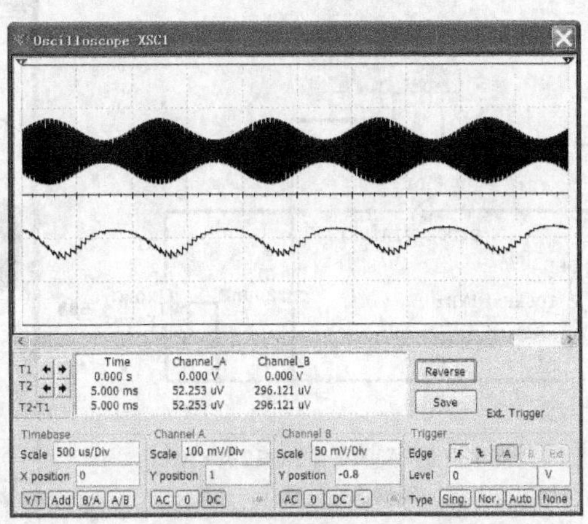

图 8.86　三极管检波电路的输入、输出电压波形

8.7.6　大信号峰值包络检波及惰性失真

大信号峰值包络检波电路如图 8.87 所示。V1 是一个普通调幅波信号。其中检波器的负载用的是一个可变电阻。双踪示波器的 A 通道接检波器的输入端，B 通道接检波器的输出端。图 8.87 所示的电路中的可变电阻为 200 kΩ × 95% = 190 kΩ。

按下仿真开关，示波器显示大信号峰值包络检波电路的输入、输出电压波形，如图 8.88 所示。其中示波器中的上图是检波器输出的检波电压波形，下图是检波器输入的电压波形。可以看到此电路不失真地完成了对普通调幅波的检波。

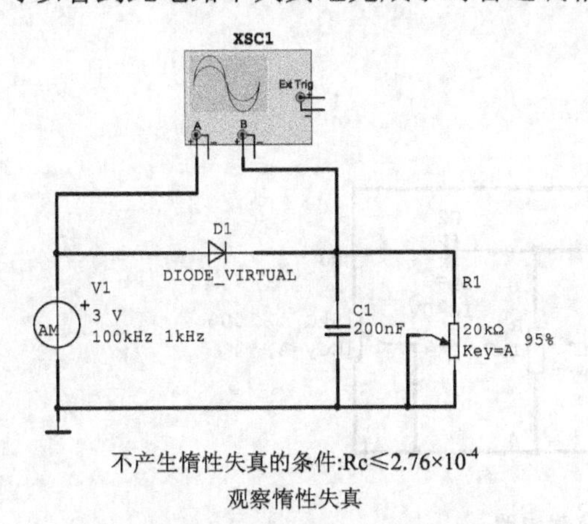

图 8.87　大信号峰值包络检波电路

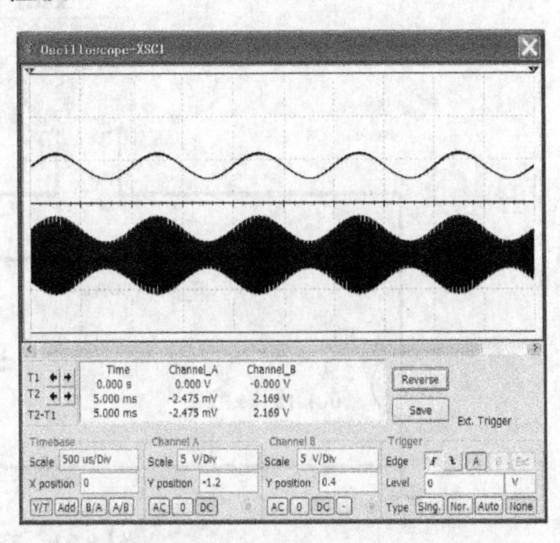

图 8.88　大信号峰值包络检波电路的输入、输出电压波形

当将电路中的电位器调整到 60%时，即检波器的输出电阻为 200 kΩ × 60% = 120 kΩ 时。电路如图 8.89 所示。

按下仿真开关，示波器显示大信号峰值包络检波电路的输入、输出电压波形，如图 8.90 所示。其中，示波器中的上图是检波器输出的检波电压波形，下图是检波器输入的电压波形。可以看到此检波电路产生了惰性失真，就是因为输出电阻太小，满足了产生惰性失真的条件，在实际设计电路中应该避免这种情况的发生。

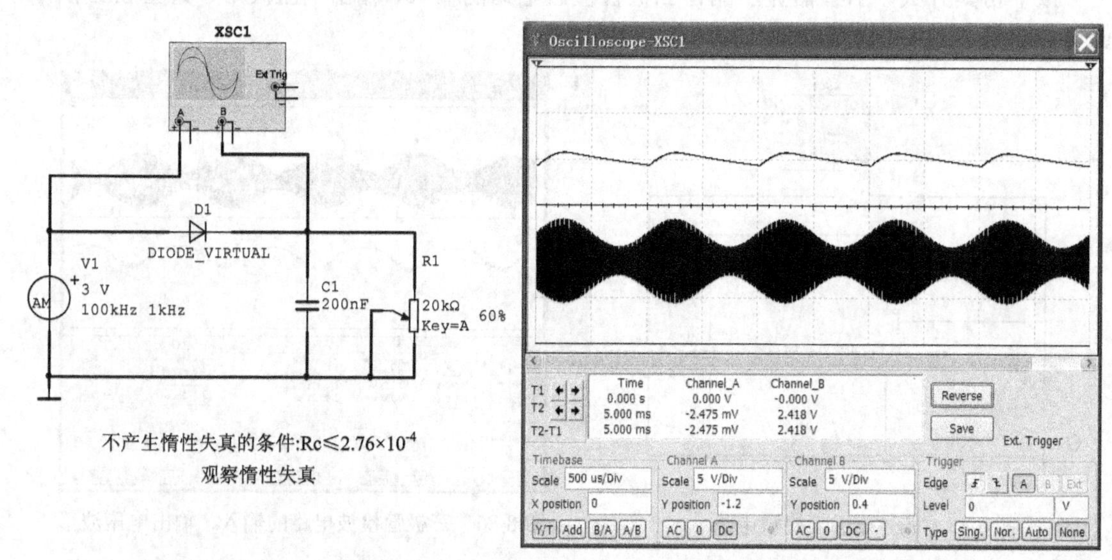

图 8.89　产生惰性失真电路　　　　图 8.90　惰性失真波形

8.7.7　负峰切割失真的仿真分析

负峰切割失真的仿真分析电路如图 8.91 所示。V1 是一个普通调幅波信号。其中检波器的下一级负载用的是一个可变电阻，双踪示波器的 A 通道接检波器的输入端，B 通道接检波器的交流负载输出端。图 8.91 所示电路中的可变电阻为 5 kΩ × 100% = 5 kΩ。

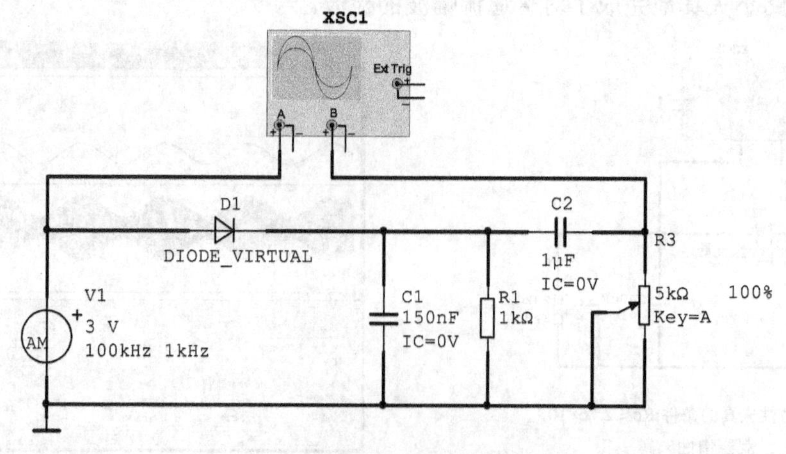

图 8.91　有交流负载电路

按下仿真开关，示波器显示大信号峰值包络检波电路的输入、输出电压波形，如图 8.92 所示。其中，示波器中的上图是检波器输出的检波电压波形，下图是检波器输入的电压波形。可以看到此电路不失真地完成了对普通调幅波的检波。

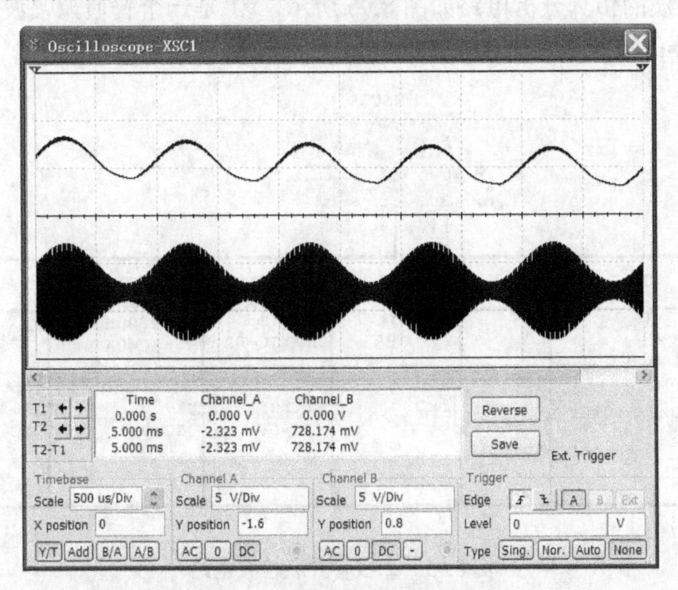

图 8.92　输入、输出电压波形

当将电路中地电位器调整到 10%时，即检波器的输出电阻为 5 kΩ × 10% = 500 Ω 时，电路如图 8.93 所示。

按下仿真开关，示波器显示大信号峰值包络检波电路的输入、输出电压波形，如图 8.94 所示。其中，示波器中的上图是检波器输出的检波电压波形，下图是检波器输入的电压波形。可以看到此检波电路产生了负峰切割失真，是因为下一级的负载电阻太小，满足了产生负峰切割失真的条件，在实际设计电路中应该避免这种情况的发生。

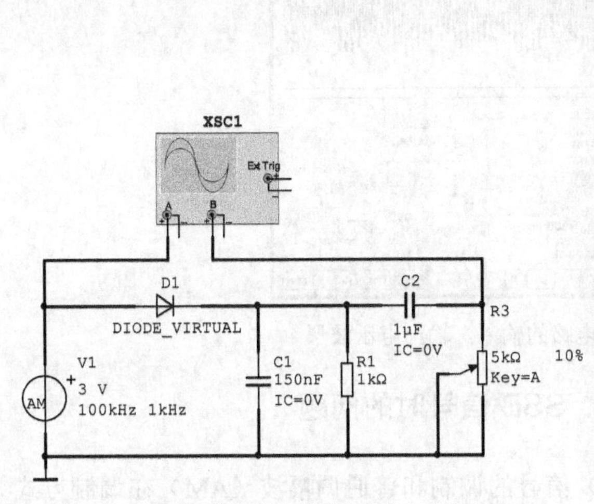

图 8.93　产生负峰切割失真电路

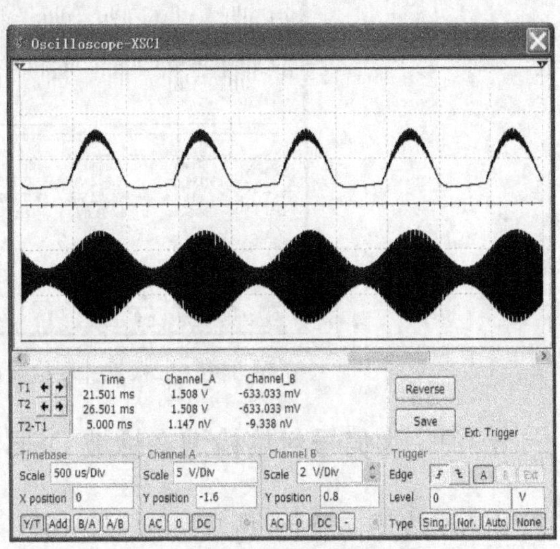

图 8.94　负峰切割失真波形

8.7.8 二极管并联检波的仿真分析

二极管并联检波的仿真分析电路如图 8.95 所示，V1 是一个普通调幅波信号。双踪示波器的 A 通道接检波器的输入端，B 通道接检波器的输出端。

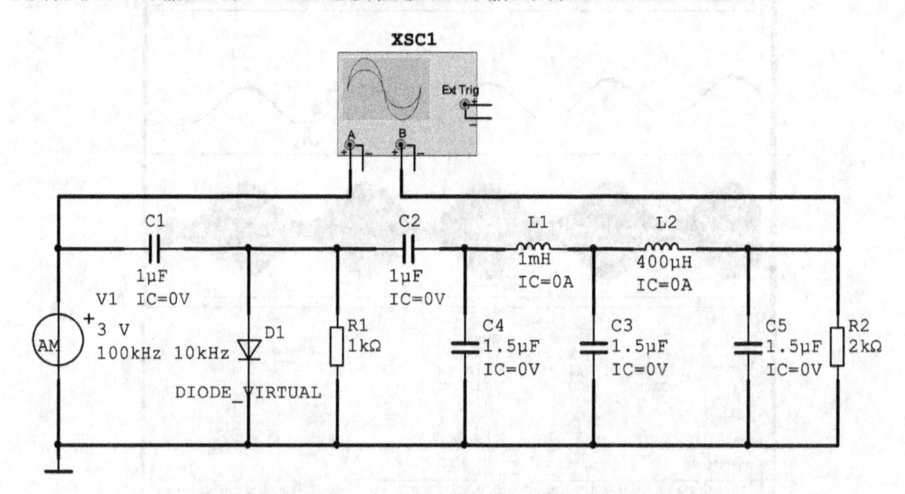

图 8.95 二极管并联检波电路

按下仿真开关，示波器显示二极管并联检波电路的输入、输出电压波形，如图 8.96 所示。其中，示波器中的上图是检波器输出的检波电压波形，下图是检波器输入的电压波形。

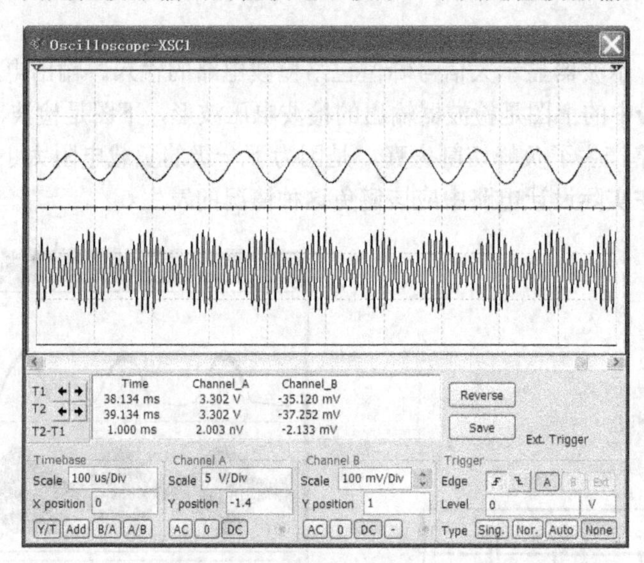

图 8.96 二极管并联检波电路的输入、输出电压波形

8.7.9 大信号包络检波在检波 DSB、SSB 信号时的问题

因为双边带（DSB）信号、单边带（SSB）信号的调制和普通调幅波（AM）在调制方式上的区别，所以不能用大信号包络检波器直接对 DSB 和 SSB 信号进行检波。如果用大信号包络检波器直接对 DSB 和 SSB 信号进行检波，则将出现很大的检波失真。图 8.97 就是这种失

真情况的再现。在电路中用四踪示波器观察整个的检波过程，其中，A 通道接 V1（载波信号）；B 通道接 V2（调制信号），C 通道接乘法器的输出（双边带信号），D 通道接大信号包络检波器的输出。

按下仿真开关，示波器显示波形如图 8.98 所示。从上到下的顺序是：A，载波信号；B，调制信号；C，双边带信号；D，大信号包络检波器的输出信号。

明显看出，检波器的输出检波信号与调制信号相比，产生了明显的失真。所以不能用大信号包络检波器直接对 DSB 和 SSB 信号进行检波。

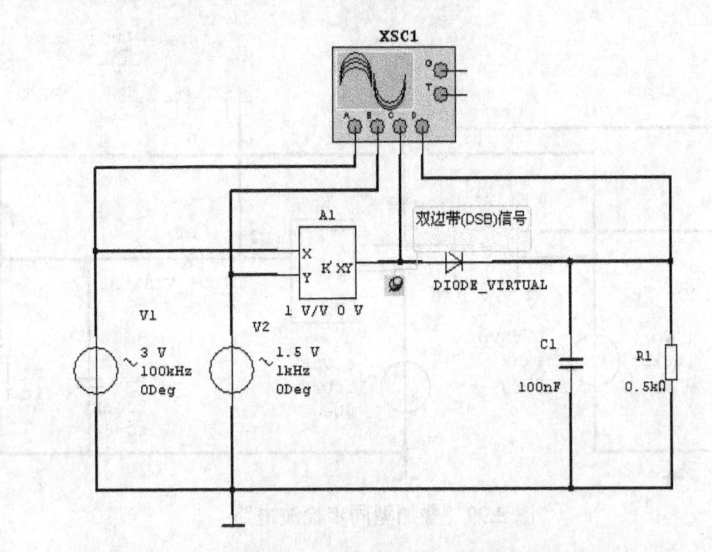

图 8.97　大信号包络检波器

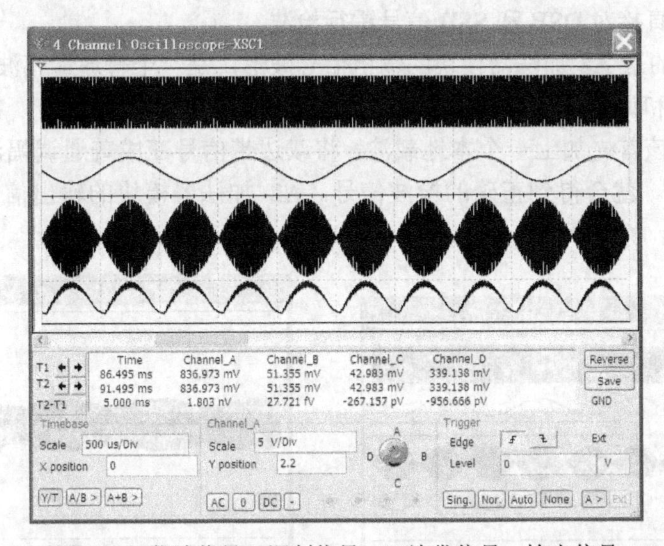

图 8.98　载波信号、调制信号、双边带信号、输出信号

8.7.10　叠加型同步检波（检波 DSB、SSB）的仿真分析

为了解决对双边带（DSB）信号、单边带（SSB）信号的检波问题，用叠加型同步检波器。构建叠加型同步检波电路，如图 8.99 所示。电路中用到了 A1 乘法器模块和 A2 加法器模块。

其中，V1 是载波信号，V2 是调制信号，V3 是本地载波信号。在电路中用四踪示波器 XSC1 观察检波过程。其中，A 通道接 V1（载波信号），B 通道接 V2（调制信号），C 通道接乘法器的输出（双边带信号），D 通道接大信号包络检波器的输出。再用一个双踪示波器 XSC2 来观察 A2 加法器模块的输出（是一个普通调幅波信号）。

按下仿真开关，示波器显示波形，如图 8.100 所示。从上到下的顺序是：A，载波信号；B，调制信号；C，双边带信号；D，大信号包络检波器的输出信号。

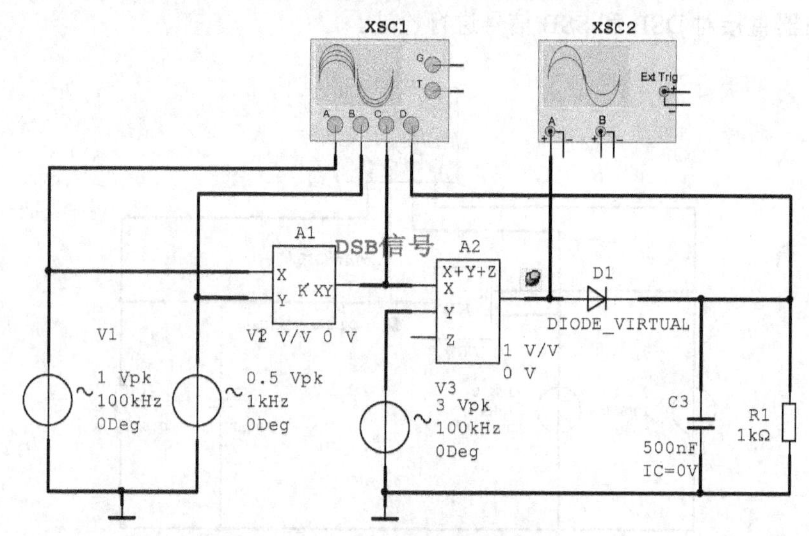

图 8.99 叠加型同步检波电路

明显可以看出，检波器的输出检波信号与调制信号相比产生了明显的失真。所以不能用大信号包络检波器直接对 DSB 和 SSB 信号进行检波。

图 8.101 所示的是 A2 加法器模块的输出信号波形，是一个普通调幅波（AM）信号。可以看到：载波信号和调制信号经过乘法器以后输出的是一个双边带信号，在对这个双边带信号进行检波时，应该首先加上一个本地载波，将双边带信号变成普通调幅波，再用大信号包络检波器进行检波。就会得到正确的检波信号。A2 加法器模块的输出信号波形如图 8.101 所示。

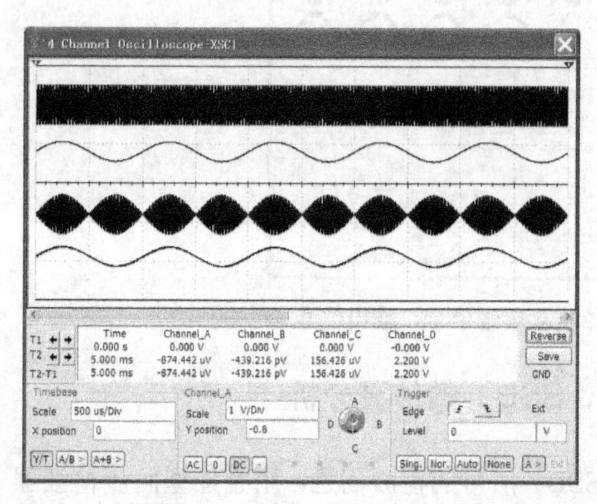

图 8.100 载波信号、调制信号、双边带信号、输出信号

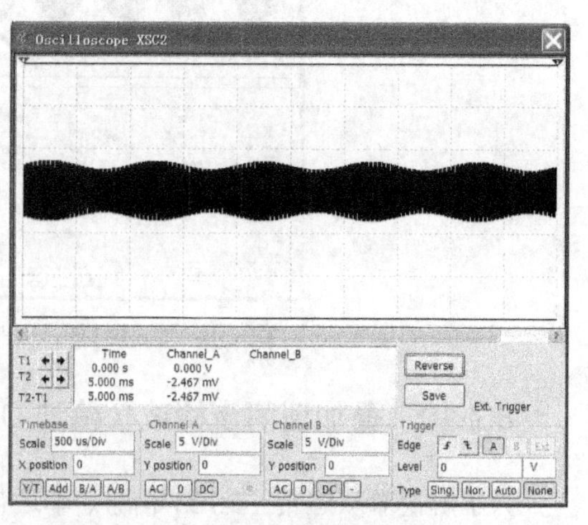

图 8.101 加法器模块的输出信号波形

8.7.11　乘积型同步检波（检波 DSB、SSB）的仿真分析

我们还可以用乘积型同步检波器对双边带（DSB）信号、单边带（SSB）信号进行检波。构建的乘积型同步检波电路如图 8.102 所示。电路中用到了两个乘法器模块 A1 和 A2。其中，V1 是载波信号，V2 是调制信号，V3 是本地载波信号。在电路中用一个四踪示波器 XSC1 来观察检波过程。其中，A 通道接 V1（载波信号），B 通道接 V2（调制信号），C 通道接乘法器的输出（双边带信号），D 通道接大信号包络检波器的输出。再用一个双踪示波器 XSC2 来观察 A2 乘法器模块的输出信号波形（双边带信号 × 本地载波信号）。

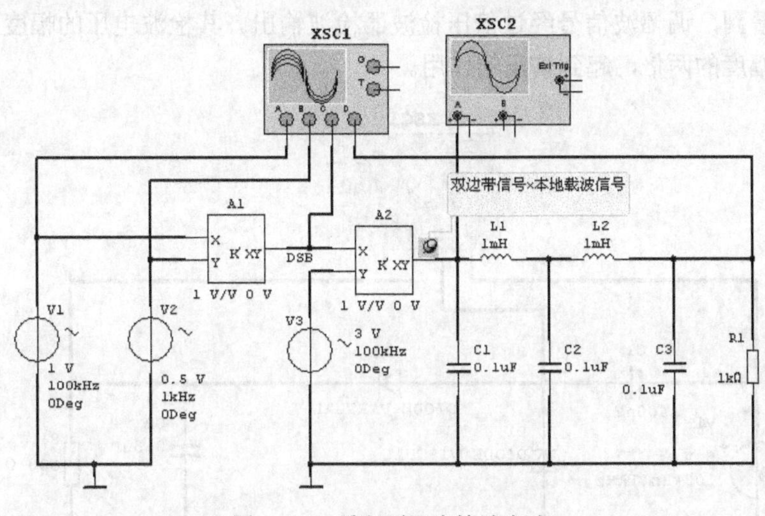

图 8.102　乘积型同步检波电路

按下仿真开关，示波器显示波形如图 8.103 所示。从上到下的顺序是：A，载波信号；B，调制信号；C，双边带信号；D，大信号包络检波器的输出信号。

图 8.104 所示的是 A2 乘法器模块的输出信号波形，是一个“双边带信号 × 本地载波信号”的波形。可以看到：载波信号和调制信号经过乘法器以后输出的是一个双边带信号，在对这个双边带信号进行检波时，应该首先乘上一个本地载波，再经过低通滤波器滤波就会得到正确的检波信号。A2 乘法器模块的输出信号波形如图 8.104 所示。

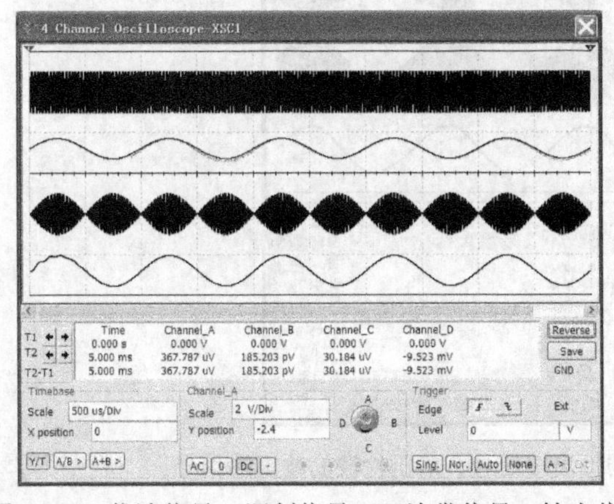

图 8.103　载波信号、调制信号、双边带信号、输出信号

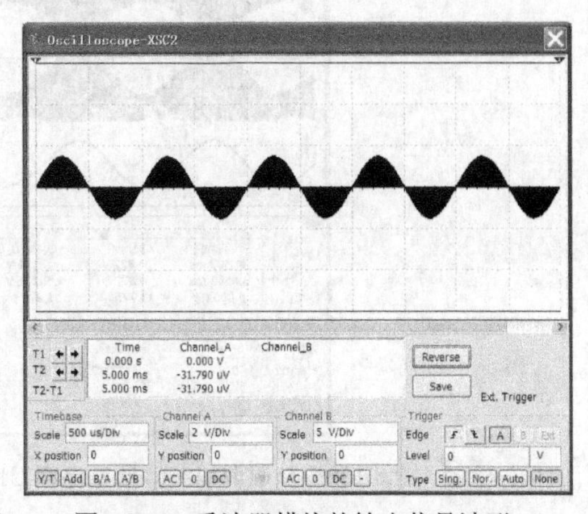

图 8.104　乘法器模块的输出信号波形

8.7.12 倍压检波电路的仿真分析

为了得到比较大的检波输出，可以用倍压检波电路对调幅进行检波。构建的倍压检波仿真电路，如图 8.105 所示。用一个四踪示波器 XSC1 来观察整个的检波过程。其中，A 通道接检波器输入端 V1 信号（普通调幅波），B 通道接电容 C1 的输出端，C 通道接倍压检波的输出端（检波信号）。

按下仿真开关，示波器上显示的波形如图 8.106 所示。从上到下的顺序是：A，普通调幅波信号；B，电容 C1 的输出端信号；C，倍压检波的输出端信号。

我们可以看到，调幅波信号经过倍压检波器检波输出。其检波电压的幅度是调幅波信号中的调幅信号幅度的两倍，起到倍压的作用。

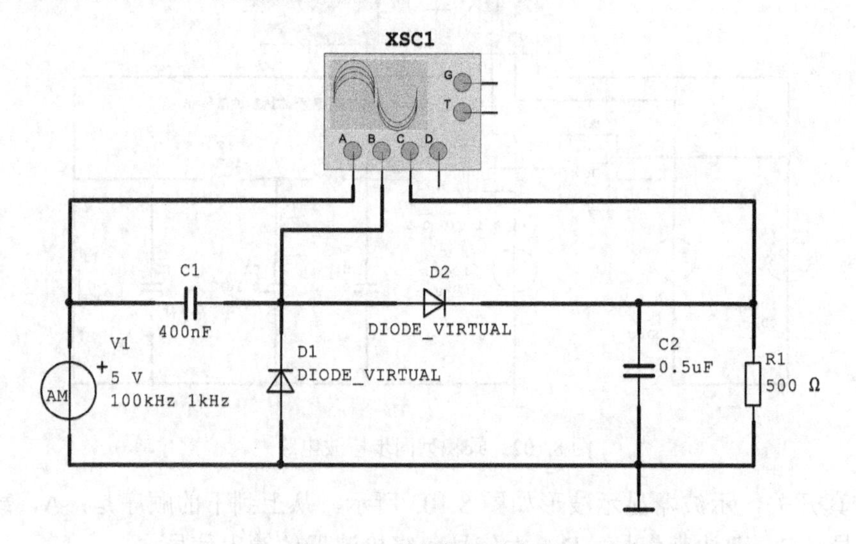

图 8.105 倍压检波仿真电路

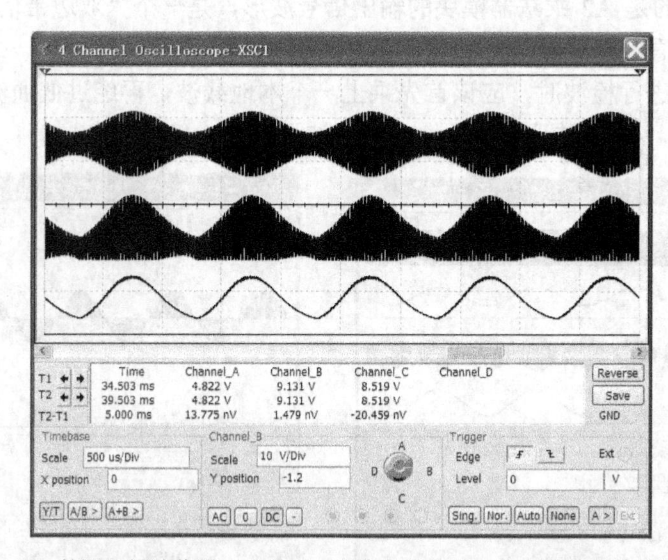

图 8.106 普通调幅波信号、电容 C1 的输出端信号、倍压检波的输出端信号

8.8　角度调制与解调的基本要点

角度调制是用调制信号去控制载波信号的频率或相位而实现的调制。若载波信号频率随调制信号线性变化，则称为频率调制（简称调频 FM），如果载波信号的相位随调制信号线性变化，则称为相位调制（简称调相 PM）。调频和调相都表现为载波信号的瞬时相位受到调变，故统称为角度调制，简称调角。

在振幅调制系统中，调制的结果实现了频谱的线性搬移；在角度调制系统中，调制的结果产生了频谱的非线性变换，已调高频信号已不再保持低频调制信号的频谱结构，所以，角度调制与解调、振幅调制与解调在电路结构上存在明显差别。不过需要指出，频谱的线性搬移和非线性变换仅指变换中形式上的区别，而其本质都是频谱变换，是典型的非线性过程。

调制信号的解调称为频率检波，也称为鉴频；调相信号的解调称为相位检波，也称为鉴相。它们的作用是分别从调频信号和调相信号中检出原调制信号。

8.8.1　直接调频电路的仿真

构建变容二极管直接调频电路，如图 8.107 所示。变容二极管直接调频电路是目前应用最为广泛的直接调频电路，它是利用变容二极管反偏时所呈现的可变电容特性实现调频作用的，具有工作频率高、固有损耗小等优点。将变容二极管接人 LC 正弦波振荡器的谐振回路中，如图 8.107 所示。并用双踪示波器分别观察变容二极管直接调频电路的输出端和调制信号端。用频率计观察输出信号频率的变化。其中，V1 为变容二极管直接调频电路电源，V2 为调制信号，V3 为变容二极管的直流偏置电源。D1 为变容二极管。

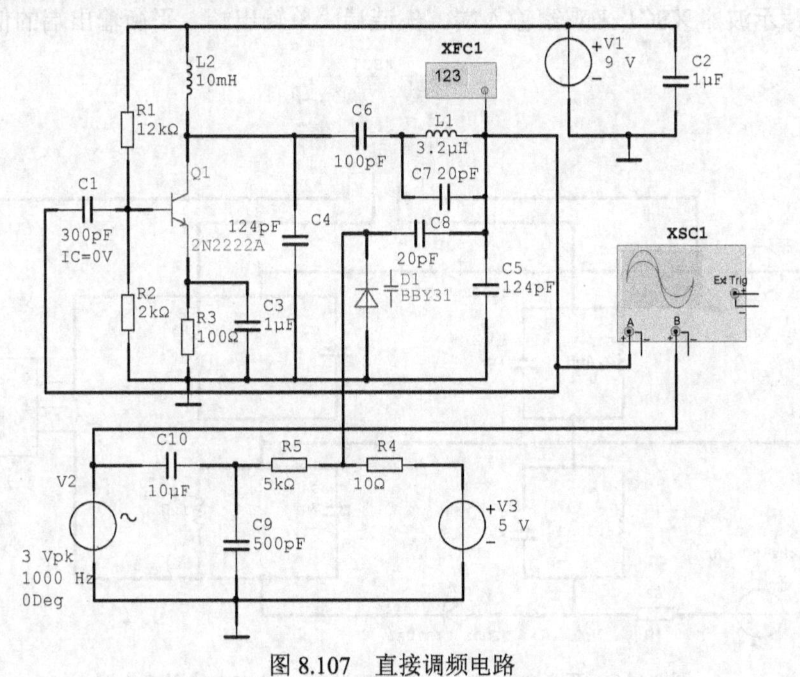

图 8.107　直接调频电路

按下仿真开关，示波器显示变容二极管直接调频电路输出信号的波形，如图 8.108 所示。频率计的显示如图 8.109 所示，可观察到其频率随着调制信号的变化而变化。

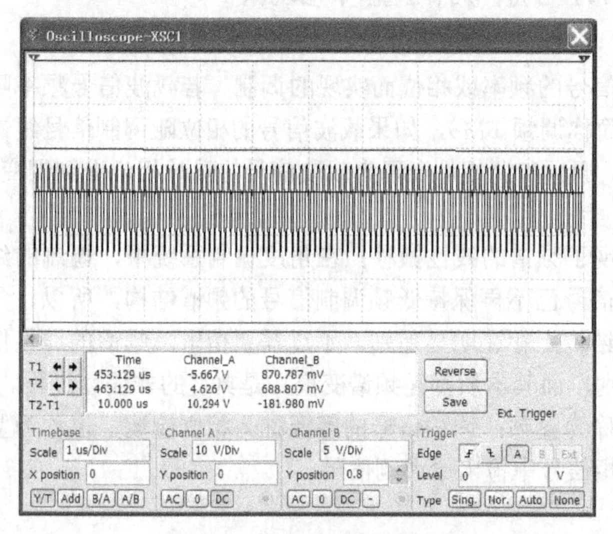

图 8.108　变容二极管直接调频电路输出信号的波形

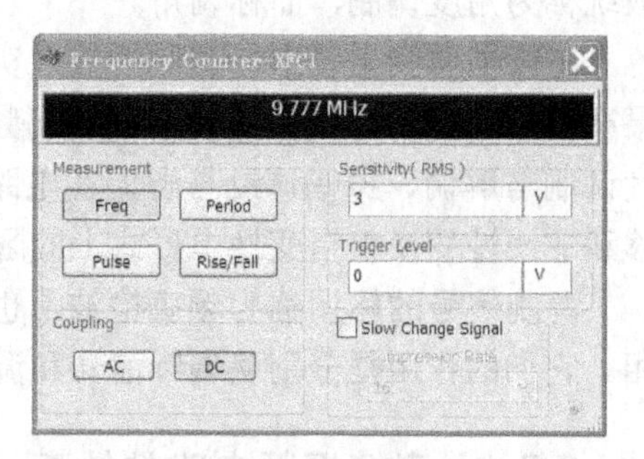

图 8.109　频率计指示

8.8.2　斜率鉴频电路的仿真

先将等幅调频信号送人频率一振幅线性变换网络，变换成幅度与频率成正比变化的调幅一调频信号，然后用包络检波器进行检波，还原出原调制信号。为了扩大鉴频特性的线性范围，实用的斜率鉴频电路都是采用两个单失谐的回路斜率鉴频电路构成的平衡电路。电路如图 8.110 所示。其中，A1 为一个加法器，作为两个单失谐的回路斜率鉴频电路的平衡输出。并用一个四踪示波器 XSC1 来观察输入端、失谐端、单输出端、平衡输出端的信号波形。

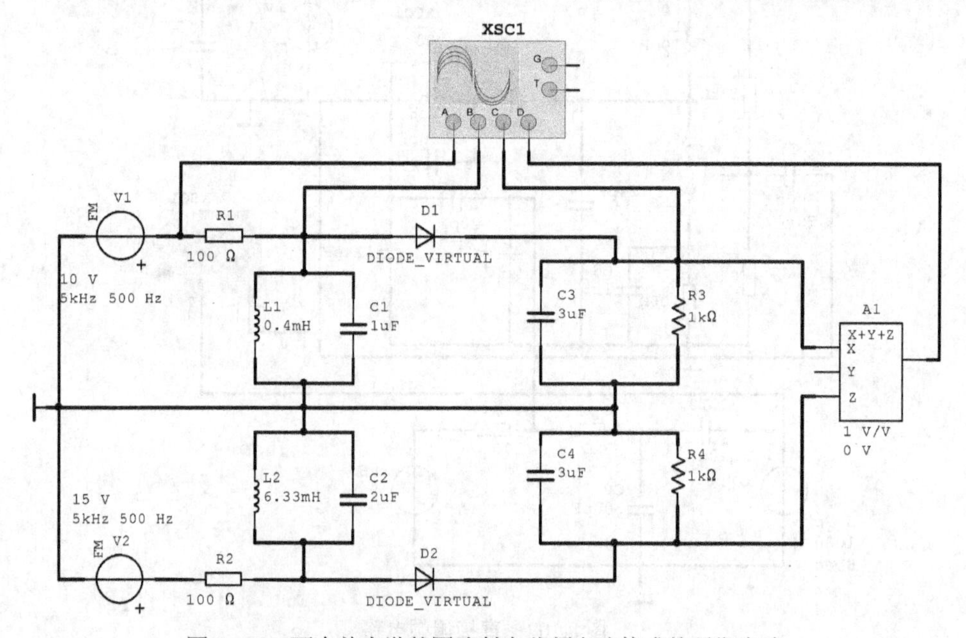

图 8.110　两个单失谐的回路斜率鉴频电路构成的平衡电路

按下仿真开关，示波器显示的波形如图 8.111 所示。显示通道从上到下显示波形的的顺序是：A，调频波信号；B，失谐端信号；C，单输出端信号；D，平衡输出端信号。可以看到此电路实现了鉴频的作用。

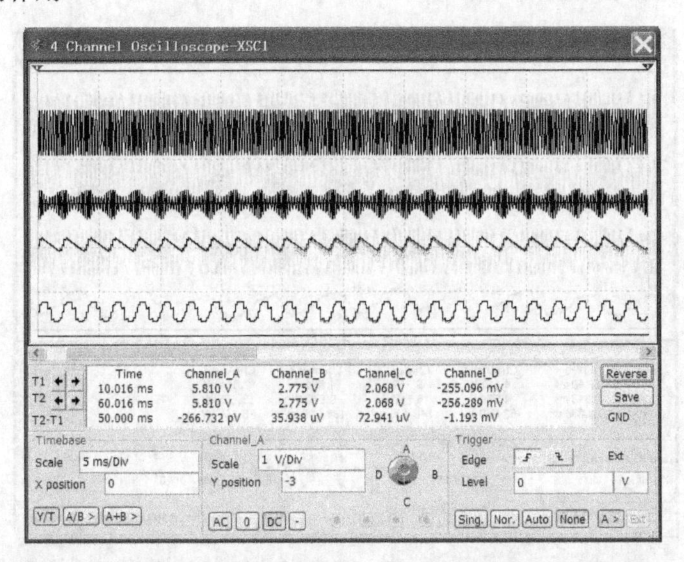

图 8.111　调频波信号、失谐端信号、单输出端信号、输出端信号

8.8.3　电容耦合相位鉴频电路的仿真

电容耦合相位鉴频电路的构建如图 8.112 所示。它的理论原理这里不做详细论述，可参看相关参考书，其中，V1 是调频波信号。四踪示波器 XSC1 的 4 个通道分别接在调频信号输入端、LC 回路谐振端、单输出端和平衡输出端。

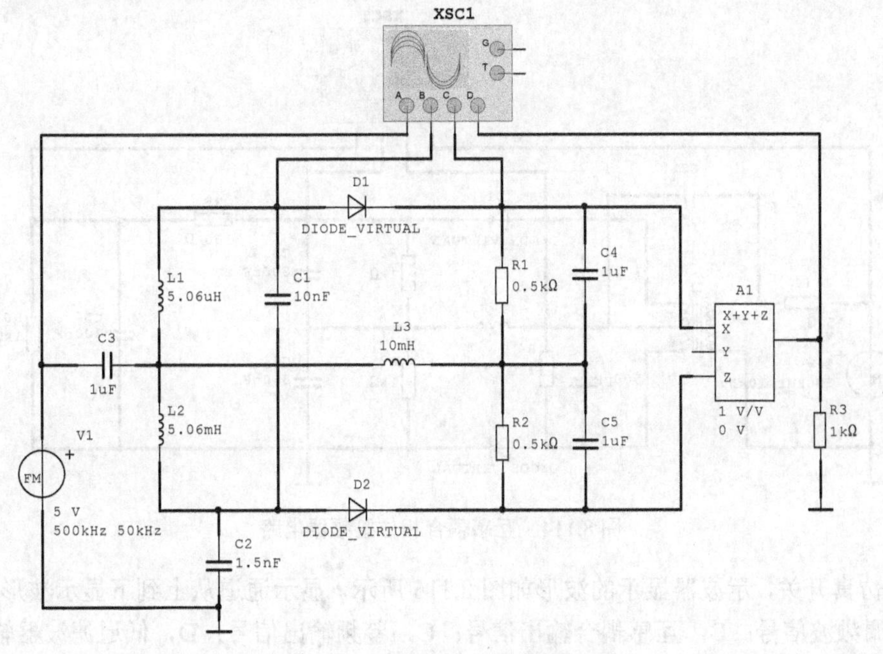

图 8.112　电容耦合相位鉴频电路

按下仿真开关，示波器上显示的波形如图 8.113 所示。显示通道从上到下显示波形的顺序是：A，调频波信号；B，LC 回路谐振端信号；C，单输出端信号；D，平衡输出端信号。可以看到此电路很好地实现了鉴频的作用。

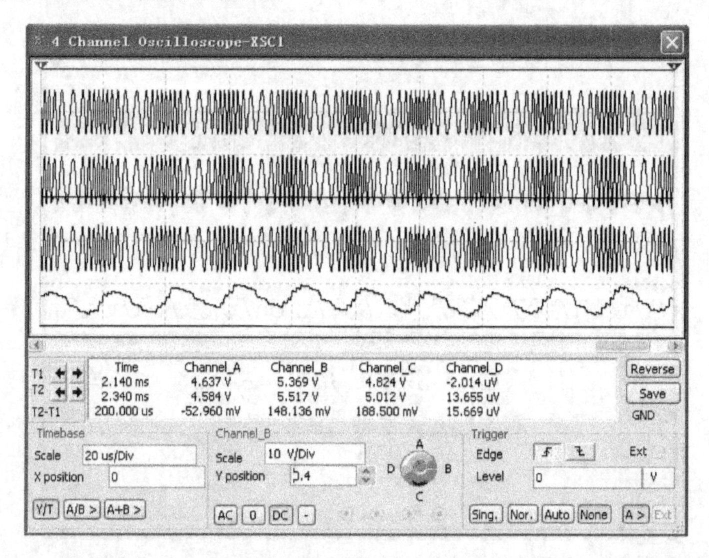

图 8.113 调频波信号、LC 回路谐振端信号、单输出端信号、平衡输出端信号

8.8.4 互感耦合相位鉴频器

互感耦合相位鉴频器电路的构建如图 8.114 所示。它的理论原理这里也不做详细论述，可参看相关参考书。其中，V1 是调频波信号。四踪示波器 XSC1 的 4 个通道分别接在调频信号输入端、互感耦合输出端、鉴频输出端和低通滤波器输出端。

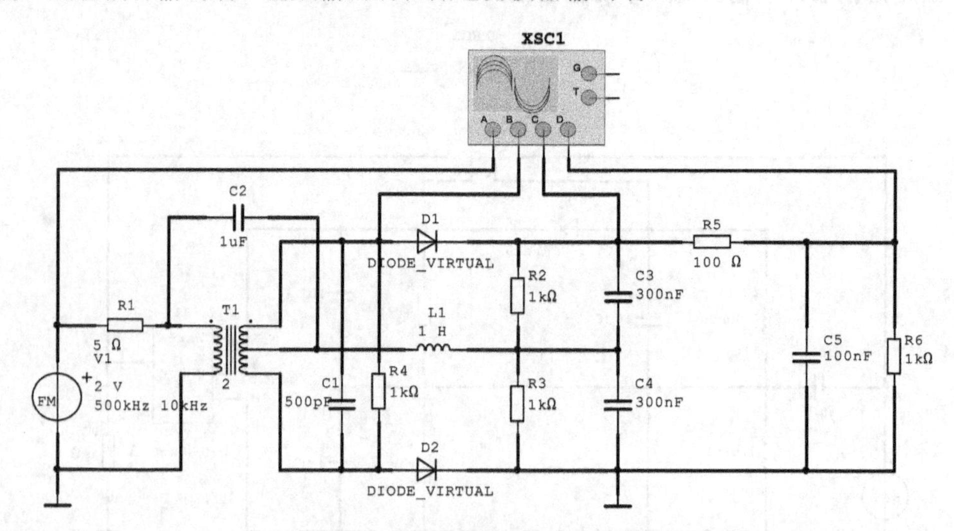

图 8.114 互感耦合相位鉴频器电路

按下仿真开关，示波器显示的波形如图 8.115 所示。显示通道从上到下显示波形的的顺序是：A，调频波信号；B，互感耦合输出信号；C，鉴频输出信号；D，低通滤波器输出信号。可以看到此电路也很好地实现了鉴频的作用。

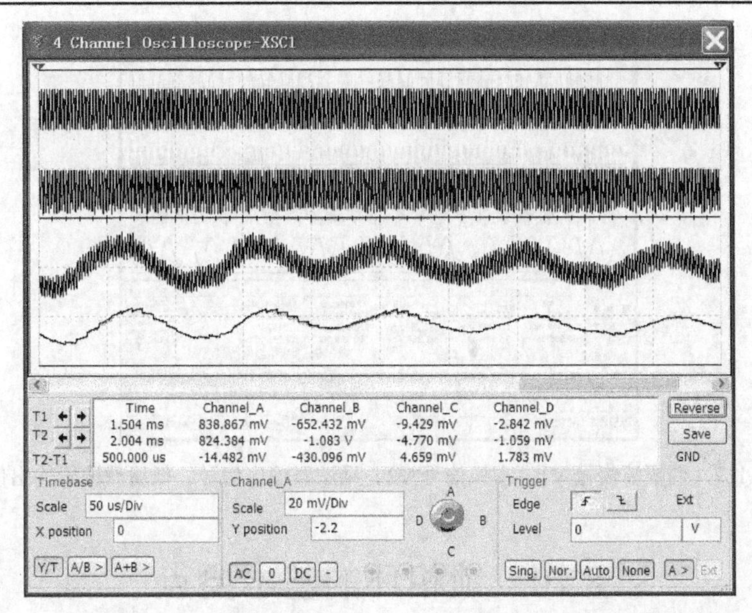

图 8.115　调频波信号、互感耦合输出信号、鉴频输出信号、低通滤波器输出信号

8.9　模拟乘法器混频电路的仿真

混频电路广泛应用于通信及其他电子设备中，是超外差接收机的重要组成部分。在发送设备中可用来改变载波频率，以改善调制性能。在频率合成器中常用来实现频率的加、减运算，从而得到各种不同频率。

我们以模拟乘法器混频为例，构建的模拟乘法器混频仿真电路如图 8.116 所示。图中，四踪示波器 A 通道接输入的调幅波信号 V1，B 通道接本振信号 V2，C 通道接乘法器输出端，D 通道接低通滤波器输出信号。

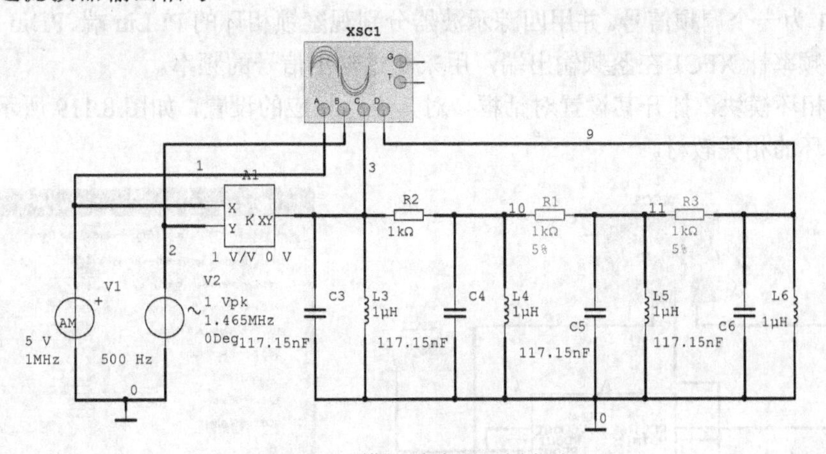

图 8.116　模拟乘法器混频电路

按下仿真开关，示波器显示的波形如图 8.117 所示。显示通道从上到下显示波形的的顺序是：A，调幅波信号 V1；B，本振信号 V2；C，乘法器输出信号；D，低通滤波器输出信号。可以看到此电路也很好地实现了混频的作用。

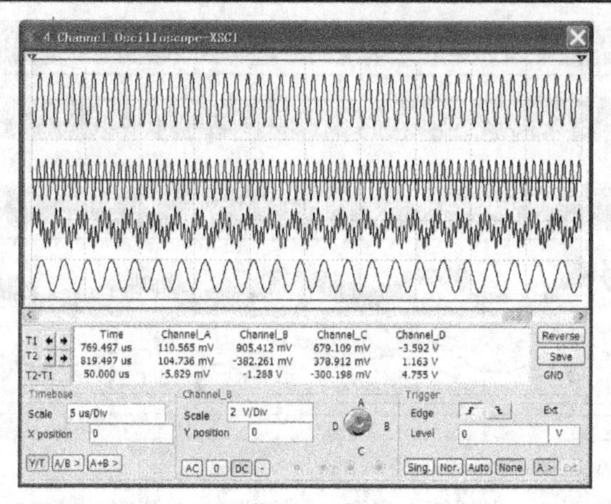

图 8.117　调幅波信号 V1、本振信号 V2、乘法器输出信号、低通滤波器输出信号

8.10　锁相环的基本要点

锁相环路是一种以消除频率误差为目的的自动控制电路，但它不是直接利用频率误差信号电压，而是利用相位误差信号电压来消除频率误差的。

锁相环路的基本理论早在 20 世纪 30 年代就已提出，直到 70 年代初，由于集成技术的迅速发展，可以将这种较为复杂的电子系统集成在一块硅片上，从而引起电路工作者的广泛注意。目前，锁相环路在滤波、频率综合、调制与解调、信号检测等许多技术领域获得了广泛的应用。在模拟与数字通信系统中，已成为不可缺少的基本部件。

8.10.1　锁相环鉴频器的仿真

我们以 Multisim 12 元件库中的锁相环模块为例，构建锁相环鉴频仿真电路如图 8.118 所示。其中，V1 为一个调频信号。并用四踪示波器分别观察锁相环的 PLLin 端、PDin 端和 LPFout 端。接一个频率计 XFC1 在鉴频输出端，用来测量输出信号的频率。

双击锁相环模块，打开其设置对话框，对其进行相应的设置，如图 8.119 所示。有关设置请参看锁相环的相关教材。

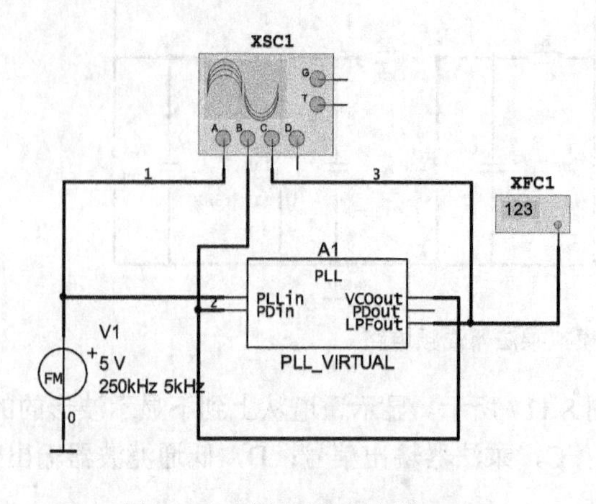

图 8.118　锁相环鉴频电路

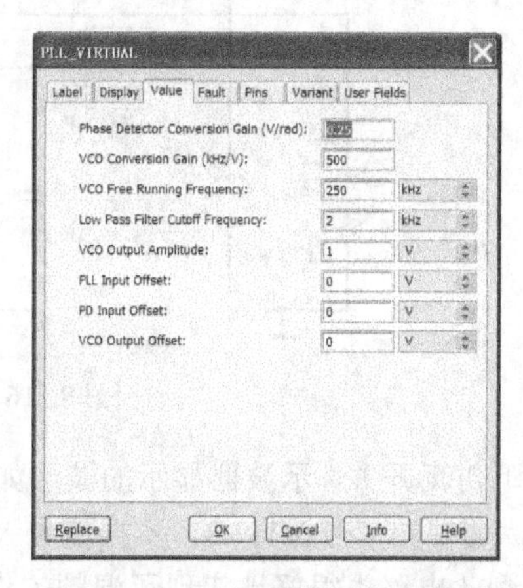

图 8.119　锁相环模块设置对话框

按下仿真开关，示波器上显示的波形如图 8.120 所示。显示通道从上到下显示波形的顺序是：A，调频波信号 V1；B，PDin 端信号；C，LPFout 端信号（鉴频信号）。频率计 XFC1 上显示的频率是 5 kHz，如图 8.121 所示，与调制信号一致。可以看到利用锁相环模块可以很好地实现鉴频功能。

8.10.2　锁相环鉴相器的仿真

因为 Multisim 电源库中没有调相信号，而由于调频信号与调相信号的关联性，所以我们用调频信号代替调相信号，进行锁相环鉴相的仿真，对仿真结果进行相应的变换，即可得到鉴相信号。锁相环鉴相仿真电路如图 8.122 所示。用四踪示波器分别观察锁相环的 PLL in 端、PDin 端和 LPFout 端以及低通滤波器的输出端。接一个频率计 XFC1 在低通滤波器的输出端，用以测量鉴相输出信号的频率。

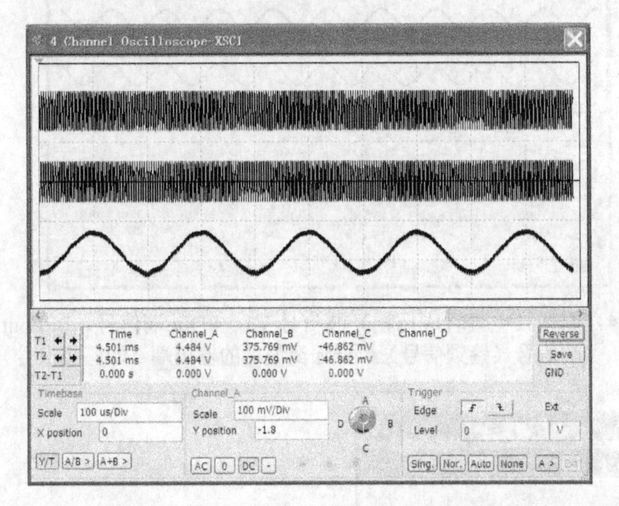

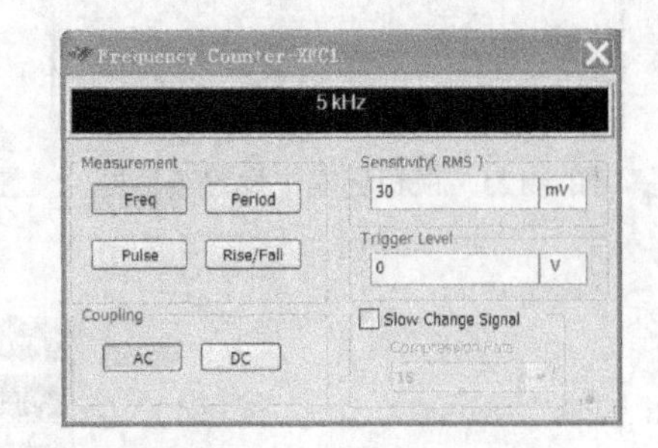

图 8.120　调频波信号 V1、PDin 端信号、LPFout 端信号（鉴频信号）　　图 8.121　频率计上显示的频率

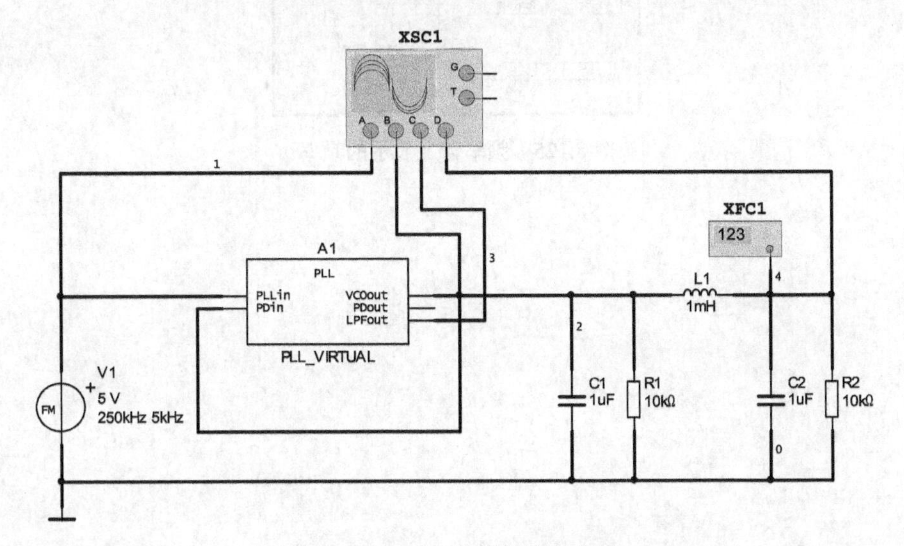

图 8.122　锁相环鉴相仿真电路

双击锁相环模块，打开设置对话框，进行相应的设置，如图 8.123 所示。有关设置请参看锁相环的相关教材。

按下仿真开关，示波器上显示的波形如图 8.124 所示。显示通道从上到下显示波形的顺序是：A，调频（也可看成调相）波信号 V1；B，PDin 端信号；C，LPFout 端信号（鉴频信号）；D，低通滤波器的输出端（即鉴相信号）。

频率计 XFC1 上显示的频率是 5.07 kHz，如图 8.125 所示，与调制信号一致。可以看到利用锁相环模块可以很好地实现鉴相功能。

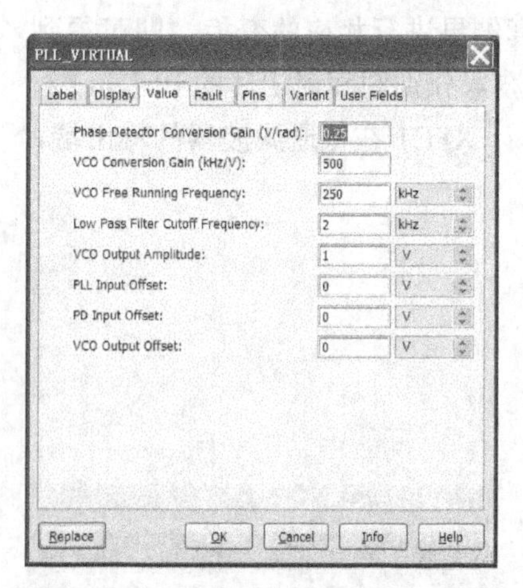

图 8.123　锁相环模块设置对话框

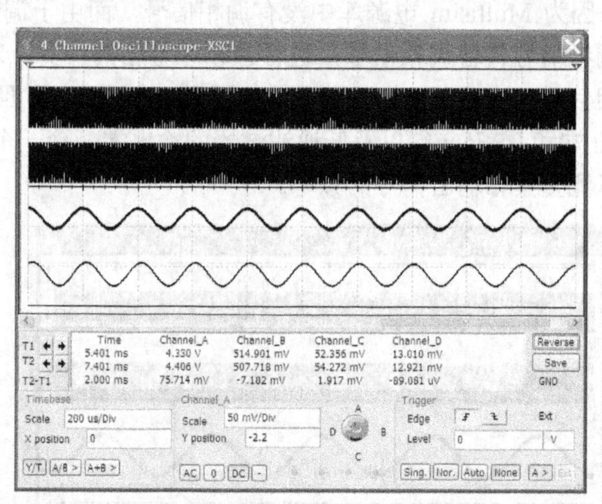

图 8.124　调频（也可看成调相）波信号 V1、PDin 端信号、LPFout 端信号（鉴频信号）、低通滤波器的输出端（即鉴相信号）

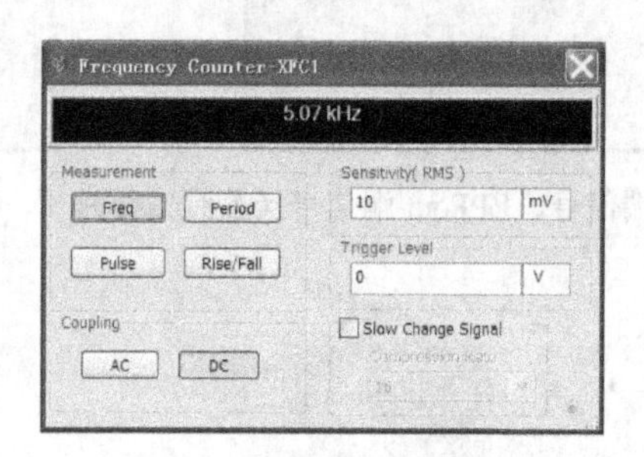

图 8.125　频率计上显示的频率

第9章 Multisim 12在射频电路中的应用

9.1 RF及RF电路

随着通信技术的发展，RF电路的开发研究吸引了众多电子设计工程师。Multisim 12中的RF模块为设计师提供了强有力的设计工具。

RF，英文为Radio Frequency，即射频，指的是从音频以上至可见光频率的整个频段，其范围约为16 Hz～20 kHz。可见光波段在微波波段以上，所以RF范围大约为20 kHz～3000 GHz，其中包括微波波段。总的来说，RF频段的频率很高。

RF电路主要用于无线电通信系统的发射装置和接收装置。随着信息技术的发展，对各种发射、接收装置的要求越来越高。RF电路性能的好坏，将直接关系到通信的质量。尤其是RF频段中的微波波段，其频率高、频带宽的特点，使其很适用于作为大容量通信的载波，传输多路电报、电话和电视信号。

RF电路与一般的低频电路相比较，有其自身的特点，主要包括以下几点。

（1）大量使用调谐网络：这些网络不仅提供调谐到所要求的工作频率，同时还使晶体管特性与输入和输出阻抗匹配。因此，调谐网络设计的好坏，将直接关系到RF电路的性能。

（2）需考虑阻抗匹配问题：在RF电路中，处理信号的不同部件被安置在相距有一定距离的地方。这个距离往往和被传输信号的波长可以相比拟。将它们连起来时，必须考虑到阻抗匹配。

（3）不同频段使用的元件不同：RF频带宽，包括长波、中波及短波、超短波和微波。从使用的元件、器件及线路结构与工作原理等方面来说，中波、短波和米波波段基本相同，但它们和微波波段则有明显的区别。前者大都采用集中参数元件，如通常的电阻器、电容器和电感线圈；后者则采用分布参数元件，如同轴线和波导等。在器件方面，中、短波和米波主要采用晶体管、集成电路及电子管，而微波除上述器件外，还需特殊的微波器件，如微波二极管、速调管、行波管及磁控管等。

9.2 Multisim 12中的RF模块

Multisim 12中的RF模块由以下几部分组成：

（1）RF特殊元件，包括普通的RF Spice模型。

（2）为用户创建自己的RF模型而提供的模型创建器。

（3）两个RF常用仪表（频谱分析仪和网络分析仪）。

（4）几种RF典型分析类型（电路特性、匹配网络单元和噪声计算）。

9.2.1　Multisim 12 中的 RF 元件

Multisim 12 中标准的 RF 元件应该包括电容、电感、环形线、铁氧珠、耦合器、环形器、传输线或者带状线、波导以及有源器件（如 RF 三极管）等。用这些标准元件可以创建更复杂的 RF 元件，如直角相位混和器、混频器、滤波器和衰减器等。

在专业版 NI Multisim 12 中，RF 设计模块已包含大约 100 多个元件和元件模型，这些模型都是为了能在高频下准确工作而精心设计的。这种支持高频的能力帮助我们克服了 SPICE 模型的一个典型问题——在高频时不能很好地工作。

Multisim 12 元件库主要有 RF 电容、RF 电感、RFNPN 三极管、RFPNP 三极管、RFMOS 场效应管和 RF 带状线 / 波导等，如图 9.1 所示。

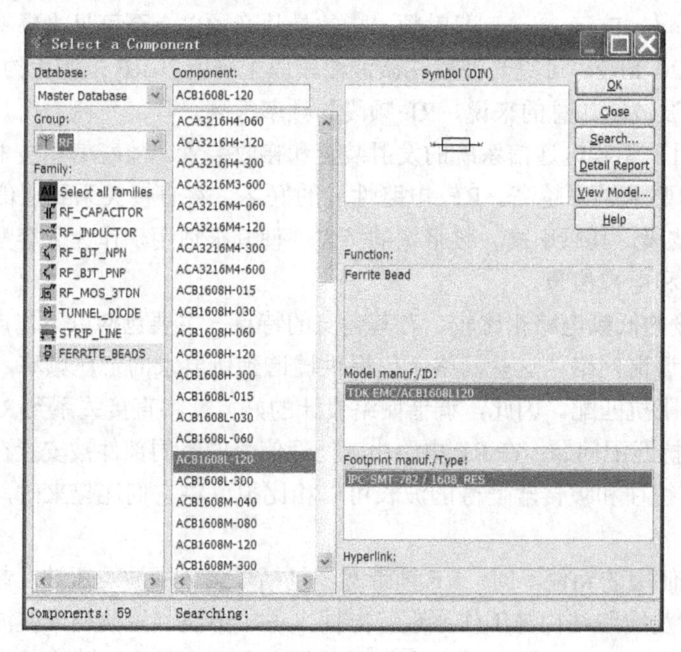

图 9.1　RF 元件库

9.2.2　频谱分析仪

RF 仪表之一——频谱分析仪主要用于测量信号所包含的频率及频率所对应的幅度。通信领域对频谱测量很感兴趣。例如，网状广播系统通常被检查以用来确定载波信号的谐波成分，这些谐波有可能影响其他 RF 系统。对频谱分析感兴趣的另一个领域是调制到载波上信息的失真。

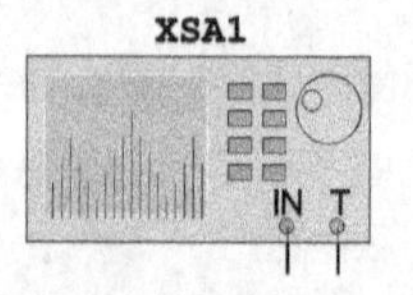

图 9.2　频谱分析仪图标

NI Multisim 12 中的频谱分析仪的图标如图 9.2 所示，下面简要介绍其仪器的连接方式和使用方法。

1. 连接

图 9.2 是频谱分析仪的图标符号，IN 端子是输入端子，用来连接电路的输出信号，T 端子是外触发输入端。

2. 面板操作

双击图 9.2 所示的频谱分析仪的图标符号，即可打开如图 9.3 所示的频谱分析仪的面板，在该面板上可进行各种设置并显示相应的频率特性曲线。下面对其面板的各项做一个简要的说明。

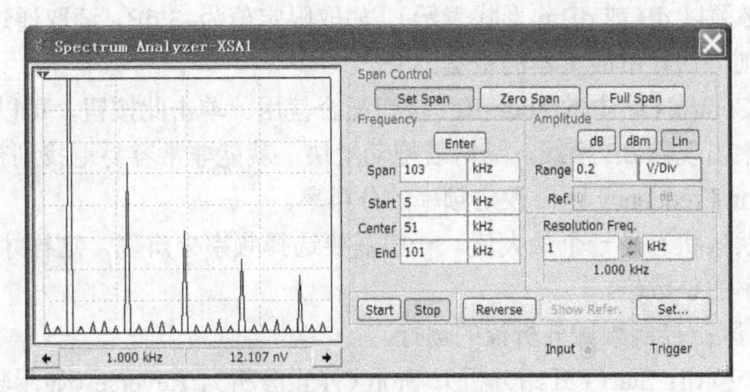

图 9.3　频谱分析仪操作面板

（1）Frequency 区设置频率范围，其中包括 4 个栏。

（a）Span：用来设置频率变化范围大小。

（b）Staff：用来设置开始频率。

（c）Center：用来设置中心频率。

（d）End：用来设置结束频率。

（2）Span Control 区选择显示频率变动范围的方式，有三个按钮。

（a）Set Span：是指采用 Frequency 区所设置的频率范围。

（b）Zero Span：是采用 Center 定义的一个单一频率。当按下该按钮后，Frequency 区的 4 个栏中仅 Center 可以设置某一频率，仿真结果是以该频率为中心的曲线。

（c）Full Span：全频范围，从 0 到 4 GHz。程序自动给定，Frequency 区不起作用。

（3）Amplitude 区选择频谱纵坐标的刻度，有三个选项。

（a）dB（分贝）：表示以分贝数（即 $20\log_{10}V$）为刻度，其中 V 是信号的幅度。当这个选项选中时，信号将以 dB / Div 的形式在频谱分析仪的右下脚显示。

（b）dBm：表示纵轴以 $10\log_{10}$（V / 0.775）为刻度。0 dBm 是当通过 600 Ω 电阻上的电压为 0.775 V 时在电阻上的功耗，这个功率等于 1 mW。如果一个信号是 +10 dBm，那么意味着它的功率是 10 mW。当使用这个选项时，以 0 dBm 为基础显示信号的功率。在终端电阻是 600 Ω 的应用场合，诸如电话线，直接读 dBm 数会很方便，因为它直接与功率损耗成比例。

用 dB 时，为了找到在电阻上的功率损耗，需要考虑电阻值。而用 dBm 时，电阻值已经考虑在内。

（c）Lin（线性）：表示纵轴以线性刻度来显示。

另外，该区中还有下面两个选项。

Range：用以设置频谱分析仪右边频谱显示窗口纵向每格代表的幅值多少。

Ref：用以设置参考标准。所谓参考标准就是确定被显示在窗口中的信号频谱的某一幅值所对应的频率范围大小。由于频谱分析仪的轴没有标明单位和值，通常需用滑块来读取显示在频谱分析仪右侧频谱显示窗口中的每一点的频率和幅度。当滑块放置在感兴趣的点上时，此点的频率和幅度以V、dB或dBm的形式显示在分析仪的右下角部分。如果读取的不是一个频率点，而是要确定某个频率范围。比如想知道什么时候某些频率成分的幅度在一个限定值之上（该限定值必须以dB或dBm形式表示）。如取限定值为–3 dB，读取通过–3 dB点的位置所对应的频率，则可估计出放大器的带宽。

通常需要与Controls区中的Hide-Ref按钮配合使用。单击此按钮，可以在频谱分析仪右侧频谱显示窗口中出现–3 dB横线，这时若拖动滑块，就能非常容易地找到带宽的上下限。

（4）Resolution Frequency区：设定频率的分辨率。

频率分辨率默认状态是一个最大值，一般需要选择频率分辨率，这样才能使可阅读到的频率点为信号频率的整数倍。

（5）Controls区：控制频谱分析仪的运行。

其中包括4个按钮：Start（开始分析）、Stop（停止分析）、Reverse（显示转换）、Show -Ref和Trigger Set（设置触发方式）。其中，单击Trigger Set按钮后，出现如图9.4所示的Trigger Options对话框。

在Trigger Source区里指定触发源，包括Internal选项（内部触发）及External选项（外部触发）。在Trigger Mode区里指定触发模式，包括Continuous选项（连续触发）及Single选项（单一触发）。

用频谱分析仪分析如图9.5所示的时钟信号的频谱。

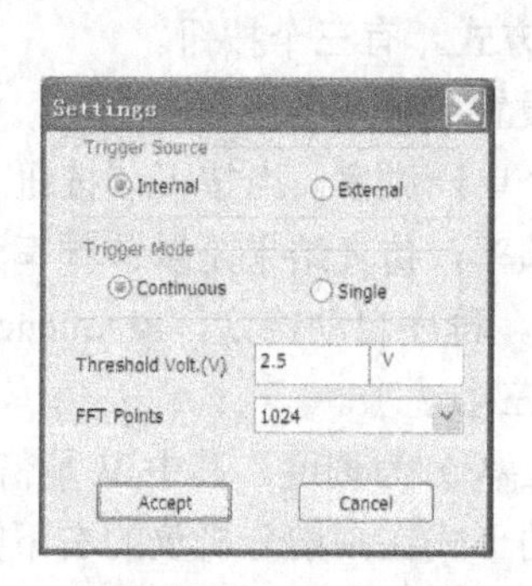

图9.4 Trigger Set页

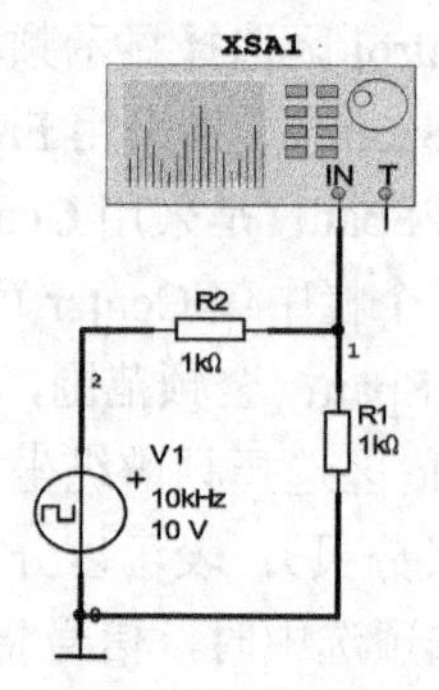

图9.5 分析电路

仿真的结果如图9.6所示，其频谱分析仪面板上的各项设置也显示在该图上。

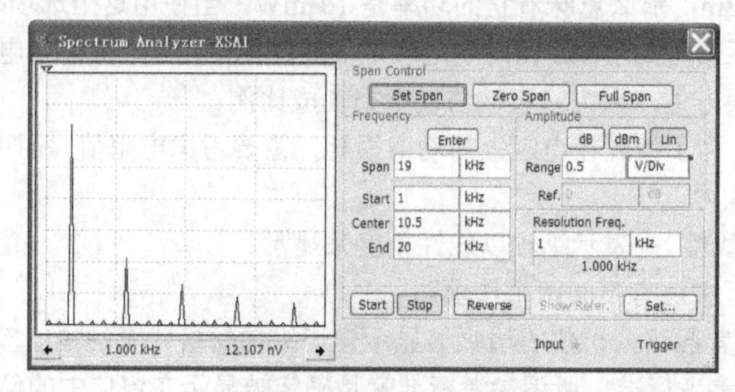

图9.6 时钟信号的频谱

9.2.3 网络分析仪

Multisim 中的网络分析仪是仿效现实仪器 HP8751A 和 HP8753E 基本功能和操作的一种 RF 虚拟仪表。现实中的网络分析器是一种测试双端口高频电路的 S 参数（Scattering Parameters）仪器，而 Multisim 的网络分析仪除了可用于 S 参数外，也可用于测量 H、Y、Z 参量。它是高频电路中最常使用的仪器之一。该虚拟网络分析仪的图标如图 9.7 所示。网络分析仪的操作面板如图 9.8 所示。

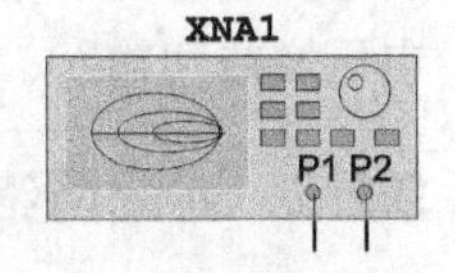

图 9.7 网络分析仪图标

下面以图 9.9 所示的电路为例介绍网络分析仪的连接和使用。网络分析仪有两个端子，分别用来连接电路的输入端口和输出端口。网络分析仪的详细使用说明参看本书上篇。这里只给出一些常用的参数测试方法。测量晶体管的 H 参数，其设置及测量结果如图 9.10 所示。其他参数的测量只要进行相应的设置即可得到，如图 9.11 所示。下面还将对它的使用方法进行一些说明。

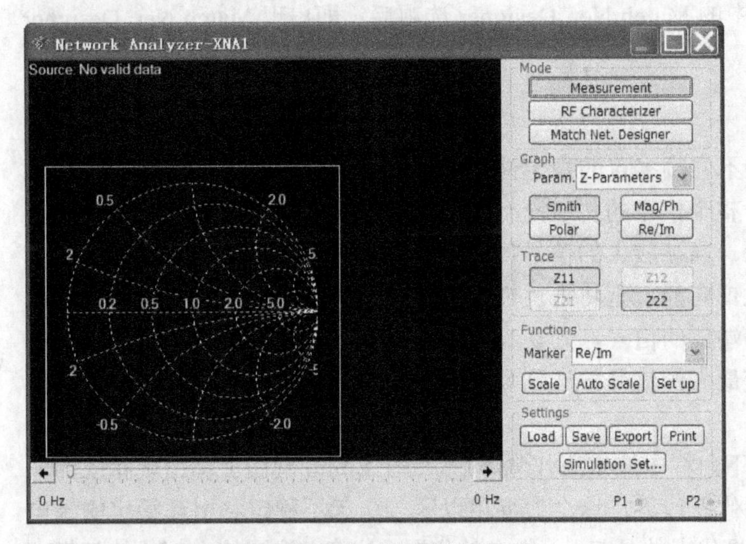

图 9.8 网络分析仪的操作面板

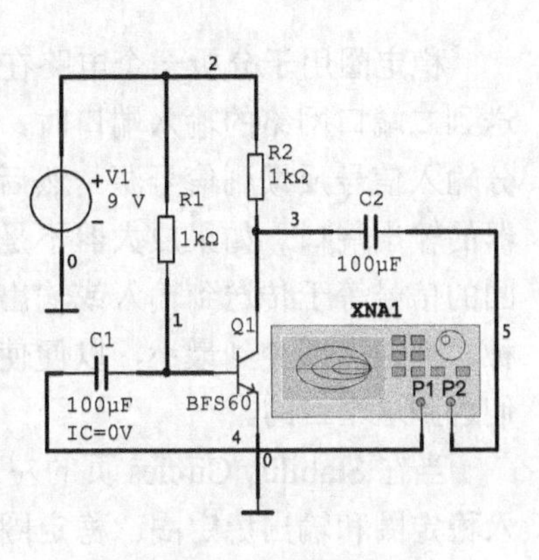

图 9.9 示例电路

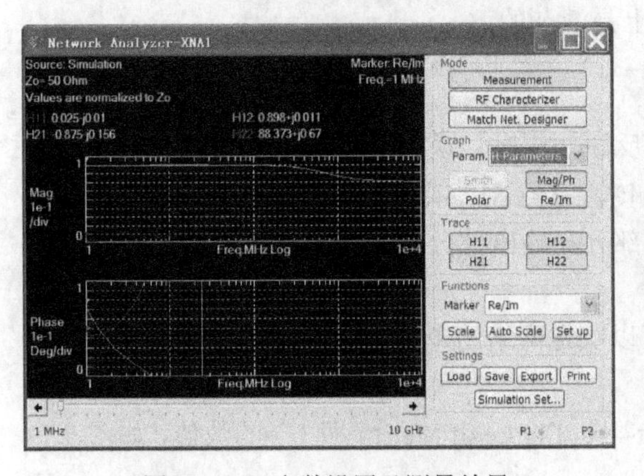

图 9.10 H 参数设置及测量结果

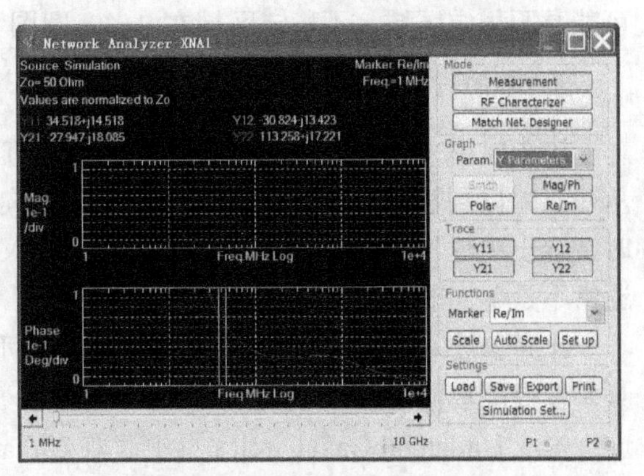

图 9.11 Y 参数设置及测量结果

9.2.4 RF 特性分析

RF 的典型应用是分析设计 RF 放大器。RF 放大器输入信号通常由接收机提供，其功率相对来说很小，需要放大，并以电压和电流的形式提供输出信号。也就是说，传送到负载上的输出功率要远远大于输入信号。NI Multisim 12 的 RF 特性分析工具能帮助设计者根据功率增益、电压增益和输入、输出阻抗等参数来研究 RF 电路。

9.2.5 匹配网络分析

使用 NI Multisim 12 设计 RF 放大器，经常需要分析和修改电路的性能，匹配网络分析（Matching Network Analysis）提供了稳定圈（Stability circles）、单向增益圈（Unilateral gain circles）及阻抗匹配（Impedance matching）等三种分析电路性能的方法。实际使用中要视电路情况选用三种分析方法中的一种或多种，例如，设计一个振荡器时只需要使用稳定圈。另一方面，为了与一个无条件稳定电路相匹配，仿真器首先要分析电路的稳定特性，然后才能使用自动阻抗匹配。

在 Mode 区内选中下拉列表中的 Match Net. Designer 选项后，即出现 Match Net. Designer 对话框，如图 9.12 所示。

1. 稳定圈

稳定圈用于分析一个电路在不同频率点的稳定性。对于一个理想的设计，当输入信号传送到二端口网络的输入端口时，整个信号的传送没有任何损失。然而，在实际情况下，有部分输入信号反馈到信号源。然后，当被放大的信号传送到负载阻抗时，部分信号反馈到放大器的输出端口。如果放大器不是单向的，则将把反馈回的信号送到信号源阻抗上。如果反馈回的信号等于传送到输入或输出端口的信号，则认为该电路是不稳定的。所以应该设法使这种“反馈”减少到最小，以便使最大的信号传送到负载。在网络分析中的稳定圈可以帮助我们达到这个目的。

当在 Stability Circles 页的左下角栏中选定工作频率后，则在 Smith 圆图上将出现相应的输入稳定圈和输出稳定圈。稳定圈代表边界，这个边界用以区分引起不稳定和引起稳定的源电阻值或负载电阻值。这个圈的边界代表的是 K=1 的点的位置。注意，该圈的内部或外部都有可能是不稳定区域，不稳定区域在 Smith 圆图上是混杂的。

2. 单向增益圈

该选项用来分析电路的单向特性。当没有反馈效应时，认为晶体管是单向的。这意味着从输出端口到输入端口的反馈信号为 0。当反向传输系数 S12 或者反向传输功率增益$|S12|^2$为 0 时，会出现这种情况。这意味着放大器的输入部分和输出部分被完全隔开。注意，无源网络通常不是单向的。

计算参数 U（Unilateral Figure of Merit）可以决定网络的单向特性。如果需要，可以调节频率以提高单向特性，方法如下。

先从 Unilateral Gain Circles 页中读取 Unilat- eral Figure of Merit（即 U）的数值，如图 9.13 所示，然后用 U 计算下列不等式的上下限：

$$1/(1+U)^2 < G_T/ G_{TU} < (1-U)^2$$

其中，G_T是传输功率增益，其定义为传送到负载的输出功率与从信号源得到的最大额定功率之比。G_{TU}定义为在单向特性 S12 = 0 时的传输功率增益，因为此处最为重要的是上下限，因此不需要计算G_T和G_{TU}。如果上下限为 1 或者 U 接近 0，则 S12 的影响很小，足可认为放大器是单向的。否则，需要改变频率，直到获得最小的 U。这样，该频率将代表放大器单向特性最好的工作点。

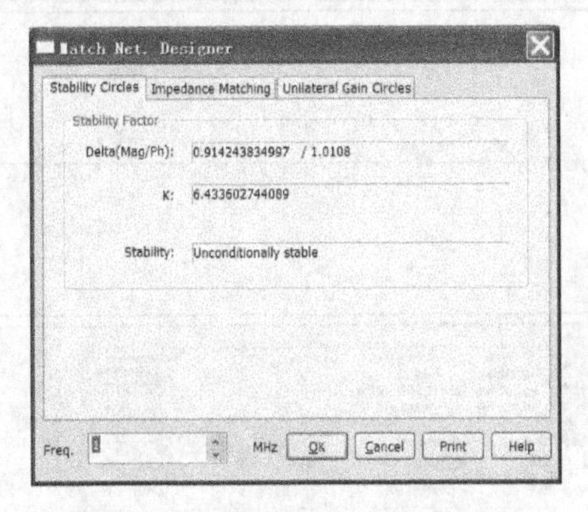

图 9.12 Match Net. Designer 对话框

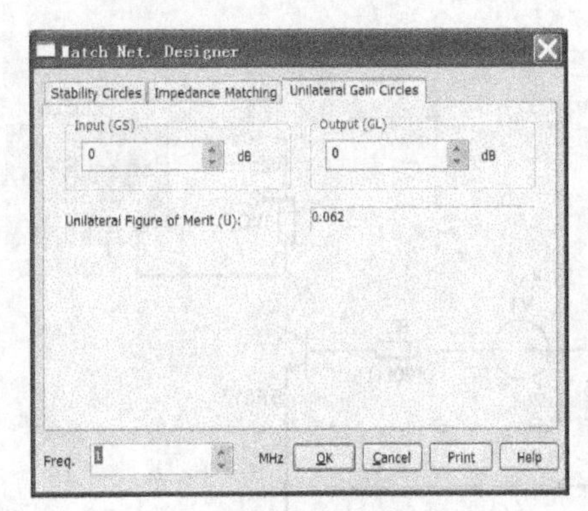

图 9.13 设置页

3. 阻抗匹配

有时候，认为一个设计是“无条件稳定”，这意味着该放大器在任何无源负载或源阻抗条件下都不会发生振荡。在这种情况下，可以用阻抗匹配自动地改变一个 RF 放大器的结构，以获得最大增益阻抗。

为了传输最大功率，一个电路必须在输入输出端口匹配。换句话说，就是需要放大器的输出和输出端口的阻抗之间的最大匹配，以及放大器的输入和源阻抗之间的最大匹配。然而，对于每个端口有 8 种可能的结构，这 8 种结构中只有部分提供了完全匹配。

如何用阻抗匹配找到一个匹配网络？在 Match Net. Designer 对话框的 Impedance Matching 页中，将左下角 Freq 栏中的频率修改到工作点，然后再选定 Calculate 区内的 Auto Match 项。这时在 Lumped Element Match Network 区将显示出可能的匹配网络结构及参数。单击左右两端的阻抗匹配窗口可改变结构。然而必须记住，8 种结构中只有部分结构可提供匹配，如图 9.14 所示。

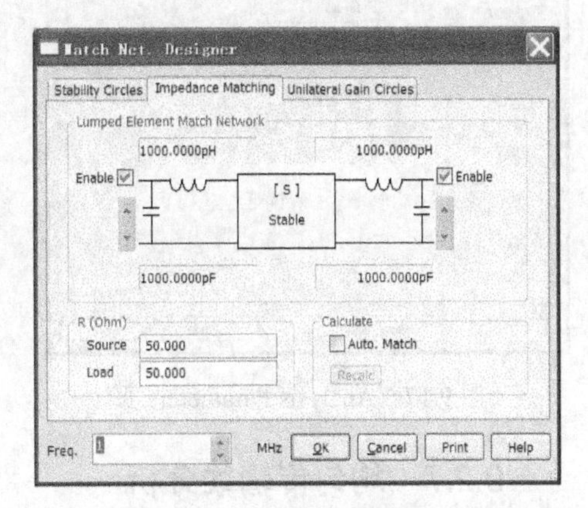

图 9.14 阻抗匹配窗口

9.2.6 噪声指数分析

噪声在二端口网络，诸如放大器或衰减器的输入端会伴随着信号出现。同时，电路中的无源元件（如电阻）也会增加 Johnson 噪声，而有源元件则增加散弹噪声或闪烁噪声。无论何种噪声，经过电路放大后，将全部汇总于输出端。信噪比是衡量一个信号质量好坏的重要参数，而将输入端信噪比/输出端信噪比定义为噪声指数，更能反映一个电路抑制噪声的性能。下面以图 9.15 所示的电路为例，介绍噪声指数分析的方法。V2 作为噪声源，其中示波器接在输出端。

按下仿真按钮，打开示波器的显示面板，可以看到输出的信号波形如图 9.16 所示。

当进行噪声指数分析时，可激活 Simulate 菜单中 Analysis 下的 Noise Figure Analysis 命令，电路窗口上出现如图 9.17 所示的对话框，其中 Analysis Parameters 页的设置如图所示。

启动仿真，其结果如图 9.18 所示。

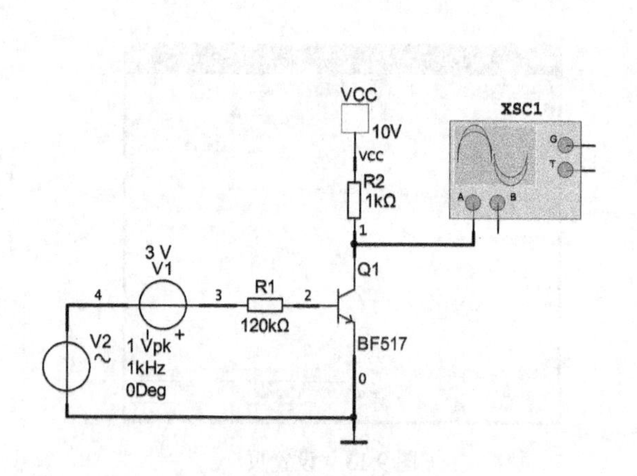

图 9.15 示例电路

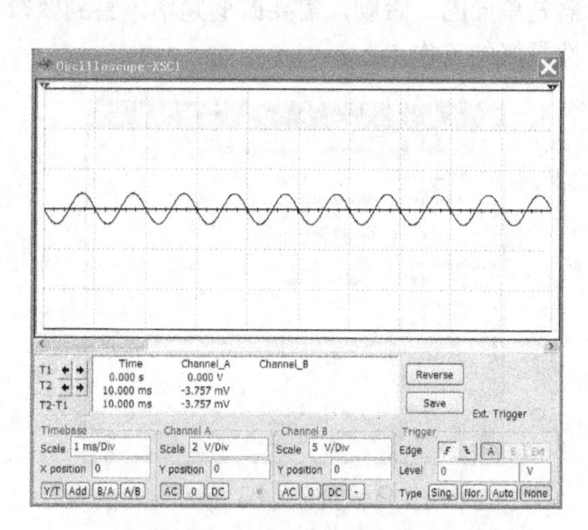

图 9.16 输出的信号波形

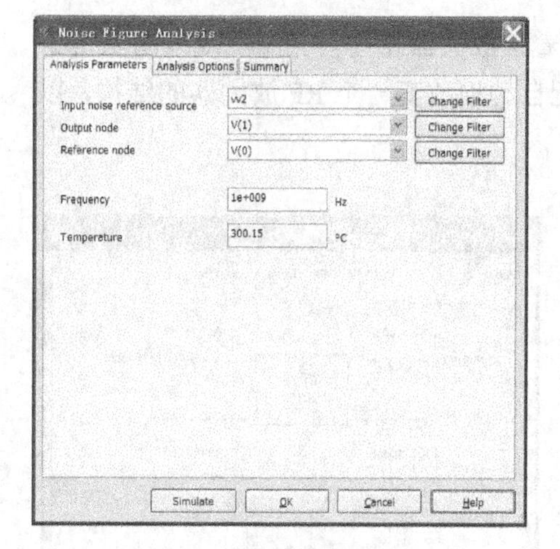

图 9.17 Analysis Parameters 页

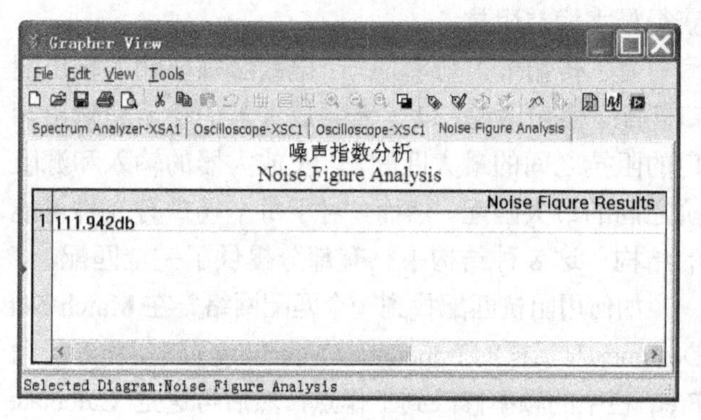

图 9.18 分析结果

9.2.7 均匀传输线分析

传输线是用以引导电磁能量从一处传递到另一处的一种装置。如果传输线由两根平行导线组成，每一导线沿线各处具有相同材料、相同截面，并且导线周围介质均匀分布，则称之为二线均匀传输线（Uniform Transmission Line）。当通过传输的信号波长可以与传输线的尺寸相比拟时，通常需要用分布参数来分析，其结果是传输线上沿线各点的电压或电流不仅与信号源本身有关，还与该点到信号源之间的距离有关。如果信号源是正弦波，在传输线终端接某些特定负载的情况下（如开路、短路、接纯电抗负载等），在线路的某些点上将出现波节（该点的电压为零）和波腹（该点电压幅值最大）的现象。

在 Multisim 中，可通过调用 Misc 元件库中的无损耗线类型 2（Lossless line type2）来模拟这一现象。为了便于观察，需将传输线分成 *n* 段，如图 9.19 所示。其中四踪示波器接在传输线的 4 个节点上。

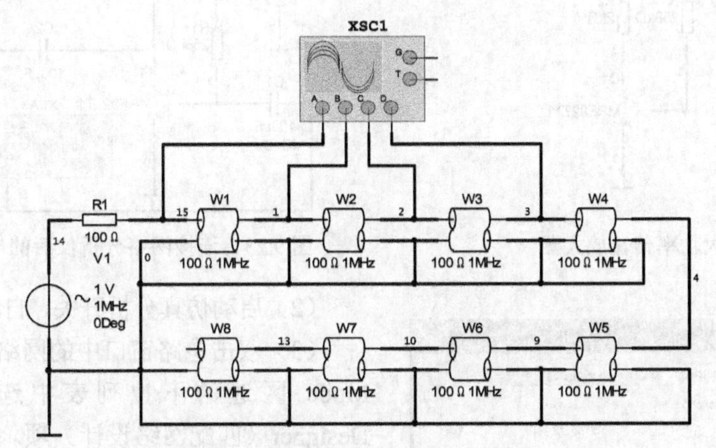

图 9.19　示例电路

每一段传输线的参数设置如图 9.20 所示。打开示波器显示面板，按下仿真按钮，我们可以看到示波器上显示的传输线各个节点上的信号波形。如图 9.21 所示，很清楚地看到波腹和波节的现象。

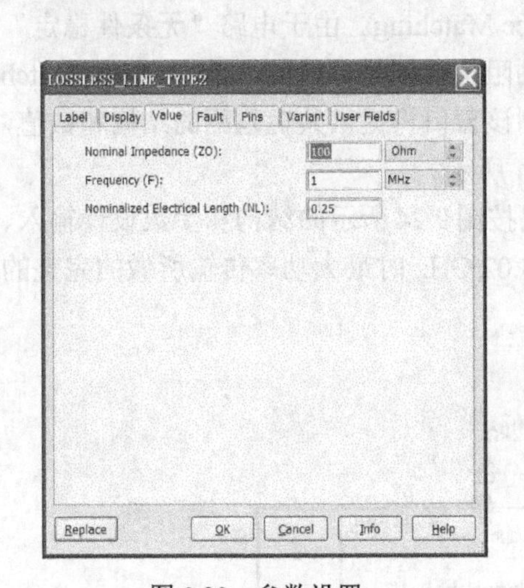

图 9.20　参数设置

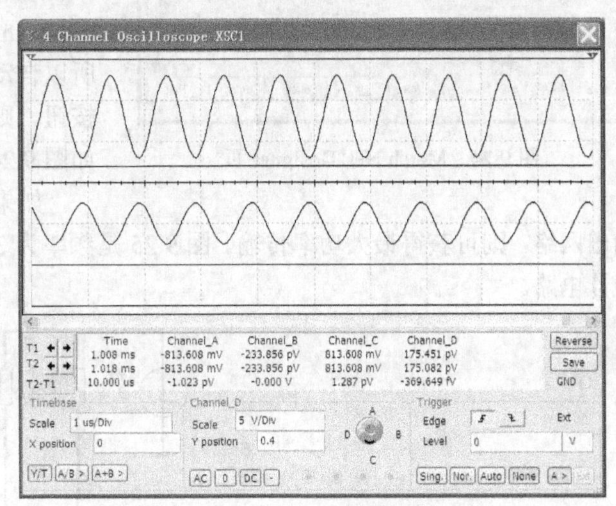

图 9.21　各个节点上的信号波形

9.3　RF 仿真实例

利用 Multisim 12 中的网络分析仪设计一个如图 9.22 所示的最大功率传输放大器。其设计步骤如下。

（1）用两个电容器连接偏置晶体管和网络分析仪。这两个电容器用于在 DC 模式下隔离分析仪和偏置网络。任何时候，对于有源电路来说偏置网络都非常重要，因此这一步是必需的。连接网络分析仪后的电路如图 9.23 所示。

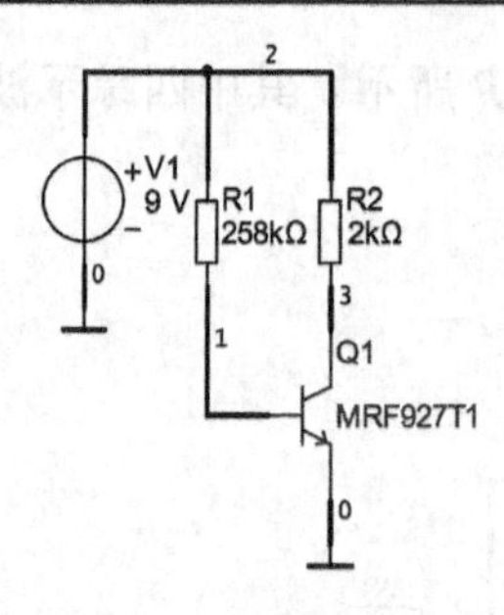

图 9.22　最大功率传输放大器

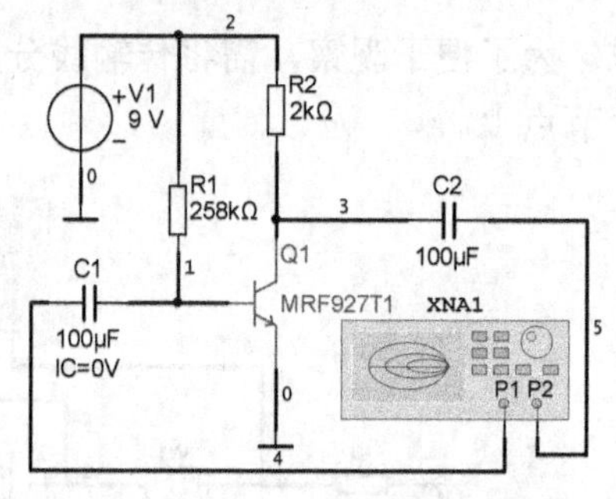

图 9.23　连接网络分析仪后的电路

（2）启动仿真分析开关，自动进行 AC 分析。

（3）双击电路窗口中的网络分析仪图标，从 Mode 区选的下拉列表中选择 Match Net. Designer（匹配网络设计）项。

（4）在出现的 Match Net. Designer 对话框中，进行如下一些操作。

首先设置频率为 3.02 GHz，因为在这个频率点上电路是“无条件稳定”的，所以单击 Impedance Matching。由于电路“无条件稳定”，所以自动阻抗匹配是可能的，单击 Auto Match 按钮，则该窗口将提供共轭匹配的结构和数值，如图 9.24 所示。

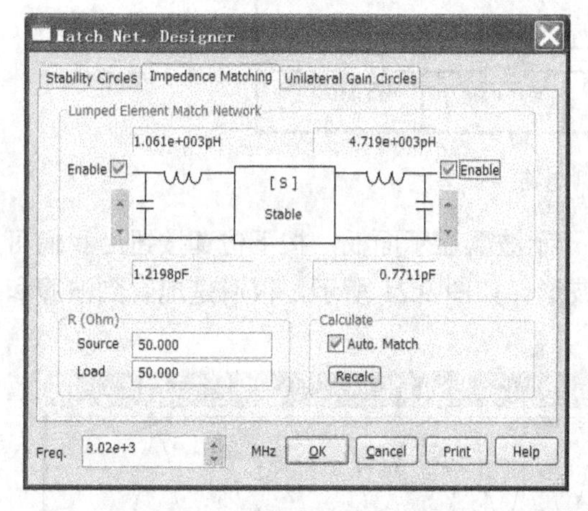

图 9.24　Match Net. Designer 页

如果按图 9.24 所示的结构和参数设计输入、输出网络，则可获得最大功率传输。图 9.25 是频率为 3.02 GHz 时最大功率传输所做的完整的设计电路。

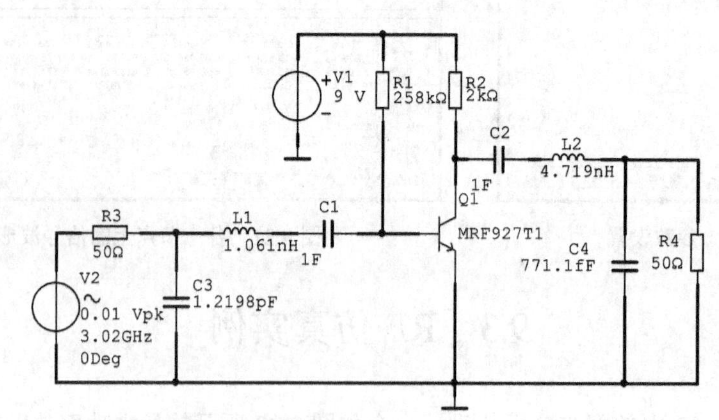

图 9.25　完整的设计电路

第 10 章 Multisim 12 在数字电路中的应用

Multisim 12 也非常适合用于数字电路的仿真和设计。但与模拟电路相比，无论是编辑电原理图、设置仿真参数还是仿真结果，都有一些特别要求。本章将通过实例介绍如何处理数字电路仿真中出现的问题。

10.1 门电路的仿真分析

Multisim 12 中的 TTL 和 CMOS 元件库中存放着大量与实际元件相对应且按照型号（如 74LS00N 和 74LSl38N 等）放置的数字元件。在电路仿真过程中，使用其现实模型，可以得到精确的仿真结果；如要加快电路的仿真速度，也可将它们理想化。MiscDigital 元件库中也有一些数字元件，其中 TIL 箱中放着一些常用的按照功能命名的数字元件，这给设计者选用带来了极大方便，但这些元件都是理想化器件。VHDL 和 Verilog HDL 元件箱中存放的是用 VHDL 语言和 Verilog 语言编写的一些数字元件模型，使用这些元件时需要用到相应的模块。在 Multisim 环境下调用这些数字元件进行数字电路仿真时，如果设置不当经常会出现一些有趣的现象。

10.1.1 门电路的基本特性

利用 2 输入 4 与非门 74LS00N 构建门电路的测试仿真电路，如图 10.1 所示。输入端使用方波信号，输出端用示波器观察输出波形，并用发光二极管做指示。

运行仿真开关后，示波器面板显示出如图 10.2 所示的波形（上面的波形为输入 V1 的波形，下面的波形为与非门输出波形）。

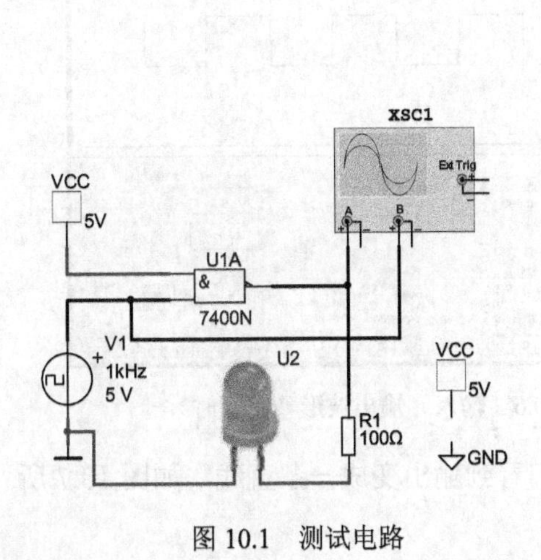

图 10.1 测试电路

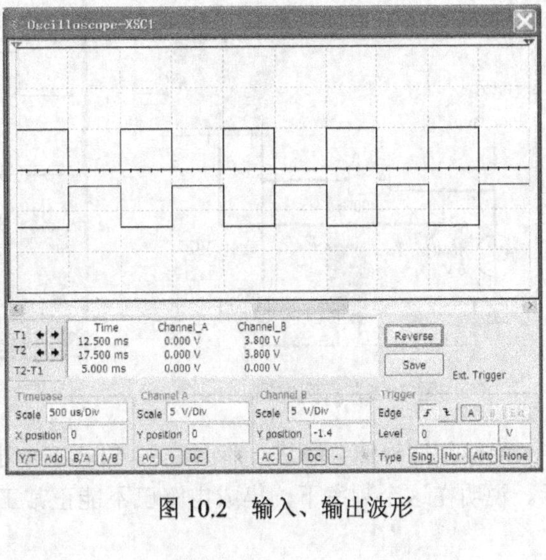

图 10.2 输入、输出波形

启动 Simulate 菜单中的 Digital Simulation Settings 命令，打开 Digital Simulation Settings 对话框，如图 10.3 所示。

从中可以发现，图 10.2 所示的波形是 Ideal。如果选择 Real，再次运行仿真开关，其波形如图 10.4 所示（示波器面板的设置不变）。比较二者可以看到仿真结果，Real 情况下的输出波形的幅度比 Ideal 情况下的幅度减小了。这与实际情况是符合的。

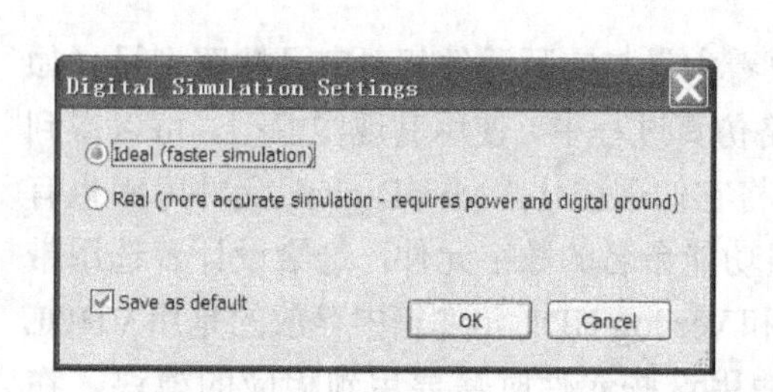

图 10.3　Digital Simulation Settings 页

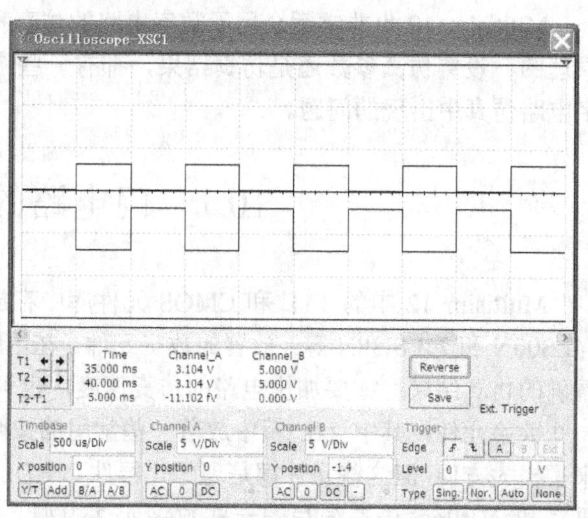

图 10.4　选择 Real 后的输入、输出波形

当输入方波信号的频率升高到 10 MHz 时，示例电路如图 10.5 所示。我们可以看到输入波形和输出波形有明显的延迟。如图 10.6 所示。

由此可知，理想化模型与现实模型都考虑了传输延迟，但理想化模型输出波形的上升沿要比现实模型的效果好，而现实模型则更接近实际情况。

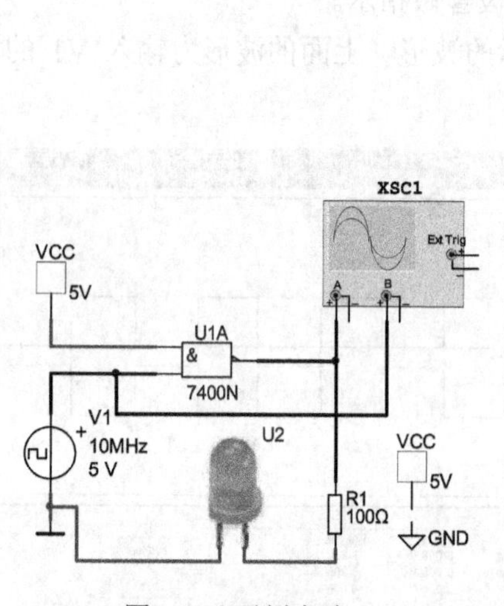

图 10.5　示例电路

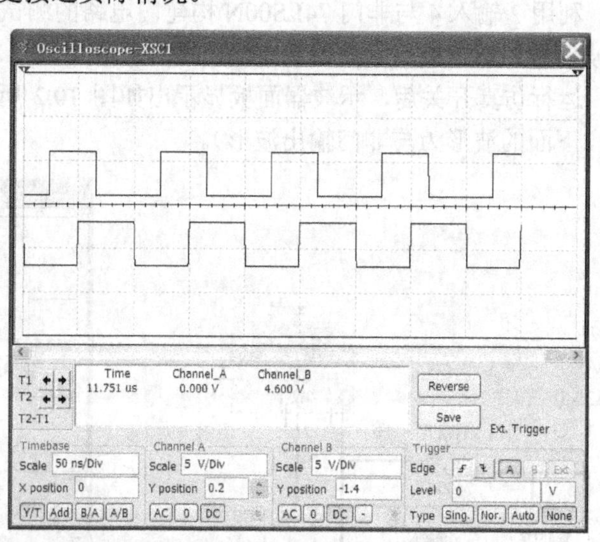

图 10.6　输入、输出波形（有延时）

当输入信号的频率进一步升高到 64 MHz 时，我们看到输出变成一条直线，如图 10.7 所示。说明在这个频率下，集成电路已不能正常工作。

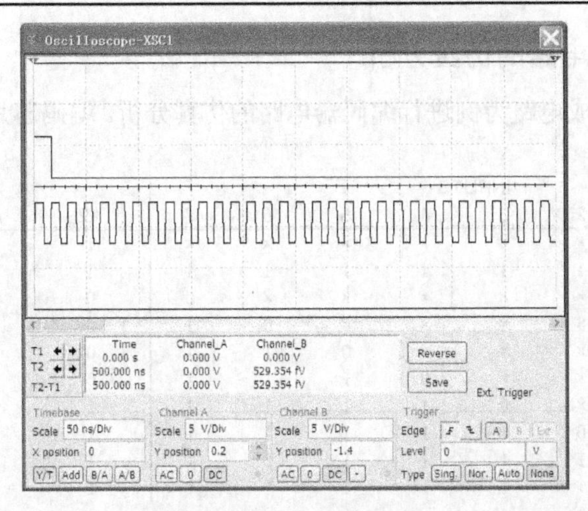

图 10.7　输入、输出波形

构建一个如图 10.8 所示的非门测试电路。这时启动仿真开关会出现如图 10.9 所示的 Simulation error 提示框。

对于 Ideal 的仿真，消除仿真错误的措施之一是按照提示框中的提示，启动 Simulate 菜单中的 Interactive simulation Settings 命令，打开 Interactive simulation Settings 对话框，选择 Maximum time step (TMAX)项后再进行仿真，如图 10.10 所示。措施之二是在电路窗口上示意性地放置一个电源（如 Vcc），目的是为集成门电路提供工作电能，此后即可得到正确的仿真结果，如图 10.11 所示。

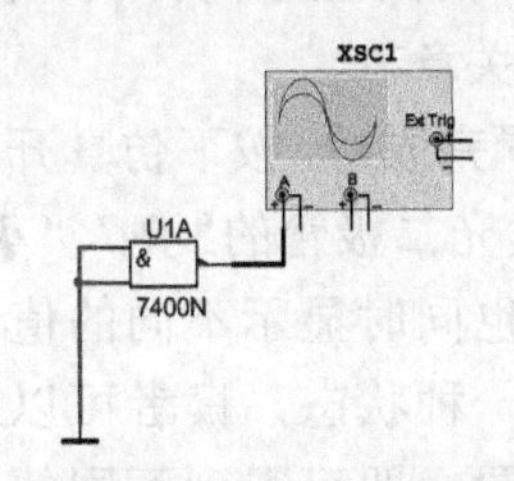

图 10.8　非门测试电路

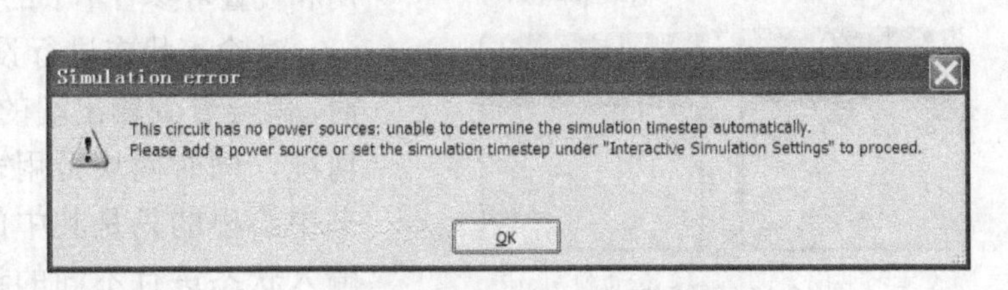

图 10.9　Simulation error 提示框

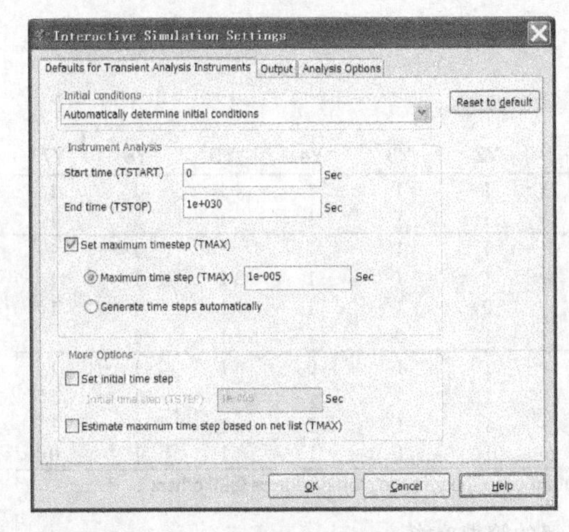

图 10.10　Interactive simulation Settings 页

图 10.11　仿真结果

10.1.2　编码器电路的仿真分析

我们以 74148N 集成电路为例进行编码器电路的仿真分析。编码芯片 74148 的管脚功能如图 10.12 所示。

	INPUTS								OUTPUTS				
EI	0	1	2	3	4	5	6	7	A2	A1	A0	GS	EO
1	×	×	×	×	×	×	×	×	1	1	1	1	1
0	1	1	1	1	1	1	1	1	1	1	1	1	0
0	×	×	×	×	×	×	×	0	0	0	0	0	1
0	×	×	×	×	×	×	0	1	0	0	1	0	1
0	×	×	×	×	×	0	1	1	0	1	0	0	1
0	×	×	×	×	0	1	1	1	0	1	1	0	1
0	×	×	×	0	1	1	1	1	1	0	0	0	1
0	×	×	0	1	1	1	1	1	1	0	1	0	1
0	×	0	1	1	1	1	1	1	1	1	0	0	1
0	0	1	1	1	1	1	1	1	1	1	1	0	1

图 10.12　编码芯片 74148 的管脚功能

构建仿真电路，如图 10.13 所示。其中输入状态 D0～D7，用“地”和“Vcc”来表示其不同的状态。解码输出端的状态用发光二极管 LED1、LED2、LED3 分别来显示。当状态为“1”时，发光二极管 LED 点亮，当状态为“0”时，发光二极管 LED 熄灭。而对 15 脚选通输出端、14 脚扩展端状态的指示则用两块万用表来显示，万用表的使用和设置可参看本书的有关章节。

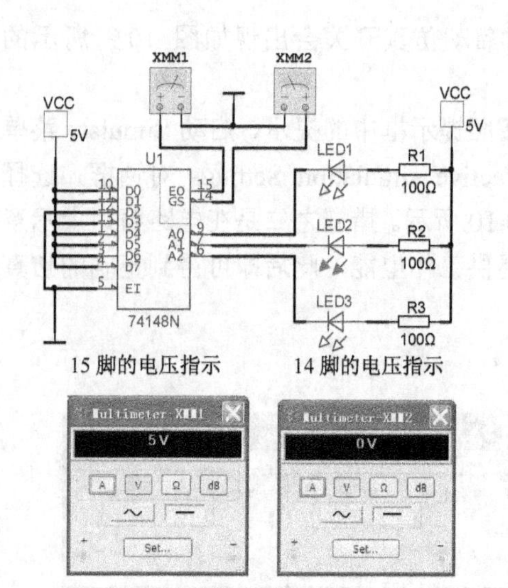

图 10.13　示例电路

对输入状态进行设置完成后，按下仿真开关时，就会看到输出端的发光二极管的“亮”、“灭”情况，同时两块万用表也同时显示不同的值。书中给出的只是其中的一种状态，读者可以对输入状态进行不同的设置，即可得到不同的输出结果。

10.1.3　译码器电路的仿真分析

74LS148 译码器的管脚功能如图 10.14 所示。

			SELECT										
$\overline{GL}$	G1	$\overline{G2}$	C	B	A	Y0	Y1	Y2	Y3	Y4	Y5	Y6	Y7
×	×	1	×	×	×	1	1	1	1	1	1	1	1
0	1	0	×	×	×	1	1	1	1	1	1	1	1
0	1	0	0	0	0	0	1	1	1	1	1	1	1
0	1	0	0	0	1	1	0	1	1	1	1	1	1
0	1	0	0	1	0	1	1	0	1	1	1	1	1
0	1	0	0	1	1	1	1	1	0	1	1	1	1
0	1	0	1	0	0	1	1	1	1	0	1	1	1
0	1	0	1	0	1	1	1	1	1	1	0	1	1
0	1	0	1	1	0	1	1	1	1	1	1	0	1
0	1	0	1	1	1	1	1	1	1	1	1	1	0
0	1	0	×	×	×	Output corresponding to stored address 0;all others 1							

图 10.14　74LS148 译码器的管脚功能

构建译码器仿真电路，如图 10.15 所示。其中，用字信号仪器作为输入状态的操作，分别用 8 个灯泡来显示输出的状态。双击字信号仪器符号，弹出其设置面板，如图 10.16 所示。对其进行相应的设置。

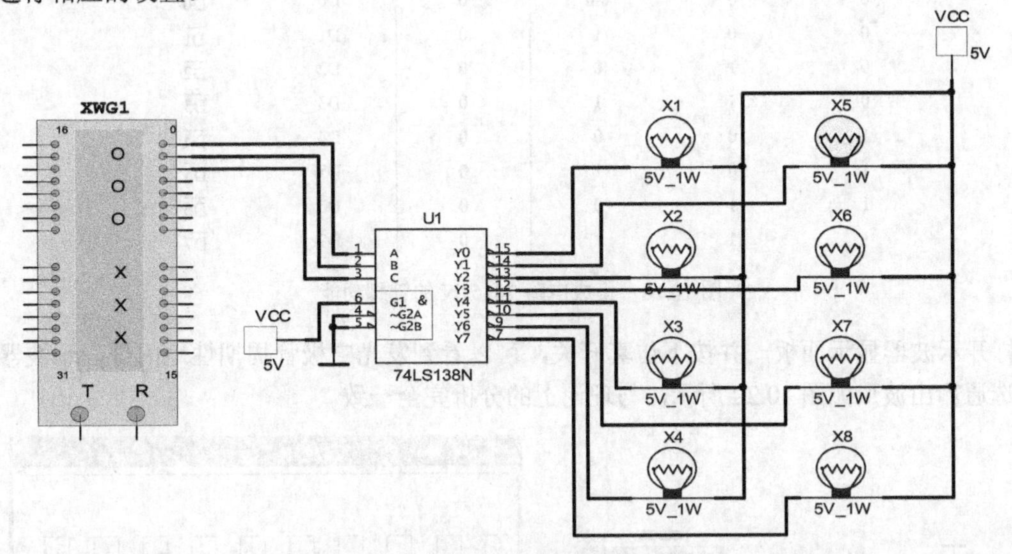

图 10.15　译码器电路

在字信号编辑区，对字信号进行设置，并对数据的执行过程进行相应的设置，如图 10.17 所示。在字信号编辑区单击鼠标右键，打开设置对话框如图 10.17 所示，可以对数据流进行设置光标、设置断点、去掉断点、设置起始位、设置结束位等的操作。有关其他进一步的设置及操作请参看本书第 5 章。设置完毕后，按下仿真开关，8 个灯泡依次点亮。此电路完成了译码器的功能。

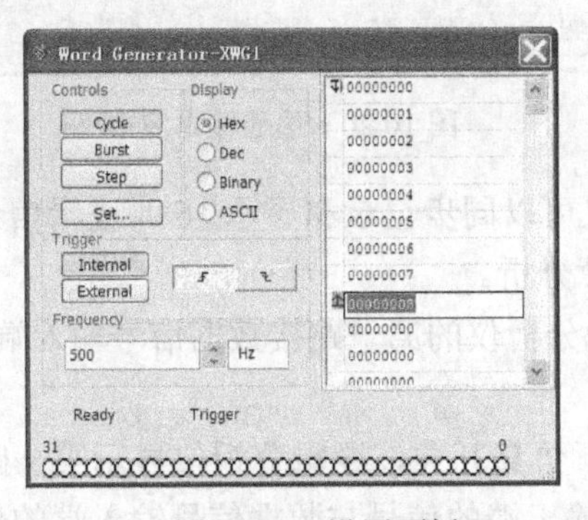

图 10.16　设置面板

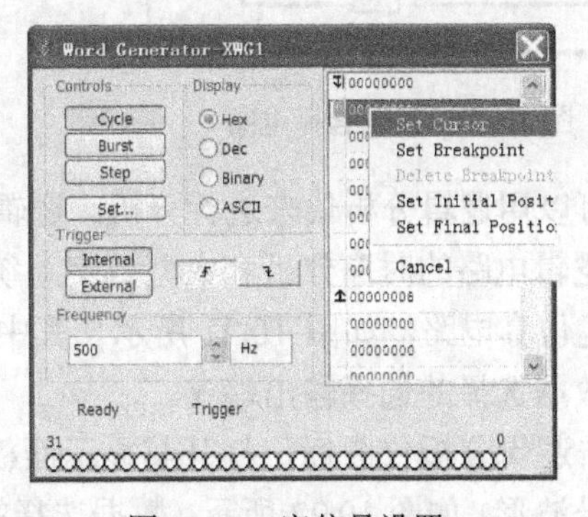

图 10.17　字信号设置

10.1.4　数据选择电路的仿真分析

数据选择集成电路 74151N 的管脚功能如图 10.18 所示。

构建的数据选择仿真电路如图 10.19 所示。其中，A、B、C 选择数据端均设为“1”（接 Vcc）。7 脚为选通接入端，接地。D7 数据输入端接一个方波周期信号 V1。数据输出端接一个示波器，同时接一个发光二极管作为输出数据流指示。

SELECT			STROBE	OUPUTS	
C	B	A	$\overline{G}$	V	W
×	×	×	1	0	1
0	0	0m	0	D0	$\overline{D0}$
0	0	1	0	D1	$\overline{D1}$
0	1	0	0	D2	$\overline{D2}$
0	1	1	0	D3	$\overline{D3}$
1	0	0	0	D4	$\overline{D4}$
1	0	1	0	D5	$\overline{D5}$
1	1	0	0	D6	$\overline{D6}$
1	1	1	0	D7	$\overline{D7}$

图 10.18　集成电路 74151N 的管脚功能

打开示波器显示面板，并按下仿真开关，可以看到发光二极管周期性地闪烁。示波器显示的选通输出波形如图 10.20 所示，与理论上的分析完全一致。

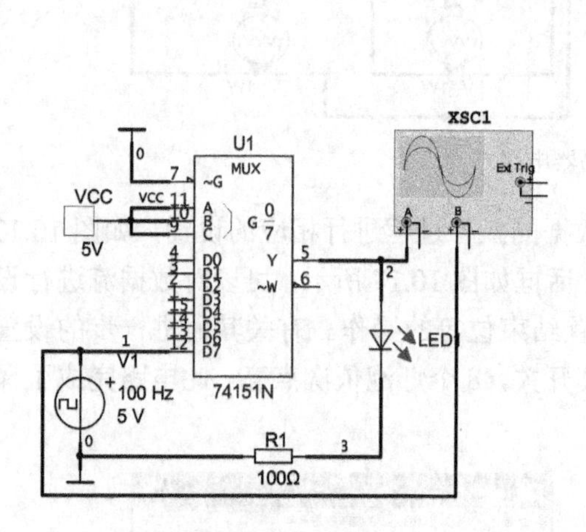

图 10.19　数据选择电路

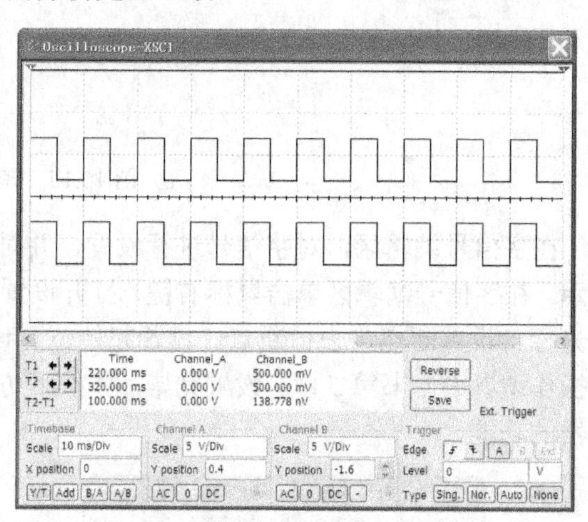

图 10.20　选通输出波形

也可以用逻辑分析仪来进行分析。逻辑分析仪可以同步记录和显示 16 路逻辑信号，常用于数字逻辑电路的时序分析和大型数字系统的故障分析。

构建仿真电路，如图 10.21 所示。其中，逻辑分析仪的第一路接数据信号输入端 D7，第二路接数据选择的选择输出端 Y。

双击逻辑分析仪图标，打开其显示面板，按下仿真开关，逻辑分析仪显示第一路和第二路的信号波形，如图 10.22 所示。数据选择的选择输出端的信号与数据信号输入端的信号完全一致。

10.1.5　全减器电路的仿真设计

通过全减器电路的仿真设计，我们会看到用 NI Multisim 12 设计一个数字电路的方法，即真值表→逻辑表达式→创建由基本与非门构成的各个功能子电路→逻辑地连接相关的子电路→构建成一个完整的电路→检验仿真电路的正确性。这样就完成了一个全过程。对计算机仿真会有一个更加深刻的认识。

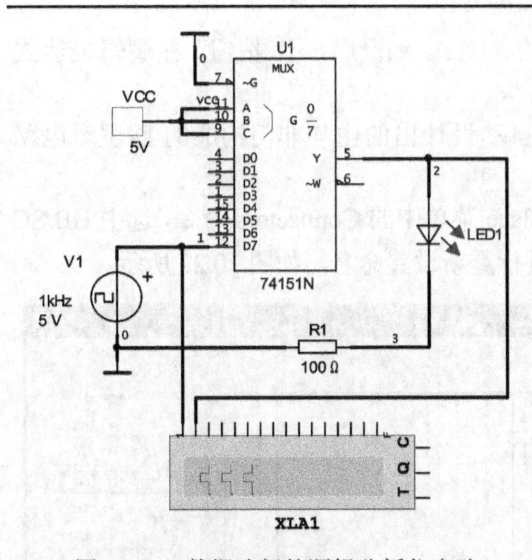

图 10.21　数据选择的逻辑分析仪电路

图 10.22　逻辑分析仪显示面板

我们用与非门设计一个一位全减器，设定：

A——本位被减数

B——本位减数

C——由低位来的借位输入

D——本位之差

S——向高位的借位

因为逻辑转换仪仅有一个逻辑输出端，而本例有两个输出逻辑变量 D 和 S，只能分别设计。

首先来设计 D，从仪表工具栏中调出逻辑转换仪，图标如图 10.23 所示。在其左边的真值表栏内按照表 10.1 全减器真值表 D 列进行设置，如图 10.24 所示。

表 10.1　全减器真值表

输　　入			输　　出	
A	B	C	D	S
0	0	0	0	0
0	0	1	1	1
0	1	0	1	1
0	1	1	0	1
1	0	0	1	0
1	0	1	0	0
1	1	0	0	0
1	1	1	1	1

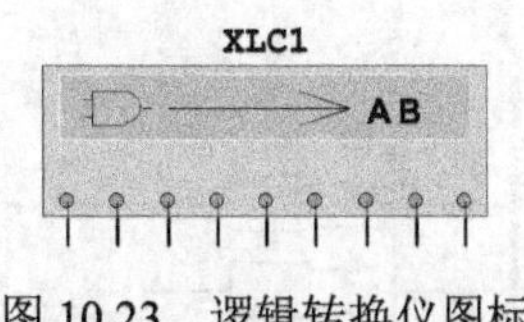

图 10.23　逻辑转换仪图标

当单击 A、B 及 C 上方的小圆圈时，真值表栏的左边程序自动产生真值表的行号，中间则是输入逻辑变量的组合。

真值表栏的右边一列是 D，这要由用户来设置。设置前是一列问号，当单击其中的一个问号时即变为 0，再次单击时转换成 1，再次单击将变成任意项 X，如再次单击则又回到 0。依次循环。

逻辑转换器不能由真值表直接生成与非门逻辑电路，要先转换成逻辑表达式后，再由逻

辑表达式转换成逻辑电路。单击逻辑转换仪面板上的 10|1 SIMP AIB 按钮，在逻辑表达式栏中出现了 D 的最简表达式，如图 10.25 所示。

这时，再单击 AIB → NAND 按钮，由程序自动设计出的由与非门构成的 D 逻辑电路如图 10.26 所示。

为了使电路简洁，将其设置为一个子电路。单击 Place 菜单中的 Connectors 命令，选中 HB/SC Connector 取出 4 个端子与逻辑电路连接，并对端子进行重新设置命名，如图 10.27 所示。

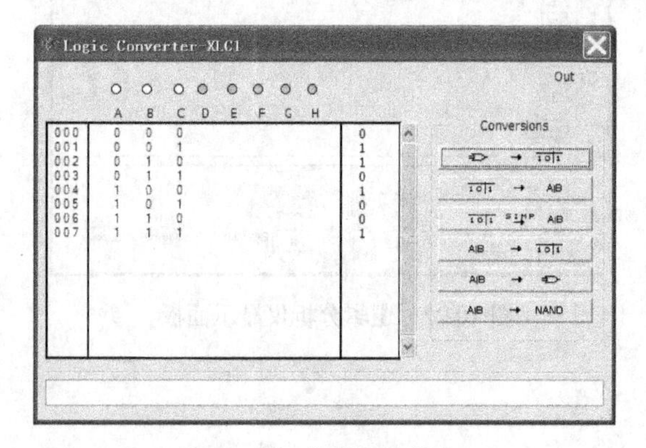

图 10.24　全减器真值表

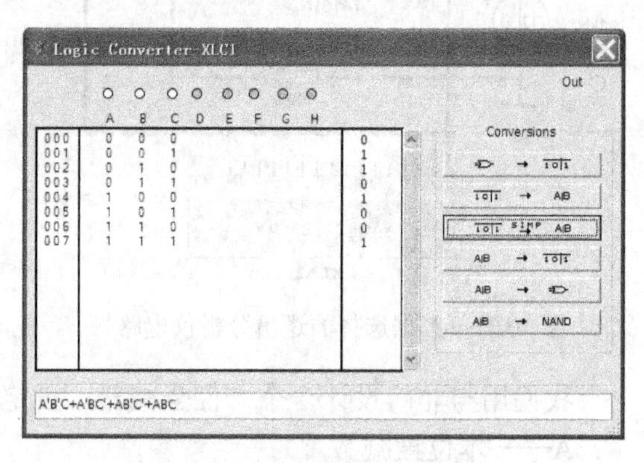

图 10.25　D 的最简表达式

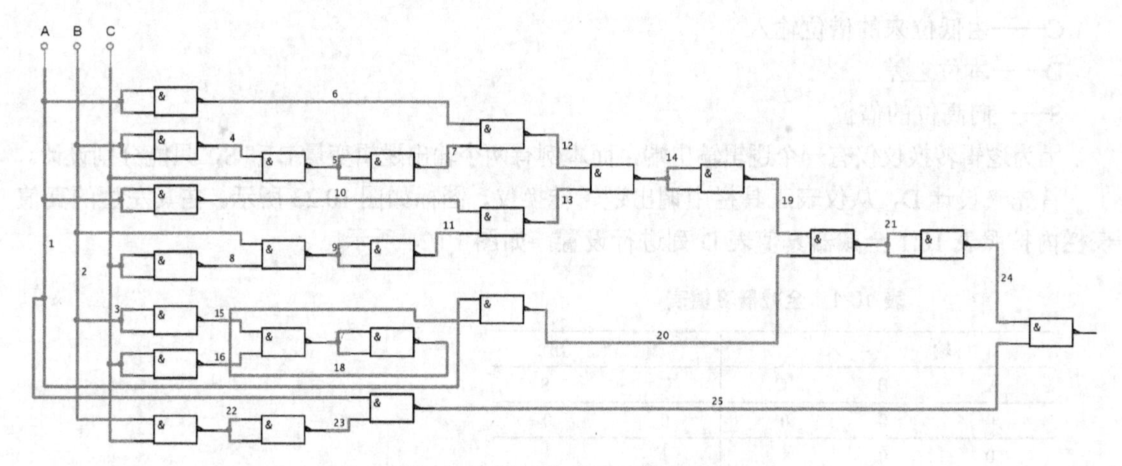

图 10.26　非门构成的 D 逻辑电路

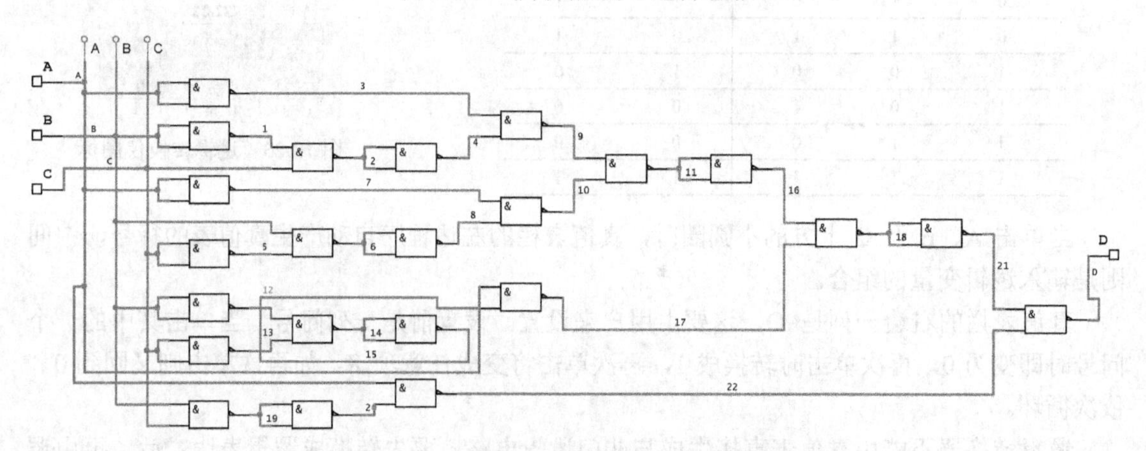

图 10.27　4 个输入 / 输出端与逻辑电路连接

按住鼠标左键拖出一个方框，把上图全部圈入方框内（即全部选中）。再启动 Place 菜单中的 Replace by Subcircuit 命令，在出现的 Subcircuit Name 对话框中输入 D，如图 10.28 所示。再按确定，即可得到如图 10.29 所示的 D 子电路。

为了便于记忆和管理，把它的 Label 命名为“dd”。用户也可根据自己的实际情况进行设置。如图 10.30 所示。

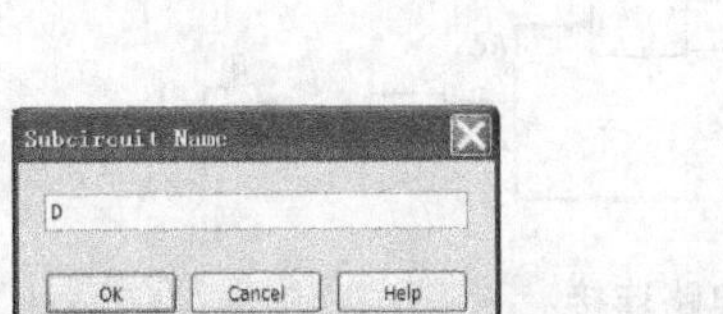

图 10.28　Subcircuit Name 对话框

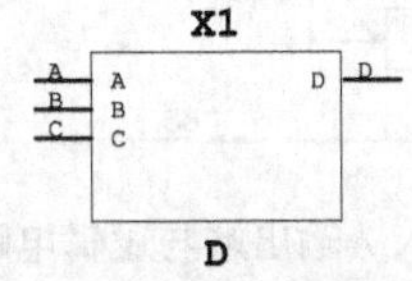

图 10.29　D 子电路

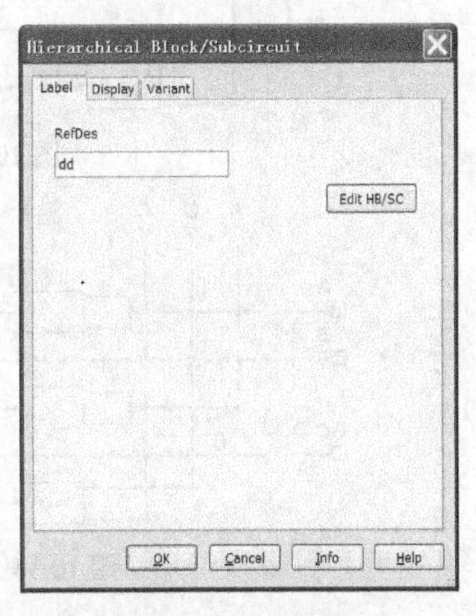

图 10.30　命名子电路

保存该子电路，同时把 D 子电路复制到剪贴板上。

现在来设计 S 子电路。重新开启一个新的电路窗口，注意：一定要用新开电路窗口，否则电路会很乱，有可能无法编辑出 S 子电路。S 子电路不必再复制到剪贴板上去。在新窗口中使用与编辑 D 子电路相同的方法，首先在其左边的真值表栏内按照表 10.1 全减器真值表 S 列进行设置，如图 10.31 所示。

再单击逻辑转换仪面板上的 10|1 SIMP AIB 按钮，在逻辑表达式栏中出现了 S 的最简表达式，如图 10.32 所示。

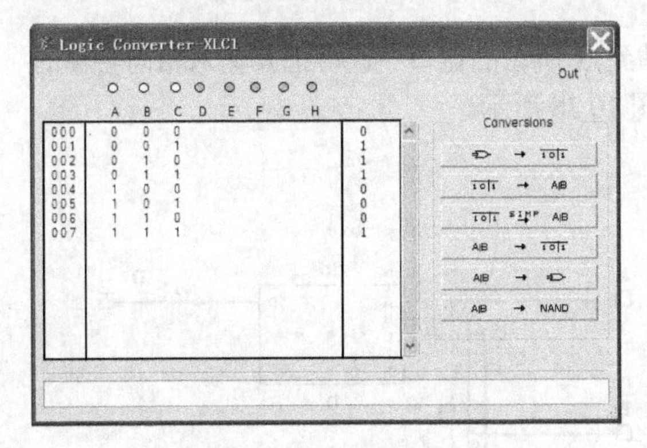

图 10.31　全减器真值表 S 列

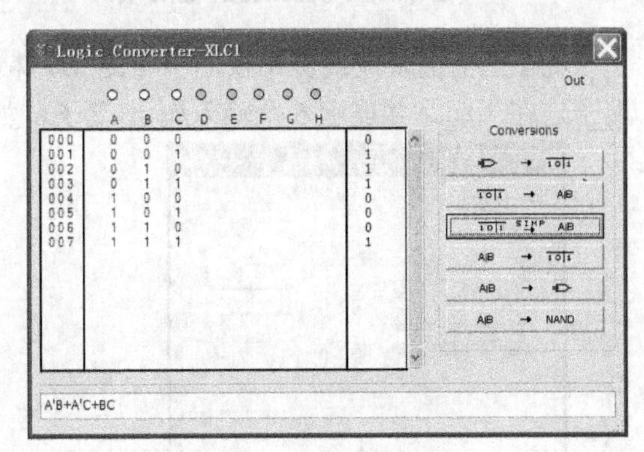

图 10.32　S 的最简表达式

这时，再单击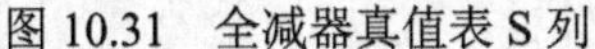按钮，由程序自动设计出的由与非门构成的 S 逻辑电路如图 10.33 所示。

选中 Place 菜单中的 Connectors 中的 HB/SC Connector，取出 4 个输入 / 输出端与逻辑电路连接，并对端子进行重新设置命名，如图 10.34 所示。

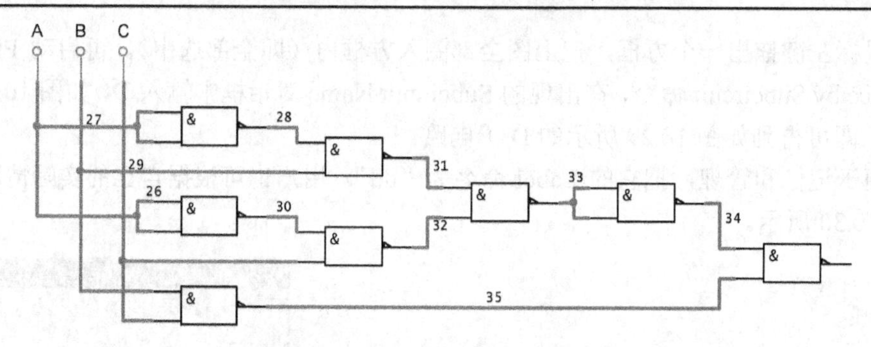

图 10.33　与非门构成的 S 逻辑电路

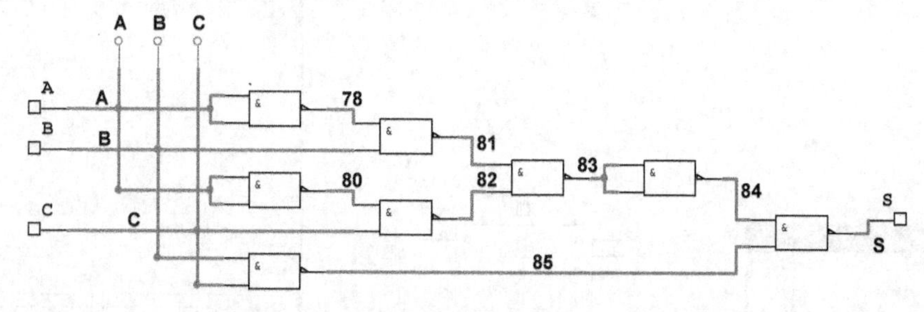

图 10.34　4 个输入 / 输出端与逻辑电路连接

按住鼠标左键拖出一个方框，把上图全部圈入方框内（即全部选中）。再启动 Place 菜单中的 Replace by Subcircuit 命令，在出现的 Subcircuit Name 对话框中输入 S，如图 10.35 所示。再按确定，即可得到如图 10.36 所示的 S 子电路。把它的 Label 命名为“ss”，按确定，如图 10.37 所示。

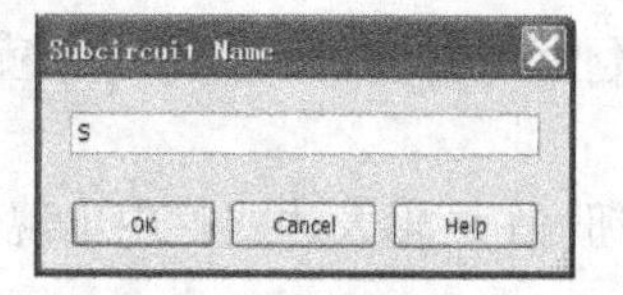

图 10.35　Subcircuit Name 页

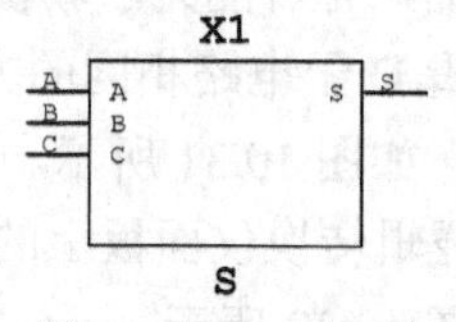

图 10.36　S 子电路

现在把前面复制到剪贴板的子电路 D，粘贴到 S 所在的窗口中，再把其输入相同名称的端子连在一起，并连上 5 个输入/输出端子，如图 10.38 所示。

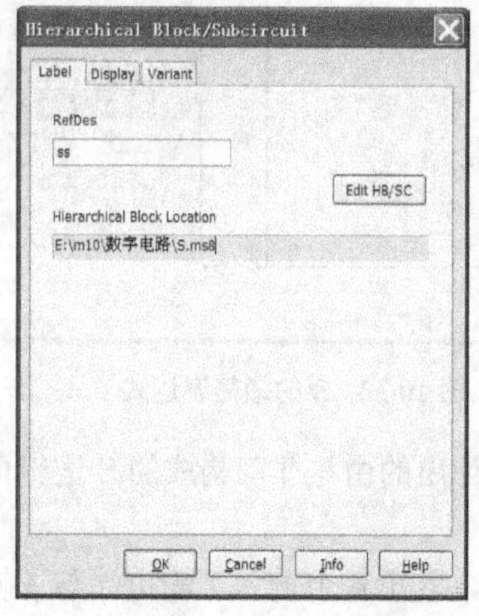

图 10.37　命名子电路

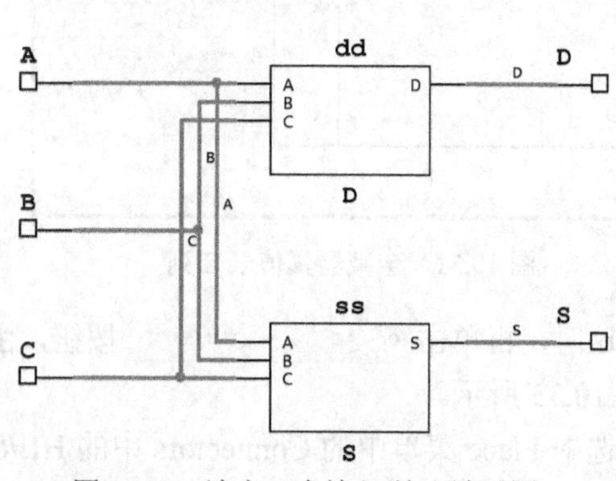

图 10.38　连上 5 个输入/输出端子图

同样把它设计成一个名称为 QJQ 的子电路，名称设定如图 10.39 所示。全减器的电路如图 10.40 所示。

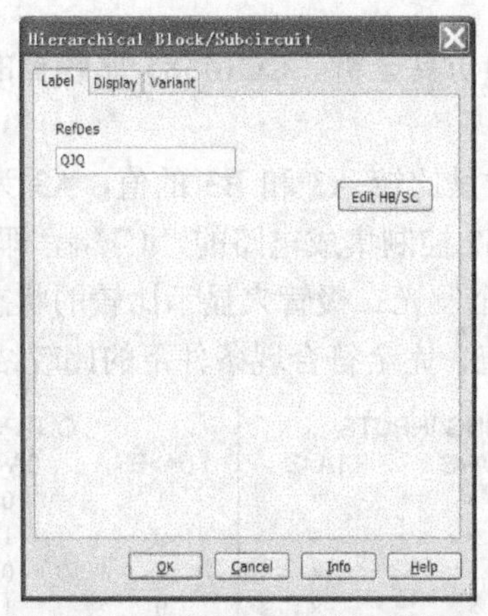

图 10.39　命名 QJQ 的子电路

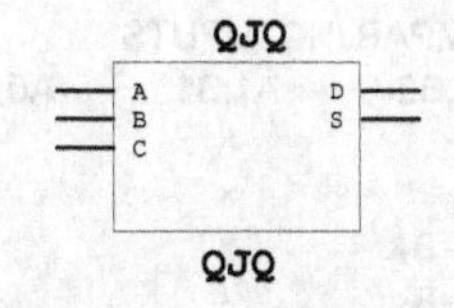

图 10.40　全减器的电路

最后，用逻辑转换仪来检验这个一位全减器的正确性，首先检测 D 端。检测电路如图 10.41 所示。打开逻辑转换仪的显示面板，按　　　　，即可在真值表栏里看到 D 的真值表，如图 10.42 所示。

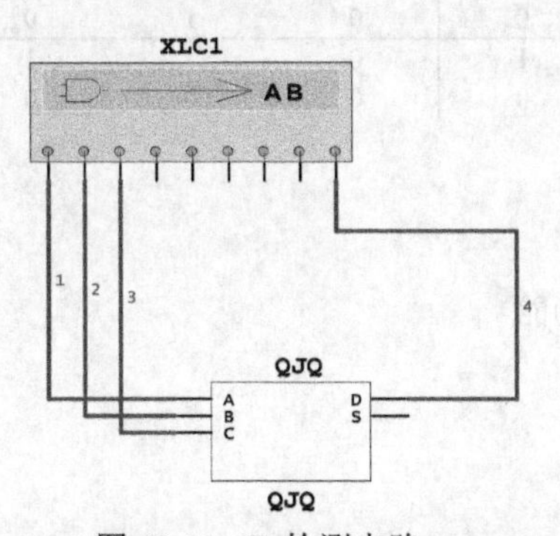

图 10.41　D 检测电路

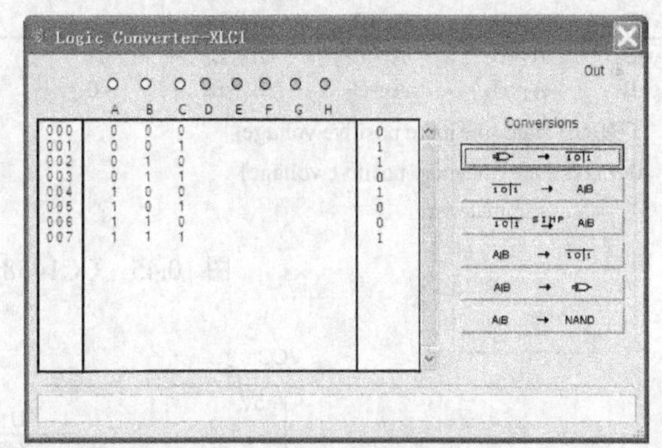

图 10.42　D 的真值表

同理，检测 S 端。检测电路如图 10.43 所示。打开逻辑转换仪的显示面板，按　　　　，即可在真值表栏里看到 S 的真值表，如图 10.44 所示。其逻辑关系完全正确。

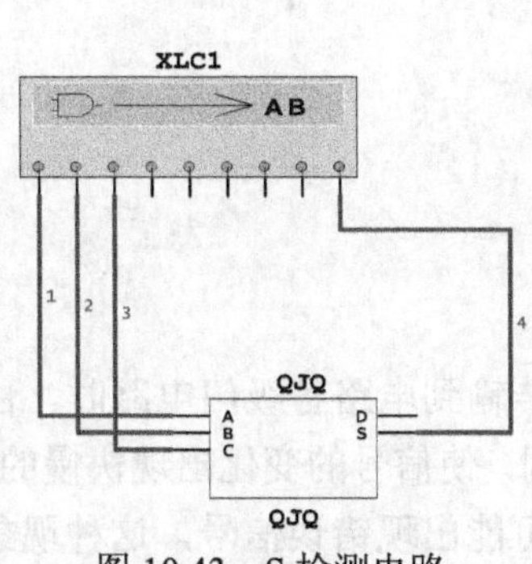

图 10.43　S 检测电路

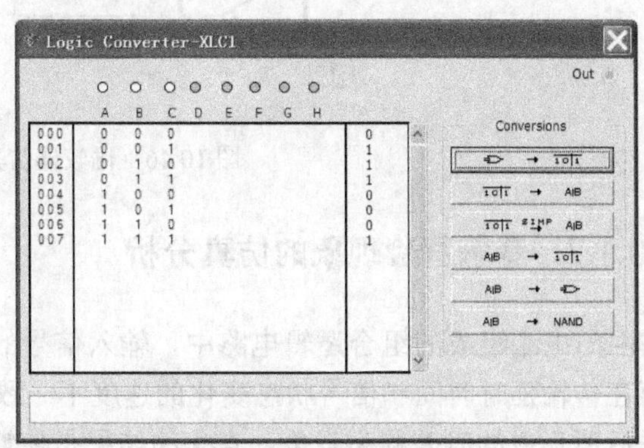

图 10.44　S 的真值表

10.1.6 比较器电路的仿真分析

我们以 CC14585 为例，来介绍比较器电路的仿真分析。CC14585 比较器的详细介绍如图 10.45 所示。

构建的比较器仿真电路如图 10.46 所示。此时是比较 A3 和 B3 的值，A3 为高电位；B3 由开关 J1 控制，可在高、低电位之间变换；开关 J2 控制集成电路的“4”端，即级联输入端，使其可在高、低电位之间变换。$F_{A>B}$ 输出端用一个发光二极管来显示比较的状态。通过开关 J1、J2 状态的转换，得到输出端比较以后的状态值。完全符合现条件下的比较结果。

COMPARJHG IMPUTS				CASCADING IHPUTS			OUTPUTS		
A3,B3	A2,B2	A1,B1	A0,B0	1A>B	1A<B	1A=B	0A>B	0A<B	0A=B
$A_3>B_3$	×	×	×	1	×	×	1	0	0
$A_3<B_3$	×	×	×	×	×	×	0	1	0
$A_3=B_3$	$A_2=B_2$	×	×	1	×	×	1	0	0
$A_3=B_3$	$A_2=B_2$	×	×	×	×	×	0	1	0
$A_3=B_3$	$A_2=B_2$	$A_1>B_1$	×	1	×	×	1	0	0
$A_3=B_3$	$A_2=B_2$	$A_1<B_1$	×	×	×	×	0	1	0
$A_3=B_3$	$A_2=B_2$	$A_1=B_1$	$A_0>B_0$	1	×	×	1	0	0
$A_3=B_3$	$A_2=B_2$	$A_1=B_1$	$A_0<B_0$	×	×	×	0	1	0
$A_3=B_3$	$A_2=B_2$	$A_1=B_1$	$A_0=B_0$	×	0	1	0	0	1
$A_3=B_3$	$A_2=B_2$	$A_1=B_1$	$A_0=B_0$	1	0	0	1	0	0
$A_3=B_3$	$A_2=B_2$	$A_1=B_1$	$A_0=B_0$	×	1	0	0	1	0
$A_3=B_3$	$A_2=B_2$	$A_1=B_1$	$A_0=B_0$	×	1	1	0	1	1
$A_3=B_3$	$A_2=B_2$	$A_1=B_1$	$A_0=B_0$	0	0	0	0	0	0

1=HIOH state (the more positive voltage)

0=LOW state (the more positive voltage)

×=state is immaterist

图 10.45 CC14585 比较器的功能

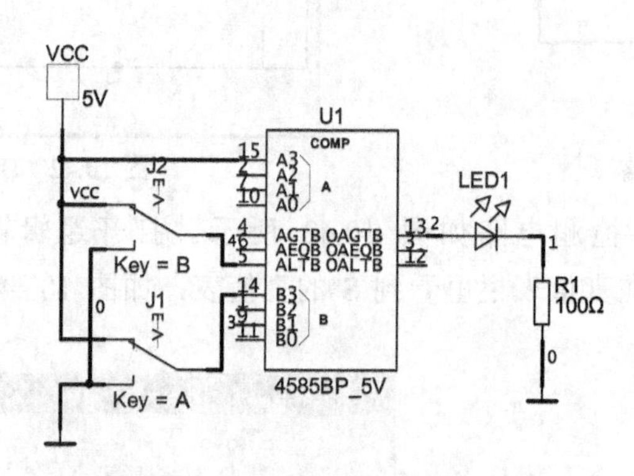

图 10.46 比较器仿真电路

10.1.7 竞争冒险现象的仿真分析

在由门电路组成的组合逻辑电路中，输入信号的变化传输到电路各级门电路时，由于门电路存在传输延时时间和信号状态变化的速度不一致等原因，使信号的变化出现快慢的差异，这种先后所形成的时差称为竞争。竞争的结果是使输出端可能出现错误信号，这种现象称为冒险。有竞争不一定有冒险，但有冒险一定存在竞争。

利用卡诺图可以判断组合逻辑电路是否可能存在竞争冒险现象。具体做法如下：根据逻辑函数的表达式，画出其卡诺图，若卡诺图中填 1 的格所形成的卡诺图有两个相邻的圈相切，则该电路就存在竞争冒险的可能性。

组合逻辑电路存在竞争就有可能产生冒险，造成输出的错误动作。因此，在设计组合逻辑电路时必须分析竞争冒险现象的产生原因，解决电路设计中的问题，以杜绝竞争冒险现象的产生。常用的消除竞争冒险的方法有：加取样脉冲，消除竞争冒险；修改逻辑设计，增加冗余项；在输出端接滤波电容；加封锁脉冲等。

竞争冒险现象的仿真电路如图 10.47 所示，其中，V1 是一个方波信号。示波器的 A 通道、B 通道分别接在输入端和输出端。按下仿真按钮，示波器显示输入、输出波形，如图 10.48 所示。

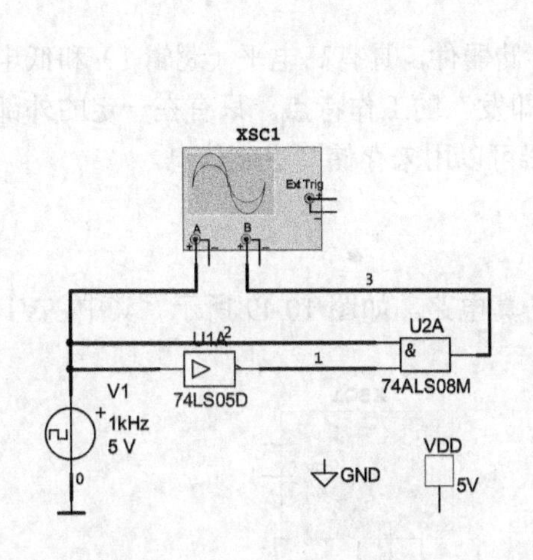

图 10.47 竞争冒险现象电路

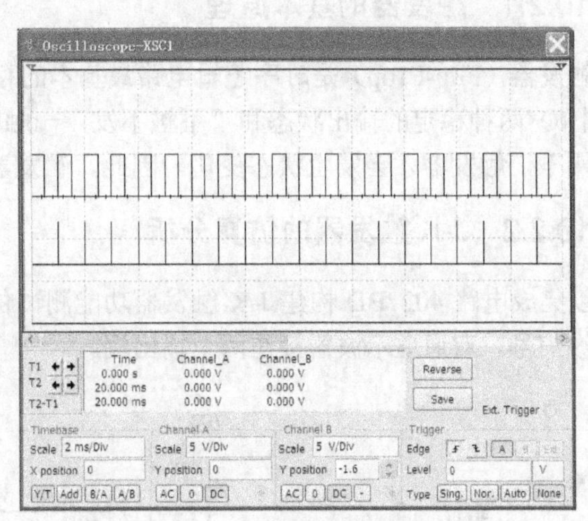

图 10.48 输入、输出波形

图 10.47 所示的电路的逻辑功能为 F = 0。从逻辑表达式来看，无论输入信号如何变化，输出应保存不变，恒为 0（低电平）。但实际情况并非如此，从仿真的结果可以看到，由于 74LS05D 非门电路的延时，在输入信号的上升沿，电路输出端有一个正的窄脉冲输出，如图 10.48 所示，这种现象称为 1（高电平）型冒险。

消除竞争冒险现象的方法有多种，这里不一一介绍，请参看有关教材。

10.2 时序逻辑电路的仿真分析

时序电路任一时刻的输出不仅与该时刻的输入有关，还与电路的状态有关，或者说还与以前的输入有关。因此描述时序电路仅仅用输出方程是不够的，一般要用输出方程、驱动方程（激励方程）和状态方程（次态方程）来描述。

按时序电路中状态改变方式的不同，时序电路可分为同步时序电路和异步时序电路两大类。在同步时序电路中，有统一的时钟，存储器中各触发器的状态转换都是在这个时钟作用下发生的。在异步时序电路中，各触发器的时钟并不统一，各触发器状态的转换也不是同时发生的。

按时序电路中输出变量是否与输入变量直接相关来分，时序电路又可分成米里（Mealy）型电路和莫尔（Moore）型电路。米里型电路的输出与输入变量与现状态有关，是普通的时序电路；莫尔型电路的输出仅与电路的现状态有关，与外部输入无关。可见莫尔型电路是一种特殊的米里型电路。

时序电路的功能除了可以用三个方程（输出方程、驱动方程和次态方程）来描述外，还可以用状态表、状态图和时序波形图来描述，它们各有特点，各有所用，且可以相互转换。三个方程与具体时序电路直接对应，状态表、状态图以表格和图形描述整个时序电路的状态转变规律和输出变化规律，使电路的逻辑功能一目了然。时序波形图更能直观地显示电路的工作过程，在实验调试中最适用。为进行时序电路的分析和设计，这几种描述方法都应该熟练地掌握。

10.2.1　触发器的基本原理

触发器（Flip-F1op）是时序逻辑电路最基本的存储器件，具有高电平（逻辑 1）和低电平（逻辑 0）两种稳定的输出状态和“不触不发，一触即发”的工作特点。只有在一定的外部信号作用下，触发器才会发生状态变化。因此，触发器可以用来存储二进制信息。

10.2.2　J-K 触发器的仿真分析

以集成电路 4027BD 构建 J-K 触发器功能测试仿真电路，如图 10.49 所示。其中，V1 为一方波信号。双通道示波器接在两个输出端。

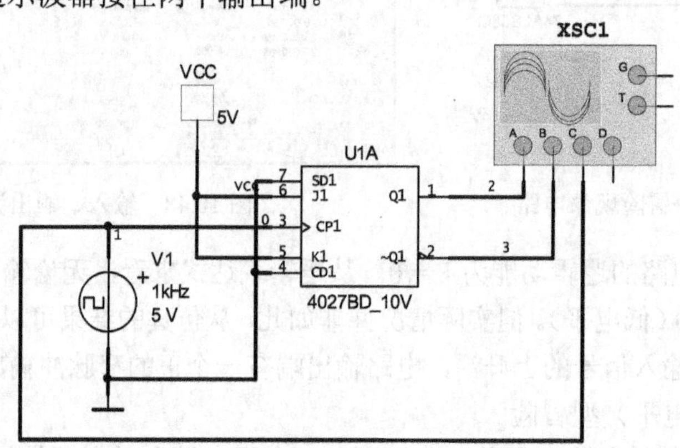

图 10.49　J-K 触发器功能测试电路

集成电路 4027BD 的双上升沿 J-K 触发器功能的详细介绍如图 10.50 所示。按下仿真开关，示波器显示输出波形，如图 10.51 所示。

SD	CD	CP	J	K	On	$\overline{On}$
1	0	×	×	×	1	0
0	1	×	×	×	0	1
1	1	×	×	×	1	1
0	0		0	0	Hold	
0	0		1	0	1	0
0	0		0	1	0	1
0	0		1	1	Toggle	

-=triggers on POSITIVE pulse

图 10.50　4027BD 双上升沿 J-K 触发器功能

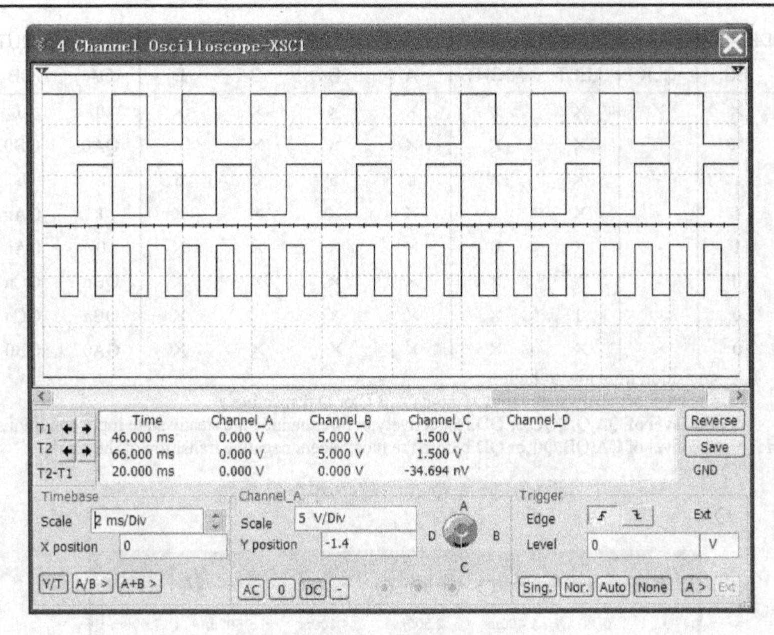

图 10.51　输出波形

10.2.3　4 位双向移位寄存器的仿真分析

以集成电路 74194 构建移位寄存器功能测试仿真电路，如图 10.52 所示。其中，用逻辑分析仪 XLA1 接在 4 位双向移位寄存器的 4 个输出端 QA、QB、QC、QD 上，观察其时序的变化情况。用函数发生器 XFG1 作为时钟信号。

函数发生器 XFG1 的设置如图 10.53 所示。集成电路 74194 的 4 位双向移位寄存器功能的详细介绍如图 10.54 所示。

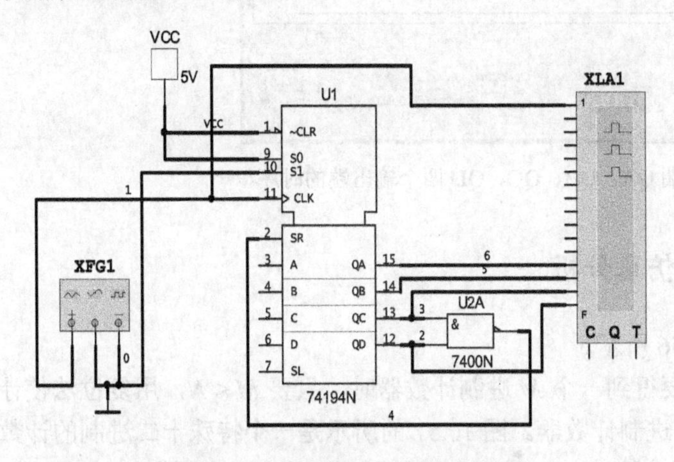

图 10.52　移位寄存器功能测试电路

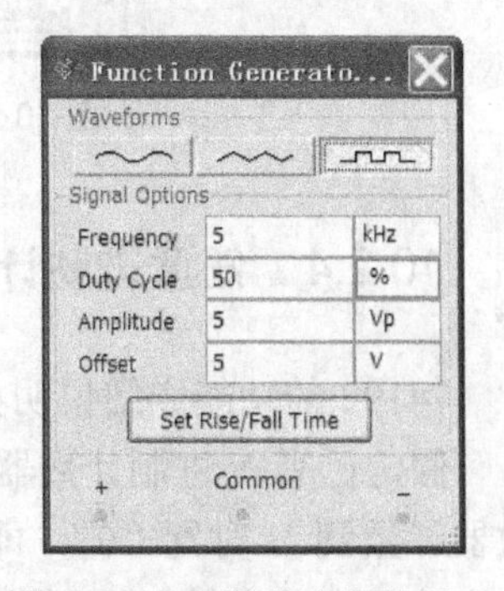

图 10.53　函数发生器设置

按下仿真开关，双击逻辑分析仪 XLA1 图标，打开其显示面板，得到输出端 QA、QB、QC、QD 四个输出端的时序变化情况，如图 10.55 所示。

所显示的结果与我们理论分析的结果完全一致。

	MODE		SERIAL			PARALLEL				OUTPUTS			
CLEAR	S1	S0	CLK	LEFT	RIGHT	A	B	C	D	QA	QB	QC	QD
0	×	×	×	×	×	×	×	×	×	0	0	0	0
1	×	×	0	×	×	×	×	×	×	QA0	QB0	QC0	QD0
1	1	1	-	×	×	a	b	c	d	a	b	c	d
1	0	1	-	×	1	×	×	×	×	1	QAn	QBn	QCn
1	0	1	-	×	0	×	×	×	×	0	QAn	QBn	QCn
1	1	0	-	1	×	×	×	×	×	QBn	QCn	QDn	1
1	1	0	-	0	×	×	×	×	×	QBn	QCn	QDn	0
1	0	0	×	×	×	×	×	×	×	QA0	QB0	QC0	QD0

- =transition from low to high
a,b,c,d =the level of steady state input at inputs A,B,C,or D respectively
QA0,QB0,QC0,QD0 =the level of QA,QB,QC,or QD,respectively,before the indicate steady state input conditions were established
QAn, QBn, QCn, QDn =the level of QA,QB,QC,or QD before the most recent negative transition of the clock

图 10.54 4 位双向移位寄存器功能

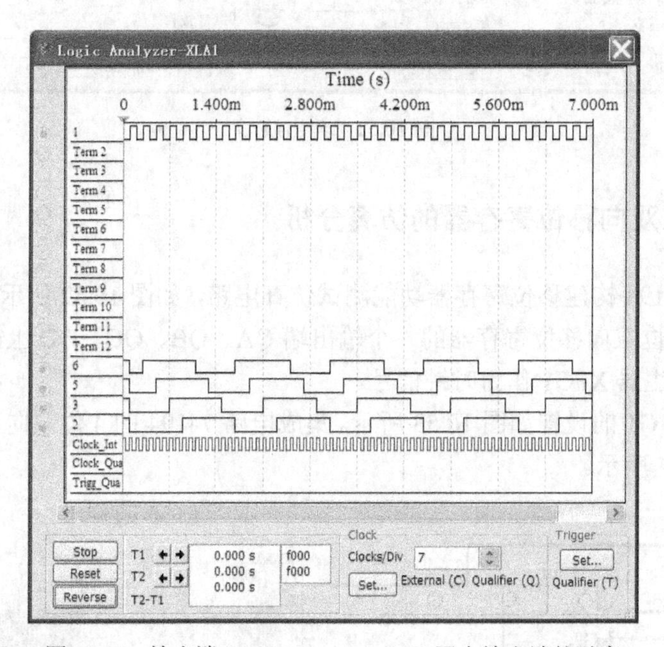

图 10.55 输出端 QA、QB、QC、QD 四个输出端的时序

10.2.4 任意进制计数器的仿真分析

74192 的功能详细说明如图 10.56 所示。

假定已有 N 进制计数器，而需要得到一个 M 进制计数器时，只要 $M<N$，用复位法使计数器计数到 M 时置“0”，即获得 M 进制计数器。图 10.57 的所示是一个特殊十二进制的计数器电路。在数字钟里，对时位的计数序列是 1，2，…，11，12，即是十二进制的，且无 0 数。当计数到 13 时，通过与非门产生一个复位信号，使 74192N（U4）直接置成 0000，而 74192N（U5）直接置成 0001，从而实现了 1～12 计数。

构建特殊十二进制的计数器电路，如图 10.57 所示。其中，函数发生器的设置如图 10.58 所示。

			INPUTS						OUTPUTS					OPERAT INGMODE
MR	$\overline{PL}$	CPU	CPD	D0	D1	D2	D3	Q0	Q1	Q2	Q3	$\overline{TCU}$	$\overline{TCD}$	
1	×	×	0	×	×	×	×	0	0	0	0	1	0	Reset
1	×	×	1	×	×	×	×	0	0	0	0	1	1	
0	0	×	0	0	0	0	0	0	0	0	0	1	0	Parallelload
0	0	×	1	0	0	0	0	0	0	0	0	1	1	
0	0	0	×	1	×	×	1	Qn=Dn				0	1	
0	0	1	×	1	×	×	1	Qn=Dn				1	1	
0	1	-	1	×	×	×	×	Count up				1	1	Count up
0	1	1	-	×	×	×	×	Count down				1	1^2	Count down

- =transition from low to high

1^1=TCU=CPU at terminal count up(HLLH)

1^2=TCD=CPD at terminal count down(LLLL)

图 10.56　74192 的功能

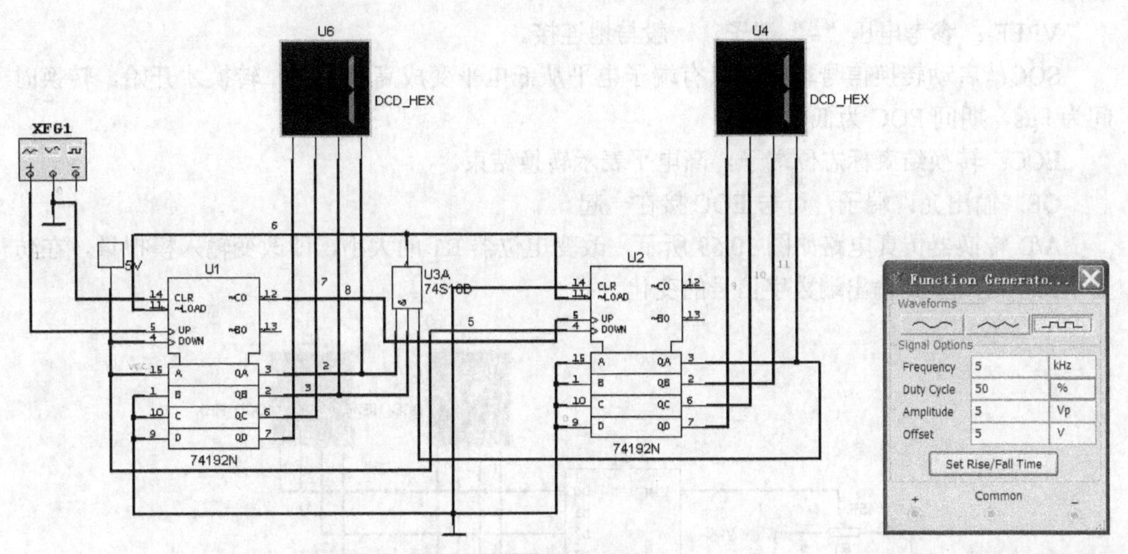

图 10.57　十二进制的计数器电路　　图 10.58　函数发生器设置

按下仿真开关，我们可以看到此计数器电路正常工作。

10.3　A/D 与 D/A 转换电路的仿真分析

与模拟信号相比，数字信号具有抗干扰能力强、存储处理方便等突出优点。因此，随着计算机技术和数字信号处理技术的飞速发展，在通信、测量、自动控制以及其他许多领域将输入到系统的模拟信号转换成数字信号进行处理的情况已经越来越普遍。同时，又常常要求将处理后的数字信号再转换成相应的模拟信号，作为系统的输出。由模拟信号转换成数字信号的过程称为模 / 数转换，简称为 A/D（Analog to Digital）；由数字信号转换成模拟信号的过程称为数 / 模转换，简称为 D/A（Digital to Analog）。这样，在模拟电路与数字电路之间，或者说在模拟信号与数字信号之间，需要有一个接口电路——A/D 转换器或 D/A 转换器。

A/D 转换器是指能够实现 A/D 转换的电路，一般简写为 ADC（Analog to Digital Converter）；D/A 转换器是指能够实现 D/A 转换的电路，一般简写为 DAC（Digital to Analog Converter）。随着集成电路技术的发展，目前市场上单片集成的 ADC 和 DAC 芯片有几百种之多，而且技术指标也越来越先进，可以适应不同应用场合的需要。

10.3.1 A/D 转换电路的仿真分析

以 NI Multisim 12 仿真软件中的一种 A/D 转换电路（ADC）为例来构建模数转换电路。ADC 是将输入的模拟信号转换成 8 位的数字信号输出，符号说明如下。

VIN：模拟电压输入端子。

VREF+：参考电压“+”端子，要接直流参考源的正端，其大小视用户对量化精度的要求而定。

VREF-：参考电压“-”端子，一般与地连接。

SOC：启动转换信号端子，只有端子电平从低电平变成高电平时，转换才开始，转换时间为 1 μs，期间 EOC 为低电平。

EOC：转换结束标志位端子，高电平表示转换结束。

OE：输出允许端子，可与 EOC 接在一起。

A/D 转换器仿真电路如图 10.59 所示，改变电位器 R1 的大小，即改变输入模拟量，在仿真电路中可观察到输出端数字信号的变化。

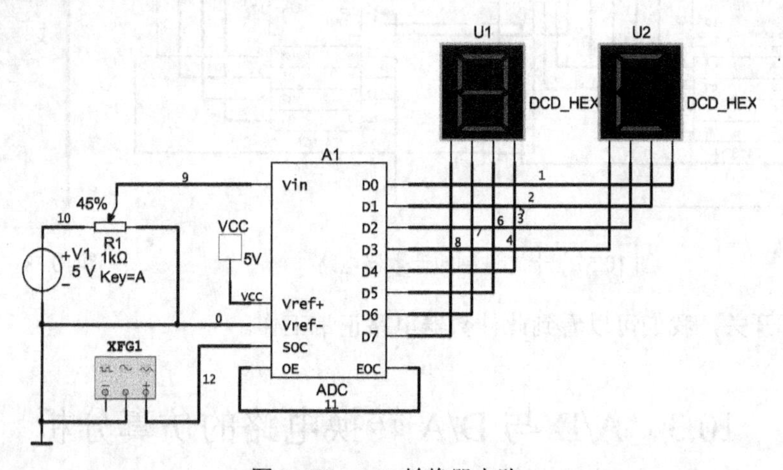

图 10.59 A/D 转换器电路

10.3.2 D/A 转换电路的仿真分析

在 NI Multisim 12 仿真软件中有两种 D/A 转换电路，一个是电流型 DAC，即 IDAC；另一个是电压型 DAC，即 VDAC。

对图 10.59 所示电路进行改造，在输入端再接入一路交流信号 V2。使 A2 集成电路 A/D 模数转换的输出端 D0～D7 的数值自动变化，并在数码管上显示出来。此时，为了电路的整洁、清晰，用总线连接的方式进行连接。有关使用总线连接的方法，请参看第 3 章。

调整好 A/D 模数转换电路以后，再对其输出的数字信号进行 D/A 数模转换。使用的 D/A

数模转换电路是电流型 DAC，即 IDAC8（8 位）。构建的完整电路如图 10.60 所示。示波器的 A 通道接在 A/D 模数转换电路输入的模拟信号上，B 通道接在 IDAC 数模转换的输出端。IDAC 的连接也是采用总线的形式连接的。有关 IDAC 的使用请参看有关教材。

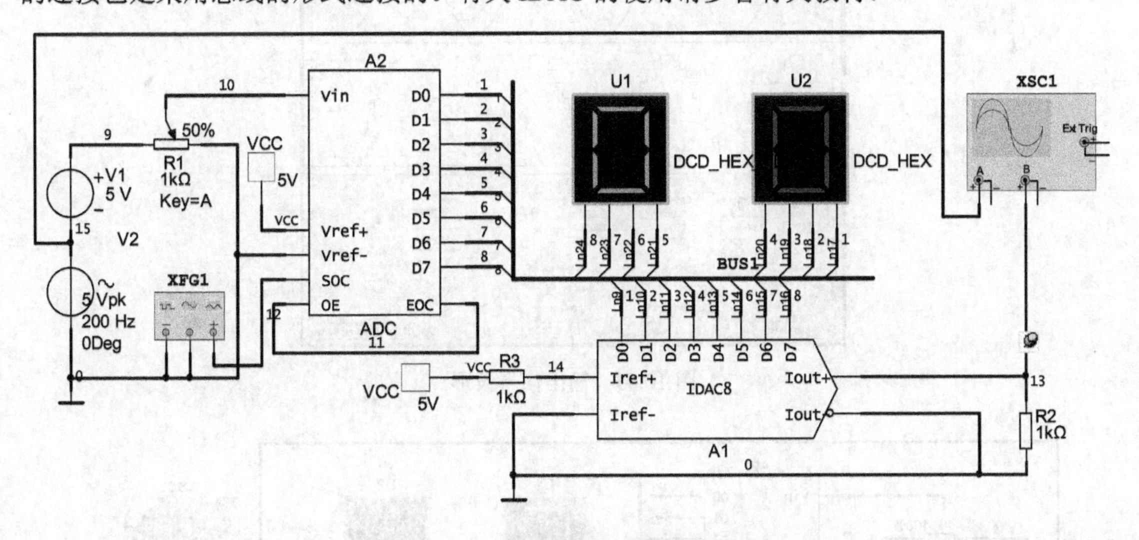

图 10.60　A/D 模数、D/A 数模转换电路

双击 IDAC8 图标，打开其设置对话框，看到它的设置，如图 10.61 所示。其中，函数发生器的设置如图 10.62 所示。

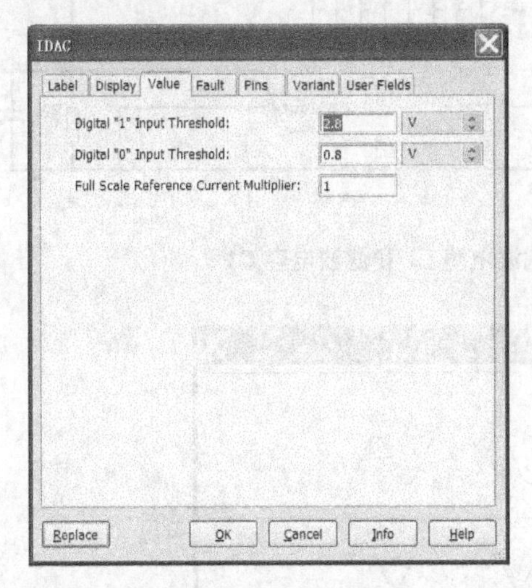

图 10.61　IDAC8 设置页

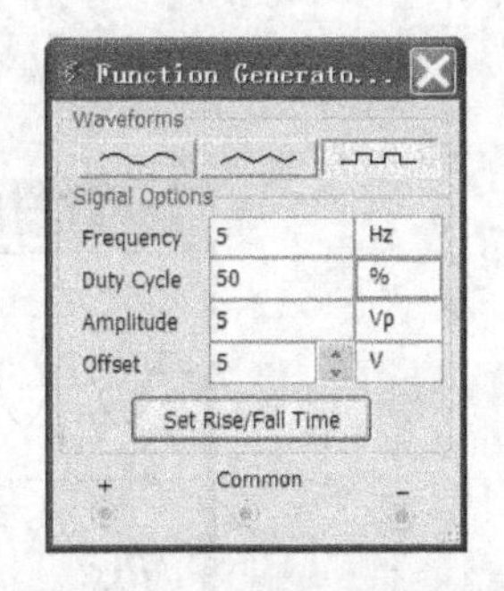

图 10.62　函数发生器设置

按下仿真开关，示波器上显示 A/D 模数转换电路输入的模拟信号、IDAC 数模转换的输出信号的波形，如图 10.63 所示。在 IDAC 数模转换的输出端接上滤波电感 L1 和滤波电容 C1，如图 10.64 所示。按下仿真开关，示波器上显示 A/D 模数转换电路输入的模拟信号、IDAC 数模转换的输出信号的波形，如图 10.65 所示。

可以看到，此电路很好地完成了把一个模拟信号通过 A/D 模数转换电路变成一个数字信号，再通过 IDAC 数模转换电路变换回模拟信号的一个完整过程。

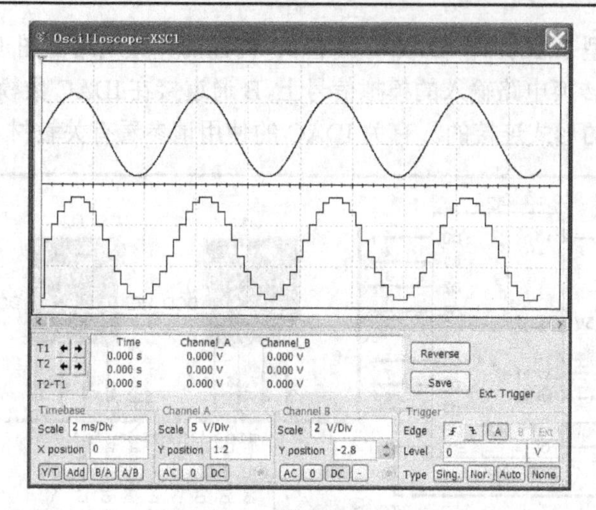

图 10.63 输出信号波形

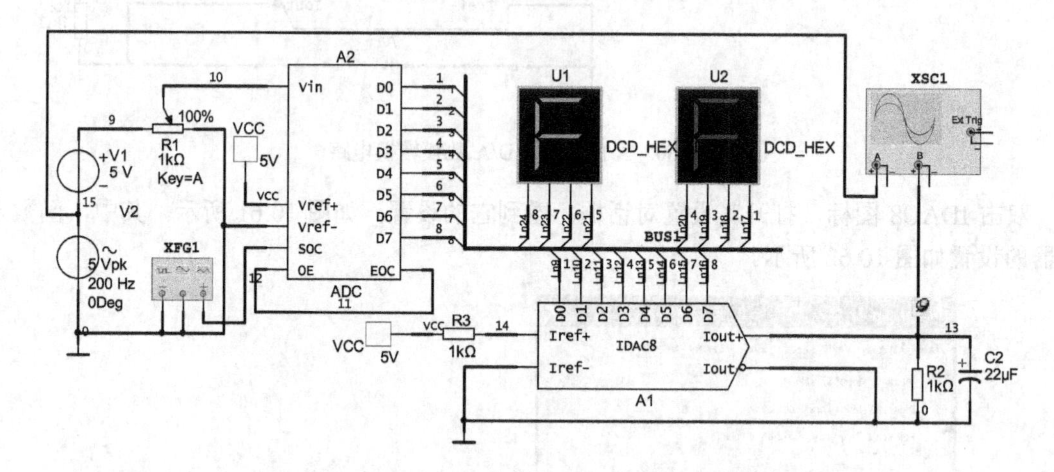

图 10.64 输出端接上滤波电感 L1 和滤波电容 C1

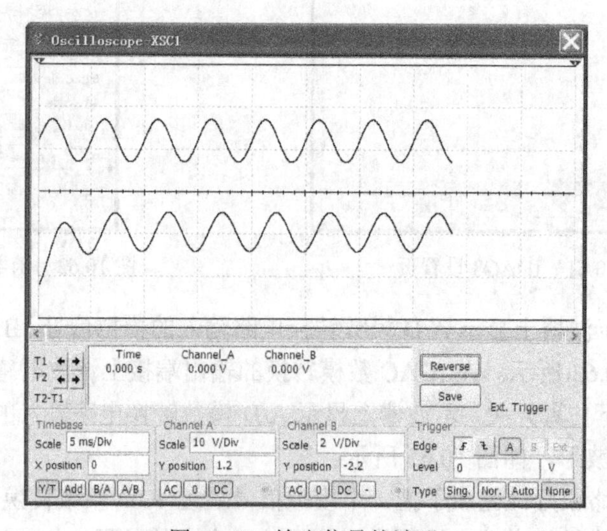

图 10.65 输出信号的波形

10.4　可编程任意波形信号发生器

对于 DAC 数模转换电路，改变数字控制信号 D0～D7 的权值，可以改变输出电压 Output。如果利用微控制器等器件，通过编程使数字控制信号 D0～D7 按照一定的规律变化，则 DAC 的输出电压是与按一定规律变化的数字控制信号 D0～D7 相对应的波形。DAC 构成的可编程任意波形发生器如图 10.66 所示。其中 DAC 采用的是 VDAC8 集成电路。图 10.66 中利用字信号发生器 XWG1 代替微控制器，并用逻辑分析仪 XLA1 来显示字信号发生器的输出信号。为了电路图的简洁，我们全部采用总线连接的方式。

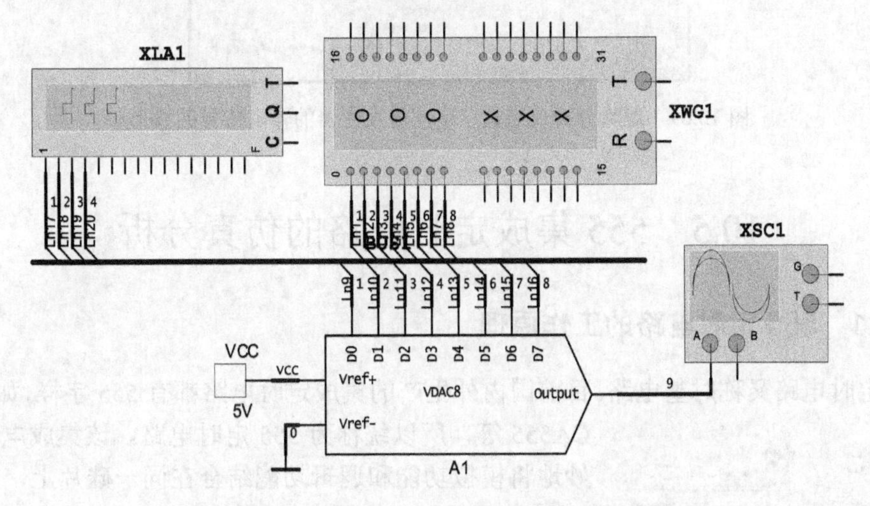

图 10.66　DAC 构成的可编程任意波形发生器电路

字信号发生器的一个编码如图 10.67 所示。VDAC8 输出波形如图 10.68 所示。改变字信号发生器的编码，即可改变 DAC 的输出波形。逻辑分析仪显示字信号发生器的输出信号的波形，如图 10.69 所示。

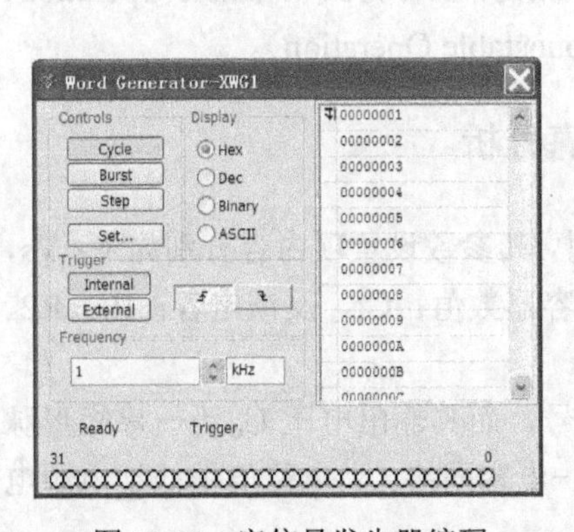

图 10.67　字信号发生器编码

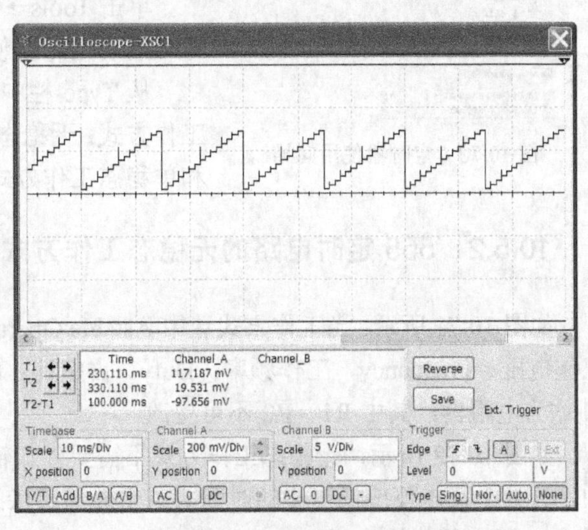

图 10.68　VDAC8 输出波形

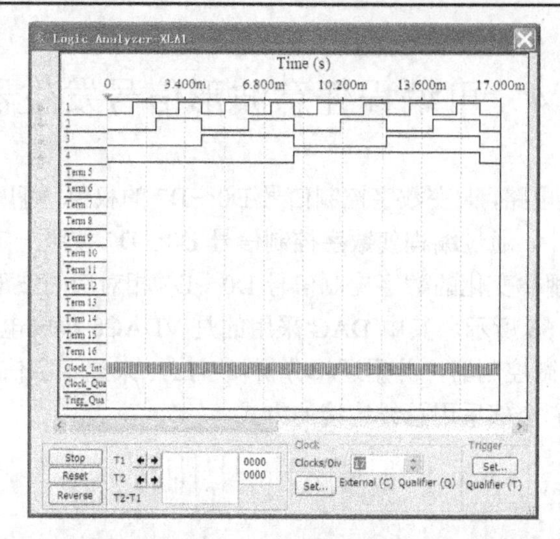

图 10.69　逻辑分析仪来显示字信号发生器的输出信号的波形

10.5　555 集成定时电路的仿真分析

10.5.1　555 定时电路的工作原理

集成定时电路又称时基电路。目前国内外生产的集成定时电路都有 555 字样，如 LM555、CA555 等，所以统称为 555 定时电路。该集成电路能够巧妙地将模拟功能和逻辑功能结合在同一硅片上，所以能有效地应用于模拟和数字这两大类型的电路设计中，用途非常广泛。

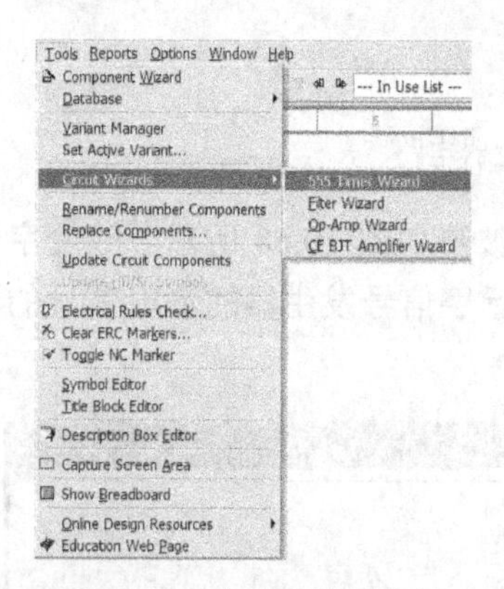

图 10.70　定时器使用向导

555 定时电路的供电电源电压为 5～16 V，使用 5 V 电源时，输出电压可与数字逻辑电路相配合。

单击 Tools→Circuit Wizards→555 Timer Wizard 命令，即可启动定时器使用向导。如图 10.70 所示。

从 Type 栏中的选项列表可以知道 555 定时电路有两种工作方式：无稳态（自激振荡）工作方式（Astable Operation）和单稳态工作方式（Monostable Operation）。

10.5.2　555 定时电路的无稳态工作方式的仿真分析

如图 10.71 所示，当工作方式选中 Astable Operation 时，其参数设置项内容分别如下：Vs，工作电压；Frequency，工作频率；Duty，占空比；C，电容器数值；Cf，反馈电容；Rl、R2、Rl 均为电阻器，其中 R1、R2 不可更改。

如图 10.72 所示，无稳态工作方式不需要外加输入信号，而其输出电压 U_o 为一串矩形脉冲。U_o 处于高电位或低电位的时间决定于外部连接的电阻-电容网络。高电位值稍低于电源电压 Vs，低电位值约 0.1 V。

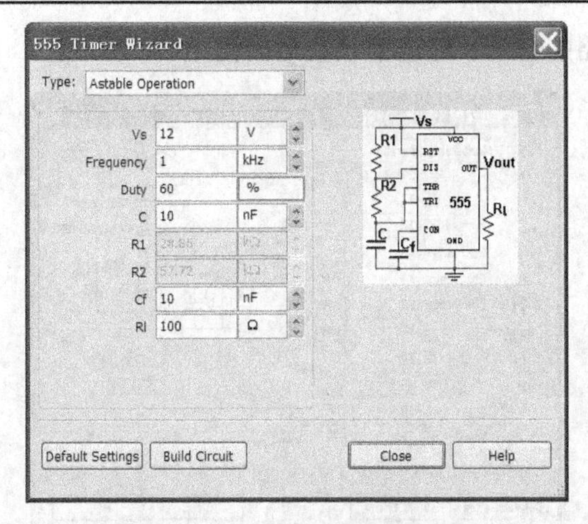

图 10.71　Astable Operation 页

各项参数设置完毕后，单击 Build Circuit 按钮，即可生成单稳态定时电路，然后在电路设计窗口选定位置单击左键，即可完成电路放置。电路输出信号波形如图 10.73 所示。

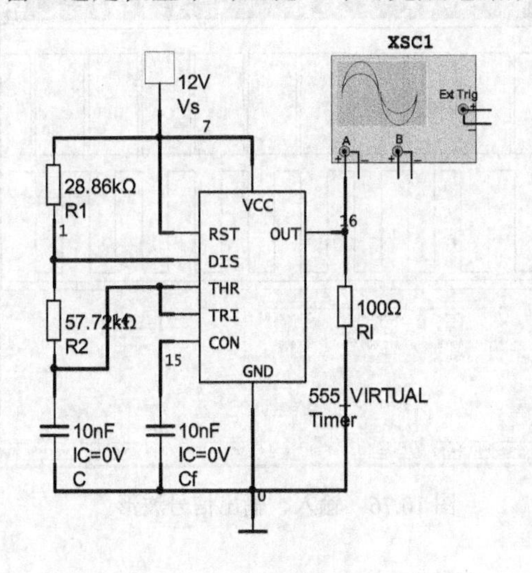

图 10.72　无稳态工作方式

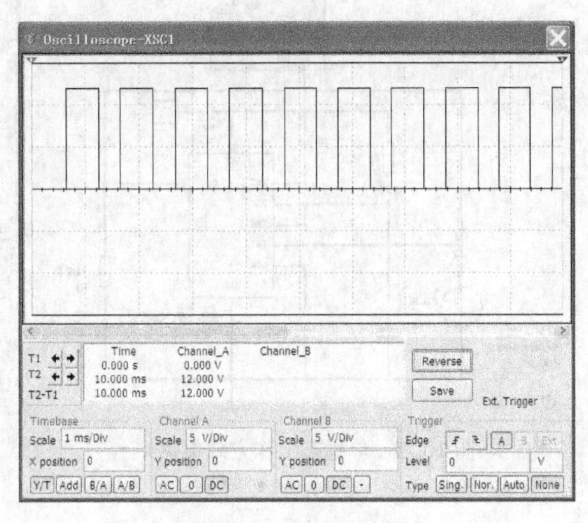

图 10.73　输出信号波形

10.5.3　555 定时电路的单稳态工作方式的仿真分析

当选择单稳态工作方式时，其参数设置栏的各项内容如下：Vs，电压源；Vini，输入信号高电平电压；Vpulse，输入信号低电平电压；Frequency，频率；Input Pulse Width，输入脉冲宽度；Output Pulse Width，输出脉冲宽度；C，电容值；R，电阻器值，不可更改；Cf，电容值；Rl，电阻器，如图 10.74 所示。

各项参数设置完毕后，单击 Build Circuit 按钮，即可生成单稳态定时电路，然后在电路设计窗口选定地方单击左键，即可放置电路。

单稳态工作方式电路如图 10.75 所示。在外加负脉冲出现之前，输出电压 u_o 一直处于低电位。在 $t = N$ 时刻，u_i 的负脉冲加入后，输出电压 u_o 突跳到高电位。输出电压 u_o 处于高电位的时间间隔 t_H（暂稳态时间）决定于外部连接的电阻—电容网络，与输入电压 u_i 无关。

单稳态工作方式电路的输入、输出信号波形如图 10.76 所示。

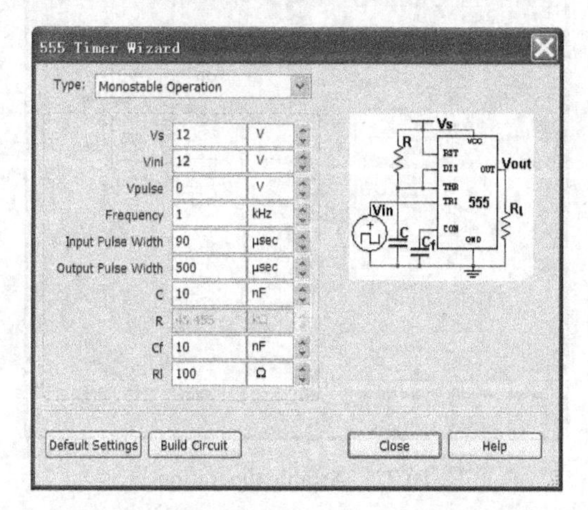

图 10.74 单稳态工作方式设置

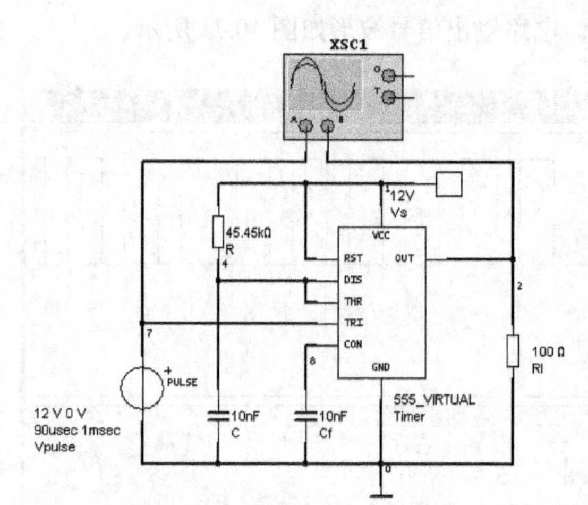

图 10.75 单稳态工作方式电路

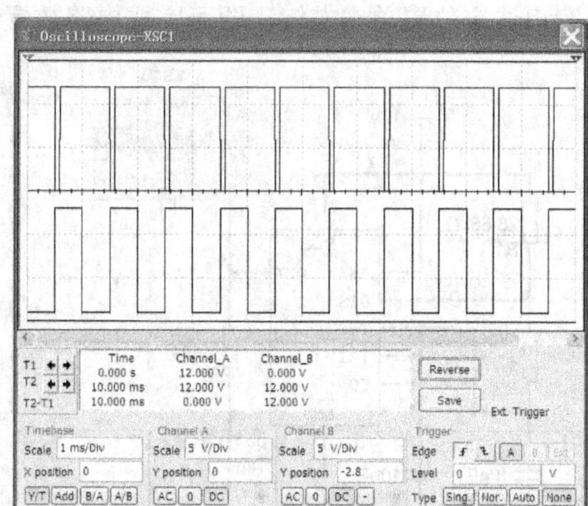

图 10.76 输入、输出信号波形

第 11 章　Multisim 12 在电子测量中的应用

由于微电子技术、计算机技术、软件技术、网络技术的高度发展及其在电子测量技术与仪器上的应用，新的测试理论、测试方法、测试领域以及新的仪器结构不断出现，在许多方面已经冲破了传统仪器的概念，电子测量仪器的功能和作用发生了质的变化。在这种背景下，20 世纪 80 年代末美国研制成功虚拟仪器。虚仪器的出现是仪器发展史上的一场革命，代表着仪器发展的最新方向和潮流，是信息技术的一个重要领域，对科学技术的发展和工业生产将产生不可估量的影响。它把信号的分析与处理、结果的表达与输出放到计算机上来完成，或在计算机上插上数据采集卡，把仪器的三个部分全部放到计算机上来实现。用软件在屏幕上生成仪器控制面板，用软件来进行信号分析和处理，完成多种多样的测试；通过计算机屏幕的各种形式形象地表达输出检测结果。突破了传统仪器在数据处理、表达、传送、存储等方面的限制，达到传统仪器无法比拟的效果。虚拟仪器通常采用 CPU 结构。

Multisim 12 仿真软件提供了 Agilent 的数字万用表 34401A、函数信号发生器 33120A、示波器 54622D 和泰克示波器 TDS 2024 等 4 个虚拟仪表。这些虚拟仪表不仅与实际仪表具有相同的功能，而且具有完全相同的面板，能完成实际仪表的各种操作。本章主要介绍 Agilent 的数字万用表 34401A、函数信号发生器 33120A、示波器 54622D 和泰克示波器 TDS 2024 的特性及其在 Multisim 12 中的使用方法。

11.1　Agilent 数字万用表——Agilent 34401A

Agilent 34401A 是一种高性能的数字万用表。它的按钮功能设置合理，可以很容易地选择所需要的测量功能。它不仅具有传统的测试功能，如交/直流电压、交/直流电流、信号频率、周期、电阻和晶体管的测试，还具有某些高级功能，如数字运算功能、dB、dBm、界限测试和最大/最小/平均等功能。Agilent 34401A 的图标如图 11.1 所示。

图 11.1 中的 1、2、3、4、5 是 Agilent 34401A 对外的连接端。其中，1、2 端为正极，3、4 端为负极，5 端为电流流入端。双击图标，打开其操作面板，如图 11.2 所示。

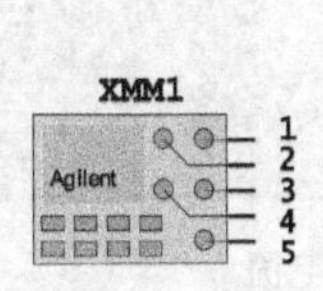

图 11.1　Agilent 34401A 的图标

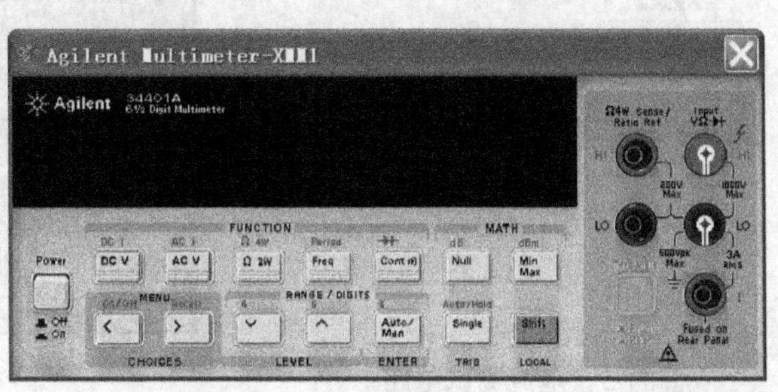

图 11.2　操作面板

11.1.1　常用参量的测量

在 NI Multisim 12 用户界面中，将 Agilent 34401A 仪表连接到电路图中，用鼠标双击它，弹出操作面板。单击面板上的电源 Power 开关，Agilent 34401A 数字万用表的显示屏变亮，表明数字万用表处于工作状态，就可以完成相应的测试功能。图 11.2 中的 Shift 键为换挡键，单击 Shift 按钮后，再单击其他功能按钮时，执行面板按钮上方的功能。

1. 电压的测量

测电压时，Agilent 34401A 数字万用表应与被测试电路的端点并联。单击面板上的DC V按钮，可以测量直流电压，在显示屏上显示的单位为 VDC；单击AC V按钮，可以测量交流电压，在显示屏上显示的单位为 VAC。

测量一个 12 V 的直流电源，构建的测试电路如图 11.3 所示。双击图标，打开其操作面板，按测量要求操作设置，按下仿真按钮，显示的测量电压如图 11.4 所示。

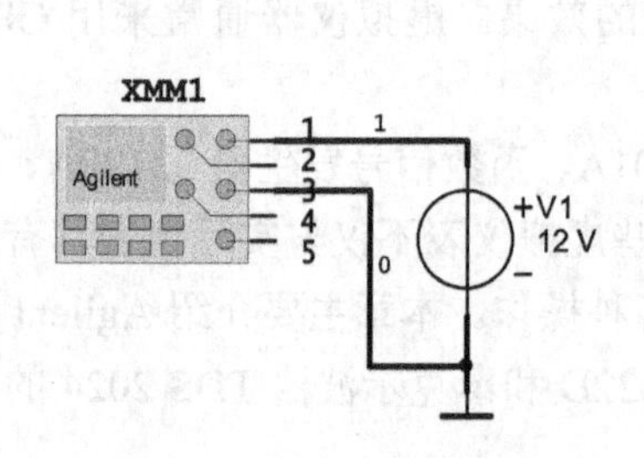

图 11.3　电压测试电路

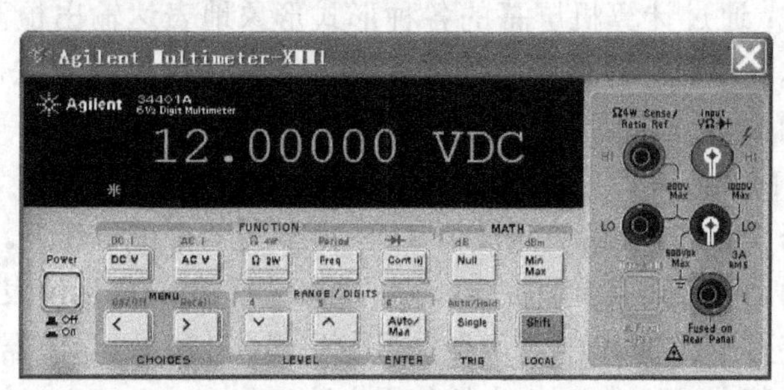

图 11.4　测量电压

2. 电流的测量

测电流时，应将图标中的 5、3 端串联到被测试的支路中。首先单击面板上的 Shift 按钮，则显示屏上显示 Shift，若单击该按钮，显示屏显示的单位为 ADC，即可测量直流电流；若单击AC V按钮，此时在显示屏上显示的单位为 AAC，即可测量交流电流。若被测量值超过该段测量量程时，面板显示 OVLD。

测量一个 1 A 的交流电流源，构建测试电路如图 11.3 所示。双击图标，打开其操作面板，按测量要求操作设置，按下仿真按钮，显示的测量交流电流值（有效值）如图 11.6 所示。

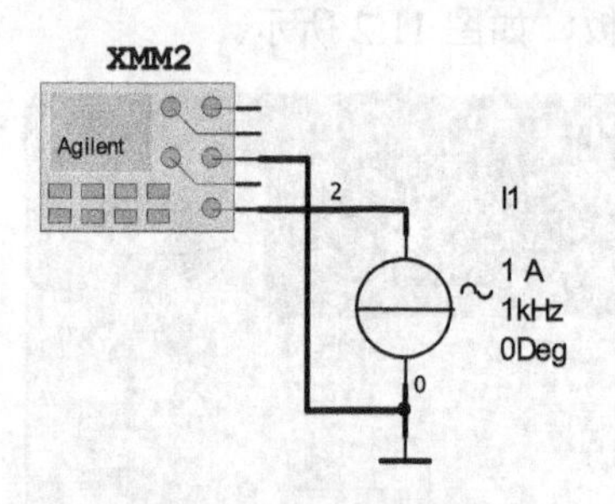

图 11.5　电流测试电路

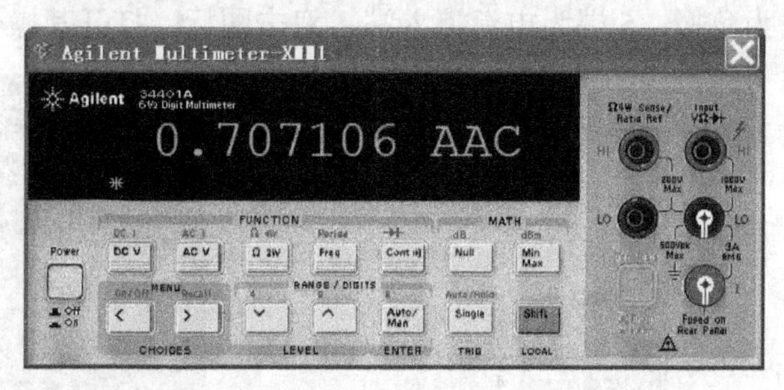

图 11.6　测量电流

3. 电阻的测量

Agilent 34401A 数字万用表提供 2 线测量法和 4 线测量法两种方法测量电阻。2 线测量法和普通的三用表测量法方法相同，将 1 端和 3 端分别接在被测电阻的两端。测量时，单击前面板上的 Shift 按钮，可测量电阻阻值的大小。4 线测量法是为了更准确测量小电阻的方法，它能自动减小接触电阻，提高了测量精度，因此测量精度比 2 线测量法高。其方法是将 1 端、2 端、3 端和 4 端并联在被测电阻的两端。测量时，先单击面板上的 Shift 按钮，显示屏上显示 Shift，再单击面板上的 Ω 2W 按钮，即为 4 线测量法的模式，此时显示屏上显示的单位为 kohm^{4W}，它为 4 线测量法的标志。

测量一个 2.2 kΩ 的电阻，构建 4 线测量法模式测试电路，如图 11.7 所示。双击图标，打开其操作面板，按测量要求操作设置，按下仿真按钮，显示的测量电阻值如图 11.8 所示。

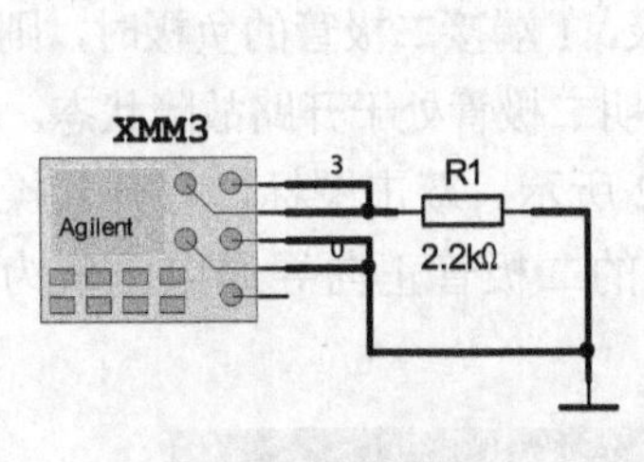

图 11.7　测试电路

图 11.8　测量电阻

4. 频率或周期的测量

Agilent 34401A 数字万用表可以测量电路的频率或周期（测量交流信号的带宽为 3 Hz 到 1.999 99 MHz）。测量时，需将 Agilent 34401A 的 1 端和 3 端分别接在被测电路的两端。若单击面板上的 Freq 按钮，可测量频率的大小。若单击面板上的 Shift 按钮，显示屏上显示 Shift，然后再单击 Freq 按钮，则可测量周期的大小。

测量一个 465 kHz 的交流电源，构建测试电路，如图 11.9 所示。双击图标，打开其操作面板，按测量要求操作设置，按下仿真按钮，显示的测量频率值如图 11.10 所示。单击面板上的 Shift 按钮，显示屏上显示 Shift，然后再单击 Freq 按钮，得到测量周期的大小值，如图 11.11 所示。

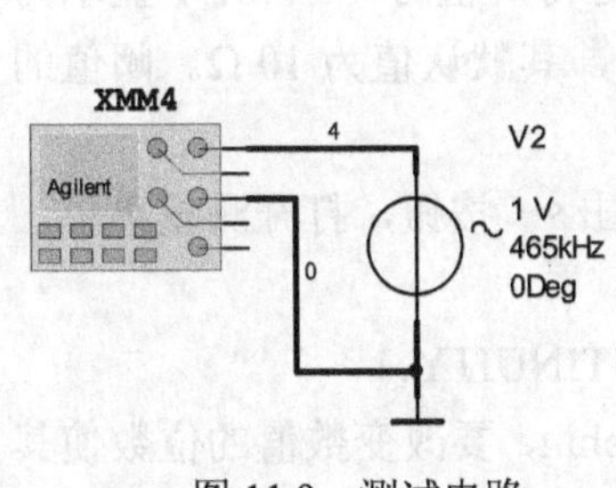

图 11.9　测试电路

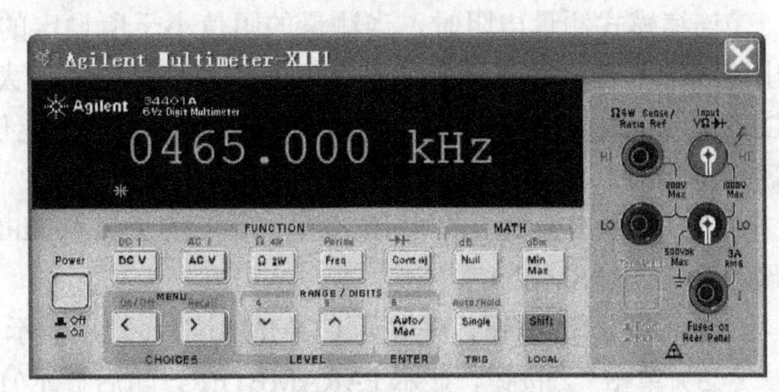

图 11.10　测量频率

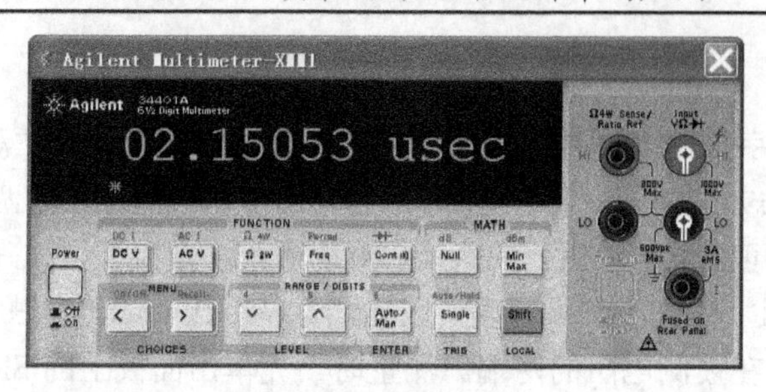

图 11.11 测量周期

5. 二极管极性的判断

测量二极管时，将 Agilent 34401A 数字万用表的 1 端和 3 端分别接在元件的两端。先单击面板上的 Shift 按钮，显示屏上显示 Shift 后，再单击Cont按钮，可测试二极管极性。

若 Agilent 34401A 数字万用表的 1 端接二极管的正极，3 端接二极管的负极时，则显示屏上显示二极管的正向导通压降。反之，34401A 的 3 端接二极管的正极，1 端接二极管的负极时，则显示屏上显示为 0。若二极管断路时，显示屏显示 OPEN 字样，表明二极管处于开路故障状态。

以二极管 1N5719 为例进行测量，构建测试电路，如图 11.12 所示。双击图标，打开其操作面板，按测量要求操作设置，按下仿真按钮，其显示的测量的二极管正向导通电压值为 0.657 225 V，如图 11.13 所示。

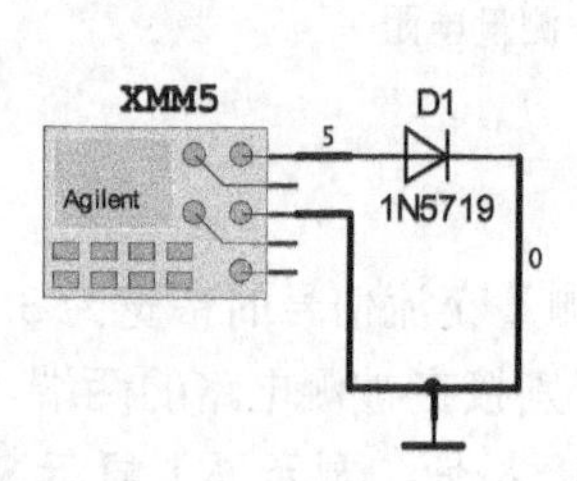

图 11.12 测试电路

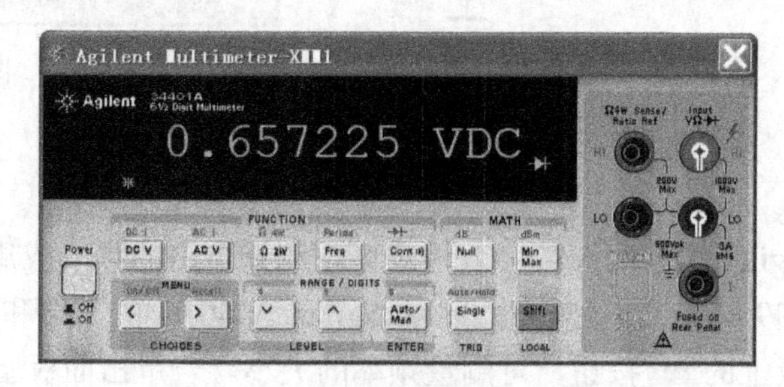

图 11.13 二极管正向导通电压值

6. 连续模式测量电阻

连续模式测量电阻是指 Agilent 34401A 能跟踪所测电阻的变化，并连续测量其阻值。连续模式测量电阻的连接和一般电阻测量的连接相同。测量时，单击Cont按钮，选择连续模式测量电阻。

连续模式测量电阻时，当测量的阻值小于所设定的阈值时，34401A 的蜂鸣器能一直发出连续的单音，并显示所测电阻阻值。当测量的阻值大于所设定得阈值时，34401A 显示为 OPEN。Agilent 34401A 阈值在 1～1000 Ω 的范围内能任意设置，其默认值为 10 Ω。阈值的调整步骤为：

（1）先单击面板上的 Shift 按钮，显示屏上显示 Shift，再单击 < 按钮，打开测量菜单，显示 A：MEASMENU；

（2）单击 ˅ 按钮，先显示 COMMAND，随后显示 1：CONTINUITY；

（3）单击 ˅ 按钮，显示 PARAMETER，随后显示^10.00000ohm，要改变数值的位数使其右移，单击 > 按钮：要改变数值的位数使其左移，单击 < 按钮；单击 ^ 按钮，使数值增加；单击 ˅ 按钮，使数值减小。

（4）全部设置完成后，单击 Auto/Man 按钮，保存设置。即可进行所需的测量。

以 980 Ω 的电位器为例进行测量，构建测试电路，如图 11.14 所示。把 Agilent 34401A 阈值设置为在 1000 Ω。设计步骤如上所述。设置完成后，按下仿真按钮，其显示的测量电位器值随着其变化而显示，如图 11.15 所示。

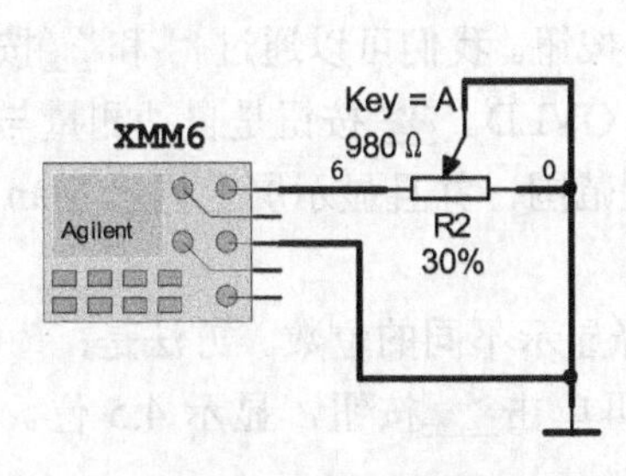

图 11.14　测试电路

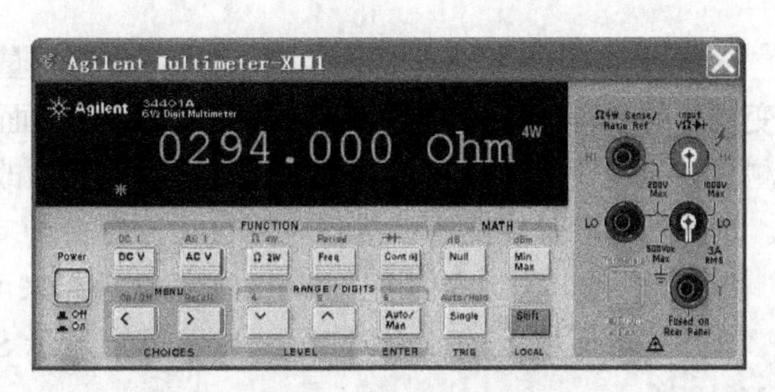

图 11.15　测量电位器

7. 直流电压比率的测量

Agilent 34401A 万用表能测量两个直流电压的比率。通常选择一个直流参考电压作为基准，然后自动求出被测信号电压与该直流参考电压的比率。测量时，需将 Agilent 34401A 的 1 端接在被测信号的正端，3 端接在被测信号的负端；Agilent 34401A 的 2 端接在直流参考源的正端，4 端接在直流参考源的负端。2 端和 4 端必须接在公共端，且二者的电压相差不大于 +2 V。参考电压一般为直流电压源，且最大不超过±12 V。

因为面板上无此功能按钮，因此该测量功能需通过测量菜单设置才能完成。步骤是：

（1）单击面板上的 Shift 按钮，显示屏上显示 Shift，再单击 < 按钮，打开测量菜单，显示 A：MEASMENU；

（2）单击 ˅ 按钮，先显示 COMMAND，随后显示 1：CONTINUITY；再单击 > 按钮，显示 2：RATIO FUNC；

（3）单击 ˅ 按钮，先显示 PARAMETER 随后显示 DCV：OFF，单击 < 或 > 按钮，使其显示 DCV：ON；

（4）单击 Auto/Man 按钮，保存设置。关闭测量菜单，此时在显示屏显示 Ratio。启动仿真开关，即可测量直流电压比率。

构建直流电压的比率测试电路，如图 11.16 所示。对 Agilent 34401A 的设计步骤如上所述。设置完成后，按下仿真按钮，其显示的直流电压的比率随着电位器大小的变化而显示，如图 11.17 所示。

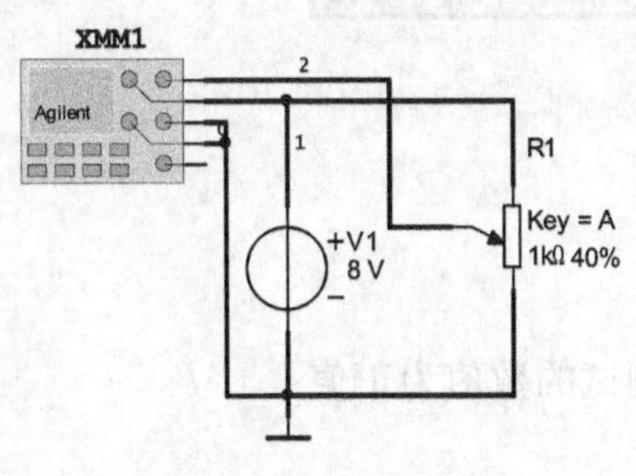

图 11.16　测试电路

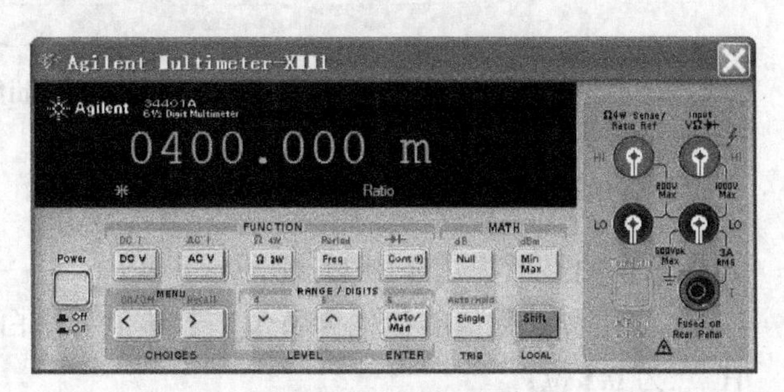

图 11.17　电压的比率

11.1.2　Agilent 34401A 显示格式的设置

1. Agilent 34401A 量程的选择

Agilent 34401A 面板上的 ^ 、ˇ 和 Auto/Man 按钮是量程选择按钮。我们可以通过 ^ 和 ˇ 按钮改变测量的量程。若被测值超过所选择的量程时，面板显示 OVLD。Auto/Man 按钮是自动测量与人工测量转换按钮。选择人工测量模式时，不能自动改变量程范围，并且显示屏上显示 Man 标记。选择自动测量模式时，量程范围自动改变。

^ 、ˇ 和 Auto/Man 功能按钮与 Shift 按钮结合起来可以选择显示不同的位数。方法是：

（1）单击面板上的 Shift 按钮，显示屏上显示 Shift，再单击 ˇ 按钮，显示 4.5 位。如图 11.18 所示。

（2）单击面板上的 Shift 按钮，显示屏上显示 Shift，再单击 ^ 按钮，显示 5.5 位。如图 11.19 所示。

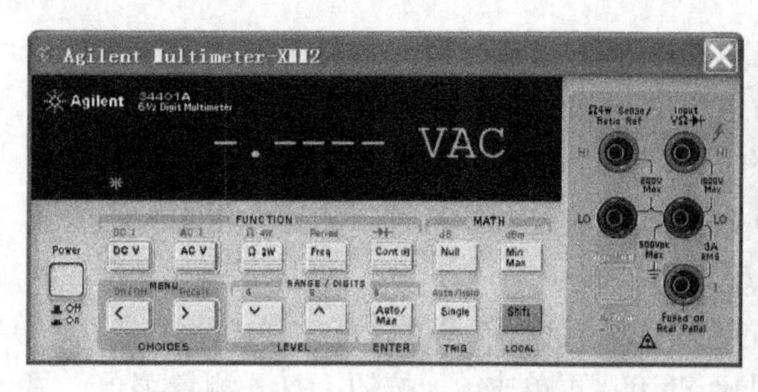

图 11.18　4.5 位 Shift 页

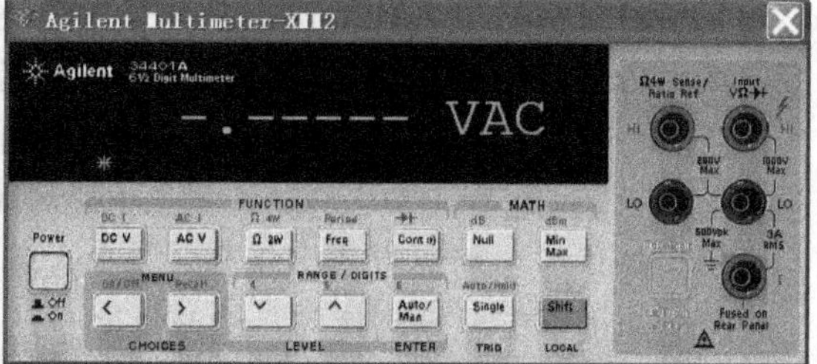

图 11.19　5.5 位 Shift 页

（3）单击面板上的 Shift 按钮，显示屏上显示 Shift，再单击 Auto/Man 按钮，显示 6.5 位。如图 11.20 所示。其中 0.5 位是指在显示的最高位只能是“0”或“1”。

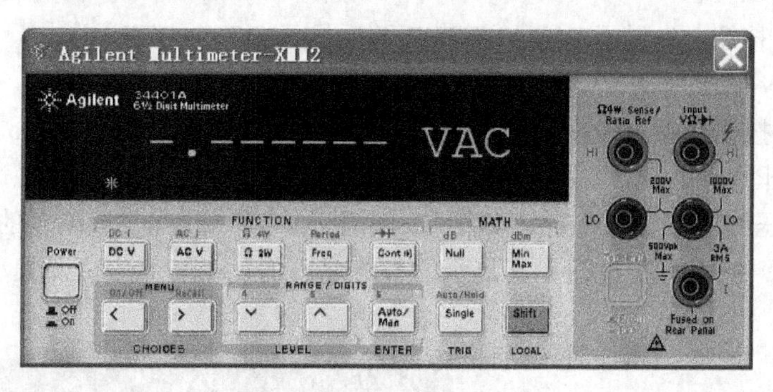

图 11.20　6.5 位 Shift 页

2. 面板数字的显示格式

面板数字的显示格式如图 11.21 所示。其中，

—　表示测试数值的极性为负值，若该值为空白则测试的数值为正值；

H　为 0.5 位；

D　为十进制数字，表示测试数值的大小；

E　为测试数值的权位（m、k、M）；

F　为测试数值的单位（VDC、OHM、Hz、dB）。

−H.DDD.DDD EFFF

图 11.21　面板数字的显示格式

11.1.3　Agilent 34401A 的运算测量功能

1. NULL（相对测量）

Agilent 34401A 的相对测量是指 Agilent 34401A 能够对前后测量的数值进行比较，并显示出二者的差值。相对测量适用于测量交直流电压、交直流电流、频率、周期和电阻，但不适用于连续测量、二极管检测和比率测量。相对测量把前一次测试的结果作为零位初始值存储，其显示结果等于显示数值与零位初始值的差。

相对测量的零位值也可以根据需要设定。步骤为：

（1）单击面板上的 Shift 按钮，显示屏上显示 Shift 后，再单击‹ 按钮，打开测量菜单，显示 A：MEAS MENU；

（2）单击› 按钮，显示 B：MATH MENU；

（3）单击˅ 按钮，先显示 COMMAND，随后显示 1：MIN--MAX，再单击› 按钮显示 2：NULL VALUE；单击˅ 按钮，先显示 PARAMETER 随后显示^0.00000，单击› 按钮，向右调整显示位数；单击‹ 按钮，向左调整显示位数，单击^ 按钮，使数值增加，单击˅ 按钮，使数值减小；

（4）单击Auto/Man按钮，显示 CHANGED SAVED（改变设置时）或 EXITING MENU，保存设置，关闭测量菜单，设置完毕。

构建相对测量测试电路，如图 11.22 所示。R2 为一个电位器。R2 变化时就会引起 Agilent 34401A 的 3 端参考电压的变化。

当电位器为 30%时，Agilent 34401A 上显示的电压为 8.4 V，如图 11.23 所示。当电位器变化到为 70%时，电路如图 11.24 所示。Agilent 34401A 上显示的电压为 3.6 V，如图 11.25 所示。和实际两次测量结果的差值是吻合的。

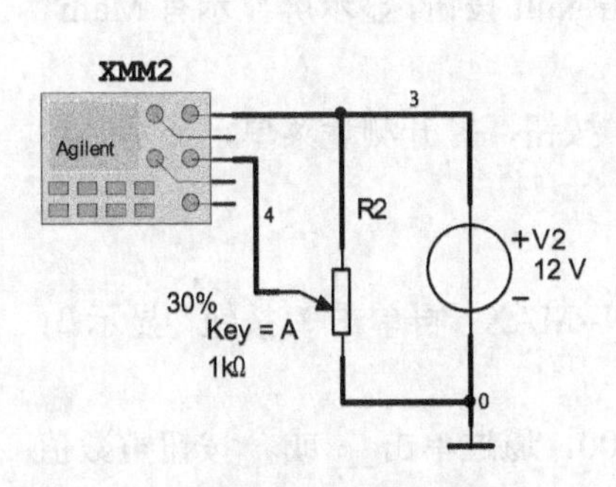

图 11.22　测试电路

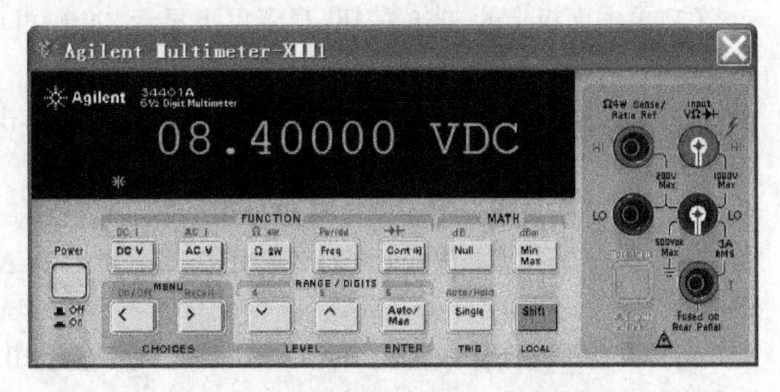

图 11.23　Agilent 34401A 上显示的电压

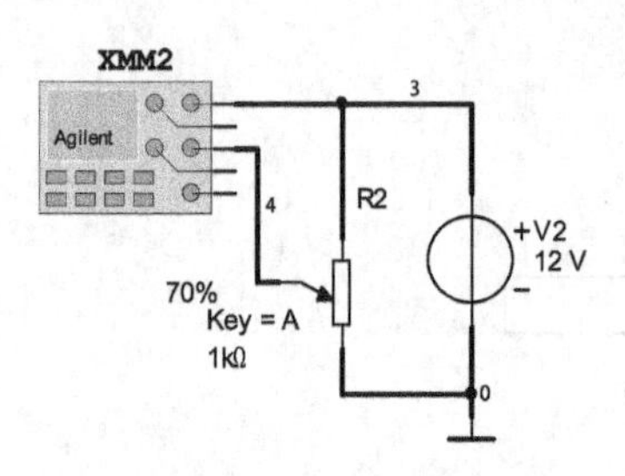

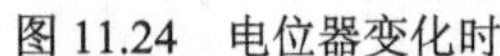
图 11.24 电位器变化时

图 11.25 Agilent 34401A 上显示的电压

2. MIN—MAX（存储显示的最大值和最小值的功能）

Agilent 34401A 可以存储测量过程中的最大值、最小值、平均值和测量次数等参数。存储显示的最大值和最小值的功能适用于测量交直流电压、交直流电流、频率、周期和电阻阻值，但不适用于连续测量、二极管检测和比率测量。

具体测量的步骤为：

（1）单击面板上的 Auto/Man 按钮，显示屏上显示 Math。单击面板上的 Shift 按钮，显示屏显示 Shift 后，再单击 < 打开测量菜单，显示 A：MEASMENU；

（2）单击 > 按钮，显示 B:MATH MENU；

（3）单击 ˅ 按钮，显示 COMMAND 后显示 1: MIN--MAX，单击 ˅ 按钮，显示 PARAMETE 后立即显示^0.0000AVE；

（4）单击 > 或 < 按钮即可观察最大值、最小值、平均值和测量次数。

（5）单击 Auto/Man 按钮，显示 CHANGED AVED（改变设置时）或 EXITING MENU 关闭该功能的设置。注意，关闭 MIN-MAX 功能后存储的数据被清零。

3. 测量电压的 dB 或 dBm 格式显示

利用 Agilent 34401A 测量电压时单位不仅可以是伏特，而且可以是分贝（dB 及 dBm）。测量电压分贝值等于被测量电压的分贝值减去参考电压的分贝值。被测量 dBm 值为

$$\text{dBm} = 10 \times \log_{10}\left(\frac{\text{被测量的电压}}{\text{每毫瓦设定电压值对应的电压值}}\right)$$

dB 测量的步骤为：

（1）选择 DCV 或 ACV 测量模式；

（2）单击面板上的 Shift 按钮，显示屏上显示 Shift，再单击 Null 按钮，显示屏显示有 Math^{db} 字符；

（3）单击 Shift 按钮，显示屏上显示 Shift 后，再单击 < 按钮，打开测量菜单，显示 A：MEASMENU；

（4）单击 > 按钮，显示 B：MATHMENU；

（5）单击 ˅ 按钮，先显示 COMMAND 随后显示 1：MIN--MAX；再单击 > 按钮，显示 3：dBRel；

（6）单击 ˅ 按钮，先显示 PARAMETER 随后显示^0.0000，通过单击 ˅ 或 ^ 按钮整数值的大小；此时参考电压的分贝值设置完毕。

（7）单击Auto/Man按钮，显示CHANGEDSAVED（改变设置时保存）或EXITINGMENU（关闭菜单），关闭该项设置。启动仿真开关，在显示屏上以dB格式显示所测量的数据。

dBm测量的步骤为：

（1）选择DCV或ACV测量模式；

（2）单击面板上Shift按钮，显示屏上显示Shift，再单击Auto/Man按钮，显示屏显示Math^{dBm}；

（3）单击 Shift 按钮，显示屏上显示 Shift，再单击‹按钮，打开测量菜单，显示 A：MEASMENU；

（4）单击›按钮，显示B：MATHMENU；

（5）单击⌄按钮，先显示COMMAND，随后显示1：MIN--MAX；再单击›按钮，显示4：dBmREFR；

（6）单击⌄功能按钮，先显示PARAMETER，随后立即显示：^0.0000，通过单击›或‹按钮选择参考电阻的大小。

（7）单击Auto/Man按钮，显示CHANGEDSAVED（改变设置时）或EXITINGMENU，关闭该项设置。启动仿真开关，在显示屏上以dBm格式显示所测量的数据。注意：关闭dBm功能后存储的数据清零；

4. LimitTesting（限幅测试）

限幅测试是在测试时，若被测参数在指定的范围则显示OK，若被测参数高于指定的范围则显示 HI，若被测参数低于指定的范围则显示 LO。限幅测试适用于除了连续测量、二极管的测试以外其他参数的测量，如交/直流电压、交/直流电流、频率、周期和电阻阻值等参数的测量。

限幅测试在面板上没有专用功能按钮，可通过测量菜单完成。步骤为：

（1）单击面板上的Shift按钮，显示屏上显示Shift，再单击‹按钮，打开测量菜单，显示A：MEASMENU；

（2）单击›按钮，显示B：MATHMENU；

（3）单击⌄按钮，先显示COMMAND随后显示1：MIN--MAX；再单击›按钮，显示5：LIMITTEST；

（4）单击⌄按钮，先显示PARAMETER随后显示OFF，单击›按钮，改变为ON；

（5）单击Auto/Man按钮，显示CHANGED SAVED（改变设置时）或EXITING MENU，关闭设置，显示OK。启动仿真开关，显示屏显示所测量的电压数值。

若要改变高端设置：

（1）在打开测试菜单和MATH MEUN后，单击⌄按钮，先显示COMMAND随后显示1：MIN--MAX；

（2）再单击›按钮，显示6：HIGHLIMIT；

（3）单击⌄按钮，先显示PARAMETER随后显示原先的数值，通过单击^或⌄按钮调整数值的大小；最后单击Auto/Man按钮，显示CHANGEDSAVED（改变设置时）关闭设置。

若要改变低端设置：

（1）在打开测试菜单和MATH MEUN后，单击⌄按钮，先显示COMMAND随后显示1：MIN--MAX；

（2）再单击›按钮，显示 7：LOWLIMIT；单击⌄按钮，先显示 PARAMETER 随后显示原先的数值，通过^或⌄按钮调整数值的大小；

（3）最后单击Auto/Man按钮，显示 CHANGEDSAVED（改变设置时）关闭该项设置。

11.1.4 Agilent 34401A 的触发功能

1. Agilent 34401A 的触发模式

Agilent 34401A 触发模式有自动触发模式（Auto Trigger）和单次触发模式（Single Trigger）。打开 Agilent 34401A 时，Agilent 34401A 处于自动触发的状态，在显示屏有*标记。单击 Single 按钮可以改变触发模式为单次触发模式，有*和 Trig 标记。每单击 Single 按钮一次，Agilent 34401A 就测量一次数据，并等待下一次触发，可连续单击 Single 按钮。通过菜单可调整触发延迟时间。

调整步骤为：

（1）单击面板上的 Shift 按钮，显示屏上显示 Shift，再单击‹按钮，打开测量菜单，显示 A：MEAS MENU；

（2）单击›按钮，显示 3：TRIG MENU；

（3）单击⌄按钮，先显示 COMMAND 随后显示 1：READ HOLD，单击›按钮，显示 2：TRIG DELAY；

（4）单击›按钮，先显示 PARAMETER 随后显示^0.0000，通过^或⌄按钮可以调整数值的大小；

（5）最后单击Auto/Man按钮，显示 CHANGED SAVED（改变设置时）关闭该项设置。

2. Agilent 34401A 状态模式

Agilent 34401A 状态模式有保持模式和捕获数据模式。当 Agilent 34401A 检测到一个稳定数据时，Agilent 34401A 会显示该数据并发出蜂鸣声（BEEP）。单击面板上的 Shift 按钮，显示屏上显示 Shift 后，再单击 Single 按钮能实现保持模式和捕获数据模式的相互转换。

保持数据参数用保持数据占选择范围的百分比表示。例如假定选择 1.00%和输入 5 V 信号，则显示范围在 4.975～5.025 V。

设置保持数据参数的步骤为：

（1）单击面板上的 Shift 按钮，显示屏上显示 Shift，再单击‹按钮，打开测量菜单，显示 A：MEAS MENU；

（2）单击›按钮，显示 3：TRIG MENU；

（3）单击›按钮，先显示 COMMAND 随后显示 1：READ HOLD；

（4）单击⌄按钮，先显示 PARAMETER 随后显示 0.10000PERCENT，单击›或‹按钮可以改变参数 0.01%，0.10%，1.0%或 10.00%；

（5）最后单击Auto/Man按钮，显示 CHANGED SAVED，保存并关闭该项设置。

11.2　Agilent 数字示波器——Agilent 54622D

Multisim 12 仿真软件提供的 Agilent 54622D 是带宽为 100 MHz、具有两个模拟通道和 16 个逻辑通道的高性能示波器。Agilent 54622D 的图标如图 11.26 所示，图标下方有两个模拟通道（通道 1 和通道 2）、16 个数字逻辑通道（D0～D15），面板右侧有触发端、数字地和探头补偿输出。

双击 Agilent 54622D 图标，弹出 Agilent 54622D 数字示波器的面板，如图 11.27 所示。其中，POWER 是 Agilent 54622D 示波器的电源开关，INTENSITY 是 Agilent 54622D 示波器的辉度调节旋钮，在电源开关和 INTENSITY 之间是软驱，软驱上面是设置参数的软按钮，软按钮上面是示波器的显示屏。Horicontol 区是时基调整区，Run Control 区是运行控制区，Trigger 区是触发区，Digital 区是数字通道调整区，Analog 区是模拟通道的调整区，Measure 区是测量控制区，Waveform 区是波形调整区。

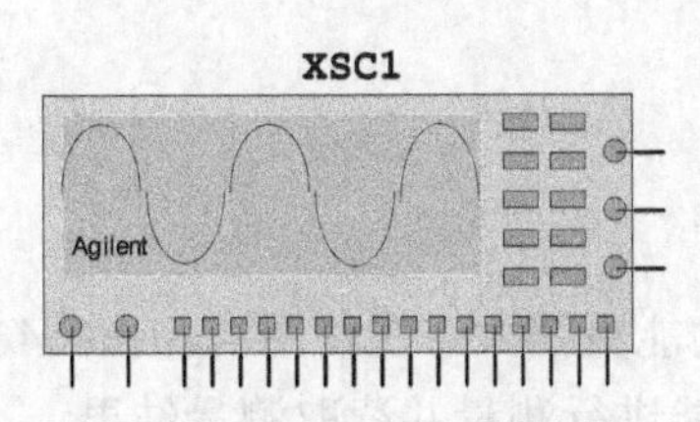

图 11.26　Agilent 54622D 的图标

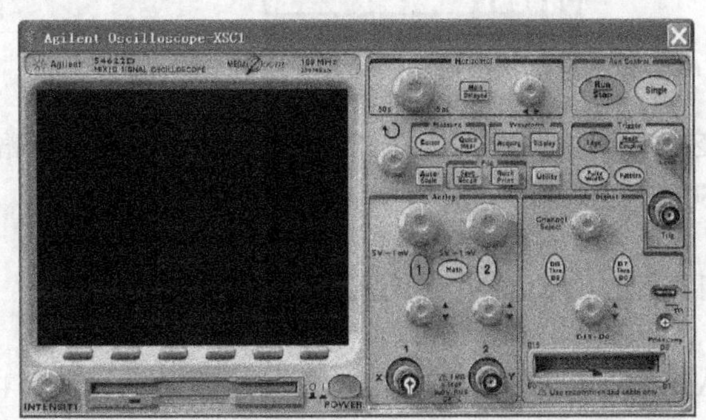

图 11.27　Agilent 54622D 数字示波器的面板

11.2.1　Agilent 54622D 示波器的校正方法

1. 模拟通道的校正

将探头补偿输出和模拟通道 1 连接，如图 11.28 所示。连接时，打开 Agilent 54622D 示波器的面板，连接端会变成亮色。以确保不会接错。

单击面板上的 1 按钮选择模拟通道 1 显示，单击面板上的 Save Recall 按钮，将示波器设置为默认状态，再单击面板上的 Auto-Scale 按钮，按下仿真按钮，此时在示波器显示屏上显示如图 11.29 所示的波形。

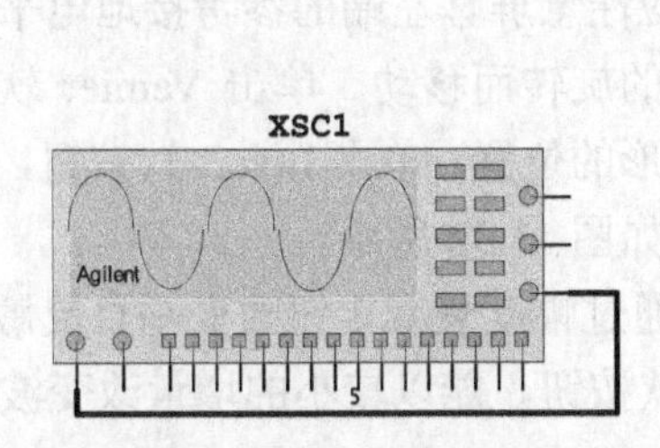

图 11.28　探头补偿输出和模拟通道 1 连接

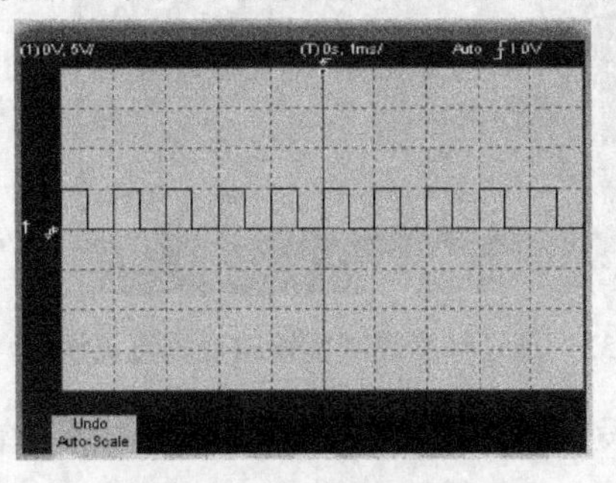

图 11.29　检查模拟通道波形

这是一个峰—峰值为5 V（图中显示1格，每格5 V/div）、周期为0.8 ms（图中显示1.6格，500 μs/div）的方波。

2. 数字通道的校正

将探头补偿输出端连接到数字通道D0～D7，如图11.30所示。单击面板上的数字通道选择按钮，选择数字通道D0～D7，再单击面板上保存调用按钮，将示波器配置为默认状态。单击面板上的按钮，示波器显示的波形如图11.31所示。

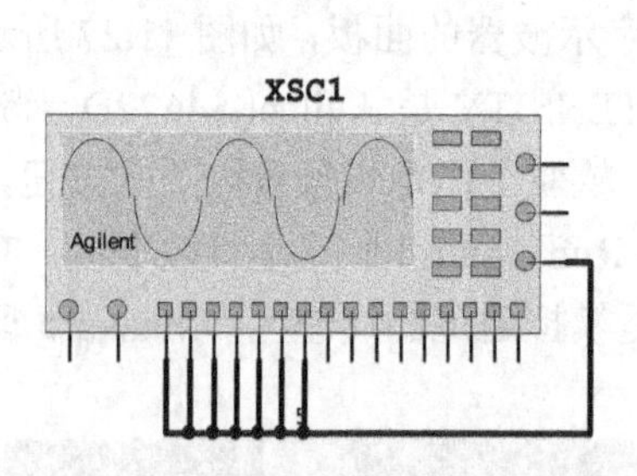

图11.30　探头补偿输出端连接到数字通道D0～D7

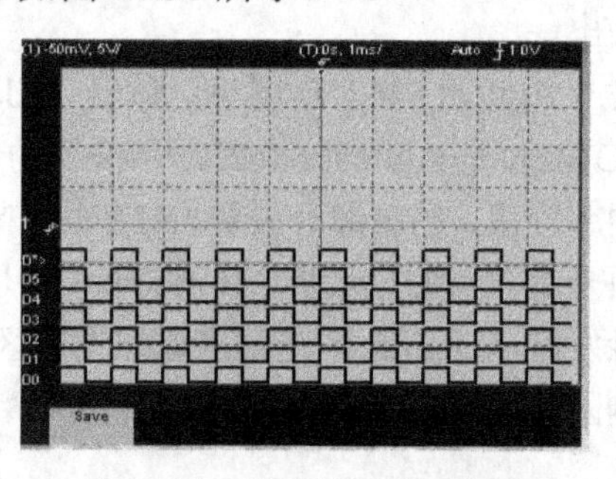

图11.31　检查数字通道波形

这是一组峰—峰值为2.5 V（图中显示1格，每格5 V/div）、周期为0.8 ms（图中显示1.6格，500 μs/div）的方波。

11.2.2　Agilent 54622D示波器的操作

Agilent 54622D示波器的操作与模拟示波器类似，但功能更强大。在使用Agilent 54622D示波器进行测量前，必须首先通过面板设置仪器，然后才能进行测量并读取测量结果。

1. 调整模拟通道垂直位置

模拟通道垂直调整区是图11.26中的区，其中，旋钮是模拟通道幅度衰减旋钮；旋钮是模拟通道波形位置旋钮；按钮是模拟通道1的按钮；按钮是模拟通道2的按钮；按钮是数学运算选择按钮。

（1）单击模拟通道1选择按钮，选择模拟通道1。模拟通道的耦合方式通过Coupling软按钮选择。耦合方式的三种选择是：DC（直接耦合）、AC（交流耦合）和GND（地）。

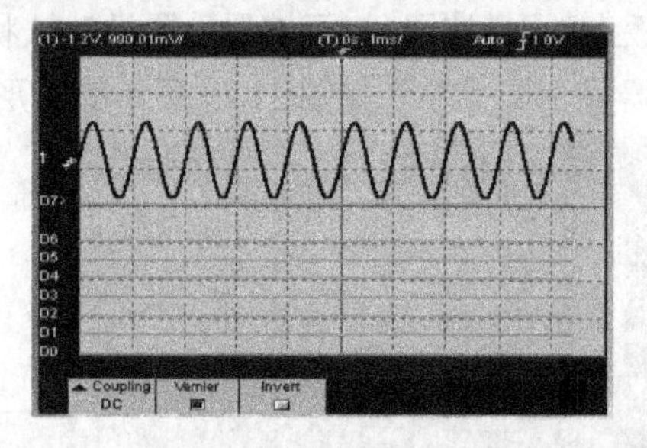

图11.32　通过幅度衰减旋钮改变垂直灵敏度

（2）波形位置调整旋钮用来垂直移动信号，把信号放到显示中央。应注意随着转动位置旋钮会短时显示电压值指示参考电平与屏幕中心的距离，还应注意屏幕左端的参考接地电平符号随位置旋钮的旋转而移动。单击Vemier软按钮，可微调波形的位置。单击Invert软按钮，可使波形反相，如图11.32所示。

（3）通过幅度衰减旋钮改变垂直灵敏度，衰减旋钮设置的范围为1 nV/格～50 V/格。单击Vemier软按钮，能以较小的增量改变波形的幅度，如图11.32所示。

2. 显示和重新排列数字通道

数字通道调整区中，旋钮是数字通道选择旋钮，按钮是数字通道 D15～D8 选择按钮，按钮是数字通道 D7～D0 选择按钮；旋钮是数字通道位置调整旋钮。

（1）单击数字通道 D15～D8 选择按钮或数字通道 D7～D0 选择按钮打开或关闭数字通道显示，当这些按钮被点亮时显示数字通道。

（2）旋转数字通道选择旋钮，选择所要显示的数字通道，并在所选的通道号右侧显示>。

（3）旋转数字位置调整旋钮，在显示屏上能重新定位所选通道，如果在同一位置显示两个或多个通道，则弹出的菜单显示重叠的通道。继续旋转通道选择旋钮，直到在弹出菜单中选定所需通道。

（4）先单击数字通道 D15～D8 选择按钮或数字通道 D7～D0 选择按钮，再单击下面的软按钮，使数字通道显示格式在全屏显示和半屏显示之间切换。

3. 时基调整区

时基调整区中，旋钮是时间调整旋钮，旋钮是水平位置旋钮，是主扫描/延迟扫描测试功能按钮。

（1）旋转时间衰减旋钮的时间单位为秒格（s/div），时间衰减旋钮以 1-2-5 的步进序列在 5 ns/div～50 s/div 范围内变化。选择适当扫描速度，使测试波形能完整、清晰地显示在显示屏上。

（2）水平旋转位置旋钮，用于水平移动信号波形。

（3）单击主扫描/延迟扫描测试功能按钮，再单击 Main 主扫描软按钮，可在显示屏上观察被测波形的显示。单击 Vemier（时间衰减微调）软按钮，通过时间衰减旋钮以较小的增量改变扫描速度，这些较小增量均经过校准，因而，即使在微调开启的情况下，也能得到精确的测量结果。

（4）单击主扫描/延迟扫描测试功能按钮，然后单击 Delayed（延迟）软按钮，在显示屏上观察测试波形的延迟显示。

4. 使用滚动模式

单击主扫描/延迟扫描按钮，然后单击 Roll（滚动）软按钮，选择滚动模式。滚动模式引起波形在屏幕上从右向左缓慢移动。它只能在 500 ms/div 或更慢的时基设置下工作。如果当前时基设置超过 500 ms/div 的限制值，在进入滚动模式时，将被自动设置为 500 ms/div。在常规水平模式下，触发前产生的信号事件被绘制在触发点的左侧，触发后的信号事件绘制在该触发点的右侧。在滚动模式中没有触发，屏幕上的固定参考点是屏幕右端，并引用当前时间作为参考。已产生的事件滚动到参考点的左面。由于没有触发，因此也就没有预触发信息。如果要清除显示屏，并在滚动模式中重新开始采集，单击 Single 按钮。

5. 使用 XY 模式

单击主扫描/延迟扫描按钮，然后单击 XY 软按钮，选择 XY 模式。XY 模式把显示屏从电压对时间显示变成电压对电压显示。此时时基被关闭，通道 1 的电压幅度绘制于 X 轴上，而通道 2 的电压幅度则绘制于 Y 轴上。XY 模式常用于比较两个信号的频率和相位关系。

6. 连续运行与单次采集

运行控制包括连续运行（Run）和单次触发（Single）两种触发模式。运行控制区是图 11.27 中的 RunControl 区。其中 Run Stop 按钮是运行/停止控制按钮，Single 按钮是单次触发按钮。

（1）当运行/停止控制按钮变为绿色时，示波器处于连续运行模式，显示屏显示的波形是对同一信号多次触发的结果，这种方法与模拟示波器显示波形的方法类似。当运行/停止按钮变为红色时，示波器停止运行，即停止对信号触发，显示屏顶部状态行中触发模式位置上显示 Stop。但是，此时旋转水平旋钮和垂直旋钮可以对保存的波形进行平移和缩放。

（2）当 Single（单次触发）按钮变为绿色时，示波器处于单次运行模式，显示屏显示的波形是对信号的单次触发。利用 Single 运行控制按钮观察单次事件，显示波形不会被后继的波形覆盖。在平移和缩放需要最大的存储器深度，并且希望得到最大取样率时应使用单次触发模式。示波器停止运行，Run/Stop 按钮点亮为红色，再次单击 Single 按钮，又一次触发波形。

7. 调节波形显示亮度

INTENSITY 旋钮是调节波形显示亮度旋钮。

8. 选择模式和设置释抑

单击图 11.27 中 Trigger（触发区）的 Mode/Compling（模式/耦合）软按钮 Mode Coupling，显示屏的下部出现 Mode、Holdoff 软按钮 Mode Auto | Holdoff 60 ns，通过设置软按钮，可改变触发模式和设置释抑。

（1）改变触发模式

触发模式影响示波器搜索触发的方法。单击 Mode（模式）软按钮，出现 Normal、Auto 和 AutoLevel 触发三种选择。其中：

（a）Normal 模式显示符合触发条件时的波形，否则示波器既不触发扫描，显示屏也不更新。对于输入信号频率低于 20 Hz 时或不需要自动触发的情况，应使用常规触发模式。

（b）Auto 模式自动进行扫描信号，即使没有输入信号或是输入信号没有被触发同步时，屏幕上仍可以显示扫描基线。

（c）AutoLevel 模式适用于边沿触发或外部触发。示波器首先尝试常规触发，如果未找到触发信号，它将在触发源的±10%的范围搜索信号，如果仍没有信号示波器就自动触发。在把探头从电路板一点移到另一点时，这种工作模式很有用。

（2）设置释抑

释抑设置是指触发电路重新触发前示波器所等待的时间。用释抑能稳定复杂波形的显示。释抑能在上一次触发后的指定时间内，避免产生触发。当波形在一个周期内多次穿越触发电平时，此功能非常有用。如果没有释抑，示波器就要在每个穿越处触发，从而产生混乱的波形。通过正确的释抑设置，示波器就能在同一穿越处触发。正确的释抑设置一般应略小于一个周期。把释抑设置为这一时间就产生一个唯一的触发点。即使在触发期间有许多波形通过，它仍能按要求工作。因为释抑电路是在输入信号上连续工作。改变时基设置，并不影响释抑值。利用安捷伦公司的 MegaZoom 技术，可单击 Stop 按钮，然后平移和缩放数据，以查找重复位置。用光标测量这一时间，然后把释抑设置为该时间值。

单击模式/耦合功能，旋转输入旋钮，增加或减少释抑，Holdoff 软按钮 Holdoff 60 ns 示意出触发释抑时间。

9. 测量控制区

是 Agilent 54622D 示波器面板测量控制区域。其中按钮是游标按钮，按钮是快速测量按钮。单击游标按钮，在显示屏下面出现菜单，通过改变菜单中的参数，可以选择测量源和设置测量轴的刻度。

（1）Source 软按钮用于从模拟通道 1、模拟通道 2 或 math 菜单中选择测量源。

（2）XY 软按钮用于选择 X 轴或 Y 轴有关参数的设置。

（3）选择 x 轴时，显示菜单。单击 Xl 软按钮，通过输入旋钮，可改变 X1 的设置；单击 X2 软按钮，通过输入旋钮，可改变 X2 的设置；单击 Xl-X2 软按钮，通过输入旋钮，可改变 X1-X2 的设置；单击 Cursor 软按钮，通过输入旋钮，可改变 Cursor 的设置。

（4）选择 Y 轴时，显示菜单。单击 Yl 软按钮，通过输入旋钮，可改变 Y1 的设置；单击 Y2 软按钮，通过输入旋钮，可改变 Y2 的设置；单击 Yl-Y2 软按钮，通过输入旋钮，可改变 Y1-Y2 的设置；单击 Cursor 软按钮，通过输入旋钮，可改变 Cursor 的设置。

（5）单击 Source 软按钮，从模拟通道 1、模拟通道 2 或 math 菜单中选择测量源。

（6）单击 Clear Meas.软按钮（先单击按钮），清除测量数据。

（7）分别单击 Frequency、Period、Peak-Peak、Maximum、Minimum、RiseTime、FallTime、DutyCycle、RMS、+Width、-Width、Average 等软按钮，可分别测量波形的频率、周期、峰-峰值、最大值、最小值、上升时间、下降时间、占空比、有效值、正脉宽、负脉宽、平均值等性能指标。

10. 打印显示

单击 QuickPrint（快速打印）按钮，可以把包括状态行和软按钮在内的显示内容通过打印机打印。

11. 网格的亮度

单击 Display 按钮，旋转输入旋钮改变显示的网格亮度，Grid（网格）软按钮中显示的亮度级可在 0～100%间调节。

12. 自动测量

使用 Quick Mear 按钮可测量模拟通道的信号或已运算过的数学函数波形的频率、周期、峰一峰值、最大值、最小值、上升时间、下降时间、占空比、有效值、正脉宽、负脉宽和平均值等性能指标，并将最后 3 次的测量结果显示在该软按钮上方的专用行上。在平移或缩放波形时，也可用 Quick Meas 按钮停止已触发的波形。开启的游标示出最新选择测量的波形部分（测量行的最右边）。测量方法为：

（1）单击 Quick Mear 按钮，显示自动测量菜单。

（2）单击 Source 软按钮，选择要进行测量的通道或运行的数学函数。

（3）单击 Clear Meas 软按钮，停止测量。从软按钮上方显示行中擦除测量结果。

（4）单击相应的功能按钮，就能够测量相应的性能指标。例如，单击 Frequency 软按钮可测量波形的频率。

11.2.3　Agilent 54622D 示波器触发方式的调整

Agilent 54622D 示波器触发控制区。其触发方式有边沿触发、脉冲宽度（毛刺）触发、码型触发三种类型，而对实际仪表的触发方式还有 CAN 触发、区域网络触发、持续时间触发、IC 互连、IC 总线触发、序列触发、SPI 串行协议接口触发、TV 触发及 USB 通用串行总线触发等类型，不在这里讨论，有兴趣的读者可参考 Agilent 54622D 使用手册。

1. Agilent 54622D 示波器的边沿触发

通过面板上的按钮，可以选择触发源和触发方式。单击面板上的按钮，显示屏下方弹出软按钮和软按钮。通过软按钮，能够选择触发源，主要有模拟通道 1、模拟通道 2、Ext（外部）、数字通道 D0～D15。通过 Slope（斜率）软按钮，选择触发类型并显示在屏幕右上角。

2. Agilent 54622D 示波器的脉冲宽度触发

单击按钮，选择脉冲宽度触发并显示脉冲宽度触发菜单。

（1）和边沿触发类似，单击 Source 软按钮选择触发源，并根据需要合理设置。

（2）单击脉冲极性软按钮选择所要捕获的脉冲宽度的正极性或负极性。所选脉冲极性显示于屏幕右上角。

（3）通过时间限定符软按钮可把示波器设置为在不同条件下的脉冲宽度触发。

3. Agilent 54622D 示波器的码型触发

码型是各通道数字逻辑组合的序列。每个通道数字逻辑有高（H）、低（L）和忽略（X）值。码型触发器通过查找指定码型识别条件。可以指定一个通道信号的上升和下降沿作为触发条件。

（1）单击面板 Tigger 区的按钮，显示触发菜单。

（2）单击 Channel 软按钮选择一个包含码型模拟通道或数字通道；可以选择 H（逻辑高）软按钮、L（逻辑低）软按钮、X（忽略）软按钮、U（上升沿）软按钮和 D（下降沿）软按钮中的任意一个逻辑状态作为通道触发条件，并显示于屏幕右上角。

11.2.4　Agilent 54622D 示波器的延迟和游标测量

1. 延迟测量

延迟扫描是主扫描的扩展。延迟扫描把取样存储器的内容做放大显示，这些数据通过单次采集获得，供主扫描和延迟扫描窗口使用。数据对应于同样的触发事件。可通过延迟扫描窗口放大部分波形，以进行更仔细的考查。

延迟扫描基于 MegaZoom 技术，与模拟示波器不同，MegaZoom 示波器的延迟扫描并非第二次采集，而是主扫描中所显示同样数据的扩展。能以 1 ms/div 捕获主显示，并以 1000∶1 的放大比在 1 μs/div 的延迟显示中重新显示同一触发。当选择延迟模式时，显示屏被分成两部分，显示屏顶部首行中间显示延迟扫描图标。显示屏上半部显示主扫描，下半部显示延迟扫描。可以用延迟扫描窗口定位和水平扩展部分主扫描，从而更细致地、以高分辨率分析信号。延迟扫描的操作步骤如下所述。

（1）把信号接到示波器得到稳定的显示。

（2）单击主扫描/延迟扫描按钮，然后单击 Delayed 软按钮，观察在显示屏上测试波形延迟扫描的显示如图 11.32 所示，图中标出了显示区的各部分说明。

（3）旋转时间衰减旋钮、幅度衰减旋钮及位置旋钮，可使波形在显示区上扩展、压缩和移动。

（4）扩展的主显示区被加亮，并有垂直标识标注出它的两端。

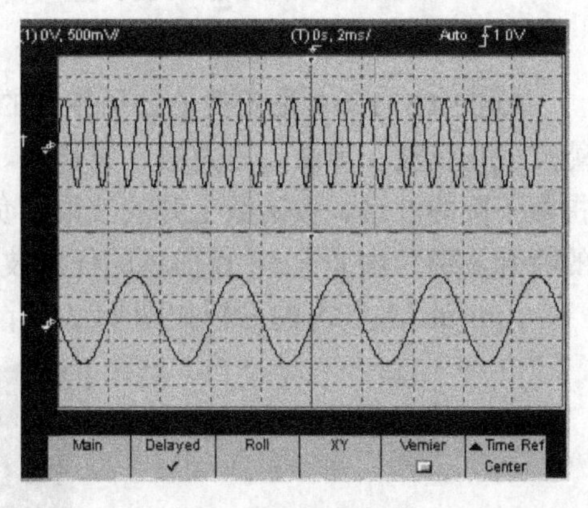

图 11.33 延迟扫描

可利用延迟扫描捕获毛刺或窄脉冲。毛刺是波形中的快速变化，它通常比波形窄得多。要查找毛刺、捕获毛刺或窄脉冲的步骤如下所述。

（1）把信号接到示波器并得到稳定的显示。

（2）单击主扫描/延迟扫描按钮，然后单击 Delayed 软按钮。

（3）要获得更好的毛刺分辨率，应围绕毛刺的主扫描扩展部分用水平延迟时间旋钮平移波形，设置延迟扫描的扩展时基。

2. 进行游标测量

可利用游标对示波器信号进行定制电压或时间的测量，以及在数字通道上进行时序的测量。

（1）把信号接到示波器并得到稳定的显示。

（2）单击 Cursor 按钮，在显示屏下面弹出菜单软按钮，通过这些菜单 可选择游标功能：

（a）单击按钮，选择游标测量的通道（1、2 或数字通道）；

（b）单击按钮，选择 X 游标或 Y 游标；

（c）单击 Xl 和 X2 按钮，水平调整通常测量时间；

（d）单击 Y1 按钮和 Y2 按钮,垂直调整通常测量电压；

（e）单击 Xl 按钮、X2 按钮和 Y1 按钮、Y2 按钮，在旋转输入旋钮时一起移动游标。

11.2.5 Agilent 54622D 示波器数学函数的使用

Agilent 54622D 示波器能对任何模拟通道上采集的信号进行数学运算，并显示结果。它包括信号相减、相乘、积分、微分和快速傅里叶变换等数学运算。单击面板上的按钮，显示数学函数菜单。可以进行的数学运算有：

（1）衰减值的确定和偏置　　（2）减法运算　　（3）乘法运算

（4）微分运算　　（5）积分运算　　（6）FFT 运算

这些数学运算与一般的数学运算一样，在本书中通过例子予以说明。

11.3　Agilent函数发生器——Agilent 33120A

Agilent 33120A是安捷伦公司生产的一种宽频带、多用途、高性能的函数发生器，它不仅能产生正弦波、方波、三角波、锯齿波、噪声源和直流电压6种标准波形，而且还能产生按指数下降的波形、按指数上升的波形、负斜波函数、Sa(x)及Cardiac（心律波）5种系统存储的特殊波形和由8～256点描述的任意波形。Agilent 33120A的图标如图11.34所示。

Agilent 33120A的面板如图11.35所示。

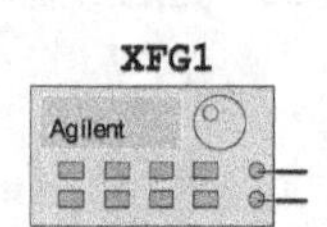

图11.34　Agilent 33120A图标

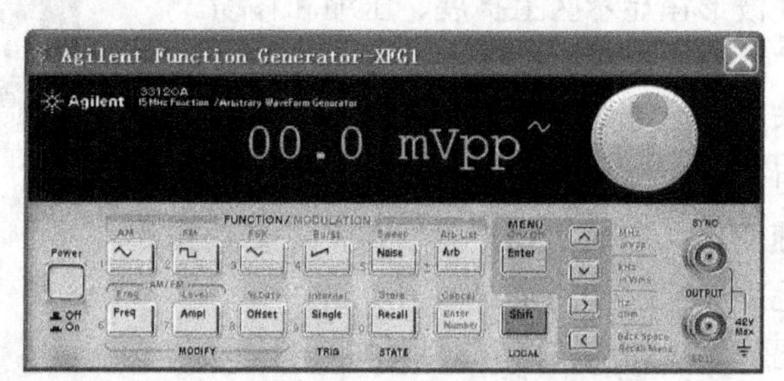

图11.35　Agilent 33120A操作面板

11.3.1　Agilent 33120A面板按钮功能介绍

1. 电源开关按钮

（Power）按钮为电源开关，单击它可以使仪表接通电源，仪表开始工作。

2. Shift和Enter Number功能按钮

Shift是换档按钮，同时单击Shift按钮和其他功能按钮，执行的是该功能按钮上方的功能。Enter Number按钮是输入数字按钮。若单击Enter Number按钮后，再单击面板上的相关数字按钮，即可输入数字，如图11.36所示。若单击Shift按钮后再单击Enter Number按钮，则取消前一次操作。

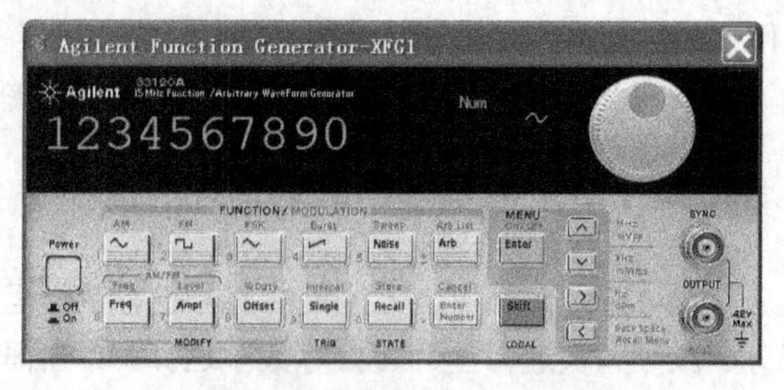

图11.36　Enter Number按钮

3. 输出信号类型选择按钮

面板上的FUNCTION/MODULATION线框下的6个按钮是输出信号类型选择按钮。单击按钮选择正弦波，单击按钮选择方波，单击按钮选择三角波，单击按钮选择锯齿波，单击Noise按钮选择噪声源，单击Arb按钮选择由 8～256 点描述的任意波形。若单击 Shift 按钮后，再分别单击以上 6 个按钮，则分别选择 AM 信号、FM 信号、FSK 信号、Burst 信号、Sweep 信号或 Arb List 信号。若单击 Enter Number 按钮后，再分别单击以上 6 个按钮，则分别选数字 1、2、3、4、5 和±极性。

4. 频率和幅度按钮

面板上的 AM/FM 线框下的两个按钮分别用于 AM/FM 信号参数的调整。单击Freq按钮，调整信号的频率，单击Ampl按钮，调整信号的幅度。若单击 Shift 按钮后，再分别单击Freq按钮、Ampl按钮，则分别调整 AM、FM 信号的调制频率和调制度。

5. 菜单操作按钮

单击 Shift 按钮，再单击 Enter Number 按钮后就可以对相应的菜单进行操作。若单击∨按钮，则进入下一级菜单，若单击∧按钮，则返回上一级菜单，若单击>按钮，则在同一级菜单右移，若单击<按钮，则在同一级菜单左移。若选择改变测量单位，单击∨按钮选择测量单位递减（如 MHz、kHz、Hz），单击∧按钮选择测量单位递增（如 Hz、kHz、MHz）。

6. 偏置设置按钮

Offset按钮为 Agilent 33120A 信号源的偏置设置按钮，单击 Offset 按钮，则调整信号源的偏置；若单击 Shift 按钮后，再单击 Offset 按钮，则改变信号源的占空比。

7. 触发模式选择按钮

Single按钮是触发模式选择按钮。单击 Single 按钮，选择单次触发；若先单击 Shift 按钮，再单击 Single 按钮，则选择内部触发。

8. 状态选择按钮

Recall按钮是状态选择按钮。单击 Recall 按钮，选择上一次存储状态；若先单击 Shift 按钮，再单击 Recall 按钮，则选择存储状态。

9. 输入旋钮、外同步输入端和信号输出端

显示屏右侧的圆形旋钮是信号源的输入旋钮，下方的插座分别为外同步输入端和信号输出端。

11.3.2　Agilent 33120A 产生的标准信号波形

Agilent 33120A 函数发生器能产生正弦波、方波、三角波、锯齿波、噪声源和直流电压等标准波形。下面就具体讨论各种信号的产生，并用示波器观察输出的信号，电路连接如图 11.37 所示。

1. 正弦波

首先单击∼按钮，选择输出的信号为正弦波。信号频率的调整方法是单击Freq按钮，通过输入旋钮选择频率的大小，或直接单击 Enter Number 按钮后，输入频率的数字，再单击 Enter 按钮确定；或单击∧、∨按钮逐步增减数值，直到所需频率数值为止。信号幅度的调整方法是：单击Ampl按钮，直接单击 Enter Number 按钮后，输入幅度的数字，再单击 Enter Number 按钮确定；或单击∧、∨按钮逐步增减数值。信号偏置的调整方法是：单击Offset按钮，通过

输入旋钮选择偏置的大小；或直接单击按钮后，输入偏置的数值，再单击 Enter 按钮确定；或单击、按钮逐步增减偏值。另外，先单击 Enter Number 按钮，然后单击按钮，可实现将有效值转换为峰—峰值；反过来，先单击 Enter 按钮，可实现将峰—峰值转换为有效值。先单击 Enter Number 按钮，可实现将峰—峰值转换为分贝值。例如，要产生一个正弦信号，其频率为 1 kHz，幅度为 5 V，偏置为 0。

按上面的步骤设置幅度为 5 V，频率为 1 kHz，偏置为 0 V 即可。设置好的 Agilent 33120A 函数发生器的面板如图 11.38 所示。

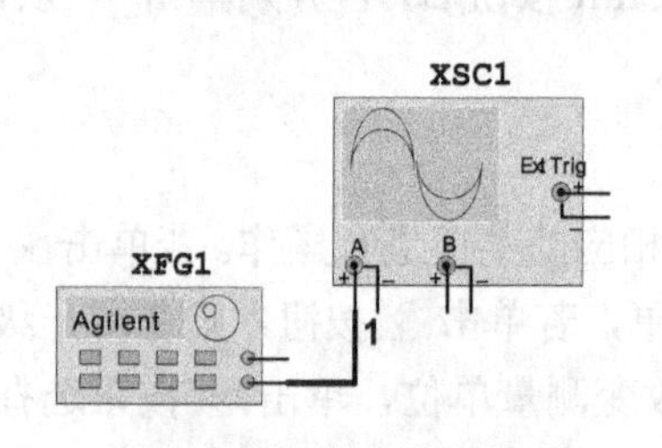

图 11.37 信号输出电路

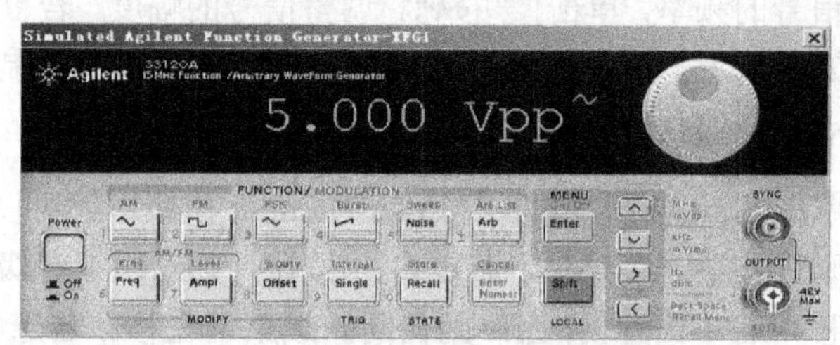

图 11.38 Agilent 33120A 操作面板

示波器观察 Agilent 33120A 函数发生器的输出波形如图 11.39 所示。

2. 方波、三角波和锯齿波

分别单击按钮、按钮或按钮，Agilent 33120A 函数发生器能产生方波、三角波或锯齿波。设置方法和正弦波的设置类似，只是对于方波，单击 Shift 按钮后，再单击 Offset 按钮，通过输入旋钮可以改变方波的占空比。

3. 噪声源

单击 Noise 按钮，Agilent 33120A 函数发生器输出一个模拟的噪声。其幅度可以通过单击 Ampl 按钮，调节输入旋钮改变大小，输出幅度为 200 mV 噪声的 Agilent 33120A 函数发生器的面板设置如图 11.40 所示。

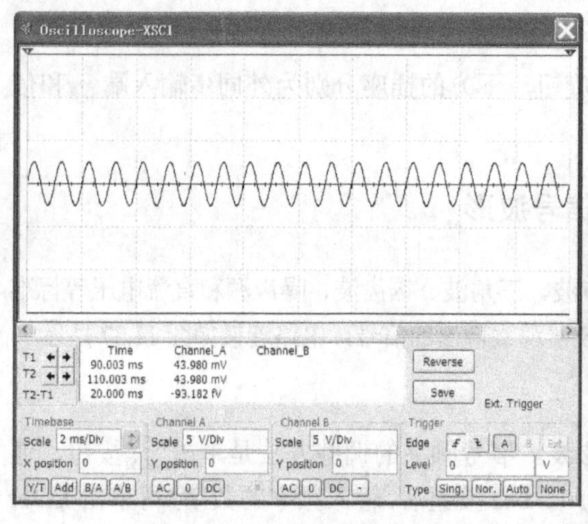

图 11.39 输出波形

图 11.40 Agilent 33120A 函数发生器的面板设置

示波器上显示的波形如图 11.41 所示。

4. 直流电压

Agilent 33120A 函数发生器能产生一个直流电压，范围是-5 V～+5 V。单击 Offset 按钮 Offset 不放，持续时间超过 2 s，显示屏先显示 DCV 后变成+0.000 VDC；通过选择位按钮 > 选择设置位，再按 ∧ 或 ∨ 按钮对输出电压值的大小进行设置，或通过输入旋钮可以改变输入电压的大小。设置面板如图 11.42 所示。

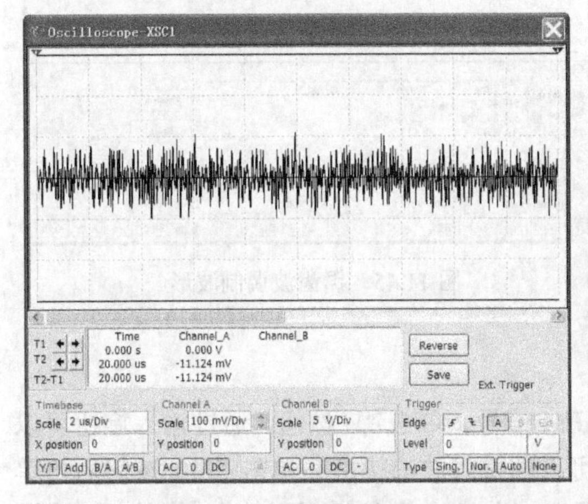

图 11.41　示波器上显示波形

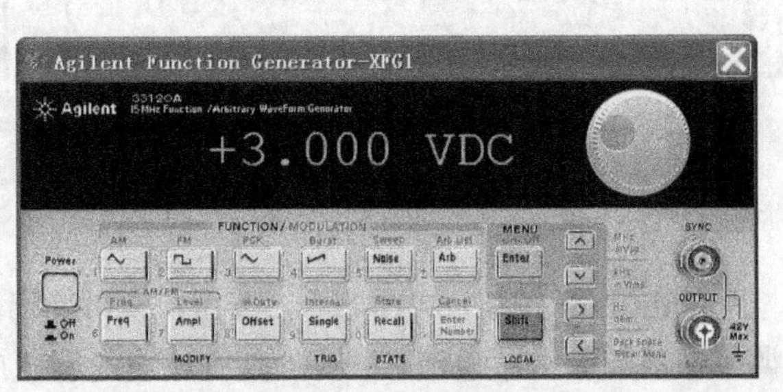

图 11.42　面板设置

5. AM 信号

单击 Shift 按钮后，再单击 ~ 按钮选择 AM 信号。单击 Freq 按钮，通过输入旋钮可以调整载波的频率；单击 Ampl 按钮，通过输入旋钮可以调整载波的幅度；单击 Shift 按钮后再单击 Freq 按钮，通过输入旋钮可以调整调制信号的频率；单击 Shift 按钮后再单击 Ampl 按钮，通过输入旋钮可以调整调制信号的调幅度。此外，还可以选择其他波形作为调制信号，改变调制信号的操作步骤为：首先单击 Shift 按钮，再单击 ~ 按钮选择 AM 方式；然后单击 Shift 按钮，再单击 Enter 按钮进行菜单操作，显示屏显示 Menus 后立即显示 A：MOD Menu，单击 ∨ 按钮，显示屏显示 COMMANDS 后立即显示 1：AMSHAPE，再单击 ∨ 按钮，显示屏显示 PAMAMETER 后立即显示 Sine；单击 > 按钮选择调制信号类型。设置完成后，单击 Enter 按钮保存设置。

若调整 Agilent 33120A 函数发生器，使其输出 AM 信号，载波的振幅为 3 V，频率为 10 kHz，调制信号为正弦波，其频率为 500 Hz，调幅度为 60%。其设置面板如图 11.43 所示。

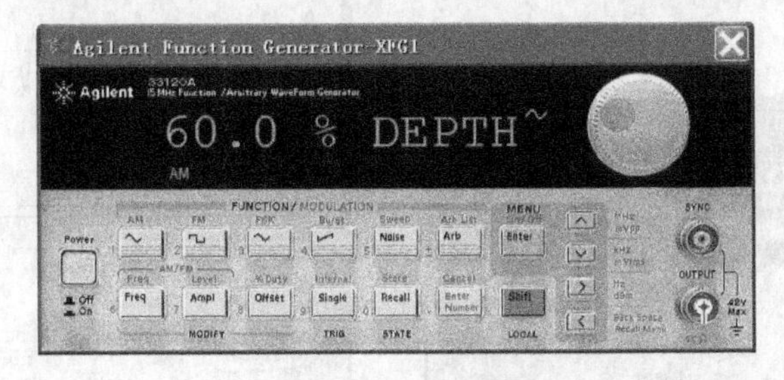

图 11.43　面板设置

所产生的 AM 信号如图 11.44 所示。若将调制信号选为锯齿波，其余参数不变，所产生的 AM 信号如图 11.45 所示。

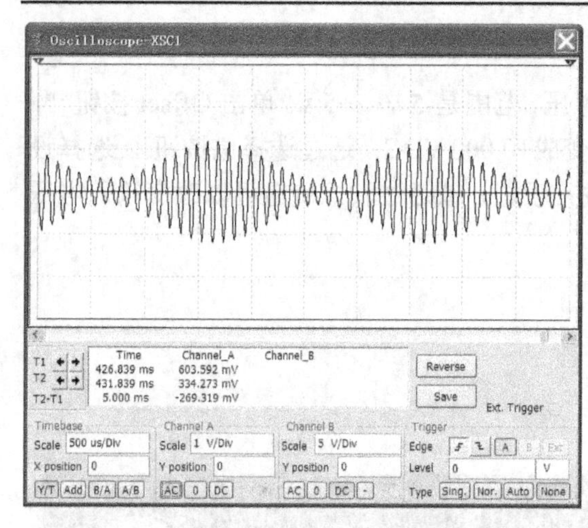

图 11.44　AM 信号波形

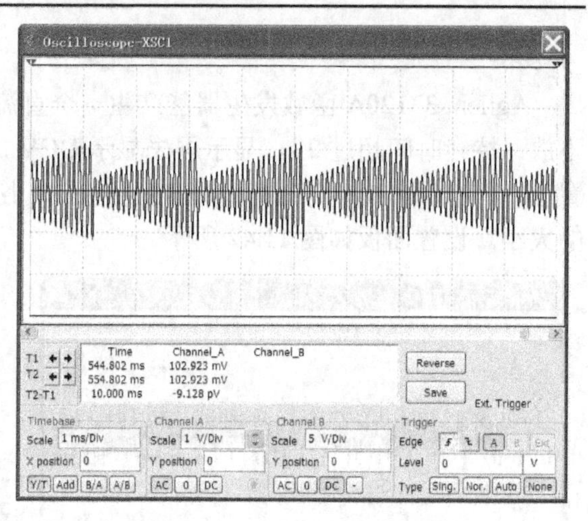

图 11.45　锯齿波调制波形

6. FM 信号

单击 Shift 按钮，再单击 按钮，就可输出 FM 信号。单击 Freq 按钮，通过输入旋钮可以调整载波的频率；单击 Ampl 按钮，通过输入旋钮可以调整载波的幅度；单击 Shift 按钮后再单击 Freq 按钮，通过输入旋钮可以调整调制信号的频率；单击 Shift 按钮后再单击 Ampl 按钮，通过输入旋钮可以调整 FM 信号的角频偏。此外，还可以选择其他波形作为调制信号，改变调制信号的操作步骤为：首先单击 Shift 按钮，再单击 按钮选择 FM 方式；然后单击 Shift 按钮，再单击 Enter 按钮进行菜单操作，显示屏显示 Menus 后立即显示 A：MOD Menu，单击 按钮，显示屏显示 COMMANDS 后立即显示 1：AMSHAPE，再单击 按钮，显示屏显示 2.FM SHAPE；再单击 后立即显示 Sine；单击 按钮选择调制信号类型。设置完成后，单击 Enter 按钮保存设置。

图 11.45 给出了 Agilent 33120A 函数发生器输出 FM 信号的例子。其载波频率为 10 kHz，载波幅度为 3 V，调制频率为 3 kHz，角频偏 3 kHz。其面板设置如图 11.46 所示。示波器显示的波形如图 11.47 所示。

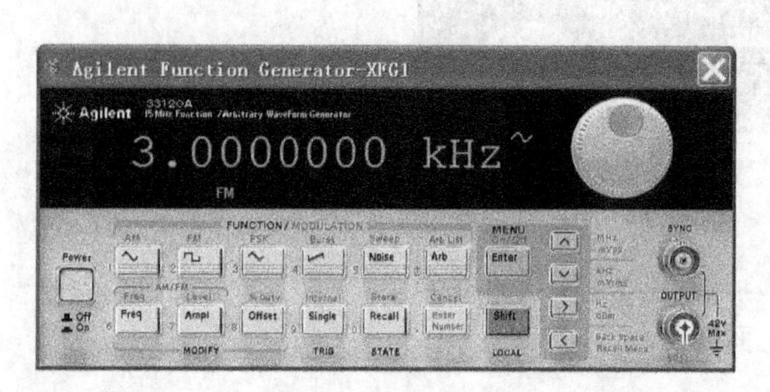

图 11.46　面板设置

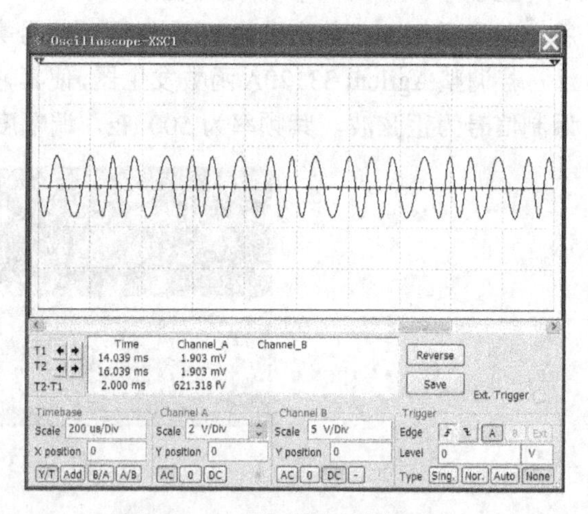

图 11.47　示波器显示的波形

7. FSK 调制信号源

利用 Agilent 33120A 函数发生器可以产生 FSK 调制信号。如果要 Agilent 33120A 函数发生器输出图 11.48 所示的 FSK 调制信号，在图 11.48 中 FSK 调制信号的载波频率为 6 kHz，幅度为 800 mV；跳跃频率（FSK 频率）为 3 kHz，两个输出频率的转换速率（转换频率）为 1 kHz。对 Agilent 33120A 函数发生器的设置步骤如下所述。

（1）单击 Shift 按钮后，再单击 ~ 按钮，选择 FSK 调制方式。

（2）单击 Freq 按钮，通过输入旋钮选择 6 kHz 的载波频率，单击 Ampl 按钮，通过输入旋钮选择 800 mV 的载波幅度。

（3）单击 Shift 按钮后，再单击 Enter 按钮进行菜单操作，显示屏显示 Menus 后立即显示 A: MOD Menu；单击 ∨ 按钮，显示屏显示 COMMANDS 后立即显示 1：AMSHAPE；单击 > 按钮选择 6：FSKnlEQ；单击 ∨ 按钮，显示屏显示 PAMAMETER 后立即显示^1.000 kHz；单击 > 按钮后，数字 1 在闪动，通过输入旋钮选择跃频率为 3 kHz：改变设置后，单击 Enter 按钮保存。又单击 Shift 按钮后，再单击 Enter 按钮进行菜单操作，显示屏显示 Menus 后立即显示 A: MOD Menu；单击 ∨ 按钮，显示屏显示 COMMANDS 后立即显示 1：AM SHAPE：单击 > 按钮选择 7：FSKRATE；单击 ∨ 按钮，显示屏显示 PAMAMETER 后立即显示^1.000 kHz；单击 > 按钮后，数字 1 在闪动，通过输入旋钮选择转换频率 2 kHz；设置完成后，单击 Enter 按钮保存设置。

（4）设置完毕，启动仿真开关，就可以观察到如图 11.47 所示的波形。

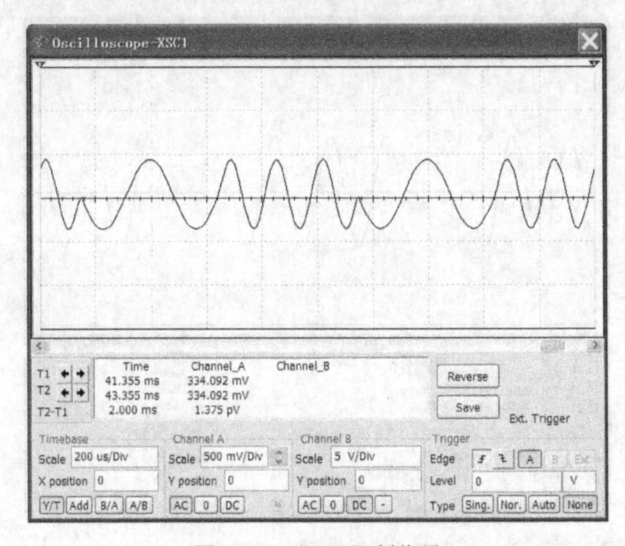

图 11.48　FSK 调制信号

8. 突发调制信号

利用 Agilent 33120A 函数发生器可以产生一个突发调制（Burst 调制）信号。所谓突发调制，是指输出信号按指定速率输出规定周期数目的信号。例如，图 11.49 是 Agilent 33120A 函数发生器输出的一个突发调制信号，它按每 400 Hz 输出三个周期的速度输出 2.5 V/500 Hz 的正弦信号。若要 Agilent 33120A 函数发生器输出一个突发调制信号，Agilent 33120A 函数发生器的面板设置步骤如下所述。

（1）单击 Shift 按钮后，再单击按钮，选择突发调制方式。

（2）单击按钮，选择正弦信号。

（3）单击Freq按钮，通过输入旋钮设置输出波形的频率为 500 Hz，单击Ampl按钮，通过输入旋钮设置输出波形的幅度为 5 V。

（4）单击 Shift 按钮后，再单击Enter按钮，显示屏先显示 Menus，随后显示 A：MOD Menu；单击按钮，显示屏先显示 COMMANDS，随后显示 1：AMSHAPE；单击按钮选择 3：BURSTCNT；单击按钮，显示屏先显示 PAMAMETER，随后显示^00001CYC；单击按钮后，数字 1 在闪动，通过输入旋钮选择显示周期的个数，设置完成后，单击Enter按钮保存设置。

（5）单击 Shift 按钮后，再单击Enter按钮进行菜单操作，显示屏先显示 Menus，随后显示 A：MOD Menu；单击按钮，显示屏先显示 COMMANDS，随后显示 1：AMSHAPE；单击按钮选择 4：BURST RATE；单击按钮，显示屏先显示 PAMAMETER，随后显示^100.000 Hz；单击按钮后，数字 1 在闪动，通过输入旋钮选择 400 Hz，设置完成，单击Enter按钮保存设置。

（6）单击 Shift 按钮后，再单击Enter按钮进行菜单操作，显示屏先显示 Menus，随后显示 A：MOD Menu，单击按钮，显示屏先显示 COMMANDS，随后显示 1：AMSHAPE；单击按钮选择 5：BURSTPHAS；单击按钮，显示屏先显示 PAMAMETER，随后立即显示^0.00000DEG；单击按钮后，数字 0 在闪动，通过输入旋钮选择 00，设置完成后，单击Enter按钮保存。

（7）启动仿真开关，通过示波器就可以观察到如图 11.49 所示的波形。

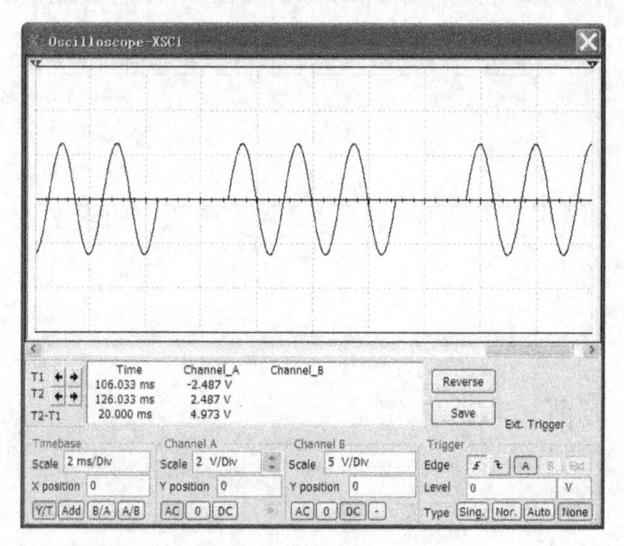

图 11.49　突发调制信号

9. 扫描信号

利用 Agilent 33120A 函数发生器可以产生一个扫描信号。扫描信号是指信号在某一段频率范围内变化的波形。例如，图 11.50 是 Agilent 33120A 函数发生器输出一个在 60 ms 内从 800 Hz 到 2 kHz 线性扫描 2 V/2 kHz 正弦信号。

Agilent 33120A 函数发生器的面板设置如下。

（1）单击 Shift 按钮后，再单击按钮，选择扫描信号。

（2）单击~按钮，选择正弦信号。

（3）单击Freq按钮，通过输入旋钮，将输出波形的频率调节为 2 kHz，单击Ampl按钮，通过输入旋钮，将输出波形的幅度调节为 2 V。

（4）单击 Shift 按钮后，再单击Enter按钮，显示屏先显示 Menus，随后立即显示 A：MOD Menu；单击>按钮选择 B：SWP MENU；单击∨按钮，显示屏先显示 COMMANDS，随后立即显示 1：STARTF；单击∨按钮，显示屏先显示 PAMAMETER，随后立即显示^100.000 Hz；单击>按钮后，数字 1 在闪动，通过输入旋钮将开始频率设置为 800 Hz，单击Enter保存。

（5）单击 Shift 按钮后，再单击Enter按钮进行菜单操作，显示屏先显示 Menus，随后立即显示 A：MOD Menu：单击>按钮选择 B：SWP MENU；单击∨按钮，显示屏先显示 COMMANDS，随后立即显示 1：STARTF；单击>按钮选择 2：STOPF：单击∨按钮，显示屏先显示 PAMAMETER，随后立即显示^1.000 00 kHz；单击>按钮后，数字 1 在闪动，通过输入旋钮选择将开始频率设置为 2 kHz，设置完毕，单击Enter按钮保存设置。

（6）单击 Shift 按钮后，再单击Enter按钮，显示屏先显示 Menus，随后立即显示 A：MOD Menu；单击>按钮选择 B：SWP MENU；单击∨按钮，显示屏先显示 COMMANDS，随后立即显示 1：START F；单击>按钮选择 3：SWP TIME；单击∨按钮，显示屏先显示 PAMAMETER，随后立即显示^100.00 ms；单击>按钮后，数字 1 在闪动，通过输入旋钮将扫描时间设置为 60 ms，设置完成后，单击Enter按钮保存设置。

（7）单击 Shift 按钮后，再单击Enter按钮，显示屏先显示 Menus，随后立即显示 A：MOD Menu：单击>按钮选择 B：SWP MENU；单击∨按钮，显示屏先显示 COMMANDS，随后立即显示 1：START F；单击>按钮选择 4：SWP MODE；单击∨按钮，显示屏先显示 PAMAMETER，随后立即显示 LOG；单击>按钮选择 LINEAR，设置完成后，单击Enter钮保存设置。

（8）启动仿真开关，通过示波器观察的波形如图 11.50 所示。

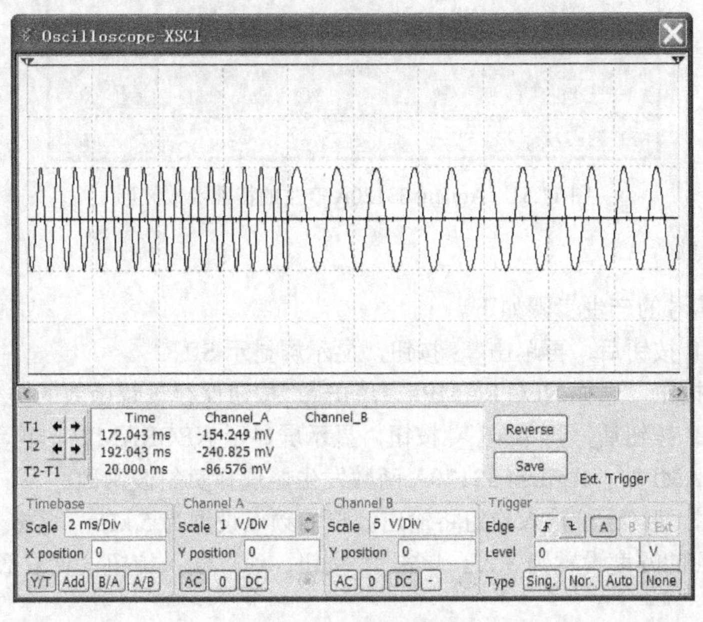

图 11.50　扫描信号

11.3.3 Agilent 33120A 产生的特殊函数波形

Agilent 33120A 函数发生器能产生 5 种内置的特殊函数波形，即 Sinc 函数、负斜波函数、按指数上升的波形、按指数下降的波形及 Cardiac 函数（心律波函数）。

1. Sinc 函数

Sinc 函数是一种常用的 Sa 函数，其数学表达式为 sinc(x)=sin(x)/x。图 11.51 是 Agilent 33120A 函数发生器输出 Sinc 函数的波形。

Sinc 函数的产生步骤如下。

（1）单击 Shift 按钮后，再单击Arb按钮，显示屏显示 SINC~。

（2）单击Arb按钮，显示屏显示 SINC^{Arb}，选择 Sinc 函数。

（3）单击Freq按钮，通过输入旋钮将输出波形的频率设置为 30 kHz；单击Ampl按钮将输出波形的幅度设置为 5 V。

（4）设置完毕，启动仿真开关，通过示波器观察波形如图 11.51 所示。

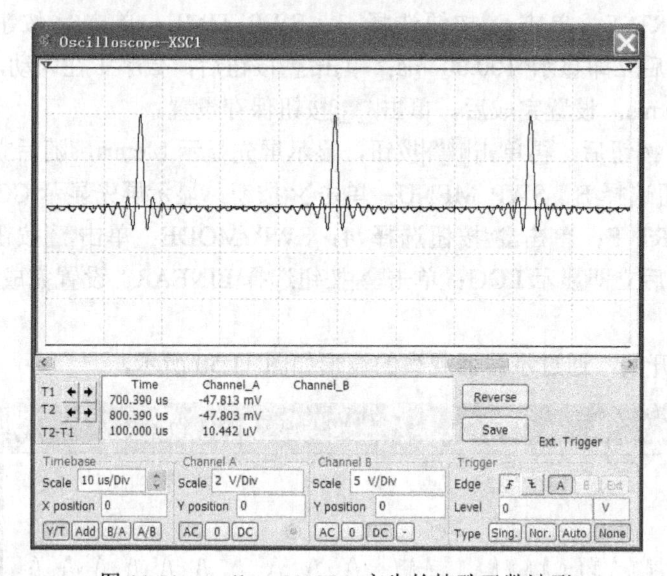

图 11.51 Agilent 33120A 产生的特殊函数波形

2. 负斜波函数

负斜波函数信号的产生步骤如下。

（1）单击 Shift 按钮后，再单击Arb按钮，显示屏显示 SINC~。

（2）单击>按钮，选择 NEG RAMP~，单击Enter按钮保存设置函数的类型。

（3）单击 Shift 按钮后，再单击Arb按钮，显示屏显示 NEGRAMP~，再单击Arb按钮，显示屏显示 NEG_RAMP^{Arb}，Agilent 33120A 函数发生器选择负斜波函数。

（4）单击Freq按钮，通过输入旋钮将输出波形的频率设置为 5 kHz，单击Ampl按钮，通过输入旋钮将输入波形的幅度设置为 3 V，单击Offset按钮，通过输入旋钮设置波形的偏置，这里设置为零。

（5）设置完毕，启动仿真开关，通过示波器观察的波形如图 11.52 所示。

3. 按指数上升函数

产生按指数上升函数信号的步骤如下。

（1）单击 Shift 按钮后，再单击Arb按钮，显示屏显示 SINC~。

（2）单击>按钮，选择 EXP_RISE~，单击Enter按钮确定所选 EXP_RISE 函数类型。

（3）单击 Shift 按钮后，再单击Arb按钮，显示屏显示 EXP_RISE~，再单击Arb按钮，显示屏显示 EXP_RISE^{Arb}，Agilent 33120A 函数发生器选择按指数上升函数。

（4）单击Freq按钮，通过输入旋钮将输出波形的频率设置为 8 kHz；单击Ampl按钮，通过输入旋钮将输出波形的幅度设置为 3 Vpp，单击 Offset 按钮，通过输入旋钮设置输出波形的偏置。这里设置为零。

（5）设置完毕，启动仿真开关，通过示波器观察波形如图 11.53 所示。

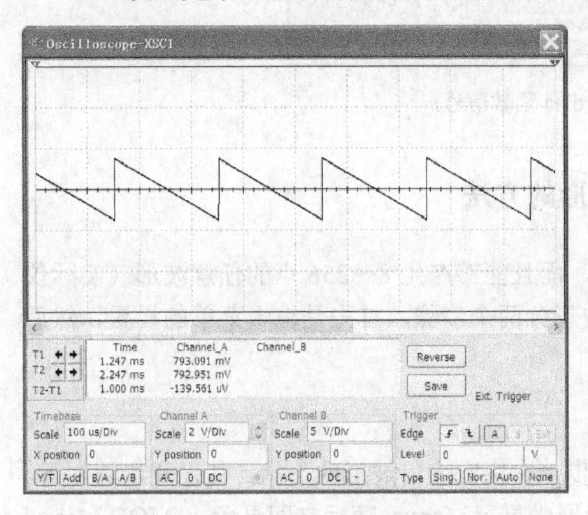

图 11.52　负斜波函数

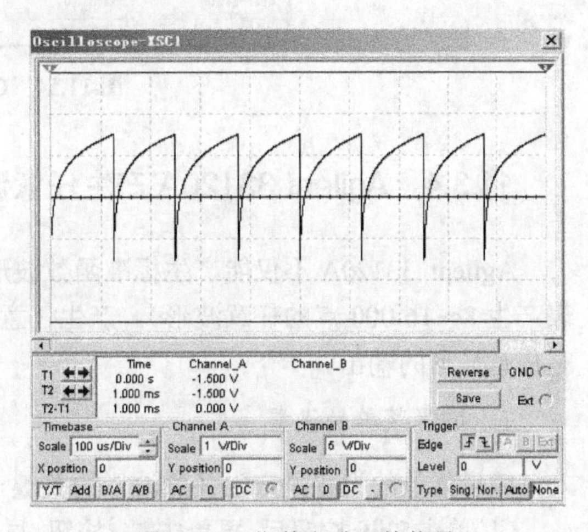

图 11.53　指数上升函数信号

4. 按指数下降函数

按指数下降函数的产生步骤基本同按指数上升函数的产生步骤相同，只是函数类型设置为 EXP_FALL 即可。

5. Cardiac（心律波）函数

Cardiac（心律波）函数的产生步骤如下。

（1）单击 Shift 按钮后，再单击Arb按钮，显示屏显示 SINC~，单击>按钮，选择 CARDIAC~。单击Enter按钮确定所选 CARDIAC 函数类型。

（2）单击 Shift 按钮后，单击Arb按钮，显示屏 CARDIAC~，再单击Arb按钮，显示屏显示 CARDIAC^{Arb}，Agilent 33120A 函数发生器选择 Cardiac 函数。

（3）单击Freq按钮，通过输入旋钮将输出波形的频率设置为 4.000 kHz，单击Ampl按钮，通过输入旋钮将输出波形的幅度设置为 3Vpp，单击Offset按钮，通过输入旋钮设置波形的偏置。这里设置为零。

（4）设置完毕，启动仿真开关，通过示波器观察的波形如图 11.54 所示。

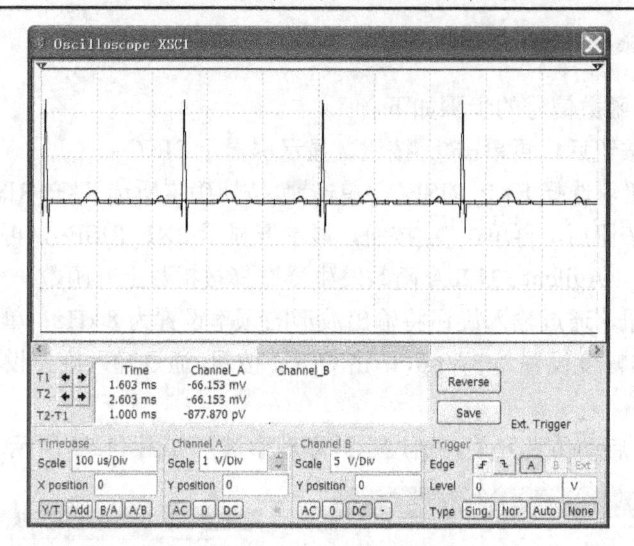

图 11.54　Cardiac 函数信号

11.3.4　Agilent 33120A 产生任意波形的方法

Agilent 33120A 不仅能产生标准函数波形，而且能够产生 8～256 点的任意波形（实际仪表产生 8～16 000 点的任意波形）。产生任意波形分两个步骤，首先是编辑菜单的设置，然后是任意波形的输出。

1．编辑菜单的设置

编辑菜单的设置是产生任意波形的关键一步，它决定输出波形的形状。其设置步骤如下。

（1）单击 Shift 按钮后，再单击 Enter 按钮，显示屏先显示 Menus，随后立即显示 A：MOD Menu，即可打开选择菜单；单击 〉按钮两次，选择 C：EDIT MENU；单击 ∨ 按钮，显示屏先显示 COMMANDS，随后立即显示 1：NEW ARB；单击 ∨ 按钮，显示屏先显示 PAMAMETER，随后显示 CLEAR MEM；单击 Enter 按钮，计算机发出蜂鸣声，显示屏显示 SAVED，表示设置被保存。

（2）单击 Shift 按钮后，再单击 〈 按钮，显示屏显示 1：NEW ARB；单击 〉按钮选择 2：POINTS；单击 ∨ 按钮，显示屏先显示 PAMAMETER，随后立即显示^008 PNTS；单击 〉按钮后，数字 0 在闪动，通过输入旋钮选择编辑的点数^016 PNTS，完成设置后，单击 Enter 按钮保存设置。

（3）单击 Shift 按钮后，再单击 〈 按钮，显示屏显示 2：POINTS；单击 〉按钮选择 3：LINE EDIT；单击 ∨ 按钮，显示屏先显示 PAMAMETER，随后立即显示 000:^0.0000，每个数据的取值范围为–1～+1；通过单击 ∧、∨ 按钮改变数据的极性；单击 〉按钮左移一位后，通过输入旋钮改变数据的大小；单击 Enter 按钮保存，显示屏显示 SAVED 后立即显示下一个点，并等待编辑，编辑方法与前面的数据点相同。当编辑完最后一个点时，单击 ∧ 按钮返回到 3：LINE EDIT 状态；连续单击 〉按钮 3 次，选择 6：SAVED AS，单击 ∨ 按钮，显示屏先显示 PAMAMETER，随后立即显示 ARBl*NEW*，最后单击 Enter 按钮，显示屏显示 SAVED，保存所做的设置。

2. 输出任意波形

输出任意波形的步骤如下所述。

（1）单击 Shift 按钮后，再单击Arb按钮，显示屏显示 SINC~，单击 > 按钮，选择 ARBl~，单击Enter按钮确定所选函数 ARBl 类型。

（2）单击 Shift 按钮后，再单击Arb按钮，显示屏显示 ARBl~，再单击Arb按钮，显示屏显示 ARBl^Arb，Agilent 33120A 选择 ARBl 函数。

（3）单击方波按钮，选方波信号。

（4）单击Freq按钮，通过输入旋钮将输出方波的频率设置为 5 kHz，单击Ampl按钮，通过输入旋钮将输出方波的幅度设置为 5 V，单击Offset按钮，

通过输入旋钮设置波形的偏置。例如，要编辑如图 11.54 所示的任意波形，编辑菜单时，选择 16 点（0～15），在 LINEEDIT 编辑时，每个点分别按：（0，0）、（1，0.1）、（2，0.18）、（3，0.25）、（4，0.375）、（5，0.5）、（6，1）、（7，0.4）、（8，0.2）、（9，1）、（10，−1）、（11，0.8）、（12，−1）、（13，0.7）、（14，0）、（15，0）编辑数据。

（5）设置完毕，启动仿真开关，通过示波器观察的波形。如图 11.55 所示。

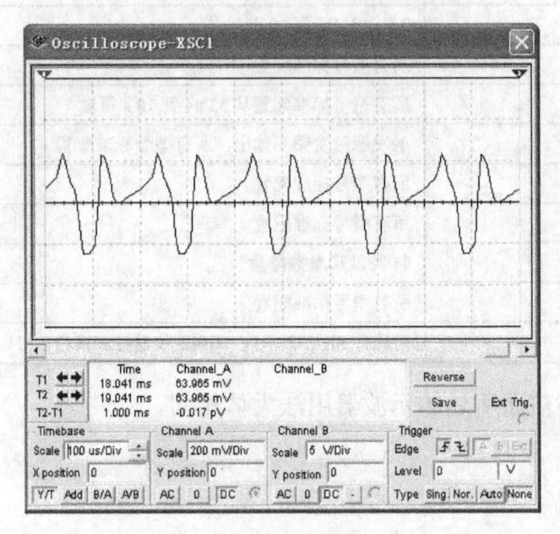

图 11.55　输出任意波形

11.4　泰克示波器——TDS 2024

TDS 2024 的图标如图 11.56 所示，其操作面板如图 11.57 所示。

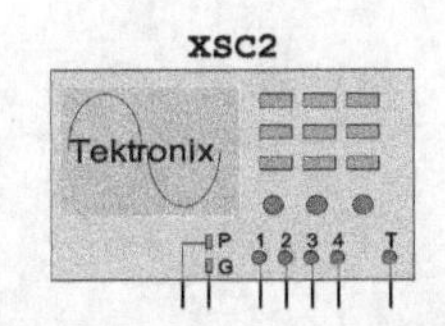

图 11.56　TDS 2024 图标

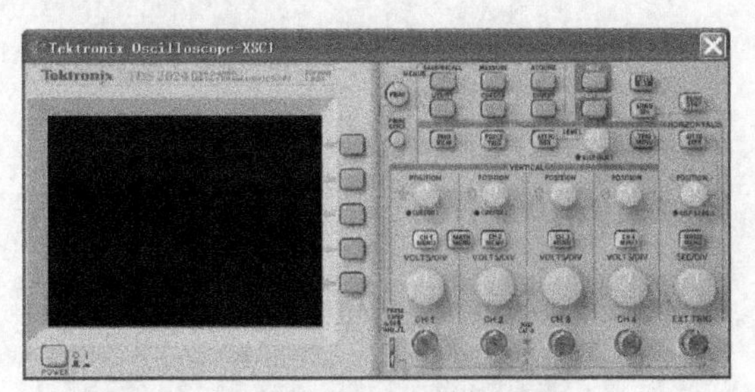

图 11.57　TDS 2024 的操作面板

TDS 2024 的主要性能如下：更高的带宽，更快的取样率（200 MHz 带宽，2 GS/s 取样率）（TDS 2022，TDS 2024）；所有型号具有高级触发功能，包括脉冲触发及可选场（奇偶）选行的视频触发，也包括外触发；FFT 标准配置；触发频率读出；使用简易性的增强；彩色 LCD 显示（TDS 2000 系列）；具有不同波形选择的自动设置功能；探头选择指南，保证正确的探头使用；内容相关在线帮助；11 种波形参数自动测量；更简单的用户界面——最常用的功能都放在前面板，使用更加方便，比如单次按钮、默认设置按钮等。TDS 2024 的主要性能参数如表 11.1 所示。

表 11.1 TDS 2024 的性能参数

项目	TDS 2024
显示	彩色
通道数	4
带宽	200 MHz
取样率	2.0 GS/s
记录长度	所有通道 2.5k 点
时基范围	2.5 ns 1 div 到 50 div
外触发	所有型号标准配置
脉冲宽度触发	所有型号标准配置从 33 ns 到 10 s 可选
触发信号读出	触发源触发频率读出，所有型号标准配置
FFT 运算功能	所有型号标准配置
自动设置菜单	所有型号标准配置
自动测量	11 种波形参数测量
探头检查指南	所有型号标准配置
TDS2CMA 模块	可选件 RS-232 串口，GPIB 仪器控制接口，打印并行接口

TDS 2024 的用法与前面所述的示波器用法大体相同。

第 12 章　Multisim 12 在电源电路中的应用

12.1　单相半波可控整流电路的仿真分析

图 12.1 为一个单相半波可控整流电路，图中 V1 为 220 V 交流电源。可控硅驱动电路由信号发生器 XFG1 代替。D1 为单向可控硅，栅极受信号发生器控制。用示波器观察单向可控硅的输入、输出信号的电压波形。

双击 XFG1 可打开其设置面板，如图 12.2 所示。在该设置面板中可进行波形选择，以及频率、占空比、幅度、偏移量、上升时间、下降时间等参数的设置。

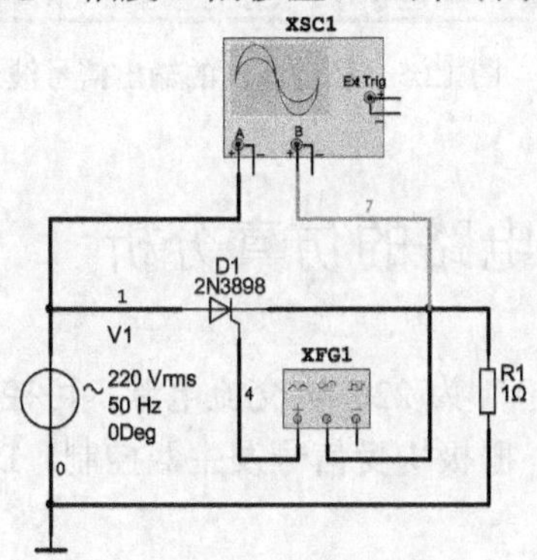

图 12.1　单相半波可控整流电路

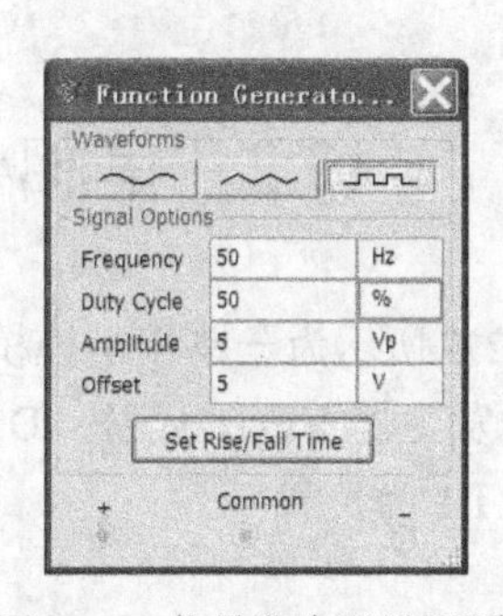

图 12.2　信号发生器设置面板

按下仿真开关，我们看到示波器上显示的单向可控硅的输入、输出信号的电压波形。如图 12.3 所示，为半波导通。

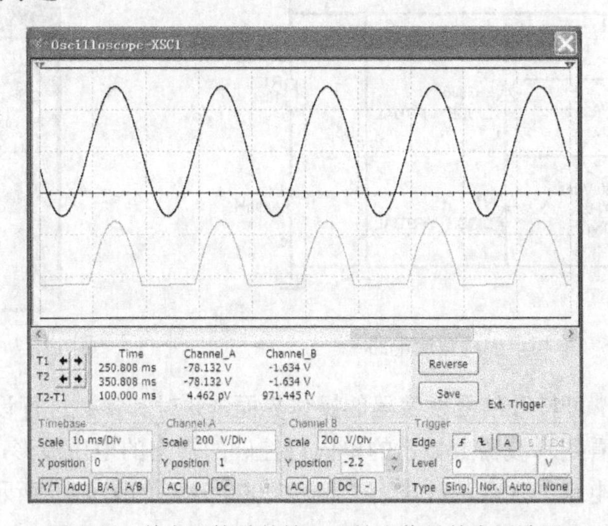

图 12.3　单向可控硅的输入、输出信号的电压波形

此时，我们在电路中加入滤波电容 C1 = 22 000 μF，如图 12.4 所示。再进行仿真，我们看到示波器上显示的输出信号的波形被滤波了，如图 12.5 所示。

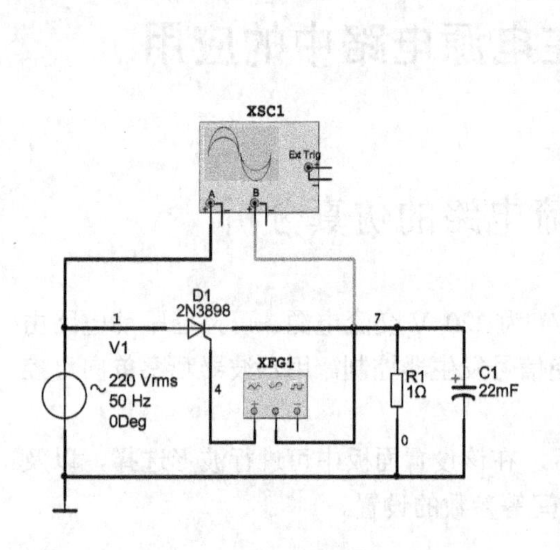

图 12.4　加入滤波电容电路

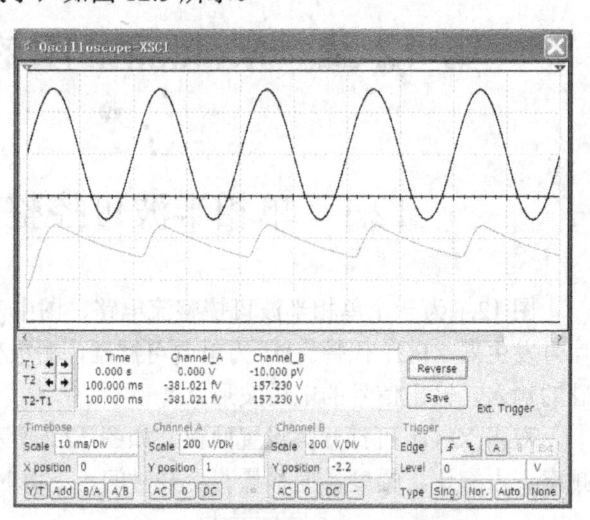

图 12.5　经过滤波的输出信号波形

12.2　单相半控桥整流电路的仿真分析

如图 12.6 所示为一单相半控桥整流电路，其中 V1 为 220 V 交流电源。可控硅驱动电路仍采用信号发生器 XFG1 代替。D1、D2 为可控硅，栅极均受信号发生器控制。D5 为续流二极管，R1、L1 为负载。

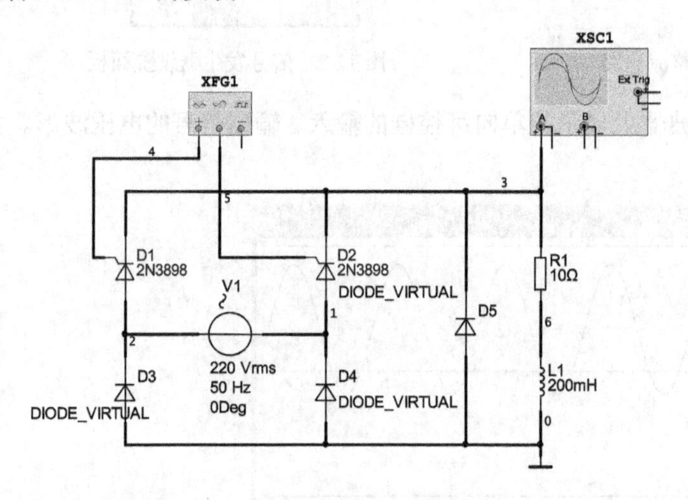

图 12.6　单相半控桥整流电路

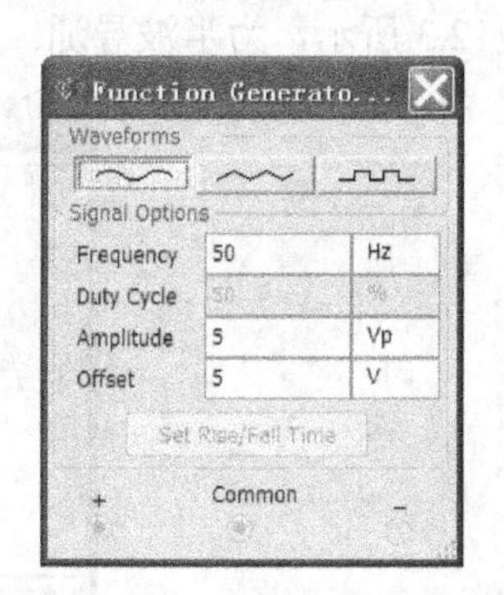

图 12.7　信号发生器设置面板

同样，双击 XFG1 可打开信号发生器的操作界面，并对其参数进行设置，如图 12.7 所示。按下仿真开关，我们看到示波器上显示的单向可控硅的输出的电压波形，如图 12.8 所示，为半波导通。此时，在电路中加入滤波电容 C1 = 22 000 μF，如图 12.9 所示。

再进行仿真，我们看到示波器上显示的输出信号的波形被滤波了，如图 12.10 所示。

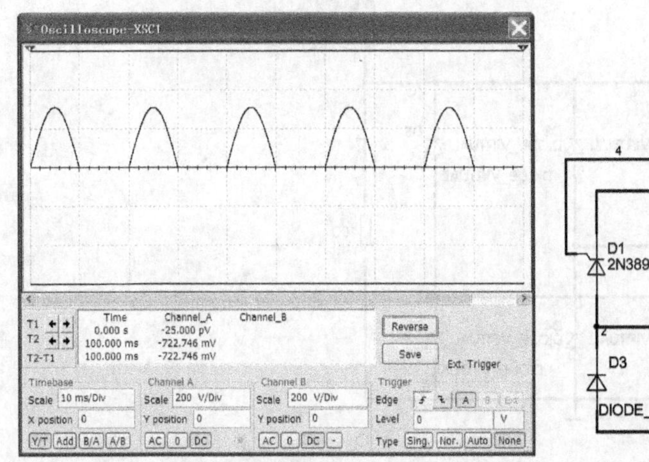

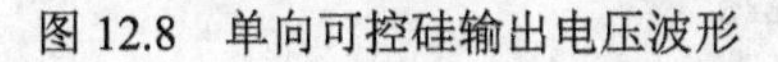
图 12.8　单向可控硅输出电压波形

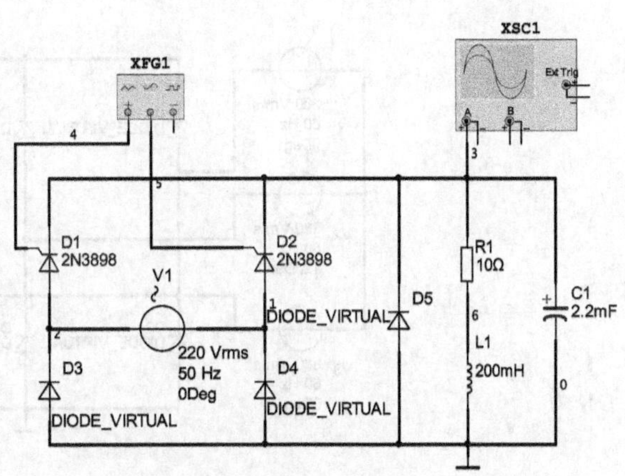

图 12.9　加入滤波电容电路

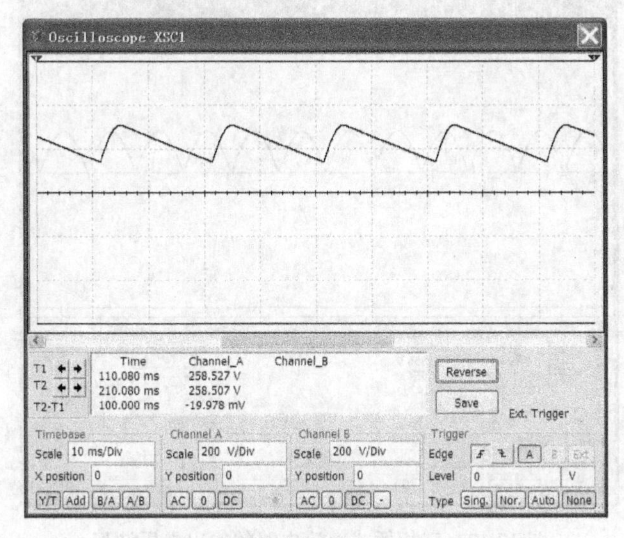

图 12.10　经过滤波的输出信号的波形

12.3　三相桥式整流电路的仿真分析

三相桥整流电路是由一组共阴极电路和一组共阳极电路串联组成，如图 12.11 所示。图中 D1、D3、D5 三个晶闸管按共阴极连接，D2、D4、D6 按共阳极连接。晶闸管 D1、D4 接 a 相，晶闸管 D3、D6 接 b 相，晶闸管 D5、D2 接 c 相。信号 V1、V2、V3 的相位分别相差 120°。

在自然换相点换相时，根据各个整流管的导通规律，分析输出波形的变化规则。按下仿真开关，示波器上显示三相桥式整流电路的输出电压波形，如图 12.12 所示。

此时，我们在电路中加入滤波电容 C1 = 220 μF，如图 12.13 所示。

再进行仿真，示波器上显示输出信号的波形被滤波了，如图 12.14 所示。

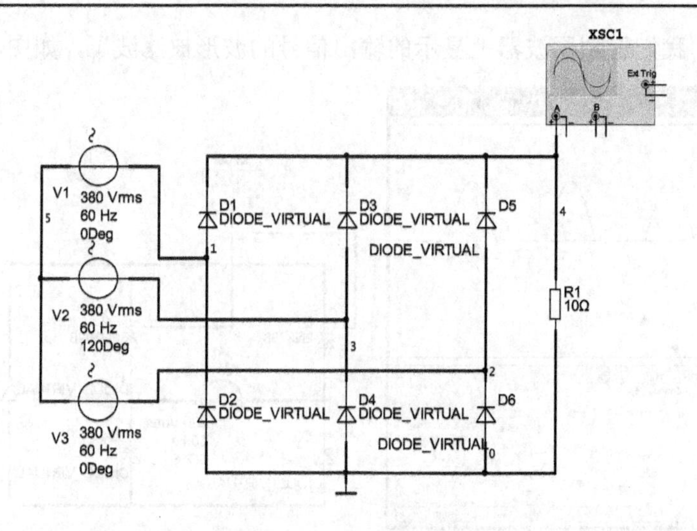

图 12.11 三相桥整流电路

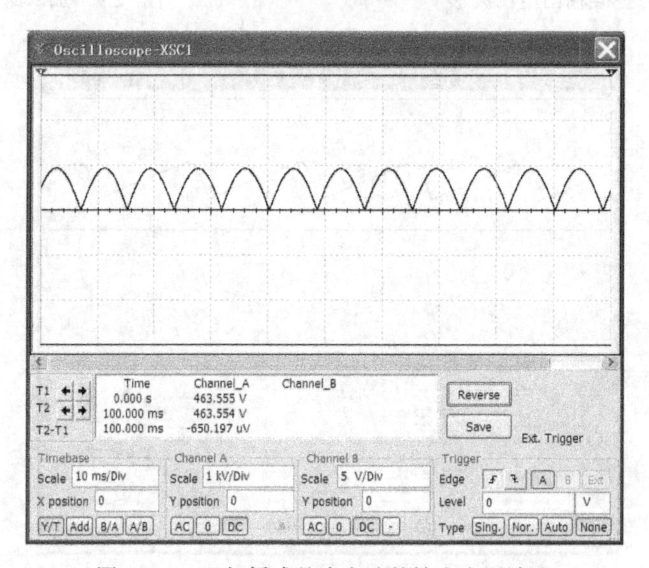

图 12.12 三相桥式整流电路的输出电压波形

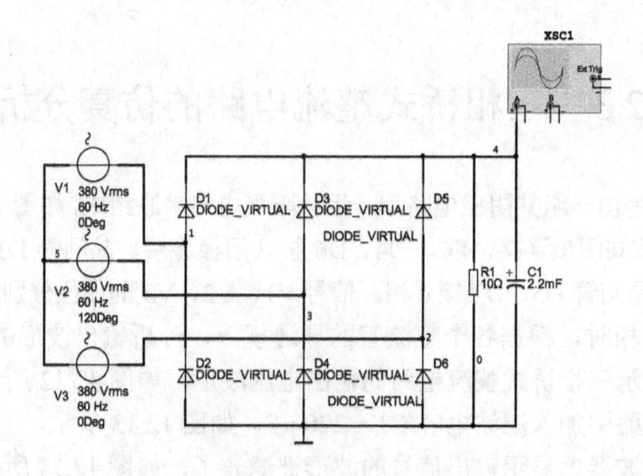

图 12.13 加入滤波电容电路

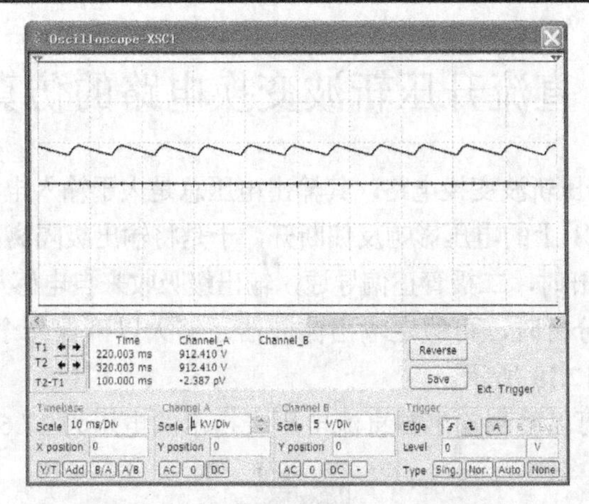

图 12.14　经过滤波的输出信号的波形

12.4　直流降压斩波变换电路的仿真分析

图 12.15 所示为一直流降压斩波变换电路。

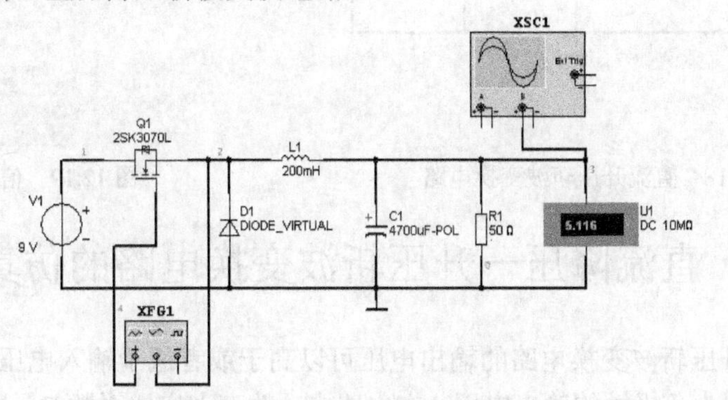

图 12.15　直流降压斩波变换电路

V1 为输入电源，其电压为 9 V。开关管驱动电路由信号发生器 XFG1 代替。Q1（2SK3070L）为开关管，其栅极受信号发生器控制。双击 XFG1 图标，可打开其操作界面，如图 12.16 所示。

直流降压斩波变换电路输出电压波形可通过示波器显示面板观看，如图 12.17 所示。可以看到直流电压表指示的电压为 5.116 V，电压下降。

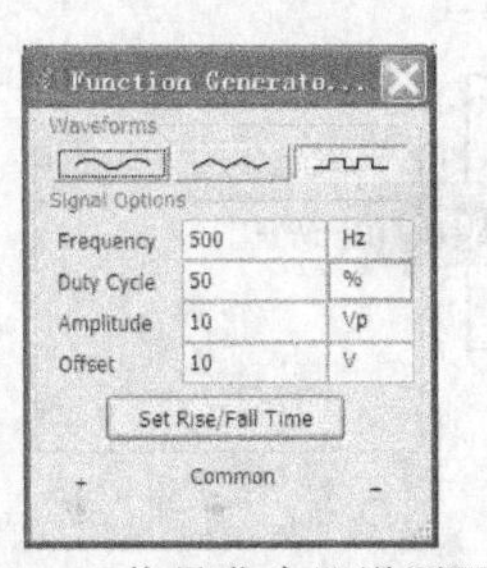

图 12.16　信号发生器设置面板

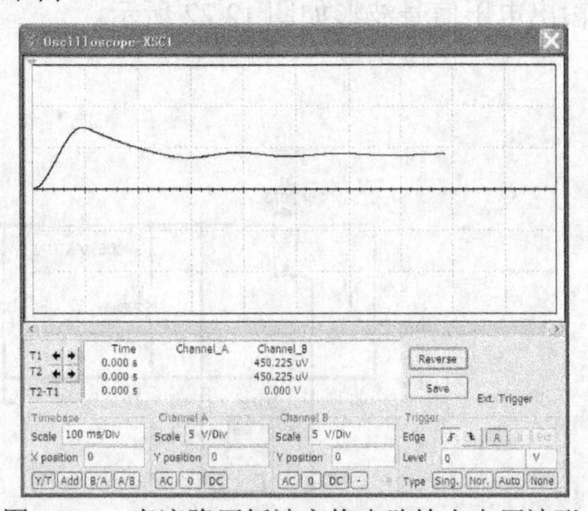

图 12.17　直流降压斩波变换电路输出电压波形

12.5 直流升压斩波变换电路的仿真分析

图 12.18 为一直流升压斩波变换电路，其输出电压总是大于输入电源电压。当开关管 Q1 闭合时，二极管受电容器 C1 上的电压影响反偏断开，于是将输出级隔离，由输入端电源向电感供应能量。当开关管 Q1 断开时，二极管正偏导通，输出级吸收来自电感与输入端电源的能量。

注意，在进行稳态分析时，可假定输出滤波器足够大以确保一个恒定的输出电压。函数信号发生器的设置如图 12.19 所示。

按下仿真开关后，可以看到输出的直流电压表指示的电压为 17.690 V，电压上升。

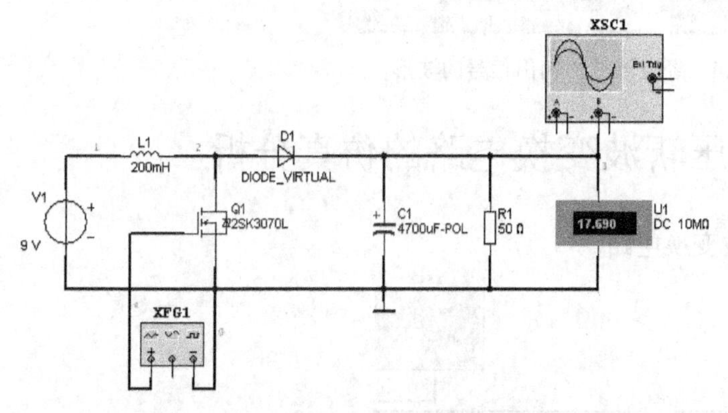

图 12.18 直流升压斩波变换电路

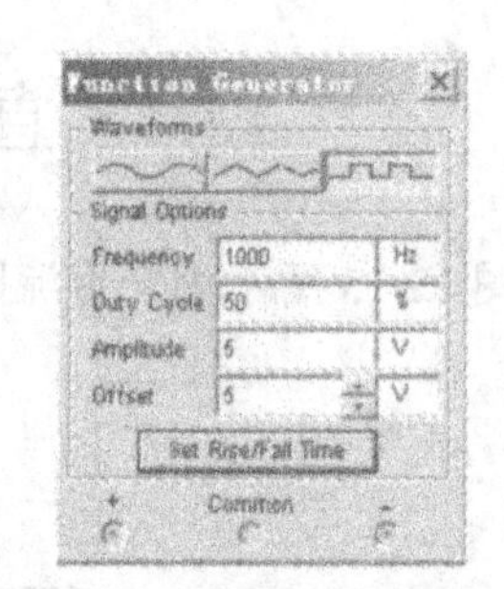

图 12.19 信号发生器设置面板

12.6 直流降压－升压斩波变换电路的仿真分析

直流降压－升压斩波变换电路的输出电压可以高于或者低于输入电压，它具有一个相对于输入电压公共端为负极性的输出电压。在电路中，改变占空比系数 D，即可改变输出电压。仿真电路如下。

（1）直流降压斩波变换电路

在图 12.20 所示电路中，函数发生器的设置如图 12.21 所示。占空比系数 D = 10%时，直流电压表指示的输出电压为 0.635 V（注意直流电压表的接入方向），小于输入电压。示波器显示的输出电压信号波形如图 12.22 所示。

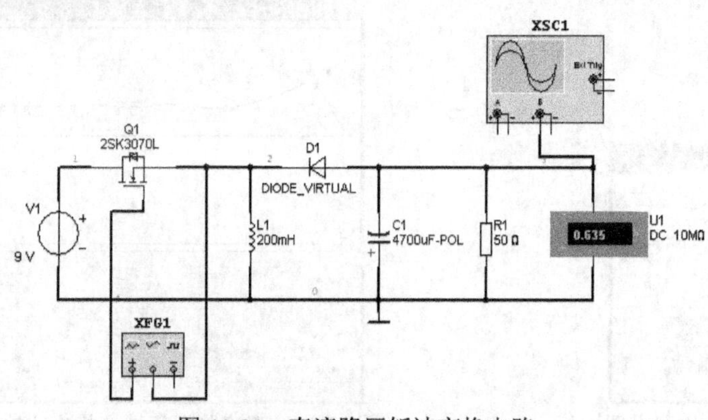

图 12.20 直流降压斩波变换电路

（2）直流升压斩波变换电路

在图 12.23 所示电路中，函数发生器的设置如图 12.24 所示。占空比系数 D = 0.7 时，直流电压表指示的输出电压为 21.75 V，大于输入电压。

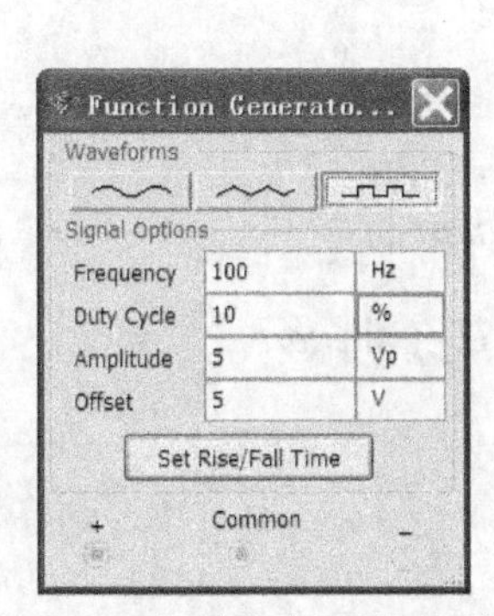

图 12.21　信号发生器设置面板

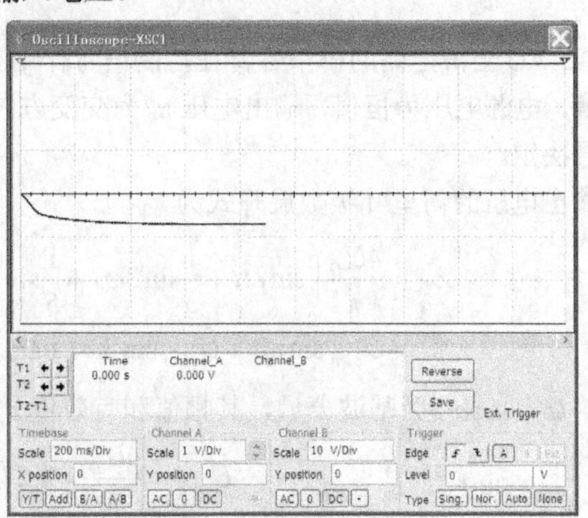

图 12.22　输出电压信号波形

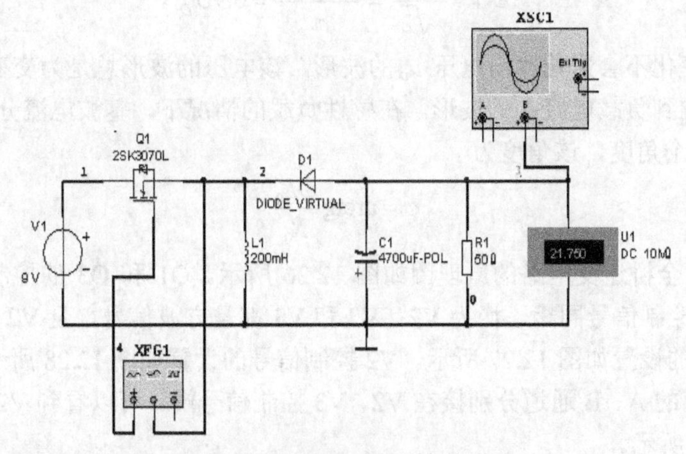

图 12.23　直流升压斩波变换电路

示波器显示的输出电压信号波形如图 12.25 所示。

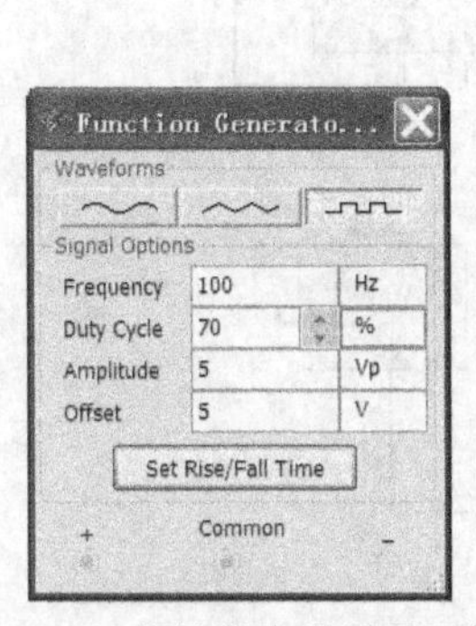

图 12.24　信号发生器设置面板

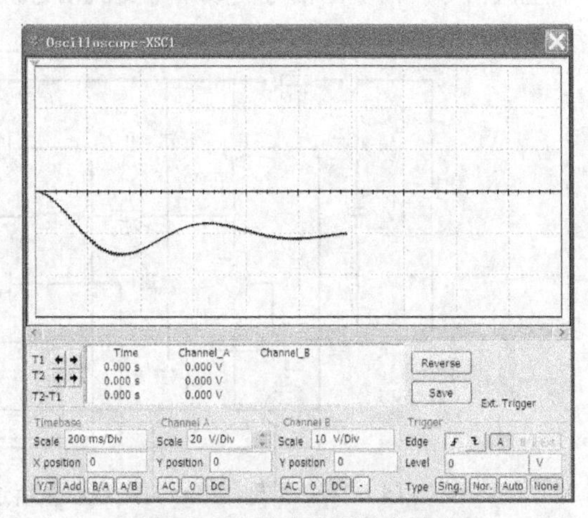

图 12.25　输出电压信号波形

12.7　DC-AC 全桥逆变电路的仿真分析

DC-AC 全桥电路的桥中各臂在控制信号作用下是轮流导通的。该电路完成直流到交流电的变换，电源电压为恒值，输出电压 u_o 为交变方波电压，其幅值为 U_D。输出电压的频率由控制信号决定。

输出电压的傅里叶级数展开式为

$$\begin{aligned}u_o&=\frac{4U_D}{\pi}\left(\sin\omega t+\frac{1}{3}\sin 3\omega t+\frac{1}{5}\sin 5\omega t+\cdots+\frac{1}{n}\sin n\omega t\right)\\&=U_{o1m}\sin\omega t+U_{o3m}\sin 3\omega t+U_{o5m}\sin 5\omega t+\cdots+U_{onm}\sin n\omega t\end{aligned}$$

其中，$U_{o1m}\sin\omega t$ 为基波分量，其幅值和有效值分别为

$$U_{o1m}=\frac{4U_D}{\pi}=1.27U_D$$

$$U_{o1}=\frac{U_{o1m}}{\sqrt{2}}=\frac{2\sqrt{2}U_D}{\pi}=0.9U_D$$

负载参数的变化不会影响输出电压 u_o 的波形，该电压的波形总是为交变方波，但是负载参数的变化会影响到负载电流 i_o 的波形。在感性负载的情况下，基波电流分量 i_{o1} 将会滞后于基波电压 u_{o1} 某一个角度，该角度为

$$\varphi=\text{arctg}\frac{\omega L_0}{R_0}$$

一个 DC-AC 全桥逆变电路的原理图如图 12.26 所示。Q1 和 Q3 的控制信号同相，均为 V3；Q2 和 Q4 的控制信号同相，均为 V2；V2 和 V3 都是方波信号，且 V2 与 V3 反相。

V3 控制信号的设置如图 12.27 所示。V2 控制信号的设置如图 12.28 所示。

示波器 XSC2 的 A、B 通道分别接在 V2、V3 控制信号端。可以看到 V2、V3 控制信号为反相。如图 12.29 所示。

示波器 XSC1 的 A、B 通道分别接在电路的输入端和输出端。按下仿真按钮，可以看到输入信号是一个直流信号，而输出信号变成一个交流信号，完成了 DC-AC 的变换，如图 12.30 所示。

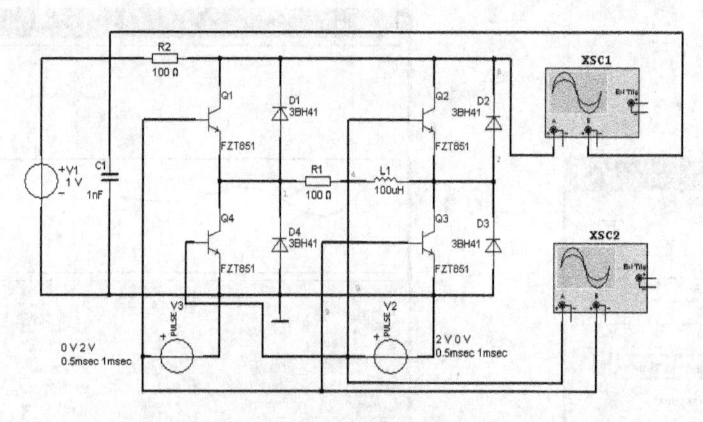

图 12.26　DC-AC 全桥逆变电路

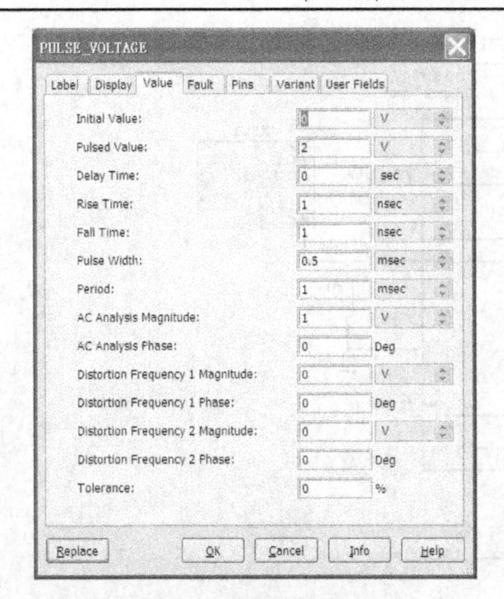

图 12.27　V3 控制信号的设置

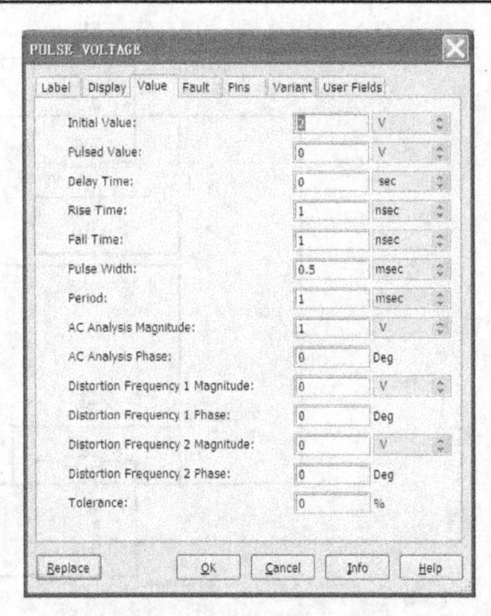

图 12.28　V2 控制信号的设置

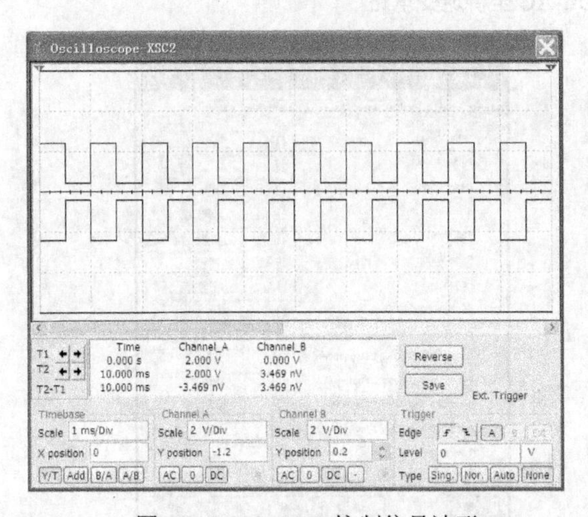

图 12.29　V2、V3 控制信号波形

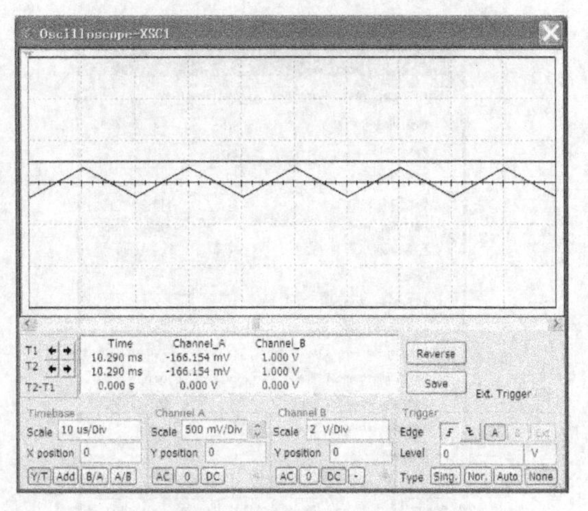

图 12.30　DC-AC 的变换波形

12.8　MOSFET DC-AC 全桥逆变电路的仿真分析

一个 MOSFET DC-AC 全桥逆变电路如图 12.31 所示。图中，UD 为输入电源，电压为 20 V。电压控制电压源 VCVSl～VCVS4 和脉冲电压源 V1～V4 组成 MOSFET 功率开关管驱动电路。Ql～Q4 为 MOSFET 功率开关管，栅极受电压控制电压源 VCVSl～VCVS4 控制，电压控制电压源 VCVSl～VCVS4 受脉冲电压源 V1～V4 的控制。其中 V1 和 V2 的设置相同，打开其对话框，设置如图 12.32 所示。V3 和 V4 的设置相同，打开其对话框，设置如图 12.33 所示。

双击压控源的图标，打开其设置对话框，其设置如图 12.34 所示。

按下仿真开关，示波器上显示的输出电压信号的波形如图 12.35 所示。

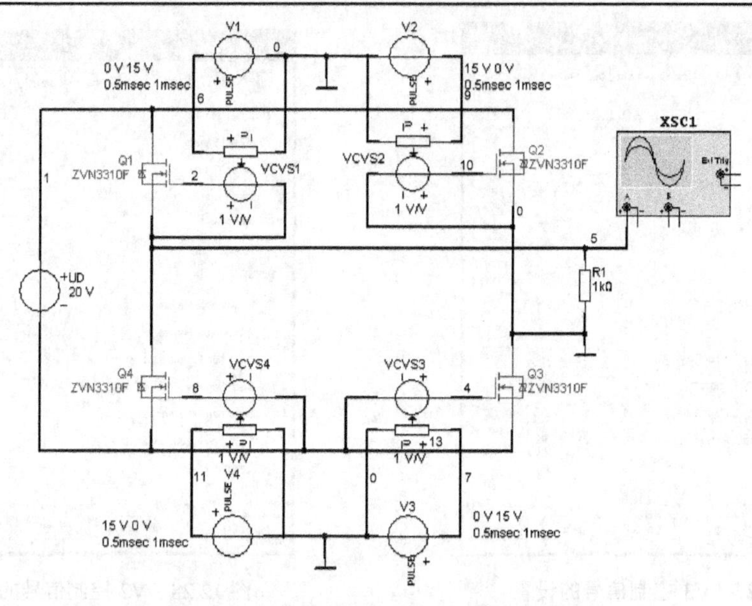

图 12.31 MOSFET DC-AC 全桥逆变电路

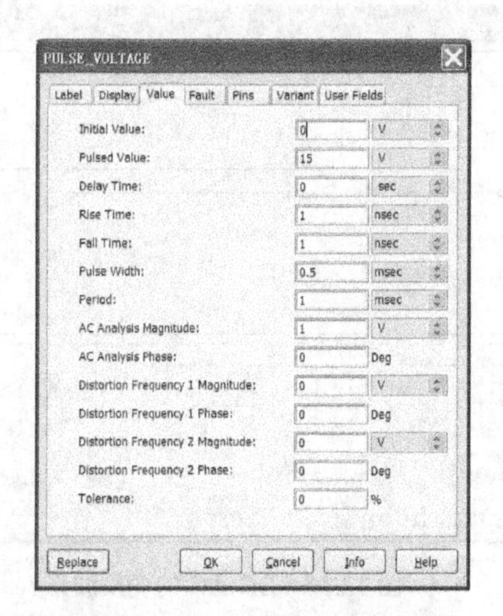

图 12.32 V1、V2 控制信号的设置

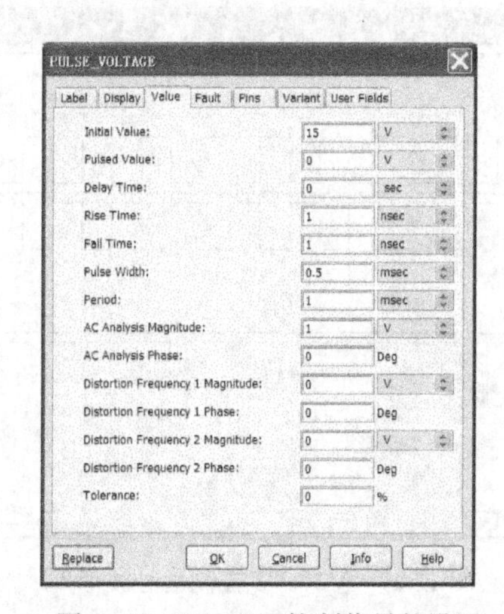

图 12.33 V3、V4 控制信号的设置

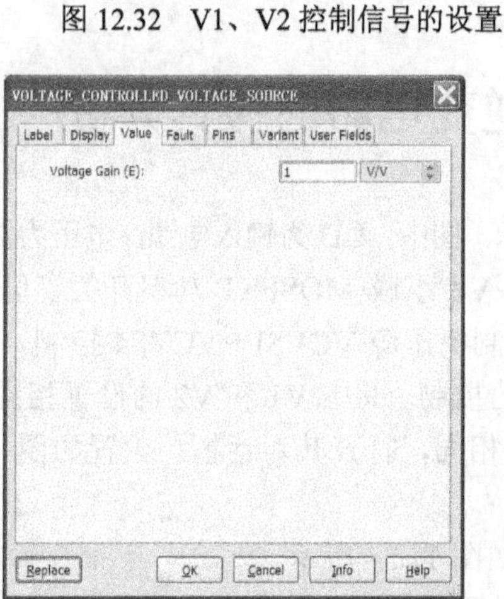

图 12.34 压控源设置对话框

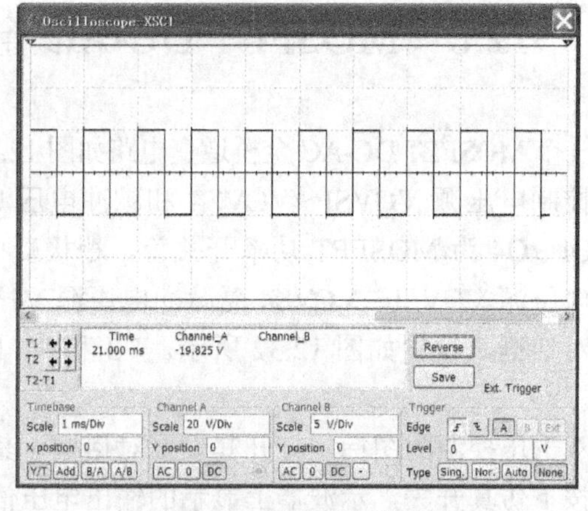

图 12.35 输出电压信号波形

在图 12.31 电路中加入滤波的电感 L1 和电容 C1，如图 12.36 所示。

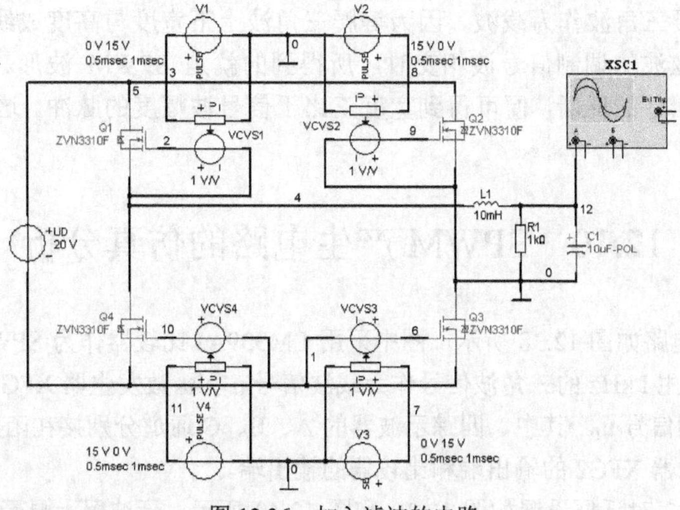

图 12.36　加入滤波的电路

按下仿真开关，即可得到全桥逆变电路输出的基波电压波形，如图 12.37 所示。

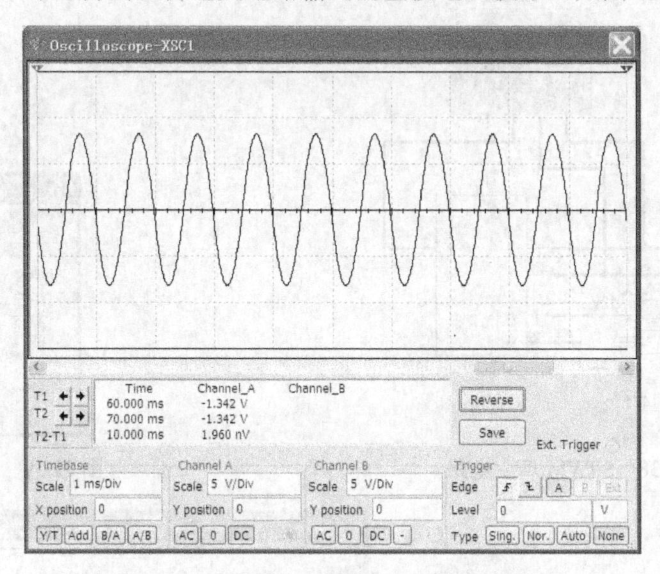

图 12.37　全桥逆变电路输出的基波电压波形

12.9　正弦脉宽调制（SPWM）逆变电路的仿真分析

正弦脉宽调制（SPWM）逆变电路的输出是一组等幅、等距但不等宽的脉冲序列，其脉宽基本上按正弦分布，以此脉冲序列来等效正弦电压波。

正弦脉宽调制（Sine Pulse Width Modulation）的控制思想是：利用逆变器的开关元件，由控制线路按一定的规律控制开关元件的通断，从而在逆变器的输出端获得一组等幅、等距但不等宽的脉冲序列。

正弦脉宽调制的特点是输出脉冲序列是不等宽的，宽度按正弦规律变化，故输出电压的波形接近正弦波。它是采用一个正弦波与三角波相交的方案确定各分段矩形脉冲的宽度。通常采用等腰三角波作为载波，因为等腰三角波上下宽度与高度成线性关系并且左右对称。当它与正弦波的调制信号波相交时，所得到的就是 SPWM 波形。如果在交点时刻控制电路中开关器件的通断，便可得到宽度正比于信号波幅度的脉冲。这正好符合 SPWM 控制的要求。

12.10　SPWM 产生电路的仿真分析

SPWM 产生电路如图 12.38 所示，图中采用 LM339AJ 比较器作为 SPWM 调制电路，函数发生器 XFGl 产生 1 kHz 的三角波信号作为载波信号 u_c，函数发生器 XFG2 产生 50 Hz 的正弦波信号作为调制信号 u_f。其中，四踪示波器的 A、B、C 通道分别接在函数发生器 XFGl 的输出端、函数发生器 XFG2 的输出端和比较器的输出端。

XFGl 和 XFG2 对话框设置如图 12.39 和图 12.40 所示。示波器上显示的波形如图 12.41 所示。

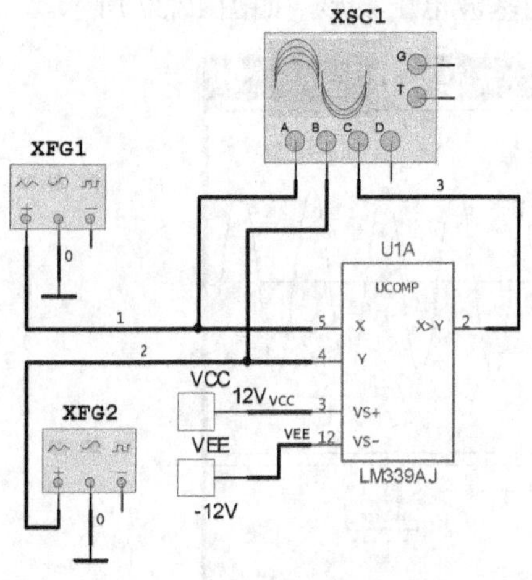

图 12.38　SPWM 产生电路

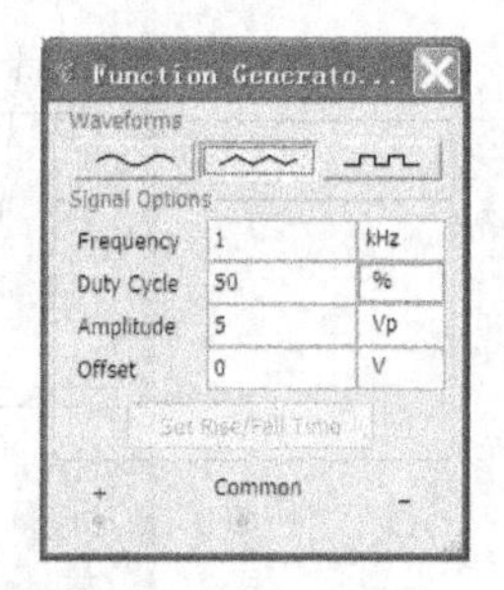

图 12.39　XFGl 设置

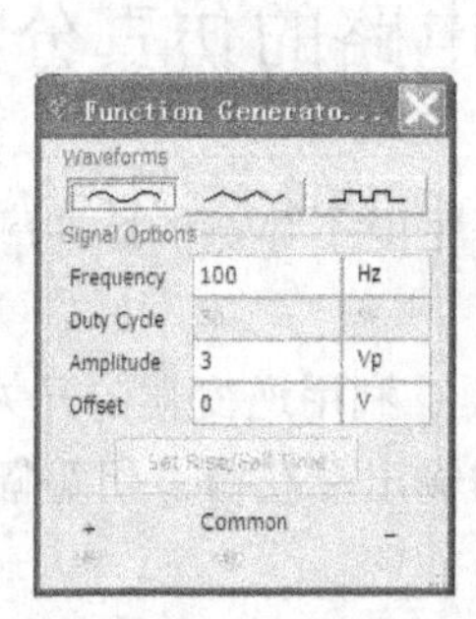

图 12.40　XFG2 设置

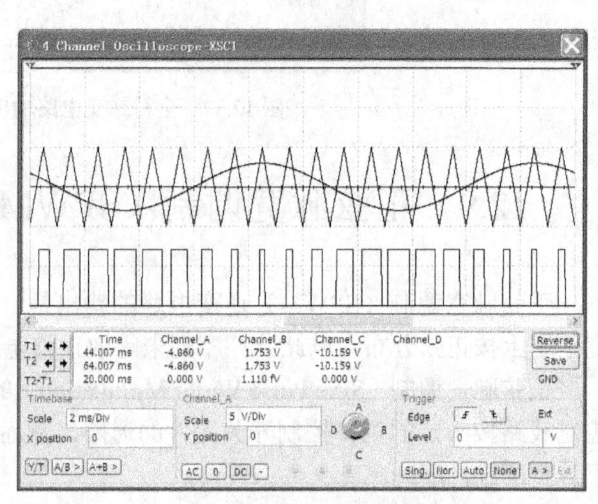

图 12.41　输出电压波形

12.11　SPWM 逆变电路的仿真分析

SPWM 产生电路如图 12.42 所示。电路图中函数发生器 XFGl 产生1 kHz 的三角波信号作为载波信号，函数发生器 XFG2 产生 100 Hz 的正弦波信号作为调制信号，XFGl 和 XFG2 对话框设置如图 12.39 和图 12.40 所示。图中采用 LM339AJ 比较器作为 SPWM 调制电路。

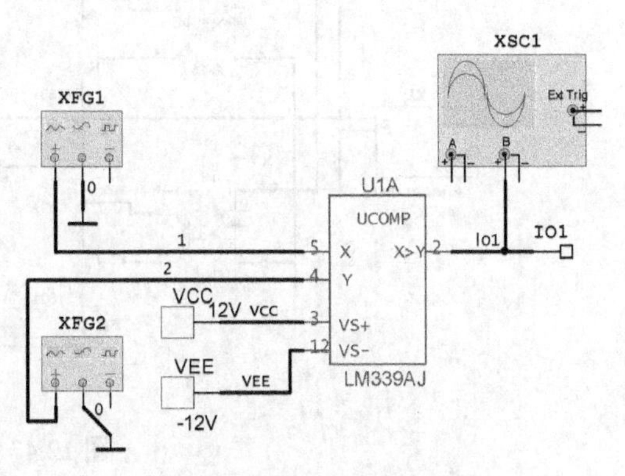

图 12.42　SPWM 产生电路

创建其子电路 SPWM，如图 12.43 所示。SPWM 逆变电路的驱动信号，A2（3545AM）作为反相放大器，子电路 SPWM 的输出 IO1 作为反相放大器的反相端输入信号。如图 12.44 所示，A、B 两端作为 SPWM 逆变电路的驱动信号的输出端。产生的 SPWM 逆变电路的驱动信号波形如图 12.45 所示。

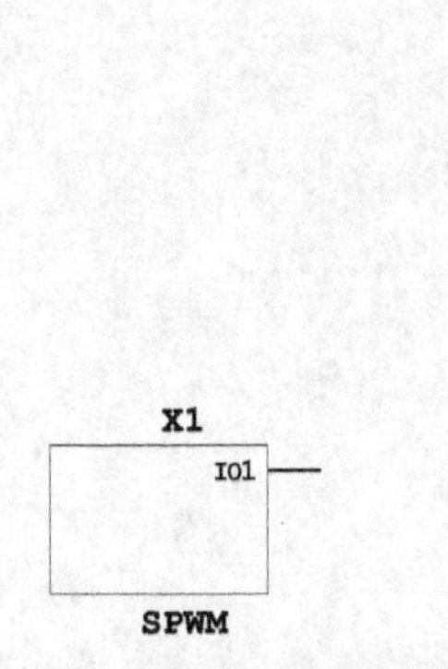

图 12.43　创建的子电路 SPWM

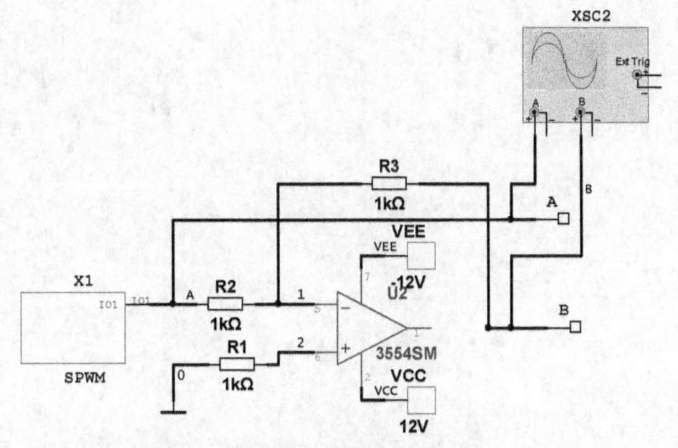

图 12.44　SPWM 逆变驱动电路

再创建图 12.44 的子电路，如图 12.46 所示。A、B 两端是 SPWM 逆变电路的驱动信号的输出端。

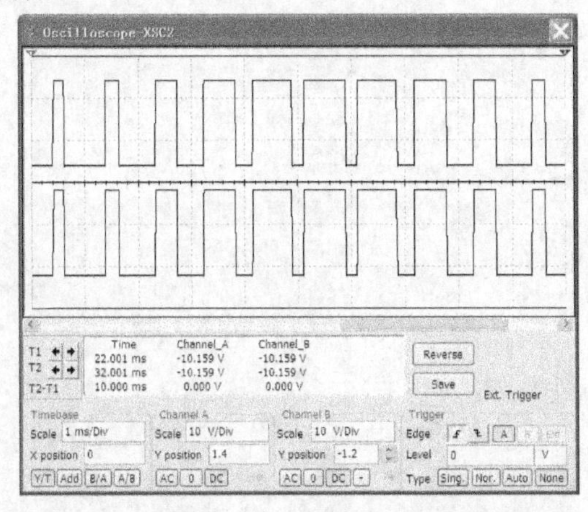

图 12.45　SPWM 逆变电路的驱动信号波形

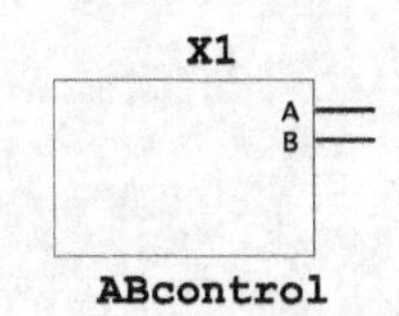

图 12.46　创建的子电路 ABcontrol

SPWM 逆变电路的仿真电路如图 12.47 所示。其输出可采用电感、电容滤波电路。

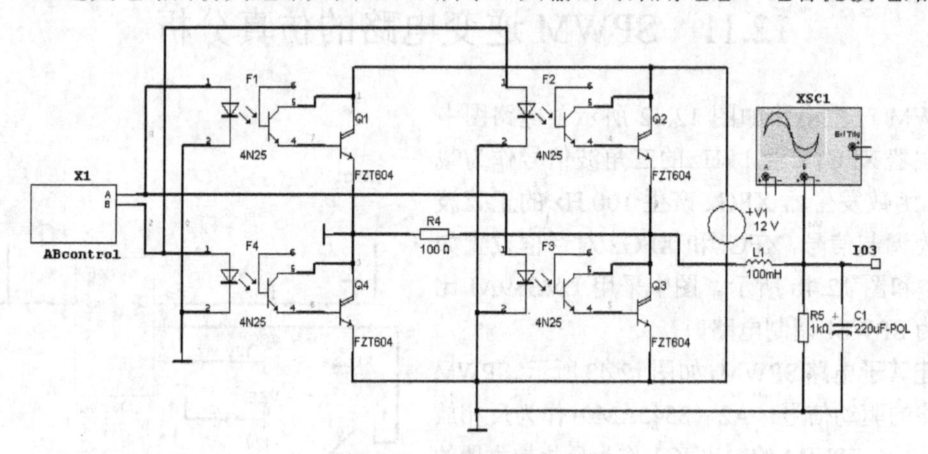

图 12.47 SPWM 逆变电路

第 13 章　基于 Multisim 12 的单片机仿真

Multisim 12 是一个完整的设计工具，具有强大的模拟和数字电路仿真功能，满足数字系统设计、仿真理论和方法的发展要求。本章主要介绍 Multisim MCU 软件的使用。

13.1　Multisim 12 的单片机仿真平台

基于 Multisim 12 的单片机仿真软件是 Multisim MCU，它是 NI Multisim 12 仿真软件选配的一个软件包。NI Multisim MCU 模块为 Multisim 软件增添了微控制器（microcontroller unit）协同仿真功能，从而可以在使用 SPICE 建模的电路中加入一个可使用汇编语言或 C 语言进行编程的微控制器。

Multisim MCU 模块使得学生、教师以及专业用户可以在熟悉的 Multisim 环境中以汇编语言或 C 语言对 MCU 进行编程。这个 MCU 模块可与 Multisim 中任意一个虚拟仪器共同使用以实现一个完整的系统仿真，包括微控制器以及全部所连接的模拟和数字 SPICE 元件。

Multisim MCU 模块支持 Intel/Atmel 8051/8052 和 Microchip PIC16F84a 芯片以及众多高级的外围器件，例如外部 RAM 和 ROM、键盘、图形型和字符型液晶等。MCU 模块充分利用了 Multisim 软件的教育平台功能从而使得它成为许多电子类课程的理想选择，例如数字电路、计算机体系结构、MCU 编程、嵌入式系统控制、高级设计以及其他相关课程。

13.1.1　创建一个新的 MCU 工程

1．Multisim 中打开一个新的电路原理图并从元件库中放置 PIC16F84

2．根据 MCU 向导逐步执行

步骤 1：定义 Workspace 文件

（1）Workspace 文件路径：例如“c:\MCU Projects”

（2）Workspace 文件名：例如“PIC UpDown Counter”

步骤 2：定义工程

（1）编程语言：C 语言

（2）汇编器/编译器工具：Hi-Tech PICC-Lite 编译器

（3）工程名：例如“C Code Project”

步骤 3：定义源文件

（1）“main.c”

（2）保存电路文件：例如“PIC UpDown Counter.ms10”

设计工具箱应当如图 13.1 所示。（选择菜单 VIEW→Design Toolbox）

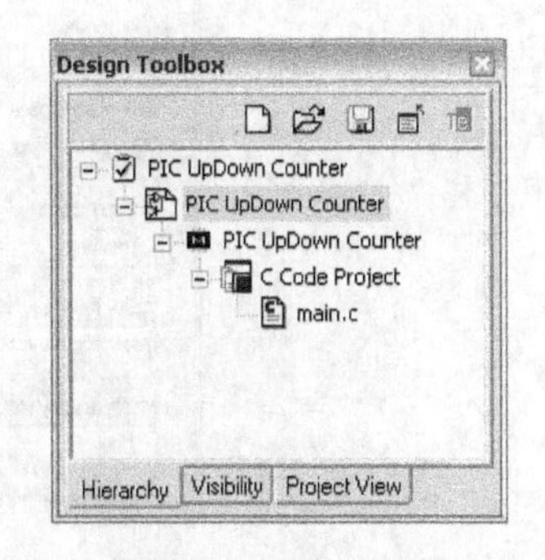

图 13.1　设计工具箱

13.1.2 输入源代码及添加其他工程

1．C 源代码文件“main.c”上双击以打开源代码编辑器

设置当前活动工程为：例如“Assembler Project”。

2．使用文本编辑器打开存档文件中的“UpDown_Counter.c”文件并从该文件复制所有的 C 代码

（1）void main () 函数调用，并粘贴到“main.c”中；

（2）在编辑器窗口中右击并选择“Show line number”。

3．保存文件“main.c”并关闭编辑器

4．打开 MCU 代码管理器（MCU Code Manager）

（1）MCU→MCU PIC16F84 U1→MCU Code Manager；

（2）在设计工具箱中右击 workspace、工程或源文件名并选择“MCU Code Manager”，如图 13.2 所示。

5．在当前的 Workspace 中添加一个新的汇编语言工程

（1）New MCU Project；

（2）工程名：例如“Assembler Project”；

（3）向新工程添加已有的源文件；

（4）单击“Files…”按钮；

（5）从存档文件中选择文件“UpDown Counter.asm”；

（6）单击“OK”按钮，关闭 MCU 代码管理器，进入源代码编辑器；

（7）右击编辑器窗口并选择“Show line number”；

（8）关闭源代码编辑器并保存完整的电路文件。

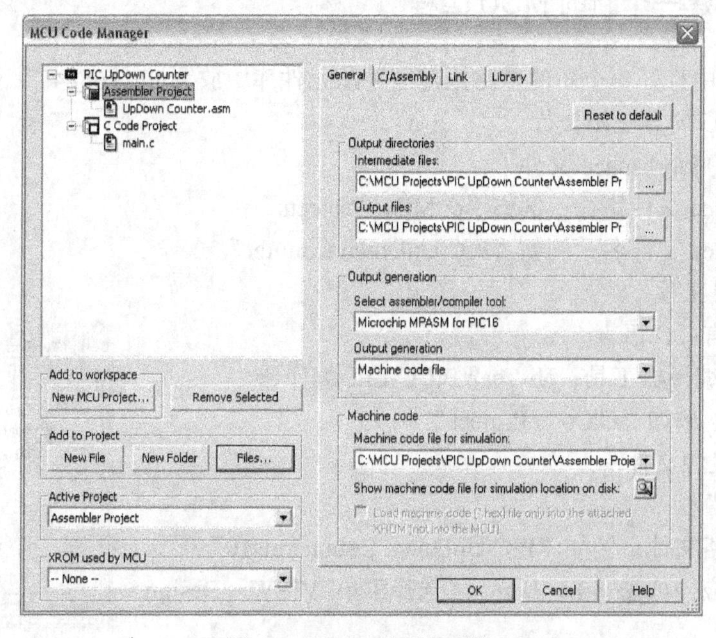

图 13.2 MCU 代码管理器

13.1.3　放置并连接外围组件

使用如表 13.1 所示的组件来实现如图 13.3 所示的电路。所有的组件都可按默认的设置来使用。如果希望查看这些默认设置，右击任意一个组件并选择属性。

表 13.1　所用组件

数量	名称	元件组	元件类别	元件符号
1	POWER_SOURCES, VSS	Sources	Power_Sources	VSS
1	POWER_SOURCES, VDD	Sources	Power_Sources	VDD
1	SEVEN_SEG_COM_A	Indicators	Hex_Display	U2
2	SPST	Basic	Switch	J1, J2
1	PIC, PIC16F84	MCU Module	PIC	U1
2	RESISTOR, 10kΩ 5%	Basic	Resistor	R1, R2

注意：可以使用直接连线的方式来代替用于 VDD 和总线向量（即连接 PIC6F84 的端口 B 与十六进制数字显示器的向量）的虚拟连线。

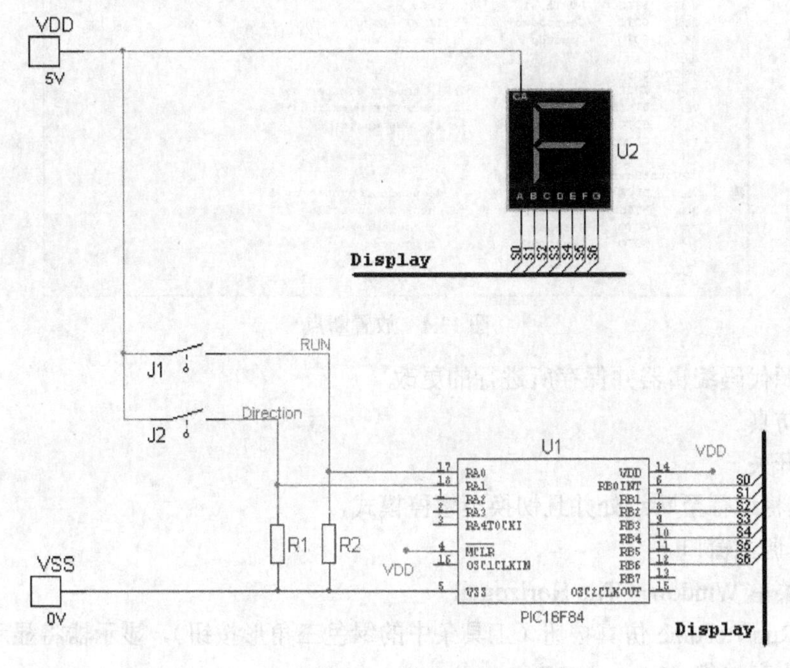

图 13.3　仿真电路

13.1.4　仿真电路

1．Assembler Project 这个工程设置为当前的活动工程

右击工程名并选择“Set Active MCU Project”

2．开始仿真

3．十六进制数字显示器 U2 开始向上计数

4．使用开关 J1 和 J2 来测试电路特性

（1）单击 J1 来打开和关闭显示器

（2）单击 J2 改变计数方向

（3）也可以从键盘分配键值来操作开关（元件属性中的 Value 标签）

5．停止仿真

13.1.5　调试源代码

1．打开 J2

2．打开源代码编辑器

UpDown Counter.asm

3．在第 76 行放置一个断点

（1）Show Line Numbers

（2）在第 76 行右击并选择“Toggle Breakpoint”，如图 13.4 所示。

```
UpDown Counter.asm *
62
63 Counter_Start
64      BTFSC   PORTA, 1        ; read RA1
65      GOTO    CountDown       ; if RA1 High
66      GOTO    CountUp         ; if RA1 Low
67
68 CountUp
69      INCF    Counter,1       ; increment counter by 1
70      BTFSS   Counter,4       ; check for overflow >F
71      GOTO    Display         ; if counter <=F
72      GOTO    Reset_INC       ; if counter >F
73
74 CountDown
75      DECF    Counter,1       ; decrement counter by 1
76      BTFSS   Counter,5       ; check for overflow <0
77      GOTO    Display         ; if counter >=0
78      GOTO    Reset_DEC       ; if counter <0
79
```

图 13.4　放置断点

4．关闭源代码编辑器并保存所进行的更改

5．开始仿真

6．关闭开关

（1）仿真将运行至断点处并且切换至暂停模式，

（2）弹出调试窗口。

7．选择菜单 Window→Tile Horizontal

8．单击 Run/Resume 仿真按钮（工具条中的绿色三角形按钮），显示器将显示下一个数字

9．打开内存映像（Memory View）

（1）在 Workspace、工程或源文件名上右击并选择“Memory View”

（2）选择菜单 MCU→MCU Windows..→U1 Memory View→OK

（3）如果需要，可以调整内存映像的大小

（4）每当仿真器处于暂停模式之时，寄存器和内存映像就会更新

10．对变量 Counter 重写内存空间（Counter EQU 0x1C），如图 13.5 所示

（1）IRAM 内存映像

（2）定位到地址 0x1C

（3）双击以进行编辑和输入新的数值（例如，0D）

（4）单击 Run/Resume 仿真按钮

（5）仿真在断点处将再次暂停并且显示器显示数值 0C

11．熟悉调试工具（单步进入、单步跳过、单步跳出…）

从菜单 MCU→中选择

12．停止仿真

13．删除所有的断点

MCU→Remove all breakpoints

14．选择菜单 File→Save all

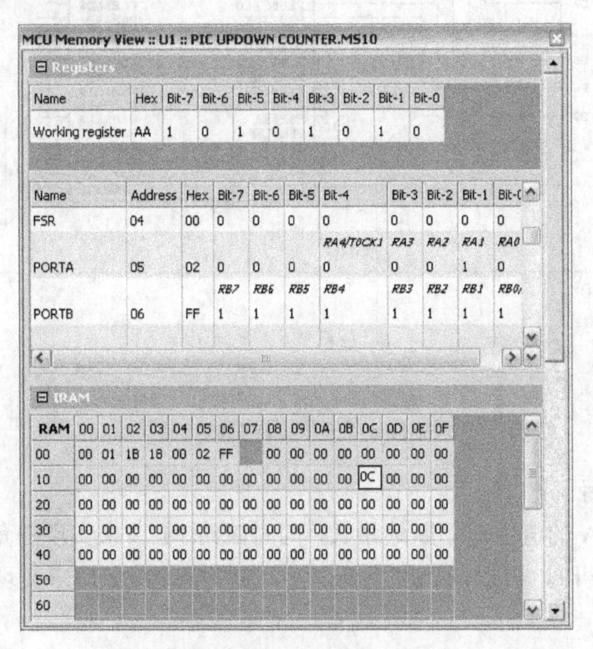

图 13.5　MCU 的内存视图

13.1.6　在活动工程之间切换

一个 MCU 模块的 Workspace 中可以含有多个由汇编语言或 C 语言源文件构成的工程。如果希望重复上述步骤，那么可以将工程“C Code Project”设置为当前活动的 MCU 工程。

（1）把 Assembler Project 这个工程设置为当前的活动工程，在工程名上右击并选择“Set Active MCU Project”

（2）重复上述步骤

注意：源代码的行数以及内存地址可能会改变。

13.2　单片机仿真的建立实例

1．用 8051 单片机实现三角波发生器

通过向 P1 口写上相应的输出值，输出经过一个 8 位的数模转换器，把相应的数字信号转换成模拟信号。具体步骤如下。

（1）硬件电路的构建

在 NI Multisim 12 单片机仿真界面的电路窗口中，构建出如图 13.6 所示的电路图。关于数模转换器件的使用，请参见前面章节的介绍或者自行参阅相关资料。注意：在进行单片机仿真时，一定要接上+5 电源 VDD 和地线 GND。

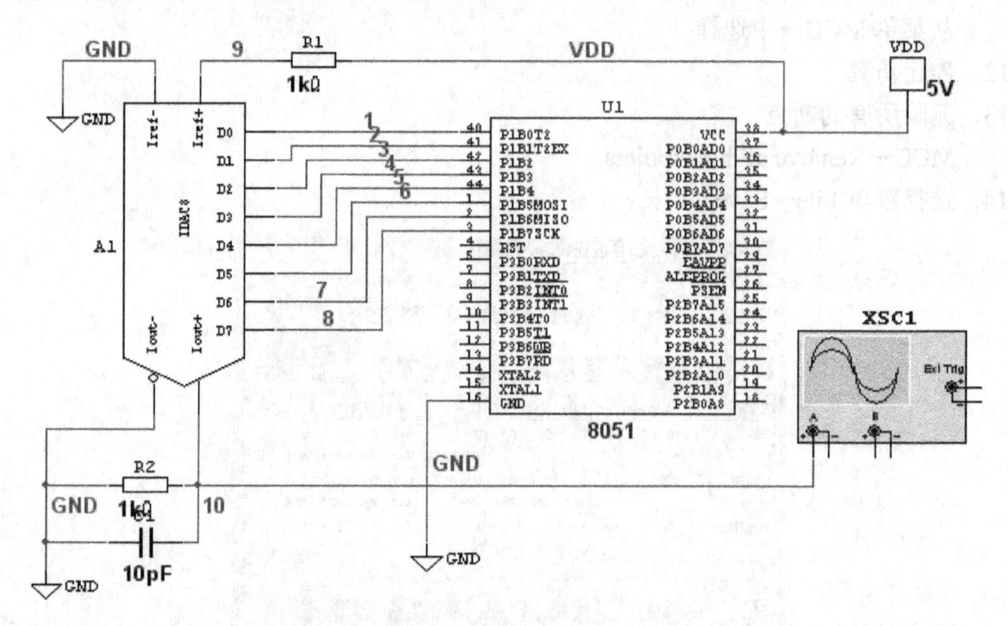

图 13.6 三角波发生器电路

（2）源程序的编写

我们通过累加器 A 的值由零不断地增大，同时赋给 P1 口来实现三角波的前半周期；当累加器 A 达到最大值 FF 时，再以同速度不断减小，同时赋给 P1 口来实现三角波的后半周期。源程序如下。

```
$MOD51    ; This includes 8051 definitions for the metalink assembler
org 0000h
ljmp main
org 0660h
main:
mov a,#00h ; 初始化累加器A
loop:
mov p1,a ; 向 P1 口输出 A 值
nop;
inc a ; A 值递增
cjne a,#0ffh,loop ; 检查A是否到最大值
loop1:
mov p1,a ; 向 P1 口输出 A 值
nop
dec a; A 值递减
cjne a,#00h,loop1; 检查A是否到最小值
ljmp loop
end
```

通过修改 nop 的个数或者增加延时子程序，可以改变三角波的周期。

（3）编译源程序

在汇编窗口中单击按钮，如果程序正确，执行结果如图 13.7 所示。

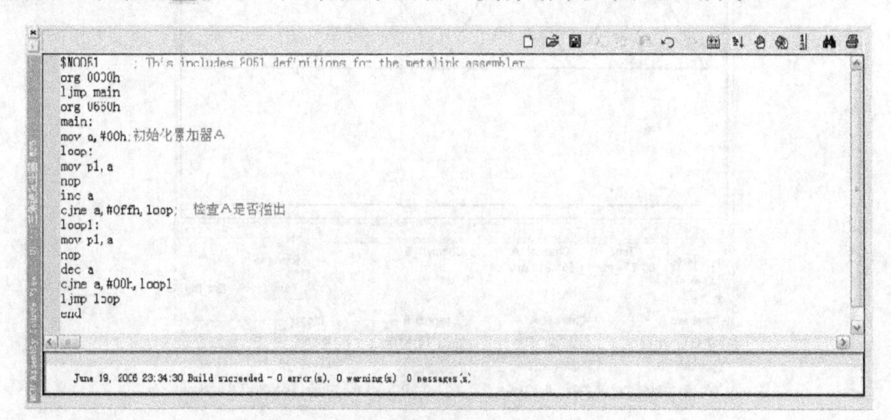

图 13.7　执行结果

在下方的编译信息栏中显示编译时间，编译信息。编译通过会给出“0 error(s) 0 warning(s)”的提示。如果编译出错，会出现图 13.8 所示的提示窗口。

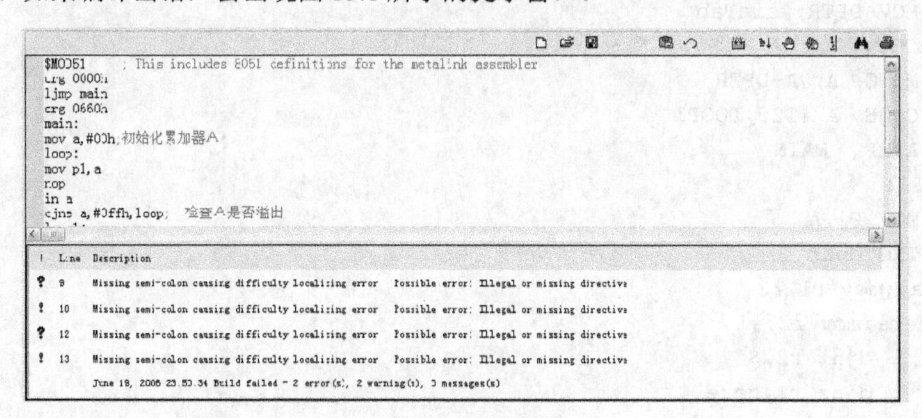

图 13.8　提示窗口

通过双击出错的提示信息，光标会自动跳到程序出错的地方。检查错误的原因并修改直至编译通过。

（4）加载仿真

源程序编译通过后，就可以加载到硬件电路中进行仿真了。

方法一：单击汇编窗口中的按钮进行加载仿真；

方法二：单击工具栏中的按钮或者按钮进行加载仿真；

方法三：单击菜单栏中的 simulate 选项，选择 Run，进行加载仿真。

仿真结果可以通过检查示波器的输出波形得到，如图 13.9 所示。

利用图 13.6 所示的硬件电路，在汇编窗口中输入如下指令，会产生正弦波。

```
$MOD51    ; This includes 8051 definitions for the metalink assembler
ORG  0000H
LJMP MAIN
```

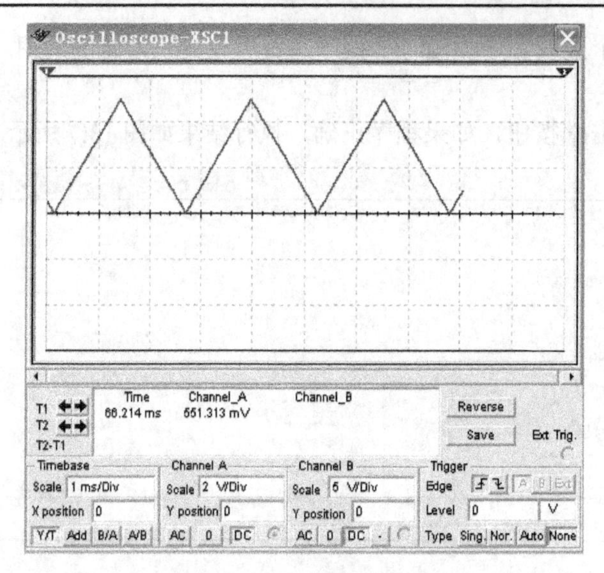

图 13.9　输出三角波波形

```
ORG 0100H
MAIN:
    MOV DPTR,#sinTab ;
   LOOP: CLR  A
    MOVC  A,@A+DPTR
    CJNE  A,#129,LOOP1
    AJMP   MAIN
LOOP1:
    MOV P1,A
    INC dptr
delay:mov r1,#2
   here:mov r2,#1
       djnz r2,$
       djnz r1,here
    AJMP LOOP
sinTab:DB 128,132,137,141,146,150,154,159,163,167
       DB 171,176,180,184,188,191,195,199,203,206
       DB 210,213,216,219,222,225,228,231,233,236
       DB 238,240,242,244,246,247,249,250,251,252
       DB 253,254,254,255,255,255,255,255,254,254
       DB 253,252,251,250,249,247,246,244,242,240
       DB 238,236,233,231,228,225,222,219,216,213
       DB 210,206,203,198,195,192,188,184,180,176
       DB 172,167,163,159,155,150,146,141,137,133
       DB 128,124,119,115,111,106,102,97,93,89,85
       DB 81,77,73,69,65,61,57,54,50,47,43,40,37
       DB 34,31,28,25,23,20,18,16,14,12,10,9,7
       DB 6,5,4,3,2,2,1,1,1,1,2,2,3,4,5,6
       DB 7,9,10,12,14,16,18,20,23,25,28,30,33,36
       DB 40,43,46,50,53,57,60,64,68,72,76,80,84
```

```
    DB 88,93,97,101,106,110,114,119,123,128,129
  End
```

单击 按钮后仿真波形如图 13.10 所示。利用图 13.6 的硬件电路，在汇编窗口中输入如下指令，产生锯齿波。

```
$MOD51    ; This includes 8051 definitions for the metalink assembler
org 0000h
ljmp main
org 0660h
main:
mov a,#00h
loop:
mov p1,a
nop
nop
inc a
ljmp loop
end
```

单击 按钮后仿真波形如图 13.11 所示。

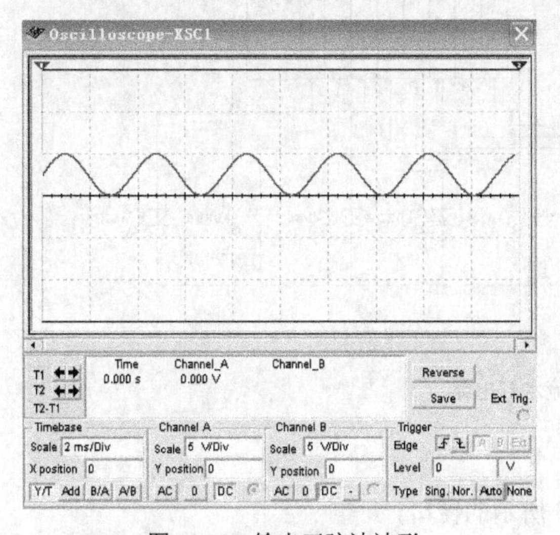

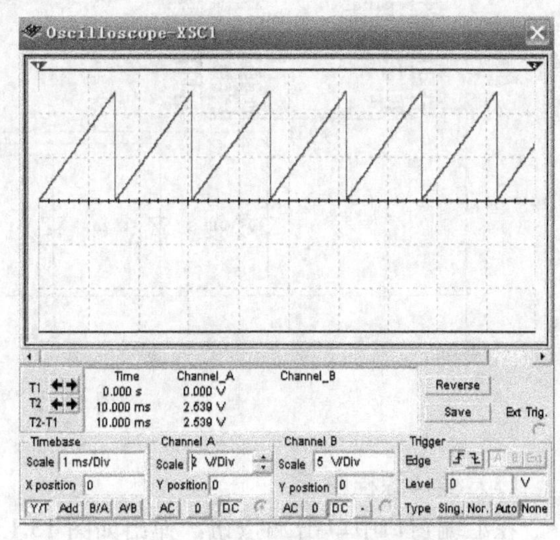

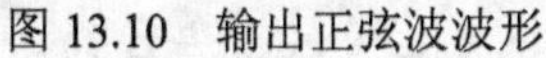

图 13.10　输出正弦波波形　　　　图 13.11　输出锯齿波波形

2. 用 8052 实现流水灯的仿真

（1）硬件电路的构建

在 NI Multisim 12 单片机仿真界面的电路窗口中，构建出如图 13.12 所示的电路图。

为了电路的简洁明了，在电路图中我们采用总线的接法，有关总线的接法请读者参见前面章节中的介绍。

（2）源程序的编写

```
$MOD51 ; This includes 8051 definitions for the metalink assembler
ORG 0000H
```

```
LJMP MAIN
ORG 0660H
MAIN:
MOV A,#01H ; 给累加器 A 赋值
LOOP:
MOV P1,A ; 累加器 A 值送至 P1 口
RR A ; 右移累加器 A
LCALL DELAY ; 延时
LJMP LOOP ; 循环
DELAY:
MOV R6,#01H
LP:DJNZ R6,LP
RET
END
```

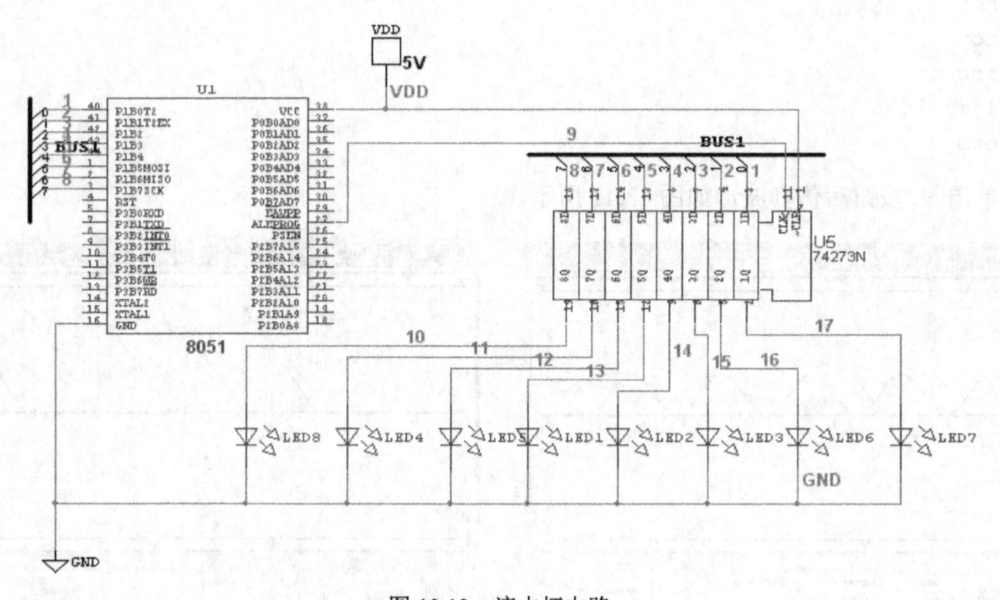

图 13.12 流水灯电路

（3）编译源程序

在汇编窗口中单击按钮，弹出如图 13.13 所示的窗口。

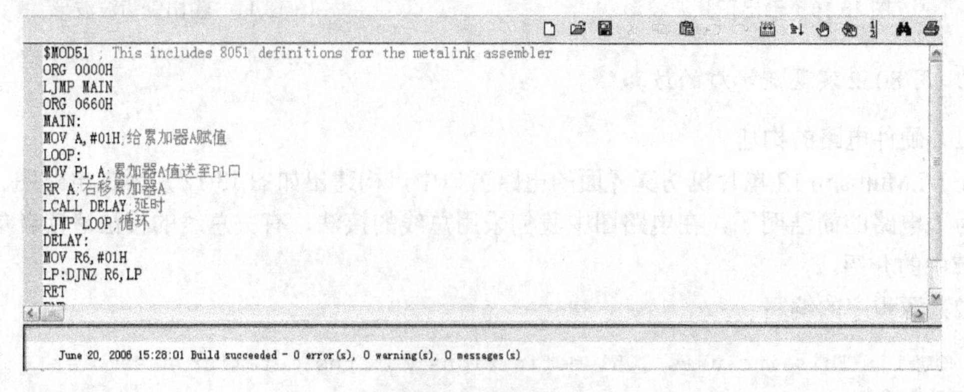

图 13.13 编译窗口

由汇编的结果可知源程序编译通过。

（4）加载仿真

下面把编译通过的源程序加载到硬件电路进行仿真。单击 ⚡ 按钮，看到仿真结果，如图 13.14 所示。

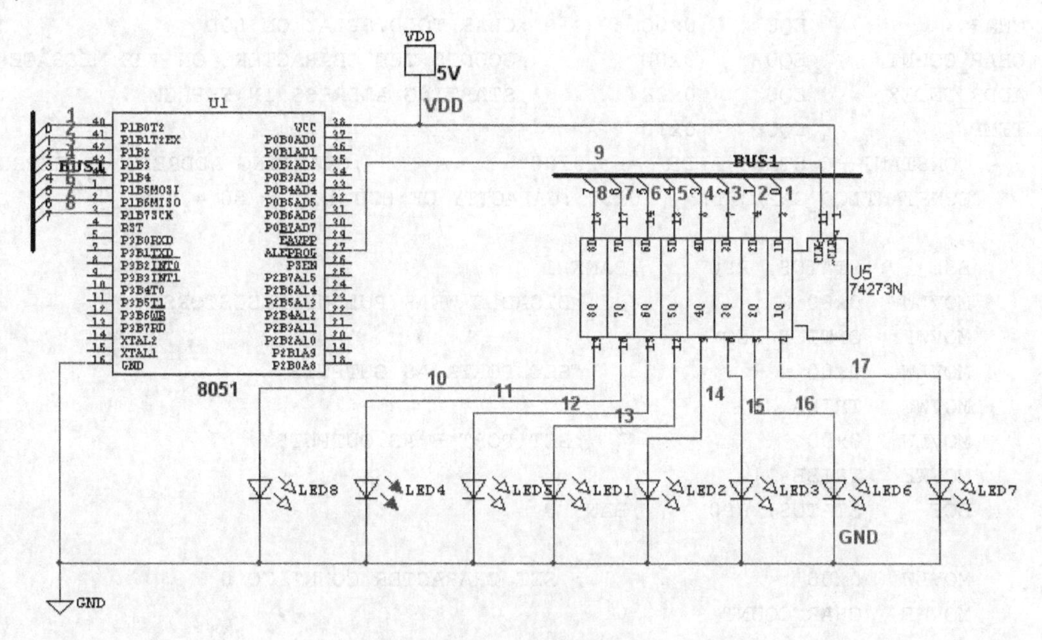

图 13.14　输出结果

由仿真可以看到发光二极管依次被点亮，实现了流水灯的效果。

3. 用 PIC 系列单片机实现液晶显示流动字符功能

（1）硬件电路的构建

在 NI Multisim 12 单片机仿真界面的电路窗口中，构建出如图 13.15 所示的电路图。硬件电路的构建采用总线的接法。

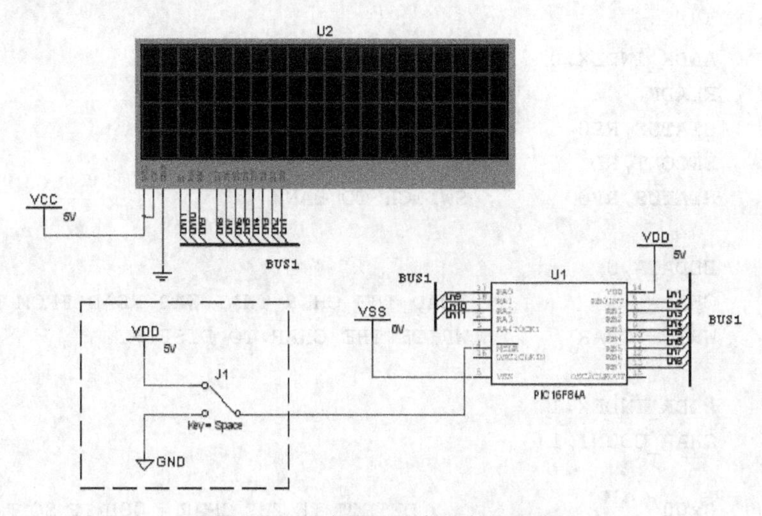

图 13.15　液晶显示流动字符电路

（2）源程序的编写

程序代码如下。

```
#include "p16f84a.inc"                    ;PIC16F84A definitions for MPASM assembler

CHAR            EQU     0x0C              ;CHAR TO DISPLAY ON LCD
CHAR_COUNT      EQU     0x0D              ;COUNTS THE CHARACTERS ON THE MESSAGE
ADDR_INDEX      EQU     0x0E              ;STARTING ADDRESS IN EEPROM
TEMP            EQU     0x10
    CONSTANT    START_ADDR  =   0x00            ;STARTING ADDRESS IN EEPROM
    CONSTANTLCD_CAPACITY=   0x50 ;CAPACITY OF LCD 4x20 = 80 = 50H

    BSF     STATUS, RP0     ;BANK 1
    MOVLW   0x80                ;DISABLE WEAK PULLUP RESISTORS
    MOVWF   OPTION_REG
    MOVLW   0x00                ;SET PORTA AS OUTPUTS
    MOVWF   TRISA
    MOVLW   0x00                ;SET PORT B AS OUTPUTS
    MOVWF   TRISB
    BCF     STATUS, RP0     ;BANK 0

    MOVLW   0x00                ; SET CHARACTER COUNT TO 0
    MOVWF   CHAR_COUNT

    ; SEND INSTRUCTIONS CLEAR DISPLAY AND TURN CURSOR OFF TO THE LCD
    CALL    CLEAR_DISPLAY
    CALL    ENAB_DISPLAY_CURSOR

MAIN
    MOVLW   START_ADDR      ; SET THE STARTING ADDRESS FOR EEPROM
    MOVWF   ADDR_INDEX

READ_CHAR
    MOVF    ADDR_INDEX,0    ; STARTING EEPROM ADDRESS
    MOVWF   EEADR
    BSF     STATUS,RP0      ; SWITCH TO BANK 1
    BSF     EECON1,RD
    BCF     STATUS,RP0      ; SWITCH TO BANK 0

    MOVF    EEDATA,0
    MOVWF   CHAR            ; LOAD THE CHAR THAT WAS READ FROM EEPROM TO W
    CALL    WRITE_CHAR      ; WRITE THE CHAR TO DISPLAY

    INCF    ADDR_INDEX,1
    INCF    CHAR_COUNT,1

    SUBLW   0x00                ; DETECT IF THE CHAR = 00H IF SO THEN EXIT LOOP
    BTFSS   STATUS,2            ; EXIT IF ZERO BIT IS SET
```

```
    GOTO    READ_CHAR

; START SHIFTING THE CHARACTERS
SHIFTING
    MOVLW   LCD_CAPACITY   ;TEMP = CHAR_COUNT - LCD_CAPACITY
    SUBWF   CHAR_COUNT,0
    MOVWF   TEMP
    COMF    TEMP,1         ;TAKE THE COMPLEMENT OF THE NEGATIVE VALUE
    MOVLW   0x02               ;ADD OFFSET
    ADDWF   TEMP,1

SHIFTRIGHT
    MOVLW   0x1C               ;SHIFT RIGHT INSTRUCTION TO LCD
    CALL    MOVE_CURSOR_SHIFT_DISPLAY
    DECFSZ  TEMP,1
    GOTO    SHIFTRIGHT

    MOVLW   LCD_CAPACITY   ;TEMP = CHAR_COUNT - LCD_CAPACITY
    SUBWF   CHAR_COUNT,0
    MOVWF   TEMP
    COMF    TEMP,1         ;TAKE THE COMPLEMENT OF THE NEGATIVE VALUE
    MOVLW   0x02               ;ADD OFFSET
    ADDWF   TEMP,1
SHIFTLEFT
    MOVLW   0x18               ;SHIFT LEFT INSTRUCTION TO LCD
    CALL    MOVE_CURSOR_SHIFT_DISPLAY
    DECFSZ  TEMP,1
    GOTO    SHIFTLEFT
    GOTO    SHIFTING
; FUNCTIONS
CLEAR_DISPLAY
    MOVLW   0x01
    MOVWF   PORTB
    BCF     PORTA,1        ; R/S = 0   R/W = 0
    BCF     PORTA,0
    CALL    TOGGLE
    RETURN
ENAB_DISPLAY_CURSOR
    MOVLW   0x0D
    MOVWF   PORTB
    BCF     PORTA,1        ; R/S = 0   R/W = 0
    BCF     PORTA,0
    CALL    TOGGLE
    RETURN
MOVE_CURSOR_SHIFT_DISPLAY
    MOVWF   PORTB          ; THE VALUE PASSED IN W IS SET TO PORTB
    BCF     PORTA,1        ; R/S = 0   R/W = 0
```

```
    BCF     PORTA,0
    CALL    TOGGLE
    RETURN
WRITE_CHAR
    MOVF    CHAR,0          ; MOVE CHAR TO PORTB
    MOVWF   PORTB
    BSF     PORTA,1         ; R/S = 1   R/W = 0
    BCF     PORTA,0
    CALL    TOGGLE
    RETURN
TOGGLE
    BSF     PORTA,2         ; SET ENABLE BIT
    BCF     PORTA,2         ; CLEAR ENABLE BIT
    RETURN
    END
```

（3）编译源程序

源程序写完之后，单击按钮，编译通过。编译结果如图 13.16 所示。

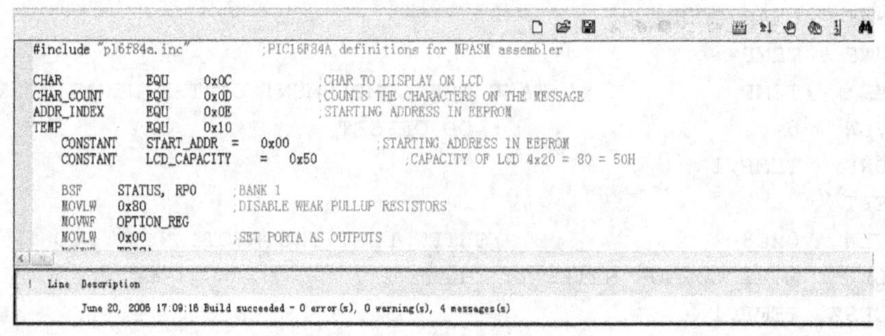

图 13.16 编译窗口结果

（4）加载仿真

编译通过之后，单击⚡按钮，看到仿真结果，如图 13.17 所示。注意：按动空格键，开关 J1 分别接在高低电平时，观察液晶显示器的不同变化。

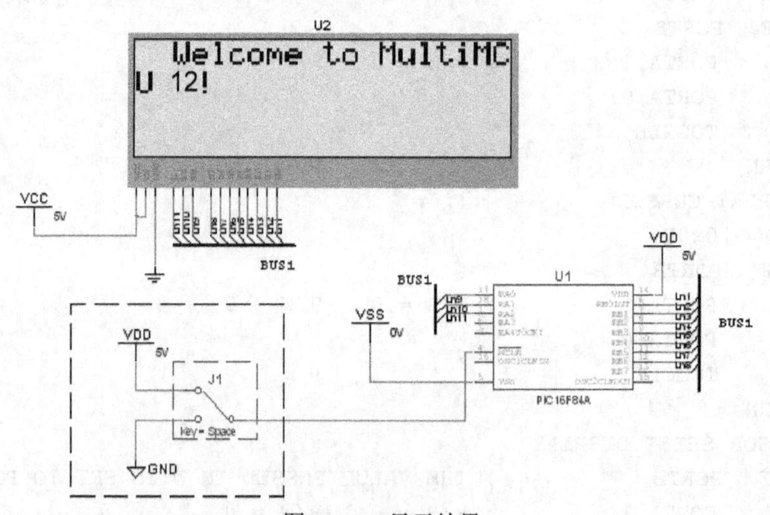

图 13.17 显示结果

13.3　Multisim 12 单片机的经典范例

本节给出的这个例子主要介绍如何在 Multisim12 中仿真用单片机设计一个数据压缩解压器模型并验证设计的过程，最后，还将压缩解压器进行功能扩展，利用双机通信原理实现本机外部数据的压缩解压功能。

13.3.1　范例简介

单片机全称为单片微型计算机（Single Chip Microcomputer），又称为微控制器（Microcontroller Unit）或嵌入式控制器（Embedded Controller）。它具有体积小、功耗低、性能强、性价比高、易于推广应用的显著优点，在自动化装置、智能仪器仪表、过程控制、通信、家用电器等许多领域得到日益广泛的应用。Multisim 为我们提供了一个完整的功能强大的开发测试平台，在 Multisim 中可以完成各种原理图绘制、电路仿真。这里主要介绍在 Multisim 中仿真用单片机设计一个数据压缩解压器模型并验证的过程，最后，还将压缩解压器进行功能扩展，利用双机通信原理实现本机外部数据的压缩解压功能。

该仿真模型主要实现了三个功能：其一，实现 10 个数字（0～9），26 个字母（A～Z），以及 8 个符号图标（“*”、“#”、“+”等），共计 44 个字符图标准全键盘输入输出，可以作为写字板、简易绘图板使用。在不断电的情况下，还具有一定的保存数据功能。其二，实现对录入的数据进行压缩、解压处理。并且将内存中的数据变化全过程用 LCD 显示，对电脑初学者了解图形数据压缩、解压全过程有一定帮助。其三，具备双机通行功能，可以处理本机外部的数据。

13.3.2　图形数据压缩与解压的基本原理

数据压缩可以分为有损压缩和无损压缩两种。如果丢失个别的数据不会造成太大的影响，这时就可以把它们忽略，这就是有损压缩。有损压缩广泛应用于动画、声音和图像文件中，典型的代表就是影碟格式 mpeg、音乐文件格式 mp3 和图像文件格式 jpg。但是更多情况下压缩数据必须准确无误，人们便设计出了无损压缩格式，比如常见的 zip、rar 等。压缩软件（compression software）自然就是利用压缩原理压缩数据的工具，压缩后生成的文件称为压缩包（archive），体积只有原来文件的几分之一甚至更小。当然，压缩包已经是另外一种文件格式了，如果想使用其中的数据，首先得用压缩软件把数据还原，这个过程称为解压缩。常见的压缩软件有 winzip、winrar 等。

压缩文件的基本原理是查找文件内的重复字节，并建立一个相同字节的“词典”文件，并用一个代码表示并写入“词典”文件，这样就可以达到缩小文件的目的。由于计算机处理的信息是以二进制数的形式表示的，因此压缩软件就是把二进制信息中相同的字符串以特殊字符标记来达到压缩的目的。对于图形压缩，方法很多，为了有助于理解，请你在脑海里想象一幅蓝天白云的图片。对于成千上万单调重复的蓝色像点而言，与其一个一个定义“蓝、蓝、蓝……”长长的一串颜色，还不如告诉电脑：“从这个位置开始存储 1600 个蓝色像点”来得简洁，而且还能大大节约存储空间。其实，所有的计算机文件归根到底都是以“1”和“0”

的形式存储的，和蓝色像点一样，只要通过合理的数学计算公式，文件的体积都能被大大压缩以达到无损压缩的效果。

1. 压缩对象帧格式

借助于通信理论中通信帧的概念，我们将被压缩的数据对象存在的形式叫做压缩对象帧，如图 13.18 所示。压缩数据帧包含压缩对象标志位，我们这里约定用 0FFH 来表示，由压缩器标识，提醒解压器从这一位开始有被压缩的对象。压缩对象长度位，告诉解压器被压缩的对象重复了多少次；数据位，告诉解压器被压缩的具体数据。

压缩对象标志（0FFH）	压缩对象长度（LENTH）	数据

图 13.18 压缩对象帧

2. 数据压缩解压电路组成框图

一个完整的数据压缩解压系统应包含有逻辑控制设备、输入设备、输出设备、数据压缩单元、数据解压单元。本仿真简洁设计，将逻辑控制设备与数据输入设备合并一起用一片 4×4 键盘代替，键盘上有 12 个键作为数据输入使用，另外 4 个键作为控制键使用。另外，压缩单元与解压单元也统一由一片 8051 单片机完成。在 8051 单片机外存 2000～20FFH 处作为输入存储，5000～50FFH 作为压缩后的数据存储，3000～30FFH 作为解压后的数据存储。

3. 数据压缩原理

数据压缩由单片机完成，当数据录入到单片机，单片机会对录入的数据进行扫描复制。将保存在外存源文件地址（2000～20FFH）的数据经过压缩处理保存到压缩地址（5000～50FFH）。如果扫描发现有连续出现的重复字节，单片机自动产生压缩对象帧，并将产生的压缩对象帧复制到目的地址。其余没有连续重复出现的字节则照原样复制到目的地址。所以，文件数据重复率越高，压缩率越大。当输入的是 100 个字母 A 时，压缩后仍旧只有 3 个字节。

数据压缩解压器的电路框图见图 13.19，压缩流程见图 13.20。

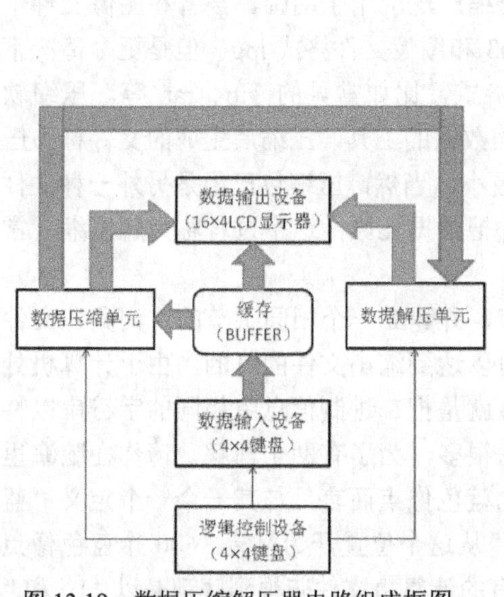

图 13.19 数据压缩解压器电路组成框图

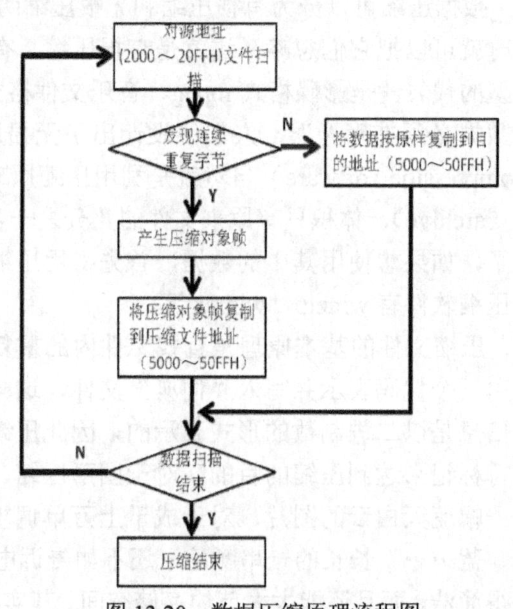

图 13.20 数据压缩原理流程图

4. 数据解压原理

数据解压原理正好和数据压缩相反，单片机从压缩地址（5000～50FFH）中扫描处理并复制结果到解压地址（3000～30FFH）。解压流的原理流程图见图 13.21。

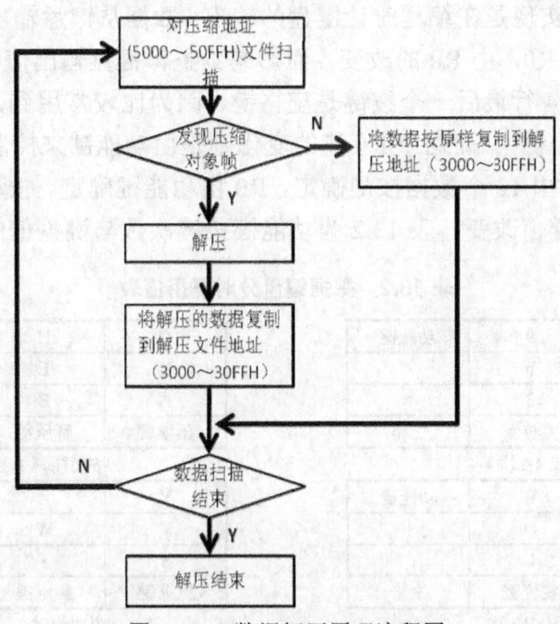

图 13.21　数据解压原理流程图

5. 一键多功能原理

因为 4×4 键盘总共才 16 个按键，很难满足日常按键数目，另外有 4 个按键（压缩开始按键、解压开始按键、复位按键、功能按键）是用作控制按键使用的，所以真正能用作数据输入的按键只有 12 个了。为了解决这个问题，该仿真采用了一键多功能技术。利用键盘第一行最后一个按键，我们称之为功能键，在内存中定义一个单元为 KEYFLAG，在编程中设计一个 KEYMORE 子程序，每当按下一次功能键，自动调用一次这个 KEYMORE 子程序，而标识符 KEYFLAG 加 1，根据当前的 KEYFLAG 值，可以调用该子程序下面的另外几个子程序，实现功能复用。如图 13.22 所示。

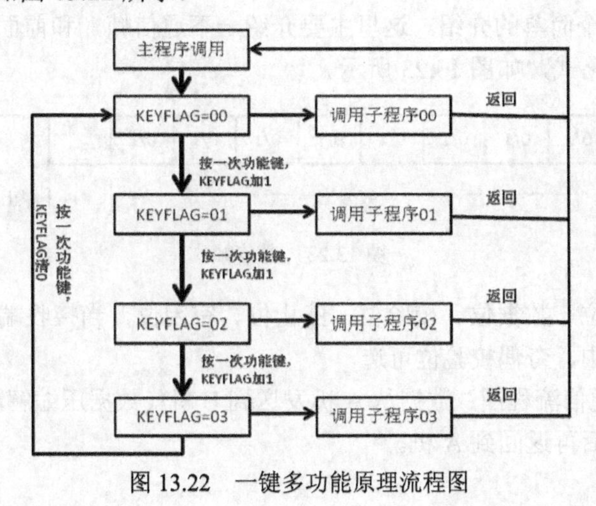

图 13.22　一键多功能原理流程图

6. 数据键盘分时复用原理

功能键运用一键多功能技术，使得每按一次功能键完成的任务不同。而前面提到的被单纯用来数据输入的12个按键则用到了分时复用功能。根据功能键的按键次数的不同，这12个按键的值不同。具体实现是在编程时让键盘的输出（数据从键盘输出到数据被输入到内存时）值加上一个调节值R0，由R0的改变，而影响到整体键盘输出值的改变（4个功能键的值不能改变，另外，第4行最后一个按键是空格键，因为比较常用到，也不改变其值。所以真正改变值的只有11个键）。而这个R0值的变化则是由功能键来控制的。简而言之，键盘输出值=A+R0，其中A由12个数据按键确定，R0由功能键确定。按动功能键，R0值改变，从而引起全部12个按键值改变。表13.2为功能键按键次数与键盘值的对应表。

表13.2　数据键盘分时复用值表

7	8	9	功能键
4	5	6	-
1	2	3	*
压缩键	解压键	复位键	空格

按功能键0次（或4K次）

G	H	I	功能键
D	E	F	0
A	B	C	=
压缩键	解压键	复位键	空格

按功能键1次（或4K+1次）

P	Q	R	功能键
M	N	O	+
J	K	L	,
压缩键	解压键	复位键	空格

按功能键2次（或4K+2次）

Y	Z	[	功能键
V	W	X	-
S	T	U	#
压缩键	解压键	复位键	空格

按功能键3次（或4K+3次）

7. 程序复位原理

当一次数据压缩完成，为防止前面数据影响后一次的操作，要在进行第二次压缩前进行程序复位。压缩解压器设置了复位键，当按下复位键，所有内存外存中的数据都清零复位，整个系统各模块内各参数初始化。系统可以不经过开机画面而直接等待下一次的操作。

8. 双机通信原理

在后面我们会介绍有关外部数据的压缩解压处理，其中利用到了双机通信原理，这里不妨先把双机原理也做个简单的介绍。这里主要介绍一下通信帧，和前面介绍的压缩帧一样，通信帧也有它的固定格式，如图13.23所示。

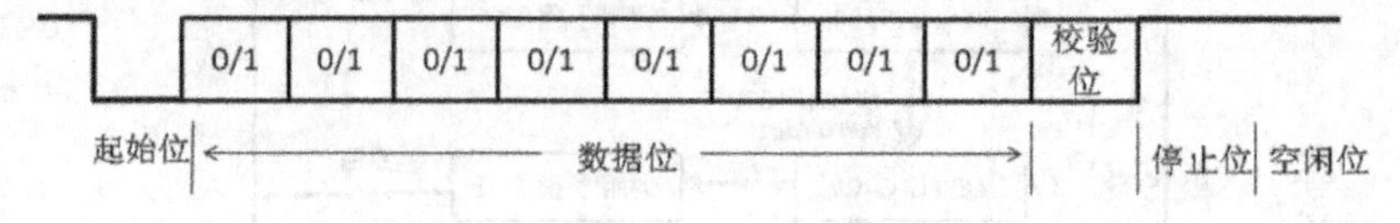

图13.23　通信帧

信息帧包括起始位、数据位、校验位、停止位、空闲位，当接收端接收到电位负跳变时就开始接收数据。其中，奇偶校验位可选。

图13.24是双机通信流程图：数据从A机发送到B机（数据压缩解压处理器），经过加工处理得到想要的结果后再返回到A机。

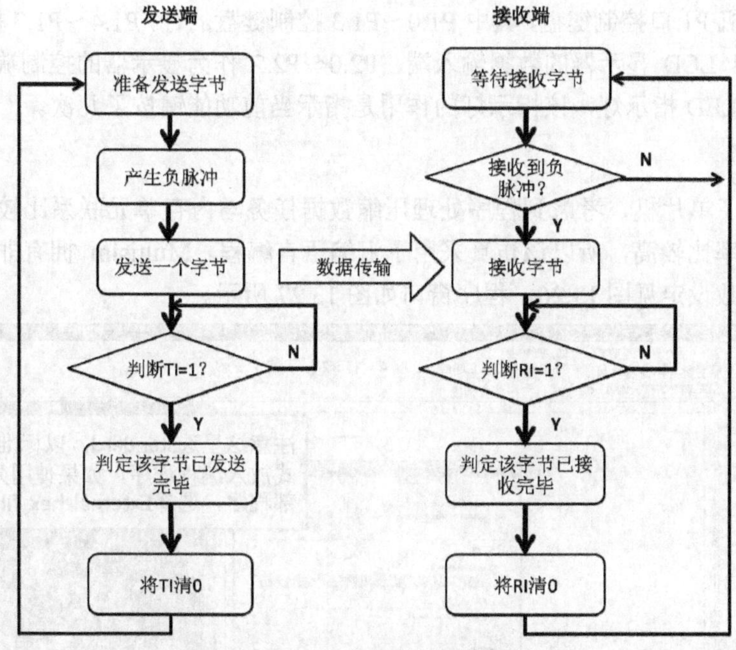

图 13.24 双机通信原理流程图

13.3.3 图形数据压缩解压器在 Multisim12 中的仿真设计及验证

设计要求：在 Multisim 中用单片机设计一个压缩解压器，能正确录入数据、正确压缩数据、正确解压数据、正确将压缩解压全过程显示、实现准全键盘输入、实现程序复位功能。

1. 电路连接

电路连接如图 13.25 所示，该仿真用到一片 8051 单片机、一块 4×4 键盘、一片 16×4 LCD 显示器、一个 4 LED 灯组，以及若干数据线。

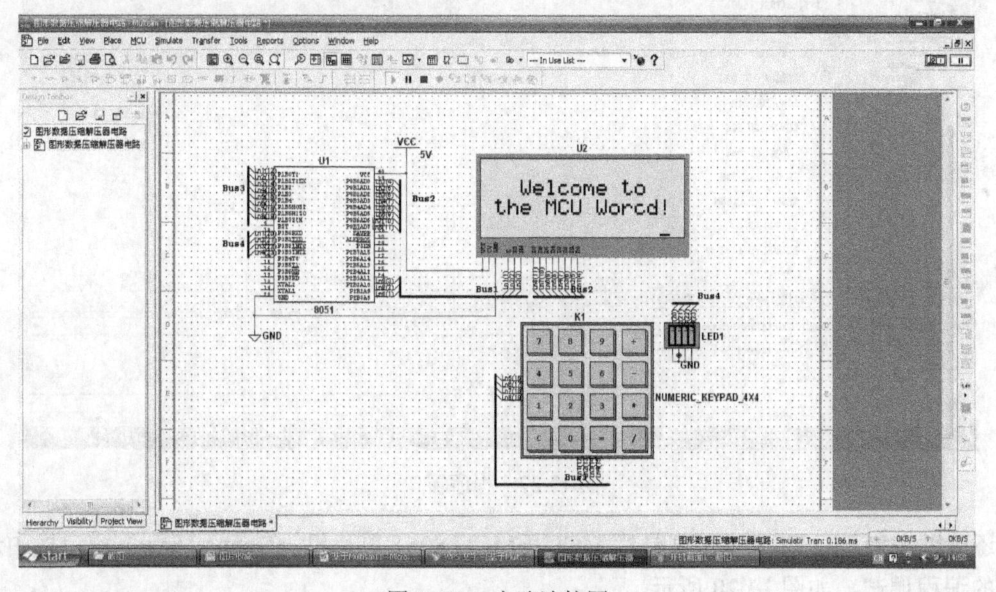

图 13.25 电路连接图

电路用单片机 P1 口控制键盘，其中 P1.0～P1.3 控制键盘的行，P1.4～P1.7 控制键盘的列。P0 口作为 16×4 LCD 显示器的数据输入端，P2.0～P2.2 作为显示器的控制端口。另外，用 P3.0～P3.3 控制 LED 指示灯，该指示灯的作用是指示当前功能键按了几次。

2. 软件编程

该仿真用到了单片机，考虑到程序处理压缩数据任务与内存单元联系比较紧密，加上汇编语言的工作效率比较高，所以该仿真采用了汇编语言编程。Multisim 拥有非常好的程序编程功能。编程参数设定见图 13.26，程序窗口如图 13.27 所示。

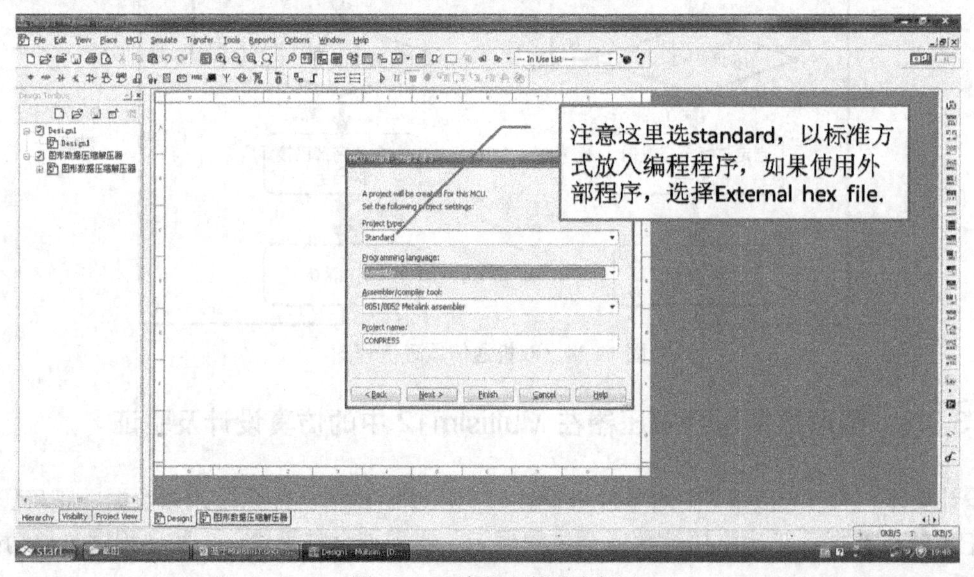

图 13.26 编程参数设定框

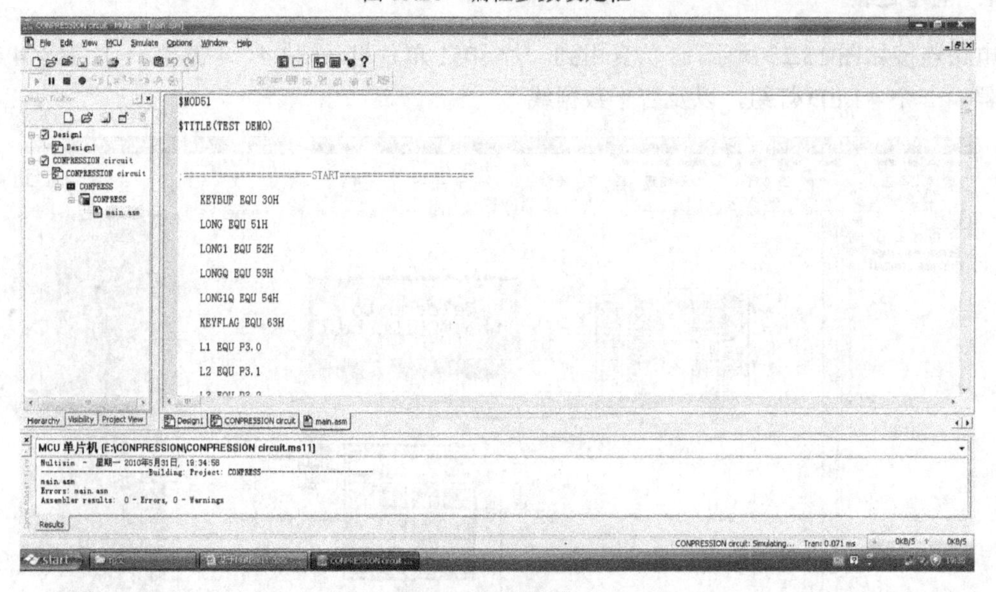

图 13.27 程序窗口

还可以在 Debug View（在菜单栏 MCU→MCU 8051 单片机→Debug View）窗口栏中进行程序的编程调试，如图 13.28 所示。

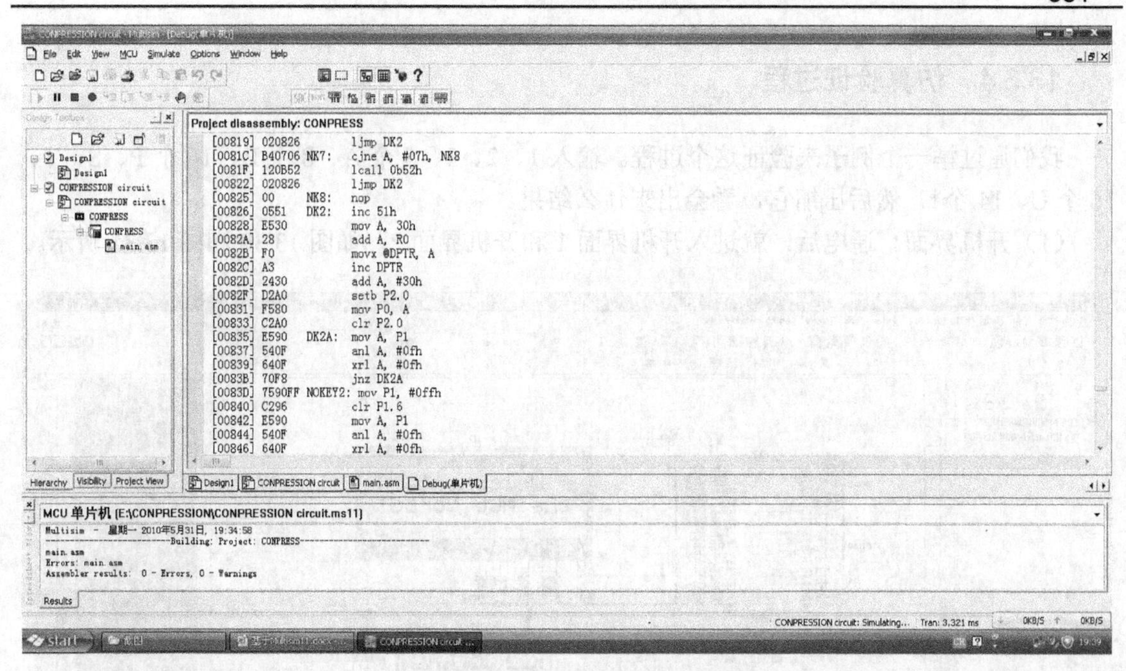

图 13.28 Debug View 程序调试窗口

程序具体主要包括下面几个部分：开机界面显示、键盘数据输入、键盘逻辑控制、数据压缩、数据解压、双机通信、LCD 显示、LED 显示、复位以及功能键。其中，键盘逻辑控制是贯穿整个程序的主干，它协调控制着整个程序的正常运行。

当然，Multisim12 还拥有强大的外拓展能力，可以和许多外部编程软件兼容，如 Keil，图 13.29 就是用星研编写的程序，它可以被 Multisim12 中的芯片直接使用。

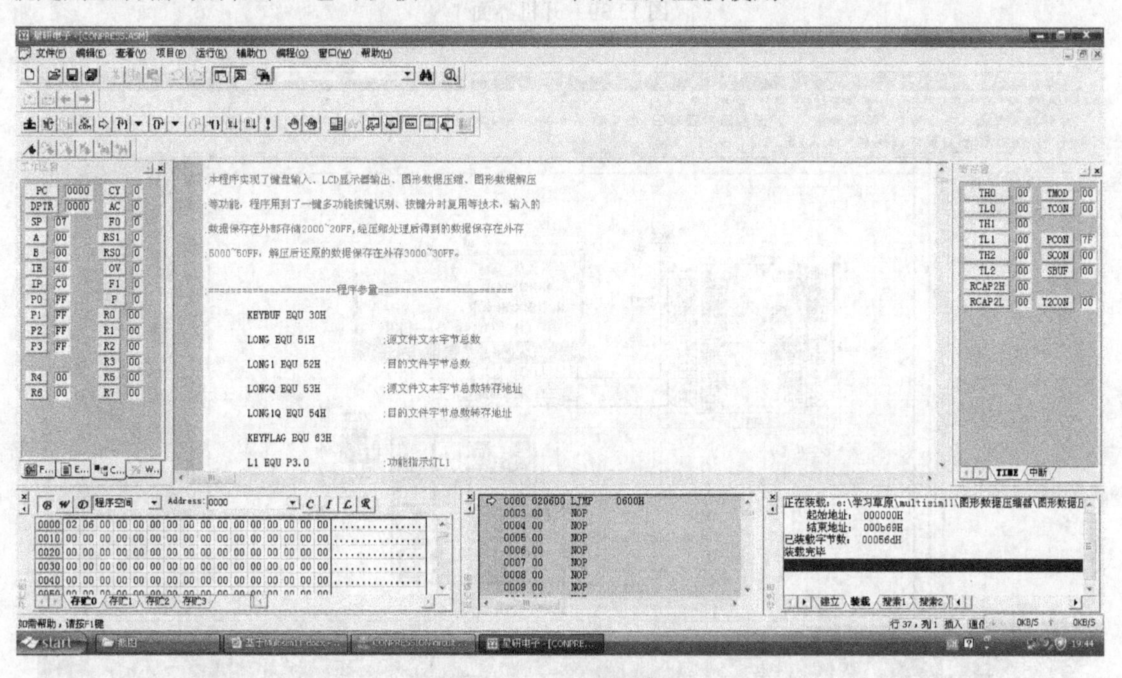

图 13.29 Keil 编程窗口

13.3.4　仿真验证过程

我们通过举一个例子来验证这个过程。输入 1、2、3、5 个 A、8 个 B、16 个 P、S、T、16 个 U、14 个*，然后压缩它，看会出来什么结果。

（1）开机界面。通电后，就进入开机界面 1 和开机界面 2，如图 13.30 和图 13.31 所示。

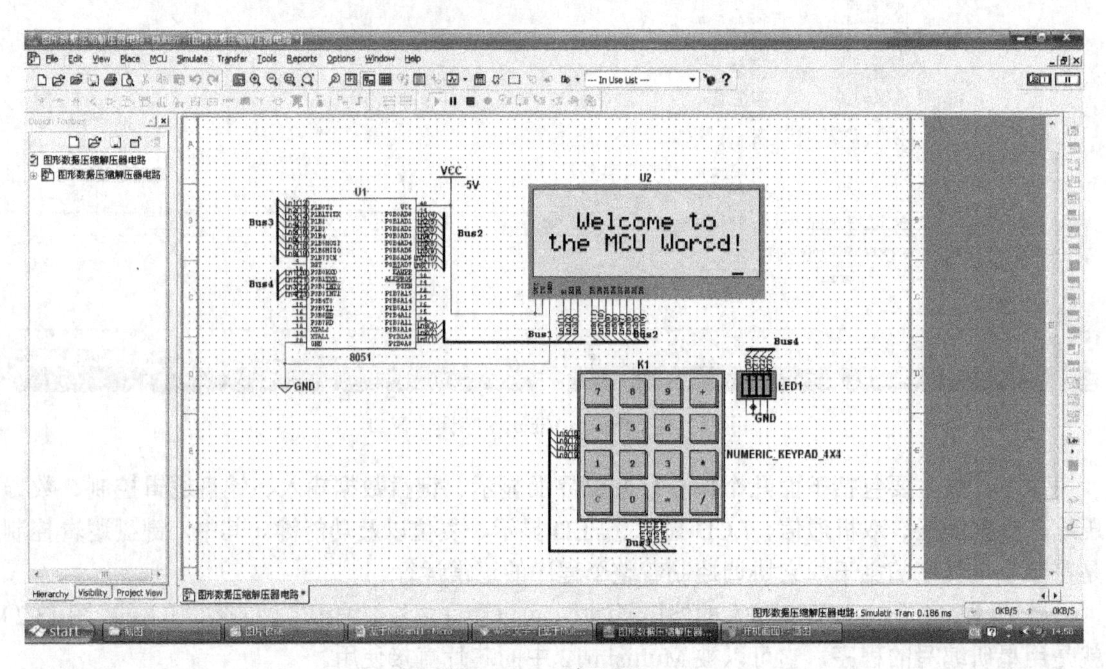

图 13.30　开机界面 1

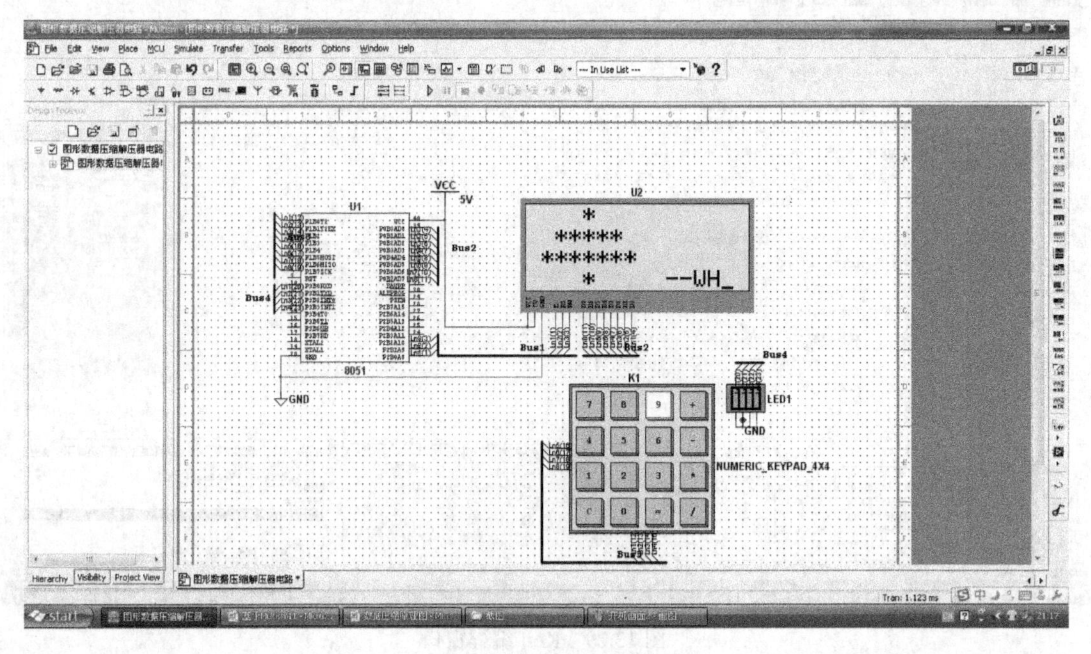

图 13.31　开机界面 2

（2）输入数据。当开机界面 2 显示完毕，就可以直接输入想输入的数据了。例如，输入 1、2、3、5 个 A、8 个 B、16 个 P、S、T、16 个 U、14 个*（这些数据被保存到外存 2000～20FFH，可以通过 Multisim 的 MCU→MCU 8051 U1→memory view 看到），如图 13.32 所示。

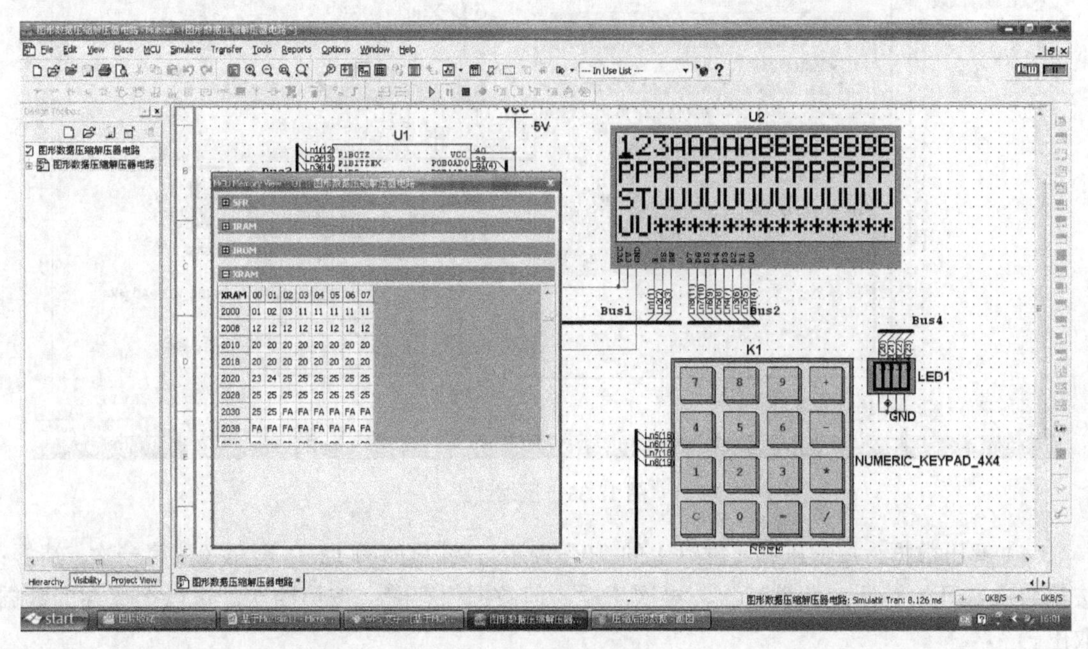

图 13.32　输入数据

（3）压缩数据。按压缩键（图中标识 C 的键），得到压缩结果，如图 13.33 所示。

可以看到，无论是从左侧 MCU Memory View 窗口中，还是在 LCD 显示器上，都可以得出结论，压缩后的数据比原始数据小多了。现在来解释图中各数据代表的含义，如图 13.33，看到的是压缩后的数据，“123”因为没有连续重复，被原样搬到压缩地址，同时显示到显示器。显示器中“/”是压缩开始标识符，对应于左边显示的外存（地址以 5000 开始）中的“FF”。前面已经说过这个标识符的作用了，即从这里开始有压缩帧开始了。“/”后的第一个数字代表被压缩的对象重复出现的次数，这里是“5”次。“/”后的第二个数为被压缩的对象，这里是“A”，有人会问，“A”不是 10 吗？这里的“A”其实不是十六进制中的“A”了，而是一个被 LCD 显示出来的字符，它的值可以在 ASCII 码表中查到，是 41H，而数字“9”是 39H，中间相隔有 7 个符号。而这个仿真在设计时有意为了便于观看到内存中 10 以内的数字变化显示，在 LCD 输出时对输入值加了 30H，直接将 10 以内的数字对应于内存显示。而 10 以外的数字也可以用 ASCII 表查到值，11H 加 30H 等于 41H,正是“A”。所以后面出现了“@”个“P”，“@”的 ASCII 码值为 40H，而 0 的 ASCII 码值为 30H，相差 10H（对应外存 5010H 的值 10H），就是十进制的 16，即这里有 16 个“P”连续。简而言之，外存中 FF 后面那个数是可以直接表示压缩对象长度的，而显示器上的显示，只是对内存中相应位置的值经过 ASCII 码代换后得到的字符。要知道的是，单片机在压缩数据时的压缩帧是怎么回事，知道第二个数代表了被压缩对象重复的次数，这样，就很容易理解整个压缩原理了。

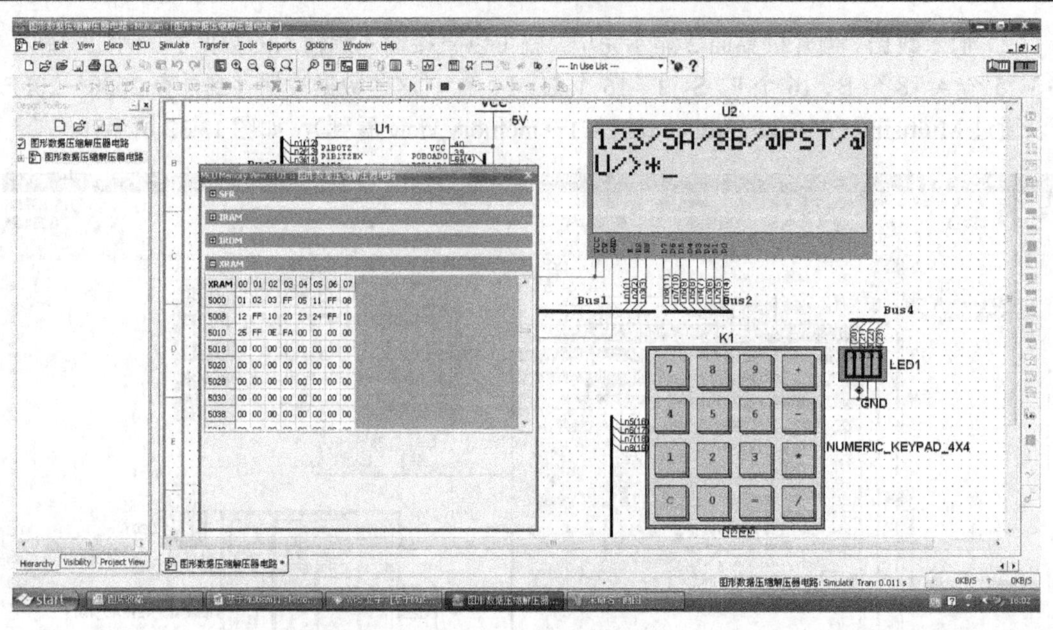

图 13.33 压缩结果

（4）解压数据。按解压键（键盘上的“0”表示），结果如图 13.34 所示（按第一次，清屏；按第二次，开始解压；按第三次，再次清屏，但数据保存着；按第四次，可以把保存的数据取出。）

从 LCD 显示器上可以看出，解压后的数据和原始数据完全一样。但是外存发生了变化，解压前，解压地址（3000～30FFH）的数据位空，解压后则存有解压后的结果。

现在，我们可以再看个更简单的例子，输入 7 个 1，8 个 2，9 个 3，6 个 A，8 个 I，9 个 C，8 个“=”，6 个“*”，3 个“-”。过程如图 13.35 至图 13.37 所示。

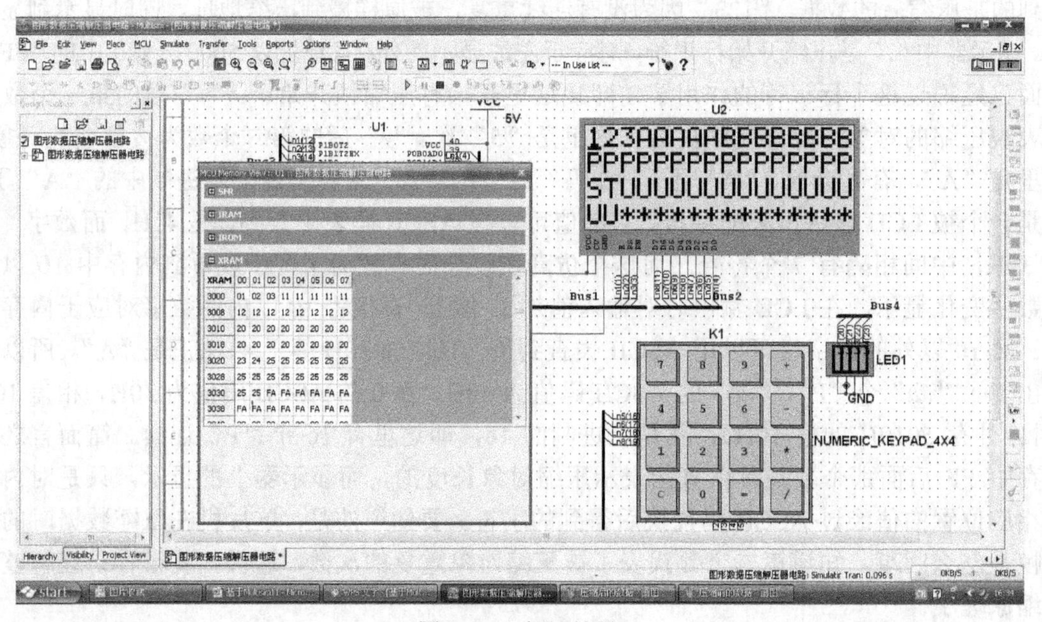

图 13.34 解压结果

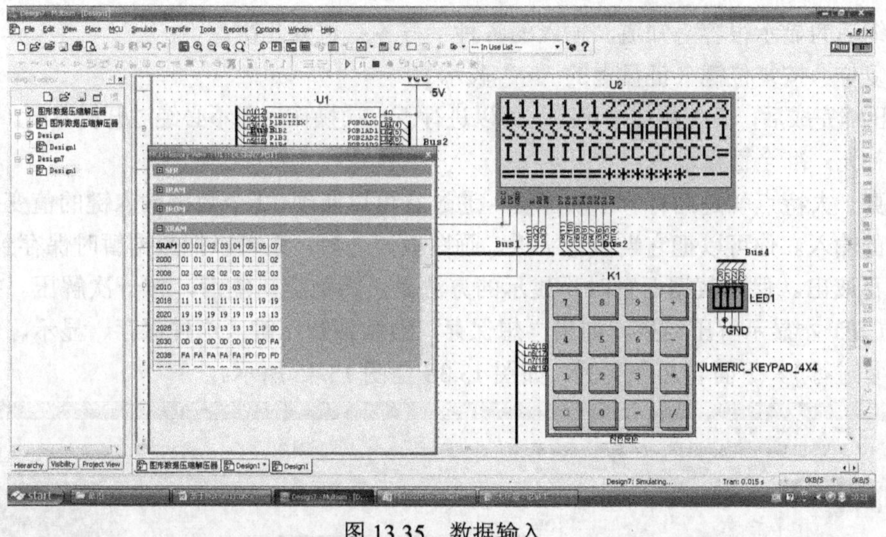

图 13.35　数据输入

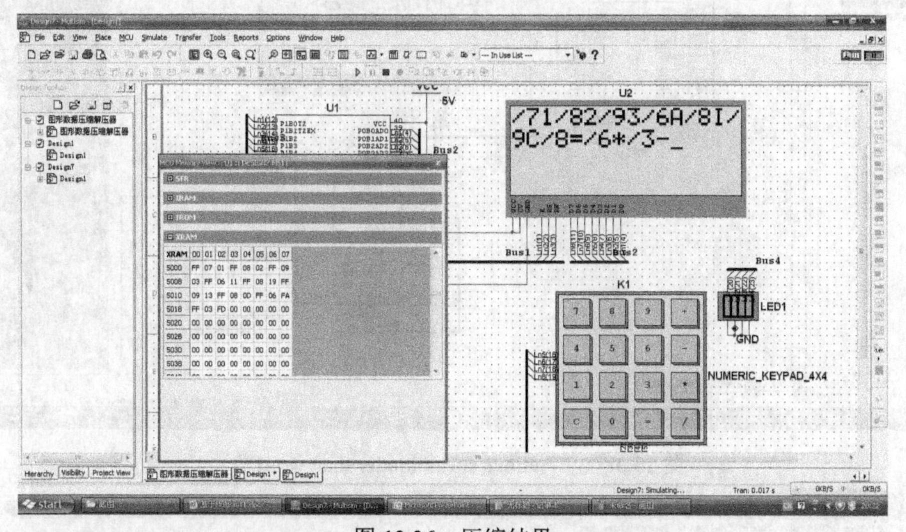

图 13.36　压缩结果

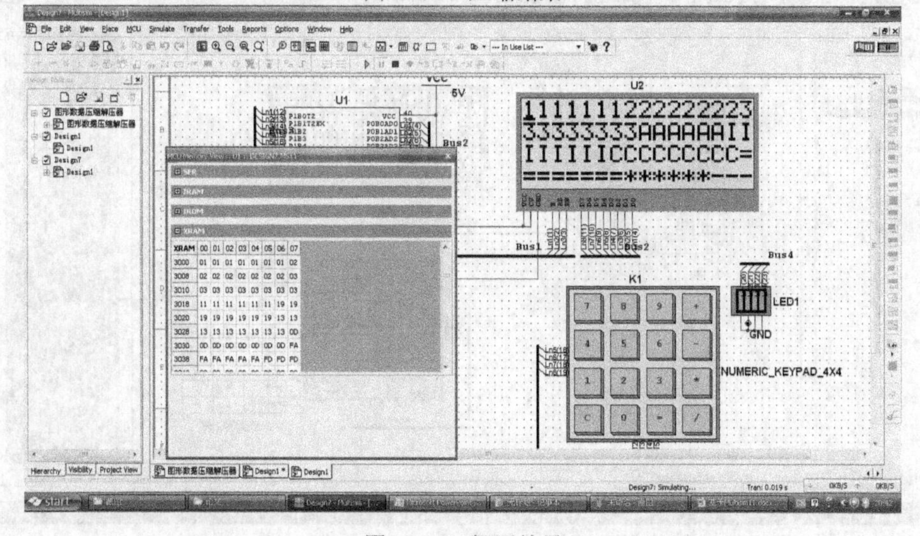

图 13.37　解压结果

看压缩后的显示很容易知道，输入的各种字符各有重复几次。

（1）复位。按复位键（键盘上的“=”表示）。

一次压缩完成后，复位到初始状态，可以进行下一次操作，而不必经过开机界面。

（2）补充：准全键盘输入。

该仿真一大特点就是拥有一个功能键，通过它可以实现 12 个数据输入键的值变化，达到准全键盘的输入。你可以把它当做写字板、画图板，之后，还可以把数据暂时保存到外存中，用的时候再取出。保存数据而暂时不显示的方法是，将数据压缩后，按一次解压。按第二次解压时，LCD 才显示解压结果，如果再想保存，继续按解压键（这种保存、显示、保存、显示可以反复进行）。下面看几个实例，如图 13.38 至图 13.45 所示。

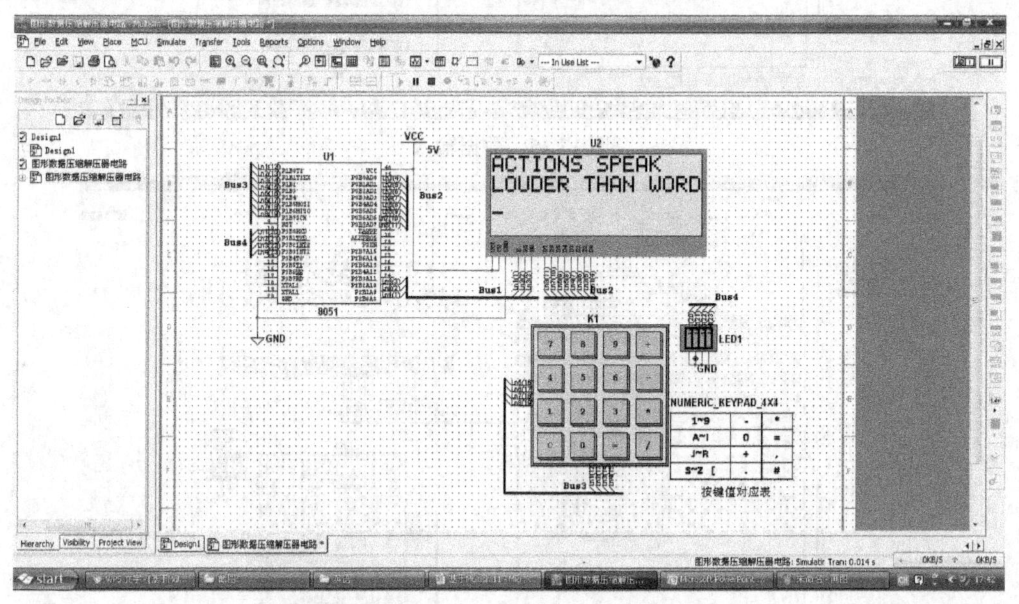

图 13.38 “Actions speak louder than word.”

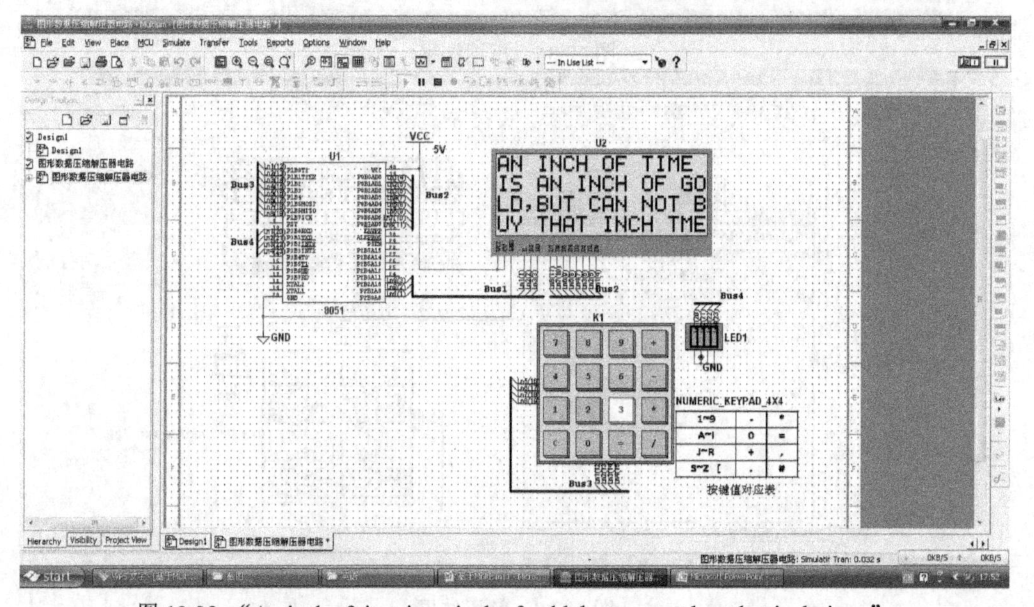

图 13.39 “An inch of time is an inch of gold, but can not buy that inch time.”

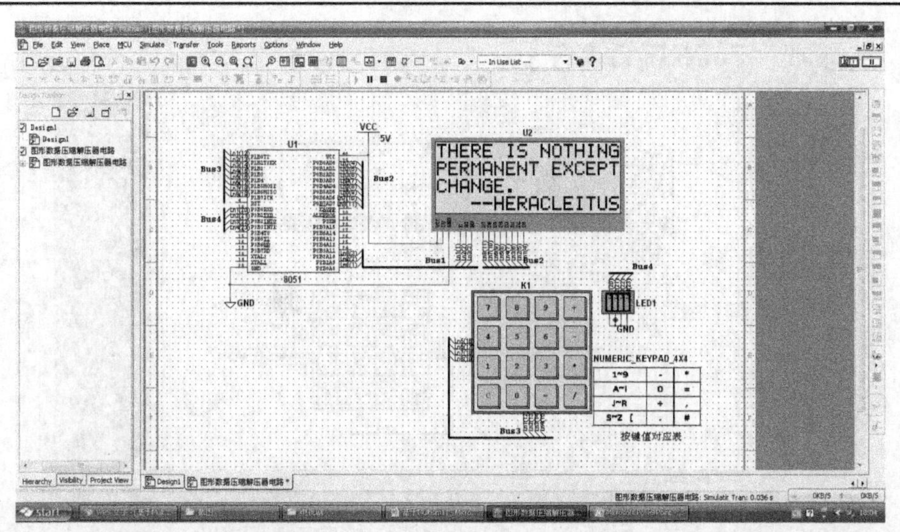

图 13.40　“There is nothing permanent except change. --Heracleitus”

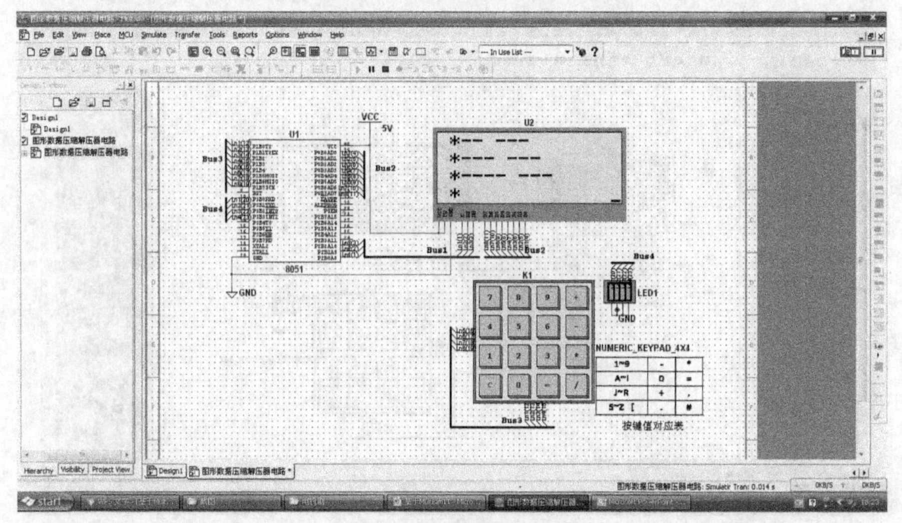

图 13.41　旗帜飞扬

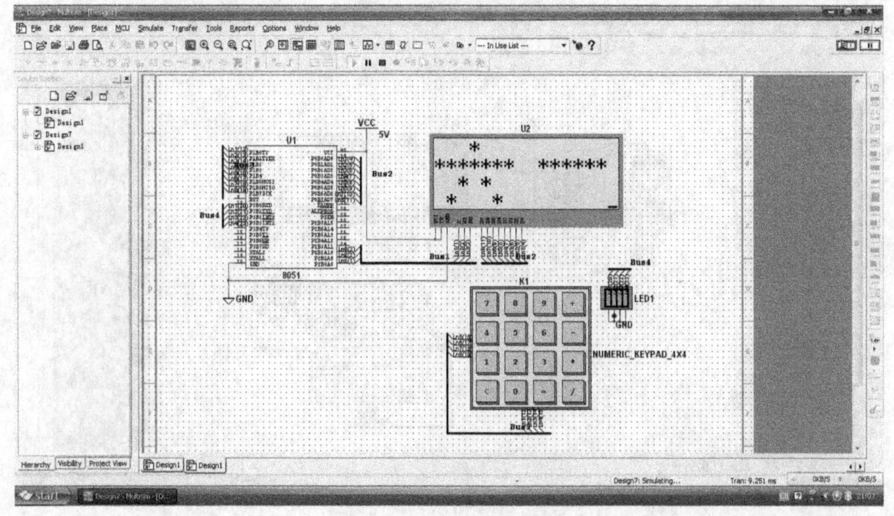

图 13.42　“六一”字样

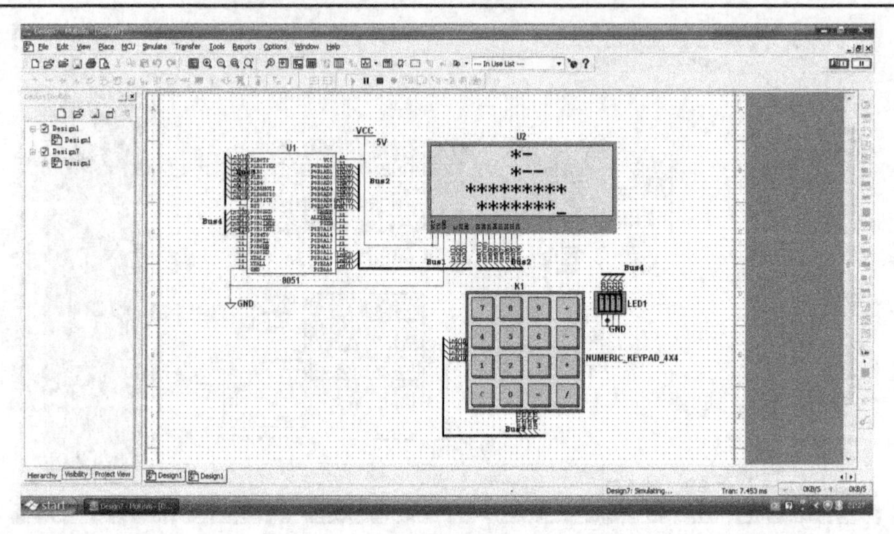

图 13.43 轮船

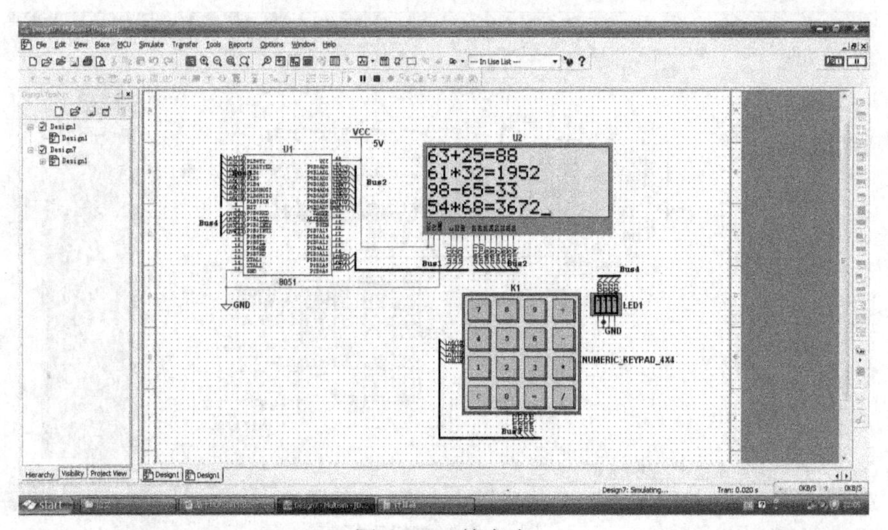

图 13.44 算术式

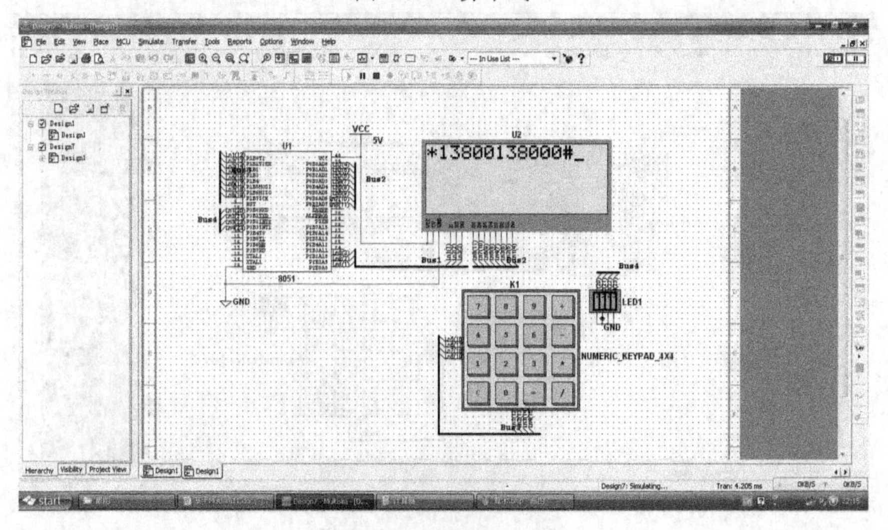

图 13.45 存储电话号码

13.3.5　项目功能扩展

通过上面的介绍，我们了解了用单片机实现数据压缩解压的全过程。现在，在此基础上对上面的结果做两步扩展。

第一步，增加界面友好的人机通话功能和菜单功能。改进后的压缩解压器第 4 列中间两个键值与改进前做了变化。如图 13.46 和图 13.47 所示。

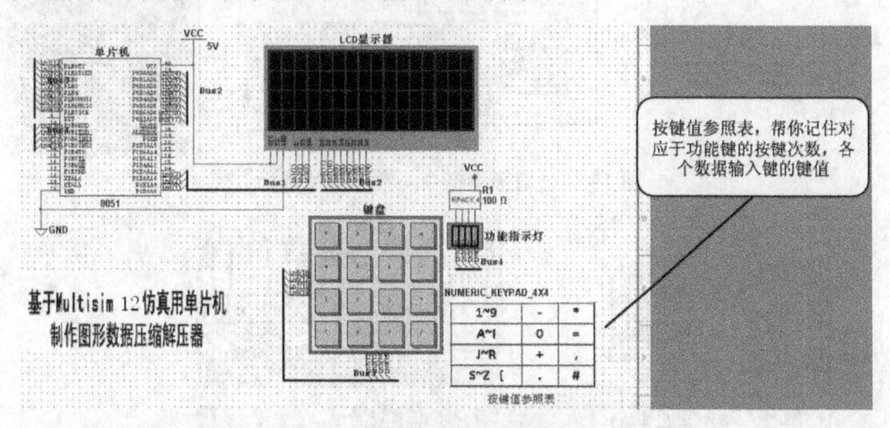

图 13.46　增强型电路连接

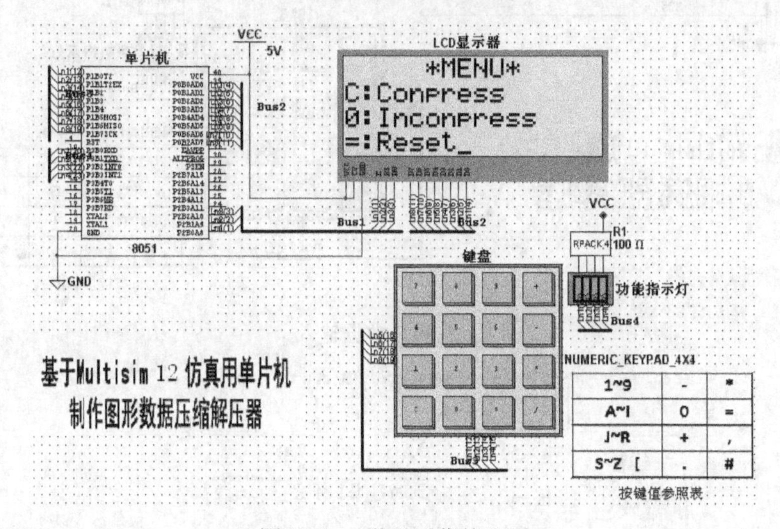

图 13.47　增强型菜单界面

第二步，增加与外界通信，实现外部数据的处理。

日常生活中，我们通常不会采用上面那样先把数据一个一个用键盘输入再进行处理，相反，数据往往已经保存在某些外部存储设备中，如 U 盘。我们所想要的是，U 盘这样的外部存储设备中的数据能够被直接使用处理。这就要用到串行通信。这里，我们还是用另一片 8051 单片机来代替外部存储设备，它相当于一个数据输入存储设备（后面称 U1），可以将输入的数据暂存在其中。将程序做适当的修改，可以实现将 U1 中的数据传输到数据压缩解压器 U2 中，经过 U2 压缩或解压处理后，又可以将处理后的结果再传回到 U1 中，这样在现实生活中就更方便使用，更具有实用价值。过程见图 13.47 到图 13.53。

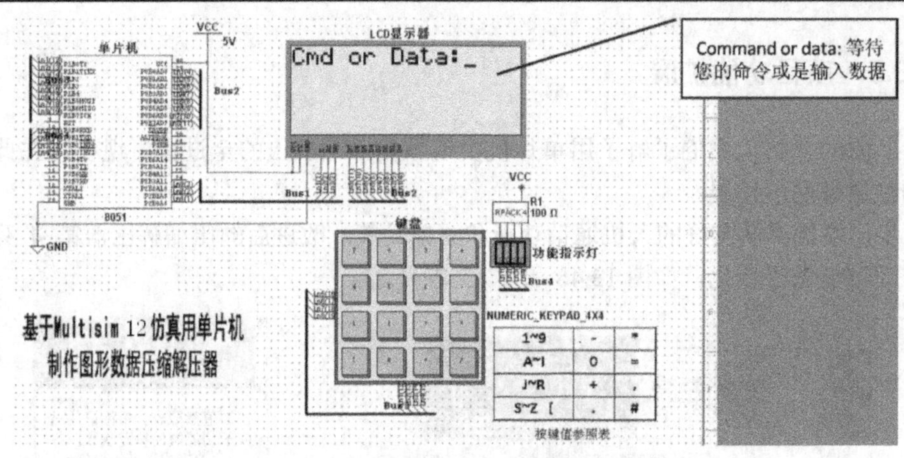

图 13.48 增强型指令与数据等待界面

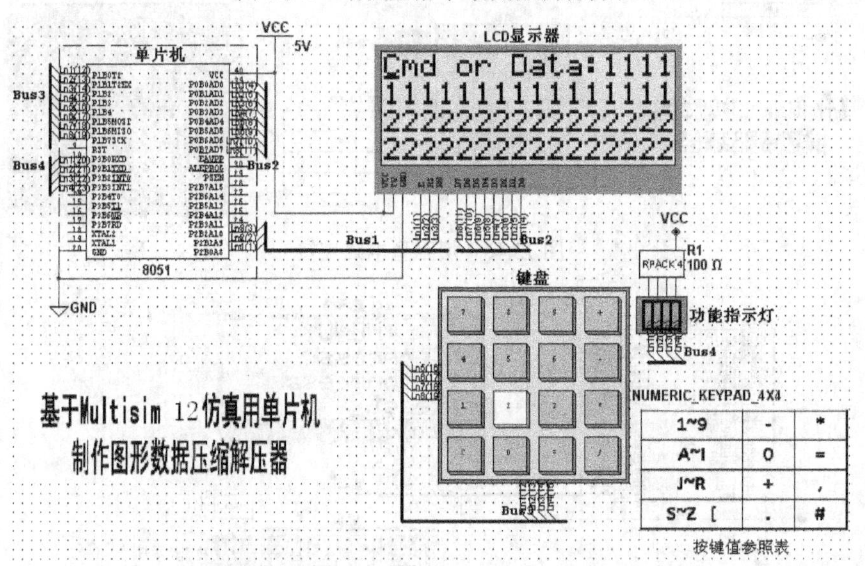

图 13.49 数据输入

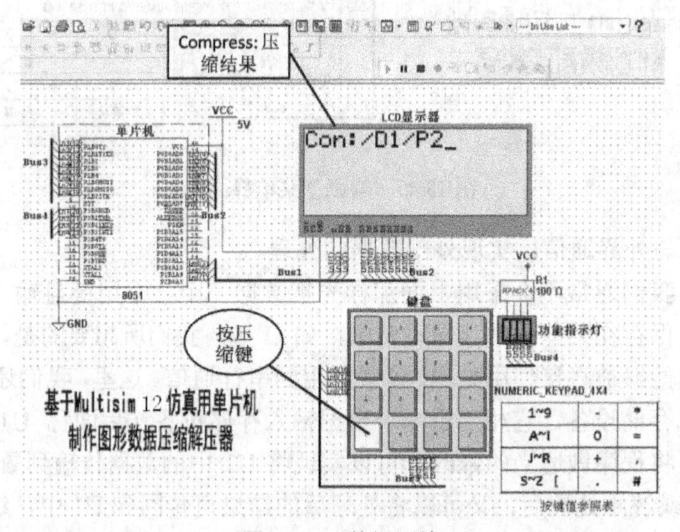

图 13.50 数据压缩

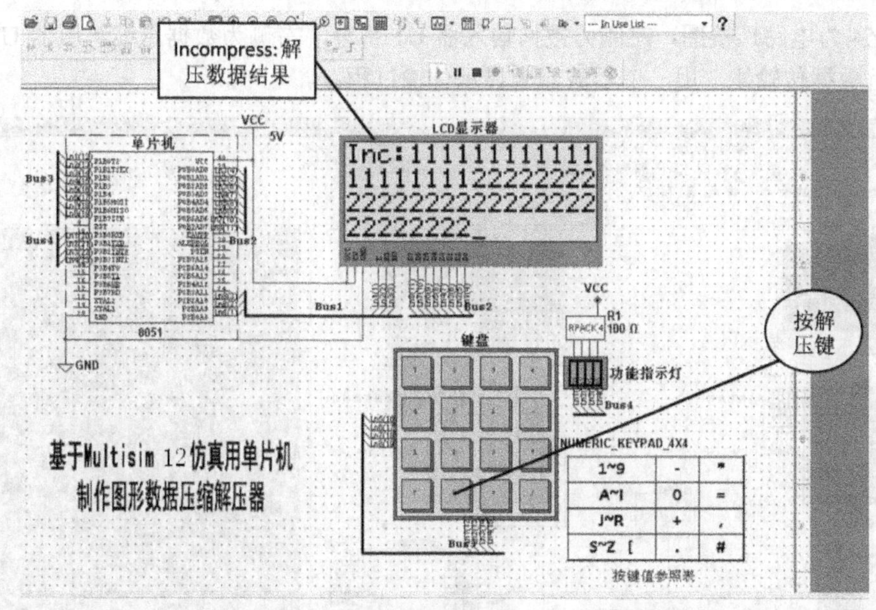

图 13.51　数据解压

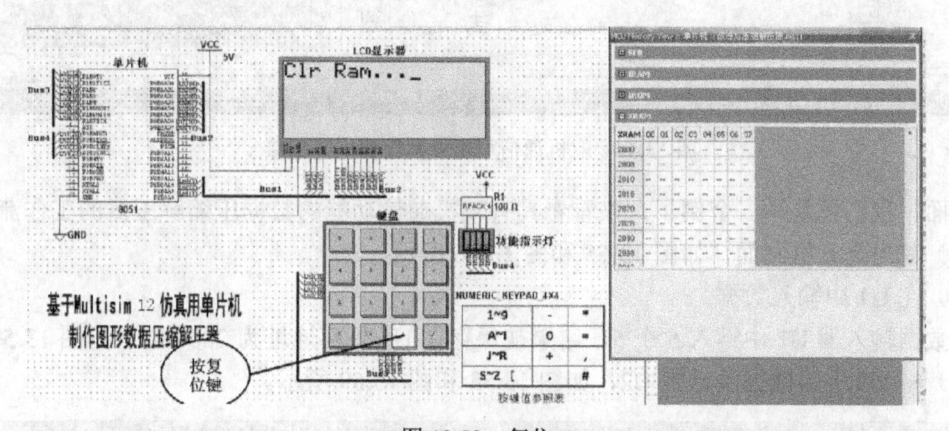

图 13.52　复位

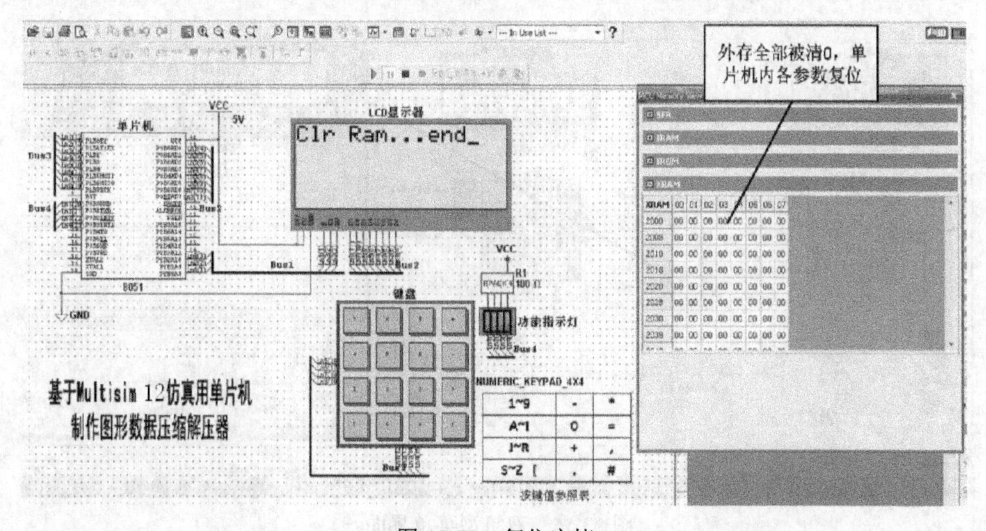

图 13.53　复位完毕

图 13.54 为电路连接图，左侧为数据输入器 U1 部分，右侧为数据压缩解压器 U2 部分，中间为串行数据传输线，用一个示波器来显示传输过程。

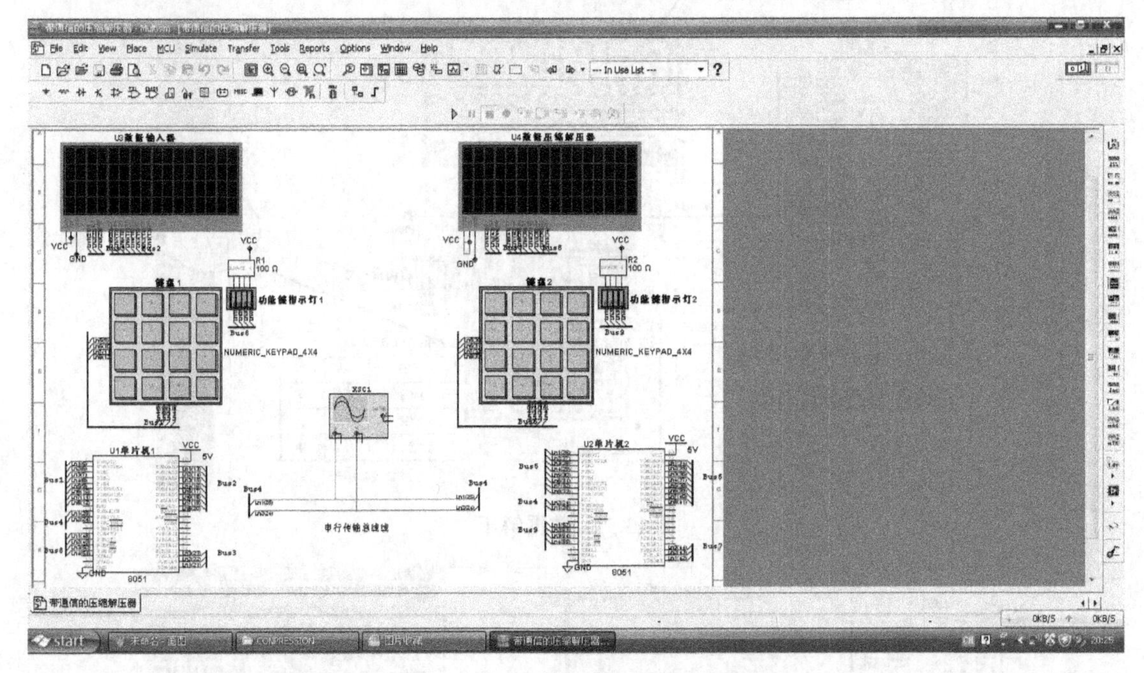

图 13.54　双机通信型压缩解压器电路连接

下面，我们还是举一个例子，来看看具有双机通信功能的数据压缩解压器的工作流程。

（1）首先是开机画面，如图 13.55 和图 13.56 所示。

（2）在 U1 中输入数据。

在数据输入器 U1 中键入 5 个 5，结果被保存在 U1 外存地址为 2000 处。见图 13.57。

（3）将 U1 中的数据发送到 U2，如图 13.58 和图 13.59 所示。

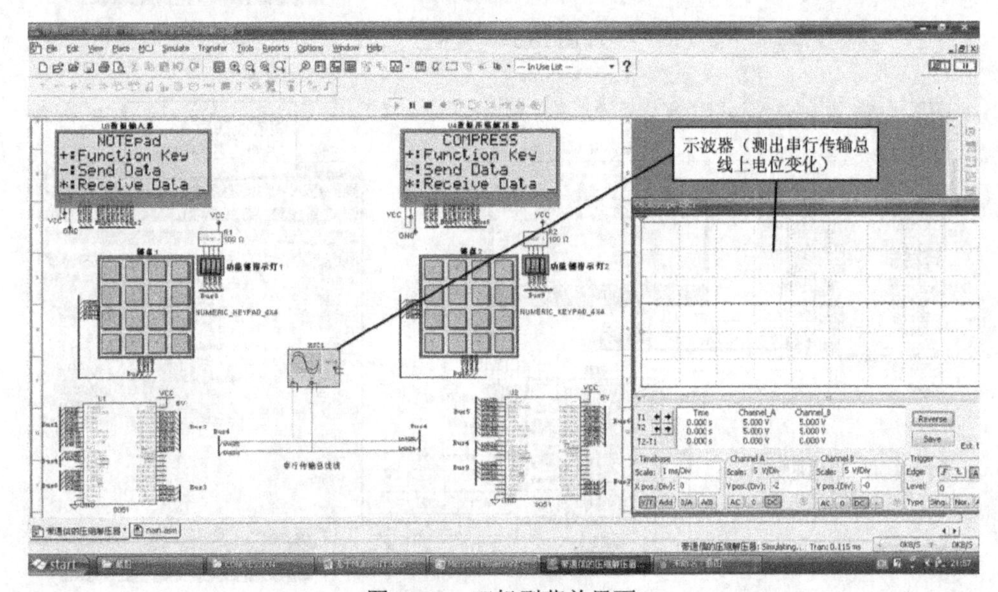

图 13.55　双机型菜单界面

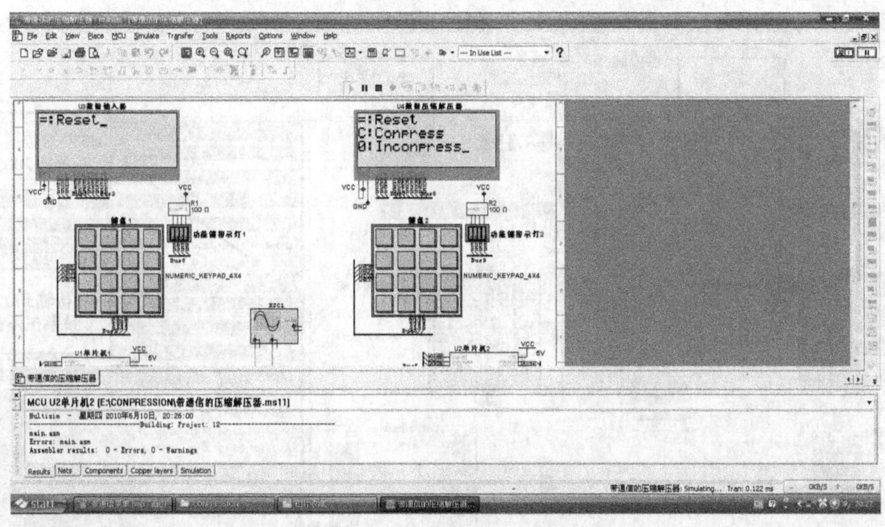

图 13.56　双机型菜单界面 2

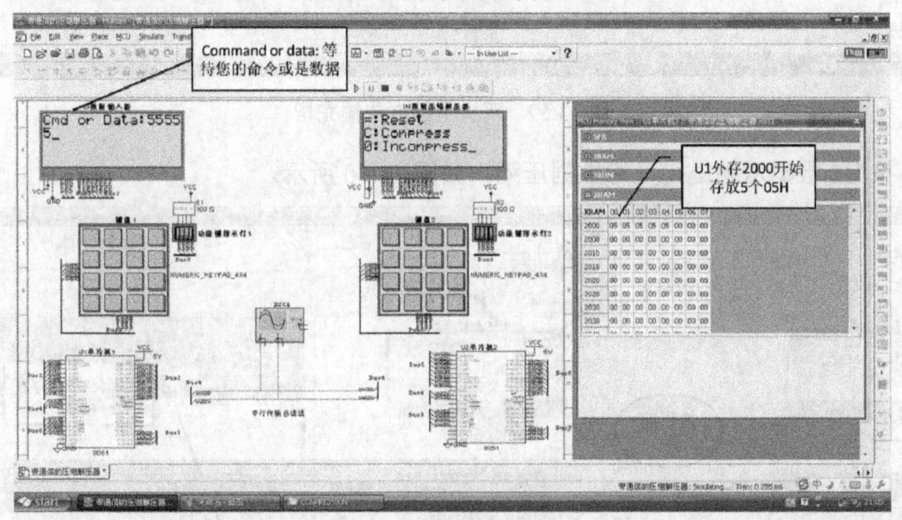

图 13.57　双机型数据输入

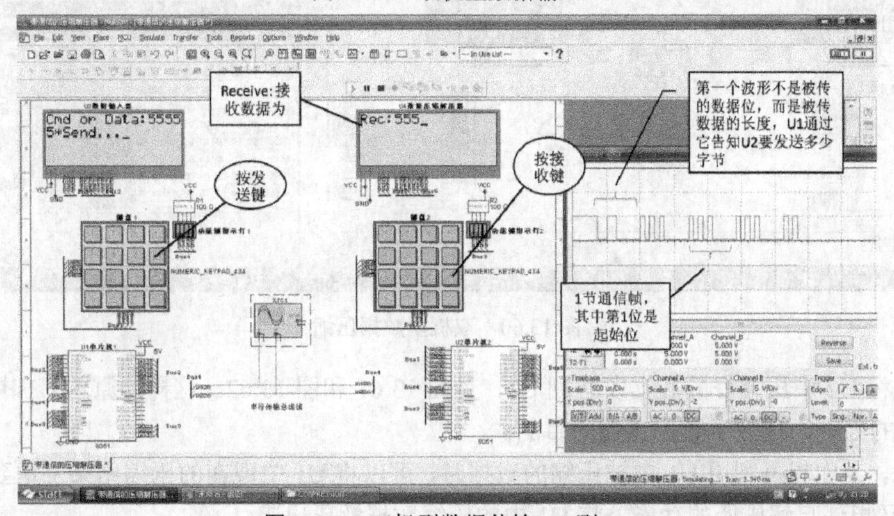

图 13.58　双机型数据传输 U1 到 U2

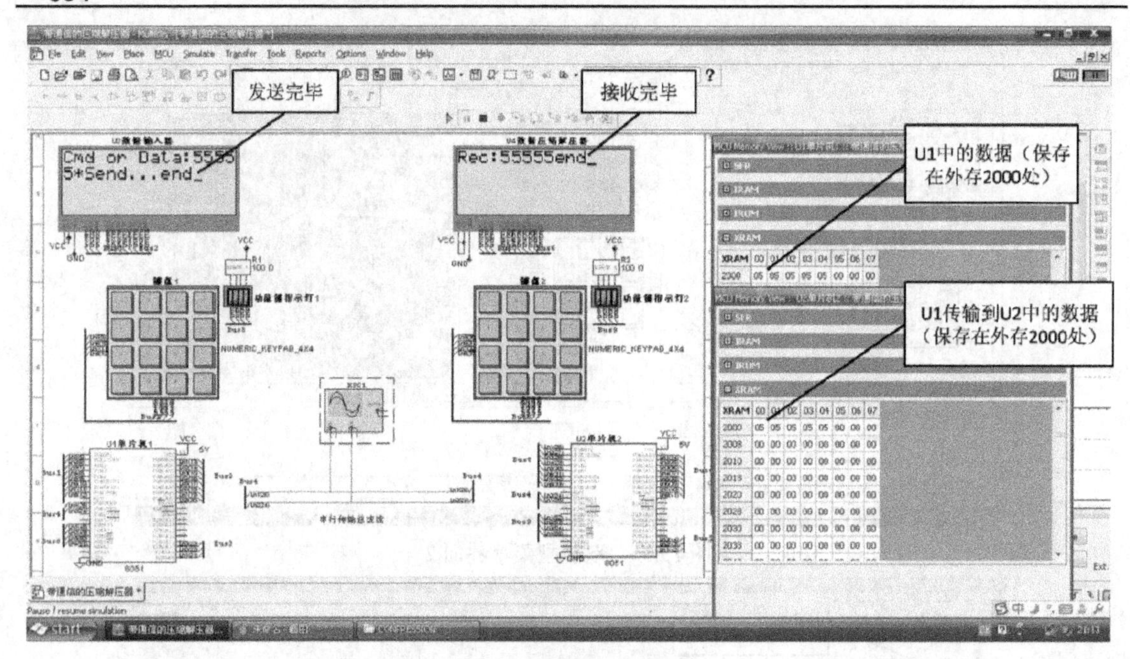

图 13.59　双机型数据传输完毕

（4）按 U2 数据压缩键，开始数据压缩，如图 13.60 所示。

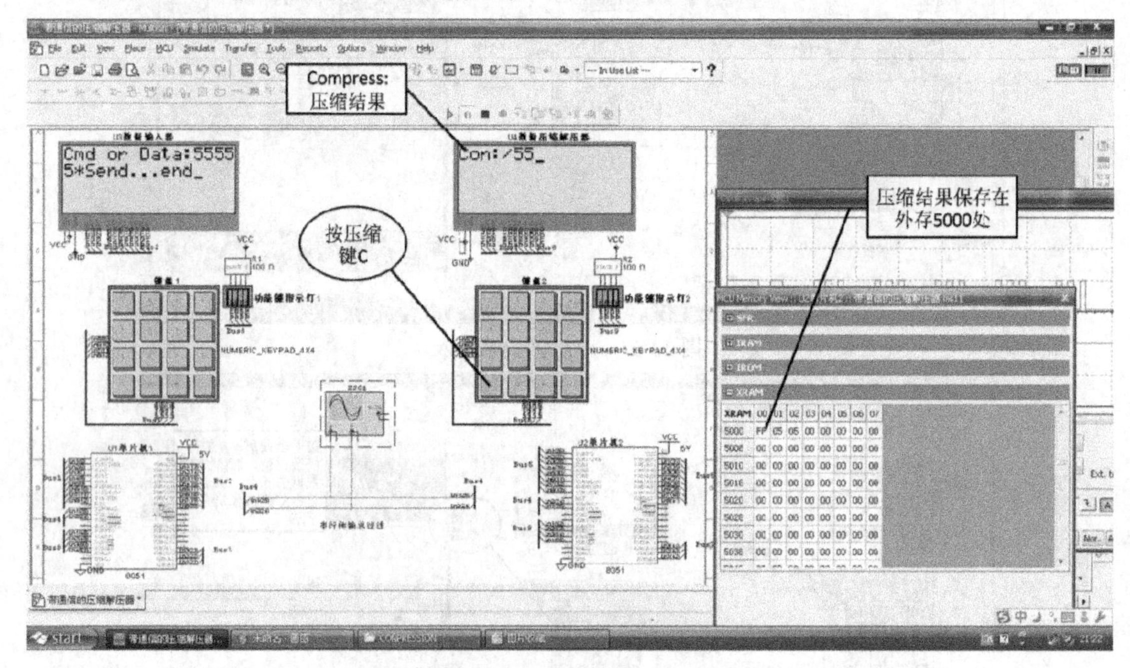

图 13.60　双机型数据压缩

（5）将 U2 中压缩好的数据发送回 U1，见图 13.61 和图 13.62。这样，原本 U1 中的数据，经过 U2 的处理，达到了数据压缩的目的。

当然，当你想再利用 U1 中被压缩的数据时，可以将 U1 中现在的压缩结果发送到 U2，这时，U2 又担任起解压器的功能，将 U1 中的压缩数据解压出来。

（6）首先还是将 U1 中的数据发送到 U2，见图 13.63。

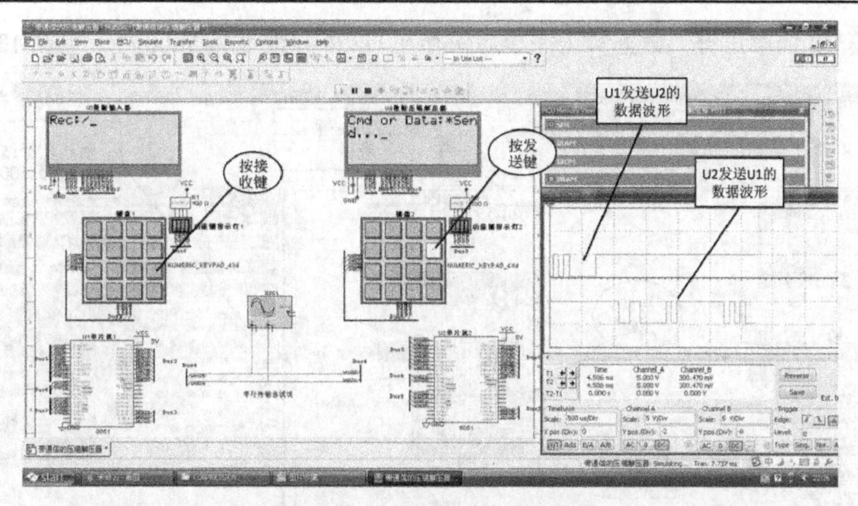

图 13.61　双机型压缩数据返回

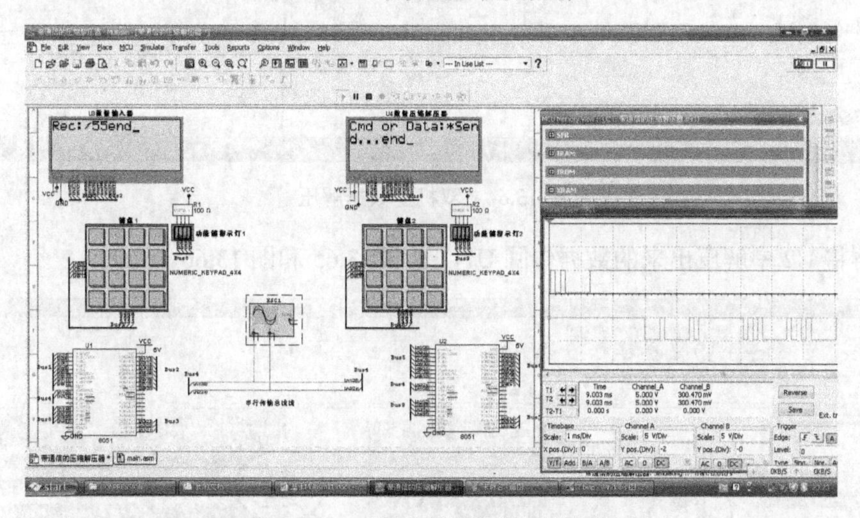

图 13.62　双机型压缩数据返回完毕

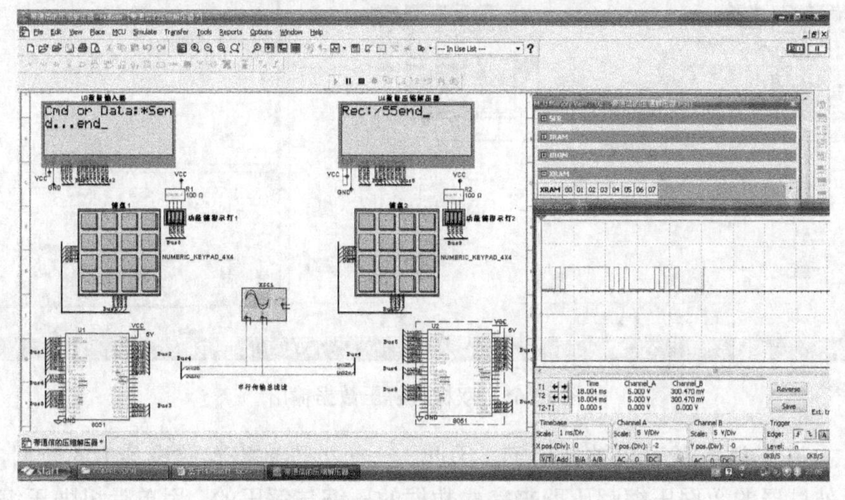

图 13.63　双机型压缩数据输入

（7）按 U2 的解压键。数据解压完毕后保存在 U2 外存地址为 5000 处，见图 13.64。

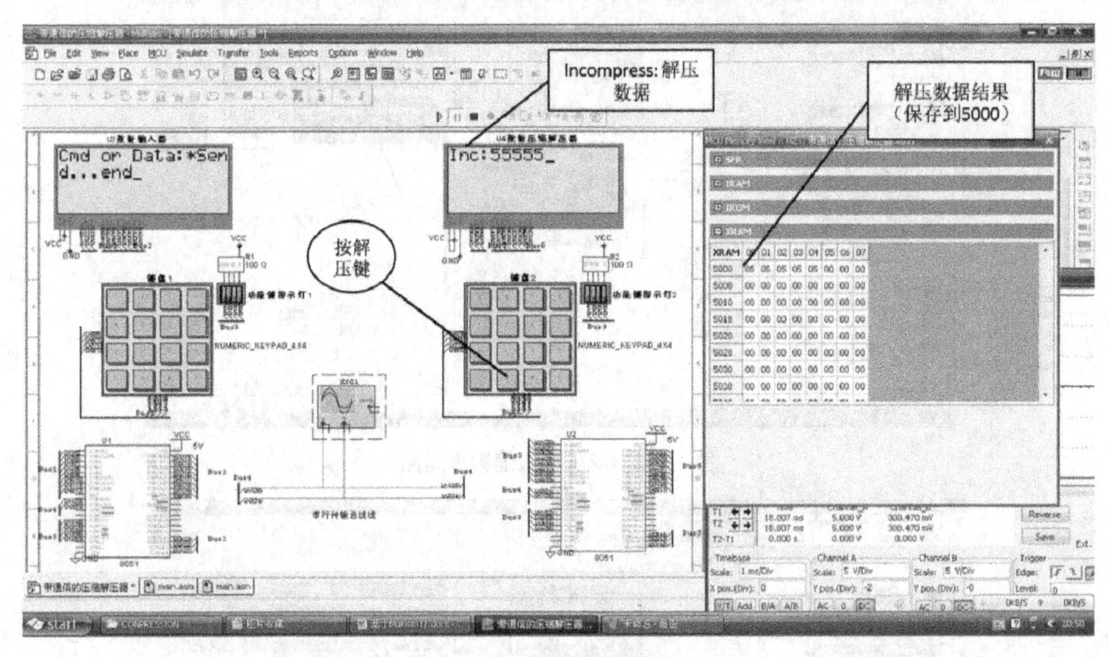

图 13.64　双机型数据解压

（8）再将 U2 中解压出来的数据传回 U1，见图 13.65 和图 13.66。

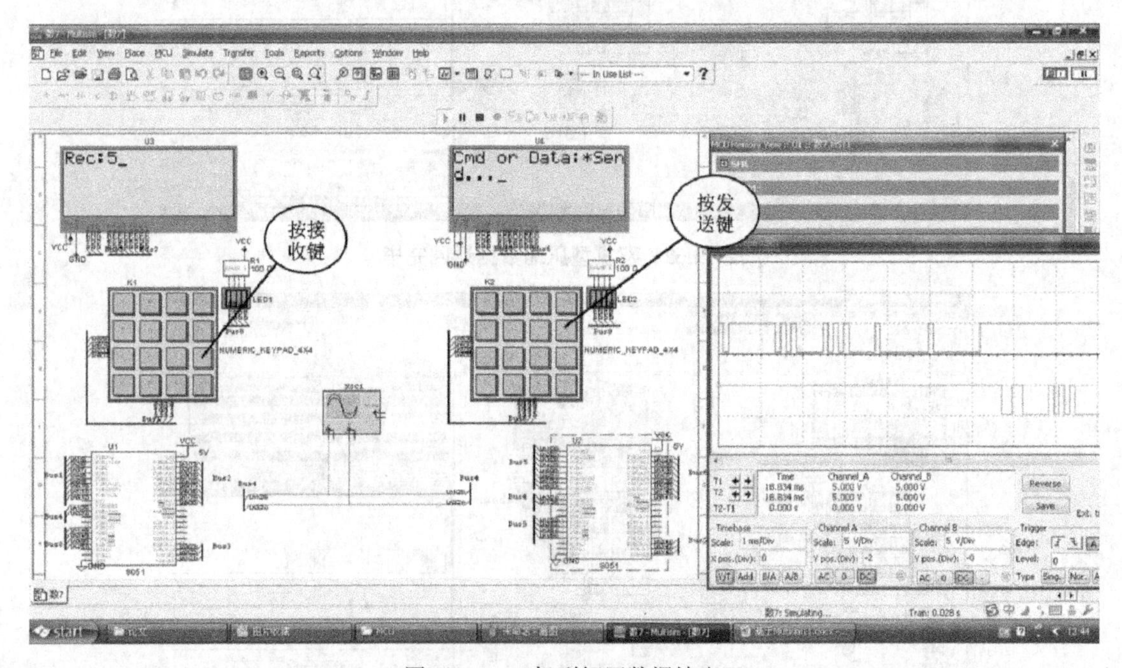

图 13.65　双机型解压数据输出

现在，U1 中的数据就可以被使用了。因此，一个外部数据存储设备中的数据，是可以经这个支持对外扩展的数据压缩解压器来完成数据的压缩与解压的，用单片机做压缩解压工作，成本低、体积小、简单方便，做出的成品适合随身携带。

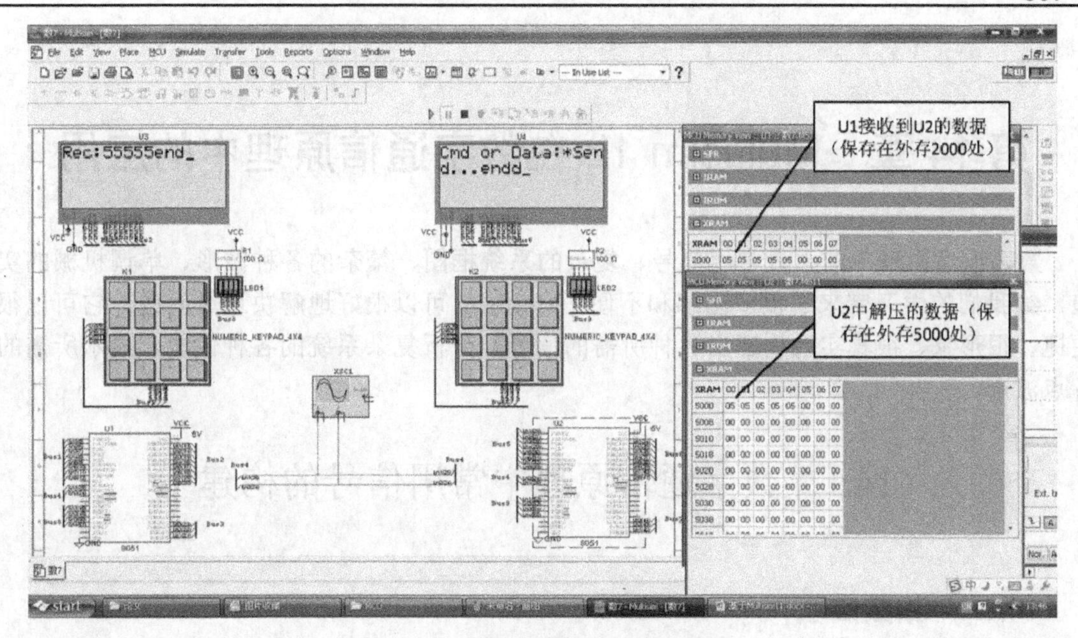

图 13.66　双机型解压数据输出完毕

13.3.6　范例小结

随着技术的发展，单片机片内集成的功能越来越强大。可以毫不夸张地说，任何设备和产品的自动化、数字化和智能化都离不开单片机。单片机应用系统设计不但要求熟练掌握单片机程序设计语言和编程技术，还要求具备扎实的单片机硬件方面的理论和实践知识。Multisim12 提供了一个很好的平台，可以方便硬件的搭建建模、帮助学习单片机，简化单片机设计过程，缩短设计周期，使电路设计更加灵活方便。

第 14 章　Multisim 12 在数字通信原理中的应用

数字通信原理中的大量常用信号、复杂的系统框图、繁杂的各种波形、单调机械的实验，给我们的学习带来了很多困惑和不便。Multisim 可以很好地解决这个问题，它可以很便捷、很形象、很真实地构建出各种所需的信号，分析复杂系统的各种性能，显示所需的各点波形。

14.1　数字通信原理中常用信号的构建

14.1.1　指数信号

指数信号的表达式为

$$f(t) = K\mathrm{e}^{at} \tag{14-1}$$

式中，a 是常数。若 $a>0$，信号将随时间增长而增长，若 $a<0$，信号则随时间衰减，在 $a=0$ 的特殊情况下，信号不随时间而变化，成为直流信号。常数 K 表示指数信号在 $t=0$ 点的初始值。

指数 a 的绝对值大小反映了信号增长或衰减的速率，$|a|$ 越大，增长或衰减的速率越快。通常，把 $|a|$ 的倒数称为指数信号的时间常数，记作 τ，即 $\tau=\dfrac{1}{|a|}$，τ 越大，指数信号增长或衰减的速率越慢。

实际上，较多遇到的是衰减指数信号，其表示式为

$$f(t)=\begin{cases}0 & (t<0)\\ \mathrm{e}^{-\frac{t}{\tau}} & (t\geqslant 0)\end{cases} \tag{14-2}$$

在 Multisim 中构建指数信号的电路，如图 14.1 所示。

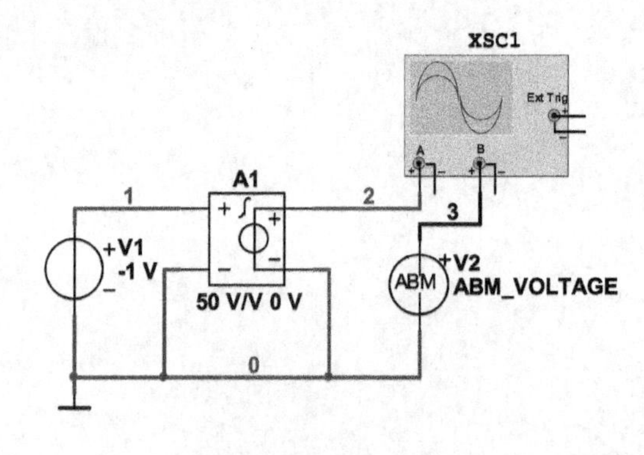

图 14.1　指数信号电路

其中，ABM 信号的设置如图 14.2 所示，产生的指数信号波形如图 14.3 所示。

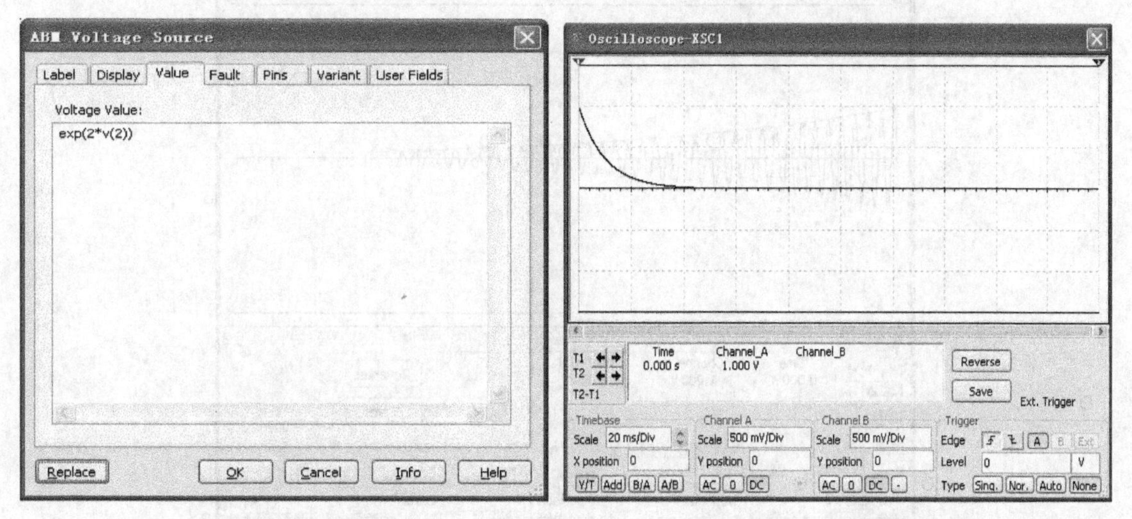

图 14.2　ABM 信号的设置　　　　图 14.3　指数信号波形

14.1.2　衰减的正弦信号

在数字通信系统分析中，有时要遇到衰减的正弦信号，此正弦振荡的幅度按指数规律衰减，其表示式为

$$f=\begin{cases}0 & (t<0)\\ K\mathrm{e}^{\alpha t}\sin(\omega t) & (t\geqslant 0)\end{cases} \tag{14-3}$$

在 Multisim 中构建相应电路，如图 14.4 所示。产生的衰减的正弦信号的波形如图 14.5 所示。

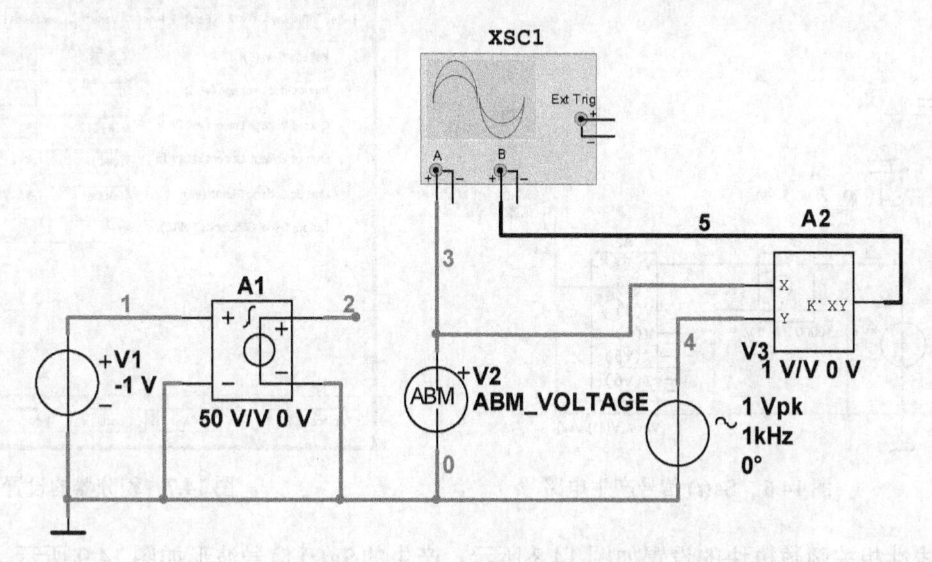

图 14.4　产生衰减的正弦信号电路

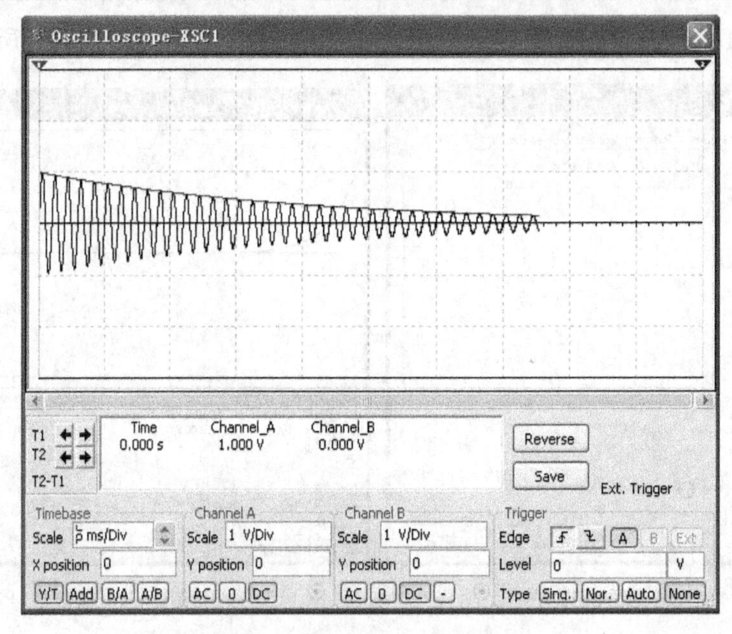

图 14.5　衰减的正弦信号波形

14.1.3　Sa(*t*)信号（抽样信号）

Sa(*t*) 函数即是指 sin*t* 与 *t* 之比构成的函数。它的定义如下：

$$\mathrm{Sa}(t)=\frac{\sin t}{t} \tag{14-4}$$

在 Multisim 中构建相应电路，如图 14.6 所示，其中积分器的设置如图 14.7 所示。

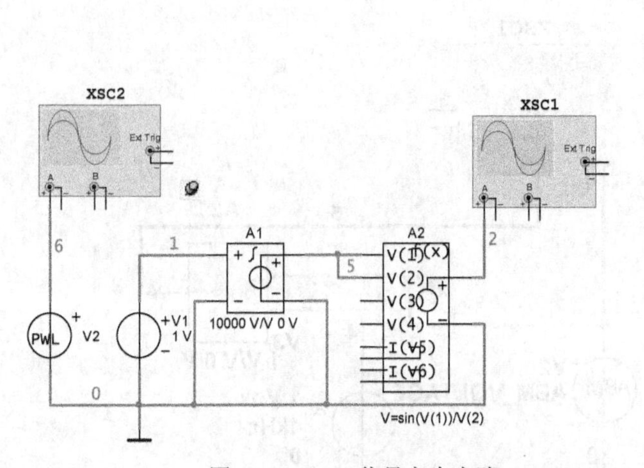

图 14.6　Sa(*t*) 信号产生电路

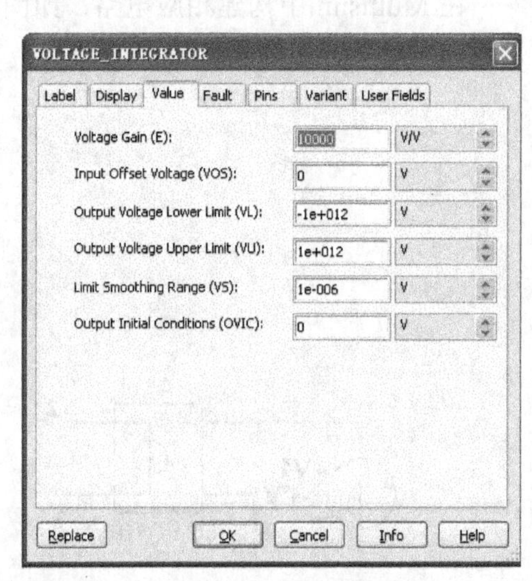

图 14.7　积分器的设置

非线性相关函数模块的设置如图 14.8 所示，产生的 Sa(*t*) 信号波形如图 14.9 所示。

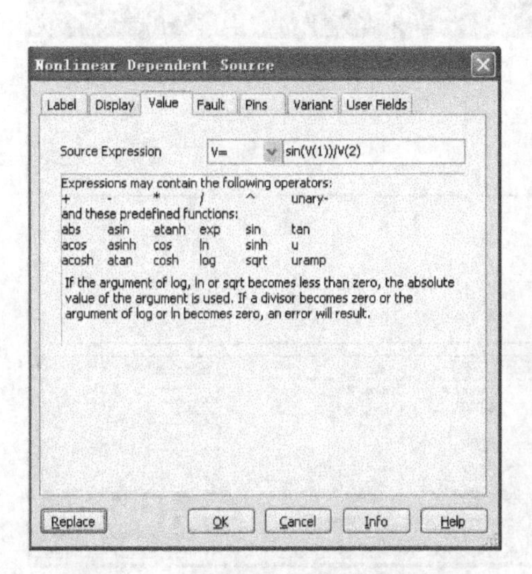

图 14.8　非线性相关函数模块的设置

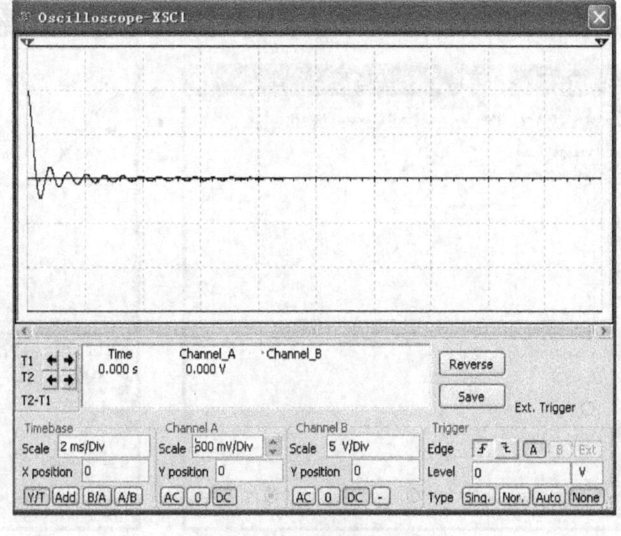

图 14.9　Sa(t) 信号波形

14.1.4　钟形信号（高斯函数）

钟形信号（或称高斯函数）的定义是

$$f(t) = E\mathrm{e}^{-\left(\frac{t}{\tau}\right)^2} \tag{14-5}$$

在 Multisim 中构建相应电路，如图 14.10 所示，其中，积分器的设置如图 14.11 所示。

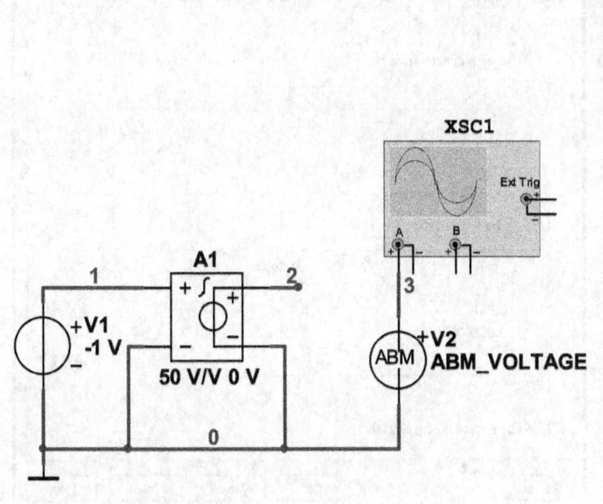

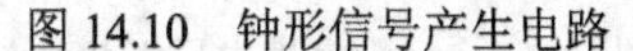
图 14.10　钟形信号产生电路

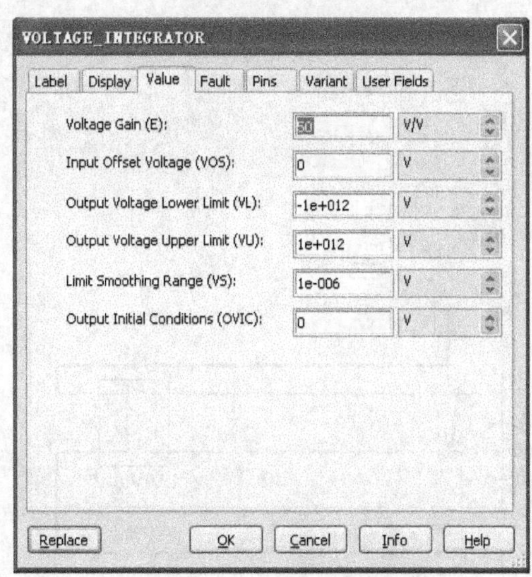

图 14.11　积分器的设置

ABM 函数模块的设置如图 14.12 所示，产生的钟形信号（或称高斯函数）信号波形如图 14.13 所示。

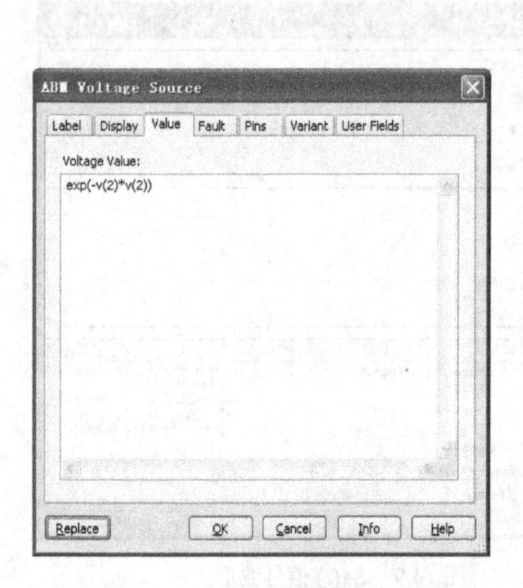

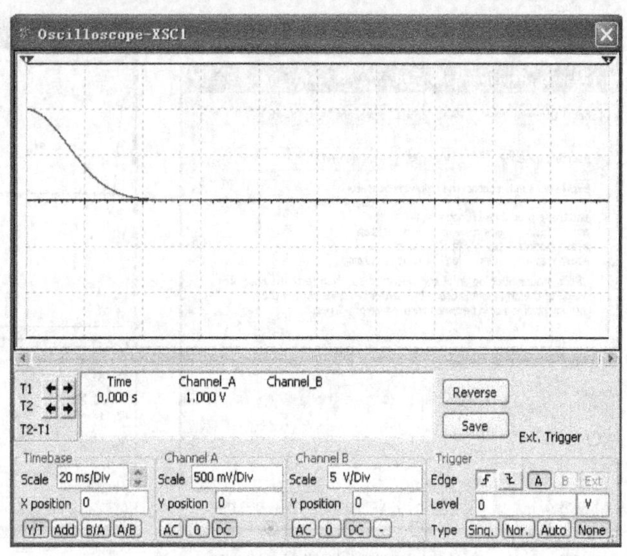

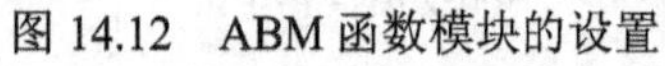
图 14.12　ABM 函数模块的设置

图 14.13　钟形信号（或称高斯函数）波形

14.1.5　阶跃信号与冲激信号

在通信系统的分析中，阶跃信号与冲激信号是两种最重要的理想信号模型。其在 Multisim 中构建电路，如图 14.14 所示，其中，分段线性电压源模块的设置如图 14.15 所示。

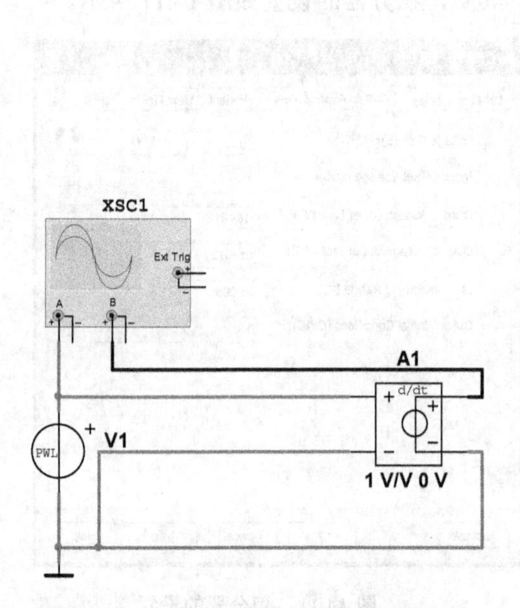

图 14.14　产生阶跃信号与冲激信号的电路

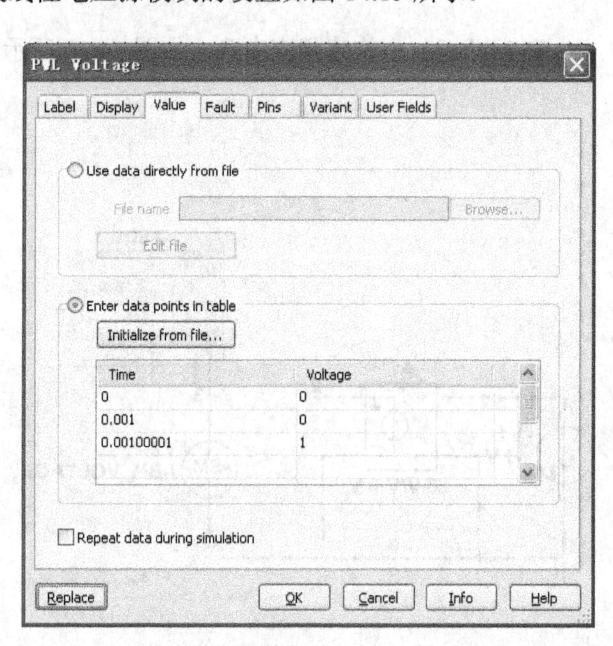

图 14.15　分段线性电压源模块的设置

产生的阶跃信号与冲激信号波形如图 14.16 所示。

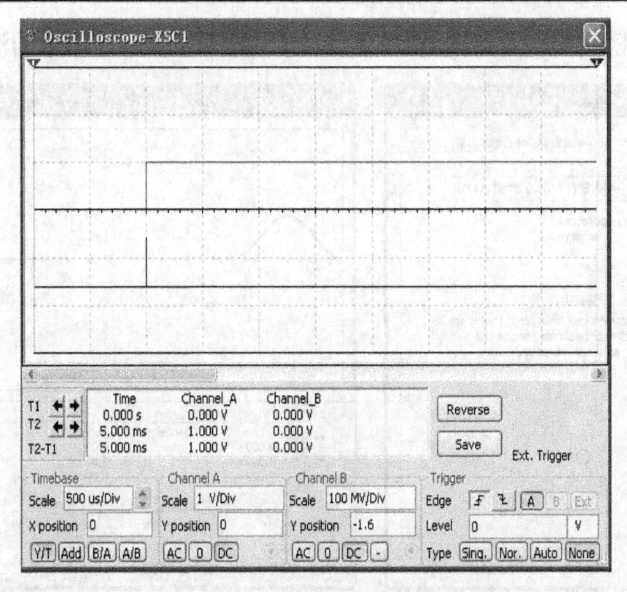

图 14.16　阶跃信号与冲激信号波形

14.1.6　升余弦脉冲信号

升余弦脉冲信号的数学表示式为

$$f=\begin{cases}\dfrac{1}{2}\left(1+\cos\dfrac{2\pi}{\tau}t\right) & |t|\leqslant\dfrac{\tau}{2}\\ 0 & 其他t\end{cases}\tag{14-6}$$

其在 Multisim 中的构建电路如图 14.17 所示。其中，分段线性电压源模块的设置如图 14.18 所示。

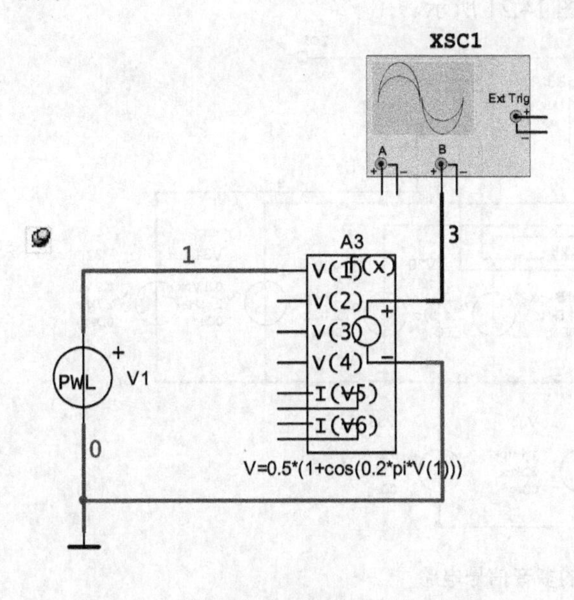

图 14.17　产生阶升余弦脉冲跃信号的电路

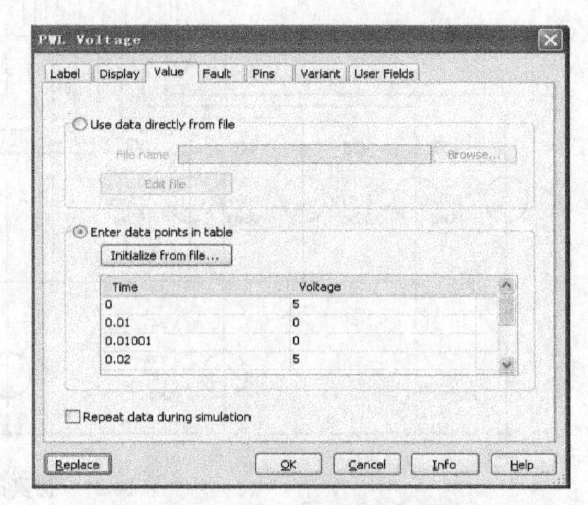

图 14.18　分段线性电压源模块的设置

非线性相关函数模块的设置如图 14.19 所示，产生的升余弦脉冲信号的波形如图 14.20 所示。

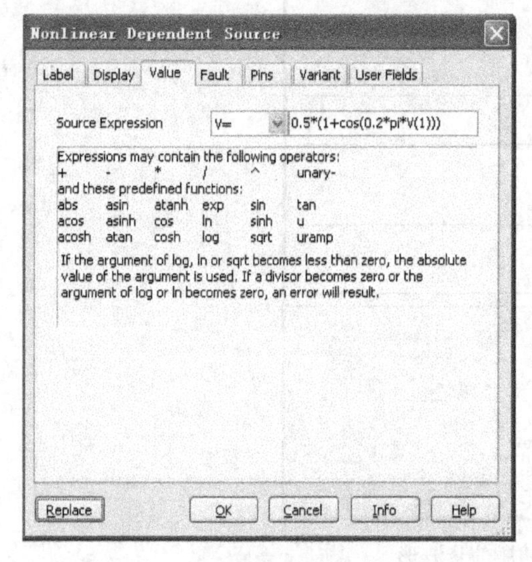

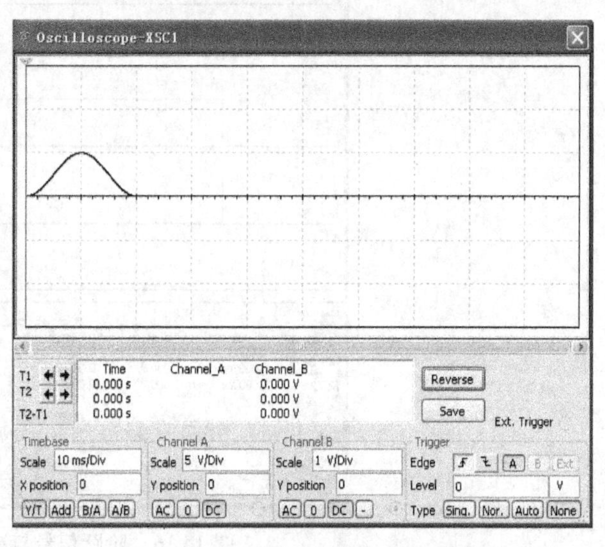

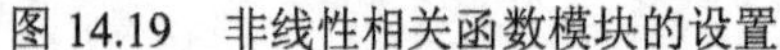

图 14.19 非线性相关函数模块的设置　　　　图 14.20 升余弦脉冲信号的波形

14.2 数字通信原理中一些基本电路的仿真及分析

14.2.1 多音单边带信号的仿真分析

单边带信号是通信中常用的一种调制方式，而由于实验条件等因素的限制，国内绝大多数教材在讲单边带信号时，都只举了单音调制时的情况，而对多音调制的单边带信号的时域波形鲜有介绍。下面我们就在 NI Multisim 12 的仿真环境中对多音调制的单边带信号进行介绍。

首先构建一个仿真的多音信号，其电路如图 14.21 所示。

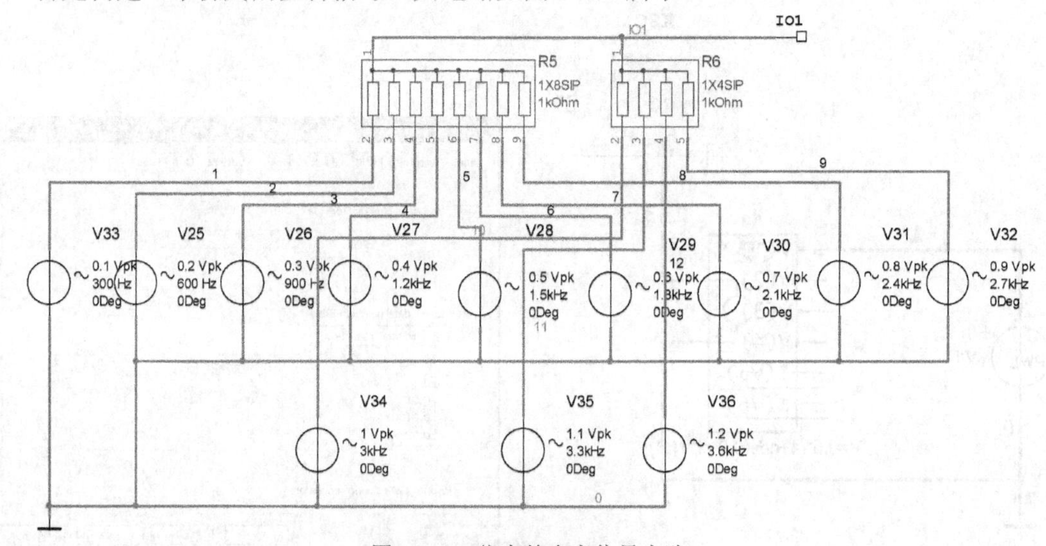

图 14.21 仿真的多音信号电路

其时域波形如图 14.22 所示，其频谱如图 14.23 所示。

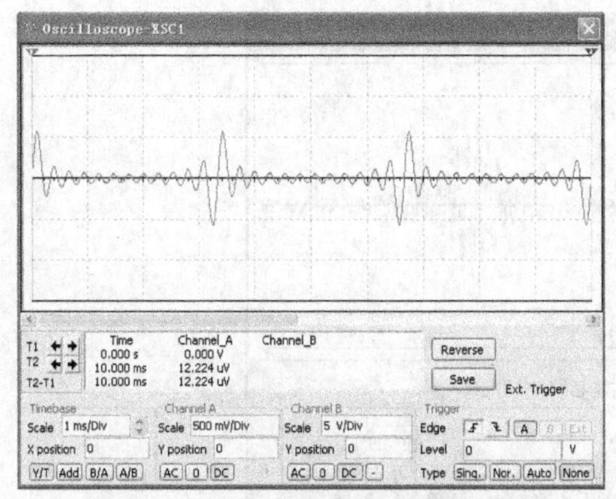

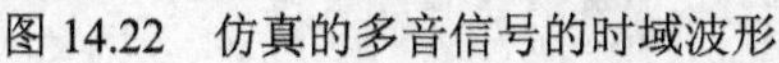
图 14.22　仿真的多音信号的时域波形

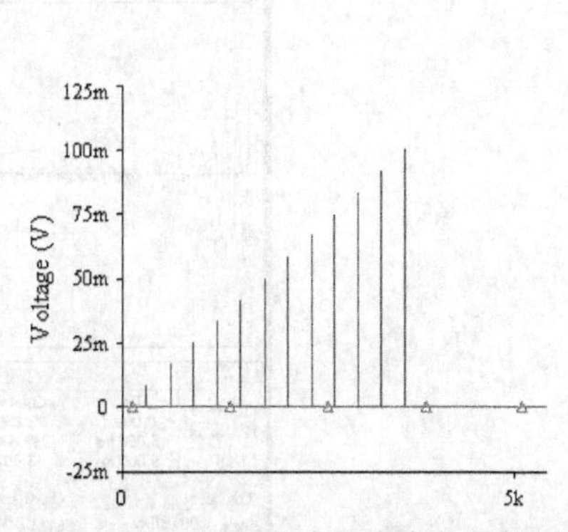

图 14.23　仿真的多音信号的频谱

同理，构建一个相差 90° 的仿真的多音信号，其电路如图 14.24 所示。构建的单边带信号电路如图 14.25 所示，其时域波形如图 14.26 所示，其频谱如图 14.27 所示。

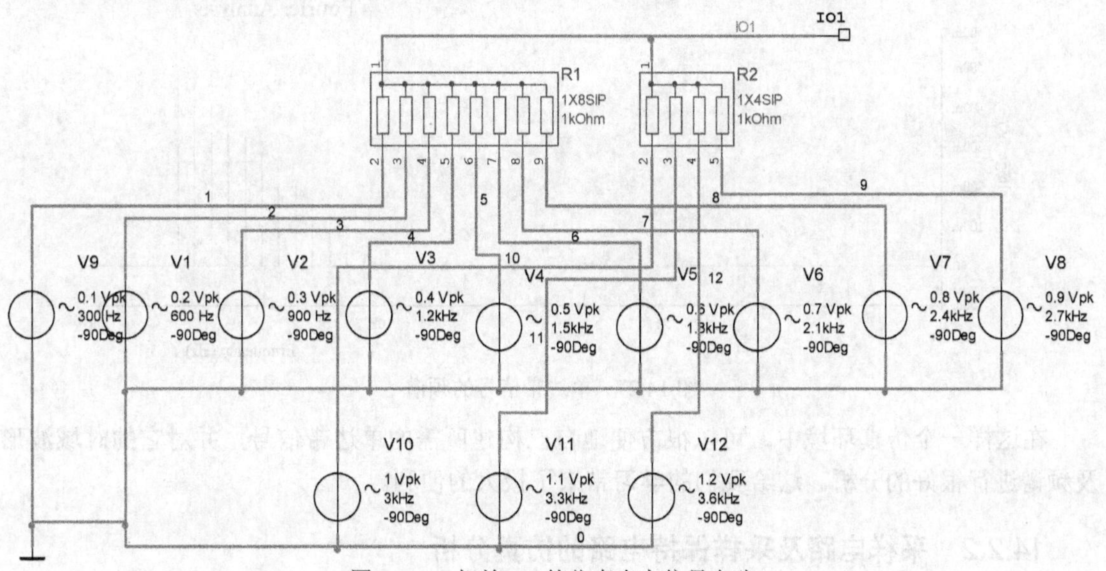

图 14.24　相差 90° 的仿真多音信号电路

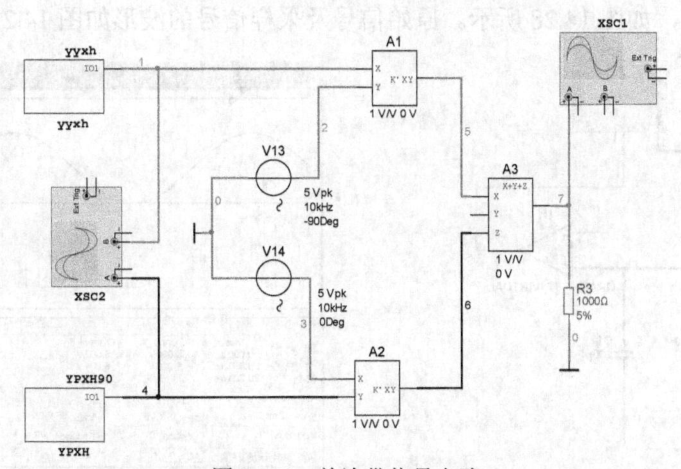

图 14.25　单边带信号电路

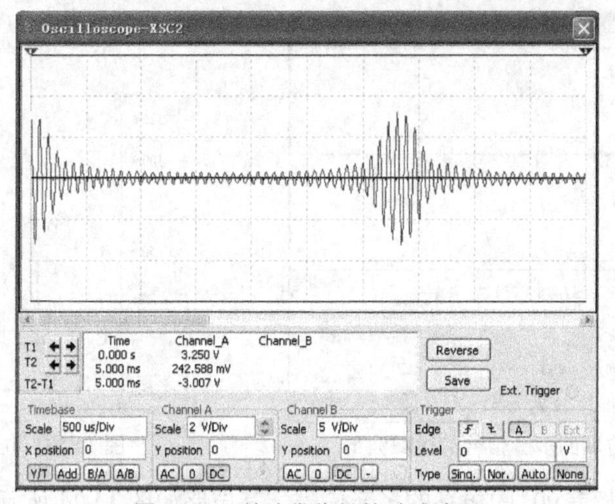

图 14.26　单边带信号的时域波形

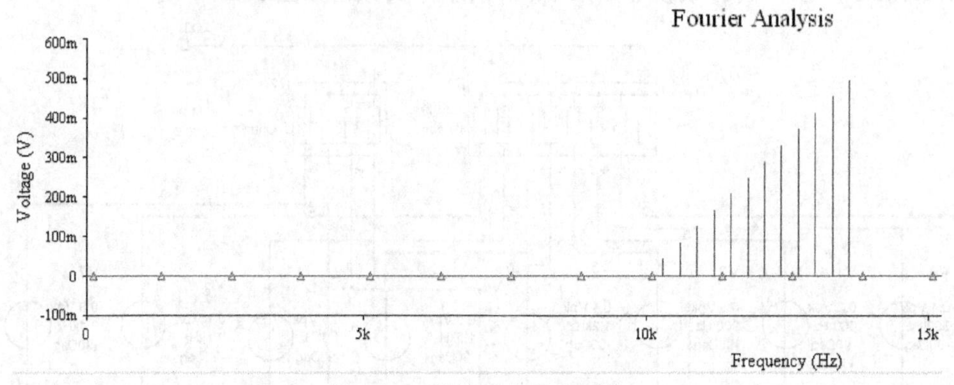

图 14.27　单边带信号的频谱

在这样一个仿真环境中，可以很方便地自己构建所需的单边带信号，并对它的时域波形及频谱进行很好的分析。这给我们的学习带来了极大的便利。

14.2.2　采样电路及采样保持电路的仿真分析

构建采样电路，如图 14.28 所示。原始信号及采样信号的波形如图 14.29 所示。

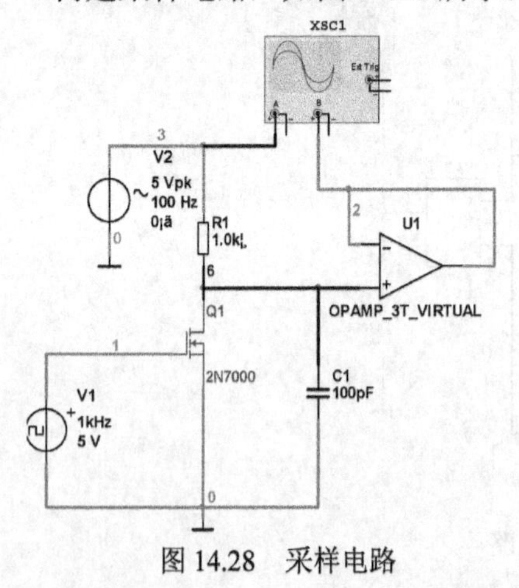

图 14.28　采样电路

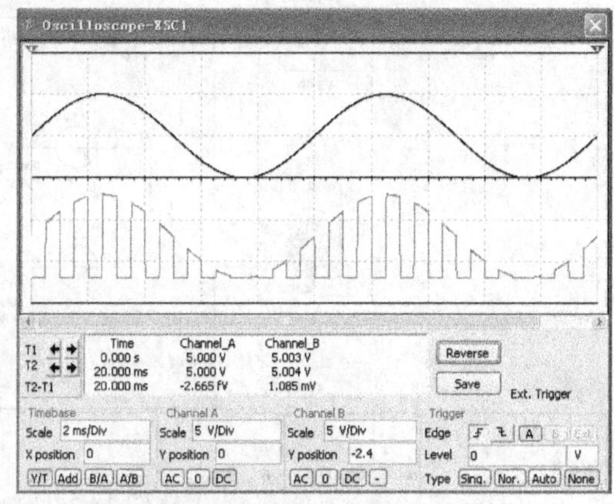

图 14.29　原始信号及采样信号的波形

构建采样保持电路，如图 14.30 所示。原始信号及采样信号的波形如图 14.31 所示。

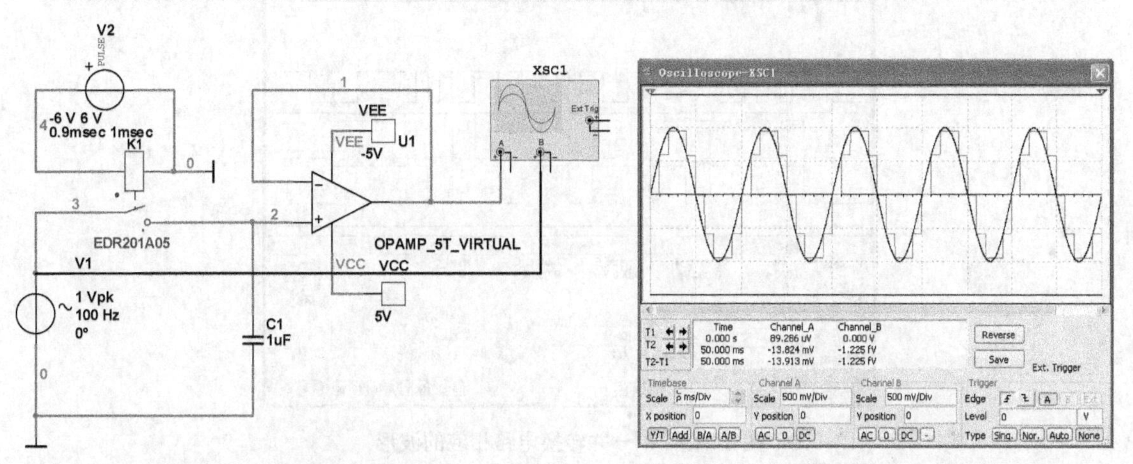

图 14.30　采样保持电路

图 14.31　原始信号及采样信号的波形

14.2.3　串—并、并—串变换电路的仿真分析

串—并转换电路的设计如图 14.32 所示。其对应的波形如图 14.33 所示。

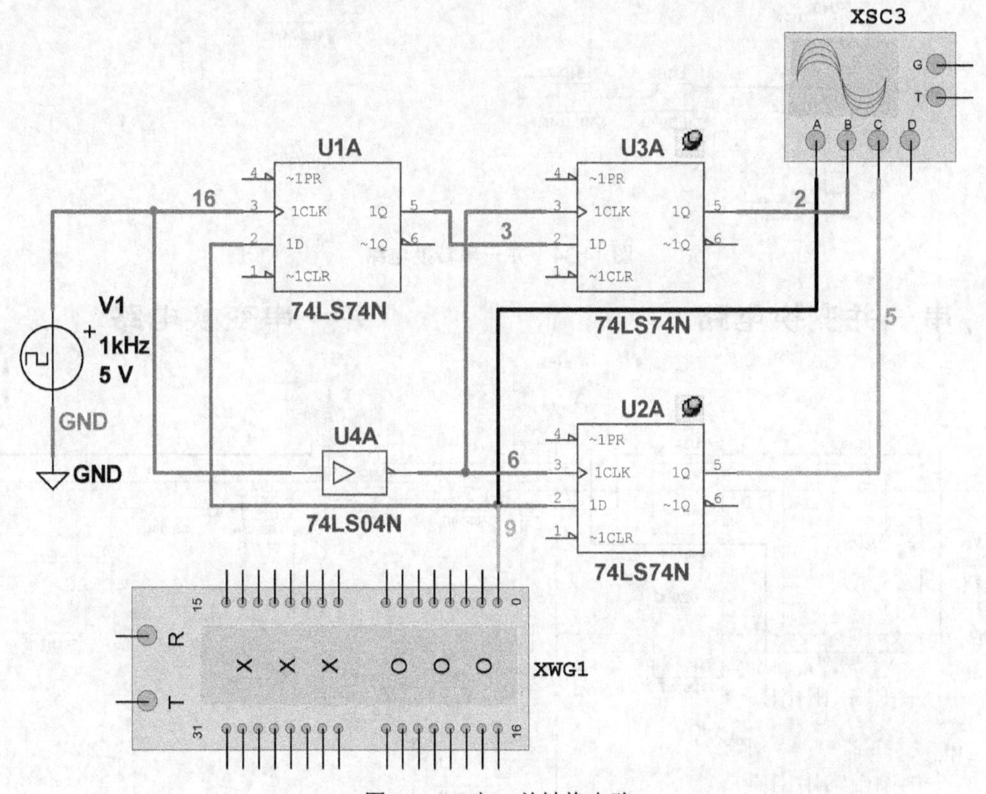

图 14.32　串—并转换电路

并—串转换电路的设计如图 14.34 所示。串—并、并—串连接转换电路如图 14.35 所示。

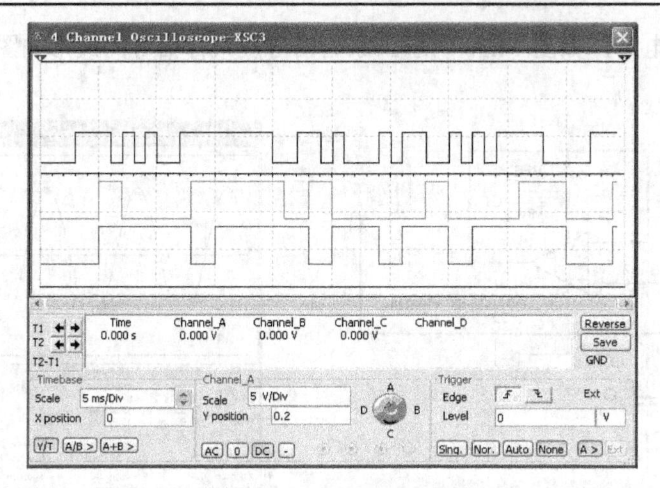

图 14.33　串一并转换电路相应的波形

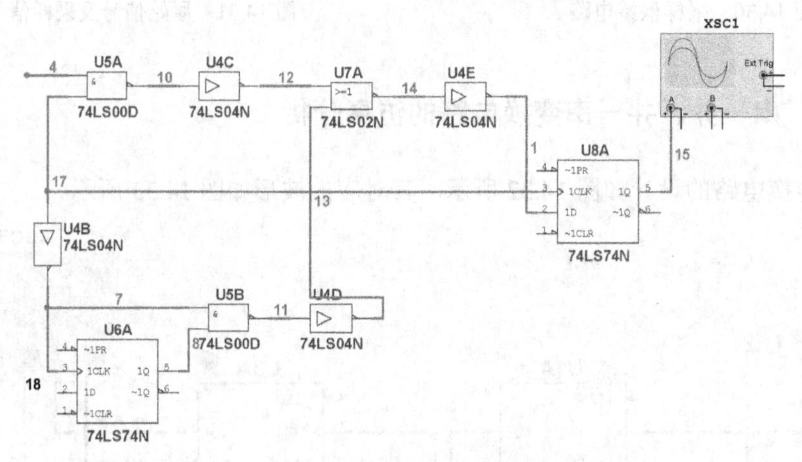

图 14.34　并一串转换电路

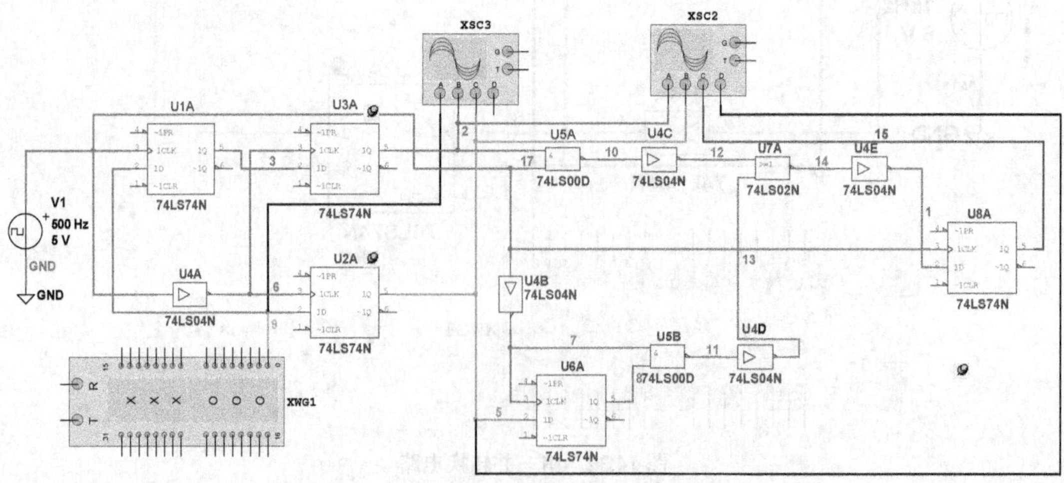

图 14.35　串一并、并一串连接转换电路

其对应的波形如图 14.36 所示。

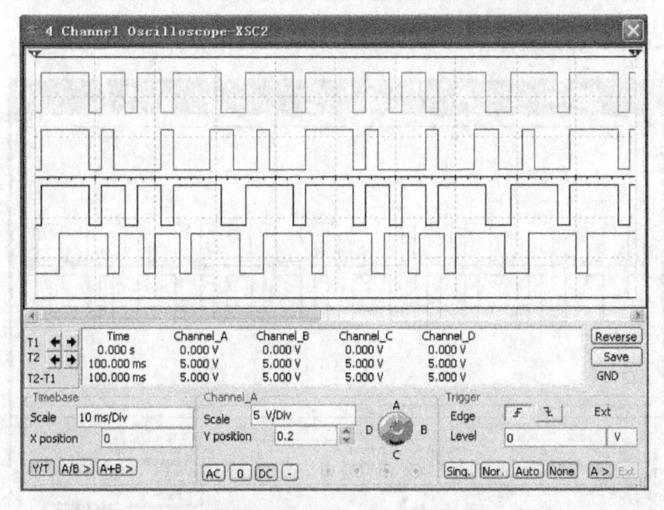

图 14.36 串—并、并—串波形

14.2.4 绝对码变换为相对码电路的仿真分析

绝对码是以基带信号码元的电平直接表示数字信息的；相对码元是用基带信号码元的电平相对前一码元的电平有无变化来表示数字信息的。

绝对码变换为相对码的电路是数字相位调制中一个很重要的概念。

下面我们就在 NI Multisim 12 仿真环境中对绝对码变换为相对码电路做一个分析介绍。绝对码变换为相对码的原理框图如图 14.37 所示。绝对码变换为相对码的电路如图 14.38 所示。

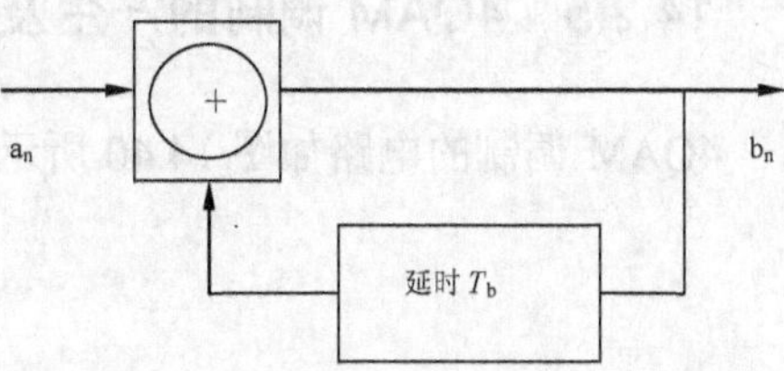

图 14.37 绝对码变换为相对码的原理框图

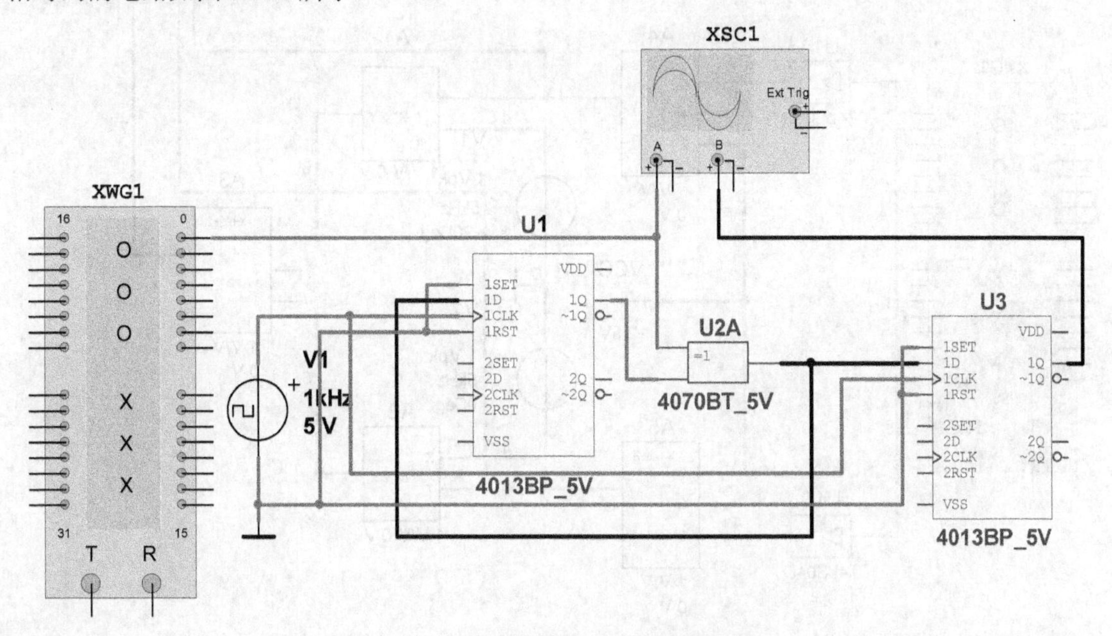

图 14.38 绝对码变换为相对码的电路

其相应的波形如图 14.39 所示。

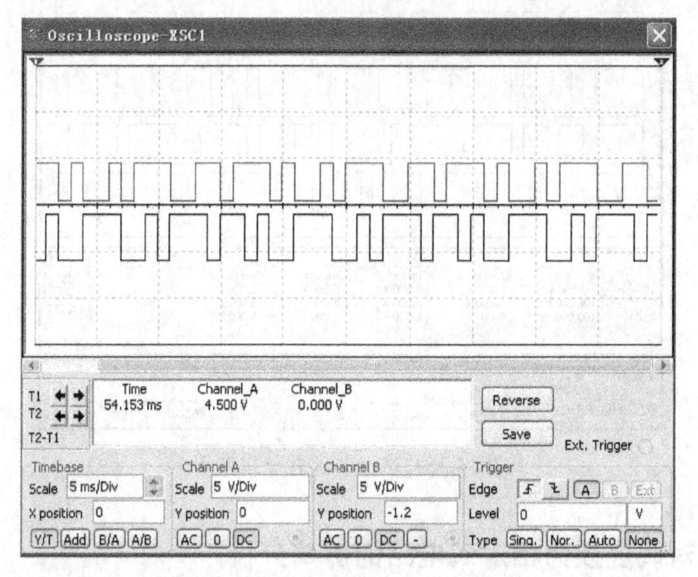

图 14.39 绝对码变换为相对码的波形

14.2.5 4QAM 调制的产生及仿真分析

4QAM 调制的电路如图 14.40 所示。4QAM 调制电路的波形如图 14.41 所示。

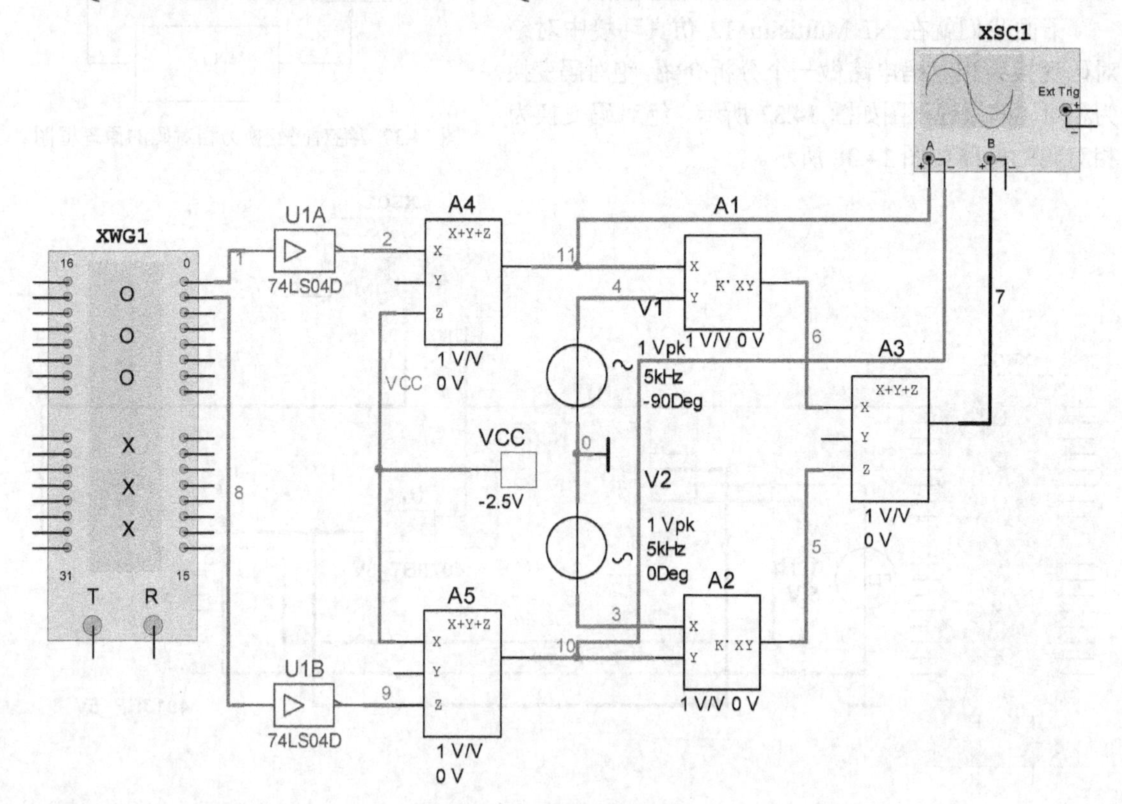

图 14.40 4QAM 调制电路

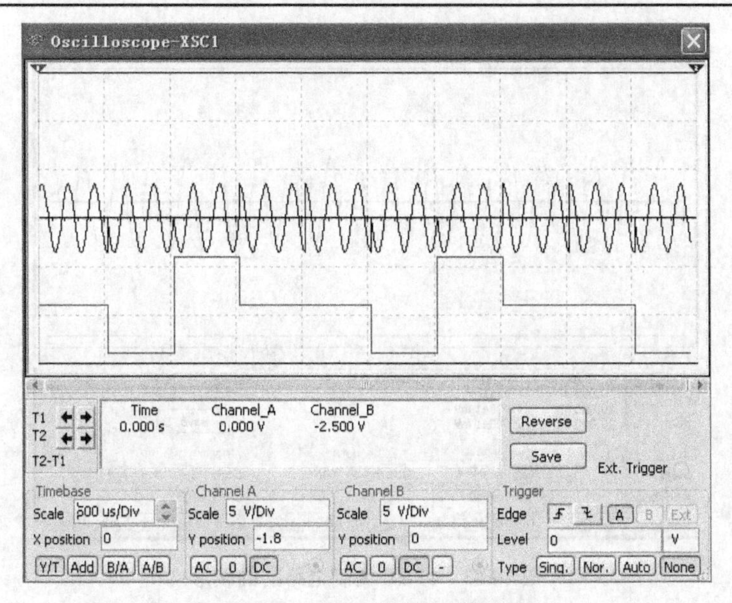

图 14.41　4QAM 调制电路的波形

14.2.6　8PSK 调制的产生及仿真分析

8PSK 调制电路的如图 14.42 所示。8PSK 调制电路的波形如图 14.43 所示。

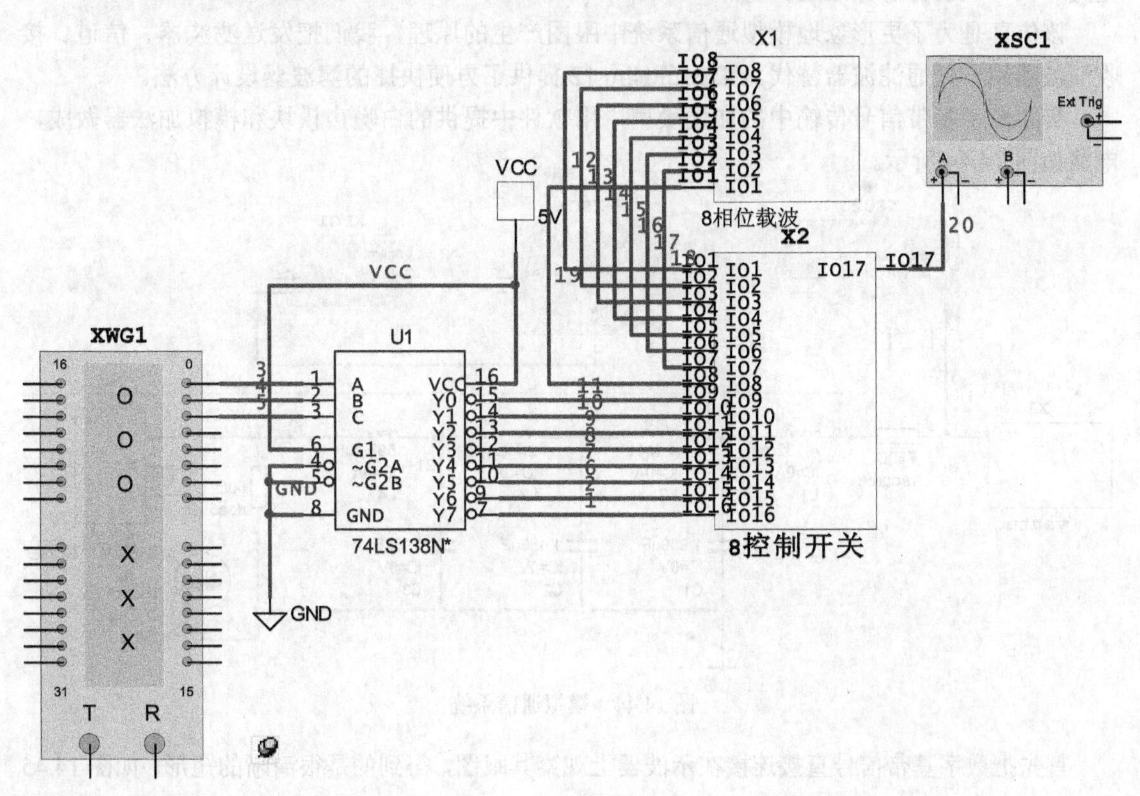

图 14.42　8PSK 调制电路

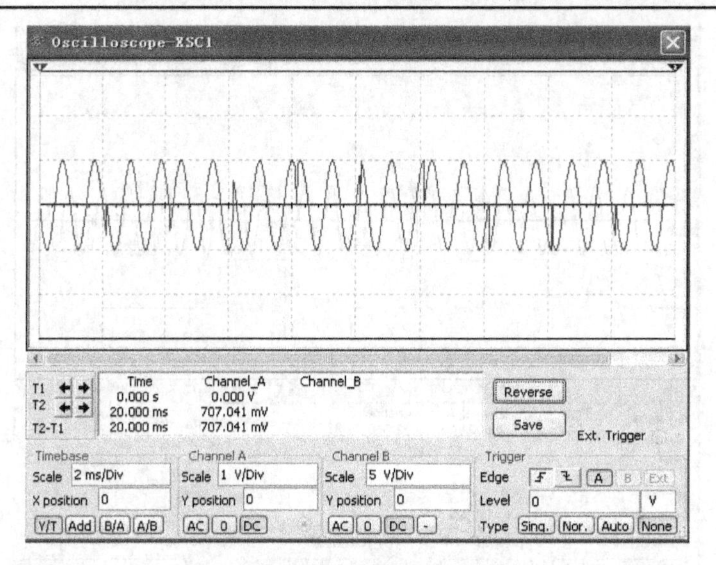

图 14.43 8PSK 调制电路的的波形

14.2.7 眼图的产生及仿真分析

实际的数字基带传输系统是由码型交换器、发送滤波器、信道、接收滤波器、同步提取电路、抽样判决等部分组成。

该仿真是为了更形象地模拟通信系统中眼图产生的原理，我们把发送滤波器、信道、接收滤波器用一低通滤波器替代。NI Multisim 12 提供了方便快捷的滤波器设计方法。

实际数字基带信号传输中的加性噪声，用软件中提供的白噪声模块和模拟加法器做成，电路如图 14.44 所示。

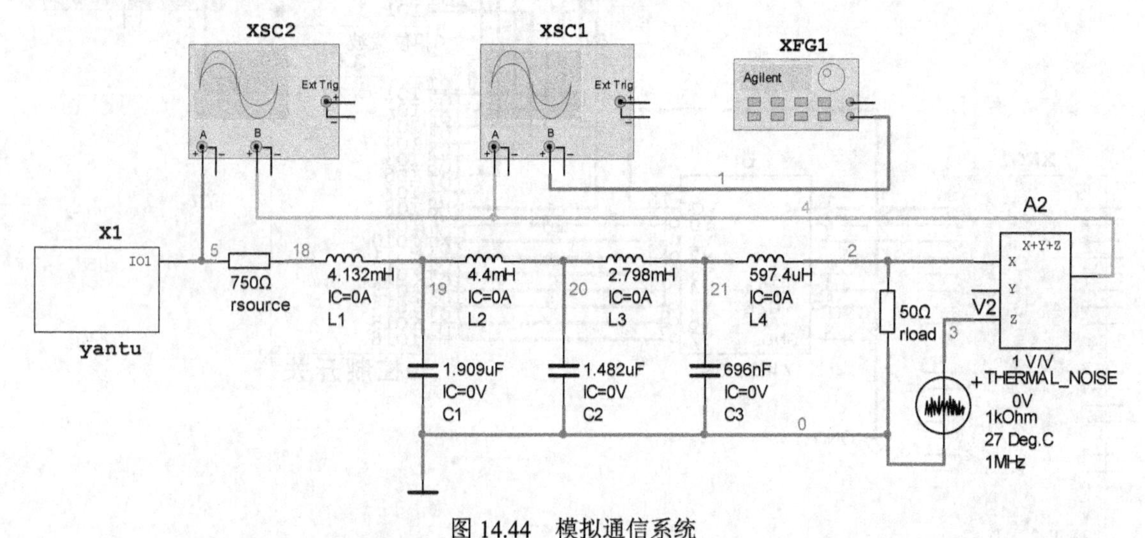

图 14.44 模拟通信系统

首先把数字基带信号直接连接在示波器上观察其眼图，得到的是很清晰的矩形，如图 14.45 所示。

输出数字基带信号经过带宽为 1.5 kHz 的低通滤波器，加上白噪声。输入输出波形如图 14.46 所示，从 XSC1 示波器中很容易发现输出波形发生了严重的畸变和时延。其眼图如图 14.47 所示，“眼睛”很小，而且轮廓杂乱无章，很难从眼图中得到最佳判决电平和最佳抽样时刻。由此可知通信系统的性能很差，需要得到进一步改善。

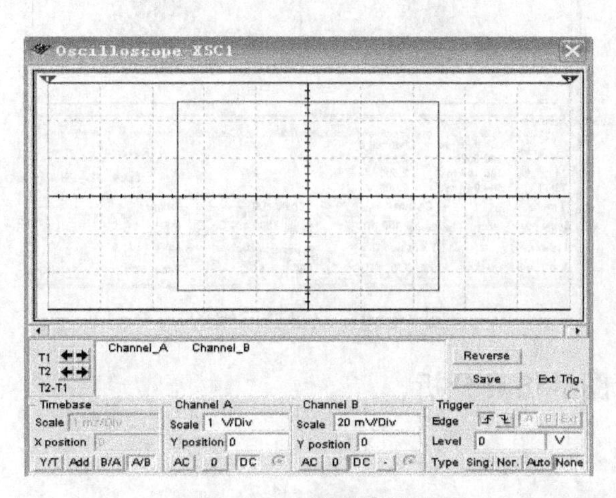

图 14.45　清晰的眼图

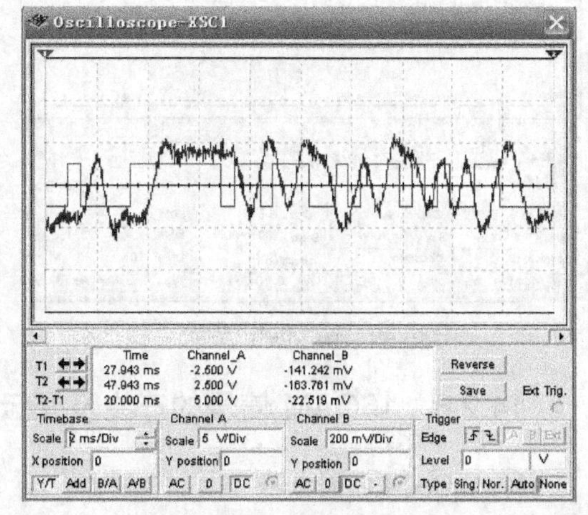

图 14.46　输入输出波形

眼图产生的扫描原理如图 14.48 所示，用函数发生器输出的三角波扫描 X 轴，输出信号的幅度为 Y 轴的值。三角波信号从负幅值到正幅值（或者从正幅值到负幅值）所扫过的时间长度恰好为一个码元周期。

下面我们改用带宽为 30 kHz 的低通滤波器，其他条件均不变，重复上述步骤。输入输出波形如图 14.49 所示。通过示波器波形的比较，我们不难发现输出信号波形较图 14.45 得到了很好的改善，系统的通信性能改观了。我们再来看其眼图，如图 14.50 所示：“眼睛”明显睁大了许多。但通信系统的时延和白噪声始终存在，眼图的轮廓依然比较模糊，且出现了多“眼皮”的现象。

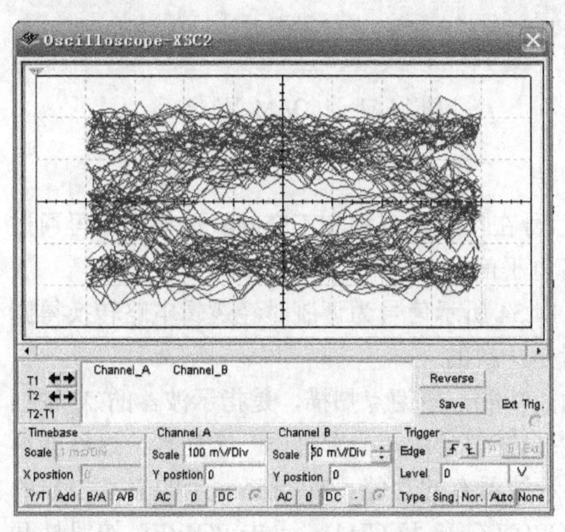

图 14.47　很小杂乱无章的眼图

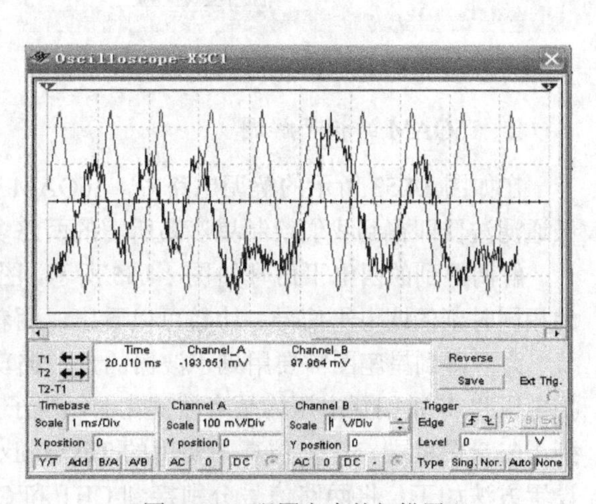

图 14.48　眼图产生的扫描原理

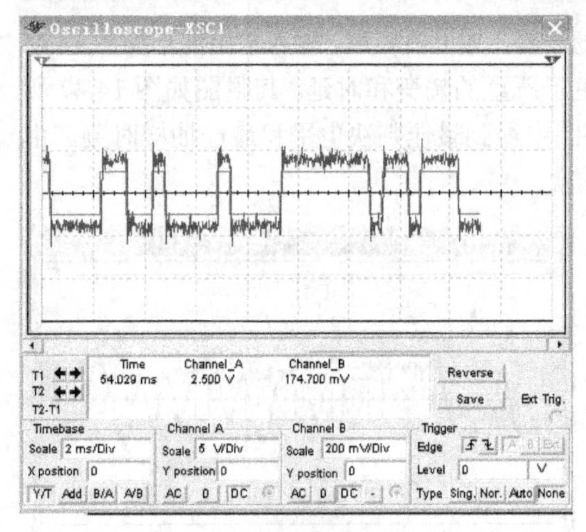

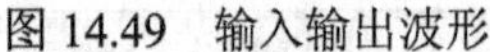
图 14.49 输入输出波形

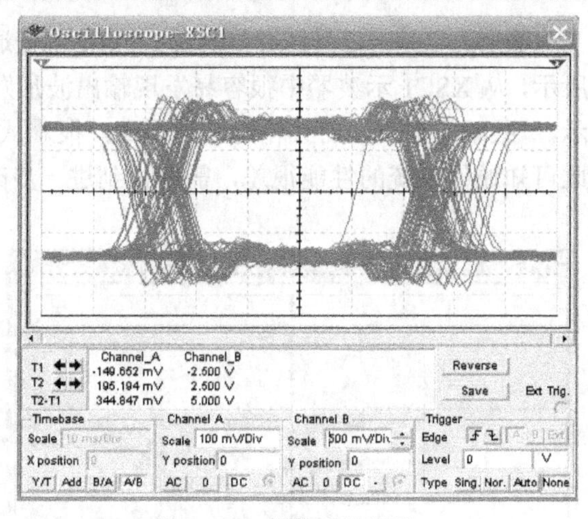

图 14.50 改善后的眼图

14.2.8 16QAM 信号的产生及星云图的仿真分析

1. 16QAM 调制电路

如图 14.51 所示，经逻辑电路转换得到的四电平同相信号和正交信号，分别与频率为 10 kHz 的正弦载波和余弦载波相乘然后再相加，得到 16QAM 信号，如图 14.52 所示。

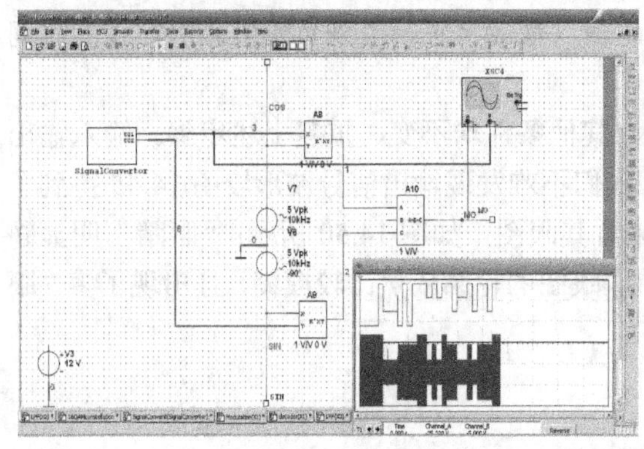

图 14.51 16QAM 调制电路

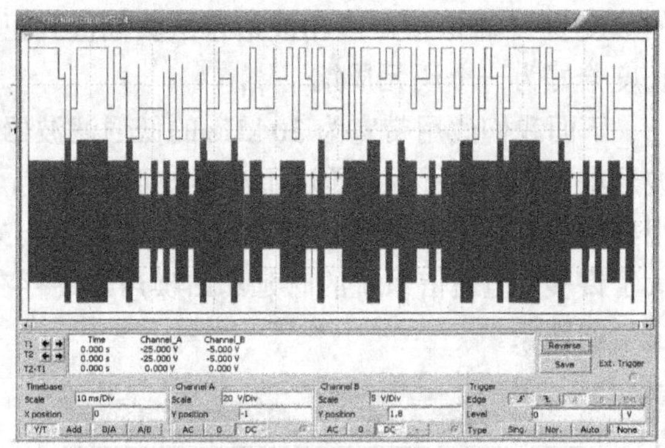

图 14.52 16QAM 调制波形

2. 16QAM 的相干解调

在如图 14.53 所示的解调电路中，16QAM 信号在接收端分别和正交的载波相乘，再通过低通滤波器即得到我们绘制星座图所需的两路多电平信号。

解调得到的四电平信号如图 14.55 所示，图 14.54 所示信号为调制时经逻辑电路转换得到的相同时刻的四电平信号。比较可以看出，两者是一致的。

为了得到星座图需要用到示波器的点扫描功能功能。所谓点扫描，是指示波器的 *X* 轴扫描电压和 *Y* 轴偏置电压均是离散变化的，电子束只在信号所在位置打出一个光点，这样就得到了矢量图的端点。本仿真中实用的 Tektronix 示波器有此功能。Tektronix 示波器点扫描的设置方法如下：将两路信号分别接到 CH1 和 CH2(或 CH3 和 CH4)；单击 POWER 按钮打开示波器；单击示波器上方 DISPLAY 按钮，打开 DISPLAY 菜单（显示于显示器右侧）；选择扫描方式（TYPE）为 DOT，选择扫描模式（FORMAT）为 XY；调节 CH1 和 CH2 的 VOLTS/DIV 至合适的大小。

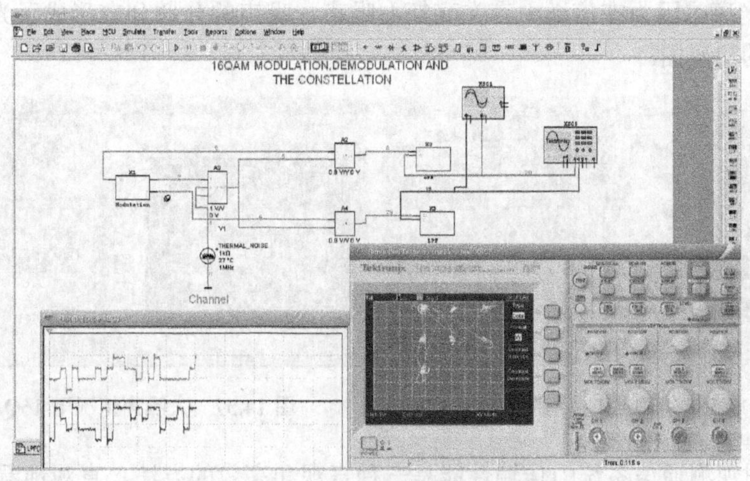

图 14.53　16QAM 调制解调电路

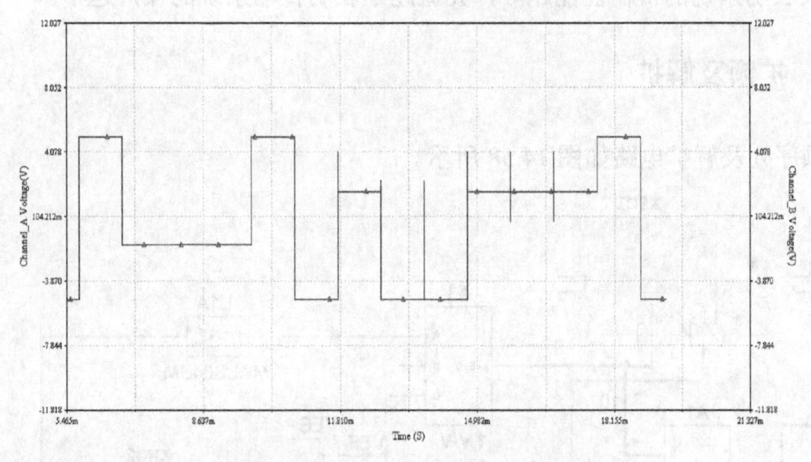

图 14.54　16QAM 调制信号波形

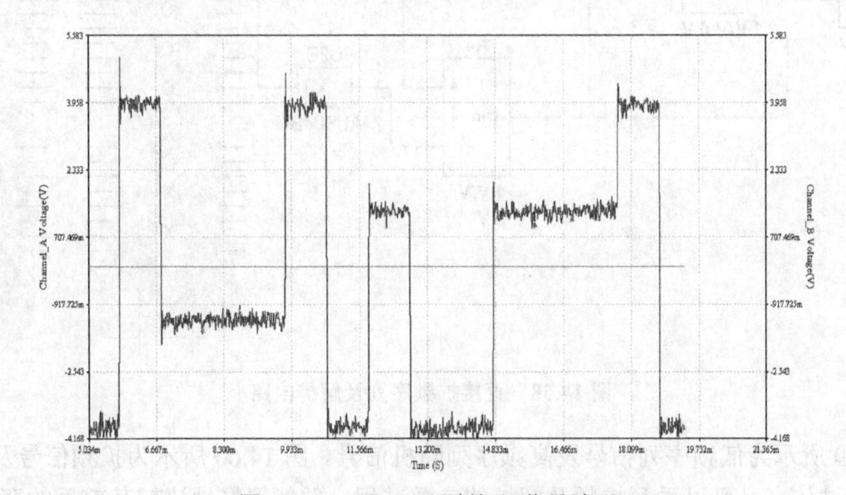

图 14.55　16QAM 调制解调信号波形

经过一段时间扫描，显示的星座图如图 14.56 所示。

从图 14.56 中可以看到显示出来的是一个一个的光斑，实际信号的星座图应该是一个光点，之所以是光斑是因为在信道中存在高斯白噪声，噪声的分散分布形成了光斑。图 14.57 是加大噪声时的星座图。

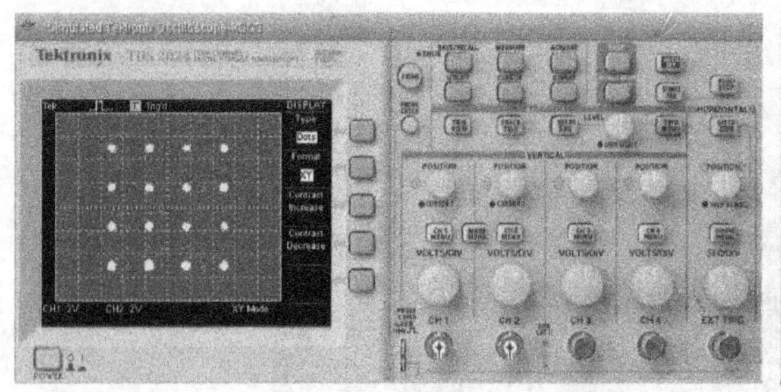

图 14.56 16QAM 星座图

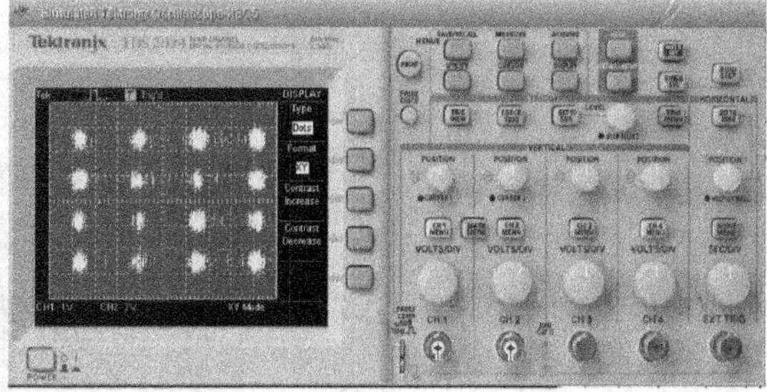

图 14.57 大噪声情况下 16QAM 星座图

利用星座图观测通信系统的传输性能是一种直观和高效的方法。直观地看，各个光斑之间的距离越大表明系统的传输性能越好，光斑越小表明传输系统的噪声越小。

14.2.9 扩频及解扩

直接扩频序列及解扩电路如图 14.58 所示。

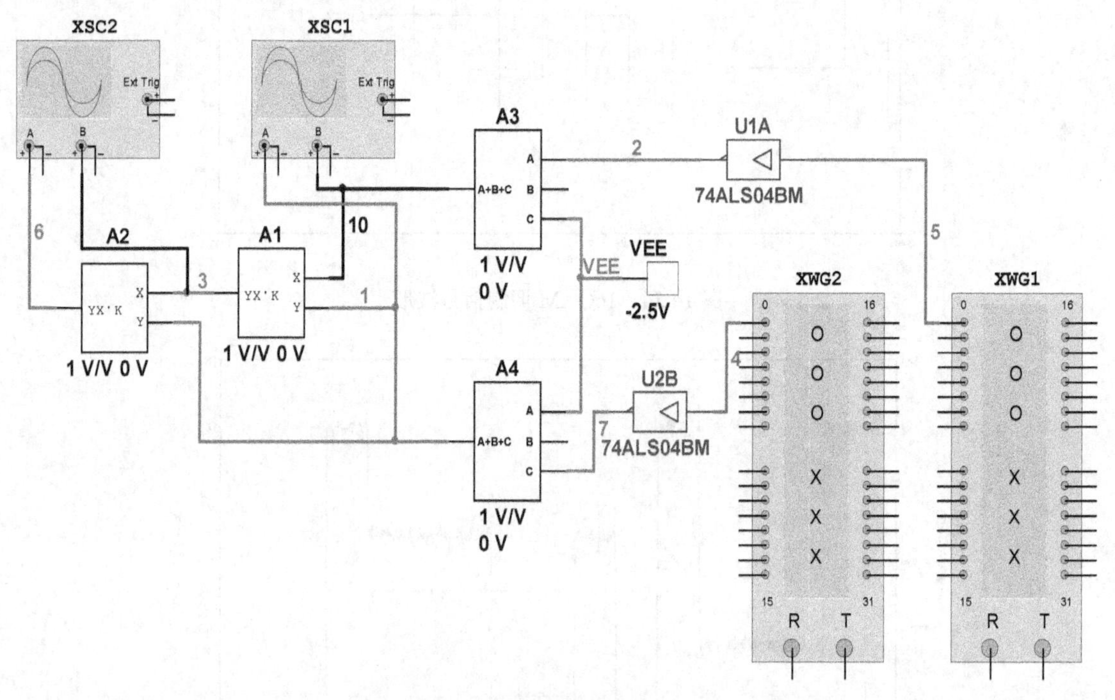

图 14.58 直接扩频序列及解扩电路

图 14.59 所示为低频序列信号及高频序列随机信号。图 14.60 所示为扩频信号及解扩的低频信号。通过仿真，可以看到扩频及解扩的完整过程，并能很好地比较其前后的变化。

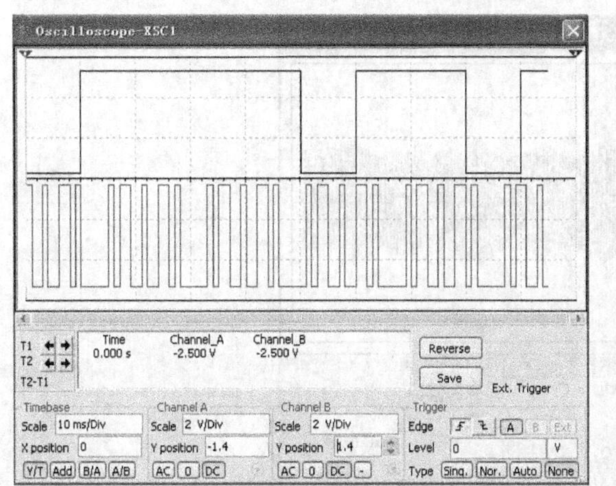

图 14.59　低频序列信号及高频序列随机信号

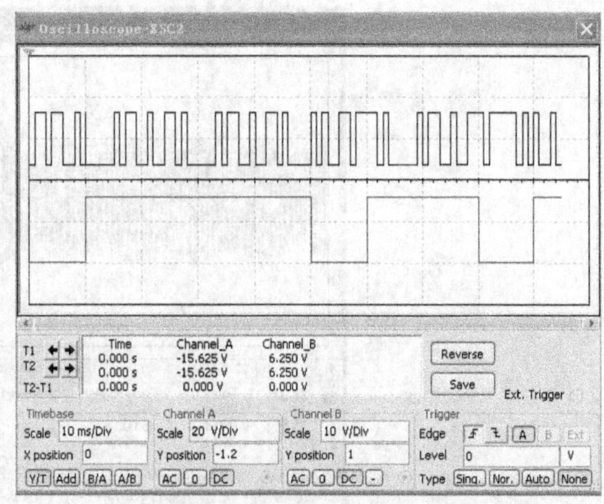

图 14.60　扩频信号及解扩的低频信号

14.2.10　CDMA 调制及解调的仿真分析

CDMA 调制及解调电路如图 14.61 所示，模拟的低频调制信号如图 14.62 所示，正交调制信号如图 14.63 所示。输出合成的信号如图 14.64 所示，输出合成信号的频谱如图 14.65 所示。

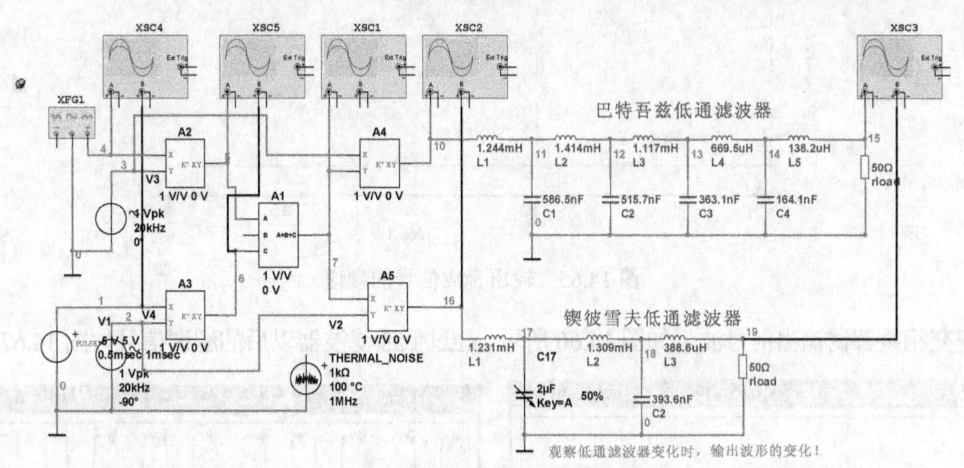

图 14.61　CDMA 调制及解调电路

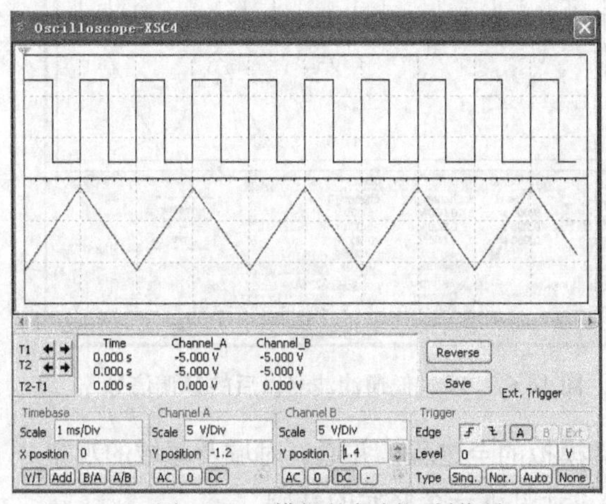

图 14.62　模拟的低频调制信号

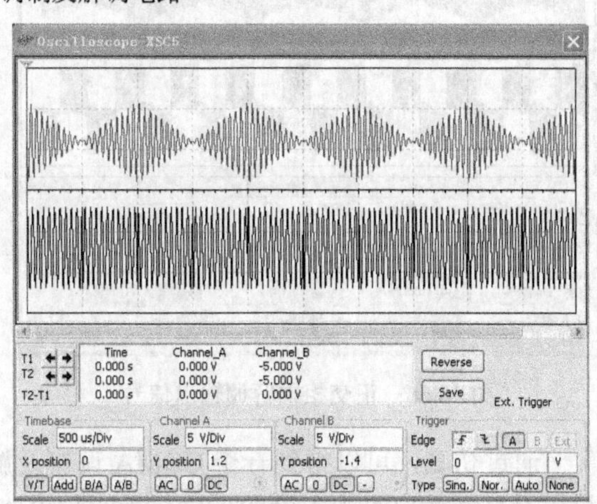

图 14.63　正交调制信号

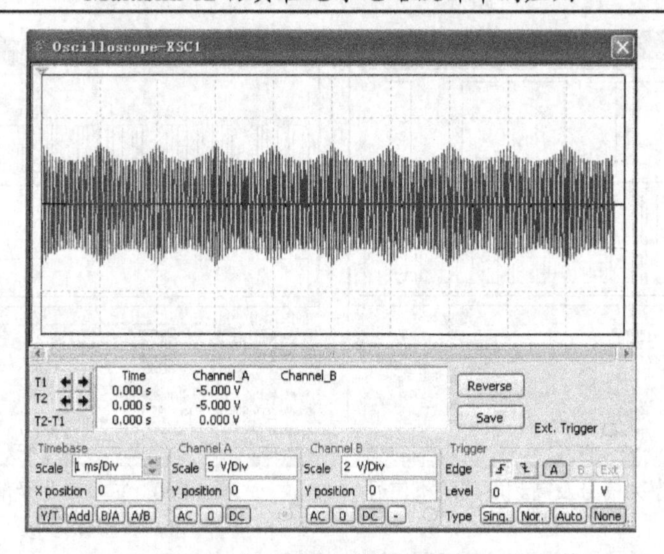

图 14.64 输出合成的信号

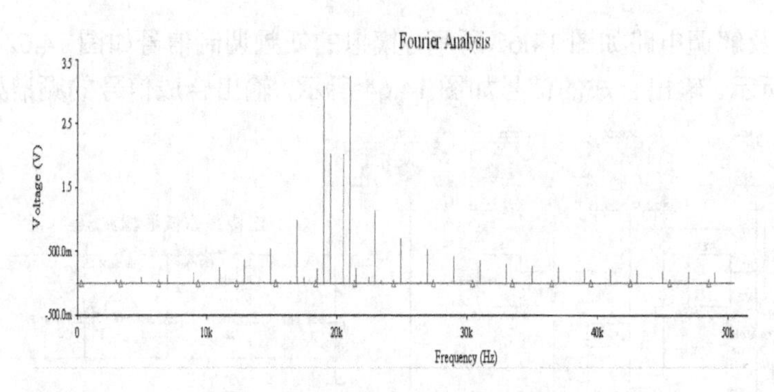

图 14.65 输出合成信号的频谱

正交相乘解调输出信号波形如图 14.66 所示。经过低通滤波器以后的解调信号如图 14.67 所示。

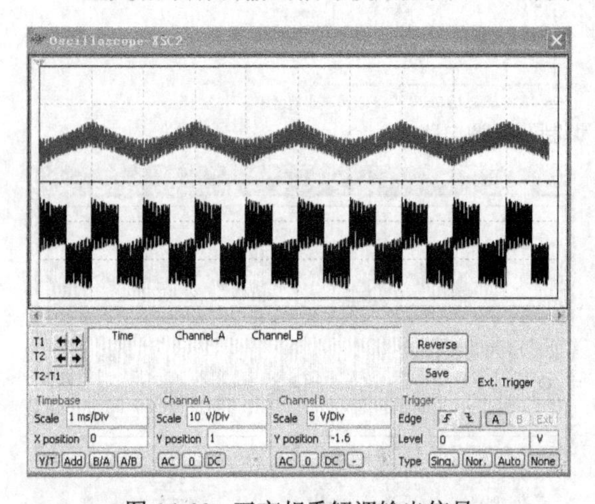

图 14.66 正交相乘解调输出信号

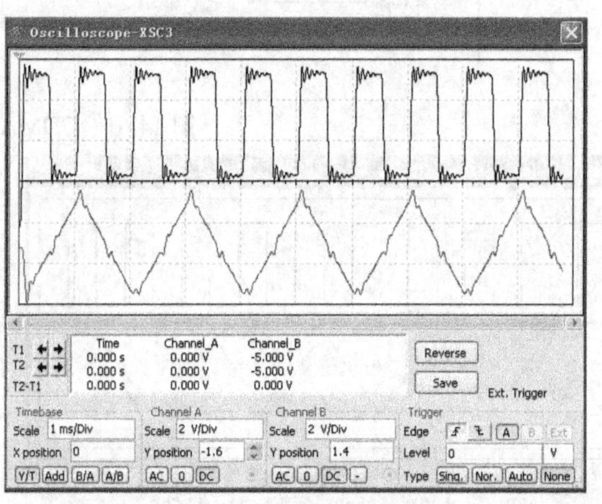

图 14.67 经过低通滤波器以后的解调信号

通过仿真，可以得到一个 CDMA 调制及解调模拟的全过程，并通过时域及频域的观察分析，对系统做出直观正确的评估，为实际电路的设计打下一个坚实的基础。

第15章 Multisim 12在PLC控制系统中的应用

15.1 概 述

可编程序控制器简称PC（Programmable Controller），1969年由美国数字设备公司（DEC）研制完成，并成功应用在美国通用汽车公司（GM）的生产线上。在当时只能进行逻辑运算，故又称为可编程序逻辑控制器（Programmable Logic Controller，PLC）。

20世纪70年代后期，随着微电子技术和计算机技术的迅猛发展，PLC从开关量的逻辑控制扩展到数字控制及生产过程控制领域，真正成为一种电子计算机工业控制装置。

1985年，国际电工委员会（IEC）对PLC的定义如下：可编程序控制器是一种进行数字运算的电子系统，是专为在工业环境下的应用而设计的工业控制器，它采用了可以编程序的存储器，用来在其内部存储执行逻辑运算、顺序控制、定时、计数和算术运算等操作的指令，并通过数字或模拟的输入和输出，控制各种类型机械的生产过程。

可编程序控制器目前已在工业控制各个领域中得到了广泛的应用，是自动化类专业学生的重要专业课之一。由于PLC在工业自动化中的地位越来越重要，学习PLC的人也越来越多，但学习PLC大部分要以实物为基础，首先必须有PLC控制器、总线及相关的软件等，同时还必须有真实的被控对象。无论是控制器或被控对象，基本上都具有体积较大、价格昂贵、维护困难等特点，实验室一般不可能一一配备。但是，可编程序控制器的应用技术实践性又非常强，实验环节确实至关重要，只有通过实际操作，才能真正学会可编程序控制器技术。这就给自学PLC应用技术的人带来了困难。

Multisim 12版的软件允许用户对梯形图（Ladder Diagrams）进行输入和仿真。与使用二进制/数字表示法的梯形逻辑相比，这些图是基于电子器件的，这种类型的图被广泛使用于工业电机控制电路中。梯形图能够驱动输出设备或者从常规的原理图中接收数据，并且可以在相同的原理图中或者包含梯形图的独立层次化模块或子电路中嵌入指令，来决定输入状态对输出状态的影响。

NI Multisim 12中的梯形图（LAD）仿真功能，恰好解决这一难题，给自学者提供了方便。在该软件中不仅可以学习编程技术，涉及控制器或被控对象跟真实的一样，较好地解决实验这一环节。若应用于PLC实验课教学，则实验内容不仅可大大扩展，编程技巧和工程实践经验，会得到全方位提高。应该说，NI Multisim l0教育版本中的梯形图仿真功能，为PLC的实验教学提供了一条崭新的、有效的途径。

15.1.1 Multisim 12中的PLC仿真环境

1. 添加梯形图的梯级

（1）选择“Place/Ladder Rungs”，会出现光标，同时还有梯级的左右端子。

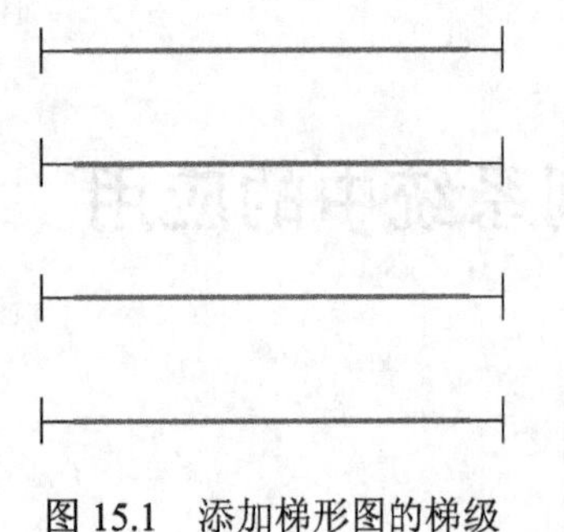

图 15.1 添加梯形图的梯级

（2）单击摆放第一个梯级，并且继续单击和摆放，直到已经如图 15.1 所示那样摆放好了 4 个梯级，单击右键停止摆放梯级。

2. 向梯级中加入元器件

（1）选择“Place/Component”，找到常开继电器触点（RELAY_CONTACT_NO），单击“OK”按钮。注意这个器件可以在“Ladder Diagrams Group-Ladder Contacts Family”中找到。

（2）直接把继电器触点放到第一个梯级上，如图 15.2 所示。

（3）重复这种方法直到所有的继电器触点都已经摆放好。X4 必须摆放好并且独立连线，如图 15.3 所示。

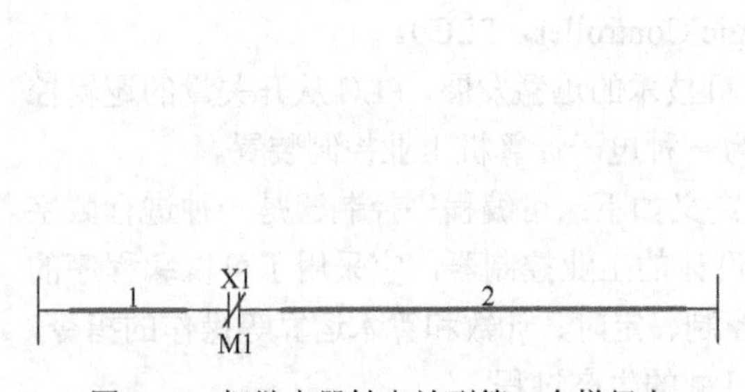

图 15.2 把继电器触点放到第一个梯级上

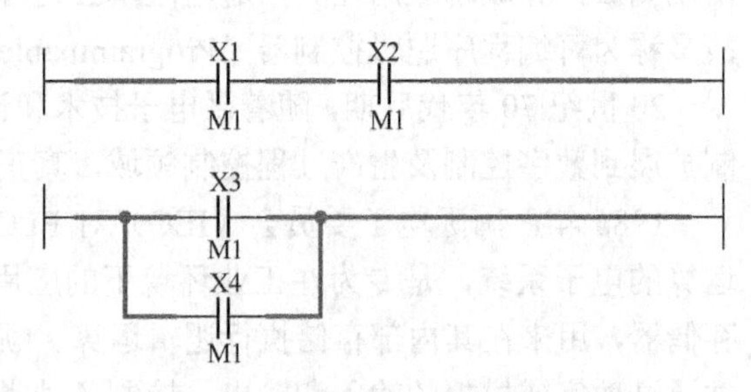

图 15.3 摆放好所有的继电器触点

（4）放置灯泡（Group-Indicators；Family-Lamp），如图 15.4 所示。

（5）在第三个和第四个梯级上放置继电器螺线管 M1 和 M2（Group-Ladder Diagrams；Family-Ladder Relay Coils），如图 15.5 所示。

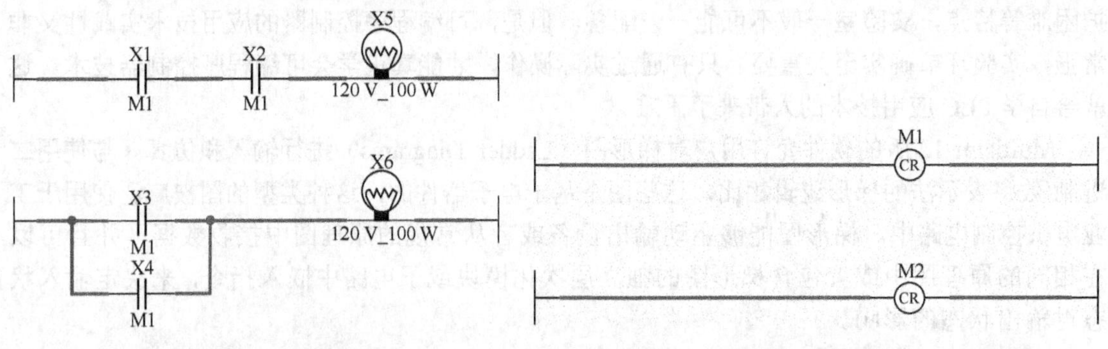

图 15.4 放置灯泡　　图 15.5 放置继电器螺线管 M1 和 M2

（6）放置开关 J1 和 J2。

（7）在每个开关上双击，选择“Value”选项卡，把 J1 的按键改为 1，并把 J2 的按键改为 2，如图 15.6 所示。

3. 更改 X2 和 X4 的控制器件参考

（1）在 X2 上双击，并单击“Value”选项卡。

（2）在 Controlling Device Reference 域中输入 M2 并单击“OK”按钮。

对 X4 重复上述步骤。完成的梯形图的外形显示如图 15.7 所示。

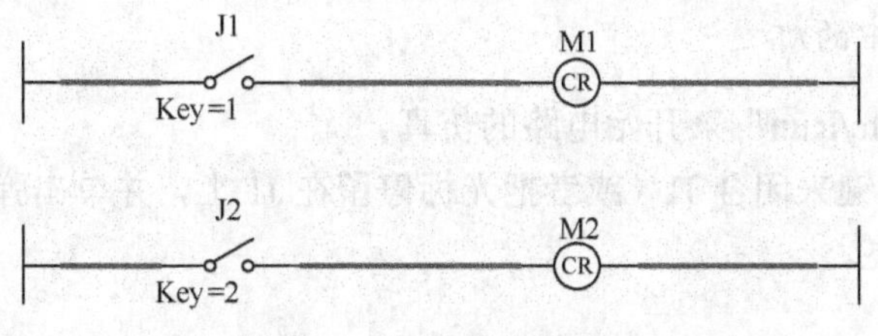

图 15.6　放置开关 J1 和 J2

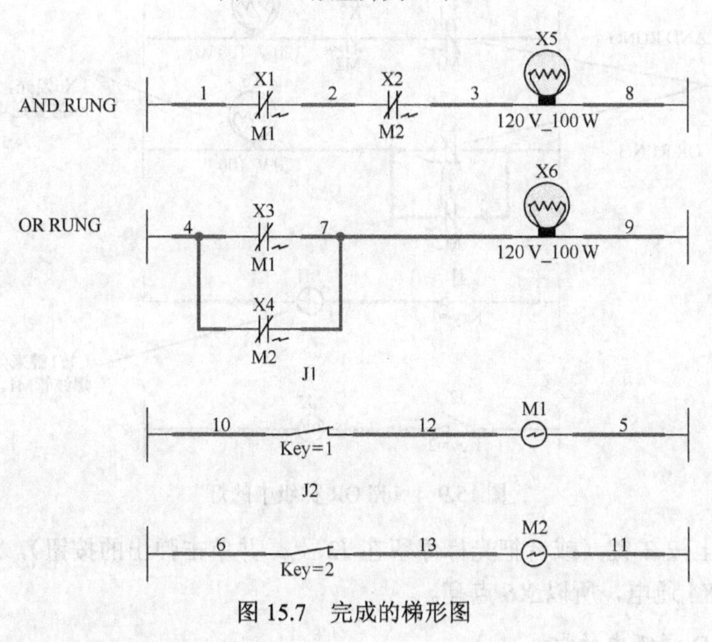

图 15.7　完成的梯形图

15.1.2　AND 梯级和 OR 梯级

这一节解释梯形图中 AND 梯级和 OR 梯级的区别。在考察本章中一些更复杂的电路之前，需要先来理解一些概念，如图 15.8 所示。

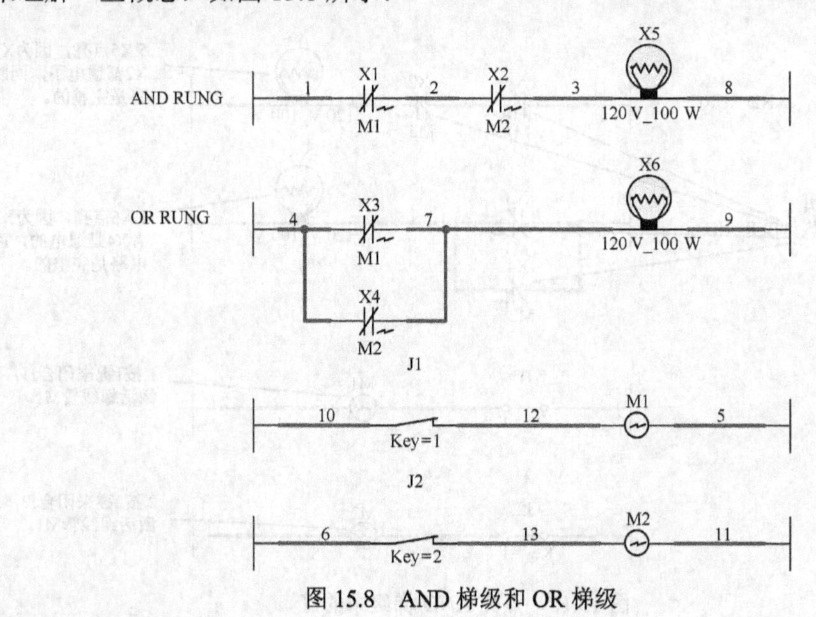

图 15.8　AND 梯级和 OR 梯级

1. 点亮 OR 梯级中的灯

（1）选择“Simulate/Run”来开始电路的仿真。

（2）在键盘上按 1 键来闭合 J1（或者把光标停留在 J1 上，并单击弹出的按钮）。灯 X6 如图 15.9 所示那样被点亮。

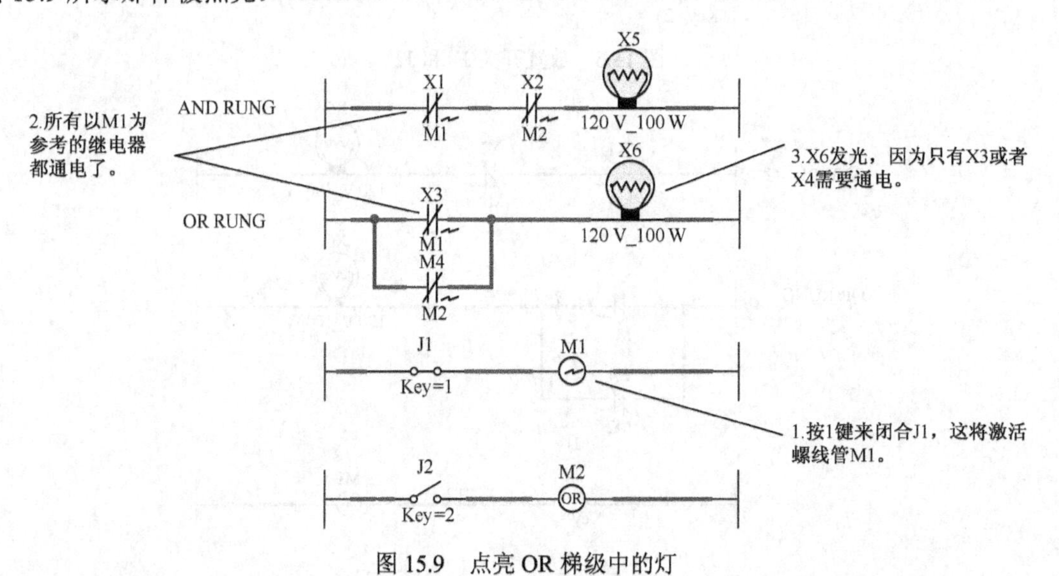

图 15.9　点亮 OR 梯级中的灯

如果在键盘上按 2 键（或者把光标停留在 J2 上，并单击弹出的按钮），J2 闭合，激活螺线管 M2。由于 X4 通电，所以 X6 点亮。

2. 点亮 AND 梯级中的灯

（1）选择“Simulate/Run”来开始电路的仿真。

（2）在键盘上按 1 键和 2 键来闭合 J1 和 J2（或者把光标停留在其上，并单击弹出的按钮）。灯 X5 和 X6 将如图 15.10 所示那样被点亮。

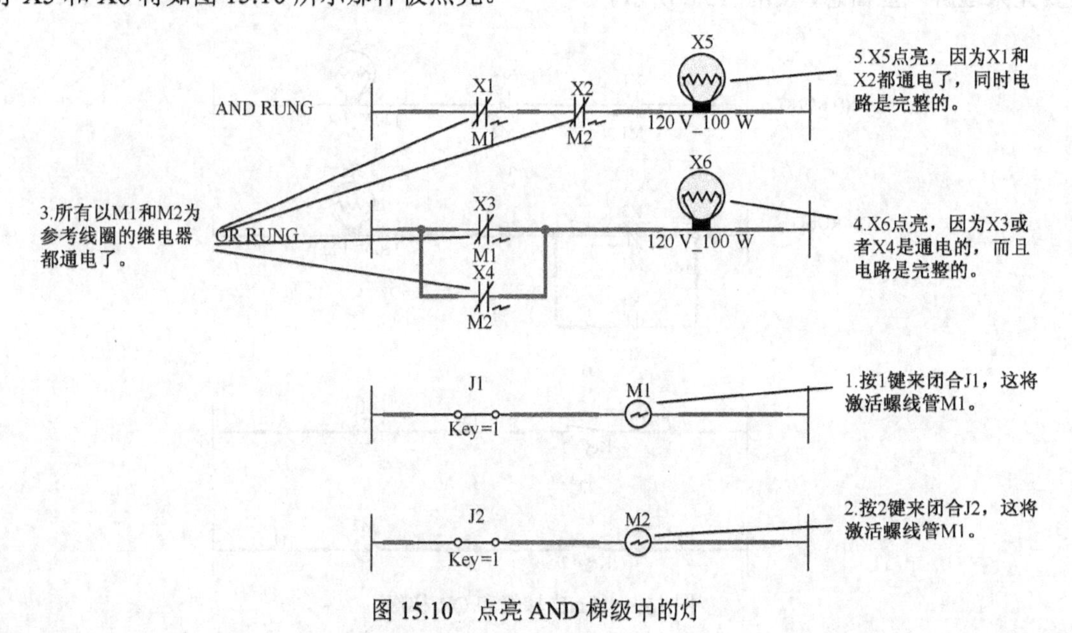

图 15.10　点亮 AND 梯级中的灯

15.2　梯形图元器件介绍

梯形图梯级如图 15.11 所示。L1 是梯级的开始，而 L2 是梯级的结束。需要通过 L1 和 L2 间的连接来激活/导通它们之间的器件。

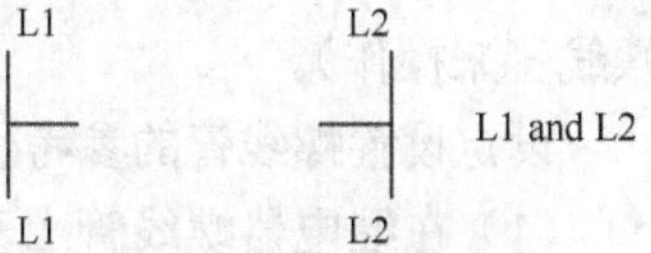

图 15.11　梯形图梯级

15.2.1　梯形图 I/O 模块

输入模块如图 15.12 所示。此元器件是梯形图的输入模块，而且适用于多种电压。它用于向梯形图输入外部激励。设定输入模块的基地址，如下：

（1）在模块上双击并且选择“Value”选项卡。

（2）在“Input Module Base Address”中输入需要的值，其默认值为 100。

输出模块如图 15.13 所示。此元器件是梯形图的输出模块，而且也使用多种输出电压。它允许通过以梯形图内的逻辑方式对外部电路元器件进行操作。

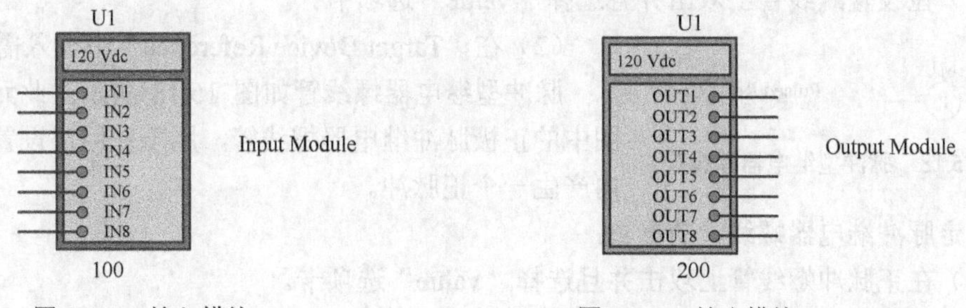

图 15.12　输入模块　　图 15.13　输出模块

设定输出模块基地址：

（1）在模块上双击并且选择“Value”选项卡。

（2）在“Output Module Base Address”中输入需要的值，其默认值为 200。

15.2.2　梯形图继电器螺线管

继电器螺线管如图 15.14 所示。此元器件是梯形图中的继电器螺线管。当这个螺线管通电时，以这个器件为参考的相应触点会改变它们的状态（例如，一个断开的触点将闭合起来）。

设定继电器螺线管的参考值：

（1）在继电器螺线管上双击并选择 Value 选项卡。

（2）在“Coil Reference”中输入需要的值。

非门继电器螺线管如图 15.15 所示。此元器件是梯形图中的非门继电器螺线管。

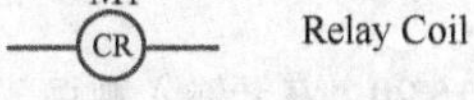

图 15.14　继电器螺线管 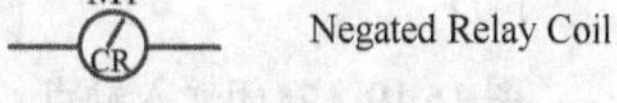　　图 15.15　非门继电器螺线管

设定非门继电器螺线管的参考值：

（1）在继电器螺线管上双击并且选择“Value”选项卡。

（2）在“Coil Reference”中输入需要的值。

设置螺线管如图 15.16 所示。此元器件是梯形图中的锁存型继电器螺线管（需要一个重置螺线管来操作）。

设定设置螺线管的参考值：

（1）在继电器螺线管上双击并且选择“Value”选项卡。

（2）在“Coil Reference”中输入需要的值。

重置螺线管如图 15.17 所示。此元器件是梯形图中的非锁存型继电器螺线管，用来重置定时器、计数器和设置螺线管。

M1 S Set Coil

图 15.16 设置螺线管

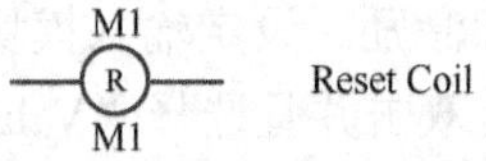

M1 R M1 Reset Coil

图 15.17 重置螺线管

设定重置螺线管的目标元器件：

（1）在设置螺线管上双击并且选择“Value”选项卡。

（2）在“Target Device Reference”中输入需要的值。

M1 P Pulsed Relay Coil

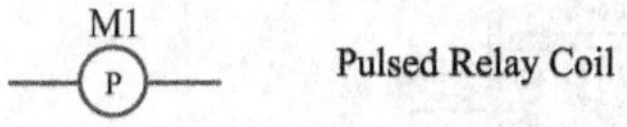

图 15.18 脉冲型继电器螺线管

脉冲型继电器螺线管如图 15.18 所示。此元器件是梯形图中的正极脉冲继电器螺线管，用于在用户设置的持续时间内产生一个正脉冲。

设定脉冲继电器螺线管的参数：

（1）在正脉冲螺线管上双击并且选择“Value”选项卡。

（2）在“Coil Reference”和“Pulse Duration”中输入需要的值。

15.2.3 梯形图触点

常闭输入触点如图 15.19 所示。此元器件是梯形图中的常闭输入触点。它对应于参考输入模块的指定输入的状态。

设定常闭输入触点的参数：

（1）在输入触点上双击并且选择“Value”选项卡。

（2）在“Input Module Base Address”中，输入与这个触点有关的输入模块的地址。

（3）在“Input Number”中，输入控制这个输入触点的输入模块的输入端口数量。

常开输入触点如图 15.20 所示。此元器件是梯形图中的常开输入触点，它对应于参考输入模块的指定输入的状态。

X1 100 1 Input Contact NC

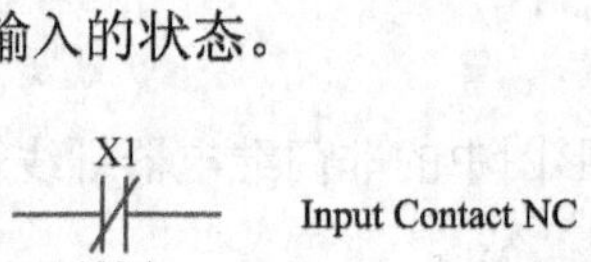

图 15.19 常闭输入触点

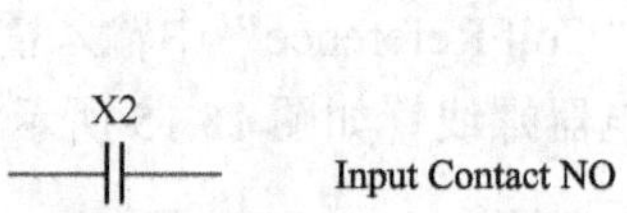

X2 100 1 Input Contact NO

图 15.20 常开输入触点

设定常开输入触点的参数：

（1）在输入触点上双击并且选择“Value”选项卡。

（2）在“Input Module Base Address”中，输入与这个触点有关的输入模块的地址。

（3）在“Input Number”中，输入控制这个输入触点的输入模块的输入端口数量。

常闭继电器触点如图 15.21 所示。此元器件是梯形图中的常闭继电器触点。控制器件（螺线管、计数器或定时器）通电时，触点将断开。

设定常闭继电器触点的参数：

（1）在常闭触点上双击并且选择“Value”选项卡。

（2）在“Controlling Device Reference”中输入需要的值。

常断继电器触点如图 15.22 所示。此元器件是梯形图中的常开继电器触点。

图 15.21　常闭继电器触点　　图 15.22　常断继电器触点

设定常断继电器触点的参数：

（1）在继电器触点上双击并且选择“Value”选项卡。

（2）在“Controlling Device Reference”中输入需要的值。

15.2.4　梯形图计数器

计数满断电型计数器如图 15.23 所示。此元器件是梯形图中可预置数的计数满断电型计数器。该器件的触点将在仿真开始的时候通电。当计数达到“设定值”的时候，触点会断电。

此元器件不会维持计数完成状态，当计数完成时，下一个动作就是自动重置。

设置计数满断型计数器的参数：

（1）在计数器上双击并且选择“Value”选项卡。

（2）输入下列参数：

Set Value——计数器计数结束时的值；

Preset Value——计数的设定值；

Counter Reference——默认设为器件的参考标号，可以输入任意的辨识字符串。

计数满断电保持型计数器如图 15.24 所示。此元器件是梯形图中可预置数的计数满断电保持型计数器。该器件的触点将在仿真开始时通电。当计数达到“设定值”时，触点会断电。当计数完成时，元器件将保持状态直到仿真重新开始。

图 15.23　计数满断电型计数器　　图 15.24　计数满断电保持型计数器

设置计数满断电保持型计数器的参数：

（1）在计数器上双击并且选择“Value”选项卡。

（2）输入下列参数：

Set Value——计数器计数结束时的值；

Preset Value——计数的设定值；

Counter Reference——默认设为器件的参考标号，可以输入任意的辨识字符串。

计数满断电重置型计数器如图 15.25 所示。此元器件是梯形图中计数满断电重置型计数器。该设备的触点将在仿真开始的时候通电。当计数达到“设定值”的时候，触点会断电。可以在仿真的任意时刻使用重置螺线管重置计数器，而不用考虑计数器当前的状态。

设置计数满断电重置型计数器的参数：

（1）在计数器上双击并且选择“Value”选项卡。

（2）输入下列参数：

Set Value——计数器计数结束时的值；

Preset Value——计数的设定值；

Counter Reference——默认设为器件的参考标号，可以输入任意的辨识字符串。

计数满断电向上/向下计数器如图 15.26 所示。此元器件是梯形图中的计数满断电计数器，它可以向上/向下计数而且可以保持状直到计数器被重置为预设的值。这个双向计数器通过“U”输入向上计数而通过“D”输入向下计数。

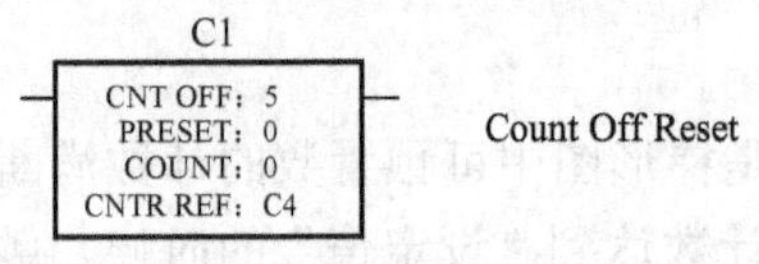

图 15.25　计数满断电重置型计数器

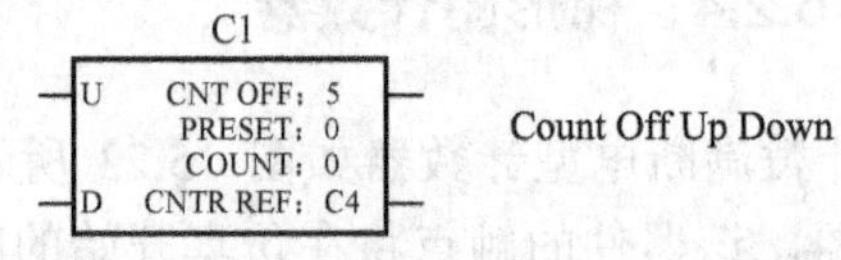

图 15.26　计数满断电向上/向下计数器

设置计数满断电向上/向下计数器的参数：

（1）在计数器上双击并且选择“Value”选项卡。

（2）输入下列参数：

Set Value——计数器计数结束时的值；

Preset Value——计数的设定值；

Counter Reference——默认设为器件的参考标号，可以输入任意的辨识字符串。

计数满通电型计数器如图 15.27 所示。此元器件是梯形图中可预置数的计数满通电型计数器。该设备的触点将在仿真开始的时候断电。当计数达到“设定值”的时候，触点会再次通电。此元器件不会维持计数完成状态，当计数完成时，下一个动作就是自动重置。

设置计数满通电型计数器的参数：

（1）在计数器上双击并且选择“Value”选项卡。

（2）输入下列参数：

Set Value——计数器计数结束时的值；

Preset Value——计数的设定值；

Counter Reference——默认设为器件的参考标号，可以输入任意的辨识字符串。

计数满通电保持型计数器如图 15.28 所示。此元器件是梯形图中可预置数的计数满通电保持型计数器。该设备的触点将在仿真开始的时候断电。当计数达到“设定值”的时候，触点会再次通电。当计数完成时，元器件将保持状态直到仿真重新开始。

图 15.27 计数满通电型计数器　　图 15.28 计数满通电保持型计数器

设置计数满通电保持型计数器的参数：

（1）在计数器上双击并且选择“Value”选项卡。

（2）输入下列参数：

Set Value——计数器计数结束时的值；

Preset Value——计数的设定值；

Counter Reference——默认设为器件的参考标号，可以输入任意的辨识字符串。

计数满通电重置型计数器如图 15.29 所示。此元器件是梯形图中计数满通电重置型计数器。该设备的触点将在仿真开始时断电。当计数达到“设定值”的时候，触点会再次通电。可以在仿真的任意时刻使用重置螺线管重置计数器，而不用考虑计数器当前的状态。

设置计数满通电重置型计数器的参数：

（1）在计数器上双击并且选择“Value”选项卡。

（2）输入下列参数：

Set Value——计数器计数结束时的值；

Preset Value——计数的设定值；

Counter Reference——默认设为器件的参考标号，可以输入任意的辨识字符串。

计数满通电型向上/向下计数器如图 15.30 所示。此元器件是梯形图中的计数满通电计数器，它可以向上/向下计数而且可以保持直到计数器被重置为预设的值。这个双向计数器通过“U”输入向上计数而通过“D”输入向下计数。

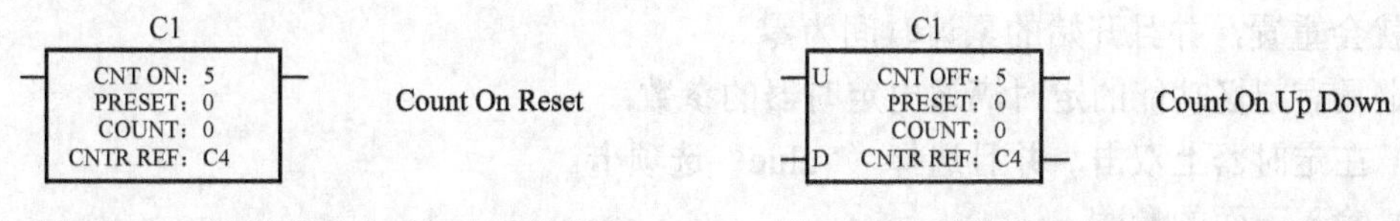

图 15.29 计数满通电重置型计数器　　图 15.30 计数满通电型向上/向下计数器

设置计数满通电型向上/向下计数器的参数：

（1）在计数器上双击并且选择“Value”选项卡。

（2）输入下列参数：

Set Value——计数器计数结束时的值；

Preset Value——计数的设定值；

Counter Reference——默认设为器件的参考标号，可以输入任意的辨识字符串。

15.2.5 梯形图定时器

定时满断电定时器如图 15.31 所示。此元器件是梯形图中的定时满断电定时器。在仿真开始时，触点通电，当器件定时结束时，触点断电。定时器位于的梯级中的连接如果遭到破坏，那么定时值会被重置为零。

设定定时满断电定时器的参数：

（1）在定时器上双击，并且选择“Value”选项卡。

（2）输入下面的参数：

Delay Time——定时器定时结束的值；

Timer Reference——默认设为器件的参考标号，可以输入任意的辨识字符串。

定时满通电定时器如图 15.32 所示。此元器件是梯形图中的定时满通电定时器。在仿真开始的时候，触点断电，当器件定时结束时，触点通电。定时器位于的梯级中的连接如果遭到破坏，那么定时值会被重置为零。

图 15.31 定时满断电定时器　　图 15.32 定时满通电定时器

设定定时满通电定时器的参数：

（1）在定时器上双击，并且选择“Value”选项卡。

（2）输入下面的参数：

Delay Time——定时器定时结束的值；

Timer Reference——默认设为器件的参考标号，可以输入任意的辨识字符串。

具有记忆功能的定时满通电定时器如图 15.33 所示。此元器件是梯形图中的具有记忆功能的定时满通电定时器。一旦连接起来后，定时开始。当连接被破坏时，定时器保持着累计的时间。当连续性被重新建立时，继续定时，直到定时结束。一旦定时结束，如果连接被破坏，定时器就会重置，并且开始的累计时间为零。

设定具有记忆功能的定时满通电定时器的参数：

（1）在定时器上双击，并且选择“Value”选项卡。

（2）输入下面的参数：

Delay Time——定时器定时结束的值；

Timer Reference——默认设为器件的参考标号，可以输入任意的辨识字符串。

具有记忆和重置功能的定时满通电定时器如图 15.34 所示。此元器件是梯形图中的具有记忆和重置功能的定时满通电定时器。一旦连接起来，定时开始。当连接被破坏时，定时器保持累计的时间。当连接被重新建立时，继续定时，直到定时结束。一旦定时结束，如果连接被破坏，定时器就会自动重置。这个器件可以由重置螺线管在定时结束前的任意时刻重置。

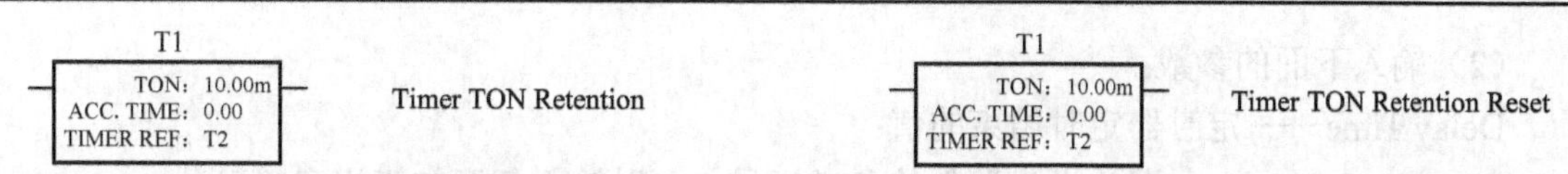

图 15.33　具有记忆功能的定时满通电定时器　　图 15.34　具有记忆和重置功能的定时满通电定时器

设定具有记忆和重置功能的定时满通电定时器的参数：

（1）在定时器上双击，并且选择“Value”选项卡。

（2）输入下面的参数：

Delay Time——定时器定时结束的值；

Timer Reference——默认设为器件的参考标号，可以输入任意的辨识字符串。

具有记忆、保持和重置功能的定时满通电定时器如图 15.35 所示。此元器件是梯形图中的具有记忆、保持和重置功能的定时满通电定时器。一旦连接被建立起来，定时开始。当连续性被破坏时，定时器保持累计的时间。当连接被重新建立时，从累计的时间开始继续定时，直到定时结束。一旦定时结束，如果连续性被破坏，定时器不会自动重置。这个器件可以由重置螺线管在任意时刻重置。

设定具有记忆、保持和重置功能的定时满通电定时器的参数：

（1）在定时器上双击，并且选择“Value”选项卡。

（2）输入下面的参数：

Delay Time——定时器定时结束的值；

Timer Reference——默认设为器件的参考标号，可以输入任意的辨识字符串。

取样定时满断电定时器如图 15.36 所示。此元器件是梯形图中的取样定时满断电定时器。在仿真开始时，触点通电，当器件定时结束时，触点断电。而定时的速率可预置。定时器位于的梯级中的连接如果遭到破坏，那么定时值会被重置为零。

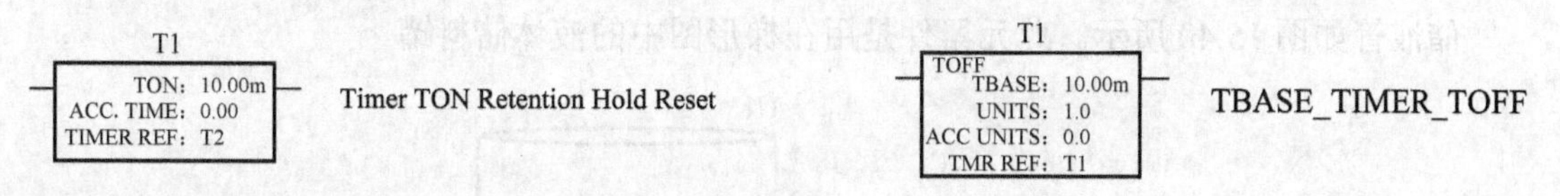

图 15.35　具有记忆、保持和重置功能的定时满通电定时器　　图 15.36　取样定时满断电定时器

设定取样定时满断电定时器的参数：

（1）在定时器上双击，并且选择“Value”选项卡。

（2）输入下面的参数：

Delay Time——定时器定时结束的值；

Timer Reference——默认设为器件的参考标号，可以输入任意的辨识字符串。

取样定时满通电定时器如图 15.37 所示。此元器件是梯形图中的定时满通电定时器。在仿真开始时，触点断电，当器件定时结束时，触点通电。定时的速率可预置。定时器位于梯级中的连接如果遭到破坏，那么定时值会被重置为零。

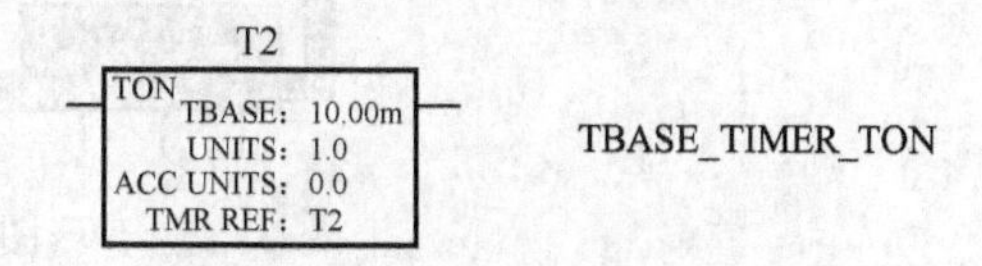

图 15.37　取样定时满通电定时器

设定取样定时满通电定时器的参数：

（1）在定时器上双击，并且选择“Value”选项卡。

（2）输入下面的参数：

Delay Time——定时器定时结束的值；

Timer Reference——默认设为器件的参考标号，可以输入任意的辨识字符串。

15.2.6 梯形图输出螺线管

输出螺线管如图15.38所示。此元器件是梯形图的输出螺线管。

设定输出螺线管的参数：

（1）在输出螺线管上双击并且选择“Value”选项卡。

（2）在“Output Module Base Address”中输入与此器件相关的输出模块的地址。

（3）在“Output Number”中输入此器件驱动的输出模块的输出端口数量。

非门型输出螺线管如图15.39所示。此元器件是梯形图的非门型输出螺线管。

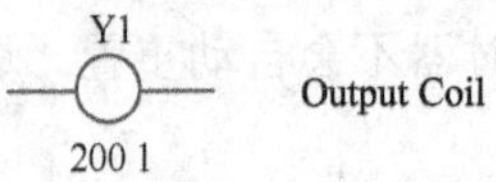

Y1
Output Coil
200 1

图15.38 输出螺线管

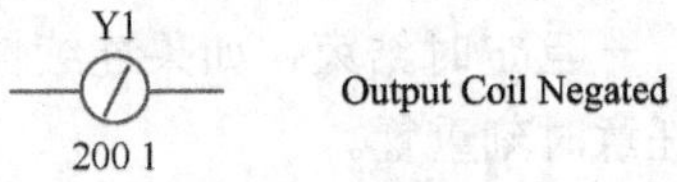

Y1
Output Coil Negated
200 1

图15.39 非门型输出螺线管

设定非门型输出螺线管的参数：

（1）在输出螺线管上双击并且选择“Value”选项卡。

（2）在“Output Module Base Address”中输入与此器件相关的输出模块的地址。

（3）在“Output Number”中输入此器件驱动的输出模块的输出端口数量。

15.2.7 各种外设

储液管如图15.40所示。此元器件是用在梯形图中的液体储料罐。

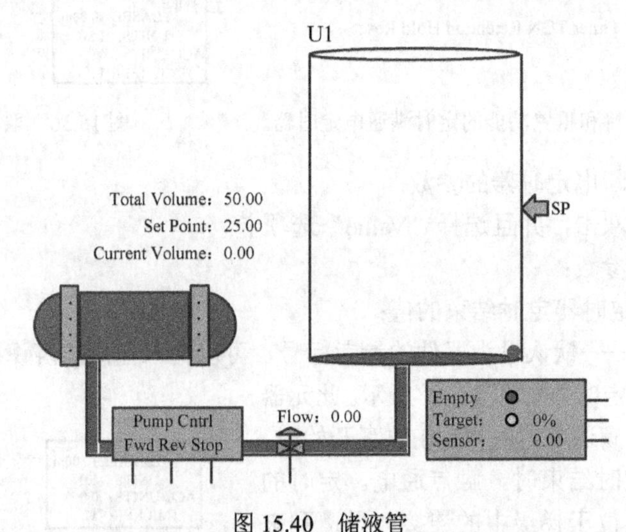

图15.40 储液管

设定储液罐的参数：

（1）在继电器螺线管上双击并选择“Value”选项卡。

（2）按照需要对下列参数进行设置：

Tank Volume（litres）——以升为单位的储液罐的容量。

Level Detector Set Point（litres）——设定点（SP）标记的高度。

Maximum Pump Flow Rate（litres/second）——液体被泵到储液罐中的最大速度。如果储料罐的 Flow 引脚没有连接，那么液体将只以这个速度进行流动。

Flow Rate Full Scale Voltage——如果连接了储液罐的 Flow 引脚，那么这个值是使得液体以 Maximum Pump Flow Rate 域中设定的最大速度进行移动时，在 Flow 引脚上所需要的电压。例如，如果在这个域中输入 5 V，那么在 Flow 引脚加 5 V 的电压，那么如果在 Maximum Pump Flow Rate 域中的值为 0.5，那么传送带将以 0.5 m/s 的速度进行移动。如果在 Flow 引脚上加 2.5 V 的电压，那么传送带将以一半的速度进行移动（0.25 m/s）。

Sensor Full Scale Voltage——储液罐充满液体时的传感器电压。储液罐在填充过程中，储液罐的 Sensor 中显示的电压值（见图 15.40）不断上升。

传送带如图 15.41 所示。此器件是使用在梯形图中的传送带。

设定传送带的参数：

（1）在继电器螺线管上双击并且选择“Value”选项卡。

（2）按照需要对下列参数进行设置：

Max. Belt Speed（meters/sec）——传送带移动的最大速度。如果传送带（见屏幕截图）的 Speed 引脚没有连接，那么传送带按照这个速度进行移动。

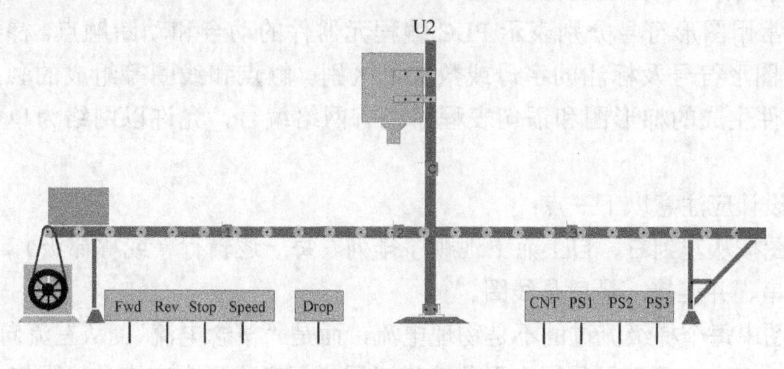

图 15.41　传送带

Speed Control Full Scale Voltage——如果连接了传送带的 Speed 引脚，那么这个值是使得传送带以 Max. Belt Speed 域中设定的最大速度进行移动时，在 Speed 引脚上所需要的电压。例如，如果在这个域中输入 5 V，那么在 Speed 引脚加 5 V 的电压，那么如果在 Max. Belt Speed 域中的值为 0.5，那么传送带将以 0.5 m/s 的速度进行移动。如果在 Speed 引脚上加 2.5 V 的电压，那么传送带将以一半的速度进行移动（0.25m/s）。

Sensor 1 Position（meters）——从传送带左侧边缘到传感器 1 的距离。

Sensor 2 Position（meters）——从传送带左侧边缘到传感器 2 的距离。

Sensor 3 Position（meters）——从传送带左侧边缘到传感器 3 的距离，设定的值不要比 Belt Length 的值大。

交通信号灯如图 15.42 所示。此元器件没有参数需要在“Value”选项卡中进行设置。单独的交通信号灯如图 15.43 所示，元器件与双交通信号灯相似，不过它只包含一个交通信号灯。

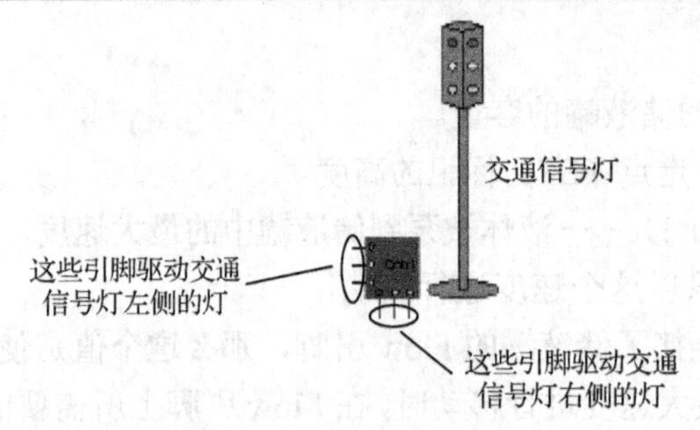

图 15.42 交通信号灯

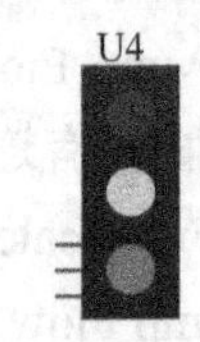

图 15.43 单独的交通信号灯

15.3 创建梯形图

15.3.1 梯形图编程语言概述

所谓程序编制，就是用户根据控制对象的要求，利用 PLC 厂家提供的程序编制语言，将一个控制要求描述出来的过程。PLC 最常用的编程语言是梯形图语言和指令语句表语言，且两者常常联合使用。

梯形图是一种从继电接触控制电路图演变而来的图形语言。它是借助类似于继电器的动合，动断触点，线圈及串、并联等术语和符号，根据控制要求连接而成的表示 PLC 输入和输出之间逻辑关系的图形，直观易懂。

梯形图中常用图形符号分别表示 PLC 编程元器件的动合和动断触点。梯形图中编程元器件的种类用图形符号及标注的字母或数加以区别。触点和线圈等组成的独立电路称为网络，用编程软件生成的梯形图和语句表程序中有网络编号，允许以网络为单位给梯形图加注释。

梯形图的设计应注意以下三点：

（1）梯形图按从左到右、自上而下地顺序排列。每一逻辑行（或称梯级）起始于左母线，然后是触点的串、并连接，最后是线圈。

（2）梯形图中每个梯级流过的不是物理电流，而是“概念电流”，从左流向右，其两端没有电源。这个“概念电流”只是用来形象地描述用户程序执行中应满足线圈接通的条件。

（3）输入寄存器用于接收外部输入信号，而不能由 PLC 内部其他继电器的触点来驱动。因此，梯形图中只出现输入寄存器的触点，而不出现其线圈。输出寄存器则输出程序执行结果给外部输出设备，当梯形图中的输出寄存器线圈通电时，就有信号输出，但不是直接驱动输出设备，而要通过输出接口的继电器、晶体管或晶闸管才能实现。输出寄存器的触点也可供内部编程使用。

15.3.2 PLC 控制的一些基本应用实例

1. 继电器螺线管和非门继电器螺线管的仿真实例

（1）当输入电平接 0 V 时，输出的状态如图 15.44 所示。

（2）当输入电平接 5 V 时，输出的状态如图 15.45 所示。

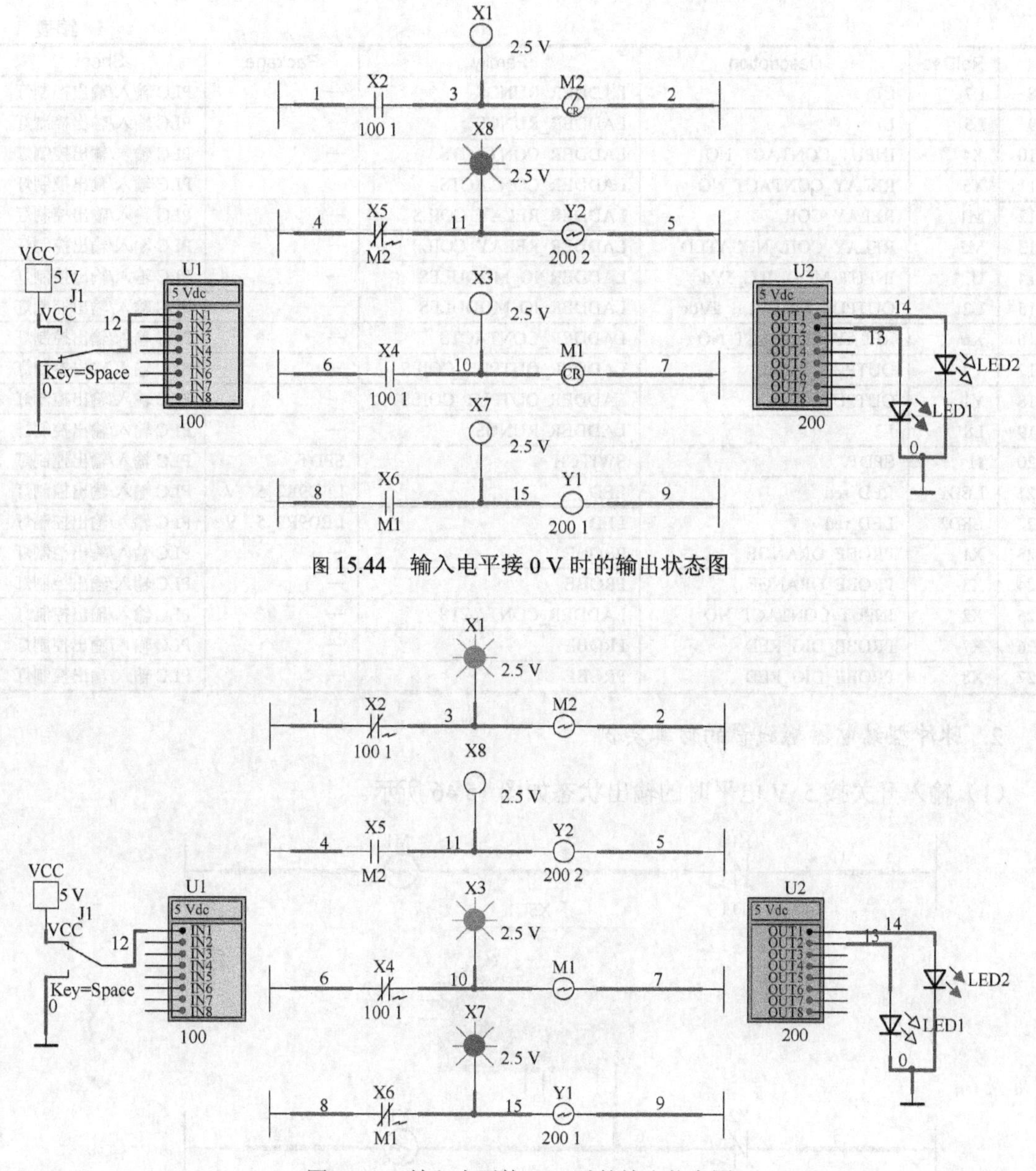

图 15.44　输入电平接 0 V 时的输出状态图

图 15.45　输入电平接 5 V 时的输出状态图

（3）所用元器件清单如表 15.1 所示。

表 15.1　继电器螺线管和非门继电器螺线管元器件清单

	RefDes	Description	Family	Package	Sheet
1	VCC	VCC	POWER_SOURCES	—	
2	0	GROUND	POWER_SOURCES	—	
3	L1	L1	LADDER_RUNGS	—	PLC 输入/输出控制灯
4	L3	L1	LADDER_RUNGS	—	PLC 输入/输出控制灯
5	L4	L2	LADDER_RUNGS	—	PLC 输入/输出控制灯
6	L2	L2	LADDER_RUNGS	—	PLC 输入/输出控制灯
7	L6	L2	LADDER_RUNGS	—	PLC 输入/输出控制灯

续表

	RefDes	Description	Family	Package	Sheet
8	L7	L1	LADDER_RUNGS	—	PLC 输入/输出控制灯
9	L5	L1	LADDER_RUNGS	—	PLC 输入/输出控制灯
10	X4	INPUT_CONTACT_NO	LADDER_CONTACTS	—	PLC 输入/输出控制灯
11	X5	RELAY_CONTACT_NO	LADDER_CONTACTS	—	PLC 输入/输出控制灯
12	M1	RELAY_COIL	LADDER_RELAY_COILS	—	PLC 输入/输出控制灯
13	M2	RELAY_COIL_NEGATED	LADDER_RELAY_COILS	—	PLC 输入/输出控制灯
14	U1	INPUT_MODUILE_5Vdc	LADDER_IO_MODULES	—	PLC 输入/输出控制灯
15	U2	OUTPUT_MODULE_5Vdc	LADDER_IO_MODULES	—	PLC 输入/输出控制灯
16	X6	RELAY_CONTACT_NO	LADDER_CONTACTS	—	PLC 输入/输出控制灯
17	Y2	OUTPUT_COLL	LADDER_OUTPUT_COILS	—	PLC 输入/输出控制灯
18	Y1	OUTPUT_COLL	LADDER_OUTPUT_COILS	—	PLC 输入/输出控制灯
19	L8	L2	LADDER_RUNGS	—	PLC 输入/输出控制灯
20	J1	SPDT	SWITCH	SPDT	PLC 输入/输出控制灯
21	LED1	LED_red	LED	LED9R2_5 V	PLC 输入/输出控制灯
22	LED2	LED_red	LED	LED9R2_5 V	PLC 输入/输出控制灯
23	X1	PROBE_ORANGE	PROBE	—	PLC 输入/输出控制灯
24	X3	PROBE_ORANGE	PROBE	—	PLC 输入/输出控制灯
25	X2	INPUT_CONTACT_NO	LADDER_CONTACTS	—	PLC 输入/输出控制灯
26	X7	PROBE_DIG_RED	PROBE	—	PLC 输入/输出控制灯
27	X8	PROBE_DIG_RED	PROBE	—	PLC 输入/输出控制灯

2. 脉冲型继电器螺线管的仿真实例

（1）输入开关接 5 V 电平时的输出状态如图 15.46 所示。

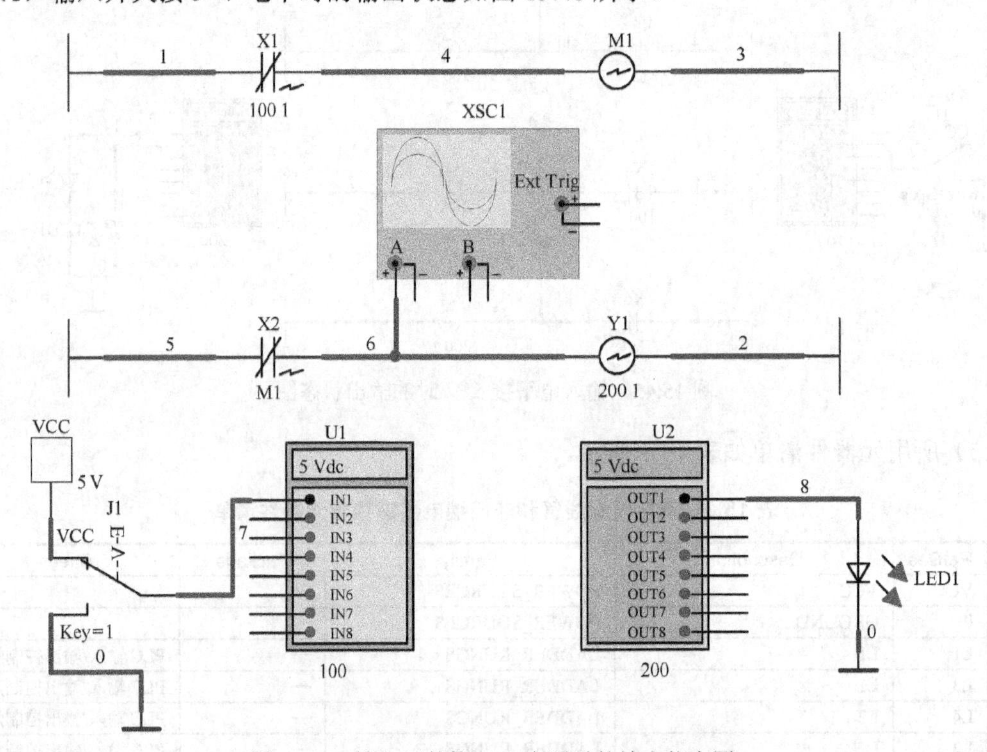

图 15.46 输入开关接 5 V 电平时的输出状态图

（2）输入开关接 5 V 电平 10 ms 以后的输出状态如图 15.47 所示。

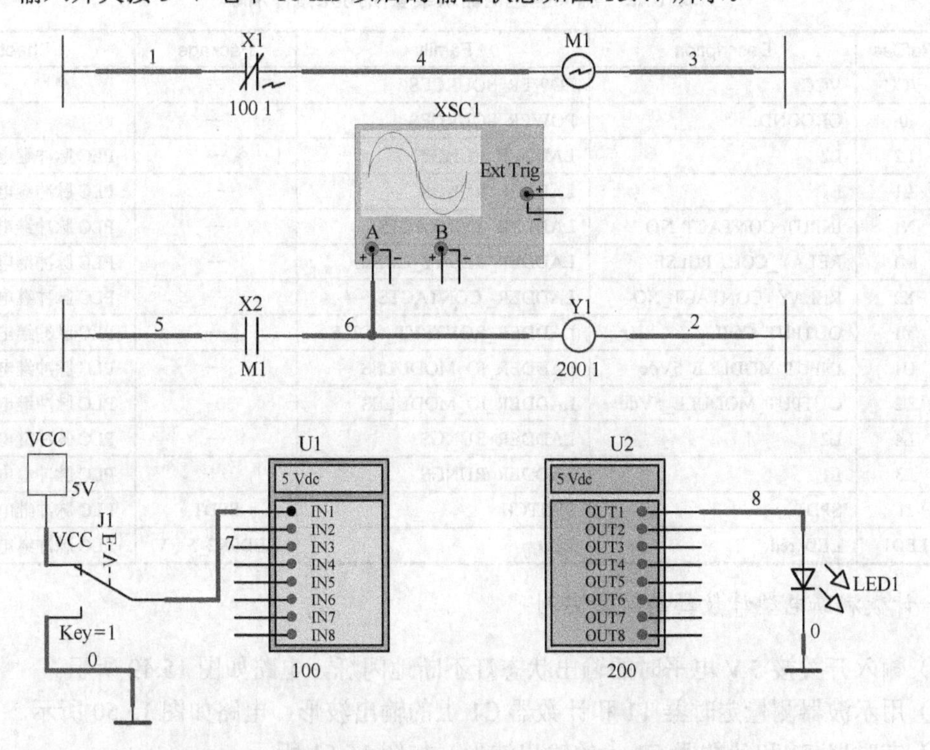

图 15.47　输入开关接 5 V 电平 10 ms 以后的输出状态

（3）示波器上显示的脉冲波形如图 15.48 所示。

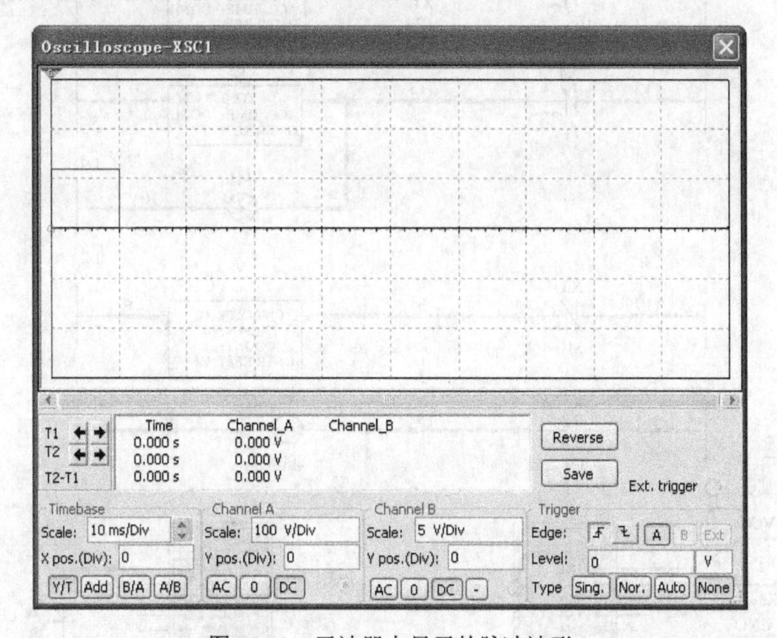

图 15.48　示波器上显示的脉冲波形

（4）所用元器件清单如表 15.2 所示。

表 15.2 脉冲型继电器螺线管所用元器件清单

	RefDes	Description	Family	Package	Sheet
1	VCC	VCC	POWER_SOURCES	—	
2	0	GROUND	POWER_SOURCES	—	
3	L2	L2	LADDER_RUNGS	—	PLC 脉冲继电器线圈
4	L1	L1	LADDER_RUNGS	—	PLC 脉冲继电器线圈
5	X1	INPUT_CONTACT_NO	LADDER_ CONTACTS	—	PLC 脉冲继电器线圈
6	M1	RELAY_COIL_PULSE	LADDER_RELAY_COILS	—	PLC 脉冲继电器线圈
7	X2	RELAY_ CONTACT_NO	LADDER_ CONTACTS	—	PLC 脉冲继电器线圈
8	Y1	OUTPUT_COIL	LADDER_ROVTPVT_COILS	—	PLC 脉冲继电器线圈
9	U1	INPUT_MODULE_5Vdc	LADDER_IO_MODULES	—	PLC 脉冲继电器线圈
10	U2	OUTPUT_MODULE_5Vdc	LADDER_IO_MODULES	—	PLC 脉冲继电器线圈
11	L4	L2	LADDER_RUNGS	—	PLC 脉冲继电器线圈
12	L3	L1	LADDER_RUNGS	—	PLC 脉冲继电器线圈
13	J1	SPDT	SWITCH	SPDT	PLC 脉冲继电器线圈
14	LED1	LED_red	LED	LED9R2_5 V	PLC 脉冲继电器线圈

3. 计数满断电型计数器的仿真实例

（1）输入开关接 5 V 电平时的输出状态灯不断地闪烁，电路如图 15.49 所示。

（2）用示波器测量定时器 T1 和计数器 C1 上的输出波形，电路如图 15.50 所示。

（3）定时器 T1 和计数器 C1 上的输出波形，如图 15.51 所示。

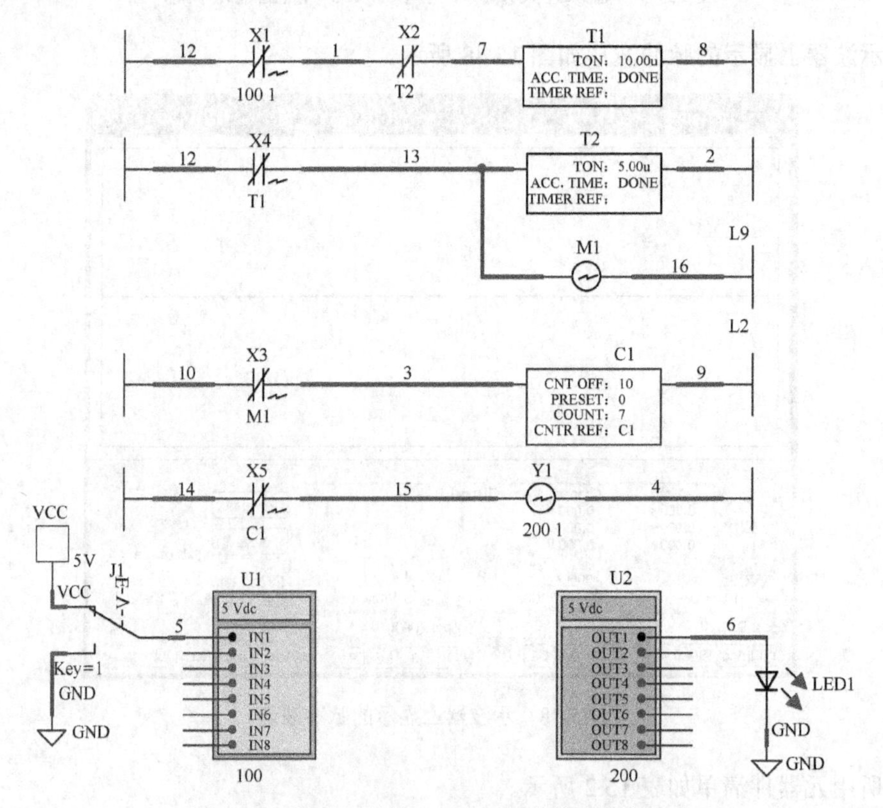

图 15.49 输入开关接 5 V 电平时的输出状态电路

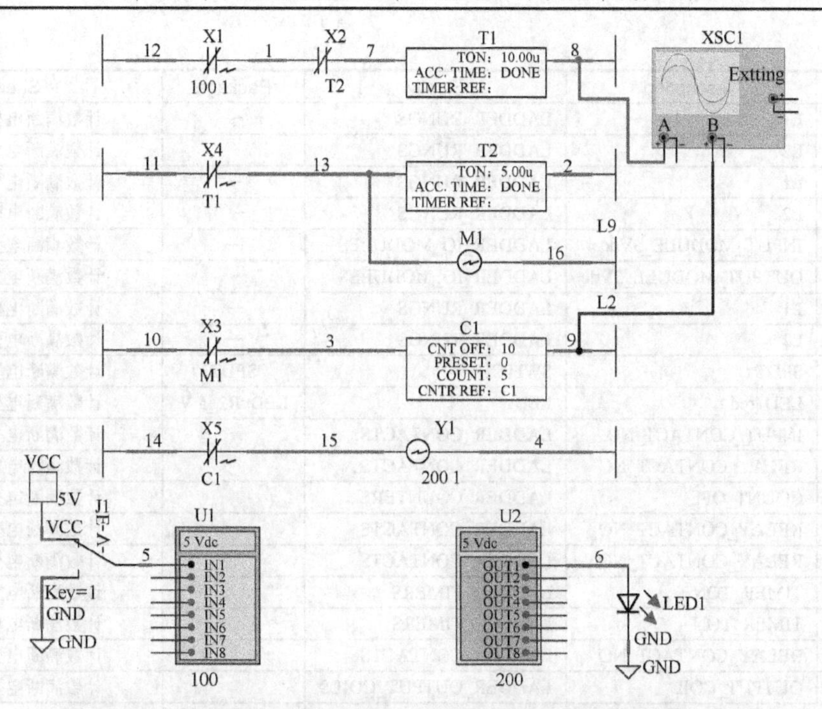

图 15.50　用示波器测量定时器 T1 和计数器 C1 上的输出波形的电路

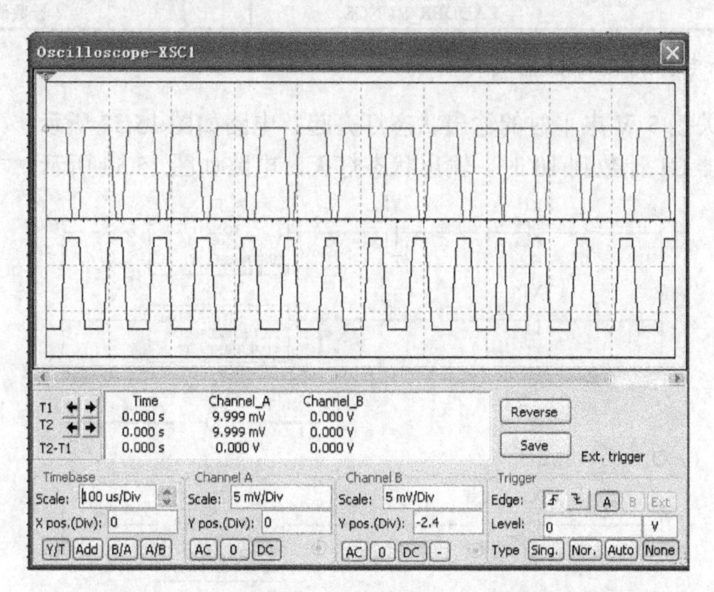

图 15.51　定时器 T1 和计数器 C1 上的输出波形

（4）所用元器件清单如表 15.3 所示。

表 15.3　计数满断型计数器所用元器件清单

	RefDes	Description	Family	Package	Sheet
1	GND	DGND	POWER_SOURCES	—	
2	VCC	VCC	POWER_SOURCES	—	
3	L1	L1	LADDER_RUNGS	—	计数满断电型计数器
4	L3	L2	LADDER_RUNGS	—	计数满断电型计数器

续表

	RefDes	Description	Family	Package	Sheet
5	L5	L1	LADDER_RUNGS	—	计数满断电型计数器
6	L6	L2	LADDER_RUNGS	—	计数满断电型计数器
7	L7	L1	LADDER_RUNGS	—	计数满断电型计数器
8	L8	L2	LADDER_RUNGS	—	计数满断电型计数器
9	U1	INPUT_MODULE_5Vdc	LADDER_IO_MODULES	—	计数满断电型计数器
10	U2	OUTPUT_MODULE_5Vdc	LADDER_IO_MODULES	—	计数满断电型计数器
11	L3	L1	LADDER_RUNGS	—	计数满断电型计数器
12	L2	L2	LADDER_RUNGS	—	计数满断电型计数器
13	J1	SPDT	SWITCH	SPDT	计数满断电型计数器
14	LED1	LED_red	LED	LED9R2_5 V	计数满断电型计数器
15	X1	INPUT_CONTACT_NO	LADDER_CONTACTS		计数满断电型计数器
16	X2	RELAY_CONTACT_NC	LADDER_CONTACTS		计数满断电型计数器
17	C1	COUNT_OFF	LADDER_COUNTERS		计数满断电型计数器
18	X3	RELAY_CONTACT_NO	LADDER_CONTACTS		计数满断电型计数器
19	X4	RELAY_CONTACT_NO	LADDER_CONTACTS		计数满断电型计数器
20	T1	TIMER_TON	LADDER_TIMERS		计数满断电型计数器
21	T2	TIMER_TON	LADDER_TIMERS		计数满断电型计数器
22	X5	RELAY_CONTACT_NO	LADDER_CONTACTS		计数满断电型计数器
23	Y1	OUTPUT_COIL	LADDER_OUTPUT_COILS		计数满断电型计数器
24	M1	RELAY_COIL	LADDER_RELAY_COILS		计数满断电型计数器
25	L9	L2	LADDER_RUNGS		计数满断电型计数器

4. 计数满断电保持型计数器的仿真实例

（1）输入开关接 5 V 电平时的输出状态灯亮起，电路如图 15.52 所示。

（2）当计数器 C1 计数到 10 时，输出状态灯灭，电路如图 15.53 所示。

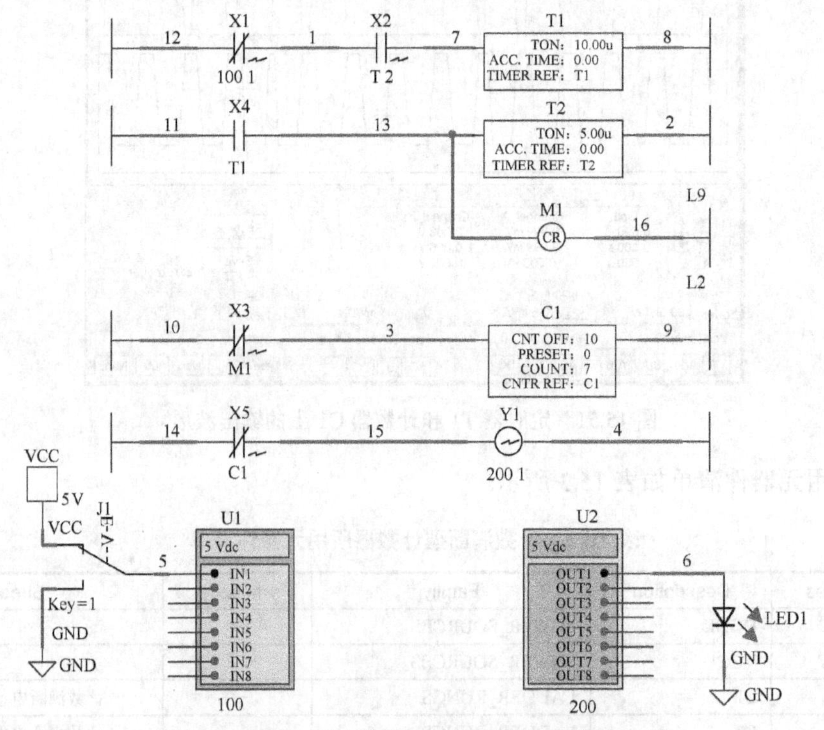

图 15.52 输入开关接 5 V 电平时的输出状态电路

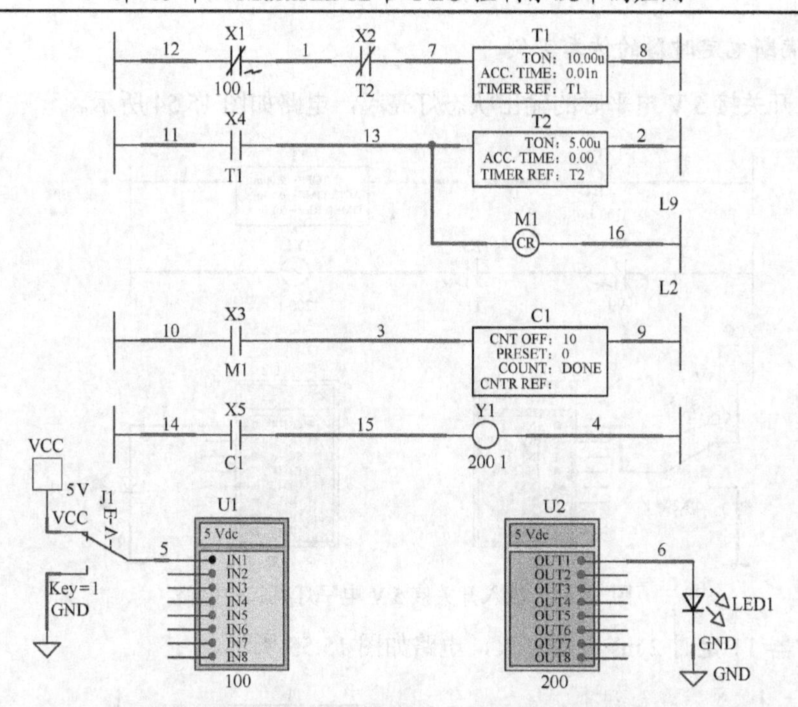

图 15.53　计数器 C1 计数到 10 时的输出状态电路

（3）所用元器件清单如表 15.4 所示。

表 15.4　计数满断电保持型计数器所用元器件清单

	RefDes	Description	Family	Package	Sheet
1	GND	DGND	POWER_SOURCES	—	
2	VCC	VCC	POWER_SOURCES	—	
3	L1	L1	LADDER_RUNGS	—	计数满断电保持型计数器
4	L4	L2	LADDER_RUNGS	—	计数满断电保持型计数器
5	L5	L1	LADDER_RUNGS	—	计数满断电保持型计数器
6	L6	L2	LADDER_RUNGS	—	计数满断电保持型计数器
7	L7	L1	LADDER_RUNGS	—	计数满断电保持型计数器
8	L8	L2	LADDER_RUNGS	—	计数满断电保持型计数器
9	U1	INPUT_MODULE_5Vdc	LADDER_IO_MODULES	—	计数满断电保持型计数器
10	U2	OUTPUT_MODULE_5Vdc	LADDER_IO_MODULES	—	计数满断电保持型计数器
11	L3	L1	LADDER_RUNGS	—	计数满断电保持型计数器
12	L2	L2	LADDER_RUNGS	—	计数满断电保持型计数器
13	J1	SPDT	SWITCH	SPDT	计数满断电保持型计数器
14	LED1	LED_red	LED	LED9R2_5 V	计数满断电保持型计数器
15	X1	INPUT_CONTACT_NO	LADDER_CONTACTS		计数满断电保持型计数器
16	X2	RELAY_CONTACT_NC	LADDER_CONTACTS		计数满断电保持型计数器
17	C1	COUNT_OFF_HOLD	LADDER_COUNTERS		计数满断电保持型计数器
18	X3	RELAY_CONTACT_NO	LADDER_CONTACTS		计数满断电保持型计数器
19	X4	RELAY_CONTACT_NO	LADDER_CONTACTS		计数满断电保持型计数器
20	T1	TIMER_TON	LADDER_TIMERS		计数满断电保持型计数器
21	T2	TIMER_TON	LADDER_TIMERS		计数满断电保持型计数器
22	X5	RELAY_CONTACT_NO	LADDER_CONTACTS		计数满断电保持型计数器
23	Y1	OUTPUT_COIL	LADDER_OUTPUT_COILS		计数满断电保持型计数器
24	M1	RELAY_COIL	LADDER_RELAY_COILS		计数满断电保持型计数器
25	L9	L2	LADDER_RUNGS		计数满断电保持型计数器

5. 定时满断电定时器的仿真实例

（1）输入开关接 5 V 电平时的输出状态灯亮起，电路如图 15.54 所示。

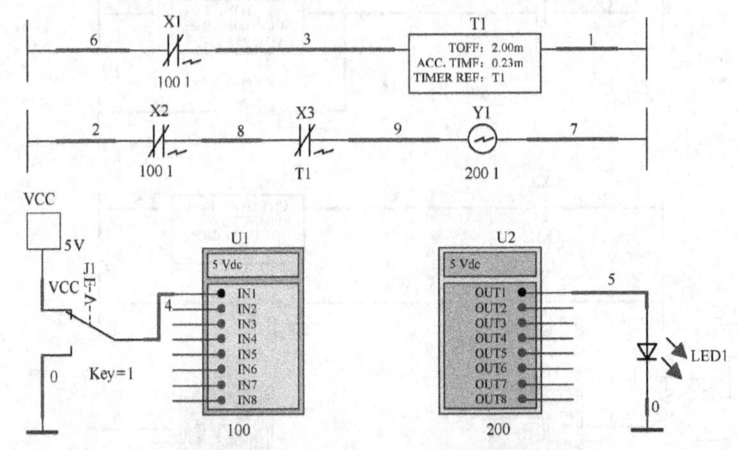

图 15.54　输入开关接 5 V 电平灯亮起的电路

（2）定时器 T1 定时 2 ms 以后灯灭，电路如图 15.55 所示。

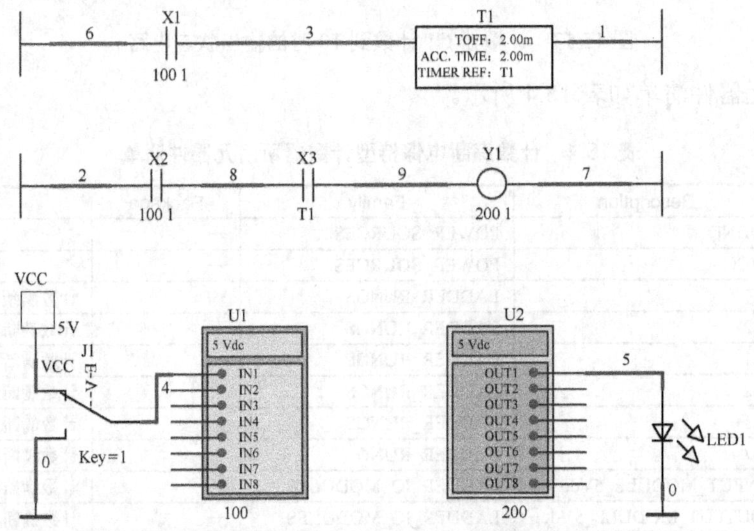

图 15.55　定时器 T1 定时 2 ms 以后灯灭的电路

（3）X3 上的波形如图 15.56 所示。

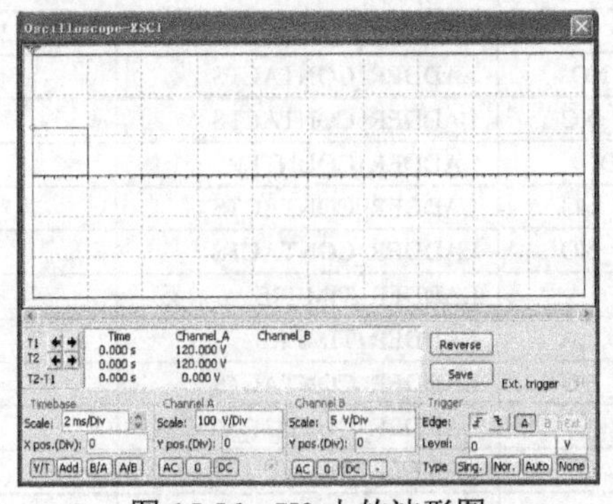

图 15.56　X3 上的波形图

（4）所用元器件清单如表 15.5 所示。

表 15.5 定时满断电定时器所用元器件清单

	RefDes	Description	Family	Package	Sheet
1	VCC	VCC	POWER_SOURCES	—	
2	0	GROUND	POWER_SOURCES	—	
3	L2	L2	LADDER_RUNGS	—	定时满断电定时器
4	L3	L1	LADDER_RUNGS	—	定时满断电定时器
5	L4	L2	LADDER_RUNGS	—	定时满断电定时器
7	U2	OUTPUT_MODULE_5Vdc	LADDER_IO_MODULES	—	定时满断电定时器
8	L1	L1	LADDER_RUNGS	—	定时满断电定时器
9	T1	TIMER_TOFF	LADDER_TIMERS	—	定时满断电定时器
10	J1	SPDT	SWITCH	SPDT	定时满断电定时器
11	LED1	LED_red	LED	LED9R2_5 V	定时满断电定时器
12	X1	INPUT_CONTACT_NO	LADDER_CONTACTS	—	定时满断电定时器
13	X2	INPUT_CONTACT_NO	LADDER_CONTACTS	—	定时满断电定时器
14	X3	RELAY_CONTACT_NO	LADDER_CONTACTS	—	定时满断电定时器
15	Y1	OUTPUT_COIL	LADDER_OVTPUT_COILS	—	定时满断电定时器

6. 定时满通电定时器的仿真实例

（1）输入开关接 5 V 电平时的输出状态灯不断地闪烁，电路如图 15.57 所示。

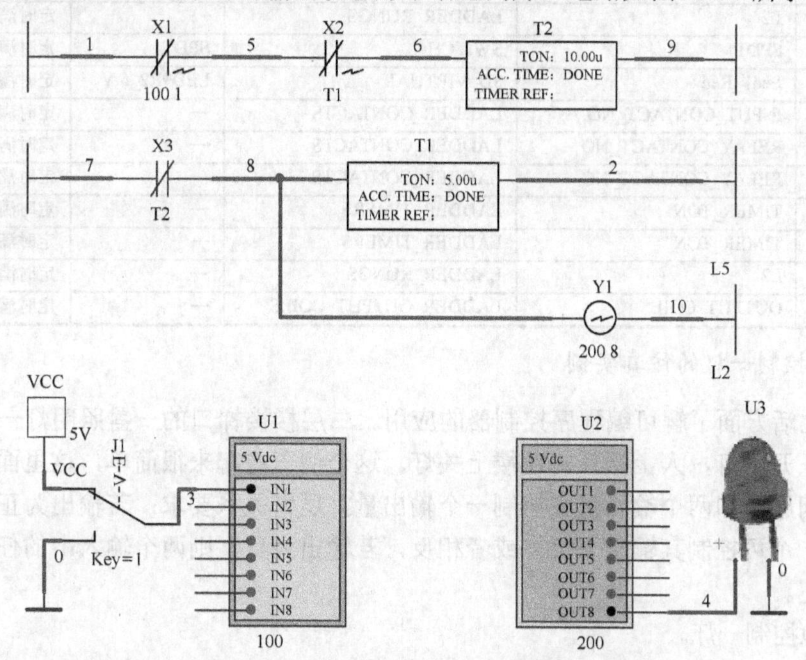

图 15.57 输入开关接 5 V 电平灯不断地闪烁的电路

（2）定时器 T1 端的波形，如图 15.58 所示。

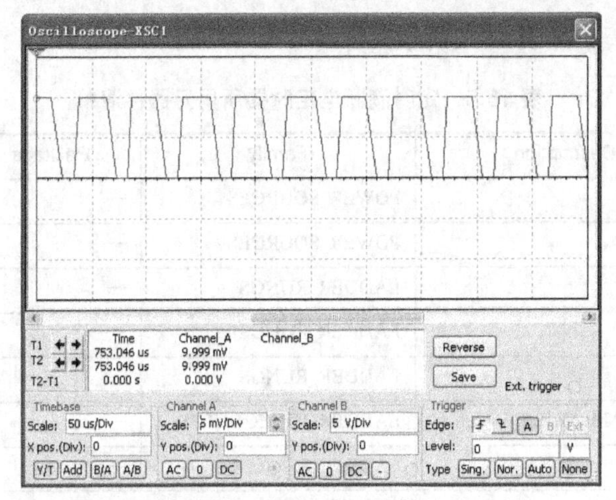

图 15.58　定时器 T1 端的波形

（3）所用元器件清单如表 15.6 所示。

表 15.6　定时满通电定时器所用元器件清单

	RefDes	Description	Family	Package	Sheet
1	0	GROUND	POWER_SOURCES	—	
2	VCC	VCC	POWER_SOURCES	—	
3	L1	L1	LADDER_RUNGS	—	定时满通电定时器
4	L4	L2	LADDER_RUNGS	—	定时满通电定时器
5	U1	INPUT_MODULE_5Vdc	LADDER_IO_MODULES	—	定时满通电定时器
6	U2	OUTPUT_MODULE_5Vdc	LADDER_IO_MODULES	—	定时满通电定时器
7	L3	L1	LADDER_RUNGS	—	定时满通电定时器
8	L2	L2	LADDER_RUNGS	—	定时满通电定时器
9	J1	SPDT	SWITCH	SPDT	定时满通电定时器
10	U3	Led1_Red	3D_VIRTUAL	LED9R2_5 V	定时满通电定时器
11	X1	INPUT_CONTACT_NO	LADDER_CONTACTS	—	定时满通电定时器
12	X2	RELAY_CONTACT_NO	LADDER_CONTACTS	—	定时满通电定时器
13	X3	RELAY_CONTACT_NC	LADDER_CONTACTS	—	定时满通电定时器
14	T1	TIMER_TON	LADDER_TIMERS	—	定时满通电定时器
15	T2	TIMER_TON	LADDER_TIMERS	—	定时满通电定时器
16	L5	L2	LADDER_RUNGS	—	定时满通电定时器
17	Y1	OUTPUT_COIL	LADDER_OUTPUT_COILS	—	定时满通电定时器

7. 两地控制一灯的仿真实例

从日常生活方面了解可编程序控制器的应用。二层楼楼梯口的一盏照明灯一般由两个开关控制，楼下开了灯，人上楼后，在楼上关灯。这个例子看起来很简单，这里面实际上有一个逻辑运算问题，即两个输入量去控制一个输出量，逻辑关系要求：若输出为正，则两个输入中的任意一个可控制其输出为负。或者相反，若输出为负，则两个输入中的任意一个可控制其输出为正。

（1）两地控制一灯。

两地控制一灯，需要用到可编程序控制器的两个输入继电器与一个输出继电器，如图 15.59 所示右边的电路图部分。输入继电器 INl 与 IN2 的线圈，是楼层一与楼层二的开关控制。与 1N1 线圈有关联的触点地址应标为 1001；与 IN2 线圈有关联的触点地址应标为 1002。

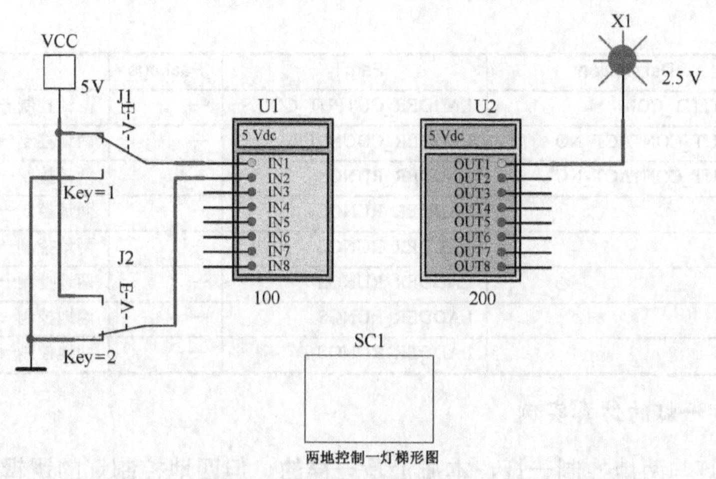

图 15.59　两地控制一灯电路

（2）两地控制一灯的单独层次化模块中的梯形图设计如图 15.60 所示。

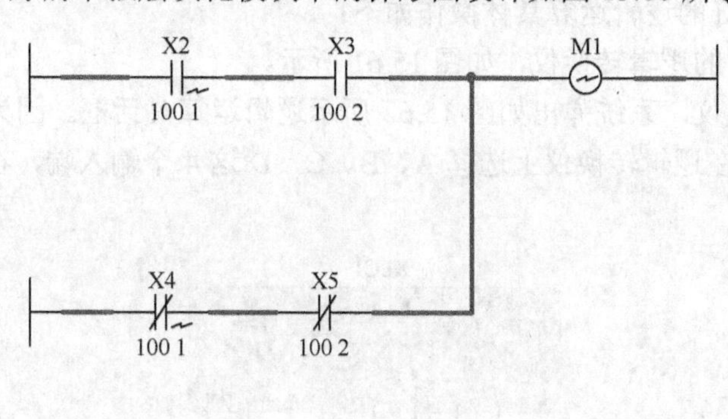

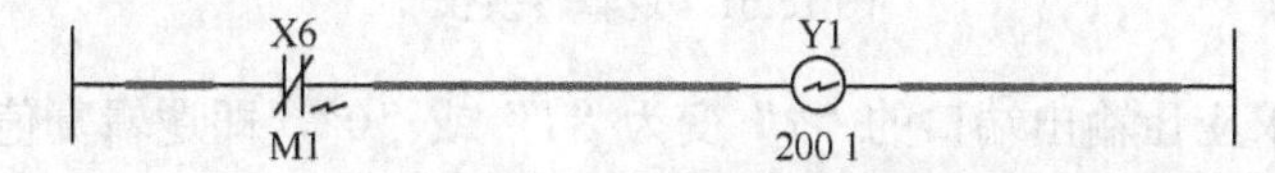

图 15.60　两地控制一灯的单独层次化模块中的梯形图

（3）所用元器件清单如表 15.7 所示。

表 15.7　两地控制一灯所用元器件清单

	RefDes	Description	Family	Package	Sheet
1	0	GROUND	POWER_SOURCES	—	
2	VCC	VCC	POWER_SOURCES	—	
3	J1	SPDT	SWITCH	SPDT	两地控制一灯
4	J2	SPDT	SWITCH	SPDT	两地控制一灯
5	X1	PROBE_DIG_RED	PROBE	—	两地控制一灯
6	U2	OUTPUT_MODULE_5Vdc	LADDER_IO_MODULES	—	两地控制一灯
7	U1	INPUT_MODULE_5Vdc	LADDER_IO_MODULES	—	两地控制一灯
8	X4	INPUT_CONTACT_NO	LADDER_CONTACTS	—	两地控制一灯梯形图（SC1）
9	X5	INPUT_CONTACT_NC	LADDER_CONTACTS	—	两地控制一灯梯形图（SC1）
10	M1	RELAY_COIL	LADDER_RELAY_COILS	—	两地控制一灯梯形图（SC1）
11	X6	INPUT_CONTACT_NO	LADDER_CONTACTS	—	两地控制一灯梯形图（SC1）

续表

	RefDes	Description	Family	Package	Sheet
12	Y1	OUTPUT_COIL	LADDER_CUTPUT_COILS	—	两地控制一灯梯形图（SC1）
13	X3	INPUT_CONTACT_NO	LADDER_COUNTERS	—	两地控制一灯梯形图（SC1）
14	X2	INPUT_CONTACT_NC	LADDER_RUNGS	—	两地控制一灯梯形图（SC1）
15	L5	L1	LADDER_RUNGS	—	两地控制一灯梯形图（SC1）
16	L4	L2	LADDER_RUNGS	—	两地控制一灯梯形图（SC1）
17	L3	L1	LADDER_RUNGS	—	两地控制一灯梯形图（SC1）
18	L2	L2	LADDER_RUNGS	—	两地控制一灯梯形图（SC1）
19	L1	L1	LADDER_RUNGS	—	两地控制一灯梯形图（SC1）

8. 四地控制一灯的仿真实例

四地控制一灯与两地控制一灯，本质上是一样的，但四地控制灯的逻辑运算较复杂，若借助于逻辑转换仪，运算起来就方便得多。

（1）四地控制一灯的逻辑运算具体操作如下：

① 双击仪器库中的逻辑转换仪，如图 15.61 所示。

② 双击逻辑转换仪，系统弹出如图 15.62 所示逻辑运算对话框。因为有 4 个楼层，所以要 4 个输入端口，即在逻辑转换仪上选择 A、B、C、D 这 4 个输入端，在逻辑转换仪的输出端口出现了一列“?”。

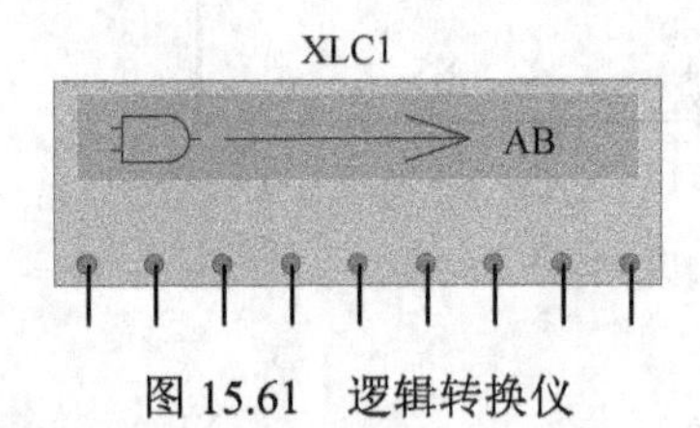

图 15.61　逻辑转换仪

③ 根据题意要求应让输出端口的“?”变为“1”或“0”，即逻辑真值表。然后单击逻辑真值表转换逻辑表达式上 10|1 SIMP A|B 按钮，让真值表变为表达式，逻辑表达式在逻辑转换仪的最下面，如图 15.63 所示。

逻辑表达式为：A'B'C'D+A'B'CD'+A'BC'D'+A'BCD+AB'C'D'+AB'CD+ABC'D+ABCD'

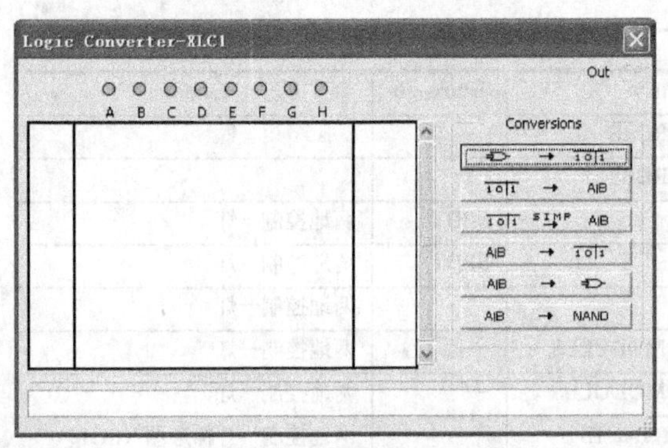

图 15.62　逻辑运算对话框

图 15.63　逻辑运算对话框中的逻辑表达式

（2）四地控制一灯控制电路如图 15.64 所示。

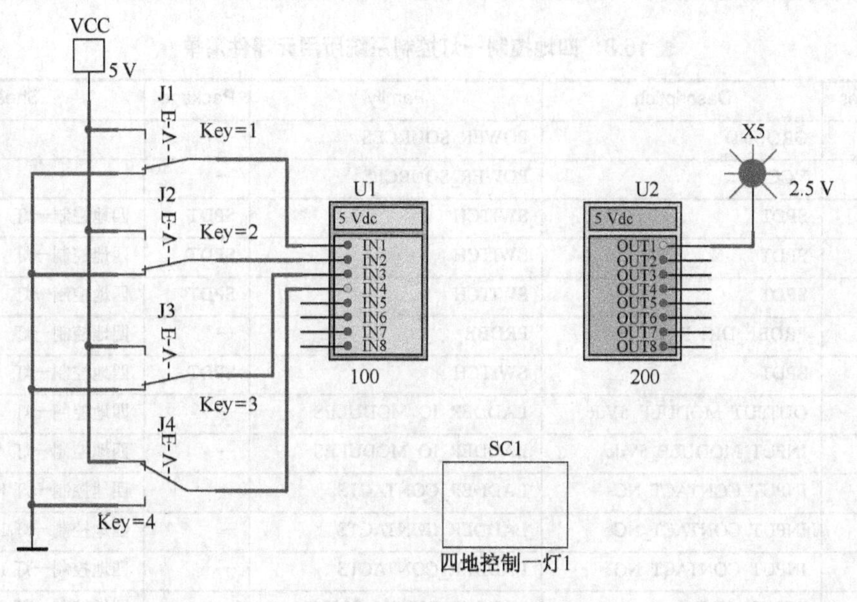

图 15.64　四地控制一灯控制电路

（3）四地控制一灯的梯形图设计如图 15.65 所示。

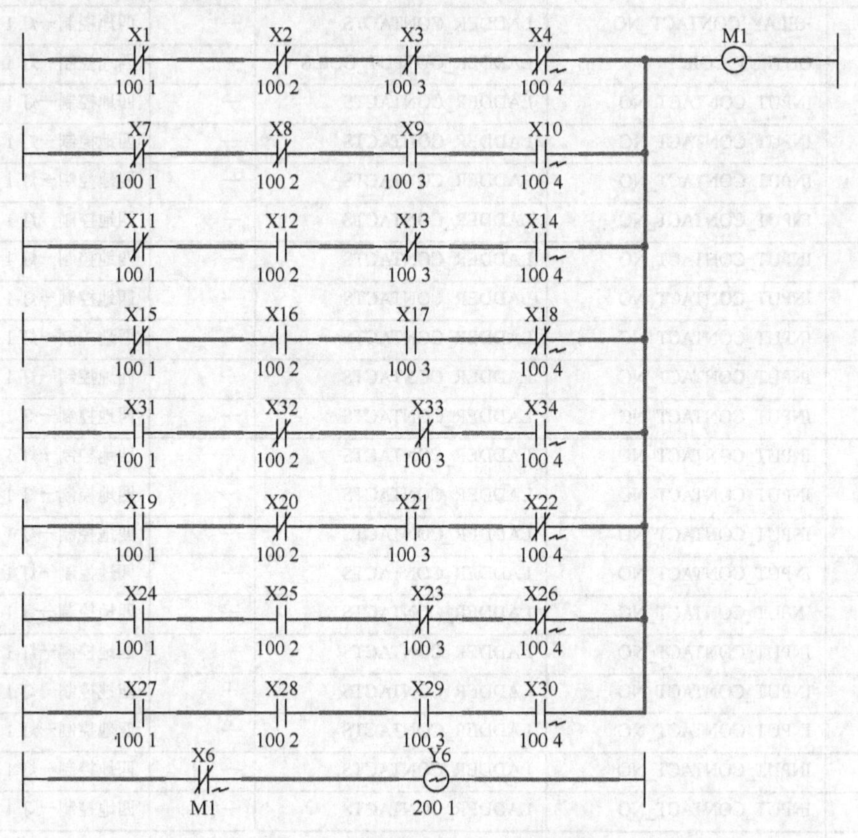

图 15.65　四地控制一灯的梯形图

（4）四地控制一灯控制系统所用元器件清单如表 15.8 所示。

表 15.8　四地控制一灯控制系统所用元器件清单

	RefDes	Description	Family	Package	Sheet
1	0	GROUND	POWER_SOURCES	—	
2	VCC	VCC	POWER_SOURCES	—	
3	J3	SPDT	SWITCH	SPDT	四地控制一灯
4	J1	SPDT	SWITCH	SPDT	四地控制一灯
5	J4	SPDT	SWITCH	SPDT	四地控制一灯
6	X5	PROBE_DIG_RED	PROBE	—	四地控制一灯
7	J2	SPDT	SWITCH	SPDT	四地控制一灯
8	U2	OUTPUT_MODULE_5Vdc	LADDER_IO_MODULES	—	四地控制一灯
9	U1	INPUT_MODULE_5Vdc	LADDER_IO_MODULES	—	四地控制一灯
10	X2	INPUT_CONTACT_NC	LADDER_CONTACTS	—	四地控制一灯 1（SC1）
11	X3	INPUT_CONTACT_NC	LADDER_CONTACTS	—	四地控制一灯 1（SC1）
12	X4	INPUT_CONTACT_NO	LADDER_CONTACTS	—	四地控制一灯 1（SC1）
13	M1	RELAY_COIL	LADDER_RELAY_COILS	—	四地控制一灯 1（SC1）
14	L3	L1	LADDER_RUNGS	—	四地控制一灯 1（SC1）
15	L4	L2	LADDER_RUNGS	—	四地控制一灯 1（SC1）
16	X6	RELAY_CONTACT_NO	LADDER_CONTACTS	—	四地控制一灯 1（SC1）
17	Y1	OUTPUT_COIL	LADDER_OUTPUT_COILS	—	四地控制一灯 1（SC1）
18	X7	INPUT_CONTACT_NO	LADDER_CONTACTS	—	四地控制一灯 1（SC1）
19	X8	INPUT_CONTACT_NC	LADDER_CONTACTS	—	四地控制一灯 1（SC1）
20	X9	INPUT_CONTACT_NO	LADDER_CONTACTS	—	四地控制一灯 1（SC1）
21	X10	INPUT_CONTACT_NC	LADDER_CONTACTS	—	四地控制一灯 1（SC1）
22	X11	INPUT_CONTACT_NO	LADDER_CONTACTS	—	四地控制一灯 1（SC1）
23	X12	INPUT_CONTACT_NO	LADDER_CONTACTS	—	四地控制一灯 1（SC1）
24	X13	INPUT_CONTACT_NC	LADDER_CONTACTS	—	四地控制一灯 1（SC1）
25	X14	INPUT_CONTACT_NC	LADDER_CONTACTS	—	四地控制一灯 1（SC1）
26	X15	INPUT_CONTACT_NC	LADDER_CONTACTS	—	四地控制一灯 1（SC1）
27	X16	INPUT_CONTACT_NO	LADDER_CONTACTS	—	四地控制一灯 1（SC1）
28	X17	INPUT_CONTACT_NO	LADDER_CONTACTS	—	四地控制一灯 1（SC1）
29	X18	INPUT_CONTACT_NO	LADDER_CONTACTS	—	四地控制一灯 1（SC1）
30	X19	INPUT_CONTACT_NO	LADDER_CONTACTS	—	四地控制一灯 1（SC1）
31	X20	INPUT_CONTACT_NC	LADDER_CONTACTS	—	四地控制一灯 1（SC1）
32	X21	INPUT_CONTACT_NO	LADDER_CONTACTS	—	四地控制一灯 1（SC1）
33	X22	INPUT_CONTACT_NO	LADDER_CONTACTS	—	四地控制一灯 1（SC1）
34	X23	INPUT_CONTACT_NC	LADDER_CONTACTS	—	四地控制一灯 1（SC1）
35	X24	INPUT_CONTACT_NO	LADDER_CONTACTS	—	四地控制一灯 1（SC1）
36	X25	INPUT_CONTACT_NO	LADDER_CONTACTS	—	四地控制一灯 1（SC1）
37	X26	INPUT_CONTACT_NO	LADDER_CONTACTS	—	四地控制一灯 1（SC1）
38	X27	INPUT_CONTACT_NO	LADDER_CONTACTS	—	四地控制一灯 1（SC1）
39	X28	INPUT_CONTACT_NO	LADDER_CONTACTS	—	四地控制一灯 1（SC1）

续表

	RefDes	Description	Family	Package	Sheet
40	X29	INPUT_CONTACT_NO	LADDER_CONTACTS	—	四地控制一灯 1（SC1）
41	X30	INPUT_CONTACT_NC	LADDER_CONTACTS	—	四地控制一灯 1（SC1）
42	L6	L1	LADDER_RUNGS	—	四地控制一灯 1（SC1）
43	X31	INPUT_CONTACT_NO	LADDER_CONTACTS	—	四地控制一灯 1（SC1）
44	X32	INPUT_CONTACT_NC	LADDER_CONTACTS	—	四地控制一灯 1（SC1）
45	X33	INPUT_CONTACT_NC	LADDER_CONTACTS	—	四地控制一灯 1（SC1）
46	X34	INPUT_CONTACT_NC	LADDER_CONTACTS	—	四地控制一灯 1（SC1）
47	X1	INPUT_CONTACT_NC	LADDER_CONTACTS	—	四地控制一灯 1（SC1）
48	L17	L1	LADDER_RUNGS	—	四地控制一灯 1（SC1）
49	L15	L1	LADDER_RUNGS	—	四地控制一灯 1（SC1）
50	L13	L1	LADDER_RUNGS	—	四地控制一灯 1（SC1）
51	L11	L1	LADDER_RUNGS	—	四地控制一灯 1（SC1）
52	L9	L1	LADDER_RUNGS	—	四地控制一灯 1（SC1）
53	L5	L1	LADDER_RUNGS	—	四地控制一灯 1（SC1）
54	L2	L2	LADDER_RUNGS	—	四地控制一灯 1（SC1）
55	L1	L1	LADDER_RUNGS	—	四地控制一灯 1（SC1）

第 16 章　Multisim 12 中的 PLD 仿真设计

16.1　Multisim 12 中的 PLD 仿真环境

下面先介绍一下怎样进入 PLD 编辑界面。

单击“Place”，在下拉菜单中选择“New PLD Subcircuit”选项，如图 16.1 所示。

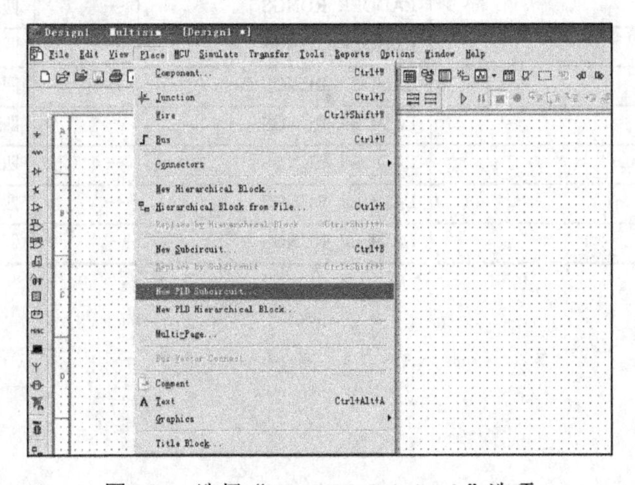

图 16.1　选择“New PLD Subcircuit”选项

在打开的对话框中选择“Creat empty PLD”选项，如图 16.2 所示。

单击“Next”按钮，在第一栏中填写要 PLD 的名称，例如在此输入“counter”，器件出现在清单上的位置，一般不填，如图 16.3 所示。

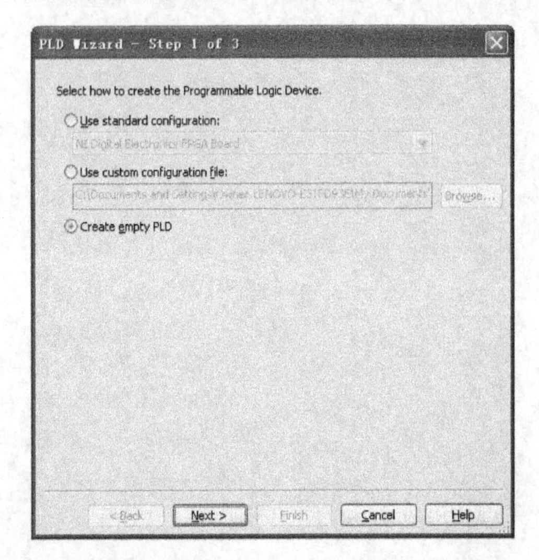

图 16.2　选择“Creat empty PLD”选项

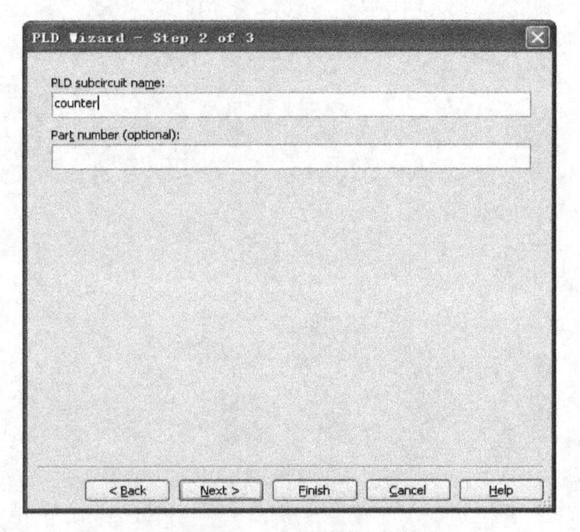

图 16.3　输入 PLD 的名称

单击“Next”按钮，如图 16.4 所示。然后单击“Finish”按钮，如图 16.5 所示，一个空的 PLD 逻辑器件即构建完成了，下面进行内部的构造。

将鼠标移到器件上，双击，将会出现如图 16.6 所示对话框。

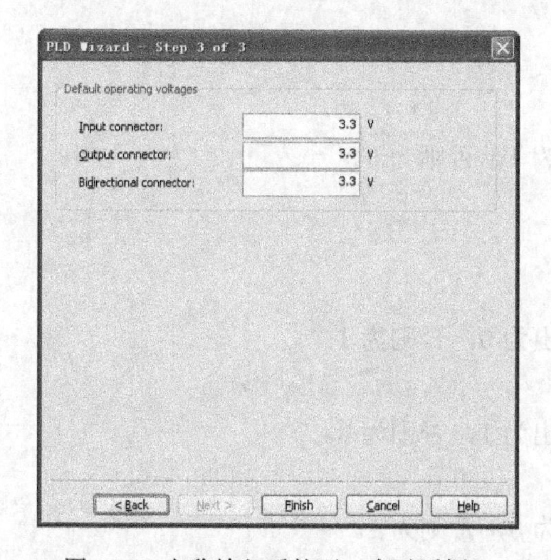

图 16.4　名称输入后的下一个对话框

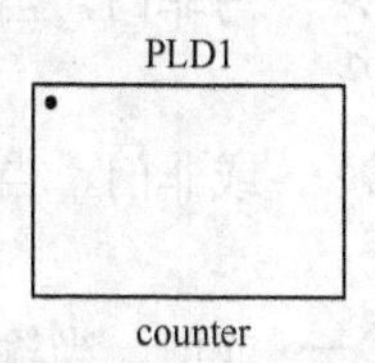

图 16.5　完成一个空的 PDL 逻辑器件的建立

单击“Edit HB/SC”按钮，将会出现 PLD 内部电路编辑界面，如图 16.7 所示。

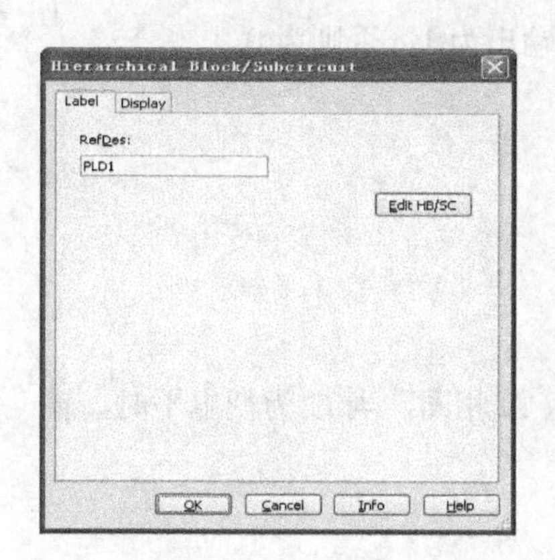

图 16.6　双击器件后打开的对话框

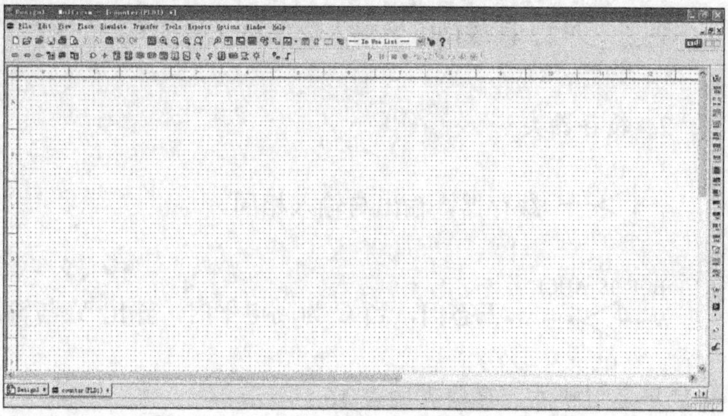

图 16.7　PLD 内部电路编辑界面

编辑界面上的工具栏如图 16.8 所示。

图 16.8　界面上的工具栏

我们重点介绍与 PLD 有关的第三排，是输入端口，是输出端口，是双向连接器，是 PLD 设置，是 PLD 逻辑检查，是把 PLD 转换成 VHDL 语言。

16.2 Multisim 12 中的 PLD 逻辑器件

1. 逻辑门类

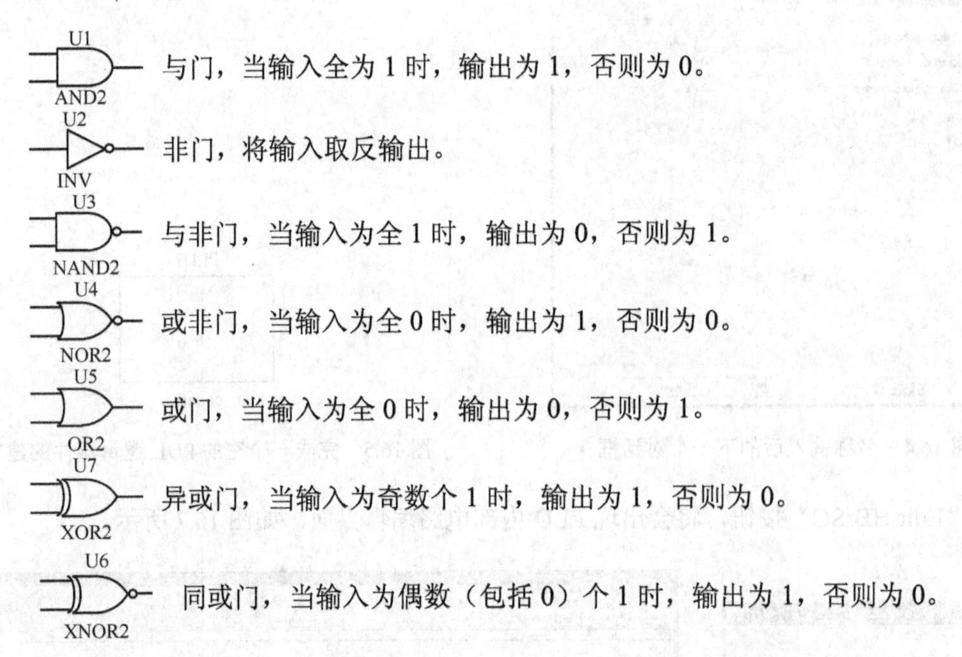

与门，当输入全为 1 时，输出为 1，否则为 0。

非门，将输入取反输出。

与非门，当输入为全 1 时，输出为 0，否则为 1。

或非门，当输入为全 0 时，输出为 1，否则为 0。

或门，当输入为全 0 时，输出为 0，否则为 1。

异或门，当输入为奇数个 1 时，输出为 1，否则为 0。

同或门，当输入为偶数（包括 0）个 1 时，输出为 1，否则为 0。

2. 缓存器类

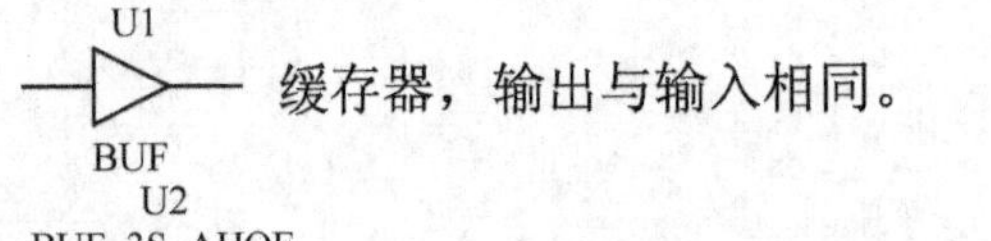

缓存器，输出与输入相同。

U2
BUF_3S_AHOE
A Y
C

三态门，当 C 为高电平时，输出 Y 与输入 A 相同，当 C 为低电平时，输出 Y 呈高阻状态，真值表如表 16.1 所示。

表 16.1 三态门真值表

Input A	Input C	Output Y
L	H	L
H	H	H
X	L	Z

U3
BUF_3S_ALOE
A Y
C

三态门，当 C 为低电平时，输出 Y 与输入 A 相同，当 C 为高电平时，输出 Y 呈高阻状态。

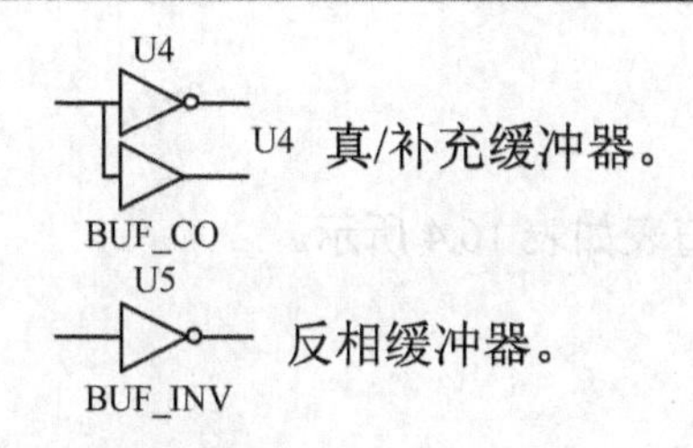

U4 真/补充缓冲器。

反相缓冲器。

3. 锁存器类

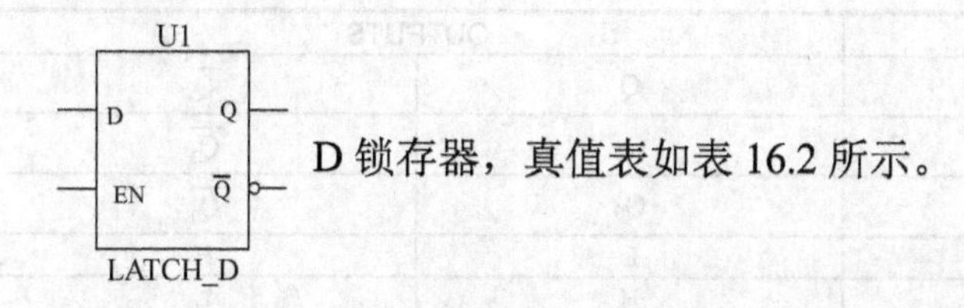

D 锁存器，真值表如表 16.2 所示。

表 16.2　D 锁存器真值表

INPUTS		OUTPUTS	
D	EN	Q	$\overline{Q}$
L	H	L	H
H	H	H	L
X	L	Q_0	$\overline{Q_0}$

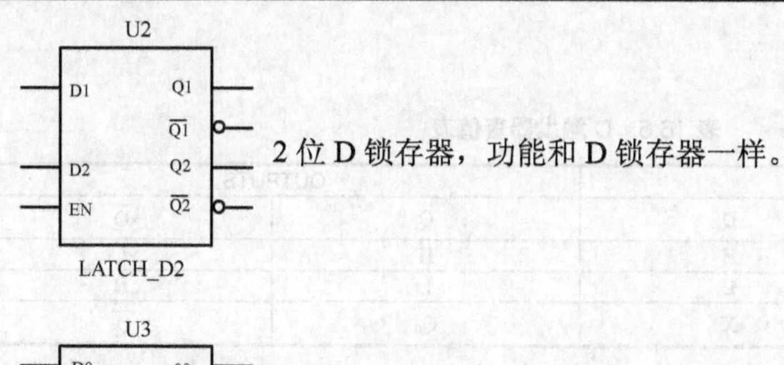

2 位 D 锁存器，功能和 D 锁存器一样。

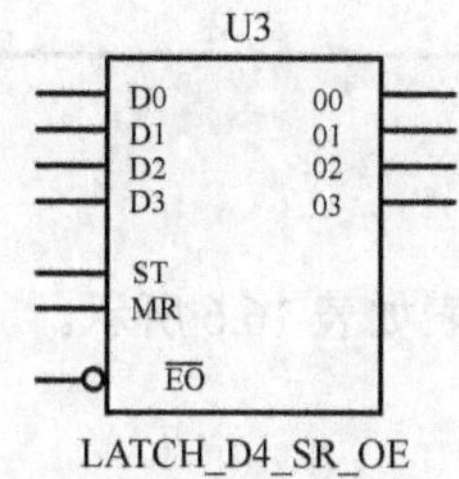

4 位锁存器，具有清零，锁存数据，输出使能端功能的锁存器，真值表如表 16.3 所示。

表 16.3　4 位锁存器真值表

INPUTS				OUTPUTS
MR	$\overline{EO}$	ST	D_n	Q_n
L	H	H	H	H
L	H	H	L	L
L	H	L	X	LATCHED
H	H	X	X	L
X	L	X	X	Z

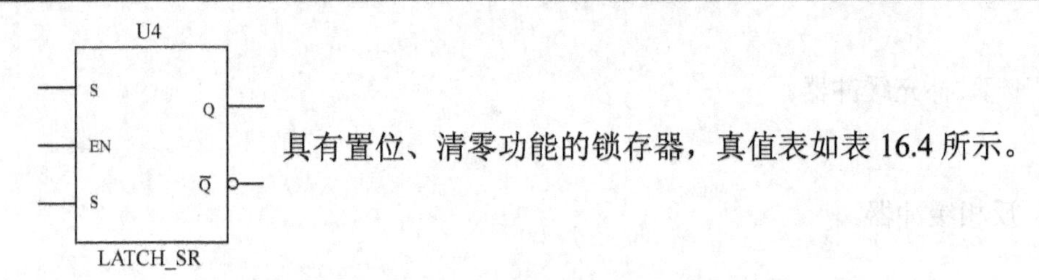

具有置位、清零功能的锁存器，真值表如表 16.4 所示。

表 16.4 具有置位、清零功能的锁存器真值表

INPUTS			OUTPUTS	
S	R	EN	Q	$\overline{Q}$
X	X	L	Q_0	$\overline{Q_0}$
L	L	H	Q_0	$\overline{Q_0}$
L	H	H	L	H
H	L	H	H	L
H	H	H	Restricted combination	

4. 触发器类

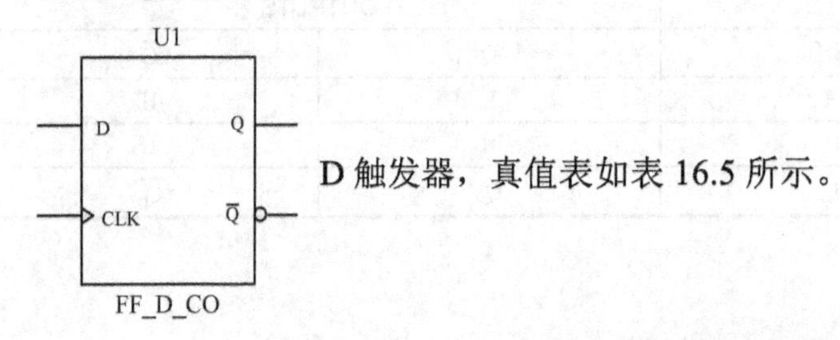

D 触发器，真值表如表 16.5 所示。

表 16.5 D 触发器真值表

INPUTS		OUTPUTS	
CLK	D	Q	$\overline{Q}$
↑	H	H	L
↑	L	L	H
L	X	Q_0	$\overline{Q_0}$

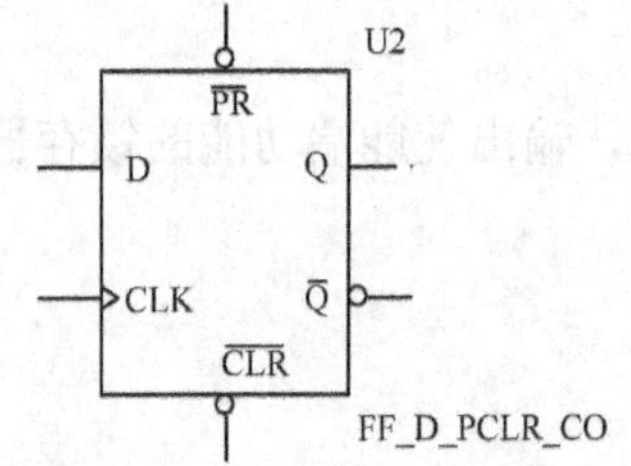

具有预置、清零功能的 D 触发器，真值表如表 16.6 所示。

表 16.6 具有预置、清零功能的 D 触发器真值表

INPUTS				OUTPUTS	
$\overline{PR}$	$\overline{CLR}$	CLK	D	Q	$\overline{Q}$
L	H	X	X	H	L
H	L	X	X	L	H
L	L	X	X	H^+	H^+
H	H	↑	H	H	L
H	H	↑	L	L	H
H	H	L	X	Q_0	$\overline{Q_0}$

其中，H^+表示无效状态。

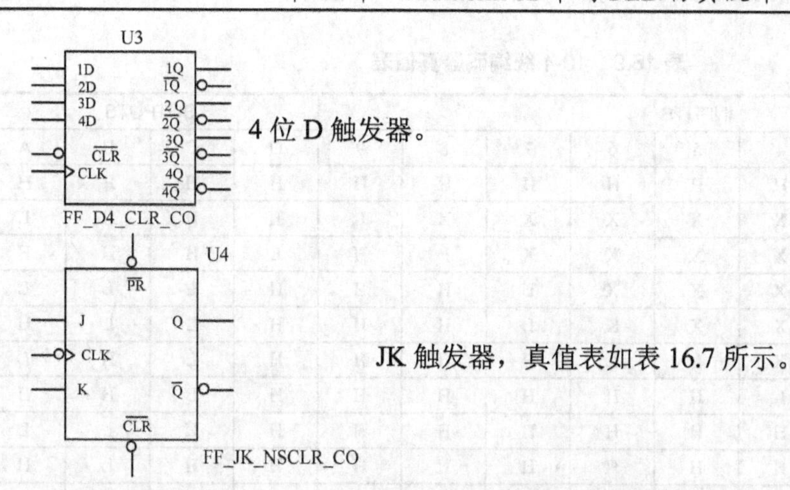

4 位 D 触发器。

JK 触发器，真值表如表 16.7 所示。

表 16.7　JK 触发器真值表

INPUTS					OUTPUTS	
$\overline{PR}$	$\overline{CLR}$	CLK	J	K	Q	$\overline{Q}$
L	H	X	X	X	H	L
H	L	X	X	X	L	H
L	L	X	X	X	H^+	H^+
H	H	↓	L	L	Q_0	$\overline{Q_0}$
H	H	↓	H	L	H	L
H	H	↓	L	H	L	H
H	H	↓	H	H	TOGGLE	

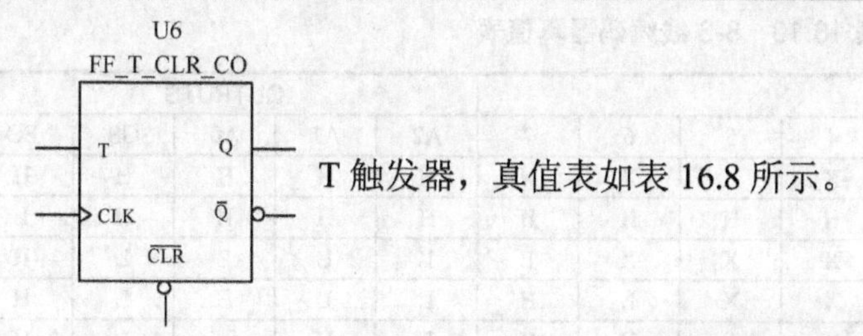

T 触发器，真值表如表 16.8 所示。

表 16.8　T 触发器真值表

INPUTS			OUTPUTS	
T	$\overline{CLR}$	CLK	Q	$\overline{Q}$
X	L	X	L	H
L	H	↑	Q_0	$\overline{Q_0}$
H	H	↑	TOGGLE	
X	H	L	Q_0	$\overline{Q_0}$

5. 编码器类

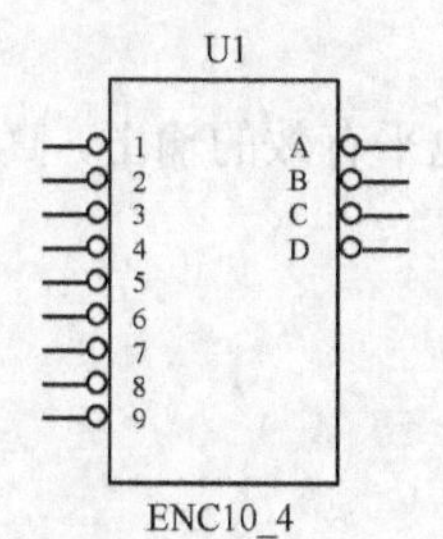

10-4 线编码器，将输入以 BCD 码输出，真值表如表 16.9 所示。

表 16.9 10-4 线编码器真值表

INPUTS									OUTPUTS			
1	2	3	4	5	6	7	8	9	D	C	B	A
H	H	H	H	H	H	H	H	H	H	H	H	H
X	X	X	X	X	X	X	X	L	L	H	H	L
X	X	X	X	X	X	X	L	H	L	H	H	H
X	X	X	X	X	X	L	H	H	H	L	L	L
X	X	X	X	X	K	L	H	H	H	L	L	H
X	X	X	X	L	L	H	H	H	H	L	H	L
X	X	X	L	H	H	H	H	H	H	L	H	H
X	X	L	H	H	H	H	H	H	H	H	L	L
X	L	H	H	H	H	H	H	H	H	H	L	H
L	H	H	H	H	H	H	H	H	H	H	H	L

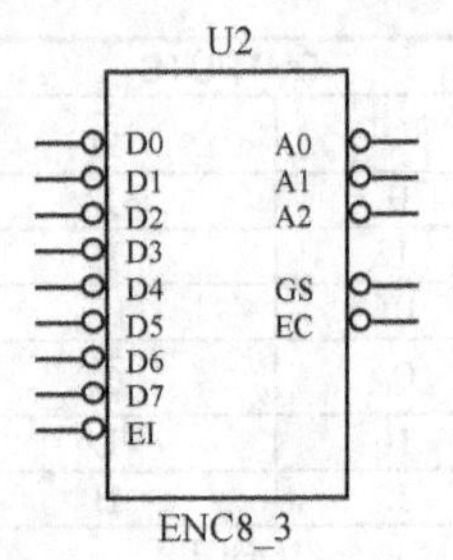

8-3 线编码器，将输入以 3 位二进制数输出，真值表如表 16.10 所示。

表 16.10 8-3 线编码器真值表

INPUTS									OUTPUTS				
EI	0	1	2	3	4	5	6	7	A2	A1	A0	GS	EO
H	X	X	X	X	X	X	X	X	H	H	H	H	H
L	H	H	H	H	H	H	H	H	H	H	H	H	L
L	X	X	X	X	X	X	X	L	L	L	L	L	H
L	X	X	X	X	X	X	L	H	L	L	H	L	H
L	X	X	X	X	X	L	H	H	L	H	L	L	H
L	X	X	X	X	L	H	H	H	L	H	H	L	H
L	X	X	X	L	H	H	H	H	H	L	L	L	H
L	X	X	L	H	H	H	H	H	H	L	H	L	H
L	X	L	H	H	H	H	H	H	H	H	L	L	H
L	L	H	H	H	H	H	H	H	H	H	H	L	H

6. 译码器类

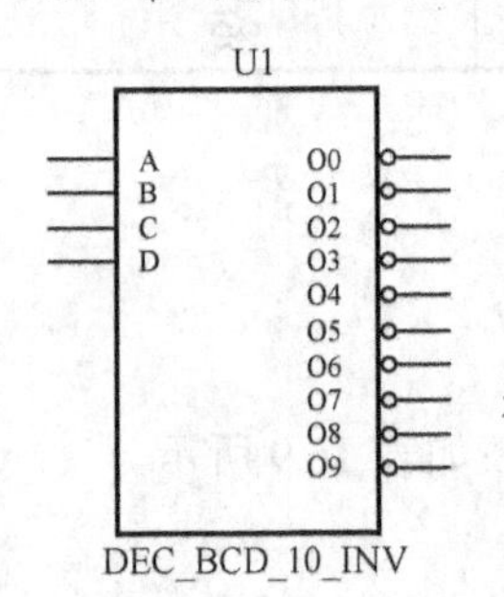

将一个 4 位的 BCD 码转换为一个相应低电平有效的输出，真值表如表 16.11 所示。

表 16.11　译码器真值表

No.	BCD Input				Decimal Output									
	D	C	B	A	0	1	2	3	4	5	6	7	8	9
0	L	L	L	L	H	L	L	L	L	L	L	L	L	L
1	L	L	L	H	L	H	L	L	L	L	L	L	L	L
2	L	L	H	L	L	L	H	L	L	L	L	L	L	L
3	L	L	H	H	L	L	L	H	L	L	L	L	L	L
4	L	H	L	L	L	L	L	L	H	L	L	L	L	L
5	L	H	L	L	H	L	L	L	L	H	L	L	L	L
6	L	H	H	L	L	L	L	L	L	L	H	L	L	L
7	L	H	H	H	L	L	L	L	L	L	L	H	L	L
8	H	L	L	L	L	L	L	L	L	L	L	L	H	L
9	H	L	L	H	L	L	L	L	L	L	L	L	L	H
Extraordinary States	H	L	H	L	L	L	L	L	L	L	L	L	H	L
	H	L	H	H	L	L	L	L	L	L	L	L	L	H
	H	H	L	L	L	L	L	L	L	L	L	L	H	L
	H	H	L	H	L	L	L	L	L	L	L	L	L	H
	H	H	H	L	L	L	L	L	L	L	L	L	H	L
	H	H	H	H	L	L	L	L	L	L	L	L	L	H

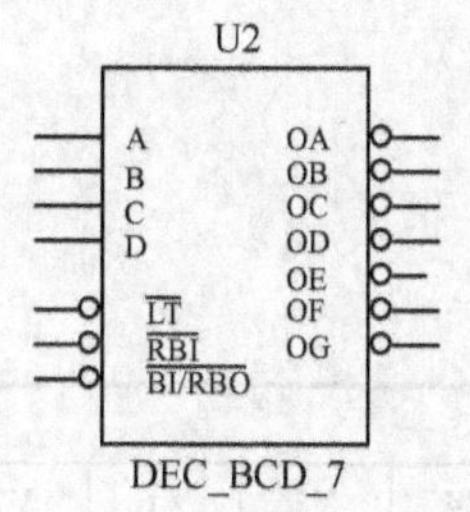

7 段译码/驱动器 BCD 码器，真值表如表 16.12 所示。

表 16.12　7 段译码/驱动器 BCD 码器真值表

DEC NO.	$\overline{LT}$	$\overline{RBI}$	D	C	B	A	$\overline{BI/RBO}$	OA	OB	OC	OD	OE	OF	OG
0	H	H	L	L	L	L	H	L	L	L	L	L	L	H
1	H	X	L	L	L	H	H	H	L	L	H	H	H	H
2	H	X	L	L	H	L	H	L	L	H	L	L	H	L
3	H	X	L	L	H	H	H	L	L	L	L	H	H	L
4	H	X	L	H	L	L	H	H	L	L	H	H	L	L
5	H	X	L	H	L	H	H	L	H	L	L	H	L	L
6	H	X	L	H	H	L	H	H	H	L	L	L	L	L
7	H	X	L	H	H	H	H	L	L	L	H	H	H	H
8	H	X	H	L	L	L	H	L	L	L	L	L	L	L
9	H	X	H	L	L	H	H	L	L	L	H	H	L	L
10	H	X	H	L	H	L	H	H	H	H	L	H	H	L
11	H	X	H	L	H	H	H	H	H	L	L	H	H	L
12	H	X	H	H	L	L	H	H	L	H	H	H	L	L
13	H	X	H	H	L	H	H	L	H	H	L	H	L	L
14	H	X	H	H	H	L	H	H	H	H	L	L	L	L
15	H	X	H	H	H	H	H	H	H	H	H	H	H	H
BI	X	X	X	X	X	X	L	H	H	H	H	H	H	H
RBI	H	L	L	L	L	L	L	H	H	H	H	H	H	H
LT	L	X	X	X	X	X	H	L	L	L	L	L	L	L

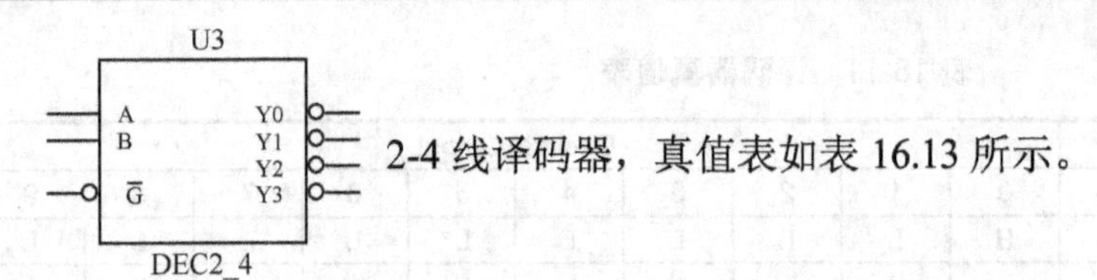

2-4 线译码器，真值表如表 16.13 所示。

表 16.13 2-4 线译码器真值表

INPUTS			OUTPUTS			
ENABLE $\overline{G}$	SELECT					
	B	A	Y0	Y1	Y2	Y3
H	X	X	H	H	H	H
L	L	L	L	H	H	H
L	L	H	H	L	H	H
L	H	H	H	H	H	L

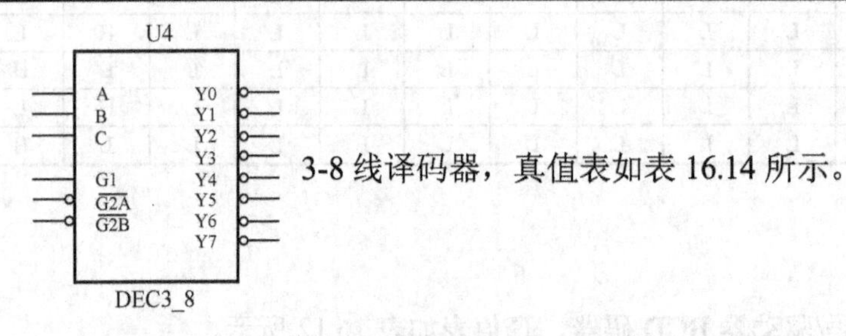

3-8 线译码器，真值表如表 16.14 所示。

表 16.14 3-8 线译码器真值表

ENABLE			SELECT			OUTPUTS							
G1	G2A	G2B	C	B	A	Y0	Y1	Y2	Y3	Y4	Y5	Y 6	Y7
X	H	H	X	X	X	H	H	H	H	H	H	H	H
L	X	X	X	X	X	H	H	H	H	H	H	H	H
H	L	L	L	L	L	L	H	H	H	H	H	H	H
H	L	L	L	L	H	H	L	H	H	H	H	H	H
H	L	L	L	H	L	H	H	L	H	H	H	H	H
H	L	L	L	H	H	H	H	H	L	H	H	H	H
H	L	L	H	L	L	H	H	H	H	L	H	H	H
H	L	L	H	L	H	H	H	H	H	H	L	H	H
H	L	L	H	H	L	H	H	H	H	H	H	L	H
H	L	L	H	H	H	H	H	H	H	H	H	H	L

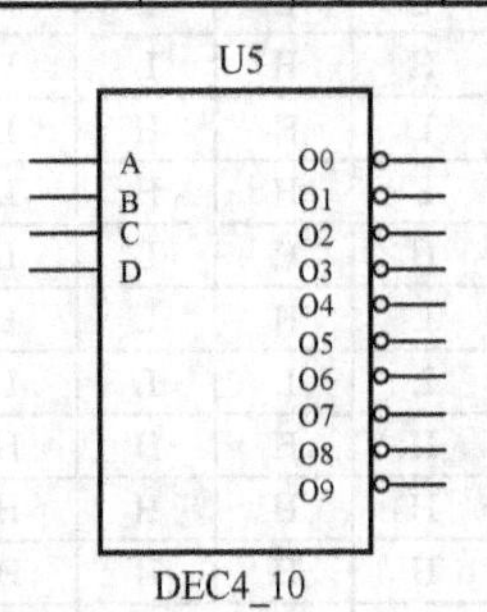

4-10 线译码器，将一个 4 位的 BCD 的值码转换为以对应位为 0 输出，其余为高电平，真值表如表 16.15 所示。

表 16.15　4-10 线译码器真值表

No.	BCD Input				Decimal Output									
	D	C	B	A	0	1	2	3	4	5	6	7	8	9
0	L	L	L	L	L	H	H	H	H	H	H	H	H	H
1	L	L	L	H	H	L	H	H	H	H	H	H	H	H
2	L	L	H	L	H	H	L	H	H	H	H	H	H	H
3	L	L	H	H	H	H	H	L	H	H	H	H	H	H
4	L	H	L	L	H	H	H	H	L	H	H	H	H	H
5	L	H	L	H	H	H	H	H	H	L	H	H	H	H
6	L	H	H	L	H	H	H	H	H	H	L	H	H	H
7	L	H	H	H	H	H	H	H	H	H	H	L	H	H
8	H	L	L	L	H	H	H	H	H	H	H	H	L	H
9	H	L	L	H	H	H	H	H	H	H	H	H	H	L
INVALIID	H	L	H	L	H	H	H	H	H	H	H	H	H	H
	H	L	H	H	H	H	H	H	H	H	H	H	H	H
	H	H	L	L	H	H	H	H	H	H	H	H	H	H
	H	H	L	H	H	H	H	H	H	H	H	H	H	H
	H	H	H	L	H	H	H	H	H	H	H	H	H	H
	H	H	H	H	H	H	H	H	H	H	H	H	H	H

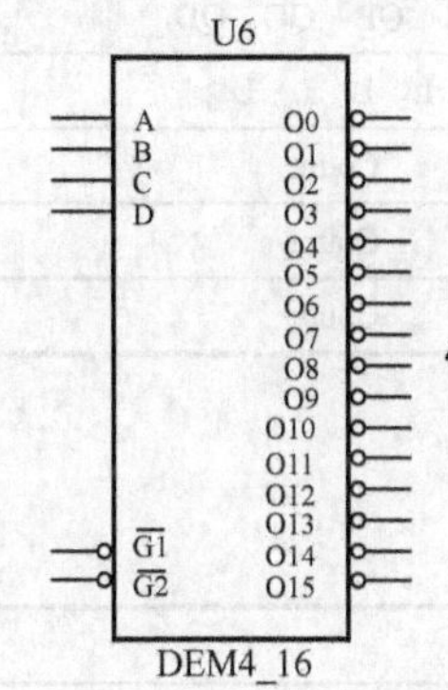

4-16 线译码器/选择器，真值表如表 16.16 所示。

表 16.16　4-16 线译码器/选择器真值表

		INPUTS				
$\overline{G1}$	$\overline{G2}$	A	B	C	D	OUTPUT LOW
H	H	X	X	X	X	None
H	L	X	X	X	X	None
L	L	L	L	L	L	$\overline{O0}$
L	L	L	L	L	H	$\overline{O1}$
L	L	L	L	H	L	$\overline{O2}$
L	L	L	L	H	H	$\overline{O3}$
L	L	L	H	L	L	$\overline{O4}$
L	L	L	H	L	H	$\overline{O5}$
L	L	L	H	H	L	$\overline{O6}$
$\overline{G1}$	$\overline{G2}$	A	B	C	D	OUTPUT LOW
L	L	L	H	H	H	$\overline{O7}$
L	L	H	L	L	L	$\overline{O8}$
L	L	H	L	L	H	$\overline{O9}$
L	L	H	L	H	L	$\overline{O10}$
L	L	H	L	H	H	$\overline{O11}$
L	L	H	H	L	L	$\overline{O12}$

续表

		INPUTS				
L	L	H	H	L	H	$\overline{O13}$
L	L	H	H	H	L	$\overline{O14}$
L	L	H	H	H	H	$\overline{O15}$

7. 计数器类

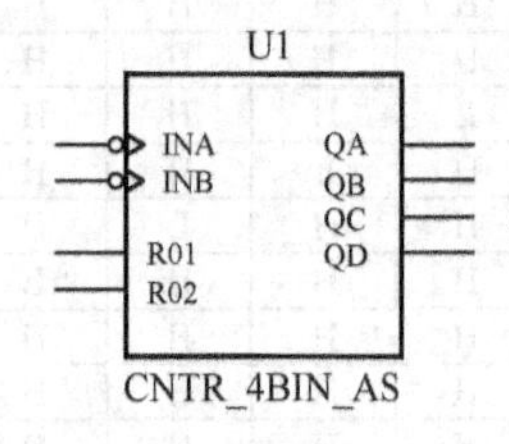

模为 16 的加法异步计数器，工作方式选择如表 16.17 所示。

表 16.17　模为 16 的加法异步计数器工作方式

RESET INPUTS		OUTPUTS
R01	R02	QA　QB　QC　QD
H	H	L　L　L　L
L	H	Count
H	L	Count
L	L	Count

真值表如表 16.18 所示。

表 16.18　模为 16 的加法异步计数器真值表

COUNT	OUTPUT			
	QA	QB	QC	QD
0	L	L	L	L
1	H	L	L	L
2	L	H	L	L
3	H	H	L	L
4	L	L	H	L
5	H	L	H	L
6	L	H	H	L
7	H	H	H	L
8	L	L	L	H
9	H	L	L	H
10	L	H	L	H
11	H	H	L	H
12	L	L	H	H
13	H	L	H	H
14	L	H	H	H
15	H	H	H	H

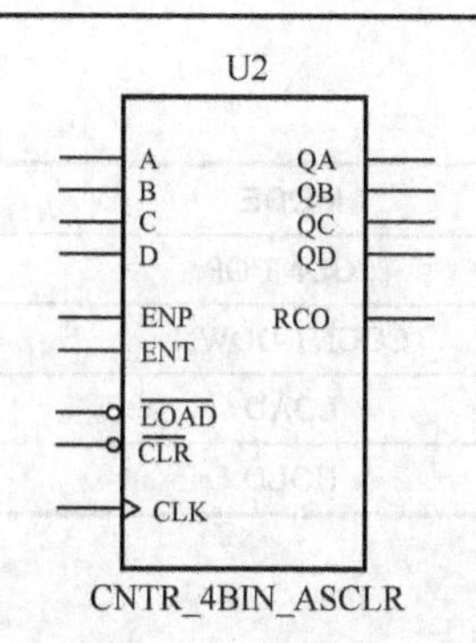

模为 10 的加法同步计数器，并带有异步清零，工作方式选择如表 16.19 所示。

表 16.19　模为 10 并带有异步清零的加法同步计数器工作方式

$\overline{CLR}$	LOAD	ENT	ENP	CLK	OPERATION
L	X	X	X	X	RESET
H	L	X	X	↑	LOAD
H	H	H	H	↑	COUNT
H	H	L	X	X	HOLD
H	H	X	L	X	HOLD

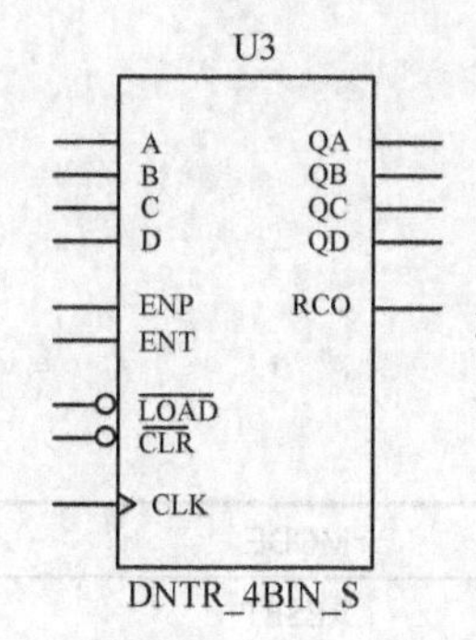

模为 10 的加法同步计数器，工作方式选择如表 16.20 所示。

表 16.20　模 10 的加法同步计数器工作方式

$\overline{CLR}$	LOAD	ENT	ENP	Action on the Rising Clock Edge(↑)
L	X	X	X	RESET
H	L	X	X	LOAD
H	H	H	H	COUNT
H	H	L	X	HOLD
H	H	X	L	HOLD

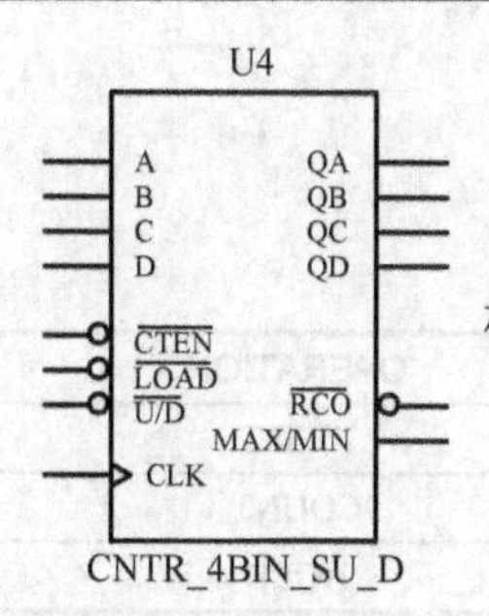

模 16 的加法/减法计数器，工作方式选择如表 16.21 所示。

表 16.21　模 16 的加法/减法计数器工作方式

PL	$\overline{CTEN}$	$\overline{U/D}$	CLK	MODE
H	L	L	↑	COUNT OP
H	L	H	↑	COUNT DOWN
L	X	X	X	LOAD
H	H	X	X	HOLD

RCO 端口的真值表如表 16.22 所示。

表 16.22　RCO 端口的真值表

$\overline{CTEN}$	MAX/MIN	CLK	MODE
L	H	L	L
H	X	X	H
X	L	X	H

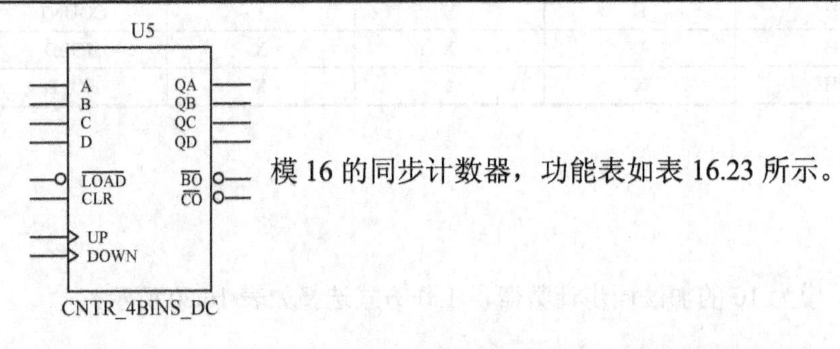

模 16 的同步计数器，功能表如表 16.23 所示。

表 16.23　模 16 的同步计数器功能表

CLR	$\overline{LOAD}$	UP	DOWN	MODE
H	X	X	X	RESET
L	L	X	X	LOAD
L	H	H	H	HOLD
L	H	↑	H	COUNT UP
L	H	H	↑	COUNT DOWN

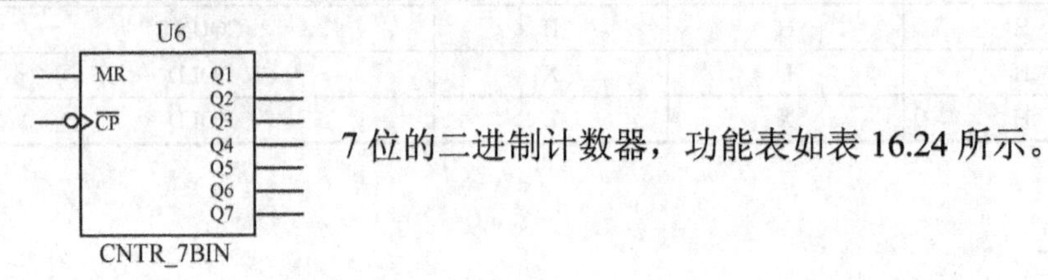

7 位的二进制计数器，功能表如表 16.24 所示。

表 16.24　7 位的二进制计数器功能表

MR	$\overline{CP}$	OPERATION
H	X	RESET
H	↓	COUNT
L	L	HOLD

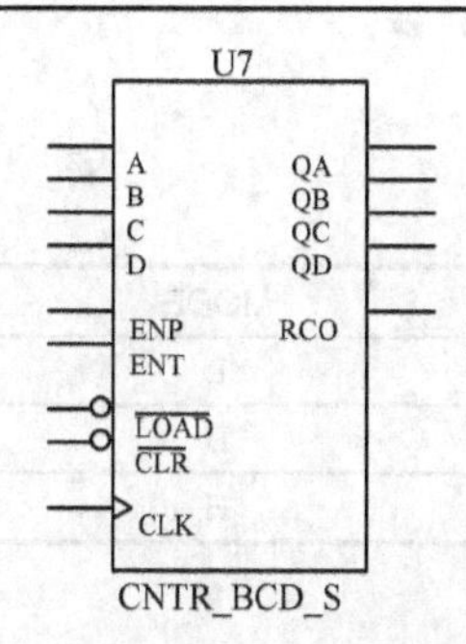

BCD 码的十进制上升沿触发同步计数器，工作方式选择如表 16.25 所示。

表 16.25 十进制上升沿触发同步计数器工作方式

CLR	LOAD	ENT	ENP	Action on the Rising Clock Edge(↑)
L	X	X	X	RESET
H	L	X	X	LOAD
H	H	H	H	COUNT
H	H	L	X	HOLD
H	H	X	L	HOLD

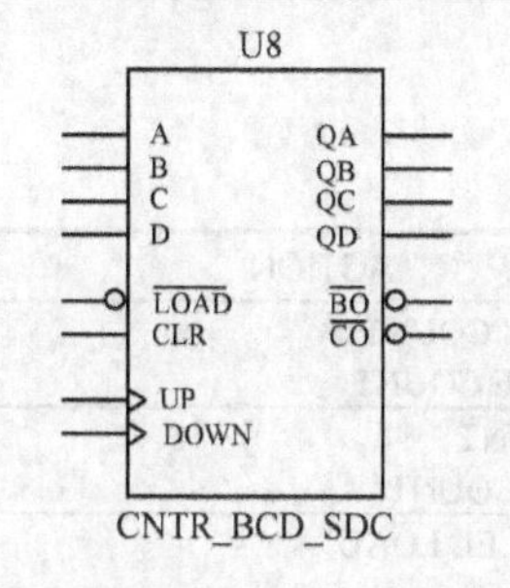

十进制可加/减的同步计数器，工作方式选择如表 16.26 所示。

表 16.26 十进制可加/减的同步计数器工作方式

CLR	LOAD	UP	DOWN	MODE
H	X	X	X	RESET
L	L	X	X	LOAD
L	H	H	H	HOLD
L	H	↑	H	COUNT UP
L	H	H	↑	COUNT DOWN

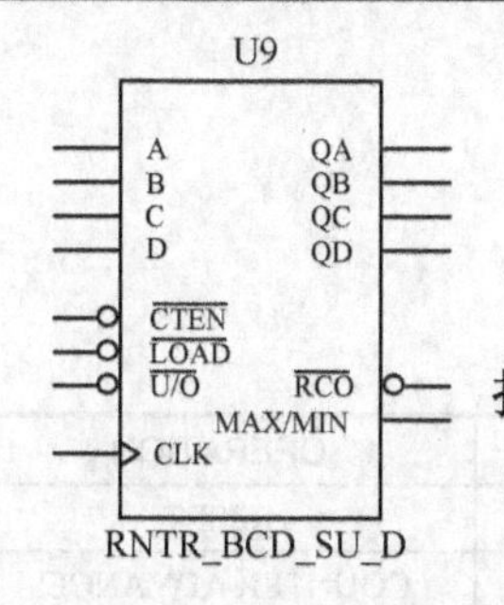

同步可加/减（BCD）计数的独立十进制计数器，工作方式选择如表 16.27 所示。

表 16.27 同步可加/减（BCD）计数的独立十进制计数器工作方式

PL	CTEN	U/D	CLK	MODE
H	L	L	↑	COUNT OP
H	L	H	↑	COUNT DOWN
L	X	X	X	LOAD
H	H	X	X	HOLD

RCO 的真值表如表 16.28 所示。

表 16.28　RCO 的真值表

$\overline{CTEN}$	MAX/MIN	CLK	MODE
L	H	L	L
H	X	X	H
X	L	X	H

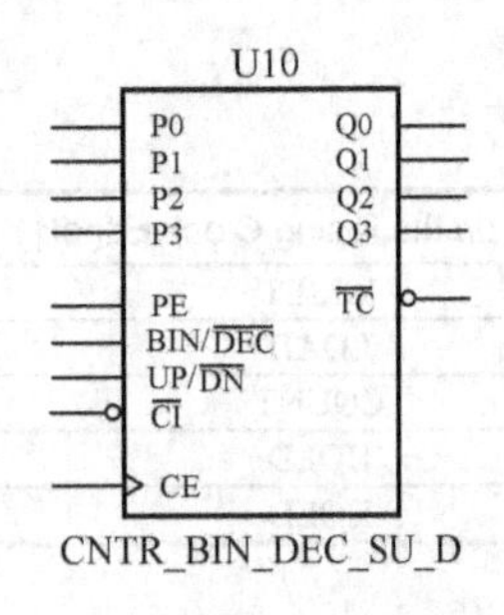

一个可预置的可加/减计数器的二进制或十进制模式取决于 BIN/～DEC 计数输入信号，工作方式如表 16.29 所示。

表 16.29　可加/减计数器工作方式

CONTROL INPUT	LOGIC LEVEL	ACTION
BIN/ $\overline{DEC}$	H L	BINARY COUNT DECADE COUNT
UP/ $\overline{DN}$	H L	UP COUNT DOWN COUNT
PE	H L	PARALLEL LOAD NO LOAD
$\overline{CI}$	H L	NO ADVANCE AT ↑ ADVANCE AT ↑

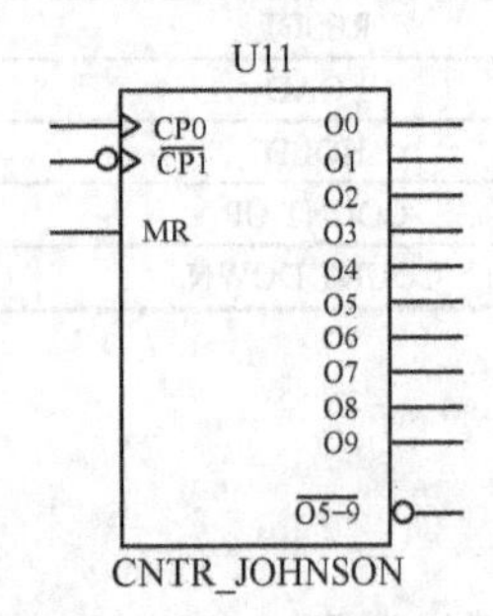

约翰逊计数器，计数功能表如表 16.30 所示。

表 16.30　约翰逊计数器计数功能表

MR	CP0	$\overline{CP1}$	OPERATION
H	X	X	RESET
L	H	↓	COUNTER ADVANCES
L	↑	L	COUNTER ADVANCES
L	L	X	NO CHANGE
L	X	H	NO CHANGE
L	H	↑	NO CHANGE
L	↓	L	NO CHANGE

8. 加法器类

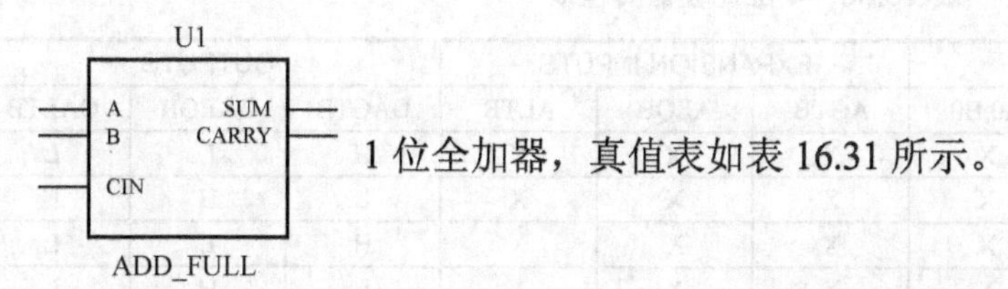

1 位全加器，真值表如表 16.31 所示。

表 16.31 1 位全加器真值表

Input A	Input B	Input CIN	Output CARRY	Output SUM
0	0	0	0	0
0	0	1	0	1
0	1	0	0	1
0	1	1	1	0
1	0	0	0	1
1	0	1	1	0
1	1	0	1	0
1	1	1	1	1

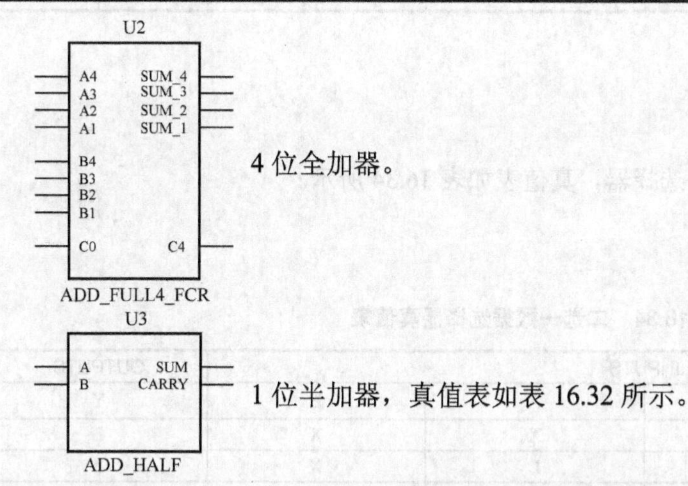

4 位全加器。

1 位半加器，真值表如表 16.32 所示。

表 16.32 1 位半加器真值表

Input A	Input B	Output CARRY	Output SUM
0	0	0	0
0	1	0	1
1	0	0	1
1	1	1	0

9. 比较器类

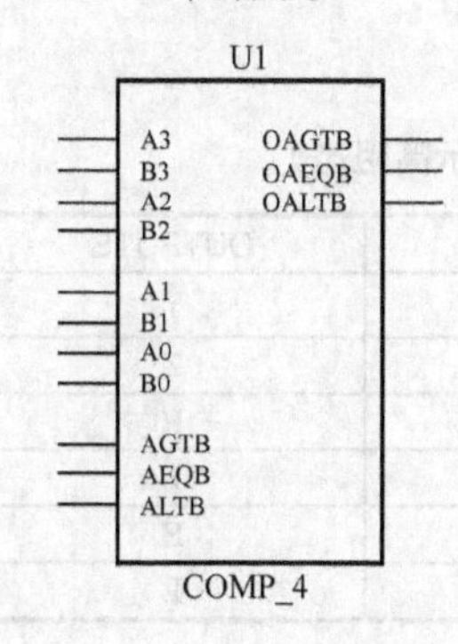

4 位比较器，真值表如表 16.33 所示。

表 16.33　4 位比较器真值表

COMPARING INPUTS				EXPANSION INPUTS			OUTPUTS		
A3,B3	A2,B2	A1,B1	A0,B0	AGTB	AEQB	ALTB	OAGTB	OAEQB	OALTB
A3>B3	X	X	X	X	X	X	H	L	L
A3>B3	X	X	X	X	X	X	L	H	L
A3=B3	A2>B2	X	X	X	X	X	H	L	L
A3=B3	A2<B2	X	X	X	X	X	L	H	L
A3=B3	A2=B2	A1>B1	X	X	X	X	H	L	L
A3=B3	A2=B2	A1<B1	X	X	X	X	L	H	L
A3=B3	A2=B2	A1=B1	A0>B0	X	X	X	H	L	L
A3=B3	A2=B2	A1=B1	A0<B0	X	X	X	L	H	L
A3=B3	A2=B2	A1=B1	A0=B0	H	L	L	H	L	L
A3=B3	A2=B2	A1=B1	A0=B0	L	H	L	L	H	L
A3=B3	A2=B2	A1=B1	A0=B0	L	L	H	L	L	H
A3=B3	A2=B2	A1=B1	A0=B0	X	X	H	L	L	H
A3=B3	A2=B2	A1=B1	A0=B0	H	H	L	L	L	L
A3=B3	A2=B2	A1=B1	A0=B0	L	L	L	H	H	L

10. 选择器类

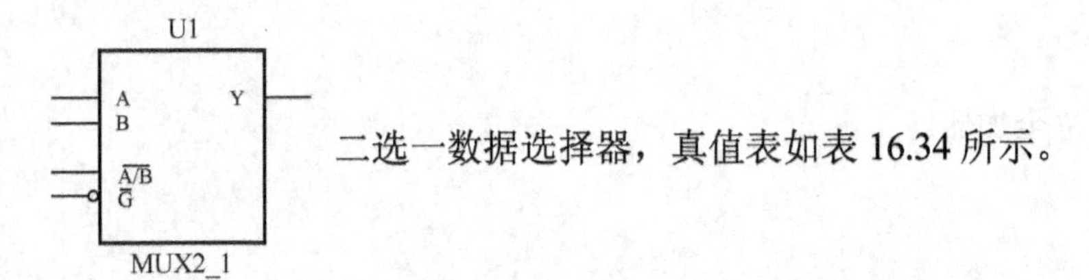

二选一数据选择器，真值表如表 16.34 所示。

表 16.34　二选一数据选择器真值表

INPUTS				OUTPUTS
$\overline{G}$	$\overline{A/B}$	A	B	Y
H	X	X	X	L
L	L	L	X	L
L	L	H	X	H
L	H	X	L	L
L	H	X	H	H

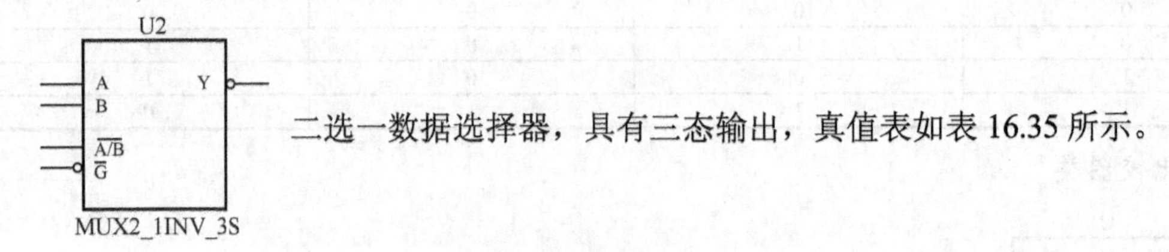

二选一数据选择器，具有三态输出，真值表如表 16.35 所示。

表 16.35　具有三态输出的二选一数据选择器真值表（注：Z 表示高阻态）

INPUTS				OUTPUTS
$\overline{G}$	$\overline{A/B}$	A	B	Y
H	X	X	X	Z
L	L	L	X	H
L	L	H	X	L
L	H	X	L	H
L	H	X	H	L

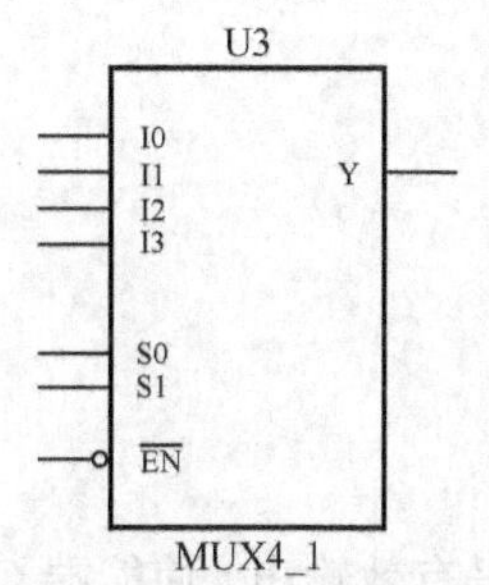

四选一数据选择器，真值表如表 16.36 所示。

表 16.36　四选一数据选择器真值表

INPUTS							OUTPUTS
S0	S1	$\overline{EN}$	I0	I1	I2	I3	Y
X	X	H	X	X	X	X	L
L	L	L	L	X	X	X	L
S0	S1	$\overline{EN}$	I0	I1	I2	I3	Y
L	L	L	H	X	X	X	H
H	L	L	X	L	X	X	L
H	L	L	X	H	X	X	H
L	H	L	X	X	L	X	L
L	H	L	X	X	H	X	H
H	H	L	X	X	X	L	L
H	H	L	X	X	X	H	H

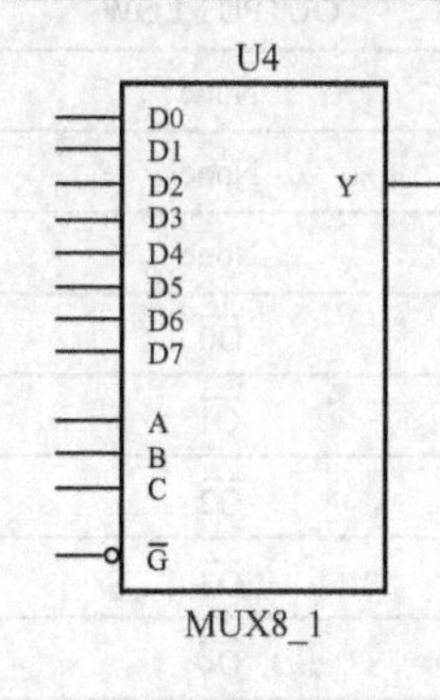

八选一数据选择器，真值表如表 16.37 所示。

表 16.37　八选一数据选择器真值表

INPUTS												OUTPUTS
$\overline{G}$	C	B	A	D0	D1	D2	D3	D4	D5	D6	D7	Y
H	X	X	X	X	X	X	X	X	X	X	X	L
L	L	L	L	L	X	X	X	X	X	X	X	L
L	L	L	L	H	X	X	X	X	X	X	X	H
L	L	L	H	X	L	X	X	X	X	X	X	L
L	L	L	H	X	H	X	X	X	X	X	X	H
L	L	H	L	X	X	L	X	X	X	X	X	L
L	L	H	L	X	X	H	X	X	X	X	X	H
L	L	H	H	X	X	X	L	X	X	X	X	L
L	L	H	H	X	X	X	H	X	X	X	X	H
L	H	L	L	X	X	X	X	L	X	X	X	L
L	H	L	L	X	X	X	X	H	X	X	X	H
L	H	L	H	X	X	X	X	X	L	X	X	L
L	H	L	H	X	X	X	X	X	H	X	X	H
L	H	H	L	X	X	X	X	X	X	L	X	L
L	H	H	L	X	X	X	X	X	X	H	X	H
L	H	H	H	X	X	X	X	X	X	X	L	L
L	H	H	H	X	X	X	X	X	X	X	H	H

11. 4-16 线译码器/解复用器

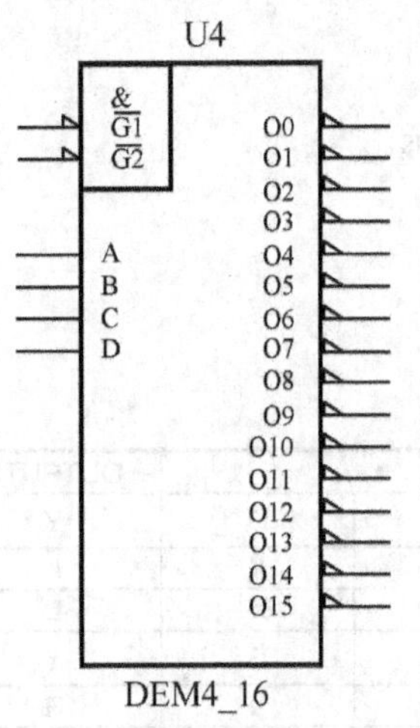

4 个输入地址高电平有效，16 个低电平有效输出。使能端 G1、G2 低电平输入有效。4-16 线译码器/解复用器真值表如表 16.38 所示。

表 16.38　4-16 线译码器/解复用器真值表

INPUTS						
$\overline{G1}$	$\overline{G2}$	A	B	C	D	OUTPUT LOW
H	H	X	X	X	X	None
H	L	X	X	X	X	None
L	H	X	X	X	X	None
L	L	L	L	L	L	$\overline{O0}$
L	L	L	L	L	H	$\overline{O1}$
L	L	L	L	H	L	$\overline{O2}$
L	L	L	L	H	H	$\overline{O3}$
L	L	L	H	L	L	$\overline{O4}$
L	L	L	H	L	H	$\overline{O5}$
L	L	L	H	H	L	$\overline{O6}$
L	L	L	H	H	H	$\overline{O7}$
L	L	H	L	L	L	$\overline{O8}$
L	L	H	L	L	H	$\overline{O9}$
L	L	H	L	H	L	$\overline{O10}$
L	L	H	L	H	H	$\overline{O11}$
L	L	H	H	L	L	$\overline{O12}$
L	L	H	H	L	H	$\overline{O13}$
L	L	H	H	H	L	$\overline{O14}$
L	L	H	H	H	H	$\overline{O15}$

H=HIGH Level.

L=LOW Level.

X=Don't Care.

12. 移位寄存器类

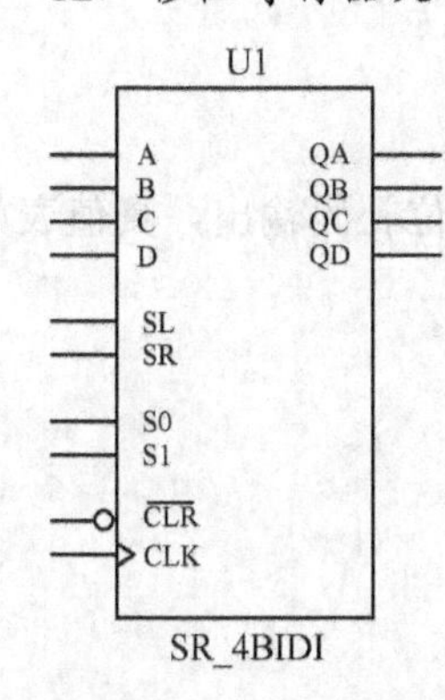

4 位双向通用移位寄存器，真值表如表 16.39 所示。

表 16.39　4 位双向通用移位寄存器真值表

INPUTS										OUTPUTS			
$\overline{CLR}$	MODE		CLK	SERIAL		PARALLEL				QA	QB	QC	QD
	S1	S0		SL	SR	A	B	C	D				
L	X	X	X	X	X	X	X	X	X	L	L	L	L
H	X	X	L	X	X	X	X	X	X	QA_0	QB_0	QC_0	QD_0
H	H	H	↑	X	X	a	b	c	d	a	b	c	D
H	L	H	↑	X	H	X	X	X	X	H	QA_n	QB_n	QC_n
H	L	H	↑	X	L	X	X	X	X	L	QA_n	QB_n	QC_n
H	H	L	↑	H	X	X	X	X	X	QB_n	QC_n	QD_n	H
H	H	L	↑	L	X	X	X	X	X	QB_n	QC_n	QD_n	L
H	L	L	X	X	X	X	X	X	X	QA_0	QB_0	QC_0	QD_0

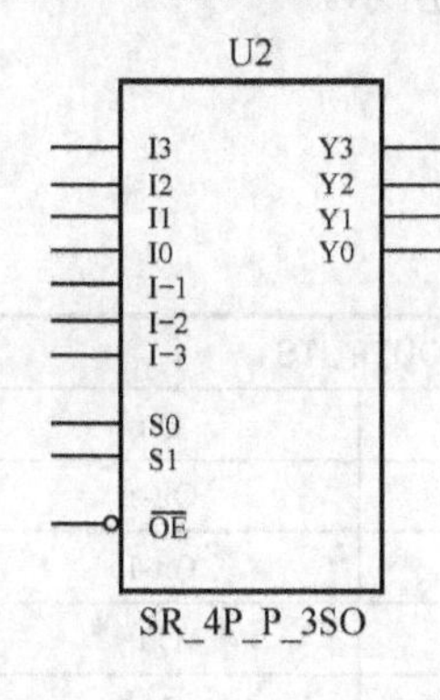

4 位三态输出移位寄存器，0～3 位移位，真值表如表 16.40 所示。

表 16.40　4 位三态输出移位寄存器真值表

INPUTS			OUTPUTS			
$\overline{OE}$	S1	S0	Y0	Y1	Y2	Y3
H	X	X	Z	Z	Z	Z
L	L	L	I0	I1	I2	I3
L	L	H	I-1	I0	I1	I2
L	H	L	I-2	I-1	I0	I1
L	H	H	I-3	I-2	I-1	I0

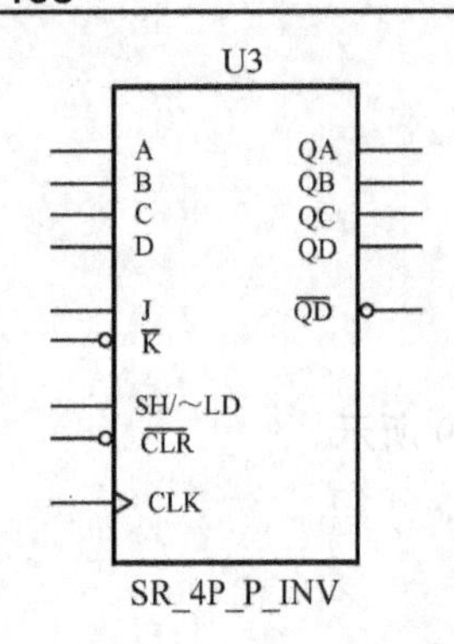

4 位并行入/并行出移位寄存器，另外一位补码输出，真值表如表 16.41 所示。

表 16.41 4 位并行入/并行出移位寄存器真值表

OPERATING MODE	INPUTS					OUTPUTS				
	$\overline{CLR}$	SH/$\overline{LD}$	J	$\overline{K}$	Pn	QA	QB	QC	QD	$\overline{QD}$
RESET	L	X	X	X	X	L	L	L	L	H
SHIFT, Set First Stage	H	h	h	h	X	H	q0	q1	q2	$\overline{q2}$
SHIFT, Reset First	H	h	1	1	X	L	q0	q1	q2	$\overline{q2}$
SHIFT, Toggle First Stage	H	h	h	1	X	$\overline{q0}$	q0	q1	q2	$\overline{q2}$
SHIFT, Retain First Stage	H	h	1	h	X	q0	q0	q1	q2	$\overline{q2}$
Parallel Load	H	1	X	X	pn	p0	p1	p2	p3	$\overline{p3}$

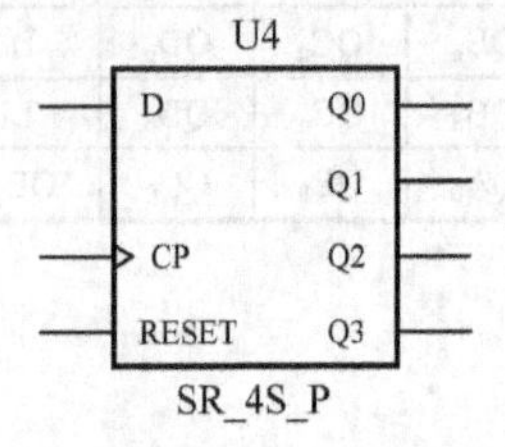

4 位串入/并出移位寄存器，真值表如表 16.42 所示。

表 16.42 4 位串入/并出移位寄存器真值表

INPUTS			OUTPUTS	
CP	D	R	Q1	Qn
↑	L	L	L	Qn-1
↑	H	L	H	Qn-1
↓	X	L	Q1	Qn
X	X	H	L	L

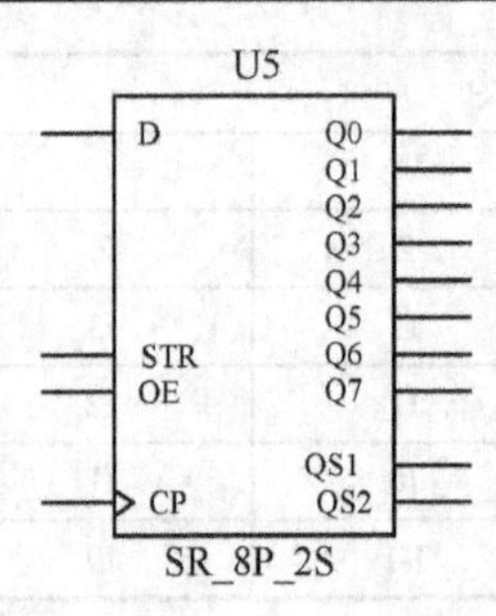

8 位串入/并出和串行输出移位寄存器，真值表如表 16.43 所示。

表 16.43　8 位串入/并出和串行输出移位寄存器真值表

INPUTS				PARALLEL OUTPUTS		SERIAL OUTPUTS	
CP	OE	STR	D	Q0	Qn	QS1	QS2
↑	L	X	X	Z	Z	Q'6	NC
CP	OE	STR	D	Q0	Qn	QS1	QS2
↓	L	X	X	Z	Z	NC	Q7
↑	H	L	X	NC	NC	Q'6	NC
↑	H	H	L	L	Qn-1	Q'6	NC
↑	H	H	H	H	Qn-1	Q'6	NC
↓	H	H	H	NC	NC	NC	Q7

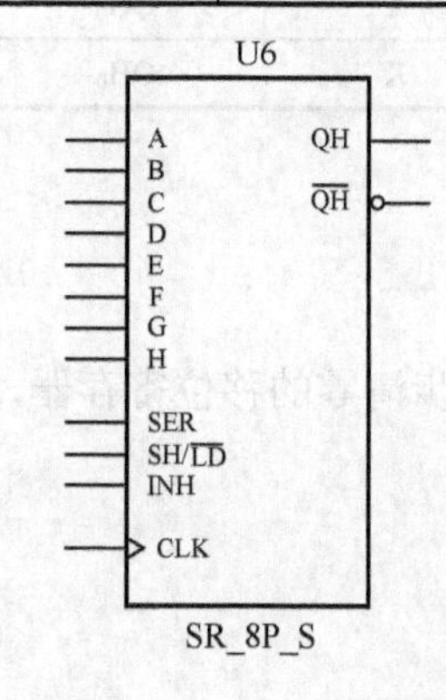

8 位并行输入串行输出的移位寄存器，真值表如表 16.44 所示。

表 16.44　8 位并行输入串行输出的移位寄存器真值表

INPUTS					OUTPUTS	
SH/ $\overline{LD}$	INH	CLK	SERIAL	PARALLEL A…H	QH	$\overline{QH}$
L	X	X	X	a…h	h	$\overline{h}$
H	L	L	X	X	QH_0	$\overline{QH_0}$
H	L	↑	H	X	QG_0	$\overline{QG_0}$
H	L	↑	L	X	QG_0	$\overline{QG_0}$
H	H	X	X	X	QH_0	$\overline{QH_0}$

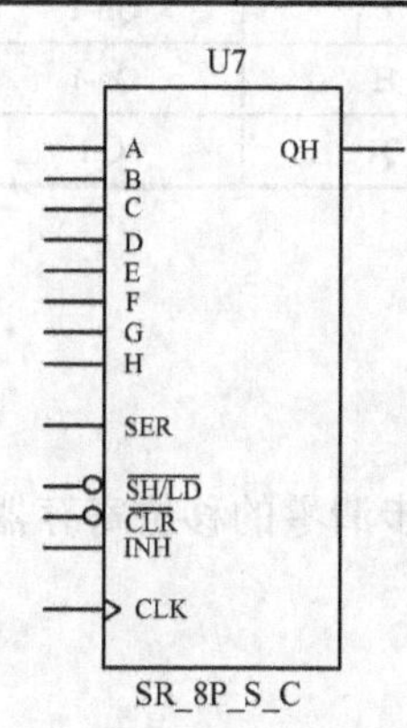

带有清零功能的 8 位并行输入串行输出的移位寄存器，真值表如表 16.45 所示。

表 16.45　带有清零功能的 8 位并行输入串行输出的移位寄存器真值表

INPUTS						OUTPUTS
$\overline{CLR}$	SH/ $\overline{LD}$	INH	CLK	SER	PARALLEL A…H	QH
L	X	X	X	X	X	L
H	X	L	L	X	X	QH_0
$\overline{CLR}$	SH/ $\overline{LD}$	INH	CLK	SER	PARALLEL A…H	QH
H	L	L	↑	X	A…*h*	H
H	H	L	↑	H	X	QG_0
H	H	L	↑	L	X	QG_0
H	X	H	↑	X	X	QH_0

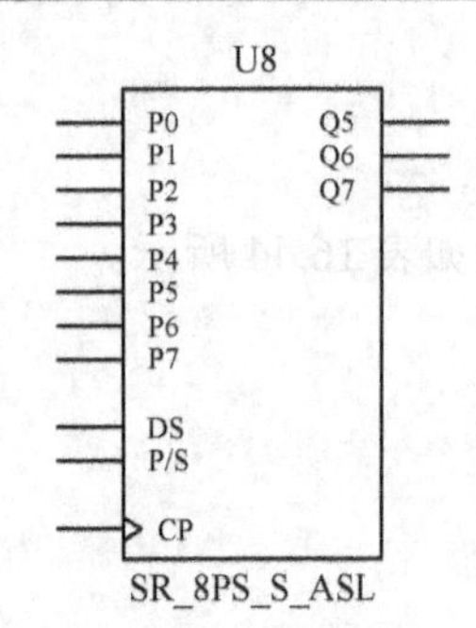

8 阶并行输入或串行输入，串行输出的异步清零的移位寄存器，真值表如表 16.46 所示。

表 16.46　8 阶并行输入/串行输入，串行输出的异步清零的移位寄存器真值表

INPUTS					OUTPUTS	
CP	DS	P/S	P0	Pn	Q1 (internal)	Qn
X	X	H	L	L	L	L
X	X	H	L	H	L	H
X	X	H	H	H	H	L
X	X	H	H	H	H	H
↑	L	L	X	X	L	Qn-1
↑	H	L	X	X	H	Qn-1
↓	X	L	X	X	Q1	Qn

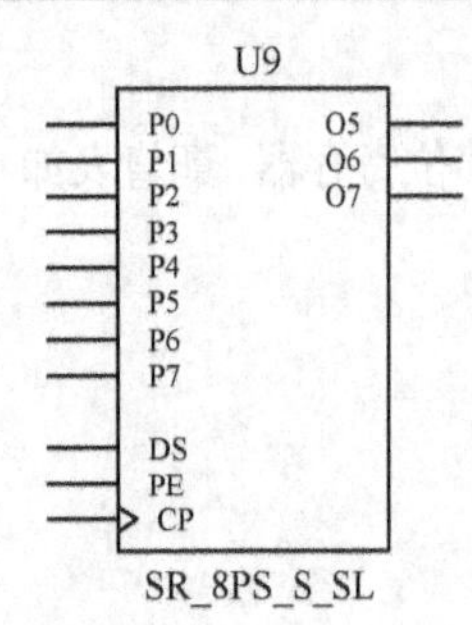

8 阶并行输入或串行输入，串行输出的同步清零的移位寄存器，真值表如表 16.47 所示。

表 16.47　8 阶并行输入/串行输入，串行输出的同步清零的移位寄存器真值表

INPUTS					OUTPUTS	
CP	DS	P/S	P0	Pn	Q1 (internal)	Qn
↑	X	H	L	L	L	L
↑	X	H	H	L	H	L
CP	DS	P/S	P0	Pn	Q1 (internal)	Qn
↑	X	H	L	H	L	H
↑	X	H	H	H	H	H
↑	L	L	X	X	L	Qn-1
↑	H	L	X	X	H	Qn-1
↓	X	X	X	X	Q1	Qn

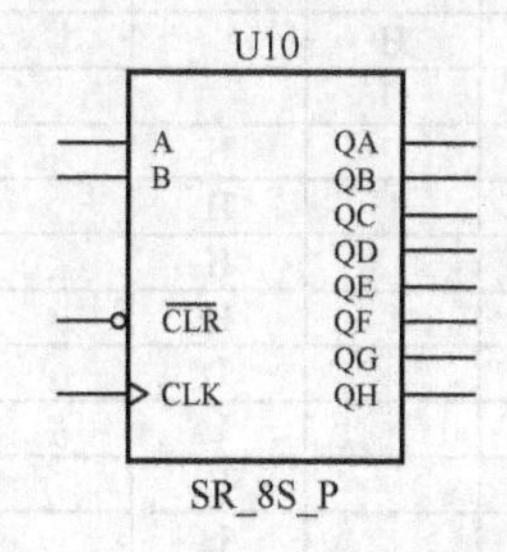

8 位串行输入并行输出的移位寄存器，真值表如表 16.48 所示。

表 16.48　8 位串行输入并行输出的移位寄存器真值表

OPERATING MODE	INPUTS			OUTPUTS	
	$\overline{CLR}$	A	B	QA	QB...QH
RESET	L	X	X	L	L…L
SHIFT	H	l	l	L	q0…q6
SHIFT	H	l	h	L	q0…q6
SHIFT	H	h	l	L	q0…q6
SHIFT	H	h	h	H	q0…q6

13. 发生器类

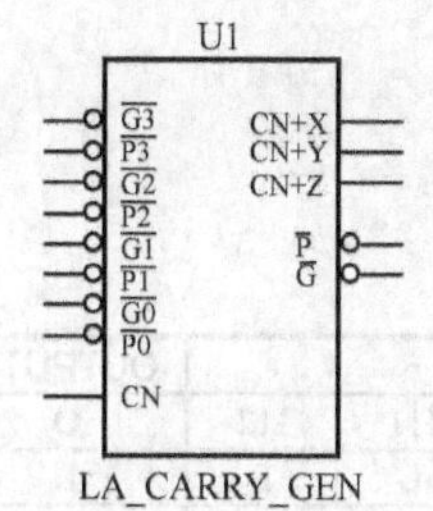

先行进位发生器，真值表如表 16.49 所示。

表 16.49　先行进位发生器真值表

INPUTS									OUTPUTS				
CN	$\overline{G0}$	$\overline{P0}$	$\overline{G1}$	$\overline{P1}$	$\overline{G2}$	$\overline{P2}$	$\overline{G3}$	$\overline{P3}$	CN+X	CN+Y	CN+Z	$\overline{G}$	$\overline{P}$
X	H	H							L				
L	H	X							L				
X	L	X							H				
H	X	L							H				
X	X	X	H	H						L			
X	H	H	H	X						L			
L	H	X	H	X						L			

续表

INPUTS									OUTPUTS				
X	X	X	L	X						H			
CN	$\overline{G0}$	$\overline{P0}$	$\overline{G1}$	$\overline{P1}$	$\overline{G2}$	$\overline{P2}$	$\overline{G3}$	$\overline{P3}$	CN+X	CN+Y	CN+Z	$\overline{G}$	$\overline{P}$
X	L	X	X	L						H			
H	X	L	X	L						H			
X	X	X	X	X	H	H					L		
X	X	X	H	H	H	X					L		
X	H	H	H	X	H	X					L		
L	H	X	V	X	H	X					L		
X	X	X	X	X	L	X					H		
X	X	X	L	X	X	L					H		
CN	$\overline{G0}$	$\overline{P0}$	$\overline{G1}$	$\overline{P1}$	$\overline{G2}$	$\overline{P2}$	$\overline{G3}$	$\overline{P3}$	CN+X	CN+Y	CN+Z	$\overline{G}$	$\overline{P}$
X	L	X	X	L	X	L					H		
H	X	L	X	L	X	L					H		
	X		X	X	X	X	H	H				H	
	X		X	X	H	H	H	X				H	
	X		H	H	H	X	H	X				H	
	H		H	X	H	X	H	X				H	
	X		X	X	X	X	L	X				L	
	X		X	X	L	X	X	L				L	
	X		L	X	X	L	X	L				L	
	L		X	L	X	L	X	L				L	
		H		X		X		X					H
		X		H		X		X					H
		X		X		H		X					H
		X		X		X		H					H
		L		L		L		L					L

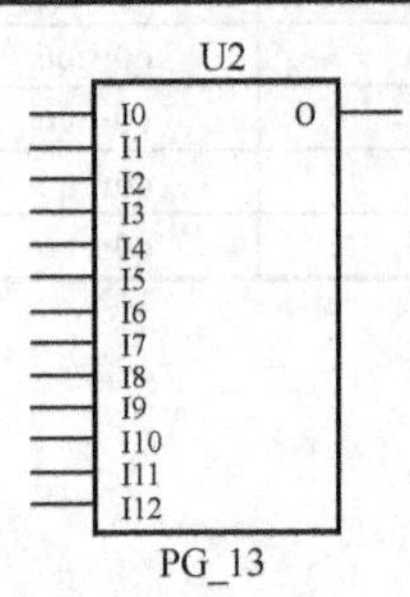

奇偶校验检查 13 输入和 1 位校验输出，真值表如表 16.50 所示。

表 16.50 奇偶校验检查 13 输入和 1 位校验输出真值表

INPUTS													OUTPUTS
I0	I1	I2	I3	I4	I5	I6	I7	I8	I9	I10	I11	I12	O
L	L	L	L	L	L	L	L	L	L	L	L	L	L
Any odd number of inputs HIGH													H
Any even number of inputs HIGH													L
H	H	H	H	H	H	H	H	H	H	H	H	H	H

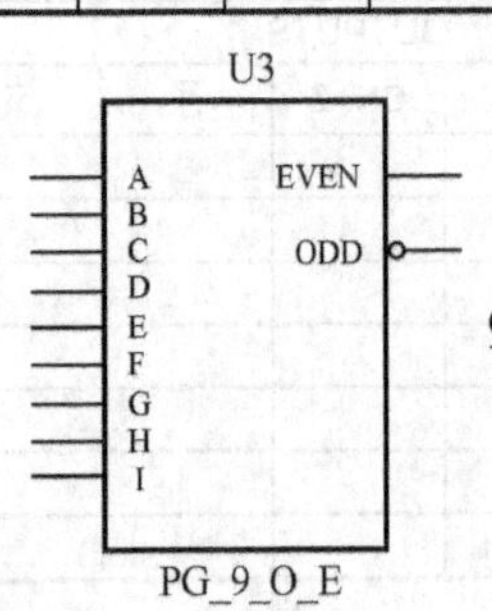

9 位奇偶产生器/检查器的功能，奇/偶输出，真值表如表 16.51 所示。

表 16.51 9 位奇偶产生器/检查器的功能，奇/偶输出真值表

Number of inputs (A thru I) that are HIGH	EVEN	$\overline{ODD}$
0,2,4,6,8	H	L
1,3,5,7,9	L	H

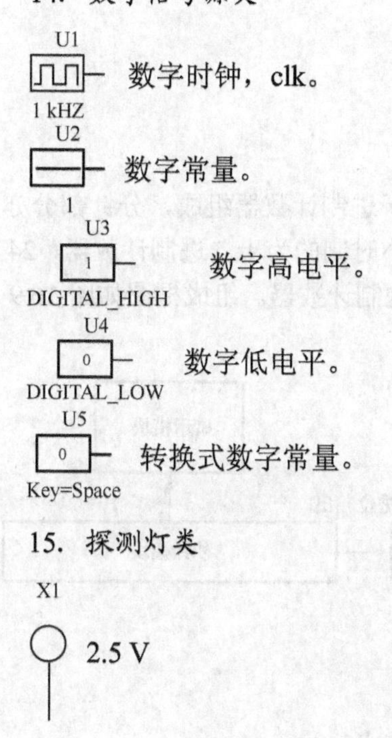

16.3 Multisim 12 中的 PLD 经典范例

本节的范例以数字钟设计为例，介绍在 Multisim 12 开发软件下，利用原理图的输入方式来设计数字逻辑电路的过程和方法，突出 Multisim 12 在教学中的重要作用，尤其是对于数字逻辑设计这门课程的学习。

16.3.1 范例简介

CPLD（Complex programmable Logic Device，复杂可编程逻辑器件）和 FPGA（Field programmable Gates Array，现场可编程门阵列）都是可编程逻辑器件，它们是在 PAL、GAL 等逻辑器件基础上发展起来的。同以往的 PAL、GAL 相比，FPGA/CPLD 的规模比较大，适合于时序、组合等逻辑电路的应用。它可以替代几十甚至上百块通用 IC 芯片。这种芯片具有可编程和实现方案容易改动等特点。由于芯片内部硬件连接关系的描述可以存放在磁盘、ROM、PROM 或 EPROM 中，因而在可编程门阵列芯片及外围电路保持不动的情况下，换一块 EPROM 芯片，就能实现一种新的功能。它具有设计开发周期短、设计制造成本低、开发工具先进、标准产品无须测试、质量稳定以及实时在检验等优点，因此，可广泛应用于产品的原理设计和产品生产之中。几乎所有应用门阵列、PLD 和中小规模通用数字集成电路的场合均可应用 FPGA 和 CPLD 器件。

在现代电子系统中，数字系统所占的比例越来越大。系统发展的趋势是数字化和集成化，而 CPLD/FPGA 作为可编程 ASIC（专用集成电路）器件，它将在数字逻辑系统中发挥越来越重要的作用。

数字钟在我们日常生活中随处可见，在工作中数字设计中也是必学的电路之一，在此借用这个例子简要说明怎样利用 Multisim 12 来学习数字逻辑设计。

16.3.2 数字钟的工作原理

1. 系统设计

数字钟为计数器的综合应用，数字钟的秒针部分由六十进制计数器组成，分针部分亦由六十进制计数器所组成。时针部分则可分为两种情况，12 小时制的为十二进制计数器，24 小时制的则为二十四进制计数器，而此例的时针电路为十二进制计数器。组成框图如图 16.9 所示。其中，显示模块分别用 2 个 LED 管来显示。

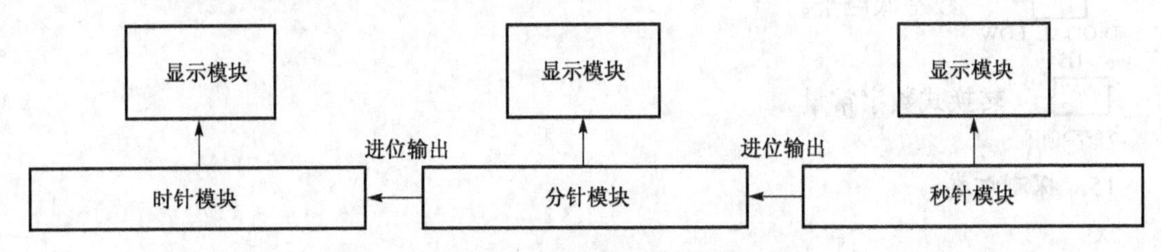

图 16.9 数字钟组成框图

2. 各模块设计

（1）分、秒针模块。

脚位：脉冲输入端——CLK

预置控制端——LOAD

清零端——CLRN

使能端——EN

数据预置端——Da[3…0]、Db[2…0]

输出端——Qa[3…0]、Qb[2…0]

进位输出端——RCO=EN AND Qa0 AND Qa2 AND Qb0 AND Qb2

真值表如表 16.52 所示。电路图如图 16.10 所示。

表 16.52 真值表

控制端				十位预置	个位预置	十位输出	个位输出
CLK	CLRN	LOAD	EN	Db[2…0]	Da[3…0]	Qb[2…0]	Qa[3…0]
X	0	X	X	X	X	0	0
↑	1	0	X	B	A	B	A
↑	1	1	0	X	X	Q（不变）	
↑	1	1	1	X	X	Q=Q+1 最高数到 59	

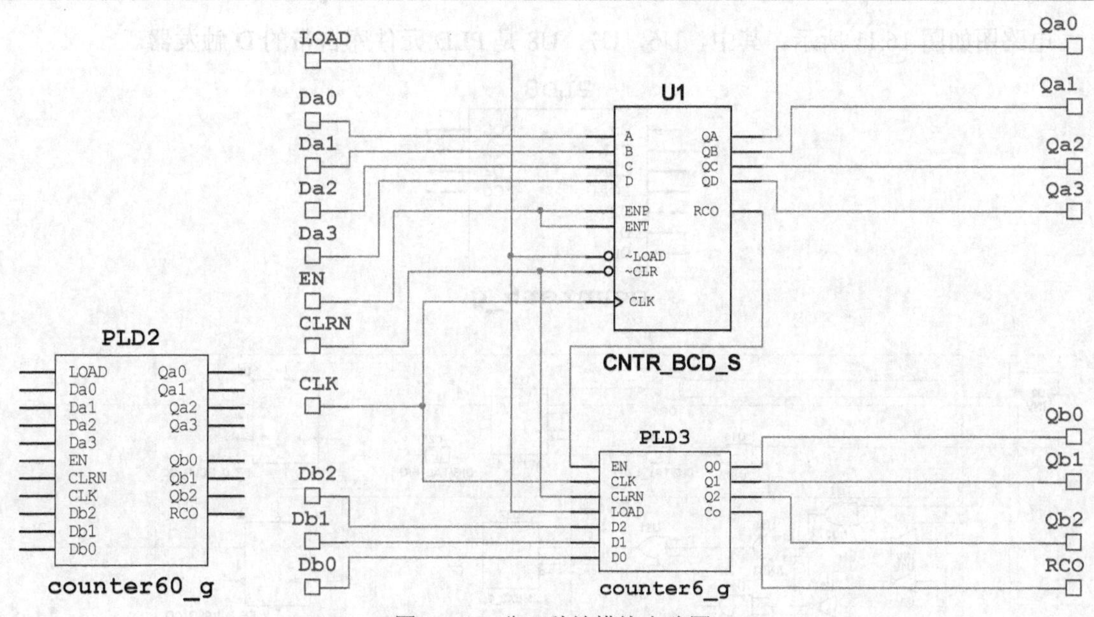

图 16.10　分、秒针模块电路图

其中，U1 是一个十进制计数器，是 PLD 元器件库自带的，counter6_g 是一个异步清零六进制计数器，它能以二进制的自然数顺序由“000”计数至“101”。以 D 触发器设计具有使能与预置功能的计数器，当使能输入端“EN”为“1”时，计数器可开始计数，当使能输入端“EN”为“0”时，计数器则停止计数，保持原值。将具有使能功能的六进制计数器配合多任务器的运用，可设计出含同步预置功能的六进制计数器，当预置控制端“LOAD”为“0”时，会将输入数据送到触发器输入端，当预置控制端“LOAD”为“1”时，计数器会停止预置。此计数器另有一串接进位端“Co”可供数个计数器串接时进位用。

脚位：脉冲输入端——CLK
　　　清零控制端——CLRN
　　　预置控制端——LOAD
　　　使能端——EN
　　　输出端——Q2、Q1、Q0
　　　串接进位端——Co=Q2 AND Q0 AND EN

真值表如表 16.53 所示。

表 16.53　真值表

上周期输出	控制线				默认值	输出
Q2,Q1,Q0	CLK	CLRN	LOAD	EN	D2,D1,D0	Q2,Q1,Q0
X	X	0	X	X	X	000
X	↑	1	0	X	ABC	ABC
Q2,Q1,Q0	↑	1	1	0	X	Q2,Q1,Q0
000	↑	1	1	1	X	001
001	↑	1	1	1	X	010
010	↑	1	1	1	X	011
011	↑	1	1	1	X	100
100	↑	1	1	1	X	101
101	↑	1	1	1	X	000

电路图如图 16.11 所示。其中，U6，U7，U8 是 PLD 元件库自带的 D 触发器。

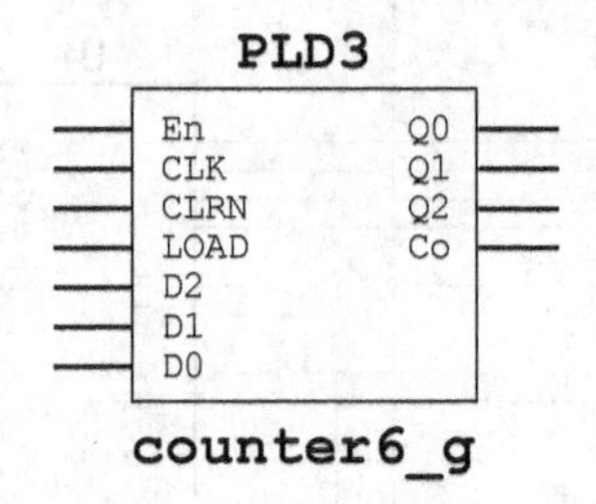

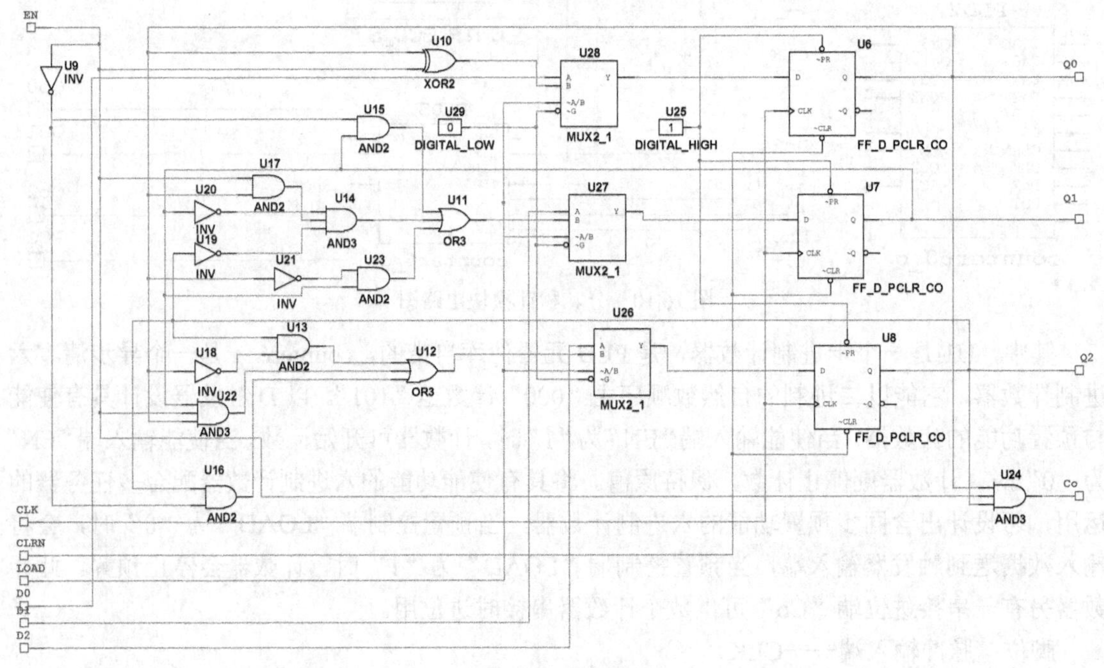

图 16.11 U1 电路图

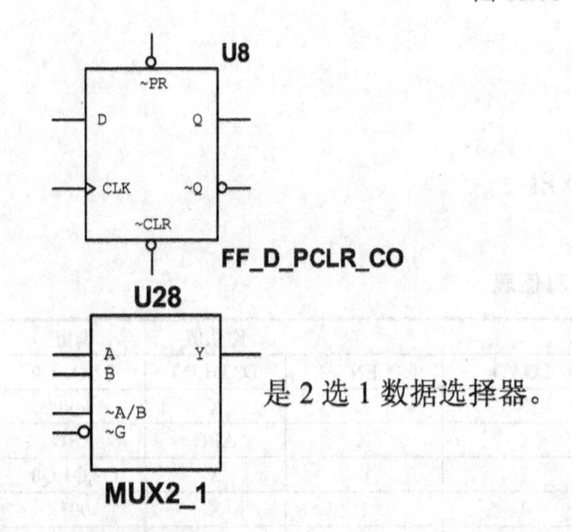

是 2 选 1 数据选择器。

（2）时针模块。

原理如同前面的分针模块，只需要把六十进制改为十二进制就可以了，这里就仅给出大概的步骤，真值表如表 16.54 所示。

表 16.54　真值表

控制端				十位预置	个位预置	十位输出	个位输出
CLK	CLRN	LOAD	EN	Db[2…0]	Da[3…0]	Qb[2…0]	Qa[3…0]
X	0	X	X	X	X	0	0
↑	1	0	X	B	A	B	A
↑	1	1	0	X	X	Q(不变)	
↑	1	1	1	X	X	Q=Q+1 最高数到 59	

需要一个二进制的计数器和一个十进制的计数器共同组成，十二进制的计数器的电路图如图 16.12 所示。

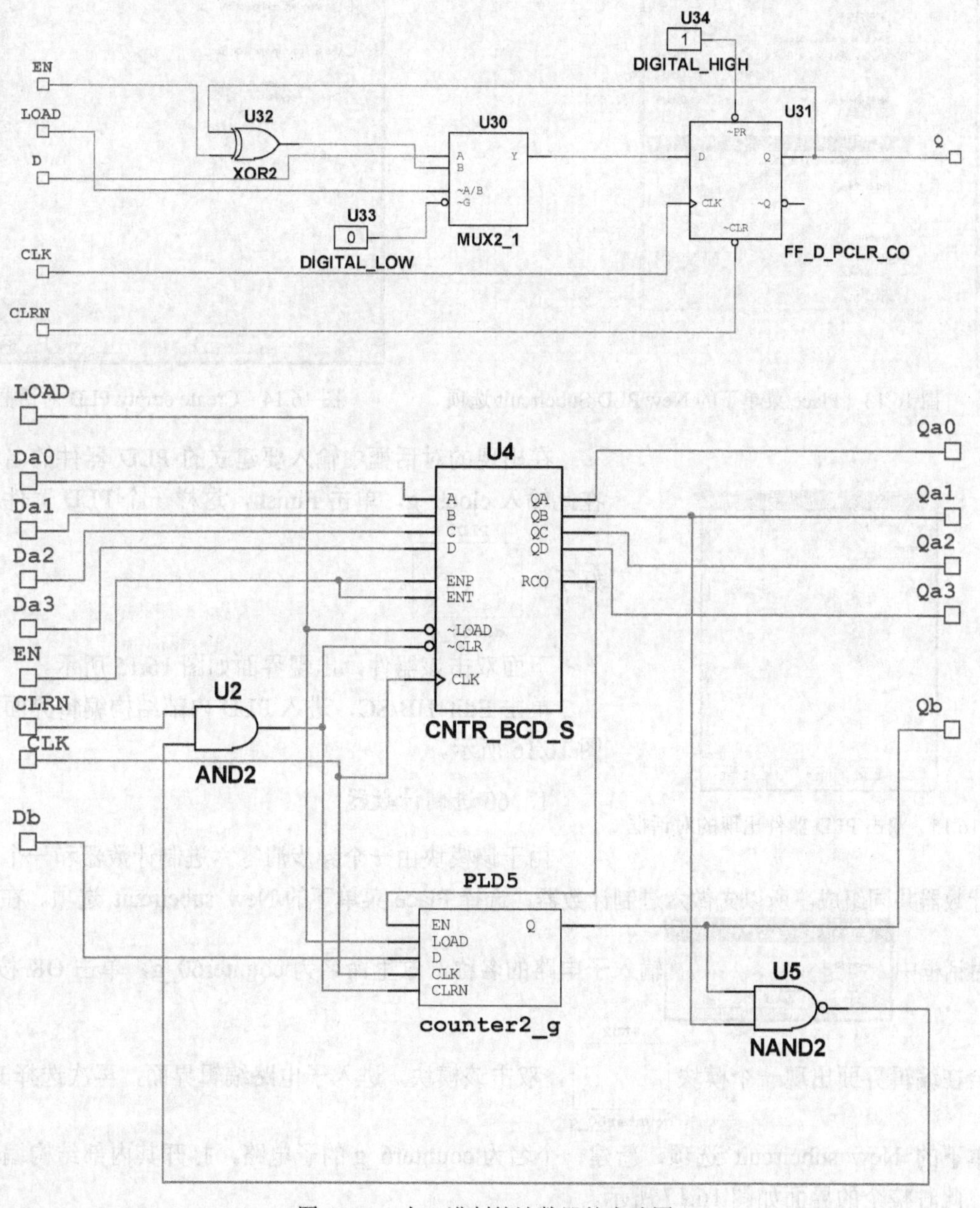

图 16.12　十二进制的计数器的电路图

16.3.3 数字钟的设计

原理已在上面有详细的介绍，这里重点说明详细的制作过程及一些注意事项，步骤如下。

首先选择Place菜单下的New PLD Subcircuit选项，如图16.13所示。在弹出的对话框中选择Create empty PLD，单击Next，如图16.14所示。

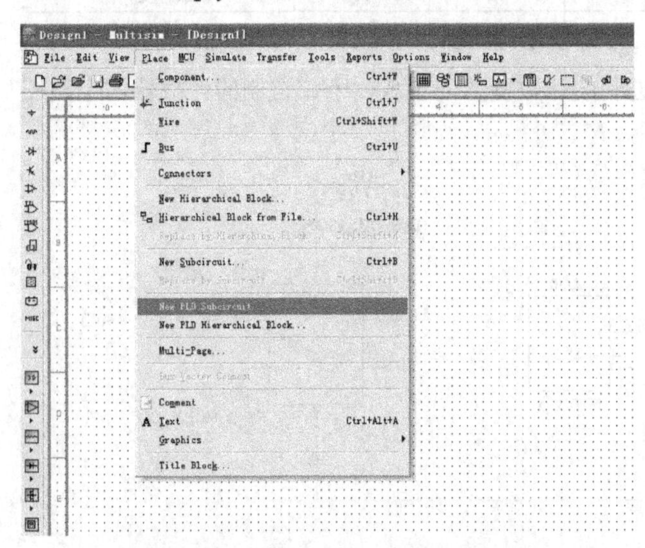

图16.13 Place菜单下的New PLD Subcircuit选项

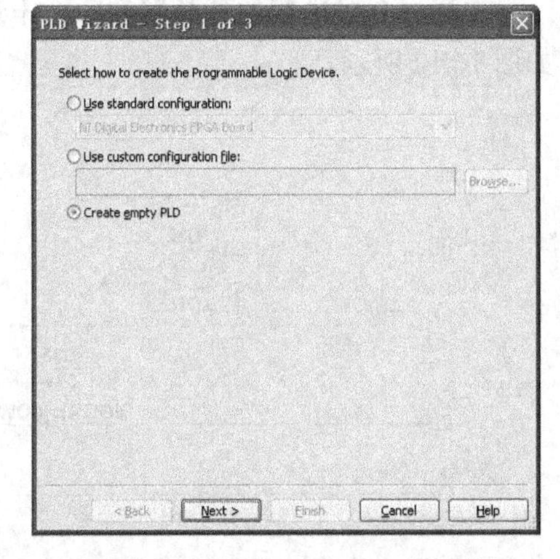

图16.14 Create empty PLD对话框1

在出现的对话框中输入要建立的PLD器件的名称，在此输入clock_g，单击Finish，这样一个PLD器件就建好了，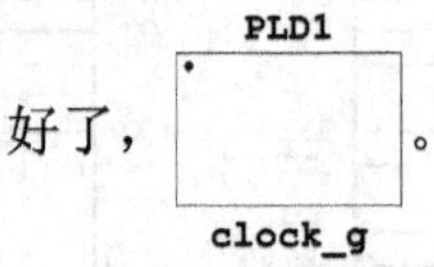

。

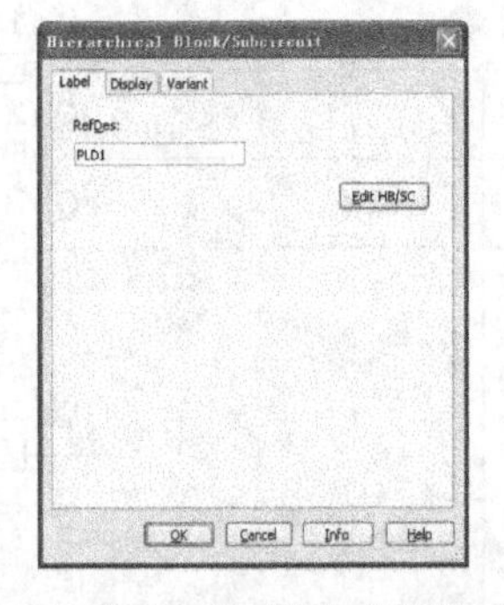

图16.15 双击PLD器件出现的对话框

下面双击该器件，出现界面如图16.15所示。

单击Edit HB/SC，进入PLD内部结构编辑界面，如图16.16所示。

1. 60进制计数器

由于该模块由一个异步清零六进制计数器和一个十进制计数器共同组成，所以先做六进制计数器，选择Place菜单下的New subcircuit选项。在弹出的对话框中 Subcircuit Name counter60_g OK Cancel Help 输入子电路的名称，这里命名为counter60_g，单击OK按钮，就会在编辑界面出现一个模块 PLD2 counter60_g ，双击该模块，进入子电路编辑界面，再次选择Place菜单下的New subcircuit选项，新建一个名为counter6_g的子电路，打开其内部结构编辑界面，此时整个的界面如图16.17所示。

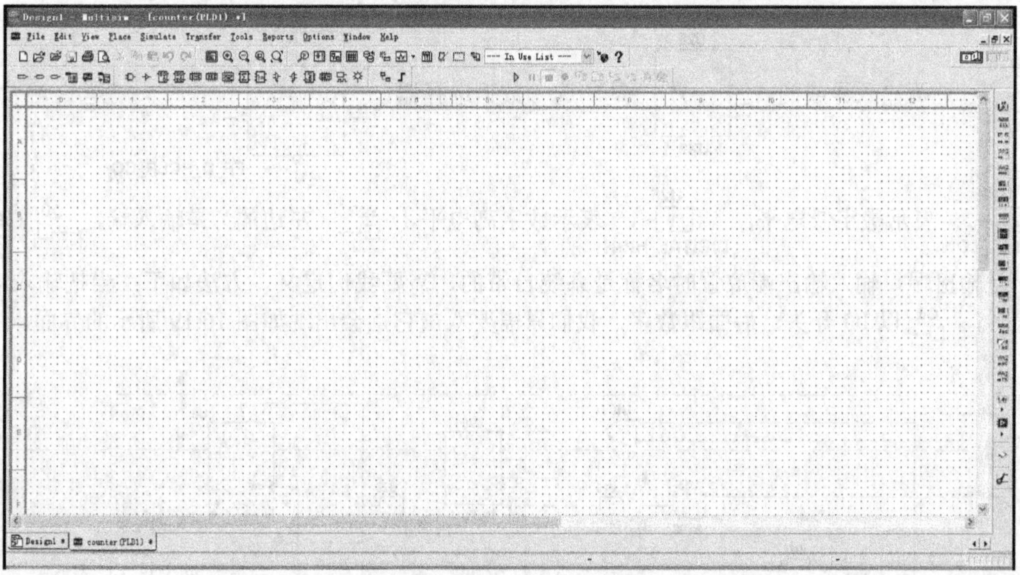

图 16.16　PLD 内部结构编辑界面

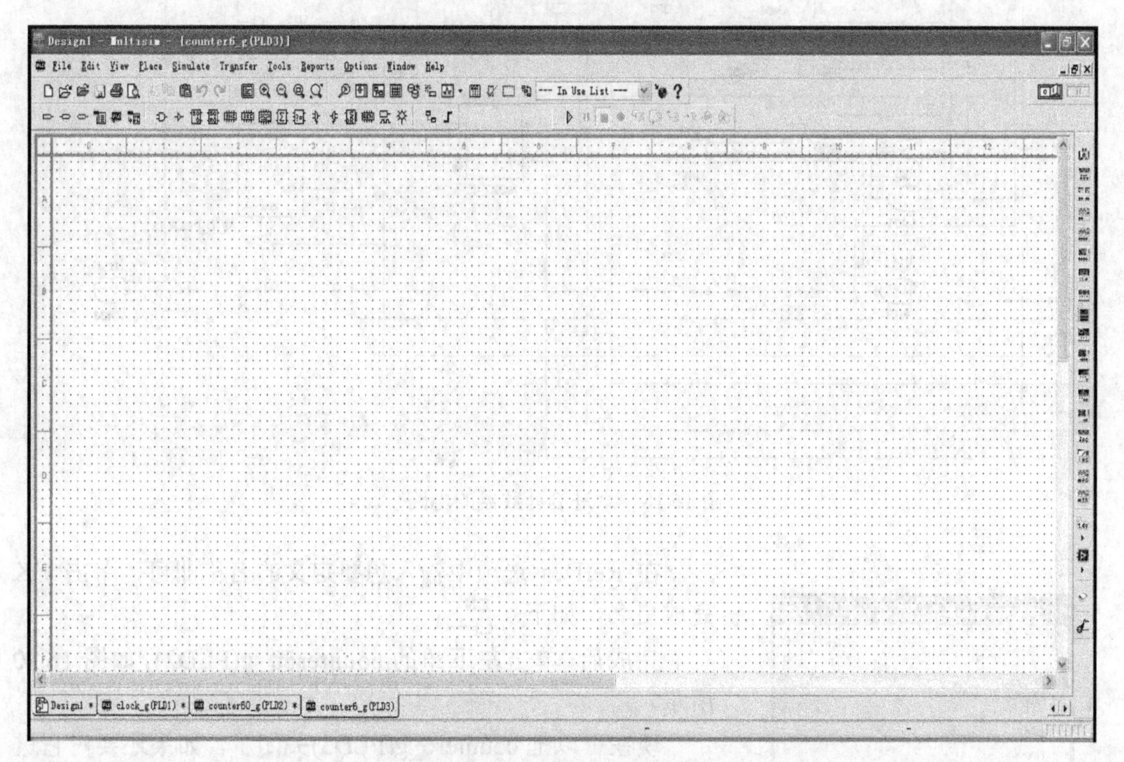

图 16.17　内部结构编辑界面

左下角有四个任务栏，分别是 Design1，clock_g(PLD1)，counter60_g(PLD2)和 counter6_g(PLD3)，分别单击每个任务可以对其进行编辑。在 counter6_g(PLD3)中，按照图 16.18 所示的原理图进行编辑、连接，完成六进制计数器的设计。

其中，U18 INV 是非门，U16 AND2 是两输入与门，U14 AND3 是三输入与门，U11 OR3 是三输入或门，

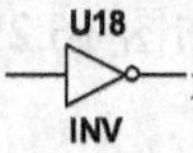

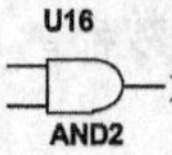

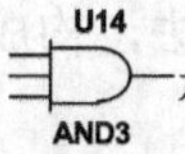

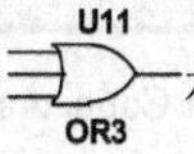

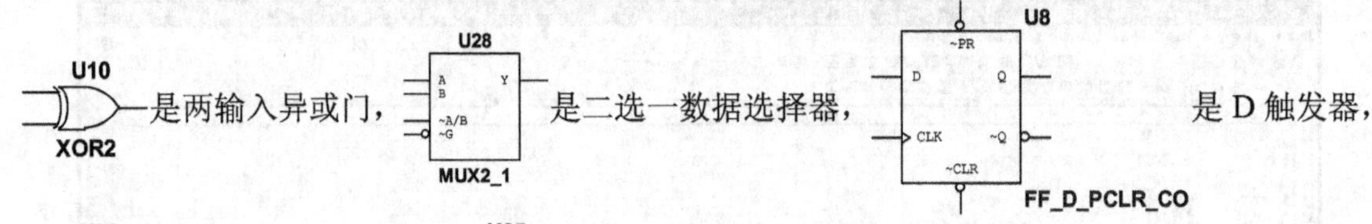

是两输入异或门，是二选一数据选择器，是 D 触发器，

U29 0 DIGITAL_LOW 表示数字低电平，U25 1 DIGITAL_HIGH 表示数字高电平，EN（左边的）是输入端，Q0（右边的）是输出端，输入输出端放置时名称是系统自带的，需要我们定义，方法如下：当把输入端调出来时，IO1 以 IO 开头，后面跟数字，我们只需要双击它，会出现如图 16.19 所示的界面。

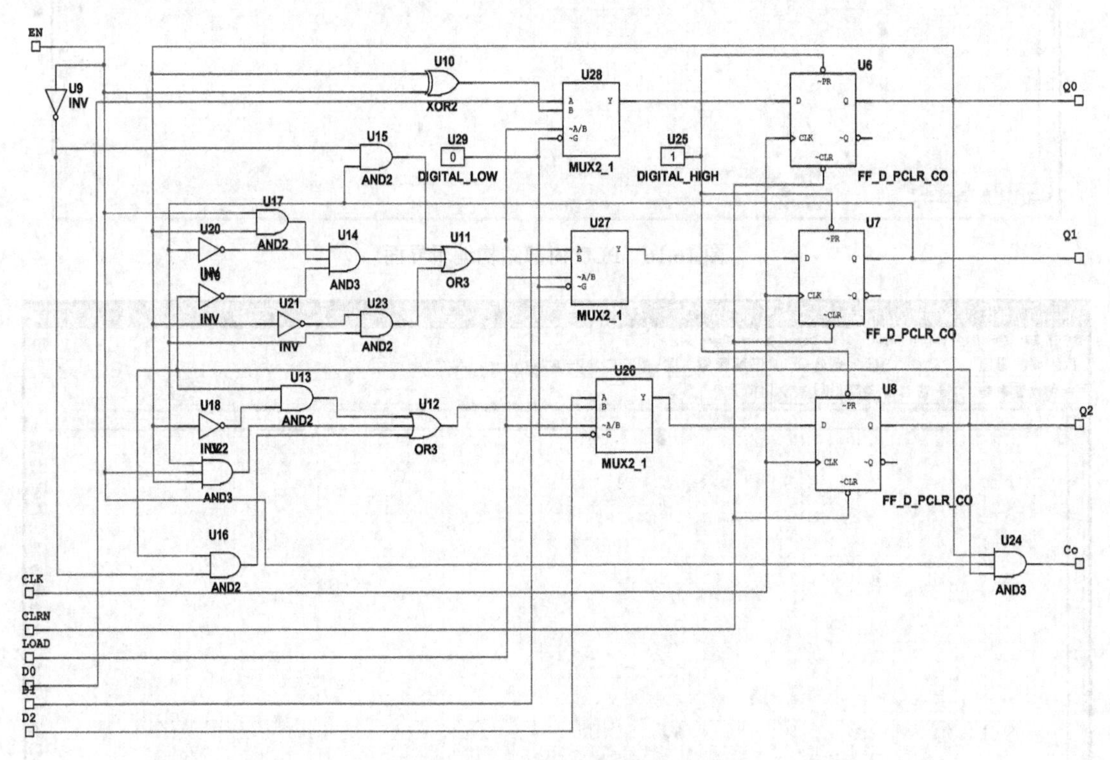

图 16.18　六进制计数器的电路

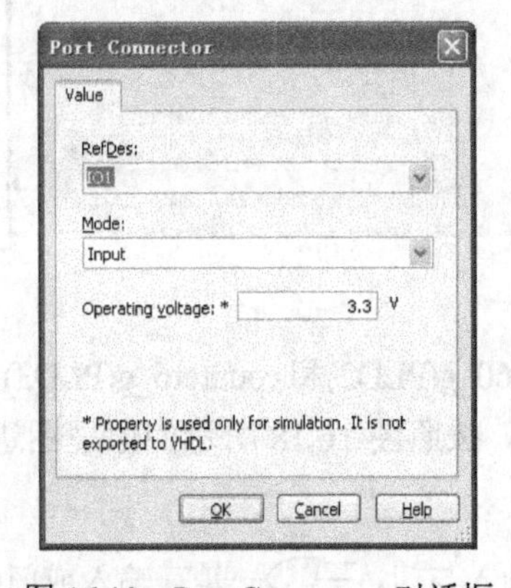

图 16.19　Port Connector 对话框

在 RefDes 选项中输入想要定义的名称即可，单击 OK 完成更名，如下：EN。

完成后，单击左下角的 counter60_g(PLD2)，如图 16.20 所示。

现在可以把 counter6_g(PLD3)关闭了，如果还要对它进行修改，只需要在 counter60_ g(PLD2)界面中双击 counter6_g(PLD3)，选择 Edit HB/SC 就可以再次进入刚才的编辑界面进行修改了。

下面在 counter60_g(PLD2)界面中把十进制的计数器加进去，构成六十进制的计数器。原理图如图 16.21 所示。

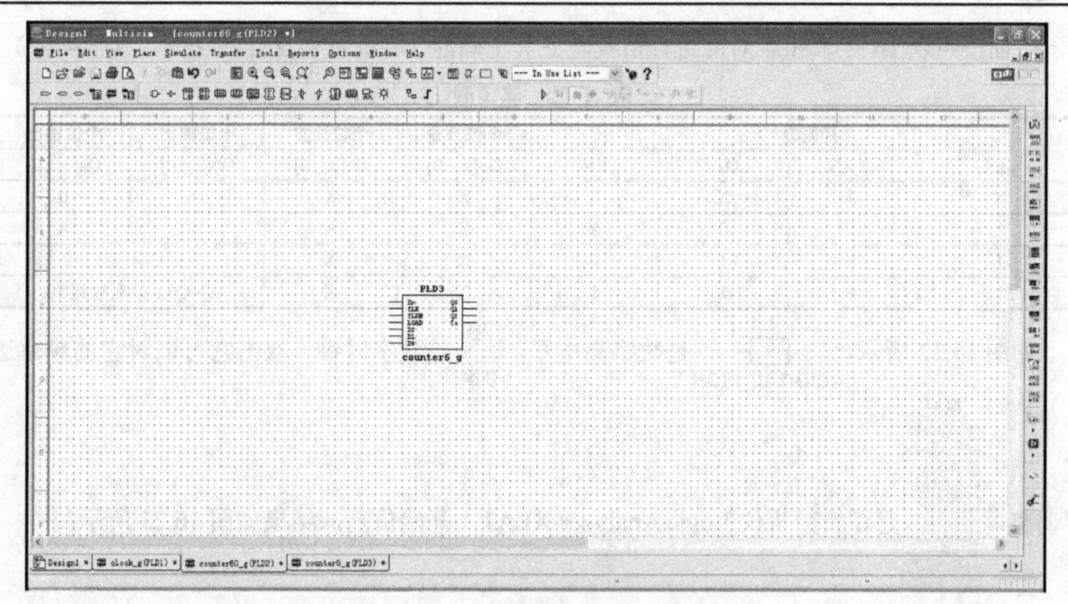

图 16.20　counter60_g(PLD2)界面图

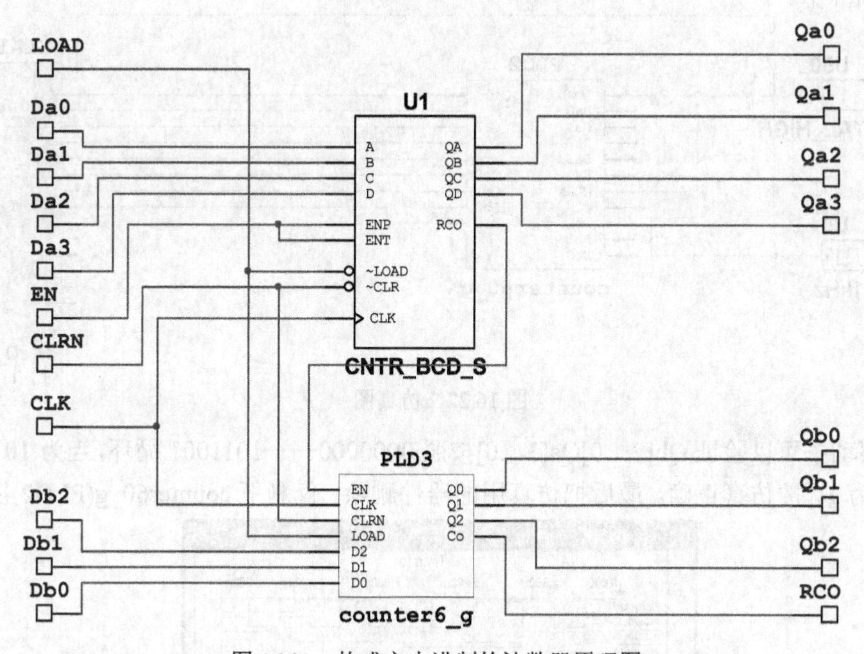

图 16.21　构成六十进制的计数器原理图

U2 是一个十进制计数器，在前面已有介绍，把 counter60_g(PLD2)关闭，回到 clock_g(PLD1)中，这样一个六十进制的计数器就做好了

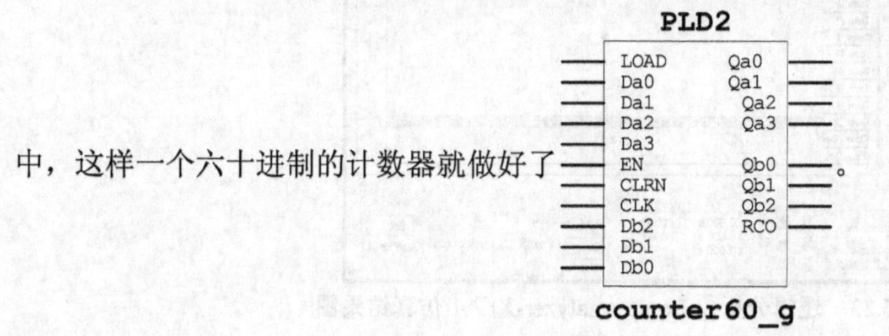

。

下面按照表 16.55 真值表对此进行仿真验证其正确性（在此就仿真计数功能，其他类似）。

表 16.55　真值表

控制端				十位预置	个位预置	十位输出	个位输出
CLK	CLRN	LOAD	EN	Db[2…0]	Da[3…0]	Qb[2…0]	Qa[3…0]
X	0	X	X	X	X	0	0
↑	1	0	X	B	A	B	A
↑	1	1	0	X	X	Q(不变)	
↑	1	1	1	X	X	Q=Q+1 最高数到 59	

如图 16.22 所示，U3 [1] DIGITAL_HIGH 是数字高电平，U4 1kHz 是数字时钟，双击它可以对它的频率进行调整，XLA1 是逻辑分析仪 Logic Analyzer-XLA1，开始仿真，结果如图 16.23 所示。

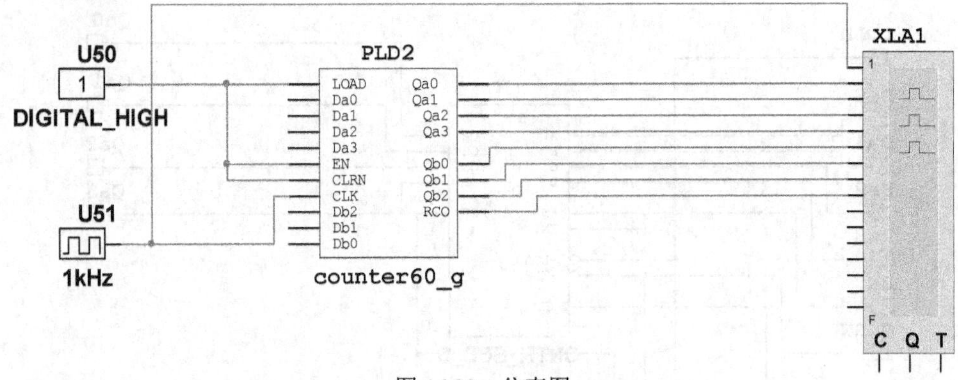

图 16.22　仿真图

拉动滚动条可以验证 Qb[2…0]Qa[3…0]按照 0000000——1011001 循环，当为 1011001 时，RCO 输出为 1，故仿真正确。最后把仿真用的器件删除，仅剩下 counter60_g(PLD2)以备后用。

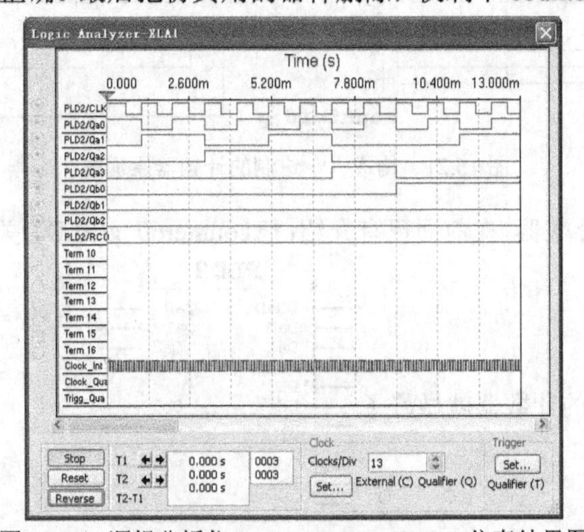

图 16.23　逻辑分析仪 Logic Analyzer-XLA1 仿真结果图

2. 十二进制计数器

前面做六十进制计数器时已有详细过程，这里就仅给出大概的步骤，真值表如表 16.56 所示。

表 16.56 真值表

控制端				十位预置	个位预置	十位输出	个位输出
CLK	CLRN	LOAD	EN	Db	Da[3…0]	Qb	Qa[3…0]
X	0	X	X	X	X	0	0
↑	1	0	X	B	A	B	A
↑	1	1	0	X	X	Q(不变)	
↑	1	1	1	X	X	Q=Q+1 最高数到 11	

需要一个二进制的计数器和一个十进制的计数器共同组成，先在 clock_g(PLD1)中建立一个 counter12_g 的子电路，在里面建立一个名为 counter2_g 的子电路，二进制的计数器电路图如图 16.24 所示。

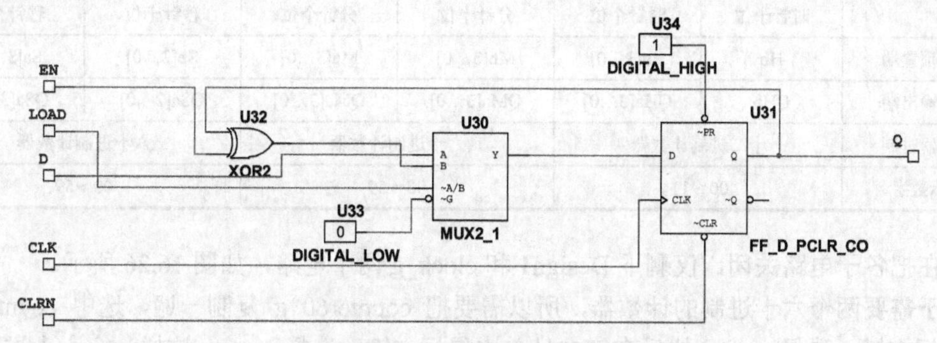

图 16.24 二进制的计数器电路图

各器件在前面已有介绍，做完之后按照真值表进行仿真，验证其正确性。十二进制计数器的电路图如图 16.25 所示。

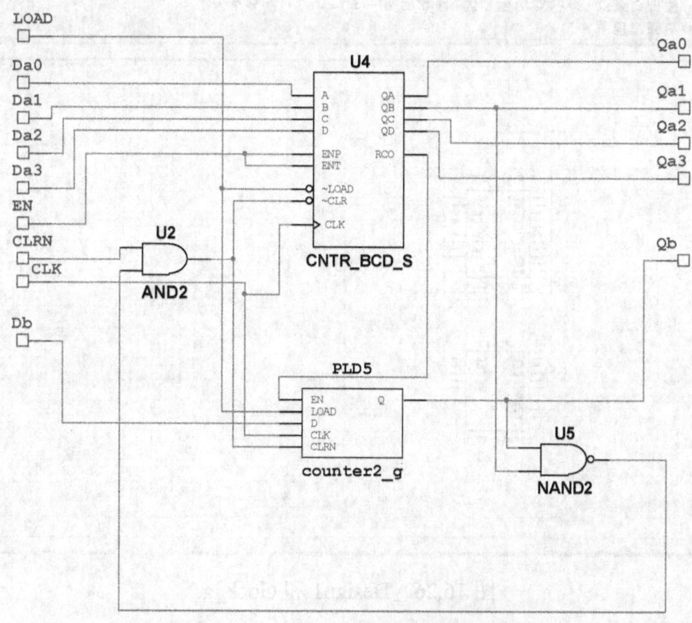

图 16.25 十二进制计数器的电路图

对该十二进制计数器进行验证仿真，结果与真值表相同，设计正确。

3. 数字钟的设计

在此设计一个从0点0分0秒数到11点59分59秒的数字钟电路。

脚位：脉冲输入端——CLK

预置控制端——LOAD

清零端——CLRN

使能端——EN

数据预置端——Sa[2…0]，Sb[2…0]，Ma[3…0]，Mb[3…0]，Ha[3…0]，Hb

输出端——QSa[3…0]，QSb[2…0]，QMa[3…0]，QMb[2…0]，QHa[3…0]，QHb

数字钟数据脚位

	时针十位	时针个位	分针十位	分针个位	秒针十位	秒针个位
数据预置端	Hb	Ha[3…0]	Mb[3…0]	Ma[3…0]	Sb[2…0]	Sa[3…0]
时钟输出端	QHb	QHa[3…0]	QMa[3…0]	QMa[3…0]	QSa[2…0]	QSa[3…0]
计数器时制	十二进制计数器		六十进制计数器		六十进制计数器	
显示数字	00～11		00～59		00～59	

现在把各子电路关闭，仅剩下Design1和clock_g两个电路，如图16.26所示。

由于需要两个六十进制的计数器，所以需要把counter60_g复制一遍，选中counter60_g单击鼠标右键，选择copy，然后在空白处单击鼠标右键，选择paste，这样一个六十进制的计数器就被复制出来了，按照图16.27所示的原理图进行连接，完成设计。

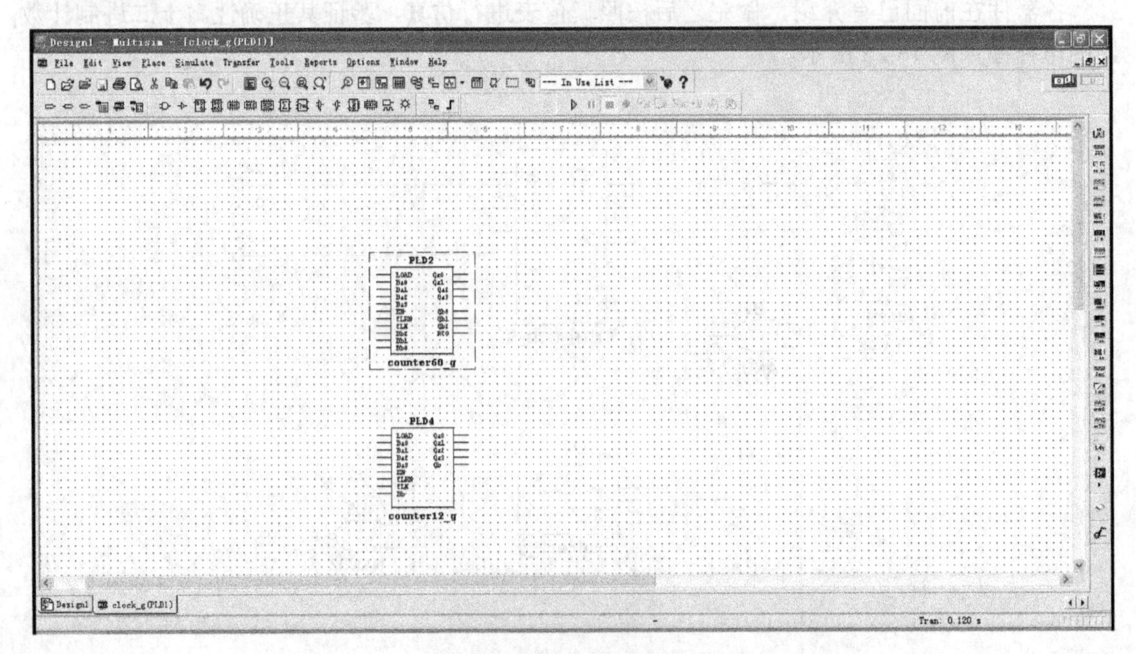

图16.26 Design1和clock_g

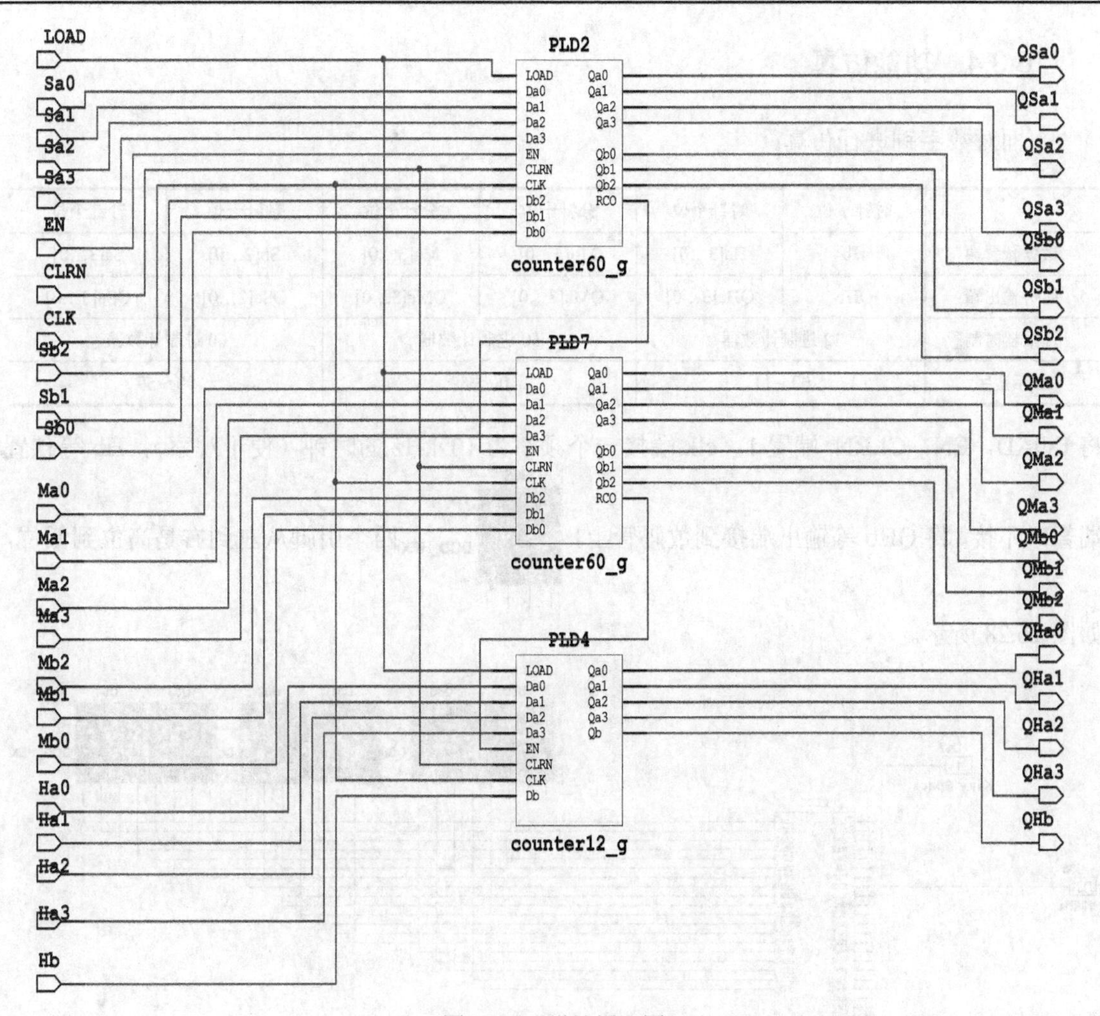

图 16.27　设计原理图

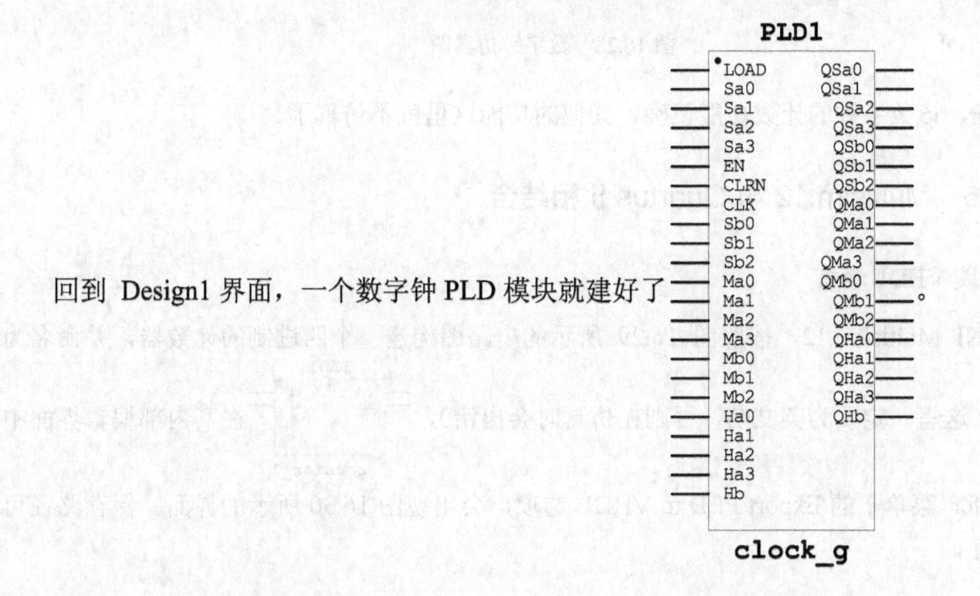

回到 Design1 界面，一个数字钟 PLD 模块就建好了。

16.3.4 功能仿真

下面对数字钟进行仿真：

	时针十位	时针个位	分针十位	分针个位	秒针十位	秒针个位
数据预置端	Hb	Ha[3…0]	Mb[3…0]	Ma[3…0]	Sb[2…0]	Sa[3…0]
时钟输出端	QHb	QHa[3…0]	QMa[3…0]	QMa[3…0]	QSa[2…0]	QSa[3…0]
计数器时制	12 进制计数器		60 进制计数器		60 进制计数器	
显示数字	00～11		00～59		00～59	

将 LOAD，EN，CLRN 端置 1，clk 端接一个频率为 10 kHz 的时钟（便于观察），Hb 等预置端暂时不接，将 QHb 等输出端接到数码管上，四个引脚从左到右是高位到低位，如图 16.28 所示。

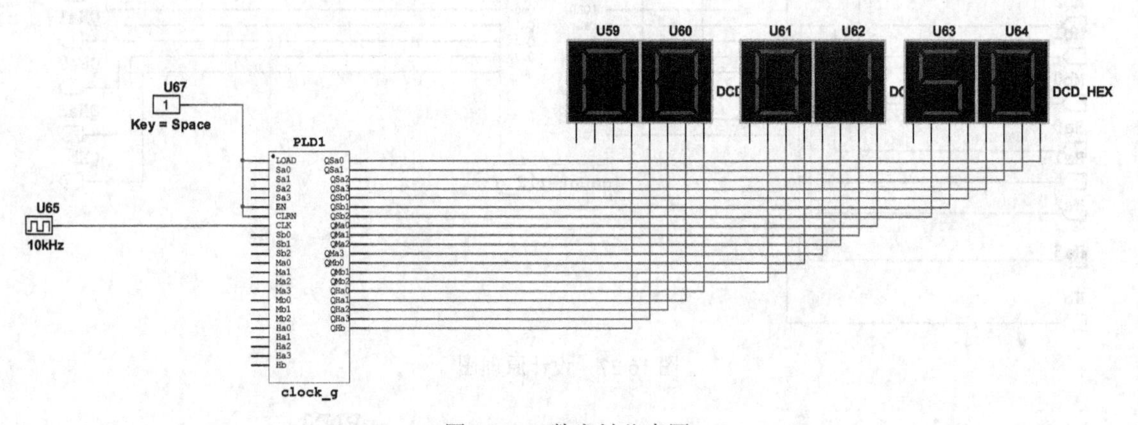

图 16.28 数字钟仿真图

经验证，该数字钟的计数功能正确，其他的功能这里就不仿真了。

16.3.5 Multisim 12 与 Quartus II 相结合

1. 生成 VHDL 语言

打开 NI Multisim 12，按照图 16.29 所示的电路图构建一个四进制的计数器，并命名为 counter_1（这里一定要为英文名，否则在仿真时会出错），在其内部编辑界面中单击 Transfer 菜单下的 Export PLD to VHDL 选项，会出现图 16.30 所示的界面。保存路径可以自己设置。

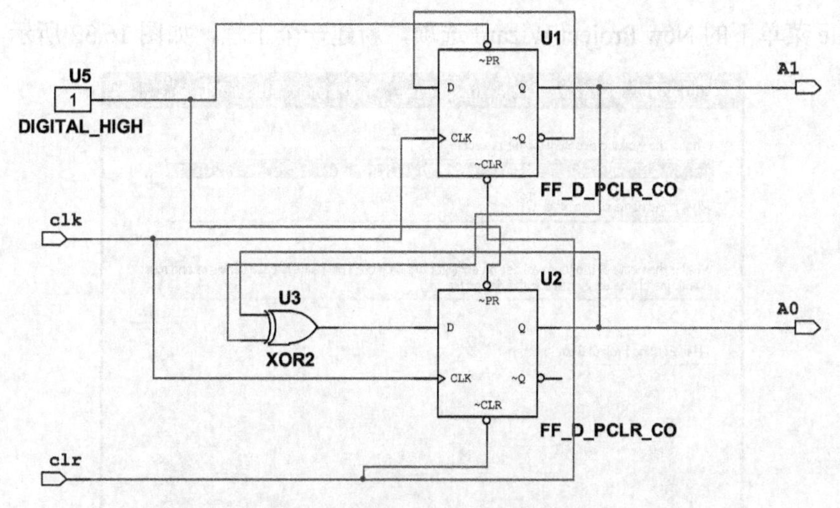

图 16.29　4 进制的计数器电路图

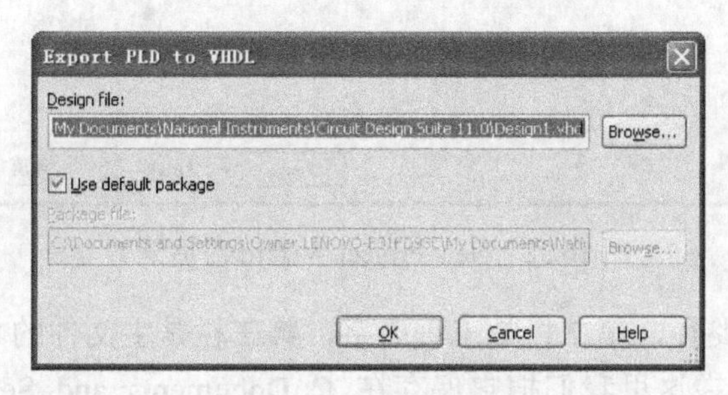

图 16.30　Export PLD to VHDL 对话框

2. 在 Quartus II 中仿真

打开 Quartus II，界面如图 16.31 所示。

图 16.31　Quartus II 界面图

选择 File 菜单下的 New Project Wizard 选项，新建一个工程，如图 16.32 所示。

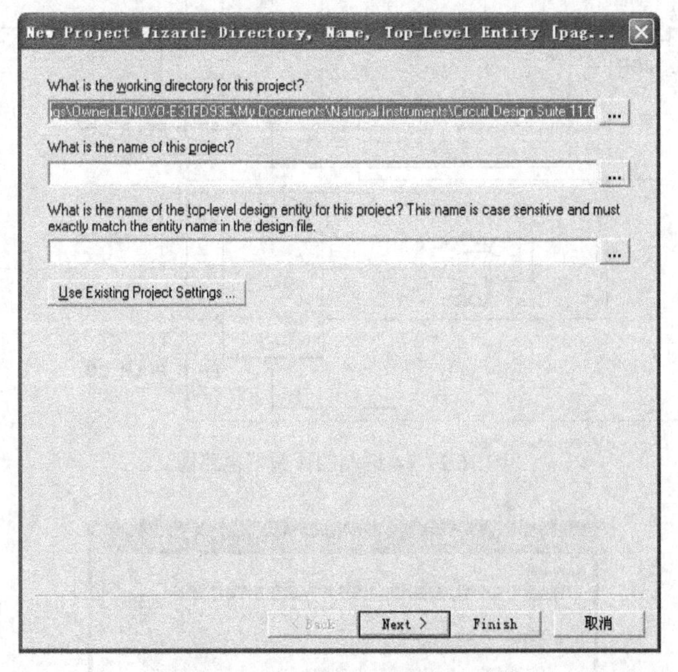

图 16.32 New Project Wizard 对话框 1

第一栏是工程保存路径，第二栏是工程名字，第三栏是主文件的名字。一般情况下第二栏和第三栏必须同名，在这里我们把它保存在 C:\Documents and Settings\Owner.LENOVO-E31FD93E\My Documents\National Instruments\Circuit Design Suite 11.0\counter_1 中，和之前保存 VHDL 语言的位置是一致的，在第二栏中输入 counter_1，第三栏中会随之出现 counter_1，单击 NEXT，出现如图 16.33 所示界面。

在这里一般不用加入文件，因此直接单击 Next，如图 16.34 所示。

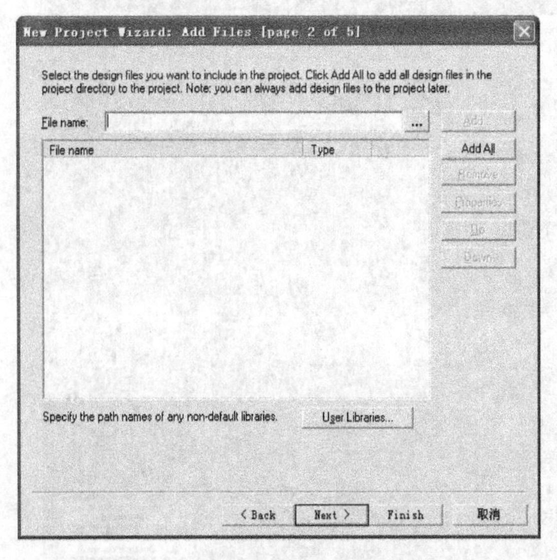

图 16.33 New Project Wizard 对话框 2

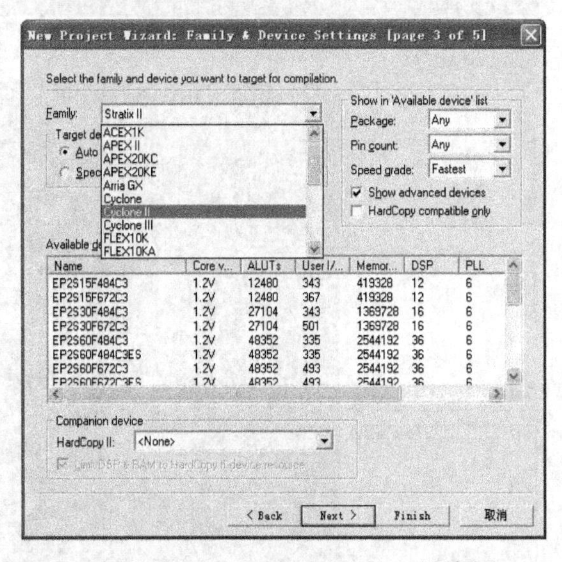

图 16.34 New Project Wizard 对话框 3

在 Family 中选择 Cyclone II，根据自己的实验平台来选择，其他默认即可，单击 Next，在这儿也不用选择直接单击 Next，单击 Finish 按钮，这样一个名为 counter_1 的工程就建好了，如图 16.35 所示。

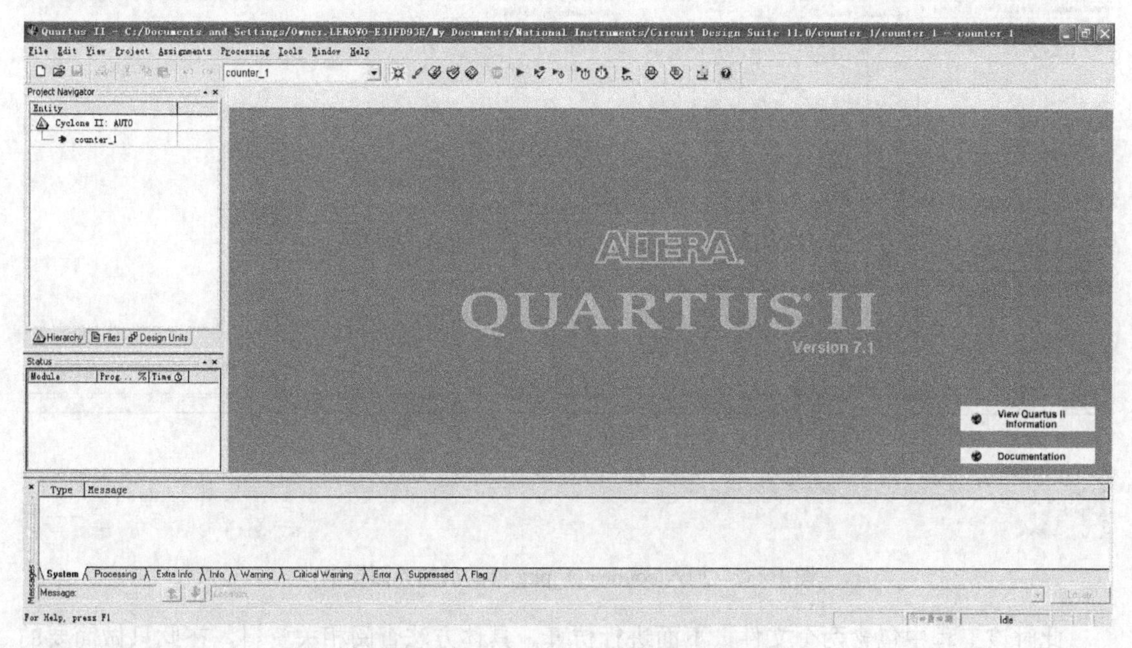

图 16.35 counter_1 工程的建立完成

此时工程中还没有文件，需要添加，方法如下：

单击工具栏中的打开，也可以在 File 中选择，把我们刚才生成的 counter_1.vhd 文件加入到工程中，下面的一个 counter_1_pkg.vhd 为库文件包，是伴随着 counter_1.vhd 产生的，因此也必须加入到工程中，单击要加入的文件,然后在 Add file to current project 前打钩，单击打开，这样就把 counter_1 文件加入到当前的工程中了，如图 16.36 所示。

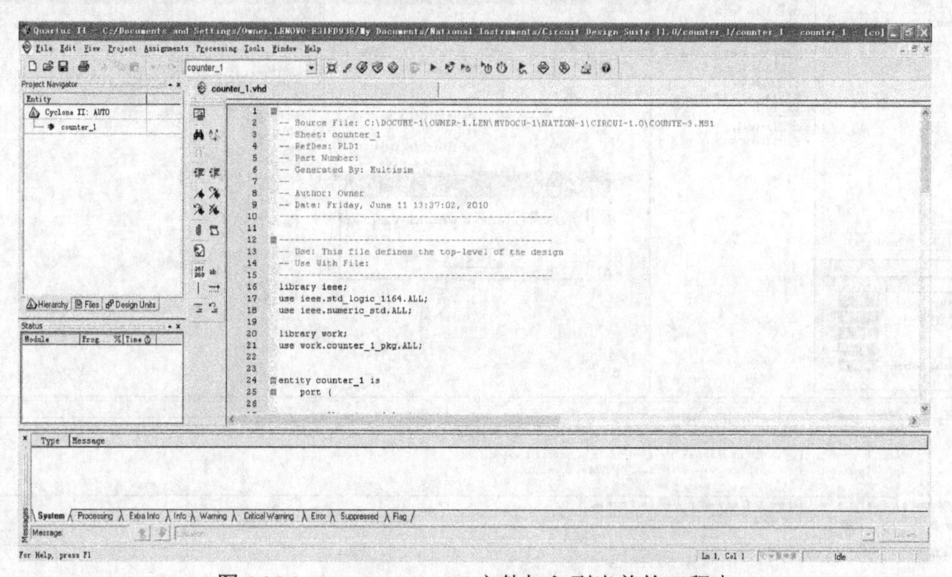

图 16.36 counter_1.vhd 文件加入到当前的工程中

然后照此法把 counter_1_pkg.vhd 加入到当前文件中来，最后界面如图 16.37 所示。

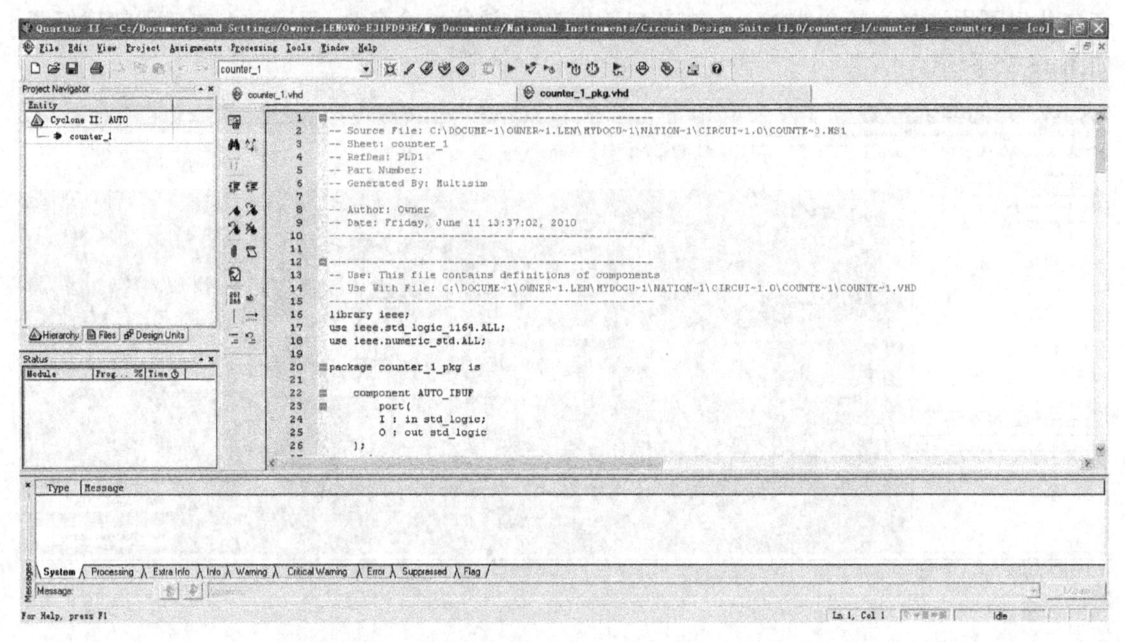

图 16.37　加入 counter_1_pkg.vhd 后的界面图中

此时该工程中包含两个文件，下面进行仿真。具体方法查阅相关资料，在此只做简要的说明。

单击工具栏中的 ▶ 按钮，进行仿真，检查逻辑错误，按照提示进行修改，一般情况下是正确的，完成后会出现如图 16.38 所示界面。

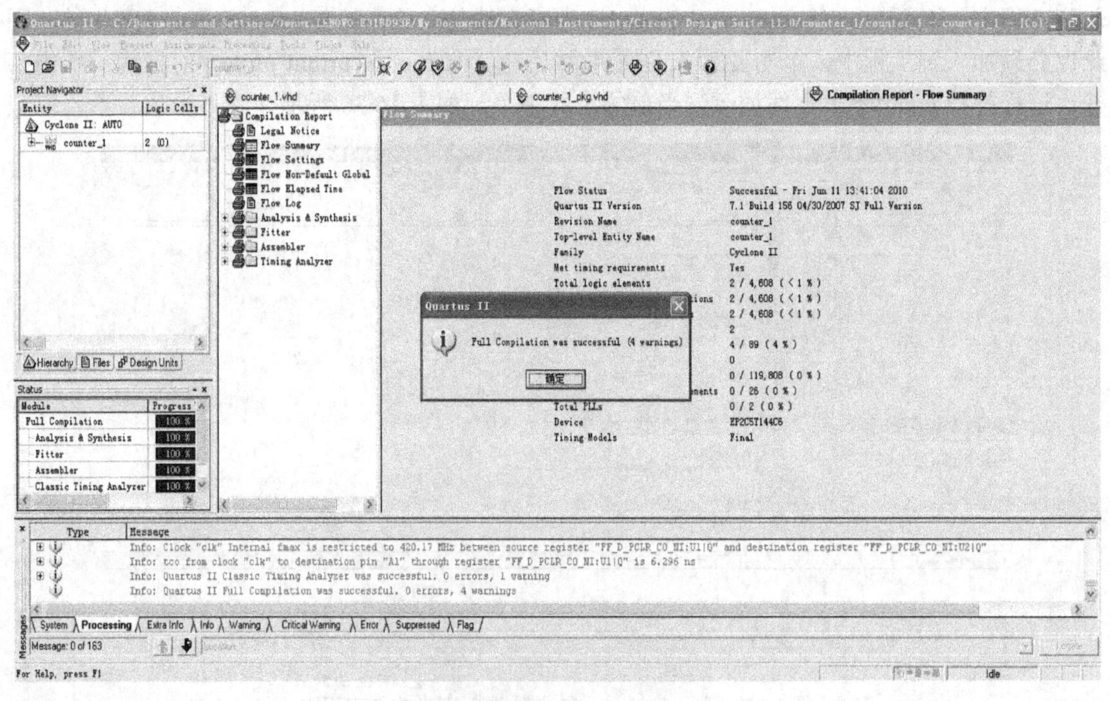

图 16.38　运行仿真界面图

单击确定后，此时要进行波形的仿真，进一步验证其正确性。单击 File 下的 New，选择 Other Files 下的 Vector Waveform File，单击 OK 按钮，如图 16.39 所示。

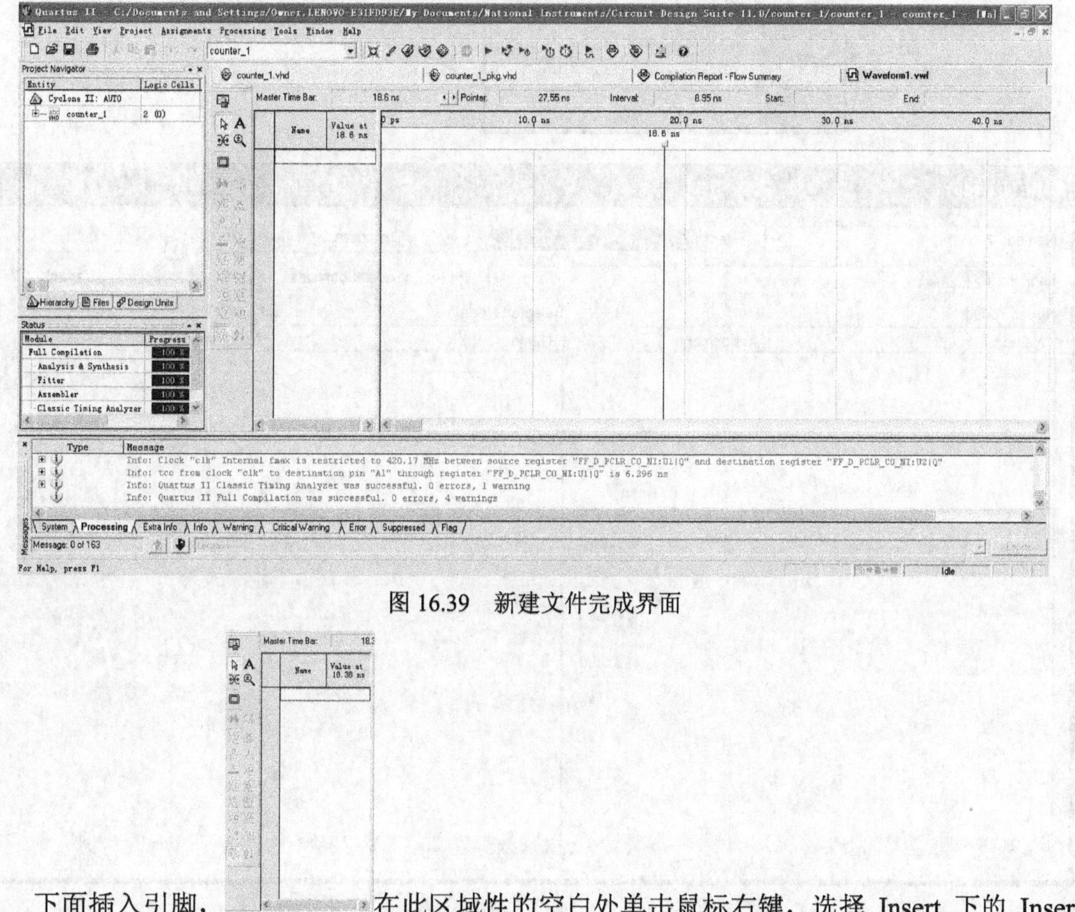

图 16.39　新建文件完成界面

下面插入引脚，在此区域性的空白处单击鼠标右键，选择 Insert 下的 Insert Node or Bus，如图 16.40 所示。

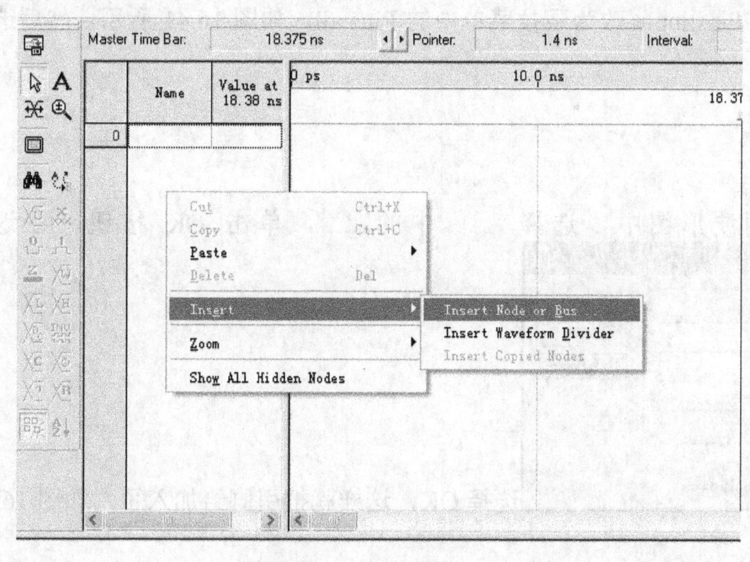

图 16.40　插入管脚命令

在出现的界面中

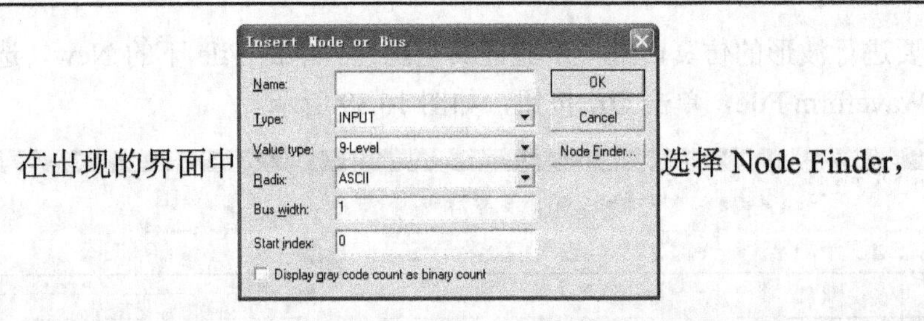

选择 Node Finder，

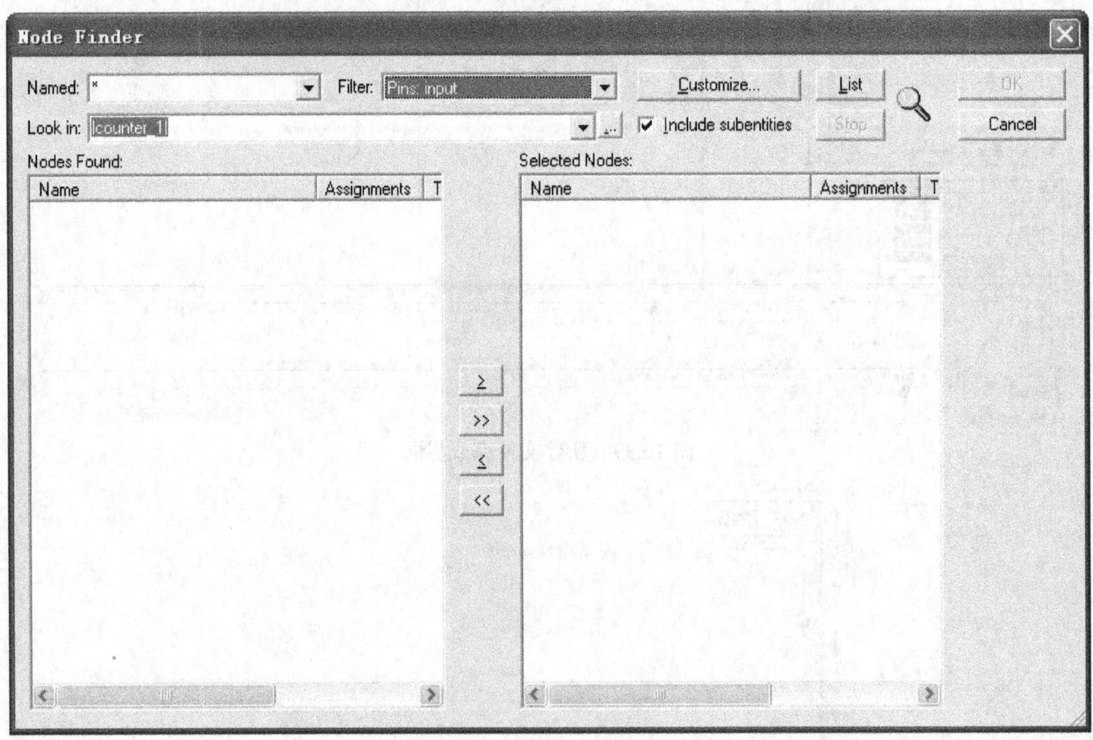

图 16.41　插入管脚对话框 1

把 Filter 的 Pins:input 改为下拉菜单中的 Pins:all，如图 16.41 所示，然后选择 List。然后把引脚加入到波形图中，选择

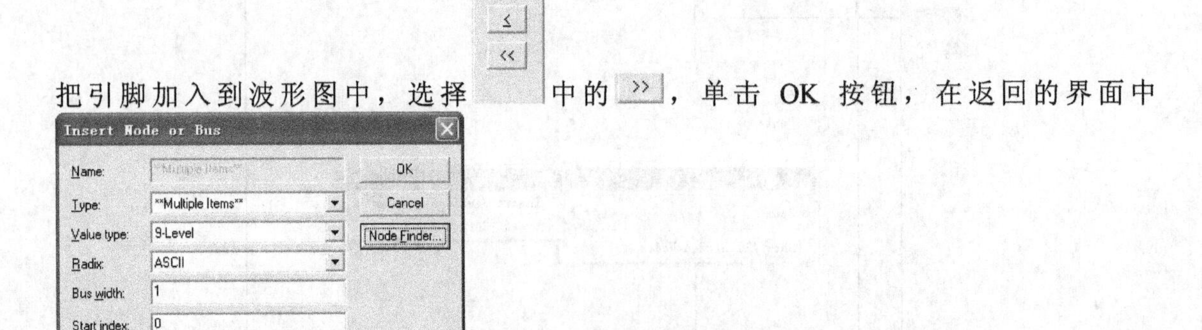

中的 >>，单击 OK 按钮，在返回的界面中选择 OK，这样就把引脚给加入了，如图 16.42 所示。

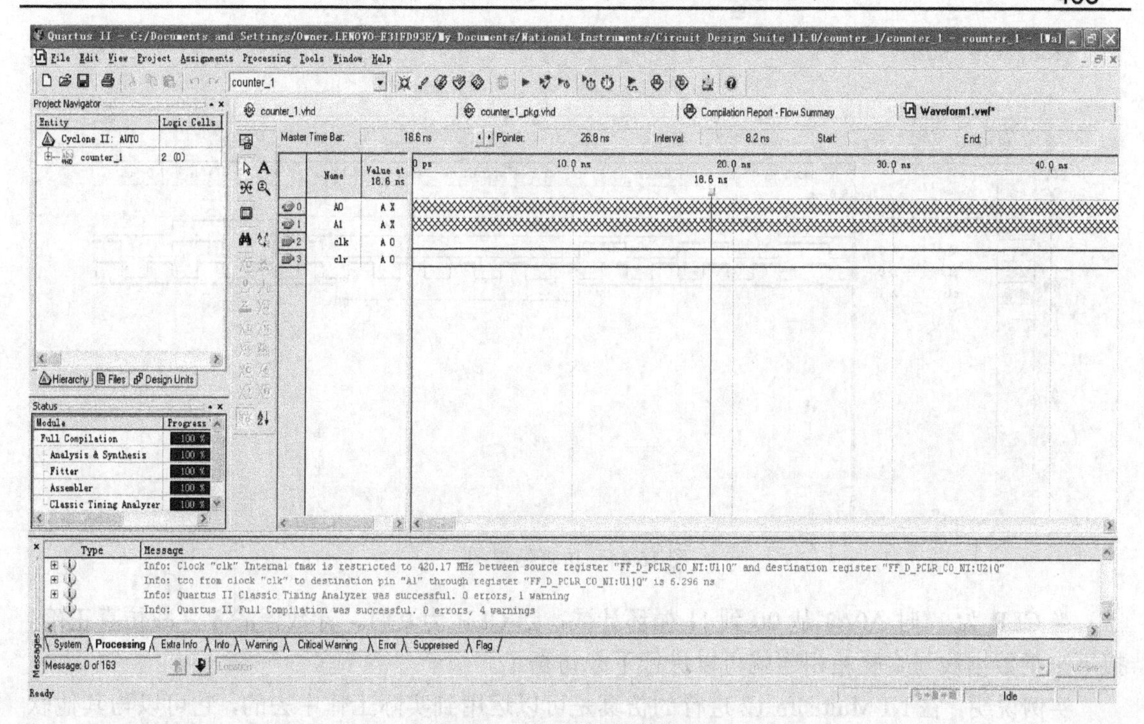

图 16.42　插入管脚完成界面

下面设置输入端的波形，按图 16.43 所示，给 CLK 加入一个时钟波形，CLR 为 0 时清零，为 1 时正常计数。

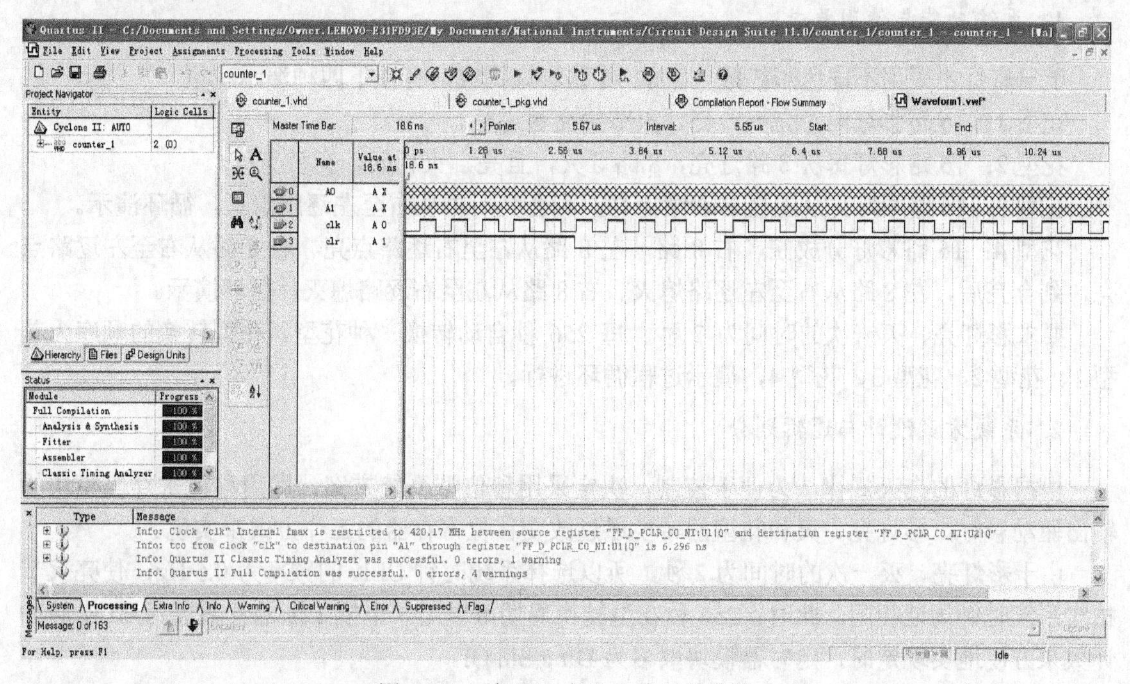

图 16.43　给 CLK 加入一个时钟波形

因为 A0，A1 是输出端，就不用设置了，然后单击保存按钮，将波形文件保存，单击保存即可，然后进行仿真，选择工具栏中的按钮，仿真结束后会出现如图 16.44 所示的结果。

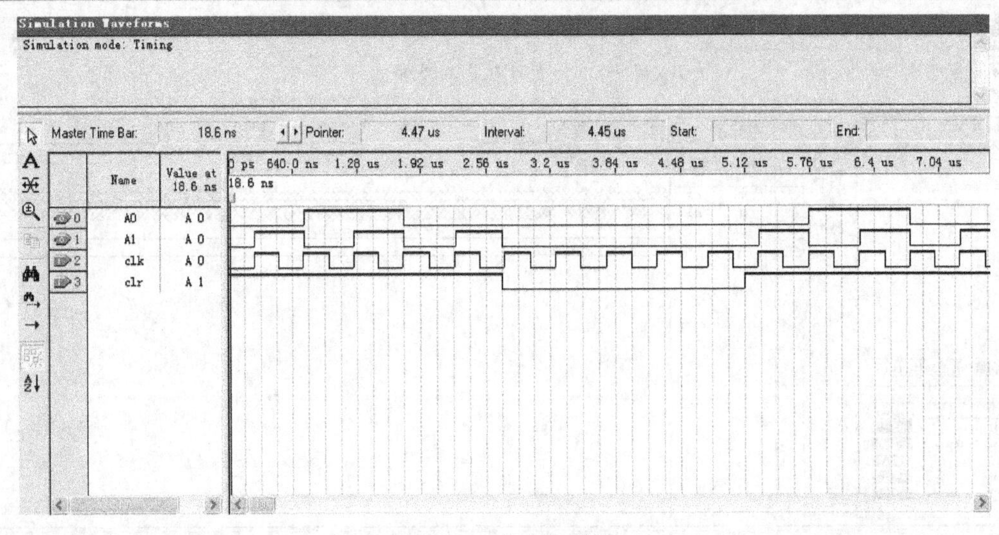

图 16.44 仿真结果图

当 CLR 为 1 时 A0A1 从 00 到 11 循环计数，当 CLR 为 0 时，计数器清零，故仿真正确。接下来把数据线与实验箱相连就可以进行下载仿真了。

实例说明，在 NI Multisim 12 进行的仿真是可以运用到实际工作中去的，它可以与其他软件相结合，为我们的工作带来方便，使设计更加简单，把更多的工作交给电脑来做。

16.3.6 数字系统设计——节日彩灯控制系统设计

1. 系统功能与使用要求

节日彩灯由采用不同色彩搭配方案的 16 路彩灯构成，有以下四种演示花型。

花型 1：16 路彩灯同时亮灭，亮、灭节拍交替进行。

花型 2：16 路彩灯每次 8 路灯亮，8 路灯灭，且亮、灭相间，交替亮灭。

花型 3：16 路彩灯先从左至右逐渐点亮，到全亮后再从右至左逐路熄灭，循环演示。

花型 4：16 路彩灯分成左、右 8 路，左 8 路从左至右逐路点亮、右 8 路从右至左逐路点亮，到全亮后，左 8 路从右至左逐路熄灭、右 8 路从左至右逐路熄灭，循环演示。

要求彩灯亮、灭一次的时间为 2 秒，每 256 秒自动转换一种花型。花型转换的顺序为花型 1、花型 2、花型 3、花型 4，演示过程循环进行。

2. 系统方案设计与逻辑划分

根据彩灯的亮灭规律，为便于控制，决定采用移位型系统方案，即用移位寄存器模块的输出驱动彩灯，彩灯亮、灭和花型的转换通过改变移位寄存器的工作方式来实现。

由于彩灯亮、灭一次的时间为 2 秒，所以选择系统时钟 CLK 的频率为 0.5 Hz，使亮灭节拍与系统时钟周期相同。此时，256 秒花型转换周期可以用一个模 128 的计数器对 CLK 脉冲计数来方便地实现定时，定时器模块取名为 Ding Shi Qi。

为了方便操作，设置一个加电后的手工复位信号 RST。当 RST 有效时，将控制器模块 COUNTR 置于合适的初始状态，使其从花型 1 开始演示；同时将定时器模块异步清 0，使计时电路一开始就能正常工作。

节日彩灯控制系统的结构框图如图 16.45 所示。其中，时钟模块电路图如图 16.46 所示。

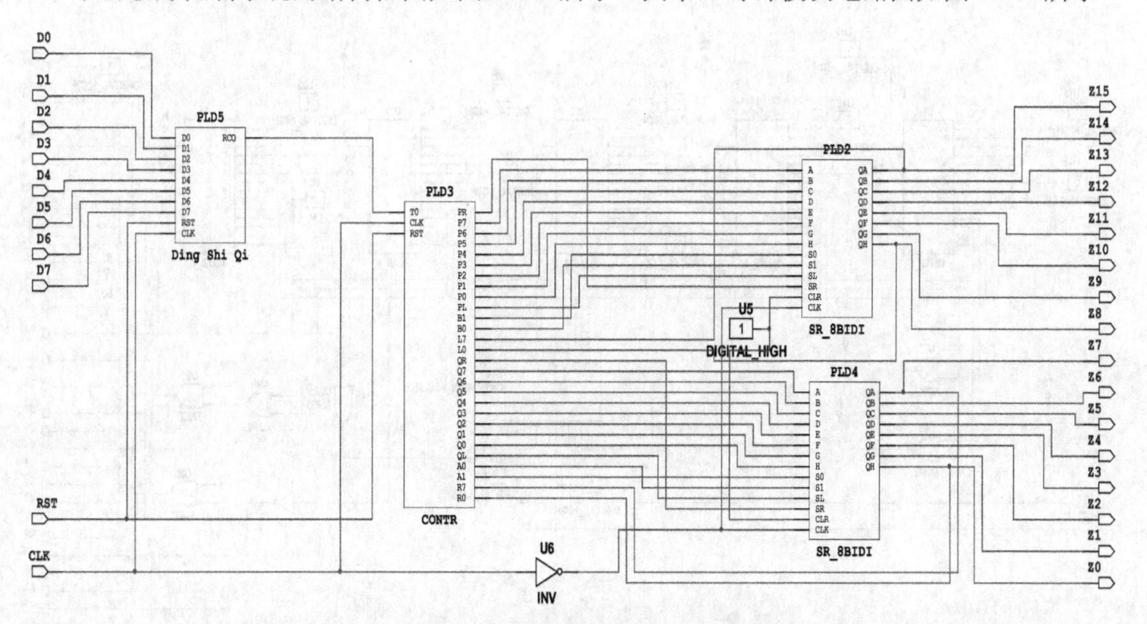

图 16.45　节日彩灯控制系统的结构框图

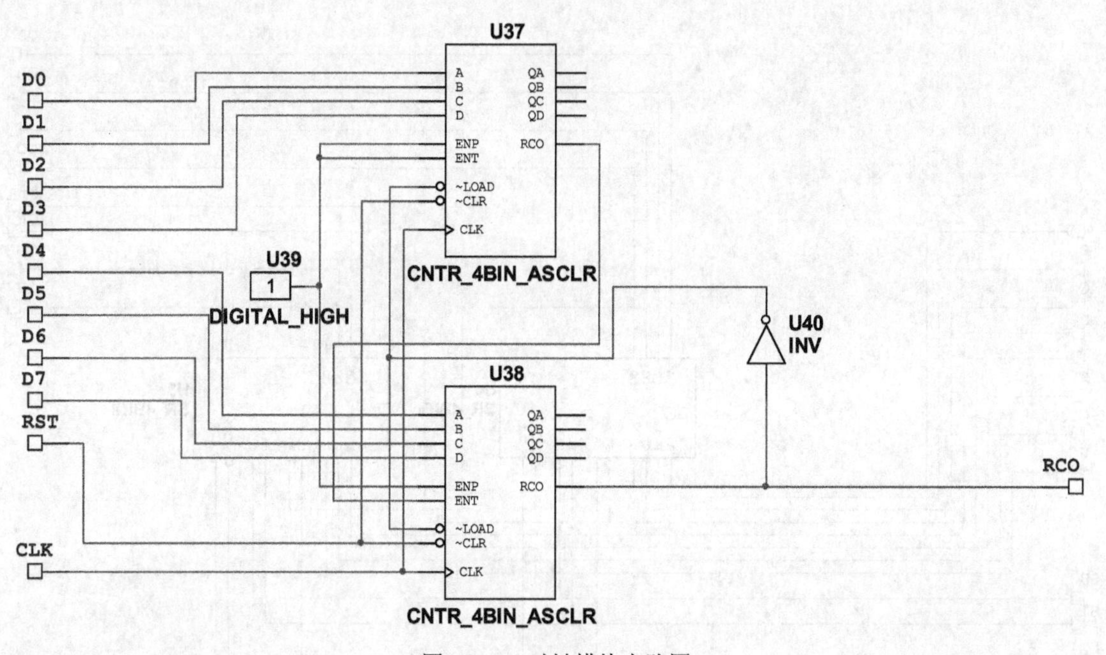

图 16.46　时钟模块电路图

控制模块电路图如图 16.47 所示。8 位移位寄存器电路如图 16.48 所示。

3. 功能仿真

为验证其功能，接 16 路彩灯和一个逻辑分析仪进行仿真，为了更快地看到结果，这里频率用 100 Hz 的时钟，仿真图如图 16.49 所示。

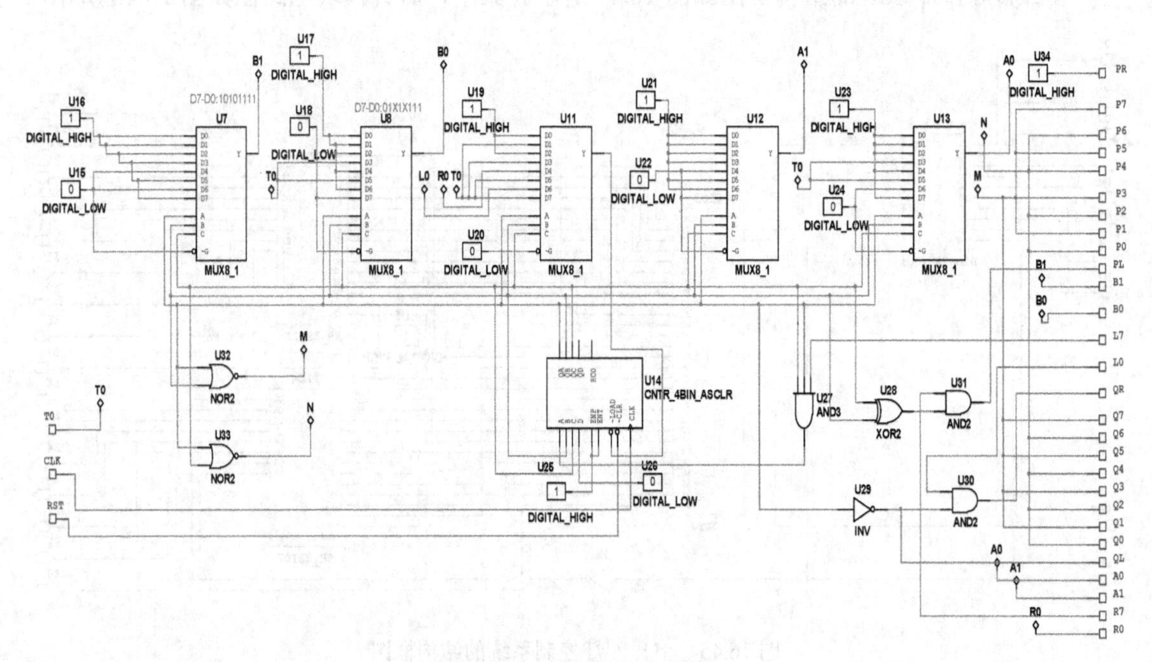

图 16.47 时钟模块电路图

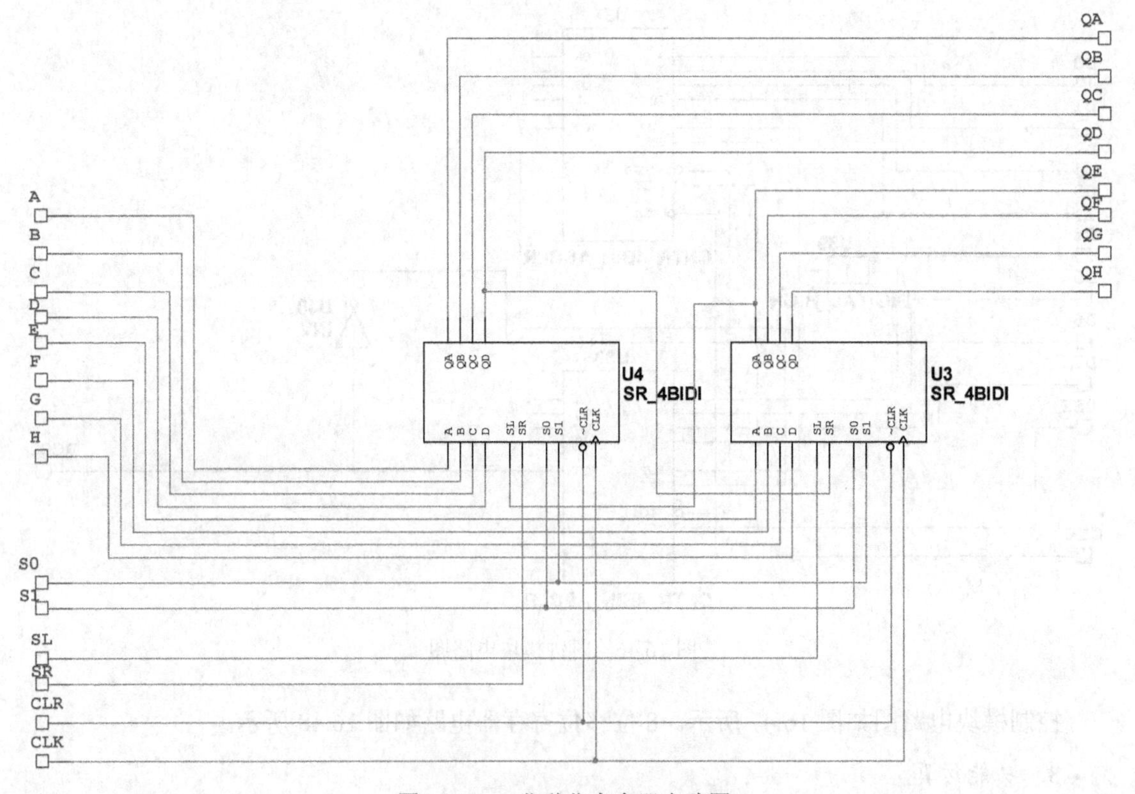

图 16.48 8 位移位寄存器电路图

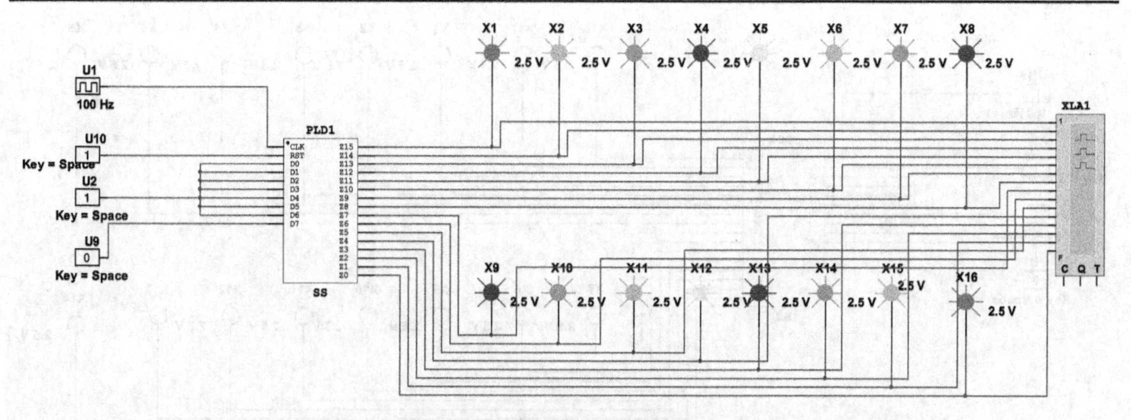

图 16.49　节日彩灯仿真结果图

花型 1 同时亮灭，亮、灭节拍交替进行的仿真结果分别如图 16.50 和图 16.51 所示。

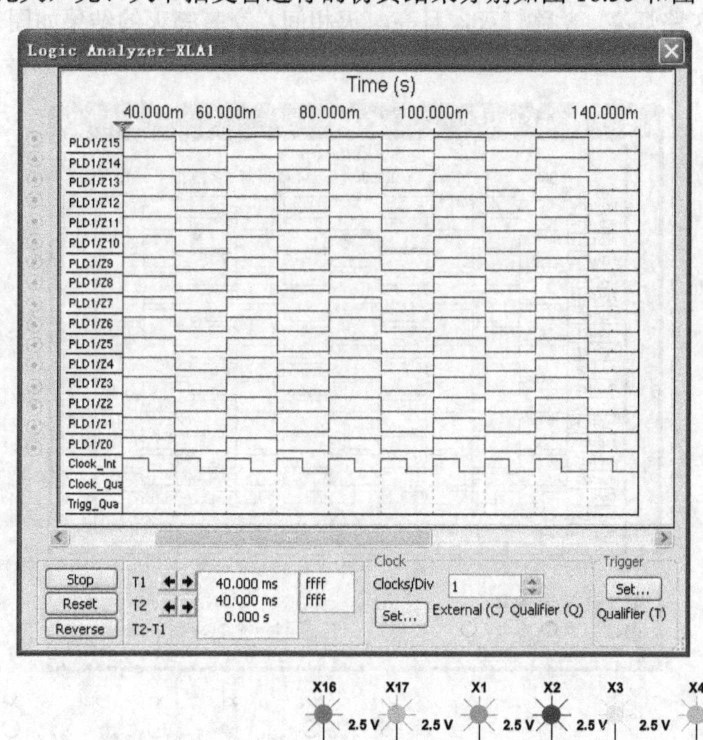

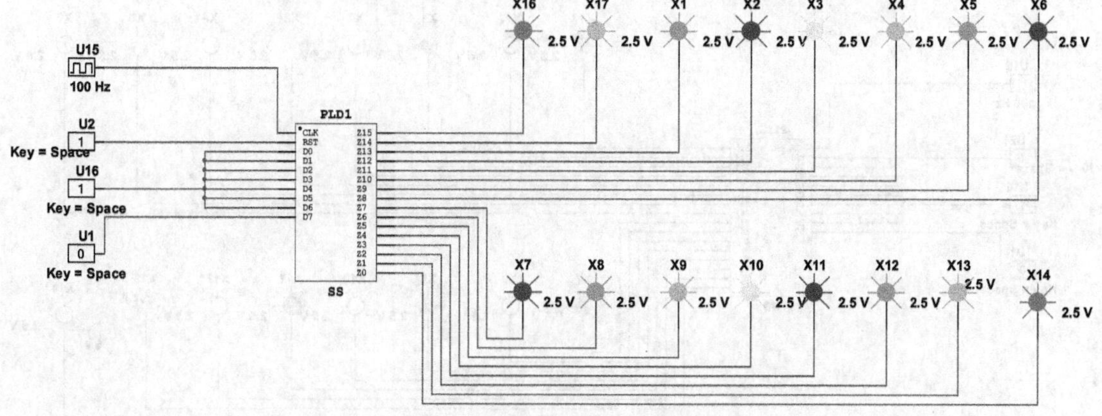

图 16.50　花型 1 同时亮灭的仿真图

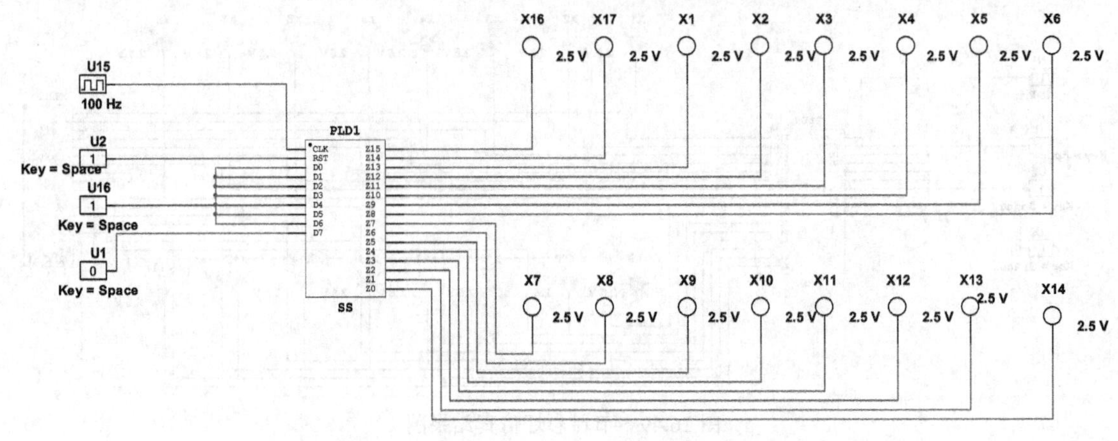

图 16.51　花型 1 亮、灭节拍交替进行的仿真图

花型 2 每次 8 路灯亮，8 路灯灭，且亮、灭相间，交替亮灭的结果如图 16.52 和图 16.53 所示。

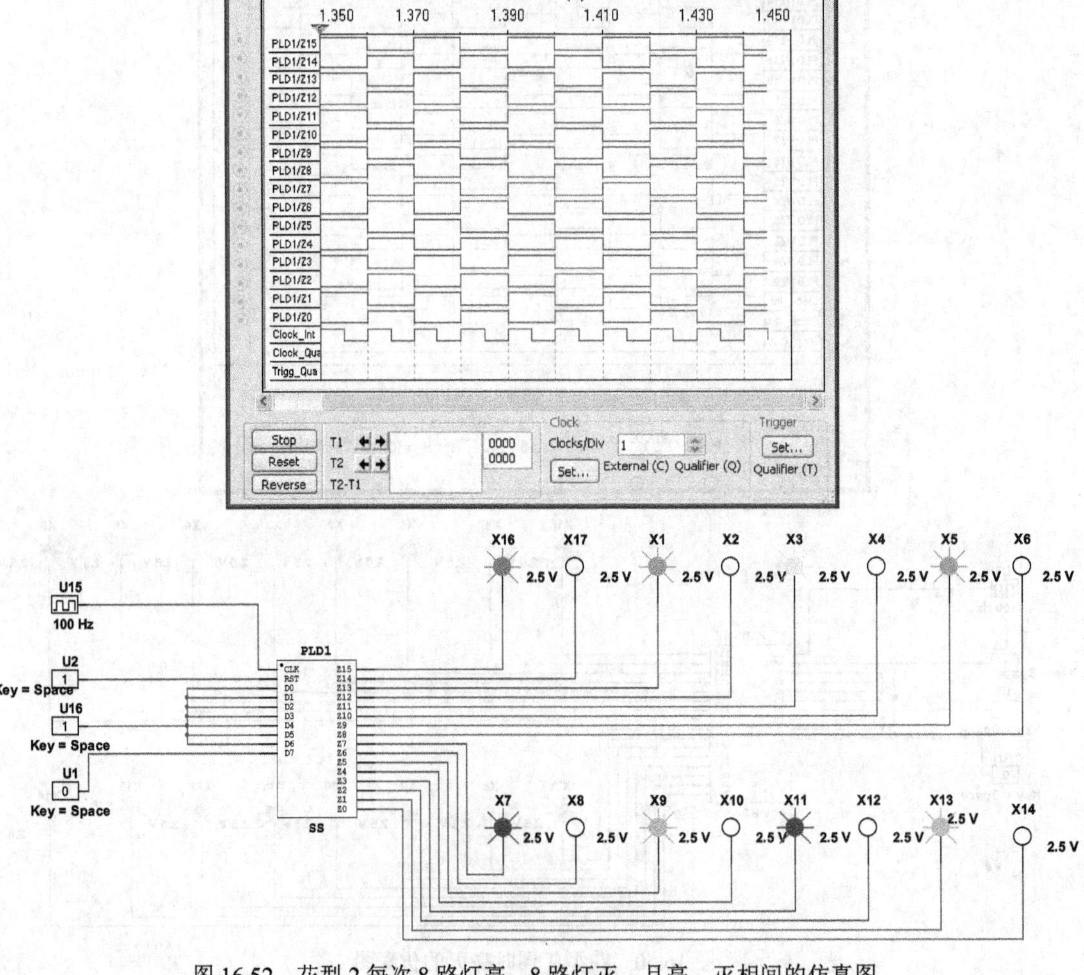

图 16.52　花型 2 每次 8 路灯亮，8 路灯灭，且亮、灭相间的仿真图

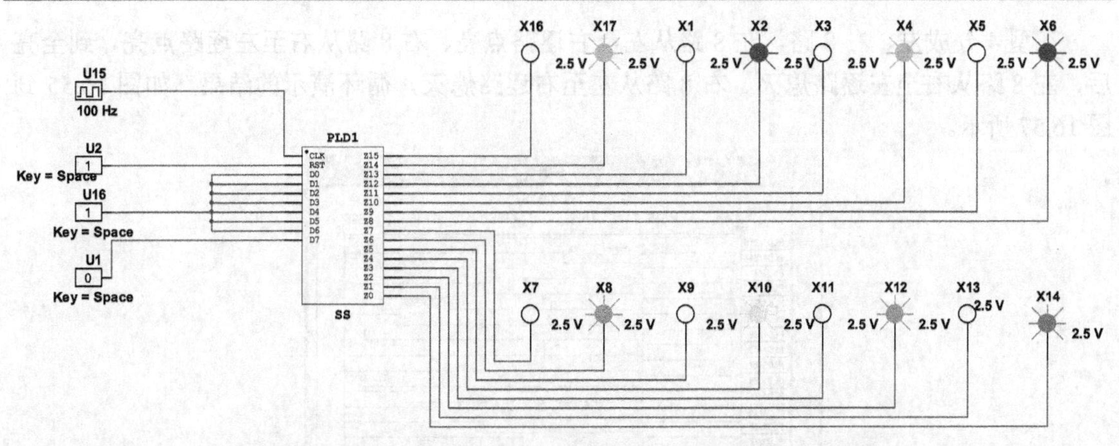

图 16.53　花型 2 每次 8 路灯亮，8 路灯灭，且交替亮灭的仿真图

花型 3 先从左至右逐渐点亮，到全亮后再从右至左逐路熄灭，循环演示的结果如图 16.54 所示。

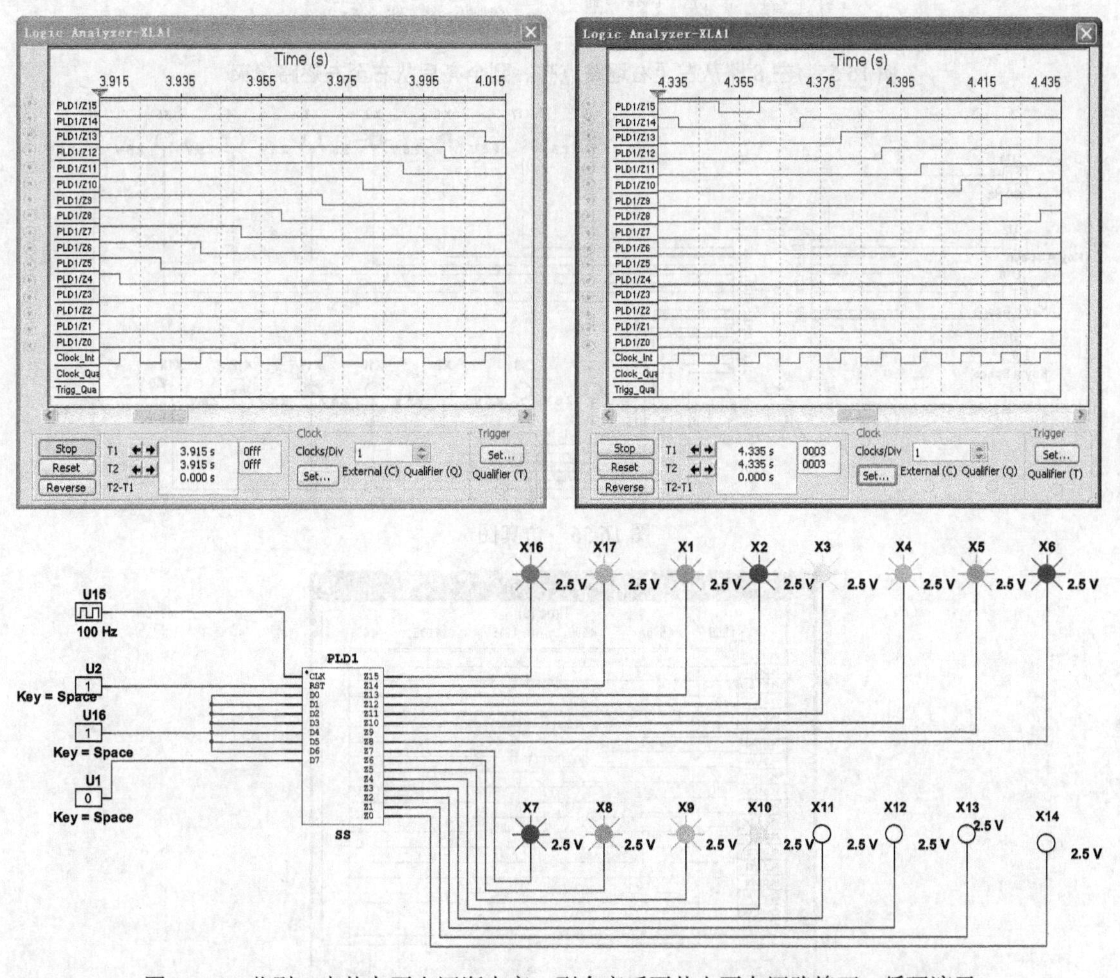

图 16.54　花型 3 先从左至右逐渐点亮，到全亮后再从右至左逐路熄灭，循环演示

花型 4 分成左、右 8 路，左 8 路从左至右逐路点亮、右 8 路从右至左逐路点亮，到全亮后，左 8 路从右至左逐路熄灭、右 8 路从左至右逐路熄灭，循环演示的结果，如图 16.55 到图 16.57 所示。

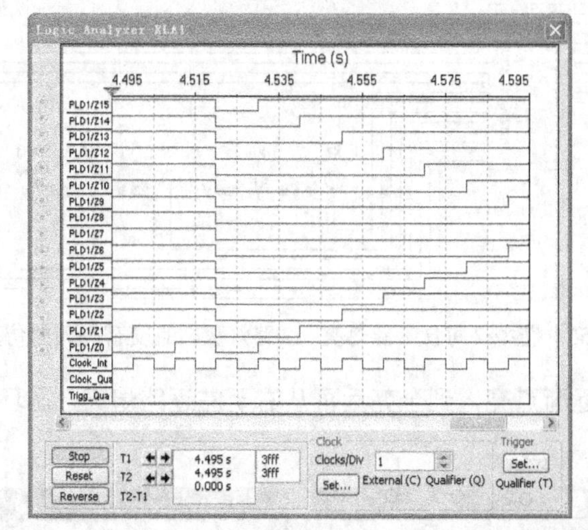

图 16.55　左 8 路从左至右逐路点亮、到全亮后从右至左逐路熄灭

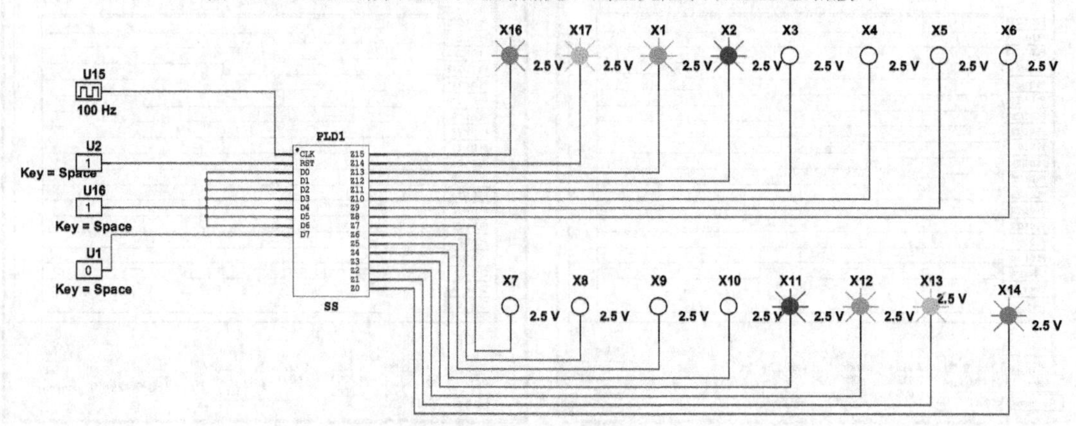

图 16.56　仿真图

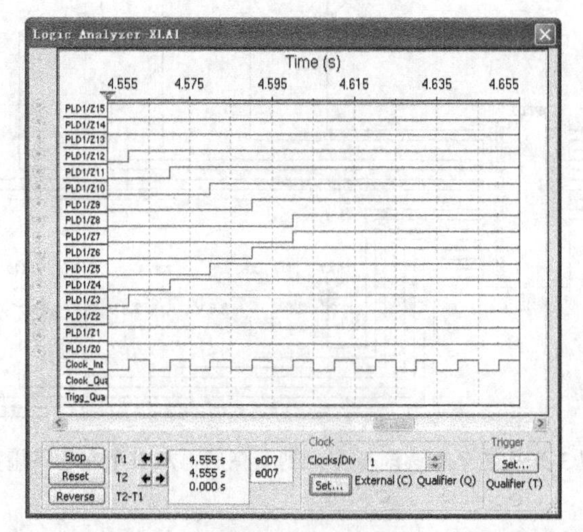

图 16.57　右 8 路从右至左逐路点亮，全亮后，从左至右逐路熄灭

第 17 章　ELVIS 在 Multisim 12 中的仿真

17.1　Multisim 12 和 ELVIS 简介

17.1.1　Multisim 12 中的 ELVIS

Multisim 12 是一个完整的系统设计工具系统，提供一个庞大的元件数据库，并提供原理图输入接口、全部的数模 spice 仿真功能、VHDL/Verilog 设计接口与仿真功能、RF 射频设计能力和后处理功能，还可以进行从原理图到 PCB 布线工具包的无缝隙数据传输。Multisim12 提供全部先进的设计功能，满足从参数到产品的设计要求。

ELVIS（Educational Laboratory Virtual Instrumentation Suite）是由美国 NI 公司开发的一款用于教育的实验工作站，在 Multisim 12 中集成了 ELVIS 的仿真环境，广泛应用于自然科学、生物科学的教学实验中。ELVIS 的仿真环境包含示波器、函数发生器、万用表、IV 分析仪、可变直流源、LED 灯。

17.1.2　真实的 ELVIS 工作台的连接

ELVIS 的连接如图 17.1 所示。图 17.2 为 ELVIS 的前视图和后视图。

1　笔记本电脑　　4　NI M系列装置电力线
2　USB接线　　5　NI ELVIS工作台
3　NI M系列USB装置

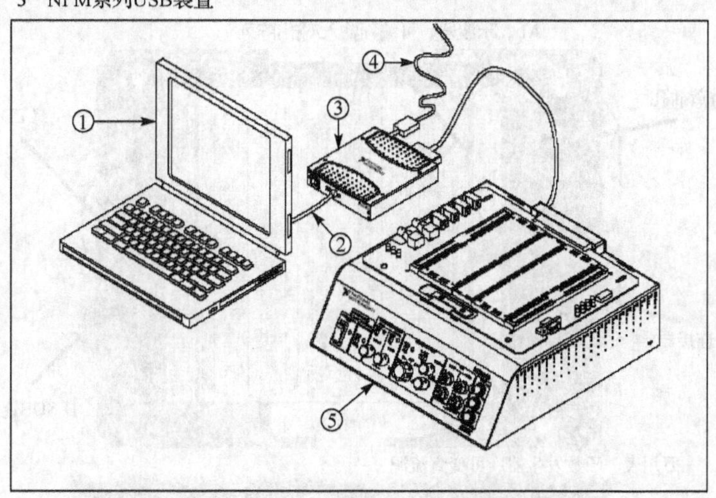

图 17.1　ELVIS 的连接图

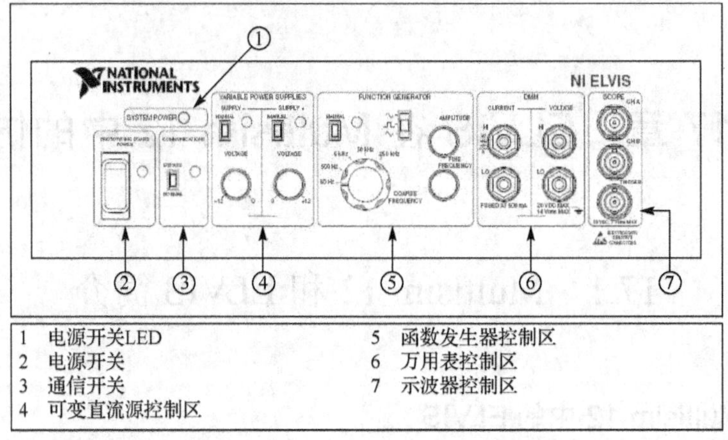

1	电源开关LED	5	函数发生器控制区
2	电源开关	6	万用表控制区
3	通信开关	7	示波器控制区
4	可变直流源控制区		

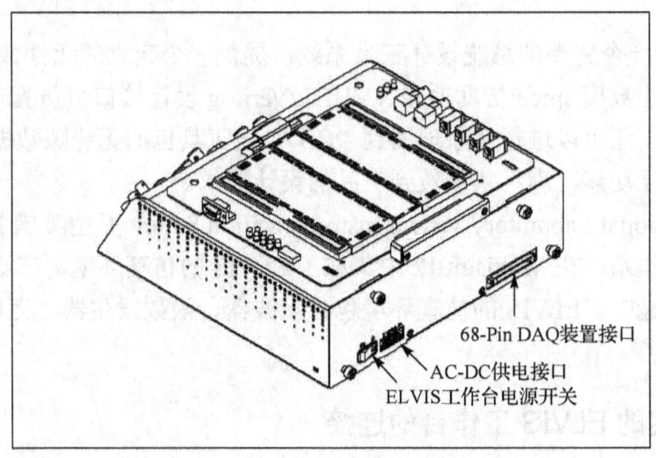

图 17.2　ELVIS 的前视图和后视图

ELVIS 的顶视图如图 17.3 所示。顶视图中的接口和管脚与 ELVIS 在 Multisim 12 仿真环境里一一对应。

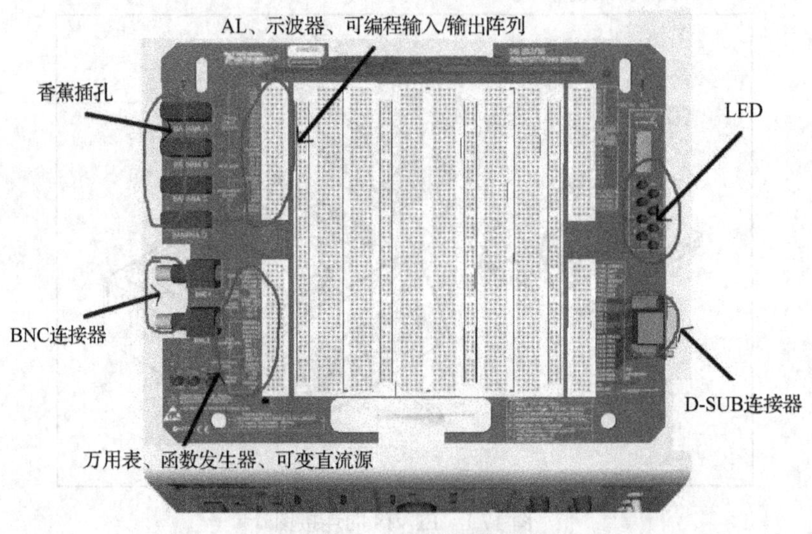

图 17.3　ELVIS 的顶视图

17.2　系统设计全流程

设计任务：在 Multisim 12 中的 ELVIS 环境下完成通信过程中用增量调制系统(ΔM)进行模/数变换及其数/模反变换环节。一方面通过实验介绍 Δm 法，另一方面在实验过程中讲述如何利用 Multisim 12 中的 ELVIS 环境。

1. 增量调制系统(Δm)原理

在通信过程中原信号（如声音信号等）常为模拟信号，为使其能在数字通信系统中传输，需要对其进行模/数转换，再经过调制、信道传输、解调，最后通过数/模变换和滤波还原为原始信号。其中，模/数转换包括抽样、量化、编码等过程，可以通过 PCM 法、ADPCM 法、Δm 法等方法加以实现。这里我们将通过实验来仿真 Δm 法即增量调制系统的工作过程。

Δm 法是通过相邻抽样值的相对变化反映模拟信号的变化规律。在图 17.4 所示的 Δm 编码波形示意图中，$m(t)$ 为时间连续变化的模拟信号，$m'(t)$ 为经量化后时间间隔 Δt 的阶梯波形，再将 $m'(t)$ 进行积分得到斜变波 $m_1(t)$。然后取出差值 $e(t)$。经对 $e(t)$ 进行识别和判决，产生 0～1 的判决信号，完成模/数转换。最后将数字信号还原为原始信号。

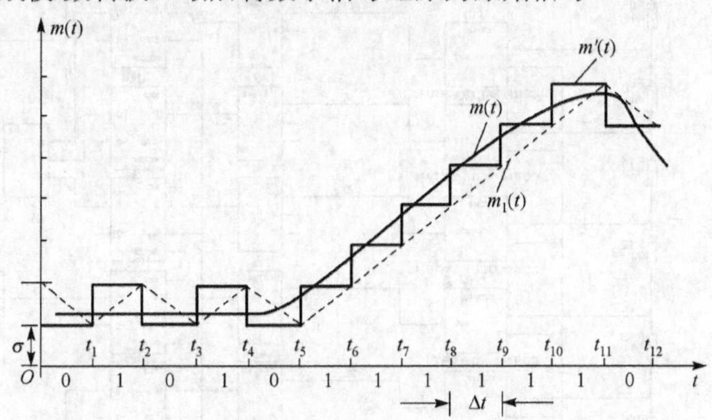

图 17.4　Δm 编码波形示意图

2. 通信过程的流程简图

图 17.5 给出的是通信过程的流程简图。

3. 设计流程

（1）量化

将模拟信号经过分压电路、比较器、D 触发器，作叠加后产生量化后的阶梯波形。量化电路图及从示波器显示的阶梯波与原信号的比较图形如图 17.6 所示。

将量化电路移植到 ELVIS 环境中，用量化电路对 ELVIS 环境中提供的函数发生器产生的模拟信号进行量化处理，并通过 LED 灯和数码管显示量化结果，如图 17.7 所示。ELVIS 环境中的函数发生器可产生正弦波、三角波、矩形波。在函数发生器上双击则弹出对话框，可进行波形选择、幅度、频率、增益、占空比等的设置。右下方的引脚 LED0～LED7，分别对应其右上方的 8 个 LED 灯。

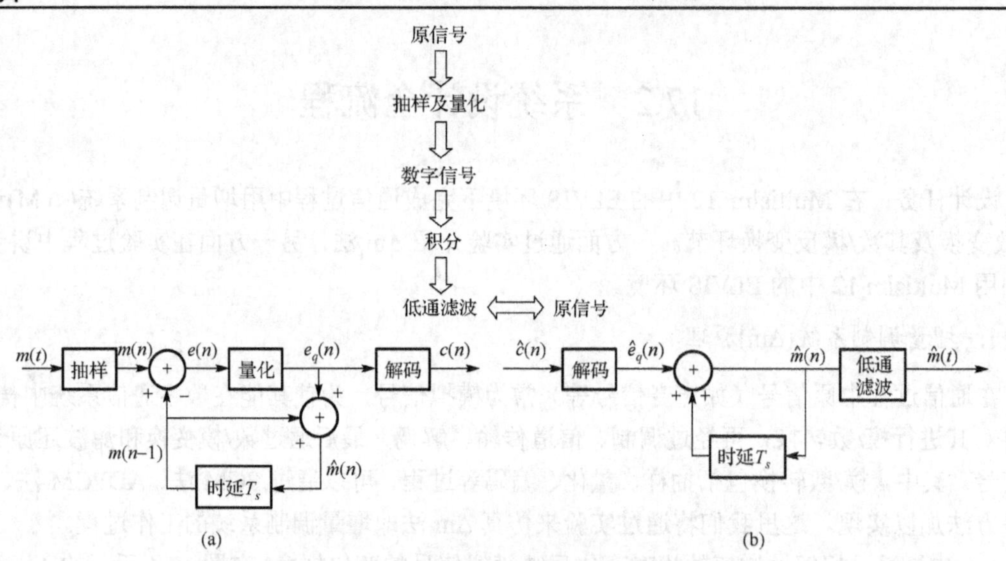

图 17.5　通信过程的流程简图

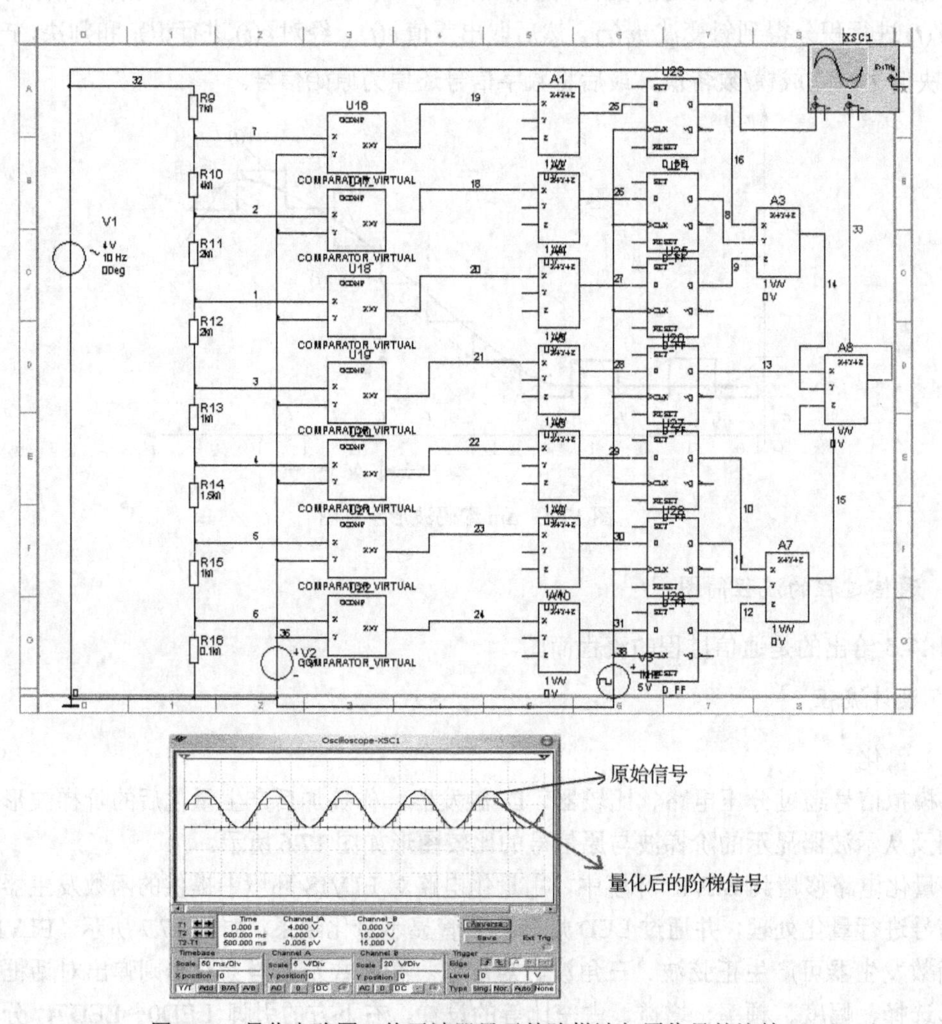

图 17.6　量化电路图、从示波器显示的阶梯波与原信号的比较

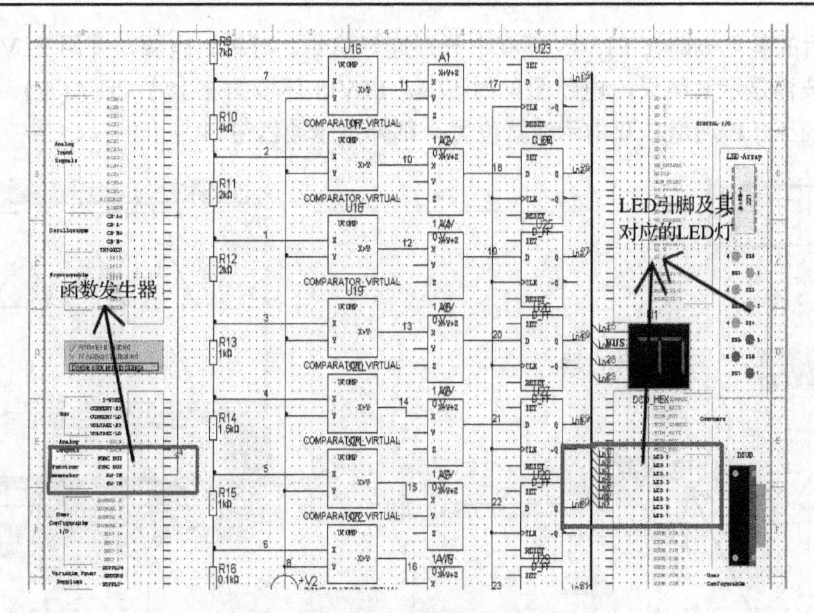

图 17.7　ELVIS 环境中的量化电路

为节约空间，需将量化电路进行封装，在设置引脚后封装为图 17.8 所示的量化电路。

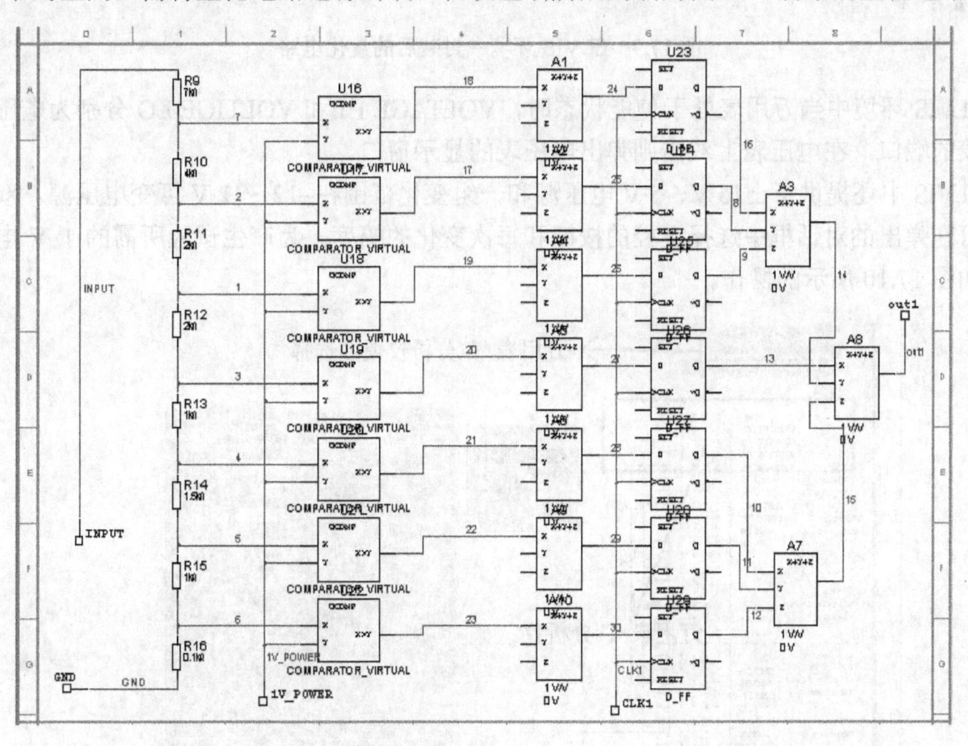

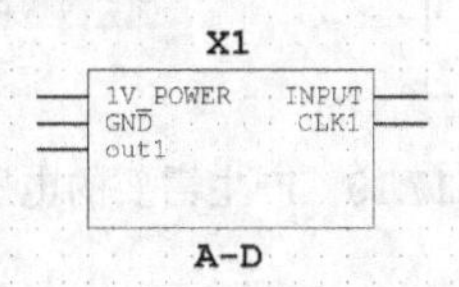

图 17.8　封装后的量化电路

将封装后的量化电路在 ELVIS 环境中分别连好信号、时钟、电源，并用 ELVIS 环境中提供的双踪示波器显示其结果，电路图见图 17.9。ELVIS 环境的左上方 CH A(±)、CH B(±)分别为示波器的 A、B 通道。双击示波器位置，则弹出示波器窗口。

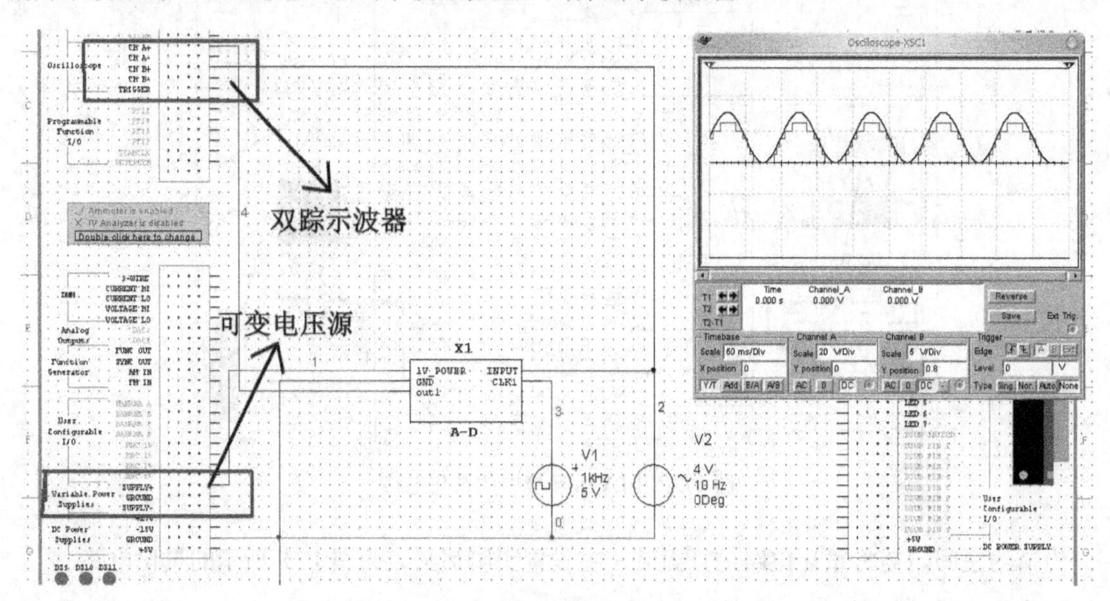

图 17.9　ELVIS 环境中封装后的量化电路

ELVIS 环境中当万用表处于使能状态时，VOLTAGE HI 和 VOLTIGE LO 分别为电压（欧姆）表的端口，在电压表上双击则弹出电压表的显示窗口。

ELVIS 中还提供了±15 V、5 V 电压源和一组变化范围在-12～12 V 可变电压源。双击电压源可在弹出的对话框中选择键控的按键和每次变化的幅度。为产生试验所需的 1 V 电压，进行如图 17.10 所示的操作。

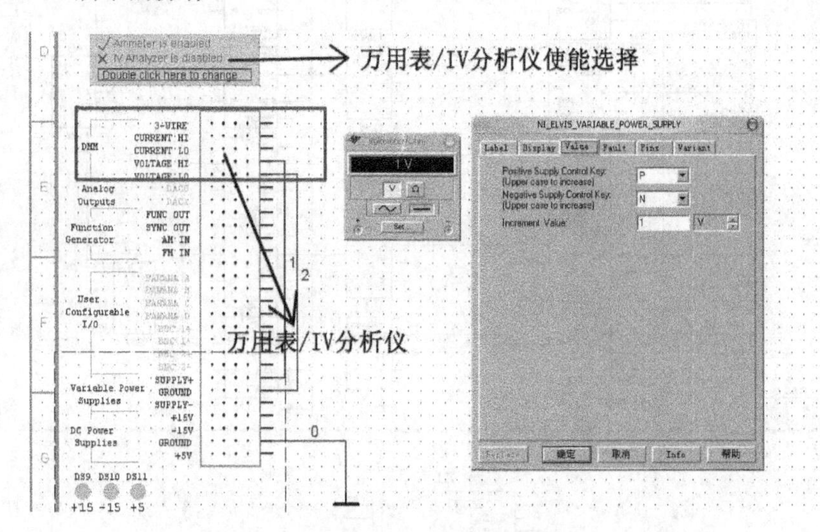

图 17.10　产生需要的电压

（2）通过积分用斜线逼近原信号

为得到斜变波，分别将原始信号的阶梯信号和原始信号延迟信号的阶梯信号连至积分器的“±”端口。电路图及阶梯信号和斜变信号的波形显示如图 17.11 所示，其中，V4 较 V2 延迟 0.005 s。

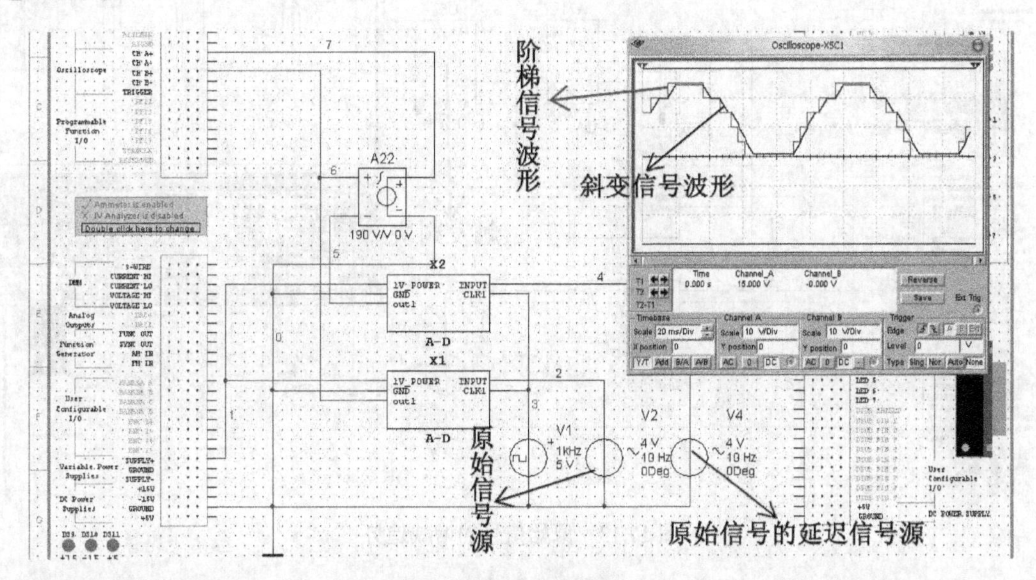

图 17.11　信号的波形

（3）Δm 的获得

用阶梯信号与斜变信号相减得到 Δm 的量值，结果如图 17.12 所示。

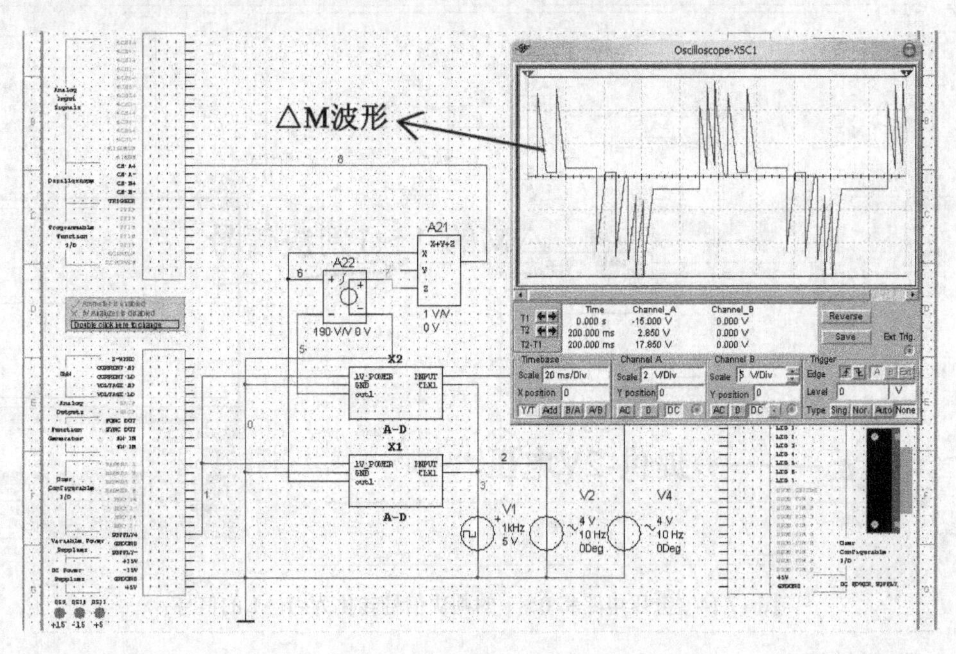

图 17.12　Δm 的量值

（4）Δm 的判决

再通过一个 D 触发器，用 0～1 信号表示原始信号的增减趋势，见图 17.13。其中，因触发器的灵敏度所限，所以存在微小误差。

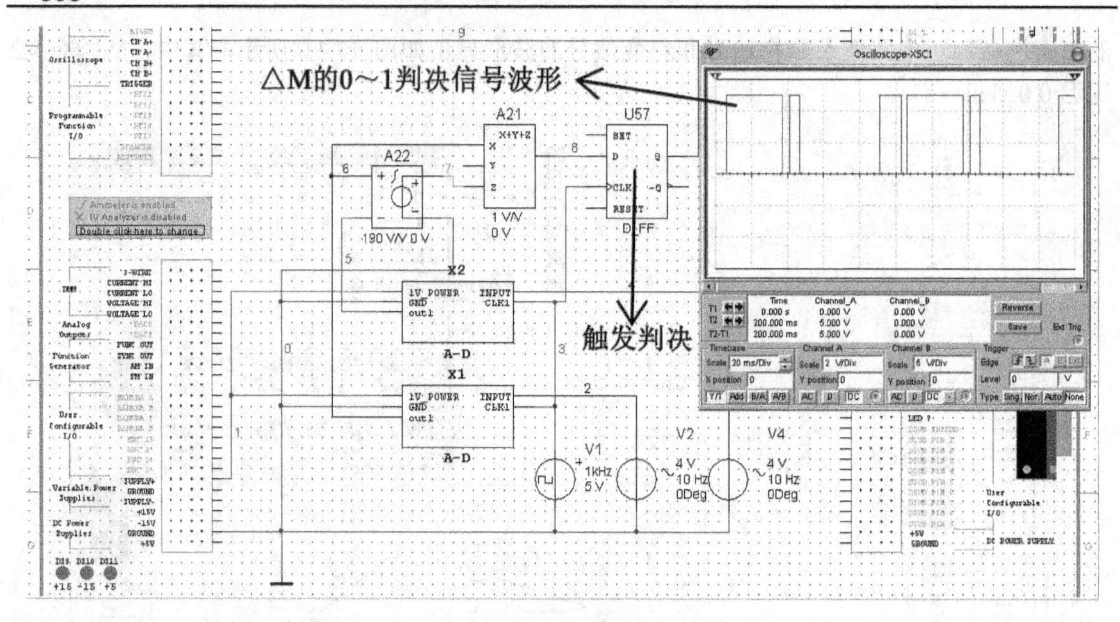

图 17.13　原始信号的增减趋势

为下一步进行积分所需，通过分压电路将 0～1 的判决信号转化为–1～1 的信号，完成模数转换及编码的全过程，如图 17.14 所示。分压电路下端接可变电压源的 SUPPLY-端，接入一个–2 V 的电压。

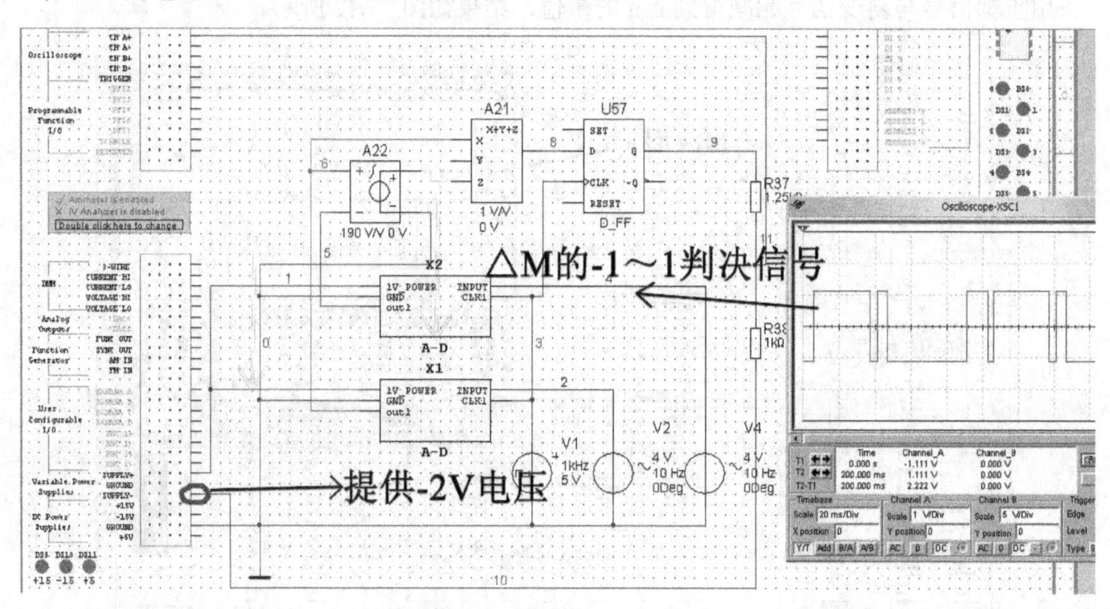

图 17.14　分压电路将 0～1 的判决信号转化为–1～1 的信号

（5）数/模转换

因为–1～1 的编码信号表示原始信号的增减，所以将其通过一个滤波器即可获得与原始信号增减趋势相同的模拟信号。结果如图 17.15 所示。因为此时的模拟信号中掺有各种频率分量，为还原 10 Hz 的低频信号设计一个低通滤波器，进行滤波处理，产生一个低通滤波器，如图 17.16 所示。

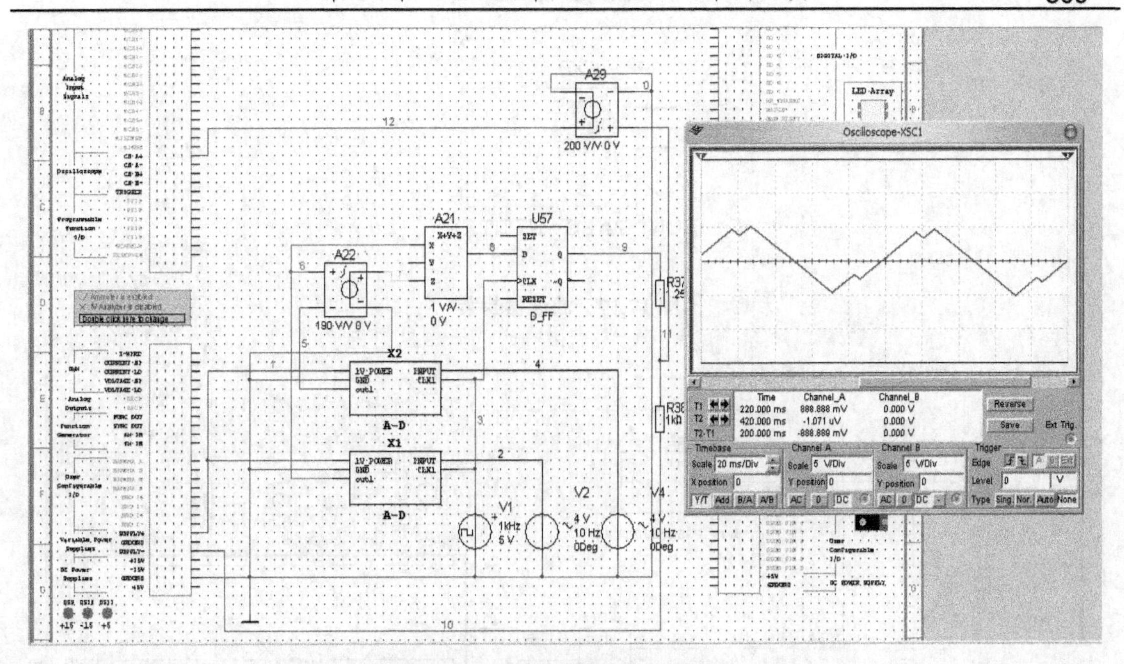

图 17.15 转换后的模拟信号

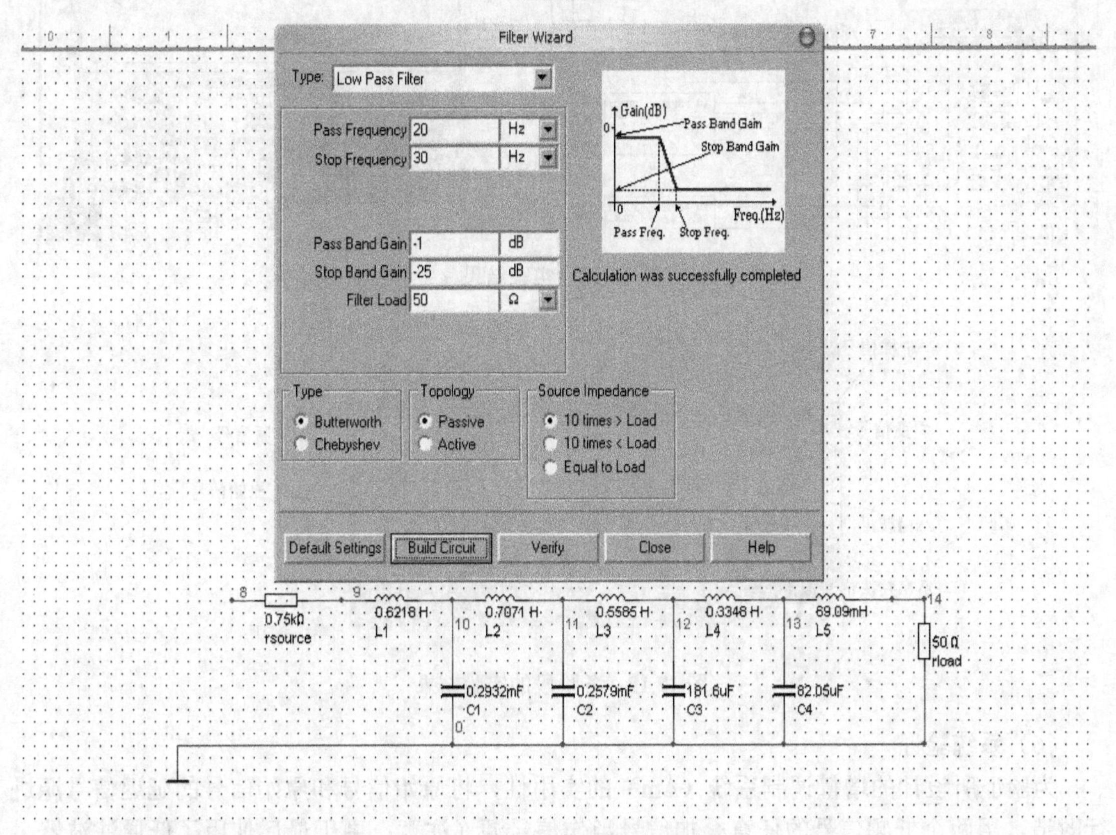

图 17.16 产生的低通滤波器

将滤波器按图 17.17 进行封装。连接滤波器，得到如图 17.18 所示的实验结果。再通过接入一个四踪示波器，结合 ELVIS 中的示波器，将实验各阶段的实验结果输出如图 17.19 所示。

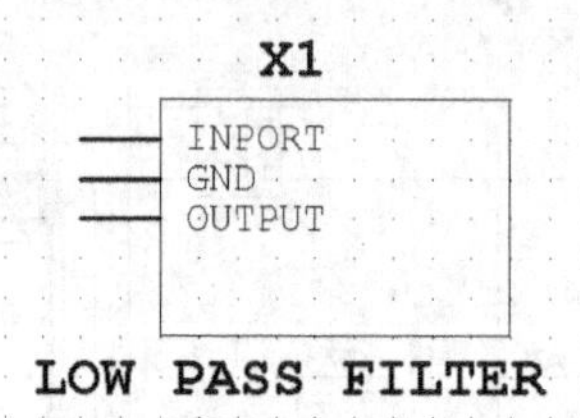

图 17.17　滤波器封装

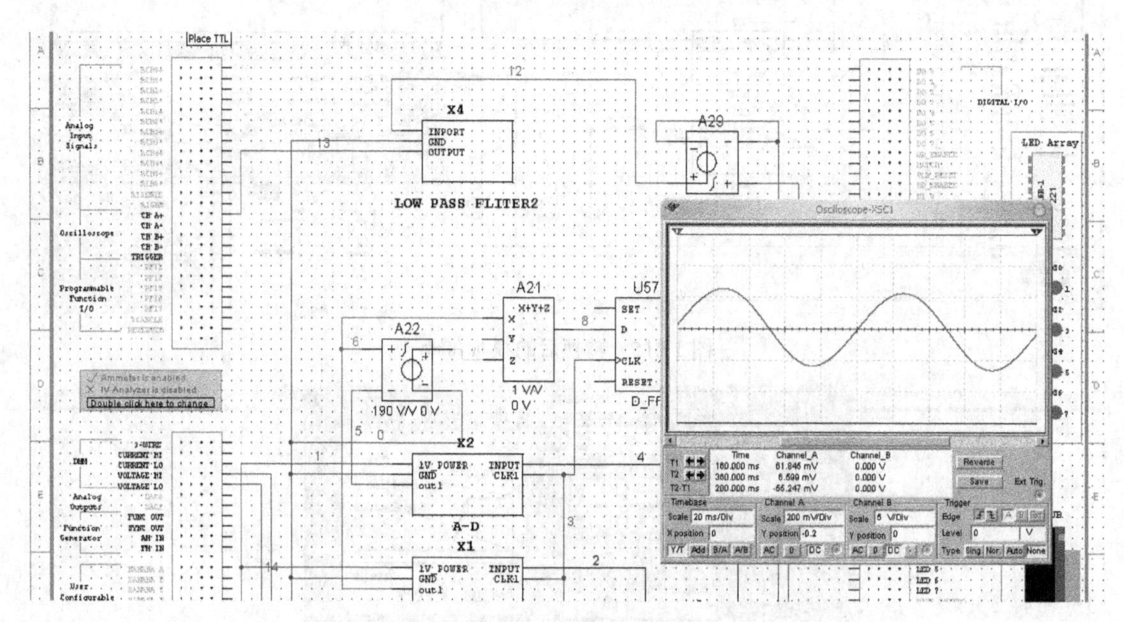

图 17.18　实验结果

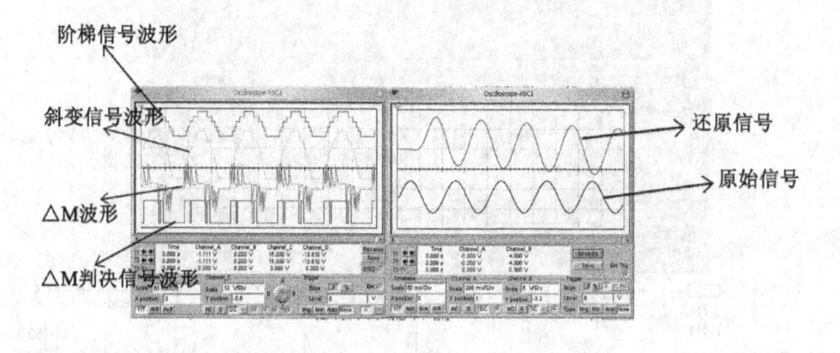

图 17.19　各阶段的实验结果

（6）系统验证

为验证所设计的增量调制系统（Δm）的实用性，将原始信号和原始信号的延迟信号源进行改造，用两个低频信号的任意叠加信号当作信号源（注意：由于最后使用了低通滤波器，应使信号源频率不大于 20 Hz）。电路及仿真波形如图 17.20 所示。在进行仿真时，需要首先设置可变电压源——SUPPLY +为 1 V（Shift+p 一次）SUPPLY-为–2 V（Shift+n 两次），可用电压表观测。

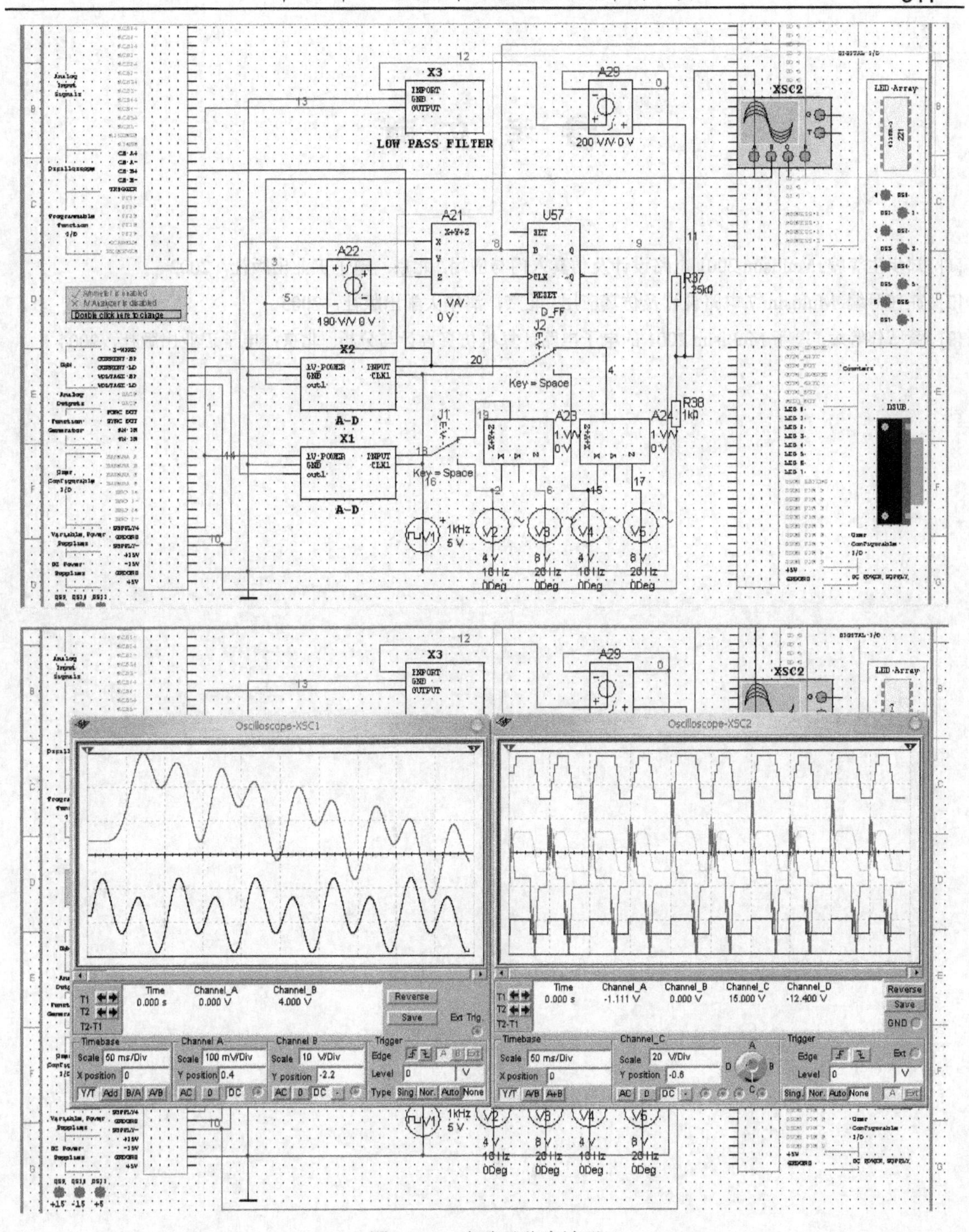

图 17.20　电路及仿真波形

参 考 文 献

[1] 郑步生等编. Multisim 2001 电路设计及仿真入门与应用. 北京：电子工业出版社，2002

[2] 熊伟等编. Multisim 7 电路设计及仿真应用. 北京：清华大学出版社，2005

[3] 黄智伟等编. 基于 Multisim 2001 的电子电路计算机仿真设计与分析. 北京：电子工业出版社，2004

反侵权盗版声明

电子工业出版社依法对本作品享有专有出版权。任何未经权利人书面许可，复制、销售或通过信息网络传播本作品的行为；歪曲、篡改、剽窃本作品的行为，均违反《中华人民共和国著作权法》，其行为人应承担相应的民事责任和行政责任，构成犯罪的，将被依法追究刑事责任。

为了维护市场秩序，保护权利人的合法权益，我社将依法查处和打击侵权盗版的单位和个人。欢迎社会各界人士积极举报侵权盗版行为，本社将奖励举报有功人员，并保证举报人的信息不被泄露。

举报电话：（010）88254396；（010）88258888
传　　真：（010）88254397
E-mail:　dbqq@phei.com.cn
通信地址：北京市海淀区万寿路 173 信箱
电子工业出版社总编办公室
邮　　编：100036